Reine und angewandte Metallkunde in Einzeldarstellungen
Herausgegeben von W. Köster

12

Elektrolytische Abscheidung und Elektrokristallisation von Metallen

Von

Dr. phil. habil. Hellmuth Fischer

Hon.-Professor an der Techn. Hochschule, Karlsruhe

Mit 247 Abbildungen

Springer-Verlag Berlin Heidelberg GmbH
1954

ISBN 978-3-642-49126-9   ISBN 978-3-642-86549-7 (eBook)
DOI 10.1007/978-3-642-86549-7

Vorwort.

Die junge Wissenschaft der elektrolytischen Abscheidung von Metallen ist ein Grenzgebiet par excellence. Nicht nur Elektrochemie, Metallkunde, Kristallphysik und Grenzflächenchemie begegnen sich hier auf Schritt und Tritt, sehr häufig gesellen sich noch chemische Kinetik, Thermodynamik, Kolloidchemie, Hydrodynamik usw. dazu. Bei einer derartigen Vielfalt des Stoffes bedeutet es immerhin ein Wagnis, darüber ein Buch schreiben zu wollen. Kein Wunder also, wenn ein grundlegendes Werk über die wissenschaftliche Seite dieses Gebietes bislang fehlte.

Daß gerade der Verfasser den Mut aufbrachte, einen solchen Versuch zu wagen, ist wohl kein Zufall: Als Elektrochemiker aus innerer Neigung und als Betreuer der Werkstoff-Forschung in einem großen Industrieunternehmen glaubte er für diese schwierige Aufgabe einigermaßen gerüstet zu sein. Eigene Vorlesungen dienten dabei als Grundlage.

Einmal *mußte* ein solches Werk geschrieben werden. Es war auch keine Zeit mehr zu versäumen. Zwar konnte die Technik das Gebiet der elektrolytischen Metallniederschläge im Laufe vieler Jahre zu einer bewundernswerten Höhe entwickeln. Unstreitig hat sie dabei auch von Anbeginn Initiative und Führung in der Hand behalten. Aber eine immer nur im technischen Geleise laufende Entwicklung findet schließlich eine Grenze. Seit Jahr und Tag werden die Fortschritte spärlicher, sie bringen nichts grundsätzlich Neues mehr. Heute verlangt diese Technik dringend Anregungen, die ihr die Forschung zu geben hat. Noch fehlt aber unserem Gebiet das notwendige wissenschaftliche Fundament. Ein solches Fundament aufzubauen, bildet das Hauptziel des vorliegenden Werkes.

In welcher Lage treffen wir zur Zeit jene Spezialfächer an, die unser Gebiet so entscheidend befruchten: Elektrochemie, Metallkunde, Kristallphysik? Alle drei befinden sich im Zustand lebhafter Evolution. Die Elektrochemie konnte vor etwa einem Jahrzehnt einen lange währenden Zustand der Stagnation — eine schöpferische Pause vielleicht — überwinden. Eine neue, bereits überaus fruchtbare Zeit hat begonnen: die Ära der elektrochemischen Kinetik. Die Metallkunde hat ihre Grenzen zur Physik hin weit geöffnet, vor allem zur Festkörperphysik. Von dort empfängt sie gegenwärtig stärkste Impulse. Die Kristallphysik verdankt im letzten Jahrzehnt ihre größten Erfolge der Kinetik des Kristallwachstums, die mit den Namen KOSSEL und STRANSKI auf immer verknüpft bleiben wird. Weiterhin spielen heutzutage die Kristallbaufehler in der Chemie und Physik des Festkörpers und der Grenzflächen eine wesentliche Rolle. Die Grundwissenschaften unseres Gebietes durchleben also gegenwärtig eine bewegte Zeit. Um sie sinnvoll anwenden zu können, bedarf es deshalb eines Führers in Gestalt eines Fachbuches.

Gewiß, der Wissensstoff ist sehr komplex. Es war nicht leicht, ihn in eine halbwegs einheitliche Form zu gießen. Ich bin davon überzeugt, daß ein Versuch, über ein solches Grenzgebiet zu schreiben, niemals vollkommen gelingen kann. Immerhin habe ich mich nach Kräften bemüht, den wichtigsten Belangen gerecht zu werden. Sicherlich werden meine Leser — sie gehören ganz verschiedenen Fakultäten an — manches vermissen, sie werden Unebenheiten oder selbst Unrichtiges entdecken. Wenn sie mich freundlichst darauf aufmerksam machten, wäre ich ihnen herzlich dankbar.

Besondere Sorge bereiten mir meine Freunde aus der Technik, vor allem aus der Galvanotechnik oder Elektrometallurgie. Ich sehe sie vor mir, wie sie das Buch beiseite legen: zuviel Mathematik, zuviel Theorie! Mögen sie nicht von vornherein aufgeben. Kapitel solcher Art können sie zunächst überschlagen; ich habe sie im Inhaltsverzeichnis (mit einem Stern) gekennzeichnet. Allein ich darf ihnen in ihrem Interesse die Wahrheit nicht vorenthalten: Sie werden hinzulernen oder der jungen Generation allein das Feld überlassen müssen! Rein technische Belange finden sie in diesem Werk nur angedeutet, gibt es doch dafür umfassende Standardwerke.

Zum Schluß möchte ich nicht versäumen, allen denen herzlich zu danken, die mich in meiner Arbeit mit Rat und Tat unterstützt haben. Mein besonderer Dank gebührt in dieser Hinsicht Herrn Prof. Dr. W. KÖSTER, Stuttgart, Herausgeber der Reihe, der auch dieses Buch angehört, Herrn Prof. Dr. J. N. STRANSKI, Berlin-Dahlem, und Herrn Prof. Dr. E. RAUB, Schwäbisch-Gmünd.

Karlsruhe, im September 1954.

Hellmuth Fischer.

Inhaltsverzeichnis[1].

---

[1] Über die Bedeutung des Sternchens bei manchen Abschnitten s. das Vorwort.

Inhaltsverzeichnis.

Formelzeichen und Abkürzungen.

A Arbeit (z. B. A_K = Keimbildungsarbeit)	a 1. Aktivität 2. TAFELsche Konstante
BR Basisorientierter Reproduktionstyp	b TAFELsche Konstante
C 1. Kapazität 2. Polarisationskapazität	c Konzentration
D Diffusionskoeffizient	
E_{in} Inhibitorempfindlichkeit	e elektrochem. Elementarquantum
$\mathfrak{E}$ Feldstärke	
F 1. FARADAY-Konstante 2. Fläche	f Aktivitätskoeffizient
FJ Feldorientierter Isolationstyp	
FT Feldorientierter Texturtyp	
G Thermodynamisches Potential	g 1. GALVANI-Spannung 2. Δg Polarisation (Überspannung) 3. Gravitation
	h Neigung der Tangente an die Strom-Spannung-Kurve
J 1. Stromstärke, Stromdichte 2. Ionisierungspotential d. Atoms	
K Konstante	k BOLTZMANN-Konstante
KZ Zahl der Kristallisationszentren	
L charakteristische Länge	l Länge
M Stoffmenge	
N LOSCHMIDTsche Zahl	n 1. diffundierende Substanzmenge 2. elektrochemische Wertigkeit, Molzahl 3. Zahl der Wachstumsstellen
P 1. Druck 2. Polarisierbarkeit	p 1. Dichte 2. Dampfdruck
Q Energie Aktivierungsenergie	q 1. Elektrizitätsmenge 2. Elektrodenquerschnitt
R Gaskonstante	r 1. lineare Größe einer Wachstumsstelle 2. Atomabstand
T absolute Temperatur	t Zeit
U 1. elektrische Spannung 2. Affinität	
UD Unorientierter Dispersionstyp	
	v 1. VOLTA-Spannung 2. Entladungsgeschwindigkeit 3. Molvolumen
W 1. Widerstand; formaler Polarisationswiderstand 2. Solvatationswärme	
	x Wegstrecke
Z Zwillings-Übergangstyp	z Wertigkeit

α Proportionalitätsfaktor

δ 1. Dicke des Diffusionsfilms
     2. Dicke der Strömungsgrenzschicht

ε Spezifische Eckenenergie

ζ Elektrokinetisches Potential

η 1. Elektrochemisches Potential
     2. Spezifische Randeckenenergie

ϑ Leitwertanteil (Überführungszahl)

$\varkappa$ 1. spezifische elektr. Leitfähigkeit
     2. spezifische Randenergie

λ Sublimationswärme Λ Äquivalentleitfähigkeit

μ chemisches Potential

ν 1. Formel-Molzahl
     2. Kinematische Viskosität
     3. Tangentiale Ausbreitungs-
       geschwindigkeit

ϱ 1. Ladungsdichte
     2. spezifische Randenergie

σ 1. Grenzflächenspannung
     2. Oberflächenspannung

τ 1. Phasenendumsatz
     2. Transitionszeit

φ inneres elektrisches Potential

ψ äußeres elektrisches Potential Φ 1. Elektronenaustrittsarbeit
     (elektrische Oberflächenspannung)   2. Anlagerungsenergie

ω Winkelgeschwindigkeit Ω 1. Ohm
           2. Keimbildungsgeschwindigkeit

χ Oberflächenpotential

Berichtigung.

S. 608, Tab. 77, Pos. 7, Spalte: „Elektrolyt" statt: Na_3SnO_3 **lies:** Na_2SnO_3.

Einleitung.

Die Elektrokristallisation eines Metalls umfaßt den Gesamtvorgang der elektrolytischen Abscheidung des Metalls an einer Kathode unter Bildung einer festen, kristallisierten Phase. Bereits das Wort „Elektrokristallisation" deutet an, daß es sich hier um ein komplexes Phänomen handele. Die Grundvorgänge der Elektrokristallisation von Metallen gehören gleichermaßen der Elektrochemie, der Metallkunde und der Kristallkunde an. Wer in dieses typische Grenzgebiet eindringen will, muß die wichtigsten elementaren Begriffe, Grundgesetze und Tatsachen dieser Fächer kennen. Sie in ihrer Gesamtheit zu wiederholen, ist nicht Aufgabe dieses Werkes. Da es in einer metallkundlichen Reihe erscheint, werden die notwendigen metallkundlichen Gesichtspunkte großenteils als bekannt vorausgesetzt. Hingegen sollen die wichtigsten Grundtatsachen und Definitionen der Elektrochemie und der Kristallkunde, soweit für das Verständnis der Zusammenhänge erforderlich, in zwei Kapiteln dargestellt werden. Dies erscheint um so notwendiger, als gerade diese beiden Gebiete sich in den letzten Jahrzehnten rasch weiterentwickelt haben — vor allem nach der Seite der Kinetik —, so daß eine hinreichende Klärung der Grundbegriffe für das Verständnis des Ganzen besonders notwendig erscheint.

1 Elektrochemie.

1.1 Elektrochemische Grundtatsachen und Definitionen.

Manche wichtigen elektrochemischen Grundbegriffe, wie z. B. „Potential" und „Potentialdifferenz" an der Grenzfläche Metall/Elektrolyt werden oft unklar und vieldeutig wiedergegeben. Seit einiger Zeit bemüht man sich in verschiedenen Ländern, klaren elektrochemischen Begriffsbestimmungen allgemeine Geltung zu verschaffen. Besonders hervorzuheben sind in diesem Zusammenhange die Bemühungen des *Comité International de Thermodynamique et de Cinétique Electrochimiques* (CITCE)[1]. Wir lehnen uns im wesentlichen an die Definitionen der Nomenklaturkommission des CITCE[2,3] an.

1.11 Die elektrochemische Einzelphase und ihre Potentiale im stromlosen Zustand.

Die elektrochemische Einzelphase ist das einfachste aller Phasensysteme. Sie kann z. B. aus einem Metall oder einem (leitenden) Metallsalz — in festem Zustand oder auch in Lösung — bestehen.

1.11.1 Die chemischen Potentiale der Ionen in der Einzelphase.

Das *chemische Potential* μ des Ions i in der Einzelphase 1 bezeichnen wir mit $_1\mu_i$*. Das chemische Potential kann als ein Maß

---

[1] Bericht der Kommission f. elektrochem. Nomenklatur und Definitionen. Berichterstatter P. VAN RYSSELBERGHE (ins Deutsche übertragen von E. LANGE) Z. Elektrochem. **58** (1954) z. Z. im Druck; CITCE, C. r. Réunion, Milan **1950**, 317; Berne **1951**, 409.

[2] vgl. E. LANGE: Z. Elektrochem. **55**, 76 (1951) — Handb. exp. Physik Bd. XII/2, S. 365. 1933.

[3] Bei der Drucklegung wurde dem Autor bekannt, daß auch die „International Union of Pure and Applied Chemistry" (IUPAC) eingehende (aber bisher nicht veröffentlichte) Nomenklaturvorschläge ausgearbeitet hat. CITCE und IUPAC haben mit einer gemeinsamen Diskussion ihrer Vorschläge begonnen. So wird hoffentlich eine spätere Auflage sich endgültiger Formulierungen bedienen können.

* $_1\mu_i = \left(\dfrac{dG}{dn_i}\right)_{p,\,T}$ bedeutet die Änderung der freien Enthalpie G mit der Molzahl n_i. Wie elektrischer Strom nur fließt, wenn eine Potentialdifferenz vorhanden ist, so geht ein Stoff von einer Phase in die andere nur über, wenn μ in beiden Phasen verschieden ist.

für die chemische Bindungskraft gelten. Mit dieser Kraft ist das Ion i (oder auch das Elektron $\ominus$), vorhanden in definierter Konzentration (mindestens 10^{-8} mol/l) in der elektrochemischen Einzelphase 1, an diese Phase gebunden.

Das chemische Potential kann konzentrationsabhängig sein. Ob und wie, hängt von der Art der Bindung des Ions i ab (LANGE und NAGEL[1]). Ist das Ion i stöchiometrisch an eine *reine* Phase (Einstoff) gebunden (z. B. ein Silberion im metallischen Silber), so ist das chemische Potential unabhängig von der Konzentration des Ions i (z. B. des Ag^+-Ions in der Ag-Phase). Diese Art der Bindung nennt man „Phasenbindung"[2].

Befindet sich das Ion in einer Elektrolytlösung (z. B. Ag^+ in $AgNO_3$-Lösung), so gilt für das chemische Potential die NERNSTsche Beziehung:

$$_1\mu_i = {}_1\underline{\mu}_i + RT\ln {}_1c_i = {}_1\underline{\mu}_i + 2,3\,RT\log {}_1c_i. \tag{1}$$

Dabei bedeuten $_1\underline{\mu}_i$ das chemische Normalpotential und $_1c_i$ die Konzentration (genauer Aktivität, hier Aktivitätskoeffizient $f = 1$) der potentialbestimmenden Ionen. Hier sind diese Ionen in Form einer sog. „Lösungsbindung" an die Einzelphase (Elektrolytlösung) gebunden. Bei Lösungsbindung ist das chemische Potential also konzentrationsabhängig.

Eine dritte Bindungsart liegt in einer Mischphase mit eingestelltem Gleichgewicht vor. Ein Beispiel ist das Gleichgewicht

$$H^+ + OH^- \rightleftharpoons H_2O,$$

sofern die Konzentration der H^+-Ionen sehr klein, der OH^--Ionen und der H_2O-Molekeln sehr groß ist. Es gilt:

$$_1\mu_{H^+} = {}_1\mu_{H_2O} - {}_1\mu_{OH^-}.$$

Diese Beziehung ist selbst dann noch gültig, wenn der Reaktionsteilnehmer, das H^+-Ion, in der Mischphase in überhaupt nicht mehr merklicher Konzentration, d. h. in Lösungsbindung, vorhanden ist. Tritt also ein H^+-Ion von außen in die Mischphase, so bindet es sich dort sogleich an einen anderen Partner, hier an das OH^--Ion. Diese Art der Bindung bezeichnet man als „Reaktionsbindung". Elektronen können in eine wäßrige Phase *nur* vermittels Reaktionsbindung übergehen.

Bei Reaktionsbindung kann das chemische Potential oft *mehrfach* konzentrationsabhängig sein. Als Beispiel sei das chemische Potential

---

[1] LANGE, E., u. K. NAGEL: Z. Elektrochem. **44**, 792, 856 (1938); Z. phys. Chem. Abt. A **177**, 321 (1936).
[2] s. S. 2, Fußn. 2.

eines Elektrons in einer Lösung genannt, die zugleich zwei- und dreiwertige Eisenionen enthält.

$$_1\mu_\ominus = {}_1\mu_{Fe^{2+}} - {}_1\mu_{Fe^{3+}} + RT\ln {}_1c_{Fe^{2+}} - RT\ln {}_1c_{Fe^{3+}}. \tag{2}$$

Eine zweifache Konzentrationsabhängigkeit des chemischen Potentials findet man z. B. auch, wenn ein Ion von außen (z. B. von einem Metall) in eine Einzelphase (eine Elektrolytlösung) übertritt, die im Gleichgewicht mit einem Bodenkörper, das gleiche Ion enthaltend, steht. An der Reaktionsbindung beteiligt sich hier also ein elektroneutraler Reaktionspartner $_1ij$, gelöst im Elektrolyten. Er steht mit einer Nebenphase $_2ij$ (Bodenkörper) von definiertem chemischem Potential $_2\mu_{ij}$ im Gleichgewicht. Die Konzentration des Salzes $_1ij$ in der Einzelphase 1 ist praktisch sehr klein und undefiniert. Ein solcher Zusammenhang besteht z. B. in einer n/10-Kaliumjodidlösung, gesättigt mit Silberjodid und in Berührung mit einem Silberjodid-Bodenkörper. Das Phasenschema (Abb. 1[1]) macht das Beispiel anschaulich. In der flüssigen Phase (Elektrolytlösung) befinden sich K^+-Ionen, J^--Ionen und in äußerst geringer Konzentration Ag^+-Ionen. Die angrenzende feste Phase 2 des Bodenkörpers enthält Ag^+ und J^- als festes AgJ. Ein von außen, z. B. von einer angrenzenden Silberelektrode in die Phase 1 übertretendes Ag^+ wird in Reaktionsbindung sogleich von einem J^--Ion abgefangen und geht mit diesem in den AgJ-Bodenkörper, Phase 2, über. Das chemische Potential des Ag^+-Ions hängt von der Konzentration des J^--Ions in Phase 1 und von der Konzentration des AgJ-Salzes in Nebenphase 2 ab. Allerdings darf man die AgJ-Konzentration als annähernd konstant ansehen.

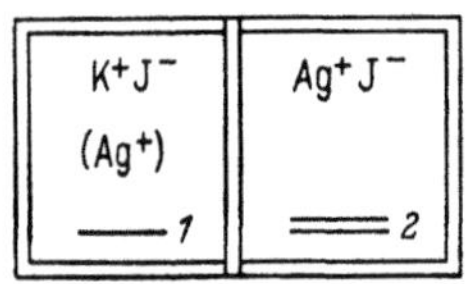

Abb. 1.
Zweifache Konzentrationsabhängigkeit des chemischen Potentials.

1.11.2 Elektrische und elektrochemische Potentiale in der Einzelphase.

Jede elektrisch leitende Einzelphase 1 hat zwei elektrische Potentiale, das *äußere elektrische Potential ψ* und das *Oberflächenpotential χ**. Beide beziehen sich auf den Wert Null im ladungsfreien Unendlichen. Das äußere elektrische Potential $_1\psi$ der Phase 1 wird von den in der Phase vorhandenen Überschußionen oder Überschußelektronen, je nach Vorzeichen und Menge, bestimmt. Das Oberflächenpotential $_1\chi$ der Phase 1 bildet sich in der elektrischen Doppelschicht auf der Phasenoberfläche aus. Es ist praktisch unabhängig von irgendwelchen Überschußladungen der Phase 1 und damit von $_1\psi$.

Die Summe der beiden elektrischen Potentiale der Phase 1 bezeichnet man als *inneres elektrisches Potential $_1\varphi$*. Es gilt:

$$_1\varphi = {}_1\psi + {}_1\chi. \tag{3}$$

Das äußere Potential ψ ist grundsätzlich meßbar. Für das Oberflächenpotential χ gibt es heute noch keine brauchbare Meßmethode. Daher

---

[1] Feste Phase zweimal, flüssige einmal unterstrichen (vgl. Phasensymbole von LANGE s. S. 2, Fußn. 2).

* CITCE (vgl. S. 2, Fußn. 1) bezeichnet χ als „elektrische Oberflächenspannung".

kann man den Absolutwert des inneren Potentials bislang nicht experimentell bestimmen, sondern nur berechnen.

Das Ion i in der Einzelphase 1 besitzt nun ein *elektrochemisches Potential* $_1\eta_i$ (vgl. LANGE[1], GUGGENHEIM[2], BRÖNSTED[3]), das sich aus der Summe der elektrischen Potentiale der Phase und des chemischen Potentials des Ions zusammensetzt:

$$_1\eta_i = {_1\mu_i} + z_i F {_1\varphi} \tag{4}$$

($_1\eta_i$ und $_1\mu_i$ in Joule/Mol). Dabei bedeuten F das elektrochemische Äquivalent (Faraday) mit 96485 Coul/Äquiv. und z_i die Wertigkeit, z. B. $z_i = 2$ Äquiv./Mol. Drückt man μ und η z. B. in kcal/Mol aus, so ersetzt man F durch den Umrechnungsfaktor $F = 23{,}06$ kcal/V Äquiv.

Das elektrochemische Potential eines Ions in der Einzelphase ist die partielle Ableitung der elektrochemischen freien Energie des Systems nach der Zahl der Mole dieses Ions in der Einzelphase. Hierbei sind alle wirksamen Ladungen einbezogen. Bei dieser Ableitung hält man alle anderen Molzahlen, die Temperatur sowie das Volumen und die geometrische Konfiguration des Systems konstant. Das elektrochemische Potential des Ions ist identisch mit seiner elektrochemischen freien Enthalpie.

1.12 Das elektrochemische Zweiphasensystem und seine Potentialdifferenzen im stromlosen Zustand.

Berühren sich zwei leitende homogene Phasen 1 und 2, die eine einzige Ionenart in je einer definierten Bindungsart gemeinsam haben, so bilden sie ein elektrochemisches Zweiphasensystem mit nur einem potentialbestimmenden Vorgang, oder anders ausgedrückt, sie bilden eine *einfache Elektrode.*

In diesem Zweiphasensystem (vgl. das Phasenschema Abb. 2 für das Beispiel des Systems Ag/AgNO$_3$-Lösung) vermag das Ion i (hier Ag$^+$) aus der definierten Bindung in der (metallischen) Phase 1 (hier Phasenbindung) in die definierte Bindung in der (Lösungs-) Phase 2 (hier Lösungsbindung unter Hydratation) überzugehen oder umgekehrt. Dieser Ionenübergang, z. B. $_1$Ag$^+$ → $_2$Ag$^+$, ist also der potentialbestimmende Bruttovorgang.

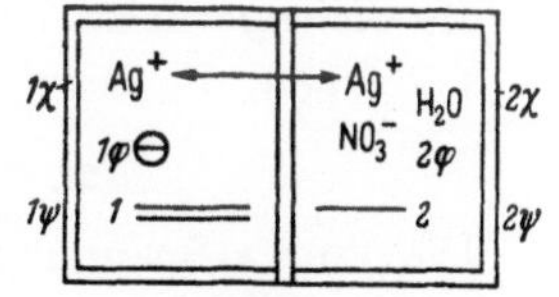

Abb. 2. Einfache Elektrode Ag/AgNO$_3$.

[1] s. S. 2, Fußn. 2.
[2] GUGGENHEIM, E. A.: J. phys. Chem. **33**, 842 (1929); **34**, 1758 (1930).
[3] BRÖNSTED, J. N.: Z. phys. Chem. **143**, 301 (1929).

Oft ist der Bruttovorgang weit verwickelter, und nur ein Teilvorgang, nämlich der Ionendurchtritt durch die Phasengrenze, bestimmt eigentlich das Potential.

Besteht elektrochemisches Gleichgewicht, so sind die elektrochemischen Potentiale des potentialbestimmenden Ions i in den beiden Phasen einander gleich. E ist also:

$$_1\eta_i = {_2}\eta_i \quad \text{oder} \quad {_1}\mu_i + z_i F\,{_1}\varphi = {_2}\mu_i + z_i F\,{_2}\varphi. \tag{5}$$

Sieht man von einer etwa vorhandenen hemmenden Potentialschwelle ab, so kann das Ion i ohne Arbeitsaufwand von einer Phase in die andere übergehen. Dabei läuft die potentialbestimmende Bruttoreaktion in beiden Richtungen mit der gleichen Geschwindigkeit ab. Es herrscht die sog. *Austauschstromdichte* (vgl. GERISCHER[1], VETTER[2]).

Bei diesem Übergang stellt sich eine sog. *Gleichgewichts*-GALVANI-*Spannung* g_{Gl} als Differenz[3] der inneren elektrischen Potentiale der beiden Phasen ein:

$$_{1,2}g_{i\,Gl} = {_1}\varphi - {_2}\varphi = -({_2}\varphi - {_1}\varphi). \tag{6}$$

Andererseits ist:

$$_{1,2}g_{i\,Gl} = -\left(\frac{{_1}\mu_i - {_2}\mu_i}{z_i F}\right). \tag{7}$$

Beim elektrochemischen Gleichgewicht kompensieren sich also der chemische Potentialsprung des Ions i und der elektrische Potentialsprung der beiden Phasen. Dies folgt aus der oben erwähnten Gleichheit der beiden elektrochemischen Potentiale des Ions i im eingestellten elektrochemischen Gleichgewicht.

Die Gleichgewichts-GALVANI-Spannung $g_{i\,Gl}$ entspricht dem sonst in der Literatur oft als „Gleichgewichtspotential" (ε oder E) bezeichneten Begriff.

Sitz der Gleichgewichts-GALVANI-Spannung ist die elektrochemische Doppelschicht. Neben der GALVANI-Spannung stellt sich gleichzeitig die *Gleichgewichts*-VOLTA-*Spannung* $_{1,2}v$ ein. Sie ist die Differenz der Ladungen, die aus dem Ionen- (Elektronen-) Überschuß stammen.

$$_{1,2}v = {_1}\psi - {_2}\psi = ({_1}\varphi - {_2}\varphi) - ({_1}\chi - {_2}\chi). \tag{8}$$

Die VOLTA-Spannung gibt auch die Differenz der Ionenaustrittsarbeiten wieder.

Die GALVANI-Spannungen lassen sich einzeln nicht messen (vgl. hierzu STREHLOW[4]), hingegen ist eine Messung der VOLTA-Spannung gut möglich.

---

[1] GERISCHER, H.: Z. Elektrochem. **54**, 362 (1950).

[2] VETTER, K.: Z. phys. Chem. **194**, 284 (1950).

[3] Für eine Differenz zweier elektrischer Potentiale wird nach CITCE (siehe S. 2, Fußn. 1) die Bezeichnung „elektrische Spannung" gebraucht.

[4] STREHLOW, H.: Z. Elektrochem. **58**, 119 (1952).

Sofern man das übergangsfähige Ion genau kennt, kann man es als potentialbestimmendes Ion bezeichnen. Sonst noch etwa an der Potentialbildung mitbeteiligte andere Ionen oder Molekeln (z. B. in einer Reaktionsbindung) nennt man „mitpotentialbestimmend".

Stellt sich im stromlosen Zustand nicht die Gleichgewichts-GALVANI-Spannung $g_{i\,Gl}$ für das Ion i ein, sondern eine davon abweichende GALVANI-Spannung g_b, so nennt man die Abweichung dieser GALVANI-Spannung von der Gleichgewichts-GALVANI-Spannung eine *Überspannung* $(\Delta g_i) : \Delta g_i = g_b - g_i$. Das Übergangsbestreben des Ions i wird dann von der Überspannung bestimmt. Die elektrochemischen Potentiale sind nicht mehr einander gleich, sondern es gilt:

$$_1\eta_i - {}_2\eta_i = z_i\, F\, \Delta g_i. \tag{9}$$

Die Gleichgewichts-GALVANI-Spannung hängt von der Konzentration der potentialbestimmenden Ionen ab, wenn die potentialbestimmende Ionenart einer einfachen Elektrode in Phase 1 in definierter Phasenbindung und in Phase 2 in definierter Lösungsbindung enthalten ist: so z. B. bei dem System $Ag/AgNO_3$-Lösung. Unter Verwendung der NERNSTschen Beziehung läßt sich die GALVANI-Spannung folgendermaßen ausdrücken:

$$g = - \frac{({}_1\mu_{Ag^+} - {}_2\mu_{Ag^+})}{F} + RT \ln {}_2f_{Ag^+}\, {}_2c_{Ag^+} = \underline{g} + 0{,}059 \log {}_2c_{Ag^+}. \tag{10}$$

$\underline{g}$ ist die **Standard**-GALVANI-Spannung für $_2c_{Ag} = 1$ (bei $f = 1$). Spricht die GALVANI-Spannung experimentell im Sinne dieser Beziehung konzentrationsrichtig an, so ist der potentialbestimmende Vorgang reversibel.

Enthält Phase 1 das potentialbestimmende Ion in Phasenbindung, während es in Phase 2 in Reaktionsbindung vorliegt, so hängt die Gleichgewichts-GALVANI-Spannung oft von zwei (oder mehr) Konzentrationen der mitpotentialbestimmenden Ionen oder Molekeln ab.

Ein Beispiel ist die Wasserstoffelektrode in saurer Lösung (vgl. Phasenschema Abb. 3). Hier hängt die Gleichgewichts-GALVANI-Spannung bekanntlich von der Konzentration der H^+-Ionen in Phase 2 und der Konzentration (Druck) des mitpotentialbestimmenden, gasförmigen Wasserstoffs der Nebenphase 3 ab:

$$g_{Gl} = \underline{g} - 0{,}029 \log {}_3P_{H_2} + 0{,}059 \log {}_2c_{H^+} = - \frac{({}_1\mu_{-} - {}_2\mu_{-})}{z_{-}\, F}. \tag{11}$$

$\underline{g}$ ist die **Standard**-GALVANI-Spannung bei der Konzentration $_2c_{H^+} = 1$ val/l (bei $f = 1$) und dem Druck $_3P_{H_2} = 1$ Atm.

Ein zweites Beispiel: die Elektrode zweiter Art, etwa das System Ag/KJ-Lösung/festes AgJ (vgl. Phasenschema Abb. 4).

Hier beteiligt sich an dem potentialbestimmenden Vorgang eine Nachbarphase 3, an die Lösung angrenzend. Für die Gleichgewichts-GALVANI-Spannung der

Elektrode zweiter Art ergibt sich:

$$g_{Gl} = g - 0{,}059 \log {}_2c_{J^-} = - \frac{{}_1\mu_{Ag^+} - {}_3\mu_{AgJ} + {}_2\mu_{J^-}}{F} - 0{,}059 \log {}_2c_{J^-}. \qquad (12)$$

Die Standard-GALVANI-Spannung g gilt für ${}_2c_{J^-} = 1$.

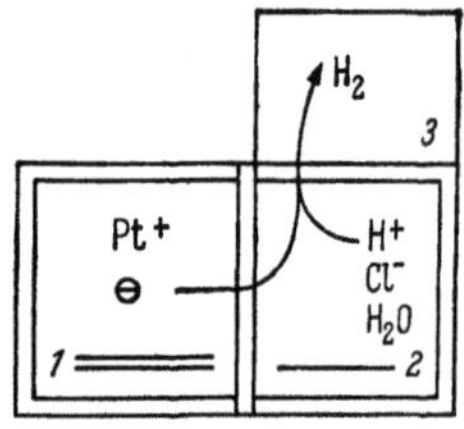

Abb. 3.
Wasserstoffelektrode in Säure.

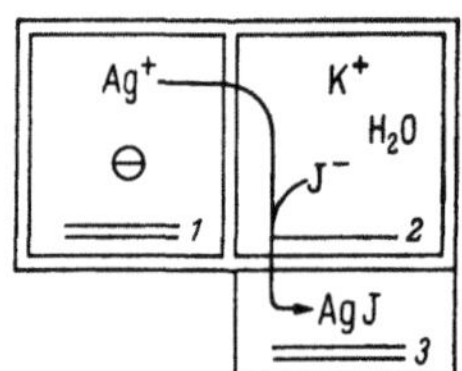

Abb. 4.
Elektrode zweiter Art.

1.13 Die elektrochemische Einzelphase im Stromfluß.

Die stromdurchflossene Einzelphase ist das einfachste Modell für elektrochemisch-kinetische Betrachtungen. Zum Kennzeichnen von Zuständen und Vorgängen in dieser Einzelphase sind einige Definitionen angebracht. Will man die Potentialverhältnisse eindeutig be-

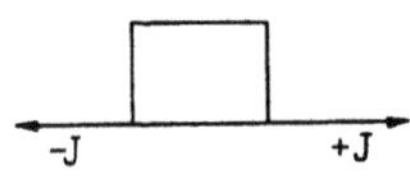

Abb. 5. Zählsinn in der
Einzelphase.

stimmen, so ist zunächst in der Einzelphase eine positive x-Richtung von links nach rechts festzulegen, analog dem Zählsinn in einem Mehrphasensystem (vgl. Abb. 5).

Einen im Zählsinn fließenden Strom J (positive Ladungen) kennzeichnet man durch $J > 0$, einen entgegengesetzt fließenden Strom durch $J < 0$. So sind ferner bei festgelegtem Zählsinn gegeben (in einer Elektrolytphase): das positive Vorzeichen einer Wanderungsgeschwindigkeit dx/dt ($x = $ Weg) und eine örtliche Potentialänderung

$$\Delta \varphi = {}_1\varphi_b - {}_1\varphi_a$$

zwischen dem Ort a und b der Einzelphase 1.

Entsprechend versteht man unter der *elektrischen Spannung* oder dem *elektrischen Potentialabfall* zwischen Punkt a und b innerhalb der Phase 1:

$$_1U_{a,b} = {}_1\varphi_a - {}_1\varphi_b = -\Delta_1\varphi, \qquad (13)$$

die *negative* Potentialdifferenz. „Feldstärke" bedeutet Spannung pro Weg, also

$$\mathfrak{E} = - d\varphi/dx = U_{a,b}/\Delta x. \qquad (14)$$

Für die Kraft, ausgeübt auf ein Ion i innerhalb der Phase über die Strecke x hinweg, ist das *elektrochemische Potentialgefälle* bestimmend:

$$-\frac{d_1\eta_i}{dx} = -\frac{d_1\mu_i}{dx} - z_i\, F\, \frac{d_1\varphi}{dx}\,. \qquad (15)$$

Ist $-d_1\mu/dx = 0$, so kommt es zur rein elektrischen „Wanderung" im engeren Sinne. Ist hingegen

$$-d_1\varphi/dx = 0,$$

so folgt daraus reine „Diffusion".

Auf ein Ion i können das chemische Potentialgefälle $-d_1\mu/dx$ oder das elektrische Potentialgefälle $-d_1\varphi/dx$ oder beide zugleich in gleicher sowie entgegengesetzter Richtung wirken. Das chemische Potentialgefälle $-d_1\mu/dx$ besteht oftmals nur in einem Konzentrationsgefälle:

$$-\frac{d_1\mu}{dx} = -RT\,\frac{d\ln c}{dx}\,. \qquad (16)$$

Unter Stromfluß durchfließt die elektrochemische Einzelphase von links nach rechts ein bestimmter Teilstrom J_i. Bei mehreren beweglichen Ionenarten ist $J = \sum J_i$. Kinetisch hat man eine Hin- und eine Rückreaktion zu unterscheiden. Der von Null verschiedene Teilstrom J_i setzt sich dann aus den elektrischen „Stoßströmen" $\overrightarrow{J_i} + \overleftarrow{J_i}$ zusammen. Ihrerseits sind $\overrightarrow{J_i} = \overrightarrow{N_i}\,z_i\,e$ oder $\overleftarrow{J_i} = \overleftarrow{N_i}\,z_i\,e$, wobei $\overrightarrow{N}$ und $\overleftarrow{N}$ die Zahl der wirksamen Stöße (nach Überwindung einer Aktivierungsenergie) und e das elektrochemische Elementarquantum bedeuten.

1.14 Die einfache Elektrode im reversiblen Stromfluß.

1.14.1 Stoffliche Wirkung des reversiblen Stromflusses.

Bevor wir Elektrodenvorgänge mit irreversibler elektrochemischer Kinetik beschreiben, betrachten wir die einfacheren Zusammenhänge bei reversiblem Stromfluß. Hier handelt es sich gewöhnlich um kleine Ströme in Systemen, deren Gleichgewichts-GALVANI-Spannung sich während des Stromflusses nicht ändert.

In der Elektrolytphase der einfachen Elektrode spielen sich bei der Elektrolyse zwei Arten von Vorgängen ab: Elektrodenvorgänge und Überführungsvorgänge.

Einen potentialbestimmenden Elektrodenvorgang kennzeichnet man für den reversiblen Stromfluß von 1 F durch bestimmte elektrolytische Formel-Molzahlen v, wie sie auch sonst in der Kinetik üblich sind[1]. Für entstehende Stoffe in Molen ist $v > 0$, für verschwindende $v < 0$.

---

[1] SCHOTTKY, W.: Thermodynamik. 1929. — E. LANGE: Chemische Thermodynamik. 1949.

Hierfür zwei Beispiele:

1. An einer Kathode aus platiniertem Platin (Phase 1) möge sich aus Salzsäure (Phase 2) elektrolytisch Wasserstoff (Phase 3) reversibel abscheiden (vgl. Phasenschema Abb. 3). Der Vorgang vollzieht sich nach der Bruttogleichung:

$$_1\ominus + {}_2H^+ \to \tfrac{1}{2}\,{}_3H_2. \quad \text{Hier ist} \quad _1\nu_\ominus = -1, \quad _2\nu_{H^+} = -1, \quad _3\nu_{H_2} = +\tfrac{1}{2}.$$

2. An einer Anode (Phase 1) Zn/ZnSO$_4$-Lösung gehen bei der Elektrolyse Zn^{2+}-Ionen in die Elektrolytlösung (Phase 2) über:

$$\tfrac{1}{2}\,{}_1Zn^{2+} \to \tfrac{1}{2}\,{}_2Zn^{2+}. \quad \text{Dabei ist} \quad _1\nu_{Zn^{2+}} = -\tfrac{1}{2}, \quad _2\nu_{Zn^{2+}} = +\tfrac{1}{2}.$$

Gleichzeitig vollzieht sich neben dem potentialbestimmenden Elektrodenvorgang ein Ladungs- und Stoffaustausch durch Überführung, und zwar zwischen jedem Phasenende und dem entsprechenden Phaseninnern. Ein solcher Austausch läßt sich wenigstens für ein homogenes Lösungsgebiet in genügender Entfernung von der Elektrodengrenzfläche ausdrücken. Allerdings muß man dabei (idealisiert) unverändert bleibende Konzentration an den potentialbestimmenden Stoffen voraussetzen.

LANGE[1] hat hier den Begriff „Leitwertsanteil" ϑ für jede Ionenart eingeführt. Er wird sonst meist mit „Überführungszahl" bezeichnet. Bei einem Salz jk ist $\vartheta_j = \dfrac{u_j + u_k}{u_j}$, wobei u_j und u_k die Ionenwanderungsgeschwindigkeiten bedeuten.

Der stoffliche Gesamtumsatz in einer Phase ergibt sich nun für jede Ionenart als sog. „*Phasenendumsatz*" τ (LANGE und NAGEL[2]), jeweils für 1 F. Im Phasenendumsatz faßt man die von Null verschiedenen Formel-Molzahlen ν und die Stromanteile ϑ für jede Ionenart im Phasenendraum zusammen. So erhält man für die Kathode $\tau_j = \nu_j - \vartheta_j/z_j$ Mol der Ionenart j oder für die Anode

$$\tau_j' = \nu_j + \vartheta_j/z_j \text{ Mol } j.$$

Dank aufrechterhaltener Elektroneutralität folgt aus solchen (Teil-)Phasenendumsätzen der einzelnen Ionen der beobachtbare (Gesamt-)Phasenendumsatz in Mol des betreffenden (elektroneutralen) Stoffes, zusammengesetzt aus den einzelnen Ionen.

Praktisch und theoretisch wichtig ist die Tatsache, daß die Phasenendumsätze, wenn von Null verschieden, im Ablauf der potentialbestimmenden kinetischen Vorgänge *Konzentrationsänderungen* hervorrufen können, und zwar unmittelbar an den Elektroden. Damit verschieben sich die Potentiale gegenüber dem ursprünglichen Gleichgewicht.

---

[1] s. S. 2, Fußn. 2.
[2] s. S. 3, Fußn. 1.

1.14.2 Energetische Wirkung des reversiblen Stromflusses.

Bei reversiblem Stromfluß geht ein Ion arbeitslos von einer Phase in die andere (wenn man von einem geringfügigen Unterschied des elektrochemischen Potentials in beiden Phasen absieht). So braucht man also eine etwa hemmende Potentialschwelle hier zunächst noch nicht zu berücksichtigen.

Wie bei allen reversibel verlaufenden Vorgängen, kann (nach LANGE) auch hier im allgemeinen latente Wärme, sog. PELTIER-Wärme, auftreten. Wir verzichten auf ihre Diskussion.

1.15 Die zweifache Elektrode im stromlosen Zustand.

Einfache elektrochemische Zweiphasensysteme oder einfache Elektroden mit nur *einem* potentialbestimmenden Vorgang sind ziemlich selten. Viel häufiger kommen Zweiphasensysteme vor mit zwei oder mehr potentialbestimmenden Vorgängen. Solche Zweiphasensysteme nennt man *zweifache oder mehrfache Elektroden*.

Bei zweifachen Elektroden können die beiden potentialbestimmenden Vorgänge von zwei verschiedenen potentialbestimmenden Ionen, übergangsfähig mit je einer Bindungsart in jeder Phase, verursacht werden. Zwei potentialbestimmende Vorgänge auszulösen vermag aber u. U. auch nur *ein* potentialbestimmendes Ion, wenn es in einer der beiden Phasen in zwei Bindungsarten vorliegt.

Der erste Fall ist z. B. in folgenden Beispielen verwirklicht: Eine Zinkelektrode tauche in eine Zinksulfatlösung. Scheinbar ist sie eine einfache Elektrode, bei der der potentialbestimmende Vorgang im Übergang der Zn^{2+}-Ionen aus der einen Phase in die andere besteht (vgl. Abb. 6). Thermodynamisch ist sie aber eine zweifache Elektrode. Von den beiden möglichen Übergängen (der Übertritt des Zn^{2+}-Ions und der Übergang des Elektrons aus Phase 1 in Phase 2) ist der Elektronenübertritt zum H^+-Ion (unter

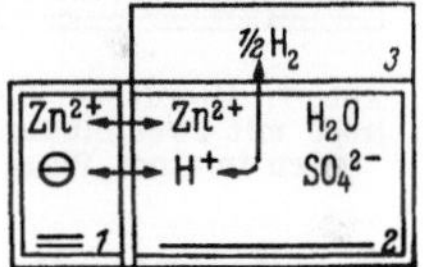

Abb. 6.
Zweifache Elektrode.

Bildung von H_2) vollständig gehemmt. Die theoretisch zweifache Elektrode verhält sich also praktisch wie eine einfache Elektrode. Nur für den potentialbestimmenden Übergang der Zn^{2+}-Ionen stellt sich eine Gleichgewichts-GALVANI-Spannung G_{Gl} einigermaßen konzentrationsrichtig ein.

Bei dem Elektronenübertritt ergibt sich statt der Gleichgewichts-GALVANI-Spannung eine unedlere GALVANI-Spannung. Der Vorgang hat eine von Null verschiedene Überspannung, die in diesem Fall so groß ist, daß er gar nicht ablaufen kann.

Tauche das Zink statt in die $ZnSO_4$-Lösung in verdünnte Schwefelsäure, so laufen *beide* potentialbestimmenden Vorgänge gleichzeitig ab (vgl. Abb. 6). Sie sind jedoch beide merklich gehemmt, d. h., keine der beiden verschiedenen Gleichgewichts-GALVANI-Spannungen stellt sich eindeutig ein. Vielmehr entsteht eine Mischspannung g_{misch}. Sie liegt zwischen den beiden Gleichgewichts-GALVANI-Spannungen und wird oft als Mischpotential bezeichnet. Der Ionen- wie der Elektronenübertritt läuft also mit einer Überspannung ab.

Da die beiden Teilströme entgegengesetzt gerichtet sind, haben die von Null verschiedenen Überspannungen verschiedene Vorzeichen. Der Vorgang mit der positiveren Gleichgewichts-GALVANI-Spannung (in unserem Beispiel $H^+ + e^- \rightarrow \frac{1}{2} H_2$) läuft als kathodischer Gleichstrom ab. Entsprechend liefert der Vorgang mit der negativeren Gleichgewichts-GALVANI-Spannung (im Beispiel $Zn + 2e^- \rightarrow Zn^{2+}$) einen zahlenmäßig gleich großen anodischen Teilstrom. Zusammen ergeben die beiden entgegengesetzt gerichteten Teilströme einen *elektroneutralen*, irreversiblen Stoffumsatz ohne Außenstrom. Im Beispiel ist es die freiwillige Auflösung des Zinks in Säure unter Wasserstoffentwicklung mit dem Bruttovorgang $\frac{1}{2}\,_1Zn + \,_2H^+ \rightarrow \frac{1}{2}\,_2Zn^{2+} + \frac{1}{2}\,_3H_2$. Die meisten Prozesse der Metallkorrosion in Säure lassen sich im Schema einer solchen zweifachen oder mehrfachen Elektrode darstellen.

Für den zweiten Fall einer zweifachen Elektrode, gekennzeichnet durch *ein* potentialbestimmendes Ion, das in einer der beiden Phasen in zwei Bindungsarten vorliegt, gelte folgendes Beispiel: Die Zinkelektrode tauche in eine Lösung, die neben Zinksulfat auch Zink-Ammoniumsulfat enthalte. Neben dem Zinkion liege also z. B. komplexes Tetrammin-Zinkion vor (vgl. Abb. 7). Dann befindet sich das Zinkion in der Phase 2 einmal in Lösungsbindung und zweitens in Reaktionsbindung. Der Ionenübertritt aus der Metallphase verteilt sich auf zwei Bindungsarten in der Lösungsphase 2. Auch dies ist also eine zweifache Elektrode.

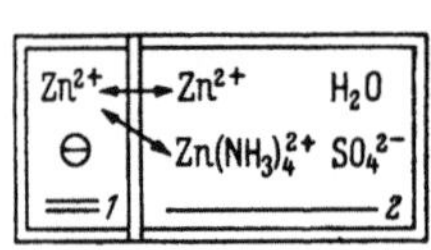

Abb. 7. Zweifache Elektrode mit zwei Bindungsarten in einer Phase.

1.16 Polarisation und Überspannung.

1.16.1 Polarisation und Überspannung an der stromdurchflossenen, einfachen Elektrode.

Die thermodynamische Voraussetzung für Ionenübergänge zwischen der Metallphase 1 und der Lösungsphase 2 oder umgekehrt ist eine Differenz der elektrochemischen Potentiale η, die im stromlosen Gleichgewicht einander gleich sind.

Es ist also für das Ion i: $_{1,2}\eta_i = \,_1\eta_i - \,_2\eta_i$. Ist $_{1,2}\eta_i > 0$, so gehen die Ionen von der Metallphase zur Lösungsphase anodisch über, bei $_{1,2}\eta_i < 0$ wird die umgekehrte Richtung (kathodisch) eingehalten.

In der stromdurchflossenen einfachen Elektrode mit dem Ionenübergang i ist der Strom J_i (Ionenstrom) gleich dem im äußeren Stromkreis meßbaren Strom J. Bisher hatten wir bei der einfachen Elektrode reversiblen Stromfluß, d. h. praktisch Unveränderlichkeit der Gleichgewichts-GALVANI-Spannung angenommen. Bei *nicht*reversiblem Stromfluß muß man aber den Ruhewert der GALVANI-Spannung $_{1,2}g_\text{Ruhe}$ (of tuals gleich der Gleichgewichts-GALVANI-Spannung) zu einem Wert unter Stromfluß g_J verschieben, wenn man eine bestimmte Stromstärke unter Stromfluß J_i einstellen und aufrechterhalten will. Mit anderen Worten, man muß die Elektrode „polarisieren". Umgekehrt verschiebt sich die GALVANI-Spannung g_Ruhe (oder g_{Gl}) spontan auf den Wert g_J, wenn man den Strom J vorgibt.

Solche meßbaren Abweichungen von der Ruhe- oder Gleichgewichts-GALVANI-Spannung bezeichnet man, wie schon erwähnt, als Überspannung oder allgemeiner als Polarisation. Die Polarisation bei Stromfluß ist definiert durch die Differenz Δg_J zwischen GALVANI-Spannung g_J der Versuchselektrode im Stromfluß und GALVANI-Spannung g_Ruhe der gleichen Elektrode im stromlosen Zustand:

$$\Delta g_J = g_J - g_\text{Ruhe}. \tag{17}$$

Die Polarisation kennzeichnet die GALVANI-Spannung der *Elektrode*, während die Überspannung den Sonderfall darstellt, daß g_Ruhe gerade gleich der Gleichgewichts-GALVANI-Spannung g_{Gl} ist. Dann ist die Überspannung also:

$$\Delta g_J = g_J - g_{Gl}. \tag{18}$$

Die Überspannung kennzeichnet mehr den potentialbestimmenden *Vorgang* selbst, der sich mit dem potentialbestimmenden Ion i vollzieht.

Messen kann man die Überspannung Δg_J bekanntlich als Differenz zweier Bezugsspannungen, nämlich der Spannungen zweier Bezugsketten, aufgebaut aus Versuchselektrode und Bezugselektrode. Die eine Bezugskette wird im stromlosen Zustand gebildet und liefert die Bezugsspannung U_G (Grundspannung[1]). Die zweite Bezugskette ergibt sich bei Stromfluß mit der Bezugsspannung U_J. Es gilt also für die Überspannung:

$$\Delta g = U_J - U_G. \tag{19}$$

Erfahrungsgemäß ist die so erhaltene Überspannung bei anodischer Belastung ($J > 0$) positiv, bei kathodischer Belastung ($J < 0$) negativ.

Die Polarisation oder Überspannung ändert sich, wenigstens anfangs, mit der Zeit. Dies ergibt sich aus der Polarisation- (Überspannung-) Zeit-Kurve, aufgenommen bei konstant vorgegebener Strom-

---

[1] Im Falle der Polarisation ist die Bezugsspannung U_G durch eine Bezugsspannung U_R (Ruhespannung) zu ersetzen.

stärke (Abb. 8). Nach einiger Zeit stellt sich für Δg_J ein stationärer Wert bei asymptotischem Verlauf der Kurve ein. Unterbricht man den Strom, so setzt sie sich fort in der Nachpolarisation-Zeit-Kurve.

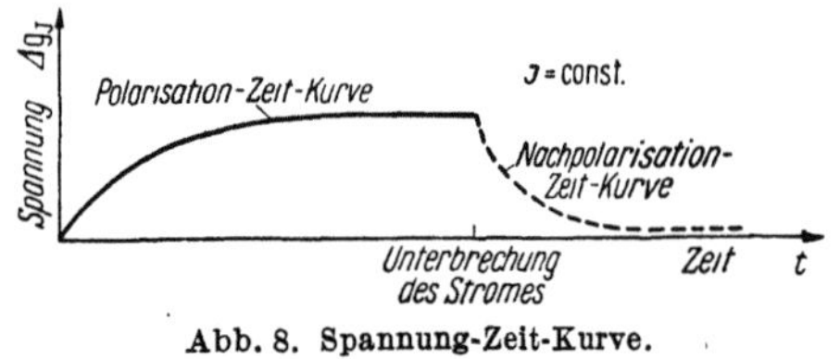

Abb. 8. Spannung-Zeit-Kurve.

Hält man andererseits die GALVANI-Spannung Δg_J der Versuchselektrode konstant, so erhält man entsprechend die Strom-Zeit-Kurve des Stromes durch Versuchselektrode und Gegenelektrode (Abb. 9). Wie die Überspannung J, so nimmt auch der Strom meist nach einiger Zeit einen stationären Wert an, den Reststrom.

Die Beziehungen zwischen den stationären Werten der Überspannung und der Stromstärke oder Stromdichte gibt die stationäre Überspannung-Strom-Kurve oder ihr reziproker Ausdruck, oft Strom-Spannung-Kurve genannt, wieder.

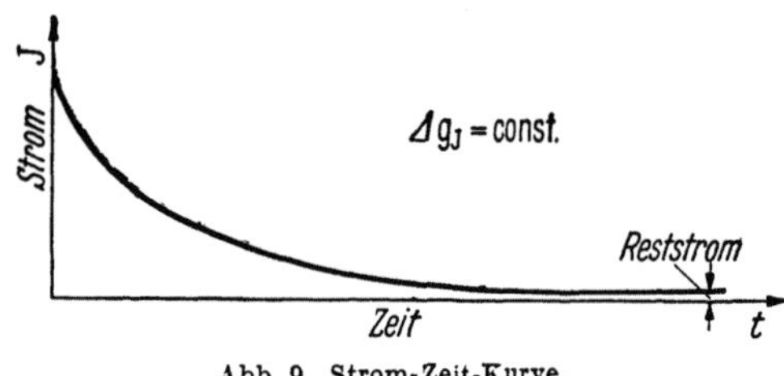

Abb. 9. Strom-Zeit-Kurve.

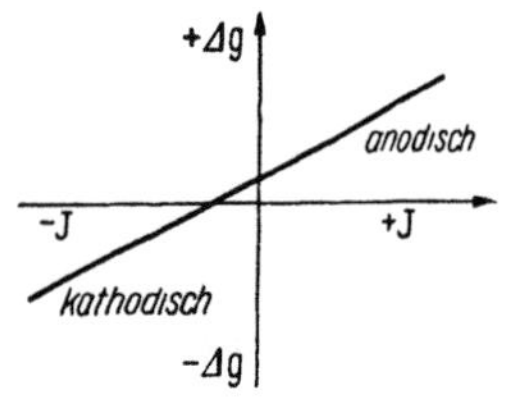

Abb. 10. Strom-Spannung-Kurve.

Es ist erwünscht, die Strom-Spannung-Kurven nach einheitlichen Richtlinien abzubilden. Positive Beträge der GALVANI-Spannung, Polarisation oder Überspannung werden auf der Ordinate nach oben, negative also nach unten aufgetragen (Abb. 10)[1]. Im Zählsinn positive Stromstärken (Stromdichten, $J > 0$, anodische Stromrichtung) trägt man auf der Abszisse nach rechts und negative Stromstärken (Stromdichten, $J < 0$, kathodische Stromrichtung) nach links auf.

Aus der experimentell bestimmbaren Strom-Spannung-Kurve leiten sich folgende Begriffe ab, die in der elektrochemischen Kinetik eine Rolle spielen.

1. Der „*formale Polarisationswiderstand*" W^2. Man bezeichnet ihn so, weil man ihn sich im elektrischen Ersatzschaltbild als einen Widerstand vorstellen kann, der der Polarisation entspricht. Er gehorcht also dem Ohmschen Gesetz $W = \Delta g_J/J$ und stellt mathe-

---

matisch einfach die Neigung der Kurve zur J-Achse dar. Je größer die Überspannung, desto größer ist auch der Polarisationswiderstand.

Man unterscheidet den Zeitwert eines formalen Polarisationswiderstandes, nachdem der Strom eine bestimmte Zeit t geflossen ist: $W_t = \dfrac{\Delta g_{Jt}}{J_t}$ und den formalen *stationären* Polarisationswiderstand W_{stat}, wenn sich Δg_J mit der Zeit nicht mehr ändert $(\Delta g_{J\,\text{stat}})$: $W_{\text{stat}} = \dfrac{\Delta g_{J\,\text{stat}}}{J_{\text{stat}}}$.

2. Die „*Polarisierbarkeit*" $P = \dfrac{d\Delta g_J}{dq}$ *, (Dimension Volt/Coul), wobei q die Elektrizitätsmenge $J\,t$ bedeutet. Hierbei unterscheidet man eine Anfangspolarisierbarkeit für die Zeit

$$t = 0 : P_{t=0} = \left(\frac{d\Delta g_J}{dq}\right)_{t=0} = \left(\frac{d\Delta g_J}{dt}\right)_{t=0} \frac{1}{J}$$

und die differentielle Polarisierbarkeit zur Zeit t:

$$P_t = \left(\frac{d\Delta g_J}{dq}\right)_t = \left(\frac{d\Delta g}{dt}\right)_t \frac{1}{J}\,.$$

3. Wichtiger ist der reziproke Wert der Polarisierbarkeit, die „*Polarisationskapazität*" $C = 1/P$*, aus der man z. B. Aussagen über die Größe der Elektrodenoberfläche und ihre Veränderung, mit der C parallel geht, gewinnen kann (vgl. z. B. ROJTER, POLUJAN und JUZA[1] und C. WAGNER[2]). Auch über die Natur der Doppelschicht kann die Polarisationskapazität Hinweise geben (FRUMKIN[3]).

Man kennt hier wieder eine Anfangs-Polarisationskapazität für $t = 0 : C_{t=0} = 1/P_{t=0}$. Sie ist nach LANGE und NAGEL[4] bei Abwesenheit von Widerstandspolarisation gleich der Kapazität der elektrochemischen Doppelschicht. Man hat also am Anfang des Polarisierens eine endliche Neigung der Polarisations-Ladungskurve zu erwarten. Sie entspricht zahlenmäßig gerade der Aufladung der elektrochemischen Doppelschicht.

1.16.2 Die Grundüberspannungsarten an der einfachen Elektrode bei Stromfluß.

Die Art der Hemmung eines potentialbestimmenden Vorganges, die maßgebend ist für die bereits (Abschn. 1.16.1, S. 13) eindeutig definierte Polarisation oder Überspannung bei Stromfluß, kann ganz verschieden sein. Je nach der Art der Hemmung unterscheidet man folgende Grundüberspannungen (Grundpolarisationen):

[1] ROJTER, V. A,, E. S. POLUJAN u. V. A. JUZA: J. Phys. Chem. Russ. **13** 605, 805 (1939).

[2] WAGNER, C.: J. elektrochem. Soc. **97**, 71 (1950).

[3] FRUMKIN, A. N.: vgl. die im Abschnitt II 2.2 angeführten Zitate.

[4] LANGE, E., u. K. NAGEL: Z. Elektrochem. **53**, 21 (1949).

* Bezogen auf die Einheit der Elektrodengrenzfläche.

a) Konzentrationsüberspannung (Diffusionsüberspannung); b) Widerstandsüberspannung; c) Aktivierungsüberspannung; d) Reaktionsüberspannung.

a) *Konzentrations-* (Diffusions-) Überspannung stellt sich bei ungenügender, z. B. gehemmter, Diffusion (der potentialbestimmenden Ionen oder mitpotentialbestimmenden Teilchen) ein. Gemeint ist die Diffusion zwischen dem Innern einer homogenen Phase mit unveränderter Konzentration und ihrer Grenzschicht an der Elektrode[1]. In der Grenzschicht hat sich wegen eines von Null verschiedenen Phasenendumsatzes τ (vgl. S. 10) bei Stromfluß die Konzentration der potentialbestimmenden Ionen oder mitpotentialbestimmenden Teilchen verändert. Entsprechend muß sich auch die Gleichgewichts-GALVANI-Spannung an der Phasengrenze verändert haben, also zwischen der Oberfläche des Metalls und der Lösungsgrenzschicht: Außerdem können auch irgendwelche Diffusionshemmungen für eine veränderte Gleichgewichts-GALVANI-Spannung verantwortlich sein.

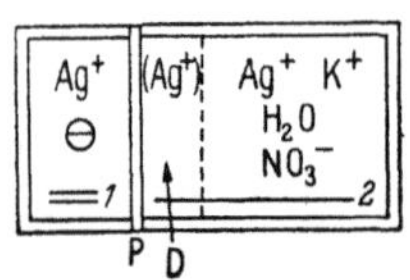

Abb. 11. Konzentrationsänderung im Diffusionsfilm.

Als Beispiel diene das System Ag/AgNO$_3$-Lösung mit sehr geringem Ag$^+$-Gehalt und Überschuß von KNO$_3$ (Leitzusatz, um eine Widerstandsüberspannung praktisch zu eliminieren) (Abb. 11). Die Konzentrationsüberspannung kommt als reversible Verschiebung des Potentialsprunges an der Phasengrenze P infolge der veränderten Ag$^+$-Konzentration zustande (Ag$^+$). Beim Abschalten des Stromes geht der Potentialsprung auf den alten Ruhewert zurück. Die Änderung der Konzentration der potentialbestimmenden Ag$^+$-Ionen beschränkt sich auf eine dünne Diffusionsschicht D (übertrieben gezeichnet) an der Phasengrenze P. In ihr entsteht ein diffusionsbestimmendes Konzentrationsgefälle. Jenseits der Diffusionsschicht, im Inneren der Lösungsphase 2, nimmt man praktisch unveränderte Ag$^+$-Konzentration an.

Bei kathodischem Polarisieren der Ag-Elektrode werden sich in der Diffusionsschicht K$^+$-Ionen anreichern, ohne in die Phase 1 überzugehen. Durch den K$^+$-Überschuß kann eine Hemmung der Diffusion der Ag$^+$-Ionen zustande kommen, die ebenfalls zur Veränderung (Verringerung) der Ag$^+$-Ionenkonzentration in der Diffusionsschicht beiträgt. Diese Wirkung wird im Falle der K$^+$-Ionen relativ klein sein; bei Gegenwart z. B. größerer organischer Kationen kann aber der Anteil solcher Diffusionshemmung schon beträchtlich werden.

Genügend starke Flüssigkeitsbewegung und ein ausreichendes Volumen Lösungsphase fördern das Einstellen eines stationären Wertes

---

[1] Neuerdings nimmt LORENZ (s. S. 120, Fußn. 2) auch eine spezielle „Wachstumsstellen-Konzentrationspolarisation" an, die sich infolge Verarmung an Metallionen in unmittelbarer Nähe der Wachstumsstellen (S. 120) ausbildet.

der Konzentrationsüberspannung. Je schwächer die Bewegung, desto länger verzögert sich das Erreichen des stationären Zustandes. In Ruhe kann die Diffusionsschicht größenordnungsmäßig etwa 0,5 mm dick werden; bei guter Rührung wird die Dicke z. B. auf den 500. Teil zurückgehen. Ausführlicheres siehe später (S. 71, 76).

b) Die *Widerstands*überspannung entspricht einem Ohmschen Spannungsabfall in der „Phasengrenzschicht". Als Phasengrenzschicht ist eine Flüssigkeitsschicht, unmittelbar der Elektrode anliegend, definiert, deren Dicke gleich ist dem Abstand der HABER-LUGGIN-schen Kapillare von der Elektrodenoberfläche. Die Kapillare führt in bekannter Weise zur Bezugselektrode.

Man nimmt dabei an, daß die Phasengrenzschicht inhomogen ist, daß in ihr ein Konzentrationsgefälle besteht, auf der Elektrodenoberfläche eine Deckschicht vorhanden sein kann usw. Widerstandsüberspannung beruht auf einer Hemmung der Ionenwanderung in dieser Phasengrenzschicht.

Wohlgemerkt umfaßt die Widerstandsüberspannung nicht auch noch ähnliche Hemmungen der Ionenwanderung im Innern der Elektrolytphase, im homogenen Phasengebiet. Dieser vom Widerstand der homogenen Lösung stammende Spannungsbetrag $E = JW$, der die Stromwärme ergibt, gehört also definitionsgemäß *nicht* in den Bereich einer Überspannung oder Polarisation. Eine solche Annahme ist auch bereits durch die Art der Ermittlung des Überspannungsbetrages Δg_J mit der HABER-LUGGINschen Kapillare ausgeschaltet.

Die irreversible Widerstandsüberspannung kann beträchtlich ausfallen, wenn das Metall mit einer schlecht leitenden Deckschicht überzogen ist. Die Schicht hemmt dann den Übergang der potential-bestimmenden Ionen in erheblichem Maße. Fehlt eine solche Deck-schicht, so darf die Widerstandsüberspannung bei gut leitenden Lösungen und geringen Stromdichten meist vernachlässigt werden. Deshalb setzt man zum Eliminieren der Widerstandsüberspannung häufig ein gut leitendes Neutralsalz hinzu, dessen Ionen nicht potentialbestimmend sind.

Gelegentlich können aber auch bei gut leitenden Lösungen (ohne Neutralsalz) im Δg merkliche Ohmsche Spannungsabfälle mit enthalten sein, wenn sich die Konzentration des gelösten Salzes in der Phasengrenzschicht als Folge eines Phasenendumsatzes stark vermindert.

Entsprechend verringert sich dann auch die Leitfähigkeit der Phasengrenzschicht. Allerdings verursacht diese starke Konzentrationsminderung nicht nur Widerstandsüberspannung, sondern zugleich Konzentrationsüberspannung.

In der Flüssigkeitsschicht erfaßt die Widerstandsüberspannung nur das in diesem Falle sich herausbildende *elektrische* Potential-gefälle $-d\varphi/dx$, die Konzentrationsüberspannung hingegen das *chemische* Potentialgefälle $-d\mu/dx$ in Form eines Konzentrationsgefälles $-RT\dfrac{d\ln c}{dx}$.

c) Die *Aktivierungs*überspannung entspricht der hemmenden Aktivierungsenergie, die den potentialbestimmenden Vorgang, wie jede andere chemische Reaktion, aufhalten kann. Die Aktivierungsenergie beschränkt sich auf die unmittelbar an der Zweiphasengrenze ablaufende potentialbestimmende Reaktion. Wenn die Aktivierungsenergie allein auftritt, darf also keine wesentliche Diffusionshemmung sie begleiten.

Hemmt die Potentialschwelle im besonderen den Durchtritt des potentialbestimmenden Ions durch die elektrochemische Doppelschicht, so bezeichnet man die dabei auftretende Überspannung als *Durchtrittsüberspannung*[1]. Immerhin muß man bei solchen Spezialisierungen der Hemmungen, wie LANGE[2] ausführt, genauere Aussagen über den potentialbestimmenden Mechanismus machen können, die jedenfalls über eine bloße Ermittlung des potentialbestimmenden *Brutto*vorganges hinausgehen.

Außer der Hemmung im Durchtritt der potentialbestimmenden Ionen durch die Doppelschicht können auch andere Teilschritte des potentialbestimmenden Ionenüberganges verlangsamt sein, z. B. die Einordnung der Metallionen in ein Metallgitter, sofern sie *gleichzeitig* mit der Neutralisation des Metallions stattfindet, die Ausbildung und Aufladung der Doppelschicht unmittelbar zu Beginn der Elektrolyse, indem sich Ionen oder Molekeln unter dem Einfluß des angelegten elektrischen Feldes anlagern oder umordnen usw.

d) Die *Reaktions*überspannung. Ähnlich wie die Konzentrationsüberspannung hängt auch die Reaktionsüberspannung von einer Änderung der Konzentration der potentialbestimmenden Ionen gegenüber der Konzentration im stromlosen Gleichgewicht[3] ab. Zu einer solchen Konzentrationsänderung kommt es, wenn Reaktionen gehemmt werden, die dem potentialbestimmenden Ionen- oder Elektronenübergang *vor*- oder *nach*gelagert sind (vgl. VETTER[1]). Der so entstehenden Konzentrationsänderung entspricht wieder ein Abweichen der GALVANI-Spannung vom Gleichgewichtswert, eben die Reaktionsüberspannung. Sie hängt von der Geschwindigkeitskonstante der vor- oder nachgelagerten Reaktion ab.

Als Beispiel für eine vorgelagerte Reaktion kann man die Dehydratation des potentialbestimmenden Ions ansehen. Bevor ein Ion von der Lösungsphase 2 in die Metallphase 1 übergeht, muß es sich von der Hydrathülle befreien. (Von

---

[1] s. K. VETTER: Z. Elektrochem. **56**, 931 (1952).

[2] s. S. 2, Fußn. 2.

[3] VETTER faßt die Reaktionsüberspannung als eine Konzentrationsüberspannung auf und unterscheidet von ihr die unter 1. erwähnte Konzentrationsüberspannung als Diffusionsüberspannung. Eher erschiene es aber zweckmäßig, die Konzentrationsüberspannung als den *übergeordneten* Begriff für Diffusionsüberspannung und Reaktionsüberspannung aufzufassen.

einer vorgelagerten Reaktion kann man freilich nur sprechen, wenn die Dehydratation nicht *gleichzeitig* mit dem Neutralisationsvorgang des Ions zusammenfällt.) Die Dehydratation kann in zweifacher Weise zur Überspannung, beitragen: Sofern dabei eine Energiebarriere überwunden werden muß, die den Ionenübertritt zur Kathode hemmt, ergibt sie eine Aktivierungsüberspannung. Soweit sich bei der gehemmten Dehydratation die Konzentration der potentialbestimmenden Ionen ändert und die Dehydratation dem Teilschritt des Ionenüberganges vorgelagert ist, verursacht sie eine Reaktionsüberspannung. Unter Umständen kann die Dehydratation wesentlich langsamer ablaufen als der Ionenübergang selbst. Unmittelbar an der Elektrodenoberfläche verarmt der Diffusionsfilm dann an dehydratisierten übergangsfähigen Ionen, die das Potential bestimmen (Abb. 12).

Ein zweites Beispiel für eine vorgelagerte Reaktion ist die Hydrolyse im Diffusionsfilm an der Kathode. Bei der kathodischen Abscheidung eines unedleren Schwermetalls aus einer entsprechenden Schwermetallsalzlösung scheidet sich mehr oder weniger Wasserstoff mit dem Schwermetall ab (z. B. Nickelabscheidung aus schwach saurer $NiSO_4$-Lösung). Der Diffusionsfilm verarmt an

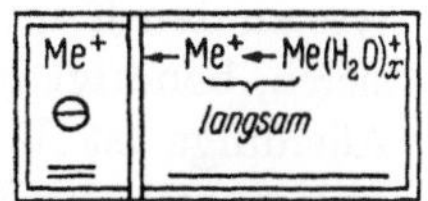

Abb. 12. Dehydratation des sich abscheidenden Kations.

H_3O^+-Ionen, d. h. der p_H-Wert des Diffusionsfilms erhöht sich. Dieser Umstand fördert die Hydrolyse der Schwermetallsalzlösung. Auf Kosten der vorhandenen Schwermetallionen bildet sich (kolloidales) Schwermetallhydroxyd. Mit der erheblich verringerten Schwermetallionen-Konzentration als Folge dieser Umsetzung muß die GALVANI-Spannung unedler werden; so entsteht eine Reaktionsüberspannung.

Das bekannteste Beispiel für eine nachgelagerte Reaktion findet sich bei der kathodischen Abscheidung von Wasserstoff. Primär entstehen hier Wasserstoffatome, die mehr oder weniger schnell in Wasserstoffmolekeln übergehen:

1. $H^+ + e^- \rightarrow H$ Ionenübergang (rasch),

2. $2\,H \rightarrow H_2$ nachgelagerte Reaktion (verzögert).

Durch Vergiftung der katalytisch wirkenden Kathodenoberfläche kann dieser Vorgang gehemmt werden. Bei Hemmung des Vorganges 2 stauen sich Wasserstoffatome an der Kathodenoberfläche an. Mit einer Vergrößerung der Konzentration (des Druckes) der H-Atome an der Kathodenoberfläche muß aber die GALVANI-Spannung unedler werden: $g_J = \underline{g} + RT \ln c_{H^+} - RT \ln c_H$. Es bildet sich somit eine u. U. erhebliche Reaktionsüberspannung heraus.

Von den vier genannten Überspannungs- oder Polarisationsarten sind die Widerstands- und die Aktivierungsüberspannung nicht reversibel. In älteren Lehrbüchern sind sie meist im Begriff „irreversible chemische Polarisation" zusammengefaßt.

1.16.3 Reversible chemische Polarisation.

Bei älteren Deutungen der Polarisation spielt noch der Begriff „chemische Polarisation", genauer reversible chemische Polarisation, eine Rolle. Ihn müssen wir den modernen Begriffen der Grundüberspannungsarten gegenüberstellen. Reversible chemische Polarisation bedeutet die elektromotorische Gegenkraft, die sich in einem System Kathode/Elektrolyt/Anode bei Stromfluß einstellt und der angelegten Spannung entgegengerichtet ist.

Hierfür zwei bekannte Beispiele: 1. Taucht man zwei Kupferelektroden in Kupfersulfatlösung, so zeigen beide Elektroden gegenüber der $CuSO_4$-Lösung praktisch die gleiche GALVANI-Spannung g_{Ruhe}. Das Element $Cu/CuSO_4/Cu$ hat die Zellspannung Null. Schließt man die beiden Elektroden über eine äußere Stromquelle kurz, so findet Elektrolyse statt. Eine beliebig *kleine* Spannung reicht aus, um die Elektrolyse an den Kupferelektroden einzuleiten. Um die Elektrode zu polarisieren, benötigt man mit anderen Worten einen sehr kleinen Δg-Wert. Allerdings ist Voraussetzung, daß lebhaft gerührt wird, denn sonst änderte sich die Konzentration der Cu^{2+}-Ionen in den Diffusionsfilmen an den Elektroden merklich.

Unterbricht man den Strom, so behalten die GALVANI-Spannungen an den Elektroden unverändert den Wert der Ruhe-GALVANI-Spannung, d. h. die Zellspannung des Elementes $Cu/CuSO_4/Cu$ bleibt gleich Null.

Rührt man lebhaft bei der Elektrolyse von $CuSO_4$-Lösung (nicht zu geringer Konzentration) an Kupferelektroden, so kann sich ein galvanisches Element mit einer Gegen-EMK praktisch nicht ausbilden. Im ruhenden Elektrolyten erhöht sich hingegen die Cu^{2+}-Konzentration in der Diffusionsschicht an der Anode, während sie sich in der entsprechenden Schicht an der Kathode verringert. In diesem Falle kommt also die Gegen-EMK eines Konzentrationselementes zustande. Die Gegen-EMK setzt sich aus den Konzentrationsüberspannungen der beiden Elektroden zusammen. Die Diffusionspotentiale an den beiden Grenzen Diffusionsschicht/Elektrolyt können wegen ihrer Geringfügigkeit vernachlässigt werden, zumal sie einander entgegengerichtet sind. (Ebenso heben sich die VOLTA-Spannungen an Elektrodenkontakten praktisch auf.)

Die EMK des erwähnten Konzentrationselementes ist relativ gering, denn Δg beträgt z. B. für zweiwertige Ionen bei Änderung der Konzentration um eine Größenordnung nur 0,029 V. An der Anodenseite ist die Konzentrationsänderung nach oben durch die Löslichkeitsgrenze des betreffenden Schwermetallsalzes begrenzt. Die Konzentration wird sich hier in der Regel um weniger als eine Größenordnung ändern.

An der Kathode könnte die Konzentration bei sehr hohen Stromdichten praktisch bis auf Null (Grenzstrom s. S. 23) absinken. Ginge sie z. B. bis auf etwa 10^{-8} n herunter, d. h. bis auf die Grenze eines noch gerade konzentrationsrichtigen Ansprechens der Elektrode, so bedeutete dies einen Δg-Wert von etwa 0,24 V. Im ganzen könnte also die EMK des Konzentrationselementes im ruhenden Elektrolyten kaum mehr als 0,3 V betragen.

Allerdings sind hier, wie erwähnt, noch die anderen, nicht in der reversiblen chemischen Polarisation enthaltenen, Überspannungsarten möglich, z. B. eine

Aktivierungsüberspannung an beiden Elektroden (Größenordnung etwa 10^{-2} V). Bei sehr hohen Stromdichten käme an der Anode vielleicht — infolge Entstehung passivierender Deckschichten — noch eine Widerstandsüberspannung hinzu. Sie könnte immerhin eine Größenordnung von 10^{-1} bis 1 V erreichen. Man darf also diese außerhalb der reversiblen chemischen Polarisation liegenden Grundüberspannungsarten keinesfalls übersehen.

2. Verwendet man an Stelle der beiden Kupferelektroden zwei Platinelektroden gleicher Form und Größe, so mißt man bei Stromlosigkeit natürlich auch wieder die Klemmenspannung Null, denn die GALVANI-Spannungen der beiden Pt-Bleche gegen die $CuSO_4$-Lösung sind praktisch einander gleich. Um Stromdurchgang und damit Elektrolyse hervorzurufen, genügt aber hier nicht mehr das Anlegen einer beliebig kleinen Spannung. Man benötigt hierzu eine bestimmte Mindestspannung, die bekannte *Zersetzungsspannung*. Der elektrolytische Vorgang verläuft an den Platinelektroden anders als an den Kupferelektroden. Zwar scheidet sich auch an der Platinkathode Kupfer ab. Aber an der Anode geht etwas ganz anderes vor sich: hier entwickelt sich jetzt Sauerstoff, und es tritt kein Metall in die Lösung über wie im ersten Beispiel. Auch bei Unterbrechung des Stromes offenbart sich ein prinzipieller Unterschied: keineswegs geht die Spannung unmittelbar nach der Unterbrechung auf Null zurück wie im Falle der Elektrolyse mit Kupferelektroden. Vielmehr bleibt auch weiterhin eine beträchtliche Klemmenspannung bestehen. Bekanntlich gehen diese Erscheinungen von einem galvanischen Element aus, das sich während der Elektrolyse gebildet hat. In unserem Beispiel ist es das Element $Cu/CuSO_4/Pt/O_2$. Dieses Element entsendet in den äußeren Stromkreis einen Strom, der dem Elektrolysestrom entgegengerichtet ist. Dabei ist die EMK (Zellspannung) dieses Elementes, wie man sich vorstellt, während der Elektrolyse der von außen angelegten Spannung ständig entgegengeschaltet. Diese Gegen-EMK muß überwunden werden, soll überhaupt Elektrolyse stattfinden.

Setzen wir Fehlen der Konzentrationsüberspannung (bei guter Rührung) voraus, so ändern sich bei der Elektrolyse die GALVANI-Spannungen folgendermaßen: An der Kathode geht die Ruhe-GALVANI-Spannung $g_{Pt(Ruhe)}$ über in die (negativere) GALVANI-Spannung unter Stromfluß $g_{Cu(Strom)}$. Es ergibt sich die (negative) Überspannung oder chemische Polarisation an der Kathode:

$$-\Delta g = g_{Cu\,(Strom)} - g_{Pt\,(Ruhe)}.$$

Zugleich geht an der Anode die Ruhe-GALVANI-Spannung $g_{Pt(Ruhe)}$ in die GALVANI-Spannung unter Stromfluß $g_{O_2(Strom)}$ über. Hier bildet sich die (positive) Überspannung oder chemische Polarisation der Anode aus. Die Differenz der beiden Δg-Werte für die chemische Polarisation der Elektroden ist nun die Gegen-EMK E_G, die reversible chemische Gesamtpolarisation: $E_G = \Delta g_A - (-\Delta g_K)$. Praktisch ergibt sie sich also aus der Summe der beiden Überspannungen.

Unterbleibt die Rührung, so kann Δg_K noch negativer, Δg_A noch positiver werden. Auch die Konzentrationsüberspannung geht also zusätzlich in die reversible chemische Gesamtpolarisation ein.

In manchen Fällen kann auch Reaktionsüberspannung, hervorgerufen durch Konzentrationsänderungen der potentialbestimmenden oder mitpotentialbestimmenden Teilchen bei Hemmung von Vor- oder Nachreaktionen, ein weiterer Bestandteil der reversiblen chemischen Polarisation werden.

In unserem Beispiel mag dies an der Kathode etwa von der Dehydratation der Cu^{2+}-Ionen oder an der Anode von einer Verzögerung des Zusammentrittes der Sauerstoffatome zu Sauerstoffmolekeln gelten.

Die reversible chemische Polarisation umfaßt also alle diejenigen Abweichungen von der GALVANI-Spannung, die auf Änderungen der Art und der Konzentration der potentialbestimmenden oder mitpotentialbestimmenden Teilchen an der Elektrode beruhen.

Die reversible chemische Polarisation schließt aber nicht die anderen beiden Grundüberspannungsarten Widerstandsüberspannung und Aktivierungsüberspannung ein.

Die in unserem Beispiel angedeuteten Δg-Werte dürften als chemische Polarisation in Wirklichkeit zu klein sein. Denn sie enthalten z. B. nicht eine Aktivierungsüberspannung, wie sie bei der Entladung der Cu^{2+}-Ionen an der Kathode, namentlich in sauren $CuSO_4$-Lösungen, auftritt. Sie enthalten auch nicht eine Widerstandsüberspannung, die sich z. B. infolge Passivierung der Anode unter Entwicklung von O_2 ausbilden könnte.

Reversible chemische Polarisation findet man bevorzugt an ,,unangreifbaren'' Elektroden (Beispiel Platin). An löslichen Elektroden kann sie hingegen sehr klein sein, gute Rührung und nicht zu hohe Stromdichte vorausgesetzt. Lösliche Elektroden bezeichnet man unter diesen Bedingungen nach der alten Auffassung als ,,unpolarisierbar'', eine Bezeichnung, die nach obigen Ausführungen nicht genau zutrifft.

1.16.4 Überlagerungen von Grundpolarisationsarten an der einfachen Elektrode.

An der einfachen Elektrode können sich gleichzeitig mehrere Grundpolarisationsarten überlagern. Dies ist ein sehr häufiger Fall. In einem Ersatzschaltbild kann man eine solche Überlagerung der Hemmungen als hintereinandergeschaltete Widerstände auffassen. Häufig überlagern sich, wie erwähnt, Konzentrationspolarisation und Widerstandspolarisation. Aber auch Aktivierungspolarisation kann sich mit der Konzentrationspolarisation oder der Reaktionspolarisation verbinden.

Die einzelnen Polarisationsanteile einwandfrei experimentell voneinander zu trennen, ist eine wichtige Aufgabe der elektrochemischen Kinetik. Man hat sie bis heute noch nicht vollständig lösen können. Bevor die Möglichkeiten für eine Lösung besprochen werden, versuchen wir, uns den Charakter der stationären Strom-Spannung-Kurven für die *einzelnen* Grundpolarisationsarten anschaulich zu machen.

Abb. 13 zeigt schematisch eine Strom-Spannung-Kurve für die Widerstandsüberspannung. Sie verläuft linear, Δg ist — dem Ohmschen Gesetz entsprechend — direkt proportional JW. Die Aktivierungspolarisation ergibt, wie Abb. 14 im Kurvencharakter andeutet, eine halb-

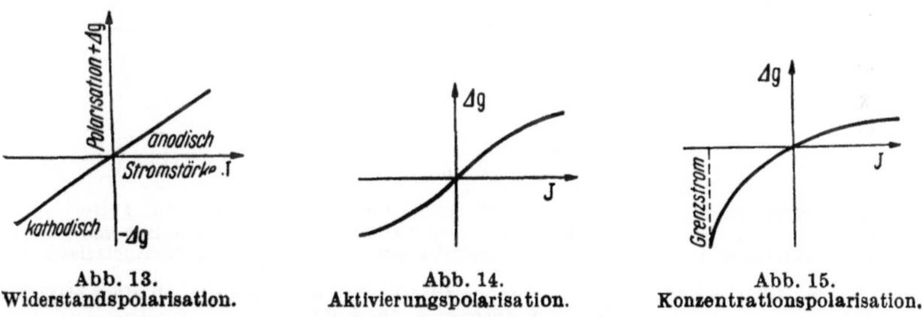

<table>
<tr><td align="center">Abb. 13.
Widerstandspolarisation.</td><td align="center">Abb. 14.
Aktivierungspolarisation.</td><td align="center">Abb. 15.
Konzentrationspolarisation.</td></tr>
</table>

logarithmische Beziehung $\Delta g \sim \log J$. Bei der Konzentrationspolarisation (Abb. 15) bildet sich auf der kathodischen Seite ein Grenzstrom aus, wenn die Konzentration der potentialbestimmenden oder mitpotentialbestimmenden Ionen an der Elektrode infolge Hemmung der Diffusion oder beträchtlichem Phasenendumsatz τ auf Null abgesunken ist. Der Grenzstrom (oder Diffusionsstrom) J_{G_r} ist von der Überspannung Δg ganz unabhängig. Mathematisch ist dann $\Delta g = -\infty$. Auf der anodischen Seite wird ein solcher Grenzstrom nicht entstehen, wenn der Anodenvorgang in einem Übergang von Metallionen aus der Anode in die Lösung besteht (lösliche Anode). Wohl aber kann auch dort ein Grenzstrom zustande kommen, sofern sich im Anodenvorgang Anionen entladen (unlösliche Anode).

Wird der potentialbestimmende Ionen- oder Elektronenübergang von zwei verschiedenartigen Hemmungen maßgebend gesteuert, so ergibt sich die stationäre Strom-Spannung-Kurve, indem sich die beiden zugehörigen einfachen Strom-Spannung-Kurven wie zwei hintereinandergeschaltete Widerstände überlagern.

Abb. 16 und 17 zeigen (nach NAGEL[1]) in schematischen Kurven Beispiele für drei Fälle der Überlagerung. In Abb. 16 überlagern sich

---

[1] NAGEL, K.: Arch. f. Metallkde. **3**, 33 (1950).

Widerstandspolarisation und Konzentrationspolarisation, in Abb. 17 Widerstandspolarisation und Aktivierungspolarisation.

Im dritten Beispiel (Abb. 18), einer Überlagerung von Aktivierungspolarisation und Konzentrationspolarisation, überwiegt bei kleinen kathodischen Belastungen die Aktivierungspolarisation, bei großen die Konzentrationspolarisation. Die Konzentrationspolarisation hängt von der Geschwindigkeit des Antransportes der potentialbestimmenden Ionen ab. Ist deren Konzentration an der Kathode Null geworden, so entsteht hier (wie auch in Abb. 15) wieder der spannungsunabhängige Grenzstrom.

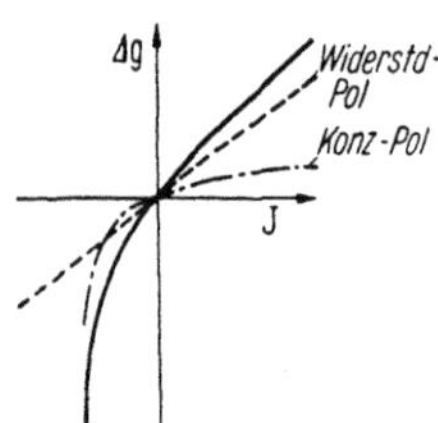

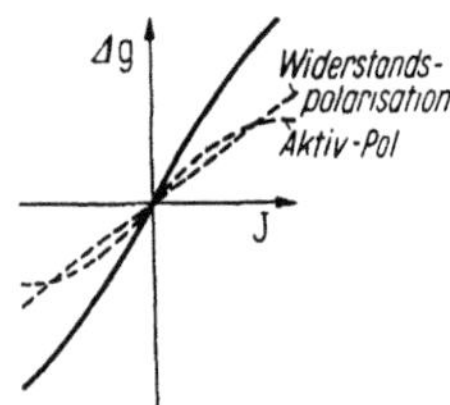

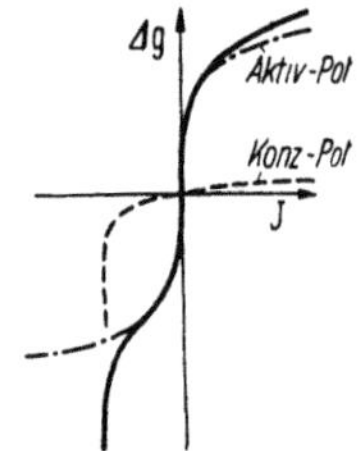

Abb. 16. Widerstands-polarisation und Konzentrationspolarisation.

Abb. 17. Widerstands-polarisation und Aktivierungspolarisation.

Abb. 18. Aktivierungspolarisation und Konzentrationspolarisation,

Abb. 16—18. Überlagerung von zwei Grundpolarisationsarten Δg_1 und Δg_2 an einer einfachen Elektrode $\Delta g_{gesamt} = \Delta g_1 + \Delta g_2$.

Im allgemeinen Fall überlagern sich sämtliche Grundpolarisationsarten. Das Ersatzschaltbild des stationären Zustandes besteht dann aus drei oder vier hintereinandergeschalteten Widerständen. Die Größe dieser Widerstände ergibt sich aus der jeweiligen Hemmung. Sie ändern sich bei der Aktivierungs-, der Konzentrations- und der Reaktionspolarisation mit der Stromdichte. Bei der Widerstandspolarisation bleibt der Widerstand gewöhnlich unverändert. Wie erwähnt, sind aber auch Ausnahmen möglich, wie z. B. die anodische Passivierung (vgl. S. 28) oder die Änderung der sekundären Inhibition (vgl. S. 249) mit der Stromdichte.

Zur Trennung der einzelnen Polarisationsanteile voneinander eignet sich oft eine genaue zeitliche Analyse der Gesamtpolarisation (z. B. mit einem empfindlichen Oszillographen). Am leichtesten läßt sich auf diesem Wege die Widerstandsüberspannung von den anderen Überspannungsarten abtrennen.

Zu diesem Zweck nimmt man die zeitliche Veränderung der Polarisation bei konstanter Stromdichte unmittelbar nach dem Einschalten des Stromes mit einem Elektronenstrahloszillographen ausreichender Verstärkung auf. Man erhält dabei die *Anklingkurve* der Polarisation (vgl. Abb. 19). Die Widerstandspolarisation stellt sich gewöhnlich viel rascher ein als die anderen Grundpolarisationsarten (etwa in spätestens 10^{-5} sek). Abb. 19 zeigt z. B. (nach FALK, KRIEG und LANGE[1]) das Verhalten einer Silberanode, belegt mit einer Deckschicht aus Silberjodid. Praktisch unmittelbar nach Stromschluß (bei 0, Abb. 19) springt die GALVANI-Spannung auf einen negativeren Wert (die Überspannung Δg). Im Laufe von höchstens 10^{-5} sek nimmt die Widerstandspolarisation noch etwas zu und wird dann stationär[2].

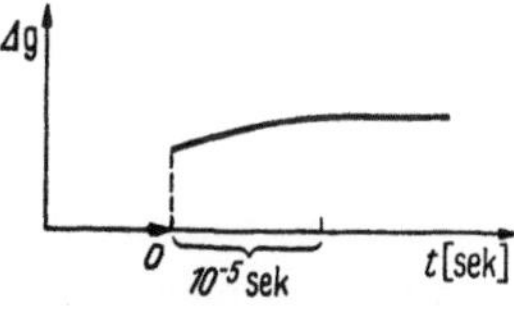

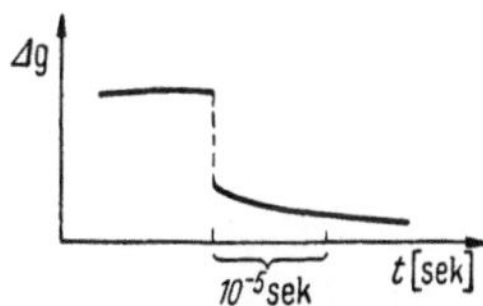

Abb. 19. Anklingkurve.   Abb. 20. Abklingkurve.

An die Widerstandspolarisation schließt sich zeitlich eine etwaige Aktivierungspolarisation an, die sich bis in den Zeitbereich von 10^{-3} sek ausdehnen dürfte. Darauf folgt etwaige Konzentrationspolarisation bis etwa in den Zeitbereich von 10^{-1} sek und mehr. Konzentrationspolarisation kann sich aber auch schon vor Ende der Periode der Aktivierungspolarisation einstellen, indem sie diese überlagert.

Im Bereich der Aktivierungspolarisation ergibt sich eine Anfangspolarisationskapazität $\left(\dfrac{d\Delta g}{dq}\right)_{t=0}$, die nahezu mit der Kapazität der elektrochemischen Doppelschicht übereinstimmt. Im weiteren Verlauf, d. h. im Gebiet der Konzentrationspolarisation, übersteigen die Werte der differentiellen Polarisationskapazitäten bei weitem die Kapazität der elektrochemischen Doppelschicht.

In Grenzfällen, z. B. in extrem dünnen Schichten, etwa von atomarer Dicke, scheinen die Grundüberspannungen nach LANGE[3] überhaupt nicht mehr verschiedener Natur zu sein. Man kann sie dann auch nicht mehr trennen. Widerstandspolarisation und Konzentrationspolarisation dürften dann in Aktivierungspolarisation übergehen.

Ladungsänderungen, wie sie sich in der elektrochemischen Doppelschicht bei Konzentrationspolarisation und Aktivierungspolarisation während des Anklingvorganges vollziehen, offenbaren sich nicht nur bei einer Analyse der Anklingkurve. Man findet sie auch wieder — aber in umgekehrter Richtung — beim Analysieren einer *Abklingkurve*, unmittelbar nach Ausschalten des Stromes (Abb. 20).

Auch die Abklingkurve nimmt man oszillographisch auf. Man schaltet den Strom ab, nachdem zuvor der stationäre Zustand der

---

[1] FALK, G., M. KRIEG u. E. LANGE: Z. Elektrochem. **55**, 396 (1951).

[2] M. SEIPT (Dipl.-Arb. 1953, Techn. Hochschule Karlsruhe) fand sie bereits im Bereich von 10^{-7} sek beendet.

[3] s. S. 2, Fußn. 2.

Überspannung erreicht wurde. Der Anfangspolarisationskapazität $\left(\dfrac{d\varDelta g}{dq}\right)_{t\,=\,0}$ in der Anklingkurve entspricht jetzt einer **Anfangsdepolarisationskapazität** in der Abklingkurve.

1.16.5 Überspannungserscheinungen an der mehrfachen Elektrode.

Überspannungserscheinungen an einer stromdurchflossenen zweifachen (oder mehrfachen) Elektrode werden meist komplizierter sein als solche an einer einfachen Elektrode. Immerhin sollte man aber auch sie ohne große Schwierigkeiten von den Grundpolarisationen aus verstehen können. In einem Ersatzschaltbild könnte man sich den Mechanismus dieser Erscheinungen an der zweifachen Elektrode formal in einer Art Parallelschaltung zweier gehemmter potentialbestimmender Vorgänge vorstellen. Jeder dieser Vorgänge kann dann noch eine oder auch mehrere hintereinandergeschaltete Hemmungen aufweisen.

Bei allen stromdurchflossenen zweifachen (mehrfachen) Elektroden hat man außer dem unmittelbar meßbaren Außenstrom[1] als Gesamterscheinung noch die einzelnen Teilströme zweier (oder mehrerer) potentialbestimmender Teilvorgänge zu unterscheiden. Diese Teilströme kann man ermitteln, indem man die dazugehörigen stofflichen Änderungen irgendwie analytisch bestimmt und sie, dem FARADAYschen Gesetz entsprechend, in Stromstärken (Stromdichten) umrechnet.

So lassen sich z. B. die Teilströme bei gleichzeitiger kathodischer Abscheidung von Metall und Wasserstoff bestimmen, indem man die abgeschiedenen Mengen Metall und Wasserstoff ermittelt.

Nicht jeder Teilstrom muß in seiner Richtung mit der Richtung des Gesamtstromes übereinstimmen. Auf jeden Fall müssen aber die Teilströme bei algebraischer Addition den Gesamtstrom ergeben. Sofern möglich, nimmt man zur Erforschung der Verhältnisse experimentell die Teilstrom-Spannung-Kurven für jeden der beiden potentialbestimmenden Vorgänge auf. Sie reichen vom kathodischen bis zum anodischen Gebiet. Dazu dienen Messungen mit dem jeweiligen einfachen System. Bei der kathodischen Abscheidung von Silber-Blei-Legierungen bestimmt man also z. B. die Strom-Spannung-Kurven jeweils im System Silber-Silbersalz-Lösung und Blei- (entsprechende) Bleisalzlösung.

Aus den Teilstrom-Spannung-Kurven kann man graphisch die dazugehörige Gesamtstrom-Spannung-Kurve des betreffenden Außenvorganges ableiten. Sind die Zusammenhänge richtig gedeutet worden, so sollte die abgeleitete Gesamtstrom-Spannung-Kurve mit der gemessenen Strom-Spannung-Kurve der zweifachen Elektrode übereinstimmen. Abweichungen können vorkommen, wenn die beiden Teilvorgänge nicht voneinander unabhängig sind. Dies kann z. B. der

---

[1] Weiterhin als Gesamtstrom bezeichnet.

Fall sein bei der Bildung anodischer Deckschichten, abhängig von dem zweiten Vorgang der anodischen Auflösung, oder wenn der eine abgeschiedene Stoff in dem anderen löslich ist, vielleicht sogar eine Verbindung bildet (z. B. Hydrid oder intermetallische Verbindung), oder wenn sekundäre Inhibition (vgl. S. 249) auftritt.

Praktisch stellt man die Potentialverhältnisse, wie z. B. Gleichgewichts-GALVANI-Spannung und Überspannung, an einer solchen — schematisch gezeichneten — zweifachen Elektrode folgendermaßen dar (Abb. 21, nach LANGE[1]).

Aus den Meßpunkten der beiden Teilstrom-Spannung-Kurven kann man die entsprechenden Punkte der Gesamtstrom-Spannung-Kurve graphisch finden, indem man für jede Spannung $J' + J''$ (J' und $J'' =$ Stromstärke der betreffenden Teilstrom-Spannung-Kurven) bildet.

In einem ausgezeichneten Punkt ist $J' + J'' = 0$ (wo die Gesamtstrom-Spannung-Kurve die Ordinate schneidet). Er entspricht der Ruhe- GALVANI- Spannung

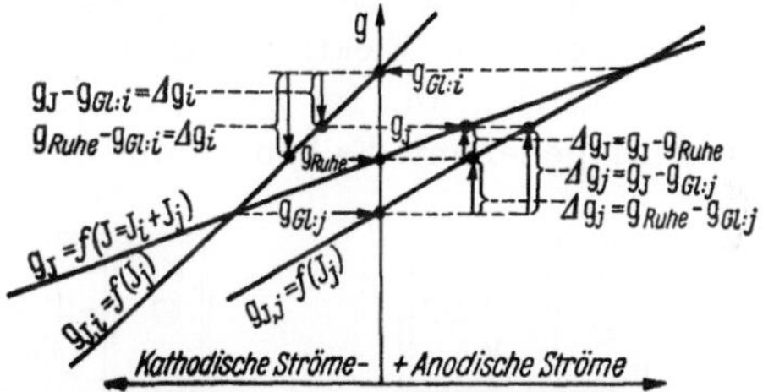

Abb. 21. Zweifache Elektrode. Schematische Darstellung der Polarisationsverhältnisse.

g_{Ruhe} bei $J = 0$. Hier sind die beiden Teilstromstärken gerade einander entgegengesetzt gleich; es fließt also kein äußerer Gesamtstrom.

In allen anderen Fällen ergibt sich eine Summe oder eine Differenz der beiden Teilströme, je nachdem, ob die beiden Teilströme gleich- oder entgegengesetzt gerichtet sind, ob also beide Strom-Spannung-Kurven im gleichen oder in zwei verschiedenen Koordinatenbereichen verschiedenen Zählsinnes liegen.

Umgekehrt kann man aus der Gesamtstrom-Spannung-Kurve entsprechend auch die Teilstrom-Spannung-Kurven ableiten, wenn die Stoffumsätze der Teilprozesse ermittelt und in Stromstärken umgerechnet sind. Dies kommt namentlich dann in Betracht, wenn sich die Teilstrom-Spannung-Kurven nicht direkt bestimmen lassen.

Auch bei nicht befriedigender Übereinstimmung der berechneten und experimentell gefundenen Strom-Spannung-Kurven behält diese Methodik einer analytischen Erforschung der zweifachen oder mehrfachen Elektrode ihren Wert. Sie liefert dann die Erkenntnis, daß entweder ein grundsätzlicher Fehler in der Deutung des Reaktionsmechanismus besteht, oder daß keine der beiden Teilstrom-Spannung-Kurven völlig unabhängig von der Natur und Intensität der anderen ist.

---

[1] s. S. 2, Fußn. 2.

1.16.6 Aktivität und Passivität.

Der Übergang einer Elektrode aus dem *aktiven* in den *passiven* Zustand und umgekehrt ist ein relativ einfacher Sonderfall der Überspannungserscheinungen an der mehrfachen Elektrode. Offenbar ist er ziemlich verbreitet und wichtig.

An einer Elektrode, fähig, Aktivität und Passivität zu wechseln, sind thermodynamisch (mindestens) zwei potentialbestimmende Vorgänge möglich. Gewöhnlich ist aber einer der beiden Vorgänge so gehemmt, daß er nicht ablaufen kann.

In unserem Beispiel (Abb. 23) besteht der eine Vorgang im Übergang eines Metallions, der zweite im Übertritt eines Elektrons aus der Metallphase 1 in die Elektrolytphase 2. Bei dem zweiten Vorgang lagert sich das Elektron sogleich unter Reaktionsbindung an ein Wasserstoffion an. Im aktiven Zustand ist der Elektronenübertritt gänzlich gehemmt. Es können nur die Metallionen übertreten (Abb. 22).

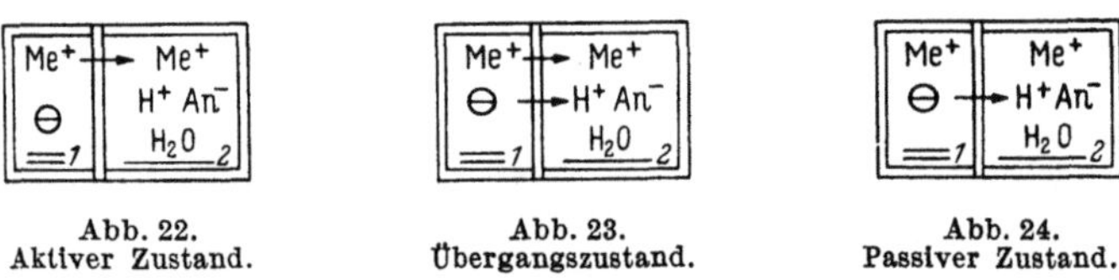

<table>
<tr><td align="center">Abb. 22.
Aktiver Zustand.</td><td align="center">Abb. 23.
Übergangszustand.</td><td align="center">Abb. 24.
Passiver Zustand.</td></tr>
</table>

Die aktive Elektrode kann sich bekanntlich bei anodischer Belastung (z. B. in Gegenwart von Sauerstoffsäureanionen) oder mit Hilfe einer irreversiblen chemischen Reaktion (z. B. Berührung mit einer oxydierenden Säure) passivieren. Beim Übergang vom aktiven in den passiven Zustand vermindert sich zunächst die Hemmung des zweiten Vorganges, während der erste Vorgang zunehmend gehemmt wird. So können also beide Vorgänge, in unserem Beispiel Ionenübergang und Elektronenübergang, nebeneinander ablaufen (Abb. 23). In einem Übergangszustand entsteht also aus der quasi einfachen Elektrode wenigstens vorübergehend eine zweifache Elektrode.

Wird nun im weiteren (anodischen) Stromfluß oder in weiterer irreversibler chemischer Reaktion die Hemmung des Metallionenüberganges praktisch vollständig, während die Hemmung des Elektronenübertrittes größtenteils verschwindet, hat sich mit diesem vollzogenen Wechsel wieder eine quasi einfache Elektrode ausgebildet. Die Elektrode befindet sich jetzt im passiven Zustand (Abb. 24). Dieser Wechsel der Polarisation vom aktiven in den passiven Zustand (und umgekehrt) kennzeichnet sich in einem ziemlich großen Betrag der Überspannung und in einer zeitlich relativ lange währenden Veränderlichkeit der Elektrode. Auch die Nachüberspannung ist von Null wesentlich verschieden.

1.16.7 Die Überspannung des Wasserstoffs.

1.16.71 Allgemeines.

Bei der elektrolytischen Abscheidung von Metallen ist die Stromausbeute selten genau 100%. Sehr häufig beträgt sie weniger als 100%, d. h., die Abscheidung des Metalls ist nicht die einzige Reaktion an der Kathode. Scheidet sich nicht etwa ein zweites Metall mit ab, so wird in der Mehrzahl der Fälle Wasserstoff der Begleiter des sich abscheidenden Metalls sein. Neben der Metallabscheidung, deren Mechanismus noch im einzelnen ausführlich zu erörtern sein wird, gebührt also der Wasserstoffabscheidung eine wichtige Rolle bei der Diskussion kathodischer Reaktionen.

Bekanntlich mißt man die reversible Gleichgewichts-GALVANI-Spannung g_{Gl} der Wasserstoffelektrode, z. B. in Säure oder Lauge, am besten am platinierten Platin, umspült von Wasserstoffgas von Atmosphärendruck. Für Zimmertemperatur gilt:

$$g_{Gl} = g_0 + \frac{0{,}058}{2} \log \frac{c^2_{\mathrm{H_3O^+}}}{c_{\mathrm{H_2}}} *. \qquad (17)$$

g_0 ist die Standard-GALVANI-Spannung (Normalpotential) des Wasserstoffes, gemessen in einem Elektrolyten von der $\mathrm{H_3O^+}$-Aktivität 1, was z. B. annähernd in 2 n-$\mathrm{H_2SO_4}$ der Fall ist. In der NERNST-Skala der Spannungsreihe hat g_0 bekanntlich den Wert 0,0 V.

Nur an wenigen „aktiven" Metallen stellt sich die Gleichgewichts-GALVANI-Spannung des Wasserstoffs reversibel ein. Dies gelingt z. B. an Platin, Gold, Iridium, Palladium, Nickel. Hingegen hat man die reversible Gleichgewichts-GALVANI-Spannung an Quecksilber, Blei, Kupfer bisher nicht nachweisen können. An diesen „inaktiven" Metallen mißt man also im stromlosen Zustand in Berührung mit Wasserstoff nur eine Ruhe-GALVANI-Spannung.

Theoretisch sollte die kathodische Entwicklung von Wasserstoff gerade bei der Gleichgewichts-GALVANI-Spannung beginnen, wenn z. B. eine platinierte Platinkathode durch Anlegen eines äußeren Feldes auf diese GALVANI-Spannung gebracht wird. In der Tat trifft dies bei sehr geringen Stromdichten auch angenähert zu, allerdings nur an dieser einen Elektrode. Bei allen anderen Elektrodenmaterialien (einschließlich glatten Platins) bleibt die Wasserstoffentwicklung bei der Gleichgewichts-GALVANI-Spannung aus. Um die Wasserstoffentwicklung einleiten zu können, müssen diese Elektroden auf merklich *negativere* Abscheidungs-GALVANI-Spannungen g_J gebracht werden. Die Überwindung einer Abscheidungshemmung verlangt also eine Wasser

---

* Statt der **Konzentration** c der $\mathrm{H_3O^+}$-Ionen ist genauer ihre Aktivität zu verwenden.

stoffüberspannung Δg, für die die bereits bekannte Beziehung gilt:

$$\Delta g = g_J - g_{Gl}.$$

Diese Differenz bezieht sich also auf den an platiniertem Platin gemessenen reversiblen Gleichgewichtswert. Meßbare Wasserstoffmengen scheiden sich offenbar nur bei meßbarer Überspannung Δg ab. Bei der Wasserstoffüberspannung hängt Δg, wie auch sonst die Überspannung, von der Stromdichte ab, d. h., zu jedem Δg-Wert gehört ein bestimmter ΔJ-Wert.

Besondere Aufmerksamkeit hat man früher demjenigen Δg-Wert geschenkt, bei dessen zugehöriger Stromdichte ΔJ eine gerade eben sichtbare Entwicklung von Wasserstoffbläschen an dem betreffenden Kathodenmaterial beginnt. Dieser Δg-Wert wurde als Mindestüberspannung (Δg) bezeichnet. Ihr Betrag ist für die verschiedenen Elektrodenmaterialien ganz verschieden. Jedoch ist die Betrachtung der Wasserstoffüberspannung vom Standpunkt der Mindestüberspannung heute überholt. Die Mindestüberspannung läßt sich nicht genügend sicher festlegen. Ob man die Stromdichte langsam so steigert, bis gerade das erste Gasbläschen zu sehen ist, oder ob man, von höheren zu niedrigen Stromdichten übergehend, die Stromdichte zu finden sucht, bei der gerade das letzte Gasbläschen entwickelt wird, man wird selten ganz befriedigende Übereinstimmung beobachten. Deshalb läßt sich die Überspannung mit der Mindestüberspannung nicht exakt definieren.

Überdies muß man berücksichtigen, daß sich atomarer Wasserstoff in manchen Metallen reichlich löst, wie z. B. Palladium. Ist das Metall noch nicht mit Wasserstoff gesättigt, so wird ein anderer Wert der Mindestüberspannung gemessen als nach der Sättigung. Hieraus ergibt sich wieder die Notwendigkeit, die Zeitabhängigkeit der Überspannung zu beachten und nur stationäre Werte zu messen.

Auch die Vorgeschichte der Kathode kann von Belang sein: es ist für die Höhe der Überspannung nicht gleichgültig, ob das Metall gegossen oder gewalzt, gebeizt oder poliert wurde usw. Oft ist die Überspannung z. B. auch viel niedriger, wenn die Kathode vorher in einer Sauerstoffsäure oder in einer Lauge anodisch polarisiert wurde. Adsorbierter Sauerstoff depolarisiert in diesem Fall (vorübergehend) durch Oxydation die Wasserstoffabscheidung. Eine bleibende atomare Aufrauhung der Oberfläche hält die Überspannung auch weiter im Bereich geringerer Werte.

Wie wichtig extreme Reinheit der Elektrolyte und aller mit ihnen in Berührung kommenden Apparateteile bei der Bestimmung der Wasserstoffüberspannung sein muß, haben vor allem Untersuchungen von BOCKRIS und Mitarbeitern[1] gezeigt. So gelang es ihnen, durch extreme Vorreinigung des Elektrolyten (Vorelektrolyse), z. B. an Silberelektroden, die Werte der Wasserstoffüberspannung um mehrere Zehntelvolt herabzudrücken.

---

[1] BOCKRIS, J. O'M., in J. A. V. BUTLER: Electrical Phenomena at Interfaces. Kap. VII, S. 155 bis 189. London 1951. — J. O'M. BOCKRIS u. E. C. POTTER: J. Electrochem. Soc. **99**, 169 (1952).

Die Wasserstoffüberspannung wird also heute mit der oben erwähnten Differenz der GALVANI-Spannungen (S. 30) definiert. Man nimmt die Δg-Werte stationär über einen ganzen Stromdichtebereich auf und bestimmt somit die Strom-Spannung-Kurve (vgl. S. 14). Dabei ist es im Falle der Wasserstoffüberspannung üblich, die Stromdichte logarithmisch aufzutragen. In der konventionellen Darstellungsweise (LANGE[1]) findet sich die Strom-Spannung-Kurve der Wasserstoffabscheidung hauptsächlich im linken unteren Koordinatenbereich (vgl. Abb. 25).

1.16.72 Mechanismus der Wasserstoffüberspannung.

Für die Änderung der Wasserstoffüberspannung mit der Stromdichte gilt eine von TAFEL[2] gefundene logarithmische Beziehung, die in ihrer allgemeinen Form lautet:

$$\Delta g = a - b \log J. \qquad (18)$$

Dabei bedeutet Δg die (H-) Überspannung, a und b sind Konstanten, charakteristisch für jedes Elektrodenmaterial bei gegebenem Druck, Temperatur und Elektrolytzusammensetzung. Nach der TAFELschen Beziehung steigt demnach die Wasserstoffüberspannung mit steigender Stromdichte logarithmisch an. Die $\Delta g/\log J$-Kurve muß also eine Gerade darstellen (vgl. Abb. 25, nach BOCKRIS[3]). Die Konstante b gibt die Neigung zur $\log J$-Achse an. Praktisch hat sie meist einen zwischen 0,11 und 0,12 liegenden Wert (über Abweichungen s. später). Bei $\Delta g = 0$ ergibt sich die Konstante $a = b \log J$.

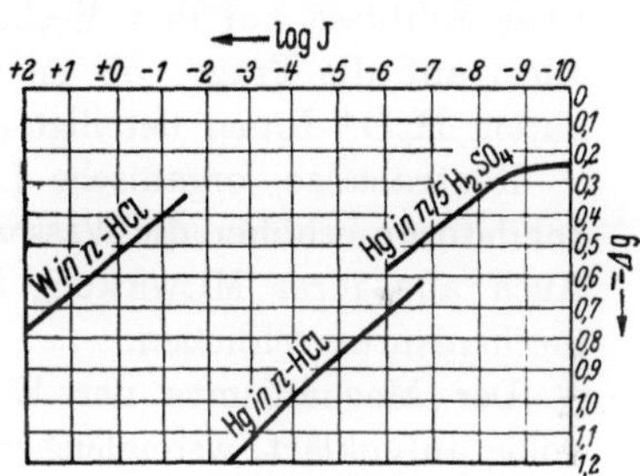

Abb. 25.
TAFEL-Gerade und ihr Umbiegen.

Mit sehr niedrigen Stromdichten weicht die Strom-Spannung-Kurve, wie oft bestätigt wurde (s. BOCKRIS[3]), von der TAFEL-Geraden ab (vgl. Abb. 25). Die Kurve verläuft asymptotisch zur $\log J$-Achse. AZZAM und BOCKRIS[4] konnten die Gültigkeit der TAFELschen Beziehung noch bei extrem hohen Stromdichten von 120 A/cm² nachweisen. Voraussetzung war allerdings äußerst vorangetriebene Reinheit der Lösungen und Sauberkeit beim Arbeiten. Die b-Werte der untersuchten Metalle liegen unter diesen Bedingungen zwischen 0,09 und 0,13.

---

[1] s. S. 2, Fußn. 2.
[2] TAFEL, J.: Z. phys. Chem., Abt. A. **50**, 641 (1905).
[3] s. S. 30, Fußn. 1.
[4] AZZAM, A. M., u. J. O'M. BOCKRIS: Nature **165**, 403 (1950).

Verlängert man die TAFEL-Gerade bis zum Schnitt mit der $\log J$-Achse, so erhält man bei $\Delta g = 0$ die sog. *Austauschstromdichte* J_0. Bei dieser Stromdichte sind die kathodischen und anodischen Teilströme gleich. Für die Austauschstromdichte kann man die Geschwindigkeiten der Reaktion $2\,H^+ + 2e^- \rightarrow H_2$ an verschiedenen Metallen und deren ganz verschiedenen Oberflächen vergleichen. In sauren Elektrolyten haben die Metalle mit hoher Wasserstoffüberspannung, wie Hg, Pb und Tl, sehr geringe Austauschstromdichten. Sie betragen größenordnungsmäßig 10^{-11} bis 10^{-13}, bei Tl (in n-HCl) sogar $10^{-16}\,A/cm^2$.[1] An Ag, Cu, Ni, W, Ga liegen die J_0-Werte im Bereich von 10^{-6} bis 10^{-8}, an (glattem) Pt bei $10^{-3}\,A/cm^2$ (vgl. BOCKRIS[2]).

Wichtig für die Beurteilung, nach welchem Mechanismus sich die kathodische Wasserstoffabscheidung vollzieht, sind auch die Aktivierungswärmen der Kathodenreaktion. Man kann sie nach AGAR[3] aus der Änderung der Polarisation mit der Temperatur bei konstant gehaltener Stromdichte bestimmen. Die Aktivierungswärmen[2] (in kcal/mol) betragen z. B. an Hg in wäßriger saurer Lösung 18 bis 21 (20 bis 25° C), an Ga 15 (87° C), an Ni und Ag 7 (20° C).

Auch der Einfluß des p_H-Wertes auf die Überspannung läßt gewisse Schlüsse auf den Mechanismus der Kathodenreaktion zu, vor allem auf die Frage, ob an der geschwindigkeitsbestimmenden Reaktion H_3O^+-Ionen beteiligt sind oder nicht.

Neutralsalze, organische Lösungsmittel und typische organische Inhibitoren erhöhen die Wasserstoffüberspannung zum Teil bedeutend. Auch aus ihrer Mitwirkung kann man auf die Art des Reaktionsmechanismus schließen.

Der Mechanismus der Wasserstoffüberspannung ist noch nicht völlig aufgeklärt, wenngleich die Forschungen des letzten Jahrzehntes — hauptsächlich von BOCKRIS und Mitarbeitern[2] — erhebliche Fortschritte gebracht haben.

Bei der Wasserstoffabscheidung aus sauren Lösungen sind folgende Teilvorgänge möglich:

1. $H_3O^+ \rightarrow H_3O^+_{ads}$	5. $Me\,H + Me\,H \rightarrow H_2 + 2\,Me$
2. $H_3O^+_{ads} \rightarrow H^+_{ads} + H_2O$	6. $H_2 \rightarrow H_{2\,ads}$
3. $H^+_{ads} + e^- \rightarrow H$	7. $H_{2\,ads} \rightarrow H_{2\,des}$
4. $H + Me \rightarrow Me\,H$	8. $H_{2\,des} \rightarrow H_{2\,gel}$ oder $H_{2\,gasf}$

Die zur Kathode wandernden Hydroxoniumionen werden zunächst an der Elektrodenoberfläche unter gleichzeitigem Eintritt in die Doppelschicht adsorbiert ($H_3O^+{}_{ads}$ Vorg. 1), wobei die adsorbierten

---

[1] Deckschichtenbildung, TlCl?

[2] s. S. 30, Fußn. 1.

[3] AGAR, J. N.: Trans. Faraday Soc. „Electrode Processes" 81 (1947).

Ionen auf der Oberfläche wandern und eine bestimmte energetisch günstige Lage aufsuchen können. Die adsorbierten Hydroxoniumionen werden dann ihr Wasser abgeben und in Protonen übergehen (Vorg. 2). Möglicherweise ist dieser Prozeß unmittelbar mit dem nächsten (Vorg. 3), der Neutralisation des Protons, verbunden. Die Neutralisation kann auch *vor* Vorgang 2 ablaufen. Sie besteht entweder in dem Übergang des Protons zur elektronenspendenden Kathodenoberfläche oder in einem Übergang eines Elektrons zum Proton. Dabei entsteht ein Wasserstoffatom, das seinerseits wiederum an der Elektrodenoberfläche adsorbiert oder auch fester gebunden (MeH) sein kann (Vorg. 4). Beim Palladium entsteht bekanntlich ein röntgenographisch nachweisbares Hydrid, bei anderen Metallen der Eisen- oder Platingruppe scheinen sich wasserstoffhaltige Mischkristalle mit dem Elektrodenmetall zu bilden.

Die an die Metalloberfläche irgendwie gebundenen Wasserstoffatome treten zu Wasserstoffmolekeln zusammen (Vorg. 5). Man bezeichnet diesen Vorgang auch als Kombination oder Rekombination. Auch die Wasserstoffmolekeln können adsorbiert werden, wegen ihrer Absättigung wahrscheinlich weniger fest als die H-Atome. Sie werden auf der Oberfläche wandern können, und irgendwo und irgendwann werden sie die Oberfläche unter Desorption (Vorg. 7) verlassen. Die freien Wasserstoffmolekeln können sich dann entweder im Elektrolyten lösen oder in den Gasraum übertreten.

Man erkennt, daß der so einfach erscheinende Vorgang der kathodischen Wasserstoffabscheidung in Wirklichkeit bedeutend verwickelter ist und sich in eine ganze Reihe von Teilvorgängen zerlegen läßt[1]. Es fragt sich nun, welche Teilvorgänge an der Ausbildung der Wasserstoffüberspannung beteiligt sind. Offenbar ist es nicht nur ein einziger Teilvorgang; es scheinen sich mehrere Vorgänge in ihrer Wirkung zu überlagern. Aus der Vielzahl der Versuche zur Deutung des Mechanismus der Wasserstoffüberspannung sind hauptsächlich folgende Theorien bemerkenswert:

I. Mit H_3O^+ als Protonenspender ($Me =$ Metallatom):

1. *Theorie der langsamen Rekombination*:

$$11. \ a) \ H_3O^+ + e^- \rightarrow Me\text{H} + H_2O \qquad \text{(schnell} \atop \text{(langsam)}} \left.\right\} A$$

11. a) $H_3O^+ + e^- \rightarrow Me$H $+ H_2O$ (schnell   } A
    b) MeH $+ Me$H $\rightarrow 2\,Me + H_2$ (langsam) }

ferner sog. „elektrochemische Theorie":

12. a) $H_3O^+ + e^- \rightarrow Me$H $+ H_2O$ (schnell) } B
    b) $H_3O^+ + Me$H $+ e^- \rightarrow H_2 + H_2O$ (langsam) }

---

[1] Die skizzierten Teilvorgänge lassen sich sogar noch durch eine Reihe weiterer (vgl. BOCKRIS s. S. 30, Fußn. 1) ergänzen, auf die wir hier aber der Kürze halber nicht eingehen wollen.

2. *Theorie der langsamen Entladung*:

$$
\begin{array}{lll}
\text{21. a)} & H_3O^+ + e^- \to MeH + H_2O & \text{(langsam)} \\
\text{b)} & MeH + MeH \to 2\,Me + H_2 & \text{(schnell)}
\end{array} \Big\} \; C
$$

oder

$$
\begin{array}{lll}
\text{22. a)} & H_3O^+ + e^- \to MeH + H_2O & \text{(langsam)} \\
\text{b)} & H_3O^+ + MeH + e^- \to H_2 + H_2O & \text{(schnell)}
\end{array} \Big\} \; D
$$

II. Mit H_2O als Protonenspender:

$$
\begin{array}{lll}
\text{1.} \quad \text{a)} & H_2O + e^- \to MeH + OH^- & \text{(langsam)} \\
\text{b)} & MeH + MeH \to H_2 + 2\,Me & \text{(schnell)}
\end{array} \Big\} \; E
$$

$$
\begin{array}{lll}
\text{2.} \quad \text{a)} & H_2O + e^- \to MeH + OH^- & \text{(langsam)} \\
\text{b)} & H_2O + MeH + e^- \to H_2 + OH^- + Me & \text{(schnell)}
\end{array} \Big\} \; F
$$

Nach dem gegenwärtigen Stande der Forschung (BOCKRIS[1]) scheint die Gruppe I für saure, die Gruppe II für alkalische Lösungen zu gelten. Die einzelnen Theorien sind offenbar an verschiedenen Metallen verwirklicht. In manchen Fällen kommen auch für verschiedene Stromdichtebereiche verschiedene Reaktionsmechanismen in Betracht.

Theorie der langsamen Rekombination (A). Der geschwindigkeitsbestimmende, also langsamste Vorgang, ist Teilvorgang 5 (vgl. S. 32), die Rekombination der Wasserstoffatome (wobei das Metall, das diese H-Atome hydridartig bindet, katalysiert). Der Teilvorgang 3, die Entladung der Wasserstoffionen, verläuft hingegen schnell. Die Wasserstoffüberspannung ist also nach dieser Theorie als Reaktionsüberspannung (vgl. S. 18) aufzufassen.

Für diese von TAFEL[2] angegebene Theorie (A) scheinen Beobachtungen von BONHOEFFER[3] aus dem Gebiet der Katalyse zu sprechen: Je besser ein Metall die Reaktion 5 katalysiert, desto geringer ist die Wasserstoffüberspannung an diesem Metall. So ist die Wasserstoffüberspannung relativ niedrig an den Metallen der Eisengruppe, die gut katalysieren, und hoch an den schlechten Katalysatoren Blei, Kadmium und Quecksilber.

TAFEL hat seine Theorie folgendermaßen entwickelt: Nach dem Massenwirkungsgesetz ist die Geschwindigkeit der Rekombinationsreaktion $2\,H \to H_2$ gegeben durch

$$
\frac{dc_{H_2}}{dt} = K_1 c_H^2 = FJ, \tag{19}
$$

wobei angenommen wird, sie verlaufe praktisch nur von links nach rechts. Im stationären Zustand der Wasserstoffabscheidung an der Kathode ist die Zahl der pro Zeiteinheit rekombinierten, also zur Molekel H_2 zusammengetretenen H-Atome, gleich der Zahl der ent-

---

[1] s. S. 30, Fußn. 1.
[2] s. S. 31, Fußn. 2.
[3] BONHOEFFER, K. F.: Z. phys. Chem. **113**, 199 (1924).

ladenen H_3O^+-Ionen. Sie entsprechen dem Produkt FJ (F = elektrochem. Äquivalent, J = Stromstärke). Somit ist das Quadrat der Konzentration der H-Atome der Stromstärke J proportional.

Andererseits gilt für die kathodische Abscheidung der H_3O^+-Ionen ($H_3O^+ + e^- \rightarrow H + H_2O$) bei 18° C die NERNSTsche Beziehung

$$\Delta g = g_0 + 0{,}058 \log \frac{c_{H_3O^+}}{c_H} \, . \tag{20}$$

Praktisch hält man $c_{H_3O^+}$ konstant, so daß man dann erhält:

$$\Delta g = \text{konst.} - 0{,}058 \log c_H \, . \tag{21}$$

Führt man nun an Stelle von c_H die Stromstärke J nach Gl. (19) ein, so ist:

$$\begin{aligned}
\Delta g &= \text{konst.} - 0{,}058 \log \sqrt{\frac{FJ}{K_1}} \\
&= \text{konst.} - 0{,}058 \log \sqrt{\frac{F}{K_1}} - 0{,}058 \log \sqrt{J} \, .
\end{aligned} \tag{22}$$

Bringt man den konstanten Wert $\sqrt{\dfrac{F}{K_1}}$ in konst. unter, so erhält man:

$$\Delta g = \text{konst.}^* - 0{,}029 \log J \, . \tag{23}$$

konst.* entspricht nun der Konstante „a" in der allgemeinen TAFELschen Beziehung (vgl. S. 31), 0,029 der Konstante „b". Umgerechnet ist $b = 2{,}3 \, RT/\alpha F$ und ergibt sich aus der Strom-Spannung-Kurve als $\dfrac{d\Delta g}{d\log J}$, d. h. als Neigung der Kurve. α ist ein Proportionalitätsfaktor für die Wirkung des kathodischen Feldes auf die Aktivierungsenergie der Kathodenreaktion. Er hat in unserem Falle den Wert 2.

Daß die kathodische Wasserstoffüberspannung einer solchen halblogarithmischen Funktion gehorcht, wird in bestimmten Stromdichtebereichen von der Erfahrung bestätigt. Aber der von TAFEL berechnete b-Wert von 0,029 ist (mit nur wenigen Ausnahmen, wie z. B. platiniertes Platin und glattes Platin bei niedrigen Stromdichten) kleiner als der tatsächlich beobachtete.

Gewöhnlich ist der gemessene Wert etwa viermal so groß als der TAFELsche, d. h. α beträgt dann etwa 0,5. Außerdem ist er nicht unabhängig vom Elektrodenpotential des jeweiligen Metalles.

Da nun aber der b-Wert von 0,029 zwangsläufig aus dem TAFELschen Ansatz folgt, kann die Theorie der langsamen Entladung dort nicht zutreffen, wo höhere b-Werte gefunden werden. Hinzu kommt, daß die TAFELsche Theorie auch bei sehr niedrigen und sehr hohen Stromdichten meist nicht der Wirklichkeit entsprechen kann, weil die Strom-Spannung-Kurve in diesen Bereichen nicht mehr der halblogarithmischen Beziehung gehorcht.

Elektrochemische Theorie der langsamen Rekombination. Diese von HORIUTI[1] und von FRUMKIN[2] entwickelte Theorie gehört mit der TAFELschen Theorie zur gleichen Gruppe. Geschwindigkeitsbestimmend ist hier die Reaktion zwischen einem Hydroxoniumion H_3O^+, einem adsorbierten Wasserstoffatom und einem Elektron. BOCKRIS[3] hält es für wahrscheinlich, daß ein solcher Mechanismus an glattem Platin, namentlich bei höheren Stromdichten, vorliegt. Inhibitoren und Gifte, die die Wasserstoffüberspannung außerordentlich erhöhen, steigern nachweislich den Druck des atomaren Wasserstoffs an der Kathode (BAUKLOH und ZIMMERMANN[4], H. FISCHER und HEILING[5]). Da sie aber die b-Werte erhöhen, dürfte wohl der TAFELsche Mechanismus der langsamen Rekombination (Reaktion A) nicht in Betracht kommen. Wahrscheinlicher ist dann der elektrochemische Mechanismus (Reaktion B).

Theorie der langsamen Entladung. Die zuerst von SMITS[6] formulierte Theorie hat im Laufe der Zeit viele Anhänger gefunden (vgl. z. B. VOLMER und ERDEY-GRUZ[7], BAARS[8], FRUMKIN[9] usw.). Die langsamste Teilreaktion ist nach dieser Theorie die Entladung des H_3O^+-Ions (Vorg. I 21.a oder I 22.a, S. 34). Die anschließende Bildung von molekularem H_2 verläuft schnell und kann auf zwei verschiedenen Wegen (I 21.b oder I 22.b) stattfinden.

Bei oszillographischer Untersuchung der Wasserstoffabscheidung unmittelbar nach Stromschluß beobachteten VOLMER und ERDEY-GRUZ[4] *direkte* Proportionalität der Wasserstoffüberspannung mit der Stromstärke, somit eine lineare, nicht eine halblogarithmische Beziehung, wie sie die TAFELsche Gleichung verlangte. Sie deuteten dies folgendermaßen: Im reversiblen Gleichgewicht der Wasserstoffelektrode entladen sich, z. B. an platiniertem Platin, in der Zeiteinheit ebensoviel H^+-Ionen zu H-Atomen, wie umgekehrt H-Atome unter Abgabe ihrer Elementarladung in H^+-Ionen übergehen.

Unter Stromfluß bei zunächst sehr geringen Stromdichten (und demgemäß sehr kleinen Überspannungen Δg) überwiegt zwar bereits

---

[1] HORIUTI, J., OKAMOTO u. HIROTA: Sci. Pap. Inst. phys. chem. Res. Tokio **29**, 223 (1936).

[2] FRUMKIN, A. N.: Acta physicochim. **7**, 474 (1937).

[3] BOCKRIS, J. O'M., u. E. C. POTTER: J. electrochem. Soc. **99**, 169 (1952).

[4] BAUKLOH, W., u. G. ZIMMERMANN: Arch. Eisenhüttenw. **8**, 459 (1936).

[5] FISCHER, H., u. H. F. HEILING: Z. Elektrochem. **54**, 184 (1950).

[6] SMITS, A.: Z. Elektrochem. **30**, 214 (1924).

[7] ERDEY-GRUZ, TH., u. M. VOLMER, Z. phys. Chem. (A) **150**, 203 (1930).

[8] BAARS, E.: Sitzgsber. Ges. Beförd. Naturwiss. Marburg **63**, 213 (1928).

[9] FRUMKIN, A. N.: Z. phys. Chem. **164**, 121 (1933) — Acta physicochim. **7**, 474 (1937); **18**, 23 (1943). — J. JUSA u. A. N. FRUMKIN: Acta physicochim. **118**, 183 (1943).

der Übergang $H^+ \to H$ vor dem rückläufigen Prozeß, jedoch werden
sich immer noch in merklichem Anteil H^+-Ionen aus H-Atomen gemäß $H \to H^+$ rückbilden. In diesem Fall, bei kleinen Stromdichten
also, läßt sich nach der VOLMERschen Theorie[1] mathematisch begründen,
daß die Strom-Spannung-Kurve linear ansteigen muß. Auf die Ableitung sei hier verzichtet.

Bereits bei mittlerer Stromdichte wird jedoch der Übergang $H^+ \to H$
praktisch vollständig überwiegen. Die GALVANI-Spannung und Wasserstoffüberspannung steigen nunmehr proportional mit $\log J$ an, im
Einklang mit der TAFELschen Beziehung.

Nach der Theorie der langsamen Entladung ist, wie erwähnt, Vorgang 2 (vgl. S. 32) die Entladung des H_3O^+-Ions zu einem H-Atom,
der langsamste und damit die Überspannung bestimmende Vorgang.

Hält man die Stromdichte konstant, so steigt die Überspannung
zunächst proportional mit der Zeit. Da die Ladung, die der Strom zur
Kathode befördert, ebenfalls mit der Zeit anwächst, muß der Elektrodenvorgang zunächst in einer Adsorption von H^+ oder H_3O^+ an der
Kathode bestehen. Bei der Ansammlung von H^+ oder H_3O^+ bildet
sich eine kondensatorähnliche Doppelschicht aus. Aus irgendeinem,
nicht sicher bekannten Grunde werden die adsorbierten H^+-Ionen
oder H_3O^+-Ionen unter Hemmung entladen. Eine Energiebarriere
hindert den Übertritt der Ionen oder Elektronen. So stauen sich die
H^+-Ionen an der Kathodenoberfläche an. Nur mit Hilfe einer
Aktivierungsenergie läßt sich das Hindernis überwinden. Möglicherweise ist die Ursache der Hemmung in der Dehydratation des
Hydroxoniumions $H_3O^+ \to H^+ + H_2O$ zu suchen.

Kann man beim Entladungsvorgang die Geschwindigkeit eines
Überganges in umgekehrter Richtung (H_3O^+-Bildung) vernachlässigen
— was für nicht zu geringe Stromstärken (und Δg-Werte) zulässig ist —,
so gilt für die Zahl der in der Zeiteinheit auftretenden Entladungen
und damit für die Stromstärke (ARRHENIUS-Gleichung):

$$J = \frac{dc_H}{dt} = K' c_{H_3O^+} e^{-\frac{(Q + \alpha \Delta g F)}{RT}} = K c_{H_3O^+} e^{-\frac{\alpha \Delta g F}{RT}}. \qquad (24)$$

Es bedeuten K' die Geschwindigkeitskonstante, K eine Konstante,
entstanden unter Zusammenfassung von K' und Q^*, $c_{H_3O^+}$ die — konstant angenommene — Konzentration der H_3O^+-Ionen in der Doppelschicht, α der bereits erwähnte (s. S. 35) Proportionalitätsfaktor.

Man setzt dabei noch voraus, daß sich die H-Atome sehr rasch
zur H_2-Molekel vereinigen (Reaktionen 2.21b oder 2.22b). Auf der
Oberfläche der Kathode sollten sich also nur wenige H-Atome befinden.

---

* Aktivierungsenergie für den Übergang $H_3O^+ \to H_{ads}$.
[1] s. S. 36, Fußn. 7.

Die Gleichung läßt sich auch in folgender Form schreiben:

$$J = \text{konst.} \cdot 10^{-\frac{\alpha \Delta g F}{RT}} \quad \text{oder, für } 18°C, \quad \Delta g = a - \frac{0,058}{\alpha} \log J, \quad (25)$$

wenn nach Δg aufgelöst wird und die Konstanten in a zusammengefaßt sind. Damit erhält man wieder die TAFELsche Beziehung. Die Konstante a enthält die Geschwindigkeitskonstante der Entladungsreaktion (nach der TAFELschen Theorie enthielte sie statt dessen die Geschwindigkeitskonstante der Rekombinationsreaktion im Nenner). Nach VOLMER hat α den Wert 0,5. Dieser Wert hat sich in vielen Fällen experimentell bestätigt (vgl. BOCKRIS[1]). Die Konstante $b = 0,058/\alpha$ erhält damit den von VOLMER gefundenen Wert von 0,12, der viermal so groß ist wie der von TAFEL nach seinem Ansatz berechnete b-Wert.

Für kleine Stromstärken (und Spannungen Δg) muß man auch die Geschwindigkeit der Rückreaktion in Rechnung setzen. Man erhält dann die bereits oben (S. 37) erwähnte lineare Beziehung $J \sim \text{konst.} \frac{\Delta g F}{RT}$, auf deren Ableitung verzichtet wurde (vgl. S. 133).

Daß bei größeren Stromdichten die Überspannung Δg nach einem logarithmischen Gesetz ansteigt, stimmt zum großen Teil gut mit der Erfahrung überein. Die genaue zahlenmäßige Übereinstimmung mit dem von VOLMER berechneten b-Wert läßt sich allerdings nur bei definierter Kathodenoberfläche, am flüssigen Quecksilber erbringen. Für eine ganze Reihe von Metallen kommen aber die experimentell gefundenen b-Werte dem berechneten Wert nahe.

Nach sorgfältigen Untersuchungen von BOCKRIS und POTTER[1] gilt die Theorie der langsamen Entladung des H_3O^+-Ions am Quecksilber in sauren Lösungen bei beliebigen Stromdichten. Wahrscheinlich verläuft die H-Abscheidung bei sehr kleinen ($\sim 10^{-8}$ A/cm²) und sehr hohen (über 30 A/cm²) Stromdichten nach dem Mechanismus D, S. 34, während bei mittleren Stromdichten eine Unterscheidung zwischen C und D noch nicht möglich ist. Nach dem gegenwärtigen Stande der Forschung scheint die Wasserstoffabscheidung an Metallen mit hoher Wasserstoffüberspannung der Theorie der langsamen Entladung zu gehorchen. Allerdings fehlen z. B. bei den Metallen Blei, Kadmium, Thallium usw. noch ausreichende experimentelle Belege.

Was die Metalle mit mittlerer Wasserstoffüberspannung angeht, so bestimmt nach BOCKRIS und POTTER[2] anscheinend auch am Silber in sauren Lösungen die langsame Entladung die Geschwindigkeit (wahrscheinlich Mechanismus C, S. 34), ein gleiches gilt für Nickel in sauren Lösungen (BOCKRIS[1]).

---

[1] s. S. 30, Fußn. 1.
[2] BOCKRIS, J. O'M., u. E. C. POTTER: J. chem. Physics **20**, 614 (1952).

Theorie einer Wasserstoffabscheidung aus Wassermolekeln. Diese von EYRING, GLASSTONE und LAIDLER[1] aufgestellte Theorie wird in der angelsächsischen Literatur als Theorie des ,,prototropischen Überganges‘‘ (prototropic transfer) bezeichnet. Der geschwindigkeitsbestimmende Schritt ist bei dieser Theorie der Übergang eines Protons aus einer Lösungsmittelmolekel in der Lösung auf eine Lösungsmittelmolekel, die bereits an der Kathodenoberfläche adsorbiert ist (in der innersten Region der HELMHOLTZ-Doppelschicht, vgl. S. 61)

$$H_2O + H_2O_{ads} \rightarrow OH^- + H_3O_{ads}^+.$$

Das entstandene H_3O^+-Ion wird dann entladen. Seiner Natur nach ist dieser Prozeß ebenfalls ein Vorgang der ,,langsamen Entladung‘‘. Am wahrscheinlichsten erscheinen für ihn nach dem gegenwärtigen Stande der Forschung die Reaktionsschemata E und F, S. 34, wenngleich theoretisch noch mehrere andere Reaktionen und Reaktionskombinationen möglich sind (vgl. BOCKRIS und POTTER[1]).

Bislang kann die Theorie des prototropischen Überganges als wahrscheinlichste Deutung für die Wasserstoffabscheidung aus alkalischen Lösungen angenommen werden. Bei der extrem geringen Konzentration an freien Hydroxoniumionen in alkalischen Lösungen leuchtet ein solcher Mechanismus sehr ein. Genauer untersucht ist allerdings bislang nur die Abscheidung von Wasserstoff aus Laugen an Nickel (BOCKRIS und POTTER[2]). An Quecksilber liegen die Verhältnisse anders als hier. Wie BOCKRIS und WATSON[3] zeigen konnten, ist die geschwindigkeitsbestimmende Reaktion hier eine Umsetzung von Alkalimetallionen mit Wasser, die an Quecksilber primär abgeschieden wurden.

1.2 Die Doppelschicht an der Phasengrenze.

1.21 Allgemeines.

Unsere heutigen Anschauungen von dem Aufbau der Grenze Kathode/Elektrolyt während der Elektrolyse fußen auf der Vorstellung, daß zwischen den Kationen, angezogen durch das elektrische Feld, und der Kathode ein Dielektrikum zu denken ist. Es bildet sich eine kondensatorähnliche *Doppelschicht* aus, deren eine Belegung die Elektronen des Metalls, die andere die an der Oberfläche der Kathode adsorbierten Kationen bilden. Nach dieser auf HELMHOLTZ und NERNST zurückgehenden Vorstellung grenzt also der Elektrolyt mit einem aus positiv geladenen Ionen bestehenden, monomolekularen Film an die

---

[1] EYRING, H., S. GLASSTONE u. K. J. LAIDLER: J. chem. Physics **7**, 1053 (1939).
[2] s. S. 30, Fußn. 1.
[3] BOCKRIS, J. O'M., u. R. G. H. WATSON: J. Chim. physique **49**, 1 (1952).

Kathode, während im Inneren des Elektrolyten Kationen und Anionen sich in der Weise mischen, daß ein beliebiges Volumen des Elektrolyten die gleiche Zahl positiver und negativer Ladungen enthält.

Diese Vorstellung, die elektrolytseitige Belegung der Doppelschicht bestehe nur aus *einer* Reihe von positiven Ionen, ist von BILLITER[1], GOUY[2] und anderen erweitert worden. BILLITER hat darauf hingewiesen, daß die Doppelschicht in dem elektrolytseitigen Belag weniger Ionen enthält, als zur völligen Neutralisation der Ladung der Elektrode nötig sind. Nach der Auffassung von GOUY und auch von CHAPMAN[3] ist die nach dem Elektrolyten gelegene Belegung diffus, d. h. sie ist eine Ionenatmosphäre im Sinne von DEBYE und HÜCKEL[4] und besteht nicht nur aus Kationen, vielmehr enthält sie auch Anionen. Die diffuse Zone entsteht, indem der osmotische Druck der elektrochemischen Anziehung oder Adsorption der Ionen und Molekeln an der Elektrode entgegenwirkt. Allerdings sind die Kationen an der kathodischen Doppelschicht während der Elektrolyse im Überschuß vorhanden. Der Kationenüberschuß verringert sich allmählich nach dem Innern des Elektrolyten zu. In einem gewissen Abstand von der Kathode wird im Elektrolyten die Zahl der einander benachbarten Anionen und Kationen gleich.

In der elektrolytseitigen Belegung der diffusen Doppelschicht befinden sich nicht nur Kationen, die unmittelbar an dem Abscheidungsvorgang beteiligt sind; auch nicht ohne weiteres abscheidbare Fremdkationen, z. B. Alkali- oder Erdalkalimetallionen, Wasserstoffionen, Aluminiumionen usw., können der Doppelschicht angehören. Ebenso können sich in der Doppelschicht, selbst bei negativer Ladung der Elektrode, auch einfache oder zusammengesetzte Anionen aufhalten. Streng genommen, finden schließlich nicht nur Ionen, sondern auch undissoziierte Molekeln, namentlich solche von Dipolcharakter, Kolloide und andere, durch das elektrische Feld zu bewegende oder zu richtende, Partikelchen Platz in der Doppelschicht[5].

1.22 Wege zur Erforschung des Aufbaues der Doppelschicht.

1.22.1 Die Elektrokapillarkurve.

Vor mehreren Jahrzehnten bot das Studium der Zusammenhänge zwischen Ladung und Grenzflächenspannung an der Elektrode aus

---

[1] BILLITER, J.: Drudes Ann. **11**, 902 (1903) — Trans. Amer. Electrochem. Soc. **57**, 57 (1936).

[2] GOUY, M.: Ann. Chim. Phys. (7) **29**, 195 (1903; (8) **8**, 291 (1906) — Ann. Phys. (9) **7**, 129 (1917).

[3] CHAPMAN, D. L.: Philos. Mag. **25**, 474 (1913).

[4] DEBYE, P., u. E. HÜCKEL: Physik. Z. **24**, 185 (1923).

[5] BUTLER, J. A. V.: Electrical phenomena at interfaces. London 1951.

flüssigem Quecksilber[1] die einzige experimentelle Möglichkeit zur Erforschung der Doppelschicht. Die Ergebnisse solcher Untersuchungen werden in der *Elektrokapillarkurve* der Quecksilberelektrode dargestellt.

Hier seien nur die Tatsachen in Erinnerung gebracht, deren wir bei der weiteren Erörterung bedürfen. Die Grenzflächenspannung des Quecksilbers hat ihren Maximalwert bei der Ladungsdichte Null auf der Hg-Oberfläche. Mit jeder positiven oder negativen Aufladung des Quecksilbers, begleitet von einer entsprechenden Änderung der GALVANI-Spannung der Quecksilberelektrode, nimmt die Grenzflächenspannung aber ab. Diese Änderung der Grenzflächenspannung äußert sich in der leicht meßbaren Verschiebung des Quecksilbermeniskus im bekannten LIPPMANNschen Kapillarelektrometer. Der Nullpunkt der Ladung ist bekanntlich für die verschiedenen Metalle nicht konstant, sondern verändert sich je nach Eigenladung des Metalls, bezogen auf den Elektrolyten. Die Grenzflächenspannung σ ist eine Funktion der Ladung $\Delta\varepsilon$, die sich in der Elektrokapillarkurve des Quecksilbers ausdrücken läßt. Ferner besteht die Beziehung

$$\frac{d\sigma}{d(\Delta\varepsilon)} = -\varrho\,, \tag{26}$$

wobei ϱ die Ladungsdichte der Doppelschicht auf der Quecksilberelektrode bedeutet (LIPPMANN[2]). Bekanntlich vermindert sich die Grenzflächenspannung, weil sich die gleichnamigen Ladungen der elektrolytseitigen Belegung der Doppelschicht gegenseitig abstoßen, und zwar um so mehr, je dichter sie die Metalloberfläche belegen.

Aus der Messung der elektrokapillaren Verschiebung des Quecksilbermeniskus lassen sich also gewisse Aussagen über die Struktur der Doppelschicht, und zwar im besonderen ihres starren Teils, d. h. über die HELMHOLTZ-Doppelschicht, machen. Solche Aussagen sind allerdings nur dann einigermaßen genau, wenn es sich um reines (nicht oberflächlich mit Fremdstoffen belegtes) Quecksilber handelt, und wenn man annehmen darf, daß die elektrolytseitige Belegung der Doppelschicht nur aus rein elektrostatisch (je nach Größe der Ladung des Quecksilbers mehr oder weniger) angezogenen Ionen besteht. M. a. W., wir haben uns zunächst noch jegliche adsorptive Anlagerung von Ionen usw. wegzudenken. Freilich ist dies ein Spezialfall, der uns bei unserer

---

[1] Die Hg-Elektrode steht, sofern an ihr nur ein geringer Ionenaustausch stattfindet, dem Grenzfall der völlig „polarisierbaren" Elektrode nahe. Für das andere Extrem, der ganz „unpolarisierbaren" Elektrode (S. 22) mit lebhaftestem Ionenaustausch, bereitet die Doppelschichttheorie einige grundsätzliche Schwierigkeiten.

[2] LIPPMANN, G.: Pogg. Ann. **149**, 547 (1878) — Ann. Chem. u. Phys. **5**, 494 1875); **12**, 265 (1877).

Frage nach der Struktur der Doppelschicht bei der elektrolytischen
Metallabscheidung nur teilweise helfen kann. Denn hier haben wir
es mit *festen* Elektroden zu tun, und die Ionen werden nicht bloß
elektrostatisch angezogen, sondern fast immer auch adsorbiert.

Nach der bereits erwähnten Theorie von Gouy/Chapmann ist nun
die Doppelschicht nicht ganz starr, sondern teilweise diffus. Am stärksten
diffus ist sie offenbar im Zustand der Ladung Null. Hier fehlt der starre
Anteil der Doppelschicht ganz. Je höher die positive oder negative
Ladung, desto mehr wird der diffuse Anteil abnehmen. Bei genügend
hoher Ladung wird also nur die starre Helmholtz-Schicht übrigbleiben.
Gegenüber den zur Elektrode hin ziehenden Kräften können dann
die entgegengesetzt wirkenden osmotischen Kräfte nichts mehr aus-
richten. So pressen sich also die Ionen mit Erhöhung des absoluten
Ladungswertes an die Oberfläche, die Doppelschicht geht von der
diffusen in die nichtdiffuse Struktur über.

1.22.2 Kapazitätsmessungen.

Eine zweite Möglichkeit, die Doppelschicht zu erforschen, bieten
Kapazitätsmessungen. Faßt man die Doppelschicht im Sinne einer
Theorie von Stern[1] als einen geladenen Kondensator auf, so ist die
Ladungsdichte

$$\varrho = C \, \Delta \varepsilon, \tag{27}$$

wobei C die Kapazität und $\Delta \varepsilon$ die angelegte Spannung bedeuten. Die
Kapazität

$$C = \frac{\varrho}{\Delta \varepsilon}$$

der Doppelschicht nennt Grahame[2] „integrale" oder „statische"
Kapazität. Da andererseits

$$\frac{d\sigma}{d(\Delta \varepsilon)} = - \varrho \tag{28}$$

ist, so ergibt sich aus den beiden Beziehungen durch Eliminieren von ϱ
und nach Integration

$$\sigma = - \frac{C}{2} (\Delta \varepsilon)^2 + \text{konst.} \tag{29}$$

Die auf diese Weise mit der Grenzflächenspannung σ verbundene
Kapazität bezeichnet Grahame[2] als „differentielle" Kapazität, die

---

[1] Stern, O.: Z. Elektrochem. **30**, 508 (1924).
[2] Grahame, D. C.: J. Amer. chem. Soc. **63**, 1207 (1941); **64**, 1548 (1942). —
R. B. Whitney u. D. C. Grahame: J. chem. Physics **9**, 827 (1941). — D. C. Grahame:
J. amer. chem. Soc. **68**, 301 (1946); **71**, 2975, 2978 (1949) — Chem. Reviews **41**,
460 (1947).

sich durch

$$dC = \frac{d\varrho}{d\Delta\varepsilon}$$

ausdrücken läßt. C wird nur gleich dC, wenn die Kapazität vom Potential unabhängig wäre, was aber für die Doppelschicht nicht zutrifft (GRAHAME[1]).

Nach dem oben Gesagten hat die Grenzflächenspannung ihren normalen Höchstwert σ_{max}, wenn die Ladung $\Delta\varepsilon$ Null ist. Die Differenz der Grenzflächenspannung σ_0 bei der Ladung Null und σ bei irgendeiner anderen Ladung ist also:

$$\sigma_0 - \sigma = \frac{C}{2}(\Delta\varepsilon)^2. \tag{30}$$

Mißt man die differentielle Kapazität z. B. nach einer geeigneten Wechselstrommethode (oder bestimmt sie aus Elektrokapillaritätsmessungen oder aus der Ladung von Quecksilbertröpfchen bekannter Oberfläche), so gewinnt man auf diesem Wege die „integrale" Ladungsdichte, mit der die differentielle Kapazität durch die Beziehung $\varrho = \int dC\, d\Delta\varepsilon$ verbunden ist.

Mit Hilfe von ϱ wiederum kann man die integrale Kapazität C (s. oben) berechnen.

GRAHAME[2] konnte zeigen, daß Meßwerte für die integrale Kapazität C der Doppelschicht an Quecksilberelektroden, die nach drei ganz verschiedenen Methoden bestimmt wurden, ausgezeichnet miteinander übereinstimmen. Abb. 26 gibt die in $n/2$-Na$_2$SO$_4$-Lösungen erhaltenen Werte, μF/cm^2 gegen Volt (GALVANI-Spannung bezogen auf

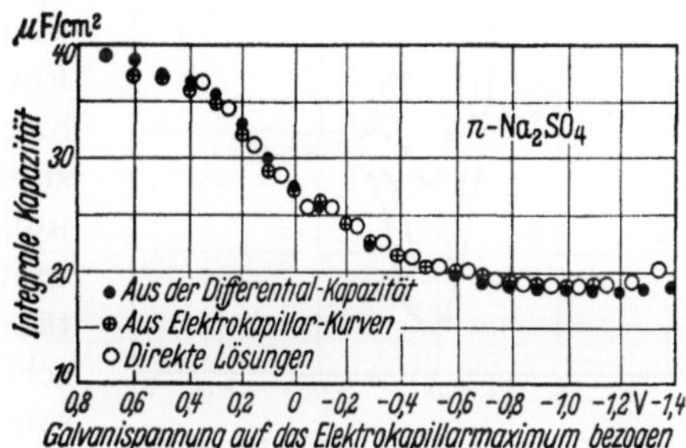

Abb. 26. Integrale Kapazitäten einer Quecksilberelektrode. (Nach GRAHAME[1].)

das Elektrokapillaritätsmaximum), wieder.

Auf die Berechnung der Doppelschichtkapazität nach GRAHAME[3] wollen wir hier nicht eingehen.

Die Kapazität hat ihren Mindestwert im Punkte der Ladung

$$\Delta\varepsilon = 0,$$

wenn also $\sigma = \sigma_0$ ist, d. h. bei größter diffuser Verteilung. Theoretisch sollte die Kapazität bei der Ladung Null ebenfalls Null sein, wenn keine Ionen oder Molekeln auf der Elektrodenoberfläche adsorbiert wären. Aber in Wirklichkeit müssen wir, wie bereits erwähnt, eine

[1] s. S. 42, Fußn. 2.
[2] GRAHAME, D. C.: J. electrochem. Soc. 98, 343 (1951).
[3] GRAHAME, D. C.: J. Amer. chem. Soc. 71, 2975 (1949).

solche Adsorption stets in mehr oder minder bedeutendem Umfange annehmen (GOUY[1]). Dies geht z. B. aus den Messungen von PROSKURNIN und VORSINA[2] hervor, deren Ergebnisse — besonders aufschlußreich für die Theorie der Doppelschicht — in Abb. 27 wiedergegeben sind. Gemessen worden ist die Kapazität in μF in Abhängigkeit von der Aufladung der Quecksilberelektrode in Volt. Als Elektrolyte dienten verdünnte wäßrige Lösungen von Kaliumchlorid und von Salzsäure.

Polarisiert man also das im Ruhezustande positiv geladene Quecksilber in steigendem Maße negativ, so sinkt die Kapazität zunächst ab. Bei —0,2 V, d. h. also im noch positiven Bereich der Ladung (vgl. S. 51, Tab. 1), bleibt sie konstant. Hier ändert sich die Struktur der Doppelschicht offenbar nicht. Der Kapazitätswert beträgt etwa 35—37 μF/cm². FRUMKIN[3] nimmt an, daß es sich hier im wesentlichen um die elektrostatisch mit *Anionen* belegte HELMHOLTZ-Doppelschicht handelt. Wird weiter polarisiert, so fällt die Kapazität stark ab, während die Doppelschicht zugleich diffuser wird. Dieser sehr schroffe Abfall der Kapazität ist verständlich, ist sie doch der Dicke des Dielektrikums umgekehrt proportional. Die elektrostatische Belegung der Doppelschicht mit Anionen geht zurück. Im Minimum der Kurven wird der Nullpunkt der Ladung erreicht. Die Kapazität beim Nullpunkt rührt, wie erwähnt, von einer Ionenadsorption her. Aus

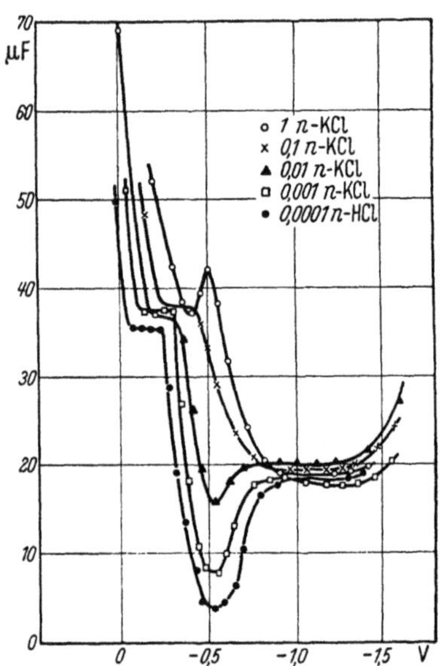

Abb. 27. Abhängigkeit der Kapazität der Quecksilberelektrode von der Konzentration der Elektrolyte. (Nach PROSKURNIN und VORSINA[1].)

[1] s. S. 40, Fußn. 2.

[2] PROSKURNIN, M. A., u. M. A. VORSINA: C. r. Acad. Sci. URSS **24**, 915 (1939). — VORSINA u. A. N. FRUMKIN: C. r. Acad. Sci. URSS **24**, 918 (1939).

[3] FRUMKIN, A. N.: Bull. Acad. Sci. URSS, Classe sci. chim. **1940**. 1. — SLYGIN, A. N. FRUMKIN u. W. MEDWEDOWSKI: Acta physicochim. URSS **4**. 911 (1936). — A. N. FRUMKIN u. W. SLYGIN: Acta physicochim. URSS **5**, 819 (1938). — T. BORISSOWA u. M. A. PROSKURNIN: Acta physicochim. URSS **4**, 819 (1936). — A. GORODETZKAJA u. A. N. FRUMKIN: Acta physicochim. URSS **9**, 45 (1938). — M. A. VORSINA u. A. N. FRUMKIN: Acta physicochim. URSS **18**, 242 (1942). — T. BORISSOWA u. M. A. PROSKURNIN: Acta physicochim. URSS **11**, 371 (1940). — A. GORODETZKAJA u. A. N. FRUMKIN: C. r. Acad. Sci. URSS **18**, 639 (1938). — A. KSENOFONTOW, M. A. PROSKURNIN u. A. GORODETZKAJA: Acta physicochim. URSS **9**, 39 (1938).

dem gleichen Grunde wird trotz der fallenden Ladung auch nicht der Höchstwert der Oberflächenspannung σ_0 erreicht, den wir im Idealfalle völlig fehlender Adsorption anzunehmen haben. Je höher die Kapazität des Minimums, desto mehr Ionen sind also bei dem Minimum noch adsorbiert.

Oberhalb des Nullpunktes beginnen statt der Anionen die Kationen sich elektrostatisch an die Doppelschicht anzulagern. Wieder wird ein Plateau erreicht. Es entspricht 18 bis 20 μF/cm² [1] und erstreckt sich über einen Bereich von 0,5 V. Auch hier bleibt die Kapazität trotz eines Zuwachses an Ladung um etwa 0,5 V unverändert. Offenbar handelt es sich hier im wesentlichen wieder um die HELMHOLTZ-Doppelschicht, diesmal mit elektrostatischer Kationenbelegung.

Bei weiterem negativen Polarisieren steigt die Kapazität wieder steil an. Dieser Anstieg soll nach FRUMKIN — ebenso wie der Anstieg, der bei positivem Polarisieren auf das „Plateau der Anionen" folgt — infolge Deformation der Kationen oder Anionen zustande kommen.

Bemerkenswert ist die größere Wirkung der elektrostatisch angezogenen Anionen auf die Kapazität im Vergleich zur entsprechenden Kationenwirkung. Sie ist fast doppelt so groß wie die der Kationen. Auch ist der — anscheinend auf Deformation beruhende — Anstieg am linken oder rechten Ende der Kurven (Abb. 27) bei den Anionen steiler als bei den Kationen. Wir werden auf diesen starken Einfluß der Anionen noch wiederholt zurückkommen (vgl. S. 59 u. 63).

FRUMKIN führt auch das merkwürdige Maximum der Kapazität, das in der konzentriertesten KCl-Lösung der untersuchten Reihe auftritt (vgl. Abb. 27), auf eine Wirkung der Anionen zurück. Er nimmt an, daß die Chlorionen bei vermindertem kathodischem Polarisieren bis auf die Ladung Null rasch in die Oberflächenschicht eindringen, und daß zwischen den adsorbierten Anionen VAN DER WAALSsche Kräfte wirksam werden können, die ein gegenseitiges elektrostatisches Abstoßen vermindern. Ein solches Maximum bei der Ladung Null wird auch in anderen konzentrierteren Elektrolyten, z. B. HCl, gefunden.

Im übrigen wirkt sich bei Vergleich verschiedener Elektrolyte, wie GRAHAME[2] gefunden hat, die Art des Anions weit stärker auf die Kapazität der Doppelschicht aus als die Art des Kations. Selbst die

---

[1] Diese von FRUMKIN und seiner Schule (s. S. 44, Fußn. 3) an sehr reinem Quecksilber und mit sorgfältig gereinigten Elektrolyten wiederholt bestätigten Werte (selbst an festem Quecksilber) sind bedeutend größer als früher von F. P. BOWDEN und E. K. RIDEAL [Proc. roy. Soc. **120** A, 5980 (1928)] gefundene (6 μF/cm²). PROSKURNIN und FRUMKIN [Trans. Faraday Soc. **31**, 110 (1935)] vermuten, daß diese niedrigeren Werte infolge Adsorption von Verunreinigungen, z. B. Paraffin, zustande kommen.

[2] GRAHAME, D. C.: 3. Réunion du Comité international de Thermodynamique et de Cinétique électrochimiques. Bern 1951, S. 230.

Wertigkeit des Kations scheint, wie z. B. Versuche mit $LaCl_3$ gezeigt haben, von nur geringem Einfluß zu sein.

Nach FRUMKIN[1] stimmen die experimentell, in Abhängigkeit von der Ladung gefundenen Werte der Kapazität nicht mit den nach der Theorie von STERN[2] berechneten überein, sondern sind wesentlich kleiner. Diese Abweichung deutet auf das Vorhandensein spezifischer, d. h. von der Ladung der Elektrode nicht abhängiger Anziehungskräfte zwischen Metalloberfläche und den Ionen und sonstigen Elektrolytbestandteilen hin. Offenbar sind dies die Anziehungskräfte, deren Wirkung sich vornehmlich in der Inhibition äußert[3]. Da sich die Abweichungen der experimentellen Kapazitätswerte gegenüber den nach STERN berechneten von der Ladung Null aus nach beiden Seiten hin erstrecken, umfaßt die Inhibition sowohl Kationen wie Anionen, in Einklang mit der Erfahrung.

1.22.3 Wasserstoffüberspannung oder Metallüberspannung.

Eine dritte experimentelle Möglichkeit zum Studium der Doppelschicht bietet die Messung der *Wasserstoffüberspannung* oder auch der *Metallüberspannung*. Auf diese Weise ist es möglich, die Doppelschicht an *festen* Elektroden, bei der Wasserstoffüberspannung z. B. an platiniertem Platin, zu studieren und die Ergebnisse mit elektrokinetischen Messungen zu vergleichen.

Diese Arbeitsweise fußt auf Beobachtungen von HERASYMENKO und ŠLENDYK[4], wonach mehrwertige Kationen die Wasserstoffüberspannung erhöhen. Die Erhöhung nimmt mit wachsender Konzentration der mehrwertigen Ionen zu, bis ein Grenzwert der Konzentration erreicht ist, über den hinaus die Überspannung nicht mehr zunimmt. Vielmehr bleibt sie dann konstant.

Nach FRUMKIN[5] soll bei der Grenzkonzentration nur noch die HELMHOLTZ-Doppelschicht ohne diffusen Anteil bestehen.

Unter diesen Bedingungen nimmt das Potential ψ (vgl. S. 4) — das „äußere elektrische Potential" im Abstand etwa eines Ionenradius von der Kathodenoberfläche — den Wert Null an. Dieses Potential, maßgebend für die diffuse Doppelschicht, kommt für gewöhnlich dem sog. elektrokinetischen Potential ζ nahe.

---

[1] s. S. 44, Fußn. 3.

[2] s. S. 42, Fußn. 1.

[3] Zu berücksichtigen ist aber, daß die Inhibition außerdem auch solche Hemmwirkungen umfassen kann, die auf bloßer elektrostatischer Anziehung beruhen.

[4] HERASYMENKO, P., u. ŠLENDYK: Z. phys. Chem. A **149**, 123, 129 (1930).

[5] s. S. 44, Fußn. 2.

Nach Frumkin[1] vermindert sich die Überspannung Δg bei geringeren Konzentrationen des mehrwertigen Ions unterhalb der Grenzkonzentration um den Betrag des Potentials ψ. Je kleiner die Konzentration des mehrwertigen Ions, desto größer wird ψ, und desto kleiner ist entsprechend die Überspannung. Am größten ist ψ bei der Konzentration Null des mehrwertigen Ions.

Nach der Tafelschen Beziehung (vgl. S. 31) ist

$$\Delta g - \psi = - \frac{2\,RT}{F} \ln J + \text{konst.}$$

ψ hängt auch von der Konzentration der H^+-Ionen ab:

$$\psi = \frac{2\,RT}{F} \ln c_{H^+} . \tag{31}$$

Bei geringeren Konzentrationen des mehrwertigen Ions ist die Überspannung

$$\Delta g - \psi = - \frac{2\,RT}{F} \ln J - \frac{2\,RT}{F} \ln c_{H^+} + \text{konst.} \tag{32}$$

Hält man die Stromdichte J und die Wasserstoffionenkonzentration c_{H^+} konstant, so geht die Gleichung über in

$$\Delta g = \psi + \text{konst.} \tag{33}$$

Da die Überspannung bei der Grenzkonzentration des mehrwertigen Ions konstant und nach Frumkins Annahme dabei $\psi = 0$ wird, kann man aus Überspannungsmessungen ψ bestimmen. Man gewinnt also damit Aufschluß über Vorhandensein und Umfang des diffusen Teils der Doppelschicht, der durch ψ bestimmt wird.

Nun kann man die experimentell gewonnenen ψ-Werte mit solchen vergleichen, die sich aus der Kondensatortheorie von Stern[2] errechnen lassen (Annahme: Kapazität der kationischen Doppelschicht $19/\mu F/cm^2$, entsprechend dem Wert des „Plateaus" in den Kurven, Abb. 27, S. 44; Fehlen spezifischer Adsorption der Ionen).

Frumkin erhielt bei solchen Vergleichen zwar eine qualitative Übereinstimmung, doch ergaben sich immerhin noch merkliche Abweichungen (Größenordnung mehrere Zentivolt). Die experimentell gefundenen Werte fallen stets kleiner aus als die nach Stern berechneten.

Auch bei diesen Diskrepanzen geht man wohl nicht fehl mit der Annahme, daß noch zusätzliche Adsorptionskräfte zwischen den Ionen und der Metalloberfläche wirken, wie sie der Inhibition zukommen (vgl. S. 210 ff.). So wird man die Zunahme der Überspannung bei erhöhter Konzentration der Ionen nicht allein mit einer Abnahme des ψ-Potentials, sondern auch mit einer wachsenden Inhibition zu erklären haben.

---

[1] s. S. 44, Fußn. 2.
[2] s. S. 42, Fußn. 1.

Bei dem Grenzwert der Ionenkonzentration, über den hinaus die Überspannung nicht mehr anwächst, dürfte die Oberfläche mit den Ioneninhibitoren abgesättigt sein.

Noch mehr gelten diese Überlegungen für den Fall der *spezifischen* Adsorption von Kationen und Anionen, deren Wirkung auf die Überspannung Mitarbeiter FRUMKINS (JOFA, KABANOW, KUTSCHINSKY und TSCHISTJAKOFF[1]) ebenfalls in Zusammenhang mit der Änderung des ψ-Potentials zu deuten versucht haben.

Mit dem Vorgang des Aufbaues der Doppelschicht unmittelbar nach dem Einschalten des Elektrolysestromes oder ihres Abbaues unmittelbar nach Unterbrechung eines stationären Elektrolysestromes hat sich bereits vor Jahren eine Reihe von Forschern beschäftigt[2]. Diese älteren Arbeiten, die die kathodische Abscheidung, teils von Wasserstoff, teils von Metallen betrafen, vermochten den Mechanismus des Zustandekommens der Doppelschicht noch nicht aufzuklären.

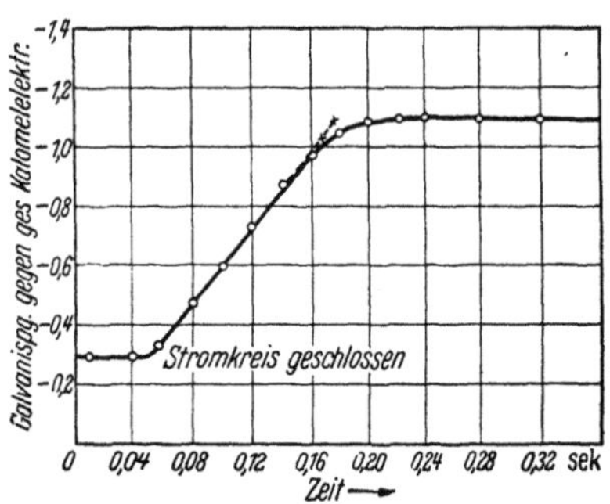

Abb. 28. Zeitliche Änderung der GALVANI-Spannung bei der Wasserstoffabscheidung an einer Hg-Elektrode. (Nach BOWDEN und RIDEAL[3].)

Tiefere Einsichten in die Vorgänge verdanken wir erst den Untersuchungen von BOWDEN und RIDEAL[2] und von ERDEY-GRUZ und VOLMER[3]. Mit Hilfe empfindlicherer Meßverfahren als zuvor bestimmten BOWDEN und RIDEAL die Elektrizitätsmenge, die bis zur GALVANI-Spannung der beginnenden Wasserstoffentwicklung an der Kathode fließt. Abb. 28 gibt z. B. die zeitliche Änderung der GALVANI-Spannung bei der Wasserstoffabscheidung aus Schwefelsäure an einer Quecksilberkathode nach Einschalten des Stromes ($5 \cdot 10^{-7}$ A/cm²) wieder. Mit Stromschluß steigt die GALVANI-Spannung linear mit der Zeit zu unedleren Werten an (in unserem Beispiel von $-0{,}3$ bis $-0{,}9$ V, gemessen gegen ges. Kalomelelektrode). Oberhalb $-0{,}9$ V verlangsamt sich der Anstieg der Kurve, die dann bei $-1{,}1$ V — der GALVANI-Spannung der Wasserstoffentwicklung — asymptotisch verläuft.

Bis $-0{,}8$ V läßt sich noch keine Wasserstoffabscheidung nachweisen. Offenbar können nach Stromschluß zunächst weder die sich

---

[1] JOFA, S. A., B. KABANOW, E. KUTSCHINSKY u. E. TSCHISTJAKOFF: Acta physicochim. URSS **10**, 317 (1939).

[2] BUTLER, J. A. V.: Electrical phenomena at interfaces. London (1951), S. 46.

[3] ERDEY-GRUZ, TH., u. M. VOLMER: Z. phys. Chem. **150** A, 203 (1930). — TH. ERDEY-GRUZ u. G. G. KROMREY: Z. phys. Chem. **157** A, 213 (1931).

an der Kathodenoberfläche ansammelnden Elektronen noch die an die Kathode herantransportierten Wasserstoffionen die Doppelschicht durchqueren. Das angelegte äußere Feld verstärkt also so lange die Ladungen an jeder Seite der Doppelschicht — m. a. W. die Doppelschicht lädt sich auf —, bis etwa die GALVANI-Spannung von z. B. —0,8 V erreicht ist. Im Zusammenhang mit dieser Erscheinung steht die von ERDEY-GRUZ und VOLMER gefundene Tatsache, daß im Bereich kleiner Stromdichten die Stromdichte (und nicht ihr Logarithmus) proportional der Überspannung ist. Erst oberhalb dieser GALVANI-Spannung (in unserem Beispiel —1,1 V) beginnt der Durchtritt der Elektronen oder der Wasserstoffionen durch die Doppelschicht, der eine Wasserstoffabscheidung bedeutet, und er erlangt erst bei höheren GALVANI-Spannungen eine merkliche Geschwindigkeit[1].

Die Neigung $\dfrac{J\,dt}{dg}$ des linearen Teils der Kurve ist gleich der Kapazität des Doppelschichtkondensators. BOWDEN und RIDEAL (später auch ERDEY-GRUZ und VOLMER[2] sowie andere Forscher[3]) fanden auf diese Weise an Quecksilberelektroden eine Kapazität von etwa $6\ \mu\mathrm{F/cm^2}$. Wie wir später (s. S. 55) sehen werden, ist dieser Wert zu niedrig, weil offenbar spurenweise Verunreinigungen den Anstieg der Kurve verändern. Spuren von organischen Fremdstoffen (Inhibitoren), erhöhen die Überspannung und verringern somit die Kapazität. Spuren von Sauerstoff (Depolarisatoren) können andererseits die Überspannung vermindern und die Kapazität erhöhen. Die Verunreinigung der verwendeten Lösungen mit Inhibitoren ändert jedoch nichts an der grundsätzlichen Bedeutung der oben erwähnten Ergebnisse. Der Vorgang der Aufladung der Doppelschicht beansprucht bei so geringen Stromdichten (von 10^{-7} bis 10^{-6} A/cm²) fast 10^{-1} sek.

Will man den Aufladungsvorgang bei höheren Stromdichten verfolgen, so verkürzt sich die Zeit der Aufladung erheblich. Zur Messung genügen daher Schleifenoszillographen nicht mehr. BARCLAY und BUTLER[4] haben z. B. die kathodische Polarisation mit dem Kathodenstrahloszillographen im Bereich von 10^{-2} sek verfolgt. Sie finden an frischen Quecksilberoberflächen in reiner n-H_2SO_4 anfänglich in einem ersten geradlinigen Teil der $\dfrac{J\,dt}{dg}$-Kurve eine Kapazität von $60 \cdot 10^{-6}$ coul/V/cm², in einem sich anschließenden zweiten, ebenfalls geradlinigen Teil $20 \cdot 10^{-6}$ coul/V/cm². Anscheinend ist also die Doppelschicht anfangs dünner als später.

---

[1] Den analogen Vorgang der Aufladung der Doppelschicht mit anschließender Metallabscheidung haben neuerdings T. MILLS und G. M. WILLIS [J. electrochem. Soc. **100**, 452 (1953)] studiert.

[2] s. S. 48, Fußn. 4.

[3] BAARS, E.: Sitzgsber. Ges. Förd. Naturwiss. Marburg **63**, 213 (1928). — H. BRANDES: Z. phys. Chem. **142** A, 97 (1929).

[4] BARCLAY, J. M. u. J. A. V. BUTLER: Trans. Faraday Soc. **36**, 128 (1940).

1.22.4 Ladung von Kolloiden.

Eine vierte Möglichkeit zur Aufklärung der Natur der Doppelschicht soll nur angedeutet werden. Sie ergibt sich beim Studium der *Ladung von Kolloiden*. Nach OVERBEEK[1] scheint kein grundsätzlicher Unterschied im Aufbau der Doppelschicht an der Oberfläche eines Metalles und eines genügend leitenden Kolloides, z. B. aus Silberjodid, zu bestehen. Bestimmt man also die Ladung eines kompakten flüssigen Metalles (z. B. Hg) aus der Elektrokapillarkurve, die eines festen Metalles (Pt) aus der Wasserstoffüberspannung, so kann man andererseits die Ladung eines Kolloides analytisch (z. B. durch elektrometrische Titration) ermitteln. Auch elektrokinetische Messungen lassen sich heranziehen. Die grundsätzliche Ähnlichkeit der Verhältnisse läßt erhoffen, daß man auf allen diesen Wegen auch Aufschluß über unseren Sonderfall, die Doppelschicht an der festen Metallkathode bei der elektrolytischen Metallabscheidung gewinnen kann.

1.23 Anordnung der Elektrolytbestandteile in der Doppelschicht.

1.23.1 Allgemeines.

Wie wir gesehen haben, bestimmen zwei Kräfte den Aufbau der Doppelschicht: einmal elektrostatische Anziehung und zweitens Adsorption. Für beide Kräfte scheint die effektive Ladung der Elektrode eine gewisse Bedeutung zu besitzen. Offenbar spielt dabei die Ladung Null eine Rolle, bei der der starre Bereich der Doppelschicht gerade seine geringste und der diffuse Bereich seine größte Ausdehnung erreicht haben. Bei diesem Ladungsminimum findet man, wie bereits erwähnt, auch das Maximum der Grenzflächenspannung und das Minimum der Doppelschichtkapazität.

Der Nullpunkt der Ladung unter Stromfluß, auch elektrokapillares Nullpotential oder LIPPMANN-Potential genannt, tritt für die verschiedenen Metalle bei ganz verschiedenen GALVANI-Spannungen auf. In manchen Fällen erreicht man ihn erst bei mehr oder weniger negativem (also kathodischem) Polarisieren der Elektrode.

Wie GRAHAME[2] z. B. in einer n-KJ-Lösung an Quecksilber fand, ist die am Nullpunkt gemessene GALVANI-Spannung viel größer, als sich nach der Theorie der diffusen Doppelschicht berechnet. So betrug der beobachtete Wert z. B. $-340\,mV$, der für die Grenze der HELMHOLTZ-Schicht nach der Elektrolytseite hin berechnete Wert nur $-65\,mV$. Der beträchtliche Potentialabfall in der starren Doppelschicht scheint von der Deformation der adsorbierten Anionen herzurühren.

Diese Umstände darf man nicht übersehen, wenn man den Einbau von polaren Fremdstoffen in die Doppelschicht und ihre Anlagerung an die Kathodenoberfläche erörtern will.

Tab. 1 enthält (nach BUTLER[3]) — soweit bisher bekannt — die GALVANI-Spannungen (gegen die n-Kalomelelektrode gemessen), bei

---

[1] OVERBEEK, J. TH. G.: Trans. Faraday. Soc. **47**, 410 (1951).

[2] s. S. 43, Fußn. 2.

[3] BUTLER, J. A. V.: Electrical phenomena at interfaces, London (1951), S. 41.

denen verschiedene flüssige und feste Metalle die Ladung Null (den elektrokapillaren Nullpunkt) erreichen. Die Nullpunkte sind nach verschiedenen Methoden bestimmt.

Tabelle 1.

GALVANI-*Spannungen am elektrokapillaren Nullpunkt.* (Zum Teil nach BUTLER[1].)

Metall	Meßmethode	GALVANI-Spannung für die Ladung Null
Hg	Elektrokapillarkurve, Tropfelektrode in inaktiven Lösungen	$-0{,}56$ V
Ga	Elektrokapillarkurve	$-0{,}9$ V
Pt	Kontaktwinkel	$\pm 0{,}0$ V
Ag	Kataphorese	$+0{,}2$ V
	Bewegung von massivem Metall	$+0{,}1 \cdots 0{,}2$ V
	Ionenadsorption	$+0{,}23$ V
	Potentialänderung	$+0{,}19$ V
Ni ⎫ Au ⎭	Kapazitätsänderung von Adsorbaten bei der Elektrolyse (nach HILLSON[2])	$-0{,}5$ V $-0{,}15$ V

Eine Kathode muß also bei der Elektrolyse keineswegs immer negativ geladen sein. Negative Ladung trägt sie zwar stets, wenn man die Kathode so stark polarisiert, daß das Polarisieren ausreicht, um den Ladungsnullpunkt nach der negativen Seite hin zu überschreiten. Für unedle Metalle trifft dies für gewöhnlich von vornherein zu; meist sind diese Metalle bereits bei der Gleichgewichts-GALVANI-Spannung negativ geladen. Bei den edleren Metallen bedarf es in der Regel einer größeren negativen Vorspannung, um die positive Ladung der Kathode zu kompensieren.

Man muß sich also von der meist stillschweigend gemachten Annahme frei machen, ein Metallion scheide sich an der Kathode ab, weil diese negativ geladen sei. Die kathodische Abscheidung setzt für den Übertritt der Ionen nicht unbedingt negative Ladung voraus, sondern lediglich, daß das chemische Potential der Kationen in der Elektrolytphase größer sei als im Metall.

Vergleichen wir z. B. die kathodische Silberabscheidung aus $AgNO_3$-Lösung unter Verwendung von Silberelektroden und die kathodische Zinkabscheidung aus $ZnCl_2$-Lösung unter Verwendung von Zinkelektroden. Im Ruhezustande, ohne von außen angelegte Gleichspannung, sind die beiden Silberelektroden gegenüber den Elektrolyten positiv, die beiden Zinkelektroden hingegen negativ geladen. Für den Ionenübergang gilt allgemein das Gleichgewicht:

$$Me^{z+} + ze^- \rightleftharpoons Me,$$

wobei z die Wertigkeit angibt. Das Gleichgewicht ist für das positive Silber weit nach rechts, das negative Zink weit nach links verschoben.

---

[1] s. S. 50, Fußn. 3.

[2] HILLSON, P. J.: Trans. Faraday Soc. **48**, 462 (1952).

4*

Bei der Elektrolyse führen wir der Kathode Elektronen zu, der Anode entziehen wir sie zum gleichen Betrag. Nach dem Massenwirkungsgesetz wird das Gleichgewicht an der Kathode durch den Elektronenüberschuß in beiden Fällen nach rechts verschoben; als Folge davon müssen Metallionen unter Entladung zur Kathode übertreten. Gleichgültig, ob die Kathode wie im Fall des Silbers noch positiv oder im Fall des Zinks bereits negativ geladen ist, es muß sich kathodisch Metall abscheiden, der Gleichgewichtsverschiebung folgend.

So hat man also bei den edleren Metallen im Auge zu behalten, wie verschieden die Doppelschicht unter Stromfluß je nach Polarisierung zusammengesetzt sein kann: an der noch positiv geladenen Oberfläche bilden Anionen, an der negativen jedoch Kationen die elektrolytseitige Belegung des Doppelschichtkondensators. Ebenso werden sich auch fremde, nicht potentialbestimmende Ionen und Dipole je nach den Bedingungen im Doppelschichtbereich in verschiedenen Lagen anordnen. Für eine Diskussion der Inhibition (vgl. S. 210) können diese Zusammenhänge von Bedeutung sein.

Es ist schwer, die oft nur geringfügige Bedeckung der Elektrode mit stark adsorbierbaren Inhibitoren auf einfache Weise direkt nachzuweisen. Am ehesten gelingt dies mit Hilfe von radioaktiven Indikatoren. Immerhin liefern die Wirkungen der Inhibitoren viele Möglichkeiten zum indirekten Nachweis ihrer Existenz auf der Elektrodenoberfläche und in der Doppelschicht.

Dazu gehören die später noch ausführlich zu behandelnden Wirkungen der Inhibitoren auf die Überspannung, auf die Form der kathodischen Metallabscheidung und auf den Einbau von Fremdstoffen in den Metallniederschlag.

Enger verknüpft mit unserer Frage nach dem Aufbau der Doppelschicht sind vor allem die Wirkungen der Inhibitoren auf die Grenzflächenspannung und auf die Kapazität der Doppelschicht. Die flüssige Quecksilberelektrode bietet sich wegen ihrer definierten Oberfläche für das Studium solcher Zusammenhänge an. Bislang sind daher an ihr fast alle verwertbaren experimentellen Daten gewonnen worden.

Die Erfahrung lehrt, daß Inhibitoren im allgemeinen die Grenzflächenspannung und zugleich die Kapazität der Doppelschicht erniedrigen. Diese Feststellung ergibt sich z. B. bei einem Vergleich der Inhibitorwirkung des betreffenden Fremdstoffes mit der entsprechenden Wirkung von Wassermolekeln. Für gewöhnlich ist der Fremdstoff voluminöser als die Wassermolekeln, die er verdrängt. Die HELMHOLTZ-Doppelschicht fällt dabei dicker aus; daher muß sie eine geringere Kapazität besitzen. Fast immer ist auch die Dielektrizitätskonstante des verdrängenden Inhibitors kleiner als die des Wassers, was ebenfalls die Kapazität herabsetzen sollte.

Weniger leicht ist zu verstehen, warum der Inhibitor die Grenzflächenspannung herabsetzt; offenbar handelt es sich um eine spezifische

Wirkung der adsorbierten Inhibitoren, nicht aber um die gegenseitige Abstoßung der Metallkationen, wie auf S. 41 erwähnt.

Der Umfang, in dem Inhibitoren die Grenzflächenspannung und Kapazität verkleinern, darf als Maß für die Adsorptionsintensität und damit für die Stärke der Inhibition gelten. Je mehr sie in diesem Sinne dämpfend wirken, desto mehr werden sie z. B. andererseits die Überspannung erhöhen (vgl. HILLSON[1]).

Weitere Aufschlüsse dürften in diesem Zusammenhange die Potentiallage des Adsorptionsmaximums im Vergleich zum elektrokapillaren Nullpunkt und der Potentialbereich bieten, über den der Stoff adsorbiert wird. Je nach der Natur des Inhibitors wird er sich über eine größere oder kleinere Potentialspanne, mehr über den kathodischen oder den anodischen Bereich oder über einen Zwischenbereich erstrecken.

Besitzen die neutralen Molekeln keine permanente Polarisierbarkeit, so sollte ihr Adsorptionsmaximum nach BUTLER[2] gerade beim elektrokapillaren Nullpunkt liegen. Je nach ihrer permanenten Polarisierbarkeit wird sich aber dieses Maximum mehr nach links oder rechts verschieben.

1.23.2 Neutrale (polare) Molekeln in der Doppelschicht.

Aus dem bisher vorliegenden experimentellen Material dieser verschiedenen Arbeitsrichtungen kann man etwa folgendes Bild von der Anordnung der Bestandteile in der Doppelschicht erhalten. Unmittelbar an der Metallseite der starren HELMHOLTZschen Doppelschicht scheinen sich die Lösungsmittel- (Wasser-) Molekeln anzulagern (OVERBEEK[3]). Wasser wird als Dipol adsorbiert. Bei negativer Ladung richten sich die positiven Anteile der Wasserdipole zu den negativen Ladungen hin aus. Beim Umladen der Elektrode ändert sich entsprechend die Orientierung der Dipole.

Der Übergang von der positiven zur negativen Ladung ist mit einer ganz erheblichen Abnahme der Kapazität verbunden, die OVERBEEK dem „Umklappen" der Wasserdipole zuschreibt, während FRUMKIN (vgl. S. 45) sie mit dem verringerten Einfluß der stark deformierbaren Anionen erklärt.

Ein Mitwirken der Wasserdipole erscheint plausibel, wenn man mit ERDEY-GRUZ[4] die an den Elektrolyten grenzenden Oberflächenatome als „Quasikationen" auffaßt. Die Quasikationen sind nach der Elektrolytseite hin solvatisiert, und zwar um so mehr, je exponierter

---

[1] s. S. 51, Fußn. 2.
[2] s. S. 50, Fußn. 3.
[3] s. S. 50, Fußn. 1.
[4] ERDEY-GRUZ, TH.: Z. phys. Chem. A. **172**, 157 (1935).

sie auf der Metalloberfläche angeordnet sind. So werden die Quasikationen an submikroskopischen Ecken oder Kanten stärker solvatisiert sein, als wenn sie in Flächen eingebaut sind. Wie beim Ion in der Elektrolytlösung wird diese Solvatisierung auf VAN DER WAALS-schen oder noch festeren kovalenten Bindungen beruhen. Sie ist also nicht bloß elektrostatischer Natur.

Auch bei negativer Ladung der Elektrode dürfte die Solvatisierung der Quasikationen teilweise erhalten bleiben. Ist die Elektrode positiv geladen, so tritt aber noch eine zusätzliche, auf elektrostatischer Anziehung beruhende Belegung mit Lösungsmitteldipolen hinzu. Die höhere Kapazität könnte auf der höheren Dielektrizitätskonstante dieses Dielektrikums beruhen.

Nach OVERBEEK[1] können sich solvatisierte Ionen auch mit ihrer Solvathülle als Zwischenglied an die Metalloberfläche anlagern. Die Solvathülle bildet dann das Dielektrikum des molekularen Kondensators[2]. Ähnlich wie die Lösungsmitteldipole verhalten sich wahrscheinlich auch organische Inhibitordipole und kapillaraktive Molekeln. Auch sie werden sich also unmittelbar an die Metalloberfläche im Bereich der HELMHOLTZ-Schicht anlagern. Das gleiche dürfte von spezifischer Adsorption jeder Art gelten, z. B. von der Adsorption der Jodionen an Silber. Alle diese Bindungen überlagern sich der bloßen elektrostatischen Anziehung. Sie vermindern für gewöhnlich die Kapazität der Doppelschicht, können sie aber auch gelegentlich vergrößern. Je nach Affinität werden solche Stoffe nur die aktiven Stellen oder sämtliche Stellen der Oberfläche belegen.

Bei manchen sehr unedlen Metallen, z. B. Aluminium, wird die Konfiguration Oberflächenatom/H_2O-Dipol instabil sein, d. h. sie muß in Aluminiumoxyd und H_2 übergehen (entsprechend könnte man auch annehmen, daß die Quasikationen des Aluminiums sich nicht bloß hydrolysieren, sondern außerdem mit den OH^--Ionen des Wassers unter Bildung von Aluminiumhydroxyd reagieren). Jedenfalls scheint bei solchen Metallen in Berührung mit wäßrigen Lösungen selbst nach gründlichster Beseitigung der Luft- und Walzoxydhaut nicht die reine Metalloberfläche an die Doppelschicht zu grenzen, sondern an ihrer Stelle eine monomolekulare, im Elektrolyten gebildete Oxydhaut[3]. Sie hindert offenbar beim Aluminium und auch in anderen Fällen die — an sich schon infolge der Potentiallage äußerst erschwerte — kathodische Abscheidung des Metalles aus wäßriger Lösung.

---

[1] s. S. 50, Fußn. 1.

[2] GRAHAME (s. S. 43, Fußn. 2) hält aber eine Dehydratation der Kationen für wahrscheinlicher, einmal weil die Neigung der Metallionen, Wasser zu binden, energetisch etwas geringer sein sollte als die Neigung, sich an die Metallatome zu binden. Zweitens führt er die Reversibilität mancher Reduktionspotentiale der Kationen als Stütze an. Der Elektronendurchtritt durch eine Hydrathülle sollte eine Aktivierungsenergie verlangen.

[3] POLITYCKI, A., u. H. FISCHER: Z. Elektrochem. **56**, 326 (1952).

PROSKURNIN und FRUMKIN[1] sowie HILLSON[2] konnten zeigen, daß Verunreinigungen adsorbierbarer organischer Substanzen, wie Picein, Ölsäure, Cetylalkohol, Hexylalkohol, Hexylamin, Toluolsulfosäure usw., die Kapazität der Doppelschicht an Quecksilberoberflächen erheblich vermindern (vgl. auch S. 45, Fußnote 1). Abb. 29 zeigt die erhebliche Senkung der Kapazität durch Picein. (Gestrichelte Kurve mit Dreieckspunkten.)

Die Kapazitätswerte wurden aus der Elektrokapillarkurve, z. T. auch direkt nach einer Methode von KRÜGER[3] ermittelt. Bemerkenswert ist der Befund, daß die organischen Stoffe nur im mittleren Bereich der Kurve wirken, d. h. also bei noch positiver oder schwach negativer Ladung des Quecksilbers. Bei starker negativer Ladung ergeben sich wieder Werte in der Nähe von 22 μF/cm². Anscheinend werden diese Stoffe nur im mittleren Ladungsbereich an Quecksilber adsorbiert. Zum mindesten scheinen sie sich nur unter diesen Umständen in der starren Doppelschicht zu befinden.

Neutrale organische Inhibitoren flachen die Elektrokapillarkurve ab und verringern somit die Grenz-

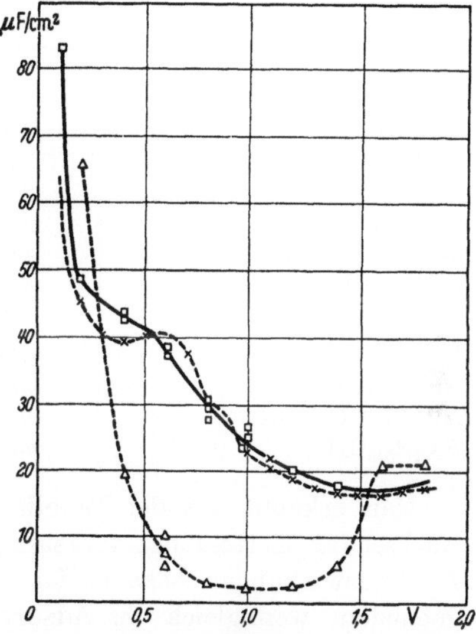

Abb. 29.
Kapazität einer Hg-Oberfläche in n-Na₂SO₄-Lösung. (Nach PROSKURNIN und FRUMKIN[1].)

flächenspannung an Quecksilber. In homologen Reihen verstärkt sich diese Wirkung mit zunehmender Molekelgröße. Tab. 2 (nach BUTLER[4]) bringt hierzu einige Daten für Alkohole, Phenole, Aminbasen und Schwefelverbindungen, die einer „inaktiven" $m/2$-Na₂SO₄-Lösung zugesetzt sind.

Dabei bedeuten g_m die GALVANI-Spannung[5], bei der die maximale Wirkung auftritt, $\Delta\sigma_m$ die maximale Senkung der Grenzflächenspannung, hervorgerufen durch den Inhibitor (in einer willkürlichen Einheit), und a einen Faktor, der von dem Verhältnis der Polarisierbarkeiten des Lösungsmittels (H₂O) und des Inhibitors bestimmt wird.

BUTLER[4] hat folgende Formel abgeleitet:

$$\Delta\sigma = \Delta\sigma_m\, e^{-(a\cdot - g_m)^2} \tag{34}$$

Ist das Lösungsmittel (H₂O) leichter polarisierbar als ein gleiches Volumen des Inhibitors, so fällt a positiv aus. Wenn die Feldstärke erhöht wird, so werden

---

[1] PROSKURNIN, M. A., u. A. N. FRUMKIN: Trans. Faraday Soc. **31**, 110 (1935).

[2] s. S. 51, Fußn. 2.

[3] KRÜGER, P.: Z. phys. Chem. **45**, 1 (1903) — Ann. Phys. (4) **21**, 701 (1906) — Z. Elektrochem. **19**, 620 (1913).

[4] s. S. 50, Fußn. 3, l. o. S. 66ff.

[5] Bezogen auf die Elektrode Hg/Hg₂SO₄ $m/2$-Na₂SO₄ ($\varepsilon_\lambda = +0{,}66$ V).

dann die Lösungsmittelmolekeln relativ stärker angezogen als die Inhibitormolekeln. So zeigt a an, in welchem Ladungsbereich die Molekeln hauptsächlich
adsorbiert werden. Je kleiner a ist, desto weiter erstreckt sich dieser Bereich
in das negative Gebiet.

Tabelle 2. *Einfluß adsorbierter Molekeln auf $\Delta\sigma_m$.* (Nach BUTLER[1].)

Substanz	Konzentration	a	g_m	$\Delta\sigma_m$
CH_3OH	m	2,7	$-0,90$	7,4
C_2H_5OH	m	5,1	$-0,96$	27,2
$n\text{-}C_3H_7OH$	m	3,3	$-0,95$	79,8
$n\text{-}C_4H_9OH$	$m/10$	5,0	$-0,92$	49,1
C_6H_5OH	$m/10$	3,2	$-0,78$	91,3
$o\text{-}C_6H_4CH_3 \cdot OH$	ges.	1,9	$-0,78$	139
$o\text{-}C_6H_4(OH)_2$	$m/10$	2,4	$-0,64$	82,6
$p\text{-}C_6H_4(OH)_2$	$m/10$	2,6	$-0,60$	82,4
$N(CH_3)_4OH$	$m/10$	1,7	$-1,85$	33,7
$N(C_2H_5)_4OH$	$m/10$	1,7	$-1,65$	63,0
$N(C_2H_5)(CH_3)_3OH$	$m/10$	1,6	$-1,80$	36,5
$S(C_2H_5)_3OH$	$m/10$	1,2	$-1,74$	61,8

Man erkennt aus der Tabelle, daß die homologen Alkohole mit
wachsender Kettenlänge wirksamer werden, wie dies auch sonst aus
Inhibitorwirkungen bekannt ist. Sie werden also zunehmend fester
gebunden, wenngleich ihr Adsorptionsbereich z. T. schmaler wird.

Die Phenole, namentlich die Diphenole, haben bereits schwach
sauren Charakter. Deshalb ist g_m mehr nach links, zur positiven Seite
hin, verschoben. Daß eine zweite OH-Gruppe die Inhibition schwächt,
bestätigt sich auch sonst aus der Erfahrung (vgl. z. B. S. 283). Am
stärksten wirkt o-Toluol.

Die quaternären Aminbasen gehören ihrer starken Dissoziation
wegen nicht mehr in die Gruppe der neutralen Molekeln (s. weiter unten).
Weniger dissoziiert sind hingegen die ternären Aminbasen (Abb. 30)
n/10-Triäthylamin(1), n/1-Isobutylamin(3) und (ges.) Pyrrhol(5),
die sich in ihrer Wirkung deutlich von der — geringen — Wirkung
ihrer Sulfate n/10-Triäthylaminsulfat(2), n/1-Isobutylaminsulfat(4)
unterscheiden. Dies zeigen deutlich die Kurven in Abb. 30 (nach
BUTLER[1]), in denen die Erniedrigung der Grenzflächenspannung an
Quecksilber (Elektrolyt wie in Tab. 2) mit gesteigerter kathodischer
Polarisation wiedergegeben ist.

Abb. 31 b oben läßt nach HILLSON[2] deutlich den kapazitätsmindern-
den Einfluß von Hexylalkohol $(4,2 \cdot 10^{-3}$ mol/l, gesättigt) bei der
kathodischen Abscheidung von Wasserstoff an Gold aus n-HCl in

---

[1] s. S. 50, Fußn. 3; dort S. 67.
[2] s. S. 51, Fußn. 2.

Abhängigkeit von der Stromdichte ($\log J$) erkennen. In Abb. 31b unten ist zum Vergleich die Abhängigkeit des Widerstandes und in 31a die Abhängigkeit der Wasserstoffüberspannung von der Stromdichte ($\log J$) aufgetragen. Man erkennt die gleichzeitige Erhöhung von Widerstand und Überspannung durch den Inhibitor.

Abb. 32 gibt unter gleichen Bedingungen Aufschluß über die Wirkung von Toluolsulfosäure ($0,18 \cdots 4,4 \cdot 10^{-3}$ mol/l) an Nickel. Auffällig ist hier das Kapazitäts*maximum*, das im Bereich des Ladungs-Nullpunktes (vgl. S. 51) liegt. (Bei Gold [Abb. 31] ist der Ladungs-

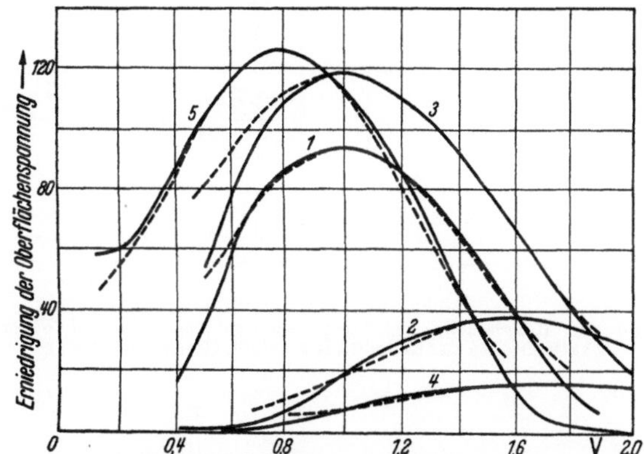

Abb. 30. Erniedrigung der Grenzflächenspannung mit gesteigerter kathodischer Polarisation. (Nach BUTLER[1].)

Nullpunkt nicht mehr erfaßt, da er nach edleren Potentialen verschoben ist.) Im Bereich des Nullpunktes ist die Dicke der adsorptiven Belegung des Nickels mit dem Inhibitor am geringsten. Sie nimmt mit steigender Stromdichte bis zu einem Maximum der Dicke (Kapazitätsminimum oberhalb 10^{-3} A/cm²) zu. Ähnliche Maxima der Kapazität finden sich auch bei anderen Inhibitoren, vor allem meist bei polaren Stoffen. Vor dem Nullpunkt ist bei der noch positiven Ladung offenbar das Säureanion, nach dem Nullpunkt vorzugsweise die undissoziierte Säure adsorbiert. Es fällt auf, daß die Kurven der Wasserstoffüberspannung nicht im geringsten auf die Änderungen der Doppelschicht reagieren. Offenbar hat die Erhöhung der Überspannung durch die Toluolsulfosäure andere Ursachen (z. B. Vergiftungspolarisation, s. S. 215), die bereits auf monomolekulare Belegung ansprechen.

1.23.3 Ionen in der Doppelschicht.

Unter den weiteren Bestandteilen der Doppelschicht zeigen die *Anionen* deutlich ein ausgeprägtes Verhalten, das offenbar auf Ad-

---

[1] s. S. 50, Fußn. 3; dort S. 65.

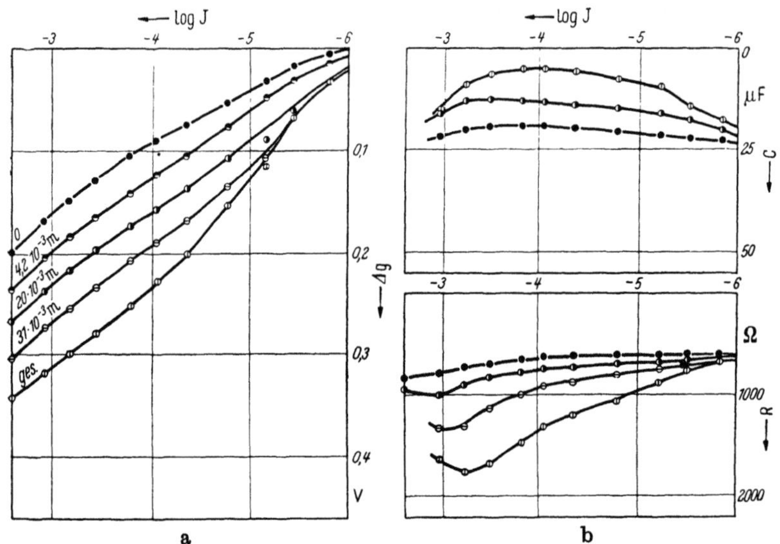

Abb. 31. Einfluß von Hexylalkohol auf Überspannung, Kapazität und Widerstand bei der kathodischen H-Abscheidung an Gold. (Nach HLLLSON[1].)

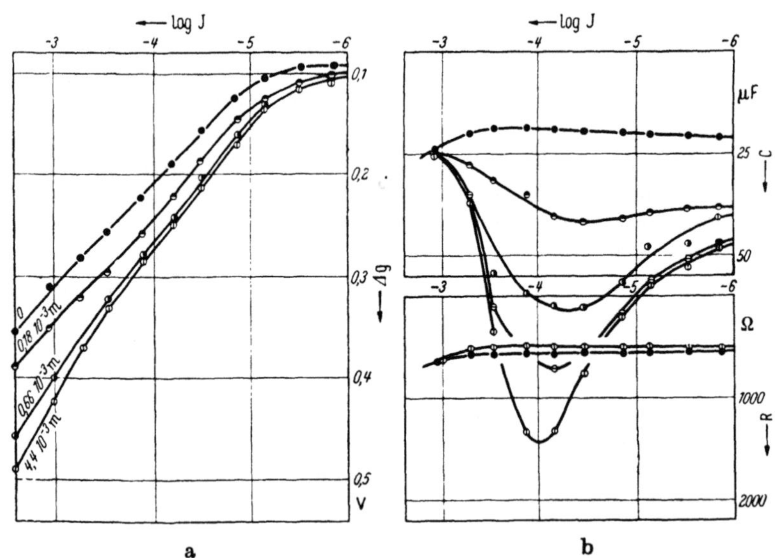

Abb. 32. Einfluß von Toluolsulfosäure auf Überspannung, Kapazität und Widerstand bei der kathodischen H-Abscheidung an Nickel. (Nach HILLSON[1].)

---

[1] s. S. 51, Fußn. 2.

sorption an der Metalloberfläche beruht. Wie die Lösungsmitteldipole können auch die Anionen — im Gegensatz zu den anorganischen Kationen — teilweise direkten Kontakt mit der Metalloberfläche haben (GRAHAME[1]). Einmal hängt dies wahrscheinlich mit der Affinität zwischen Quasikationen der Metalloberfläche und Anionen zusammen, die parallel mit dem Anziehungsbestreben der Kationen und Anionen im Elektrolytinnern. gehen dürfte. Wichtiger ist aber zweitens die leichtere Deformierbarkeit der Anionen. Namentlich die Halogenionen Cl^-, Br^- und J^- lassen sich bekanntlich leicht deformieren. Dank ihrem hohen indizierten elektrischen Moment sollten sie sich bevorzugt im Bereich höherer Feldstärken anlagern. Je leichter deformierbar die Anionen sind, desto wahrscheinlicher werden sie VAN DER WAALSsche Adsorptionsbindungen mit der Metalloberfläche eingehen. Die Adsorption der Anionen unter Deformation erklärt auch, warum z. B. die GALVANI-Spannung beim elektrokapillaren Nullpunkt höher ist als die nach der Theorie berechnete (vgl. S. 50). Die Ladungsmittelpunkte der deformierten Anionen verschieben sich zur Metalloberfläche hin. Kationen können nicht in die Ebene der negativen Ladungen gelangen, um diese auszugleichen (GRAHAME[1]).

Mit Hilfe von radioaktiv indizierter Schwefelsäure haben z. B. HOUTERMANS, VINCENT und WAGNER[2] einen monomolekularen SO_4^{2-}-Film auf Kupfer in schwefelsaurer $CuSO_4$-Lösung nachgewiesen. Aus dem Umstand, daß der Film sich trotz Waschens mit Wasser nicht entfernen läßt und SO_4^{2-}-Ionen bei der kathodischen Kupferabscheidung in den Niederschlag eingebaut werden, darf man wohl auf ihren Einbau in die starre HELMHOLTZ-Schicht schließen. Auch diese Anionenadsorption überlagert sich der rein elektrostatischen Anziehung und wird ungeachtet einer negativen Ladung der Oberfläche — zum mindesten an den aktiven Stellen — bestehenbleiben.

Ein deformierbares Anion dringt also in die starre HELMHOLTZsche Doppelschicht ein und vermag bei starker Deformierbarkeit auch an die Stelle von Lösungsmittel- oder Inhibitordipolen zu treten. So kann sich als innerste Belegung des Metalles (s. S. 61) leichter ein Anionenfilm als ein Film aus manchen anderen Inhibitoren ausbilden. Eine solche Verdrängung der Inhibitormolekeln durch die Halogenionen, vor allem durch die Chlorionen, könnte die überspannungserniedrigende Wirkung dieser Anionen erklären (vgl. ausführlicher S. 243). Ob es sich hier um eine vollständige Verdrängung oder um Komplexbildung handelt, muß im einzelnen offenbleiben. Ein stärker deformierbares Anion vermag offenbar auch ein schwächer deformierbares Anion zu verdrängen.

---

[1] s. S. 43, Fußn. 3.
[2] HOUTERMANS, F. G., D. VINCENT u. G. WAGNER: Z. Elektrochem. **56**, 944 (1952).

Rufen z. B. die wenig deformierbaren Perchlorationen bei der Zinkabscheidung eine hohe Überspannung hervor, so büßen sie diese Fähigkeit in Gegenwart von Chlorionen ein (PIONTELLI[1]).

Die Anionen in der starren HELMHOLTZ-Schicht sind sicher nicht mehr solvatisiert (GRAHAME[2]). Denn kovalente Adsorptionsbindungen sind Nahwirkungskräfte, die nicht durch eine Solvathülle hindurch wirken können.

Die anorganischen *Kationen* ordnen sich nach GRAHAME[2] nicht in direkter Berührung mit dem Metall an. Sie sind durch den Film aus Lösungsmitteldipolen, Inhibitormolekeln, deformierbaren Anionen usw., von ihm getrennt. Ob die Kationen als Gegenionen zur negativen Ladung des Metalls in der starren Doppelschicht desolvatisiert vorliegen, ist offen. OVERBEEK[3] nimmt bleibende Solvatbindung an, während GRAHAME[2] Desolvatation für wahrscheinlich hält. Die Solvathülle dürfte jedenfalls, wie bereits erwähnt, deformiert zwischen den Metallionen und der Metalloberfläche liegen. Anionen wirken spezifischer als Kationen, die trotz verschiedener Radien und Wertigkeit praktisch ohne Einfluß auf Kapazität und Elektrokapillarität sind (GRAHAME[2]). Diese Indifferenz der Kationen muß nun eigentlich überraschen, sollten doch die Kationen bei negativer Ladung stark und ihrer Natur nach verschieden wirken. Offenbar wird ihr Einfluß von einer weit stärkeren Wirkung der Wassermolekeln überdeckt, die sich zwischen Kationen und Metalloberfläche anordnen.

Aus dem unterschiedlichen Verhalten von Kationen und Anionen erklärt sich nach OVERBEEK[3] wohl auch die Tatsache einer relativen Unabhängigkeit des negativen Zweiges der Ladung-Kapazität-Kurve von der Natur des Elektrolyten. Der positive Zweig der Kurve hängt hingegen stark von der Elektrolytzusammensetzung, d. h. von der Natur der Anionen, ab (vgl. Abb. 27, S. 44).

Organische Kationen haben bei einer etwaigen Affinität zum Kathodenmetall eher Aussicht auf eine direkte Berührung mit der Kathodenoberfläche. Das gilt allerdings in erster Linie für stark negative Polarisation der Kathode. So ist aus den Kurven für Triäthylamin- oder Isobutylaminionen[4] zu entnehmen, daß sie ihre maximale Wirkung ganz im rechten Teil der Abszisse entfalten. Allerdings ist ihre Wirkung bedeutend geringer als diejenige der entsprechenden freien Basen, die in der Mitte der Abszisse ihr Maximum haben.

---

[1] PIONTELLI, R.: Comité International de Thermodynamique et de Cinétique électrochimiques, C. r. de la 2. Réunion, Milan (**1950**) 185.

[2] s. S. 43, Fußn. 3.

[3] OVERBEEK s. S. 50, Fußn. 1.

[4] s. Abb. 30, Kurven *2* und *4* (S. 57).

Auch quaternäre Ammoniumionen und Kationen organischer Sulfide (Tab. 2) wirken ähnlich wie die erstgenannten Ionen.

In dem *diffusen* Anteil der Doppelschicht befindet sich bei geringer Ladung des Metalls ein Teil der Gegenionen der Doppelschicht, die die Ladung ausgleichen sollen. Bei hohen Feldstärken ist allerdings ihr Anteil in der diffusen Zone verschwindend gering. Die diffuse Doppelschicht ist offenbar der Sitz nichtspezifischer Adsorption, der sog. sekundären oder Austauschadsorption. Sind an dem Metall primär Anionen adsorbiert, so enthält die diffuse Schicht, einem Überschuß an negativer Ladung entsprechend, sekundär adsorbierte Kationen, die leicht gegeneinander ausgetauscht werden können. Bei einer Kationenadsorption in der HELMHOLTZ-Schicht werden entsprechend Anionen in der diffusen Doppelschicht überwiegen.

1.24 Struktur der Doppelschicht.

Das Bild, das wir uns heute von der Struktur der Doppelschicht machen, entspricht in Einzelheiten wahrscheinlich nicht der Wirklichkeit. Seiner Anschaulichkeit wegen mag uns aber ein solches einprägsames Schema für grundsätzliche Überlegungen zum Mechanismus der Elektrodenreaktionen doch recht nützlich werden.

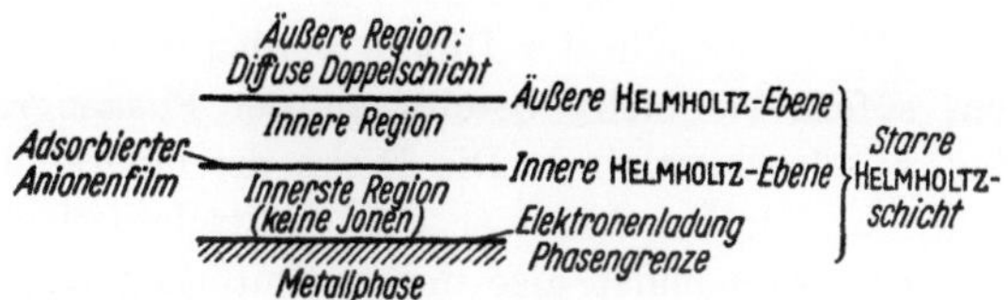

Abb. 33. Schema einer kathodischen Doppelschicht.
(Nach GRAHAME[1].)

Abb. 33 zeigt das Schema einer kathodischen Doppelschicht bei negativer Ladung des Kathodenmetalls nach dem oben dargelegten Stande unserer Erkenntnisse. Nach GRAHAME[1] kann man die HELMHOLTZ-Schicht in zwei Regionen unterteilen, eine „innerste" in direktem Kontakt mit dem Metall und eine sich anschließende „innere" Region. Darauf folgt dann die diffuse Zone, die mit zunehmender Ladung des Metalls an Ausdehnung abnimmt.

Die innerste Region der HELMHOLTZ-Schicht, in wäßrigen Elektrolyten mindestens etwa von der Dicke einer Wassermolekel, d. h. also $3{,}1 \cdot 10^{-8}$ cm, kann Lösungsmitteldipole, frei oder auch an ein „Quasikation" der Metalloberfläche gebunden, enthalten. Dieser Region

---

[1] s. S. 43, Fußn. 3.

mögen ferner Inhibitordipole angehören. Die (nicht hydratisierten) Anionen liegen mit ihren elektrischen Mittelpunkten auf der Grenze zwischen innerer und innerster Region, die GRAHAME als „innere HELMHOLTZ-Ebene" bezeichnet. Sie wird als die Ebene im Abstand nächster Annäherung an die Phasengrenzfläche definiert.

Alle diese Bestandteile bilden das Dielektrikum des molekularen Kondensators und bestimmen mit ihrer Dielektrizitätskonstante dessen Kapazität. Wasser mit seiner hohen Dielektrizitätskonstante dürfte daran entscheidenden Anteil haben.

Die (gegebenenfalls hydratisierten) Kationen liegen mit ihren elektrischen Mittelpunkten auf der Grenze zwischen innerer Region und diffuser Doppelschicht, auf der sog. „äußeren HELMHOLTZ-Ebene". Sie ist die Ebene der nächsten Annäherung der Kationenmittelpunkte an die Phasengrenzfläche. Möglicherweise ist die deformierte Wasserhülle der Kationen diesen hauptsächlich vorgelagert, so daß sie in die innere Region hineinreicht[1].

Der Anionenfilm ist ein Adsorptionsfilm, der durch Nahwirkungskräfte der spezifischen Adsorption an die Grenzfläche gebunden ist. Die Kationen werden kaum mit solchen Kräften an die Grenzfläche gebunden sein, es sei denn, es handele sich um organische Kationen oder Komplexionen. In erster Linie sind sie durch die negative Ladung des Metalles elektrostatisch festgelegt.

Auch die positiven Anteile der Dipole werden in die innere Region hineinreichen, sofern sie nicht bereits an der Phasengrenze in der innersten Region adsorbiert sind. Die Dicke der inneren Region wird mindestens durch den Durchmesser des nichtsolvatisierten Kations bestimmt. Diese Region bildet also den wesentlichen Anteil der positiven Belegung des molekularen Kondensators.

Vervollständigt wird die positive Belegung durch die verschiedenen Kationen in der diffusen Region. Ihr gehören auch Kationen an, die sekundär an den Anionen der HELMHOLTZ-Schicht adsorbiert sein können. Des weiteren werden sich dort sekundär adsorbierte Anionen und selbstverständlich auch Lösungsmitteldipole finden.

Zwischen der diffusen Doppelschicht und den HELMHOLTZ-Ebenen besteht ein scharfer Unterschied: in der diffusen Doppelschicht belegen die Ionenmittelpunkte eine dreidimensionale Region, während sie in der HELMHOLTZ-Ebene zu einem *kompakten* Film angeordnet sind, in dem die Mittelpunkte in *einer* Ebene liegen. Hier herrschen nur

---

[1] GRAHAME (s. S. 43, Fußn. 3) hält es allerdings bei einem reversiblen Kathodenprozeß für unwahrscheinlich, daß das Kation eine Wasserhülle durchdringe; seiner Ansicht nach sollten die Kationen in diesem Falle nicht mehr hydratisiert sein. Eher wäre dies z. B. für die (nichtreversible) Abscheidung der Metalle der Eisengruppe wahrscheinlich.

Nahwirkungskräfte. Thermische Energie verändert hier den Ionenabstand von der Grenzfläche praktisch nicht.

Daß die Anionen den Kationen vorgelagert sind, begründet Grahame[1] mit ihrem Einfluß auf die Elektrokapillarkurve. Die Anionen verschieben das Maximum dieser Kurve abweichend von der Theorie von Stern. Eine solche Abweichung wäre nicht zu verstehen, wenn die Kationen den Anionen in die innere Region folgen könnten. Das ist offenbar nicht möglich. Auch die höhere Kapazität des „Anionenplateaus" gegenüber dem „Kationenplateau" (vgl. Abb. 27, S. 44) spricht für eine größere Annäherung der Anionen an die Phasengrenze. Außerdem vergrößert sich die Bindungsfestigkeit zwischen Anionen und Kathodenmetall (Quecksilber) mit der anodischen Polarisation. Die Bindungen gelangen in den Bereich kovalenter Bindungen; man darf dann eine Bildung von Hg-Salzen vermuten.

Wegen ihrer spezifischen, auf Nahwirkungskräften beruhenden Wirkung ist, wie bereits erwähnt, eine Hydratation der Anionen nicht wahrscheinlich.

Eine Doppelschicht dieses verwickelten Aufbaues bildet zweifellos ein Hindernis für das Metall- oder Wasserstoffion, das die Schicht bei dem kathodischen Abscheidungsprozeß passieren muß. Die Aktivierungsenergie, nötig zur Überwindung dieser Energiebarriere, ist in der Aktivierungspolarisation oder, genauer, Durchtrittspolarisation (vgl. S. 18) enthalten.

Audubert[2] vermutet, der Durchtritt der Ionen durch die diffuse Doppelschicht gehe wegen der dort möglichen Adsorptionsprozesse wahrscheinlich bedeutend langsamer vonstatten als durch die Helmholtz-Schicht. Die Langsamkeit des Ionenüberganges könne somit auch von der Kinetik im diffusen Teil der Doppelschicht abhängen. Daß aber die Durchtrittspolarisation mit erhöhter Feldstärke zunimmt, scheint eher einen hemmenden Einfluß der zunehmenden Dichte der Helmholtz-Schicht zu erweisen. Aufschlußreich ist in diesem Zusammenhang die Bestimmung der Austauschstromdichte (vgl. S. 6). Diese ist um so größer, je geringer die Hindernisse in der Doppelschicht sind (aber auch etwaiger Oxyd- oder Sulfidbelegungen der Metalloberfläche, vgl. S. 64). Inhibitoren verringern die Austauschstromdichte erheblich. Stark deformierbare Anionen aber, wie z. B. Cl-Ionen, können sie erheblich vergrößern (vgl. Gerischer[3]; s. auch S. 243), indem sie offenbar in die innerste Region der Helmholtz-Schicht eindringen.

Was die Potentiale der Metallphase gegenüber der Elektrolytlösung und ihren qualitativen Abfall in der Doppelschicht angeht, so fällt

---

[1] s. S. 43, Fußn. 3.
[2] Audubert, R.: Trans. Faraday Soc. „Electrode Processes" (1947) 72.
[3] Gerischer, H.: Z. Elektrochem. 54, 366 (1950).

das Potential im HELMHOLTZ-Bereich steil ab, hingegen verläuft
der Abfall im ausgedehnteren diffusen Bereich der Ionenatmosphäre
allmählich. Der steile Potentialabfall in der HELMHOLTZ-Schicht kommt
offenbar dem Oberflächenpotential (LANGE[1]) zu, das von den Dipolen
(und Anionen) der „innersten" Region abhängt. Es ist leicht einzusehen,
daß sich das χ-Potential (vgl. S. 4) mit der Stromdichte ändern wird.
Dementsprechend werden sich auch die Kapazität der Doppelschicht
und die Durchtrittsüberspannung ändern. Auch die experimentellen
Befunde einer nur angenäherten Konstanz der Kapazität in einem bestimmten Potentialbereich und die Stromdichteabhängigkeit der Überspannung sprechen nicht dagegen. Bei der Ladung Null ist zwar das
ψ-Potential Null; das adsorptionsbedingte χ-Potential behält aber einen
endlichen Wert.

Von der Konzentration des Elektrolyten hängt das χ-Potential nicht
merklich ab, weit stärker aber — begreiflicherweise — von der Natur
des Lösungsmittels (OVERBEEK[2]). So ändert sich χ sehr stark (Größenordnung 0,1 V) beim Wechsel des Lösungsmittels, z. B. beim Übergang
von Wasser zu Azeton.

Unberücksichtigt gelassen haben wir bisher das submikroskopische
Profil der Metalloberfläche, an das sich die Doppelschicht anschmiegen
muß. An einer vorspringenden Kristallecke oder Spitze wird die Felddichte bei der kathodischen Polarisation höher sein als an den glatten
Flächen. Daher wird an diesen exponierten Stellen auch die HELM-
HOLTZsche Doppelschicht dichter ausfallen, sie kann sich u. U. anders
zusammensetzen, und der diffuse Anteil wird dort wesentlich erniedrigt
sein. Unter diesen Umständen muß sich auch die Grenzflächen-
spannung σ verkleinern. Die Metallkationen werden sich an diesen
Stellen bevorzugt abscheiden. Freilich gilt dies nur bei Abwesenheit
wirksamer Inhibitoren. Denn auch Inhibitoren jeder Art werden solche
Ecken bei der Anlagerung bevorzugen. Die Quasikationen sollten
übrigens an diesen Stellen stärker hydratisiert sein. Unter solchen
Umständen verkleinert sich auch die Oberflächenspannung lokal.
Andererseits scheidet sich aber Metall an Ecken schwerer ab, die mit
Inhibitoren blockiert sind.

1.25 Dünne Fremdstoff-Filme auf der Kathodenoberfläche.

Im vorigen Kapitel haben wir stillschweigend angenommen, als
Bestandteil der Doppelschicht sei die Metalloberfläche vollständig *rein*,
d. h. frei von einem zusammenhängenden Fremdstoff-Film, z. B. von
Sauerstoff (Oxyd), Schwefel (Sulfid), Wasserstoff (Hydrid) usw. Von

---

[1] LANGE, E.: s. S. 2, Fußn. 2.
[2] s. S. 50, Fußn. 1.

einer Belegung mit Inhibitoren unterscheiden sich solche Fremdstoff-Filme durch den weit größeren Umfang der Bedeckung. Bei ihrer weit größeren Affinität zu den Oberflächenatomen des Metalles bedecken die Fremdstoffatome die Oberfläche *statistisch*, einen Film bildend, ohne Aktivstellen zu bevorzugen. Außerdem können statt monomolekularer Bedeckung auch um Größenordnungen dickere Filme vorliegen.

Man kann diese Fremdstoff-Filme ihrer Entstehung nach einteilen in „atmosphärische" und „elektrolytische" Filme. In Berührung mit Luft entstehen auf fast allen Metallen atmosphärische Oxydfilme, die man optisch, elektronenoptisch oder elektrochemisch nachweisen kann. In der Regel handelt es sich um Sauerstoff- oder Oxydfilme. In manchen Fällen, z. B. beim Silber, bilden sich auch Sulfidfilme.

Bei der Elektrolyse können die verschiedensten „elektrolytischen" Filme und Deckschichten auf der Metalloberfläche entstehen. Bekannt sind vor allem die anodischen Oxydfilme. Sie werden aber hier nicht berücksichtigt, denn wir wollen uns auf solche Filme beschränken, die auf Kathoden vorhanden sein mögen oder zwangsläufig bei *kathodischer* Polarisation entstehen.

Bei kathodischer Polarisation können sich z. B. Wasserstoff-Filme bilden, wenn sich merkliche Mengen Wasserstoff mit dem Metall abscheiden und das Metall eine gewisse Affinität zum Wasserstoff besitzt. Das trifft z. B. bei den Metallen der Eisen- und der Platingruppe zu.

Wie bereits im vorigen Kapitel angedeutet, kann sich auf sehr unedlen Metallen in Berührung mit wäßrigen Elektrolyten trotz kathodischer Polarisation auch ein monomolekularer Oxydfilm ausbilden. Dies ist z. B. beim Aluminium oder beim Tantal anzunehmen, mit dem die Wassermolekeln der ersten Lage in der HELMHOLTZschen Doppelschicht unter Bildung von Oxyd reagieren werden (POLITYCKI und H. FISCHER[1], HILLSON[2]).

Diese Annahme wird anscheinend durch den Befund von MAHL und STRANSKI[3] gestützt, daß Aluminium beim Ätzen nicht wie ein Metall, sondern wie ein Oxyd abgebaut wird. Die stets wieder entstehende Oxydhaut hindert offenbar die kathodische Metallabscheidung gänzlich, während sich Wasserstoff anscheinend auch an Oxyd abscheiden kann.

Bei spezifischer Adsorption von Elektrolytbestandteilen ergibt sich je nach Belegungsdichte ein fließender Übergang von der Inhibition zur Passivierung. Wir haben diesen Fall bereits im Kapitel „*Doppelschicht*", S. 59 (Beispiel Adsorption von J^- an Silber), besprochen. Er gehörte hierher, wenn nicht eine nur monomolekulare Belegung, sondern dickere Filme zustande kommen.

---

[1] POLITYCKI, A., u. H. FISCHER: Z. Elektrochem. **56**, 326 (1952).
[2] s. S. 51, Fußn. 2.
[3] MAHL, H., u. I. N. STRANSKI: Z. phys. Chem. (B) **51**, 319 (1942).

Die an der Atmosphäre entstandenen Fremdstoff-Filme wird man durch Ätzen oder Beizen zu entfernen suchen. Mit geeigneten Entfettungsverfahren beseitigt man auch etwa vorhandene Fettfilme. Immerhin dürfte es schwierig sein — trotz Reinigungsverfahren — die atmosphärischen Fremdstoffbelegungen gänzlich zu vermeiden, sofern die Metalloberfläche nach dem Ätzen oder Beizen wieder kurze Zeit mit der Atmosphäre in Berührung kommt.

Selbst bei kürzestem Kontakt mit der Luft können z. B. erneut Oxydfilme von etwa 10^{-7} cm Dicke entstehen (vgl. TÖDT[1]). Solche Belegungen werden in ihrer Dicke bereits der Ausdehnung der Doppelschicht vergleichbar. Ihre Kapazität müßte also bei Bestimmung der Doppelschichtkapazität berücksichtigt und abgerechnet werden.

Nach OVERBEEK[2] scheint, wie erwähnt, der Charakter der Doppelschicht grundsätzlich der gleiche zu sein, ob sich die Schicht an einem Metall oder an einem leitenden Kolloid aus irgendeiner Metallverbindung ausbildet. Nicht anders sollte es sich mit einem oberflächlich bedeckten, z. B. oxydierten, Metall verhalten. Allerdings dürfte sich diese Feststellung auf die rein elektrostatisch gebundenen Ladungsträger der Doppelschicht beschränken. Zu erwarten ist, daß die mit VAN DER WAALSschen Kräften adsorbierten Bestandteile der Doppelschicht nicht in beiden Fällen in gleicher Art und in gleicher Konzentration an der Doppelschicht teilhaben werden.

Zum Beispiel bildet sich nach HOUTERMANS, VINCENT und WAGNER[3] auf reinem, oxydfreiem Kupfer in Berührung mit einer angesäuerten $CuSO_4$-Lösung ein monomolekularer Adsorptionsfilm von SO_4^{2-} aus, der sich durch Spülen mit Wasser nicht entfernen läßt. Auf einem Kupfer mit Walzhaut entsteht unter gleichen Bedingungen kein solcher Adsorptionsfilm (vgl. auch S. 59).

Daß die Bindung von Kationen oder Anionen in der Doppelschicht nicht bloß von der Ladung der Elektrode abhängt, sondern von einer chemischen Veränderung der Elektrodenoberfläche modifiziert werden kann, zeigen Untersuchungen FRUMKINS[4]. Wird z. B. platiniertes Platin kathodisch mit Wasserstoff beladen, so bevorzugt es bei der Adsorption Kationen. Vielleicht bilden sich Hydriddipole aus, an deren negativem Pol das Kation sekundär adsorbiert wird. Bei Beladung des platinierten Platins mit Sauerstoff scheint sich je nach dem Polarisieren ein positiv oder negativ geladenes Oberflächenoxyd des Platins auszubilden. Bei geringem Polarisieren werden Anionen bevorzugt (sekundär) adsorbiert, bei höherem nur Kationen, wobei sich die Ladung

---

[1] TÖDT, F.: Z. Elektrochem. **54**, 485 (1950).

[2] s. S. 50, Fußn. 1.

[3] HOUTERMANS, F. G., D. VINCENT u. G. WAGNER: Z. Elektrochem. **56**, 944 (1952).

[4] FRUMKIN, A.: Trans. Farad. Soc. „Electrode Processes" (**1947**) 57.

vermindert und schließlich ihr Vorzeichen wechselt. (Offenbar Bildung von Oxyddipolen, deren negatives Ende der Sauerstoff ist.) Allgemein scheinen Anionen nicht direkt an oxydierten Oberflächen adsorbiert zu werden. An sulfidbedeckten Silberoberflächen findet HILLSON[1] indes verstärkte Adsorption organischer Inhibitoren.

Elektrolytisch abgeschiedener Wasserstoff wird an nicht wasserstoff-affinen Metallen anscheinend nicht festgehalten. Die Oberfläche sollte demnach frei von Wasserstoff bleiben. Hierher gehören Quecksilber (FRUMKIN[2]) und offenbar die von BOCKRIS[3] genannten Metalle Blei, Thallium und Zinn.

Allerdings ist ein sicherer experimenteller Beweis für diese Annahme noch nicht gegeben worden. Er wäre für den Mechanismus der Wasserstoffüberspannung an diesen Metallen entscheidend.

Ob und in welchem Maße mehrmolekulare oxydische oder sulfidische Filme auf der Metalloberfläche vorhanden sind, läßt sich wahrscheinlich in vielen Fällen durch Messen der Widerstandspolarisation (vgl. S. 17) beim An- oder Abklingen der Potential-Zeit-Kurve ermitteln. Diese wichtige Methode ist bislang erst an einigen Beispielen mit Erfolg erprobt worden (FALK u. LANGE[4], SEIPT[5]) und scheint bei schlecht leitenden Filmen aussichtsreich zu sein. Auch die Messung der VOLTA-Spannung (vgl. S. 6) eignet sich offenbar zur Ermittlung von Oberflächenfilmen.

Recht empfindlich dürfte in manchen Fällen die elektrochemische Methode von TÖDT[6] sein, bei welcher der Fremdstoff-Film in einem galvanischen Element abgebaut wird. Allerdings sieht dieses Verfahren chemische Reduzierbarkeit des Films unter den Versuchsbedingungen vor (ist z. B. nicht anwendbar bei Oxydfilmen auf Aluminium, Chrom usw.). Unter gewissen Bedingungen scheint sich die Methode auch für den Nachweis einer Wasserstoffhaut auf der Metalloberfläche zu eignen. Bei Sauerstoffbelegung erlaubt sie u. a. noch den Nachweis von Bruchteilen einer monomolekularen Belegung.

Höchst empfindlich ist der Nachweis von Fremdstoff-Filmen mit Hilfe von radioaktiven Indikatoren. Dabei wird die Ionenaustausch-geschwindigkeit mit radioaktiv markierten Ionen in verschiedenen Elektrolyten bestimmt.

So sind in diesem Zusammenhang Ergebnisse von SUË, QUINTIN, AUDUBERT, SAVEL[7] am System Kupfer/Kupfersulfat sehr bemerkens-

---

[1] HILLSON: s. S. 51, Fußn. 2.
[2] s. S. 66, Fußn. 4.
[3] BOCKRIS, J. O'M.: s. S. 30, Fußn. 1.
[4] FALK, G., u. E. LANGE: Z. Elektrochem. **54**, 132 (1950). — G. FALK, M. KRIEG u. E. LANGE: Z. Elektrochem. **55**, 396 (1951).
[5] SEIPT, M.: Diplomarbeit. Techn. Hochschule Karlsruhe (1953).
[6] s. S. 66, Fußn. 1.
[7] SUË, QUINTIN, AUDUBERT u. SAVEL: J. Chim. physique **45**. 224 (1948).

wert. Unter vergleichbaren Bedingungen ist die Geschwindigkeit des Übertritts von radioaktiv markierten Cu^{2+}-Ionen aus dem Elektrolyten in die Elektrode (und in umgekehrter Richtung) an einer verschieden vorbehandelten Elektrode außerordentlich verschieden. Zum Beispiel verläuft der Ionenaustausch an einer mit Salpetersäure gebeizten Walzkupferoberfläche etwa sechsmal so schnell als an einer mit Wasser gewaschenen und 4,3 mal so schnell als an einer mit Alkohol/Äther entfetteten Oberfläche. Elektrolytisch poliertes Walzkupfer tauscht etwa doppelt so schnell aus als die mit Wasser gewaschene Oberfläche.

Aber selbst auf der mit Salpetersäure gebeizten Oberfläche dürfte noch ein Fremdstoff-Film verbleiben, denn an einem elektrolytisch abgeschiedenen (und noch nicht der Luft ausgesetzten) Kupferniederschlag vollzieht sich der Austausch 34 mal so rasch als an der mit Wasser gewaschenen Walzkupferoberfläche! Offenbar fehlt hier der Einfluß eines oxydhaltigen Fremdstoff-Films ganz; für die Geschwindigkeit des Ionenaustausches dürfte hier im wesentlichen die Doppelschicht verantwortlich sein, und zwar im besonderen wohl die von HOUTERMANS, VINCENT und WAGNER[1] nachgewiesene (vgl. S. 59) monomolekulare Belegung mit SO_4^{2-}-Ionen.

Daß adsorbierte Anionen die Ionenaustauschgeschwindigkeit zu beeinflussen vermögen, wird durch Versuchsergebnisse von HAISSINSKY[2] wahrscheinlich gemacht. Allerdings sind sie nur qualitativ zu bewerten, da augenscheinlich noch nicht entfernte Fremdstoff-Filme der Oberfläche zugleich mitwirken. Sicher ist die beobachtete Austauschgeschwindigkeit z. B. beim Mangan deshalb um eine Größenordnung geringer als beim Blei, weil das weit unedlere Mangan mit einer resistenteren Oxydhaut bedeckt ist. Für eine Fremdstoffbelegung, z. B. mit Chlorid in wäßriger Salzsäure, sprechen z. B. die von BOCKRIS[3] ermittelten Austauschstromdichten J_0 an Metallen, die schwerlösliche Chloride zu bilden vermögen. So erhält man für Thallium, Blei und Quecksilber J_0-Werte von 10^{-12} bis 10^{-14} A/cm^2, hingegen für Platin und Rhodium 10^{-3} bis 10^{-4} A/cm^2.

Die atmosphärischen oder elektrolytischen Fremdstoff-Filme hemmen natürlich die kathodische Abscheidung von Metallionen. Dies äußert sich ebenso in dem Auftreten einer Widerstandspolarisation als in der gewöhnlich sehr feinkristallinen, oft zusammenhanglosen Abscheidungsform. Zumeist wird das Vorhandensein eines Fremdstoff-Films bei mikroskopischer Beobachtung des Querschliffes eines Metallniederschlages (namentlich nach einer Ätzung) durch eine parallel zur

---

[1] HOUTERMANS, F. G., D. VINCENT u. G. WAGNER: Z. Elektrochem. **56**, 944 (1952). — Vgl. auch R. PIONTELLI: Z. Elektrochem. **57**, 387 (1953).

[2] HAISSINSKY, M.: J. Chim. Phys. **45**, 212, 224 (1948).

[3] BOCKRIS s. S. 30, Fußn. 1.

Unterlage verlaufende Grenze angezeigt, die eine mehr oder weniger dünne Linie[1] darstellt.

Auch Stromunterbrechungen während der Elektrolyse können bei manchen Metallen und in manchen Elektrolyten eine solche Grenze hinterlassen, so z. B. bei der Chromabscheidung aus Chromsäurelösungen oder bei der Vernicklung aus Sulfatelektrolyten. Bei manchen Metallen, z. B. Kupfer, fehlt eine Grenze, wenn es auf Kupfer aus dem sauren Sulfatelektrolyten abgeschieden wird. Der auf S. 59 erwähnte Film aus SO_4^{2-} zeigt sich offenbar nicht an. Die Grenze tritt aber auf, wenn sich das Kupfer aus dem Zyanidelektrolyten niederschlägt. In diesem Falle entsteht bei der Unterbrechung mit großer Wahrscheinlichkeit ein hemmender Fremdstoff-Film, vermutlich aus schwerlöslichem CuCN bestehend.

1.3 Der Diffusionsfilm an der Kathode.

1.31 Allgemeines.

1.31.1 Zusammensetzung des Kathodenfilms.

Scheidet sich ein Metall an der Kathode ab, so verringert sich die Konzentration der abscheidbaren Metallkationen in dem Lösungsanteil, der der Kathode benachbart ist. Nach FARADAYS Gesetz reduzieren 96 500 Coulombs kathodisch ein Grammäquivalent der Kationen. Im Elektrolyten teilen sich Kationen und Anionen in den Transport dieser Elektrizitätsmenge. So muß ein Kationendefizit an der Kathode entstehen, das sich durch Herandiffusion von Kationen auszugleichen sucht. Der Kationenwanderung im angelegten elektrischen Feld überlagert sich also die Diffusion der Kationen im Konzentrationsgefälle.

Das Konzentrationsgefälle erstreckt sich über einen der Kathode anliegenden Flüssigkeitsfilm. Wir nennen ihn den NERNSTschen Diffusionsfilm oder, seiner Zuordnung zur Kathode wegen, auch den Kathodenfilm. Ohne Kenntnis der Zusammensetzung und auch der Dicke des Kathodenfilms können wir schwerlich Mechanismus und Umfang der elektrochemischen Vorgänge an der Kathode genauer beurteilen.

In der verringerten Konzentration an den kathodisch abscheidbaren Kationen besteht im allgemeinen keineswegs der einzige Unterschied der Lösung des Kathodenfilms von dem übrigen Teil des Elektrolyten.

---

[1] Greift das Ätzmittel Unterlage und Niederschlag verschieden an, so kann sich eine mikroskopische Stufe ausbilden, die nicht mit der vom Fremdstoff-Film hervorgerufenen Grenze verwechselt werden darf.

Fast immer weicht die Zusammensetzung des Kathodenfilms auch im Gehalt an anderen Kationen, Anionen, polaren Molekeln und vor allem an Wasserstoffionen von der berechneten oder analytisch bestimmten Zusammensetzung des Elektrolyten ab. Ist die Konzentration an abscheidbaren Kationen stets kleiner als der Elektrolytzusammensetzung entspricht, so reichern sich andererseits die *nicht* abscheidbaren Kationen gewöhnlich im Kathodenfilm an.

Die Wasserstoffionen können sich bei vielen kathodischen Prozessen auch in mehr oder minder großem Umfange gemeinsam mit dem Schwermetall abscheiden. So wird daher die Wasserstoffionen-Konzentration je nach Art des Elektrolyten und den Abscheidungsbedingungen kleiner oder größer sein als im Hauptteil des Elektrolyten. Der Anionengehalt wird unter der Einwirkung des kathodischen Feldes stets mehr oder minder unterhalb der Anionenkonzentration des Elektrolyten liegen. Auch die Konzentration anderer Fremdstoffe (organischer Substanzen) kann je nach Richtung oder Größe der Polarität abweichen. Meist werden sie sich im Kathodenfilm (und schließlich in der Doppelschicht) anreichern. In manchen Fällen (beim Einbau der Fremdstoffe in den kathodischen Niederschlag) kann jedoch ihre Konzentration geringer ausfallen als im Hauptteil des Elektrolyten.

Aber auch in den Konzentrationsunterschieden der verschiedenen Elektrolytbestandteile erschöpfen sich die wesentlichen Merkmale des Kathodenfilms noch keineswegs. Der Kathodenfilm kann Bestandteile enthalten, die überhaupt nicht im Grundelektrolyten vorhanden sind. Bei erhöhtem p_H-Wert des Kathodenfilms entstehen sehr häufig Metallhydroxyde infolge Hydrolyse. Zuweilen wird die Hydrolyse noch durch ein Anreichern organischer Zusätze begünstigt, die als schwache Säuren wirken und die saure Reaktion im Kathodenfilm puffern. Bildet sich hydrolytisch Metallhydroxyd, so wird die Metallionen-Konzentration im Kathodenfilm ganz erheblich abnehmen.

Weiterhin können auch von der Kathode her kathodische Reduktionsprodukte in den Kathodenfilm als neue Stoffe gelangen. In einigen (seltenen) Fällen bildet sich ein Metallsol. Auch kathodisch abgeschiedener Wasserstoff kann sich als Gaskolloid im Kathodenfilm verteilen. In welchem Umfange hydratisierte Kationen unter der Wirkung des kathodischen Feldes einen Teil der umhüllenden H_2O-Molekeln bereits im Kathodenfilm und nicht erst in der Doppelschicht abgeben oder komplexe Ionen im Kathodenfilm zerfallen, sind noch nahezu ungeklärte Fragen. Den Änderungen der chemischen Zusammensetzung folgend, können davon abhängige physikalische Eigenschaften des Kathodenfilms, wie Dichte, elektrische Leitfähigkeit und Zähigkeit, merklich von den entsprechenden Eigenschaften des Grundelektrolyten abweichen. Dabei weisen alle diese Eigenschaften noch innerhalb des

Kathodenfilms ein Gefälle auf, das von den Abscheidungsbedingungen abhängt.

Der Diffusionsfilm ist das Reservoir, aus dem die elektrochemischen Reaktionen an der Phasengrenze unmittelbar gespeist werden. Deshalb hängt die Art des Ablaufes der elektrochemischen Elektrodenreaktion so entscheidend von der Zusammensetzung des Kathodenfilms ab, wenn auch schließlich die GALVANI-Spannung von der Zusammensetzung der Doppelschicht bestimmt wird. Zum mindesten schreibt der Aufbau des Kathodenfilms in großen Zügen vor, welchen Ablauf die Reaktion an der Kathode nehmen wird.

1.31.2 Aufbau des Kathodenfilms.

Die maximale Dicke des Kathodenfilms schätzt man größenordnungsmäßig auf 10^{-2} bis 10^{-3} cm (vgl. S. 76). Grundsätzlich umfaßt der Kathodenfilm auch jenen viel engeren Randbereich an der Grenze Kathode/Elektrolyt, die *Doppelschicht*. Die Doppelschicht, aus der starren (HELMHOLTZschen) Doppelschicht und der diffusen Doppelschicht bestehend, dürfte etwa 10^{-6} bis 10^{-7} cm dick sein. Ihre Dicke beträgt also nur etwa $^{1}/_{10\,000}$ des ganzen Diffusionsfilms. Als besonderen Einflußbereich der elektrostatischen Anziehungs- und Abstoßungskräfte der Elektrode, in dem andere Gesetze herrschen als im eigentlichen Diffusionsfilm, nehmen wir die Doppelschicht in der folgenden Betrachtung ausdrücklich aus. Wir haben sie bereits im vorhergehenden Abschnitt (s. S. 39 ff.) ausführlich behandelt.

Die Dicke des Kathodenfilms hängt vor allem von der Stromdichte, der Temperatur des Elektrolyten, der Elektrolytbewegung und Konvektion in der unmittelbaren Nähe der Elektrode, von der Wanderungsgeschwindigkeit und von der Diffusionsgeschwindigkeit der Ionen ab. Unter Bedingungen, die den Konzentrationsausgleich durch Diffusion oder Konvektion fördern, wie erhöhte Temperatur oder Badbewegung, wird der Kathodenfilm dünner ausfallen als bei Zimmertemperatur und im ruhenden Elektrolyten. Ähnliches trifft auch für den Kathodenfilm in geschmolzenen Elektrolyten zu, wobei höhere Viskosität der Schmelze die Ionenbeweglichkeit im allgemeinen herabsetzt.

Selbst bei starker Elektrolytbewegung bleibt jedoch in der Regel ein dünner Flüssigkeitsfilm, unmittelbar an die Kathode angrenzend, davon unberührt. Als Kathodenfilm dürfte der Ausdehnung nach mindestens diese von der Elektrolytseite her nicht mehr bewegte Flüssigkeitszone anzusprechen sein. Je größer aber die Stromdichte ist, um so weiter wird der Kathodenfilm — sofern er nicht infolge zunehmender Mitabscheidung von Wasserstoff stärker durchmischt wird — sich noch über diese von außen nicht beeinflußbare Zone hinaus in den Elektrolyten erstrecken.

Bei besonders intensiver Flüssigkeitsbewegung, z. B. mit der sog. „elektromagnetischen" Rührung oder bei einer Flüssigkeitsbewegung infolge Ultraschalleinwirkung, wird man aber auch mit einem Durchmischen der sonst nicht beeinflußbaren Zone des Kathodenfilms zu rechnen haben. Ähnliches gilt von der „inneren" Bewegung innerhalb des Diffusionsfilms (vgl. S. 98 ff.).

Offenbar hängt die Dicke des Kathodenfilms auch von der geometrischen Form der Kathode ab und ist vermutlich keineswegs überall gleich. An Stellen besonders hoher Stromdichte, wie an Ecken, Spitzen und Kanten, dürfte er z. B. dicker sein als an Flächen[1]. Die Dickenabweichungen des Films an den verschiedenen Stellen der Kathodenoberfläche hängen also mit der Verteilung der Stromlinien (vgl. S. 314) zusammen. In gut streuenden Elektrolyten wird der Kathodenfilm gleichmäßiger ausfallen als in schlecht streuenden.

Im allgemeinen ist der Kathodenfilm an den unteren Bezirken der Kathodenoberfläche dünner als an den oberen Partien (z. B. bei senkrecht aufgehängten, tafelförmigen Kathoden, Platten oder Blechen).

Bei der Elektrolyse enthält der Elektrolyt in unmittelbarer Nähe der Kathode weniger spezifisch schwere Metallionen. Ist er also leichter als die angrenzende Flüssigkeit, so muß er längs der Kathode nach oben steigen und ruft damit eine senkrecht von unten nach oben verlaufende Flüssigkeitsbewegung an der Kathodengrenzfläche hervor. Der an Schwermetallkationen reichere und spezifisch schwerere Elektrolyt wird von unten an die Kathode heranströmen. Etwa am unteren Rand der Kathode wird sich also der Kathodenfilm am ehesten mit frischen Schwermetallkationen auffüllen.

In den spezifisch schweren Lösungen von Quecksilber-, Blei-, Kupfer- oder Silbersalzen wird der Kathodenfilm demnach unter gleichen sonstigen Bedingungen dünner ausfallen als in leichteren Elektrolyten, die z. B. Zinksalze enthalten.

An den Flanken vorspringender Stellen der Kathodenoberfläche, z. B. an Rauhigkeiten, an knospig oder dendritisch abgeschiedenem Metall oder aber an fest haftenden Gasblasen kann die Aufwärtsbewegung der Flüssigkeit im Kathodenfilm verlangsamt werden oder ganz zur Ruhe kommen. So fehlt an diesen Stellen des Kathodenfilms am ehesten der Nachschub an abscheidbaren Kationen. Ähnliches gilt von schwer zugänglichen Vertiefungen der Oberflächen, wie Löchern, Poren, Rissen usw. Auch die wechselnde Viskosität verschiedener Zonen des Kathodenfilms dürfte eine Rolle spielen, indem sie die Strömungsgeschwindigkeit bremst oder fördert.

----

[1] Dies gilt unter der Annahme völliger Ruhe im Diffusionsfilm.

1.32 Experimentelle Untersuchungen über Konzentrationsänderungen im Kathodenfilm.

1.32.1 Änderung der Konzentration an abscheidbaren Metallionen.

Experimenteller Nachweis der Metallionenverarmung. Seit langem versucht die Forschung, exakte Verfahren zu finden, die die genauere Zusammensetzung des Diffusionsfilms ermitteln. Bisher läßt der Erfolg noch zu wünschen übrig. Man kann heute über die quantitative Zusammensetzung nur Teilaussagen machen, und auch diese sind keineswegs immer gesichert.

Zwar gelingt es, aus den gemessenen GALVANI-Spannungen an den Elektroden mit Hilfe der NERNSTschen Beziehung auf die Konzentration der potentialbestimmenden oder mitpotentialbestimmenden Ionen oder Molekeln an der Phasengrenze zurückzuschließen. Allerdings setzt dies die genaue Kenntnis des potentialbestimmenden Vorganges voraus. Man muß sicher sein, daß die gemessene GALVANI-Spannung tatsächlich nur auf genannten Konzentrationen beruht und nicht noch einen merklichen Anteil an Widerstandspolarisation oder Aktivierungspolarisation enthält. Leider ist das selten genug der Fall. Bestenfalls kennen wir damit die Randkonzentration des Diffusionsfilms an der Phasengrenze, die bereits in den Bereich der Doppelschicht fällt. Weder die mittlere Konzentration noch den genauen Verlauf des Konzentrationsgefälles in dem Film können wir so berechnen.

Unsere angenäherte Kenntnis von der Konzentration der abscheidbaren Kationen im Kathodenfilm ist namentlich durch experimentelle Untersuchungen von GRAHAM, HEIMANN und READ[1], von READ und GRAHAM[2] und von BRENNER[3] bereichert worden.

Zur Analyse der Zusammensetzung des Kathodenfilms bedienten sich GRAHAM, HEIMANN und READ einer relativ einfachen Anordnung. Die aus einer Metallplatte bestehende senkrechte Kathode wurde mit einer durchgehenden feinen Bohrung (etwa 1 mm Dmr.) versehen, durch welche man während der Elektrolyse langsam Elektrolyt nach rückwärts mittels einer mit Picein befestigten Kapillare absaugte. Die Geschwindigkeit, mit der abgesaugt wurde, konnte durch Messen der abgezogenen Flüssigkeitsmenge bestimmt werden. Sie betrug in der Regel etwa 1 cm³ in 8 Min. Die Verfasser nehmen an, daß die Zusammensetzung und Bewegung des Kathodenfilms bei dieser geringen Geschwindigkeit noch nicht wesentlich gestört wird. Wenn auch wahrscheinlich nicht allein der Kathodenfilm, sondern darüber hinaus ein gewisser Anteil des übrigen Elektrolyten mitabgezogen wird, so halten die Forscher diesen Anteil nicht für übermäßig groß. Eine Untersuchung der Zusammensetzung der abgesaugten

---

[1] GRAHAM, A. K., S. HEIMANN u. H. J. READ: Proc. Amer. Electroplaters Soc. **1939**, 95.

[2] READ, H. J., u. A. K. GRAHAM: Trans. Amer. Electrochem. Soc. **78**, 778 (1940).

[3] BRENNER, A.: Proc. Amer. Electroplaters Soc. **1941**, 28.

Flüssigkeit in Abhängigkeit von der Absauggeschwindigkeit ergab z. B. im Falle der Abscheidung von Kupfer aus Kupfersulfatlösung, daß sie sich bei Änderungen des Durchflusses in der Nähe der verwendeten Geschwindigkeit nur wenig änderte. Ein stärkerer Einfluß war aber z. B. bei der Abscheidung von Nickel aus Nickelchloridlösung zu bemerken. Je langsamer man hier absaugte, desto geringer war der Nickelgehalt der abgesaugten Flüssigkeit im Vergleich zum Nickelgehalt des Elektrolyten.

BRENNER[1] hat für die Untersuchung des Kathodenfilms eine Ausfriermethode verwendet. Die Annahme, die Konzentration der abscheidbaren Schwermetallkationen im Kathodenfilm sei stets geringer als im Hauptteil des Elektrolyten, wird jedenfalls von READ, GRAHAM und HEIMANN sowie von BRENNER experimentell bestätigt.

Einfluß der Stromdichte und der Metallionen-Konzentration des Grundelektrolyten. Wie READ, GRAHAM und HEIMANN[2] fanden, nimmt die Konzentration an abscheidbaren Schwermetallkationen im Kathodenfilm erwartungsgemäß mit steigender Stromdichte merklich ab. So erniedrigt sich z. B. die Cu^{2+}-Konzentration bei der Abscheidung von Kupfer aus Kupfersulfatlösung mit der Stromdichte. Ähnliches gilt für das Niederschlagen von Nickel aus Nickelchloridlösung. Hier fällt aber die Konzentration etwas stärker ab, als einer Proportionalität entspricht.

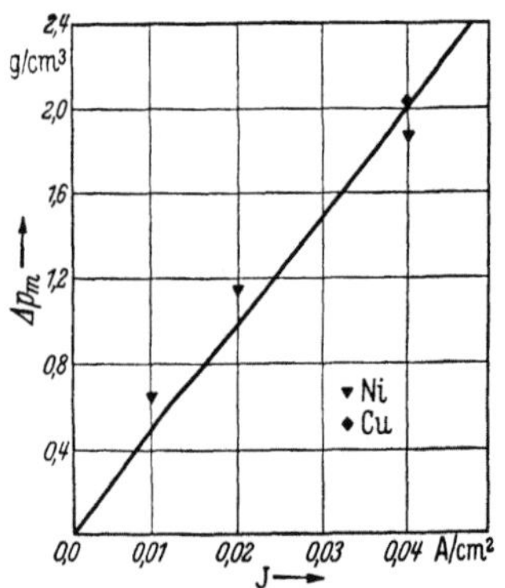

Abb. 34. Dichteänderung im Kathodenfilm mit der Stromdichte.

Abb. 34 gibt nach KEULEGAN[3] eine lineare Beziehung zwischen Stromdichte J und maximaler Erniedrigung der Dichte des Elektrolyten im Kathodenfilm wieder. Diese mittlere maximale Dichteerniedrigung p_m (bezogen auf die Gesamtdicke y_s des Kathodenfilms) ist die Differenz $(p_1 - p_0)$ der von BRENNER[1] nach der Ausfriermethode experimentell bestimmten Extremwerte der Dichte im Elektrolyten und im Kathodenfilm[4]. Als Beispiele dienen die Abscheidung von Kupfer und von Nickel aus äquimolaren Kupfer- oder Nickelsulfatlösungen.

Die Konzentration des Grundelektrolyten an abscheidbaren Schwermetallkationen hat bei größeren Schwermetallgehalten offenbar keinen erkennbaren Einfluß auf den Gehalt des Kathodenfilms an diesen

---

[1] s. S. 73, Fußn. 3.

[2] s. S. 73, Fußn. 1.

[3] KEULEGAN, G. H.: J. Res. Nat. Bur. Stand. **47**, 156 (1951).

[4] KEULEGAN hat sie unter Verwendung experimenteller Daten von BRENNER (s. S. 73, Fußn. 3) berechnet (vgl. S. 76), vgl. dort auch die verwendeten Buchstaben in Abb. 34.

Kationen. Im Bereich von 37 bis 63 g/l Kupfer sprach z. B. die Veränderung des Kupfergehaltes im Kathodenfilm mit der Stromdichte nicht auf eine Änderung des Kupfergehaltes im Elektrolyten an (nach READ und GRAHAM[1]). Eher dürfte eine solche Wirkung bei wesentlich geringerer Schwermetallkonzentration zu erwarten sein, doch liegen hierfür anscheinend keine Versuchsergebnisse vor.

Das Konzentrationsgefälle im Kathodenfilm. Mit der Ausfriermethode gewann BRENNER[2] Aufschluß über den Konzentrationsgradienten der Metallionen im Bereich des Kathodenfilms bei verschiedenen Stromdichten. Tab. 3 enthält die von BRENNER bestimmten Metallionengehalte bei der Nickelabscheidung und der Kupferabscheidung aus einem Nickel- oder Kupfersulfatelektrolyten. KEULEGAN[3] hat sie in Dichtewerte umgerechnet.

Tabelle 3. *Konzentrationsgefälle im Kathodenfilm.*

Abstand von der Kathode y_1 cm	Metallionen val/l	Mittlere Dichte p' g/cm³	Stromdichte A/cm²	Metallion
$3{,}69 \cdot 10^{-3}$	1,274	1,1009		
$11{,}16 \cdot 10^{-3}$	1,522	1,1174		
$18{,}79 \cdot 10^{-3}$	1,800	1,1381	0,04	Cu^{2+}
$27{,}63 \cdot 10^{-3}$	1,920	1,1465		
$37{,}63 \cdot 10^{-3}$	1,931	1,1472		
$3{,}83 \cdot 10^{-3}$	1,741	1,132		
$11{,}18 \cdot 10^{-3}$	1,885	1,142		
$21{,}05 \cdot 10^{-3}$	1,971	1,149	0,01	Ni^{2+}
$32{,}46 \cdot 10^{-3}$	1,985	1,150		
$44{,}12 \cdot 10^{-3}$	1,985	1,150		
$3{,}83 \cdot 10^{-3}$	1,561	1,118		
$12{,}36 \cdot 10^{-3}$	1,724	1,130		
$21{,}05 \cdot 10^{-3}$	1,872	1,139	0,02	Ni^{2+}
$30{,}00 \cdot 10^{-3}$	1,935	1,146		
$40{,}00 \cdot 10^{-3}$	1,959	1,148		
$3{,}83 \cdot 10^{-3}$	1,382	1,105		
$12{,}36 \cdot 10^{-3}$	1,694	1,128		
$21{,}05 \cdot 10^{-3}$	1,900	1,143	0,04	Ni^{2+}
$30{,}00 \cdot 10^{-3}$	1,947	1,147		
$40{,}00 \cdot 10^{-3}$	1,981	1,149		

Die Kurven in Abb. 35 (nach KEULEGAN[3]) machen die Konzentrationsgradienten nach den Zahlen der Tab. 3 anschaulich. Man

[1] s. S. 73, Fußn. 2.
[2] BRENNER s. S. 73, Fußn. 3.
[3] s. S. 74, Fußn. 3.

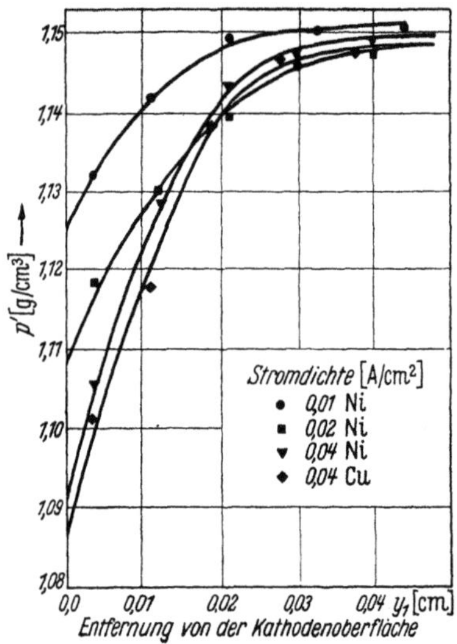

Abb. 35. Konzentrationsgefälle im Kathodenfilm.

erkennt, daß sie durchaus nicht streng linear sind. Oberhalb 0,03 cm liegt offenbar die Grenze des Kathodenfilmes. Die mangelnde Linearität ergibt sich übrigens auch rechnerisch auf Grund der Diffusionsgleichungen (IBL und TRÜMPLER[1]).

Einfluß der Temperatur. Erhöht man die Elektrolyttemperatur, so verringert sich der Unterschied im Schwermetallgehalt zwischen Kathodenfilm und Grundelektrolyten. Dies ist eine Folge erhöhter Konvektion und gesteigerter Diffusionsgeschwindigkeit der Ionen bei Temperatursteigerung. Die Ionenbeweglichkeit erhöht sich z. B. bei einer Steigerung der Temperatur von 20 auf 100° C etwa auf den fünffachen Wert.

Tab. 4 gibt einige Zahlenwerte aus der Arbeit von READ und GRAHAM[2] für die Abnahme des Cu^{2+}-Gehaltes im Kathodenfilm im Vergleich zum Grundelektrolyten bei 30 und 50° C wieder. Die Bedingungen der Elektrolyse waren: Elektrolyt: 53 g/l Cu (als $CuSO_4$) + 44 g/l H_2SO_4, kathodische Stromdichte $2,1 \cdot 10^{-2}$ A/cm². Die Werte stimmen bei 50° C besser miteinander überein.

Tabelle 4.

Temperatur °C	Cu^{2+}-Abnahme		Temperatur °C	Cu^{2+}-Abnahme	
	g/l	val/l		g/l	val/l
30	1,71	0,0537	50	1,37	0,0431
30	1,92	0,0604	50	1,31	0,0412
50	1,39	0,0437	50	1,35	0,0425

Einfluß der Elektrolytbewegung. Eine Bewegung des Elektrolyten verändert die Metallionen-Konzentration des Kathodenfilms bei mittleren und höheren Gehalten des Elektrolyten an Metallkationen kaum. So fanden READ und GRAHAM im Falle der Elektrolyse von saurer Kupfersulfatlösung (53 g/l Cu, 44 g/l H_2SO_3) bei einer Badbewegung von 550 und von 1000 cm³ pro Min. praktisch noch keine Veränderung in der Abnahme des Kupfergehaltes im Kathodenfilm gegenüber dem Kupfergehalt des Elektrolyten, weder bei $2,1 \cdot 10^{-2}$ noch bei $4,3 \cdot 10^{-2}$ A/cm² kathodischer Stromdichte. Deutlicher wird der Einfluß der

---

[1] IBL, N., u. G. TRÜMPLER: Helv. chim. Acta **34**, 1217 (1951).
[2] s. S. 73, Fußn. 2.

Elektrolytbewegungen, wenn die Metallionen-Konzentration im Elektrolyten gering ist.

In der Elektroanalyse verkürzt man bekanntlich die Dauer der Elektrolyse bis zur quantitativen Abscheidung des Metalles durch starkes Rühren des Bades (sog. Schnellelektrolyse). Indem man die Flüssigkeit bewegt, erleichtert man die Abscheidung der letzten Metallreste aus dem Elektrolyten, die sonst infolge fortgeschrittener Verarmung des Kathodenfilms an Metallionen erst nach viel längerer Zeit oder — unter Umständen — überhaupt nicht abgeschieden werden. Der Einfluß der Rührung ist erst von einer gewissen Umdrehungszahl an zu bemerken. Er verstärkt sich mit weiter steigender Tourenzahl sehr beträchtlich, so daß bei 1000 Touren eine Abscheidungsdauer erreicht wird, die nicht mehr weit von der Zeit entfernt ist, die bei 100%iger Stromausbeute theoretisch notwendig wäre.

Besonders deutlich offenbart sich die Wirkung einer Elektrolytbewegung bei einer rotierenden Kathode, namentlich in äußerst verdünnten Lösungen. FINK[1] konnte z. B. aus einer 3%igen Kochsalzlösung (p_H 6) mit einem Goldgehalt von 1 mg/l bei 20° C an einer rotierenden Nickelkathode mit 8500 U/min 90% des vorhandenen Goldes (bei $2 \cdot 10^{-2}$ A/cm²) in einer halben Stunde abscheiden. An der in Ruhe befindlichen Kathode schied sich unter sonst gleichen Bedingungen kein Gold ab.

Ebenso gelang es, aus sehr verdünnten Kupferablaugen (0,07 g/l Cu) in Gegenwart von überschüssigem Eisen, Kupfer an einer bewegten Kathode (1500 U/min und Stromdichte von $1,5 \cdot 10^{-1}$ A/cm²) mit 68% Stromausbeute zu 85% zurückzugewinnen (bei ruhender Kathode löst sich Kupfer wieder). Solche Ergebnisse sind nur möglich, wenn man mit der lebhaften Bewegung des Kathodenfilms an der rotierenden Kathode einer allzu starken Abnahme des Schwermetallgehaltes im Kathodenfilm entgegenwirkt. Ohne diese intensive Bewegung würde der notwendige Nachschub an Schwermetallkationen zur kathodischen Metallabscheidung längst nicht mehr ausreichen.

Einfluß der Stromlinienverteilung. Im Kathodenfilm ist die Konzentration der abscheidbaren Schwermetallkationen keinesfalls überall gleich. Von dem Konzentrationsgefälle des Kathodenfilms in Richtung der Stromlinien war schon mehrmals die Rede. Denkt man sich den Kathodenfilm in parallel zur Kathode verlaufende Flüssigkeitslamellen unterteilt, so herrscht, wie noch im Abschnitt Hydrodynamik des Kathodenfilms (vgl. S. 98) näher auszuführen ist, auch in diesen einzelnen Lamellen durchaus nicht an jeder Stelle die gleiche Konzentration. Sehen wir von der Zirkulation des Elektrolyten innerhalb des Kathodenfilms (vgl. Seite 98) zunächst ab, so wird die Konzentration der Schwermetallkationen im Kathodenfilm von der Stromlinienverteilung an der Kathodenoberfläche maßgebend bestimmt. Die Stromlinienstreuung steht in enger Beziehung zur Gestalt der Kathodenoberfläche.

Bekanntlich drängen sich die Stromlinien an Ecken, Kanten und hervorstehenden Spitzen der Elektrode am dichtesten zusammen und gehen an Flächen am weitesten auseinander (vgl. S. 314). An den

---

[1] FINK, C. G.: Chim. et Ind. **1936**, 3.

Stellen hoher Stromliniendichte herrscht also eine entsprechend hohe
Stromdichte. So sollte hier auch ein stärkeres Verarmen an Schwermetallkationen zu beobachten sein. Wie READ und GRAHAM damit
übereinstimmend fanden, nimmt der Kupfergehalt im Kathodenfilm
bei einem Kathodenblech am Rande des Bleches mehr ab als in der
Mitte der Blechoberfläche, wenn die Stromdichte nicht zu klein gehalten
wird. Zum Beispiel verringert sich der Kupfergehalt bei Verwendung

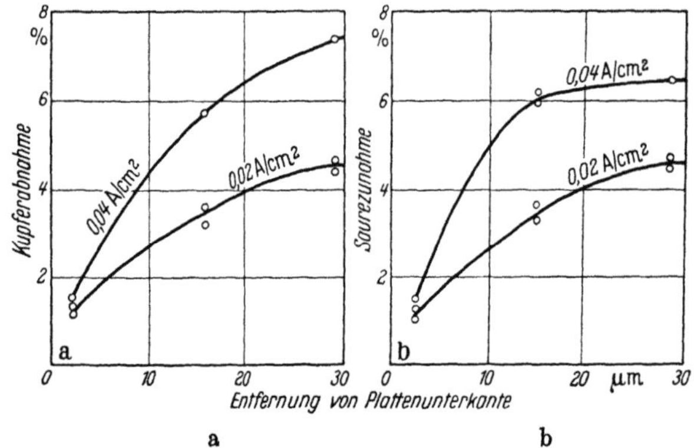

Abb. 36 a. Abnahme des Kupfergehaltes am unteren Blechrand.
Abb. 36 b. Zunahme des Säuregehaltes am unteren Blechrand.
(Nach READ und GRAHAM[1].)

eines 50 mm breiten Bleches am seitlichen Rande weiter als etwa in der
Mittellinie des Bleches (Stromdichte von $4{,}2 \cdot 10^{-2}$ A/cm², saure Kupfersulfatlösung [vgl. S. 76]). Bei $2{,}1 \cdot 10^{-2}$ A/cm² ist noch kein Unterschied
erkennbar. Wahrscheinlich wären die Unterschiede größer, könnte man
die Probe unmittelbar an der Blechkante entnehmen. Allerdings gilt diese
Regel nicht für den *unteren* Rand des Bleches, wohin — wie auf S. 72
erwähnt — von unten aufsteigend gerade frischer Elektrolyt heranströmt.
Dieses vergrößerte Angebot an Cu^{2+} vermag das sonst am Rande vermehrte Cu^{2+}-Defizit fast auszugleichen. So nimmt die Cu^{2+}-Konzentra-
tion, wie Abb. 36a zeigt, am unteren Plattenrande am wenigsten ab,
die Abnahme vergrößert sich mit wachsender Entfernung vom unteren
Rand. Das Umgekehrte gilt von der Säurekonzentration (Abb. 36b).

1.32.2 Änderung der Wasserstoffionenkonzentration im Kathodenfilm.

Einfluß der Stromausbeute an Metall. Ebenso wie der Gehalt an
abscheidbaren Metallkationen weicht auch die Konzentration der
Wasserstoffionen im Kathodenfilm von der entsprechenden Konzen-

---

[1] s. S. 73, Fußn. 2.

tration im Elektrolyten ab. Der Gehalt an abscheidbaren Metallionen ist, wie wir im vorigen Abschnitt gesehen haben, im Kathodenfilm stets *geringer* als im Elektrolyten. Für den Gehalt an Wasserstoffionen gilt diese Regel nicht ohne weiteres. Je nach der Zusammensetzung des Elektrolyten oder den Bedingungen der kathodischen Abscheidung kann die Wasserstoffionenkonzentration im Kathodenfilm kleiner, aber auch größer sein als im Elektrolyten.

Sehr häufig begleitet eine kathodische Abscheidung von Wasserstoff die Entladung der Metallionen. Nur Metalle, deren Abscheidungs-GALVANI-Spannung bedeutend edler ist als die des Wasserstoffs, wie Edelmetalle, **Quecksilber, Kupfer,** scheiden sich gewöhnlich allein ab. Treten die Metallionen allein in die Kathode über, so reichern sich die nicht übergangsfähigen Wasserstoffionen gleichzeitig im Kathodenfilm und in der Doppelschicht an. Der Kathodenfilm reagiert daher in diesem Falle *stärker sauer* als der Grundelektrolyt.

Mit unedleren Metallen, wie Nickel, Eisen, Mangan, Chrom, Zink und z. T. auch Kadmium, scheidet sich aus wäßrigen Elektrolyten stets zugleich Wasserstoff in merklicher Menge ab. Daher sollte der Kathodenfilm in diesem Falle nicht bloß an Metallionen, sondern mehr oder weniger auch an Wasserstoffionen verarmen und damit *schwächer sauer* reagieren als der Elektrolyt. Je mehr der Wasserstoff am Stoffumsatz teilnimmt, desto höher wird im allgemeinen der p_H-Wert in nächster Nähe der Kathode steigen.

Beträgt aber die Stromausbeute an Metall noch nahezu 100%, ist also der Anteil des mitabgeschiedenen Wasserstoffes ziemlich gering, wie z. B. bei der Abscheidung von Kupfer aus Kupfersulfatlösungen (wo er weniger als 1 bis 2% beträgt), so wird man im Kathodenfilm statt eines Rückganges der Wasserstoffionen-Konzentration für gewöhnlich eine Zunahme beobachten. Bekanntlich wandern die Wasserstoffionen bedeutend schneller zur Kathode als die größeren und schwerfälligeren, hydratisierten Metallionen, und es werden — im Gegensatz zu den Metallionen — offenbar mehr Wasserstoffionen herangeschafft, als aus dem Kathodenfilm zur Kathode übertreten.

Gleicht sich also bei Mitabscheidung von Wasserstoff ein Defizit an Wasserstoffionen im Kathodenfilm selbst bei relativ starker Beteiligung der Wasserstoffionen an der kathodischen Abscheidung bedeutend leichter aus als ein Metallionen-Defizit, so sollte demgemäß das Gefälle der Wasserstoffionenkonzentration im Kathodenfilm für gewöhnlich flacher verlaufen als das Gefälle der Metallionen-Konzentration.

Es ist deshalb auch nicht verwunderlich, wenn GRAHAM, HEIMAN und READ[1] bei der kathodischen Abscheidung von Nickel mit der

---

[1] s. S. 73, Fußn. 1.

Absaugemethode keine verringerte Wasserstoffionenkonzentration finden konnten. Wahrscheinlich beschränkt sich ein merklicher Konzentrationsabfall der H^+-Ionen auf eine viel dünnere Flüssigkeitsschicht (vielleicht sogar nur auf die diffuse Doppelschicht), die dem relativ groben Analyseverfahren entgehen muß.

Die Unsicherheit der angewandten Methodik äußerte sich bereits in der Abhängigkeit der gemessenen Ni^{2+}-Gehalte von der Absauggeschwindigkeit (vgl. S. 74). Dabei sollte das Gefälle der Ni^{2+}-Konzentration, wie erwähnt, immerhin bedeutend steiler sein als der zu erwartende Unterschied in der H^+-Konzentration.

MACNAUGHTAN, GARDAM und HAMMOND[1] haben versucht, aus Bestimmungen der Stromausbeute auf Veränderungen der Wasserstoffzahl im Kathodenfilm zu schließen. Die Menge des abgeschiedenen Wasserstoffes sollte der Säureabnahme im Kathodenfilm entsprechen. Je geringer die kathodische Stromausbeute an Metall wird, um so mehr sollte die Säure im Kathodenfilm abgestumpft werden. Allerdings setzt diese vereinfachte Betrachtungsweise voraus, daß der Kathodenfilm nicht durch die entweichenden Wasserstoffblasen durchmischt wird. Auch berücksichtigt sie kaum den raschen Nachschub an Wasserstoffionen. Dennoch bleibt die Annahme der Autoren für qualitative Schlüsse bestehen, wenn man sie auf einen erheblich dünneren Flüssigkeitsfilm beschränkt.

Eine wesentliche Stütze erfährt die Annahme, bei Mitabscheidung von Wasserstoff in bestimmten Elektrolyten müsse die Wasserstoffzahl im Kathodenfilm höher sein als im Elektrolyten, in der zu beobachtenden sekundären Inhibition (vgl. S. 293). Für das Vorhandensein von Metallhydroxyd in Kathodenfilm und Doppelschicht als Folge des höheren p_H-Wertes sprechen z. B.: Messungen der Widerstandspolarisation bei extrem kurzen Zeiten (SALT, vgl. S. 294), Veränderung der Polarisation durch kolloidchemische Einflüsse (vgl. S. 107) und Erhöhung der Härte des Metallniederschlages durch eingebautes Oxyd. In seltenen Fällen kann man eine Membran von gebildetem Hydroxyd auf der Kathodenoberfläche sogar visuell erkennen und isolieren (vgl. S. 113).

Kathodisch frei werdendes Gas kann im übrigen Strömungen im Kathodenfilm hervorrufen und ihn sogar recht kräftig durchwirbeln. Auf diese Weise werden sich Konzentrationsunterschiede zwischen Kathodenfilm und Elektrolyt wieder teilweise ausgleichen. Deshalb dürfte der Kathodenfilm im Falle der Nickelabscheidung dünner sein als bei der Kupferabscheidung. Wie groß der Unterschied sein wird, bestimmen neben der Menge des abgeschiedenen Wasserstoffes andere Faktoren, wie z. B. Größe der Gasblasen, Haftfestigkeit der Blasen an der Kathodenoberfläche (abhängig von der Ladung der Gasblasen), ferner Dichte und Zähigkeit des Elektrolyten im Kathodenfilm, Grenzflächenspannung an der Kathode usw.

---

[1] MACNAUGHTAN, D. J., G. E. GARDAM u. R. A. F. HAMMOND: Trans. Faraday Soc. **29**, 729 (1933).

Von mittelbarem, aber zuweilen bedeutendem Einfluß auf die Wasserstoffionenkonzentration im Kathodenfilm können ferner alle jenen Umstände sein, die die Überspannung des Wasserstoffes verändern. Mitabscheidung von Elementen, an denen sich Wasserstoff mit sehr niedriger Überspannung abscheidet, sollte z. B. die Wasserstoffabscheidung und damit den p_H-Wert im Kathodenfilm erhöhen. Andererseits wird der Kathodenfilm saurer werden, wenn Inhibition, wie sie z. B. manche Kolloide hervorrufen, die Wasserstoffüberspannung erhöht.

Einfluß der Stromdichte. Steigert man die Stromdichte, so wird der p_H-Wert im Kathodenfilm zurückgehen, wenn dabei die Stromausbeute an Metall unverändert bleibt oder gar zunimmt. Zum Beispiel

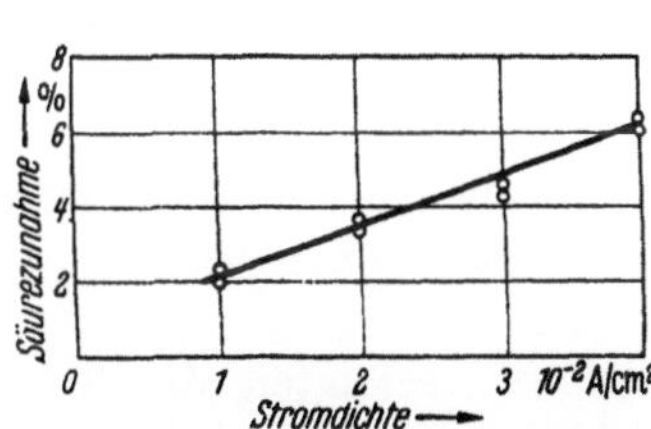

Abb. 37. Wirkung der Stromdichte auf die prozentuale Zunahme des Säuregehaltes im Film. (Nach READ und GRAHAM[1].)

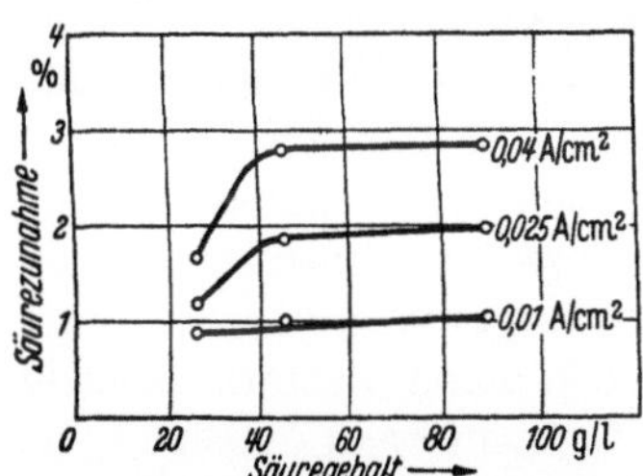

Abb. 38. Änderung des Säuregehaltes im Kathodenfilm bei verschiedenen Stromdichten und Säuregehalten des Elektrolyten. (Nach READ und GRAHAM[1].)

ändert sich die Stromausbeute der Kupferabscheidung aus saurer Kupfersulfatlösung bei Stromdichteerhöhung nur unwesentlich. In der Tat beobachteten READ und GRAHAM, wie der Kathodenfilm zunehmend saurer wurde, wenn man die Stromdichte steigerte (vgl. Abb. 37).

Auch in Nickelsulfatelektrolyten, in denen die Stromausbeute an Nickel mit steigender Stromdichte etwas zunimmt, erhöht sich die Wasserstoffionen-Konzentration mit steigender Stromdichte, wie GRAHAM, HEIMAN und READ fanden. Anscheinend harrt der Fall einer Abnahme der Stromausbeute an Wasserstoff mit wachsender Stromdichte im Kathodenfilm noch der Bestätigung. Die experimentellen Schwierigkeiten der Absaugemethode sind erheblich.

Einfluß der Wasserstoffionen- und Metallionen-Konzentration des Grundelektrolyten. Eine Veränderung der Wasserstoffionen-Konzentration im Elektrolyten muß nicht zwangsläufig eine entsprechende Änderung der Wasserstoffzahl im Kathodenfilm zur Folge haben. Bei der Abscheidung von Kupfer aus angesäuerter Kupfersulfatlösung fanden READ und GRAHAM z. B. eine gewisse Stabilität der Wasserstoffionen-Konzentration trotz erheblicher Erhöhung des Säuregehaltes im Elektrolyten. Abb. 38 veranschaulicht in graphischer Darstellung die Ver-

[1] s. S. 73, Fußn. 2.

änderung der Säuremenge im Kathodenfilm mit zunehmendem Säuregehalt der Grundlösung.

Bei einer Stromdichte von rd. $1{,}1 \cdot 10^{-2}\,\mathrm{A/cm^2}$ nimmt die Säure-Konzentration im Kathodenfilm nahezu konstant um etwa 1% zu. Höhere Stromdichten wirken sich bei niedrigen Säuregraden des Elektrolyten in einem Anstieg der Säurezunahme des Kathodenfilmes aus; zwischen etwa 45 und 90 g/l Säuregehalt des Elektrolyten ändert sich die Säurestufe des Kathodenfilmes aber wiederum kaum noch.

Man hat den Eindruck, daß bei $1{,}1 \cdot 10^{-2}\,\mathrm{A/cm^2}$ die Mengen der zur Kathode hinwandernden und der sich aus dem Kathodenfilm entfernenden Wasserstoffionen bei allen untersuchten Säuregehalten des Elektrolyten ungefähr im gleichen Verhältnis zueinander stehen, d. h. es wandern stets im gleichen Maße mehr H^+-Ionen zum Kathodenfilm, als sich aus ihm abscheiden.

In schwächer sauren Elektrolyten erlangt die Menge der zugewanderten Wasserstoffionen bei höherer Stromdichte ein sich weiter verstärkendes Übergewicht vor den abgeschiedenen Wasserstoffionen, bis sich ein stationärer Zustand eingestellt hat.

MACNAUGHTAN, GARDAM und HAMMOND[1] verfolgten die Stromausbeuten bei der kathodischen Abscheidung von Nickel aus einem (mit Borsäure gepufferten) Nickelsulfatelektrolyten mit veränderlichem p_H-Wert. Aus der mehr oder weniger großen Abnahme der Stromausbeute bei verschiedener Wasserstoffzahl des Elektrolyten zogen die Autoren folgende Schlüsse bezüglich des p_H-Wertes im Kathodenfilm: Wird der p_H-Wert des Elektrolyten von höheren Werten auf p_H 6 gesenkt, so fällt die Wasserstoffzahl im Kathodenfilm rasch ab; bei einer weiteren Senkung von p_H 6 auf 5 verringert sie sich im Kathodenfilm bereits langsamer. Sie ändert sich kaum noch, wenn der p_H-Wert der Lösung von 5 auf 3,5 gesenkt wird, und bei einer weiteren Senkung auf p_H 2 steigt sie sogar rasch an. Auch der niedrigste p_H-Wert des Kathodenfilmes liegt im untersuchten Bereich offenbar noch über 6,3, dem Fällungsbeginn von Nickelhydroxyd.

Mit der Senkung des p_H-Wertes auf 6 ändert sich die Stromausbeute nur wenig, so daß sich bei der vermehrten Wasserstoffionen-Konzentration im Elektrolyten die Wasserstoffionen im Kathodenfilm anreichern können. Es ist möglich, daß in diesem Falle der p_H-Wert im Kathodenfilm niedriger liegt als im Elektrolyten. Hierfür scheinen auch die erwähnten, direkten Messungen von GRAHAM, HEIMAN und READ zu sprechen. Bei weiterem Senken des p_H-Wertes steht der vermehrten Zahl der heranrückenden Wasserstoffionen aber bereits eine stärkere Abnahme des Wasserstoffionengehaltes durch Entladung — einer ge-

---

[1] s. S. 80, Fußn. 1.

ringeren Stromausbeute an Metall entsprechend — gegenüber. Der Stromanteil der Wasserstoffabscheidung nimmt mit verstärktem Ansäuern zu und wird schließlich zwischen p_H 3,5 und 2 so beträchtlich, daß nun, wie MACNAUGHTAN, GARDAM und HAMMOND annehmen — trotz erhöhtem Säuregrad des Elektrolyten —, der p_H-Wert im Kathodenfilm höher ausfällt als bei geringerer Ansäuerung (also noch merklich über 6,3). Ob diese Annahme freilich in einem solchen Umfange zutrifft, muß dahingestellt bleiben. Die Autoren setzen an anderer Stelle ihrer Arbeit ein verstärktes Durchmischen des Kathodenfilmes als Folge der lebhaften Wasserstoffentwicklung in Rechnung. [Sie versuchen damit den beträchtlichen Abfall der Härte des Niederschlages zu erklären, der mit einer Zunahme des p_H-Wertes — und einer entsprechenden Zunahme von kolloidem Hydroxyd im Kathodenfilm (vgl. S. 249) — sonst nicht zu vereinen wäre.]

Ändert sich mit der Konzentration an abscheidbaren Metallkationen im Elektrolyten die Stromausbeute, so wird sich dies auf die Wasserstoffzahl im Kathodenfilm auswirken. Bei der Abscheidung edlerer Metalle, z. B. Silber oder Kupfer, sind solche Veränderungen kaum zu erwarten. READ und GRAHAM fanden daher auch bei der Kupferabscheidung aus Kupfersulfatlösungen trotz verschiedener Metallionen-Konzentration einen unveränderten Säuregrad im Kathodenfilm vor. Bei der Abscheidung von Nickel, Zink oder namentlich Mangan sollte man jedoch eher einen Einfluß der Metallionen-Konzentration erwarten. Meßergebnisse scheinen aber nicht vorzuliegen.

Einfluß von Temperatur, Elektrolytbewegung und Elektrodenform. Steigende Temperatur des Elektrolyten erhöht Konvektion und Diffusion und wirkt also auch in diesem Falle (vgl. auch S. 76) im Sinne eines Konzentrationsausgleichs. Für die Kupferabscheidung aus saurer Kupfersulfatlösung fanden READ und GRAHAM z. B. die in Tab. 5 enthaltenen Werte (für eine Kupfersulfatlösung mit 53 g/l Cu und 44 g/l H_2SO_4 bei einer Stromdichte von $2,1 \cdot 10^{-2}$ A/cm²).

Erhöht man die Temperatur um 20°, so nimmt der Säuregehalt im Kathodenfilm also in bedeutend geringerem Maße zu (um etwa ein Drittel weniger). Dafür beteiligen sich die Cu^{2+}-Ionen entsprechend mehr am Stromtransport.

Tabelle 5.

Temperatur °C	Säurezunahme im Kathodenfilm	
	g/l	val/l
30	1,57	0,0320
30	1,55	0,0317
50	0,95	0,0194
50	0,99	0,0202

Hingegen scheint eine Zirkulation des Elektrolyten durch Umlauf die Verhältnisse im Kathodenfilm kaum zu verändern. Wie schon auf S. 76 erwähnt wurde, bleibt in der Regel selbst bei starker Badbewegung ein dünner, unmittelbar der Kathode anliegender Flüssigkeitsfilm von der Rührung unbeeinflußt (vgl. aber S. 101). Nach READ und GRAHAM ändert sich z. B. bei der Abscheidung des Kupfers aus saurer Kupfersulfatlösung bei $2,1 \cdot 10^{-2}$ A/cm² die Zunahme der Säure im Kathodenfilm nicht, wenn der Elektrolytumlauf von 550 cm³/min auf 1000 cm³/min erhöht wird. Bei höherer Stromdichte von $4,3 \cdot 10^{-2}$ A/cm² findet allerdings bei der gleichermaßen verstärkten Badbewegung schon ein gewisser Ausgleich statt. Der Säureüberschuß des Kathodenfilms gegenüber dem Elektrolyten ist bei dem erhöhten Elektrolytumlauf um etwa 10% geringer (statt 5 etwa 5,4%).

Wie bei den abscheidbaren Schwermetallkationen wirkt sich auch im Falle der Wasserstoffionen die Kathodenform auf die Konzentration im Kathodenfilm aus. Am seitlichen Rande einer Blechkathode sind die Unterschiede im Säuregrad zwischen Kathodenfilm und Elektrolyt größer als in der Mitte des Bleches. Hierfür sprechen wiederum Versuchsergebnisse von READ und GRAHAM, erhalten unter den gleichen Bedingungen wie im Beispiel auf S. 78. Am unteren Rande kehren sich aber die Verhältnisse um.

Allerdings ist der Unterschied im Säureüberschuß bei der Kupferabscheidung aus Kupfersulfatlösung zwischen Rand und Mitte verhältnismäßig gering.

Zu erwarten ist wohl, daß sich der lokale Einfluß bei größerem Anteil des Wasserstoffes an der Abscheidung deutlicher bemerkbar machen wird (z. B. bei der Abscheidung von Nickel, Zink, Mangan aus sauren Lösungen).

Ausgleich der Wasserstoffionen-Konzentration. Man kann den Veränderungen der Wasserstoffionen-Konzentration im Kathodenfilm in gewissem Umfange entgegenwirken, wenn man dem Elektrolyten puffernd wirkende Stoffe zusetzt. In sauren Lösungen dienen hierzu bekanntlich schwache Säuren oder deren Salze. In der Galvanotechnik verwendet man am häufigsten Borsäure oder Borate. Auch Aluminiumsalze oder andere Salze solcher Metalle, die bereits bei verhältnismäßig niederem p_H-Wert Hydroxyde bilden, eignen sich als Puffer, sofern nicht der p_H-Wert des Kathodenfilms tiefer als der untere Grenz-p_H-Wert für die Bildung des betreffenden Hydroxyds liegt. Ist z. B. die Bildung von Aluminiumhydroxyd im Kathodenfilm möglich, so verbrauchen sich die OH^--Ionen mit abnehmender Azidität des Films hauptsächlich zur Ausfällung des Hydroxyds.

Möglicherweise wird die Pufferwirkung der Anionen in den der Kathode unmittelbar benachbarten Zonen, und vor allem in der Doppelschicht, ziemlich gering ausfallen, namentlich bei höheren kathodischen Stromdichten. Werden doch die puffernden Anionen unter diesen Voraussetzungen von der negativ geladenen Kathode abgestoßen[1] und wandern in Richtung der Anode ab. Deshalb dürfte die puffernde Wirkung von Kationen, wie Aluminiumionen, die ungehindert in nächste Nähe der Kathode gelangen, in solchen Fällen deutlicher sein.

---

[1] Sofern sie nicht adsorptiv an die Kathodenoberfläche gebunden sind.

1.32.3 Änderung der Konzentration an anderen nicht abscheidbaren Kationen und an Anionen im Kathodenfilm.

Wir haben schon im vorigen Abschnitt gesehen, daß Wasserstoffionen sich bei fehlender oder geringer Wasserstoffabscheidung im Kathodenfilm anreichern. Das gleiche gilt — meist in noch stärkerem Maße — für alle Kationen, die sich bei den gegebenen elektrochemischen Bedingungen *nicht* kathodisch abscheiden können. Gewöhnlich handelt es sich wohl um Kationen der Alkali- und Erdalkalimetalle, des Ammoniums, Magnesiums und Aluminiums oder um organische Kationen. Die Konzentration an diesen Kationen wird im Kathodenfilm, und namentlich in der Nähe der Doppelschicht, stets bedeutend größer sein als im eigentlichen Elektrolyten. Verarmt also der Kathodenfilm an den kathodisch abscheidbaren Metallkationen, so reichert er sich umgekehrt an den nichtabscheidbaren Kationen an. Für sie besteht also ein Konzentrationsgefälle von der Doppelschicht bis zur Grenze des Kathodenfilmes.

Fehlen solche Kationen, so büßt der Kathodenfilm, vor allem bei hoher Stromdichte, erheblich an elektrischer Leitfähigkeit ein. Alkalisalze dienen daher in galvanischen Bädern häufig als „Leitsalze". Solche, die Leitfähigkeit erhöhenden Zusätze erlauben höhere Stromdichten anzuwenden. Reichern sich solche Fremdionen im Kathodenfilm an, so wirken sie damit auch einer stärkeren Dichteminderung entgegen, wie sie sonst zu beobachten wäre, sobald der Film an Schwermetallkationen verarmt. Das Aufwärtssteigen der Flüssigkeit im Kathodenfilm, intensiv bei schweren Kationen infolge der Dichteunterschiede, wird sich bedeutend verlangsamen, wenn sich solche nicht abscheidbaren Kationen anstauen. Manche Änderungen, wie verminderter Nachschub von Kationen infolge verringerter Durchmischung des Kathodenfilmes, höhere Konzentrationspolarisation, Gefügeänderungen des Niederschlages usw., werden sich freilich nicht selten als Folge des Zusatzes von Alkalisalzen ergeben. Im übrigen sind alle diese Zusammenhänge bisher noch nicht systematisch untersucht worden.

Wie sich die Anionenkonzentration im Kathodenfilm im Vergleich zur Anionenkonzentration im Elektrolyten ändert, hat man ebenfalls nur vereinzelt und bloß qualitativ untersucht. GRAHAM, HEIMANN und READ[1] fanden bei der kathodischen Abscheidung von Nickel aus einem $NiCl_2$ enthaltenden $NiSO_4$-Elektrolyten stets ein größeres Verhältnis von Ni : Cl im Kathodenfilm als im Grundelektrolyten.

---

[1] s. S. 73, Fußn. 1.

1.33 Elektrochemie des Kathodenfilmes.

1. 33.1 Dicke des Kathodenfilmes und Konzentrationspolarisation.

Experimentelles. Die Dicke des Diffusionsfilmes experimentell annähernd genau zu bestimmen, ist bisher nur in zwei Fällen gelungen:
Einmal beim Tropfen einer Quecksilber-Tropfelektrode, wenn man eine
interferometrische Schlierenmethode anwendet (ANTWEILER[1]). Zweitens
nach der Ausfriermethode von BRENNER (vgl. auch S. 74). Abb. 39 zeigt
die vergrößerte Aufnahme eines Quecksilbertropfens nach ANTWEILER[2].

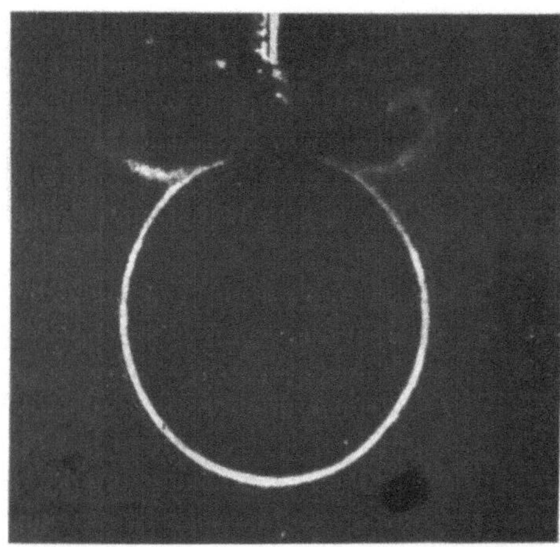

Abb. 39. Quecksilbertropfen mit Diffusionsfilm.

Der Diffusionsfilm erscheint hier als dünner
Saum. Die Dicke des sichtbaren Saumes beträgt etwa
0,01 mm (Elektrolyt 10^{-2}
n - $CuSO_4$ - Lösung).   Der
sichtbare Saum[3] selbst hebt
sich so deutlich ab, weil
die Konzentration der
Schwermetallkationen im
größeren Teil des Filmes
sicher äußerst gering ist
(am Rande des Filmes, an
der Phasengrenze, praktisch Null).

Nach der Ausfriermethode bestimmte BREN
NER die Dicke von Kathodenfilmen analytisch. Er fand im Durchschnitt eine Dicke von
0,03 cm für die Abscheidung von Kupfer aus angesäuerter $CuSO_4$-
Lösung bei $4 \cdot 10^{-2}$ A/cm² und Zimmertemperatur und von 0,03 bis
0,04 cm für die Nickelabscheidung aus $NiSO_4$-Lösung im Bereich von 1
bis $4 \cdot 10^{-2}$ A/cm². Die experimentell gefundenen Dicken stimmen ganz
gut mit der berechneten Dicke überein (Rechnung von KEULEGAN[4]).

Unter bestimmten, vereinfachenden Voraussetzungen gibt es Methoden, um die Dicke des Diffusionsfilmes wenigstens angenähert zu
errechnen. Im folgenden erörtern wir eine elektrochemische Methode.
Später werden wir noch hydrodynamisch abgeleitete Beziehungen

---

[1] ANTWEILER, H. J.: Z. Elektrochem. **43**, 596 (1937); **44**, 719, 831 (1938).

[2] ANTWEILER, H. J.: Z. Elektrochem. **44**, 718 (1938).

[3] Wahrscheinlich ist der Kathodenfilm in Wirklichkeit erheblich dicker, doch
heben sich die nach der Elektrolytseite liegenden konzentrierteren Bereiche nicht
mehr von der Umgebung ab.

[4] s. S. 74, Fußn. 3.

kennenlernen (S. 95). Mit der berechneten Dicke, mit der Messung der Galvani-Spannung unter Stromfluß g_J und mit der Kenntnis der Konzentration im Inneren des Elektrolyten kann man dann auch das Konzentrationsgefälle im Diffusionsfilm annähernd (unter der vereinfachten Annahme eines annähernd linearen Abfalles [vgl. jedoch S. 76]) abschätzen.

Im Diffusionsfilm bilden sich meist laminare Strömungen aus, die von Dichteänderungen des Elektrolyten im Diffusionsfilm bei der Elektrolyse herrühren. Für den Fall der Berechnung der Dicke des Diffusionsfilmes nach der elektrochemischen Methode muß man eine solche Strömung möglichst gering halten. Untersucht man die Verhältnisse also bei einem relativ schweren Salz, z. B. Silbernitrat, so wird man von vornherein eine kleine Ag^+-Konzentration des Elektrolyten wählen, damit die Dichteunterschiede zwischen Diffusionsfilm und Innern des Elektrolyten möglichst gering ausfallen. Durch Zusatz eines Salzes, dessen Ionen das Potential nicht mitbestimmen, und zwar in konzentrierter Lösung, lassen sich die Dichten weiter einander angleichen.

Außerdem wird man auch Strömungen zu vermeiden suchen, die durch Konvektion infolge von Temperaturunterschieden entstehen können.

Auch die Annahme, der Diffusionsfilm habe eine scharfe Grenze zum Lösungsinnern, dürfte sicher nicht exakt zutreffen. Die Grenze wird in Wirklichkeit um so eher verwaschen sein, je weniger sich die Zusammensetzung des Diffusionsfilmes von der Zusammensetzung des Elektrolytinnern unterscheidet. Deshalb werden wir den Voraussetzungen für eine Berechnung der Dicke um so näher kommen, je mehr sich die angewandte Stromdichte der Grenzstromdichte nähert. Dies ist z. B. in unserem Beispiel (Abb. 39, S. 86) der photographischen Wiedergabe des Diffusionsfilmes an einer Quecksilber-Tropfelektrode der Fall.

Berechnung der Dicke des Kathodenfilmes. Versuchen wir z. B. die Dicke eines Diffusionsfilmes bei der Elektrolyse einer Silbernitratlösung an Silberelektroden zu berechnen. An der Anode treten Ag^+-Ionen in die Lösung über, an der Kathode werden Ag^+-Ionen wieder abgeschieden. Während der Elektrolyse erhöht sich im Anodenfilm die Ag^+-Konzentration, während sie sich im Kathodenfilm zugleich entsprechend vermindert. Damit wird die Galvani-Spannung an der Anode edler, an der Kathode unedler, als sie bei Berührung einer Silberelektrode mit dem Elektrolyten der vorgegebenen Zusammensetzung im Gleichgewichtszustande sein sollte.

So bildet sich während der Elektrolyse eine Konzentrationskette aus, deren EMK die Summe der Konzentrationspolarisationen an den beiden Elektroden ist. Sie enthält außerdem noch die Diffusionspotentiale an den Grenzen der Diffusionsfilme, jeweils zur Seite des Elektrolytinnern hin. Diese Diffusionspotentiale lassen sich angenähert auf Null herabdrücken, wenn der Elektrolytlösung ein anderer Elektrolyt mit nichtpotentialbestimmenden Ionen im Überschuß zugesetzt wird. Dies kann in unserem Fall z. B. NH_4NO_3 sein. Dann ist die Zellspannung der Konzentrationskette

$$E = \frac{RT}{F} \ln \frac{a_{1\,Ag^+}}{a_{2\,Ag^+}} \, ,$$

wobei $a_{1\,Ag^+}$ die Aktivität der Ag-Ionen in unmittelbarer Nähe der Kathode, $a_{2\,Ag^+}$ die entsprechende Aktivität in unmittelbarer Anodennähe bedeuten. Der Einfachheit halber setzen wir statt der Aktivitäten die entsprechenden Konzentrationen c_1 und c_2 ein, denn die Grundkonzentration der Ag^+-Ionen im Elektrolyten, $c_{0\,Ag^+}$, soll klein gehalten werden, z. B. bei 10^{-4} n. Hingegen soll die Konzentration des Ammoniumnitrates etwa 1 n betragen.

Die Gegen-EMK wächst mit steigender Stromstärke, weil die Konzentrationspolarisationen an den Elektroden größer werden, der zunehmenden Anreicherung oder Verarmung an den potentialbestimmenden Ionen in den Diffusionsfilmen entsprechend. Ebenso wächst die EMK, wenn die Grundkonzentration $c_{0\,Ag^+}$ verkleinert wird.

Für einen Nachschub der sich kathodisch abscheidenden Ag^+-Ionen in das Innere des Kathodenfilmes bieten sich grundsätzlich drei Möglichkeiten:

1. Überführung der Ionen durch elektrolytische Ionenwanderung; 2. Diffusion der Ionen; 3. Antransport der Ionen mittels Konvektion (namentlich bei höherer Temperatur).

Solange keine anderen elektrochemischen Vorgänge möglich sind als die Entladung der Ag^+-Ionen, ist die Stromstärke durch diese Vorgänge gegeben.

Ist nun, wie angenommen, ein großer Überschuß eines Fremdelektrolyten (NH_4NO_3) mit nichtpotentialbestimmenden Ionen vorhanden, ist also die ionale Konzentration der Fremdionen sehr hoch und zugleich die Grundkonzentration der Ag^+-Ionen sehr klein, so darf man die Überführung von Ag^+-Ionen auf dem Wege der Ionenwanderung gegenüber der Diffusion der Ag^+-Ionen vernachlässigen. Für die Ag^+-Ionen ist also dann die Diffusion der praktisch allein maßgebende Transportvorgang, sofern Konvektion experimentell ausgeschaltet ist. Der Ionenstrom J_{Ag^+}, dem Strom J_i im äußeren Stromkreis gleich, ist ein reiner Diffusionsstrom.

Der im Überschuß zugesetzte Fremdelektrolyt hat also zugleich vier Funktionen zu erfüllen: 1. Erhöhung der Leitfähigkeit (zum Eliminieren einer etwaigen Widerstandspolarisation), 2. gleichmäßige Dichte des Diffusionsfilmes (zum Vermindern der Flüssigkeitsbewegung), 3. Unterdrücken der Diffusionspotentiale an den Grenzen der Diffusionsfilme, 4. Ag^+-Ionennachschub durch Diffusion.

Im stationären Zustand, den wir hier allein betrachten wollen, bewegen sich die Ag^+-Ionen unter dem Einfluß eines chemischen Potentialgefälles in Form eines Konzentrationsgefälles. Die Beteiligung der Fremdionen am Stromfluß ist Null:

$$J_{NH_4^+} = J_{NO_3^+} = 0.$$

Die elektrochemischen Potentiale $\eta_{NH_4^+}$ und $\eta_{NO_3^-}$ sind innerhalb der Diffusionsschicht praktisch konstant, denn bei dem vorausgesetzten großen Überschuß an Fremdelektrolyt bleiben auch $\mu_{NH_4^+}$ und $\mu_{NO_3^-}$ und φ innerhalb der Diffusionsschicht praktisch unverändert. Somit sind $-\dfrac{d\mu_{NH_4^+}}{dx}$ ebenso wie $-\dfrac{d\mu_{NO_3^-}}{dx}$ als chemische Potentialgefälle in der Lösungsphase überall gleich Null. Dasselbe gilt auch für das elektrische Potentialgefälle $-d\varphi/dx$.

Zur Ableitung einer Formel (NERNST[1]), aus der sich die Dicke der Diffusionsschicht berechnen läßt, verwendet man die NERNSTsche Beziehung und das FICKsche Diffusionsgesetz. Ihre Kombination führt zu einem gesetzmäßigen Zusammenhang zwischen GALVANI-Spannung und Stärke des Diffusionsstromes.

Allgemein und auch in unserem Beispiel geht die stationäre[2] kathodische Konzentrationspolarisation $\varDelta g_c$ aus der NERNSTschen Beziehung hervor:

$$\varDelta g_c = \frac{RT}{z_i F} \ln \frac{c_{0\,Ag^+}}{c_{1\,Ag^+}}. \tag{35}$$

$c_{0\,Ag^+}$ ist die Ag^+-Konzentration in der homogenen, gerührten Elektrolytlösung, $c_{1\,Ag^+}$ die (geringere) Ag^+-Konzentration in unmittelbarer Kathodennähe, d. h. im Diffusionsfilm (beide in g-Ion/cm³). z_i ist die Zahl der für 1 g-Ion erforderlichen Faradays F. Wäre die Ag^+-Konzentration im Elektrolyten überall gleich, d. h. wäre $c_{0\,Ag^+} = c_{1\,Ag^+}$ so würde $\ln \dfrac{c_{0\,Ag^+}}{c_{1\,Ag^+}}$ gleich Null, und es läge keine Konzentrationspolarisation vor.

Das Diffusionsgesetz ergibt die in der Zeiteinheit dt an der Kathode ankommende Menge dn der Ag^+-Ionen (wobei angenommen wird, daß bereits ein stationärer Zustand zeitlicher Konstanz von dn/dt erreicht worden ist).

$$\frac{dn}{dt} = -Dq \frac{dc}{dx}. \tag{36}$$

Dabei bedeuten D den Diffusionskoeffizienten, q den Elektrodenquerschnitt, dn/dt die pro Zeiteinheit diffundierte Substanzmenge, $-dc/dx$ das Konzentrationsgefälle in der Diffusionsschicht. Nimmt man an, daß die Konzentration der Ag^+-Ionen im Kathodenfilm zur Kathode

---

[1] NERNST, W.: Z. phys. Chem. **47**, 52 (1904).

[2] Der kompliziertere Fall *kurzer* Polarisationszeiten, in denen sich die Konzentrationspolarisation noch ändert, soll hier nicht erörtert werden (vgl. J. A. V. BUTLER: Electrical Phenomena at Interfaces, S. 192ff. London 1951).

hin linear abnimmt (was nicht ganz exakt ist, vgl. S. 76), so kann
man $-dc/dx$ ersetzen durch $\dfrac{(c_{0\,\mathrm{Ag}^+} - c_{1\,\mathrm{Ag}^+})}{\delta}$, wobei δ die gesuchte
Dicke des Kathodenfilmes ist, in dem das Konzentrationsgefälle
verläuft.

Die Stromstärke J errechnet sich direkt aus der in der Zeiteinheit
an die Kathode gelangenden Menge Ag^+, multipliziert mit $z_i F$.

$$J = z_i F \frac{dn}{dt} = \frac{z_i F D q (c_{0\,\mathrm{Ag}^+} - c_{1\,\mathrm{Ag}^+})}{\delta} \, . \tag{37}$$

Aus diesen Zusammenhängen ergäbe sich bereits eine Möglichkeit, die
experimentell nicht zugängliche Dicke δ des Kathodenfilmes angenähert
zu berechnen.

Unbequem ist für die Rechnung in (37) die Konzentration $c_{1\,\mathrm{Ag}^+}$ im
Kathodenfilm, die man erst aus der kathodischen GALVANI-Spannung
unter Stromfluß bestimmen müßte. Unter Verwendung der Gl. (35)
und (37) kann man aber $c_{1\,\mathrm{Ag}^+}$ berechnen und eliminieren:

$$c_{1\,\mathrm{Ag}^+} = c_{0\,\mathrm{Ag}^+}\, e^{\frac{\varDelta g_c\, z_i F}{R T}} \, . \tag{38}$$

(38) in (37) eingesetzt, ergibt:

$$J = \frac{z_i F D q\, c_{0\,\mathrm{Ag}^+}}{\delta} \left(1 - e^{\frac{\varDelta g_c\, z_i F}{R T}} \right) . \tag{39}$$

Diese Gleichung der Strom-Spannung-Kurve für den Fall der Konzentrationspolarisation enthält jetzt außer der Dicke des kathodischen
Diffusionsfilmes nur leicht bestimmbare oder bekannte Größen. Aus
ihnen läßt sich δ berechnen.

In manchen Fällen ist die Diffusionskonstante D des potentialbestimmenden Ions nicht bekannt, wohl aber die Wanderungsgeschwindigkeit u_i des Ions. Nun kann man Gl. (33) auch unschwer in einen
Ausdruck umformen, der u_i enthält. Zwischen der Diffusionskonstante
und der Wanderungsgeschwindigkeit des Ions besteht die Beziehung:

$$D = \frac{R T u_i}{F} \, . \tag{40}$$

Ersetzt man D in (39) durch diesen Ausdruck, bezieht $c_{0\,\mathrm{Ag}^+}$ zugleich
auf 1000 cm³ und setzt außerdem z_i im Falle des Ag^+ gleich 1, so erhält man:

$$J = \frac{R T u_i q\, c_{e\,\mathrm{Ag}^+}}{\delta \cdot 1000} \left(1 - e^{\frac{\varDelta g_c F}{R T}} \right) . \tag{41}$$

Aus den beiden Gl. (39) und (41) erkennt man, daß δ mit fallender Stromstärke wächst, wie es auch die Erfahrung lehrt.

Ganz analoge Beziehungen zwischen Stromstärke, Überspannung und Dicke des Diffusionsfilmes gelten auch für die anodische Auflösung von Metallen. Man setzt dann statt $(c_{0\,Ag^+} - c_{1\,Ag^+})$ umgekehrt $(c_{2\,Ag^+} - c_{0\,Ag^+})$, wobei $c_{2\,Ag^+}$ die Ag^+-Ionenkonzentration in unmittelbarer Nähe der Anode bedeutet. Hier ist das Konzentrationsgefälle entgegengesetzt gerichtet wie im Kathodenfilm.

$$J = \frac{z_i\,F\,D\,q\,c_{0\,Ag^+}}{\delta}\left(e^{\frac{\Delta g_c z_i F}{RT}} - 1\right).\tag{42}$$

Δg_a ist die anodische Konzentrationspolarisation.

Keinesfalls übersehen werden darf, daß die abgeleiteten Formeln, wie erwähnt, nur unter bestimmten Voraussetzungen gelten. Sie betreffen nur den Fall sehr geringer Konzentration der potentialbestimmenden Ionen neben einem Überschuß an nichtpotentialbestimmenden Fremdionen unter Bedingungen, bei denen der Bereich der Grenzstromdichte nahezu oder ganz erreicht ist. Die potentialbestimmenden Ionen liefert nach hier nur die Diffusion, nicht die Ionenwanderung nach. Außerdem müssen die gemessenen Spannungen stationäre Werte darstellen. Ferner wird angenommen, daß der Diffusionsfilm vollständig in Ruhe bleibt.

Realisiert ist dieser Fall am häufigsten bei der Polarographie. Für die kathodische Abscheidung von Metallen aus Lösungen beliebiger Metallionen-Konzentration bei beliebigen Stromdichten darf man diesen Beziehungen nur qualitative Bedeutung zuschreiben.

1.33.2 Berechnung der Strom-Spannung-Kurve im Falle der Konzentrationspolarisation.

Für die kathodische Strom-Spannung-Kurve im Falle der Konzentrationspolarisation ist bei genügend hoher Stromdichte das Auftreten des Grenzstromes charakteristisch. Der Grenzstrom wird von der maximalen Geschwindigkeit des abscheidbaren Kations bestimmt, die es überhaupt mit Hilfe von Diffusion erreichen kann. Steigert man die Stromdichte weiter, so beginnt ein neuer kathodischer Prozeß, z.B. die Entladung von Wasserstoffionen. Beim Erreichen des Grenzstromes geht die Konzentration der abscheidbaren Ionen, in unserem Beispiel der Ag^+-Ionen, an der Phasengrenze praktisch auf Null zurück. $c_{1\,Ag^+}$ wird also gleich Null. Gl. (37) geht somit über in (unter Weglassen von $z_i = 1$):

$$J_{Gr\,Ag^+} = \frac{F\,D\,q\,c_{0\,Ag^+}}{\delta}.\tag{37a}$$

Wie bereits erwähnt (vgl. Abb. 15, S. 23), ergibt sich der Grenzstrom mathematisch im Übergang von Δg_c in den Wert $-\infty$. In diesem

Fall vereinfachen sich Gl. (39) und (41), weil dann der Ausdruck

$$e^{\frac{\Delta g_c F}{R T}}$$

Null wird. Für die Kathode ergibt sich dann [unter Benutzung von (41)]:

$$J_{Gr\,Ag^+} = \frac{R\,T\,u_i\,q\,c_{0\,Ag^+}}{\delta \cdot 1000} . \tag{43}$$

Setzt man z. B. $u_i = 5{,}7 \cdot 10^{-4}$ cm² sek⁻¹ V⁻¹ bei $T = 291°$ K, so ergibt sich für $J_{Gr\,Ag^+}$ der Wert $1{,}38 \cdot 10^{-3} \frac{q\,c_{0\,Ag^+}}{\delta}$. (44)

Wie man erkennt, nimmt der Grenzstrom zu mit der Konzentration und der Wanderungsgeschwindigkeit der potentialbestimmenden Ionen, mit der wahren Größe der Oberfläche der Elektrode und mit der Temperatur.

Daß im Grenzstromgebiet eine definierte Kathode in eine undefinierte, extrem leicht polarisierbare Kathode übergeht, offenbart sich anschaulich in der Verarmung an potentialbestimmenden Metallionen an der Phasengrenze bis zu einer thermodynamisch undefiniert kleinen Konzentration, wie sie bei hoher kathodischer Stromdichte auftritt (LANGE[1]).

Für eine Berechnung der Strom-Spannung-Kurve im Falle der Konzentrationspolarisation hat die Formel (43) den Nachteil, daß sie die unbekannte Größe δ und die manchmal wenig definierte Größe q enthält. Gerade bei der kathodischen Abscheidung (oder auch Auflösung) von Metallen verändert sich q während der Elektrolyse ständig in unkontrollierbarer Weise.

Will man die wichtige Aufgabe erfüllen, rechnerisch nachzuprüfen, ob eine experimentell gefundene Strom-Spannung-Kurve tatsächlich nur Konzentrationspolarisation wiedergibt, oder ob noch andere Polarisationsarten vorhanden sind, so verwendet man eine vereinfachte Formel. Man erhält sie, wenn man die Formel für J_{Gr} (43) in die Formel (41) einsetzt. Die Dicke δ und der Ausdruck q für die Oberfläche fallen dabei ganz heraus. Nach Δg_c (stationär, vgl. S. 89, Fußn. 2) aufgelöst, ergibt sich:

$$\Delta g_c = \frac{R\,T}{F} \ln \left(1 - \frac{J}{J_{Gr}}\right) = 0{,}058 \log \left(1 - \frac{J}{J_{Gr}}\right) \tag{45}$$

(vgl. auch AGAR und BOWDEN[2]).

Unter den oben (S. 91) genannten Einschränkungen kann man jede experimentell gefundene Strom-Spannung-Kurve mit Grenzstrom auf eine solche „reduzierte" Form einstellen. Auf der Abszisse trägt man dann nicht J, sondern J/J_{Gr} auf.

---

[1] s. S. 2, Fußn. 2.
[2] AGAR, J. N., u. F. P. BOWDEN: Proc. roy. Soc. London, Ser. A **169**, 206 (1938).

Die charakteristische Größe für die Konzentrationsüberspannung ist also der Grenzstrom. Liegen die potentialbestimmenden oder mitpotentialbestimmenden Ionen in hoher Konzentration vor, so wird der Grenzstrom extrem groß. Der Quotient J/J_{Gr} geht also in Null über, und der Ausdruck für die Konzentrationspolarisation Δg_c in Gl. (45) muß ebenfalls Null werden. Sind die Stromdichten J nicht extrem hoch, so wird dann die Konzentrationspolarisation also zu vernachlässigen sein.

Bis der Grenzstrom erreicht ist, muß selbst bei hoher Stromdichte eine gewisse Zeit vom Elektrolysebeginn an verstreichen. Innerhalb dieser Zeit, der sog „Transitionszeit" τ, geht die Konzentration an abscheidbaren Ionen an der Phasengrenze auf praktisch Null zurück. SAND[1] hat die Transitionszeit τ durch Integration des zweiten FICKschen Diffusionsgesetzes berechnet, sofern die Flüssigkeitsbewegung vernachlässigt werden kann (vgl. auch IBL und TRÜMPLER[2], RIUS, LLOPIS und POLO[3]). Bei konstanter Stromdichte J und Vorhandensein nur eines einzigen Salzes in der Lösung gilt dann:

$$J\sqrt{\tau} = \text{konst.} = \frac{F D z_i c_0 \sqrt{\pi}\left(1 + \frac{z_i}{z_i'}\right)}{2\sqrt{D_s}} = \frac{F z_i c_0 \sqrt{\pi D_s}}{2 n_A}. \tag{46}$$

Es bedeuten: F die FARADAY-Konstante, n_A die Überführungszahl des Anions, c_0 die Konzentration sowie D den Diffusionskoeffizienten des Kations bei freier Ionenwanderung (realisierbar in Gegenwart eines großen Überschusses an Fremdelektrolyt) und D_s den Diffusionskoeffizienten des Salzes.

Für die Gültigkeit von (46) muß noch vorausgesetzt werden, daß sich der Diffusionskoeffizient innerhalb des Diffusionsfilms vom Moment des Stromeinschaltens bis zur Transitionszeit nicht ändert. In idealen Lösungen kann man D und D_s aus den Äquivalentleitfähigkeiten Λ_∞ und Λ_∞' des Kations bzw. Anions berechnen:

$$D = \frac{R T}{z_i F^2} \qquad D_s = \frac{R T \Lambda_\infty \Lambda_\infty' (z_i + z_i')}{F^2 z_i z_i' (\Lambda_\infty + \Lambda_\infty')}.$$

Die Konzentrationspolarisation Δg_c läßt sich angenähert von der Aktivierungspolarisation Δg_a (s. S. 18) trennen, wenn man die Gesamtpolarisation einmal im ungerührten und zweitens, unter sonst gleichen Bedingungen, im gerührten Elektrolyten bestimmt. Kommen unter den Bedingungen der kathodischen Metallabscheidung nur diese beiden Grundpolarisationsarten vor, so mißt man im ungerührten Elektrolyten $\Delta g = \Delta g_a + \Delta g_c$, im gerührten Elektrolyten $\Delta g = \Delta g_a$. Aus der Differenz der beiden Messungen erhält man Δg_c.

Das Subtraktionsverfahren (vgl. SHREIR und SMITH[4]) ist allerdings aus manchen Gründen nicht exakt, ja oft gar nicht anwendbar. Einmal

[1] SAND, H. J.: Phil. Mag. [6] 1, 45 (1901) — Z. phys. Chem. 35, 641 (1900) — C. r. 131 (II), 992 (1900).

[2] s. S. 76, Fußn. 1.

[3] RIUS, A., J. LLOPIS u. S. POLO: An. Real Soc. españ. Física Quím. 45 B 491 (1949).

[4] SHREIR, L. L., u. J. W. SMITH: J. electrochem. Soc. 99, 450 (1952).

ist es nur zulässig, wenn in beiden Fällen die gleiche — und zwar nur *eine* — Kathodenreaktion stattfindet. So läßt es sich z. B. für die Abscheidung von Silber aus $AgNO_3$-Lösung, nicht aber für Nickel aus schwach saurer $NiSO_4$-Lösung (H_2-Mitabscheidung und sekundäre Inhibition) an-

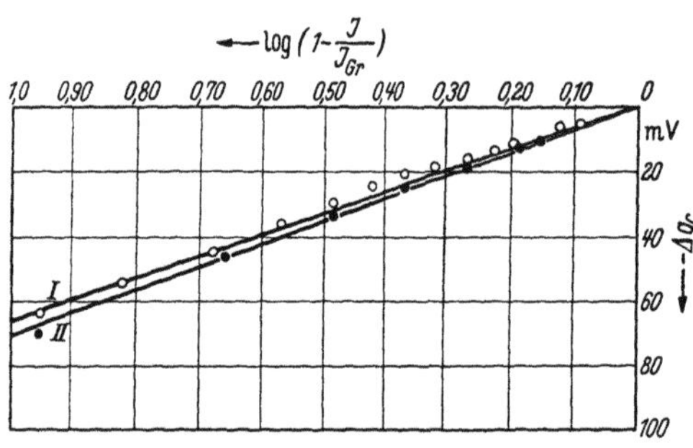

Abb. 40 a. Nachweis der Konzentrationspolarisation aus der Beziehung zwischen Δg_c und log $(1 - J/J_{Gr})$ bei der Kupferabscheidung. (Nach SHREIR und SMITH[1].)

wenden. Auch muß die Trennung relativ grob ausfallen, wenn die Zusammensetzung der kathodischen Doppelschicht im gerührten Elektrolyten erheblich von derjenigen im ungerührten Elektrolyten abweicht. Unter diesen Bedingungen wird Δg_a nicht in beiden Fällen übereinstimmen. Auch Unterschiede in der Abscheidungsform und dementsprechend verschieden große wahre Stromdichten (vgl. S. 153) können als Fehler eingehen. (In diesem Falle würden sich oszillographische Untersuchungen empfehlen.)

Immerhin hat dieses Verfahren z. B. bei der Kupferabscheidung aus saurer $CuSO_4$-Lösung trotz der Fehlermöglichkeiten relativ brauchbare Näherungswerte ergeben (SHREIR und SMITH[1]). In Abb. 40a ist die nach dem Subtraktionsverfahren bestimmte Konzentrationspolarisation Δg_c gegen den Ausdruck log $(1 - J/J_{Gr})$ entsprechend Formel (45) S. 92 aufgetragen, wobei die Grenzstromdichte J_{Gr} aus der Konzentration

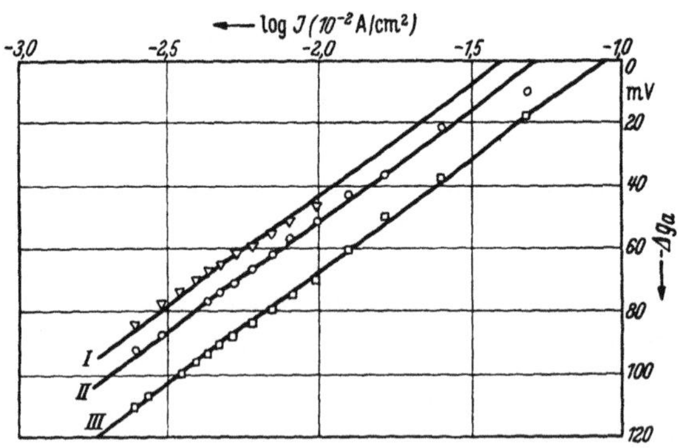

Abb. 40b. Nachweis der Aktivierungspolarisation aus der Gültigkeit der TAFELschen Beziehung bei der Kupferabscheidung. (Nach SHREIR und SMITH[1].)

---

[1] s. S. 93, Fußn. 4.

des Elektrolyten berechnet wurde. In der Tat ergibt sich für die beiden untersuchten Elektrolyte ganz gut die nach der Formel (45) zu erwartende lineare Beziehung.

Daß man in dem gerührten Elektrolyten tatsächlich die Aktivierungspolarisation erhält, zeigt Abb. 40b. Die gemessenen Δg_a-Werte folgen der TAFELschen Beziehung $\Delta g = a - b \log J$ (vgl. S. 34), d. h. sie ergeben, gegen $\log J$ aufgetragen, gerade Linien. (Nur bei kleineren Stromdichten und Überspannungen scheinen Abweichungen vorzuliegen (vgl. MATTSSON, S. 150), die offenbar mit dem Einfluß der *Rückreaktion* zusammenhängen (vgl. S. 133).

1.34 Hydrodynamik des Kathodenfilmes.
1.34.1 Einfluß einer Bewegung des Elektrolyten oder der Elektrode auf die Filmdicke.

Bisher haben wir der Einfachheit halber vorausgesetzt, im Kathodenfilm befinde sich der Elektrolyt in Ruhe. In Wirklichkeit trifft dies für gewöhnlich nicht zu. Selbst für den Sonderfall sehr geringer Konzentration an abscheidbaren Metallkationen bei hoher Fremdionenkonzentration, den wir unserer elektrochemischen Betrachtung im vorigen Abschnitt zugrunde gelegt haben, gilt diese Annahme bei Verwendung einer *vertikalen* Kathode nicht streng. Am ehesten erreichen wir völlige Ruhe des Kathodenfilmes, wenn wir unter den dort genannten Bedingungen eine *horizontale* Kathode anwenden und die Abscheidung auf der nach unten wirkenden Seite betrachten. Außerdem elektrolysieren wir dann mit ganz geringen Stromdichten.

In allen anderen Fällen müssen wir mit lokalen Strömungen im Innern des Kathodenfilmes rechnen. Freilich lassen sich diese Strömungen, ebenso wie der Konzentrationsabfall des Kathodenfilmes, zu einem großen Teil ausgleichen, wenn man die Elektrode oder den Elektrolyten stark mechanisch bewegt. Ganz gelingt dies jedoch nicht. Der von dieser mechanischen Bewegung ausgeglichene Teil des Kathodenfilmes nimmt mit der Intensität der Bewegung bis zu einer Grenze zu, die sich dann nicht mehr überschreiten läßt. In einer Grenzdicke bleibt also der Kathodenfilm von äußerer Bewegung unabhängig.

Die Dicke δ des Kathodenfilmes für eine um ihre senkrechte Achse rotierende Kreisscheiben-Elektrode hat LEVICH[1] unter Berücksichtigung ähnlicher Wärmeübergangsprobleme berechnet

$$\delta = 1{,}62 \left(\frac{D}{g}\right)^{\frac{1}{2}} \left(\frac{v}{\omega}\right)^{\frac{1}{2}} \text{cm}. \tag{47}$$

In der Formel ist D der Diffusionskoeffizient, g die GALVANI-Spannung an der Kathode, v die kinematische Viskosität und ω die Winkelgeschwindigkeit.

---

[1] LEVICH, B.: Acta Physica chim. **17**, 257 (1942); **19**, 117, 133 (1944) — Discussions Faraday Soc. **1**, 37 (1948).

Eine allgemeinere Formel für die Dicke des Kathodenfilms hat KEULEGAN[1] abgeleitet. Er hat dabei berücksichtigt, daß die Dicke des Kathodenfilms infolge der in ihm herrschenden Strömungen gar nicht gleichmäßig ist, sondern von Null an der unteren Kante einer vertikalen Kathode ansteigt bis zu einem Maximalwert am oberen Ende der Kathode, soweit sie noch mit dem Elektrolyten in Kontakt ist. Im Schema sieht der Diffusionsfilm als Querschnitt etwa wie in Abb. 41 aus.

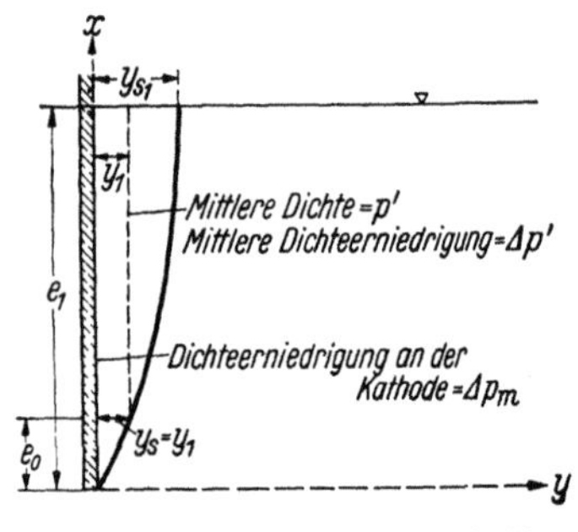

Abb. 41. Schema eines Querschnittes durch den Diffusionsfilm an der Kathode. (Nach KEULEGAN[1].)

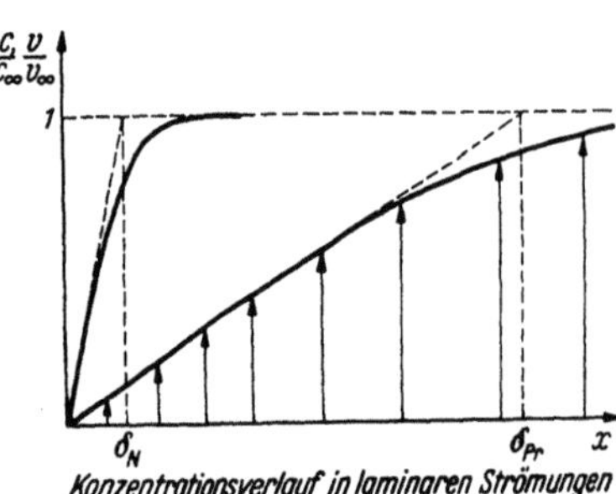

Abb. 42. Konzentrations- und Geschwindigkeitsverlauf in laminaren Strömungen. (Nach VIELSTICH[3].)

Die folgende Formel von KEULEGAN gilt für die Dicke des Kathodenfilms in einem Punkte, der x cm von der unteren Kante entfernt ist:

$$\delta = 3{,}33 \left(\frac{p_1 \, v^2}{g_r \, \Delta \, p_m \, \gamma} \right)^{\frac{1}{4}} x^{\frac{1}{4}} . \tag{48}$$

Darin bedeuten p_1 die Dichte im Innern des Elektrolyten,
p_m die maximale Erniedrigung der Dichte im Kathodenfilm,
g_r die Gravitationsbeschleunigung,
v die kinematische Viskosität,
γ den Quotienten v/D, wobei D die Diffusionskonstante des potentialbestimmenden Ions ist.

Die von KEULEGAN nach seiner Formel berechneten maximalen Dicken des Films, d. h. also, wenn x gleich der Eintauchlänge der Vertikalkathode ist, stimmen ganz gut mit den von BRENNER[2] nach der Ausfriermethode (vgl. S. 75) gefundenen Dickenwerten überein.

Kathodenfilm und PRANDTLsche Strömungsgrenzschicht. Strömt der Elektrolyt längs der Kathodenoberfläche, so überlagert sich dem Kathodenfilm eine bewegte Flüssigkeitszone, die man als PRANDTLsche Strömungsgrenzschicht bezeichnet. Die Strömungsgrenzschicht ist viel dicker als der Kathodenfilm.

In Abb. 42 nach VIELSTICH[3] ist einmal das Verhältnis der Strömungsgeschwindigkeit v innerhalb der Strömungsgrenzschicht zur Strömungs-

---

[1] s. S. 74, Fußn. 3.
[2] s. S. 73, Fußn. 3.
[3] VIELSTICH, W.: Z. Elektrochem. **57**, 646 (1953).

geschwindigkeit v_∞ außerhalb der Strömungsgrenzschicht und zweitens das Verhältnis der Konzentration an potentialbestimmenden Metallionen c innerhalb des Kathodenfilms zur Konzentration c_∞ außerhalb des Kathodenfilms, als Funktionen des Abstandes x von der Kathodenoberfläche aufgetragen.

Die Kurven geben das Geschwindigkeits- und Konzentrationsprofil für laminare Strömung wieder. Die beiden Profile fallen von 1 ($v = v_\infty$, $c = c_\infty$) bis auf praktisch Null an der Phasengrenze ab. Man kann sie durch Zeichnen der Tangenten idealisieren, wobei diese die Parallele zur Abszisse in Höhe 1 in zwei ausgezeichneten Punkten schneiden: dem Punkt δ_N, der die (idealisierte) Dicke des Kathodenfilms angibt, und dem Punkt δ_{Pr}, der die (idealisierte) Dicke der Strömungsgrenzschicht kennzeichnet.

Nach VIELSTICH[1] gilt bei laminarer Strömung folgende Beziehung zwischen δ_N und δ_{Pr}: $\delta_N = \delta_{Pr} \cdot (D/v)^{\frac{1}{3}}$, wobei D der Diffusionskoeffizient des Metallions und v die kinematische Viskosität bedeuten.[2] Da in Flüssigkeiten $D \approx 10^{-5}$ und $v \approx 10^{-2}$ ist, ergibt sich:

$$\delta_N \approx \frac{1}{10}\,\delta_{Pr}. \tag{49}$$

Die Strömungsgrenzschicht ist also bei laminarer Strömung etwa zehnmal so dick wie der Kathodenfilm.

Für turbulente Strömung komplizieren sich die Verhältnisse. Wir verweisen in diesem Zusammenhang auf die Arbeit von VIELSTICH[1]. Die Strömungsschicht ist jedenfalls auch bei Turbulenz noch wesentlich dicker als der Kathodenfilm.

1.34.2 Strömungen im Innern des Kathodenfilms.

Allgemeines. Strömungen im Innern des Kathodenfilms an einer vertikalen Kathode können zwei Ursachen haben: Einmal die bereits erwähnten Unterschiede im spezifischen Gewicht zwischen dem Kathodenfilm, der an schweren Metallkationen verarmt, und dem Grundelektrolyten; zweitens Wasserstoffentwicklung an der Kathode.

Die auf den Dichteunterschieden beruhende Strömung setzt am unteren Rand der Kathode ein, wo die noch unverbrauchte Elektrolytlösung an das Konzentrationsgefälle des Kathodenfilms grenzt. Zum Ausgleich der geringeren Dichte strömt der frische Elektrolyt im Kathodenfilm von unten nach oben längs der Kathodenoberfläche. Im wesentlichen dürfte diese Strömung laminar verlaufen, sofern sich an der Kathodenoberfläche nicht Hindernisse, wie Gasblasen, Vertiefungen, Rauhigkeiten der Oberfläche usw., in den Weg stellen. Teilen wir den

---

[1] s. S. 96, Fußn. 3; weitere Literatur: I. N. AGAR, Discuss. Faraday Soc. 1 26 (1947); N. IBL, W. RÜEGG u. G. TRÜMPLER, Helv. Chim. Acta, **36**, 1624 (1953).
[2] v/D ist die sog. PRANDTLsche Zahl, eine dimensionslose Kenngröße.

Kathodenfilm in einzelne, parallel der Kathodenoberfläche verlaufende Flüssigkeitslamellen auf, so wird die mittlere Strömungsgeschwindigkeit in derjenigen Lamelle, die der Kathodenoberfläche anliegt, am größten sein[1] und mit der Entfernung der einzelnen Lamellen von der Phasengrenze bis auf Null abnehmen. Dabei kann sich der Bereich der „inneren" Strömungen, wie C. WAGNER[2] ausgeführt hat, bei fehlender äußerer Elektrolytrührung beträchtlich über die Dicke des eigentlichen Kathodenfilms hinaus erstrecken.

Scheidet sich Gas, z. B. Wasserstoff, an der Kathode ab, so rufen die aufsteigenden Gasblasen ebenfalls eine Strömung von unten nach oben hervor. Eine solche Bewegung wird die von Dichteänderungen abhängende Strömung verstärken oder auch ersetzen. Wahrscheinlich verursachen die Gasblasen keine rein laminare, sondern eine teilweise turbulente Strömung.

C. WAGNER[2] hat auf die praktische Bedeutung dieser Strömungen im Innern des Kathodenfilms hingewiesen. Ohne solche innere Konvektion müßte man nämlich bei jedem elektrochemischen Prozeß mechanisch rühren.

Zum Beispiel läßt sich berechnen, daß man in einer Lösung von 0,1 m-$CuSO_4$+ +1,0 m-H_2SO_4 ohne Wasserstoffentwicklung eine Stromdichte von $1 \cdot 10^{-2}$ A/cm² höchstens 5 sek aufrechterhalten kann, wenn die Konvektion im Kathodenfilm fehlt. Denn nach dieser Zeit bewältigt die Diffusionsgeschwindigkeit nicht mehr den Antransport von so viel Cu^{2+}-Ionen, wie der Stromdichte von $1 \cdot 10^{-2}$ A/cm² äquivalent sind. Bei $3 \cdot 10^{-3}$ A/cm² wäre dieser kritische Zeitpunkt nach etwa 47 sek erreicht.

Den lokalen Unterschieden in der Strömungsgeschwindigkeit, abhängig von der geometrischen Gestalt und der Oberflächennatur der Kathode, entsprechen andererseits Unterschiede in Stromdichte, Polarisation, Dicke, Gefüge und Eigenschaften der Metallniederschläge. Am deutlichsten prägen sich solche Unterschiede zwischen Rand und Mitte der Kathoden aus. Zu nennen wären hier namentlich die dem Techniker wohlbekannte Verdickung des Metallniederschlages am unteren Ende der vertikalen Kathode und die Auswüchse an äußeren Ecken und Kanten.

Von Dichteunterschieden verursachte Strömungen. *Auswirkung auf die Zusammensetzung des Kathodenfilms.* Nach der bereits (S. 73) angedeuteten Absaugemethode haben READ und GRAHAM[3] den Einfluß der laminaren Strömung untersucht, die sich an einer vertikalen Kupferblechkathode unter dem Einfluß geänderter Dichte einstellt.

---

[1] C. WAGNER (Fußn. 2) nimmt an, daß die Strömungsgeschwindigkeit unmittelbar an der Kathodenoberfläche zunächst Null sei und innerhalb dieser ersten Lamelle auf ein Maximum ansteige. Dies entspricht auch der alten Auffassung von NERNST einer ersten ruhenden, an der Elektrode adhäsierenden Schicht.

[2] WAGNER, C.: J. electrochem. Soc. **95**, 161 (1949).

[3] s. S. 73, Fußn. 2.

Als Elektrolyten verwendeten sie wieder 53 g/l Cu (als $CuSO_4$) $+ 44$ g/l H_2SO_4 bei 30°C. Die Abnahme des Kupfergehaltes im Kathodenfilm an einem 90 mm langen und 50 mm breiten Blech (z. B. in Meßpunkten auf der senkrechten Mittellinie des Bleches) betrug in einem Abstand von etwa 8 mm vom unteren Blechrand bei $4,2 \cdot 10^{-2}$ A/cm² nur etwa 1,3%, am oberen Rande (90 mm Entfernung) jedoch über 7%. Bei geringerer Stromdichte (z. B. $2,1 \cdot 10^{-2}$ A/cm²) fallen die Unterschiede kleiner aus. Die Unterschiede in der angewandten Stromdichte am unteren Rande des Kathodenbleches mache nur wenig aus, weil hier der frische, spezifisch schwere Kupferelektrolyt an die Kathode heranströmt und somit ein Verarmen an Kupferionen am leichtesten ausgeglichen werden kann.

Für den Fall, daß sich nur Metall, kein Wasserstoff abscheidet, lassen sich mit der Methode von READ und GRAHAM[1] auch lokale Unterschiede der Wasserstoffionenkonzentration in verschiedenen Bereichen des Kathodenfilms nachweisen. Auch hierfür eignet sich das erwähnte Beispiel der Kupferabscheidung. Im Gegensatz zur Konzentration der Cu^{2+}-Ionen ist die Wasserstoffionenkonzentration am unteren Rand der Cu-Blechkathode am geringsten. Die Verhältnisse der Abscheidung waren z. B. die gleichen wie auf S. 78 (Abb. 36b). Während der Säureüberschuß im Kathodenfilm nahe dem unteren Rande wenig mehr als 1% beträgt, und zwar für beide Stromdichten ($2,2 \cdot 10^{-2}$ und $4,3 \cdot 10^{-2}$ A/cm⁻²), steigt er mit wachsender Entfernung vom unteren Rande beträchtlich an, für die höhere Stromdichte weit stärker als für die niedere. In der Nähe des oberen Randes ändert sich der Säureüberschuß nur noch wenig.

Auswirkung auf die Höhe der Grenzstromdichten. Die stärkere Flüssigkeitsströmung am unteren Ende der vertikalen Kathode muß die Dicke des Kathodenfilms verringern. Von unten nach oben wird die Filmdicke also zunehmen. Ganz entsprechend wird die Grenzstromdichte J_{Gr} von unten nach oben abnehmen, wie C. WAGNER[2] zeigen konnte. Er bediente sich dabei des Beispiels einer Kupferabscheidung aus 0,1 m-$CuSO_4$-Lösung mit 1,0 mol/l H_2SO_4 bei 25°C. Sowohl Kathode wie Anode bestanden aus Kupferblech, dessen Rückseite mit Lack abgedeckt wurde. Die Länge H des 2 cm breiten Bleches wurde variiert (vgl. Tab. 6).

Legt man mit Hilfe eines Potentiometers von niedrigem Widerstand eine praktisch konstante Spannung an die beiden Elektroden, so erreicht man die Grenzstromdichten zwischen 0,4 und 0,6 V, und der Strom ändert sich in diesem Bereich praktisch nicht mit der Spannung. Oberhalb 0,6 V ist Wasserstoffentwicklung zu beobachten.

---

[1] s. S. 73, Fußn. 2.   [2] s. S. 98, Fußn. 2.

In welchem Maße die Grenzstromdichten mit verschiedener Höhe der vertikalen Kupferblechkathode variieren, zeigt Tab. 6.

Je länger der Kupferblechstreifen, desto kleiner fällt in der Tat die Grenzstromdichte aus. Abweichungen von der Senkrechten bis zu 15° blieben praktisch ohne Wirkung.

Tabelle 6. *Grenzstromdichten an verschieden langen Kupferblechkathoden.*

H cm	J_{Gr} A/cm²	
	beobachtet	berechnet
1	0,0103	0,0094
4	0,0067	0,0066
16	0,0052	0,0047

Die für verschiedene Höhen H beobachteten Stromdichten kommen den J_{Gr}-Werten ziemlich nahe, die C. WAGNER nach der folgenden, von ihm in Analogie zum Problem des Wärmeüberganges abgeleiteten Formel berechnet hat:

$$J_{Gr} = \frac{16\,F\,D\,c_0}{3} \left[\frac{gr\,c_0}{120\,D\,v\,H} \left(\frac{d\ln p}{d\,c_{CuSO_4}} - \frac{1,41^2\,d\ln p}{3\,d\,c_{H_2SO_4}} \right) \right]^{\frac{1}{4}} . \tag{50}$$

Hierin bedeuten D den Diffusionskoeffizienten für das Cu^{2+}-Ion (für die Berechnung wurde der Wert $0,5 \cdot 10^{-2}$ cm²/sek verwendet), v die kinematische Viskosität (mit 0,011 cm²/sek eingesetzt), gr die Gravitationsbeschleunigung, c_0 die Konzentration des Cu^{2+}-Ions im Grundelektrolyten, p die Dichte des Elektrolyten [$d\ln p/d_{CuSO_4} = 0,166 \cdot 10^3$ (mol/cm³)$^{-1}$; $d\ln p/d c_{H_2SO_4} = 0,068 \cdot 10^3$ (mol/cm³)$^{-1}$].

Obwohl die Formel willkürliche, wenn auch plausible Vereinfachungen enthält, ist die Übereinstimmung mit dem Experiment doch bemerkenswert gut.

Wie sich die Stromdichte in einzelnen Bereichen der Vertikalkathode ändert, zeigen sehr augenfällig weitere Messungen C. WAGNERS (Tab. 7). Dabei wurde eine Kathode, bestehend aus fünf voneinander elektrisch isolierten Abschnitten, verwendet. An jedem Abschnitt ließ sich die Stromdichte getrennt messen. Die Höhe der einzelnen Abschnitte betrug, vom unteren Rand aus aufeinanderfolgend, 1, 3, 1, 7 und 1 cm. Die ganze Kathode war also 13 cm hoch.

Tabelle 7. *Grenzstromdichten an einer zusammengesetzten Kathode bei der Kupferabscheidung.*

Elektrodenabschnitt Nr. (von unten nach oben)	Entfernungen (cm), bezogen auf den unteren Rand der zusammengesetzten Kathode	A/cm² gemessen	J_{Gr} berechnet
I	0 ··· 1	0,0100	0,0100
II	1 ··· 4	0,0062	0,0061
III	4 ··· 5	0,0056	0,0051
IV	5 ··· 13	0,0046	0,0044
V	12 ··· 13	0,0042	0,0040

Weiterhin fand C. WAGNER, daß die Grenzstromdichte eines zunächst allein polarisierten Abschnittes unverändert blieb, wenn man noch an den darüberliegenden Spannung anlegte. J_{Gr} ging aber an dem betreffenden Abschnitt zurück.

wenn statt des oberen der untere Abschnitt zugeschaltet wurde. Auch dieser Befund steht mit der Theorie im Einklang, denn im ersten Fall beginnt die aufwärts gerichtete Flüssigkeitsbewegung wieder an der gleichen Stelle wie vorher. Im zweiten Fall setzt sie bereits tiefer, d. h. am unteren Rand des unteren Abschnitts, ein. In dem untersuchten Abschnitt ist sie dann schon verlangsamt, d. h., die Dicke des Kathodenfilms fällt dort bereits größer und die Grenzstromdichte entsprechend kleiner aus als bei dem vorhergehenden Versuch.

Strömungen, hervorgerufen durch kathodische Mitabscheidung von Gasen. *Einfluß auf die Grenzstromdichte.* Auch zu diesem Punkt verdanken wir C. WAGNER[1] Aufklärung durch grundlegende Versuche und Überlegungen. C. WAGNERs Beispiel ist wieder die Kupferabscheidung aus 0,1 m-$CuSO_4$-Lösung und 1,0 m-H_2SO_4 (bei 15° C). Er verwendete eine, in zwei voneinander isolierte Abschnitte aufgeteilte, vertikale Kupferblechkathode.

Durch den unteren Abschnitt mit einer Höhe von 4 cm floß ein Strom, der zwischen 0 und 0,08 A verändert wurde. An den oberen Abschnitt mit einer Höhe von 1 cm wurde eine Spannung von 0,5 V angelegt.

Solange nun im unteren Abschnitt nur ein sehr schwacher Strom floß (bis zu etwa 0,030 A), so daß sich dort allein Kupfer abschied, verringerte sich die Grenzstromdichte im oberen Abschnitt, wenn man die Stromdichte im unteren Abschnitt steigerte (vgl. Tab. 8).

Überstieg die Stromstärke im unteren Abschnitt 0,030 A, so begann sich dort zugleich mit dem Kupfer auch Wasserstoff abzuscheiden. Unter diesen Bedingungen stieg die Grenzstromdichte im oberen Abschnitt beträchtlich an. Augenscheinlich vergrößern die aufsteigenden Gasblasen die Konvektion und damit die Grenzstromdichte. Allerdings verläuft diese Strömung teilweise nicht mehr laminar, sondern turbulent. Infolge unregelmäßiger Strömung schwankten daher die Meßwerte der Grenzstromdichte im oberen Abschnitt etwas.

Allerdings vermögen die aufsteigenden Gasblasen die Grenzstromdichte bei dem Versuch nicht mehr als um das Doppelte zu erhöhen. Diese Tatsache unterstreicht immerhin die intensive Wirkung der natürlichen, auf Dichteänderungen beruhenden Konvektion, der gegenüber eine z. B. durch Gasentwicklung „erzwungene" Strömung erst nennenswert erscheint, wenn ihre Intensität ziemlich groß ist.

Immerhin macht sich offenbar ein Durchwirbeln des Kathodenfilms durch aufsteigende Gasblasen auch bei den bereits erwähnten Untersuchungen des Kathodenfilms nach der Absaugemethode von GRAHAM, HEIMAN und READ (vgl. S. 73) bemerkbar. Die Tatsache, daß die Autoren bei der Nickelabscheidung einen geringeren Konzentrationsgradienten des Ni^{2+}-Ions im Kathodenfilm finden als des Cu^{2+}-Ions

---

[1] s. S. 98, Fußn. 2.

bei der Kupferabscheidung, scheint nicht zuletzt von der Mitabscheidung des Wasserstoffs im Falle des Nickels bestimmt zu werden.

Tabelle 8. *Einfluß aufsteigender Gasblasen auf die Grenzstromdichte am Kupfer.*

Stromstärke in dem unteren Abschnitt von 0 bis 4 cm A	J_{Gr} an dem oberen Abschnitt von 4 bis 5 cm A/cm²	Stromstärke in dem unteren Abschnitt von 0 bis 4 cm A	J_{Gr} an dem oberen Abschnitt von 4 bis 5 cm A/cm²
0,000	0,0085	0,050	0,0102
0,010	0,0083	0,060	0,012
0,020	0,0067	0,070	0,013
0,030	0,0067	0,080	0,014
0,040	0,0084		

Verstärkung einer Rührwirkung aufsteigender Gase durch Ultraschalleinwirkung. Bei Elektrodenprozessen, die unter Mitabscheidung von Gasen ablaufen, wie hauptsächlich die gemeinsame Abscheidung von Metall und Wasserstoff, kann man die Strömungen im kathodischen Diffusionsfilm, hervorgerufen von den an der Kathodenoberfläche entlang streichenden Wasserstoffbläschen, mit Hilfe von Ultraschall erheblich verstärken.

Untersuchungen dieser Art verdanken wir in erster Linie ROLL[1], der Ultraschallwellen (mit einer Energie, die noch unter der Grenze liegt, bei der Kavitation einsetzt [$\ll$0,3 Watt/cm²]) parallel zur senkrecht im Elektrolyten angeordneten Plattenelektrode, von unten nach oben durch den Elektrolyten (und vor allem durch den kathodischen Diffusionsfilm) sandte.

Der Ultraschall greift an den Gasbläschen an, die an der Kathode entstehen. Er verstärkt auf diese Weise ihre natürlichen Auftriebskräfte zusätzlich und steigert somit ihre Steiggeschwindigkeit erheblich. Je mehr Wasserstoff sich mitabscheidet, desto größer ist — bis zu einer gewissen Grenze — die Wirkung des Ultraschalls. Die erhöhte Flüssigkeitsströmung im Kathodenfilm äußert sich elektrochemisch in einem beträchtlichen Rückgang der Konzentrationspolarisation und oft auch (z. B. bei der Nickelabscheidung) in einem gleichzeitigen Rückgang der Polarisation, die auf sekundärer Inhibition (Hydrolyse im Kathodenfilm) beruht. Im verdünnten Elektrolyten und bei hohen Stromdichten wird sich unter Ultraschalleinfluß auch die Stromausbeute an Metall erhöhen.

Bei Zimmertemperatur ist Beschallen (z. B. 0,3 Watt/cm² bei 34 kHz) gewöhnlich dem mechanischen Rühren überlegen. Pflanzt sich die laminare Strömung, hervorgerufen durch mechanisches Rühren, kaum in das Innere des Diffusionsfilms fort, so bewegt der Ultraschall auch die Gasbläschen unmittelbar auf der Kathodenoberfläche. Er vermag

---

[1] ROLL, A.: Z. Metallkde. **41**, 339, 413 (1950); **42**, 197, 238, 271 (1951).

sogar adsorbierte Gasbläschen von der Kathodenoberfläche abzuscheren. Die Wirkung des Ultraschalls ist also bei Zimmertemperatur größer als diejenige intensivster mechanischer Rührung. Bei erhöhter Temperatur, z. B. 50° C, scheint aber diese Überlegenheit des Ultraschalls gegenüber der — nun mehr durch Konvektion unterstützten — mechanischen Rührung nicht mehr zu bestehen.

Die Wirkung des Ultraschalls hängt von seiner Intensität ab. Je höher die Schallintensität, desto größer die Wirkung auf die Gasblasen. Allerdings scheint auch die Frequenz des Ultraschalls Einfluß zu haben. ROLL[1] beobachtete ein Abnehmen der Wirkung mit steigender Frequenz.

Diese Frequenzabhängigkeit deutet ROLL qualitativ als Funktion der Kathodengröße. Ist die Schallwellenlänge kleiner als die Größe der Kathode, so schwankt der Schallstrahlungsdruck, maßgeblich für einen Konzentrationsausgleich, bei stehenden Wellen über dem Bereich der Kathode zwischen Null und seinem Höchstwert. Der Konzentrationsausgleich ist also im Mittel geringer als bei Wellenlängen, die die Kathodendimensionen an Ausdehnung übertreffen. In diesem Fall schwankt der Schallstrahlungsdruck nur innerhalb eines schmalen Bereiches, vorgegeben durch die Lage der Kathode innerhalb der stehenden Welle. Ob tatsächlich eine Frequenzabhängigkeit bei der Einwirkung von Ultraschall besteht, oder ob sie nur durch die Art der Versuchsanordnung gegeben ist, läßt sich bislang noch nicht eindeutig beantworten.

Im folgenden seien einige experimentelle Ergebnisse von ROLL[2,3] wiedergegeben. Aus Abb. 43 ersieht man, wie Beschallen (bis zu 0,3 Watt cm² bei 34 kHz) die Stromausbeute der Nickelabscheidung erhöht. Für den Versuch diente ein Vernicklungselektrolyt, bestehend aus 40 g NiSO$_4$ · 7 H$_2$O, 35 g neutralem Natriumzitrat. 1 l H$_2$O; p$_H$-Wert etwa 6. In einem solchen verdünnten Nickelelektrolyt verkleinert Stromdichteerhöhung ohne Ultraschall die Stromausbeute sehr erheblich. Abb. 44 läßt die starke Veredlung des Abscheidungspotentials beim Beschallen erkennen. Ähnlich verändert Ultraschalleinwirkung die Stromausbeute und die GALVANI-Spannungen bei der kathodischen Abscheidung von Kupfer oder Silber (Abb. 45 bis 47).

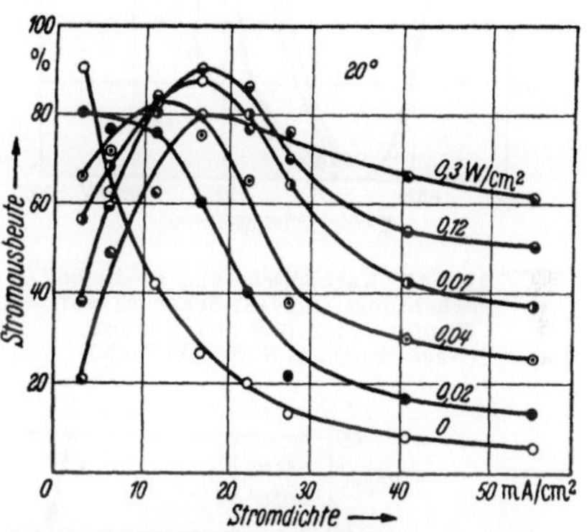

Abb. 43. Stromausbeute an Nickel bei verschiedener Schallintensität.
(Nach ROLL[2].)

[1] ROLL, A.: Z. Metallkde. **42**, 197 (1951).
[2] ROLL, A.: Z. Metallkde. **41**, 339 (1950).
[3] ROLL, A.: Z. Metallkde. **41**, 413 (1950).

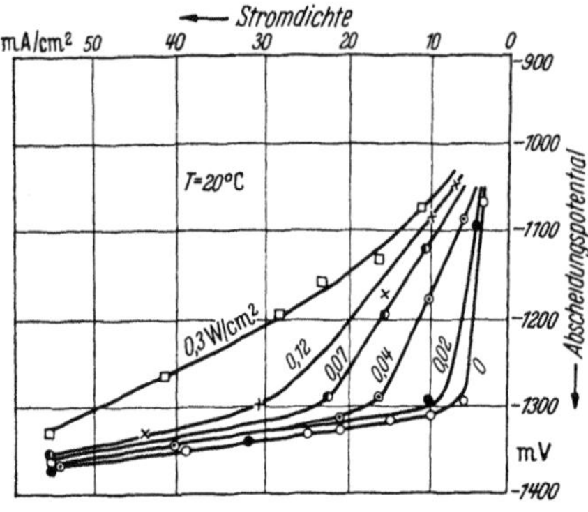

Abb. 44. Abscheidungs-GALVANI-Spannung des
Nickels bei verschiedenen Schallintensitäten.
(Nach ROLL, s. S. 103, Fußn. 2.)

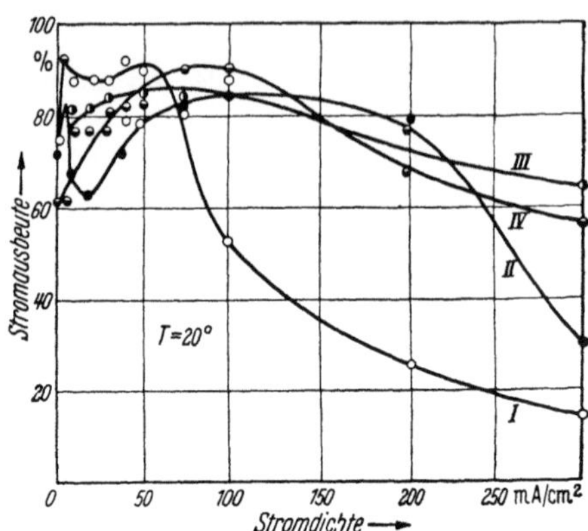

Abb. 45. Stromausbeute an Kupfer mit Schall
und Rührung.
(Nach ROLL, s. S. 103, Fußn. 3.)

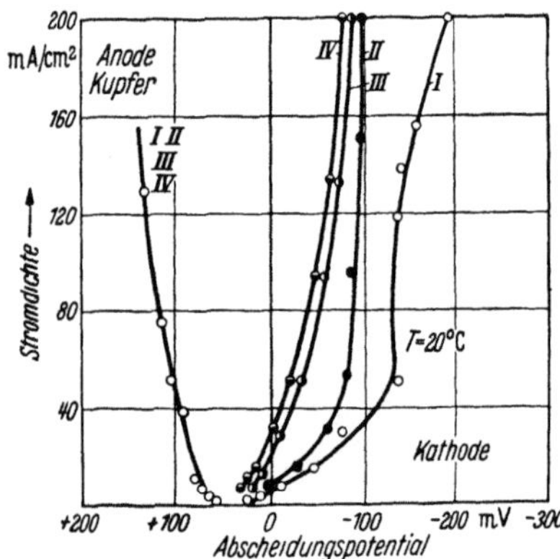

Abb. 46. Kathodische und anodische
Abscheidungs-GALVANI-Spannung von
Kupfer bei Schall und Rührung.
(Nach ROLL, s. S. 103, Fußn. 3.)

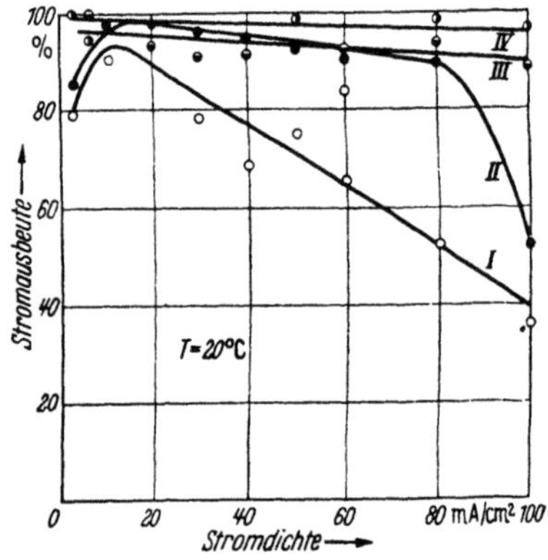

Abb. 47. Stromausbeuten an Silber
mit Schall und Rührung.
(Nach ROLL, s. S. 103, Fußn. 3.)

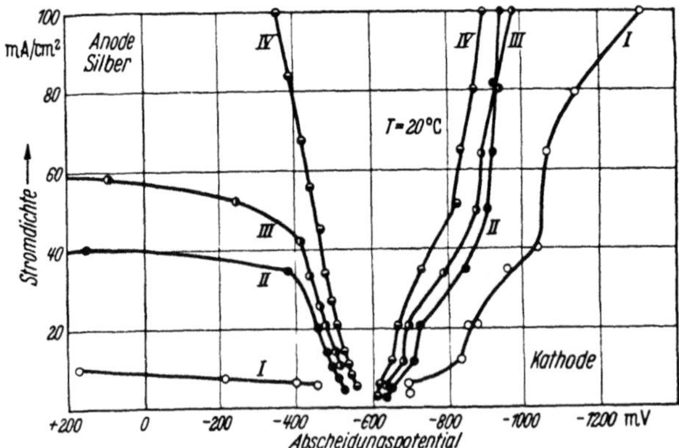

Abb. 48. Kathodische und anodische Abscheidungs-GALVANI-
Spannung von Silber bei Schall und Rührung.
(Nach ROLL, s. S. 103, Fußn. 3.)

Bemerkenswert ist auch das anodische Verhalten des Silbers oder Kupfers bei Beschallung (Abb. 46 u. 48). Während im Fall des Silbers ein deutlicher Einfluß erkennbar wird, bleibt die anodische GALVANI-Spannung des Kupfers in dem analogen Zyanidelektrolyten gänzlich unverändert. Offensichtlich passiviert sich die Silberanode teilweise unter Sauerstoffentwicklung, während die Kupferanode aktiv bleibt. Da das Gas fehlt, kann der Ultraschall auch nicht wirken.

Einfluß der inneren Strömung auf die kathodische Abscheidungsform. Eine Flüssigkeitsbewegung im Kathodenfilm, sei sie durch aufsteigende Gasblasen oder durch Dichteunterschiede hervorgerufen, bleibt natürlich nicht ohne Wirkung auf die Abscheidungsform des kathodischen Metallniederschlages. Deutlich wird man diesen Einfluß aber erst erkennen, wenn die Bewegung nicht gleichmäßig, sondern gestört verläuft.

Scheidet sich z. B. Wasserstoff neben dem Metall nicht kontinuierlich, sondern mit Unterbrechungen in rhythmischer Folge ab, so erhält man eine im Querschliff lamelliert erscheinende Abscheidungsform (Lamellen parallel zur Unterlage), den sog. „rhythmischen Typ", von dem noch in einem späteren Kapitel (vgl. S. 514) eingehender die Rede sein wird.

Andererseits werden mechanische Unebenheiten auf der Kathodenoberfläche, wie haftende Gasblasen, adsorbierte feste Teilchen aus Metall, Kolloid usw., das Aufsteigen des Elektrolyten teilweise hindern. So können streifenförmige Strömungen des Elektrolyten (von unten nach oben) mit Streifen des in Ruhe bleibenden Elektrolyten abwechseln. Während die Konzentration an den abscheidbaren Kationen in den strömenden Streifen infolge ständigen Nachschubes laufend ergänzt wird, verarmen die ruhenden Streifen sehr rasch an den Metallionen. Da obendrein die strömenden Streifen den Strom viel besser leiten als die ruhenden, so werden sich die Stromlinien auf die strömenden Streifen konzentrieren. Unter Umständen scheidet sich der Niederschlag praktisch nur in den strömenden Streifen ab. So entstehen z. B. geriffelte

Abb. 49. Strömungsplastiken.
(Nach MATSCHKE[1].)

„Strömungsplastiken", wie sie z. B. Abb. 49 (nach MATSCHKE[1]) zeigt.

---

[1] MATSCHKE, H.: Dipl. Arbeit. Berlin 1949, Techn. Univ.

Der Kupferniederschlag mit etwa einem 0,1 mm dicken Relief wurde aus einer n-$CuSO_4$-Lösung + n-H_2SO_4 bei 25° und $1 \cdot 10^{-2}$ A/cm² abgeschieden. Der Elektrolyt enthielt $5 \cdot 10^{-5}$ mol/l β-Naphthochinolin. Offenbar blockiert der starke Inhibitor noch bevorzugt die in Ruhe befindlichen Bereiche.

Nach MATSCHKE[1] entstehen solche Strömungsplastiken auch in Gegenwart anderer Inhibitoren, z. B. 10^{-3} bis 10^{-4} mol/l Acridin, während sie in der zusatzfreien Lösung ganz unterbleiben. Daß sich in den ruhenden Streifen praktisch kein Metall abscheidet, konnte er mit einem metallographischen Querschliff durch den Niederschlag beweisen (vgl. Abb. 50).

Abb. 50. Querschliff durch einen Niederschlag mit Strömungsplastik.
(Nach MATSCHKE[1].)

Man erkennt auf der vorverkupferten Unterlage (aus alkalischem Zyanidelektrolyten abgeschieden) die Kante eines — nach links dicker werdenden — Niederschlagsstreifens (über ihm die Einbettung). Zwischen solchen Niederschlagsstreifen bleibt die Unterlage unbedeckt. Der Niederschlag der galvanischen Einbettung (Kupfer) beginnt dort unmittelbar auf der Kupferschicht aus dem alkalischen Elektrolyten.

Auch WOHLWILL[2] hat an kathodischen Kupferniederschlägen aus (technischen) sauren $CuSO_4$-Lösungen offenbar dann Streifenbildung beobachtet, wenn sich auf der Kathode kolloides Kupfer(I)-chlorid bildet.

Ähnliche Längsstreifungen, wohl infolge teilweiser Hemmung der Konvektion entstanden, beobachteten zuerst ROSA, VINAL und McDANIEL[3] bei der Silberabscheidung aus Silbernitratlösung, wenn sie der Lösung kleine Mengen Furfurol zusetzten, oder wenn sie die Lösung durch Filterpapier filtrierten, das stets Furfurol enthält. Auch Zusatz von kolloidalem Silber erzeugt derartige Streifen.

---

[1] s. S. 105, Fußn. 1.

[2] WOHLWILL, E. s. J. BILLITER: Prinzipien der Galvanotechnik, Wien 1934, 63.

[3] ROSA, E. B., G. W. VINAL u. A. S. McDANIEL: Bull. Bur. Stand., Wash. 9, 151, 209, 493 (1912).

Auch Roll[1] berichtet von dem Auftreten solcher Längsstreifen bei der Abscheidung von Nickel aus einer relativ verdünnten $NiSO_4$-Lösung ($40\,g/l\ NiSO_4 \cdot 7\,H_2O + 35\,g/l$ Natriumzitrat) bei $6 \cdot 10^{-3}\ A/cm^2$ und $20°\,C$. Die Streifen rühren von den nach oben steigenden Wasserstoffbläschen her, die gleichzeitig mit dem Nickel abgeschieden werden. Bei mechanischer Bewegung des Elektrolyten entstehen die streifigen Niederschläge nicht.

1.35 Kolloidchemische Vorgänge im Kathodenfilm.

1.35.1 Entstehung und Art der Kolloide.

Allgemeines. Wir haben in den vorigen Abschnitten gesehen, daß sich die Zusammensetzung des Elektrolyten, namentlich die Konzentration seiner Bestandteile, im Bereich des Kathodenfilms beträchtlich ändern kann. Manche dieser Veränderungen lassen nun zugleich neue Stoffe erstehen, die bisher im Hauptelektrolyten fehlten.

Eine häufige Erscheinung, meist nicht ohne Einfluß auf die kathodische Abscheidung des Metalles, ist das Auftreten geringer Mengen schwerlöslicher Verbindungen im Kathodenfilm. Je nach der Zusammensetzung des Kathodenfilms, vor allem je nach seinem p_H-Wert, bleiben die schwerlöslichen Verbindungen in kolloider Verteilung bestehen oder koagulieren zu gröberen Gelteilchen. Das Vorhandensein der Kolloide im Kathodenfilm hat man bisher nur indirekt nachweisen können. Bei Anwendung etwa der Methodik von Read und Graham (vgl. S. 73) zur Analyse des Kathodenfilms könnte sich wohl eine Nachweismöglichkeit bieten.

Für Anwesenheit von Kolloidsolen im Kathodenfilm spricht aber eine Anzahl mittelbarer, wenn auch nicht immer spezifischer Nachweismöglichkeiten. Besonderheiten der Struktur des kathodischen Niederschlages, namentlich Feinkörnigkeit und bevorzugte Kristallorientierung des Gefüges, merklicher Gehalt an nichtmetallischen Verunreinigungen, ferner Verfärbung des Niederschlages, hohe Härte und Sprödigkeit, erhöhte Auflösungsgeschwindigkeit in Säuren, schließlich beträchtliche Polarisation bei der Abscheidung usw., können das Vorhandensein von Kolloidsol, vor allem von positiv geladenem, im Kathodenfilm anzeigen. Untrüglich sind diese Merkmale freilich nicht, wissen wir doch, daß auch manche kristallinen Stoffe (vgl. S. 231) die Form und Eigenschaften der elektrolytischen Niederschläge und die Polarisation ähnlich beeinflussen können. Meistens dürfte aber bekannt sein, ob solche Stoffe zugesetzt wurden oder sich etwa im Kathodenfilm bilden können. Auch Härte und Sprödigkeit des Niederschlages sind kein sicheres Indiz, wenigstens nicht bei der Abscheidung von Metallen der Eisengruppe, die auch

---

[1] Roll, A.: Z. Metallkde. **42**, 238 (1951).

infolge Aufnahme von Wasserstoff härter und spröder werden. Hohe Polarisation ist im allgemeinen ein wesentliches Merkmal für die Anwesenheit von Kolloidsol im Kathodenfilm. Manche Autoren führen z. B. die starke Polarisation der Eisenmetalle bei ihrer kathodischen Abscheidung ausschließlich auf die Anwesenheit kolloiden Metallhydroxyds im Kathodenfilm oder in der Doppelschicht zurück. Wenngleich diese Auffassung zu einseitig sein dürfte (vgl. S. 155), rührt doch sicher ein bemerkenswerter Anteil der Polarisation von sekundär gebildetem Kolloid her. Er läßt sich z. B. nachweisen, wenn man die Polarisation sehr kurzzeitig abklingen läßt (Widerstandspolarisation, vgl. S. 23).

Liegt das Kolloid im Kathodenfilm koaguliert als *Gel* vor, so gelten die genannten Merkmale nicht mehr. Für die Anwesenheit von Gelen sprechen z. B. sog. „Pittings" (vgl. S. 114) und Grobporigkeit der Niederschläge, Festhaften von Wasserstoffbläschen an der Kathodenoberfläche während der Elektrolyse, zunehmende Zerteilung des kathodischen Niederschlages zu Schwamm oder feinem Pulver (vgl. S. 495) usw., doch ist nicht bekannt, ob diese Merkmale auch die Gegenwart besonders geringer Kolloidmengen anzeigen. Auch die Frage, wie sich die Polarisation ändert, wenn ein Kolloid statt als Sol im Gelzustand anwesend ist, scheint bisher nicht systematisch untersucht worden zu sein. Man darf wohl annehmen, daß die Polarisation bei Gelen bedeutend geringer ausfällt.

Die Mehrzahl der im Kathodenfilm entstehenden Kolloide ist anorganischer Natur und von hydrophobem Charakter. In erster Linie handelt es sich um Metallhydroxyde, seltener um Metallsulfide oder andere schwerlösliche Metallverbindungen.

Entstehung von kolloidem Metallhydroxyd. Die Entstehung von Metallhydroxyden im Kathodenfilm hängt von seinem p_H-Wert, der Neigung des betreffenden Metallsalzes zur Hydrolyse und der Löslichkeit des Hydroxyds ab. Tab. 9 gibt Aufschluß über die p_H-Bereiche für den Entstehungsbeginn der Metallhydroxyde.

Tabelle 9. p_H-*Werte, bei welchen Schwermetall-Hydroxyde auszufallen beginnen*[1].

p_H 2	2,2	3	4	5	6	7	8	9	10	11
TiO^{2+}	Fe^{3+}	(Sn^{4+}) (Zr^{4+}) (Ti^{4+})	(Fe^{3+}) $(Th^4)^+$	Al^{3+} (UO^{2+})	Zn^{2+} Cu^{2+} Cr^{2+} (Be^{2+})	Fe^{2+} (Te^{3+})	Co^{2+} Ni^{2+} Cd^{2+} (Ca^{2+}) (Y^{3+}) (Pr^{3+})	Ag^+ Mn^{2+} Hg^{2+} (La^{3+})	—	Mg^{2+}

---

[1] WILLARD, H. H., u. N. H. FURMAN: Grundlagen der quantitativen Analyse, Wien, S. 303. 1950.

Wir entnehmen der Aufstellung, daß die besonders stark zur Hydrolyse neigenden Metallsalze des Zinns, Titans, Eisen(III), Aluminiums schon bei ziemlich niedriger Säurezahl Metallhydroxyd bilden.

Die oftmals merkliche Wirkung von Aluminium- oder Eisensalzen auf die Polarisation und auf die Form kathodischer Metallniederschläge aus sauren Elektrolyten beruht zweifellos auf der Bildung kolloiden Aluminium- oder Eisen(III)-hydroxyds im Kathodenfilm. Aber selbst bei der Abscheidung von Eisen(II), Zink, Nickel, Kobalt und Kadmium ist mit der Bildung von Metallhydroxyd zu rechnen, wenn der Elektrolyt annähernd neutral oder schwach sauer ist. ·Scheiden sich doch diese Metalle stets gemeinsam mit Wasserstoff ab, wobei also die Wasserstoffzahl in der Doppelschicht und im kathodennahen Teil des Kathodenfilms in den p_H-Existenzbereich der Hydroxyde gelangen dürfte[1].

Im übrigen werden im schwächer oder stärker sauren Elektrolyten wiederum alle jenen Umstände die Bildung von Hydroxyd im Kathodenfilm begünstigen, die die Stromausbeute herabsetzen, somit die Wasserstoffabscheidung vermehren: Stromdichteänderungen, Herabsetzung der Wasserstoffüberspannung, Erhöhung der Wasserstoffzahl im Elektrolyten, ruhender Elektrolyt usw.

Die Konzentration des Sols nimmt mit steigender Entfernung von der Kathode ab. Ebenso wird sie auch an verschiedenen Stellen der Oberfläche verschieden ausfallen, je nach der Wasserstoffabscheidung an diesen Stellen. Scheidet sich z. B. Wasserstoff bevorzugt an Ecken, Kanten und Spitzen ab, so wird sich dort auch bevorzugt Kolloid bilden. Von Vertiefungen der Oberfläche, wie Poren und Lunkern, wird das Aufwärtsströmen im Kathodenfilm, herrührend von Dichteänderungen (vgl. S. 72), ähnlich beeinflußt wie von den herausragenden Unebenheiten, z. B. festhaftenden Gasblasen, Niederschlagsknospen u. dgl. Wo die Zirkulation der Lösung merklich gehemmt wird, sinkt die Stromausbeute an Metall rascher, und der p_H-Wert im Diffusionsfilm an dieser Stelle mehr oder weniger stagnierenden Lösung wird entsprechend zunehmen. So vermehrt sich die abgeschiedene Hydroxydmenge an der Unterseite eines haftenden Wasserstoffbläschens, je mehr dieses wächst. In der kraterartigen Vertiefung, die sich durch Umwachsen der Gasblase mit Metall bildet, scheidet sich nach Ablösung der Gasblase von der Oberfläche meist ebenfalls Hydroxyd ab infolge Verarmung des Elektrolyten an Metallionen innerhalb der Vertiefung (MACNAUGHTAN, GARDAM und HAMMOND[2]). Oft wird das Hydroxyd, wie z. B. Nickelhydroxyd, durch abgeschiedenen Wasserstoff zu schwammigem Metall reduziert.

---

[1] Die auf S. 79, 80 erwähnten Messungen von GRAHAM, HEIMAN und READ scheinen dem zu widersprechen. Sie beziehen sich aber offenbar auf einen viel größeren Dickenbereich des Kathodenfilms (vgl. ROTINJAN, A. L. u. W. Ja. SELDESS, J. angew. Chem. (russ.) **24**, 604 (1951).

[2] s. S. 80, Fußn. 1.

Auch in alkalischen Elektrolyten, namentlich alkalischen (zyanidfreien) Lösungen der amphoteren Metallhydroxyde des Zinks, Zinns, Bleis, bildet sich Metallhydroxyd im Kathodenfilm. Förderlich werden der Bildung von Hydroxyd alle Umstände sein, welche die Abwanderung der OH-Ionen aus dem Kathodenfilm — und damit den Zerfall des metallhaltigen Anions unter Bildung von Metallhydroxyd — begünstigen, z. B. hohe Stromdichte. Über diese Zusammenhänge ist bisher noch wenig bekannt.

Durch die neugebildeten Kolloide kann die Wirkung anderer, sonst die Wachstumsstellen blockierender Stoffe unterbunden oder gemildert werden. Die im Kathodenfilm entstehenden kolloiden Metallhydroxyde wirken meist stärker als manche kristalloiden Adsorptiva. Das kolloide Adsorptiv kann daher oftmals andere Adsorptiva von der Kathodenoberfläche verdrängen.

Manche Metalle bilden bevorzugt vor anderen Hydroxyde. Unter Umständen werden sich in ihrer Gegenwart keine anderen Metallhydroxyde im Kathodenfilm bilden. Ein solcher Fall scheint z. B. bei der kathodischen Abscheidung von Eisen aus Eisen(II)-chloridlösung vorzuliegen. Fr. Müller, Heuer und Witnes[1] beobachteten, daß die normalerweise spröden Eisenniederschläge weich und duktil ausfallen, wenn dem Elektrolyten geringe Mengen Aluminiumchlorid (1,5 bis 2 g/l) zugesetzt werden.

Die Sprödigkeit im ersten Fall beruht, wie wohl ziemlich wahrscheinlich ist, primär oder sekundär auf dem Einbau von Eisen(II)-hydroxyd in den Eisenniederschlag[2]. Gleichzeitig anwesende Aluminiumionen fangen anscheinend die OH-Ionen ab, so daß sich an Stelle von Eisen(II)-hydroxyd das schwerer lösliche und bei tieferem p_H-Wert entstehende Aluminiumhydroxyd bildet. Das Al^{3+}-Ion puffert den p_H-Wert, indem es ihn erniedrigt. Unter diesen Bedingungen kann $Fe(OH)_2$ noch nicht entstehen. Ähnlich wie Al^{3+} wirken auch Be^{2+} und Cr^{3+}, deren Hydroxyde ebenfalls ein kleineres Löslichkeitsprodukt als Eisen(II)-hydroxyd haben. Warum das Aluminiumhydroxyd und die anderen Hydroxyde nicht eingebaut werden wie das Eisenhydroxyd, ist eine andere Frage, auf die wir später noch zurückkommen werden (vgl. S. 114).

In der Technik versucht man zuweilen, das Entstehen von Hydroxyd im Kathodenfilm durch Zusätze von komplexbildenden Stoffen zu unterdrücken, wenn schädliche Einflüsse auf die kathodische Abscheidung zu erwarten sind. Hierher gehören z. B. Zusätze von Ammoniumsalzen, von Oxalaten, Tartraten, Zitraten usw. Mit diesen Zusätzen kann man den gedachten Zweck in der Tat großenteils erreichen, wenn die Stromdichte nicht zu hoch gewählt wird. Bei hohen Stromdichten werden die komplexbildenden Anionen jedoch rascher aus dem Kathodenfilm abwandern. Scheidet sich mit der höheren Stromdichte zugleich mehr

---

[1] Müller, Fr., Heuer u. Witnes: Z. Elektrochem. **47**, 135 (1941).

[2] Eingebautes Eisen(II)-hydroxyd wird leicht zu Eisenschwamm reduziert werden. An feinverteiltem Eisen rekombiniert atomar gelöster Wasserstoff zu molekularem und erzeugt sekundär innere Spannungen (vgl. S. 560).

Wasserstoff ab, so läßt sich das Entstehen von Hydroxyd nicht mehr völlig verhindern.

Entstehung von anderen anorganischen Kolloiden. Aus schwefelhaltigen Verbindungen kann gelegentlich infolge kathodischer Reduktion Sulfidion entstehen, das sich mit Schwermetallkationen sogleich zu schwerlöslichem Schwermetallsulfid umsetzt. RAUB und WITTUM[1] fanden, daß Nickelniederschläge aus Nickelsulfatlösung mit Zusätzen von aromatischen Sulfosäuren stets Schwefel in Form von Nickelsulfid enthielten. Ähnliches beobachtete ELZE[2] bei der Nickelabscheidung in Gegenwart von Thioharnstoff. Offenbar bildet sich im Kathodenfilm infolge sekundärer Reduktion der schwefelhaltigen Substanz Nickelsulfid, ein Adsorptiv, das sich leicht in den Niederschlag einbaut. Der Schwefelgehalt des Niederschlages nimmt mit steigender kathodischer Stromdichte in gesetzmäßiger Weise ab (vgl. S. 530).

Vermutlich beruht auch die kornverfeinernde Wirkung mancher schwefelhaltiger Verbindungen, wie Thiosulfat, Schwefelkohlenstoff, bei galvanischen Silberniederschlägen aus komplexen Silberzyanidbädern auf einer Bildung von Silbersulfidsol im Kathodenfilm nach einer Reduktion der Schwefelverbindung zu Sulfid.

Rührt man sulfosäurehaltige Elektrolyte während der Elektrolyse, so vergrößert sich nach RAUB und WITTUM die Polarisation zusehends. Im zusatzfreien Bad und auch sonst in Gegenwart vieler Zusätze pflegt sich die Polarisation bei einer Bewegung des Elektrolyten zu verringern. Ähnlich wie Sulfosäure wirken für gewöhnlich Zusätze von Eiweißstoffen. Es ist möglich, daß in diesen beiden Fällen die positive Ladung der im Kathodenfilm wirksamen Kolloide eine gleichartige Wirkung hervorruft. An beiden Kolloiden, Eiweiß oder Nickelsulfid, verarmt anscheinend der Kathodenfilm, indem sich diese Stoffe laufend in den Niederschlag einbauen. Im bewegten Elektrolyten wird rascher Kolloid nachgeliefert, weshalb die Verarmung aufgehalten wird.

Hierher gehört auch die Entstehung von kolloidem Chromichromat im Kathodenfilm bei der galvanischen Verchromung nach voraufgehender kathodischer Reduktion von sechswertigem Chrom zu dreiwertigem (vgl. S. 640). Bei genügend hoher Stromdichte bedeckt das (geflockte) Chromichromat die Kathodenoberfläche in Form einer porösen Membran, eine Erscheinung, die offenbar in engem Zusammenhang mit dem komplizierten und noch keineswegs völlig bekannten Mechanismus der Chromabscheidung aus Chromsäurelösungen steht (vgl. S. 640).

Eine weitere Möglichkeit für die Bildung schwerlöslicher kolloider Verbindungen besteht in dem Zerfall komplexer Anionen in der Nähe der Kathode. Komplexe Zyanide mancher Schwermetalle können bekanntlich, je nach den Umständen, mehr oder weniger Zyanreste im Komplex enthalten. Die komplexen Anionen, z. B. $R_3Cu(CN)_4$ oder

---

[1] RAUB, E., u. M. WITTUM: Z. Elektrochem. **46**, 71 (1940).
[2] ELZE, J.: Dissert. Berlin-Charlottenburg 1952, Techn. Univ.

$RAg(CN)_2$ (R = Alkalimetall), bleiben in Gegenwart eines gewissen Überschusses an freien Zyanionen praktisch undissoziiert. Im Kathodenfilm, in der Nähe der Kathode, ist aber mit einer Abwanderung der Zyanionen zu rechnen. Dem Gleichgewicht entsprechend zerfallen die komplexen Anionen unter Bildung niederer Zyankomplexe, z. B. etwa in folgender Weise:

$$Cu(CN)_4^{3-} \rightarrow Cu(CN)_3^{2-} + CN^- \text{ und weiter}$$
$$Cu(CN)_3^{2-} \rightarrow Cu(CN)_2^- + CN^-$$
$$Cu(CN)_2^- \rightarrow \boxed{CuCN} + CN^-,$$

bis schließlich schwerlösliches Schwermetallzyanid (umrandete Formel), wahrscheinlich als Kolloid, entsteht. Kolloides Metallzyanid kann sich namentlich bei Mangel an freiem Zyanid oder — was gleichbedeutend ist — bei hoher Stromdichte bilden. In der Regel verschlechtert sich dabei die Abscheidungsform des kathodischen Niederschlages (Rauhwerden, Poren- oder Schwammbildung, vgl. S. 495).

In ähnlicher Weise kann sich z. B. kolloides Silberjodid aus löslichem komplexem Alkalisilberjodid abscheiden.

1.35.2   Flockung von Kolloiden in neutralen oder sauren Elektrolyten.

Von der Umgebung des Kolloides im Kathodenfilm hängt es im wesentlichen ab, ob es als Sol bestehen bleibt oder ausflockt. Wie schon im vorigen Abschnitt erwähnt, sind die im Kathodenfilm sekundär entstehenden Kolloide fast ohne Ausnahme hydrophob. Bekannt ist die besondere Empfindlichkeit hydrophober Sole gegenüber Elektrolyten. Die am häufigsten vorkommenden Metallhydroxydsole, z. B. von Aluminiumhydroxyd, Eisenhydroxyd, Nickelhydroxyd, Zinkhydroxyd usw., sind positiv geladen. Je nach Art und Konzentration wirken Anionen unter Neutralisation der positiven Ladung flockend, Kationen unter Verstärkung der positiven Ladung stabilisierend auf diese Kolloide. Bei einem Mangel an der einen oder anderen Ionenart ist mit dem umgekehrten Verhalten zu rechnen.

Nach der Erscheinungsform des Films von koaguliertem Kolloid kann man zwei Hauptformen unterscheiden: die Form einer in sich zusammenhängenden Membran, mehr oder weniger nahe der Kathode, und die zusammenhanglose Verteilung der Gelteilchen im Kathodenfilm. Die Membran kann grobporig oder nahezu dicht ausfallen. Sie kann alle Ionen durchlassen oder bevorzugt z. B. die kleinen Wasserstoffionen. Solche Kolloidmembranen werden unter bestimmten Bedingungen sogar dem bloßen Auge sichtbar.

Eine Voraussetzung für das Entstehen von Hydroxydmembranen scheint ein besonders starker Anstieg des p_H-Wertes während der Elektrolyse in unmittelbarer Umgebung der Kathode zu sein, wobei sich im Kathodenfilm ein starkes p_H-Gefälle ausbildet. Membranen entstehen offenbar leichter in ungepufferten Elektrolyten als in gepufferten. So konnten MACNAUGHTAN, GARDAM und HAMMOND[1] in borsäurefreier Nickelsulfatlösung bei p_H-Werten oberhalb etwa 5,5 die Bildung folienartiger Filme beobachten, die sich während der Nickelabscheidung von der Kathode loslösten und dann deutlich sichtbar wurden. Ein Merkmal für das Vorhandensein einer relativ dichten Membran ist augenscheinlich die niedrige Stromausbeute im Vergleich zu Abscheidungsbedingungen in Abwesenheit einer solchen Membran. In dieser Weise deuten MACNAUGHTAN und Mitarbeiter die merklich niedrigere Stromausbeute bei der Abscheidung von Nickel aus borsäurefreien Nickelsulfatlösungen im Vergleich zum Niederschlagen aus borsäurehaltigen (vgl. S. 83). Die entstandene Hydroxydmembran hemmt den Nachschub von Nickelionen zur Kathode; die Stromausbeute muß sinken.

Wenn praktisch keine anderen Kationen außer den zur Abscheidung dienenden Schwermetallkationen im Kathodenfilm vorhanden sind, werden die positiv geladenen Kolloide wohl kaum stabil bleiben, zumal die Konzentration der Schwermetallkationen im Kathodenfilm stets geringer ist als im Elektrolyten. Praktisch dürfte ein solcher Fall selten vorkommen, da fast immer wenigstens noch Wasserstoffionen vorhanden sein werden. Scheidet sich zugleich mit dem Metall Wasserstoff ab, so fällt auch der Wasserstoffionengehalt in unmittelbarer Kathodennähe geringer aus als im Elektrolyten. Es wird dann von der Art des Kolloides und der Wasserstoffzahl des Kathodenfilms abhängen, ob es stabilisiert bleibt oder nicht.

Das Flocken wird am ehesten in dem der Kathode zunächst liegenden Teil des Kathodenfilms einsetzen und — je nach dem Konzentrationsanstieg der Kationen in Richtung zur Anode — weiter in den Kathodenfilm hinein fortwirken. Da die Kationenkonzentration an Stellen höchster Stromdichte am niedrigsten ist, kann sich Kolloidgel am ehesten in der Nähe von Ecken, Spitzen und Kanten der Kathode anfinden. In der Tat beobachtet man an diesen Stellen des kathodischen Niederschlags auch ziemlich häufig die oben erwähnten besonderen Merkmale für ausgeflocktes Kolloid, namentlich Wasserstoffporen, Auswüchse oder Schwammbildung (vgl. S. 487 u. 498).

Von den Anionen wirken zwar die höherwertigen eher flockend als die einwertigen. Allein die mehrwertigen Anionen werden bei der Elektrolyse von der Kathode stärker abgestoßen als die einwertigen; diese können also in größerer Nähe der Kathode verbleiben. Daher ist

---

[1] s. S. 80, Fußn. 1.

mit dem Flocken eher zu rechnen, wenn überschüssige Chlor- oder Hydroxylionen anwesend sind, als z. B. in Gegenwart von Sulfationen oder Phosphationen.

MACNAUGHTAN, GARDAM und HAMMOND[1] stellten wohl als erste solche Überlegungen bei ihren Untersuchungen über Zusammenhänge zwischen Härte von Nickelüberzügen und den Bedingungen ihrer Abscheidung an und fanden sie durchaus bestätigt. Wird z. B. in einem Nickelsulfat enthaltenden Elektrolyt ein Teil des Sulfats durch Nickelchlorid ersetzt, so fällt das abgeschiedene Nickel aus diesem Bade weicher aus als aus dem chloridfreien. Im chloridfreien Bad bleibt das im Kathodenfilm gebildete Nickelhydroxyd als Sol bestehen. Hingegen wird das Sol im chloridhaltigen Elektrolyten offenbar durch die am weitesten zur Kathode vordringenden Cl^--Ionen ausgeflockt. Blockiert das Sol die Wachstumsstellen der Oberfläche, fördert die Keimbildung, baut sich teilweise in den Niederschlag ein und erhöht dessen Härte, so ändern die viel gröberen Gelteilchen kaum das Gefüge, noch steigern sie die Härte. Zwar wandert auch das ausgeflockte Gelteilchen als Träger einer adsorbierten, schwachen Ionenladung unter der Wirkung des Feldes, zwar kann es ebenfalls zur Kathode gelangen und dort festgehalten werden. Aber ein solches Teilchen ist oft bereits von makroskopischen Dimensionen und wird den Niederschlag nur noch lokal verändern.

MACNAUGHTAN, GARDAM und HAMMOND stellten weiterhin Poren (Pittings) als kennzeichnende Merkmale der Niederschläge aus dem chloridhaltigen Bad fest. Die an der Kathodenoberfläche adsorbierten mikroskopischen Gelteilchen erleichtern das Haften von Wasserstoffbläschen. Der Niederschlag umwächst die anhaftenden Bläschen, und es bilden sich auf diese Weise grobe Poren (vgl. S. 498). FOERSTER und KREUGER[2] konnten im Falle der Abscheidung von Nickel aus Nickelsulfatlösungen bei höherem p_H-Wert sogar sichtbare Hydroxydmembranen nachweisen, die die Gasblasen umhüllten und ihr Loslösen von der Kathode erschwerten. Wie MACNAUGHTAN und Mitarbeiter vermuten, ist aber ein vollständiges Umhüllen der Gasblase mit Hydroxyd zum Haften wahrscheinlich nicht notwendig. Es genügt bereits, wenn ausgeflocktes Kolloid in der unmittelbaren Umgebung der Berührungsfläche der Gasblase auf der Kathode anwesend ist.

Auf S. 110 wurde erwähnt, daß ein Zusatz von Aluminiumchlorid, Chrom(III)-chlorid oder Berylliumchlorid weiche Eisenniederschläge bei der Abscheidung aus Eisen(II)-chloridlösung ergibt, während sich aus dem zusatzfreien Bad harte, spröde Niederschläge abscheiden. Es wurde bereits die Frage aufgeworfen, warum im letzteren Falle Eisenhydroxyd in den Niederschlag eingebaut wird, während

---

[1] s. S. 80, Fußn. 1.
[2] FOERSTER, F., u. L. KREUGER: Z. Elektrochem. **33**, 406 (1925).

man im ersteren Falle keine Spur der Hydroxyde der Zusatzmetalle im Elektrolyteisen findet. Die Annahme liegt nahe, daß das Eisen(II)-hydroxyd als Sol, die Hydroxyde des Aluminiums, Chroms oder Berylliums hingegen als Gele im Kathodenfilm vorliegen. Nun neigen Chloride des Aluminiums, Chroms und Berylliums leichter zur Hydrolyse als Eisen(II)-chlorid. Während sich also Eisen(II)-hydroxyd — wenn überhaupt, in Gegenwart der dreiwertigen Kationen — wahrscheinlich erst in unmittelbarer Nähe der Kathode bildet, wo die Bedingungen für eine Hydrolyse infolge der Verarmung des Kathodenfilms an Eisen(II)-ionen günstig sind, können die Hydroxyde der anderen Metalle schon in einer von der Kathode etwas entfernteren Zone entstehen. Damit kommen sie eher in den Bereich der flockend wirkenden Chlorionen als Eisen(II)-hydroxyd.

Hydrophobe Kolloide von entgegengesetzter Ladung können sich gegenseitig ausflocken. Die Wahrscheinlichkeit für eine gleichzeitige Anwesenheit solcher Kolloide im Kathodenfilm ist allerdings meist gering.

Ebenso selten ist wohl ein Flocken positiver hydrophiler Kolloide im Kathodenfilm. Die hierzu erforderliche Anionenkonzentration, weit höher als im Falle hydrophober Sole, dürfte kaum zur Verfügung stehen. Eher ist eine Koagulation negativer Kolloide dieser Art denkbar, wenn sich kathodisch nicht abscheidbare, namentlich mehrwertige Kationen im Kathodenfilm anreichern können. Hydrophile Kolloide koagulieren bekanntlich infolge Entwässerung. BILLITER[1] hält es für möglich, daß Kolloide, adsorbiert an der Kathodenoberfläche, auf elektroosmotischem Wege entwässert werden.

Amphotere Kolloide, deren isoelektrischer Punkt nahe dem p_H-Wert des Kathodenfilms liegt, können im Kathodenfilm während der Elektrolyse umgeladen werden. Nach FRÖLICH[2] ist ein solcher Fall z. B. bei der Abscheidung von Zink aus Zinksulfatlösung in Gegenwart von Gelatine anzunehmen, wenn der p_H-Wert des Elektrolyten etwas unter 4,7 liegt. Während der Elektrolyse wird der p_H-Wert des Kathodenfilms über 4,7 steigen. Mit zunehmender Entfernung von der Kathode bis zur Grenze Kathodenfilm/Elektrolyt nimmt der p_H-Wert allmählich auf Werte $\lessgtr$ 4,7 ab. Das Gelatinesol wird also in unmittelbarer Nähe der Kathode negativ geladen sein. Innerhalb des p_H-Gefälles im Kathodenfilm wird es eine Zone mit dem p_H-Wert 4,7 geben, wo also Gelatine die Ladung Null hat, während sie in weiterer Entfernung von der Kathode positiv geladen sein dürfte. Da Gelatine beim isoelektrischen Punkt ausflockt, zieht sich nach den Vorstellungen FRÖLICHs in einer Flüssigkeitslamelle vom p_H-Wert 4,7 eine Front koagulierter Gelatine, eine Art Diaphragma, etwa parallel zur Kathodenoberfläche durch den Kathodenfilm. FRÖLICH begründet seine Auffassung mit der Tatsache, daß das unter diesen Umständen abgeschiedene Zink wenig oder gar keine eingebaute Gelatine enthält, im Gegensatz z. B. zur Abscheidung von Kupfer aus stärker saurer Lösung in Gegenwart von — in diesem Falle positiv geladener — Gelatine.

---

[1] BILLITER, J.: Prinzipien der Galvanotechnik. Wien **1934**, 66.
[2] FRÖLICH, P. K.: Trans. Amer. Elektrochem. Soc. **46**, 67 (1924).

1.35.3 Stabilisierung von Kolloiden in neutralen oder sauren Elektrolyten.

Die Anzahl der Faktoren, die im Kathodenfilm stabilisierend statt flockend auf das Kolloid wirken können, ist kaum minder groß. Stabilisieren können viele nicht abscheidbare Kationen, wenn sie sich im Kathodenfilm anreichern. Zum Beispiel wandern die Alkaliionen aus einem Alkalisalz enthaltenden Elektrolyten in den Kathodenfilm und bilden dort in unmittelbarer Nähe der Kathode eine an diesen Kationen erheblich angereicherte Zone. In einer solchen Zone überwiegt zweifellos die stabilisierende Wirkung der Kationen gegenüber einer flockenden der Anionen, selbst wenn es sich um die am nächsten befindlichen Chlorionen handelt.

MACNAUGHTAN, GARDAM und HAMMOND[1] erhielten aus Nickelsulfatlösung in Gegenwart von Kaliumchlorid besonders harte und feinkörnige Nickelniederschläge im Gegensatz zu Nickelabscheidungen aus Bädern mit einem Zusatz von Nickelchlorid (vgl. S. 636). Bei der Elektrolyse alkalichloridhaltiger Nickelbäder wird das im Kathodenfilm entstehende Nickelhydroxydsol offenbar durch die Alkaliionen des Kathodenfilms stabilisiert. Es kann demnach unbeeinträchtigt seine blockierende Wirkung auf die Nickelabscheidung ausüben. Natriumionen wirken nicht ganz so stabilisierend wie Kaliumionen; Lithiumionen sind noch schwächer in der Wirkung. Fast ohne Einfluß sind Magnesiumionen. Eine den Alkaliionen entsprechende Wirkung hätten grundsätzlich auch Wasserstoffionen, wenn sie sich im Kathodenfilm anreichern; indessen liegt dann die Wasserstoffzahl des Kathodenfilms meist unterhalb des Existenzbereiches von Metallhydroxyden.

Ein weiterer, wenn auch seltenerer Umstand, förderlich der Stabilisierung, ist die Bildung von Schutzkolloiden. Wie noch auf S. 288 ausgeführt wird, können hydrophile Kolloide hoher Goldzahl, wie z. B. Gelatine, Proteine oder Peptone, mit hydrophoben Kolloiden zu stabilen Schutzkolloidsolen zusammentreten.

Die erwähnten hydrophilen Kolloide können also z. B. mit den im Kathodenfilm entstehenden Metallhydroxyden Schutzkolloide bilden und sich damit stabilisieren. Wahrscheinlich ist die stabilisierende Wirkung der hydrophilen Kolloide auch fähig, den Flockungseffekt von Chlorionen aufzuheben. Über diese Zusammenhänge ist bei der Elektrolyse bislang kaum etwas Näheres bekannt.

Bei der Nickelabscheidung lassen sich die Änderungen im Kathodenfilm in Parallele mit Veränderungen des p_H-Wertes im Elektrolyten aus einer Härteänderung des Nickelniederschlages (vgl. die Kurven in Abb. 243 auf S. 635) entnehmen (MACNAUGHTAN, GARDAM und HAMMOND).

Das auf S. 635 behandelte Beispiel bezieht sich auf einen mit Borsäure gepufferten Nickelsulfatelektrolyten. Die Unterschiede verschärfen sich beträcht-

---

[1] MACNAUGHTAN, D. J., G. E. GARDAM u. R. A. F. HAMMOND: Trans. Faraday Soc. **29**, 729 (1933).

lich, wenn man die Borsäure wegläßt. Bei fehlender Pufferung wächst der p_H-Wert im Kathodenfilm viel schroffer an. Wie schon erwähnt (S. 113), entstehen bei der Elektrolyse borsäurefreier Nickelsulfatlösung sichtbare Gelmembranen. Da die Nickelionen weniger leicht durch die Membrane diffundieren als die kleinen Wasserstoffionen, sinkt die Stromausbeute im Vergleich zum borsäurehaltigen Bad; es wird mehr Wasserstoff entladen. In dem Flüssigkeitsfilm zwischen Kathode und Membran steigt der p_H-Wert besonders hoch; die Folgen davon sind wieder vermehrte Hydroxydbildung und gesteigerte Härte des Nickelniederschlages. In Gegenwart von Kaliumsulfat (unter sonst gleichen Bedingungen wie früher) scheint eine Membran weniger leicht zu entstehen. Die stabilisierend wirkenden Kaliumionen halten zwar wohl den größeren Teil des Kolloides in Solform. In unmittelbarer Nähe der Kathode steigt aber der p_H-Wert jetzt erheblich rascher als in ungepufferter Lösung, und es bildet sich eine Gelmembran. Sie hemmt jedoch — offenbar wegen ihrer geringeren Dicke und größeren Durchlässigkeit — den Durchtritt von Nickelionen nicht so stark wie bei Abwesenheit von Kaliumsulfat. Die Stromausbeute ist daher auch merklich größer. In Gegenwart von Nickelchlorid beobachtet man überhaupt keine zusammenhängende Membran mehr, und die Stromausbeute ist wesentlich höher als im chloridfreien Bad.

1.35.4 Flockung oder Stabilisierung in alkalischen Elektrolyten.

Ob die Metallhydroxyde, die in manchen *alkalischen* (zyanidfreien) Elektrolyten bei der Elektrolyse im Kathodenfilm entstehen, als Sol stabilisiert bleiben oder ausgeflockt werden, ist eine noch offene Frage. Bei dem hohen p_H-Wert des Kathodenfilms dürfte man wohl eher mit einer Gelbildung rechnen. So bilden sich z. B. aus alkalischen Zinkat- oder alkalischen Stannatlösungen, namentlich bei hohen Stromdichten, feinpulvrige bis schwammige Metallniederschläge, für deren Abscheidungsform zweifellos der Einbau von Hydroxyd verantwortlich gemacht werden muß (vgl. S. 531). Hierbei wird nicht allein die Menge des Hydroxydes (die bei der Schwammbildung vermutlich größer ist als bei der bloßen Kornverfeinerung kompakter Niederschläge, vgl. S. 495), sondern auch sein Verteilungszustand maßgebend sein. Bei hohen Stromdichten werden offenbar so viel OH-Ionen aus dem Kathodenfilm entfernt, daß Zinkat oder Stannat instabil werden und sich Zink- oder Zinnhydroxyd in reichlicher Menge bilden kann.

Bei intensiver Rührung, turbulenten Gas- oder Flüssigkeitsströmungen scheidet sich andererseits Zink aus alkalischen Zinkatlösungen fest und nicht pulvrig ab, wie PASSER und HÄNSEL[1] gezeigt haben (vgl. S. 495). Offenbar verringert sich die Menge des im Kathodenfilm abgeschiedenen Hydroxydes bei der verstärkten Flüssigkeitsbewegung infolge gesteigerter Zufuhr von OH-Ionen. Hinzu kommt auch noch die erhöhte Stromausbeute.

1.35.5 Einfluß von Stromdichte und Temperatur.

Wenn wir auch — namentlich aus den Arbeiten von MACNAUGHTAN und **Mitarbeitern** — wertvolle Erkenntnisse über kolloidchemische Ver-

---

[1] PASSER, M.: Kolloid-Z. 97, 272 (1941) und G. HÄNSEL: Wiss. Veröff. Siemenswerk 18, 124 (1940).

änderungen im Kathodenfilm in Abhängigkeit vom p_H-Wert des Elektrolyten schöpfen können, so fehlt uns vorläufig noch ausreichendes experimentelles Material über die Auswirkung anderer wichtiger Umstände, wie z. B. Stromdichte- und Temperaturänderungen. Wir sind hier im wesentlichen wieder auf Vermutungen angewiesen.

Da Stromdichteänderungen die Wasserstoffzahl des Kathodenfilms beeinflussen (vgl. S. 81), so gelten hier wahrscheinlich ähnliche Gesichtspunkte, wie sie über die Wirkung von p_H-Änderungen oben angeführt wurden.

Erhöht man die Elektrolyttemperatur, so sinkt bekanntlich in der Regel die kathodische Polarisation. Der Niederschlag schließt meist weniger Oxyd und andere Fremdstoffe ein, die Kristallorientierung wird regellos, das Korn im Niederschlagsgefüge vergröbert, die Härte fällt ab, alles Umstände, die auf Anwesenheit von geringeren Mengen Kolloid als bei gewöhnlicher Temperatur —, wahrscheinlich weniger in Form des Sols als des Gels —, schließen lassen. Die Neigung zur Koagulation von Solen wächst bekanntlich mit steigender Temperatur.

1.4 Mechanismus der kathodischen Metallabscheidung aus Lösungen einfacher Salze.

1.41   Allgemeines.

1.41.1   Neutralisation und Einbau in das Gitter praktisch gleichzeitig.

Wie kommt es an einer Metallkathode zur Abscheidung von Metall aus einer Elektrolytlösung? Scheinbar begegnen wir hier einem der einfachsten elektrochemischen Vorgänge. Je tiefer wir aber in dieses so wichtige Problem einzudringen versuchen, desto nachdrücklicher müssen wir erkennen, wie verwickelt es ist, und welche großen Erfahrungslücken hier noch bestehen. Keineswegs kann uns eine summarische Beschreibung befriedigen, wie etwa: Die Metallionen wandern unter dem Einfluß des elektrischen Feldes in die Reaktionszone an der Kathode. Sie werden dort neutralisiert und ordnen sich in das Metallgitter ein.

Versuchen wir den möglichen Weg des Metallions aus dem Elektrolytinnern bis zur Aufnahme in das Gitter des Kathodenmetalls in einzelne Teilschritte zu zerlegen. Tab. 10 mag ihn skizzieren.

Am Beispiel eines hydratisierten einwertigen Metallions seien die Veränderungen angedeutet, die es auf seinem Wege in den kathodischen Metallniederschlag erfährt.

Zunächst wird sich das Metallion mittels Ionenwanderung oder Diffusion in seinem hydratisierten Ausgangszustand auf die Kathode hin bewegen (Vorg. I). In der Nähe der Kathode gelangt das Metallion in den Diffusionsfilm (Kathodenfilm) und gerät damit in ein Konzen-

Tabelle 10. *Schema der Teilschritte der kathodischen Metallabscheidung.*

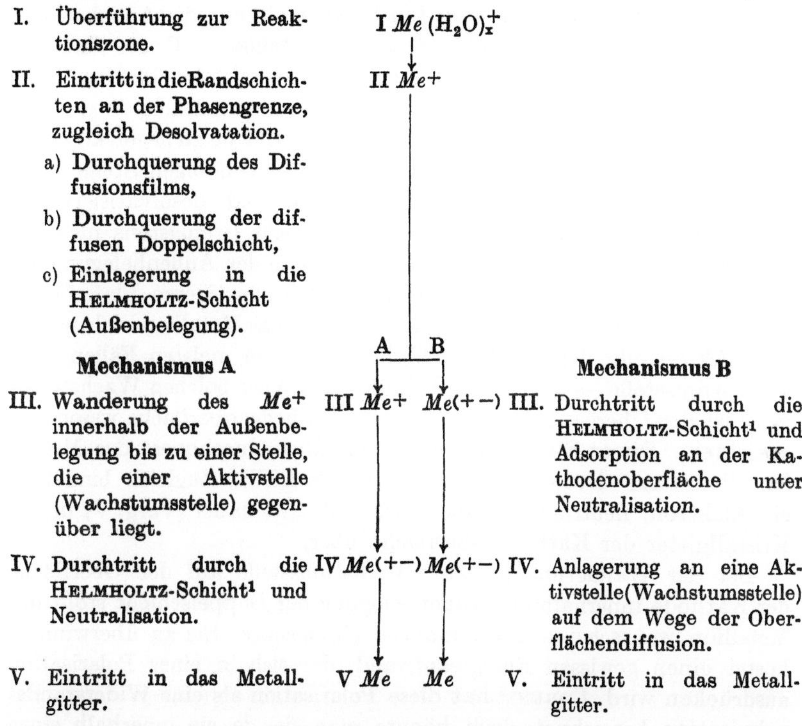

I.   Überführung zur Reaktionszone.

II. Eintritt in die Randschichten an der Phasengrenze, zugleich Desolvatation.

  a) Durchquerung des Diffusionsfilms,

  b) Durchquerung der diffusen Doppelschicht,

  c) Einlagerung in die HELMHOLTZ-Schicht (Außenbelegung).

Mechanismus A

III. Wanderung des Me^+ innerhalb der Außenbelegung bis zu einer Stelle, die einer Aktivstelle (Wachstumsstelle) gegenüber liegt.

IV. Durchtritt durch die HELMHOLTZ-Schicht[1] und Neutralisation.

V.   Eintritt in das Metallgitter.

Mechanismus B

III. Durchtritt durch die HELMHOLTZ-Schicht[1] und Adsorption an der Kathodenoberfläche unter Neutralisation.

IV. Anlagerung an eine Aktivstelle (Wachstumsstelle) auf dem Wege der Oberflächendiffusion.

V.   Eintritt in das Metallgitter.

trationsgefälle, das je nach angewandter Stromdichte mehr oder weniger steil zur Kathode hin abfällt (Vorg. I). Bei einer Dicke der Diffusionsschicht von etwa 10^{-2} cm und einer Konzentrationspolarisation in der Größenordnung von 10^{-2} bis 10^{-1} Volt kann hier ein Spannungsabfall von etwa 1 bis 10 Volt/cm herrschen. Unter seinem Einfluß wird sich die Zusammensetzung des Kations noch kaum in seiner Hydrathülle verändern, es sei denn, es richten sich die am lockersten gebundenen H_2O-Molekeln als Dipole im elektrischen Feld aus.

Im Endstadium des zweiten Teilschrittes gelangt das Metallion in die Doppelschicht (Vorg. IIa bis c), und zwar zunächst in den diffusen Bereich der Schicht. Wie wir gesehen haben (vgl. S. 61), wechselt die Dicke der diffusen Doppelschicht an der Kathode je nach der Feldstärke. Mit höherer Stromdichte nimmt die Dicke der Schicht ab, aber zugleich wird sie auch dichter. Der im diffusen Bereich der Doppelschicht herrschende Spannungsabfall ist um Größenordnungen größer als der Spannungsabfall im Kathodenfilm. Bei einer solchen Feldstärke werden

---

[1] Unter Umständen zugleich Durchtritt durch eine zwischen HELMHOLTZ-Schicht und Metalloberfläche befindliche, extrem dünne Oxydhaut.

sich auch die Wasserdipole der inneren Solvathülle des Kations orientieren und damit teilweise vom Ion lösen. Wohl nur die Aquokationen mit sehr fest (kovalent) gebundener Hydrathülle, z. B. die Kationen der Eisengruppe, dürften noch teilweise hydratisiert bleiben. Zum mindesten werden sich aber auch hier die Wassermolekeln so orientieren, daß sie zwischen Metallion und Metalloberfläche zu liegen kommen.

Jedenfalls tritt das Metallion an irgendeiner beliebigen Stelle in die Außenbelegung der HELMHOLTZ-Schicht ein und desolvatisiert sich dabei vollständig[1]. Hier verbleibt es aber nicht (wenigstens nicht bei niedrigen Stromdichten), sondern es wandert in der Außenbelegung auf der Kathodenoberfläche an einen energetisch günstigeren Platz (Vorg. A III). Ein solcher Platz bietet sich dort, wo das Metallion sich gerade einer Aktivstelle der Metalloberfläche — in den meisten Fällen einer Wachstumsstelle — gegenüber befindet. An einer solchen Wachstumsstelle ist der Übergang des Metallions zur Kathodenoberfläche wesentlich erleichtert. Dieser Stelle gegenüber befindlich, durchquert das Metallion die starre HELMHOLTZ-Schicht (Vorg. A IV). Zugleich bindet es ein Elektron, neutralisiert sich also, und tritt dabei (Vorg. V) in das Kristallgitter der Kathodenoberfläche über.

Bei der Wanderung bis zur Wachstumsstelle auf der Oberfläche der Kathode innerhalb der Außenbelegung der Doppelschicht stößt das Metallion wahrscheinlich auf manche Hindernisse. Sie zu überwinden, kostet einen gewissen Energieaufwand, der sich in einer Polarisation ausdrücken wird. LORENZ[2] hat diese Polarisation als eine Widerstandspolarisation bezeichnet, doch könnte man sie, da sie innerhalb einer monomolekularen Belegung zustande kommt, auch zur Aktivierungspolarisation rechnen.

Beim Durchtritt durch die Schicht steht dem Abscheidungsprozeß immerhin die größte Energiebarriere entgegen. Denn in der Regel besteht der innerste Teil der Doppelschicht nicht bloß aus einer monomolekularen Wasserhaut (vgl. S. 61ff.), meist werden diesen Teil auch noch andere Dipole und bestimmte (deformierbare) Anionen bilden (vgl. S. 61ff.). Des weiteren wird sich die elektrolytseitige Belegung in der inneren Region der HELMHOLTZ-Doppelschicht nicht allein aus den abscheidbaren Metallionen, sondern auch aus anderen Kationen zusammensetzen. Durch diese dicht aneinandergelagerten Bestandteile der HELMHOLTZ-Schicht muß sich das Metallion auf seinem Wege hindurchzwängen.

Wenngleich der Durchtritt an einer energetisch günstigen Stelle stattfindet, kosten doch Desolvatation und Durchtritt durch die HELM-

---

[1] Die abgestoßenen Solvat-Dipole werden Bestandteile der HELMHOLTZ-Schicht (vgl. S. 61ff.).

[2] LORENZ, W.: Dissert. Univ. Leipzig 1952 — Z. Naturforsch. 7a, 750 (1952) — Z. phys. Chemie 202, 275 (1953).

HOLTZ-Schicht beträchtliche Energie, was sich in der Höhe der Aktivierungs- oder Durchtrittspolarisation ausdrückt. Bekanntlich findet sich in der HELMHOLTZ-Schicht der Hauptanteil des Spannungsabfalls, der im wesentlichen die Abscheidungs-GALVANI-Spannung an der Kathode bestimmt. Bezieht man die mittlere GALVANI-Spannung auf die durchschnittliche Dicke der HELMHOLTZ-Schicht von etwa 10^{-7} bis 10^{-8} cm, so kommt auf engstem Raum eine Feldstärke in der Größenordnung von etwa 10^7 Volt pro cm zustande! Bei diesem enormen Spannungsabfall dürfte das Kation völlig dehydratisiert durch die Schicht treten.

In manchen Fällen wird aber die Doppelschicht nicht das letzte große Hindernis darstellen, bevor das Ion auf seinem Wege in unmittelbaren Kontakt mit der Wachstumsstelle auf der Metalloberfläche gelangt. Die kathodische Metalloberfläche kann z. B. — zum mindesten bei Elektrolysebeginn — noch eine dünne Oxydhaut bedecken. Ist die Oxydhaut dicht und porenlos, so muß das Kation sie durchdringen (Vorgang III[1]). Enthält sie Poren, so wird es seinen Weg bevorzugt durch die Poren nehmen (in die hinein sich dann auch die Doppelschicht erstreckt).
Die Dicke einer solchen, an der Atmosphäre entstandenen Oxydhaut beträgt im Durchschnitt etwa 10^{-6} cm. Die Schicht kann u. U. eine Widerstandspolarisation in der Größenordnung von Zehntelvolt und mehr verursachen. So wird man auch für den Bereich einer solchen Oxydschicht mit einem weiteren Spannungsabfall von 10^5 bis 10^6 V pro cm zu rechnen haben. Unter diesen Verhältnissen ist wohl anzunehmen, daß die Metallkationen auch durch die porenlose Schicht getrieben werden können. Auf jeden Fall können Elektronen in umgekehrter Richtung hindurchtreten. Unter diesen Bedingungen wird das Metallion *vor* der Oxydhaut entladen werden. Die Art des Leitungsmechanismus hängt von der Natur des Oxydes, namentlich von seiner Charakteristik als Halbleiter, ab. Eine Erörterung führte hier zu weit.

In den meisten Fällen wird das hindernde Oberflächenoxyd im Laufe der Elektrolyse zu Metall reduziert werden, ein weiterer, gleichzeitig verlaufender elektrochemischer Vorgang, auf dessen Erörterung wir hier aber verzichten wollen.
Warum tritt nun das Metallion nicht an irgendeiner beliebigen Stelle der Metalloberfläche in das Gitter über? Die submikroskopische Oberfläche setzt sich aus Bereichen mit ganz verschiedener spezifischer Oberflächenenergie zusammen. In der Regel bilden nur die aktiven Bereiche, d. h. die Bereiche mit der höchsten spezifischen freien Oberflächenenergie, die Eingangspforte zum Metallgitter. Gemessen an der Zahl der überhaupt verfügbaren Gitterplätze ist die Zahl solcher Aktivstellen gewöhnlich relativ klein (vgl. S. 153). Deshalb besteht nur geringe Wahrscheinlichkeit, daß ein Metallion beim Durchqueren der Doppelschicht (oder Oxydhaut) an beliebiger Stelle gerade auf eine solche Aktivstelle auftrifft. Ist dies aber einmal der Fall, so ist der Übergang des Metallions mit einer Depolarisation verbunden, die die Polarisation

---

[1] s. S. 119, Fußn. 1.

bei der Oberflächendiffusion und beim Durchtritt durch die HELM-HOLTZ-Schicht zum großen Teil kompensieren kann.

Der Vorgang II c der ersten Anlagerung des Metallions an die Doppelschicht verläuft in der Regel statistisch; noch wird keine Stelle der Kathodenoberfläche bevorzugt. Nach BRANDES[1] sowie ERDEY-GRUZ und VOLMER[2] muß sich diesem statistischen Vorgang II über die Oberflächenwanderung III ein selektiver Vorgang IV, die Anlagerung an eine energetisch bevorzugte Aktivstelle, anschließen. Für gewöhnlich wird die Aktivstelle eine sog. Wachstumsstelle sein, von KOSSEL[3] auch Stelle des „wiederholbaren Schrittes" genannt (vgl. S. 338). Es ist dies das Ende einer noch nicht abgeschlossenen Kette von Gitterbausteinen, die sich fortlaufend auffüllt, indem sie neue Bausteine (in unserem Falle also Metallionen) anlagert. Nachdem sich solcherart die abgeschlossenen Atomketten aneinanderfügen, kommt eine neue Netzebene des Metallkristalls zustande.

Die neueren experimentellen und theoretischen Arbeiten über das Kristallwachstum haben eine zuerst von GIBBS ausgesprochene Vermutung bestätigt, daß sich ein Kristall nicht etwa unter *stetigem* Aufnehmen von Atomen oder Molekeln aufbaut, wie dies z. B. bei der Kondensation an einer Flüssigkeit geschieht, sondern, wie VOLMER sich ausdrückt, *„quasi periodisch"*, indem sich aufeinanderfolgend Netzebenen auflagern. Dies darf man wenigstens für Kristallisationsvorgänge annehmen, die sich nicht weit vom Phasengleichgewicht abspielen.

Um sich an eine Wachstumsstelle anzulagern, hat das Metallion die relativ geringste Energie aufzuwenden. Freilich muß es erst von einer beliebigen Stelle erster statistischer Anlagerung zu der nächstgelegenen Wachstumsstelle gelangen (Vorg. A III).

Oberflächendiffusion (VOLMER[2], BRANDES[1]) ist in neuerer Zeit durch viele Beobachtungen wahrscheinlich gemacht worden. BRANDES schloß aus einem starken Ansteigen der Leitfähigkeit mit der Temperatur, daß sich hier ein Vorgang abspiele, der eine Aktivierungsenergie verlangt. Er vermutete, die Ionenleitung entlang der Oberfläche bedürfe dieser Aktivierungsenergie, um das Ion über Potentialschwellen zu heben, die den Weg zu günstiger liegenden Wachstumsstellen versperren.

Ob sich in unserem Falle das adsorbierte Ion auf der Oberfläche bewegen kann, dürfte einmal von der Festigkeit abhängen, mit der es an die erste Anlagerungsstelle in der Außenbelegung der Doppelschicht gebunden wird. Je höher die Stromdichte, desto fester wird es haften,

---

[1] BRANDES, H.: Z. phys. Chem. (A) **142**, 97, 103 (1929).

[2] ERDEY-GRUZ, T., u. M. VOLMER: Z. phys. Chem. (A) **157**, 165 (1931). — M. VOLMER: Das elektrolytische Kristallwachstum, Paris 1934.

[3] KOSSEL, W.: Nachr. Akad. Wiss. Göttingen, math.-physikal. Kl. **1927**, 135.

und desto eher wird es an Beweglichkeit einbüßen (HUNT[1]). Auch von
der Temperatur und von der Natur des Metalls wird das Maß der Oberflächendiffusion bestimmt. Weiterhin muß die Zahl der Aktivstellen
und die Intensität der Kraftfelder, die von ihnen ausstrahlen, die
Diffusionsgeschwindigkeit und den darauf entfallenden Polarisationsanteil beeinflussen. Beachten wir ferner, daß sich dem diffundierenden
Kation auf der Oberfläche Hindernisse in Gestalt adsorbierter Fremdstoffe (Inhibitoren) in den Weg stellen können (vgl. S. 210), so wird
der Transport des Metallions zur Wachstumsstelle im ganzen einen merklichen Energieaufwand verlangen. Auch auf der mit einer Oxydhaut bedeckten Metalloberfläche erscheint eine Diffusion an der Grenze Metall/Metalloxyd zwar möglich, meist aber wenig wahrscheinlich.

Erreicht das primär angelagerte Metallion keine Wachstumsstelle,
sei es, daß es weder bei der Diffusion eine solche Stelle trifft, noch daß
es von einer solchen Stelle aufgenommen werden kann, so wird der —
gewöhnlich viel seltenere — Fall eintreten, daß ein Keim entsteht. Er
erscheint auch möglich, wenn die Feldstärke in der Doppelschicht infolge
hoher Stromdichte so groß wird, daß das Metallion an beliebigen Stellen
übertreten muß und auch in der seitlichen Bewegung gehindert wird.

Das selektive Wachstum über die Anlagerung an Aktivstellen kann
bei hohen Stromdichten in ein statistisches übergehen. Die Keimbildung wird im einzelnen noch an anderer Stelle (vgl. S. 324) zu
erörtern sein. Hier sei nur bemerkt, daß sich ein neuer Keim mit
wesentlich höherer Energie bildet, als wenn sich Metallionen wiederholbar an die Wachstumsstellen anlagerten, was sich in der Höhe der
Kristallisationspolarisation offenbaren wird. Die Höhe der notwendigen
Keimbildungsenergie wird vom Entstehungsort des Keimes abhängen.
An Metalloberflächen fällt die Keimbildungsarbeit auf Kristallflächen
am größten, auf Kristallecken oder auf aktiven Fehlstellen des Kristalls
am geringsten aus.

An die Anlagerung des Metallions an eine aktive Stelle schließt sich
ebendort der fünfte Teilschritt, sein Einordnen in das Metallgitter
an. Das Metallion, bis dahin als Bestandteil der Doppelschicht noch
ein Fremdkörper auf der Kristalloberfläche, nimmt mit seinem Einbau in das Gitter wie jeder andere Baustein der Kristallfläche am Elektronengas des Kathodenmetalls teil. Wie auch VOLMER[2] vermutet, ereignet sich dieser Vorgang *gleichzeitig* mit der Neutralisation des Metallions.

Ist die Metallkathode flüssig, nicht fest, so wird das Kation bereits
bei der ersten statistischen Anlagerung vom Kathodenmetall aufgenom

---

[1] HUNT, L. B.: Trans. Amer. Electrochem. Soc. **64**, 420 (1934).
[2] s. S. 122, Fußn. 2.

men. Auf Vorgang A III folgt sogleich Vorgang A V, der diesmal den Eintritt in die flüssige Metallphase bedeutet. Beim flüssigen Metall können wir allen Stellen der Oberfläche die gleiche Aktivität zuschreiben.

Dem flüssigen Zustand kann auch eine „quasiflüssige" Oberfläche nahekommen, wenn die Neigung der Metallatome zum Platzwechsel oberhalb bestimmter Temperaturen sehr lebhaft geworden ist. Beim Blei ist dies z. B. schon bei Zimmertemperatur der Fall (vgl. S. 227). Es verhält sich unter diesen Umständen wie ein flüssiges Metall[1], d. h. auch hier unterbleibt praktisch der Vorgang IV, denn der thermische Platzwechsel der Bleiatome auf der Oberfläche vollzieht sich so rasch, daß das Metallion mit großer Wahrscheinlichkeit bereits bei statistischer Anlagerung eine Wachstumsstelle findet.

Hypothese von HEYROVSKY.

Bei der Untersuchung der kathodischen Metallabscheidung an der Quecksilbertropfkathode hat HEYROVSKY[2] eine Hypothese von der stufenweisen Entladung zweiwertiger (oder höherwertiger) Metallionen entwickelt. HEYROVSKY nimmt an, daß an einem zweiwertigen Metallion nicht die beiden Ladungen gleichzeitig neutralisiert werden. Vielmehr soll nur *ein* Elektron zum Metallion übertreten, wobei also ein einwertiges Metallion entstehe. Stoßen zwei einwertige Metallionen an der Metalloberfläche zusammen, so bilden sie unter Disproportionierung ein zweiwertiges Metallion zurück und lassen zugleich ein neutrales Metallatom entstehen, das in das Quecksilber übergehe.

$$1. \quad Me^{2+} + e^- \rightarrow Me^+,$$
$$2. \quad 2\,Me^+ \rightarrow Me^{2+} + Me.$$

Als Beweis für diese Annahme sieht HEYROVSKY die Tatsache an, daß *einwertiges* Thalliumion sich selbst in Gegenwart wirksamer Inhibitoren ohne die geringste Metallüberspannung am Quecksilber abscheidet, während alle untersuchten *zwei*wertigen Metallionen in Gegenwart der gleichen Inhibitoren nur mit beträchtlicher Polarisation auf das Quecksilber übergehen. Er führt diesen unterschiedlichen Befund bei den zweiwertigen Metallionen auf eine Hemmung der Disproportionierungsreaktion 2 zurück. Beim einwertigen Ion fehlt diese Reaktion, weshalb Inhibitoren sich nicht in dieser Weise betätigen können. In Gegenwart von Chlorionen wirken die Inhibitoren auch auf die Abscheidung der zweiwertigen Metallionen nicht ein. HEYROVSKY vermutet, daß Chlorionen den Elektronenübertritt katalysieren (vgl. S. 248) und das zweiwertige Ion vollständig neutralisieren, bevor Reaktion 2 einsetzen kann.

So bestechend die HEYROVSKYsche Hypothese erscheinen mag, so ist sie — wenigstens vorläufig — noch nicht gesichert. Die Polarisation bei der Abscheidung der zweiwertigen Metallionen läßt sich auch durch sekundäre Inhibition (vgl. S. 249) erklären, da in den nahezu neutralen Lösungen von Cu^{2+}, Cd^{2+}, Zn^{2+}, Ni^{2+}, Co^{2+}, In^{3+} stets Hydrolyse anzunehmen ist. (Das einwertige Thalliumion neigt hingegen besonders wenig zur Hydrolyse.) In Gegenwart der organischen Inhibitoren verstärkt sich die Inhibitionswirkung unter Mitwirkung des kolloiden

---

[1] Eine solche Art „oberflächlichen Schmelzens" unterhalb des Schmelzpunktes wird neuerdings von W. K. BURTON und N. CABRERA: Disc. Faraday Soc. Nr. 5, 33 (1949) für kristalline Oberflächen bei ausreichend hohen Temperaturen wahrscheinlich gemacht, wenn Fremdstoffe auf der Oberfläche adsorbiert sind. Diese Voraussetzung ist bei der Berührung der Metalloberfläche mit einer Elektrolytlösung stets gegeben.

[2] HEYROVSKY, J.: Trans. Faraday Soc., Electrode Processes **1947**, 212.

Hydroxydes. Chlorionen im Überschuß setzen erfahrungsgemäß die Hydrolyse herab. Auch können sie kolloides Hydroxyd koagulieren und damit fast unwirksam machen (vgl. S. 114).

1.41.2 Neutralisation und Einbau in das Gitter in größerem zeitlichen Abstand voneinander.

Ein wesentlicher Unterschied zwischen den verschiedenen Auffassungen vom Mechanismus der Metallabscheidung besteht im Beschreiben und Deuten jener Reaktionen, die zur Neutralisation der Kationen und zum Aufbau des Kristallgitters führen. Was die Neutralisation der Kationen an der Kathode angeht, so sind zwei Arten von kathodischen Vorgängen denkbar:

1. Das Kation kann sich mit dem Elektron des Metalles zu einem *neutralen Atom* verbinden, anders ausgedrückt, es kann sich im wahren Sinne des Wortes entladen. Erst das Atom tritt dann — gegebenenfalls nach einer Oberflächendiffusion — in das Kristallgitter des Kathodenmetalls ein. Dies kann man z. B. für den Entladungsvorgang bei der Abscheidung des Wasserstoffs annehmen, der sich als Ion mit dem Elektron zu einem neutralen Atom verbindet. Hier gilt also das Schema:

$$H^+ + e^- = H.$$

2. Das Kation kann zwar im Ionenzustande verbleiben, wird aber dabei je nach seiner Valenz eines oder mehrere Elektronen lose (dipolartig) binden, *ohne* sich zum neutralen Atom zu *entladen*. Später fügt sich das neutralisierte Kation, von einem oder mehreren Valenzelektronen begleitet, auf dem Wege der Oberflächendiffusion in das Gitter des Kathodenmetalls ein.

Als Vertreter der ersten Auffassung stellten sich FOERSTER[1] und später z. B. auch ATEN und BOERLAGE[2] oder HUGHES[3] vor, daß die Elektronen, frei gemacht durch die an der Elektrode herrschende hohe Feldstärke, in die Flüssigkeit gehen und sich dort mit anwesenden Metallionen zu Metallatomen verbinden. Das Metall scheidet sich nach dieser Auffassung in der wäßrigen Lösung ab, wobei eine anfangs an Metall über*sättigte* Lösung in unmittelbarer Nähe der Kathode entstehen sollte. Sie sollte das Metall nachliefern und sich allmählich zum Aufbau des Metallgitters verbrauchen.

VOLMER[4] hat auf die leichte Widerlegbarkeit dieser Ansicht hingewiesen, die man heute allgemein aufgegeben hat. Träfe sie zu, so sollte sich aus der übersättigten Lösung auf einem in unmittel-

---

[1] FOERSTER, F.: Elektrochemie wäßriger Lösungen, S. 328. Leipzig 1915.
[2] ATEN, A. H., u. L. M. BOERLAGE: Rec. Trav. chim. Pays-Bas **39**, 720 (1920).
[3] HUGHES, W. E.: Bull. 6 Dept. Sci. Ind. Res. London **1922**, S. 373.
[4] s. S. 122, Fußn. 2.

bare Nähe der Kathode gebrachten zweiten (isolierten) Metallstück Metall abscheiden. Offenbar geschieht dies nicht, wenigstens nicht in Lösungen einfacher, d. h. nichtkomplexer Verbindungen[1].

Auch überlegungsmäßig ergibt sich nach VOLMER die Unwahrscheinlichkeit einer solchen Vorstellung. Beim Betrachten des Gleichgewichtspotentials im kinetischen Sinne sollte die anodische Ionenbildung aus dem Metall eine genaue Umkehrung des kathodischen Entladungsvorganges sein. Nimmt man an, das Kation gehe bei der Entladung in das freie Atom und erst dieses dann in das Gitter über, so sollte die anodische Ionenbildung wiederum die gleiche Folge von rückwärts ergeben. Nun ist aber der unelektrische Vorgang eines Übergangs vom Gitteratom in das freie Atom in seiner Geschwindigkeit durch die Löslichkeit des Metalls begrenzt. Verliefe also die anodische Auflösung über das freie Atom, so würde eine solche Auffassung nur geringste Auflösungsgeschwindigkeiten zulassen, milliardenmal so klein als die wirklich zu beobachtenden.

Von der zweiten Auffassung einer bloßen Neutralisation des Metallatoms haben wir die von BRANDES[2], ERDEY-GRUZ und VOLMER[3], VAHRAMIAN[4] und anderen vertretene Variante A bereits kennengelernt (vgl. S. 119 u. Tab. 10). Daneben ist aber noch eine zweite Variante B (Tab. 10) möglich, die sich von der Variante A hauptsächlich in der Reihenfolge der Vorgänge und in der Art der Oberflächenwanderung unterscheidet.

Wird im Ansatz A angenommen, das Metallion wandere (A III) zunächst in der Doppelschicht und trete erst durch die Doppelschicht (A IV), wenn es einen Platz gegenüber einer Wachstumsstelle gefunden habe, wobei darauf an der Wachstumsstelle Neutralisation und gleichzeitige Einordnung in das Gitter (A V) folgen, so vertritt die Auffassung B einen *sofortigen* Durchtritt durch die Doppelschicht (B III), unmittelbar an das Übertreten des Metallions in die Außenseite der Doppelschicht anschließend. Nach dem Durchqueren der Doppelschicht neutralisiert sich das Metallion sogleich[5]. Es bildet ein Oberflächenatom, das aber noch nicht etwa an irgendeiner wenig aktiven Stelle in das Kristallgitter eingebaut wird, sondern vorläufig auf der Oberfläche adsorbiert[5] bleibt. Dieses lose gebundene Oberflächenatom wandert auf

---

[1] Bei der Kupferabscheidung aus Lösungen *komplexen* Kupferzyanids glaubt GLAZOUNOW (s. S. 173, Fußn. 2) folgende Erscheinung in dieser Weise deuten zu müssen (vgl. S. 179): es schied sich Kupfer bei der Elektrolyse ebenso auf der Kathode als auch zugleich auf dicht über der Kathode angebrachten Glasfäden ab (bez. der Deutung vgl. unsere Bedenken s. S. 180).

[2] s. S. 122, Fußn. 1. — [3] s. S. 122, Fußn. 2.

[4] VAHRAMIAN, A. T.: C. r. (Doklady) Acad. Sci. URSS **27**, 803 (1940).

[5] deshalb auch ad-Atom genannt.

der Metalloberfläche, bis es eine Wachstumsstelle findet, an der es
dann endgültig in das Metallgitter übertritt. Im lose gebundenen Zustand vor dem endgültigen Einbau in das Gitter besitzt das Oberflächenatom ein höheres chemisches Potential als im eingebauten Zustand.
Dies muß sich in einer entsprechend negativen GALVANI-Spannung äußern.

Handelt es sich um ein Metall von niedrigem Schmelzpunkt, wie z. B.
Blei, Zinn, Kadmium usw., so ist bereits bei Zimmertemperatur lebhafte
Oberflächendiffusion zu erwarten. Umgekehrt dürfte z. B. auf Nickel,
Eisen, Chrom usw. die Wahrscheinlichkeit eines Wanderns bei Zimmer-
temperatur gering sein.

LE BLANC[1] sowie KOHLSCHÜTTER[2] und Mitarbeiter nahmen für
die Neutralisation der Kationen an der Kathode einen Vorgang im
Sinne des Schemas B an. Zu dieser Auffassung gelangten neuerdings
auch GERISCHER und H. FISCHER (vgl. S. 156).

Nach KOHLSCHÜTTER soll die atomdisperse Phase mit einer endlichen
Geschwindigkeit über einen Kristallisationsprozeß in den mikro- oder
makrokristallinen Niederschlag übergehen. KOHLSCHÜTTER vermutete,
daß die beobachtete Polarisation im wesentlichen von dem — im Vergleich zu kristallinem Metall — weit höheren Lösungsdruck der hoch-
dispersen primären Phase herrühre.

Welche der beiden Varianten, ob A oder B, tatsächlich abläuft,
ist heute noch nicht mit Sicherheit entschieden. Gegen A spricht u. a.
die extrem hohe Feldstärke in der HELMHOLTZ-Schicht von etwa
10^7 V/cm. Bei dieser starken elektrostatischen Anziehung sollte ein
Durchtritt durch die Doppelschicht bereits an beliebiger Stelle möglich
sein, sofern nicht sehr wirksame Inhibitoren vorhanden sind[3]. Zum
mindesten dürfte die Beweglichkeit des Metallions in der Doppelschicht
durch die überaus starke Bindung sehr behindert werden (HUNT[4]).

Auf ein neutrales Oberflächenatom macht sich hingegen praktisch kein elektrostatischer Einfluß mehr geltend; es kann daher ungehindert auf der Oberfläche zur Wachstumsstelle diffundieren (sofern
ihm nicht adsorbierte Inhibitoren im Wege sind). Daß die Gesetzmäßigkeiten des Kristallwachstums, abgeleitet von der Kondensation
aus der Dampfphase, auch für die Elektrokristallisation gelten, ist
überdies bedeutend leichter zu verstehen, wenn man auch in diesem

---

[1] LE BLANC, M.: Abh. d. Bunsenges. Halle: W. Knapp 1910.

[2] KOHLSCHÜTTER, V.: Trans. Amer. Electrochem. Soc. **45**, 229 (1924).

[3] Zum Beispiel hat M. K. KNAACK (Dipl. Arbeit. Berlin 1953, Freie Univ.)
zeigen können, daß selbst die kleinen H^+-Ionen nicht durch eine Belegung der
Oberfläche mit dem stark inhibierenden β-Naphthochinolin hindurchtreten
können, denn unter Verarmung der H^+-Ionen in den Poren des Adsorptionsfilmes kommt es zur Ausbildung von Diffusionsgrenzströmen.

[4] s. S. **123**, Fußn. 1. LORENZ (S. **120**, Fußn. 2) nimmt bevorzugten Durchtritt nahe der Wachstumsstelle an.

Falle die Einordnung *neutraler* Atome, nicht Ionen, in das Gitter annehmen darf (vgl. H. FISCHER, S. 378).

Sowohl für A als auch für B lassen sich andererseits elektrochemische Gesichtspunkte anführen, die mit dem Verlauf der Strom-Spannung-Kurve (vgl. S. 156) zusammenhängen.

Über die Elementarvorgänge, die sich an die Neutralisation anschließen, vor allem über das Zustandekommen der Kristallkeimbildung, wissen wir noch wenig (vgl. S. 348). Jedenfalls verlangt die Keimbildung einen bemerkenswerten Energieaufwand. Augenscheinlich bedeutet dies aber nur *eine* der Ursachen jener Hemmungen, die man bei der elektrolytischen Abscheidung von Metallen wahrnehmen kann.

Bekanntlich bildet sich, wie auch ERDEY-GRUZ und VOLMER hervorheben, eine neue Phase nicht einfach unter Bedingungen, bei denen eine größere Menge der neuen Phase im Gleichgewicht mit der alten steht, sondern zu dieser Neubildung bedarf es einer endlichen *Überschreitung* des Gleichgewichtes. Erst bei einer genügend hohen Übersättigung wird die Keimbildungsgeschwindigkeit so groß, daß sich schon in kurzer Zeit die neue Phase bilden kann. Unterhalb der allgemein zur Keimbildung nötigen Überspannung werden sich zwar an einzelnen Stellen bereits Metallatome abscheiden können. Diese sind aber noch unbeständig und werden überwiegend wieder als Metallionen in Lösung gehen. Erst wenn die Überspannung groß genug ist, werden die Atome nicht wieder in Lösung gehen, sondern sich zu wachstumsfähigen Keimen anhäufen. Im Wechselspiel des Entstehens und Wiederlösens werden schließlich größere Keime entstehen. Sind die wachstumsfähigen Keime einmal entstanden, so wirken sie nach einer Formulierung von ERDEY-GRUZ und VOLMER „*autokatalytisch*" auf die weitere Bildung der neuen Phase, denn an den Keimen scheidet sich das Metall ohne Hemmung, also ohne notwendige Übersättigung, ab. Die Bausteine lagern sich dann fortlaufend in der sog. „Halbkristall-Lage" an (S. 338), d. h. an der relativ großen Zahl von Wachstumsstellen eines Realkristalles (vgl. S. 153). Fern vom Phasengleichgewicht ist auch rein statistisches Anlagern möglich (vgl. GRAF, S. 399).

1.42 Studium der Metallüberspannung als Mittel zur Aufklärung des kathodischen Abscheidungsmechanismus.

1.42.1 Charakter der Strom-Spannung-Kurve.

Wie wir gesehen haben, findet das Metallion erst über verschiedene Zwischenzustände hinweg seinen endgültigen Platz im Kristallgitter der Kathode. Verliefen alle Stadien dieses Vorganges ungehemmt, so sollte man bei *kleinen* Stromdichten einen praktisch polarisationsfreien Verlauf der kathodischen Abscheidung erwarten. Erst bei höheren Stromdichten, wenn also die Ionenkonzentration in der Flüssigkeitsschicht in unmittelbarer Nähe der Kathode merklich zurückgeht, wäre mit Polarisation zu rechnen. Diese *Konzentrations*polarisation wird unter sonst gleichbleibenden Verhältnissen in erster Linie vom Diffusionskoeffizienten der Ionen im Elektrolyten bestimmt (vgl. S. 90). Für die verschiedenen Ionen unterscheiden sich aber die Zahlenwerte der Diffusionskoeffizienten nur wenig. Wäre nun bei der kathodischen Abscheidung Konzentrationspolarisation die alleinige Ursache der zu beobachtenden Überspannung, so sollten sich *alle* Metalle bei gleichen Stromdichten auch ungefähr mit der gleichen Polarisation abscheiden. Bekanntlich ist aber weder dieses der Fall (s. auch später S. 157), noch unterbleibt bei kleinen Stromdichten die Polarisation gänzlich. Vielmehr beobachtet man, wie bereits erwähnt, mit feinsten Meßmethoden auch bei geringsten Stromdichten noch eine Polarisation, die LE BLANC chemische Polarisation nannte, die wir aber mit VOLMER besser als *Metallüberspannung* bezeichnen wollen. Ergibt z. B. die Abscheidung von Quecksilber an flüssigen Quecksilberelektroden nach ERDEY-GRUZ und VOLMER erst bei einer Stromdichte von 0,5 bis 1.10^{-2} A/cm² die Größenordnung von etwa 1 mV Polarisation (Meßgenauigkeit 0,2 mV), so findet man bei der Abscheidung von festen Metallen an festen Kathoden eine ähnliche Polarisation, u. U. schon bei hundert- bis tausendmal kleineren Stromdichten. Dabei ist die Metallüberspannung von Metall zu Metall über Größenordnungen verschieden (vgl. auch SCHERRER[1]). Die Konzentrationspolarisation sollte in allen Fällen größenordnungsmäßig höchstens etwa einen Betrag ausmachen, wie er unter oben erwähnten Bedingungen bei der Abscheidung von Quecksilber gemessen wurde (vgl. aber die Quecksilberabscheidung an fremden Kathoden S. 144). Somit müssen also bei der Abscheidung der festen Metalle an festen Kathoden andere Verhältnisse vorliegen.

BRANDES[2] sowie ERDEY-GRUZ und VOLMER[3] haben wohl als erste Strom-Spannung-Kurven zur Aufklärung der Natur der Metallüberspannung herangezogen. Augenscheinlich beruht die Metallüberspannung als Hemmung auf der Langsamkeit irgendeines der erwähnten Teilvorgänge im Mechanismus der kathodischen Abscheidung. Aus der Art und Potentialabhängigkeit dieses, wegen seiner Langsamkeit geschwindigkeitsbestimmenden, Vorganges ergibt sich die *Form* der Strom-Spannung-Kurve. Umgekehrt sollte man also aus der Kurvenform auf die Natur des geschwindigkeitsbestimmenden Vorganges schließen können.

Nach ERDEY-GRUZ und VOLMER können vier Teilvorgänge die Geschwindigkeit bestimmen:

---

[1] SCHERRER: Göttinger Nachr. **1916**, 99.
[2] s. S. 122, Fußn. 1.
[3] s. S. 36, Fußn. 7.

1. Die Neutralisation der Ionen sei der langsamste, also geschwindigkeitsbestimmende Vorgang. Die Hemmung liegt dann hauptsächlich im Teilschritt A IV oder B III (S. 119), d. h. des Durchtritts durch die HELMHOLTZsche Doppelschicht. Die Metallionen gelangen schneller zur Doppelschicht, als sie von dort zum Metall übertreten. An der kondensatorähnlichen Doppelschicht bildet sich also eine Übersättigung heraus. Dabei tritt Aktivierungspolarisation (hauptsächlich Durchtrittspolarisation) auf. Die Strom-Spannung-Kurve hat halblogarithmische Charakteristik:

$$\Delta g \sim \log J. \tag{51}$$

Es gilt hier die TAFELsche Beziehung, bekannt von der Wasserstoffüberspannung her (vgl. S. 34):

$$\Delta g = a - b \log J.$$

2. Die Nachlieferung der Kationen zu den wachsenden Stellen sei der langsamste Vorgang, so daß das schichtweise Auswachsen der Keime zu Netzebenen und dickeren Schichten einen wesentlichen Einfluß auf die Abscheidungsgeschwindigkeit ausübt. Dieser Vorgang umfaßt den Teilschritt A III des Abscheidungsmechanismus (S. 119). Der Anbauvorgang an den Rändern der einzelnen wachsenden Netzebenen und Schichten (also an den Wachstumsstellen) selbst läuft ganz ungehemmt ab. Bei kleinen Stromdichten sollte hier die Überspannung Null herrschen. Zu den Wachstumsstellen werden also Kationen aus der auf dem Polarisationspotential befindlichen Umgebung wandern, wobei die Stromstärke nach dem OHMschen Gesetz diesem Polarisationspotential proportional ist. Bei der sehr schnellen Abscheidung an den Rändern regelt in erster Linie der Ionennachschub aus der Doppelschicht die Geschwindigkeit. Die Metallionen gelangen durch Oberflächendiffusion zu den Wachstumsstellen auf den entstehenden Kristallflächen und bestimmen mit diesem Vorgang die Geschwindigkeit. Adsorbierte Inhibitoren können als Hindernisse allerdings die Geschwindigkeit erheblich verringern.

Diese Vorstellung verlangt einen linearen Anstieg der Polarisation mit der wahren, d. h. örtlichen, Stromdichte. Gewöhnlich ist die örtliche Stromdichte der scheinbaren Stromdichte, bezogen auf die geometrische Oberfläche der Kathode zu Elektrolysebeginn, direkt proportional.

$$\Delta g \sim J. \tag{52}$$

3. Die Häufigkeit der Bildung *zwei*dimensionaler Keime (vgl. S. 330) sei der langsamste Vorgang. Dieser, wie auch der nächste Teilprozeß, umfaßt die Keimbildung als wesentlichen Teil der Kristallisation im Mechanismus der elektrolytischen Metallabscheidung. Die Keimbildungsarbeit äußert sich elektrochemisch in Kristallisationspolarisation Δg_K

(vgl. S. 128). Die Hemmung liegt hier im Teilschritt V des Abscheidungsmechanismus (S. 119).

Der zweidimensionale Keim (vgl. S. 330) leitet das Entstehen einer Netzebene ein. Die Beziehung zwischen Δg und J hat folgende Form:

$$1/\Delta g \sim \log J. \tag{53}$$

Zu den einmal gebildeten wachstumsfähigen Keimen werden die Metallionen ständig so rasch nachgeliefert, daß diese ohne Hemmung schnell zu vollständigen Netzebenen auswachsen.

4. Die Häufigkeit der Bildung *drei*dimensionaler Keime bestimme die Geschwindigkeit: Dieser, ebenfalls zum Teilschritt V gehörende, Vorgang ist noch viel seltener als die Bildung eines zweidimensionalen Keims (vgl. S. 331). Mit dem dreidimensionalen Keim wird der Grundstein zu einem neuen Kristall gelegt. Es gilt folgende Beziehung:

$$1/\Delta g^2 \sim \log J. \tag{54}$$

Wie später noch häufig gezeigt werden soll, findet man experimentell fast immer $\Delta g \sim J$ oder $\Delta g \sim \log J$. Das Entstehen zwei- oder dreidimensionaler Keime scheint als geschwindigkeitsbestimmender Schritt selten vorzukommen[1]. Das schließt aber nicht aus, daß die Keimbildung mit an der Metallüberspannung beteiligt ist.

Im übrigen lassen sich eindeutige Schlußfolgerungen auf die Art des polarisationsbestimmenden Schrittes aus der Gestalt der Strom-Spannung-Kurve *allein* nicht ziehen. Hierauf hat neuerdings GERISCHER[2] hingewiesen (vgl. a. später, S. 156). Man muß außerdem mindestens noch die Abhängigkeit der Polarisation von einer anderen Meßgröße wie der Metallionenkonzentration, der Temperatur, der Rührung usw. heranziehen.

Gilt $\Delta g \sim J$, so wären die beiden auf S. 119 erwähnten Varianten A und B möglich. BRANDES[3] hat versucht, zwischen beiden auf elektrochemischem Wege zu entscheiden.

Im Fall B der Bildung adsorbierter Oberflächenatome könnte man annehmen, daß die Polarisation Δg von der Flächendichte η der adsorbierten Atome in Analogie zur NERNSTschen Beziehung abhänge:

$$\Delta g = \frac{R\,T}{n\,F}\ln\frac{\eta_0}{\eta}. \tag{55}$$

Dabei ist η_0 die Flächendichte im Ruhezustand.

Für den ersten Anstieg der Polarisation beim Einschalten des Stromes gelte dann:

$$\lim_{\Delta g=0}\frac{d\Delta g}{dt}=\frac{1}{\eta_0}J\,\frac{R\,T}{n^2\,F^2}. \tag{56}$$

---

[1] J. HARTWIG (Diss. 1953, Techn. Universität Berlin-Charlottenburg) fand die Beziehung (54) z. B. für die Ag-Abscheidung aus KAg CN)$_2$-Lösung an Pt, W oder C.

[2] GERISCHER, H.: Comité international de thermodynamique et de cinétique electrochimiques Cr. Réunion à Cambridge (1952) im Druck.

[3] s. S. 122, Fußn. 1.

So hängt also der erste Anstieg der Polarisation im Falle B von der Dichte η_0 der Adsorptionsschicht im Ruhezustand ab. Im Falle A ist zwar der erste Anstieg der Polarisation ebenfalls direkt proportional der Stromdichte J. Er bleibt aber unabhängig von der Dichte der Adsorptionsschicht im Ruhezustande, wenigstens sofern die Kapazität der Doppelschicht konstant bleibt. Bei nicht zu großen Belegungen, also nicht zu hohen Stromdichten, trifft dies angenähert zu.

BRANDES[1] hat nun die Vorspannung vor der oszillographischen Messung des Polarisationsanstieges bei der Abscheidung des Silbers auf Platinkathoden mehrfach variiert, ohne einen Einfluß auf den Polarisationsanstieg zu finden. Er schließt daraus, daß nicht der Fall B, sondern Fall A vorliege. Dieser Schluß erscheint allerdings nicht zwingend, denn man hat keinen Beweis dafür, daß mit veränderter Vorspannung die Dichte der Adsorptionsschicht wirklich wesentlich geändert wurde, ist doch auch über Stabilität einer solchen Adsorptionsschicht so gut wie nichts bekannt. Nach Versuchen von GERISCHER[2], der die Existenz einer solchen Adsorptionsschicht für den Fall B annimmt (vgl. S. 156), scheinen sich die adsorbierten Atome bei der Silberabscheidung in etwa 10^{-1} sek in das Gitter einzuordnen.

In Fällen, in denen $\Delta g \sim \log J$ ist, muß die Entladung der Metallionen gehemmt sein. Bei Stromfluß werden sich die Metallionen in der Doppelschicht anstauen. Es bildet sich eine Aktivierungspolarisation aus, die zur Überwindung der Energiebarriere aufzuwenden ist.

Die diesem Vorgang entsprechende Strom-Spannung-Kurve wurde von ERDEY-GRUZ und VOLMER[3] in Anlehnung an die Theorie der Wasserstoffüberspannung diskutiert und abgeleitet. LORENZ[4] hat diese Ableitung neuerdings noch etwas ergänzt.

Im Gleichgewicht ist das elektrochemische Potential eines Metallions auf beiden Seiten der elektrischen Doppelschicht das gleiche. Fließt Strom, so erhöht sich die Belegungsdichte der Doppelschicht. Die GALVANI-Spannung an der Außenseite der Doppelschicht ändert sich pro Mol um $nF\,\Delta g$. Dabei überlagert sich dem Potentialberg des Ruhezustandes ein Zusatzfeld, das homogen angenommen wird. Dementsprechend erniedrigt sich die Aktivierungsenergie für den Übertritt des Metallions in die Metallphase. Die Aktivierungsenergie für $\Delta g = 0$ sei mit Q bezeichnet. Für die Zahl der Entladungsschritte $\overrightarrow{z}$ pro sek, d. h. also für die Geschwindigkeit der kathodischen Abscheidung, ergibt sich allgemein folgender statistisch-kinetischer Ansatz (LORENZ[4, 5]):

$$\overrightarrow{z} = K_1\, e^{-\frac{(Q+\alpha n F\,\Delta g)-nF\,\Delta g}{RT}} . \tag{57}$$

In umgekehrter Richtung laufen pro sek $\overleftarrow{z}$ Ionisationen ab:

$$\overleftarrow{z} = K_2\, e^{-\frac{Q+\alpha n F\,\Delta g}{RT}} . \tag{58}$$

---

[1] s. S. 122, Fußn. 1.
[2] s. S. 131, Fußn. 2.
[3] s. S. 36, Fußn. 7.
[4] s. S. 120, Fußn. 2.
[5] vgl. auch G. KORTÜM u. J. O'M. BOCKRIS: Textbook of Electrochemistry Bd. II, S. 425, 434, 441. Amsterdam, London, New York 1951.

Im Gleichgewicht ($\Delta g = 0$) ist $\vec{z} = \overset{\leftarrow}{z}$; bei kathodischer Abscheidung ist $\vec{z} > \overset{\leftarrow}{z}$. Im Gleichgewicht sind also die Geschwindigkeitskonstanten $K_1 = K_2 \equiv K$. Gleichheit der beiden Konstanten kann man auch unter Stromfluß annehmen, wenn die Doppelschichtbelegung im Gleichgewicht genügend groß und wenn die GALVANI-Spannung $|g|$ wesentlich größer als Δg ist. Dann ist Q auch weit größer als $n F \Delta g$.

Bei Stromfluß ist ($N_L = $ LOSCHMIDTsche Zahl):

$$\frac{J N_L}{n F} = \vec{z} - \overset{\leftarrow}{z}$$

und

$$J = \left(\frac{K n F}{N_L}\right) e^{-\frac{Q}{RT}} \left(e^{\frac{(1-\alpha) n F \Delta g}{RT}} - e^{-\frac{\alpha n F \Delta g}{RT}}\right). \tag{59}$$

Der Proportionalitätsfaktor α (vgl. auch S. 35 bei der Wasserstoffüberspannung) beträgt $1/2$, wenn $Q \gg n F \Delta g$, die Potentialschwelle symmetrisch und das Feld angenähert homogen ist.

Mit $\alpha = 1/2$ wird

$$J \sim e^{\frac{n F \Delta g}{2 R T}} - e^{-\frac{n F \Delta g}{2 R T}}. \tag{60}$$

Bei genügend großem Δg kann man das zweite Glied vernachlässigen. Es ergibt sich dann die gesuchte Beziehung

$$\Delta g \sim \log J.$$

Ist aber Δg relativ klein, so muß das zweite Glied mit berücksichtigt werden. In diesem Fall gilt für genügend kleine Δg-Werte, unter Entwicklung der e-Funktion ($e^x \sim 1 + x$, $e^{-y} \sim 1 - y$) die Beziehung

$$\Delta g \sim J.$$

Die hierfür zulässige Überspannung ist durch

$$\frac{n F \Delta g}{2 R T} \leq 1 \tag{61}$$

gegeben. Bei $n = 1$ kann sie bis zu $40\,\mathrm{mV}$, bei $n = 2$ bis zu $20\,\mathrm{mV}$ betragen[1]. Erst bei höheren Überspannungen als diesen biegt die Kurve im Sinne der logarithmischen Abhängigkeit um[2].

Bei *kleinen* Überspannungen (und Stromdichten) kann also eine lineare Strom-Spannung-Kurve ebenso auf verzögerten Ionennachschub wie auch auf verzögerte Ionenentladung hindeuten. Möglicherweise sind beide Polarisationsarten vertreten, doch kann man über ihr anteiliges Verhältnis noch keine Aussagen machen [vgl. a. später S. 156 (GERISCHER)].

---

[1] Zum Beispiel Cd-Abscheidung aus 2 n-Cd SO_4-Lösung bis $\sim 10\,\mathrm{mV}$ linear (vgl. LORENZ, S. 138, Fußn. 5).

[2] s. z. B. K. NAGEL: Z. Naturforschung **1**, 433 (1946). — E. LANGE u. K. NAGEL: Z. Elektrochem. **53**, 21 (1949).

1.42.2   Die zeitliche Änderung der Metallüberspannung.

Die Anfangs-Metallüberspannung. Die Elektrodenpolarisation, gleichviel welcher Art, pflegt zeitlichen Veränderungen unterworfen zu sein. Bei der kathodischen Metallabscheidung ändert sich im Laufe der Elektrolyse, d. h. während der ersten Sekunden bis Minuten vom Stromschluß an gerechnet, nicht nur die Größe, sondern auch der Charakter der Metallüberspannung. Dieses Verhalten bestimmen mehrere Ursachen. Als wichtigste Ursache haben wir die zeitliche Veränderung der kathodischen Metalloberfläche während der Elektrolyse anzusehen. Mit der kathodischen Abscheidung von Metall kann das submikroskopische Profil der Kathodenoberfläche eine gänzlich andere Gestalt annehmen. Die Zahl und Ausdehnung der ursprünglich vorhandenen aktiven Bereiche kann zu- oder abnehmen. Die zu Elektrolysebeginn vorhandenen Kristalle können weiterwachsen, sie können vergröbern, oder aber es können sich viele neue Kristallkeime, neue Kristallflächen mit u. U. ganz anderer kristallographischer Indizierung bilden. Jedenfalls wird die Kathodenoberfläche anfänglich in ständiger Veränderung begriffen sein, obwohl in der Abscheidungsform über mikroskopische Bereiche hinweg nach einiger Zeit eine mittlere Gleichförmigkeit erreicht werden kann.

Auf solche kristallographischen Änderungen der Kathodenoberfläche spricht die Metallüberspannung, vor allem die Kristallisationspolarisation, empfindlich an. Ändern sich doch nicht allein die Wege der Metallionen zu den aktiven Bereichen der Oberfläche, sei es für die Oberflächendiffusion, sei es für den Antransport durch den Elektrolyten. Auch die Art der Aktivstellen und der weniger aktiven Bereiche — m. a. W. die energetischen Voraussetzungen für eine Anlagerung — wechseln anfangs beträchtlich.

Als zweite Ursache kann eine bedeutende Veränderung des Abscheidungsmechanismus gelten. Liegen die Abscheidungs-Galvani-Spannungen des Metallions und des Wasserstoffions benachbart, so wird sich nicht selten am Anfang das Metallion allein abscheiden, später aber das Metallion gemeinsam mit dem Wasserstoffion. Das ist z. B. der Fall, wenn sich mit den kristallographischen Veränderungen der Oberfläche die Wasserstoffüberspannung erheblich vermindert. Ein bloßes Größerwerden der submikroskopischen Oberfläche kann bereits eine solche Wirkung hervorrufen. Bei sehr unedlen Metallen, z. B. Mangan, hört u. U. die Metallabscheidung ganz auf, und es entwickelt sich nur noch Wasserstoff. So hängt die zweite Ursache einer zeitlichen Veränderung der Metallüberspannung u. U. eng mit der ersten zusammen.

Aber auch das Umgekehrte, eine zunächst weit überwiegende Wasserstoffabscheidung, ist möglich, wenn die Wasserstoffüberspannung anfangs gering ist, sich später aber vergrößert. Dies kann davon herrühren, daß das Kathodenmetall sich zunehmend mit atomarem Wasserstoff belädt. Auch fortschreitendes Bedecken des Kathodenmetalls mit einem sich abscheidenden Metall höherer Wasserstoffüberspannung kann die Anfangsüberspannung allmählich vergrößern. So wird sich z. B. unter bestimmten Bedingungen Zink an einer Eisenkathode zunächst mit Wasserstoff gemeinsam abscheiden (zuerst überwiegt der Wasserstoff). In dem Maße, als sich die Kathode mit Zink bedeckt, erhöht sich die Wasserstoffüberspannung ständig, und der Wasserstoffanteil an der Abscheidung kann schließlich fast bis auf Null zurückgehen.

Zur dritten Ursache einer zeitlichen Veränderung der Metallüberspannung kann der elektrochemische Abbau einer Oxydhaut auf der Metalloberfläche werden. Unter Umständen bestimmt die kathodische Reduktion des Oberflächenoxyds zu Metall bei Elektrolysebeginn noch den gesamten Elektrodenvorgang. Erst mit zunehmender Aktivierung der Kathodenoberfläche gewinnt der Prozeß der Metallabscheidung die entscheidende Bedeutung und beherrscht das Feld, sobald das Oxyd vollständig reduziert ist.

Eine vierte Ursache der Zeitabhängigkeit hängt mit der Erscheinung der sekundären Inhibition zusammen (vgl. S. 293). So kann kurz nach Beginn der Elektrolyse der p_H-Wert in unmittelbarer Nähe der Kathode zunehmen. Das bedeutet einen Zuwachs an inhibierendem kolloidem Metallhydroxyd und damit erhöhte Polarisation.

Nimmt man also eine *stationäre* Strom-Spannung-Kurve auf, so kann man — wenigstens an festen Metallelektroden — keinen auch nur einigermaßen sicheren Aufschluß über denjenigen Anteil der Metallüberspannung erhalten, der den elektrochemischen Vorgängen A I bis IV oder B I bis III zugrunde liegt. Stets wird die Messung durch kristallographische Einflüsse, von den Reaktionen V und z. T. auch A III oder B IV ausgehend, oder aber durch Neben- und Folgereaktionen überdeckt werden.

Zur Aufklärung der wesentlichen elektrochemischen Reaktionen eignet sich daher nur eine sehr kurzzeitige, oszillographische Messung der Polarisation, unmittelbar nach dem Einschalten des Stromes.

Solche Messungen der Anfangspolarisation bei der kathodischen Metallabscheidung sind wohl zuerst von ROJTER, POLUJAN und JUZA[1] ausgeführt worden. Als Beispiel wollen wir die zeitliche Analyse der

---

[1] ROJTER, V. A., E. S. POLUJAN u. V. A. JUZA: J. phys. chim. (russ.) **13**, 605 (1939).

Zinkabscheidung etwas genauer behandeln. Die Autoren wählten folgende Versuchsbedingungen: Als Kathode die Spaltfläche eines reinsten Zinkeinkristalls, Elektrolyt 0,5 n-$ZnSO_4$-Lösung, schwach angesäuert, (0,005 n-H_2SO_4) unter Stickstoff. Verschiedene Stromdichten. Temperatur 30° C.

Abb. 51 (ROJTER, POLUJAN u. JUZA[1]) gibt eines der Oszillogramme unmittelbar nach kathodischem Stromschluß wieder; der Maßstab der Zeitachse ist stark verkürzt. Die Form der entsprechenden anodischen Kurve ist nahezu dieselbe. Beim ersten Einschalten steigt die Polarisation

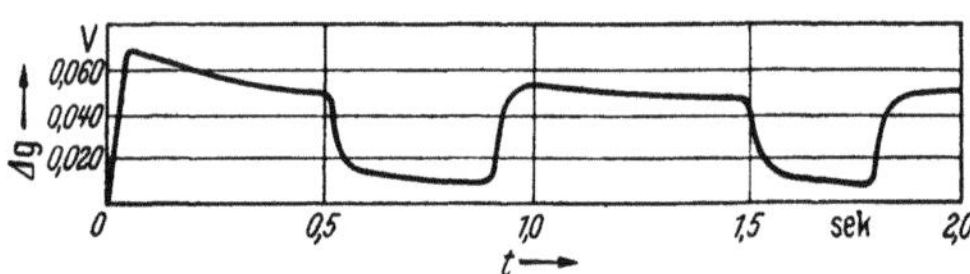

Abb. 51. Anfangspolarisation bei der Zinkabscheidung. (Nach ROJTER, POLUJAN u. JUZA, s. S. 135, Fußn. 1.)

zunächst stark an bis zu einem Maximum und fällt dann ab. Der erste Anstieg dürfte wohl der allmählichen Aufladung der Doppelschicht entsprechen. Das Polarisationsmaximum verliert mit dem Wiedereinschalten beträchtlich an Höhe. Bereits beim dritten Schaltvorgang ist es fast verschwunden.

Mit der Stromdichte wächst die Polarisation an, und zwar an der Anode nahezu um den gleichen Betrag wie an der Kathode. Abb. 52 (ROJTER, POLUJAN u. JUZA[1]) zeigt, wie sich die Form des Oszillogramms mit der Stromdichte ändert. (Zwischen jedem Versuch 10 bis 15 Min. Ruhe.)

Die Autoren nehmen an, daß die jeweiligen Maxima in Abb. 52 die maximale Polarisation an der gerade noch *unveränderten* Kathodenoberfläche anzeigen. Wie Versuche von GERISCHER (vgl. S. 156) gezeigt haben, scheinen die neutralisierten Oberflächenatome sich in der Tat relativ langsam in das Gitter einzuordnen. Dies vollendet sich erst im Zeitbereich von 10^{-2} sek. Für eine Unveränderlichkeit der Oberfläche

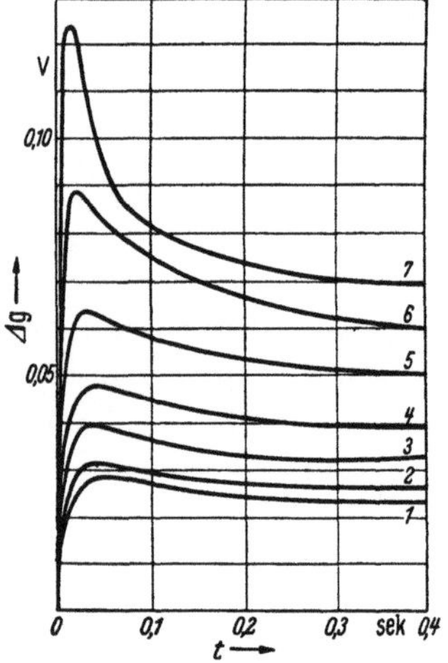

Abb. 52. Maximalwerte der Anfangspolarisation bei der Zinkabscheidung. (Nach ROJTER, POLUJAN u. JUZA, s. S. 135, Fußn. 1.)

in dem wesentlich kürzeren Zeitbereich der maximalen Polarisation spricht auch, daß die Maximalwerte der Polarisation sich noch ziemlich

---

[1] s. S. 135, Fußn. 1.

scharf in eine Gerade ordnen lassen, wenn sie gegen die Logarithmen der Stromstärke aufgetragen werden. Somit gehorcht diese Strom-Spannung-Kurve der TAFEL-Gleichung $\Delta g = a - b \log J$ (vgl. S. 34). Abb. 53 (nach ROJTER, POLUJAN u. JUZA[1]) zeigt die geradlinige $\Delta g/\log J$-Kurve (II) für die Zinkabscheidung unter den obigen Bedingungen (Kurve I in linearem Maßstab).

Nach den Ausführungen auf S. 132 muß man also aus der Gültigkeit der TAFELschen Beziehung für den Initialvorgang schließen, daß der Durchtritt des Zinkions durch die Doppelschicht, der eine Aktivierungsenergie verlangt, die Geschwindigkeit der kathodischen Reaktion bestimmt. Sieht man von Widerstandspolarisation ab, die nach dem Verfahren von ROJTER und Mitarbeiter nicht erfaßt werden konnte, so dürfte die anfangs gemessene Polarisation hauptsächlich aus Aktivierungspolarisation bestehen. Dieser grundsätzlich wichtige Befund weicht ganz von den Ergeb-

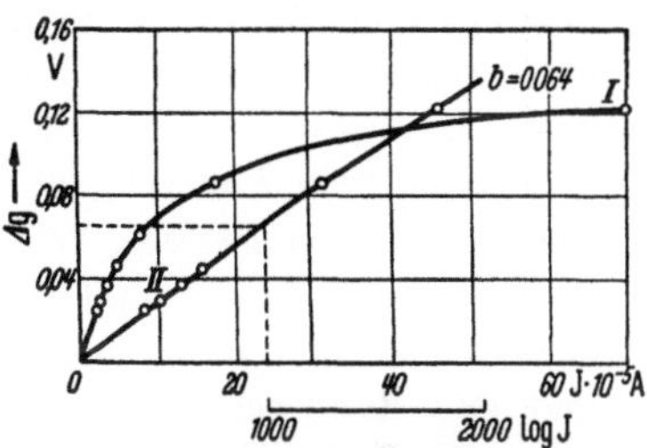

Abb. 53. Gültigkeit der TAFELschen Beziehung bei der Anfangspolarisation der Zinkabscheidung. Nach ROJTER, POLUJAN und JUZA, s. S. 135, Fußn. 1.)

nissen ab, die man bei länger fortgesetzter Elektrolyse, also im Falle der stationären Polarisation, erhält. Die stationäre Polarisation steht mit der Stromdichte in *linearer* Beziehung; wie später noch ausführlich zu erörtern ist, umschließt diese lineare Beziehung die Wirkungen der kristallographischen Veränderungen auf der Oberfläche.

Die Neigung der oszillographisch bestimmten $\Delta g/\log J$-Kurve ergibt in guter Übereinstimmung den b-Wert, den die Theorie von ERDEY-GRUZ und VOLMER[2] für den gehemmten Durchtritt durch die Doppelschicht fordert [gefunden $b = 0,064$, wenn man für α (vgl. S. 133) den üblichen Wert 0,5 einsetzt, theoretisch $b = 0,060$[3]].

Bei der Übereinstimmung zwischen experimentellen und theoretischen Werten darf man wohl annehmen, daß die verwendeten Maximalwerte der Polarisation (vgl. Abb. 52) charakteristische Größen sind. Geht man über das Maximum hinaus, so gelangt man in den Bereich der kristallographischen Oberflächenveränderungen der Kathode (s. nächsten Abschn.), die mit einem Rückgang der Polarisation parallel gehen. Bei längerer Versuchsdauer werden die Polarisationswerte konstant. Das bedeutet, daß sich die Oberfläche dann im Mittel nicht mehr wesentlich verändert.

---

[1] s. S. 135, Fußn. 1.

[2] ERDEY-GRUZ, T., u. VOLMER: Z. phys. Chem. (A) **157**, 182 (1931).

[3] Nach den Berechnungen von ERDEY-GRUZ und VOLMER[2] unter Berücksichtigung der Zweiwertigkeit des Zinks.

Die Gültigkeit der halblogarithmischen TAFELschen Beziehung hat man unter den Initialbedingungen auch für die Abscheidung und Auflösung anderer Metalle aus Lösungen einfacher Salze oszillographisch nachgewiesen. JUZA und KOPYL[1] sowie SALT[2] bestätigen sie für die Abscheidung von Nickel aus Nickelchlorid- und Nickelsulfatlösung. Auch für die Kupferabscheidung aus Kupfersulfatlösung ($+0,1$ n-H_2SO_4) finden JUZA und KOPYL[1] die halblogarithmische Beziehung wieder. Nach ROJTER, POLUJAN und JUZA[3,4] scheint sie ferner für Eisen (aus $FeSO_4$-Lösung) und für Kadmium (aus $CdSO_4$-Lösung)[5] zu gelten. Möglicherweise handelt es sich für die Metallabscheidung um ein allgemeines Gesetz, doch fehlt es hier noch an ausreichendem experimentellem Material.

Die zeitliche Änderung der Metallüberspannung bis zum Übergang in den stationären Bereich. Wie bereits im vorigen Abschnitt am Beispiel der kathodischen Zinkabscheidung erwähnt, fällt die Überspannung nach einem Maximum, zu Beginn der Abscheidung erreicht, deutlich ab und geht dann schließlich in einen annähernd gleichbleibenden stationären Wert über (ROJTER, POLUJAN und JUZA[3,4] (vgl. Abb. 52). Unterbricht man den Strom für einige Sekunden, nachdem der stationäre Bereich erreicht worden ist, so beobachtet man unmittelbar nach dem Wiedereinschalten des Stromes nicht wieder ein Maximum. Vielmehr beginnt die Abscheidung sogleich mit dem zuvor erreichten stationären Wert geringerer Überspannung. Auf der Oberfläche der Kathode müssen sich also seit Überschreiten des Maximums im ersten Abschnitt Veränderungen vollzogen haben, die — wenigstens kurzzeitig — bestehenbleiben. Überläßt man aber die Zinkkathode nach dem Einschalten einige Stunden der Ruhe (in Berührung mit dem Elektrolyten), so beginnt das Einschalt-Oszillogramm wieder mit einem Maximum vom gleichen Charakter, wie es Abb. 53 für das erste Einschalten wiedergibt. Es scheint sich also die ursprüngliche Oberfläche allmählich wieder zurückzubilden. Ähnlich verhält sich nach den Autoren auch die Eisenelektrode in $FeSO_4$Lösung.

Es liegt nahe, den Rückgang der Polarisation nach Überschreiten des Maximums einer Zunahme der wahren Oberfläche der Kathode zuzuschreiben, die sich mit dem Metallniederschlag bedeckt. Auch ROJTER, POLUJAN und JUZA neigen zu dieser Ansicht. Dennoch

---

[1] JUZA, V.A., u. V.A. KOPYL: J. phys. Chem. (russ.) **14**, 1074 (1940).

[2] SALT, F.W.: Trans. Faraday Soc. „Elektrode Processes" 169 (1947).

[3] s. S. 135, Fußn. 1.

[4] ROJTER, V., A. JUZA u. E.S. POLUJAN: Acta physicochim. URSS. **10**, 389, 845 (1939); neuerdings bestätigt von W. LORENZ: Naturwissensch. **40**, 578 (1953).

[5] Für die kathodische Fe-Abscheidung scheint den Verfassern allerdings nicht sicher zu sein, ob es sich hier nicht in erster Linie um kathodische Abscheidung von Wasserstoff handelt.

vermag diese Deutung die Autoren nicht ganz zu befriedigen. Bekanntlich sollte die wahre Oberfläche der Elektrode (die man sich als die eine Belegung eines Kondensators vorstellen kann) ihrer Kapazität proportional sein. Berechnet man die Kapazität aus den oszillographischen Daten, so findet man nach ROJTER, POLUJAN und JUZA, daß sich die Kapazität beim Zink in geringerem Maße ändert als die Polarisation. Damit scheint der Rückgang der Polarisation nicht bloß von einem Größerwerden der Oberfläche abzuhängen. Die Autoren führen daher einen Teil des Polarisationsrückganges auf eine andere Art der Oberflächenänderung, eine Aktivierung der Oberfläche, zurück. Unter einer solchen Aktivierung kann man sich z. B. den Abbau einer stets vorhandenen Oxydhaut, ursprünglich an Luft gebildet, vorstellen.

Im Falle des Eisens finden die Autoren, daß die Aktivierung — abweichend vom Zink —, sogar bei weitem die Hauptursache des Polarisationsrückganges darstellt. Nach Stromabschalten geht die Eisenelektrode viel rascher wieder in den Ausgangszustand zurück als die Zinkelektrode. Begreiflicherweise sollte ein Größerwerden der Oberfläche langsamer zurückgehen als eine Aktivierung, die von erneuter Oxydation aufgehoben wird.

Während also die Änderung der Oberflächengröße proportional der Kapazität ist, leitet sich die Änderung der Aktivität nach ROJTER, POLUJAN und JUZA von der Größe einer Konstante K ab, die der Aktivität proportional ist. Die Autoren geben für K folgenden Ausdruck:

$$K = \frac{v_0\,z\,F}{C}. \tag{62}$$

Hierin ist v_0 die Geschwindigkeit der Entladung (oder Ionisation) bei der Ruhe-GALVANI-Spannung der Elektrode[1], z die Wertigkeit, F die FARADAYsche Konstante und C die Kapazität eines Quadratzentimeters der Doppelschicht. Die Aktivität der Kathodenoberfläche nimmt also zu mit wachsender Ionenaustauschgeschwindigkeit. Eine Oxydhaut kann die Ionenaustauschgeschwindigkeit und damit auch v_0 um mehrere Größenordnungen vermindern, wie wir bereits von Untersuchungen mit radioaktiven Isotopen her wissen (vgl. S. 67). Die Kapazität wird sich mit zunehmender Aktivität zwar auch ändern, doch dürften die Ionenaustauschgeschwindigkeit und v_0 auf Aktivitätsänderungen weit empfindlicher ansprechen.

Für die Verzögerung des Entladungsprozesses zu Elektrolysebeginn, ausgedrückt in der zeitlichen Änderung der Polarisation $d\,\Delta g/dt$, gilt nach ROJTER,

---

[1] Ist die Ruhe-GALVANI-Spannung gleich der Gleichgewichts-GALVANI-Spannung, so ist v_0 gleich der Ionenaustauschgeschwindigkeit. Im Falle des Zinks und Eisens weicht aber die Ruhe-GALVANI-Spannung von der Gleichgewichts-GALVANI-Spannung ab. Dennoch dürfte v_0 mit der Ionenaustauschgeschwindigkeit symbat gehen.

Polujan und Juza eine Grundgleichung, die auf der für Zink nachgewiesenen Gültigkeit der Tafelschen Beziehung beruht:

$$\frac{d\,\Delta g}{dt} = K\left(S - e^{-\frac{\Delta g}{b}} + e^{\frac{\Delta g}{b}}\right). \tag{63}$$

Auch diese Gleichung enthält die Konstante K, ferner die Tafelsche Konstante b[1] (vgl. S. 35). In S sind die Größen J (Stromstärke), v_0 und K_1 (Geschwindigkeitskonstante der Reaktion) zusammengefaßt:

$$S = \frac{K_1 J}{v_0}. \tag{64}$$

Zu Gl. (60) gelangt man von der Beziehung

$$\frac{d\,c_M{}^{2+}}{dt} = K_1 J - v. \tag{65}$$

In ihr bedeuten $d\,c_M{}^{2+}$ die Änderung der Ionenkonzentration in der Doppelschicht und v die Geschwindigkeit der Ionenentladung beim kathodischen Prozeß. Für v gilt:

$$v = v_0\left(e^{-\frac{\Delta g}{b}} - e^{\frac{\Delta g}{b}}\right). \tag{66}$$

Setzt man (63) in (62) ein, so folgt:

$$\frac{d\,c_M{}^{2+}}{dt} = K_1 J - v_0\left(e^{-\frac{\Delta g}{b}} - e^{\frac{\Delta g}{b}}\right) \tag{67}$$

oder bei Einführung der Größe S (s. weiter oben):

$$\frac{d\,c_M{}^{2+}}{dt} = v_0\left(S - e^{-\frac{\Delta g}{b}} + e^{\frac{\Delta g}{b}}\right). \tag{68}$$

Für genügend verdünnte Lösungen kann man angenähert gelten lassen, daß die Konzentrationsänderung der überschüssigen Ionen in der Doppelschicht der Veränderung der Polarisation Δg proportional ist:

$$\frac{d\,c_M{}^{2+}}{dt} = \frac{C}{z\,F}\frac{d\,\Delta g}{dt}. \tag{69}$$

Hierin ist C die Kapazität der Doppelschicht. Führt man die oben erwähnte Konstante $K = v_0\,z\,F/C$ (59) ein und setzt (65) und (66) gleich, so gelangt man zu der erwähnten Grundgleichung (60).

Experimentell steigt der K-Wert der Aktivität am stärksten nach dem ersten Einschalten und bleibt bei den folgenden Einschaltperioden konstant. Dies ist verständlich, wenn man annimmt, daß die passivierende Oxydhaut relativ rasch abgebaut wird. Die Kapazität hingegen, die die Größe der Oberfläche kennzeichnet, vergrößert sich noch weiter über mehrere Einschaltstufen hinweg.

Auf einer frisch gespaltenen Fläche eines Zinkeinkristalls fällt der K-Wert von vornherein etwas höher aus (die Oxydhaut ist dünner) als auf einer Spaltfläche, die längere Zeit der Luft ausgesetzt wurde. Die

---

[1] $\left(b = \dfrac{R\,T}{\alpha\,z\,F}\right).$

Kapazität ist auf der frischen Fläche etwas kleiner, da die Oberflächengröße sich am ehesten den Werten für eine ideal glatte Oberfläche nähert.

Die zeitliche Änderung der Metallüberspannung bis zum Übergang in den stationären Bereich in Abhängigkeit vom Kathodenmetall. Wie orientierende Untersuchungen von PIONTELLI und GUERCI[1] erkennen lassen, ist die Natur des Kathodenmetalls für die Höhe und den zeitlichen Ablauf der Polarisation bei der Metallabscheidung keineswegs gleichgültig.

So ergeben vor allem die Metalle Blei und Thallium, die sich aus Lösungen ihrer einfachen Salze — für gewöhnlich in Form isolierter Kristalle — abscheiden (vgl. S. 430), je nach Kathodenmetall erhebliche Unterschiede im Polarisationsablauf. Auf dem gleichen Metall scheiden sie sich mit sehr geringer Polarisation ab, während bei einer Abscheidung auf fremdem Metall hohe Polarisation auftritt. Dies zeigen z. B. für Blei anschaulich die Oszillogramme in Abb. 54, wo die Polarisation auf fremdem Metall etwa 40- bis 60mal so hohe Maximalwerte erreicht als auf Blei selbst. Dieser bemerkenswerte Unterschied rührt offensichtlich von dem hohen Energieaufwand her, der zur Bildung neuer Keime auf den fremden Metallen nötig ist, während sich Blei auf Blei anscheinend unter Depolarisation (Weiterwachsen der Kristalle) abscheidet.

Die auf fremder Unterlage anfänglich hohe Polarisation geht aber rasch zurück, da nunmehr die einmal gebildeten Kristalle weiterwachsen[2]. Die Erscheinungen prägen sich beim Kadmium nicht mehr so deutlich aus (Abb. 55), weil sich hier von vornherein größere Hemmungen (sekundäre Inhibition, vgl. S. 293) ergeben.

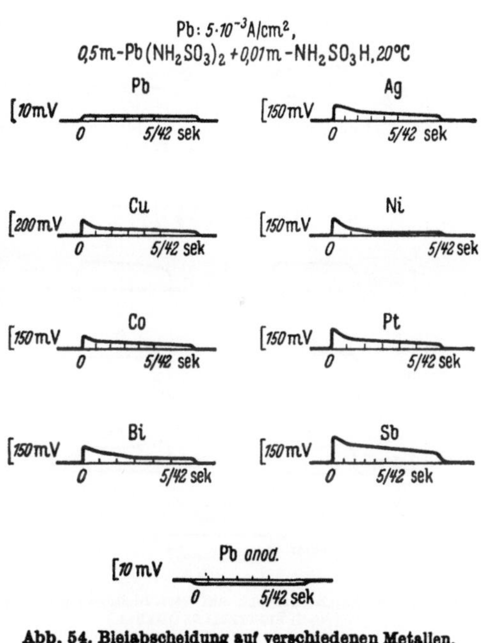

Abb. 54. Bleiabscheidung auf verschiedenen Metallen.
(Nach PIONTELLI u. GUERCI[1].)

Für die Abscheidung der Metalle der Eisengruppe ist es ziemlich gleichgültig, ob die Unterlage aus dem gleichen oder einem fremden Metall

---

[1] PIONTELLI, R., u. C. GUERCI: C. r. Réunion 1950, 149.

[2] Sie brauchen zu ihrem Entstehen, wie die Oszillogramme in Abb. 54 bis 58 zeigen, etwa 10⁻² sek.

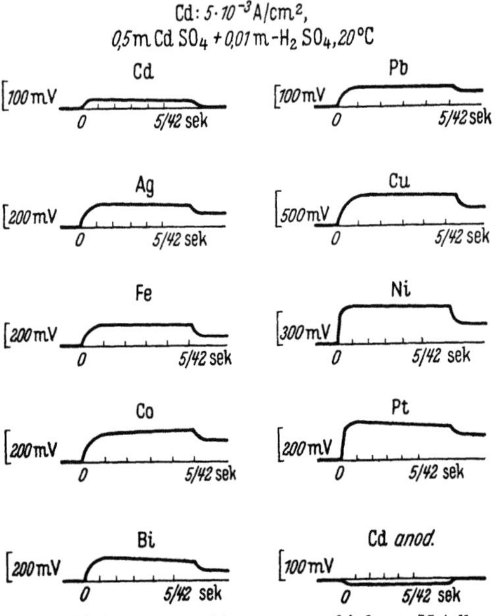

Abb. 55. Kadmiumabscheidung auf verschiedenen Metallen.
(Nach PIONTELLI u. GUERCI.)

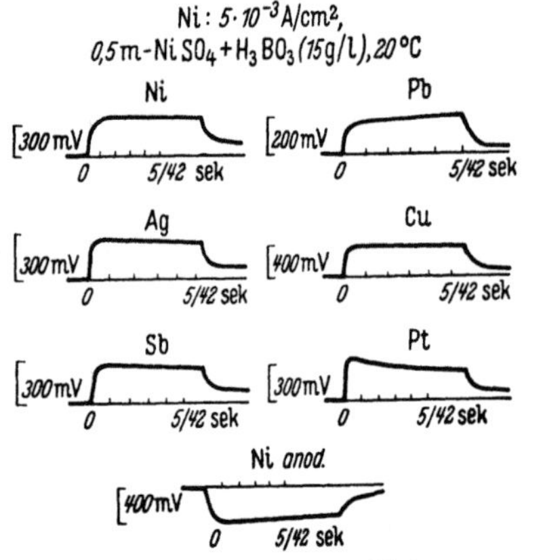

Abb. 56. Nickelabscheidung auf verschiedenen Metallen.
(Nach PIONTELLI u. GUERCI.)

besteht. Die — in jedem Fall hohe — Polarisation wird offenbar nur wenig von der Natur des Basismetalls beeinflußt. Als Beispiel seien hier Oszillogramme der Nickelabscheidung (Abb. 56) angeführt. Auch die Kupferabscheidung verhält sich ähnlich (Abb. 57)[1].

SHREIR und SMITH[2] fanden bei der Kupferabscheidung auf Kupfer im Einklang mit WOOD[3] sowie GAUVIN und WINKLER[4], daß auch das Kristallgefüge der Kupferunterlage (Kristallgröße und Orientierung) einen deutlichen Einfluß auf die Polarisation ausübt. Dieser Einfluß macht sich vor allem bei niedrigen Stromdichten (unter $1{,}3 \cdot 10^{-2}$ A/cm², Abscheidung aus n-saurer $CuSO_4$-Lösung) bemerkbar, d. h. unter Bedingungen, die dem Weiterwachsen der Kristalle im Gegensatz zur Bildung neuer Keime förderlich sind. Bei Bildung dreidimensionaler Keime verschwindet der Einfluß der Unterlage auf die Polarisation ganz. Dies scheint eine allgemein gültige Gesetzmäßigkeit zu sein, die sich auch an oben erwähnten Beispielen bestätigt. Abscheidung von Ni oder Ag [aus $KAg(CN)_2$, s. S. 131, Fußn. 1].

---

[1] MARTSCHENKO, N. A., u. A. N. SSYSSOJEW: J. angew. Chem. [russ.] **25**, 1215 (1952) fanden für die Cu-Abscheidung auf Al hohe Polarisation, auf (porösem) Graphit oder amalgamiertem Cu Depolarisation.

[2] SHREIR, L. L., u. J. W. SMITH: J. electrochem. Soc. **99**, 450 (1952).

[3] WOOD, W. A.: Proc. physikal. Soc. **43**, 138 (1931).

[4] GAUVIN, W., u. C. A. WINKLER: Canad. J. Res. A **21**, 37 (1943); B **21**, 125 (1943).

So fällt die Polarisation im Bereich geringer Stromdichten im Falle der Kupferabscheidung auf Walzkupfer mit Walztextur erheblich nied-

riger aus als auf Walzkupfer, dessen Textur durch Wärmebehandlung beseitigt wurde. Bei hohen Stromdichten ergeben sich auf beiden Kupferunterlagen praktisch die gleichen Polarisationswerte. Die Silberabscheidung folgt anscheinend einem anderen Gesetz, denn sie ergibt weder auf Silber noch auf anderen Metallen wesentliche Polarisation (Abb. 58). PIONTELLI und GUERCI versuchen, diese Anomalie mit einer Adsorption von Silber am Kathodenmetall (selbst bei Fehlen eines äußeren Stromes) zu erklären (siehe OBRUTSCHEWA[1, 2]).

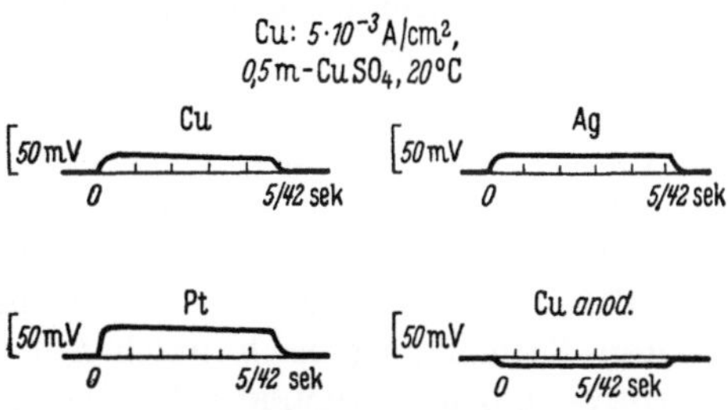

Abb. 57. Kupferabscheidung auf verschiedenen Metallen (Nach PIONTELLI u. GUERCI.)

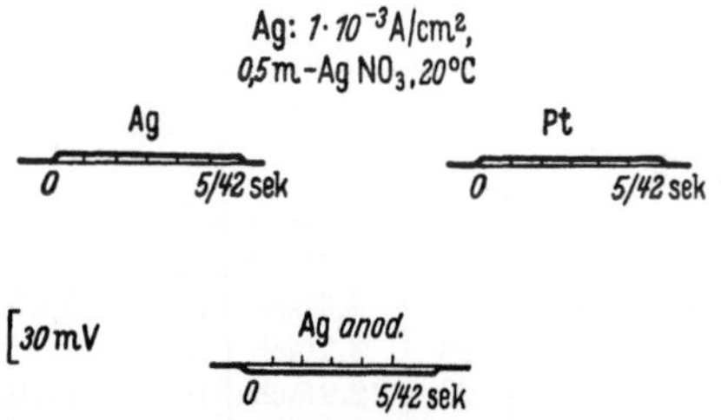

Abb. 58. Silberabscheidung auf Silber und auf Platin (Nach PIONTELLI u. GUERCI.)

ERDEY-GRUZ und VOLMER[3] haben Strom-Spannung-Kurven an indifferenten Kathoden aus Platin, Tantal, Kohlenstoff oder Gold für die Abscheidung der Metalle Kadmium, Blei, Wismut, Kupfer und Silber aufgenommen. In allen Fällen ergab sich das grundsätzlich gleichartige Bild: Zu Beginn der Elektrolyse steigt die Überspannung zunächst mit der (kleinen) Stromdichte an. Es handelt sich hier noch um das Reststromgebiet. Hat die Überspannung eine gewisse Höhe erreicht, so sinkt sie bei weiterer Stromdichteerhöhung plötzlich ab. ERDEY-GRUZ und VOLMER vermuten, daß bei diesem Knick die ersten Kristallkeime an der Kathode entstanden sind, die nun mit verringerter Überspannung normal weiterwachsen (Wachstumsdepolarisation, vgl. S. 151 ff). Die Kleinheit der Kriställchen verlangt eine verhältnismäßig hohe Stromdichte. Demzufolge bleibt eine immerhin beträchtliche Überspannung bestehen. Zumeist stellt sich bei weiter steigender Stromdichte noch ein zweiter oder dritter Potentialsprung ein, nachdem zwischendurch das Potential wieder etwa auf das alte Maximum oder gar darüber hinweg gestiegen ist. Die Sprünge in den verschiedenen Überspannungen beruhen offenbar auf Keimbildung.

---

[1] OBRUTSCHEWA, A.: Acta physicochim. URSS 8, 679 (1938).

[2] HARTWIG (s. S. 131, Fußn. 1) findet an Pt höhere Polarisation, nicht höhere an Mo und W. — [3] s. S. 36, Fußn. 7.

Sobald man übrigens eine zweite Strom-Spannung-Kurve umgekehrt in Richtung abnehmender Stromdichte aufnimmt, erhält man einen glatten Kurvenzug ohne Sprünge oder Knicke.

Entstehen unter den Abscheidungsbedingungen viele neue Keime (z. B. bei höheren Stromdichten), so werden sich die gleichzeitig oder in rascher zeitlicher Folge bildenden Keime nicht mehr einzeln bemerkbar machen. Vielmehr wird man eine integrale Kristallisationspolarisation mit mehr oder weniger geringen Schwankungen messen.

Tab. 11 enthält unter I die Überspannungswerte als Anzeichen der ersten Keimbildung, nach welchen in den erwähnten Versuchen von ERDEY-GRUZ und VOLMER[1,2] die Überspannung zum ersten Male zurückgeht. Außerdem sind unter II die daraus berechneten Übersättigungen angegeben, mit denen sich die ersten Keime bilden.

Tabelle 11. *Kristallisationspolarisation verschiedener Metalle.*

Ab-zuscheidendes Metall	Pt-Kathode		Ta-Kathode		Au-Kathode		C-Kathode	
	I mV	II	I mV	II	I mV	II	I mV	II
Blei	8	1,9fach	9	2,1fach	8	1,9fach	—	—
Kadmium .	11	2,5fach	13,4	3,2fach	—	—	—	—
Silber . . .	28	3,2fach	26	2,9fach	20	2,3fach	22	2,5fach
Wismut . .	20	12,9fach	16,5	7,5fach	—	—	—	—
Kupfer. . .	—	—	40	14,3fach	32	11,4fach	42	15fach

Die Reihenfolge in der Überspannung, erforderlich zur Bildung der ersten Keime, steigt vom Blei, Kadmium, Wismut, Silber[3] bis zum Kupfer an. Sie ist etwas anders als die Reihenfolge der Überspannung bei der Abscheidung der Metalle auf einer Kathode aus gleichem Metall (vgl. S. 157), was vermutlich aber weniger am Kathodenmaterial als an anderen, z. T. unkontrollierbaren Faktoren (z. B. bei Wismut merkliche sekundäre Inhibition, vgl. S. 293) liegen dürfte.

Auffällig ist die immerhin beträchtliche Übersättigung, die zur Keimbildung erreicht werden muß, und die an den Kathoden aus indifferentem Metall größer ist als bei einer Abscheidung auf dem gleichen Metall.

Bei der Abscheidung von Quecksilber hängt die Größe der Metallüberspannung besonders ausgeprägt von der Natur des Kathodenmetalls ab. Handelt es sich um eine für Quecksilber völlig *benetzbare* Kathode wie Quecksilber selbst, so fällt die Überspannung äußerst klein aus. Sie wird aber um so größer, je weniger benetzbar die Elektrode für Quecksilber ist. ERDEY-GRUZ und WICK[2] haben die Arbeit zur Bildung von Quecksilberkeimen auf einer indifferenten, gänzlich unbenetzbaren

---

[1] s. S. 36, Fußn. 7.

[2] ERDEY-GRUZ, T., u. H. WICK: Z. phys. Chem. (A) **162**, 63 (1932).

[3] Der Übersättigungsgrad hängt nach HARTWIG (S. 131, Fußn. 1) vom p_H-Wert der $AgNO_3$-Lösung ab.

Elektrode bei 20° C für die Abscheidung aus einer essigsauren Queck-
silber(I)-Azetatlösung als Überspannung angenähert zu —0,34 V geschätzt (gegen die reversible GALVANI-Spannung des Quecksilbers in
derselben Lösung verglichen). Bei Versuchen der Autoren mit Kohleelek-
troden, überzogen mit Glanzkohlenstoff, begann sich das Quecksilber bereits bei einer Überspannung von —0,21 V an einzelnen Stellen der Oberfläche (Stromdichten von 10^{-5} bis 10^{-6} A/cm²) abzuscheiden. ERDEY-GRUZ
und WICK vermuten als Ursache der Abweichung vom berechneten Wert,
daß auch die glattesten Kohleoberflächen noch aktive, vom Quecksilber
benetzbare Stellen besitzen. An Platin und Tantal ist die Überspannung
noch bedeutend geringer, sie betrug an Tantal etwa —0,06 V, an Platin
—0,02 V. An Gold, das offenbar völlig vom Quecksilber benetzt wird,
ist die Überspannung praktisch gleich Null.

Auch SAMARZEFF und JEWSTROPJEFF beobachteten bei der Abscheidung von Quecksilber an Platin bei 10^{-5} bis 10^{-6} A/cm² deutlich
eine Metallüberspannung, der Größe nach ähnlich der Polarisation bei
der Silberabscheidung unter gleichen Bedingungen. Die Autoren haben
darin einen Widerspruch zu der Theorie von VOLMER gesehen.

Nun gilt die VOLMERsche Theorie allerdings für die Abscheidung fester
kristallisierter Niederschläge. Die gemessene Überspannung wird größtenteils
von den Übersättigungserscheinungen in der Doppelschicht (Aktivierungspolarisation) und von der Arbeit zur Bildung von Kristallkeimen (Kristallisationspolarisation) bestimmt. Allein auch bei der Abscheidung von Quecksilber an
nicht oder wenig benetzbaren Oberflächen ist mit einer Übersättigung und mit
einer Keimbildungsarbeit zur Bildung der Quecksilbertröpfchen zu rechnen.
An völlig benetzbaren Oberflächen scheidet sich Quecksilber hingegen bei kleinen
Stromdichten praktisch ohne Hemmung ab. Zum Unterschied von der Abscheidung fester Metalle auf festen Kathoden können die Quecksilberionen hier
an beliebigen Stellen der Kathodenoberfläche in das Kathodenmetall eintreten.
Hier bestehen also die gleichen Verhältnisse wie etwa beim stetigen Übergang
von Atomen aus der Dampfphase in den flüssigen Zustand.

Über wesentlich größere Zeitbereiche haben SAMARZEFF und JEW-
STROPJEFF[1] den zeitlichen Verlauf der Metallüberspannung bei der Abscheidung von Silber, Kupfer, Kadmium, Blei und Quecksilber aus
den Lösungen einfacher Salze dieser Metalle an einer *Platin*kathode
bei 20° C studiert und dabei die Ergebnisse von ERDEY-GRUZ und
VOLMER (vgl. S. 143) bestätigt. Die GALVANI-Spannung ändert sich zeitlich jeweils in grundsätzlich gleicher Weise. Unterschiede bestehen nur
insofern, als sich die gekennzeichneten Abschnitte der Polarisation-
Zeit-Kurve je nach der Natur des Metalls, des Elektrolyten und der
Stromdichte über Minuten oder Stunden Elektrolysedauer erstrecken
können.

---

[1] SAMARZEFF, A. G., u. K. S. JEWSTROPJEFF: J. physik. Chem. (russ.) Ser. V
1934, 854.

Betrachten wir als Beispiel die Abscheidung des Kadmiums aus einer n-CdSO$_4$-Lösung an einer Platinelektrode bei 20° C und einer Stromdichte von etwa $1,3 \cdot 10^{-5}$ A/cm^2. In Abb. 59 ist der zeitliche Verlauf der Polarisation vom Zeitpunkt des Stromeinschaltens an dargestellt. Er entspricht den Angaben von ERDEY-GRUZ und VOLMER. Die Gleichgewichts-GALVANI-Spannung des abzuscheidenden Metalls im Elektrolyten wird gleich Null angenommen. Sobald der Strom eingeschaltet ist, fällt die GALVANI-Spannung der Platinelektrode rasch von a bis b (Meßgenauigkeit bis zu 0,1 mV). SAMARZEFF und JEWSTROPJEFF vermuten, daß sich nach Übersättigung der Kathodenoberfläche mit einem Adsorptionsfilm die neue Phase beim Erreichen des Minimums in b bildet. Der

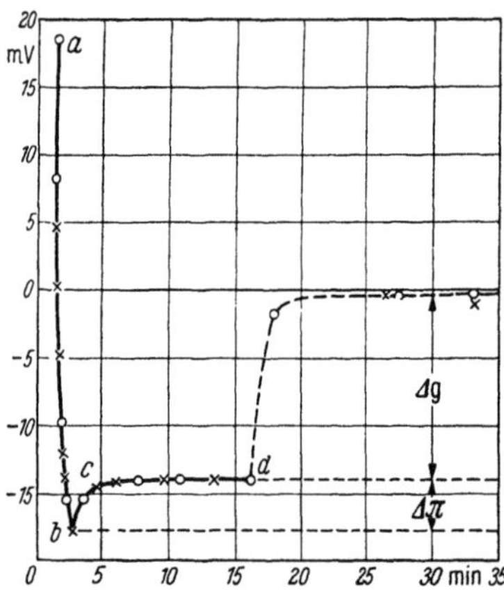

Abb. 59. Polarisationskurve des Kadmiums an einer glatten Pt-Elektrode in n-CdSO$_4$-Lösung bei $1,3 \cdot 10^{-5}$ A/cm^2. (Nach SMARZEFF und JEWSTROPJEFF, s. S. 145, Fußn. 1.)

Bereich ab dürfte über den von ROJTER und Mitarbeiter angenommenen Initialbereich der Überspannung (vgl. S. 136) bereits weit hinausgehen.

Sobald bei dem Umkehrpunkt b die ersten Metallkeime erschienen sind, wirken sie, wie es VOLMER (s. später S. 154) formuliert hat, autokatalytisch auf das Weiterwachsen der neuen Kristalle. Zum Weiterwachsen ist praktisch kaum Energie erforderlich. Deshalb geht die Metallüberspannung um den Wert $\Delta \pi$ längs des Kurvenabschnittes bc zurück (Wachstumsdepolarisation). Von c ab ist ein stationärer Zustand zwischen Übersättigung und Wachstum der neuen Phase erreicht. Erlangen die Kristalle im Punkte c die Eigenschaften einer massiven Elektrode, so muß den kleineren Kristallen, auf dem Wege bc entstehend, eine weniger edle GALVANI-Spannung im Vergleich zur massiven Elektrode beigemessen werden. Die Polarisation Δg bleibt nunmehr von c an nahezu auf der gleichen Höhe (stationärer Zustand).

Der Betrag $\Delta \pi$, um den die Polarisation zurückging, entspricht offenbar der zur Keimbildung notwendigen Energie (Kristallisationspolarisation). Nach Ausschalten des Stromes bei d wird ein Aufstieg der GALVANI-Spannung bis zur Gleichgewichts-GALVANI-Spannung des Kadmiums (gestrichelte Linie) beobachtet.

Die Lage des Minimums b verschiebt sich mit der Stromdichte. Abb. 60 gibt nach SAMARZEFF und JEWSTROPJEFF Polarisation-Zeit-Kurven für die Abscheidung von Silber aus einer n-AgNO$_3$-Lösung an (schwach platiniertem) Platin für verschiedene Stromdichten bei 20° C wieder ($1 = 1 \cdot 10^{-6}$ A/cm², $2 = 5 \cdot 10^{-6}$ A/cm², $3 = 20 \cdot 10^{-6}$ A/cm², $4 = 60 \cdot 10^{-6}$ A/cm²). Das Minimum der GALVANI-Spannung liegt um so tiefer, je höher die Stromdichte gehalten wird. Wären Neutralisation und Eintritt der Kationen in das Gitter ein einziger Prozeß, so sollte man unabhängig von der Stromdichte eine gleiche Minimumtiefe erwarten. Der tatsächliche Befund spricht also nach Ansicht von SAMARZEFF und JEWSTROPJEFF für die angenommene Übersättigung mit Kationen in der Doppelschicht, als ein der Keimbildung vorgeschalteter Prozeß.

Als Bestätigung fassen die Autoren andererseits auch die Tatsache auf, daß das zeitliche Intervall für die Verminderung der Überspannung[1] um den Betrag vom Minimum b bis zum Konstantwerden bei c unabhängig von der Stromdichte praktisch gleichbleibt (vgl. Abb. 60[2]). Allerdings sind diese Zeitintervalle, wie z. B. ein Vergleich von Abb. 59 und 60 lehrt, für die verschiedenen Metalle ungleich. Die GALVANI-Spannung wird bei der Kadmiumabscheidung rascher konstant als bei der Silberabscheidung. Augenscheinlich ist also die Wachstumsgeschwindigkeit der Keime bei gleicher Abscheidungstemperatur für die beiden Metalle verschieden. Für solche Unterschiede haben wir auch bereits aus anderen Tatsachen eine Bestätigung gefunden (vgl. S. 164).

Bemerkenswert ist nach den Ergebnissen von SAMARZEFF und JEWSTROPJEFF das bereits oben (S. 145) erörterte Verhalten des Quecksilbers bei der Abscheidung an der Platinkathode. Im zeitlichen Verlauf der GALVANI-Spannung unterscheidet sich nämlich die Spannung-Zeit-Kurve für die Abscheidung von

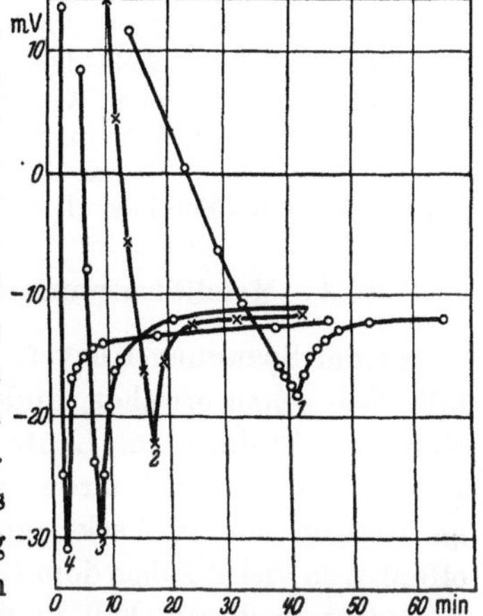

Abb. 60. Polarisation einer (schwach platinierten) Pt-Elektrode in einer n-AgNO₃-Lösung bei verschiedenen Stromdichten.
(Nach SAMARZEFF und JEWSTROPJEFF, s. S. 145, Fußn. 1.)

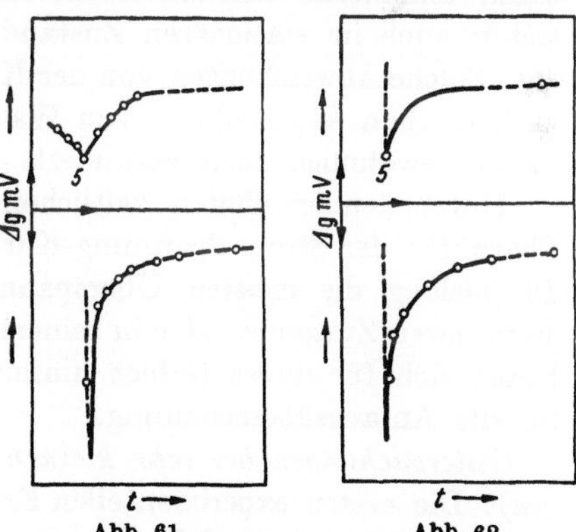

Abb. 61.   Abb. 62.

Abb. 61. Spannung-Zeit-Kurve der Hg-Abscheidung an Platin. (Nach SAMARZEFF und JEWSTROPJEFF, s. S. 145, Fußn. 1.)
Abb. 62. Spannung-Zeit-Kurve der Silberabscheidung an Platin. (Nach SAMARZEFF und JEWSTROPJEFF, s. S. 145, Fußn. 1.)

---

[1] Wachstumsdepolarisation, s. S. 151 ff. — [2] Die Geschwindigkeit der Oberflächendiffusion bleibt von der Stromdichte unberührt.

Quecksilber, also eines flüssigen Metalls, an Platin grundsätzlich nicht von der Abscheidung des Silbers oder anderer fester Metalle an der gleichen Kathode. Abb. 61 gibt einen Teil dieser Kurve für die Quecksilberabscheidung bei zwei verschiedenen Stromdichten (Verhältnis der Stromdichte bei der oberen zu der unteren Kurve wie 1 : 50) und Abb. 62 zum Vergleich für die Silberabscheidung bei zwei verschiedenen Stromdichten (Verhältnis der Stromdichte bei der oberen zu der unteren Kurve wie 1 : 60) wieder. In beiden Fällen handelt es sich um Stromdichten in der Größenordnung von 10^{-5} bis 10^{-6} A/cm². Auf die Deutung dieser Analogie in der Abscheidung eines flüssigen Metalls mit derjenigen der festen Metalle sind wir bereits auf S. 144 u. 145 eingegangen.

1.42.3 Metallüberspannung im angenähert stationären Bereich.

Strom-Spannung-Kurven bei Metallabscheidung auf gleichem Metall. Wie schon erwähnt, ändert die Polarisation bei der kathodischen Metallabscheidung im Laufe der ersten Sekunden bis Minuten ihre Größe, bisweilen auch ihren Charakter. Zu Beginn der Elektrolyse, etwa im Bereich von 10^{-3} sek, nimmt die Metallüberspannung zu und ist offenbar in vielen Fällen dem Logarithmus der Stromdichte proportional[1]. Sie wirkt in diesem Fall hauptsächlich als Aktivierungs- oder Durchtrittspolarisation (vgl. S. 130 u. 119) und gehorcht der TAFELschen Beziehung. Überwiegend macht sich hier die elektrochemische Seite des Abscheidungsmechanismus geltend.

Nach Ablauf dieser Zeit geht die Polarisation zurück. Die Oberfläche vergrößert sich und wird zugleich aktiver. Gewöhnlich ist nach Minuten — oder aber auch erst nach Stunden — ein stationärer Zustand annähernd konstanter Metallüberspannung erreicht. Immerhin treten auch im stationären Zustand oft noch Potentialschwankungen auf. Solche Abweichungen von der Konstanz sind größer als z. B. bei der kathodischen Abscheidung von Wasserstoff, die die reine Metalloberfläche gewöhnlich nicht verändert.

Unter den erwähnten zeitlichen Bedingungen kann sich auch der Charakter der Strom-Spannung-Kurve der Metallabscheidung ändern. Da bislang die meisten Überspannungsmessungen in der Nähe des stationären Zustandes oder in seinem Bereich selbst ausgeführt wurden, bietet sich für dieses Gebiet umfangreicheres Erfahrungsmaterial als für die Anfangsüberspannung.

Untersuchungen bei sehr kleinen Stromdichten (und Überspannungen). Die ersten experimentellen Ergebnisse sind hier mit den Namen VOLMER, BRANDES und ERDEY-GRUZ verbunden. BRANDES[2] wie auch

---

[1] Vermutlich dürfte sie in einem noch früheren Zeitbereich (10^{-4} sek oder kleiner) der Stromstärke direkt proportional sein, in Analogie zur Wasserstoffüberspannung unter diesen Initialbedingungen. Diese lineare Beziehung sollte der Aufladung der Doppelschicht entsprechen.

[2] s. S. 122, Fußn. 1.

Volmer[1] fanden bei *kleinen* Stromdichten (in Stromstößen von 10^{-2} bis 10^{-1} sek) und in Lösungen einfacher Salze einen *linearen*

Anstieg der Strom-Spannung-Kurve. Im Sinne von Volmer sollte hier für die Metallüberspannung (vgl. S. 130) als langsamstem Vorgang nicht die Geschwindigkeit des Durchtrittes durch die Doppelschicht maßgebend sein, sondern die Geschwindigkeit, mit der die Metallionen an die Stelle des Einbaues in das Metallgitter nachgeliefert werden. Wir erinnern uns aber (vgl. S. 133), daß diese Deutung bei kleinen Überspannungen (für einwertige Metalle <40 mV, für zweiwertige <20 mV) nicht allein gilt. Man kann unter diesen Bedingungen auch hier die Hemmung des Ionendurchtrittes als geschwindigkeitsbestimmend ansehen[2]. Die Stromdichten wurden so klein gehalten, um Konzentrationspolarisation zu vermeiden. Die Abscheidungsdauer wurde relativ kurz bemessen, so daß die gebildeten Kristallkeime in der kurzen Zeit des Stromstoßes nur wenig auswachsen konnten.

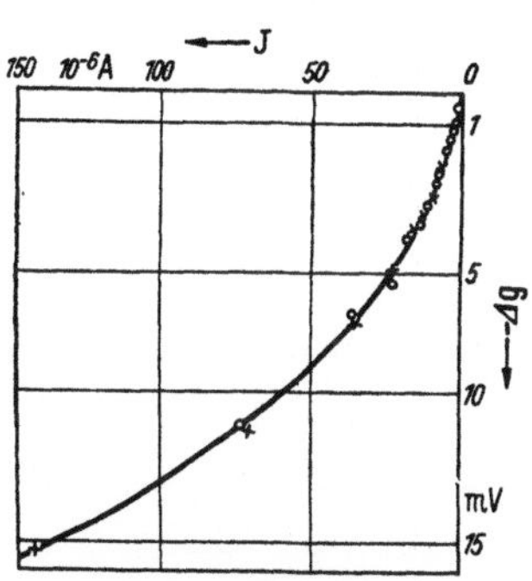

Abb. 63. Strom-Spannung-Kurve der Zinkabscheidung. (Nach Erdey-Gruz und Volmer, s. S. 36, Fußn. 7.)

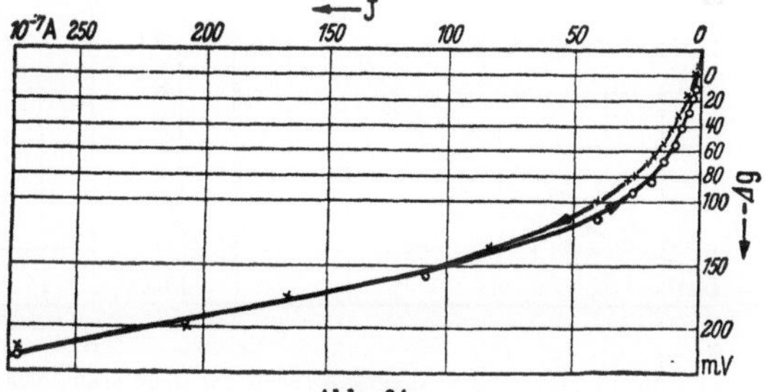

Abb. 64.

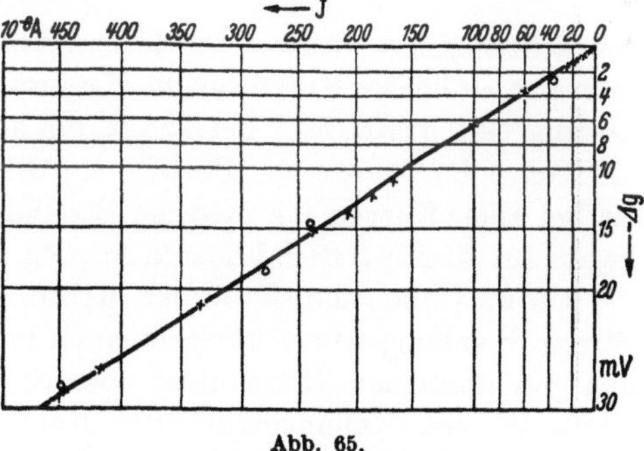

Abb. 65.

Abb. 64 u. 65. Strom-Spannung-Kurve der Nickelabscheidung. (Nach Erdey-Gruz und Volmer, s. S. 36, Fußn. 7.)

---

[1] s. S. 36, Fußn. 7.

[2] Nimmt man jedoch an, daß nicht nur geschwindigkeitshemmende Hindernisse für einen verlangsamten Ionennachschub verantwortlich sein können, sondern — infolge Rücklösung — Verluste an den Metallionen, die in der Doppelschicht zu den Aktivstellen wandern sollten, so könnte man gerade bei niedrigen Überspannungen und Stromdichten die Linearität auf gehemmten Antransport der Metallionen zurückführen. (Vgl. aber die Ergebnisse Gerischers, s. später S. 156.)

ERDEY-GRUZ und VOLMER fanden die lineare Änderung der Polarisation mit sehr kleinen Stromdichten bei der Abscheidung der Metalle Zink, Kadmium, Blei, Wismut, Kupfer, Silber, Nickel je an einer Kathode aus dem gleichen Metall. Abb. 63 zeigt nach ERDEY-GRUZ und VOLMER die Strom-Spannung-Kurve für die Abscheidung von Zink aus n-Zinksulfatlösung. Der obere Ast (bei sehr kleinen Stromdichten) ist linear. Abb. 64 gibt in einem Gesamtüberblick die Strom-Spannung-Kurve für die Abscheidung von Nickel aus n-Nickelsulfatlösung, Abb. 65 den ersten geradlinigen Teil der in voriger Abbildung in kleinerem Maßstab

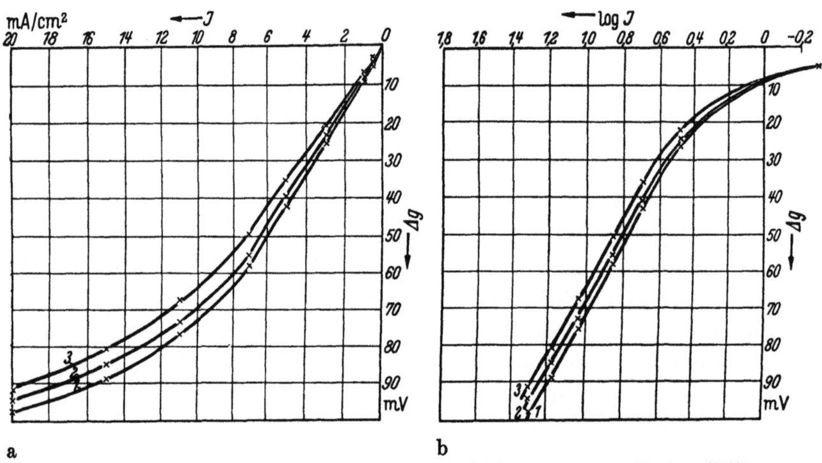

a   b

Abb. 66a u. b. Strom-Spannung-Kurven der Kupferabscheidung aus saurer Kupfersulfatlösung.
(Nach MATTSSON, s. S. 157.)

gebrachten Kurve wieder. Abb. 66a zeigt nach MATTSSON (s. S. 157) die — teilweise — lineare Kurve für die Kupferabscheidung aus 0,5 m-$CuSO_4$-Lösung (+0,5 m-H_2SO_4) bei 22° C. Bei höheren Stromdichten gehorcht die Kurve der TAFELschen Beziehung (Abb. 66b). Die Beziehung $\Delta g \sim J$ ist bei allen Kurven für niedrige Stromdichten erfüllt. Ihre Δg-Werte liegen für diesen ersten[1] linearen Anstieg sämtlich unter 20 bzw. 40 mV.

ERDEY-GRUZ und KARDOS[2] haben diesen linearen Verlauf der Strom-Spannung-Kurve übrigens auch bei der Abscheidung von Silber aus geschmolzenem Silbernitrat oder Silberchlorid, gegebenenfalls mit Zusätzen von Kaliumnitrat oder Kaliumchlorid an Silbereinkristallkathoden gefunden. Schließlich verläuft die Abscheidung von Silber aus einigen wäßrigen Lösungen, die sicherlich Komplexsalze enthalten, z. B. von AgBr + KBr, AgCl + HN_4Cl und AgCN + KCN, wie ERDEY-

---

[1] Über einen weiteren linearen Kurvenast, erhalten bei höheren Stromdichten, s. weiter unten (S. 154).

[2] ERDEY-GRUZ, T., u. KARDOS: Z. phys. Chem. (A) **178**, 255 (1937).

Gruz fand, ebenfalls nach diesem Gesetz. Dies ist vor allem für das stark
komplexe Zyanid um so merkwürdiger, als andere Komplexsalzlösungen
durchaus anderen Gesetzmäßigkeiten folgen (vgl. S. 192).

Die Strom-Spannung-Kurve bleibt also bei kurzzeitigen Stromstößen eine Gerade, sofern keine depolarisierenden Kräfte des Kristallwachstums vorhanden sind. Eine solche kristallographisch bedingte
Depolarisation, die weiter unten noch zu erörtern sein wird, folgt der
zur Keimbildung erforderlichen Kristallisationspolarisation nach, wenn
die einmal begonnenen Netzebenen weiterwachsen. Wir kennen sie bereits aus den Versuchen von Samarzeff und Jewstropjeff (vgl.
S. 147). So ist nach Brandes die Kathode bei der Abscheidung von
Silber an Platin in den ersten Augenblicken depolarisationsfrei, weil
sich das Silber nicht in das fremde Platingitter einordnet; es müssen
sich erst Silberkeime bilden.

Läßt man aber dem Kristallwachstum freien Lauf, so scheiden sich die
Metallionen an der Kathode aus gleichem Metall infolge solcher „Wachs-
tums-Depolarisation" mit bedeutend geringerer Überspannung ab als an
einer indifferenten Kathode. Daher muß man bei Strom-Spannung-Kurven, entstanden unter solcher Depolarisation, wie z. B. bei der Abscheidung von Zink auf Zink, nach Brandes eine entsprechende Korrektur an-
bringen. Ihre Größe läßt sich bei der Arbeitsweise von Brandes (mit
kommutiertem Gleichstrom) aus dem Abfall der Polarisation im stromlosen Anteil der Potential-Zeit-Kurve entnehmen. Die so korrigierten
Anstiege erwiesen sich nach Brandes als linear.

Einfluß der Wachstumsstellen. Wesentlich für die Deutung der
linearen Beziehung zwischen Stromstärke und Polarisation im Sinne
von Volmer (Ionennachschub geschwindigkeitsbestimmend) ist offenbar der Einfluß von Zahl und Größe der Wachstumsstellen auf der
Kathode. Zum Beispiel fand Volmer bei kurzzeitiger Messung der
Überspannung ($^1/_{30}$ sek) mit kleinsten Stromdichten für die Abscheidung
von Zink an verschiedenen Zinksorten und an Zinkamalgam ganz
unterschiedliche Polarisationswerte (vgl. Tab. 12).

Tabelle 12. *Metallüberspannung an Zink verschiedener Art.*

Kathodenmaterial	Stromdichten in mA/cm²	Polarisation
Amalgam mit 1% Zn, flüssig	bis 10	keine
Dest. Zink, feinkristallin	bis 10	kaum merklich
Elektrolytzink, feinkristallin	bis 10	kaum merklich
Zink, mittelgroße Kristalle	0,25	stark
Zink, grobkristallin	0,25	stark

Die eine feinkristalline Zinkprobe wurde im Hochvakuum durch Sublimation
als Niederschlag auf einer mäßig warmen Glasplatte erhalten; bei der zweiten
handelte es sich um einen elektrolytischen Niederschlag auf einer Silberblech-

kathode, abgeschieden aus einer Zinkatlösung. Das Zink von mittlerer Kristallgröße war Stangenzink (Kahlbaum), die grobkristalline Sorte war im Vakuum destilliert.

Bei der Abscheidung an Zinkamalgam bestehen also praktisch überhaupt keine Hemmungen, während solche an festen Kathoden vorhanden sind und um so größer ausfallen, je größer die Kristalle der Kathode sind.

Beim festen Zustand hängt also nach der Vorstellung von VOLMER die (stationäre) Polarisation, die mit der Stromdichte linear verknüpft ist, von der Zahl und Größe der Wachstumsstellen auf der Kathode zusammen. Aus dem Adsorptionsfilm auf der Kathode, mit der HELMHOLTZschen Doppelschicht übereinstimmend, können die abzuscheidenden Kationen, wie schon auf S. 119 ausgeführt, in der Regel nur an den Wachstumsstellen oder den (submikroskopischen) Ecken und Kanten der Oberfläche in das Metallgitter, vor allem in die „Halbkristall-Lage", übertreten. An allen übrigen Stellen ist der Übertritt gehemmt.

Dies gilt vor allem von den sog. „normalen" Metallen (vgl. S. 159) und auch von anderen Metallen, die jedenfalls nicht zu den Übergangselementen des Periodischen Systems gehören (vgl. S. 160). Die bei dieser Hemmung beobachtete Spannungsdifferenz wird nach VOLMER gleichsam von einem Ohmschen Widerstand (W) getragen. Ein Ohmscher Widerstand liefert jedenfalls das geeignete Ersatzschaltbild. Man kann ihn sich anschaulich in Gestalt von Stromfäden vorstellen, die zu den einzelnen Wachstumsstellen führen.

So gilt die VOLMERsche Beziehung

$$W = \frac{\varrho}{2\pi r n}, \tag{70}$$

wobei ϱ der spezifische Widerstand des Elektrolyten, r die lineare Größe der Wachstumsstelle und n die Zahl der Wachstumsstellen bedeuten. W, und damit die Metallüberspannung, ist also um so größer, je kleiner die Zahl und die Größe der Wachstumsstellen sind.

Die Frage des Feldverlaufes über den Wachstumsstellen ist von LORENZ[1] eingehend diskutiert worden. LORENZ benutzte dazu ein makroskopisches Modell, doch bereitet die Übertragung der daran erhaltenen Ergebnisse auf atomare Dimensionen einige grundsätzliche Schwierigkeiten. LORENZ machte darauf aufmerksam, daß es hauptsächlich der elektrische Leitungswiderstand in der Umgebung der Wachstumsstelle sei, der dem Ionennachschub entgegenstehe. In der VOLMERschen Größe ϱ sollte also nicht nur der spezifische Widerstand des Elektrolyten, sondern auch der spezifische Widerstand der Diffusionswege auf der Oberfläche enthalten sein. Dieser Oberflächenwiderstand kann durch adsorbierte Inhibitoren beträchtlich erhöht werden[2].

---

[1] s. S. 120, Fußn. 2.

[2] LORENZ bezeichnet die Polarisation, die auf den Ionennachschub zur Wachstumsstelle entfällt, als „Wachstums-Widerstandspolarisation" (s. S. 120, Fußn. 2).

Von dem Abscheidungsmechanismus A (S. 119) ausgehend, gelangt LORENZ[1] zu dem Schluß, daß die Belegungsdichte der HELMHOLTZschen Doppelschicht an einer unendlich großen Kristallfläche im elektrochemischen Gleichgewicht gerade so groß ist, als sie sein muß, um mit der Halbkristall-Lage (den Wachstumsstellen) im Gleichgewicht zu stehen. Die einheitliche GALVANI-Spannung, die an einer solchen Fläche (trotz submikroskopischer Inhomogenitäten) herrscht, ist identisch mit der ihr zugeordneten GALVANI-Spannung der Halbkristall-Lagen.

Ein Austausch zwischen Metallgitter und elektrolytseitiger Doppelschichtbelegung kann nach dem Mechanismus A in der Nähe des Phasengleichgewichtes nur an den Wachstumsstellen stattfinden. An ihnen fällt das Potential steil ab, gewissermaßen in ein „Potentialloch" hinein. Die Abscheidung an der Wachstumsstelle selbst findet also unter Depolarisation statt.

Wenn die Metallionen die Doppelschicht nur an Wachstumsstellen durchqueren, so müssen, wie erwähnt, die aus dem Elektrolyten auf die Doppelschichtaußenseite auftreffenden Metallionen längs der Doppelschicht bis an eine Stelle gegenüber einer Wachstumsstelle wandern. Bei endlicher Oberflächenleitfähigkeit wird an der Metalloberfläche eine tangentiale Feldkomponente bestehen: die Stromlinien sollten also nicht genau senkrecht auf die Oberfläche auftreffen (LORENZ[1]).

Die durchschnittliche Zahl der Wachstumsstellen pro cm^2 der Oberfläche eines Realkristalls geben KNACKE, STRANSKI und WOLFF[2] aus der Theorie der Verdampfungsgeschwindigkeit, der Kristallplastizität, des Ferromagnetismus und aus röntgengraphischen Untersuchungen übereinstimmend mit etwa 10^8 pro cm^2 an. LORENZ[2] errechnet aus der Polarisation nach der (etwas erweiterten) VOLMERschen Formel etwa 10^6 bis 10^7 Stellen. Je nach Art des kristallinen Materials, ob aus Einkristallen oder Vielkristallen bestehend, je nach Größe und Orientierung der Kristalle, mag die Zahl der Wachstumsstellen differieren, so daß Unterschiede um Größenordnungen möglich erscheinen. Die (wahre) Stromdichte an den Wachstumsstellen müßte demnach sehr erheblich sein. Bei 10^{-4} A/cm^2 scheinbarer Stromdichte (bezogen auf die geometrische Oberfläche) sollte sie also den enormen Wert von 10^4 A/cm^2 erreichen, auf die Gesamtfläche der Wachstumsstellen bezogen, wenn der Wert 10^7 Wachstumsstellen pro cm^2 als reell angesehen wird.

Die VOLMERsche Formel (70) wird z. B. durch folgende Versuche gut verdeutlicht: Auf einer polierten Silberkathode scheidet sich aus einer 3 n-Silbernitratlösung bis zu Spannungen von $6 \cdot 10^{-3}$ V noch kein Silberniederschlag ab; erst bei etwa $20 \cdot 10^{-3}$ V bilden sich Mikrokristalle aus, die nunmehr sogar bei geringeren Spannungen weiterwachsen. Wird die polierte Oberfläche mit Kratzern versehen, so entstehen schon bei viel kleinerer Spannung normal weiterwachsende Kristallflächen. Augenscheinlich vermehrt also ein solcher Kratzer die Zahl der **Aktivstellen** erheblich, indem Winkel und Kanten von Mikro-

---

[1] s. S. 120, Fußn. 2.

[2] KNACKE, O., J. N. STRANSKI u. G. WOLFF: Z. Elektrochem. **56**, 476 (1952).

kristallen der Elektrode, wirksam als Wachstumsstellen, freigelegt werden.

Wie klein die Überspannung ist, wenn die Zahl der Wachstumsstellen überragend groß ist, bestätigt auch folgendes Beispiel (nach HOEKSTRA[1]): Scheidet sich Kadmium auf einer glatten Kadmiumelektrode ab, so findet man deutlich meßbare Überspannungswerte. Wird hingegen die Oberfläche einer Kadmiumelektrode während der Abscheidung des Kadmiums *geschabt*, so sind die Werte für die Metallüberspannung kleiner als 1 mV.

Untersuchungen bei mittleren Stromdichten (unterhalb der Konzentrationspolarisation). Die Geradlinigkeit der Strom-Spannung-Kurven, die ERDEY-GRUZ und VOLMER bei der Metallabscheidung auf dem gleichen Metall angenommen haben, bleibt bei höheren Stromdichten nicht erhalten. Hier läuft die Abscheidung offenbar nach anderen, verwickelteren Gesetzmäßigkeiten ab. Die Stromdichten, bei denen die Kurve ihre lineare Form einbüßt (vgl. Abb. 63 u. 64, S. 149), dürften aber noch nicht groß genug sein, um eine merkliche Konzentrationspolarisation hervorzurufen. Auch verlaufen die Kurven nach dem ersten geradlinigen Abfall entgegengesetzt zu dem Gang, den man bei Konzentrationspolarisation erwarten sollte.

ERDEY-GRUZ und VOLMER vermuten, daß mit gesteigerter Spannung die Zahl der Aktivstellen wächst. Nach der VOLMERschen Formel (S. 152) löst dieser Umstand einen gleichsam *autokatalytischen* Anstieg der Stromstärke in den Kurven aus. Indes sollte sich ein Anstieg dieser Art wieder abschwächen, sobald die Oberflächenrauhigkeit so beträchtlich geworden ist, daß die Zahl der Aktivstellen kaum noch zunimmt. In diesem Fall muß sich der Anstieg erneut einer Geraden nähern, bis — mit weiter erhöhter Stromdichte — schließlich Konzentrationspolarisation einsetzt und die Kurve nach der entgegengesetzten Seite lenkt.

Besonders deutlich sind diese drei Formen der Strom-Spannung-Kurve bei der Abscheidung des Nickels zu beobachten (vgl. Abb. 64 u. 65). Von 0 bis etwa 30 mV erstreckt sich der erste geradlinige Anstieg. Dann folgt von etwa 30 bis 140 mV der „autokatalytische" Anstieg der Stromstärke, angeregt durch vermehrte Aktivstellenzahl. Hieran schließt sich wieder ein zweiter geradliniger Kurventeil, der nun etwa einer gleichbleibend hohen Zahl der Aktivstellen entspricht. Ein (nach unten umbiegender) weiterer Ast der Kurve, hervorgerufen durch die logarithmische Beziehung zwischen Δg und $\log J$ und schließlich durch Konzentrationspolarisation, ist auf der Abbildung nicht mehr zu sehen.

Im übrigen ergeben die mit steigender Stromdichte aufgenommenen Kurven immer eine etwas höhere Polarisation als mit abfallender Stromdichte auf-

---

[1] HOEKSTRA, J.: Coll. Trav. chim. Tschechoslov. **2**, 397 (1930).

genommene. ERDEY-GRUZ und VOLMER erklären dies damit, daß bei ansteigender Stromdichte häufig neue Netzebenen angelegt werden, was bei fallender Stromdichte unterbleibt.

Daß tatsächlich die rapide Zunahme der Wachstumsstellen den „autokatalytischen" Anstieg, anschließend an den ersten geradlinigen Ast der Strom-Spannung-Kurve, veranlaßt, wie ERDEY-GRUZ und VOLMER meinen, läßt sich experimentell beweisen. Denn die Kurve läuft geradlinig weiter, wenn sich die Oberfläche der Kathode mit der Stromdichte *nicht* ändern kann. Dies trifft z. B. für die Abscheidung an Quecksilberkathoden zu. So fand KEMULA[1] an Quecksilberelektroden geradlinige Strom-Spannung-Kurven. Ebenso bleibt die Kurve geradlinig, wenn die Oberfläche während der Elektrolyse ständig geschabt wird, so daß stets ungewöhnlich viele Wachstumsstellen und in einer im Mittel etwa gleichbleibenden Zahl vorhanden sind. HOEKSTRA fand geradlinige Kurven bei der Abscheidung von Silber, Blei, Zink, Kupfer an geschabten Elektroden aus dem jeweils gleichen Metall. Für die VOLMERsche Größe W [vgl. Formel (70) S. 152], sollte unter diesen Bedingungen hauptsächlich der spezifische Widerstand des Elektrolyten maßgebend sein. Lediglich bei der Abscheidung des Nickels wird die Kurve durch Schaben keineswegs geradlinig, wenngleich sich die Überspannung um einen gewissen Betrag vermindert.

Überhaupt scheinen bei den Metallen der Eisengruppe besondere Verhältnisse vorzuliegen. Wahrscheinlich kann man nicht alle Erscheinungen der Überspannung von Eisen, Nickel und Kobalt mit *einer* Theorie allein deuten (vgl. auch S. 161). Das Phänomen dürfte eher komplexer Natur sein. Es mag sein, daß ein beträchtlicher Teil der Überspannung auf das Fehlen von freien Elektronen bei den Übergangsmetallen zurückgehen wird. Das dürfte vor allem den Anteil an der Überspannung betreffen, der auch bei anodischer Schaltung wiederkehrt. Darüber hinaus werden aber wohl noch andere Faktoren mitwirken. EVANS[2] weist auf die zweifellos bestehende Wirkung von kolloidalem Metallhydroxyd hin, das sich während der Abscheidung im Kathodenfilm bildet. Auch BILLITER hat diese Möglichkeit ins Auge gefaßt, die die Überspannung sicherlich nicht *allein* hinreichend erklären kann. Auf einer Kolloidwirkung dürfte jedenfalls ganz überwiegend das verfeinerte Kristallkorn der Niederschläge der Eisenmetalle beruhen (vgl. MACNAUGHTAN, GARDAM und HAMMOND[3]).

Schließlich bleibt es aber durchaus wahrscheinlich, daß auch der Einbau von Wasserstoff in das Gitter der Eisenmetalle in einem gewissen Grade neben anderen Faktoren an der ungewöhnlich hohen Polarisation dieser Metalle beteiligt ist.

---

[1] KEMULA, W.: Coll. Trav. chim. Tschechoslov. **2**, 397 (1930).
[2] s. EVANS u. SHOME S. 194, Fußn. 1.   [3] s. S. 80, Fußn. 1.

Einer Deutung der linearen Beziehung zwischen Stromdichte und Metallüberspannung lediglich im Sinne eines Nachlieferns der abscheidbaren Kationen als langsamstem Vorgang (vgl. S. 130) muß man allerdings Einwände mancher anderer Autoren, wie GLASSTONE[1], BUTLER[2] und neuerdings GERISCHER[3] entgegenhalten. Wir haben bereits auf S. 149 bemerkt, daß diese Erklärung nicht eindeutig sei[4]. So fand GERISCHER bei der Abscheidung von Silber aus Silbernitratlösungen auf Silberkathoden, daß der Polarisationswiderstand $\frac{d\Delta g}{dJ}$ in der Umgebung der Gleichgewichts-GALVANI-Spannung praktisch unabhängig von der Konzentration der Ag^+-Ionen (über einen Bereich von Zehnerpotenzen) und von der Rührung ist. Da der Antransport der Ag^+-Ionen und damit die Entladungsgeschwindigkeit der Ag^+-Ionen von Konzentration und Rührung abhängen müßten, erscheint die Auffassung von BRANDES und VOLMER, der Antransport der Kationen sei geschwindigkeitsbestimmend, heute nicht mehr zwingend.

GERISCHER hält nach seinen Ergebnissen den Abscheidungsmechanismus B (vgl. S. 119) für wahrscheinlich, wonach sich adsorbierte Oberflächenatome bilden, die sich allmählich, d. h. im Laufe von Hundertstel- bis Zehntelsekunden, in das Gitter einordnen. Auch dieser relativ langsame Einordnungsvorgang der Oberflächenatome wird die Metallüberspannung erhöhen, denn die Oberflächenatome haben wegen ihrer hohen Aktivität eine viel unedlere GALVANI-Spannung als die im Gitter eingeordneten Atome[5]. Eine Metallüberspannung dieser Art könnte man als eine Art Reaktionsüberspannung ansehen (vgl. S. 16).

Immerhin dürfte in der Frage nach dem Mechanismus der Abscheidung noch nicht das letzte Wort gesprochen sein[6]. So könnte die relativ hohe Austauschstromdichte (vgl. S. 6) an der Phasengrenze $Ag/AgNO_3$-Lösung $J_0 = 10^{-5}\,A/cm^2$ (VAHRAMIAN[7]) auf einen raschen Einordnungsvorgang hindeuten. Man wird aber für eine endgültige Entscheidung noch wesentlich mehr experimentelles Material sammeln

---

[1] s. S. 172, Fußn. 1.   [2] s. S. 40, Fußn. 5.

[3] s. S. 131, Fußn. 2.

[4] Immerhin scheint diese Deutung für den *zweiten* linearen Bereich doch noch haltbar zu sein, wenn die Überspannung über 20 oder 40 V hinausgeht. Dies ist z. B. beim Nickel der Fall (vgl. Abb. 64, S. 149), bei dem man infolge sekundärer Inhibition auch eher einen verlangsamten Ionennachschub annehmen könnte.

[5] Außerdem scheint der Einbau in das Gitter mit einer „Gittereinbaupolarisation" verbunden zu sein (vgl. LORENZ, S. 120, Fußn. 2).

[6] Namentlich bei höheren Stromdichten haben einige Autoren die Beziehung $1/\Delta g \sim \log J$ gefunden, so ESSIN und LEVIN für die Abscheidung von Kupfer aus $CuSO_4$-Lösung $(+0,1\ n\text{-}H_2SO_4)$ oder ESSIN und LOSHKAREW für Nickel aus $NiSO_4$-Lösung. Die aufgefundene Beziehung entspricht einer Bildung zweidimensionaler Keime als langsamster Reaktion.

[7] s. S. 126, Fußn. 4.

müssen. Neuerdings hat MATTSSON[1] (vgl. S. 150) zeigen können, daß z. B. die Abscheidung von Kupfer aus 0,5m-$CuSO_4$-Lösung ($+0,5$m-H_2SO_4) bei 22° C oberhalb etwa 30 m V halb logarithmische Strom-Spannung-Kurven ergibt (vgl. Abb. 66a u. 66b, S. 150).

1.43 Reihenfolge der Metalle nach ihrem kathodischen Verhalten.

Nach den Messungen der stationären Metallüberspannung kann man die Metalle etwa in drei Gruppen einteilen: solche, die sich 1. mit geringer, 2. mit mittlerer und 3. mit hoher Polarisation abscheiden. Dabei können die Überspannungswerte im einzelnen noch je nach Beschaffenheit der Oberfläche schwanken.

In Tab. 13 sind nach Versuchen von ERDEY-GRUZ und VOLMER größenordnungsmäßig die Stromstärken (in mA) angegeben, die bei der Abscheidung verschiedener Metalle aus verschiedenen Elektrolyten unter sonst gleichen Abscheidungsbedingungen eine Metallüberspannung von etwa 10 mV ergaben.

Tabelle 13. *Stromstärken zur Erzielung von 10 mV Überspannung.*

Metall	Elektrolyt	Schutzgas	mA zur Erzielung von 10 mV
Bi	n-$BiCl_3$ sauer	N_2	12 ··· 20
Pb	n-Pb-Azetat sauer	N_2	1,4 ··· 3,5
Cd	n-$CdSO_4$	N_2	1 ··· 2
Cu	n-$CuSO_4$ sauer	N_2	0,1 ··· 0,12
Ag	n-$AgNO_3$ sauer	N_2	0,1
Zn	n-$ZnSO_4$	H_2	0,05
Ni	n-$NiSO_4$	H_2	0,001

Die Messungen wurden (unter einem indifferenten Schutzgas) mit möglichst kleiner Stromdichte, also kleiner Überspannung, durchgeführt. Unter diesen Bedingungen ist die Übersättigung klein, d. h., die Konzentration der Ionen in der Doppelschicht ist nur wenig größer, als dem Gleichgewicht entspricht. Umgekehrt dürfte der Kathodenfilm, also die Flüssigkeitsschicht in unmittelbarer Nähe der Kathode, noch so wenig an Kationen verarmen, daß Konzentrationspolarisation nicht zustande kommt.

Unter solchen Bedingungen scheidet sich aber Metall im allgemeinen nicht gleichmäßig an der Kathodenoberfläche ab, sondern nur an einzelnen Aktivstellen. Die übrigen Bezirke der Kathodenoberfläche nehmen an der Abscheidung nicht teil. Infolgedessen ist die *wahre* Stromdichte vermutlich viel größer als die „*scheinbare*" (vgl. auch S. 153). Diese ist auch kein annähernd konstanter Bruchteil von jener, denn mit der Stromdichte ändert sich Zahl und Größe der Aktivstellen.

---

[1] MATTSSON, E.: Comité international de Thermodynamique et de Cinétique electrochimiques, C. r. Stockholm 1953, i. Dr.

Aus der Tab. 13 wird die große Verschiedenheit der Abscheidungs-
hemmungen bei den einzelnen Metallen deutlich. Sie nimmt von Wismut
bis zum Nickel um mehrere Größenordnungen zu. Offenbar ist also
die Größe der Überspannung an die chemische Natur des Metalls gebunden.

Ohne Zweifel hängt sie aber auch von der Art des Elektrolyten und von der
Abscheidungstemperatur ab. So fanden ERDEY-GRUZ und VOLMER z. B. bei der
Abscheidung von Silber aus einer Silbernitratschmelze bei 220° C 280 mA für
10 mV, einen Wert, der noch um eine Größenordnung größer ist als der des
Wismuts, abgeschieden aus wäßriger Lösung bei Zimmertemperatur (Tab. 13).
Bei der Abscheidung von Silber (aus $AgNO_3$-Lösungen) an Platinkathoden
beobachteten SAMARZEFF und JEWSTROPJEFF weder einen merklichen Einfluß
der Konzentration (0,01 bis 1,0 n) noch der Temperatur (20 bis 60° C) des Elektrolyten auf die Metallüberspannung; lediglich verschieben sich die absoluten Werte
der GALVANI-Spannung (vgl. GERISCHER, S. 156).

Wahrscheinlich wird die Reihenfolge der Metalle in der Größe der
Metallüberspannung je nach der Zusammensetzung des Elektrolyten
in einigen Fällen wechseln. In diesem Zusammenhang dürften nicht
nur die Meßgenauigkeit, sondern auch andere Unterschiede, wie Reinheitsgrad der Lösung, Zahl und Größe der Wachstumsstellen,
eine bedeutsame und z. T. noch nicht genügend beachtete Rolle
spielen.

Immerhin kann man in der Überspannungsreihe auch unabhängig
von diesen Faktoren wohl etwa die folgenden drei Gruppen unterscheiden:
Eine Gruppe der Metalle mit verschwindend geringer Metallüberspannung,
zu der die Metalle mit niedrigem Schmelzpunkt, Quecksilber, Wismut,
Blei, Kadmium, Zinn und Thallium, gehören. In einer zweiten Gruppe
der Metalle werden meist merkliche Überspannungswerte gemessen.
Es handelt sich um die Metalle Zink, Kupfer, Silber und Gold. Die
dritte Gruppe enthält hochschmelzende Metalle hoher Überspannung.
Es sind die Metalle der Eisengruppe. Vermutlich gehören auch die
Platinmetalle dazu, deren Überspannung jedoch bisher aus Lösungen
einfacher Salze nicht einwandfrei ermittelt werden konnte. Auch die
Zahlenwerte der oben erwähnten Tab. 13 ordnen sich gleichermaßen
in die drei Kategorien ein.

Übrigens verlaufen kathodische und anodische Polarisation bei den
verschiedenen Metallen gewöhnlich symmetrisch (Lösungen einfacher
Salze, keine starke Inhibition), worauf besonders PIONTELLI[1] aufmerksam gemacht hat. Besitzt also ein Metall hohe kathodische Überspannung, so ist in der Regel auch seine anodische Überspannung
hoch.

---

[1] PIONTELLI R., u. G. POLI: Comité International de Thermodynamique et de
Cinétique electrochimiques, C. r. de la 2. Réunion (1950) Milan, S. 136.

Was die Reproduzierbarkeit anbelangt, so stehen auch die Messungen anderer
Autoren grundsätzlich mit denen von ERDEY-GRUZ und VOLMER im Einklang.
So fand z. B. LE BLANC[1] bei kurzen kathodischen Stromstößen (von je etwa
0,02 sek Dauer) und Stromdichten von etwa $5 \cdot 10^{-3}$ A/cm² an Kathoden aus
dem gleichen Metall, die in n-Salzlösungen des entsprechenden Metalls bei 20° C
tauchten, bei der Abscheidung von Quecksilber, Kadmium und Blei aus Nitrat-
lösungen keine oder eine kaum meßbare Metallüberspannung (Meßempfindlich-
keit einige Zehntel mV). Sie stieg in der Reihe Zink, Silber, Kupfer, Nickel an,
wobei Nickel eine mehrfach höhere Überspannung ergab als die übrigen Metalle.
Die Überspannungswerte von Eisen (als Fe^{2+}) entsprachen etwa denjenigen von
Nickel. SCHERRER beobachtete einen Anstieg der Metallüberspannung in der
Reihe Hg^{2+}, Au^{3+}, Cu^{2+}, Zn^{2+}, Fe^{2+}, Co^{2+}, Ni^{2+}, Pt^{4+}, Pd^{2+}.

VAHRAMIAN[2] hat nachgewiesen, daß die Metallüberspannung bei
der Abscheidung von Silber aus Silbernitratlösung um so kleiner wird,
je reiner die verwendete Lösung ist. Als er eine Lösung von doppelt
kristallisiertem Silbernitrat verwendete und sie weiterhin von Spuren
organischer Stoffe reinigte, indem er sie mit längere Zeit durchgelei-
tetem Sauerstoff oxydierte, konnte er — selbst mit empfindlichsten
Meßmethoden — keine Metallüberspannung mehr nachweisen.

Dieses Ergebnis gibt zu denken und legt eine allgemeine Überprüfung der Überspannungsmessungen mit schärfstens gereinigten Salzlösungen nahe. Bevor dies nicht geschehen ist, läßt sich nicht sicher
sagen, ob etwa bei manchen Metallen, wie Wismut, Kadmium, Nickel
usw., die Polarisation nicht sehr viel kleiner ist, als bisher angenommen,
ja sich in einigen Fällen vielleicht nicht einmal mehr messen läßt. Dabei
sind wahrscheinlich die niedrig schmelzenden Metalle gegen überspan-
nungserhöhende Verunreinigungen weniger empfindlich als die höher
schmelzenden.

Die zunächst phänomenologische Aufteilung der Metalle nach ihrer
Metallüberspannung in drei Gruppen ist sicher nicht zufälliger Art,
findet sie sich doch auch in anderen elektrochemischen oder mit der
Elektrochemie verwandten Belangen wieder. So ordnet PIONTELLI[3] die
Metalle nach ihrem elektrochemischen Verhalten im Ruhezustand in
eben die gleichen Gruppen. Je nach ihrer Natur gibt es Metalle, die
beim Eintauchen in die Lösung ihrer Metallionen (ohne vorgegebenen
äußeren Strom) die reversible Gleichgewichts-GALVANI-Spannung g_{Gl}
ergeben, oder andere Metalle, die sich unter solchen Umständen auf
eine davon verschiedene „Ruhe-GALVANI-Spannung g_{Ruhe} einstellen.
Die Ruhe-GALVANI-Spannung unterscheidet sich dann von der Gleichgewichts-GALVANI-Spannung durch eine „Ruhe-Überspannung" Δg_{Ruhe} :

$$\Delta g_{Ruhe} = g_{Ruhe} - g_{Gl}.$$

PIONTELLI nennt die Gruppe der Metalle mit reversibler Gleichgewichts-GALVANI-Spannung die „normalen" Metalle. Hierher gehören

---

[1] s. S. 127, Fußn. 1.   [2] s. S. 126, Fußn. 4.   [3] s. S. 60, Fußn. 1.

z. B. Pb, Hg, Tl, Sn, Cd. Ihre g_{Gl}-Werte sind konstant, lassen sich reproduzieren und hängen wenig von der Vorgeschichte der Elektroden ab. Diese Metalle zeigen auch während der Elektrolyse, wie wir gesehen haben, eine verschwindend geringe Metallüberspannung, rasch einstellbar, wenig veränderlich und kaum von der Natur der Oberfläche bestimmt.

Das andere Extrem findet sich in jener Gruppe von Metallen, die PIONTELLI als „träge" bezeichnet: Es sind die Übergangsmetalle des periodischen Systems, vornehmlich die Metalle der Eisen- und der Platingruppe. Nicht nur ihr Δg_{Ruhe}-Wert ist beträchtlich, auch zählen die Werte der Metallüberspannung bei von außen vorgegebenem Strom zu den höchsten in der Reihe der elektrolytisch abscheidbaren Metalle. Dabei stellen sich die Endwerte der Überspannung im Ruhezustand und bei der Elektrolyse gewöhnlich langsam ein, und sie hängen stark von der Beschaffenheit der Kathodenoberfläche und ihrer Vorgeschichte ab.

Zwischen diesen beiden Extremen liegt eine weitere Gruppe von Metallen mittleren Verhaltens. Wir nennen sie „gehemmt reaktiv". Die Gruppe enthält z. B. Ag, Cu, Zn, Bi, Sb[1]. Sie weisen mittlere Δg_{Ruhe}- und Δg-Werte der kathodischen Abscheidung auf.

Selbstverständlich stufen sich die Überspannungswerte der Metalle innerhalb der drei Gruppen noch merklich ab, wobei man es — namentlich bei den „trägen" Metallen — oft schwer hat, ihnen zuverlässige Polarisationswerte zuzuordnen.

So ist z. B. von den Eisenmetallen Fe, Co, Ni wohl das Nickel am trägsten. In der Reihe Ag, Cu, Au nimmt die Polarisation vom Silber zum Gold zu, entsprechend in der Reihe Bi, Sb, As vom Wismut zum Arsen. Gelegentliche Abweichungen von diesen Abstufungen kommen je nach Elektrolytzusammensetzung und Abscheidungsbedingungen vor, denn man darf nicht vergessen, daß die zugrunde gelegte stationäre Metallüberspannung komplex ist. Enthält sie doch nicht nur Kristallisationspolarisation, sondern auch Aktivierungspolarisation, in manchen Fällen auch Widerstandspolarisation, Vergiftungspolarisation[2] oder sonstige Reaktionspolarisation. Der Anteil dieser Polarisationsarten kann je nach den Umständen verschieden groß ausfallen, während sich Konzentrationspolarisation in den meisten Fällen in gleichem Maße überlagern wird.

Wie die zeitliche Analyse der Polarisation (SALT, vgl. S. 294) beim Nickel gezeigt hat, nimmt die Aktivierungspolarisation in der Tat

---

[1] Für einige dieser Metalle, z. B. Ag und Bi, ist ihre Zugehörigkeit zur Mittelgruppe nicht ganz sicher. Man könnte sie wahrscheinlich noch zu den „normalen" (reaktiven) Metallen zählen.

[2] s. S. 215.

beträchtliche Werte an, selbst wenn man von der Mitwirkung kolloidalen Nickelhydroxyds (sekundäre Inhibition, s. S. 293) absieht. Möglicherweise können für die Metallüberspannung am Nickel auch Besonderheiten der Elektronenkonfiguration der Übergangsmetalle (vgl. S. 155) verantwortlich gemacht werden.

Auch in anderer Beziehung unterscheiden sich die Metalle der drei Gruppen ganz deutlich voneinander, wie PIONTELLI[1] gezeigt hat. Dabei stehen die „gehemmt reaktiven" Metalle stets zwischen den beiden extremen Gruppen. Erweisen sich z. B. die „trägen" Metalle in Konzentrationsketten als inaktive Reaktionspartner, gegenüber Quecksilber als schlecht amalgamierbar, dagegen als temperaturempfindlich, soweit es die Metallüberspannung betrifft, so bilden die „normalen" Metalle recht aktive Konzentrationsketten, amalgamieren sich leicht und hängen mit ihrer — an sich weit kleineren — Metallüberspannung kaum von der Temperatur ab. Betrachtet man die Geschwindigkeit des Ionenaustausches an den Elektrodengrenzflächen, so versteht man diese Unterschiede. Wie Untersuchungen mit radioaktiven Indikatoren, z. B. von HAISSINSKY[2], erwiesen haben, ist die Ionenaustauschgeschwindigkeit der „trägen" Metalle (bei Zimmertemperatur) gering, aber die der „normalen" Metalle um Größenordnungen größer. Auch steigt die Austauschgeschwindigkeit bei den trägen Metallen mit der Temperatur erheblich an.

Ebenso läßt sich die Wasserstoffüberspannung zwanglos in die drei Gruppen einordnen. Allerdings verhält sie sich gerade umgekehrt wie die Metallüberspannung. Mit der geringsten Überspannung scheidet sich das Wasserstoffion an den „trägen" Metallen ab; an den „normalen" Metallen findet man gerade die höchste Überspannung. Denn die „trägen" Metalle katalysieren recht gut die Rekombination der Wasserstoffatome, während sich die „normalen" Metalle indifferent oder sogar als negative Katalysatoren verhalten.

Wie wir später sehen werden, reagieren die „trägen" Metalle auf Inhibitoren und Gifte höchst empfindlich. Die „normalen" Metalle sprechen auf Inhibitoren und Gifte in weit geringerem Maße an.

Auch die Form der kathodischen Abscheidung entwickelt sich in den beiden extremen Gruppen ganz verschieden: scheiden sich die „trägen" Metalle feinkörnig in vielen Kriställchen ab, so kristallisieren die „normalen" Metalle in wenigen, groben Kristallen. In beiden Fällen können sich noch charakteristische Besonderheiten ausbilden. Die „mittleren" Metalle nehmen auch in den Formen wieder eine Zwischenstellung ein.

---

[1] s. S. 60, Fußn. 1.

[2] HAISSINSKY, M., M. COTTIN u. B. VARJABEDIAN: J. Chim. physique **45**, 212 (1948). — M. HAISSINSKY: J. Chim. physique **45**, 224 (1948).

Solche immer wiederkehrenden Regelmäßigkeiten im Verhalten der „trägen“ und der „normalen“ Metalle lassen vermuten, daß für sie gleiche Ursachen gelten müssen. Hier fehlt es noch an einer umfassenden und genügend gesicherten Theorie. Naheliegend ist die Annahme „chemischer Widerstände“ in den Ionenaustauschreaktionen. Offenbar darf man aber solche Widerstände nicht allein im Atombau der Metallphase oder ihrer Oberfläche suchen. Auch die Bindungsenergien des solvatisierten Metallions werden an solchen Widerständen beteiligt sein.

PIONTELLI[1] hat in diesem Zusammenhang auf die Möglichkeit einer Anwendung der PAULINGschen Theorie der Bindungskräfte hingewiesen, doch werden sich gültige Aussagen erst bei weiterem Ausbau dieser Forschungsrichtung machen lassen. Immerhin darf man als wahrscheinlich ansehen, daß bei den Übergangsmetallen die Trägheit im Ablauf elektrochemischer Reaktionen mindestens zum Teil in der besonders festen Wasserbindung in den Aquokationen dieser Metalle zu suchen ist[2]. An die Übergangsionen sind die Wassermolekeln großenteils kovalent (unpolar) gebunden. Ihre Dehydratation verlangt eine hohe Potentialschwelle.

Im Gegensatz hierzu weisen die Aquokationen der normalen Metalle eine polare Wasserbindung auf, die weniger stabil und weniger kompakt ist. Das Loslösen der Wassermolekeln aus dem Ionenverband verlangt hier einen weit geringeren Energieaufwand.

1.44 Metallüberspannung und Kristallerholung.

Daß die „normalen“ Metalle sämtlich einen niedrigen Schmelzpunkt aufweisen, ist wahrscheinlich kein Zufall. Ihre Oberflächenatome sind bei Zimmertemperatur viel beweglicher als die der „trägen“ Metalle. Andererseits scheinen auch die „trägen“ Metalle bei hohen Temperaturen, d. h. mit zunehmender Beweglichkeit der Oberflächenatome, normal zu reagieren, wie Untersuchungen bei der Elektrolyse geschmolzener Salze andeuten.

TAMMANN und JAACKS[2] haben auf die Möglichkeit eines Zusammenhanges zwischen Metallüberspannung und Erholung des Metalls von dem Zwangszustand (Entfestigung) hingewiesen, in den es häufig bei der elektrolytischen Abscheidung gelangt. In der Tat bilden sich in dem elektrolytischen Niederschlag oft starke innere Spannungen heraus, entsprechend etwa denen einer weitgetriebenen Kaltverformung (vgl. später S. 560). Nach TAMMANN und JAACKS zeigen nun alle Metalle mit einer Abscheidungstemperatur oberhalb der Temperatur des Erholungsbeginns für das betreffende Metall eine sehr kleine, kaum meßbare

---

[1] s. S. 60, Fußn. 1.
[2] TAMMANN, G., u. H. JAACKS: Z. anorg. Chem. **227**, 249 (1936).

Metallüberspannung, während die Überspannung bei Abscheidung der Metalle unterhalb ihrer Erholungstemperatur deutlich meßbare Werte ergibt.

Die Temperatur der beginnenden Entfestigung liegt bekanntlich bei den „normalen" Metallen Blei, Kadmium, Wismut, Zinn und Thallium in reinstem Zustand unterhalb Raumtemperatur. Auch sehr reines Zink kann sich bei Raumtemperatur entfestigen, obschon geringe Verunreinigungen die Entfestigungstemperatur z. B. auf 50° C heraufsetzen können[1].

Die Entfestigungstemperatur der reinen Metalle Kupfer und Silber und der Eisenmetalle übersteigt die Raumtemperatur z. T. wesentlich. Nach KÖSTER[2] beginnt die Entfestigung von reinstem gewalztem Elektrolytkupfer bei etwa 100° C, doch können bereits sehr geringe metallische Verunreinigungen, namentlich mischkristallbildende, die Entfestigungstemperatur um weitere 100 bis 150° C erhöhen. Eine solche Wirkung von Beimengungen geringster Konzentration besteht übrigens bei fast allen Metallen.

Silber kann sich bei Temperaturen zwischen 100 und 200° C entfestigen, während die Temperatur der beginnenden Erholung von Nickel nahe der beginnenden Rekristallisation zwischen etwa 500 und 600° C liegt. Die Entfestigungstemperatur ist allgemein um so höher, je geringer der Verformungsgrad des betreffenden Metalls ist. Bei sehr *weichem* Elektrolytkupfer kann die Entfestigung z. B. erst bei etwa 400° C beginnen.

Vergleichen wir nun die Gültigkeit der TAMMANN-JAACKSschen Regel mit den vorhandenen Erfahrungstatsachen: In der Tat ist die Metallüberspannung der sich unterhalb Raumtemperatur entfestigenden Metalle Blei, Kadmium und Wismut äußerst gering oder kaum bestimmbar, wie die Untersuchungen von LE BLANC, ERDEY-GRUZ und VOLMER und von NEWBERY[3] bewiesen haben. Eine bemerkenswerte Bestätigung der Regel scheint sich auch aus dem Vergleich der Überspannung für die Abscheidung von Silber aus wäßriger Silbernitratlösung bei Zimmertemperatur und aus einer Silbernitratschmelze bei 220° C (vgl. S. 158) zu ergeben. Ist die Überspannung bei 220° C, also im Temperaturbereich einer Erholung des Silbers, kaum meßbar klein, so wurde bei Zimmertemperatur, demnach unterhalb der Entfestigungstemperatur, ein um mehrere Größenordnungen höherer Überspannungswert gemessen.

Nicht im Einklang mit TAMMANN und JAACKS scheint aber der Befund von VAHRAMIAN zu stehen, der bei der Silberabscheidung aus extrem gereinigter

---

[1] vgl. G. MASING: Allgemeine Metallkunde, Berlin 1950.

[2] KÖSTER, W.: Z. Metallkde. **20** (1928) 189; **18** (1926) 112. — Mitt. d. Schweiz. Verb. d. Materialprfg. d. Techn. Ber. **7** (1927) 3.

[3] NEWBERY, E.: J. chem. Soc. **111**, 483 (1917).

wäßriger Silbernitratlösung auch bei Zimmertemperatur nur unmeßbar kleine Überspannungswerte beobachtete (vgl. S. 159). Vielleicht fehlen in diesem sehr reinen Silber die Verunreinigungen, die die Erholungstemperatur des sich abscheidenden Metalls sonst hinauftreiben.

Bei der Abscheidung von Kupfer und Nickel werden in Übereinstimmung mit der Regel höhere Überspannungen gemessen. Unklar sind die Verhältnisse im Falle der Zinkabscheidung. Bei vergleichenden Untersuchungen über die Abscheidung der verschiedenen Metalle fanden ERDEY-GRUZ und VOLMER für Zink eine höhere Metallüberspannung als für Kupfer (vgl. S. 157, Tab. 13). Andererseits steht Zink in der von LE BLANC (vgl. S. 159) gefundenen Überspannungsreihe zwischen Blei und Silber[1]. Schließlich beobachteten ERDEY-GRUZ und VOLMER am feinkristallinen Zink eine kaum meßbare Überspannung (vgl. S. 151). Vermutlich beruhen die Unterschiede in den Meßwerten nicht zuletzt auf Abweichungen im Reinheitsgrad, die ja, wie erwähnt, auch die Entfestigungstemperatur stark beeinflussen. Auch die beträchtlich geringere Überspannung an feinkristallinem Zink im Vergleich zum grobkristallinen Zink ließe sich nach TAMMANN und JAACKS zwanglos erklären. Das feinkristalline Zink steht unter den weit größeren inneren Spannungen. Der Beginn der Entfestigung dürfte also beim feinkristallinen Zink niedriger liegen als beim grobkristallinen, und zwar vermutlich bereits bei Raumtemperatur.

Jedenfalls scheint die TAMMANN-JAACKSsche Regel im allgemeinen gut mit der Erfahrung übereinzustimmen. Anscheinend bestehen also Zusammenhänge zwischen Beweglichkeit im Gitter (auf der Metalloberfläche) und Metallüberspannung etwa in dem Sinne, daß die erhöhte Neigung der Metallatome zum Platzwechsel oberhalb der Entfestigungstemperatur die Metallabscheidung erleichtert. Offenbar werden die Hemmungen für den Übertritt des Kations in das Gitter an beliebigen Stellen der Oberfläche bei erhöhter Atombeweglichkeit geringer. Außerdem dürfte die Wachstumsgeschwindigkeit der Kristalle oberhalb der Entfestigungstemperatur größer sein als bei niedrigeren Temperaturen. Hierfür sprechen z. B. die Beobachtungen von SAMARZEFF und JEWSTROPJEFF (vgl. S. 146) über den zeitlichen Verlauf der Überspannung bei der Abscheidung von Kadmium und Silber, nach denen bei Zimmertemperatur eine höhere Wachstumsgeschwindigkeit der Kadmiumkristalle im Vergleich zu den Silberkristallen anzunehmen ist. Somit dürften sich mit rascherem Aufbau der Netzebenen auch die Kationen in der Doppelschicht in geringerem Maße anstauen. Die Übersättigung,

---

[1] LE BLANC fand bei Abscheidung des Zinks je nach Herkunft der als Kathode dienenden Zinksorte wechselnde Überspannungswerte, so z. B. auf elektrolytisch verzinkten Oberflächen praktisch keine Überspannung.

nach VOLMER eine Ursache der Metallüberspannung, wird entsprechend geringer ausfallen.

Eine übrigens bemerkenswerte Tatsache, ausführlicher behandelt in einem anderen Kapitel (vgl. S. 426), ist die Neigung gerade der niedrigschmelzenden Metalle zur Entfaltung eines ungehemmten Kristallwachstums. Es ist schwierig und bei kathodischer Abscheidung aus den Lösungen einfacher Salze fast unmöglich, Metalle, wie Blei, Kadmium, Zinn oder Wismut, als glatte feinkörnige Niederschläge mit bevorzugter Kristallorientierung — etwa wie normalerweise Nickel oder Eisen — zu erhalten. Ein Gleiches scheint für die Abscheidung von Metallen bei der Schmelzflußelektrolyse unterhalb ihres Schmelzpunktes, jedoch oberhalb ihrer Entfestigungstemperatur zu gelten. Man erhält hier stets grobkristalline, meist dendritische Niederschläge. Dieses hemmungslose Kristallwachstum können selbst wachstumshemmende Zusätze (Inhibitoren) kaum aufhalten (vgl. S. 297).

1.45   Anhang:
Versuch einer Thermodynamik und Kinetik der kathodischen Metallabscheidung (aus Lösungen einfacher Salze).

1.45.1   Thermodynamik.

Solange der Mechanismus der kathodischen Metallabscheidung aus Lösungen einfacher Salze noch größtenteils im Dunkeln lag, verbot sich eine thermodynamische Betrachtung des Abscheidungsvorganges von selbst. Erst seit sich dieses Dunkel im letzten Jahrzehnt mehr und mehr lichtet, finden sich Forscher, die diese keineswegs leichte Aufgabe angreifen.

Wir wollen uns hier nur auf die Wiedergabe der wichtigsten Belange beschränken. Auf eine ausführliche Erörterung der Thermodynamik der *Gleichgewichts*-GALVANI-Spannung der Metallelektrode verzichten wir an dieser Stelle ganz. Es seien in diesem Zusammenhange unsere Ausführungen auf S. 6 und Untersuchungen von LORENZ[1] sowie von STREHLOW[2] erwähnt.

Selbst unsere heutigen Kenntnisse der Teilvorgänge bei der kathodischen Metallabscheidung sind noch so lückenhaft, daß man die Thermodynamik und Kinetik dieser Prozesse nur skizzieren kann. Bemerkenswerte Versuche in dieser Richtung haben PIONTELLI und seine Mitarbeiter[3] unternommen, denen wir die im folgenden zusammengefaßten Überlegungen verdanken.

Stellen wir uns eine *einfache* Metallelektrode vor, dessen Metall (Phase 1) an dem einzigen Vorgang des Ionenaustausches mit dem angrenzenden, die Ionen des Metalls enthaltenden Elektrolyten (Phase 2) teilnimmt. Nehmen wir an, das Metallion sei einwertig, so läßt sich der kathodische Vorgang der Abscheidung der Metallionen wie folgt formulieren:

$$_2Me^+ + z_1 \ominus \rightarrow {}_1[Me], \tag{71}$$

wobei die Wertigkeit $z = 1$ ist.

---

[1] s. S. 120. Fußn. 2.   [2] s. S. 6, Fußn. 3.
[3] PIONTELLI. R.: Z. Elektrochem. **55**, 128 (1951).

Für die kathodische Abscheidung muß daher unter idealen Bedingungen (fehlende Polarisation) folgende Arbeit (in Joule/Mol) aufgewendet werden:

$$A = \underbrace{(_2\mu_{Me^+} + z_1\,\mu_\ominus - _1\mu_{Me^+})}_{\mathrm{I}} + \underbrace{z\,F(_2\varphi - _1\varphi)}_{\mathrm{II}} \tag{72}$$

Darin bedeuten $_2\mu_{Me^+}$ das chemische Potential des Metallions in der Elektrolytphase 2, $_1\mu_\ominus$ das chemische Potential des Elektrons in der Metallphase 1 und $_1\mu_{Me^+}$ das chemische Potential des Metallions in der Metallphase 1. $_1\varphi$ und $_2\varphi$ sind die inneren elektrischen Potentiale der beiden Phasen.

Diese „totale motorische Veränderungsarbeit", wie PIONTELLI sie nennt, besteht aus dem chemischen Anteil I und dem elektrischen Anteil II. Der chemische Anteil läßt sich für die kathodische Richtung in erster Näherung durch die Sublimationswärme λ_0, die Summe der Ionisierungspotentiale des Atoms $\sum J$, die Solvatationswärme des Metallions W_{Me^+} und die Elektronenaustrittsarbeit $\Phi_\ominus$ ausdrücken:

$$\begin{aligned}\mathrm{I} &= F(\lambda_0 + \sum J - W_{Me^+} - z[\Phi_\ominus + (_1\varphi^* - _1\varphi)]) \\ &= F(\lambda_0 + \sum J - W_{Me^+}) + z_1\,\mu_\ominus.\end{aligned} \tag{73}$$

PIONTELLI bezeichnet den letzten Teil des ersten Ausdrucks in (73) als den „chemischen Anteil" der Elektronenaustrittsarbeit des Metalls im Vakuum. In ihm stellt $_1\varphi^*$ das innere elektrische Potential im Vakuum in genügender Entfernung von der Metalloberfläche ($\sim 10^{-4}$ cm) dar.

Verwendet man die Elektronenaustrittsarbeit für Berechnung der kathodischen Abscheidungsarbeit, so stößt man allerdings auf die grundsätzliche Schwierigkeit, daß die Austrittsarbeit im System Metall/Vakuum von der Austrittsarbeit im System Metall/Lösung sehr verschieden sein dürfte.

PIONTELLI bemerkt hierzu: „Bei der Definition der Elektronenaustrittsarbeit im Vakuum wird der Übergang der Elektronen ins Vakuum von einer Ruhelage aus behandelt, die von der Metalloberfläche $\sim 10^{-4}$ cm entfernt ist, also praktisch außerhalb des Aktionsbereiches der ‚Bildkräfte' liegt.

Im Falle der Systeme Metall/Lösung treten die Elektronen vom Metall zu Stellungen (in der Doppelschicht) über, die sicher nicht weiter als $\sim 10^{-8}$ cm entfernt sind (molekulare Abmessungen). Für das System Metall/Vakuum lägen diese Stellungen vollständig im Gebiet der ‚nichtklassischen' Bildkräfte. Für das System Metall/Lösung muß an Stelle des Beitrages der Bildkräfte die Gesamtheit jener Kräfte in Betracht gezogen werden, die auf das austretende Elektron von Bestandteilen der Doppelschicht ausgeübt wird.

Nimmt man an, auch im Doppelschichtbereich ein mittleres elektrisches Potential bestimmen zu können, so stammen von diesem Potential ‚Fernwirkungen', während andere Wirkungen mit kürzerem Aktionsbereich den Charakter von ‚chemischen Bindungskräften' (Adsorption) oder von Störungswirkungen der Bindungen selbst haben."

Wie erwähnt, gilt die in den Gl. (72) und (73) ausgedrückte Abscheidungsarbeit nur für ideale Bedingungen. Im Realfall ist ein *Überschuß* an elektrischer Arbeit notwendig. Dieser Überschuß steht in keiner unmittelbaren Beziehung zu den chemischen Arbeiten, die unter idealen Bedingungen geleistet werden müssen. Vielmehr hängt er unter realen Bedingungen von mannigfachen Hemmungen und Verlusten ab.

Man kann hier unterscheiden:

1. Hemmungen beim Hineinwandern der reagierenden Ionen in die elektrochemische Reaktionszone; 2. Hemmungen bei der notwendigen Aktivierung de -

Ionen in der Doppelschicht, mehr oder weniger unter Mitwirkung der Bestandteile der Doppelschicht; 3. Verluste an chemischer Arbeit, die mit der elektrochemischen Reaktion zusammenhängen und die wiedergewonnen werden müßten; 4. Hemmungen bei der Einordnung der elektrochemischen Reaktionsprodukte.

Nimmt man an, daß die Elektronen vom Metall zu den disponiblen Ionen übergehen, so könnte der Elektronenübertritt ebenfalls manche Hemmungen erleiden.

Hierher gehören Wirkungen adsorbierter Inhibitoren, die einer Art „Durchgangswiderstand" auf der Elektrodenoberfläche entsprechen. Ferner muß das Elektron die Solvathülle der Ionen durchqueren, die im elektrischen Feld wahrscheinlich schon vororientiert ist (zwischen Metall und Ionen in der innersten Region der HELMHOLTZ-Schicht liegend) [vgl. S. 61].

Bezieht sich die bisher erörterte Abscheidungsarbeit mit ihren Hemmungen auf den *elektrochemischen* Teil des Abscheidungsmechanismus, so muß nunmehr auch der keineswegs unwesentliche *Kristallisations*anteil ins Auge gefaßt werden.

Wie an anderer Stelle ausgeführt (vgl. S. 152), hängt die zur Elektrokristallisation notwendige Arbeit nach VOLMER im wesentlichen von der Anzahl von Wachstumsstellen auf der Oberfläche der Kathode ab. An den Wachstumsstellen können die dipolartig gebundenen Metallionen oder Oberflächenatome — nach einer Oberflächenwanderung — in das Kristallgitter eintreten. Entspricht die Zahl der vorhandenen Wachstumsstellen nicht der Stromdichte, die die Geschwindigkeit des kathodischen Prozesses bestimmt (sondern ist geringer), so müssen sich neue zweidimensionale (Netzebenen-) Keime oder dreidimensionale (Kristall-) Keime bilden. Die hierfür aufzuwendende Keimbildungsarbeit wird somit zu einem wesentlichen Bestandteil der Abscheidungsarbeit.

Das mikroskopische und submikroskopische Profil einer realen kristallinen Oberfläche ergibt ein Mosaik ganz verschieden großer Anlagerungsenergien. Demzufolge müssen auf der Oberfläche lokale Schwankungen des elektrischen Feldes wie auch der Abscheidungsarbeit auftreten.

Wenn bei dem Teilprozeß der Neutralisation die Ionen nach VOLMER zunächst dipolartig an die Metalloberfläche gebunden werden, so sollten sie in diesem Bindungszustand ein wesentlich höheres chemisches Potential aufweisen als die aus ihnen nach dem letzten Schritt des Abscheidungsprozesses — entweder durch Anlagerung an Wachstumsstellen oder durch Keimbildung — entstandenen Gitterbestandteile.

Das chemische Potential $_{1ad}\mu_{Me^+}$ des an der Oberfläche der Phase 1 adsorbierten Metallions sollte also größer sein als das chemische Potential $_1\mu_{Me^+}$ eines Metallions, das sich in die Oberfläche des Gitters eingelagert hat.

Im einzelnen wird die Größe der chemischen Potentiale der Ionendipole wie der Ionen im Gitter schwanken, und zwar je nach der Größe des lokalen Gitterkraftfeldes und des lokalen äußeren Feldes. Man muß also mit *mittleren* chemischen Potentialen $\bar{\mu}$ rechnen. Die mittlere motorische Arbeit ergibt sich unter Berücksichtigung dieser Umstände nach PIONTELLI:

$$\bar{A} = (_2\mu_{Me^+} + z_1\,\mu_\ominus - _{1ad}\bar{\mu}_{Me^+}) + (_{1ad}\bar{\mu}_{Me^+} - _1\bar{\mu}_{Me^+}) + z\,F\,(_2\varphi - _1\varphi). \tag{74}$$

Die Geschwindigkeit der örtlichen Ordnungsprozesse hängt ab:
1. von der Zahl der Wachstumsstellen; 2. von Intensität und Wirkungsbereich der Kraftfelder an den einzelnen Gitterpunkten; 3. von der Blockierung der einzelnen Gitterpunkte mit Inhibitoren.

Alle diese Umstände werden die geschwindigkeitsbestimmende Differenz $_{1ad}\bar{\mu}_{Me^+} - _1\bar{\mu}_{Me^+}$ wesentlich verändern. Die örtlichen Ordnungsprozesse vollziehen sich mit Hilfe der Oberflächenwanderung der dipolartig gebundenen Metallionen.

Auf freier Metalloberfläche bestimmt die Höhe der Potentialschwellen beim Übergang von einer Stelle zur anderen diese Wanderung. Dabei wirken Verteilung
und Größe der Bindungskräfte und die Frequenz der seitlichen Schwingungen
der Ionendipole parallel zur Oberfläche in den verschiedenen Bindungsstellen
mit. Sind Inhibitoren auf der Oberfläche adsorbiert, so kann sich die Höhe der
Potentialschwellen erheblich vergrößern.

1.45.2 Kinetik.

Die Geschwindigkeit v_g eines elektrochemischen Prozesses an der Kathode
ist bei vorgegebenem äußerem Strom die Resultante aus den Geschwindigkeiten
der kathodischen und anodischen Teilprozesse v_K und v_A. Die resultierende
Geschwindigkeit läßt sich folgendermaßen ausdrücken:

$$\overleftarrow{v_g} = \overleftarrow{v_K} - \overrightarrow{v_A}. \tag{75}$$

Die Geschwindigkeiten werden in Mol/sek cm² gemessen, wobei sie auf die Einheit
der ,,wahren'' oder ,,scheinbaren'' Kathodenoberfläche (vgl. S. 92) bezogen
werden können.

Ist kein äußerer Strom vorgegeben und herrscht Gleichgewicht, so gilt:

$$v_g = 0;$$

$$\overleftarrow{v_K} = \overrightarrow{v_A} = v_0 = \frac{I_0}{z\,F}, \tag{76}$$

wobei I_0 die sog. Austauschstromdichte (vgl. S. 6) bedeutet.

Man könnte versuchen, $\overleftarrow{v_K}$ und $\overrightarrow{v_A}$ durch die Zahl der in der Reaktionszone
verfügbaren Teilchen (pro Einheit wahrer oder scheinbarer Oberfläche) und
durch die Wahrscheinlichkeit ihrer Umwandlung in einer Sekunde auszudrücken
(PIONTELLI[1]).

Diese Variablen hängen freilich in komplizierter Weise von zahlreichen Faktoren
ab, wie: Elektrodenspannung und ihre Verteilung, lokale Werte der Felddichte
auf der Kathodenoberfläche, Struktur der starren und der diffusen Doppelschicht, Zustand der Kathodenoberfläche usw.

Für den Strom I_K, der an der Kathode fließt, formuliert PIONTELLI mit Hilfe
der Kapazität C der Doppelschicht:

$$\overleftarrow{I_K} = C\,\frac{d\,\Delta_{2/1}\varphi}{d\,t} + z\,F\,v_g, \tag{77}$$

worin $_{2/1}\varphi$ die Differenz der elektrischen Potentiale $_2\varphi$ und $_1\varphi$ an den beiden
Phasen bedeutet.

Ist $_{2/1}\varphi$ unter stationären Bedingungen genügend klein, so ergibt sich in
erster Annäherung

$$\overleftarrow{I_K} = \frac{z\,F}{R\,T}\,I_0\,\Delta_{2/1}\varphi - I_0(\delta + \omega). \tag{78}$$

$I_0\,\delta$ stellt den Strom dar, der durch $_{2/1}\varphi$ ausgelöst würde, falls man alle an der
Kathode auftretenden Hemmungserscheinungen im Ersatzschaltbild durch einen
gleichwertigen Elektrodenwiderstand $\dfrac{R\,T}{z\,F\,I_0}$ ausdrückte.

$I_0\,\omega$ bezieht sich auf den Einfluß einer etwaigen Übersättigung an solchen
adsorbierten Ionendipolen auf der Kathodenoberfläche. die an die Metallober-

---

[1] s. S. 165, Fußn. 3.

fläche mit einer kleineren Bindungsenergie gebunden sind, als der Halbkristallage (vgl. S. 122) entspricht. Die Ionendipole haben also noch keinen endgültigen Gitterplatz gefunden.

Mit δ und ω kennzeichnen sich demnach die Veränderungen in der Geschwindigkeit der kathodischen und anodischen Teilprozesse, sofern sie von den erwähnten Hemmwirkungen ausgehen. Hemmt die Übersättigung den kathodischen Teilprozeß, so steigert sie damit stets die Geschwindigkeit des anodischen Teilprozesses. Haben aber die adsorbierten Ionendipole den Charakter von Elementarbestandteilen der Keime, so wird $\delta < 0$ (Kristallisationsdepolarisation, vgl. S. 153). Die Anwesenheit der Keime erleichtert dann die Abscheidung anderer Ionendipole an ihnen. δ entsteht im allgemeinen aus Beiträgen entgegengesetzten Vorzeichens.

Ist jedoch $_{2/1}\varphi$ groß, so gelangt PIONTELLI unter vereinfachenden Annahmen zu folgender angenäherten Beziehung:

$$v_K = v_0\, e^{\varrho \alpha \varepsilon_k}\,(1 - \delta),\qquad(79)$$

wobei $\varepsilon_k \cong \Delta_{\dot{k}/1}\varphi^1$, $\varrho = zF/RT$, und α ein Koeffizient der Feldverteilung ist. Ist δ konstant oder zu vernachlässigen, so ergibt sich aus (79) die bekannte TAFELsche Beziehung.

Die Größen v_0, ϱ, α und δ in Gl. (79) hängen von der Temperatur ab. Temperaturerhöhung äußert sich

a) in einer Zunahme der Bildungs- und Zerfallsgeschwindigkeit der Aquokomplexe; b) in strukturellen Veränderungen des Lösungsmittels (z. B. Rückgang der Assoziation); c) in strukturellen Veränderungen der Doppelschicht (einschl. der Inhibition); d) in der Zunahme der Kristallisationsgeschwindigkeit.

1.46 Abscheidungsmechanismus aus Lösungen komplexer Ionen (mit dem abscheidbaren Metall als Zentralatom).

Bereitet schon die Erklärung der Vorgänge bei der kathodischen Metallabscheidung aus den Lösungen einfacher Salze, wie wir gesehen haben, mancherlei Schwierigkeiten, so sind die Verhältnisse bei der Abscheidung von Metallen aus den Lösungen komplexer Verbindungen noch ungleich verwickelter. Nicht zuletzt liegt es daran, daß auch unsere Kenntnisse über die Zusammensetzung der Ionen in den Lösungen der Komplexverbindungen noch sehr mangelhaft sind. Hinzu kommt, daß der Elektrolyt in Diffusionsfilm und Doppelschicht anders zusammengesetzt sein dürfte (GERISCHER[2]), worüber wir wiederum nur sehr wenig wissen. So ist man heute bei der Deutung des Abscheidungsmechanismus aus Komplexsalzlösungen im wesentlichen auf Vermutungen angewiesen. Bei der offenbaren Verschiedenartigkeit im Aufbau der komplexen Ionen scheinen sich Besonderheiten zu ergeben, die sich nicht ohne weiteres in ein allgemeines Schema bringen lassen.

---

[1] Unter Vernachlässigung von Beiträgen jeder anderen Art als die der elektrischen Potentiale.

[2] GERISCHER, H.: Z. Elektrochem. 57, 604 (1953) — Z. phys. Chem. 202, 292, 302 (1953).

1.46.1 Mechanismus der Metallabscheidung aus komplexen Kationen.

Abscheidung aus Komplexionen mit neutralen Atomgruppen. Das hydratisierte Kation ist eigentlich ein komplexes Ion. Für die Abscheidung anderer komplexer Ionen, welche neutrale Atomgruppen um das Zentralatom angeordnet enthalten, sollten ähnliche Gesichtspunkte gelten wie für die Aquo-Metallionen. Die Konzentration des Komplexbildners dürfte die Geschwindigkeit der Entladung mitbestimmen (GERISCHER[1]).

Fraglich ist, ob die komplexen Kationen ganz unzersetzt bis in die kathodische Doppelschicht gelangen. Mit steigender Annäherung an die Kathode mag das Komplexion vielleicht allmählich oder stufenweise zerfallen.

Sehen wir die Metallatome der äußersten Atomreihe der Metalloberfläche mit ihren freien Bindungskräften in den Lösungen einfacher Salze nach der Elektrolytseite hin als teilweise ionisiert (Quasikationen) an, so können wir bei diesen Oberflächenatomen in Komplexsalzlösungen entsprechende Komplexbildung annehmen, wie sie das freie Metallion z. B. als Solvatation in der Lösung erfährt. Nur werden die Komplexe der Oberflächenatome aus räumlichen Gründen eine geringere Koordinationszahl aufweisen, denn sie äußern diese Bindungen nur nach der Elektrolytseite hin. Nach der Metallseite werden sie sich wie Metallatome verhalten. Freilich ist diese Hypothese nicht bewiesen. Immerhin hat neuerdings GERISCHER[1] zeigen können, daß die Entladung bevorzugt über Komplexverbindungen abläuft, deren Koordinationszahl kleiner ist als diejenige des Komplexes im Grundelektrolyten.

Sind komplexe Kationen in wäßriger Lösung überhaupt beständig, so sollten sie jedenfalls stabiler sein als die hydratisierten Kationen mit dem gleichen metallischen Zentralatom. Zu solchen Komplexionen dürften also z. B. die komplexen Kationen mancher Metallammoniakate gehören, etwa des Kupfers, des Silbers und namentlich des Nickels und Kobalts. Ähnliches gilt mehr noch von entsprechend aufgebauten Komplexen der Derivate des Ammoniaks (organische Amine).

Für die Energieverhältnisse bei der kathodischen Abscheidung komplexer Kationen sind somit ähnliche Überlegungen angebracht, wie sie VOLMER[2] am Beispiel einer Abscheidung stark kovalenter Aquokationen der Eisenmetalle angestellt hat. Beim Austritt der Metallionen aus ihrer komplexen Hülle wäre also eine hochgelegene Energieschwelle — höher noch als die einer Dehydratation — zu überwinden.

Über die Elementarvorgänge bei der kathodischen Abscheidung aus den Lösungen komplexer Kationen wissen wir so gut wie nichts. Es ist durchaus möglich, daß ein solches Komplexion (mit Neutralteilen als

---

[1] s. S. 169, Fußn. 2.
[2] VOLMER, M.: Z. phys. Chem. **139**, 597 (1928).

Liganden) nahe der Kathodenoberfläche vor der Abscheidung in seine Bestandteile zerfällt, so daß sich dann freie Metallkationen abscheiden (Schema 1 u. 2). Andererseits könnte aber das Komplexion auch als Ganzes entladen werden und sich erst anschließend, in dieser Form unbeständig, in die Komponenten spalten, so daß sich das Metall sekundär abscheidet (Schema 3 u. 4).

$$(1) \qquad Me\,(R)_x \rightarrow Me^+ + xR$$
$$(2) \qquad Me^+ + \ominus \rightarrow Me$$
$$(3) \qquad Me\,(R)_x{}^+ + \ominus \rightarrow Me\,(R)_x$$
$$(4) \qquad Me\,(R)_x \rightarrow Me + xR$$

Me Metall (hier z. B. einwertig),
R neutrale Atomgruppe (z. B. NH_3).

Ob der Mechanismus der kathodischen Abscheidung nach Schema 1 und 2 verläuft, dürfte von der Stabilität der komplexen Kationen in der Lösung und vor allem in dem stark deformierenden elektrischen Feld des Doppelschichtbereiches (vgl. S. 121) abhängen. Die Verhältnisse ähneln hier durchaus dem Mechanismus für die Abscheidung des hydratisierten Metallions (vgl. S. 119).

Bei geringer Beständigkeit des Komplexions sollte der Anteil an abdissoziierten, freien Metallionen auch schon von vornherein groß genug sein für eine Metallabscheidung, primär aus dem Kation.

Die Vorgänge 3 und 4, durch sekundäre Metallabscheidung gekennzeichnet, haben bei sehr geringem Dissoziationsgrad und hoher Stabilität des komplexen Kations einige Wahrscheinlichkeit[1].

Dann sollte man an der Kathode weder regelmäßiges Weiterwachsen der Kristalle noch bevorzugte Kristallorientierung, sondern ein ungeordnetes, mikrokristallines Gefüge erwarten, wie etwa bei Abscheidung der Metalle der Eisengruppe aus wäßrigen Lösungen einfacher Salze. Unsere Kenntnis von dem Gefüge und Feinbau der Niederschläge aus den Lösungen solcher Komplexionen ist freilich für eine Beurteilung in dieser Beziehung noch viel zu lückenhaft. Der Befund von ERDEY-GRUZ, daß Silber oder Kupfereinkristalle aus Komplexsalzlösungen bei *niedrigen* Stromdichten weiterwachsen, spricht in diesen Fällen gegen eine sekundäre Metallabscheidung.

Abscheidung aus komplexen Kationen mit negativen Gruppen. Bezog sich unsere Erörterung bisher nur auf komplexe Kationen mit Neutralteilen, um das Zentralatom angeordnet, so dürften ähnliche Erwägungen auch für Komplexionen mit koordinierten negativ geladenen Atomen oder Atomgruppen (z. B. J^- oder CN^-) gelten.

GLAZOUNOV und SCHLOETTER[2] haben eine Auffassung über die Abscheidung von Metallen aus komplexen Kationen (ursprünglich von

---

[1] Nach P. DELAHAY u. T. BERZINS: J. electrochem. Soc. **75**, 2486 (1953) scheint z. B. Cu-Äthylendiaminion direkt reduziert zu werden.

[2] GLAZOUNOV, A., u. M. SCHLOETTER: Comments of the 1st Electrodep. Conference. London 1937.

GLASSTONE[1] für den Fall der Abscheidung von Schwermetallen aus Lösungen ihrer komplexen Zyanide vertreten) verallgemeinert. Nach ihrer Ansicht bildet sich der kathodische Niederschlag in einem *sekundären* Prozeß gemäß Schema 3 und 4 (s. S. 171) *nach* der Entladung der komplexen Kationen. Dabei halten die Autoren es für wahrscheinlich, daß die kathodische Abscheidung aus den Lösungen komplexer Schwermetallverbindungen ganz allgemein über komplexe *Kationen* vor sich gehe. Für die Metalle verschiedener Wertigkeit nehmen sie folgende Kationentypen an (A = einwertige negative Gruppe):

Für einwertige Metalle: Me_2A^+,

für zweiwertige Metalle: MeA^+ oder $Me_2A_2^{2+}$,

für dreiwertige Metalle: MeA_2^+ oder MeA^{2+} oder $Me_2A_3^{3+}$.

Abgesehen von der Abscheidung von Schwermetallen aus den Lösungen komplexer Zyanide (vgl. später S. 173), führen GLAZOUNOV, SCHLOETTER und Mitarbeiter folgende Fälle als Beispiele für ihre Auffassung an: Die Abscheidung von Kupfer oder Silber aus den Lösungen ihrer komplexen Alkali-jodo cuprate oder -argentate (SCHLOETTER, KORPIUN und BURMEISTER[2]), ferner von Antimon oder von Gold aus den Lösungen der entsprechenden Halogeno metallate. Sie halten also z. B. folgende Kationen für existenzfähig: Ag_2J^+, $AuCl^{2+}$ oder $AuCl^{2+}$, $SbCl^{2+}$ oder $SbCl_2^+$, die nach ihrer kathodischen Entladung folgendermaßen zerfallen sollen:

$$Ag_2J^+ \rightarrow AgJ + Ag$$
$$Cu_2J^+ \rightarrow CuJ + Cu$$
$$3\,AuCl^{2+} \rightarrow AuCl_3 + 2\,Au \quad \text{oder} \quad 3\,AuCl_2^+ \rightarrow 2\,AuCl_3 + Au$$
$$3\,SbCl^{2+} \rightarrow SbCl_3 + 2\,Sb \quad \text{oder} \quad 3\,SbCl_2^+ \rightarrow 2\,SbCl_3 + Sb$$

Das an der Kathode abgeschiedene Metall soll also dieser *sekundären* Reaktion entstammen. Zugunsten dieser Hypothese führen die Autoren die im Gefüge mikrokristalline, strukturlose Form der kathodischen Abscheidung an.

Dies trifft freilich am ehesten für die Metallniederschläge aus den Lösungen komplexer Zyanide zu (vgl. S. 173), für andere Metalle jedenfalls nicht mehr bei sehr geringer kathodischer Stromdichte. So haben ERDEY-GRUZ und Mitarbeiter[3, 4], wie bereits erwähnt, bei Stromdichten in der Größenordnung von 10^{-5} A/cm^2 aus Lösungen von Kalium-jodo argentat oder -cuprat noch gut ausgebildete, große Metallkristalle erhalten können. Erst bei höheren Stromdichten wird das Kristallwachstum so stark gehemmt, daß ein feinkristalliner Niederschlag entsteht.

[1] GLASSTONE, S.: J. chem. Soc. **1926**, 2887.

[2] SCHLOETTER, M., J. KORPIUN u. W. BURMEISTER: Z. Metallkde. **25**, 107 (1933).

[3] ERDEY-GRUZ, T.: Z. phys. Chem. (A) **172**, 157 (1935).

[4] ERDEY-GRUZ, T., u. E. FRANKL: Z. phys. Chem. (A) **178**, 266 (1937).

Der Annahme einer Abscheidung komplexer Kationen aus den erwähnten Lösungen liegen als experimentelle Belege einmal Überführungsmessungen von *Hellwig*[1] an einer $AgNO_3$-Lösung, enthaltend AgJ, zugrunde (vgl. S. 177), ferner — von größerem Gewicht — die Beobachtung von GLAZOUNOV, STAROSTA und VONDRASEK[2], daß Kupfer sich aus einer Lösung von komplexem Alkali-cyano cuprat offenbar nicht unmittelbar kathodisch, sondern in einer *sekundären* Reaktion, im Sinne des Schemas 3 und 4 (S. 171), abscheidet. Wir kommen auf diesen Befund noch weiter unten zurück.

Allein die Existenz solcher komplexen Kationen verlangt noch nicht ihre ausschließliche kathodische Abscheidung[3]. Die oben erwähnten Ergebnisse von ERDEY-GRUZ und Mitarbeitern, bei kleinen Stromdichten erhalten, sprechen eher für eine Abscheidung aus den einfachen Metallkationen. Wahrscheinlich reicht aber deren Konzentration in unmittelbarer Nähe der Kathode bei höheren Stromdichten nicht mehr aus, um die Abscheidung allein zu tragen. Neben Wasserstoffionen mögen dann bei diesen Stromdichten auch komplexe Kationen im Sinne von GLAZOUNOV-SCHLOETTER entladen werden. Die extreme Verfeinerung der Abscheidungsform bei höherer Stromdichte deutet auf einen veränderten Abscheidungsmechanismus hin.

Ob sich das hypothetische komplexe Kation erst abscheidet und dann in Metall und Metallhalogenid zerfällt, oder ob es sich nicht bereits *vor* der Abscheidung in das Metall*ion* und das Metallhalogenid spalten kann, muß offenbleiben. Bei der enorm hohen Felddichte in der Doppelschicht erscheint eine vorherige Spaltung durchaus möglich. Träger der Abscheidung wäre dann auch hier das von seiner Komplexhülle befreite Metallion.

1.46.2 Mechanismus der Metallabscheidung
aus wahren oder vermeintlichen Anionenkomplexen.

Abscheidung aus der Lösung komplexer Zyanide. *Dissoziation komplexer Cyano-Anionen.* In einigen Fällen, unter denen die Elektrolyse der Lösungen komplexer Zyanide das größte Interesse beansprucht, enthält der Elektrolyt das abzuscheidende Metall in einem komplexen *Anion.* Bekanntlich lassen sich Kupfer, Silber, Kadmium und Zink

---

[1] HELLWIG, K.: Z. anorg. Chem. **25**, 157 (1900).

[2] GLAZOUNOV, A., O. STAROSTA u. V. VONDRAŠEK: Z. phys. Chem. (A) **185**, 393 (1939).

[3] Im Falle der wäßrigen Lösungen komplexer Schwermetallzyanide mit ihrer äußerst geringen Konzentration an freien Schwermetallkationen erscheint dieser Gedanke allerdings bestechend. Hingegen dürfte die Konzentration an freien Metallkationen in den Lösungen der komplexen Schwermetallhalogenide zweifellos weit größer sein und zur kathodischen Abscheidung, namentlich bei kleinen Stromdichten, sicherlich noch ausreichen.

aus den wäßrigen Lösungen ihrer komplexen Zyanide einwandfrei elektrolytisch niederschlagen. Das Schwermetall befindet sich hier offenbar ganz überwiegend im Cyanometallation (z.B. $[Ag(CN)_2]^-$, $[Cu(CN)_3]^{2-}$, $[Cu(CN)_4]^{3-}$, $[Zn(CN)_4]^{2-}$ usw.). Wie alle komplexen Ionen können auch diese grundsätzlich in einfachere Ionen, also in Schwermetallionen und Zyanionen, dissoziieren. Bei der großen Stabilität dieser Komplexe ist allerdings der Dissoziationsgrad äußerst gering. Abb. 67 gibt (nach FOERSTER[1]) eine Übersicht über die Strom-Spannung-Kurven für die Abscheidung verschiedener Metalle aus den Lösungen ihrer komplexen Zyanide.

Tab. 14 enthält Zahlenwerte für die Dissoziationskonstanten der verschiedenen komplexen Zyanidionen der Kaliumsalze bei Zimmertemperatur. Allerdings können diese Werte für die meist konzentrierteren Elektrolyte nur angenähert gelten, da sie in verdünnteren Lösungen (0,01 bis 0,1 m)

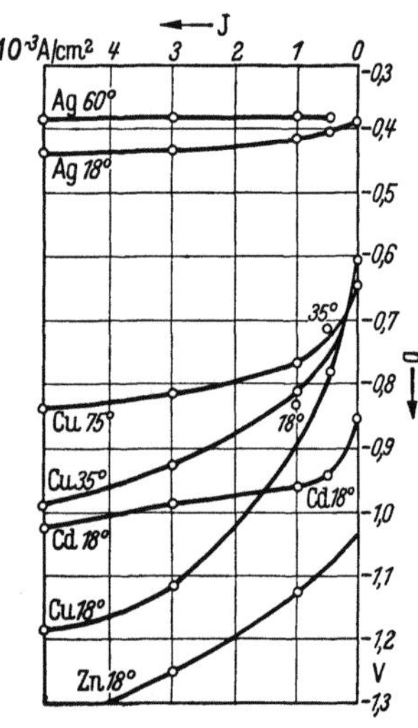

Abb. 67. Strom-Spannung-Kurven für die Metallabscheidung aus Lösungen komplexer Zyanide.

Tabelle 14. *Dissoziationskonstanten komplexer Zyanidanionen der Kaliumsalze* (nach THOMPSON).

Anion	Dissoziationskonstante (K)	Autor
$Cd(CN)_4^{2-}$	$1.4 \cdot 10^{-17}$ $10^{-18} \cdots 10^{-20}$	EULER[2] BRITTON und DODD[3]
$Zn(CN)_4^{2-}$	$1.5 \cdot 10^{-17}$ $10^{-19} \cdots 10^{-20}$	EULER BRITTON und DODD
$Zn(CN)_3^-$	$3.0 \cdot 10^{-18}$	KUNSCHERT[4]
$Ag(CN)_2^-$	$1,5 \cdot 10^{-21}$ $8,8 \cdot 10^{-22}$ $4.2 \cdot 10^{-22}$	EULER BODLÄNDER u. EBERLEIN[5] BRITTON und DODD
$Ag(CN)_3^{2-}$	$1.1 \cdot 10^{-22}$	BODLÄNDER u. EBERLEIN
$Cu(CN)_4^{3-}$	$5,0 \cdot 10^{-28}$	KUNSCHERT
$Hg(CN)_4^{3-}$	$10^{-42} \cdots 10^{-43}$	BRITTON und DODD

[1] FOERSTER, F.: Elektrochemie wäßriger Lösungen, S. 298. Leipzig 1923.
[2] EULER, M.: Ber. d. dtsch. chem. Gesellsch. **36**, 2885 (1903).
[3] BRITTON, H. TH. ST., u. DODD, E. N.: J. chem. Soc. **135**, 1940 (1932).
[4] KUNSCHERT, F.: Z. anorg. Chem. **41**. 337 (1904).
[5] BODLÄNDER, G., u. W. EBERLEIN: Z. anorg. Chem. **39**, 226 (1904).

bestimmt wurden. Setzt man die Konzentration der komplexen Anionen und der Zyanidionen gleich Eins, so gibt die Konstante K unmittelbar die Konzentration der Schwermetallionen in g-Atom/l an.

Namentlich in den wäßrigen Lösungen der komplexen Zyanide des Quecksilbers, Kupfers und Silbers ist die Dissoziation derart geringfügig, daß die freien Metallkationen selbst mit den empfindlichsten analytischen Verfahren nicht mehr nachgewiesen werden können. Nach OSTWALDS[1] Rechnung müßten bei einem Molverhältnis von $Ag : 2\,CN$ in einem Kubikzentimeter Lösung nur zwei freie Ag^+-Ionen vorhanden sein, und BODLÄNDER und EBERLEIN[2] kommen bei dem Verhältnis $Ag : 3\,CN$ sogar nur auf acht freie Ag^+-Ionen im Liter. Es läßt sich berechnen, daß ein Cu^+-Ion unter Umständen sogar erst in etwa $1000\ m^3$ vorhanden sein dürfte (BILLITER[3])! Die elektrolytische Abscheidung des Kupfers oder Silbers aus diesen Lösungen kann also keineswegs von den ganz vereinzelten freien Kupfer- oder Silberionen getragen werden, wie dies ursprünglich noch LE BLANC und SCHICK[4] vermuteten[5].

Sekundäre oder primäre Metallabscheidung aus dem Anion? Nicht nur die komplexe Natur der Ionen im Elektrolyten zwingt dazu, für die Metallabscheidung im Falle des Kupfers und Silbers aus komplexen Zyaniden einen anderen Mechanismus anzunehmen als für den ausführlich erörterten Vorgang der Abscheidung aus Lösungen einfacher Salze (S. 119). Auch die andersartige, scheinbar „amorphe" Abscheidungsform der Metallniederschläge aus komplexen Zyaniden bei mittleren und höheren Stromdichten spricht für eine solche Auffassung.

So lag es nahe, die Abscheidung von Kupfer und Silber aus den Lösungen ihrer Zyanidkomplexe nicht als primären, sondern vielmehr sekundären elektrochemischen Vorgang zu deuten. Primär sollte nach einer dieser Hypothesen, die schon auf HITTORFF zurückgeht, Alkalimetall oder Wasserstoff an der Kathode abgeschieden werden. Unter Einwirkung dieser Elemente auf das betreffende Metallion, abdissoziiert aus dem komplexen Zyanid, sollte sich dann Kupfer oder Silber an der Kathode niederschlagen. Der sekundäre Vorgang bestände also in einer **Verdrängung** dieser Metallionen aus wäßriger Lösung durch unedlere Elemente, entsprechend etwa folgendem Beispiel:

$$Na^+ + \ominus = Na$$
$$Ag(CN)_2 \rightleftharpoons Ag^+ + 2\,CN^-$$
$$Na + Ag^+ = Na^+ + Ag$$

---

[1] OSTWALD, W.: Z. phys. Chem. **18**, 159 (1895); **34**, 495 (1900).

[2] s. S. 174, Fußn. 5.   [3] BILLITER, J.: Galvanotechnik, S. 38.

[4] LE BLANC, M., u. K. SCHICK: Z. phys. Chem. **46**, 213 (1903) — Z. Elektrochem. **9**, 636 (1903).

[5] Beim Kadmium kommen DELAHAY u. BERZINS (S. 171, Fußn. 1) neuerdings rechnerisch und experimentell auf eine Dissoziation des Cd-Komplexes *vor* der Cd-Abscheidung.

Die Tatsache, daß man durch Metallverdrängungsreaktionen im allgemeinen eher schlecht haftende poröse Niederschläge erhält als haftfeste und dichte, spricht nicht für diese Hypothese. Denn die elektrolytisch aus Zyanidlösungen abgeschiedenen Überzüge haften in der Regel fest an der Kathode und sind besonders wenig porig. Außerdem haben aber GLASSTONE[1] und SANIGAR[2] mit Recht darauf aufmerksam gemacht, daß diese Hypothese bei der niedrigen Abscheidungsspannung der Abscheidung von Silber aus der Lösung von komplexem Silberzyanid sehr unwahrscheinlich ist. Beträgt doch die Abscheidungsspannung z. B. für Silber aus 2 n-KAg(CN)$_2$-Lösung etwa —0,4 Volt gegen die Wasserstoffelektrode, während das Normalpotential des Kaliums —2,9 Volt beträgt.

BILLITER[3] hat, ebenso wie früher bereits HABER[4], angenommen, daß sich die Metalle unmittelbar aus den komplexen Anionen abscheiden. Nach seiner Vorstellung — ähnlich auch einem Ansatz von SANIGAR[2] — sollte der starre Teil der Doppelschicht an der Kathodengrenzfläche nicht allein aus Alkaliionen oder Wasserstoffionen, sondern teilweise aus komplexen *Cyano-Anionen* bestehen. Dies berührt sich durchaus mit modernen Auffassungen. Danach könnten die oberflächenaktiven Anionen in der innersten Region der HELMHOLTZ-Schicht Platz finden (vgl. S. 63). Diese Anionen haben Dipolcharakter. Ihr positiver Pol ist das Kupfer oder Silber; den negativen Pol bilden die Zyanidreste. Nach BILLITERS Ansatz sollten nun die relativ großen Komplexionen mit ihrem positiven Pol an die Kathode gezogen werden (vgl. Abb. 68). Um ein Zerfallen dieses Komplexes in Kupfer(I)-ionen und Zyanionen verständlich zu machen, muß die Einwirkung eines beträchtlichen elektrischen Feldes angenommen werden. BILLITER vermutet, daß der Spannungsabfall in unmittelbarer Nähe der Kathode, in einer Schicht, die molekulare Dimensionen nicht wesentlich überschreitet, eine Größenordnung von 10^7 Volt pro cm erreichen könnte, eine Auffassung, die auch heute vertreten wird. Ein solcher Spannungsabfall würde die Dipole nicht nur richten und deformieren, sondern auch spalten können.

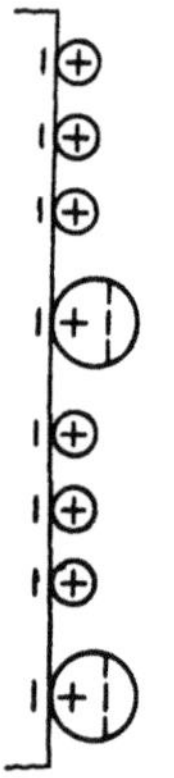

Abb. 67. Entladung komplexer Anionen. (Nach BILLITER[3]).

Allerdings bereitete BILLITERS Annahme einer Abscheidung unmittelbar aus dem Anion aus folgendem Grunde Schwierigkeiten: LE BLANC und SCHICK[5], SMITH und BRECKENRIDGE[6] und auch BONNER und

---

[1] s. S. 172, Fußn. 1.   [2] SANIGAR, E.: Trans. Faraday Soc. **24**, 45 (1928).

[3] BILLITER, J.: Galvanotechnik, S. 41.

[4] HABER, F.: Z. Elektrochem. **10**, 433, 773 (1904).

[5] LE BLANC, M., u. K. SCHICK: Z. Elektrochem. **9**, 636 (1903).

[6] SMITH. G. M., u. J. M. BRECKENRIDGE: Trans. Amer. Electrochem. Soc. **56**, 397 (1929).

KAURA[1] haben gezeigt, daß bei der Abscheidung von Kupfer aus Zyanidlösungen, enthaltend freies Zyanid, die kathodische Stromausbeute praktisch auf Null sinkt, wenn das Molverhältnis von CuCN zu KCN oder NaCN bei Zimmertemperatur auf 1 : 3,5 oder 4 bis 5 sinkt. Das gleiche ergibt sich nach LE BLANC und SCHICK[2] auch für die Zink- oder Kadmiumabscheidung in Gegenwart von Zyanidüberschuß. Es ist nicht recht einzusehen, warum die unmittelbare Kupferabscheidung unter Zerlegung des Dipols im extrem starkem Felde durch das Verhältnis von CuCN zu NaCN so ungewöhnlich stark beeinflußt werden sollte. Wahrscheinlich wäre man dieser Schwierigkeit enthoben, könnte man nachweisen, daß bei niedrigem Gehalt des Elektrolyten an freiem Zyanid ein zyanidärmeres Komplexion (vgl. GERISCHER, S. 170) in der HELMHOLTZ-Schicht vorhanden sei, das sich leichter spalten ließe. Dies führt uns (im nächsten Abschn.) zu einem weiteren Gesichtspunkt.

Metallabscheidung aus komplexen Cyanokationen. Der Ansicht, die erwähnten Schwermetalle seien bei den komplexen Zyaniden lediglich im Anion enthalten, steht die Auffassung GLASSTONES[3] gegenüber, daß auch komplexe Cyano*kationen* existieren können, und daß diese die Abscheidung der Schwermetalle an der Kathode ermöglichen. Auch GLAZOUNOV und SCHLOETTER[4] vertreten diese Ansicht. Die Existenz eines solchen komplexen Kations hat GLASSTONE[5] für den Fall des komplexen Kaliumcyanoargentates angenommen. Übrigens haben schon HELLWIG[6] und später KOHLSCHÜTTER[7] die Existenz solcher komplexen Kationen des Silbers mit Zyaniden oder Halogeniden als nicht unwahrscheinlich erachtet (vgl. S. 173).

HELLWIG schloß aus Messungen der Überführungszahl, daß das Doppelsalz $2\,AgNO_3 \cdot AgJ$ in wäßrigen Lösungen komplexe Kationen von der Formel Ag_2J^+ oder Ag_3J^{2+} bilde. Er führte die Löslichkeit des Silberjodides in Silbernitratlösung auf die Bildung solcher komplexen Kationen zurück. Nun löst sich nach HELLWIG auch Silberzyanid in entsprechender Weise wie das Jodid in der Silbernitratlösung, auch ist das Doppelsalz $2\,AgNO_3 \cdot AgCN$ bekannt. So lag es für HELLWIG nahe, hier gleichfalls die Existenz von Kationen wie $Ag_2(CN)^+$ oder $Ag_3(CN)^{2+}$ anzunehmen.

Eine Konzentration von auch nur 10^{-4} g/l des komplexen Kations reichte nach GLASSTONE bereits zur Erklärung des Mechanismus der kathodischen Silberabscheidung aus komplexen Zyaniden aus.

GLASSTONE fand übrigens, daß auch Zink- und Kadmiumsulfatlösungen merkliche Mengen der entsprechenden Zyanide auflösen (z. B. löst

---

[1] BONNER, W. D., u. B. D. KAURA: Chem. metallurg. Engng. **34**, 84 (1927).
[2] s. S. 175, Fußn. 4. [3] s. S. 173, Fußn. 1.
[4] s. S. 171, Fußn. 1. [5] s. S. 172, Fußn. 1.
[6] s. S. 173, Fußn. 1.
[7] KOHLSCHÜTTER, V.: Trans. Amer. Electrochem. Soc. **45**, 229 (1924).

ein Liter m-$ZnSO_4$-Lösung bei 15 °C etwa 0,003 gmol, bei 70 °C 0,01 gmol $Zn(CN)_2$). Er nimmt deshalb die Existenz auch von $Zn_2(CN)_2^{2+}$ und $Cd_2(CN)_2^{2+}$ an und vermutet, daß sie eher als die einfachen Zink- oder Kadmiumionen an der Kathode entladen werden[1].

Vermutlich verliert das komplexe Cyanoanion mit größerer Annäherung an das kathodische Feld mehr und mehr von seinen negativ geladenen Bestandteilen, also den Zyanionen. Ein solcher Vorgang ähnelte der früher erörterten allmählichen H_2O-Abspaltung hydratisierter Kationen mit zunehmender Annäherung an das kathodische Feld (vgl. S. 119). So ergäbe sich z. B. für Cyanoargentationen bei abnehmender Entfernung von der Kathode folgendes Bild:

$$Ag(CN)_3^{2-} \rightarrow Ag(CN)_2^- \rightarrow AgCN \rightarrow Ag_2(CN)^+.$$

Oder entsprechend für Cyanocuprationen:

$$Cu(CN)_4^{3-} \rightarrow Cu(CN)_3^{2-} \rightarrow Cu(CN)_2^- \rightarrow CuCN \rightarrow Cu_2(CN)^+.$$

Für eine Existenz des bisher nicht nachgewiesenen Cyanokupfer*kations* $Cu_2(CN)^+$ bestände also besondere Wahrscheinlichkeit in unmittelbarer Nähe der Kathode.

Daß andererseits ein hoher Gehalt an freiem Zyanid die Abspaltung von CN^- aus dem Komplexion aufhalten kann, so daß sich schließlich, bei hohem Zyanidgehalt des Elektrolyten, nur komplexe Anionen an Stelle der komplexen Kationen in der HELMHOLTZ-Schicht befinden, ist leicht einzusehen.

GLASSTONE[2], GLAZOUNOV und SCHLOETTER[3], und GLAZOUNOV, STAROSTA und VONDRAŠEK[4] haben die Auffassung vertreten, die kathodische Abscheidung der Schwermetalle aus solchen komplexen Kationen sei ein sekundärer Prozeß (vgl. auch S. 171). Das komplexe Kation werde bei der kathodischen Entladung instabil und zerfalle unter sekundärer Ausscheidung von Metall. Hierzu folgendes Beispiel: Die Dissoziation des Kaliumcyanoargentates verlaufe z. B. wie folgt:

$$KAg(CN)_2 \rightleftharpoons K^+ + Ag(CN)_2^-$$

$$2\,Ag(CN)_2^- \rightleftharpoons Ag_2(CN)^+ + 3\,CN^-$$

An der Kathode verliere das $Ag_2(CN)^+$-Ion seine Ladung; die neutrale Gruppe Ag_2CN ist unbeständig und zerfalle nach der Gleichung:

$$Ag_2CN = Ag + AgCN.$$

---

[1] Neuerdings hat GERISCHER (s. S. 169, Fußn. 2.) für Cd bei geringen CN^--Überschuß die Abscheidung aus $Cd(CN)_2$, bei großen aus $Cd(CN)_3^-$ wahrscheinlich gemacht. Für Zn nimmt er Abscheidung aus $Zn(OH)_2$ an.

[2] s. S. 172, Fußn. 1.   [3] s. S. 171, Fußn. 1.

[4] s. S. 173, Fußn. 3.

Daß der Metallniederschlag an der Kathode bei dieser sekundären Metallausscheidung eine durchaus andersartige Struktur im Vergleich zur kathodischen Abscheidung aus der Lösung einfacher Salze annehmen sollte, ist verständlich. In der Tat fällt das Gefüge solcher Niederschläge bekanntlich viel feiner aus als das der Niederschläge, abgeschieden aus Lösungen einfacher Salze.

GLAZOUNOV und Mitarbeiter[1] nehmen an, daß sich auch die komplexen Kationen wie das Kation in der normalen Elektrolyse bevorzugt an den aktiven Zentren (vgl. S. 119) entlüden. Allein das Metall scheide sich nicht gleichzeitig mit der Entladung ab, sondern erst daran anschließend. Räumlich gesehen geschehe die Metallabscheidung zwar irgendwo in unmittelbarer Nähe der Stelle der Entladung, aber von ihr unabhängig.

Das sich abscheidende Metall bedeckt also in diesem Falle die Kathodenoberfläche statistisch, und der Niederschlag wächst ohne bevorzugte Orientierung der Kristalle. Hiermit scheint der röntgenographische Befund von GLOCKER und KAUPP[2] gut übereinzustimmen, daß nämlich die äußerst feinkörnigen Kupfer- oder Silberniederschläge aus Lösungen der komplexen Zyanide eine völlig regellose Kristallorientierung zeigen, ganz im Gegensatz zur Faserstruktur entsprechender Niederschläge aus den Lösungen einfacher Salze (vgl. auch S. 427). Hingegen fanden H. FISCHER und BÄRMANN[3] bei — an sich weniger feinkörnigen — Zinkniederschlägen aus Zyanidbädern eine deutliche Fasertextur. Dies spräche also für einen anderen Abscheidungsmechanismus der Zinkabscheidung. Auch RAUB und WULLHORST[4] halten die Hypothese von GLAZOUNOV und SCHLOETTER für unwahrscheinlich.

Bei der Abscheidung von Silber oder Kupfer scheinen die Eigenschaften der einzelnen Punkte der Kathodenoberfläche, z. B. ihre Ausdehnung, teilweise Bedeckung, GALVANI-Spannung, Leitfähigkeit usw., wohl zwar für die primäre Entladung des Kations, aber anscheinend nicht mehr für die sekundäre Abscheidung des Metalls eine Rolle zu spielen. GLAZOUNOV und Mitarbeiter[5] folgern daraus, daß auch das Vorhandensein nichtleitender Stellen in der Oberfläche grundsätzlich nichts an dem Ablauf der sekundären Metallausscheidung ändern sollte.

Hierauf gründen GLAZOUNOV und Mitarbeiter einen bemerkenswerten *experimentellen* Versuch, die Annahme einer sekundären Abscheidung des Metalles aus der Lösung komplexer Zyanide zu beweisen.

---

[1] s. S. 173, Fußn. 2.
[2] GLOCKER, R., u. E. KAUPP: Z. Phys. **24**, 121 (1924).
[3] FISCHER, H., u. H. BÄRMANN: Z. Metallkde. **32**, 376 (1941).
[4] RAUB, E., u. B. WULLHORST: Z. Elektrochem. **48**, 342 (1942).

Auf einer massiven, polierten Kupferplatte, die vorher versilbert wurde, waren schwache Glasfäden (etwa 0,017 bis 0,02 mm Dmr.) ausgespannt und mit Wachs befestigt. Dabei wurde peinlich dafür gesorgt, daß die Fäden der Oberfläche dieser Platte knapp anlagen. Die Platte diente als Kathode zur Abscheidung des Kupfers aus einem Zyanidelektrolyten[1]. Die Stromdichte betrug dabei $1 \cdot 10^{-2}$ A/cm^2, die Elektrolyse war von sehr kurzer Dauer, 15 bis 50 sek. Nach der Elektrolyse wurden die Glasfäden unter dem Mikroskop beobachtet, und es zeigte sich, daß sie augenscheinlich mit Kupfer belegt waren. Die Glasfadenoberfläche hatte dieselbe rosarote Farbe wie das daneben auf der Kupferplatte ausgeschiedene Kupfer. Daß es sich bei dieser Beobachtung nicht um Reflexe des auf dem Metall abgeschiedenen Kupfers am Glas handelte, bewies die Mikrophotographie.

Die Glasfäden waren vor der Elektrolyse durchsichtig, so daß die Fortsetzung von Ritzen, die absichtlich in die Kathodenoberfläche geritzt waren, bei der Mikroskopeinstellung auf die Kathodenoberfläche durch die Glasfäden hindurch gut zu sehen war. Auch nach der Elektrolyse wurde mikroskopisch wieder auf die Kathodenoberfläche eingestellt. Dabei waren die Ritze der Kathodenoberfläche durch den Faden unterbrochen, d. h. also, der Glasfaden mußte von einer undurchsichtigen Schicht des anscheinend sekundär ausgeschiedenen Kupfers bedeckt sein. Es war unmöglich, durch irgendeine Einstellung des Mikroskops — obwohl es bei durchsichtigem Faden vor der Elektrolyse leicht gelang — zu erreichen, daß die Kathodenoberfläche unter dem Faden zu sehen war. Die ausgeschiedene undurchsichtige Schicht konnte bei 35 sek Dauer höchstens 0,00285 mm dick, sein, d. h. also fast achtmal dünner als der Fadendurchmesser.

So bestechend das Experiment der Forscher sich ausnimmt, so erscheint die Beweiskette doch nicht lückenlos. Es fehlt der Nachweis, daß es sich bei dem rosenroten Belag tatsächlich um metallisches Kupfer und nicht etwa um ähnlich gefärbtes Kupferoxydul handelt. Unter den Bedingungen der Elektrolyse (die nicht genau gekennzeichnet sind) kann sich u. U. Kupferoxydul sekundär abscheiden, namentlich bei einer Abschirmung von Teilen der Kathodenoberfläche durch den Glasfaden und der damit verbundenen Verarmung. Außerdem weiß man nicht, ob nicht infolge Abdissoziation von CN^- im Kathodenfilm, namentlich bei hohen Stromdichten, auch freie Cu^+-Ionen anwesend sind, die sich gemäß $2\,Cu^+ \rightleftharpoons Cu^{2+} + Cu$ disproportionieren können. Einmal chemisch abgeschiedenes Cu kann auf den Glasfäden überdies als Mittelleiter der Elektrolyse wirken, wodurch sich der Niederschlag auf dem Glas verstärken würde.

Mitwirkung einer Wasserstoffabscheidung. Jacquet[2] hat bei seinen metallographischen Untersuchungen an elektrolytisch abgeschiedenen Metallüberzügen gefunden, daß die anscheinend strukturlose, fein-

---

[1] Die Zusammensetzung wurde nicht angegeben.
[2] Jacquet, P.: Rev. Métallurg. **35**, 41 (1938).

kristalline Abscheidungsform, die man gewöhnlich bei der Elektrolyse in Lösungen komplexer Schwermetallzyanide beobachtet, manchmal nicht auftritt. Aus einer 0,2 n-Lösung von komplexem Cyanocuprat $[K_2Cu(CN)_3 + 0,3$ n-Na_2CO_3, ohne freies Zyanid] erhielt JACQUET z. B. bei geringen Stromdichten $(2,5 \cdot 10^{-4}$ A/cm$^2)$ noch einen relativ grobkristallinen Niederschlag, ähnlich etwa einer Kupferabscheidung aus einem nichtkomplexen Kupfersulfatelektrolyten. Erst bei einer Stromdichte von etwa $1 \cdot 10^{-3}$ A/cm^2 an scheidet sich der gewöhnliche feinkörnige Niederschlag ab.

JACQUET hat hat nun eine kritische Stromdichte gefunden, bei der der mikrokristalline Niederschlag sich gerade eben abzuscheiden beginnt. Diese kritische Stromdichte fällt praktisch mit dem Stromdichtewert zusammen, bei dem sich erstmals Wasserstoff entwickelt. Oberhalb dieser Stromdichte nimmt die Wasserstoffentwicklung merklich und mit der Stromdichte immer mehr zu. Enthält der Elektrolyt *freies Zyanid*, so ist der Niederschlag auch bei kleinsten Stromdichten mikrokristallin. Unter diesen Bedingungen entwickelt sich aber auch fortgesetzt Wasserstoff. Entsprechende Beobachtungen machte JACQUET mit Lösungen von komplexem Silberzyanid und komplexem Kadmiumzyanid.

Auch ERDEY-GRUZ[1] hat bei der kathodischen Abscheidung von Silber aus $K(AgCN)_2$-Lösung an einer Silbereinkristallkathode beobachtet, wie sich unterhalb einer Stromdichte von $6 \cdot 10^{-4}$ A/cm^2 der Einkristall regelmäßig weiter entwickelt, indem grobe Kristalle bestimmter Orientierung gebildet werden. Unmittelbar oberhalb dieser Stromdichte bedeckt sich die Kathode jedoch mit dem bekannten mikrokristallinen Niederschlag. ERDEY-GRUZ verwendete Lösungen, die überschüssiges Zyanid enthielten. Bei Wiederholung des Versuches mit entsprechend zusammengesetzten Lösungen von komplexem Cyanocuprat erhielt er auf Kupfereinkristallen selbst bei sehr geringen Stromdichten niemals regelmäßig ausgebildete Kristalle, sondern stets eine gleichmäßig feinkörnige Abscheidung. Nach JACQUET wäre der Grund für diese Abweichung in der Wasserstoffabscheidung zu suchen.

Eine Abscheidung von Wasserstoff an der Kathode kann zweierlei bewirken. Einmal kann die Oberfläche, namentlich an den aktiven Stellen, infolge Adsorption von gasförmigem Wasserstoff blockiert werden. Eine solche Inhibition könnte vielleicht die Änderung der Abscheidungsform erklären. Frei werdende Wasserstoffbläschen werden aber eine lebhafte Bewegung des der Kathode anliegenden Flüssigkeitsfilmes hervorrufen. In diesem Flüssigkeitswirbel könnten sich die im Sinne von GLAZOUNOV entladenen Ionengruppen durch Konvektion leichter von der Kathode weg bewegen. So könnte dieser Umstand die Ursache dafür bilden,

---

[1] s. S. 172, Fußn. 3.

daß sich das Metall — im Sinne GLAZOUNOVS — nicht mehr unmittelbar an der aktiven Stelle abschiede, sondern erst in einiger Entfernung von ihr. Doch fehlt hierfür ein schlüssiger Beweis.

In der Praxis wird sich fast immer Wasserstoff mit abscheiden, werden doch fast stets Elektrolyte mit freiem Zyanid verwendet. Man elektrolysiert auch meistens bei höheren Stromdichten als z. B. $6 \cdot 10^{-4}\,A/cm^2$. Auch GLAZOUNOV und Mitarbeiter[1] führten das auf S. 126 erwähnte Experiment also offenbar unter gleichzeitiger Abscheidung von Wasserstoff aus.

Metallabscheidung aus Lösungen anderer komplexer Anionen. Sieht man von dem offenbaren Sonderfall der Metallabscheidung aus den wäßrigen Lösungen komplexer Schwermetallzyanide ab, so zwingt sonst kaum ein rechter Grund dazu, anzunehmen, ein kathodischer Metallniederschlag bilde sich unmittelbar aus dem komplexen *Anion* im Sinne von BILLITER (vgl. S. 176). Zweifellos enthalten gerade die wäßrigen Lösungen der komplexen Schwermetallzyanide einen extrem geringen Anteil an freien Schwermetallionen. In wäßrigen Lösungen anderer Komplexe (z. B. der Oxalatokomplexe[2]) wird aber der Anteil der freien Metallkationen im Kathodenfilm merklich sein. Meist hat man hier keinen Grund, daran zu zweifeln, daß sich die Metallkationen primär abscheiden. Im Falle der komplexen Zyanide bleibt, wie wir gesehen haben, andererseits die Möglichkeit offen, daß sich das Metall kathodisch aus komplexen Kationen, statt aus komplexen Anionen, abscheidet. In Metallatlösungen (z. B. Zinkaten) kann es sich auch aus dem Metallhydroxyd abscheiden (GERISCHER[3]).

1.46.3 Zusammenhänge zwischen Überspannung und Abscheidungsmechanismus bei der Abscheidung aus Komplexsalzlösungen.

Polarisation bei der Abscheidung aus den Lösungen komplexer Zyanide. Mit einer Untersuchung der Strom-Spannung-Kurven hoffte man Aufschluß über den Mechanismus der Abscheidung zu erhalten. Leider bieten die Strom-Spannung-Kurven nicht allein für die einzelnen Metalle, sondern auch für verschieden zusammengesetzte Elektrolyte ein wechselvolles Bild. Bislang hat man auf diesem Gebiet wohl nur die stationäre Polarisation untersucht, während für das Verhalten unmittelbar zu Beginn der Elektrolyse anscheinend noch keine Versuchsdaten vorliegen. Stationär kann man bei Kupfer, Zink, Silber, Kadmium, Quecksilber flache, oft nahezu parallel der Stromachse verlaufende,

---

[1] s. S. 173, Fußn. 2.

[2] vgl. GERISCHER (S. 169, Fußn. 2) für die Zn-Abscheidung am komplexen Zn-Oxalat.   [3] s. S. 169, Fußn. 2.

aber auch stark abwärts geneigte, von beträchtlicher Polarisation zeugende Strom-Spannung-Kurven erhalten. Herrschen letztere Kurven gewöhnlich bei Kupfer und Zink vor, so bevorzugen Silber, Kadmium und Quecksilber die flachen Kurven.

Allerdings beobachtete HÖING[1] auch bei der *Kupfer*abscheidung unter bestimmten Bedingungen eine nahezu reversible GALVANI-Spannung. Er schied Kupfer ab aus einer Lösung von KCN und CuCN im Verhältnis der Verbindung $KCu(CN)_2$ (Abb. 69) bei nicht zu hohen Stromdichten (bis etwa $3 \cdot 10^{-3}$ A/cm^2). Mit höherer Stromdichte wurde die GALVANI-Spannung deutlich negativer; die Werte schwankten dann meist und waren schlecht reproduzierbar. HÖING vermutete hier einen Zusammenhang mit der ebenfalls bei höheren Stromdichten einsetzenden Wasserstoffentwicklung. Eine ähnliche Beziehung lassen vielleicht auch die auf S. 181 mitgeteilten Ergebnisse JACQUETS erkennen, der bei einer kritischen Stromdichte, etwa übereinstimmend mit dem Beginn der Wasserstoffabscheidung, eine wesentliche Änderung der Abscheidungsform des Kupfers (unterhalb dieser Stromdichte grobkörnig, oberhalb äußerst feinkörnig) beobachtete. GLASSTONE[2] fand nun bei der Abscheidung von Silber, Kadmium und Quecksilber aus Lösungen mit äquivalentem Gehalt der entsprechenden komplexen Zyanide stets den etwa gleichen Grenzwert der Stromdichte, bei der die Stromausbeute praktisch noch gerade 100% beträgt (vgl. S. 184). Er stimmte mit Werten gut überein, die GLASSTONE unter Anwendung des FICKschen Diffusionsgesetzes berechnete. Der für den Grenzwert der Stromdichte, z. B. bei der Abscheidung von Silber aus $n/10$-$NaAg(CN)_2$-Lösung, in Gegenwart von verschiedenen Mengen überschüssigem NaCN stets übereinstimmend gefundene Wert von etwa $2,5 \cdot 10^{-3}$ A/cm^2 entspricht dem von HÖING gefundenen Grenzwert von $3 \cdot 10^{-3}$ A/cm^2, über den hinaus sich Wasserstoff mit abscheidet.

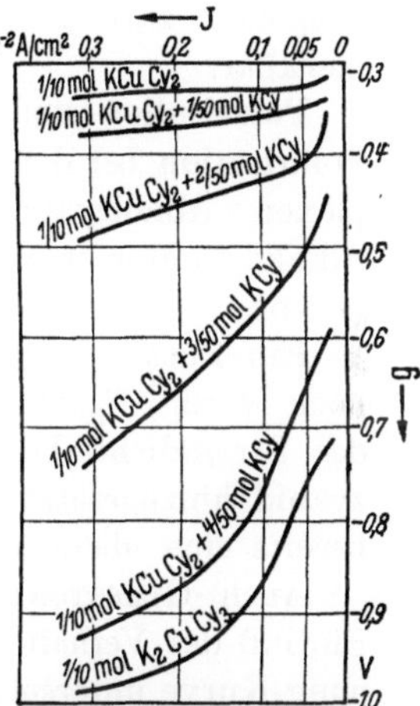

Abb. 69. Abhängigkeit der Strom-Spannung-Kurve von der Zusammensetzung der Kalium-Kupferzyanid-Lösung bei 25° C. (Nach HÖING[1])

In zahlreichen Versuchen beobachtete GLASSTONE, daß die Gesetzmäßigkeit einer Übereinstimmung des Stromdichte-Grenzwertes für verschiedene Metalle bei äquivalenten Konzentrationen ihrer Verbindungen und gleichen Temperaturen nur gilt, wenn die kathodische Metallabscheidung nahezu *ohne Polarisation* verläuft. Dies ist bei der

---

[1] HÖING, A.: Z. Elektrochem. **22**, 286 (1916).
[2] s. S. 172, Fußn. 1.

Abscheidung von Silber, Kadmium und Quecksilber aus den Lösungen ihrer komplexen Zyanide selbst in Gegenwart von Zyanidüberschuß, der Fall. Bei der Kupferabscheidung gilt dies hingegen offenbar nur in einer Lösung von $KCu(CN)_2$ in *Abwesenheit* von überschüssigem Zyanid. GLASSTONE fand die Beziehung in Lösungen von komplexem Kupferzyanid bei Anwesenheit von mehr Zyanid nicht bestätigt; vielmehr ergaben sich dann bedeutend kleinere Werte für die Grenzwerte, als theoretisch berechnet. In diesen Lösungen machte sich eine mit steigender kathodischer Stromdichte stark zunehmende Polarisation bemerkbar.

Polarisation und Zyanidgehalt der Lösung. Wie stark nun die Polarisation bei der kathodischen Abscheidung von Kupfer aus komplexen Alkalicyanocupratlösungen zunimmt, wenn der Anteil an Alkalizyanid in steigendem Maße erhöht wird, geht aus Abb. 69 (S. 183) hervor.

Ein Zusatz von $^1/_{50}$ mol KCN verändert die Neigung der Kurve noch wenig, $^2/_{50}$ mol wirken schon stärker, und so wird der Abfall der Stromdichte-Polarisationskurve immer steiler, je mehr Kaliumzyanid hinzugesetzt wurde. Eine Lösung von $^1/_{10}$ mol $K_2Cu(CN)_3$ ergibt bereits eine überaus starke Polarisation.

Auch GLASSTONE[1] sowie SMITH und BRECKENRIDGE[2] haben den Einfluß des Verhältnisses von Zyanid zu Kupfer auf die Strom-Spannung-Kurve untersucht. Stimmen HÖING, GLASSTONE und auch SMITH und BRECKENRIDGE grundsätzlich[3] darin überein, daß bei einem größeren Verhältnis von Zyanid zu Kupfer als $2:1$ die Polarisation stark zunimmt, so fand GLASSTONE im besonderen bei einem Verhältnis oberhalb $3:1$ mit steigendem Zyanidanteil der Lösung wieder eine zunehmende Verflachung der Kurven, d. h. die Polarisation verstärkt sich nicht mehr in gleichem Maße wie bei einem Verhältnis zwischen $2:1$ und $3:1$.

Zusammengefaßt findet man also bei der Kupferabscheidung folgende Typen von Strom-Spannung-Kurven:

I. bei einem Verhältnis von Zyanid zu Kupfer von $\sim 2:1$
GALVANI-Spannung nahezu reversibel,

II. bei einem Verhältnis von Zyanid zu Kupfer von $\sim 3:1$
starke Polarisation,

III. bei einem Verhältnis von Zyanid zu Kupfer von $\sim 7:1$
geringe Polarisation.

Für diesen zunächst merkwürdig anmutenden Befund sind die Änderungen der Ruhe-GALVANI-Spannung von Kupfer mit steigendem

---

[1] s. S. 172, Fußn. 1.

[2] s. S. 176, Fußn. 6.

[3] Ein genauer Vergleich ist bei der voneinander abweichenden Zusammensetzung ihrer Versuchslösungen nicht möglich.

Zyanidgehalt des Elektrolyten aufschlußreich, die GLASSTONE[1] bei der elektrometrischen Titration von CuCN mit KCN-Lösung verfolgte (vgl. Abb. 70a).

Aus der Titrationskurve ergibt sich, daß die beiden Konzentrationsverhältnisse, mit denen eine nur geringe Polarisation der Kupferabscheidung parallel geht (2 : 1 und 7 : 1), einem Kurvenast entsprechen,

an dem sich die GALVANI-Spannung mit wachsendem Verhältnis von Zyanid zu Kupfer nur wenig ändert. Die Strom-Spannung-Kurve verläuft im Einklang damit auch ziemlich flach. Hingegen liegt das Verhältnis 3 : 1 im Gebiet eines starken Potentialanstiegs der Titrationskurve. Daher erhält man also auch eine stark geneigte Strom-Spannung-Kurve.

Bei dem ersten, nahezu reversiblen Verlauf der Strom-Spannung-Kurve (Verhältnis 2 : 1) wird Cu mit 100 %iger Stromausbeute aus einem Kathodenfilm abgeschieden, in dem wohl noch genügend Kationen — entweder Cu^+-Ionen oder komplexe Kationen, z. B. Cu_2CN^+ — für die Abscheidung zur Verfügung stehen. Die Ruhe-GALVANI-Spannung des Kupfers (vgl. die Abb. 70a) ist in dieser Lösung mit —0,25 V noch

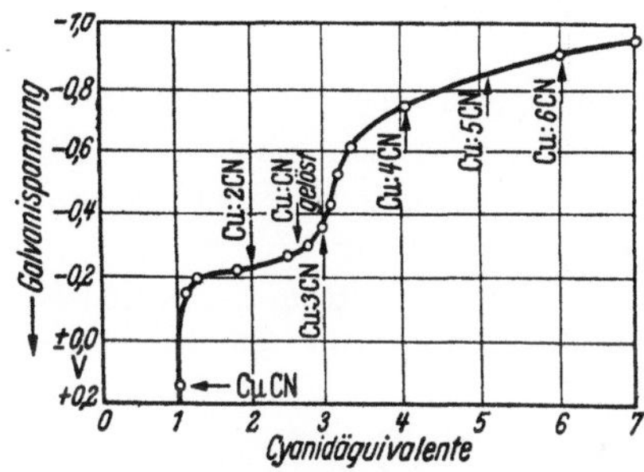

Abb. 70a. Elektrometrische Titration von CuCN mit NaCN-Lösung. (Nach GLASSTONE[1])

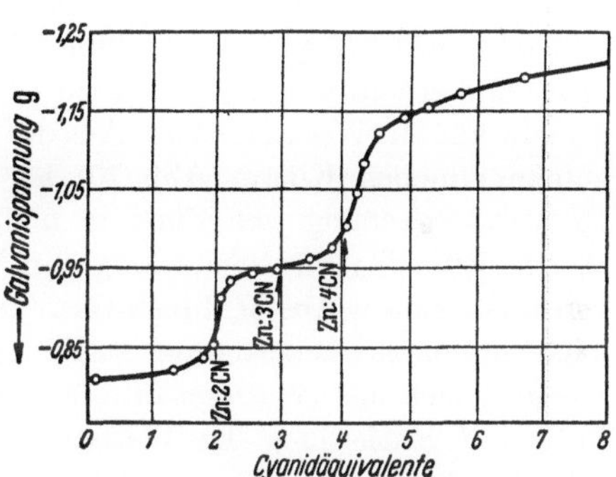

Abb. 70b. Elektrometrische Titration von Zn(CN)₂ mit NaCN-Lösung. (Nach GLASSTONE[1])

erheblich edler als die reversible GALVANI-Spannung des Wasserstoffs von etwa —0,65 V in einer n/10-Zyanidlösung. Bei dem Verhältnis 3 : 1 hat aber die Konzentration an disponiblen Kationen offenbar um Größenordnungen abgenommen. Daher macht sich mit der Abscheidung starke Konzentrationspolarisation bemerkbar. Bei hohen Stromdichten liegen hier die Stromausbeuten schon merklich unter 100%. Unter den Bedingungen der erneut abgeflachten Kurve des Verhältnisses 7 : 1 scheidet

---

[1] s. S. 172, Fußn. 1.

sich allein Wasserstoff ab. Die Ruhe-GALVANI-Spannung des Kupfers (vgl. Abb. 70a, S. 185) ist in dieser Lösung wesentlich unedler als die des Wasserstoffs ($-1,0$: $-0,65$ V, selbst wenn berücksichtigt wird, daß sich der Wasserstoff infolge der Wasserstoffüberspannung an Kupfer tatsächlich erst bei $-0,85$ V abscheiden dürfte). Bereits bei einer Stromdichte von $6 \cdot 10^{-4}$ A/cm^2 erhielt GLASSTONE eine kathodische Stromausbeute an Wasserstoff von 83%, bei $1 \cdot 10^{-2}$ A/cm^2 lag sie bei 100%. Mit einer gleichzeitigen, überwiegenden Wasserstoffentwicklung kann man — namentlich in verdünnteren Lösungen — bereits bei Verhältnissen von Zyanid : Kupfer = 4 : 1 rechnen. So fanden SMITH und BRECKENRIDGE[1] bei einem Verhältnis von 5 : 1 100%ige Wasserstoffabscheidung.

Auch die Strom-Spannung-Kurven der Zinkabscheidung aus der Lösung komplexer Alkalicyanozinkate sprechen deutlich auf eine Verschiebung des Verhältnisses von Zyanid zu Zink an (GLASSTONE[2]) (Abb. 70b). Eine flache Kurve ähnlich Kurventyp I (vgl. S. 148) der Kupferabscheidung fehlt allerdings; es sind nur der Typ II mit einer nicht ganz so starken Polarisation wie beim Kupfer und der Typ III vertreten. Dies liegt an dem Verhältnis der Abscheidungs-GALVANI-Spannung von Zink zur Abscheidungs-GALVANI-Spannung von Wasserstoff. Zum Unterschiede von der Kupferabscheidung scheidet sich nämlich Zink selbst bei kleinem Verhältnis von Zyanid zu Zink und niedrigen Stromdichten gemeinsam mit Wasserstoff ab. Aus der von GLASSTONE[2] elektrometrisch aufgenommenen Kurve (Abb. 70) ist zu entnehmen, daß die Ruhe-GALVANI-Spannung von Zink in n/10-KCN-Lösung bereits negativer als die Ruhe-GALVANI-Spannung von Wasserstoff ($-0,65$ V) ist. Zwar verschiebt sich die Abscheidungs-GALVANI-Spannung des Wasserstoffes infolge der hohen Überspannung an Zink auf $-1,18$ V (GLASSTONE[2]), doch scheidet sich der Wasserstoff offenbar infolge Depolarisation durch Luft und Entfernung der Wasserstoffatome infolge Diffusion bereits bei weniger negativer GALVANI-Spannung ab. GLASSTONE[2] fand bei einer Lösung von m/10-Na$_2$Zn(CN)$_4$ + n/5-NaCN bereits die gleiche GALVANI-Spannung wie in einer n/5-NaCN-Lösung allein. In beiden Lösungen war die Entladung von H$^+$-Ionen der alleinige kathodische Vorgang.

Merklich geringer als im Falle des Kupfers und Zinks ist der Einfluß einer Änderung des Verhältnisses von Zyanid zu Metall bei der Silberabscheidung aus den Lösungen komplexer Zyanide. Aus Abb. 71 (nach GLASSTONE[2]) ergibt sich für Stromdichten bis $2,5 \cdot 10^{-3}$ A/cm^2 bei einer n/10-NaAg(CN)$_2$-Lösung (I) noch eine deutliche Polarisation, besonders bei kleineren Stromdichten. Diese Polarisation fällt in der gleichen

---

[1] s. S. 176, Fußn. 6.
[2] s. S. 172, Fußn. 1.

Lösung, jedoch mit einem Gehalt an n/10-NaCN (II), bereits bedeutend
geringer aus. Eine entsprechende Lösung mit höherem Zyanidgehalt,
z. B. 9n/10-NaCN (V), ergibt nahezu polarisationsfreie Abscheidung[1].

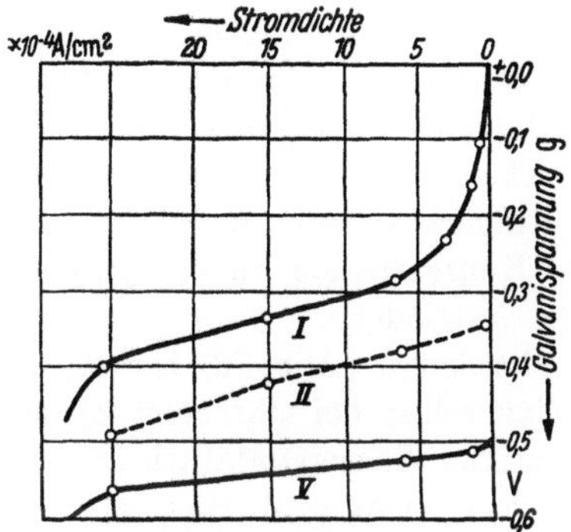

Abb. 71. Strom-Spannung-Kurven für die
Silberabscheidung aus
Natriumcyanoargentat-Lösungen.
(Nach GLASSTONE[2])

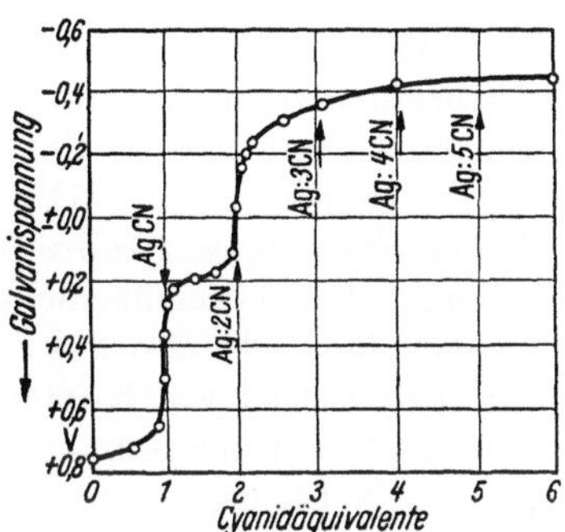

Abb. 72. Elektrometrische Titration von
AgCN mit NaCN-Lösung.
(Nach GLASSTONE[2])

Besonders bemerkenswert ist die Tatsache, daß die kathodische Stromausbeute an Silber trotz des hohen Zyanidüberschusses in dieser Lösung
(nach GLASSTONE[2]) bei Stromdichten bis zu $2,5 \cdot 10^{-3}$ A/cm² noch 100%
beträgt und erst bei höheren Stromdichten merklich geringer wird.

Die äußerst geringe Silberionenkonzentration in dieser Lösung kann
also kaum der Träger der Silberabscheidung sein; zum mindesten
hätte man dann eine hohe Konzentrationspolarisation erwarten sollen.
Eine Polarisation tritt aber merkwürdigerweise gerade umgekehrt in
der Lösung (I) ohne freies Zyanid auf, die sicherlich noch eine um
Größenordnungen höhere Ag^+-Ionenkonzentration aufweisen dürfte.

Betrachtet man eine von GLASSTONE[2] elektrometrisch aufgenommene
Titrationskurve (vgl. Abb. 72), so findet man im Bereich der $NaAg(CN)_2$-
Lösung (I) parallel zu der deutlichen Polarisation unter Stromfluß eine
starke Änderung der Ruhe-GALVANI-Spannung des Silbers bei kleinen
Erhöhungen des Verhältnisses von Zyanid zu Metall, während sich die
Titrationskurve bei einer Zusammensetzung der Lösung (II) (Verhältnis von CN : Ag = 3 : 1) mit steigendem Zyanidzusatz nur noch wenig
ändert. Bei höherem Zyanidverhältnis verläuft sie beinahe parallel mit
der Stromachse, was mit der nahezu polarisationsfreien Silberabschei-

---

[1] Allerdings haben B. EGEBERG und N. E. PROMISEL [Trans. Amer. Electrochem. Soc. **59**, 294 (1931)] unter bestimmten Bedingungen (Na_2CO_3-haltiger
Elektrolyt, $DK = 4 \cdot 10^{-3}$ A/cm²) einen geringen Anstieg der Polarisation mit
steigendem Zyanidgehalt beobachtet.

[2] s. S. 172, Fußn. 1.

dung bei einem Zyanidverhältnis 6 : 1 (Lösung V) gut im Einklang steht.

Anscheinend bestimmen also die Silberabscheidung aus $NaAg(CN)_2$-Lösungen ohne freies Zyanid andere Ionen als aus gleichen Lösungen, aber mit einem Überschuß an freiem Zyanid, und selbst bei großem Zyanidüberschuß müssen wohl noch genügend Ionen für die Silberabscheidung verfügbar sein. Die Abnahme der Polarisation mit steigendem Zyanidverhältnis scheint mit der Theorie der Silberabscheidung aus Ag_2CN^+-Ionen (vgl. S. 177) nicht verträglich zu sein, denn nach dem Massenwirkungsgesetz sollte sich die Konzentration dieser Ionen mit zunehmendem Zyanidüberschuß stark vermindern.

Jedenfalls geht aber aus der Titrationskurve (Abb. 72) hervor, daß zum Unterschied von Kupfer und Zink selbst bei stärkstem Zyanidüberschuß die Ruhe-GALVANI-Spannung der Wasserstoffabscheidung in n/10-NaCN-Lösung (—0,65 V) noch nicht erreicht wird. Hiermit stehen auch die hohen kathodischen Stromausbeuten an Silber im Einklang.

Bei Stromdichten über $2{,}5 \cdot 10^{-3}$ A/cm² beginnt allerdings in der Strom-Spannung-Kurve (Abb. 71, S. 187) ein stärkerer Abfall. Mit $2{,}5 \cdot 10^{-3}$ A/cm² ist in der n/10-$NaAg(CN)_2$-Lösung nach GLASSTONE[1] die Stromdichte (vgl. S. 183) überschritten, bei der die Stromausbeute an Metall noch 100% beträgt. Oberhalb dieses Stromdichtewertes wird also zugleich Wasserstoff abgeschieden, und die GALVANI-Spannung fällt bei weiter erhöhter Stromdichte rasch bis auf —1,4 V. GLASSTONE fand, daß z. B. eine silberfreie n/2-NaCN-Lösung die gleiche Tendenz hat, und schloß daraus auf einen gleichartigen Abscheidungsmechanismus.

GLASSTONE hält es nicht für unwahrscheinlich, daß bei —1,4 V bereits Natriumionen unter Bildung einer Silber-Natrium-Legierung entladen werden. Vermutlich vollzieht sich der Stromtransport bei den hohen Stromdichten ohnehin ganz überwiegend mit Hilfe der Natriumionen, die sich an der Kathode anhäufen. Einige von ihnen mögen in das Gitter des Kathodenmetalls unter Bildung einer Legierung eintreten, was eine weniger negative GALVANI-Spannung verlangt als die Abscheidung von Natriummetall (HABER und SACK[2], SACK[3]).

Ähnlich dem Silber verläuft nach GLASSTONE[1] auch die Abscheidung von Kadmium und Quecksilber aus den Lösungen der entsprechenden komplexen Zyanide bei einem höheren Verhältnis von Metall zu Zyanid (oberhalb 4 : 1) mit nur geringer Polarisation, während sie bei dem Verhältnis 4 : 1 noch eine deutliche Polarisation aufweist. Bei der elektrometrischen Titration nach GLASSTONE[1] ergibt sich in beiden Fällen bei diesem Verhältnis ein deutlicher Sprung der Ruhe-GALVANI-Spannungen

---

[1] s. S. 172, Fußn. 1.
[2] HABER, F., u. M. SACK: Z. Elektrochem. **8**, 251 (1902).
[3] SACK, M.: Z. anorg. Chem. **34**, 286 (1903).

die sich hingegen bei höherem Verhältnis nur allmählich ändern. Beide Metalle scheiden sich aus der Zyanidlösung in der Regel mit einer positiveren Galvani-Spannung ab als Wasserstoff. Wie beim Silber bleibt die Stromausbeute bei 100%, sofern nicht der Grenzwert der Stromdichte überschritten wird, bei dem die Abscheidungsgeschwindigkeit gerade gleich der Diffusionsgeschwindigkeit des sich abscheidenden Metallkomplexions ist.

Einfluß von Badbewegung und Temperaturerhöhung. Rührt man den Zyanidelektrolyten, so verringert sich, wie Glasstone[1] zeigte, die Polarisation deutlich und erhöht die Stromausbeute. Die polarisationsvermindernde Wirkung der Rührung ist beim Silber allerdings gering, beim Kupfer und Zink dagegen wesentlich größer.

Abb. 73 zeigt den Einfluß einer Rührung auf die Strom-Spannung-Kurven bei der Kupferabscheidung nach Glasstone[1]. Kurve I (Verhältnis 2 : 1) wird stark abgeflacht. Bei Kurve II (Verhältnis 3 : 1) offenbart sich die

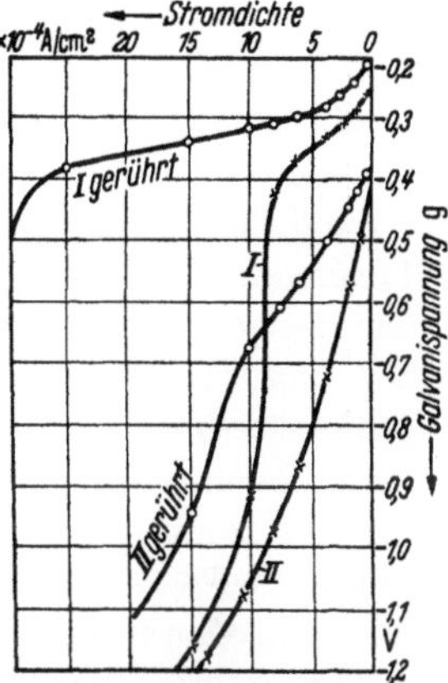

Abb. 73. Einfluß der Rührung auf die Strom-Spannung-Kurve der Kupferabscheidung aus Lösungen komplexer Kupferzyanide. (Nach Glasstone[1])

verflachende Wirkung zwar auch deutlich, aber sie ist bedeutend geringer als bei I. Wie wir oben gesehen haben, ändert sich im Bereich des Verhältnisses 3 : 1 die Ruhe-Galvani-Spannung des Kupfers bereits bei geringer Verschiebung des Verhältnisses ganz bedeutend (Abb. 69, S. 183); Rühren kann diesen Einfluß nicht vollständig aufheben.

Wie das Bewegen des Bades wirkt auch erhöhte Temperatur auf die Polarisation (Glasstone[1]), ein Zeichen, daß es im letzteren Falle offenbar die erhöhte Konvektion zu sein scheint, von der die Wirkung ausgeht. Auch hier fällt wiederum das unterschiedliche Verhalten der bereits oben gekennzeichneten zwei Gruppen von Metallen auf: Läßt erhöhte Temperatur die Überspannung bei der Kupfer- oder Zinkabscheidung, namentlich in Gegenwart von größeren Anteilen Alkalizyanid, außerordentlich stark absinken, so vermindert sie die Polarisation bei der Abscheidung von Silber, Kadmium oder Quecksilber unter gleichen Bedingungen nur ganz unbedeutend.

Auch hier ist abgeschwächte Polarisation wieder mit erhöhter kathodischer Stromausbeute verbunden. So beträchtlich sich die Stromausbeute bei der Kupfer- und Zinkabscheidung erhöht, so geringfügig fällt sie jedoch bei der Abscheidung von Silber, Kadmium oder Quecksilber aus.

---

[1] s. S. 172, Fußn. 1.

Erfahrungsgemäß scheidet sich Kupfer bei hohen Temperaturen selbst aus solchen Lösungen hohen Zyanidüberschusses ab, aus denen bei Zimmertemperatur praktisch überhaupt keine Kupferabscheidung mehr gelingt.

Übereinstimmend mit der schon oben gezogenen Schlußfolgerung muß man also wohl auch hier annehmen, daß bei Zimmertemperatur in der komplexen Kupferzyanidlösung nur eine außerordentlich geringe Konzentration an solchen Ionen vorliegt, die eine Metallabscheidung ermöglichen, während diese in entsprechend zusammengesetzten Lösungen des Silbers, Kadmiums und Quecksilbers noch in ausreichender Menge vorhanden sind. Erst eine Temperaturerhöhung schafft auch bei den Kupferlösungen — offenbar infolge Dissoziation — einen genügend hohen Gehalt an abscheidbaren einfachen oder komplexen Metallionen, so daß Wasserstoffabscheidung und auch Polarisation in diesen Lösungen mit steigender Temperatur ungewöhnlich stark zurückgehen. Bei Silber, Kadmium und Quecksilber ändert Temperatursteigerung hingegen an dem schon vorher bestehenden Zustand kaum noch etwas.

Zusammenfassung der für die Strom-Spannung-Kurve wichtigen Faktoren. Für die Strom-Spannung-Kurve und für die kathodische Stromausbeute bei der Metallabscheidung aus Lösungen komplexer Zyanide sind also (nach GLASSTONE) zwei Gesichtspunkte maßgebend: 1. Die Verschiebung der GALVANI-Spannung mit verändertem Verhältnis von Zyanid zu Metall (ersichtlich aus der Veränderung der Ruhe-GALVANI-Spannung bei der elektrometrischen Titration von Schwermetallzyanid mit Alkalizyanid). 2. Die Lage der Abscheidungs-GALVANI-Spannung des Metalls zu der des Wasserstoffs.

Geht bei der Titration mit der Änderung des Verhältnisses von Zyanid zu Metall eine merkliche Änderung der Ruhe-GALVANI-Spannung parallel, so findet man auch in der Strom-Spannung-Kurve der Abscheidung des betreffenden Metalls eine merkliche Polarisation. Umgekehrt entsprechen geringe Änderungen der Ruhe-GALVANI-Spannung auch nur geringer Polarisation bei der Metallabscheidung.

Daraus geht also, wie auch GLASSTONE bemerkt hat, hervor, daß die Polarisation in solchen Lösungen komplexer Zyanide offenbar hauptsächlich auf Konzentrationsänderungen, nicht aber — nach einem Ansatz von LE BLANC und SCHICK[1] — auf der Langsamkeit irgendwelcher Dissoziationsvorgänge beruht. Der starke Rückgang der Polarisation bei Rührung des Elektrolyten spricht für das Vorliegen von Konzentrationspolarisation.

Nach der Lage der Abscheidungs-GALVANI-Spannung ordnen sich somit die in Betracht kommenden Metalle in zwei Gruppen: 1. Silber,

---

[1] s. S. 175, Fußn. 4.

Quecksilber und Kadmium, die sich praktisch stets edler als Wasserstoff verhalten, und 2. Kupfer und Zink, von denen sich Kupfer bei einem Verhältnis von Zyanid zu Metall oberhalb etwa 3 : 1, Zink sich *stets* unedler als Wasserstoff verhalten. Bei der ersten Gruppe gilt die von GLASSTONE gefundene Gesetzmäßigkeit einer Gleichheit der Grenzwerte der Stromdichte für hundertprozentige Stromausbeute in äquivalenter Lösung (vgl. S. 183), bei der zweiten gilt sie nicht. Die Metalle der ersten Gruppe bleiben in Zyanidlösung praktisch unverändert, während sich die der zweiten Gruppe darin unter Wasserstoffentwicklung lösen.

Polarisation und Dissoziationsgeschwindigkeit der Komplexionen. Noch bis in die neuere Zeit haben manche Autoren an der mehrfach erwähnten Auffassung von LE BLANC und SCHICK (vgl. S. 175) festgehalten, die Abscheidung des Kupfers aus der Lösung der Cyaneuprate (I) gehe über das Cu^+-Ion. Die dabei auftretende hohe Polarisation beruhe auf der *langsam* verlaufenden Nachlieferung der Cu^+-Ionen, von der Dissoziation des komplexen Anions in Cu^+ und freien CN^--Ionen stammend. Indes hat sich die Unhaltbarkeit dieses Ansatzes von LE BLANC und SCHICK (abgeleitet aus den Ergebnissen ihrer Wechselstromversuche), durch folgende Überlegungen erwiesen (KORTÜM[1], MASING[2]). Nimmt man an, die verzögerte Dissoziation der komplexen Anionen verlaufe folgendermaßen:

$$Cu(CN)_4^{3-} \rightleftharpoons Cu^+ + 4\,CN^-, \tag{80}$$

so ist die Geschwindigkeit der Bildung von Cu^+-Ionen im dynamischen Gleichgewicht nach dem Massenwirkungsgesetz gleich der Geschwindigkeit des Zerfalls der Komplexionen:

$$\frac{dc_{Cu^+}}{dt} = K_Z\, c_{Cu(CN)_4^{3-}} = \frac{dc_{Cu(CN)_4^{3-}}}{dt} = K_B\, c_{Cu^+}\, c_{CN^-}^4. \tag{81}$$

K_Z bedeutet dabei die Geschwindigkeitskonstante der Zerfallsreaktion, K_B diejenige der Bildungsreaktion.

$\dfrac{K_Z}{K_B}$ ist gleich $\dfrac{c_{Cu^+}\, c_{CN^-}^4}{c_{Cu(CN)_4^{3-}}}$ gleich dem experimentell gemessenen Wert $5 \cdot 10^{-28}$.

Das Reziproke der Zerfalls- oder der Bildungs-Geschwindigkeitskonstanten ist die Zerfallszeit oder die Bildungszeit des Komplexes. Bei den Konzentrationen 1 g mol/l ergibt sich folgendes Verhältnis der Zerfallszeit zur Bildungszeit des Komplexes:

$$\frac{dt}{dc_{Cu^+}} \bigg/ \frac{dt}{dc_{Cu(CN)_4^{3-}}} = \frac{1}{K_Z} \bigg/ \frac{1}{K_B} = \frac{K_B}{K_Z} = 5 \cdot 10^{28}. \tag{82}$$

Nun haben LE BLANC und SCHICK[3] auf Grund ihrer Versuche mit Wechselstrom z. B. geschlossen, das Komplexion bilde sich beim Auflösen von Kupfer in KCN-Lösung in 10^{-2} sek. Dieses Ergebnis verleitete sie zu der Annahme, man brauche umgekehrt auch zur Dissoziation des Komplexes die etwa gleiche, endliche Zeit. Dieser Schluß ist irrig, denn setzt man die Bildungszeit $1/K_B = 10^{-2}$ sek in

---

[1] KORTÜM, G.: Lehrbuch der Elektrochemie S. 404, Wiesbaden 1948.
[2] MASING, G.: Z. Elektrochem. **48**, 85 (1942).
[3] s. S. 175, Fußn. 4.

Gl. (82) ein, so ergibt sich für die Zerfallszeit $1/K_z$ ein Wert von etwa 10^{26} sek, also praktisch der Wert unendlich.

Die bedeutende Unstimmigkeit zwischen Rechnung und Experiment widerlegt also die Hypothese von LE BLANC und SCHICK, die Langsamkeit des Zerfalls der Komplexionen sei für die hohe Polarisation verantwortlich. In ähnlicher Weise gilt dies übrigens auch für die Dehydratation von Aquokationen, für die LE BLANC einen entsprechenden Ansatz zur Deutung der Polarisation gemacht hat.

Gesetzmäßigkeiten in der Form der Strom-Spannung-Kurven. ERDEY-GRUZ[1] sowie ERDEY-GRUZ und FRANKL[2] haben die Polarisation und die Form der stationären Strom-Spannung-Kurven bei der kathodischen Abscheidung von Silber und Kupfer an Einkristallen des gleichen Metalls aus verschiedenen Lösungen komplexer Silber- oder

Tabelle 15. *Überspannung und Form der stationären Strom-Spannung-Kurven bei Abscheidung aus Lösungen komplexer Verbindungen.*

Nr.	Zusammensetzung der Lösung	Konzentration	Überspannung $4 \cdot 10^{-5}$ A/cm²	Form der Strom-Spannung-Kurve	Autoren
1	$AgBr + NH_3$	14,5 n-NH_3, mit AgBr gesättigt	3,9 mV	$\Delta g \sim \log J$	
2	$AgCl + NH_3$	14,5 n-NH_3, mit AgCl gesättigt	6,4 mV	$\Delta g \sim \log J$	
3	$Ag_2O + NH_3$	15,4 n-NH_3, 0,2 n-Ag_2O	11,9 mV	$1/\Delta g \sim \log J$	
4	$AgSCN + KSCN$	0,5 n-AgSCN, 4 n-KSCN		$\Delta g \sim \log J$	
5	$AgCN + KCN$	1 n-AgCN, 2 n-KCN	0,9 mV	$\Delta g \sim J$	ERDEY-GRUZ
6	$AgBr + KBr$	4,2 n-KBr, mit AgBr gesättigt	2,3 mV	$\Delta g \sim J$	
7	$AgBr + NH_4Br$	5,1 n-NH_4Br, mit AgBr gesättigt	1,0 mV	$\Delta g \sim J$	
8	$AgCl + NH_4Cl$	5,6 n-NH_4Cl, mit AgCl gesättigt	4,2 mV	$\Delta g \sim J$	
9	$AgJ + KJ$	1,3 n-AgJ + + 1,3 n-KJ	3,8 mV	$1/\Delta g \sim \log J$	
10	$CuCl + KCl$	n-KCl, mit CuCl gesättigt		$\Delta g \sim J$	ERDEY-GRUZ u. FRANKL
11	$CuBr + KBr$	n-KBr, 0,1 $\cdots$ 0,4 n-CuBr		$\Delta g \sim J$	
12	$CuJ + KJ$			$\Delta g \sim J$	

Kupferverbindungen — allerdings nur im Bereich sehr kleiner Stromdichten ($4 \cdot 10^{-5}$ A/cm²) — untersucht. In Tab. 15 sind die Ergebnisse zusammengestellt.

---

[1] s. S. 172, Fußn. 3.   [2] s. S. 172, Fußn. 4.

Für eine mögliche Deutung der Ursache der Polarisation aus der Form der Strom-Spannung-Kurven gelten die von ERDEY-GRUZ und VOLMER[1] stammenden, bereits auf S. 130 eingehend erörterten Überlegungen. Ergibt sich aus der Form der Strom-Spannung-Kurve (Tab. 15) für die Abscheidung von Silber aus der Lösung von komplexem Zyanid, Chlorid, Bromid, sowie für die Kupferabscheidung aus den Lösungen der komplexen Halogenide die Beziehung $\Delta g \sim J$ (wobei J die Stromdichte und Δg die Überspannung bedeuten, vgl. Tab. 15), so erhält ERDEY-GRUZ für die entsprechende Abscheidung aus der Lösung von komplexem Rhodanid [vgl. Tab. 15 (4)] $\Delta g \sim \log J$, d. h. hier beruht die Polarisation nach seiner Auffassung im wesentlichen auf der Trägheit des Entladungsvorganges selbst, im Einklang mit den Überlegungen MASINGS (vgl. vorigen Abschn.). Bei höheren Stromdichten wird allerdings die Strom-Spannung-Kurve auch für die Abscheidung aus Zyanidlösungen logarithmisch.

Es ist nicht ganz ausgeschlossen, daß die Abscheidung aus Lösungen des komplexen Silberchlorides und -bromides sowie der komplexen Kupferhalogenide bei den minimalen Stromdichten von 10^{-4} bis 10^{-5} A/cm² noch von den freien Metallionen ausgeht, die aus dem Komplex durch Dissoziation nachgeliefert werden. Das wäre möglich, weil die Lösung in unmittelbarer Nähe der Kathode viel ärmer an Cl^-, Br^- oder J^- sein dürfte als im Hauptteil der übrigen Lösung. Vielleicht existieren hier hauptsächlich komplexe Kationen, z. B. Me_2A^+ und ferner die Verbindung MeA. Möglicherweise kann sich von den komplexen Kationen ein größerer Anteil freier Silberionen abspalten als von den Anionen MeA_2^-. Schließlich kommt die Linearität der Strom-Spannung-Kurven einfach auf einer Mitwirkung der Rückreaktion bei den sehr kleinen Stromdichten beruhen (vgl. S. 133).

Bei höheren Stromdichten geht die Form der Kurve im Falle des komplexen Zyanides von der linearen in die logarithmische über. Möglicherweise setzt hier ein anderer Abscheidungsmechanismus ein. Eine Abscheidung aus freien Silberionen scheidet hier wie dort aus. Hier könnte vielleicht im Sinne des Ansatzes von GLASSTONE, GLAZUNOV und SCHLOETTER (vgl. S. 126) die primäre Abscheidung komplexer Zyanokationen der vorherrschende Vorgang an der Kathode sein. Es wäre aber bei den erhöhten Feldstärken auch der vorherige Zerfall der komplexen Kationen unter Deformation wie bei der Dehydratation möglich.

Für die Abscheidung von Metallen aus den Lösungen anderer Komplexverbindungen als Zyaniden und Halogeniden (außer komplexem Jodid des Silbers) scheinen nach den Ergebnissen der Arbeiten von

---

[1] ERDEY-GRUZ, T., u. M. VOLMER: Z. phys. Chem. (A) **157**, 165 (1931).

ERDEY-GRUZ und Mitarbeiter (vgl. Tab. 15) teilweise andere Gesetzmäßigkeiten zu gelten.

In diesem Zusammenhang interessieren Angaben von ERDEY-GRUZ über die Silberabscheidung aus ammoniakalischen Lösungen von Silberchlorid, Silberbromid oder Silberoxyd (Tab. 15). In den ammoniakalischen Lösungen der beiden Silberhalogenide dürfte das Silber in Form des komplexen Diammin-Silberions $Ag(NH_3)_2^+$ zur Kathode wandern. Aus der Form der stationären Strom-Spannung-Kurve ergibt sich $\Delta g \sim \log J$, was nach den Überlegungen von ERDEY-GRUZ und VOLMER bedeutet (vgl. S. 130), daß die Neutralisation der Ionen der langsamste, also der geschwindigkeitsbestimmende Vorgang sei. Die von ERDEY-GRUZ gefundene Beziehung $\Delta g \sim \log J$ spricht für einen der Wasserstoffabscheidung analogen Abscheidungsvorgang der komplexen Kationen.

Die Frage, ob der Vorgang

$$Ag(NH_3)_2^+ + \ominus \rightarrow Ag(NH_3)_2$$

der langsame sei — wobei der entladene Komplex hinterher zerfällt — oder ob die langsame Reaktion in der Neutralisation von Ag^+-Ionen bestehe, entstanden *vor* der Abscheidung als Folge einer Aufspaltung der Komplexionen in $Ag^+ + 2\,NH_3$ (nach Art der Dehydratation), ist noch nicht entschieden, doch besitzt der zweite Vorgang die größere Wahrscheinlichkeit.

Die sekundäre Abscheidung des Silbers aus dem entladenen Komplex ist wenig wahrscheinlich, sollte doch sekundär abgeschiedenes Silber bei Zimmertemperatur eher einen strukturlosen mikrokristallinen Niederschlag ergeben. ERDEY-GRUZ fand hingegen bei der kathodischen Abscheidung mit niedrigen Stromdichten auf einem Silbereinkristall ein regelmäßiges Weiterwachsen des Grundmetalls in bestimmter Orientierung.

Übrigens ergibt sich auch für die Abscheidung von Nickel aus ammoniakalischer Sulfatlösung die logarithmische Beziehung (EVANS und SHOME[1]). FOERSTER und BLANKENBERG[2] haben die Polarisation verschiedener komplexer Kationen vom Typ $Me(NH_3)_4^{2+}$ (wobei Me ein zweiwertiges Metall ist) miteinander verglichen. Sie fanden die stärkste Polarisation beim $Ni(NH_3)_4^{2+}$-Ion; erst in einem Abstand folgte $Cu\,(NH_3)_4^{2+}$ und sogleich anschließend $Zn(NH_3)_4^{2+}$. Mit steigender Temperatur nimmt die Polarisation deutlich ab, und zwar am stärksten beim $Ni(NH_3)_4^{2+}$-Ion. Das komplexe Tetramin-Nickelion verhält sich also ganz ähnlich wie das entsprechende hydratisierte Nickelion (vgl. S. 170), so daß man wohl in der besonders hohen Bindungsfestigkeit der beiden Arten komplexer Nickelionen eine Ursache ihrer hohen

---

[1] EVANS U. R., u. S. C. SHOME: J. Electrodepositors' techn. Soc. 26 137 (1950).
[2] FOERSTER, F., u. F. BLANKENBERG: Z. Elektrochem. 13, 563 (1907).

Polarisation erblicken möchte (vgl. S. 170). GLASSTONE[1] hat die Polarisation bei der Abscheidung von $Ag(NH_3)_2^+$, $Cu(NH_3)_4^{2+}$, $Zn(NH_3)_4^{2+}$ und $Cd(NH_3)_4^{2+}$ untersucht und gefunden, daß die Grenzwerte der Stromdichten (vgl. S. 183) für eine Abscheidung mit hundertprozentiger Stromausbeute für die Kupfer-, Silber- und Kadmiumabscheidung mit den berechneten Werten übereinstimmen. Auch er schließt daraus, daß eine langsame Dissoziation der Komplexionen in ihre Bestandteile im Sinne von LE BLANC und SCHICK (vgl. S. 191) nicht möglich sei.

Merkwürdigerweise scheidet sich Silber aus ammoniakalischer Lösung von Silberoxyd nach einem anderen Gesetz ab. Auch die besonders hohe Überspannung läßt eine Abweichung vermuten. Nach der Form der Strom-Spannung-Kurve müßte hier die Häufigkeit der Bildung zweidimensionaler Keime, entsprechend $1/\Delta g \sim \log J$ (vgl. S. 131), geschwindigkeitsbestimmend sein.

Auch bei der Abscheidung des Silbers aus einer Lösung von komplexem Kaliumsilberjodid ergibt sich zum Unterschiede von den anderen komplexen Silberhalogeniden aus der Form der Stromdichte-Spannung-Kurve wieder die Gesetzmäßigkeit $1/\Delta g \sim \log J$.

In beiden Fällen scheinen Blockierungseffekte die Bildung neuer Keime auszulösen.

Bisher hat man bei der Metallabscheidung aus den Lösungen komplexer Salze nur die stationären Strom-Spannung-Kurven untersucht. Es ist zu hoffen, daß auch recht bald die entsprechenden Kurz-Zeit-Kurven in den Kreis der Betrachtung einbezogen werden. Vielleicht gelingt es, mit ihrer Hilfe mehr Licht in die Zusammenhänge zu bringen.

1.47 Gleichzeitiger oder nahezu gleichzeitiger (rhythmischer) Ablauf zweier oder mehrerer Elektrodenreaktionen.

1.47.1 Allgemeines.

Die voraufgehenden Abschnitte haben den Mechanismus einer *einzigen* Kathodenreaktion, der kathodischen Metallabscheidung, ausführlich behandelt. In Wirklichkeit begegnen wir jedoch häufiger dem bereits im Grundsätzlichen besprochenen Fall der zwei- oder mehrfachen Elektrode (vgl. S. 11). Für unsere Belange können folgende Fälle eines gleichzeitigen Ablaufes zweier Elektrodenreaktionen wichtig werden:

1. **Die gleichzeitige kathodische Abscheidung von Metall und Wasserstoff; 2. die gleichzeitige kathodische Abscheidung zweier (oder mehrerer) Metalle; 3. die kathodische Abscheidung eines Metalles, gekoppelt mit der gleichzeitigen kathodischen Reduktion einer chemischen Verbindung.**

---

[1] s. S. 172, Fußn. 1.

Ein gleichzeitiger Ablauf zweier oder mehrerer kathodischer Reaktionen läßt sich verwirklichen, wenn die Strom-Spannung-Kurven der betreffenden Vorgänge (Teilstrom-Spannung-Kurven, vgl. S. 26) genügend nahe aneinandergerückt sind. Aus den Teilstrom-Spannung-Kurven der Einzelvorgänge leitet sich dann, wie bereits auf S. 26 ausgeführt, die gemeinsame Gesamtstrom-Spannung-Kurve ab. Man kann die Punkte dieser Kurve auf einfache Weise aus den Werten der einzelnen Teilstrom-Spannung-Kurven berechnen, sofern die Teilvorgänge nicht voneinander abhängen (C. WAGNER und TRAUD[1]).

Allerdings stehen wir heute noch ganz am Anfang der Erforschung von Reaktionen an zweifachen oder mehrfachen Elektroden, denn selbst die Reaktionen an einfachen Elektroden verlaufen, wie wir gesehen haben, in ihren Teilschritten ziemlich kompliziert. Vom zeitlichen Ablauf der Teilschritte in kombinierten Reaktionen können wir uns vorläufig kaum ein genaueres Bild machen[2].

Die zweite Möglichkeit eines — *nahezu* — gleichzeitigen Verlaufes zweier Elektrodenreaktionen bietet sich im Bereich der Grenzstromdichten, wo, wie wir bereits gesehen haben (vgl. S. 23), die eine Reaktion sprunghaft in die andere übergeht. Auch hier wird demnach vorausgesetzt, daß die GALVANI-Spannungen, bei denen sich die beiden Vorgänge vollziehen, nicht allzuweit voneinander entfernt sind.

Außer diesen, noch praktisch gleichzeitig fortschreitenden Reaktionen[3] kämen auch rhythmisch ablaufende Elektrodenreaktionen in Betracht. Hier wechseln zwei Elektrodenreaktionen periodisch miteinander ab. Sie gehörten so weit in unsere Betrachtung, als es sich um kurze Perioden mit raschen Wechseln handelt, so daß noch nahezu der Eindruck der Gleichzeitigkeit entsteht. Die festen Reaktionsprodukte der einzelnen Kathodenreaktionen bleiben zwar voneinander geschieden, doch lassen sie sich u. U. mikroskopisch, an einer periodischen Schichtung parallel zur Unterlage, erkennen.

Solche rhythmischen Vorgänge laufen unter bestimmten Voraussetzungen von selbst ab (s. später S. 516); sie können aber auch von außen erzwungen werden. Von außen gelingt dies z. B. mit rhythmischen Änderungen der Stromstärke, mit rhythmischen Stromunterbrechungen („zerhackter" Gleichstrom) oder mit einer Kombination von (über-

---

[1] WAGNER, C., u. W. TRAUD: Z. Elektrochem. **44**, 391 (1938).

[2] Bei Drucklegung des Werkes wurde eine Dissertation von H. J. REISER, T. H. Karlsruhe (1953) abgeschlossen, die die Teilvorgänge der gemeinsamen Abscheidung von Wasserstoff und Nickel an Hand von Teilstrom-Spannung-Kurven analysiert.

[3] Ob wirklich alle Reaktionen dieser Art auch in kleinsten Zeitabschnitten, z. B. von 10^{-6} sek, noch gleichzeitig ablaufen oder vielleicht doch nacheinander, wissen wir heute noch nicht. Ein abwechselndes Nacheinander erscheint für den Grenzstromdichtebereich wahrscheinlich.

wiegendem) Gleichstrom und Wechselstrom. In geeigneten Elektrolyten kann auch ein rhythmischer Richtungswechsel des Stromes, wie er etwa durch Wechselstrom oder durch Überlagerung von Gleichstrom mit (überwiegendem) Wechselstrom erreicht wird, in Betracht kommen.

Auch in den rhythmischen Prozessen ist es grundsätzlich möglich, die kathodische Abscheidung eines Metalles mit der Wasserstoffabscheidung zu kombinieren, wie es andererseits gelingt, die kathodische Abscheidung zweier Metalle oder die kathodische Abscheidung eines Metalles mit der kathodischen Reduktion einer chemischen Verbindung zu verknüpfen. Durch raschen periodischen Wechsel der Stromrichtung können wir schließlich noch die kathodische Metallabscheidung mit einem anodischen Prozeß koppeln, wie der anodischen Auflösung (in der Technik z. B. anodisches Polieren) oder der anodischen Bildung einer Deckschicht, der Sauerstoffentwicklung oder schließlich der anodischen Oxydation einer chemischen Verbindung.

Mit der systematischen Erforschung rhythmischer elektrochemischer Prozesse hat in den letzten Jahren BONHOEFFER und seine Schule[1] erfolgreich begonnen, doch beziehen sich seine bisherigen Untersuchungen nicht auf die uns interessierende Kombination der kathodischen Metallabscheidung mit anderen elektrochemischen Prozessen. Hier eröffnet sich der Forschung ein weites, noch kaum bearbeitetes Feld, das für Wissenschaft und Technik wertvolle Früchte tragen kann[2].

Daß sich schließlich nach diesen Grundsätzen auch drei- und mehrfache Elektrodenreaktionen abspielen werden, bedarf kaum eines Hinweises. In den meisten Fällen wird allerdings eine drei- oder mehrfache Elektrode in so verwickelter Weise reagieren, daß eine genaue Analyse ihres Mechanismus auf größte Schwierigkeiten stoßen dürfte.

1.47.2   Gemeinsame Abscheidung von Metall und Wasserstoff.

Möglichkeiten zur Unterdrückung der Mitabscheidung von Wasserstoff. Wasserstoff ist der häufigste Begleiter des kathodischen Metallniederschlages, fehlen doch die Wasserstoffionen in keinem wäßrigen Elektrolyten. In der Regel schätzt es der Techniker nicht, wenn sich Wasserstoff mitabscheidet. Einmal verringert sich die Stromausbeute an Metall, **zweitens** kann Wasserstoff Poren im Niederschlag verursachen (vgl. S. 113). Dringt (atomarer) Wasserstoff in das Gitter des kathodischen Metallniederschlages ein, so weitet er es auf und verspannt es mechanisch. In der Praxis werden innere mechanische Spannungen teils erwünscht, teils unwillkommen sein. Da aber der eingelagerte Wasserstoff beim Liegenlassen der Kathode zum großen Teil

---

[1] BONHOEFFER, K. F., u. Mitarbeiter: Z. Elektrochem. **51**, 24, 29, 60, 67. (1948). — BONHOEFFER, K. F., u. U. F. FRANIK: Z. Elektrochem. **55**, 180 (1951). — BONHOEFFER, K. F., u. K. VETTER: Z. phys. Chem. **196**, 127 (1950).

[2] Eine gute Übersicht über technische Möglichkeiten gibt eine Abhandlung von P. BAEYENS: Trans. Inst. Met. Finishing, **31**, Advance Copy 32 (1954).

wieder aus dem Metall austritt, behalten Härte und Festigkeit nicht die anfangs erreichten hohen Werte.

So mag man in der Technik eher versucht sein, ein Mitabscheiden von Wasserstoff von vornherein auszuschließen. Das gelingt freilich nicht bei allen Metallen. Wir müssen für diesen Fall einmal voraussetzen, daß die Strom-Spannung-Kurve der Metallabscheidung in einem Bereich wesentlich positiverer GALVANI-Spannungen verläuft als die Strom-Spannung-Kurve der Wasserstoffabscheidung, und zweitens, daß die Kurve der Wasserstoffabscheidung genügend weit von ihr in das Gebiet der negativen GALVANI-Spannungen verschoben liegt.

Nehmen wir in der schematischen Darstellung zweier kathodischer Strom-Spannung-Kurven an (Abb. 74), AB sei die Kurve der Metallabscheidung und $A'B'$ diejenige der Wasserstoffabscheidung, so wird sich unter diesen Bedingungen nur Metall abscheiden. Fallen doch die GALVANI-Spannungen für die Wasserstoffabscheidung so viel negativer

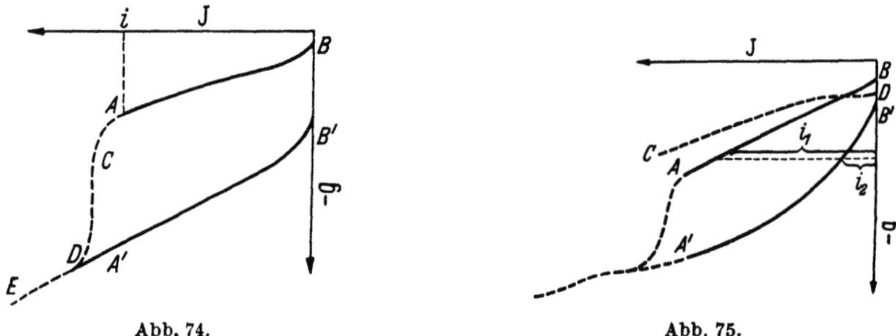

Abb. 74.   Abb. 75.

Abb. 74 und Abb. 75. Schema der Strom-Spannung-Kurve für zwei gleichzeitig ablaufende Abscheidungsvorgänge.

aus, daß es selbst bei der ziemlich negativen GALVANI-Spannung, mit der das Metall sich mit der Stromdichte J abscheidet, noch keine Wasserstoffabscheidung geben kann. Denn selbst im Punkte B' — d. h. bei einer verschwindend kleinen Stromdichte — wäre die GALVANI-Spannung der Wasserstoffabscheidung immer noch negativer als etwa diejenige der Metallabscheidung im Punkte A. Erst bei wesentlich höheren Stromdichten, wenn die Grenzstromdichte für die Abscheidung der Metallionen etwa bei C erreicht ist (vgl. S. 23), läuft die Kurve AB in den gestrichelten Grenzstromdichtebereich aus. Hier geht der Prozeß der Metallabscheidung sprunghaft in den nächst negativeren (hier der Wasserstoffabscheidung) über, wie es die Verlängerung CDE andeutet.

Umgekehrt erhält man in Gegenwart überschüssiger Metallionen nur Wasserstoff, wenn sich der Wasserstoff bei erheblich positiveren GALVANI-Spannungen als das Metall abscheidet, wenn also in unserem

Beispiel (Abb. 74) AB die Strom-Spannung-Kurve der Wasserstoff-abscheidung und $A'B'$ diejenige der Metallabscheidung bedeuten.

Die edleren Metalle Silber, Quecksilber und Kupfer können sich aus den Lösungen ihrer einfachen Salze[1], selbst in Gegenwart starker Mineralsäuren mit praktisch hundertprozentiger Stromausbeute, d. h. frei von Wasserstoff, abscheiden. Aber auch die in der Spannungsreihe weniger positiven Elemente, deren GALVANI-Spannungen jedoch noch oberhalb derjenigen der Standard-Wasserstoffelektrode liegen, wie Wismut und Antimon, scheiden sich bei niedrigen Stromdichten im lebhaft gerührten Elektrolyten noch allein ab. Ja selbst Metalle, die dem Wasserstoff in der Spannungsreihe benachbart sind, wie Blei, Thallium (I), können sich im Bereich geringer Stromdichten noch nahezu wasserstofffrei niederschlagen. In diesen Fällen fehlt die Wasserstoffabscheidung nur, weil sich die Wasserstoffionen an diesen Metallen mit besonders hoher Überspannung entladen.

Setzte man aber zu einer solchen Lösung nur eine Spur Platinsalz, so würde sich bei der Elektrolyse sehr bald Wasserstoff in Strömen entwickeln, denn an dem kathodisch bevorzugt abgeschiedenen Platin fällt die Wasserstoffüberspannung extrem niedrig aus.

Gleichzeitige Abscheidung von Wasserstoff. Kommen die beiden Strom-Spannung-Kurven (der Metallabscheidung und der Wasserstoff-abscheidung) einander näher als im obigen Beispiel (vgl. vorigen Abschn.), so werden sich in bestimmten Bereichen der Stromdichte und der GALVANI-Spannung Metallionen und Wasserstoffionen gemeinsam entladen. Je nach den Umständen kann es dabei zwei Fälle geben: Entweder liegt die Strom-Spannung-Kurve der Metallabscheidung in einem positiveren Spannungsbereich (AB in der schematischen Darstellung Abb. 75) als diejenige der Wasserstoffabscheidung ($A'B'$). Dann scheidet sich in der Hauptmenge Metall, daneben Wasserstoff ab (Fall A). Oder die positivere Kurve AB entspricht der Wasserstoffabscheidung und die negativere Kurve $A'B'$ der Metallabscheidung. Dann herrscht also bei der Elektrolyse die kathodische Wasserstoffabscheidung vor (Fall B).

Den früheren Ausführungen entsprechend (s. S. 26) resultiert aus den beiden Teilstrom-Spannung-Kurven AB und $A'B'$ die Gesamt-strom-Spannung-Kurve CD (wenn die beiden Reaktionen nicht voneinander abhängen). Theoretisch ergeben sich die Punkte dieser Kurve aus der jeweiligen Summe der Stromstärken bei der gleichen GALVANI-Spannung (z. B. i_1 und i_2), wobei im Fall A das Symbol i_1 die Strom-

---

[1] Für Kupfer trifft dies allerdings nicht streng zu, da sich sehr geringe Mengen Wasserstoff in Kupfer lösen können. Nach Th. W. RICHARDS, E. COLLINS und G. W. HEIMROD [Z. phys. Chem. **32**, 328 (1900)] ergibt dies eine Depolarisation, so daß die Stromausbeute für Kupfer im Kupfer-Coulometer bei 1 bis $2 \cdot 10^{-4}$ A/cm^2 um etwa 0,1 bis 0,2% zu niedrig ausfällt.

dichten der Metallabscheidung, i_2 diejenige der Wasserstoffabscheidung bedeuten. Im Falle B sind i_1 und i_2 in ihrer Bedeutung vertauscht.

Metall und Wasserstoff entstehen z. B. gemeinsam an der Kathode, wenn das Metall relativ unedel ist, wie z. B. im Falle des Zinks und des Kadmiums.

Je geringer die Ionenkonzentration solcher Metalle in den Lösungen ihrer einfachen Salze ist (z. B. die Konzentration der Zn^{2+}-Ionen oder der Cd^{2+}-Ionen in den Lösungen ihrer Sulfate), desto mehr wird der Wasserstoffanteil auf Kosten des Metallanteils anwachsen. Überwiegt schließlich der Wasserstoffanteil, so hat sich der Fall A in den Fall B verwandelt.

Aber auch edlere Metalle können sich gemeinsam mit Wasserstoff abscheiden, wenn die Metallionen-Konzentration so gering ist, z. B. in Lösungen komplexer Salze, daß sich die GALVANI-Spannung der Metallabscheidung nach ziemlich negativen Werten verschoben hat. Das trifft z. B. für die Abscheidung von Silber und namentlich Kupfer aus den Lösungen komplexer Silber- oder Kupferzyanide zu. Auch bei einer starken adsorptiven Belegung der Kathodenoberfläche mit organischen Inhibitoren kann der Elektrolyt in den Poren des Adsorptionsfilmes so sehr an Metallionen verarmen, daß die Strom-Spannung-Kurve selbst solcher Metalle, deren GALVANI-Spannung in der Spannungsreihe sonst wesentlich positiver ausfällt, sich der Strom-Spannung-Kurve der Wasserstoffabscheidung nähert[1].

In den Lösungen komplexer Verbindungen verschiebt sich die Strom-Spannung-Kurve der Metallabscheidung zusehends in das Gebiet negativerer Spannungen, wenn man dem Elektrolyten Stoffe zusetzt, die die Komplexbildung verstärken. Diese Wirkung hat z. B. in Lösungen komplexer Metallzyanide ein Zusatz von Alkalizyanid. Beim Zink, Kadmium oder Kupfer geht Fall A mit vermehrtem Gehalt des Elektrolyten an freiem Zyanid in den Fall B über. Überwiegt der Gehalt an freiem Zyanid, so scheidet sich z. B. aus den Lösungen komplexer Kupferzyanide nur noch Wasserstoff ab (vgl. S. 177).

Bei unedlen Metallen wird Fall A auch in Fall B übergehen, wenn man die Konzentration der Wasserstoffionen erhöht. In diesem Sinne wirkt z. B. ein Ansäuern des aus einfachen Metallsalzen bestehenden Elektrolyten bei den Eisenmetallen, beim Zink oder beim Kadmium.

Kennzeichnend ist der Stromdichteeinfluß auf die Höhe des Wasserstoffanteils an der Stromausbeute: Nimmt der Wasserstoffanteil im Falle A mit erhöhter Stromdichte zu, so verringert er sich umgekehrt im Falle B unter entsprechenden Bedingungen.

Eine große Rolle spielt für die Lage der Kurven AB und $A'B'$ zueinander die Polarisation, die bei den Teilvorgängen auftreten kann.

---

[1] Kupfer kann sich z. B. aus saurer $CuSO_4$-Lösung in Gegenwart von größeren Mengen Gelatine mit relativ hohem Wasserstoffanteil abscheiden.

Daß die Kurve der Metallabscheidung sich infolge Konzentrationspolarisation beim Übertritt der Metallionen zur Kathode der (negativeren) Kurve der Wasserstoffabscheidung nähert, haben wir schon oben erwähnt. Aber auch andere Polarisationsarten können ähnlich wirken. Dies gilt z. B. von der hohen Aktivierungspolarisation bei der kathodischen Abscheidung der Metalle der Eisengruppe (vgl. S. 155). Wirksame Inhibitoren können — vor allem bei der Abscheidung inhibitorempfindlicher Metalle, zu denen z. B. ebenfalls die Eisenmetalle oder Kupfer gehören — die Polarisation noch weiter erhöhen. Entladen sich andererseits die Wasserstoffionen mit geringer Polarisation, so bewirkt dieser Umstand, daß sich die Strom-Spannung-Kurve der Wasserstoffabscheidung an die Kurve der Metallabscheidung annähert. Man erkennt daher die große Bedeutung der Wasserstoffüberspannung für unser Problem. Je geringer die Wasserstoffüberspannung, desto größer also der Wasserstoffanteil bei der Abscheidung unedler Metalle aus den Lösungen einfacher oder edler Metalle aus den Lösungen komplexer Salze.

An den Metallen der Eisengruppe ist die Wasserstoffüberspannung von Natur aus gering. Wasserstoff ist daher der ständige Begleiter beim Niederschlagen dieser Metalle. Auch an Chrom fällt die Wasserstoffüberspannung gering aus. Dieser Umstand erklärt z. T. den hohen Wasserstoffanteil bei der Verchromung[1].

Auch die Depolarisation der Wasserstoffabscheidung zu Beginn der Elektrolyse, die auf einer Auflösung von Wasserstoff in bestimmten Metallen bis zur Sättigung beruht, kann dazu führen, daß sich anfänglich (innerhalb der erste Sekunde) weniger Metall abscheidet als später. Das gilt für Metalle der Eisen- oder der Platingruppe, ferner Chrom, Molybdän, Wolfram usw.

Zudem kann die Wasserstoffüberspannung u. U. im Laufe der Elektrolyse erheblich abnehmen, wenn das Metall sich an der Kathode allmählich rauher und rauher abscheidet. Damit vergrößern sich entsprechend Oberfläche und meist auch Aktivität des Niederschlages. Bei fortgesetzter Elektrolyse wird sich dann Fall A in Fall B verwandeln. Nicht selten — bei sehr unedlen Metallen — produziert schließlich der gesamte Strom nur noch Wasserstoff.

Ganz entscheidend für das Schicksal der Metallabscheidung während der Elektrolyse kann aber u. U. die Anwesenheit solcher Verunreinigungen im Elektrolyten werden, die die Wasserstoffüberspannung herabsetzen. Solche depolarisierenden Verunreinigungen wirken oft schon, wenn sie nur in winziger Menge auf der Kathode abgeschieden werden. Sie werden vor allem der Abscheidung unedler Metalle, wie Zink oder Mangan, gefährlich. Als Verunreinigungen sind alle Metalle mit nied-

---

[1] Allerdings ist der Mechanismus der Chromabscheidung bedeutend verwickelter als derjenige anderer Metalle, vgl. S. 638.

riger Wasserstoffüberspannung zu nennen, z. B. die Eisenmetalle und unter diesen besonders Kobalt (EGER[1]). Fast noch wirksamer sind andererseits Elemente, die gasförmige Hydride zu bilden vermögen, wie Arsen, Antimon und vor allem Germanium (EGER[1]). Die Hydride entstehen an der Kathode unter Depolarisation, bevorzugt vor der Metallabscheidung und vor der Wasserstoffabscheidung. So überlagern sich oft nicht nur zwei, sondern drei, ja vier kathodische Reaktionen: die Metallabscheidung, aus zwei Vorgängen bestehend (der Abscheidung des in Hauptmenge und des als Verunreinigung vorhandenen Metalls oder Halbmetalls), die Wasserstoffentwicklung und die Bildung von gasförmigem Hydrid.

Je mehr sich von der depolarisierenden Verunreinigung auf der Kathode abscheidet, desto stärker beteiligen sich die Prozesse der Hydridbildung und der Wasserstoffentwicklung an dem Gesamtumsatz. Das kann z. B. so weit gehen, daß — namentlich in stark sauren Lösungen einfacher Zinksalze — die kathodische Zinkabscheidung nicht bloß aufhört; der anfänglich entstandene Zinkniederschlag geht vielmehr nach und nach in Lösung. Und das, obwohl die Zinkelektrode stark kathodisch polarisiert wird! Der Techniker weiß, daß eine solche ,,kathodische Korrosion" z. B. schon bei einem Gehalt von $10^{-4}\%$ Germanium im Elektrolyten zustande kommen kann. Ein anderes Beispiel ist die kathodische Wiederauflösung von Natrium aus kathodisch abgeschiedenem Natriumamalgam in Gegenwart von Eisenspuren.

In gleicher Richtung werden auch andere Umstände wirken, die die Wasserstoffüberspannung erniedrigen, wie z. B. ein Senken der Stromdichte oder ein Erhöhen der Temperatur. Das macht sich z. B. deutlich beim Abscheiden des unedlen Metalles Mangan bemerkbar. Deshalb scheidet man es mit nicht zu geringen Stromdichten und bei niedriger Temperatur ab, um die sonst geringe Stromausbeute an Metall möglichst hochzutreiben.

Obwohl man also in einem gewissen Stromdichtebereich den Anteil der Wasserstoffabscheidung geringer halten kann, so wird er bis zum Wegfall der Metallabscheidung ansteigen, wenn man die Stromdichte in den Grenzstromdichtebereich oder darüber hinaus anwachsen läßt. Je geringer die Konzentration der Metallionen, desto niedriger wird die Grenzstromdichte ausfallen, während erhöhte Temperatur und auch vermehrte Flüssigkeitsbewegung in entgegengesetzter Richtung wirken. Auch in Gegenwart wirksamer Inhibitoren erniedrigt sich die Grenzstromdichte, denn bei ausreichender Belegung der Kathodenoberfläche mit Inhibitoren wird die Konzentrationspolarisation beträchtlich zunehmen.

---

[1] EGER, G.: in V. ENGELHARDT: Handbuch d. technischen Elektrochemie. Leipzig 1931, Bd. 1., S. 319, 358, 359.

Wir haben oben gesehen, daß wirksame Inhibitoren, in genügender Menge zugegen, den Anteil der Wasserstoffabscheidung erhöhen können, wenn sie auf der Kathodenoberfläche einen porösen Adsorptionsfilm ausbilden. In den Filmporen wird die Metallionenkonzentration viel erheblicher abnehmen als an einer nicht mit Inhibitoren belegten Oberfläche. Die Konzentrationspolarisation der Metallionen wird also ansteigen. Immerhin kann die vermehrte Wasserstoffentwicklung an der Kathode die Verarmung an Metallionen in den Poren etwas aufhalten, indem sich der Kathodenfilm lebhaft durchmischt, eine Bewegung, die sich allerdings dem Poreninneren kaum mitteilen wird.

Belegen die Inhibitoren andererseits nur einen relativ kleinen Teil der Oberfläche, so daß noch ein ganz überwiegender Teil der Oberfläche frei liegt, so bleibt die Konzentrationspolarisation unverändert. Immerhin werden die Inhibitoren die Metallüberspannung und die Wasserstoffüberspannung erhöhen, wobei aber für gewöhnlich die Wasserstoffüberspannung höher ansteigen wird als die Metallüberspannung. Bei der Metallüberspannung fehlt die Vergiftungspolarisation, die bei der Wasserstoffüberspannung besonders empfindlich auf Inhibitoren anspricht (vgl. S. 215).

Im Endeffekt sollten also wirksame Inhibitoren die Stromausbeute an Metall verbessern, wenn man sie in so begrenzter Konzentration anwendet, daß sich noch kein zusammenhängender Adsorptionsfilm auf der Kathodenoberfläche ausbilden kann. Bei der Abscheidung relativ unedler Metalle (Zink, Nickel, Eisen usw.) kann man auf diese Weise u. U. eine Mitabscheidung von Wasserstoff verringern oder unterdrücken.

1.47.3 Gleichzeitige Abscheidung zweier Metalle.

Einfluß der Elektrolytzusammensetzung und der Inhibition. Zwei verschiedene Metallionen werden sich — ebenso wie ein Metallion und ein Wasserstoffion — nur dann gemeinsam abscheiden, wenn ihre Abscheidungs-GALVANI-Spannungen in den Strom-Spannung-Kurven genügend nahe beieinanderliegen. So können sich z. B. Kupfer- und Zinkionen aus der 2 n-Lösung ihrer Sulfate nicht gemeinsam abscheiden. Wie Abb. 76, Kurven *1* und *2* (nach RAUB[1]) zeigt, sind die Strom-Spannung-Kurven der beiden Abscheidungsvorgänge weit voneinander entfernt; diese Situation entspricht etwa dem Schema in Abb. 74 auf S. 198.

Ebensowenig gelingt es ohne weiteres, Kadmium und Zink aus Sulfatelektrolyten gleichzeitig niederzuschlagen, obwohl die Strom-Spannung-Kurven näher aneinandergerückt sind als im vorgenannten Beispiel (vgl. Abb. 77 nach RAUB und WULLHORST[2]). Die Abscheidungs-

---

[1] RAUB, E.: Metalloberfläche A 7, 17 (1953).
[2] RAUB, E., u. B. WULLHORST: Z. Metallkde. 40, 266 (1949).

GALVANI-Spannungen liegen (unterhalb des Grenzstromdichtebereiches für Kadmium) um etwa 0,4 V auseinander.

Immerhin gelingt es in diesem Falle, die gleichzeitige Abscheidung beider Metalle mit erhöhter Stromdichte zu erzwingen. Die Strom-Spannung-Kurve für die Abscheidung aus einer Lösung, die sowohl Zink- wie Kadmiumsulfat enthält, besteht aus zwei Ästen, die durch einen Grenzstromdichtebereich miteinander verbunden sind. Unterhalb der Grenzstromdichte (etwa $3 \cdot 10^{-3}$ A/cm²) scheidet sich nur

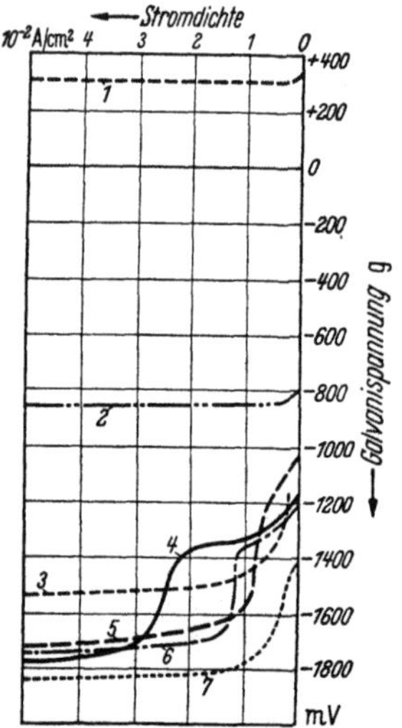

Abb. 76. Strom-Spannung-Kurven in bewegten sauren und zyanidischen Kupfer- und Zink- sowie Messingelektrolyten.
(Nach RAUB, s. S. 203, Fußn. 1.)
1. m-CuSO₄-Lösung, p_H 2; —
2. m-ZnSO₄-Lösung; 25g/l Al₂(SO₄)₃; —
3. 20g/l Cu; 5 g/l freies NaCN; 10 g/l NaOH; —
4. 60 g/l Zn(CN)₂; 36 g/l NaCN; 60 g/l NaOH; —
5. 20 g/l Cu; 10 g/l Zn; 9 g/l KCN; 30 g/l K₂CO₃;
2 g/l NH₄Cl; —
6. 20 g/l Cu; 10 g/l Zn; 9 g/l KCN; 30 g/l K₂CO₃;
100 g/l KOH; —
7. 9 g/l Cu; 17 g/l Zn; 32 g/l KCN; 67 g/l KOH.

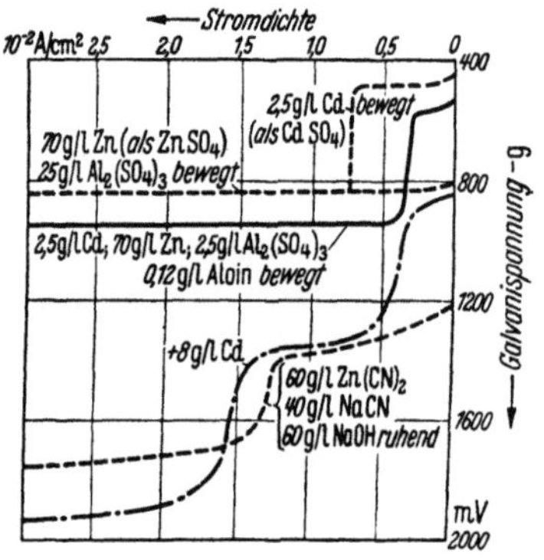

Abb. 77. Strom-Spannung-Kurven in sauren und zyanidischen Kadmium- und Zink- sowie Legierungselektrolyten.
(Nach RAUB und WULLHORST, s. S. 203, Fußn. 2.)

Kadmium ab; erhöht man die Stromdichte darüber hinaus, so erreicht man die Abscheidungs-GALVANI-Spannung des Zinks, und es schlagen sich beide Metalle gemeinsam nieder.

Aus einer relativ großen Entfernung der Ruhe- oder Gleichgewichts-GALVANI-Spannungen der betreffenden Metalle voneinander ist bekanntlich nicht ohne weiteres zu schließen, daß auch die Abscheidungs-GALVANI-Spannungen bei der Elektrolyse den großen Abstand beibehalten werden. Hier kann man u. U. Überraschungen erleben. So verhält sich Kadmium hinsichtlich seiner Ruhe-GALVANI-Spannung gegenüber Kadmiumsulfat zwar unedler als Nickel gegenüber Nickelsulfat. Elektrolysiert man aber die Sulfatlösungen, so wird Kadmium um etwa 0,2 bis 0,3 V edler als Nickel. Diese Umkehrung ergibt sich aus den großen Unterschieden in der Polarisation: Kadmiumionen scheiden sich mit

geringer, Nickelionen aber mit hoher Polarisation ab (vgl. S. 155). Dies
erkennt man aus Abb. 78 (RAUB und WITTUM[1]). In einem Elektrolyten,
der die Sulfate beider Metalle enthält, ergibt sich bei geringer Stromdichte ($< 1 \cdot 10^{-3}$ A/cm²) zunächst die GALVANI-Spannung des Kadmiums. Erhöht man die
Stromdichte, so springt die
GALVANI-Spannung über
einen Grenzstromdichtebe-
reich hinweg auf Werte für
die Nickelabscheidung. Von
dieser Stromdichte an scheidet sich Nickel-Kadmium-
Legierung ab. Der Kad-
miumanteil muß mit stei-
gender Stromdichte geringer
werden. Selbstverständlich
sinkt er auch mit einer Verringerung der Konzentration
an Kadmiumionen im Misch-
elektrolyten. Dies zeigt deutlich Abb. 79 (nach RAUB
und WITTUM[1]). Die Kad-
miumkonzentration des Elektrolyten ist in Prozenten des
Gesamt - Metallionengehaltes
angegeben. Scheidet sich
bei kleinen Stromdichten
und in Elektrolyten mit
höherem Kadmiumgehalt nur
Kadmium ab, so nimmt der
Nickelgehalt des Nieder-

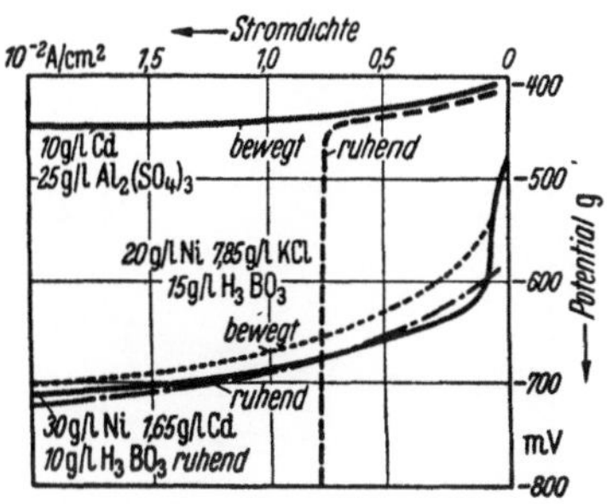

Abb. 78. Strom-Spannung-Kurven in schwach
sauren Kadmium-Nickel-Sulfatelektrolyten bei
20° C. (Nach RAUB und WITTUM[1].)

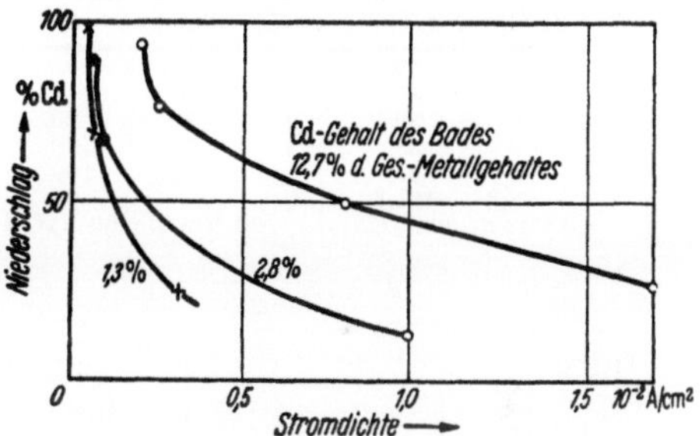

Abb. 79. Abhängigkeit des Kadmiumgehaltes
in Kadmium - Nickel - Legierungsniederschlägen
von der kathodischen Stromdichte.
(Nach RAUB und WITTUM[1].)

schlages mit steigender Stromdichte und sinkender Cd²⁺-Konzentra-
tion des Elektrolyten erheblich zu.

Wendet man an Stelle der Lösungen einfacher Metallsalze solche
komplexer Metallverbindungen an, so erweitern sich die Möglichkeiten
zur gleichzeitigen Abscheidung zweier Metalle ganz bedeutend. Besonders eignen sich hierzu die komplexen Zyanide der Schwermetalle.
Das bekannteste Beispiel ist die gleichzeitige Abscheidung von Kupfer
und Zink aus den alkalischen Lösungen ihrer komplexen Zyanide in
Form der Messingniederschläge der Technik.

---

[1] RAUB, E., u. M. WITTUM: Korrosion u. Metallschutz **15**, 128 (1939).

Abb. 80 (nach RAUB[1]) zeigt die Strom-Spannung-Kurve für die alkalischen Lösungen der komplexen Zyanide des Kupfers und des Zinks allein sowie für drei Mischelektrolyte. Vergleicht man die Kurven für die Abscheidung der einzelnen Metalle aus diesen Lösungen mit den entsprechenden Kurven einer Abscheidung aus den Sulfatlösungen (vgl. Abb. 76, S. 204), so erkennt man, wie stark sich die Abscheidungs-GALVANI-Spannungen bei Verwendung der komplexen Zyanide ins negative Gebiet verschieben. Dabei verhält sich jetzt Kupfer in einem großen Stromdichtebereich als der unedlere Partner, doch liegen die Kurven der beiden Metalle nicht weit voneinander entfernt. Die Partner lassen sich bei sämtlichen Stromdichten zugleich abscheiden.

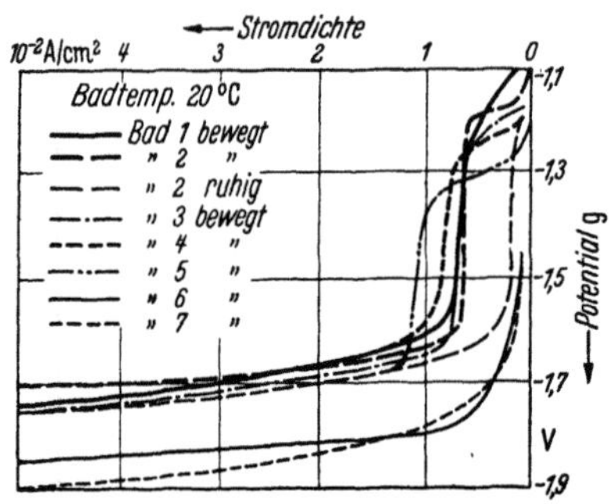

Abb. 80. Strom-Spannung-Kurven in zyanidischen Kupfer-Zink-Elektrolyten (Nach RAUB, s. S. 203, Fußn. 1.)

Kurve	K₂Cu(CN)₃	K₂Zn(CN)₃	KCN	K₂CO₃	KOH	NH₄Cl
1	70	38	9	30	—	4
2	70	38	9	30	10	—
3	70	38	9	30	20	—
4	70	38	9	30	40	—
5	70	38	9	30	100	—
6	33,3	101,3	60	—	67	—
7	3 CuCN	60Zn(CN)₂		60 NaCN	60 NaOH	—

Wie beim Kupfer und Zink, so gehört meist auch in anderen zyanidischen Elektrolyten die höhere Polarisation zum an sich edleren Metall. So scheidet sich hier z. B. Silber eher ab als Gold. Die Abscheidung von Legierungen gelingt in solchen Elektrolyten besonders leicht.

Eine Ausnahme bildet allerdings die Abscheidung von Kadmium und Zink aus den alkalischen Lösungen ihrer komplexen Zyanide (Abb. 77, S. 204 nach RAUB). Selbst bei hohem Gehalt der Bäder an Alkalihydroxyd (der einen Teil des Zinkkomplexes in Zin-

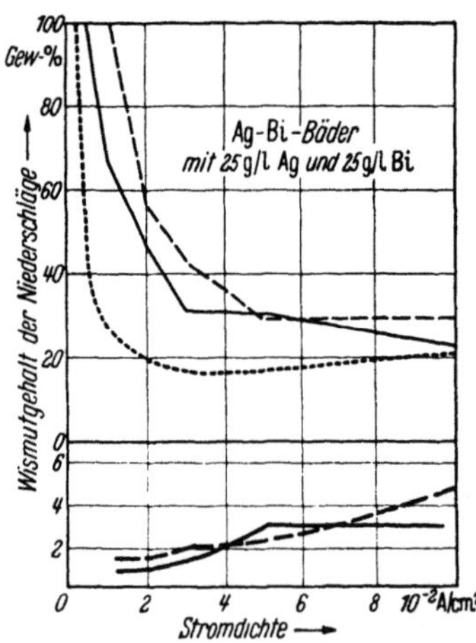

Abb. 81. Abhängigkeit der Zusammensetzung von Silber-Wismut-Niederschlägen von der Stromdichte. (Nach RAUB und ENGEL, s. S. 207, Fußn. 1.)

<hr>

[1] s. S. 203, Fußn. 1.

kat überführt und die GALVANI-Spannung des Zinks veredelt) unterscheiden sich die Abscheidungspotentiale der beiden Metalle noch um etwa 0,4 V, wobei Kadmium stets der edlere Partner bleibt. Brauchbare Legierungsniederschläge erhält man erst, wenn man den Kadmiumgehalt der Elektrolyte sehr beträchtlich verringert.

In den alkalischen Lösungen komplexer Mischelektrolyte können zwei Maßnahmen das Mengenverhältnis der sich abscheidenden beiden Metalle zueinander erheblich verändern: eine Änderung des p_H-Wertes und eine Änderung des Gehaltes an freiem Zyanid.

Mit steigendem p_H-Wert verschiebt sich z. B. bei gleichzeitiger Abscheidung von Kadmium und Zink der Metallanteil im Niederschlag zugunsten des Zinks, weil das komplexe Zyanozinkation teilweise unter Spaltung in Zinkation übergeht. Aus dem Zinkation scheidet sich Zink mit geringer Polarisation ab.

Mit einer Änderung des Gehaltes an freiem Zyanid in den komplexen Mischelektrolyten kann man gegebenenfalls das elektrochemische Verhalten der beiden Partner umkehren. RAUB und ENGEL[1] haben dies am Beispiel der gleichzeitigen Abscheidung von Silber und Wismut zeigen können. Aus Abb. 81 entnimmt man die Änderung des Wismutanteiles im Niederschlag für verschiedene Gehalte des Elektrolyten an freiem Zyanid. Ist der Gehalt an freiem Zyanid gering

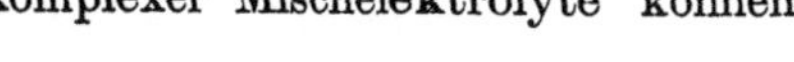
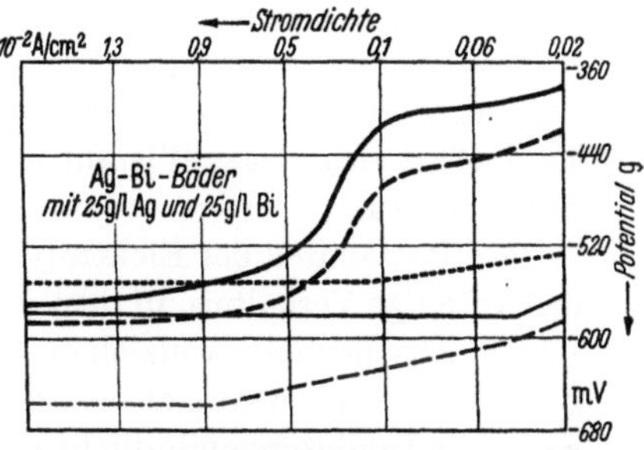

Abb. 82. Strom-Spannung-Kurven von Silber-Wismut-Elektrolyten mit verschiedenem Gehalt an freiem KCN.
(Nach RAUB und ENGEL[1].)

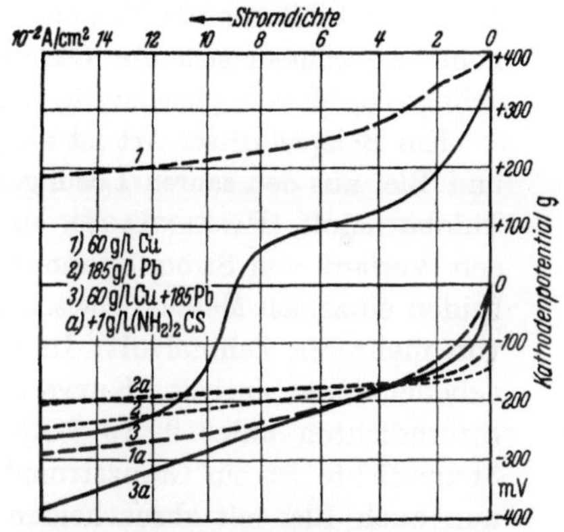

Abb. 83. Strom-Spannung-Kurven in sauren Perchloratlösungen von Kupfer und Blei mit und ohne Thioharnstoff-zusatz bei 25° C in ruhenden Elektrolyten.
(Nach RAUB, s. S. 203, Fußn. 1.)

(22 und 44 g/l), so enthalten die Niederschläge wenig Wismut (vgl. in Abb. 81 die beiden untersten Kurven). Der Wismutanteil steigt mit wachsender Stromdichte. Jedenfalls ist Wismut der unedlere Partner. Erhöht man aber die Zyanidgehalte beträchtlich (von 70 g/l ab, vgl. die drei oberen Kurven), so scheidet sich bei kleinen Stromdichten

---

[1] RAUB, E., u. M. ENGEL: Z. Metallkde. 41, 485 (1950).

reines Wismut ab. Mit steigender Stromdichte beginnt sich jedoch mehr und mehr Silber mit abzuscheiden. Unter diesen Umständen verhält sich also Wismut edler als Silber.

Auch die Strom-Spannung-Kurven in Abb. 82[1] bestätigen diesen Befund: bei den geringen Gehalten an freiem Zyanid entspricht der erste Stromdichteanstieg der Abscheidung von reinem Silber. Wismut scheidet sich erst nach Überschreiten des Grenzstromdichtebereiches mit ab. Ist der Zyanidgehalt hoch, so beginnt der Stromdichteanstieg bei negativeren Werten der GALVANI-Spannung (um 0,1 bis 0,2 V). Es entlädt sich zuerst Wismut und erst bei höheren Stromdichten tritt Silber hinzu.

Als Bestandteil des Elektrolyten können auch wirksame Inhibitoren das anteilige Verhältnis, in dem sich die beiden Teilprozesse der kathodischen Abscheidung vollziehen, wesentlich beeinflussen. Ein solcher Zusammenhang wird sich besonders dann deutlich zu erkennen geben, wenn die Inhibitorempfindlichkeit der beiden sich abscheidenden Metalle sehr verschieden ist. Es verschiebt sich dann die GALVANI-Spannung des inhibitorempfindlicheren Metalls unter dem Einfluß des Inhibitors wesentlich weiter nach negativeren Werten als diejenige des anderen. Ist das inhibitorempfindlichere Metall edler als das weniger empfindliche, so können sich die GALVANI-Spannungen einander nähern. So gelingt es, Metalle gleichzeitig abzuscheiden, die sonst getrennt blieben.

Ein Beispiel dieser Art ist die gemeinsame Abscheidung von Kupfer und Blei aus den sauren Lösungen ihrer Perchlorate in Gegenwart von Thioharnstoff (FALKENHAGEN und HOFMANN[2], RAUB[3]). Abb. 83 zeigt den Verlauf von Strom-Spannung-Kurven (Kurven *1* und *2*) für die beiden einzelnen Metalle. Zwischen beiden Kurven besteht ein Abstand von mehreren Zehntelvolt. In einem Elektrolyten, der beide Metalle nebeneinander enthält (Kurve *3* zwischen *1* und *2*) scheidet sich bei Stromdichten unter $9 \cdot 10^{-2}$ A/cm² nur Kupfer ab. Oberhalb dieser Stromdichte ist ein Grenzstromdichtebereich erreicht; es beginnt sich nun auch Blei mit abzuscheiden.

Enthält die Lösung Thioharnstoff als wirksamen Inhibitor, so verschiebt sich die Strom-Spannung-Kurve für das inhibitorempfindliche Kupfer um etwa 0,45 V zu negativeren Werten (Kurve *1a*). Das sehr wenig inhibitorempfindliche Blei (Kurve *2a*) spricht aber mit seiner GALVANI-Spannung praktisch nicht auf die Inhibition an. Bei hohen Stromdichten wird die GALVANI-Spannung sogar etwas positiver, wohl infolge teilweiser Reduktion des Thioharnstoffes an dieser Kathode. In dem Elektrolyten, der beide Metalle enthält, ergibt sich in Gegenwart

---

[1] Die ausgezogenen und gestrichelten Kurven entsprechen denen in Abb. 81.
[2] FALKENHAGEN, G., u. W. HOFMANN: Z. Metallkde. **43**, 69 (1952).
[3] RAUB, E.: Z. Elektrochem. **55**, 146 (1951).

von Thioharnstoff die Gesamtstrom-Spannung-Kurve *3a* der beiden
Teilprozesse in guter Übereinstimmung mit der Theorie (vgl. S. 26).
Blei und Kupfer scheiden sich unter diesen Bedingungen bei jeder
Stromdichte gleichzeitig ab.

Einfluß von Stromdichte, Elektrolytbewegung und Temperatur.
Immer wieder hat sich neben der Zusammensetzung des Elektrolyten
die Stromdichte als ein entscheidender Faktor für die gleichzeitige
Abscheidung zweier Metalle erwiesen. Die größten Änderungen vermag
die Stromdichteerhöhung beim Durchschreiten eines Grenzstromdichtebereiches hervorzurufen. Daher gewinnen in diesem Zusammenhang

jene bereits an anderer Stelle besprochenen (vgl. S. 23) Umstände eine Bedeutung, die die Höhe der Grenzstromdichte bestimmen. In erster Linie ist es
die Konzentration der potentialbestimmenden Ionen unmittelbar an der
Phasengrenze. Sie hängt hauptsächlich
von der Konzentration im Innern des
Elektrolyten, von der Temperatur und
der Flüssigkeitsbewegung ab. Das Kleinerwerden der wirksamen Kathodenoberfläche, indem sich auf ihr ein poröser Fremdstoff-Film ausbreitet, kann
ebenfalls mitwirken.

Für den Einfluß der Metallionen-
Konzentration auf die Höhe der Grenzstromdichte haben wir in Abb. 78 bereits ein Beispiel kennengelernt. Verringert man den Kadmiumgehalt des
Elektrolyten von 10 auf 1,65 g/l, so

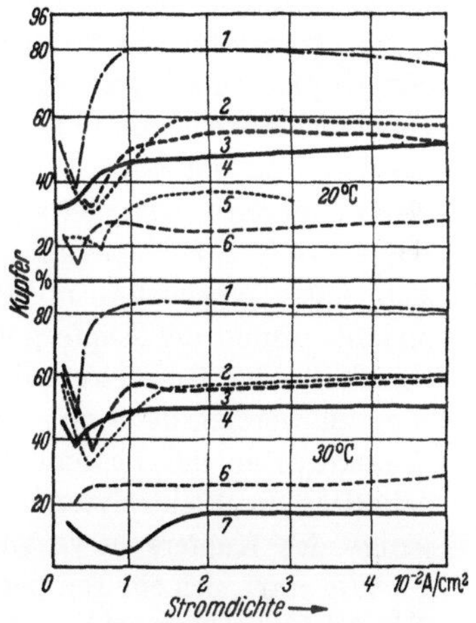

Abb. 84. Änderung des Kupfergehaltes von galvanischen Kupfer-
Zink-Niederschlägen mit der Stromdichte. Zusammensetzung der Elektrolyten siehe Abb. 80, S. 206.

geht die Grenzstromdichte von $0{,}75 \cdot 10^{-2}$ A/cm^2 auf etwa $0{,}1 \cdot 10^{-2}$ A/cm^2
zurück. Übrigens zeigen die beiden Strom-Spannung-Kurven der Kad-
miumabscheidung aus der konzentrierten Lösung auch deutlich den
Einfluß einer Elektrolytbewegung: während man im ruhenden Bad
den scharfen Grenzstromdichtebereich bei $0{,}75 \cdot 10^{-2}$A/cm^2 erhält,
ist im bewegten Bad selbst bei $2 \cdot 10^{-2}$ A/cm nicht das geringste Anzeichen für einen solchen Übergang zu erkennen.

Bei der Abscheidung zweier Metalle kann gelegentlich auch ein
Grenzstromdichtebereich des Überganges von der Metallabscheidung
zur Wasserstoffabscheidung wichtig werden. Einen solchen Fall erwähnen RAUB und KRAUSE[1] für die gemeinsame Abscheidung von

---

[1] RAUB, E., u. D. KRAUSE: Z. Elektrochem. **50**, 91 (1944).

Fischer, **Elektrokristallisation.**   14

Kupfer und Zink. Untersucht man in zyanidischen Messingbädern der Technik, wie sich das Verhältnis Cu : Zn in den Niederschlägen mit steigender Stromdichte unter verschiedenen Bedingungen ändert, so bemerkt man bei niedrigen Stromdichten zunächst einen starken Rückgang des Kupferanteils mit zunehmender Stromdichte (vgl. Abb. 84). Nach Erreichen eines ausgeprägten Minimums des Kupfergehaltes nimmt der Kupferanteil bei weiterem Steigern der Stromdichte zunächst rasch, dann langsam wieder zu.

Diese merkwürdigen Änderungen in der Zusammensetzung des Niederschlages stehen mit einem Grenzstromdichtegebiet in Zusammenhang, das man mit steigender Stromdichte erreicht und durchschreitet (Abb. 76, S. 204). Der Grenzstromdichtebereich trennt die Abscheidung der Kupfer-Zink-Legierungen von der Entladung der Wasserstoffionen. Er verschiebt sich mit der Zusammensetzung des Elektrolyten, der Temperatur und vor allem mit der Elektrolytbewegung.

Im Bereich des ersten abfallenden Astes der Strom-Spannung-Kurve fällt der Kupfergehalt mit zunehmender Stromdichte. Sobald sich aber Wasserstoff mitabscheidet und den Kathodenfilm durchmischt, nimmt der Kupfergehalt mit steigender Stromdichte wieder zu. Oberhalb der Grenzstromdichte beginnt mehr und mehr Zink bevorzugt zu werden, denn mit Beginn der Wasserstoffentwicklung wird der Elektrolyt an der Phasengrenze zunehmend alkalischer. Zunehmender Alkalität des Elektrolyten erhöht die Stromausbeute an Zink, ohne diejenige des Kupfers zu verändern.

Wie stark sich ein Temperatureinfluß auswirken kann, möge schließlich folgendes Beispiel zeigen. In Elektrolyten, die zugleich Nickel und zweiwertiges Eisen (als Sulfate) enthalten, bestehen bei Zimmertemperatur nur geringe Unterschiede in der Abscheidungs-GALVANI-Spannung. Beide Metalle scheiden sich gleichzeitig miteinander ab. Elektrolysiert man aber bei Siedetemperatur, so scheiden sich — selbst wenn der Elektrolyt mehr Eisen als Nickel enthält — nur die Nickelionen ab (RAUB[1]).

1.5 Wirkung der Inhibitoren.

1.51   Allgemeines.

Bei unserer Erörterung elektrochemischer Vorgänge an den Elektroden haben wir bisher stillschweigend angenommen, die Elektrodenoberfläche sei völlig frei von Fremdstoffen. In Wirklichkeit trifft dies nicht zu. Diese Tatsache können wir vor allem nicht übergehen, wenn wir den Mechanismus der Inhibition und der Passivität untersuchen wollen. Bisher haben wir uns für die Passivität mit der Feststellung begnügt, einer der potentialbestimmenden Vorgänge werde hier gänzlich

---

[1] s. S. 203, Fußn. 1.

gehemmt (vgl. S. 28). Wie diese Hemmung zustande kommt, mußten wir bislang offenlassen. Hier ist nunmehr nachzutragen, daß solche Hemmwirkungen von einer dichten Belegung der Elektrodenoberfläche mit Fremdsubstanz, meistens mit Metalloxyd oder Sauerstoff, herrühren. Diese passivierende Belegung der Oberfläche erlaubt z. B. an einer zweifachen Elektrode zwar einen Übertritt von Elektronen, sperrt aber den Übergang von Metallionen (vgl. Abb. 24, S. 28).

Solche Hemmungen als Folge einer Fremdstoffbelegung der Oberfläche kann es in sehr verschiedenen Graden geben. Je nach dem Umfang der Blockierung spricht man von Passivität oder Inhibition, wobei Passivität den Extremfall vollständiger Belegung darstellt. Passivität wie Inhibition verringern das chemische Potential der Elektrodenoberfläche, und zwar jene bedeutend stärker als diese.

Zwischen Passivität und Inhibition bestehen folgende Unterschiede (H. FISCHER[1]): Im Falle der Passivität bedecken die Fremdstoffmolekeln die Oberfläche nahezu lückenlos und statistisch. Fremdstoff und Metallatom der Elektrodenoberfläche sind mit einer festen chemischen Bindung aneinander gebunden, meist durch abgesättigte Hauptvalenzen.

Hingegen belegen die Fremdstoffmolekeln die Oberfläche bei der Inhibition nur lückenhaft und unvollständig und bevorzugen dabei aktive Stellen. Nur bei hoher Belegungsdichte (die aber niemals den vollständigen Bedeckungsgrad erreicht) kann man eine statistische Verteilung auf der Oberfläche annehmen. Der Fremdstoff ist weit lockerer an das Oberflächenatom gebunden. Entweder ist er an der Oberfläche adsorbiert oder er wird im angelegten Feld elektrostatisch angezogen. Beide Bindungsarten können auch gleichzeitig auftreten. Passivität unterbindet den Ionenübergang, wie erwähnt, vollständig und erlaubt nur einen Elektronenübergang. Inhibition erschwert gewöhnlich den Ionenübergang, ohne ihn aber vollständig zu unterbinden.

Fremdstoffe, die eine Inhibition, d. h. eine hemmende Belegung der Oberfläche hervorrufen, nennt man Inhibitoren[2]. Als Inhibitoren können alle Bestandteile des Elektrolyten wirken, z. B. Kationen, Anionen, Lösungsmitteldipole usw. Sie können auf der Elektrodenoberfläche vornehmlich als Bestandteil der HELMHOLTZ-Schicht (vgl. S. 40) adsorbiert oder unter Einfluß der Ladung der Elektrode elektrostatisch angezogen sein.

---

[1] FISCHER, H.: Z. Elektrochem. **55**, 92 (1951); Comité international de Thermodynamique et de Cinétique electrochimiques. C. r. 2. Réunion, Milan (1950) 105; Z. Elektrochem. **49**, 342, 376 (1943); Kolloid-Z. **106**, 50 (1944); Korrosion und Metallschutz **20**, 287 (1944).

[2] Der Begriff „addition agents", der sich oft in der anglo-amerikanischen Literatur findet, bezeichnet *hauptsächlich* organische Inhibitoren, die dem Elektrolyten absichtlich zugesetzt werden. Er schließt nicht *von vornherein* im Elektrolyten befindliche primäre oder sekundäre Inhibitoren mit ein.

Die Bestandteile von Lösungen einfacher Salze werden die Oberfläche
meist nur schwach belegen und somit nur eine geringe Hemmwirkung
ausüben. Wahrscheinlich werden nur wenige Prozent der Oberfläche
oder noch weniger belegt. Enthält der Elektrolyt aber besonders gut
adsorbierbare Fremdstoffe, z. B. Alkaloide oder andere Heterozyklen
oder organische Kolloide, so kann bereits bei geringen Konzentrationen
dieser Fremdstoffe wesentlich mehr adsorbiert und elektrostatisch angezogen werden. Der Bedeckungsgrad dürfte im Vergleich zum Beispiel einer Belegung mit einfachen Ionen um Größenordnungen weiter
ausgedehnt sein. Unter Umständen entsteht dann bereits ein (poröser)
Adsorptionsfilm. Auch werden manche, im Teilchenradius die Wassermolekeln um ein Vielfaches überragenden Fremdstoffmolekeln aus
der innersten HELMHOLTZ-Region (vgl. S. 61) weit bis in die diffuse
Doppelschicht hineinragen können. Die Belegung wird sich nicht
mehr selektiv auf Aktivstellen verteilen, sondern statistisch auf beliebige, energetisch ziemlich verschiedene Stellen.

Unter Stromfluß können sich überdies noch etwaige elektrische Ladungen der Fremdstoffteilchen auswirken, d. h. die Teilchen werden
von der Elektrode elektrostatisch angezogen oder abgestoßen. Mit der
elektrostatischen Anziehung verstärkt sich die Belegung. Offenbar
haften manche Stoffe allein infolge elektrostatischer Anziehung auf der
Oberfläche.

An anderer Stelle (vgl. S. 55) wurde bereits erwähnt, daß Inhibitoren in der Regel die Kapazität des Doppelschichtkondensators
vermindern. Sie beeinflussen in erster Linie das Oberflächenpotential χ der Metallphase (vgl. S. 4). Auf die Möglichkeit, daß Inhibitoren die Elektrode in einem bestimmten Ladungsbereich bevorzugt
belegen, wurde ebenfalls bereits hingewiesen (vgl. S. 57)

Einer thermodynamisch quantitativen Erfassung widersetzen sich
die Verhältnisse hauptsächlich wegen ihrer Unübersichtlichkeit. So beteiligen sich an der Inhibition grundsätzlich nicht allein alle Arten von
Elektrolytbestandteilen, auch Reaktionsprodukte der Elektrodenvorgänge können daran teilhaben. Mehrere Inhibitoren können in schwer
übersehbarer Weise zusammenwirken. Auch ändert sich die Inhibition,
wenn man z. B. Stromdichte, Temperatur oder Elektrolytkonzentration
variiert. Neben den primär vorhandenen Inhibitoren können schließlich
im Diffusionsfilm bei der Elektrolyse Inhibitoren noch sekundär
entstehen. Ihre Art und Menge läßt sich bislang nicht genau definieren.

Eine Belegung der Elektroden mit Inhibitoren kann hauptsächlich
vier, für die Metallabscheidung wesentliche Wirkungen hervorrufen:
1. Überspannung; 2. negative Katalyse von Vor- oder Nachreaktionen;
3. Reduktion oder Oxydation von Inhibitoren der eigenen oder fremden

Art; 4. Änderungen im Ablauf des elektrolytischen Wachstums oder Abbaues von Metallkristallen.

Von diesen Wirkungen sollen hier zunächst nur die drei ersten besprochen werden. Die vierte wird Gegenstand späterer, ausführlicher Erörterungen sein.

1.51.1 Einfluß von Inhibitoren auf die Überspannung.

Inhibitoren können folgende Arten von Überspannungen hervorrufen: a) Konzentrations- (Diffusions-) Überspannung Δg_c; b) Blockierungsüberspannung Δg_b; c) Kristallisationsüberspannung Δg_k; d) Vergiftungsüberspannung Δg_v; e) Durchtrittsüberspannung Δg_d. Im Grunde sind diese speziellen Überspannungen nichts als Abarten der bereits erörterten Grundüberspannungsarten (vgl. S. 16). So kann man Blockierungsüberspannung einmal als Aktivierungsüberspannung, bei mehrmolekularer Belegung der Oberfläche als Widerstandsüberspannung auffassen. Kristallisationsüberspannung kann ebenfalls als Aktivierungsüberspannung oder aber als Reaktionsüberspannung gelten, wenn das abgeschiedene Metallatom sich nicht zugleich mit der Neutralisation des Metallions in das Gitter einordnen sollte. Vergiftungsüberspannung ist eindeutig eine Reaktionsüberspannung, Durchtrittsüberspannung eine Aktivierungsüberspannung.

Im einzelnen ist zu den verschiedenen Überspannungsarten folgendes zu bemerken:

Konzentrations- (Diffusions-) Überspannung Δg_c, sofern es einen von Inhibitoren bewirkten Anteil betrifft, wird bei geringer Belegung der Elektrodenoberfläche mit Inhibitoren vernachlässigbar gering ausfallen. Erst wenn die Oberfläche mit einem porösen Inhibitor*film* belegt ist, kann dieser Anteil merklich werden. Aus der Formel für die Konzentrationsüberspannung (vgl. S. 91)

$$\Delta g_c = -0{,}058 \log\left(1 - \frac{J\,1000\,\delta}{n_e\,c\,q\,R\,Tu_i}\right) \tag{83}$$

kann man diesen Zusammenhang ablesen. Je größer die Bedeckung der Oberfläche mit Inhibitoren, desto kleiner q, die effektive Größe der Oberfläche. Mit kleinerem q wächst aber Δg_c. Mit merklicher Inhibition muß auch der Grenzstrom J_{Gr} kleiner werden. Bei der rascheren Abnahme der Konzentration an potentialbestimmenden Ionen in den Poren des blockierenden Inhibitorfilmes ist dies verständlich. Formelmäßig hängt der Grenzstrom J_{Gr} ebenfalls von der Größe der effektiven Oberfläche q ab $\left(J_{\mathrm{Gr}} = \dfrac{n_e\,c\,q\,R\,Tu_i}{\delta\,1000}\right)$ und muß somit mit Kleinerwerden von q abnehmen.

Die *Blockierungs*überspannung Δg_b ergibt sich aus der Belegung mehr oder weniger aktiver Stellen der Elektrodenoberfläche. Bei Blockierung aktiver Bereiche —naturgemäß von Inhibitoren bevorzugt— müssen die abscheidbaren Ionen entweder an nichtblockierten, aber dafür weniger aktiven Stellen übertreten, oder sie müssen die hemmende Blockierung überwinden, indem sie die Inhibitoren von der blockierten Stelle verdrängen. In jedem Falle ist hierzu eine erhöhte Aktivierungsenergie nötig. Dies um so mehr, wenn die Inhibitoren nicht bloß vermöge adsorptiver Bindungen an der Oberfläche haften, sondern noch elektrostatisch als entgegengesetzt polare Ionen oder Dipole unter dem Einfluß des angelegten Feldes angezogen werden. Die Inhibitoren zu verdrängen gelingt leichter an flüssigen Oberflächen, wie z. B. an Quecksilber.

Eine noch offene Frage ist es, ob abscheidbare Wasserstoffionen gelegentlich auch durch eine adsorbierte Inhibitormolekel hindurch treten können. Man könnte bei geeigneten, zur Bildung von Wasserstoffbrücken fähigen Inhibitormolekeln an einen solchen Mechanismus denken. Bei dem stark inhibierenden β-Naphthochinolin konnten H. FISCHER und KNAACK[1] das Fehlen eines solchen Durchtrittes nachweisen.

Mit einer Blockierung verschiedener Bereiche der Oberfläche können die Inhibitoren auch eine Oberflächendiffusion der adsorbierten, abscheidbaren Ionen zu einer aktiveren Stelle behindern. Die erschwerte Passage verlangt wiederum erhöhte Aktivierungsenergie.

Belegen die Inhibitoren die (feste) Oberfläche in mehrfachen Molekelreihen, wird sich ein Ohmscher Widerstand aufbauen. Reine Widerstandsüberspannung gäbe sich in der linearen Beziehung zwischen Stromdichte J und der Überspannung Δg_b zu erkennen (vgl. S. 130).

Blockieren die Inhibitoren einen beträchtlichen Teil der Oberfläche, so bilden sie, wie erwähnt, einen porösen Adsorptionsfilm. In diesem Falle wird sich der Blockierungsüberspannung noch verstärkte Konzentrationsüberspannung überlagern. Ein solcher Film wird also die Stromausbeute herabsetzen.

Sofern die Blockierungsüberspannung in diesem Falle hauptsächlich von einem Ohmschen Widerstand bestimmt wird, kann man sie von Konzentrationsüberspannung mittels der genauen zeitlichen Analyse (vgl. S. 24) unterscheiden. Die Widerstandsüberspannung wäre im Zeitbereich von 10^{-7} bis 10^{-5} sek unmittelbar nach Stromschluß oder besser unmittelbar nach Stromöffnung zu erkennen. BOCKRIS und CONWAY[2] haben auf diese Weise gefunden, daß die Widerstandsüberspannung, verursacht von organischen Inhibitoren, wie z. B. Alkyl- oder Arylammoniumionen, an einer Eisenelektrode ziemlich gering ausfällt (Größenordnung 10^{-3} bis 10^{-2} Volt). Überdies scheint der Widerstand sich mit der Stromdichte zu verändern.

---

[1] FISCHER, H.: Z. Elektrochem. **58** (1954), z. Z. im Druck. — M. KNAACK: Diplomarb. Techn. Universität Berlin (1953).

[2] BOCKRIS, J. O'M., u. B. H. CONWAY: Nature **159**, 711 (1947).

Nach ELZE und H. FISCHER[1] kann sich die Widerstandsüberspannung, sofern andere Überspannungsarten ausscheiden, an der linearen Beziehung zwischen Überspannung und Stromdichte bemerkbar machen. Geeignete Versuchsbedingungen bietet die kathodische Reduktion von Fe^{3+} zu Fe^{2+} an einer glatten Platinelektrode. Auch hier haben organische Inhibitoren (organische Farbstoffe, Alkaloide usw.) nur eine relativ geringe Widerstandsüberspannung erkennen lassen. Zu vernachlässigen ist Δg_b an einer flüssigen Elektrode, z. B. bei der kathodischen Abscheidung von Tl^+ an einer Quecksilberelektrode (HEYROVSKY[2]).

Zur *Kristallisations*überspannung sei vorgreifend bemerkt (vgl. S. 410), daß Inhibitoren weniger die sog. Wachstumsstellen (im raschen Weiterwachsen sich ständig verschiebende Gitterplätze der im Wachstum befindlichen Atomketten oder Netzebenen) belegen, sondern eher die viel länger in Ruhe befindlichen Stellen der Kathodenoberfläche. Sie stören also weniger den äußerst schnell und unter Depolarisation ablaufenden Wachstumsprozeß, als die viel seltenere Keimbildung, die im übrigen als langsamster Vorgang die Kristallisation bestimmt. Fehlen stärkere Inhibitoren, so bilden sich bei der Elektrokristallisation die Keime bevorzugt an Ecken oder Kanten des Kristalls. Inhibitoren blockieren jedoch diese aktiven Stellen und erzwingen die Bildung von Keimen auf weniger aktiven Flächen. Dafür muß eine erhöhte Keimbildungsarbeit aufgewendet werden. Der Energieaufwand für erhöhte Keimbildungsarbeit ist somit ein wesentlicher Bestandteil der Kristallisationsüberspannung. Bei der kathodischen Abscheidung von Metallen werden in Gegenwart organischer Inhibitoren Überspannungen von 10^{-3} bis 10^{-2} Volt gemessen.

Wie man den Anteil der Kristallisationsüberspannung von einem solchen der Blockierungsüberspannung experimentell unterscheiden kann, ist noch ungeklärt. Die Trennung bereitet grundsätzliche Schwierigkeiten, wenn der Vorgang der Neutralisation, der die Blockierungsüberspannung bestimmt, mit dem Akt der Keimbildung gleichzeitig abläuft, der die Kristallisationsüberspannung hervorruft. So gut wie unbekannt sind auch die Verhältnisse beim anodischen Abbau der Kristalle. Sie entsprechen denen der Kristallbildung wahrscheinlich nur dann, wenn die Inhibitoren keine ausgeprägte Polarität zeigen.

Die *Vergiftungs*überspannung Δg_v hängt mit der zweiten, oben erwähnten Wirkung der Inhibitoren zusammen, der negativen Katalyse von Vor- oder Nachreaktionen, die den Ionen- oder Elektronenübertritt begleiten kann und an der Potentialbildung mitbeteiligt ist.

---

[1] ELZE, J., u. H. FISCHER: Jo. elektrochem. Soc. **99**, 259 (1952); Metalloberfläche (A) **6**, 177 (1952).

[2] HEYROVSKY, J.: Trans. Faraday Soc. „Electrode Progresses" 212 (1947).

Bei diesen Begleitprozessen können die Inhibitoren als Gifte wirken, während sie zugleich noch den Ionen- oder Elektronenübertritt in anderer Weise beeinflussen. Die Giftwirkung der Inhibitoren wird also stets noch mit einer oder mehreren anderen Überspannungsarten gepaart sein. Durch Vergiftung hemmen sie die betreffende Vor- oder Nachreaktion und verändern damit die Konzentration an potentialbestimmenden oder mitpotentialbestimmenden Ionen oder Molekeln. Δg_v ist also eine reine Reaktionsüberspannung (vgl. S. 16).

Ein wichtiges Beispiel für Vergiftungsüberspannung ist die negative Katalyse der beiden Reaktionen $MeH + MeH \rightarrow 2\,Me + H_2$ und $MeH + H^+ + e^- \rightarrow Me + H_2$. Da Wasserstoff viele Prozesse der kathodischen Metallabscheidung begleitet, stehen auch solche Zusammenhänge in engerer Beziehung zu unserem Hauptthema. Eine Vergiftung dieser Art läßt sich z. B. an einer Eisenkathode dadurch nachweisen, daß atomarer Wasserstoff in Gegenwart von Inhibitoren in vergrößerter Menge durch das Eisen diffundiert (BAUKLOH und ZIMMERMANN[1]). Bei der Wasserstoffabscheidung ist Δg_v — mit Zehntelvolt — meist um eine Größenordnung höher als andere Überspannungsarten. Die ungewöhnliche Giftempfindlichkeit der erwähnten Reaktionen erlaubt die Vergiftungsüberspannung in Gegenwart von minimalen Giftspuren zu erfassen: So kann man z. B. nach BOCKRIS und CONWAY[2] noch eine Wirkung von 10^{-12} mol/l CN^- oder CO auf die Vergiftungsüberspannung erkennen. Sicherlich handelt es sich hier nur noch um geringste Bruchteile einer monomolekularen Belegung der Nickeloberfläche mit dem Inhibitor. Man erkennt, wie wirksam eine Blockierung weniger, aber dafür offenbar hochaktiver, Stellen der Oberfläche sein kann.

Eine Vergiftungsüberspannung kann auch von metallischen Inhibitoren herrühren (z. B. von Quecksilber oder Arsen). Natürlich rufen metallische Inhibitoren keine Widerstandsüberspannung hervor. Wohl aber können auch solche Gifte die Durchtrittsüberspannung erhöhen.

Als zweites Beispiel kann die Beobachtung HEYROVSKYS[3] dienen, daß zweiwertige Metalle sich in Gegenwart von Inhibitoren an Quecksilber mit deutlicher Überspannung abscheiden, während einwertige Metalle bei Abscheidung unter gleichen Bedingungen praktisch ohne Überspannung in das Quecksilber übergehen. Es fragt sich, welcher Art die Überspannung bei den zweiwertigen Metallen sein kann. Konzentrationsüberspannung scheidet praktisch aus, ebenso Kristallisationsüberspannung. Blockierungsüberspannung dürfte an flüssigem Quecksilber vernachlässigbar klein sein. So bleibt Vergiftungsüberspannung

---

[1] BAUKLOH, W. u. ZIMMERMANN: Arch. f. d. Eisenhüttenwesen **9**, 459 (1936).
[2] BOCKRIS, J. O'M., u. B. E. CONWAY: Trans. Faraday Soc. **45**, 989 (1949).
[3] s. S. 124, Fußn. 2.

übrig. Für Vergiftungsüberspannung spricht HEYROVSKYS Deutung, die folgende beiden Teilreaktionen der Abscheidung zweiwertiger Metalle an Quecksilber annimmt:

1. $Me^{2+} + e^- \rightleftharpoons Me^+$ 2. $2\,Me^+ \rightleftharpoons Me^{2+} + Me$.

HEYROVSKY nimmt also an, das zweiwertige Metallion werde an der Kathode zunächst nur zum einwertigen Kation reduziert. In einer zweiten Reaktion disproportionieren sich zwei einwertige Metallionen zu einem zweiwertigen Ion und einem Metallatom. Diese Folgereaktion könnte möglicherweise von Inhibitoren beeinflußt werden, indem diese den Zusammentritt der Metallionen unter Dreierstoß an der Kathode hemmen. Stauten sich instabile einwertige Ionen an, so sollte die GALVANI-Spannung um den Betrag Δg_v unedler werden, da die Redox-GALVANI-Spannung g_J mit steigender Me^+-Konzentration kleiner werden muß.

$$g_J = g_0 + \frac{R\,T}{2\,F}\ln\frac{a_{Me^{2+}}}{a_{Me^+}}\,. \tag{84}$$

Ob die Inhibitoren vielleicht die Durchtrittsüberspannung des zweiwertigen Metallions stärker erhöhen als diejenige des einwertigen Ions, muß dahingestellt bleiben. Ebenso bleibt vorläufig offen, ob sekundäre Inhibition mitwirken kann.

Die *Durchtrittsüberspannung* Δg_d kommt dadurch zustande, daß die Inhibitoren, namentlich polare, Bestandteile des starren und des diffusen Teils der Doppelschicht werden. Ihre Anwesenheit in der Doppelschicht kann die Aktivierungsenergie, aufzuwenden für den Durchtritt eines Ions oder Elektrons durch die Doppelschicht, ändern. Mit einer Beteiligung am diffusen Anteil der Doppelschicht verändern die Inhibitoren im übrigen zugleich das elektrokinetische Potential (FRUMKIN und Mitarbeiter[1]).

Zur Durchtrittsüberspannung kann man auch den Beitrag rechnen, den die Inhibitoren am Aufbau der Doppelschicht unmittelbar zu Beginn der Elektrolyse leisten. Die gewöhnlich lineare Charakteristik der Stromspannungskurve (VOLMER[2]), von der Aufladung der Doppelschicht unmittelbar nach Stromschluß stammend, kann durch Beteiligung von Inhibitoren am Aufbau der Doppelschicht verändert werden. Die inhibitorisch bedingte Durchtrittsüberspannung ist bisher im einzelnen noch wenig erforscht. Meist dürfte sie von anderen Überspannungsarten, z. B. Blockierungsüberspannung oder Vergiftungsüberspannung[3], überlagert sein.

---

[1] s. S. 44, Fußn. 3.
[2] s. S. 48, Fußn. 4.
[3] Bei der Wasserstoffabscheidung scheinen Inhibitoren zum weit größeren Teil Vergiftungsüberspannung hervorzurufen. Wie z. B. Abb. 32, S. 58 (nach HILLSON) zeigt, spricht die von Toluolsulfosäure verursachte Überspannung auf Änderungen der Doppelschichtkapazität praktisch kaum an. Herrschte Durchtrittsüberspannung vor, so sollte sie auf so große Kapazitätsänderungen reagieren.

1.51.2 Reduktion und Oxydation von Inhibitoren.

Sehr wesentlich für die Wirkung der Inhibitoren ist die Lage ihrer Reduktions- (oder Oxydations-) GALVANI-Spannung im Vergleich zur GALVANI-Spannung, bei der sich der kathodische Abscheidungsvorgang abspielt. Werden die Inhibitoren z. B. infolge Reduktion an der Kathode verändert, so überlagert sich dem Polarisationsvorgang eine Depolarisation des Reduktionsprozesses, und es entsteht eine zwischen beiden GALVANI-Spannungen liegende Mischspannung. Die Kathode betätigt sich dann als zwei- oder mehrfache Elektrode.

Als Regel kann gelten, daß eine Depolarisation infolge Reduktion um so leichter zustande kommt, je größer die Überspannung (vor allem die Wasserstoffüberspannung) an dem betreffenden Metall ist. Mit größerer Überspannung wird die negativere Reduktions-GALVANI-Spannung des Inhibitors leichter erreicht. Zum Beispiel wird bei der Wasserstoffabscheidung an Blei eher eine depolarisierende Reduktion des Inhibitors zu beobachten sein als an Eisen oder Platin. Allerdings findet man auch Ausnahmen von dieser Regel, z. B. bei Verwendung von Alkoholen als Inhibitoren. Anscheinend beruhen diese Ausnahmen auf dem Umstand, daß manche Metalle bestimmte Reduktions- (oder Oxydations-) Vorgänge katalysieren.

Geringe oder fehlende Reduktion des Inhibitors zeigt sich gewöhnlich in der Strom-Spannung-Kurve an. Die Überspannung nimmt dann in Gegenwart des Inhibitors mit steigender Stromdichte beträchtlich und in steigendem Maße zu. Bei einer Überlagerung der Reduktion biegt die $\Delta g/\log J$-Kurve nach einem relativ steilen Abfall oft nach der positiven Seite (geringer werdendes Δg) um (vgl. Abb. 85, Kurve b).

Auch im Konzentrationseinfluß können sich Unterschiede bemerkbar machen. Bei fehlender Reduktion steigt die Überspannung gewöhnlich mit wachsender Konzentration c des Inhibitors und strebt allmählich einem Sättigungszustand zu (vgl. Abb. 86, Kurve a). Hingegen nimmt die Überspannung bei Überlagerung von Reduktion mit erhöhter Konzentration bedeutend weniger zu oder gar ab (vgl. Abb. 86, Kurve b, c).

Nicht selten können Reduktionsprodukte der Inhibitoren selbst wiederum als Inhibitoren wirken; mitunter inhibieren die Reduktionsprodukte besser als die nichtreduzierten Stoffe. Bei hohen Stromdichten tritt der Einfluß der reduzierten Substanz gewöhnlich deutlich hervor (vgl. Abb. 87, Kurve a. $+\Delta g$ bedeutet hier Überspannung, $-\Delta g$ „Unterspannung“ [Depolarisation]).

1.51.3 Inhibitorische Änderungen im Ablauf des Kristallwachstums.

Diese Zusammenhänge werden später ausführlich erörtert (vgl. S. 409, 427).

1.51.4 Inhibitorempfindlichkeit der Metalle.

Beim näheren Betrachten des umfangreichen Erfahrungsmaterials auf dem Gebiete der Inhibition von elektrochemischen Vorgängen an Metallelektroden offenbart sich immer wieder eine verschieden große Inhibitorempfindlichkeit bestimmter Metalle. Offenbar liegen hier gewisse Gesetzmäßigkeiten vor, die man phänomenologisch am deutlichsten an einer Parallele zwischen Inhibitorempfindlichkeit mit der freien Oberflächenenergie der Metalle erkennt (H. FISCHER[1]). Parallel geht die Inhibitorempfindlichkeit ebenso mit der katalytischen Wirksamkeit der Metalle wie auch mit ihrer Giftempfindlichkeit bei der heterogenen Katalyse. Des weiteren zeigen andere Eigenschaften, verknüpft mit der Oberflächenenergie, wie Schmelzwärme und Sublimationswärme der Metalle, entsprechende Parallelen. Auf diese Zusammenhänge wird noch an anderer Stelle (vgl. S. 427) näher eingegangen werden. Sie deuten jedenfalls immer wieder darauf hin, daß die auffälligen Wirkungen der Inhibitoren wesentlich von der Inhibitoraffinität der Bausteine in der Metalloberfläche bestimmt werden. Für die Praxis ergibt sich eine später (S. 428) noch näher begründete und leicht merkbare Regel: Die Inhibitorempfindlichkeit der Metalle geht parallel mit ihrem Schmelzpunkt. Niedrigschmelzende Metalle, wie Blei, Wismut, Thallium und Zinn, sind wenig inhibitorempfindlich, hochschmelzende Metalle, wie Eisen, Nickel, Platin, Wolfram usw., zeigen ganz bedeutende Inhibitorempfindlichkeit. Andere Metalle von mittlerer Schmelztemperatur ordnen sich zwischen die Extreme ein. Bemerkenswert ist, daß die Inhibitorempfindlichkeit sich bei der Metallüberspannung und bei der Wasserstoffüberspannung in ganz entsprechender Weise äußert, während

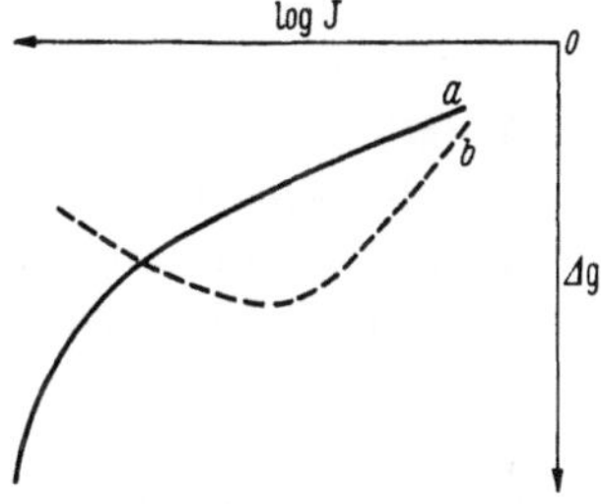

Abb. 85. Strom-Spannung-Kurven in Gegenwart von Inhibitoren.

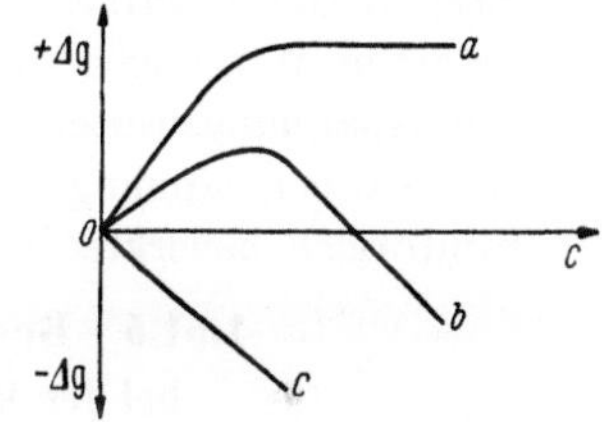

Abb. 86. Einfluß der Inhibitor-Konzentration.

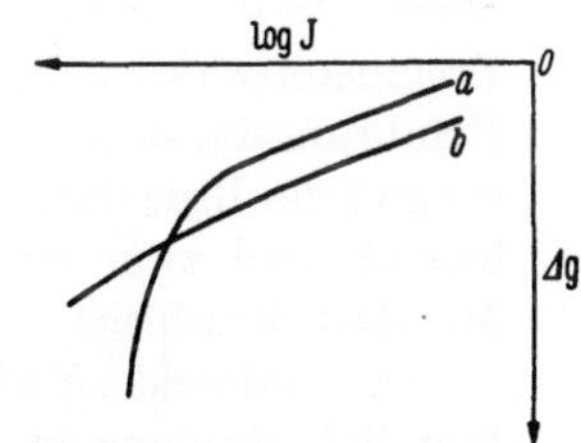

Abb. 87. Einfluß eines reduzierten Inhibitors auf die Strom-Spannung-Kurven.

---

[1] FISCHER, H.: Z. Elektrochem. **54**, 459 (1950).

sonst Metallüberspannung und Wasserstoffüberspannung sich an den Metallen entgegengesetzt verhalten[1].

Bei unseren Ausführungen haben wir stillschweigend eine „mittlere" Inhibitorempfindlichkeit und gleichermaßen eine „mittlere" freie Oberflächenenergie der Metalle, wie sie beim Schmelzpunkt auftritt, angenommen. Strenggenommen darf man keineswegs jedem Punkt der Oberfläche die gleiche Inhibitorempfindlichkeit und die gleiche Oberflächenenergie zuschreiben. Berücksichtigen wir nicht die Metalloberfläche schlechthin, sondern die submikroskopische, kristalline Oberfläche des Metalls, so hat jeder Punkt der Oberfläche eine spezifische Inhibitorempfindlichkeit oder eine spezifische freie Oberflächenenergie. Beide sind am größten an aktiven Bereichen der Kristalloberfläche; unter Stromfluß gehören hierzu beispielsweise die Ecken und Kanten des Kristalls. Auch diese Zusammenhänge werden später (S. 409) noch genauer zu erörtern sein. Ebenso sind die katalytische Wirksamkeit und die Giftempfindlichkeit auf der Kristalloberfläche ganz entsprechend differenziert und zeigen an aktiven Stellen ihre höchsten spezifischen Einzelwerte.

Je größer die spezifische Inhibitorempfindlichkeit an bestimmten Stellen der Oberfläche, desto mehr prägen sich dort alle bereits erörterten Wirkungen der Inhibitoren aus, so z. B. die zu erwartenden Überspannungswerte, wie der Vergiftungsüberspannung oder Kristallisationsüberspannung. Desto größer ist auch an solchen Stellen die inhibitorisch bewirkte Hemmung des Kristallwachstums.

1.51.5 Besonderheiten der Fremdstoffwirkung bei der kathodischen Metallabscheidung.

Eine Belegung der Elektrodenoberfläche mit Fremdstoffen ruft ganz allgemein Inhibition hervor, wie bereits im vorigen Kapitel erörtert wurde. In den nunmehr folgenden Abschnitten wird der Sonderfall der Fremdstoffwirkung bei der *kathodischen* Metallabscheidung in seinen Erfahrungstatsachen behandelt werden. Seine technische und wissenschaftliche Bedeutung für die kathodische Metallabscheidung ist grundlegend, und zwar im Reaktionsablauf wie in den Eigenschaften der Metallniederschläge.

Die entscheidend wichtige Rolle der Inhibitoren bei der kathodischen Metallabscheidung ist noch nicht in allen Zügen voll erkannt worden, obwohl die erste praktische Anwendung von Inhibitoren schon weit zurückliegt.

Als erster hat wohl 1886 von Hübl[2] Kolloide, wie Gelatine, zur Verbesserung der kathodischen Abscheidungsform von Kupfer empfohlen. Von Hübl führte die Inhibitoren in die Galvanoplastik ein und vergrößerte mit ihrer Hilfe die Härte und Feinkörnigkeit von Kupfergalvanos für Druckzwecke. Eingehend hat

---

[1] Fischer, H.: Z. Elektrochem. **52**, 111 (1948).
[2] v. Hübl: Mitt. K. u. K. Militärgeograph. Inst. **6**, 51 (1886).

sich dann 1904 Bancroft[1] mit der Anwendung von Inhibitoren (,,addition agents'')
beschäftigt. Wichtige wissenschaftliche Erkenntnisse auf diesem Gebiet verdanken
wir vor allem Foerster und Deckert[2], Volmer[3], Erdey-Gruz[4] und Thon[5].
(Über die weitere Entwicklung des Gebietes vgl. H. Fischer[6].)

Worin bestehen nun die Besonderheiten der Fremdstoffwirkung bei
der kathodischen Metallabscheidung, verglichen mit anderen kathodischen oder anodischen Vorgängen? Vier wesentliche Punkte sind hervorzuheben: die ständige Veränderung der Kathodenoberfläche und somit
der Fremdstoffbelegung während der Elektrolyse, der besondere Einfluß
der Inhibitoren auf die Abscheidungsform des Metallniederschlages, die
Entstehung neuer Inhibitoren (sekundäre Inhibition) und der Einbau
von Inhibitoren in den Metallniederschlag während der Elektrolyse.
Inhibition hängt wesentlich von der Natur der metallischen Grenzfläche
ab. Bei einer *flüssigen* Metallkathode fallen die beiden ersten Punkte
weg. Ändert sich die Oberfläche während der Elektrolyse, so muß sich
die Inhibition diesen Änderungen anpassen. Dabei ist auch die Geschwindigkeit der sich vollziehenden Oberflächenveränderungen für die
Inhibition keineswegs ohne Bedeutung.

Zu der Hauptwirkung der Inhibitoren auf die Polarisation tritt bei
der kathodischen Metallabscheidung noch ihr entscheidender Einfluß
auf die Kristallisation, d. h. auf die Größe, den Habitus und die Orientierung der entstehenden Metallkristalle, wovon die Eigenschaften der
Metallniederschläge so stark abhängen. Der wichtige Einfluß auf die
Kristallisation wird hauptsächlich in späteren Abschnitten (vgl. S. 409,
427) abgehandelt werden.

Das sekundäre Entstehen neuer, meist kolloider Inhibitoren im
kathodischen Diffusionsfilm während der Elektrolyse macht die Deutung
des Mechanismus der Inhibition besonders verwickelt, zumal solche
sekundär gebildeten Inhibitoren in schwer zu übersehender Weise mit
anderen Elektrolytbestandteilen zusammenwirken. Fremdstoffe auf der
Kathodenoberfläche können während des Abscheidungsprozesses ständig
in den Niederschlag eingebaut werden. Zwar sind die eingebauten Mengen
gewöhnlich gering, aber sie können bereits in kleinen Gehalten die
physikalischen und chemischen Eigenschaften des Metallniederschlages
außerordentlich beeinflussen. Zum anderen schafft ihr allmähliches

---

[1] Bancroft, W. D.: Trans. Amer. Electrochem. Soc. **6**, 27 (1904) — J. phys.
Chem. **9**, 277 (1905) — Trans. Amer. Electrochem. Soc. **23**, 266 (1913).

[2] Foerster, F., u. H. Deckert: Z. Elektrochem. **36**, 901, 917 (1930).

[3] Volmer, M.: Das elektrolytische Kristallwachstum. Paris: Hermann u. Cie.
1934.

[4] Erdey-Gruz, T.: Z. phys. Chem. **172**, 163 (1935).

[5] Thon, N.: L'Electrolyse et la Polarisation électrique. Paris: Hermann u. Cie.
1934.

[6] Fischer, H.: Z. Elektrochem. **49**, 342, 376 (1943).

Verschwinden aus dem Elektrolyten inkonstante Abscheidungsbedingungen.

Auf S. 213 ff. ist bereits ausgeführt worden, welche besonderen Polarisationsarten die Inhibitoren hervorrufen können. Allgemein sind alle diese Polarisationserscheinungen zeitabhängig. Im Falle der kathodischen Metallabscheidung (abgesehen von der Abscheidung an einer flüssigen Metallkathode) tritt aber zu dieser allgemeinen zeitlichen Änderung bei allen Polarisationsarten noch eine besondere Zeitabhängigkeit hinzu, die von der Veränderlichkeit der Metalloberfläche im Laufe der Elektrolyse bestimmt wird. Da die betreffenden Polarisationsarten sämtlich mehr oder weniger vom mikroskopischen und submikroskopischen Profil der Metalloberfläche abhängen, müssen sie sich im Laufe der Elektrolyse ändern. Es ist schwer, hier einen einigermaßen konstanten Verlauf zu erreichen. Deshalb sind exakte Strom-Spannung-Kurven der kathodischen Metallabscheidung auch in Gegenwart von Inhibitoren nur bei Messung in äußerst kurzen Zeiten (oszillographisch) zu erhalten[1]. Für alle anderen Verhältnisse kann man nur mit Durchschnittswerten der Polarisation rechnen.

Was den Inhibitoreinfluß auf kathodische Polarisationsarten betrifft, so dürfte er sich z. B. für die *Durchtritts*polarisation $\varDelta g_d$ prinzipiell wohl kaum von den Verhältnissen bei anderen elektrolytischen Grenzflächenvorgängen unterscheiden. Denn bei den verschiedenen Elektrodenvorgängen sind *grundsätzliche* Unterschiede in der Ausbildung der Doppelschicht, bestimmend für die Aktivierungsenergie, nicht zu erwarten.

Für die *Konzentrations*polarisation $\varDelta g_c$ ist der Bedeckungsgrad der Oberfläche mit Inhibitoren maßgebend, der die wahre Oberfläche q (vgl. S. 92) bestimmt. q wird sich während der Elektrolyse ändern; damit ändert sich auch entsprechend $\varDelta g_c$. Ebenso hängt die Grenzstromdichte von diesen Veränderungen ab (vgl. S. 92).

Naturgemäß werden auch die *Blockierungs*polarisation $\varDelta g_b$, die *Kristallisations*polarisation $\varDelta g_k$ und die *Vergiftungs*polarisation $\varDelta g_v$ von der zeitlichen Veränderung der Abscheidungsform des Niederschlages betroffen. Die Kristallisationspolarisation ist im übrigen eine Besonderheit der kathodischen Metallabscheidung (vgl. S. 215).

Die *Vergiftungs*polarisation wird ihre größten Werte bei einer gemeinsamen Abscheidung von Metall und von Wasserstoff erreichen. Auf die Möglichkeit einer Vergiftungspolarisation beim Entladungsmechanismus zweiwertiger Metallkationen ist auf S. 216 hingewiesen worden.

---

[1] Allenfalls kann der formbildende Einfluß besonders stark wirkender Inhibitoren (in ausreichender Konzentration) über eine gewisse Zeit konstant bleiben, so daß sich die Oberfläche dann während der Elektrolyse praktisch für eine Weile nicht ändern wird. Dies läßt sich am ehesten bei den inhibitorempfindlichen Metallen der Eisengruppe erreichen.

1.51.6 Einfluß der Metallnatur auf die Inhibition.

Die verschieden große Inhibitorempfindlichkeit bestimmter Metalle wurde bereits auf S. 219 hervorgehoben. Die Inhibitorempfindlichkeit hängt einmal von der Inhibitoraffinität der Metallatome in der Kathodenoberfläche ab; andererseits wird sie von der Beweglichkeit eben dieser Metallatome auf der Oberfläche bestimmt. Die Inhibitorempfindlichkeit der Metalle ist um so größer, je größer die Affinität der Metallatome der Oberfläche zum Inhibitor unter den Abscheidungsbedingungen ist, und um so kleiner, je rascher die Atome in der obersten Atomlage der Metalloberfläche ihren Platz wechseln.

Es ist also

$$E_i = k_i \frac{U_i}{D_i}, \tag{85}$$

wobei E_i die Inhibitorempfindlichkeit,
 U_i die Affinität der äußersten Metallatome zum Inhibitor,
 D_i die mittlere Diffusionskonstante der Selbstdiffusion der äußersten Metallatome auf der Oberfläche,
 k_i eine Konstante bedeuten.

Die Inhibitorempfindlichkeit E_i wäre also z. B. durch die Dichte und Haftfestigkeit der Fremdstoffbelegung auf der Elektrodenoberfläche (gemessen etwa durch die Desorptionsarbeit) unter bestimmten konstant gehaltenen Bedingungen der Temperatur und der elektrolytischen Abscheidung zu definieren. Experimentelle Belege für eine so definierte Größe fehlen allerdings bisher noch. Immerhin kann man vorläufig wenigstens qualitative Schlüsse auf die relative Größe der Inhibitorempfindlichkeit den aus Wirkungen der Inhibitoren selbst ziehen.

Für U_i ist nur physikalische, nicht chemische Bindung (Chemisorption oder Passivität) vorausgesetzt. U_i geht parallel mit der Arbeit zur Desorption der adsorbierten Inhibitormolekeln und mit der spezifischen freien Oberflächenenergie σ. Als spezifische Größe fällt E_i ebenso wie σ verschieden aus auf den verschiedenen mikroskopischen und submikroskopischen Bereichen der Kristalloberfläche (Ecken, Kanten, Flächen usw.).

Will man die Inhibitorempfindlichkeit der einzelnen Metalle miteinander vergleichen, so muß man für jedes Metall eine mittlere Inhibitorempfindlichkeit $\bar{E}_i$ zugrunde legen. $\bar{E}_i$ geht parallel mit der mittleren freien Oberflächenenergie $\bar{\sigma}$ beim Schmelzpunkt des Metalls (vgl. S. 427).

TAMMANN und JAACKS[1] haben bereits auf einen Zusammenhang zwischen Größe der Metallüberspannung und Lage der Entfestigungstemperatur hingewiesen. Metalle mit einer Entfestigungstemperatur

---

[1] TAMMANN, G., u. H. JAACKS: Z. anorg. Chem. 227, 249 (1936).

unterhalb der Abscheidungstemperatur werden bereits lebhafte Oberflächendiffusion zeigen. Hindernisse in Gestalt von Inhibitoren werden sich unter diesen Bedingungen leichter umgehen lassen. Dementsprechend dürfte die Kristallisationspolarisation relativ gering ausfallen.

Liegt aber die Entfestigungstemperatur erheblich über der Abscheidungstemperatur, so ist die Einordnung in das Gitter auf dem Wege der Oberflächendiffusion schon an sich erschwert. Inhibitorische Hindernisse werden die Schwierigkeiten noch vergrößern. So ist hohe Kristallisationspolarisation zu erwarten.

Dies bestätigt sich z. B. (nach LE BLANC[1]) für den Einfluß von Inhibitoren, wie Strychnin oder Gelatine, auf die Überspannung bei der Abscheidung von Blei und Quecksilber, verglichen mit der entsprechenden Inhibitorwirkung auf die Abscheidung der Metalle Silber, Kupfer und Eisen. Tab. 16 gibt die Zahlenwerte für die Zunahme der Überspannung gegenüber dem zusatzfreien Bad wieder, die LE BLANC oszillographisch[2] bestimmte. Die Stromdichte betrug in allen Fällen $0{,}45 \cdot 10^{-2}$ A/cm²; Ausführung bei Zimmertemperatur.

Tabelle 16. *Metallüberspannung an verschiedenen Metallen* (LE BLANC).

Elektrolyt	Kathode	Konzentration		Über-spannung mV
		Strychnin %	Gelatine %	
n-AgNO₃	geschmirgelt und versilbert		0,02	7
n-AgNO₃	geschmirgelt und versilbert	0,01		keine
n-CuSO₄ + n-H₂SO₄ . . .	geschmirgelt und verkupfert		0,06	45
n-CuSO₄ + n-H₂SO₄ . . .	geschmirgelt und verkupfert	0,01		115
n-FeCl₂ + n-HCl	Fe		0,06	50
n-FeCl₂ + n-HCl	Fe	0,01		60
0,05 n-Pb(NO₃)₂ + n-HNO₃	Pb		0,06	keine
0,05 n-Pb(NO₃)₂ + n-HNO₃	Pb	0,01		keine
0,01 n-HgNO₃ + n-HNO₃	Hg		0,06	keine
0,01 n-HgNO₃ + n-HNO₃	Hg	0,01		keine

Bei Strychnin (Brucin) und Gelatine handelt es sich um Zusätze, die auch das Gefüge des Niederschlages besonders stark verändern. Während diese Zusätze bei der Abscheidung von Kupfer und Eisen beträchtliche Überspannungen ergeben, ist eine Überspannung bei der Silberabscheidung gering oder nicht mehr meßbar und bei der Ab-

---

[1] LE BLANC, M.: Abh. d. Bunsenges. Halle: W. Knapp 1910.
[2] Es handelt sich also nicht um eine stationäre Überspannung.

scheidung von Blei und Quecksilber anscheinend überhaupt nicht vorhanden. Ähnliche Beobachtungen machten übrigens NEWBERY[1] in n-$PbNO_3$-Lösung mit Zusätzen (bis zu 10 g/l) von Gelatine, Gummi arabicum oder Dextrin, und FRÖLICH, CLARK und ABORN[2] in n-Lösungen von Bleinitrat oder Bleiazetat (+0,5 n-Essigsäure) mit Gelatinezusätzen von 0,5 g/l.

Wäre — im Sinne von TAMMANN und JAACKS — hohe Atombeweglichkeit bei der Abscheidungstemperatur für die Höhe der Überspannung allein entscheidend, so sollten sich nun z. B. Blei und Kadmium in

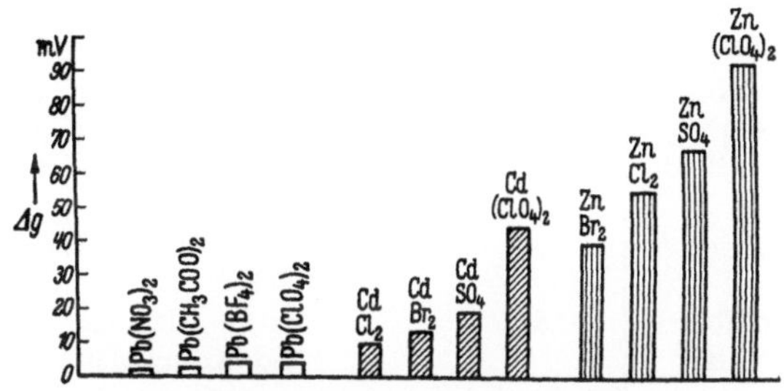

Abb. 88. Überspannung in Abhängigkeit vom Anion.
(Nach H. FISCHER, s. S. 221, Fußn. 6.)

Gegenwart gleicher Inhibitoren mit etwa gleicher Überspannung abscheiden. Wie aus Abb. 88 hervorgeht, die die Wirkung von Anionen auf die Überspannung zeigt (zusammengestellt nach Ergebnissen von FRÖLICH, CLARK und ABORN[2] sowie E. MÜLLER und BARCHMANN[3], ist dies jedoch nicht der Fall. So muß die Inhibitorempfindlichkeit noch von einer anderen Einflußgröße abhängen, die sich in der Betätigung von Bindungskräften gegenüber Inhibitoren auswirkt.

In Kadmiumsalzlösungen entsteht infolge Hydrolyse leicht kolloides Kadmiumhydroxyd im kathodischen Diffusionsfilm, das als sekundärer Inhibitor wirkt. Bleinitratlösungen hydrolysieren weniger leicht. Überdies dürften die Oberflächenatome des Kadmiums fester hydratisiert sein als die Oberflächenatome des Bleis. Beim Blei fallen also hohe Atombeweglichkeit und geringe Neigung zur Hydratation, wie überhaupt zur Bildung komplexer Verbindungen, zusammen. Wird es noch dazu in Gegenwart eines schwach adsorbierbaren Anions, wie NO_3^-, abgeschieden, so erscheint die sehr niedrige Überspannung verständlich.

---

[1] NEWBERY, E.: J. chem. Soc. 111, 483 (1917).

[2] FRÖLICH, P. K., G. L. CLARK u. R. H. ABORN: Trans. Amer. Electrochem. Soc. 49, 369 (1926).

[3] MÜLLER, E., u. H. BARCHMANN: Z. Elektrochem. 39, 341, 350 (1933). H. FISCHER (s. S. 221, Fußn. 6).

Tabelle 17. *Inhibitorempfindlichkeit der Metalle.*

Gelatine g/l	Elektrolyt	Stromdichte A/dm²	Erhöhung der Überspannung mV (durch Kolloid)	Änderung der Abscheidungsform	Autoren
0,5	n-$Pb(CH_3COO)_2$ 0,5 n-CH_3COOH	1,0	3	keine	FRÖLICH, CLARK u. ABORN[1]
1,0	0,42 n-$SnCl_2$ + 0,7 n-HCl	1,3		fast unverändert	KERN[2]
2,0	n-$CdCl_2$ + 0,1 n-HCl	1,0	3	Glättung	E. MÜLLER und BARCHMANN[3]
0,4	n-$AgNO_3$	0,45	7	fast unverändert	LE BLANC[4]
2,0	0,3 n-$AgNO_3$ + 0,5 n-HNO_3	0,8		starke Glättung (bis auf Eckenauswüchse), Kornverfeinerung	MATHERS und KUEBLER[5]
0,75	0 41 n-SbF_3 + 1,5 n-HF	0 8		starke Glättung und Kornverfeinerung	MATHERS, MEANS und RICHARD[6]
1,0	1,5 n-$ZnSO_4$ p_H 4	2,5	68	starke Kornverfeinerung	FRÖLICH[7]
0,1	n-$CuSO_4$ + 0,14 n-H_2SO_4	1,0	120	starke Kornverfeinerung	SIEVERTS und WIPPELMANN[8]
0,04[9]	170 g/l $NiSO_4$ aq +30 g/l $NiCl_2$ aq + 25 g/l H_3BO_3	1	15	sehr feinkörnig, stark glänzend	RAUB und WITTUM[10]

Ähnlich dürfte sich die von KOHLSCHÜTTER und UEBERSAX[11], KOHLSCHÜTTER und GOOD[12] beobachtete, ungewöhnlich hohe Wachstumsgeschwindigkeit der Bleikristalle während der Elektrolyse erklären

[1] s. S. 225, Fußn. 2.
[2] KERN, S. F.: Trans. Amer. Electrochem. Soc. **15**, 441 (1909).
[3] s. S. 225, Fußn. 3.
[4] s. S. 224, Fußn. 1.
[5] MATHERS, F. C., u. J. R. KUEBLER: Trans. Amer. Electrochem. Soc. **29**, 417 (1916).
[6] MATHERS, F. C., K. S. MEANS u. B. S. RICHARD: Trans. Amer. Electrochem. Soc. **31**, 293 (1917).
[7] FRÖLICH, P. K.: Trans. Amer. Electrochem. Soc. **49**, 359 (1926).
[8] SIEVERTS, A., u. W. WIPPELMANN: Z. anorg. Chem. **91**, 1, 35 (1915).
[9] Statt Gelatine Pepton.
[10] RAUB, E., u. M. WITTUM: Z. Elektrochem. **46**, 71, 77 (1940).
[11] KOHLSCHÜTTER, V., u. UEBERSAX: Z. Elektrochem. **30**, 72 (1924).
[12] KOHLSCHÜTTER, V., u. A. GOOD: Z. Elektrochem. **33**, 277 (1927).

lassen[1]. Offenbar hängt auch die merkwürdige Unempfindlichkeit der Überspannung bei der Bleiabscheidung gegenüber der Zahl der Aktivstellen (vgl. S. 231) von solchen Umständen ab, die eine Einordnung der Bleiionen in das Gitter besonders erleichtern. Man gewinnt den Eindruck, daß sich die Bleiionen bei der hohen Atombeweglichkeit des Bleis, der geringen Hydratation der Oberflächenatome und der geringen Inhibitorwirkung des NO_3^--Ions auch an anderen Stellen der Oberfläche als nur an den bevorzugten Aktivstellen in das Gitter einordnen können. Das Verhalten des Bleis scheint also bereits dem Übergang eines Metalles in eine *flüssige* Kathode, etwa der Abscheidung an Quecksilber, nahe zu kommen, wo sich die Metallionen kontinuierlich an beliebigen Stellen der Kathodenoberfläche abscheiden.

Treffen beim Blei (und übrigens auch beim Thallium) hohe Atombeweglichkeit und geringe Hydratation zusammen, so liegt bei reinem Silber zwar die Entfestigungstemperatur nach WIDMANN[2] oberhalb 100° C, aber das Ag^+-Ion ist ebenfalls besonders schwach hydratisiert.

VAHRAMIAN (vgl. S. 159) konnte bei der Silberabscheidung aus einer Lösung von besonders gereinigtem Silbernitrat keine Überspannung mehr nachweisen. So scheint für die fehlende Hemmung der Abscheidung in Gegenwart des schwach adsorptiven NO_3^--Ions hier allein die geringe Hydratation verantwortlich zu sein. Sind jedoch wirksamere Inhibitoren — selbst in Spuren — anwesend, so ist die Überspannung deutlich nachweisbar.

Tab. 17 macht die stark unterschiedliche Inhibitorempfindlichkeit (Gelatine als Inhibitor) der Metalle Blei, Zinn, Kadmium, Silber, Antimon, Zink, Kupfer und Nickel ganz offenkundig.

1.51.7 Einfluß der Natur der Metalloberfläche auf die Inhibition.

Die Aktivität der Oberfläche ist gleichermaßen wesentlich für die Abscheidung der Metallkationen wie für die Anlagerung von Fremdstoffen. Beide Stoffarten werden Oberflächenbereiche bevorzugen, an denen bei Belegung eine hohe spezifische Oberflächenenergie frei wird, die also besonders „aktiv" sind. Ob das abscheidbare Kation oder der Fremdstoff die Aktivstelle belegt, hängt einmal von der jeweiligen Abscheidungsgeschwindigkeit des betreffenden Teilchens und seiner Konzentration in der Nähe der Aktivstelle ab, zweitens ist die „Lebensdauer" der Aktivstelle von Bedeutung, und drittens spielen die spezifischen Bindungskräfte eine Rolle, die zwischen Aktivstelle und dem anlagernden Teilchen wirksam werden können.

---

[1] GÜNTHER-SCHULZE brachte sie bereits in Zusammenhang mit der geringen Hydratation des Bleiions.

[2] WIDMANN, H. W.: Z. Physik **45**, 200 (1927).

Betrachten wir das submikroskopische Profil einer festen Metallelektrode, so kann es Ecken, Kanten, Hohlecken, Hohlkanten oder
Flächen enthalten. Ist die Metalloberfläche kathodisch polarisiert, und
negativ geladen, so erweisen sich die Ecken und Kanten als Stellen
höchster Ladungsdichte und damit für ein Kation als Bereiche höchster
Anlagerungswahrscheinlichkeit. Im ungeladenen Zustand wären es
vielleicht Hohlecken oder Hohlkanten, weil hier mehr nächste Atom-
nachbarn ihre Bindungskräfte bei der Anlagerung betätigen können. Aber
im geladenen Zustande überlagern sich den molekularen Bindungskräften
noch elektrostatische. In diesem Falle gewinnen die Ecken und Kanten
weit höhere elektrostatische Anziehungskräfte als die Hohlecken und
Hohlkanten. Sie übertreffen damit auch weitaus die Bindungskräfte der
Kristallflächen, die nach der Theorie des Kristallwachstums für den ungeladenen homöopolaren Metallkristall sonst größer sind als die Bindungskräfte der Ecken und Kanten.

Die kathodische Metallabscheidung wird aber nur dann bevorzugt
von den Ecken und Kanten ausgehen können, wenn diese nicht von
Inhibitoren belegt sind. Ist das aber der Fall, so wird die Abscheidung
gewöhnlich an den Flächen beginnen. Nach der (relativ seltenen) Belegung
eines ersten Ecken-, Kanten- oder Flächenatoms bilden die Stellen des
wiederholbaren Schrittes in der sog. Halbkristallage (vgl. S. 338) weiterhin die ständig bevorzugten Anlagerungspunkte für die abscheidbaren Metallkationen. Für gewöhnlich findet hier die Anlagerung so rasch statt —
wobei die Stellen des wiederholbaren Schrittes so überaus schnell entstehen und vergehen —, daß Fremdstoffe sie noch nicht blockieren
können[1]. Inhibitoren belegen meist die länger in Ruhe befindlichen
Stellen der Oberfläche (vgl. S. 410). Die Wahrscheinlichkeit für eine
Anlagerung von Inhibitormolekeln hängt also von der Wachstumsgeschwindigkeit und — in geringerem Maße — von der Keimbildungsgeschwindigkeit (als bedeutend langsamerem Vorgang) ab. Nur sehr
bewegliche Inhibitoren vermögen den Wachstumsprozeß zu hemmen;
die Keimbildung können aber auch langsame Inhibitoren relativ leicht
unterdrücken.

Bei unserer Betrachtung haben wir bisher den thermischen Platzwechsel der Atome unberücksichtigt gelassen. An Metallen mit hohem
Schmelzpunkt wird er bei Zimmertemperatur keine Rolle spielen. Das
andere Extrem ist die bei Zimmertemperatur flüssige Elektrode, z. B.
die Quecksilberelektrode. Hier findet bereits bei Zimmertemperatur
lebhaftester Platzwechsel statt. Die ständige Atombewegung schwächt
die Intensität der adsorptiven Bindungskräfte, mit denen die Inhibitoren
an den Oberflächenatomen haften. An der Oberfläche der flüssigen

---

[1] Fischer, H.: Z. Metallkde. **39,** 204 (1948).

Kathode gibt es keine lagebedingten Unterschiede in der freien Oberflächenenergie und daher ebensowenig in der elektrostatischen Wechselwirkung (sofern man von makroskopischen Wirkungen der Stromlinienverteilung absieht).

Mit VOLMER[1] mögen wir annehmen, die abscheidbaren Kationen lagern
sich aus dem Elektrolyten an die Wachstumsstelle der (festen) Metalloberfläche nicht auf direktem Wege an, sondern auf dem Wege über
die Oberfläche, d. h. also mittels Oberflächendiffusion. Diese Annahme
wird durch experimentelle Ergebnisse der letzten Jahre sehr gestützt[2].
Inhibitoren können nicht bloß den Ort der endgültigen Anlagerung
blockieren, sondern auch den Weg auf der Oberfläche bis dorthin erschweren oder ganz versperren. Der dann notwendige Mehraufwand an
Energie findet seinen Ausdruck in der erhöhten Blockierungspolarisation.

Wenn die Wirkung der Inhibitoren, wie angenommen, durch bevorzugte Blockierung der Aktivstellen zustande kommt, so sollte sie
stark von ihrer Zahl und Größe abhängen. Für die Metallüberspannung
hat VOLMER das Bestehen einer solchen Abhängigkeit bei sehr niedrigen
Stromdichten und in einfachen Elektrolyten nachgewiesen (vgl. S. 134).
Selbst unter diesen Bedingungen müssen auch die von VOLMER gemessenen Überspannungswerte naturgemäß Inhibitorwirkungen mit
einschließen.

Zum Transport eines an der Metalloberfläche adsorbierten Schwermetallkations an eine freie Aktivstelle auf dem Wege der Oberflächendiffusion und zur Einordnung in das Metallgitter an dieser Stelle muß
hauptsächlich Blockierungspolarisation aufgewendet werden. Selbst
in Lösungen einfacher Salze hat das Kation auf seinem Wege adsorbierte
Anionen und Wassermolekeln als Hindernisse zu überwinden. Mit
wachsender Stromdichte stehen ihm überdies in zunehmendem Maße
adsorbierte Kationen der eigenen Art im Wege. So wird auch das
Schwermetallion selbst immer mehr zum Inhibitor. Schließlich dürfte
eine Oberflächendiffusion der Schwermetallkationen bei stärkerem
kathodischem Feld auch noch dadurch erschwert, wenn nicht ganz
verhindert werden, daß die Kationen mit verstärkter elektrostatischer
Anziehung zunehmend an ihrem Platz festgehalten werden.

Erhöht man nun also die Zahl der Aktivstellen der Oberfläche sehr
beträchtlich, so sollten die Hemmnisse bedeutend kleiner werden, die
einer Einordnung des Kations in das Gitter entgegenstehen.

Am wenigsten dürfte die Inhibitorwirkung der H_2O-Molekeln des Lösungsmittels von der Vergrößerung der Aktivstellenzahl berührt werden, da sie die
gesamte Oberfläche bereits als monomolekularer Film bedecken.

---

[1] s. S. 221, Fußn. 3.

[2] KNACKE, O., u. I. N. STRANSKI: Ergebnisse d. exakt. Naturwissensch. 26,
383, 412 (1952).

Einmal ist das Angebot an H_2O-Molekeln für die Adsorption an den Oberflächenatomen des Kathodenmetalles im allgemeinen um ein Vielfaches größer als das anderer Inhibitoren (die Konzentration der H_2O-Molekeln in einer n-Salzlösung beträgt z. B. mehr als das Hundertfache der Anionenkonzentration und mehr als das Hunderttausendfache der gewöhnlich weit geringeren Konzentration organischer Inhibitoren). Ferner haben aber die Oberflächenatome der metallischen Grenzfläche oftmals eine stärkere Affinität zum H_2O als zu Ionen oder zu anderen Inhibitoren (wie ja auch das im Elektrolyten frei bewegliche Kation die Hydrathülle stärker bindet, als es etwa benachbarte Ionen festhält). Wahrscheinlich können abscheidbare Kationen die adsorbierten H_2O-Molekeln erst mit Hilfe stärkerer kathodischer Felder beiseite schieben, oder es können erst stärker adsorptiv wirkende Komplexbildner, wie organische Kristalloide oder Kolloide, die H_2O-Molekeln von der Oberfläche verdrängen.

Bereits LE BLANC[1] beobachtete bei der Abscheidung von Zink (aus $ZnSO_4$-Lösung) oder Silber (aus $AgNO_3$-Lösung) auf *feinkristallinen* Zink- oder Silberniederschlägen (aus Lösungen komplexer Zyanide abgeschieden) geringere Überspannungswerte als bei der Abscheidung auf grobkörnigem, kompaktem Zink oder Silber. Erhielt er ferner z. B. bei der Kupferabscheidung (aus n-$CuSO_4$-Lösung + n-H_2SO_4) auf Walzkupferblech eine Überspannung von etwa 20 mV, so konnte er auf gleichem Kathodenmaterial, jedoch nach seiner Glühung an Luft und Abschrecken in Methylalkohol (also sehr starker Erhöhung der Aktivstellenzahl) praktisch überhaupt keine Überspannung mehr messen. Selbst besonders wirksame Inhibitoren, wie Gelatine (0,06%) oder Strychnin (0,01%), erhöhen die Überspannung der Kupferabscheidung auf der abgeschreckten Kathode unter sonst gleichen Bedingungen nur um wenige Millivolt, während sie auf dem unbehandelten Kupfer Werte von 45 bzw. 115 mV ergeben. Auch VOLMER fand bei der Zinkabscheidung (aus $ZnSO_4$ + 0,1 n-H_2SO_4) auf feinkristallinen Zinkkathoden selbst bei einer Stromdichte von $1 \cdot 10^{-2}$ A/cm² kaum merkliche, jedoch auf grob kristallinem Zink bereits bei $2,5 \cdot 10^{-4}$ A/cm² hohe Überspannungswerte.

Durch Schaben oder Kratzen der Kathoden während der Elektrolyse kann man die Zahl der Aktivstellen enorm vergrößern und auf die Dauer einigermaßen konstant halten[2]. Dieses Verfahrens hat sich HOEKSTRA[3] bedient. Tab. 18 enthält einige seiner Ergebnisse, erhalten bei der Abscheidung von Blei, Silber, Zink, Kupfer, Nickel (bei $1 \cdot 10^{-3}$ A/cm² und Zimmertemperatur).

Im Falle des Silbers, Zinks, Nickels ist die Überspannung bei geschabter Kathode weit kleiner als bei der ungeschabten. Die Unempfind-

---

[1] s. S. 224, Fußn. 1. — [2] Durch das Schaben wird zugleich die Konzentrationspolarisation sehr vermindert. Ebenso können Nebenreaktionen im Kathodenfilm, wie Bildung von Komplexen, Hydrolyse usw., eher ausbleiben.

[3] HOEKSTRA, J.: Rec. Trav. chim. Pays-Bas **50**, 339 (1931) — Coll. Trav. chim. Tchécoslov. **6**, 17 (1934) — Dissert. Amsterdam 1932.

lichkeit der Bleiabscheidung gegenüber einer Veränderung der Aktivstellenzahl hängt wahrscheinlich mit dem bereits erheblichen Platzwechsel der Oberflächenatome zusammen (vgl. S. 227).

Tabelle 18. *Einfluß eines Schabens der Kathode auf die Überspannung.*

Elektrolyt	Überspannung mV	
	geschabt	nicht geschabt
n-Pb(NO$_3$)$_2$	1,4	1,5
n-AgNO$_3$	2,3	7,5
n-ZnSO$_4$	4	30 ⋯ 40
n-CuSO$_4$	ein Mehrfaches des Silbers	—
n-NiCl$_2$	150	300

Nach den obigen Überlegungen sollten die an der geschabten Elektrode gemessenen Werte hauptsächlich den Einfluß einer Hydratation der Oberflächenatome wiedergeben, denn der Einfluß der anderen Inhibitoren ist infolge starker Vermehrung der Aktivstellenzahl erheblich abgeschwächt. Es ergibt sich dabei also die Reihenfolge Blei, Silber, Zink, Kupfer, Nickel, die der Reihenfolge der Hydratation der Kationen entspricht (wobei zu berücksichtigen ist, daß der extrem hohe Wert des Nickels sicherlich noch von anderen Faktoren als der Hydratation abhängt, die hier nicht erörtert werden sollen). Wenngleich unsere Kenntnisse der Ionenhydratation heute noch ziemlich lückenhaft sind, so wissen wir doch aus der Erfahrung, daß Hydratationsgrad und Bindungsfestigkeit der Hydrathülle mit abnehmendem Wirkungsradius und zunehmender Wertigkeit der Ionen, also mit wachsender Ladungsdichte, größer werden. Große Ionen, wie Tl$^+$, Ag$^+$, Pb^{2+}, binden offenbar bedeutend weniger H$_2$O als Cd^{2+}, Zn^{2+} oder die noch kleineren Ionen der Übergangsmetalle Kupfer, Nickel, Eisen. In den Überspannungswerten und in der Ionenhydratation scheint demnach ungefähr die gleiche Reihenfolge zu bestehen. Die als Quasikationen (vgl. S. 53) wirkenden Oberflächenatome werden zwar absolut genommen weniger H$_2$O binden als die freien Kationen. Hydratationsgrad und Bindungsfestigkeit dürften sich aber entsprechend der Reihe der freien Kationen ändern.

1.52 Einfluß der Natur des Inhibitors auf die Inhibition.

1.52.1 Allgemeines.

Wenngleich, wie erwähnt (S. 219), die Metallnatur einen bestimmenden Einfluß auf Umfang der Inhibition des Metalles ausübt, die sich in der Inhibitorempfindlichkeit des Metalles ausdrücken läßt, so darf man darüber doch nicht die Bedeutung der Fremdstoffe selbst, d. h. in ihrer spezifischen Wirkung, außer acht lassen.

Wie aus Kap. 1.51 hervorgeht, können praktisch alle Bestandteile des Elektrolyten als Inhibitoren wirken. Weiterhin kommen noch Reaktionsprodukte der Elektrolyse hinzu. Die Bestandteile des Elektrolyten sind ihrer Natur nach recht verschieden: Es sind anorganische Kationen und Anionen, organische Kationen und Anionen, polare Molekeln, einschließlich der Lösungsmittelmolekeln, und schließlich anorganische oder organische Kolloide. Als Reaktionsprodukte bei der kathodischen Metallabscheidung kommen hauptsächlich in Betracht: Wasserstoff, metallische Fremdatome und sekundär gebildete Oxydbelegungen.

Die besondere Wirkung dieser verschiedenartigen Stoffe wird noch im einzelnen zu erörtern sein. Hier sollen nur einige allgemeine Gesichtspunkte zusammengefaßt werden.

Die anorganischen Kationen werden in der Regel nur an die kathodisch polarisierte Metalloberfläche elektrostatisch gebunden sein. Sie sind dann vornehmlich Bestandteil der inneren Region der HELMHOLTZschen Doppelschicht (vgl. S. 61) und auch außerdem der diffusen Doppelschicht. Ihre inhibitorische Wirkung dürfte im allgemeinen schwach sein. [Man findet ihre Inhibition in dem Effekt der sog. „Leitsalze" wieder, die der Techniker galvanischen Elektrolyten zur Verbesserung der Abscheidungsform zusetzt (vgl. S. 85).] Die Inhibition wird mit der Ladungsdichte der Kationen steigen. Bemerkenswert ist die relativ größere Wirkung der Wasserstoffionen. Auch die abscheidbaren Kationen selbst können bei starker Ansammlung an der Oberfläche, also bei hohen Stromdichten, merklich inhibieren. Es ist möglich, daß zwischen manchen Kationen und den Oberflächenatomen der Metallseite auch VAN DER WAALSsche Anziehungskräfte bestehen können, doch scheint hierüber bis jetzt noch nichts bekannt zu sein.

Die inhibitorische und die aktivierende Wirkung der Anionen wird später noch eingehend behandelt. Die Anionen dürften in erster Linie mit VAN DER WAALSschen Bindungen an die Metalloberfläche oder aber mit sekundärer Adsorption in der diffusen Doppelschicht gebunden sein.

Offensichtlich üben auch die Lösungsmitteldipole Inhibitionswirkungen aus. Bei der Erörterung der Struktur der Doppelschicht in wäßrigen Elektrolyten ist hervorgehoben worden, daß die Wassermolekeln die Metalloberfläche unmittelbar belegen. Unter Umständen können sie offenbar von anderen Stoffen verdrängt werden, die selbst eine größere Inhibition hervorrufen.

Besonders vielfältig ist die Wirkung echt gelöster organischer Substanzen, die als Kationen, Anionen, polare (oder selten als unpolare) Molekeln vorliegen können. Als Kationen werden sie sich grundsätzlich wie die anorganischen Kationen verhalten, doch ist ihre Neigung zur gleichzeitigen VAN DER WAALSschen Bindung neben der elektrostatischen Anziehung meist stärker als bei den anorganischen Kationen.

So konnten ROTH und LEIDHEISER[1] die Adsorption von Chinolin, Pyridin, Piperidin, Äthylendiamin, Cyklohexylamin und Äthylamin gelöst in n-HCl an Nickelpulver (sog. RANEY-Nickel) direkt nachweisen. Sie fanden in der Reihenfolge eine angenäherte Parallele zwischen der Adsorbierbarkeit dieser Stoffe und ihrer (veredelnden) Wirkung auf die Ruhe-GALVANI-Spannung an kompaktem Nickel. Diese Änderungen der GALVANI-Spannung stehen übrigens auch angenähert in Parallele zu den Wirkungen der gleichen Inhibitoren auf die Polarisation bei der kathodischen Nickelabscheidung aus dem WATTS-Bad (vgl. später, S. 626).

Rein elektrostatische Wirkung der organischen Kationen scheint z. B. nach JENCKEL und BRÄUCKER[2] bei der Inhibition der Auflösung von Aluminium in Säure vorzuliegen. Es handelt sich hier um die Wirkung von Kationen der Pyridin-, Chinolin- und Acridingruppe. Wahrscheinlich hängt die praktisch fehlende Adsorption der Kationen an der Metalloberfläche hier mit einem Oxydfilm auf dem Aluminium zusammen, der auch in der sauren Lösung entsteht und sich ständig erneuert. An Oberflächenoxyden scheinen Ionen wenig oder gar nicht adsorbiert zu werden.

Organische Anionen werden sich in ihrem Verhalten grundsätzlich nicht von den anorganischen Anionen unterscheiden. In der Regel werden sie Inhibitorwirkungen zeigen, was allerdings bei einigen anorganischen Anionen (Cl^-, Br^-) kaum der Fall zu sein scheint.

Tabelle 19. *Zahl der verfügbaren Elektronenpaare in nichtsauren Atomgruppen.*
(Nach ROTH und LEIDHEISER jr.[1].)

Chemische Gruppe	Zahl der verfügbaren Elektronenpaare
—CN	3
—S—(sulfidisch)	1
—NH—	1
—NH$_2$	1
N im Ring	1
Doppelbindung	1
—CHO	1
C=O	1
—OH (alkoholisch)	0

Organische Dipole können die Wassermolekeln aus der unmittelbaren Nähe der Metalloberfläche verdrängen, je nach ihrer Affinität zu den Oberflächenatomen und zu den Wassermolekeln (vgl. S. 62). In Abhängigkeit von ihrer Konstitution können dabei Inhibitions- oder auch Aktivierungswirkungen zustande kommen, über die noch ausführlich zu berichten sein wird.

ROTH und LEIDHEISER jr.[1] haben am Beispiel der kathodischen Nickelabscheidung den Inhibitionseinfluß einer großen Zahl organischer Verbindungen auf die Polarisation untersucht. Sie gelangen dabei zu dem Ergebnis, daß die Fähigkeit der Verbindungen, die Abscheidungs-GALVANI-Spannung bei einer bestimmten Stromdichte nach negativeren Werten zu verschieben, von folgenden Umständen abhängt:

---

[1] ROTH, C. C., u. H. LEIDHEISER jr.: J. electrochem. Soc. **100**, 553 (1953); neue Experimente an elektrolytisch polierten Cu-Einkristallen bestätigen wieder die Parallelität von Adsorption und Überspannung für verschiedene Inhibitoren, s. H. LEIDHEISER jr., Trans. Inst. Met. Finisching **31**, Advance Copy 14 (1954).

[2] JENCKEL, E., u. R. BRÄUCKER: Z. anorg. Chem. **221**, 249 (1934). — JENCKEL, E., u. F. WOLTMANN: Z. anorg. Chem. **233**, 236, 244 (1937).

1. vom basischen oder sauren Charakter der Verbindung oder ihrer
Atomgruppen, 2. von der Molekelgröße, 3. von der verfügbaren Zahl
von Elektronenpaaren in der Molekel.

Auf die Punkte 1 und 2 werden wir später noch eingehen (vgl.
S. 237 u. 265). Hier soll nur der interessante dritte Punkt kurz erläutert
werden. Verfügbare Elektronenpaare der Atome einer Verbindung
können sich bekanntlich an anderen Atomen mittels Assoziation oder
chemischer Reaktion betei-
ligen, ohne daß sich dabei
die ursprüngliche Bindung
zwischen den eigenen Ato-
men löst.

Für eine Reihe (nicht-
saurer) Atomgruppen ist in
Tab. 19 die Zahl der Elektronenpaare angegeben, die
sie zur Verfügung stellen
können.

Des weiteren geht aus der
folgenden Tab. 20 (nach
ROTH und LEIDHEISER jr.[1])
hervor, daß die Zahl der

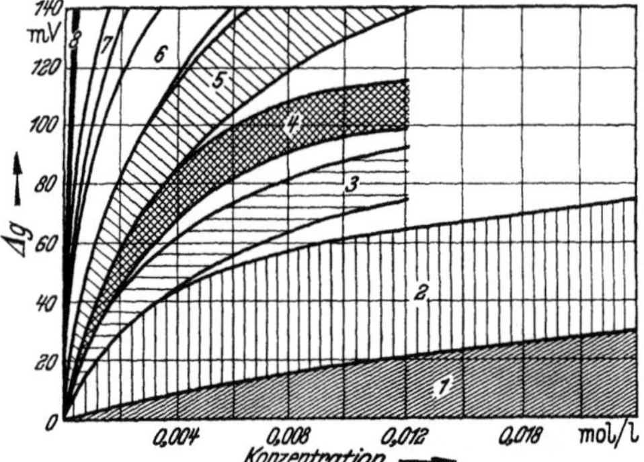

Abb. 89. Polarisationserhöhung, hervorgerufen durch
Inhibitoren in verschiedenen Gruppen und Konzentrationen bei der kathodischen Nickelabscheidung
(nach ROTH und LEIDHEISER jr.[1]).

verfügbaren Elektronenpaare und die polarisationserhöhende Wirkung der aufgeführten organischen Inhibitoren mit wenigen Ausnahmen recht gut parallel gehen. Die Inhibitorwirksamkeit der Stoffe
nimmt in der Reihenfolge ab, wie sie aufgezählt werden. So inhibiert
die zuerst genannte Verbindung mit der größten Zahl verfügbarer
Elektronenpaare auch am stärksten. Aus der Zahl in der letzten Senkrechten kann man ersehen, in welche der Stoffgruppen mit verschieden großer Inhibition die betreffende Verbindung gehört. Wie diese
verschiedenen Stoffgruppen die Polarisation in Abhängigkeit von ihrer
molaren Konzentration erhöhen, zeigen die schematischen Kurven in
Abb. 89. Zur Nickelabscheidung diente das WATTS-Bad (S. 626) mit
p_H 4 (ohne Rührung) bei 30° C, $2 \cdot 10^{-2}$ A/cm² und 10 min Elektrolyse.

ROTH und LEIDHEISER jr. weisen auf die drei Ausnahmen der strukturell
ähnlichen Verbindungen n-Äthyl-n-β-hydroxyäthylanilin (Nr. 37), n, n-di-β-
hydroxyäthylanilin (Nr. 38) und Diäthylanilin (Nr. 39) hin, die mit ihren viel
Elektronenpaaren stärker inhibieren sollten. Als Ursache der schwächeren Inhibition vermuten sie sterische Hinderung des Stickstoffatoms.

Jedenfalls ist die angenäherte Parallele zwischen Elektronenzahl
und Inhibition beachtlich und verlockt, sie zu verallgemeinern. Offenbar darf man daraus schließen, daß die Elektronenzahl für die Bin-

[1] s. S. 233, Fußn. 1.

dungsfestigkeit der Molekeln an der Nickeloberfläche oder vielleicht auch für den Bedeckungsgrad verantwortlich ist. Allerdings wird man auch die relative Stellung der verfügbaren Elektronenpaare in der Molekel sowie Größe und Gestalt der Molekel weiter beachten müssen.

Tabelle 20. *Beziehung zwischen Polarisationserhöhung und Zahl der verfügbaren Elektronenpaare in der Inhibitormolekel.*

Ungefähre Reihenfolge in der polarisationserhöhenden Wirkung	Gesamtzahl der verfügbaren Elektronenpaare	Polarisationsbereich in Gruppe Nr. (Abb. 89)
1. Polyamin 1200	29	8
2. Polyamin 650	16	8
3. Magentafarbstoff (chinoid)	13	8
4. Melamin	9	7
5. Chinaldin-äthyljodid[1] . .	6[1]	7
6. Isochinolin	6	7
7. Chinolin-äthyljodid[1] . . .	6[1]	7
8. Tetraäthylenpentamin . .	5	6
9. o-Phenylendiamin	5	6
10. N-Methyl-isochinolinium-methylsulfat[1]	6[1]	6
11. Chinaldin	6	6
12. m-Phenylendiamin . . .	5	5
13. Chinolin	6	5
14. p-Phenylendiamin	5	5
15. Cumarin	5	5
16. Pyridin	4	5
17. 2,4,6-Collidin	4	5
18. α-Picolin	4	5
19. Succinonitril	6	5
20. Benzonitril	6	5
21. s-Diäthylthioharnstoff . .	3	4
22. p-Amidobenzonitril . . .	7	4
23. Diäthylendiamin	3	4
24. Anilin	4	4
25. Nitrobenzol, wahrscheinlich zu Anilin reduziert) .	4	4
26. Glykolonitril	3	4
27. Äthylencyanohydrin . . .	3	4
28. γ-Hydroxybutyronitril . .	3	4
29. Benzaldehyd	4	3
30. Thioharnstoff	3	3
31. Propionitril	3	3
32. Acrylonitril	4	3
33. Benzylamin	4	2
34. Lactonitril	3	2
35. Furfurol	3	2
36. Dodecylamin	1	2

[1] Ein Wert von 1 wurde hinzugerechnet mit Rücksicht auf die positive Ladung des Tetrammoniumions.

Tabelle 20. *Fortsetzung.*

Ungefähre Reihenfolge in der polarisationserhöhenden Wirkung	Gesamtzahl der verfügbaren Elektronenpaare	Polarisationsbereich in Gruppe Nr. (Abb. 89)
37. n-Äthyl-n-β-hydroxyäthyl-anilin	4	2
38. n, n-di β-hydroxyäthyl-anilin	4	2
39. Diäthylanilin	4	1
40. Piperidin	1	1
41. Cyklohexylamin	1	1
42. Äthanolamin	1	1
43. Azetylazeton	1	1
44. Triäthylamin	1	1
45. Diäthylamin	1	1
46. sec-Butylamin	1	1
47. Methylamin	1	1
48. Äthylamin	1	1
49. Äthanol	0	1
50. Chinon (wahrscheinlich re-duziert zu Hydrochinon)	2 (0 für Hydrochinon)	1

In welchem Maße die aufgeführten Stoffe mit kolloidalem Nickel-hydroxyd zusammenwirken, das infolge Hydrolyse bei der erwähnten Stromdichte in unmittelbarer Nähe der Kathodenoberfläche entstehen dürfte, bleibt eine noch offene Frage.

Auffällig ist immerhin die geringe Wirkung der aliphatischen Amine[1], die auch dank elektrostatischer Anziehung (Kationen) stärker inhibieren sollten. Dies tun sie z. B. durchaus bei der kathodischen Kupfer-abscheidung (vgl. S. 267). Warum sie im Falle des Nickels schwächer wirken, ist eine ungeklärte Frage. Möglicherweise verhindern sie ähn-lich wie NH_4^+ teilweise die Hydrolyse des Nickelsalzes, so daß der Anteil des Nickelhydroxydes an der Inhibition vermindert ist.

Außer den in Tab. 20 aufgeführten 50 Stoffen haben ROTH und LEIDHEISER jr. noch eine Reihe Verbindungen mit sauren Gruppen auf ihre polarisationserhöhende Wirkung bei der Nickelabscheidung unter den gleichen Bedingungen wie oben untersucht. Nach ihrer Stellung in der für Abb. 89, S. 234 geltenden Einteilung gehören sie sämtlich den Stoffgruppen 1 und 2 an (vgl. Tab. 21), d. h. ihre In-hibitionswirkung ist relativ gering.

Überblickt man die Verbindungen in Tab. 20 und 21, so bestätigt sich der Eindruck, daß die Wirkung dieser Stoffe unspezifisch ist, d. h. ganz verschiedenartige Verbindungen können durchaus ähnliche Wir-

---

[1] Übrigens sollten in der schwach sauren Lösung die Aminokationen und nicht die freien Basen existieren.

kungen hervorrufen[1]. Dies gilt nicht allein von der Steigerung der
Polarisation. Auch die übrigen Einflüsse der Inhibitoren, z. B. auf die
Abscheidungsform, namentlich auf den Glanz, bleiben unspezifisch.

Tabelle 21. *Einfluß von Inhibitoren mit sauren Gruppen auf die Polarisation
bei der Ni-Abscheidung.*

Inhibitor	Stoffgruppe
m-Benzoldisulfosäure (Ni-Salz)	1
Benzoldisulfosäure	1
Benzoesäure	1
Naphthalin-1,3,6-trisulfonat (Ni-Salz) . . .	1
Phenol	1
p-Phenolsulfosäure	1
Taurin	1
p-Toluolsulfosäure	1
Naphthalin-2,7-disulfonat (Na-Salz) . . .	2
Naphthalin-1,5-disulfonat	2
2-Naphthylamin-5,7-disulfosäure	2
1-Naphtylamin-4,8-disulfosäure (Na-Salz) .	2
Sulfanilsäure	2
m-Sulfobenzaldehyd (Ni-Salz)	2
m-Sulfonitrobenzol	2

Für die Neigung zur Anlagerung wird nicht nur die Affinität der
Oberflächenatome der Kathode zu bestimmten Elementen (etwa Schwefel)
oder bestimmten Atomgruppen des organischen Inhibitors maßgebend
sein. Wesentlich werden für eine adsorptive Bindung auch eine Übereinstimmung der Atomabstände des Kathodenmetalls mit gewissen Atom-
abständen in der Inhibitormolekel. Solche Zusammenhänge erlauben u. U.
die orientierte Anlagerung des Inhibitors (LÜTTRINGHAUS und GOETZE[2]).

Von unpolaren Molekeln ist für gewöhnlich keine oder nur sehr
geringe Inhibition zu erwarten. Ihre Neigung, primäre adsorptive Bindungen mit der Metalloberfläche oder sekundäre Bindungen mit bereits
adsorbierten Ionen einzugehen, ist recht gering.

Anorganische oder organische Kolloide erweisen sich oft als sehr
wirksame Inhibitoren, wenn sie im Solzustand vorliegen. Werden sie
durch Gegenionen ausgeflockt, so üben die koagulierten „Riesen-
molekeln" nur eine geringe Inhibition aus. Für die Inhibition der
Kolloidsole ist naturgemäß auch ihre Ladung verantwortlich; positiv
geladene Kolloide werden kathodisch gewöhnlich wirksamer sein.

Von den Stoffen, die während der kathodischen Abscheidung entstehen, weist namentlich Wasserstoff eine Inhibitorwirkung auf. Offenbar ist dieser Einfluß dem atomaren Wasserstoff zuzuschreiben, wie
später noch gezeigt werden soll.

---

[1] Zu diesem Ergebnis kann man auch nach Versuchen von N. T. VAHRAMIAN
und A. T. VAHRAMIAN (J. physik. Chem. (russ.) **23**, 78 (1949) gelangen.

[2] LÜTTRINGHAUS A., u. H. GOETZE: Z. angew. Chem. **64**, 661 (1952).

Scheidet sich mit dem Metall noch ein zweites Metall ab, so können u. U. auch die Atome des zweiten Metalls als Inhibitoren wirken. Allerdings beschränkt sich diese Inhibition auf eine Beeinflussung des Kristallwachstums. Die Metallüberspannung dürfte durch sie nicht unmittelbar, höchstens mittelbar erhöht werden.

1.52.2 Wirkung der nicht abscheidbaren anorganischen Kationen.

Außer den kathodisch abscheidbaren Kationen, die vor allem bei höheren Stromdichten sich selbst den Weg zur Aktivstelle auf der Metalloberfläche versperren können, kommen andere, nicht abscheidbare Kationen, am häufigsten Wasserstoffionen, aber auch Alkali-, Erdalkali- oder Aluminiumionen als Inhibitoren in Betracht. Wirksamer sind die großen organischen Kationen, Abkömmlinge des Ammoniumions, oder die sehr voluminösen Alkaloidkationen. Wir werden auf die organischen Kationen später (S. 265) eingehen.

Die Adsorbierbarkeit dieser Kationen — über die freilich wiederum kaum anders als an nichtmetallischen Adsorbentien Erfahrungen vorliegen — ist relativ groß beim H^+-Ion, aber noch größer bei den voluminösen organischen Kationen. Offenbar nimmt die an sich geringe Adsorbierbarkeit der Metallkationen mit steigender Ladungsdichte zu.

Ähnliche Abstufungen scheinen sich entsprechend auch bei der Inhibitorwirkung der Kationen zu ergeben. Freilich liegt verwertbares experimentelles Material ganz überwiegend nur bei den organischen Kationen (vgl. S. 265) vor, während sich für das Verhalten anorganischer Kationen kaum mehr als gelegentliche Beobachtungen anführen lassen.

Bekanntlich gelingt es nicht, die Alkalimetalle, Erdalkalimetalle, Magnesium, Aluminium und eine Reihe anderer unedler Metalle aus wäßriger Lösung kathodisch abzuscheiden. Die Erfahrung hat jedoch gelehrt, daß die Anwesenheit der Kationen dieser Metalle die Eigenschaften eines abzuscheidenden Niederschlages aus einem edleren Metall beeinflussen kann. Ein solcher Einfluß kann von einer Leitfähigkeitserhöhung ausgehen, die die Salze dieser Metalle hervorrufen. (vgl. S. 85). Außerdem können solche „Leitsalze" zugleich auch die Dissoziation des Schwermetallsalzes zurückdrängen, wenn sie mit dessen Anion übereinstimmen. Dabei verringert sich die Konzentration an freien Schwermetallkationen, was die Elektrolyse beeinflußt.

Die nichtabscheidbaren Kationen beteiligen sich am Stromtransport und reichern sich an der Kathode an. Wahrscheinlich werden sie teils im starren (HELMHOLTZschen) Anteil, teils im diffusen Anteil der Doppelschicht angelagert und bilden so einen Bestandteil des molekularen Kondensators (vgl. S. 61). Die verfügbare Energie reicht nicht aus, um ihnen den Übertritt in das Gitter des Kathodenmetalls zu ermöglichen. Nach GLASSTONE[1] ergeben z. B. Na^+ und K^+ in komplexen Zyanidlösungen verschiedene Polarisation, ohne sichtbar die Abscheidungsform zu beeinflussen.

Über die Möglichkeit einer Blockierung der Oberfläche durch adsorbierte oder elektrostatisch angezogene Kationen der Metalle und dabei etwa in Betracht kommende Einflußgrößen, wie Konzentration, Raumerfüllung der Ionen usw., lassen sich bisher nur Vermutungen äußern. Im Vergleich zur Wirksamkeit anderer Stoffe, wie Anionen und namentlich höhermolekularer organischer Stoffe und Kolloide, dürften die Metallkationen nur schwach wirken. Dabei ist allerdings zu berücksichtigen, daß derartige „Leitsalze", z. B. Alkalisalze, meist in bedeutend höheren Konzentrationen im Elektrolyten vorliegen als organische Zusätze oder Kolloide. Im übrigen läßt sich eine inhibierende Wirkung der Kationen kaum von ihren anderen — sicherlich stärkeren — Einflüssen auf die kathodische Abscheidung trennen, wie Veränderung der Leitfähigkeit, des Dissoziationsgrades usw., die von diesen Kationen ausgehen können.

Die oft deutliche Erhöhung der Polarisation und Veränderung der Abscheidungsform des kathodischen Niederschlages in Gegenwart von Aluminiumionen ist z. B. kaum auf die Ionen selbst, sondern auf kolloides Aluminiumhydroxyd zurückzuführen, das infolge Hydrolyse entstanden ist und an der Kathodenoberfläche adsorbiert wird.

Immerhin sind Wirkungen der sekundären Inhibition ausgeschlossen bei folgendem Beispiel (Tab. 22) für den Einfluß von Wasserstoff- und Kaliumionen auf die Kornzahl des Niederschlages bei der Abscheidung von Silber aus Silbernitratlösung, erhalten nach ATEN und BOERLAGE[2] bei $1,2 \cdot 10^{-2} \mathrm{A/cm^2}$, 10 min Elektrolysedauer und Zimmertemperatur.

Tabelle 22. *Einfluß von Salpetersäure und von KNO_3 auf die Kornzahl.*

Elektrolyt	Kornzahl pro cm²
0,1 n-$AgNO_3$	340
0,1 n-$AgNO_3$ + 0,02 n-KNO_3	1400
0,1 n-$AgNO_3$ + 0,1 n-KNO_3	3000
0,1 n-$AgNO_3$ + 0,01 n-HNO_3	< 1700
0,1 n-$AgNO_3$ + 0,1 n-HNO_3	für Zählung zu groß!

Der bedeutende Einfluß der Zusätze von Kaliumnitrat oder Salpetersäure ist unverkennbar. Wenngleich hierbei sicherlich die vermehrte Anionenkonzentration mitwirkt, so erhöht doch — bei gleicher Anionen-

---

[1] GLASSTONE, S.: Trans. Faraday Soc. **21**, 36 (1925).

[2] ATEN, A. H., u. L. M. BOERLAGE: Rec. Trav. chim. Pays-Bas **39**, 720 (1920).

konzentration — das Wasserstoffion die Kornzahl in stärkerem Maße als das Kaliumion.

Eine vermehrte Ansäuerung des Elektrolyten erhöht jedenfalls in vielen Fällen die Polarisation merklich. Sofern dabei aber zugleich die Stromausbeute verringert wird, und sich neben dem Metall auch in steigendem Maße Wasserstoff mit abscheidet, ist der Einfluß der Ansäuerung schwer im einzelnen zu übersehen. Es ist dann auch eine Einwirkung auf die Wasserstoffüberspannung zu berücksichtigen. Auch treten neben das Wasserstoffion und das Anion noch atomarer Wasserstoff und kolloidales Metallhydroxyd als konkurrierende Inhibitoren.

Immerhin ist der Einfluß der Kationen auf die Wasserstoffüberspannung deutlicher als ihre Wirkung auf die Metallüberspannung, offenbar, weil hier noch — empfindlicher ansprechende — Vergiftungspolarisation (vgl. S. 57) mitwirkt.

Dank einer Untersuchung von HERASYMENKO und ŠLENDYK[1] sind wir bei der kathodischen Abscheidung von Wasserstoff imstande, den inhibierenden Einfluß der Art der Kationen auf die Wasserstoffüberspannung nachweisen zu können.

Die Autoren nahmen Strom-Spannung-Kurven der Wasserstoffabscheidung aus Salzsäure an der Quecksilbertropfkathode in Gegenwart von Chloriden polarographisch auf. Die Wirkung der in Tab. 23 genannten Chloride der Alkali-, Erdalkali- und Erdmetalle auf die GALVANI-Spannungen (Halbstufenpotentiale) der Wasserstoffabscheidung, gemessen gegen die Quecksilber-Kalomelelektrode, nimmt mit steigender Größe und mit höherer Wertigkeit der Kationen ständig zu. Die GALVANI-Spannung wird fortlaufend unedler. Dabei liegen die Abscheidung-GALVANI-Spannungen der betreffenden Metalle aus diesen Kationen mit durchschnittlich 2 V weit außerhalb der gemessenen Werte.

Die Zahlen in Tab. 23 wurden mit reinsten, mehrfach umdestillierten oder umkristallisierten Substanzen bei $19 \pm 0{,}5°$ C erhalten.

Tabelle 23. *Kationeneinfluß auf die Abscheidungs-*GALVANI-*Spannung.*
(Nach HERASYMENKO und ŠLENDYK[1].)

Elektrolyt	g in V	Δg in V
0,01 n-HCl	−1,286	—
+10^{-3} n-LiCl	−1,299	0,013
+10^{-3} n-NaCl	−1,306	0,020
+10^{-3} n-KCl	−1,306	0,020
+10^{-3} n-RbCl	−1,308	0,022
+10^{-3} n-MgCl$_2$	−1,340	0,054
+10^{-3} n-BaCl$_2$		
+10^{-3} n-SrCl$_2$	−1,343	0,057
+10^{-3} n-CaCl$_2$		
+10^{-3} n-LaCl$_3$	−1,365	0,079
+10^{-3} n-ThCl$_4$	−1,390	0,104

Δg bedeutet hier nicht die Gesamtpolarisation, sondern den Zuwachs, verursacht durch den Salzzusatz.

---

[1] HERASYMENKO, P., u. ŠLENDYK: Z. phys. Chem A. **149**, 123 (1930).

Ihrer Wirksamkeit nach lassen sich die Kationen in eine Reihe ordnen, die wohl keineswegs zufällig der Kationenreihe entspricht, in der sie auf negativ geladene Kolloide flockend wirken. Hier wie dort verstärkt sich die Kationenwirkung mit der Größe und namentlich mit wachsender Wertigkeit der Kationen.

Wieweit allerdings die Δg-Werte bei Verwendung von $LaCl_3$ oder $ThCl_4$ allein von den Kationen oder nicht z. T. auch von hydrolytisch gebildetem[1] kolloidalem Metallhydroxyd herrühren, bleibt offen.

Abb. 90 (nach HERASYMENKO und ŠLENDYK[2]) gibt den Einfluß der Konzentration von verschiedenen Kationen auf die GALVANI-Spannung (Halbstufenpotential) des Wasserstoffs an der Quecksilbertropfkathode wieder. Alle Kurven verlaufen von einer bestimmten Kationenkonzentration an asymptotisch. Unter den Versuchsbedingungen ist dies wohl die Konzentration der praktisch vollständigen Absättigung der Kathodenoberfläche mit den Inhibitoren. Sie ist offenbar um so geringer, je wirksamer der Inhibitor ist, je stärker er also adsorbiert wird. Dabei ergibt sich wieder die gleiche Reihenfolge wie in Tab. 20.

Tabelle 24. *Abscheidungs-GALVANI-Spannung des Wasserstoffs in Gegenwart von BaCl$_2$ bei verschiedenen HC-Konzentrationen.*

(Nach HERASYMENKO und ŠLENDYK[2].)

Elektrolyt	n-BaCl$_2$		$g_2 - g_1$
	g_1 in V ohne	g_2 in V mit	in V
0,0001 n-HCl	−1,476	−1,630	−0,154
0,001 n-HCl	−1,378	−1,509	−0,131
0,01 n-HCl	−1,286	−1,393	−0,107
0,1 n-HCl	−1,224	−1,287	−0,063

Ob die erwähnten Kationen die Wasserstoffionen von der Kathodenoberfläche verdrängen, wie HERASYMENKO und ŠLENDYK meinen, scheint wohl noch nicht genügend geklärt zu sein. Am ehesten mag dies bei großem Überschuß der Metallkationen im Vergleich zu den H^+-Ionen der Fall sein. In Gegenwart von n-BaCl$_2$ bei sehr geringer H^+-Ionenkonzentration ist die Abscheidungs-GALVANI-Spannung (Halbstufenpotential) des Wasserstoffs g_2 (vgl. Tab. 24) zwar wesentlich unedler als in Abwesenheit der Ba^{2+}-Ionen (g_1). Indes wird die Abscheidungs-GALVANI-Spannung in Gegenwart von n-BaCl$_2$ bei steigender H^+-Ionenkonzentration stärker veredelt als in Abwesenheit von BaCl$_2$. Das spricht nicht für ein Zurückdrängen des Einflusses der H^+-Ionen.

---

[1] Zwar wurde die Konzentration nach Ansicht der Autoren so gehalten, daß Hydrolyse im Elektrolyten nicht zu erwarten sei; im Kathodenfilm könnte sie aber bei der Verarmung an H^+ dennoch eintreten.

[2] s. S. 46, Fußn. 3.

1.52.3　Einfluß der Anionen auf die Metallüberspannung.

Allgemeines. Anionen können den Mechanismus der kathodischen Metallabscheidung in besonderem Maße beeinflussen und damit auch die Form der Abscheidung bestimmen. Dies ist um so merkwürdiger, als die Anionen eigentlich von der gleichsinnig geladenen Kathode abgestoßen werden sollten. Ihre Wirkung scheint aber durch solche unzweifelhaft vorhandenen Abstoßungskräfte wenig beeinträchtigt zu werden, ist doch der Anioneneinfluß an der Kathode trotzdem fast immer größer als an der Anode. Immerhin kann man — worauf namentlich PIONTELLI[1] wiederholt hingewiesen hat — in der Anionenwirkung kathodisch und anodisch wenigstens qualitativ eine gewisse Symmetrie beobachten, d. h. ein Anion mit starker kathodischer Wirkung zeigt auch eine entsprechende, wenn auch abgeschwächte Anodenwirkung.

Phänomenologisch lassen sich in ihrer Wirkung auf die Abscheidungs-GALVANI-Spannung zwei Gruppen von Anionen unterscheiden: die eine Gruppe umfaßt solche Anionen, die die Metallüberspannung wenig oder gar nicht erhöhen. In manchen Fällen können sie die Überspannung sogar beträchtlich erniedrigen. In der zweiten Gruppe befinden sich Anionen, die die Metallüberspannung stets mehr oder weniger erhöhen. Nach unserem bisherigen Wissen wollen wir das Verhalten der ersten Gruppe mit Aktivierung, das der zweiten mit Inhibition bezeichnen.

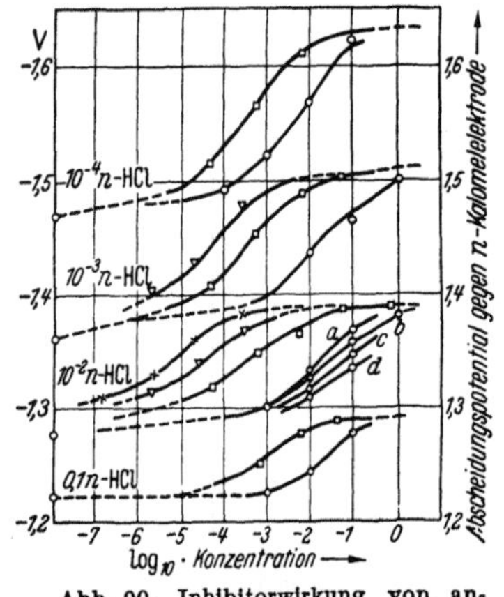

Abb. 90. Inhibitorwirkung von anorganischen Kationen.
(Nach HERASYMENKO und SLENDYK, s. S. 46, Fußn. 3.)
× ThCl₄; ▽ LaCl₃; □ BaCl₂; ○ KCl; a RbCl; b KCl; c NaCl; d LiCl.

Zur ersten Gruppe der aktivierenden Anionen gehören bei dem heutigen Stande der Erkenntnis die Halogenionen, mit Ausnahme des Fluorions. Alle übrigen Anionen umfaßt die zweite Gruppe.

Nach ihrem — uns heute freilich längst nicht genau bekannten — Mechanismus könnte man die Anionenwirkung auch einteilen in einen direkten und in einen indirekten Anioneneinfluß. Im ersten Fall wirken die Anionen durch unmittelbare Belegung der Kathodenoberfläche. Hingegen begünstigen die Anionen im Falle des zweiten, indirekten Einflusses eine Einwirkung anderer Stoffe auf den Ablauf des kathodischen Prozesses. So mögen sie z. B. Bindungskräfte gegenüber anderen, im Elektrolyten vorhandenen Stoffen äußern, was bis zur Komplexbildung gehen kann. Sie können die sekundäre Bildung kolloider Inhibitoren, infolge Hydro-

---

[1] PIONTELLI, R.: C. r. 2. Réunion 1950 — Milano C. Tamburini, S. 18 (1951).

lyse beeinflussen, indem sie die Kolloide peptisieren oder ausflocken. Auch eine Einwirkung der Anionen auf die Struktur des Lösungsmittels (Depolymerisation) erscheint nicht ausgeschlossen, wobei die aktivierten Lösungsmittelmolekeln sich wiederum stärker an der Inhibition oder der Hydrolyse (mit ihren Folgen für die Inhibition) beteiligen können.

Solche indirekten Wirkungen der Anionen sind offenbar nicht weniger häufig als die direkten. Anscheinend beruhen Aktivierung wie Inhibition durch Anionen teils auf direkten, teils auf indirekten Wirkungen. Bei den gegenwärtig noch spärlichen Erfahrungen ist es oft schwer, wenn nicht unmöglich, die Ursache des jeweiligen Anioneneffektes sicher zu bestimmen. Nicht selten werden mehrere Ursachen zugleich verantwortlich gemacht werden müssen.

Die „aktivierende" Wirkung von Anionen. *Experimentelle Ergebnisse.* Betrachten wir zunächst die experimentellen Ergebnisse. Nach HEYROVSKY[1] ergeben organische Substanzen, wie Pyridin (in alkalischer Lösung), höhere Fettsäuren (in sauren Lösungen), Äther, höhere Alkohole oder Phenole (in beliebiger Lösung) Inhibitionswirkungen z. B. bei der kathodischen Abscheidung von Blei oder Kadmium an einer Quecksilbertropfelektrode. Eine oszillographische Spannung-Zeit-Kurve macht Inhibition im kathodischen Bereich (vgl. Abb. 91 b) durch eine Verzerrung bei B deutlich. An der Anodenseite läßt sich jedoch im Vergleich zur Abscheidung ohne organischen Inhibitor für Bereich D keine Veränderung bemerken. Die Inhibitorwirkung tritt erkennbar in Lösungen von Sulfaten, Nitraten oder

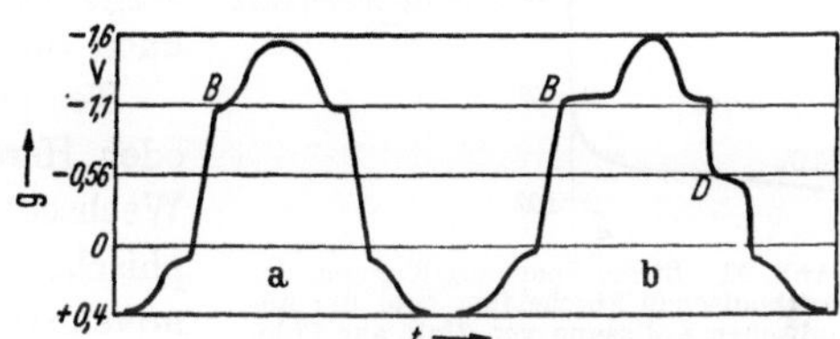

Abb. 91. Inhibition in polarographischen Oszillogrammen. (Nach HEYROVSKY[1].)

Hydroxyden auf. Bei Abwesenheit des organischen Inhibitors findet man immer eine symmetrische Kurve entsprechend Abb. 91 a, d. h. in diesem Falle verlaufen Abscheidung und Lösung des Metalls reversibel.

Lösungen von Chloriden oder Bromiden, wobei die Halogenionen sich im Überschuß befinden, unterdrücken nun aber den Einfluß der organischen Inhibitoren nahezu. Die Stufen verlaufen um das Potential von D (Abb. 91 b) herum symmetrisch.

Ebenso erweisen sich die Prozesse der Abscheidung von Sn^{2+}-, Bi^{3+}-, Sb^{3+}- und In^{3+}-Ionen in Chlorid- oder Bromidlösungen als reversibel, während sich in Lösungen der Sulfate, Nitrate, Perchlorate, Zitrate, Tartrate und in alkalischer Lösung kathodisch bereits *ohne* Zusatz eines organischen Inhibitors eine deutliche Inhibition bemerkbar macht.

---

[1] HEYROVSKY, J.: Discuss. Faraday Soc. Electrode Processes **1947**, 212.

Bei der schwächeren Inhibition in Lösungen der Ionen der Übergangsmetalle Cr, Mn, Fe, Co, Ni, Cu und auch des Zinks läßt sich in Gegenwart von überschüssigen Chlor- oder Bromionen oszillographisch allerdings kein aktivierender Einfluß mehr nachweisen. Die Vorgänge scheinen hier unabhängig von der Anionenart irreversibel zu verlaufen.

Doch beobachtete HEYROVSKY[1] bei polarographischer Messung an der Quecksilbertropfelektrode in Lösungen von Co^{2+}, Cu^{2+}, Zn^{2+} und Cd^{2+} in n-KNO_3, n-K_2SO_4 oder n-H_2SO_4 immerhin etwa um 20 bis 30% niedrigere Diffusionsströme als in n-HCl, was also auch hier auf eine aktivierende (oder weniger inhibierende) Wirkung der Cl^--Ionen deutete. Auch RANDLES[2] fand mit Hilfe kinetischer Untersuchungen an der Tropfelektrode unter Anlegen einer Wechselspannung bei der Abscheidung von Zinkionen einen deutlich aktivierenden Einfluß der Halogenionen. Die Geschwindigkeitskonstante K der Kationenabscheidung, berechnet aus den Versuchsergebnissen mit verschiedenen Anionen, nimmt bei Zn^{2+} in der Reihe $K_{NO_3^-} < K_{Cl^-} < K_{Br^-} < K_{CNS^-} < K_{J^-}$ zu. Ähnliches ergibt sich auch für Ni^{2+} und Co^{2+}.

Temperaturerhöhung auf 70 bis 90° oder Herabsetzung der Frequenz der Wechselstromimpulse bei der oszillographischen Messung verringern nach HEYROVSKY die Unterschiede in den kathodischen und anodischen Potential-Zeit-Kurven.

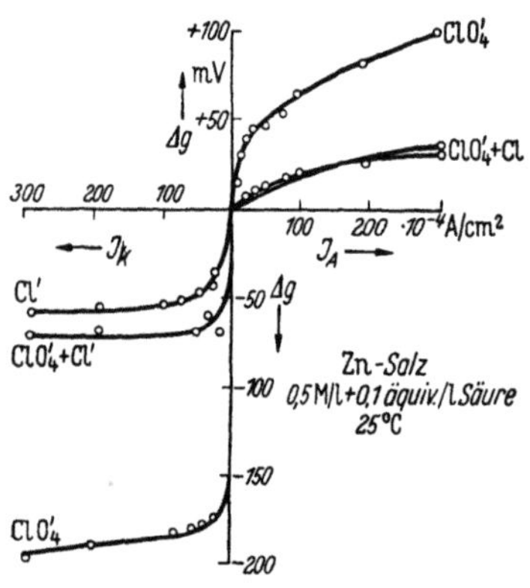

Abb. 92. Strom-Spannung-Kurven der kathodischen Abscheidung und der anodischen Auflösung von Zink aus Chlorid und Perchloratlösungen. (Nach PIONTELLI und POLI[3].)

Aber nicht nur an flüssigen Quecksilberkathoden hat sich eine aktivierende Wirkung der Cl^-- oder Br^--Ionen nachweisen lassen. Nach den umfassenden Untersuchungen von PIONTELLI und POLI[3] ergeben Chlorid- oder Bromidlösungen bei der kathodischen Abscheidung oder anodischen Auflösung von Schwermetallen fast ausnahmslos die geringste Polarisation in der Reihe der untersuchten Anionen (vgl. auch Tab. 25, S. 254). Der Einfluß der Anionen ist kathodisch und anodisch qualitativ symmetrisch, wenngleich die Polarisation an der Anode stets schwächer ausfällt.

Besonders eindrucksvoll ist ein Beispiel von PIONTELLI und POLI[4], bei dem Chlorionen oder Bromionen einen Inhibitionseffekt, der in

[1] s. S.243, Fußn. 1.
[2] RANDLES, J. E. B.: Discuss. Faraday Soc. Electrode Processes 1947, 81.
[3] s. S. 158, Fußn. 1.
[4] PIONTELLI,R.,u. G.POLI: Gazz. chim. ital. 78, 717 (1948); 79, 10, 214, 535 (1949.)

ihrer Abwesenheit sehr deutlich ist, unterdrücken können. Abb. 92[1] gibt Strom-Spannung-Kurven für die kathodische Abscheidung und anodische Auflösung von Zink aus 0,5 m-Zinkchlorid- oder Zinkperchloratlösung mit einem Gehalt von 0,1 m/l der entsprechenden freien Säure bei 25° C wieder. Wie die Kurven zeigen, ist die Polarisation kathodisch wie anodisch in der Chloridlösung gering, in der Perchloratlösung sehr hoch. Setzt man aber der Perchloratlösung eine etwa äquivalente Menge Chlorionen zu, so unterbleibt die inhibierende Wirkung der Perchlorationen fast ganz. Die Kurven unterscheiden sich nur wenig von den aus reiner Chloridlösung erhaltenen.

Auch mit steigender Temperatur zeigen Chlorionen und Perchlorationen, als die beiden Extreme in der Wirkung auf die Polarisation der Metallabscheidung, deutliche Unterschiede. Der Temperaturkoeffizient der Wirkung von Chlorionen auf die Polarisation ist stets erheblich geringer als der Koeffizient des entsprechenden Einflusses von Perchlorationen für kathodische und anodische Effekte.

Bei der kathodischen Abscheidung von Kupfer aus saurer Kupfersulfatlösung (125 g/l $CuSO_4$ + 100 g/l H_2SO_4) hat man ebenfalls eine

depolarisierende Wirkung von Halogenidzusätzen beobachtet. Auffällig ist dabei, daß nur sehr geringe Mengen (Größenordnung 10^{-3} bis 10^{-4} mol/l) depolarisieren, während größere Mengen die Polarisation wieder erhöhen. So finden GAUVIN und WINKLER[1] deutliche Minima in den Polarisations-Halogenidkonzentrationskurven (Abb. 93, rechts). Dabei handelt es sich um stationäre Polarisationswerte, denn der Depolarisationseffekt ist stark zeitbedingt, wie Abb. 93 (links) erweist. Erst im Laufe von 40 min wird der stationäre Maximalwert der Depolarisation erreicht. Man hat den Eindruck, daß sich die Depolarisation erst mit einer allmählichen Veränderung der Abscheidungsform entwickelt, doch fehlen darüber genaue Angaben.

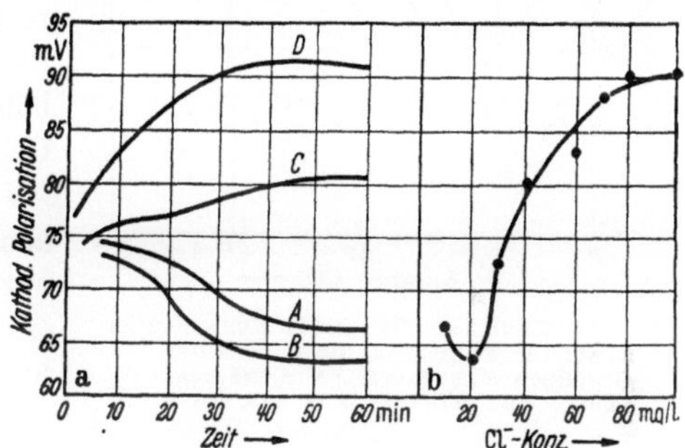

Abb. 93a. Änderung der kathodischen Polarisation mit der Zeit in Gegenwart von (A) 10 mg/l, (B) 20 mg/l, (C) 40 mg/l und (D) 100 mg/l Cl⁻.
Abb. 93b. Einfluß der Cl⁻-Konzentration auf die kathodische Polarisation.
(Nach GAUVIN und WINKLER[2].)

Noch schärfer prägt sich die depolarisierende Wirkung der Halogenionen bei der Kupferabscheidung in Gegenwart von Gelatine aus

[1] Comité international de Thermodynamique et de Cinétique electrochimique 2. Réunion Milan, S. 142.

[2] GAUVIN, W. H., u. C. A. WINKLER: J. electrochem. Soc. 99, 71 (1952).

(MANDELCORN, McCONNELL, GAUVIN und WINKLER[1]). Die Versuchsbedingungen sind die gleichen wie vorher, doch enthält der Elektrolyt z. B. 25 mg/l Gelatine. Senken Cl^--Zusätze zum gelatinefreien Elektroyten die Überspannung maximal um etwa 9 bis 10 mV, so erhält man in Gegenwart der Gelatine — selbst mit noch um eine Größenordnung kleineren Gehalten an Cl^-- oder Br^--Depolarisationen um maximal etwa 65 mV! Abb. 94 zeigt (mit $2 \cdot 10^{-2}$ A/cm²) deutlich das ausgeprägte Polarisationsminimum bei etwa 0,06 mval/l Cl^- oder Br^-. Auch äquivalente Mengen Jodionen erzeugen ein Minimum, das allerdings unter diesen Bedingungen schwächer ausfällt und nach größeren J^--Gehalten verschoben ist.

Im Anschluß an das Minimum steigen die Polarisationswerte mit weiterer Erhöhung der Halogenidkonzentration wieder an und übertreffen bei Cl^- und Br^- sogar die Ausgangswerte. Fluorionen verändern die Polarisation nicht. Die Polarisationsminima der drei wirksamen Halogenionen verbleiben bei Veränderung der Säurekonzentration an der gleichen Stelle. Sie verschieben sich aber mit Erhöhung der Stromdichte und der Gelatinekonzentration zu höheren Halogenionenkonzentrationen und höheren Polarisationswerten. Mit einer Temperaturerhöhung wandern die Minima hingegen in umgekehrter Richtung.

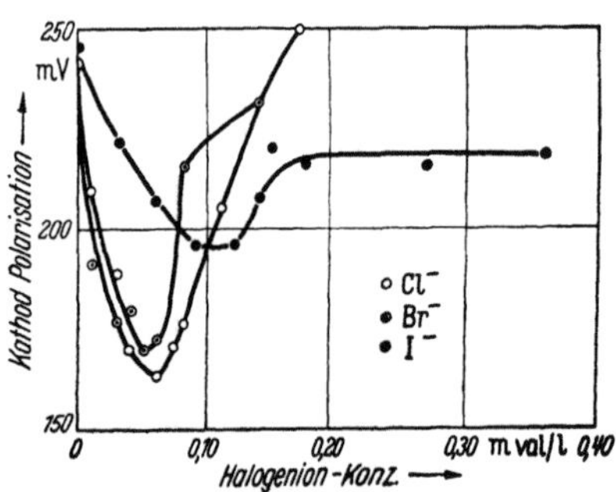

Abb. 94. Einfluß der Halogenion-Konzentration auf die Polarisation durch Gelatine. (Nach MANDELCORN, McCONNELL, GAUVIN und WINKLER, s. S. 245, Fußn. 2.)

Deutung der Aktivierung durch Anionen. Die Deutung des aktivierenden Einflusses der Halogenionen ist noch nicht endgültig gesichert. Zwar kann man sie mit einem direkten Mechanismus erklären, aber — nicht weniger begründet — läßt sich auch ein indirekter Einfluß ins Feld führen.

a) Direkter Einfluß der Anionen. Die wesentliche Grundlage für die Annahme eines direkten Einflusses bildet die starke *Deformierbarkeit* der Anionen Cl^-, Br^-, J^- (vgl. auch Tab. 25 nach PIONTELLI[2]). Die Neigung für irgendwelche Teilchen, sich in den Bereichen starker elektrischer Felder zu konzentrieren, hängt von ihrem permanenten und induzierten elektrischen Moment, im besonderen also von ihrer Deformierbarkeit ab. So neigen anscheinend deformierbare Anionen dazu,

---

[1] MANDELCORN, L., W. B. McCONNELL, W. H. GAUVIN u. C. A. WINKLER J. electrochem. Soc. **99**, 84 (1952).

[2] s. S. 242, Fußn. 1; Z. Elektrochem. **57**, 387 (1953).

in den HELMHOLTZschen Anteil der Doppelschicht einzudringen und
an Stelle der Lösungsmittelmolekeln zu treten (vgl. S. 61). Sie gelangen
somit in unmittelbare Berührung mit der metallischen Oberfläche der
Elektrode. Mit wachsender Deformierbarkeit der Anionen nimmt ihre
Neigung zu, VAN DER WAALS-LONDONsche Bindungen mit den Oberflächenatomen des Metalls einzugehen. Nach PIONTELLI scheint ein auf
diese Weise entstehender Anionenfilm auf die Wirkungen elektrischer
Felder leichter zu reagieren als z. B. ein Film aus Wasserdipolen. So
wird ein solcher Film aus deformierbaren Anionen auch die Geschwindigkeit des Ionenaustausches in beiden Richtungen katalytisch erhöhen.

Möglicherweise verdrängen die deformierbaren Anionen die H_2O-Molekeln
nicht bloß aus der HELMHOLTZ-Schicht, sondern auch aus der Hydrathülle der sich
abscheidenden Kationen. Sie könnten damit die Dehydratation erleichtern.

In Gegenwart der wenig deformierbaren Anionen der Sauerstoffsäuren, vor allem des Perchlorations, bleibt hingegen der Film aus den
elektrisch weniger leicht beeinflußbaren Wasserdipolen auf der Kathodenoberfläche bestehen. Für den Durchtritt von Ionen oder Elektronen durch einen Film aus Wasserdipolen wäre nach PIONTELLI
eine größere Aktivierungsenergie anzunehmen, als für den Durchtritt
durch einen Film aus Chlorid- oder Bromidionen. So sollte die Durchtrittspolarisation in Gegenwart der stark deformierbaren Chlorionen
oder Bromionen geringer sein als in Gegenwart der kaum deformierbaren
Perchlorationen. Die Deutung wird auch der Tatsache gerecht, daß die
Anionenwirkung an beiden Elektroden qualitativ symmetrisch auftritt,
denn die adsorptiven Bindungen bleiben trotz abstoßender Ladung
der Elektrode bestehen.

Auch die oben erwähnte Unterdrückung einer Inhibition der organischen Inhibitoren bei der Abscheidung von Blei oder Kadmium an der
Quecksilberelektrode ließe sich auf ähnliche Weise erklären. Daß die
Halogenionen sich selbst an die Stelle adsorbierbarer organischer Inhibitoren drängen könnten, erschiene nicht ausgeschlossen.

Diese von PIONTELLI entwickelte Auffassung ist schließlich auch
mit der Hypothese von FRUMKIN und Mitarbeitern[1] verträglich, wonach
sich bei der Änderung der Struktur der Doppelschicht durch die ein-
dringenden Halogenionen das ψ-Potential (vgl. S. 52 elektrokinetisches
ζ-Potential) ändern sollte. Mit abnehmendem negativem ψ-Potential sollte
die Geschwindigkeit der Entladung der Kationen zunehmen. So werden
also, im Einklang mit den Ergebnissen von RANDLES und HEYROVSKY
(s. weiter oben), Chlor- oder Bromionen die Abscheidungsgeschwindigkeit der Kationen erhöhen können. Experimentell äußert sich dies in
einer verminderten Polarisation. Für die Abscheidung von Wasser-

---

[1] FRUMKIN u. Mitarb.: Z. physik. Chem. **35**, 792 (1926).

stoffionen haben dies JOFA, KABANOW, KUTSCHINSKY und TSCHISTJAKOW[1] nachgewiesen. Allerdings sind solche Zusammenhänge mit dem elektrokinetischen Potential nur bei sehr verdünnten Lösungen gegeben. Das engt die allgemeine Gültigkeit der FRUMKINSCHEN Auffassung ein.

HEYROVSKY[2] nimmt an, die Halogenionen könnten den Elektronenübertritt von der Kathode zum mehrwertigen Kation in der in Abb. 95 schematisch dargestellten Weise erleichtern. Auch diese Erklärung geht von der leichten Deformierbarkeit dieser Anionen aus. Für eine Deutung sämtlicher oben erwähnten Erscheinungen ist sie aber zu speziell. PIONTELLI[2] verallgemeinert die Überlegungen HEYROVSKYs, indem er annimmt, ein deformierbares Anion könne die Struktur und Reaktionsfähigkeit eines an der Kathode aktivierten Komplexes beeinflussen oder den kathodischen Einfluß eines Kations durch Eintritt in dessen Solvathülle verändern.

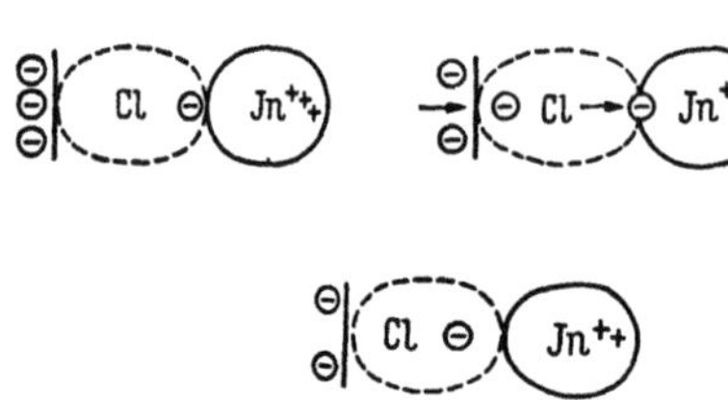

Abb. 95. Erleichterung des Elektronenübertrittes durch Cl⁻-Ionen.
(Nach HEYROVSKY, s. S. 224, Fußn. 1.)

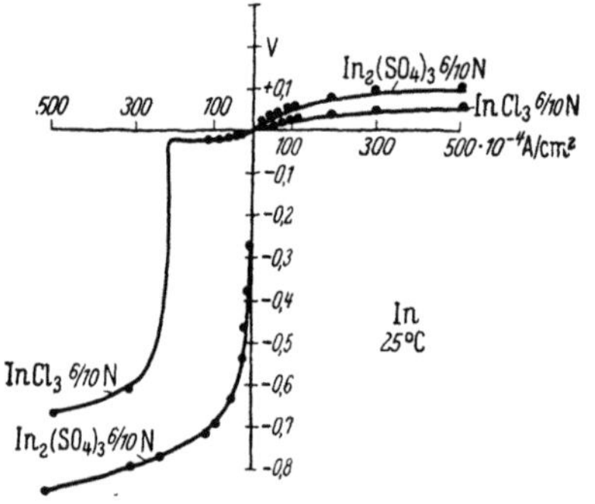

Abb. 96. Strom-Spannung-Kurven der Indiumabscheidung und -auflösung.
(Nach PIONTELLI und POLI,
s. S. 158, Fußn. 1.)

b) **Indirekte Wirkung der Anionen.** Wie bereits angedeutet, kann man den aktivierenden Einfluß der Chlor- und Bromionen auch mit *indirekten* Wirkungen erklären, und es scheint, als ob eine solche Erklärung in mancher Hinsicht zwangloser sei. Bei Annahme direkter Einflüsse als entscheidende Faktoren fragt man sich unter anderem, warum die große Gruppe der nichtdeformierbaren Anionen, die also die inhibierende Wirkung der Wassermolekeln nicht unterdrücken können, an der Anode nicht wenigstens die gleiche Polarisation hervorbringt wie an der Kathode.

Eigentlich sollte ihre Wirkung an der Anode sogar stärker sein, denn es käme noch ihre eigene elektrostatische Anziehung hinzu. Tatsächlich ist aber der anodische Einfluß fast stets geringer, wie die folgenden Strom-Spannung-Kurven von PIONTELLI[2], E. MÜLLER und BARCHMANN[3] und H. FISCHER[4] in Abb. 96 bis 98 zeigen.

----

[1] JOFA, KABANOW, KUTSCHINSKY u. TSCHYSTJAKOW: Acta physicochim. **10**, 317 (1939.)

[2] s. S. 158, Fußn. 1.

[3] MÜLLER, E., u. H. BARCHMANN: Z. Elektrochem. **39**, 341 (1933).

[4] FISCHER, H.: Z. Elektrochem. **49**, 342, 376 (1943).

Bekanntlich neigen Schwermetallsalzlösungen mehr oder weniger leicht zur Hydrolyse. In annähernd neutralem Milieu enthalten sie stets Schwermetallhydroxyd als positiv geladenes oder amphoteres Sol. Ein solches Kolloid wird sich, sofern die Voraussetzungen für seine Existenz in unmittelbarer Nähe der Elektrode gegeben sind, als wirksamer Inhibitor betätigen können. Allerdings sollten die meisten Schwermetall-

hydroxyde bei einem p_H-Wert unter etwa drei nicht mehr beständig sein (vgl. S. 108). Dennoch erscheint ihre Existenz auch im sauren Elektrolyten möglich, zwar nicht im Innern des Elektrolyten, wohl aber in unmittelbarer Nähe der Elektrode, wenn dort ein höherer p_H-Wert oberhalb des Grenzwertes ihrer Beständigkeit vorliegt. So hatten z. B. MACNAUGHTAN und Mitarbeiter[1] für die kathodische Abscheidung von Nickel aus Nickelsulfatelektrolyten angenommen, der p_H-Wert im Diffusionsfilm in unmittelbarer Nähe der Kathode liege im Existenzbereich des kolloiden Hydroxydes. Sie haben mit einer sekundären Inhibition die Polarisation und gewisse andere Erscheinungen, z. B. die Härte des Niederschlages (Mitabscheidung von Hydroxyd), zu erklären versucht.

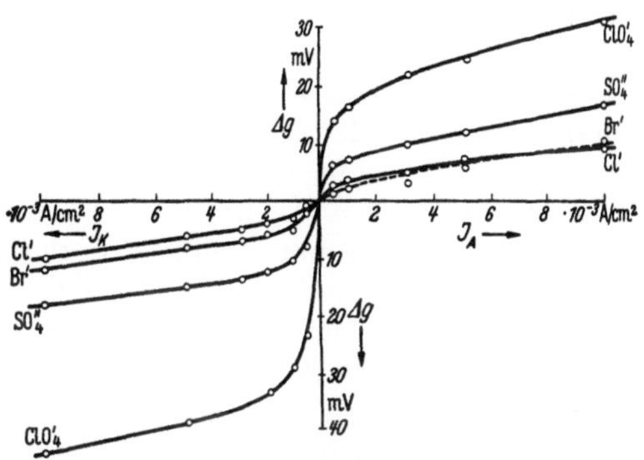

Abb. 97. Strom-Spannung-Kurven der Kadmiumabscheidung und -auflösung.
(Nach E. MÜLLER und BARCHMANN, s. S. 248, Fußn. 3.)

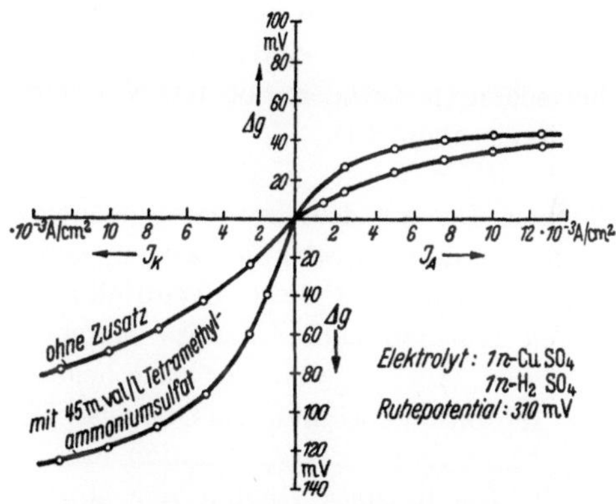

Abb. 98. Kathodische und anodische Inhibition bei der Kupferabscheidung und -auflösung.
(Nach H. FISCHER, s. S. 248, Fußn. 4.)

Sicherlich erscheint die Annahme MACNAUGHTANS begründet, und zwar nicht bloß für den Fall der Nickelabscheidung, auch für viele andere Beispiele. Nur ist ein wesentlicher Punkt seiner Annahme nicht genügend

---

[1] MACNAUGHTON, D. J., G. E. GARDAM, R. A. F. HAMMOND: Trans. Faraday Soc. **29**, 729 (1933).

präzisiert: Entscheidend für das Geschehen an den beiden Elektroden ist nicht der Diffusionsfilm, sondern der viel engere Bereich der Doppelschicht. Soll sekundäre Inhibition auftreten, so muß im Doppelschichtbereich kolloides Metallhydroxyd oder ein anderes, sekundär entstehendes Kolloid vorhanden sein. Ob es auch in dem sich anschließenden Diffusionsfilm existiert oder nicht, ist für die Inhibitionswirkung des Kolloids ziemlich belanglos.

Daher können auch p_H-Bestimmungen im Diffusionsfilm, wie sie von READ und GRAHAM[1] ausgeführt worden sind (vgl. S. 81), nicht die Frage entscheiden, ob sekundäre Inhibition durch kolloides Metallhydroxyd möglich sei oder nicht. Im übrigen beanspruchen die Messungen von READ und GRAHAM, die sich der Methode der Absaugung von Flüssigkeit aus unmittelbarer Kathodennähe mit einer Kapillare bedient haben, keine hohe Genauigkeit.

Hydrolytische Bildung von kolloidem Metallhydroxyd im Bereich der kathodischen Doppelschicht erscheint möglich, wenn sich mit den Metallionen zugleich Wasserstoffionen kathodisch abscheiden. Das positiv geladene Kolloid kann ähnlich wie andere Inhibitordipole Bestandteil der HELMHOLTZschen Doppelschicht werden und wird gewisse Bereiche der Metalloberfläche blockieren. Wahrscheinlich werden die Stellen bevorzugt sein, an denen sich Wasserstoff im höchsten Anteil abgeschieden hat. Je nach Zusammensetzung des Elektrolyten wird an diesen Stellen besonders hohe oder besonders niedrige Stromdichte herrschen (je nachdem, ob der Wasserstoffanteil mit der Stromdichte zu- oder abnimmt).

Positiv geladenes Kolloid läßt sich bekanntlich durch Anionen ausflocken. Das aus dem Sol entstehende aggregierte Gel dürfte nur noch geringe Inhibitionswirkung zeigen, denn seine Oberflächenkräfte sind abgeschwächt. Auf diese Beeinflußbarkeit der sekundären Inhibition durch Anionen haben bereits MACNAUGHTAN und Mitarbeiter[2] hingewiesen. Allerdings ist der entscheidende Bereich für diese Änderung der Inhibition auch hier die Doppelschicht und nicht der Diffusionsfilm, wie MACNAUGHTAN angenommen hat.

In die innerste Region der starren Doppelschicht können, wie erwähnt, am ehesten die stark deformierbaren Halogenionen eindringen, während z. B. die Sauerstoffsäureionen nicht so nahe an die dort vorhandenen Kolloidteilchen gelangen werden. Daher bleibt auch eine etwa vorhandene höhere Ladung dieser Anionen (z. B. SO_4^{2-}, PO_4^{3-}) ohne Wirkung, die an sich die Flockung sehr begünstigte.

In Gegenwart von z. B. Perchlorationen oder Nitrationen dürfte also das kolloide Metallhydroxyd im Bereich der HELMHOLTZ-Schicht

---

[1] s. S. 73, Fußn. 2.   [2] s. S. 80, Fußn. 1.

noch peptisiert bleiben. Es kann dort ungehindert seine Inhibitionswirkung ausüben. Sind jedoch z. B. Chlorionen in größerer Konzentration zugegen, so wird das kolloide Metallhydroxyd seine Wirkung auch in diesem Bereich infolge Flockung größtenteils einbüßen.

In welchem Umfange wird nun die Flockungshypothese den experimentellen Tatsachen gerecht? Betrachten wir zuerst wieder die oszillographischen Untersuchungen von HEYROVSKY (vgl. S. 234 ff.). In dem sehr kurzen, für die oszillographische Messung zur Verfügung stehenden Zeitintervall wird der relativ langsame Vorgang der sekundären Hydrolyse in unmittelbarer Kathodennähe kaum ablaufen können. Sekundäre Inhibition dürfte also bei diesen Untersuchungen noch keine Rolle spielen. Auch die Flockungsreaktion ist ein zeitabhängiger, diffusionsbestimmter Vorgang. Die Flockungswahrscheinlichkeit wird um so größer, je mehr kolloides Metallhydroxyd vorhanden ist.

Nennenswerte Mengen Kolloid werden *von vornherein* nur in den stark oder mittelstark hydrolysierbaren Elektrolyten vorhanden sein, die somit bereits bei kurzzeitiger oszillographischer Messung eine (primäre) Inhibition bewirken sollten. Stark hydrolysierbar sind z. B. die Salze des Zinns, Wismuts, Antimons und dreiwertigen Indiums. Bei ihnen ist die Kolloidkonzentration schon am Anfang der Elektrolyse so groß, daß die Flockung durch Cl^- oder Br^- innerhalb der oszillographischen Zeitspanne zustande kommen kann. Bei den mittelstark hydrolysierbaren Elektrolyten der Übergangsmetalle Cr, Mn, Fe, Co, Ni, Cu und auch beim Zink reicht die Zeit offenbar nicht aus, um durch Flockung einen primären Inhibitionseffekt zu unterdrücken.

Schwach hydrolysierbare Salze, z. B. des Bleis, Kadmiums und des Thalliums (I), zeigen weder in Gegenwart von Halogen- noch von Sauerstoffsäureanionen oszillographisch eine Inhibition.

Wie HEYROVSKY[1] gefunden hat, rufen aber die auf S. 243 genannten organischen Zusätze Inhibition hervor, die sich durch überschüssige Chlor- oder Bromionen unterdrücken läßt. Dieser Befund macht es wahrscheinlich, daß bei der beobachteten Inhibition Verstärkungseffekte (vgl. S. 295) vorliegen, wohl eine Folge des Zusammenwirkens von kolloidem Metallhydroxyd und organischem Zusatz. Möglicherweise erhöhen auch manche Zusätze zugleich den Hydrolysegrad. Bei einer Flockung muß auch der vom Kolloid abhängige Verstärkungseffekt unterbleiben.

Polarographischen Reaktionen an der Quecksilbertropfelektrode (S. 244) steht viel mehr Zeit zur Verfügung als der oszillographischen Messung. So dürften die Verhältnisse bei der Polarographie als nahezu stationär anzusehen sein. Hier zeigen die Chlor- oder Bromionen auch in

---

[1] s. S. 443, Fußn. 1.

den Lösungen der Übergangsmetalle und des Zinks deutlich ihre Wirkung. Selbst beim Kadmium läßt sich ein Inhibitionseffekt beobachten, der durch die Halogenionen gemildert wird. Dieser Zeiteinfluß läßt sich mit einer Deformation der Anionen (S. 246) schwer deuten.

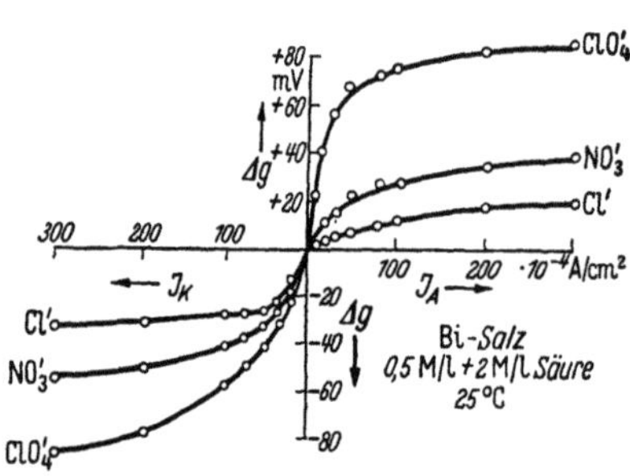

Abb. 99. Strom-Spannung-Kurven der Wismut-abscheidung und -auflösung bei 25° C. (Nach PIONTELLI und POLI, s. S. 158, Fußn. 1).

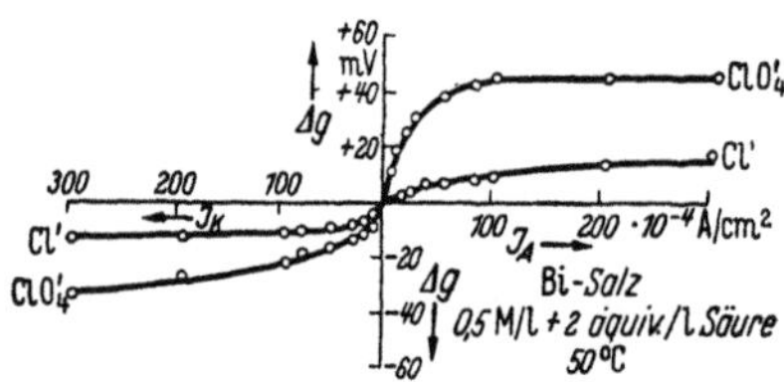

Abb. 100. Wie Abb. 99, jedoch bei 50° C.

Ähnliche zeitliche Verhältnisse liegen auch bei den stationären Strom-Spannung-Kurven der Metallabscheidung an festen Kathoden vor (PIONTELLI[1], vgl. S. 244). Bei den stark hydrolysierbaren Salzen des Indiums (Abb. 96) und des Wismuts (Abb. 99 u. 100) ist die Wirkung der Chlorionen auf die Höhe der kathodischen Polarisation viel geringer als die der Sulfat-, Per-chlorat- oder Nitrationen. Beim Wismut prägen sich diese Unterschiede an der Anodenseite noch deutlicher aus. Offenbar passiviert sich hier die Anode schon teilweise.

Auch beim Zink (Abb. 92, S. 244) zeigt das Chlorion geringste Inhibition. Der Effekt ist — wenngleich im geringeren Maße — auch an der Anode deutlich.

Wahrscheinlich handelt es sich an der Anode weniger um Passivierung, wie im Falle des Wismuts. Eher dürfte gerade umgekehrt eine spontane Auflösung des sehr unedlen aktiven Metalls unter Wasserstoffentwicklung neben der gleichzeitigen anodischen Auflösung mitwirken. Infolge dieser spontanen Auflösung dürften trotz der Azidität des Elektrolyten im Bereich der Doppelschicht p_H-Werte erreicht werden, bei denen Hydrolyse auftritt.

Ähnliche Unterschiede in der Wirkung von Chlorionen und anderen Ionen zeigen sich beim Kadmium (vgl. Abb. 97, S. 249).

Auch die Polarisationsminima bei der Kupferabscheidung in Gegenwart von Gelatine (vgl. S. 246) ließen sich mit der Flockungshypothese (Flockung und Umladung des Kolloides) erklären. Allerdings bereitet eine solche Deutung des — wenngleich weit schwächeren — Depolarisationsminimums in gelatinefreier Lösung Schwierigkeiten. Unbefriedigend erscheint ein Erklärungsversuch der Autoren, die annehmen, daß Halogenionen — trotz kathodischer Polarisation — die Kathodenober-

---

[1] s. S. 242, Fußn. 1.

fläche angreifen und die Zahl der Aktivstellen erhöhen. Den Wieder-
anstieg der Polarisation bei höheren Halogenionengehalten erklären sie
mit einer zunehmenden Bildung von inhibierendem kolloidem Kupfer(I)-
chlorid.

Zu erwähnen bleibt noch eine weitere Deutung der Anionenwirkung mit
einem indirekten Mechanismus: PIONTELLIS[1] Hypothese von der depolymeri-
sierenden Wirkung mancher Anionen — vor allem des Perchlorations — auf die
Aggregate der Wassermolekeln in der Elektrolytlösung. Eine solche Wirkung
wird beim Perchloration durch die Ergebnisse lichtoptischer und röntgen-
optischer Studien[1] nahegelegt. Man könnte danach annehmen, daß in Gegenwart von Perchlorationen aktivierte Wassermolekeln entstehen, die eine größere
Neigung zur Bindung an die Oberflächenatome des Kathodenmetalls äußern.
Außerdem könnten sie die Hydrolyse vielleicht eher fördern als polymere H_2O-
Molekeln, so daß auch damit die sekundäre Inhibition begünstigt würde.

Mögen nun zwar die Chlor- oder Bromionen die Polarisation auf
verschiedenste Weise vermindern können, so scheiden sich doch selbst
in ihrer Gegenwart die Metallkationen immer noch mit einer deutlichen
Überspannung ab. Vielleicht geht diese Metallüberspannung in Gegenwart
der Chlorionen größtenteils auf andere Ursachen zurück, aber die Möglichkeit einer, wenn auch sehr schwachen, *primären* Inhibition selbst
der Chlorionen läßt sich bis heute noch nicht widerlegen. Bei den Sauerstoffsäureanionen wird die Wahrscheinlichkeit einer primären Inhibitionswirkung größer. Auch dürfte diese Inhibition beträchtlicher ausfallen.
Scheidet experimentell sekundäre Inhibition infolge Hydrolyse aus —
und das ist z. B. der Fall bei der Wasserstoffabscheidung aus Säuren
(mit verschiedenen Anionen) —, so erscheint es unwahrscheinlich, daß
die relativ starken Inhibitionseffekte in Sauerstoffsäuren hauptsächlich von den Wassermolekeln herrühren sollen, die von den Anionen
nicht mehr von der Metalloberfläche verdrängt werden können. Ein-
leuchtender ist die Annahme einer direkten Beteiligung der Anionen
an der Inhibition (vgl. z. B. H. FISCHER und HEILING[2]). Die Möglichkeit der unmittelbaren, primären Inhibition durch Anionen soll der
folgende Abschnitt erörtern.

Primäre Inhibition durch Anionen. *Experimentelle Ergebnisse.* Auf
die inhibierende Wirkung von Anionen ist in der Literatur hauptsächlich von SCHLOETTER[3], von E. MÜLLER und BARCHMANN[4] und gelegentlich von FOERSTER und KLEMM[5] hingewiesen worden. Später
hat H. FISCHER[6] diese Wirkung unterstrichen, und in neuester Zeit

---

[1] PIONTELLI: s. S.242, Fußn.1.

[2] FISCHER, H., u. H. HEILING: Z. Elektrochem. 54, 184 (1950).

[3] SCHLOETTER, M.: Galvanostegie I, 191 — Schweiz. Arch. angew. Wiss.
Techn. 5, 187, 190 (1939) — Metallwirtschaft 20, 225 (1941).

[4] MÜLLER, E., u. H. BARCHMANN: Z. Elektrochem. 39, 341, 350 (1933).

[5] FOERSTER, F., u. K. KLEMM: Z. Elektrochem. 35, 409 (1929).

[6] FISCHER, H.: Z. Elektrochem. 49, 342, 376 (1943).

Tabelle 25. *Reihenfolge der Anionen in der Inhibitionswirkung auf die kathodische und anodische Überspannung.* (Nach PIONTELLI[1].)
Die Ladezeichen der Ionen wurden weggelassen.

	Kathodische Überspannung		Anodische Überspannung	
	$5\cdot10^{-5}$ A/cm²	$5\cdot10^{-4}$ A/cm²	$5\cdot10^{-5}$ A/cm²	$5\cdot10^{-4}$ A/cm²
Zn	$Cl,$ SO_4, NH_2SO_3, ClO_4 Br	NH_2SO_3 Br, Cl, BF_4, SO_4 ClO_4	Cl, ClO_4 BF_4, NH_2SO_3 Br, SO_4	Cl SO_4, ClO_4, NH_2SO_3 Br
Cd	F, Cl $BF_4, NH_2SO_3. ClO_4$ Br, SO_4	Cl, SO_4, ClO_4 F Br, BF_4, NH_2SO_3	Br, SO_4, BF_4 ClO_4 Cl, NH_2SO_3, F	Br, F, ClO_4 SO_4 Cl, NH_2SO_3, BF_4
Tl	SO_4, BF_4 NH_2SO_3, ClO_4 NO_3, F	NO_3, BF_4 NH_2SO_3, F SO_4, ClO_4	BF_4 F, SO_4, NO_3 NH_2SO_3, ClO_4	F, NH_2SO_3 BF_4, ClO_4 NO_3, SO_4
In	Cl, BF_4, ClO_4, SO_4	$Cl, (BF_4, ClO_4, SO_4)$	Cl, SO_4, BF_4, ClO_4	Cl, SO_4, ClO_4
Sn	Cl SO_4, BF_4 ClO_4	SO_4, ClO_4 Cl, BF_4	Cl SO_4, BF_4 ClO_4	Cl SO_4, BF_4 ClO_4
Pb	$NH_2SO_3, NO_3, BF_4, ClO_4$	$NH_2SO_3, NO_3, BF_4, ClO_4$	NO_3 ClO_4, BF_4 NH_2SO_3	$NH_2SO_3, NO_3, BF_4, ClO_4$
Bi	Cl, BF_4, NO_3, ClO_4	$Cl,$ NO_3, ClO_4 BF_4	Cl, NO_3, BF_4, ClO_4	Cl, NO_3, BF_4, ClO_4
Cu	$NH_2SO_3, ClO_4, BF_4, NO_3, SO_4$	$ClO_4, NH_2SO_3, BF_4, NO_3$ SO_4	$NH_2SO_3, SO_4,$ $NO_3,$ BF_4	$NH_2SO_3,$ ClO_4 NO_3, BF_4 SO_4
Ag	$NH_2SO_3. F$ NO_3, ClO_4 BF_4	NO_3 ClO_4, F NH_2SO_3	$NH_2SO_3, NO_3. ClO_4 F$	$NO_3, NH_2SO_3. ClO_4, F$
Ni	NH_2SO_3, SO_4 Cl	Cl, BF_4, NH_2SO_3, SO_4	$Cl, (BF_4, NH_2SO_3, SO_4)$	Cl, BF_4, NH_2SO_3, SO_4

[1] s. S. 242. Fußn. 1.

sind eingehende Untersuchungen von Piontelli und Mitarbeitern[1] unternommen worden.

Aus den Strom-Spannung-Kurven, die bereits in den Abb. 92, S. 244, 97 und 98, S. 249, sowie 99 und 100 auf S. 252 gebracht wurden, ersieht man deutlich den Einfluß der Anionen auf die Polarisation. Besonderen Aufschluß ergibt die von Piontelli und Poli[2] stammende Tab. 25. Hier ist für die Abscheidung verschiedener Metalle bei zwei verschiedenen Stromdichten die qualitative Reihenfolge der Anionen aufgeführt, in der die Polarisation kathodisch und anodisch zunimmt. In beiden Richtungen ist die Reihenfolge der Wirksamkeit qualitativ ziemlich symmetrisch, quantitativ fällt aber die Wirkung an der Anode, wie schon erwähnt, fast ausnahmslos geringer aus (sofern nicht anodische Passivierung mitwirkt).

Sieht man von Abweichungen ab, die von einer spezifischen Affinität einzelner Metalle bestimmt zu sein scheinen, so ist die Reihenfolge der Anionen meist annähernd die gleiche: Zu den schwach inhibierenden Anionen gehören Cl^- und Br^-, von mittlerer Wirkung sind gewöhnlich NO_3^- und SO_4^{2-}, während BF_4^-, $NH_2SO_2^{2-}$ und ClO_4^- am stärksten wirken.

Der Einfluß des F-Ions wechselt oft, es gehört manchmal zu den schwach wirkenden Anionen (Cd an der Kathode, Tl an der Anode), gelegentlich zu den Anionen mittleren Einflusses (Tl an der Kathode) oder zu den stark inhibierenden Anionen (Ag an Kathode und Anode). Für das Perchloration gibt es eine Ausnahme: beim Kupfer erhöht es die kathodische Polarisation weniger als die anderen Anionen (in Übereinstimmung mit Foerster und Gäbler[3]), an der Anode ist es von mittlerer Wirkung.

Mit erhöhter Anionenkonzentration werden meist mehr Anionen adsorbiert werden. Man hat also für gewöhnlich eine verstärkte Inhibitorwirkung zu erwarten. In manchen Fällen können dabei komplexe Anionen mit veränderter Inhibitionswirkung entstehen. Drängt erhöhter Anionenzusatz die Anionenkonzentration im Elektrolyten zurück, so dürfte sich die kathodische Wirkung vermindern.

Bei Zusatz gleichioniger Anionen zum Elektrolyten, sei es in Form von Säuren oder Salzen, wird in der Tat häufig die Überspannung erhöht. Die kathodische Abscheidung von Kupfer aus Kupfersulfat- oder -perchloratlösungen in Gegenwart überschüssiger Anionen ist ein gut untersuchtes Beispiel (vgl. Foerster und Gäbler[3], Goebel[4], Reichenstein und Zieren[5], Kern und Rowen[6] usw.).

---

[1] s. S. 242, Fußn. 1; S. 244, Fußn. 3 u. 4.

[2] s. S. 244, Fußn. 3.

[3] Foerster, F., u. K. Gäbler: Z. Elektrochem. **36**, 202 (1930).

[4] Goebel, R.: Dissert. Dresden 1912.

[5] Reichenstein, D., u. A. Zieren: Z. Elektrochem. **19**, 530 (1913).

[6] Kern, E. F., u. R. W. Rowen: Trans. Amer. Electrochem. Soc. **56**, 379 (1929).

Aus Tab. 26 wird der Einfluß einer Erhöhung der Säurekonzentration auf die Überspannung deutlich (FOERSTER und GÄBLER[1]). Die Angaben beziehen sich auf n-CuSO$_4$ bzw. n-Cu (ClO$_4$)$_2$ bei $4,2 \cdot 10^{-3}$ A/cm² und 21° C.

Tabelle 26. *Überspannung bei Säurezusatz.*

Säure	0,1 n	1 n	3 n
H$_2$SO$_4$ . . .	30 mV	36 mV	54 mV
HClO$_4$ . . .	17 mV	23 mV	32 mV

Nun gelangen aber mit erhöhter Anionenkonzentration stets auch äquivalente Mengen Kationen in den Elektrolyten, weshalb man sich fragen muß, ob es sich bei zu beobachtenden Wirkungen um Einflüsse der Anionen, der Kationen oder beider Ionenarten handelt.

H. FISCHER[2] hat aus der Form der Strom-Spannung-Kurve bei der Abscheidung von Kupfer aus schwefelsauren Kupfersulfatlösungen geschlossen, daß es sich in diesem Fall überwiegend um die blockierende Wirkung der H$^+$-Ionen handele (vgl. auch S. 239 ff.). Hingegen scheint an der Zunahme der Überspannung in Gegenwart von Überchlorsäure im wesentlichen die vermehrte ClO$_4^-$-Ionenkonzentration beteiligt zu sein.

Beim Abscheiden der wenig inhibitorempfindlichen Metalle Quecksilber und Blei aus n-Perchloratlösung wirkt sich nach FOERSTER und GÄBLER[1] erhöhte Anionenkonzentration, wenn überhaupt, so doch bei weitem nicht in einem solchen Zuwachs an Polarisation aus wie beim Kupfer (vgl. Tab. 27, Abscheidung bei $8 \cdot 10^{-3}$ A/cm² und 20° C).

Tabelle 27.

Elektrolyt	Überspannung bei Zusatz von:		
	0,1 n-HClO$_4$	1 n-HClO$_4$	3 n-HClO$_4$
n-Pb(ClO$_4$)$_2$	24 mV	23 mV	28 mV
n-Hg(ClO$_4$)$_2$	48 mV	32 mV	53 mV
n-Cu(ClO$_4$)$_2$	23 mV	47 mV	46 mV

Ein Gehalt von 0,5 n-Borflußsäure zu n-Bleiborfluoridlösung erhöht nach FRÖLICH, CLARK und ABORN[3] die Überspannung bei der Bleiabscheidung bei $1 \cdot 10^{-2}$ A/cm² und 24 bis 25° C nur wenig (von 3,3 auf 5,7 mV).

Schließlich wird andererseits die Überspannung bei der Abscheidung von Kadmium aus Perchloratlösung nach E. MÜLLER und BARCHMANN[4] mit steigendem Zusatz von Natriumperchloratlösung sogar vermindert.

Mit erhöhter *Temperatur* verringert sich, wie z. B. aus Abb. 101 (zusammengestellt aus Versuchsergebnissen von E. MÜLLER und

---

[1] s. S. 255, Fußn. 3.

[2] s. S. 253, Fußn. 6.

[3] FRÖLICH, P. K., J. L. CLARK u. R. ABORN: Trans. Amer. Electrochem. Soc. **49**, 369 (1926).

[4] s. S. 248, Fußn. 3.

BARCHMANN[1]) zu ersehen ist, die Metallüberspannung bei der Abscheidung von Kadmium aus Perchloratlösungen von 0 bis 55° C sehr stark. Das gleiche ist z. B. der Fall bei Wismut (Abb. 99 u. 100, S. 252) und bei Antimon (Abb. 102) nach PIONTELLI[2] (0,5 m/l $SbCl_3$ + 3 m/l HCl).

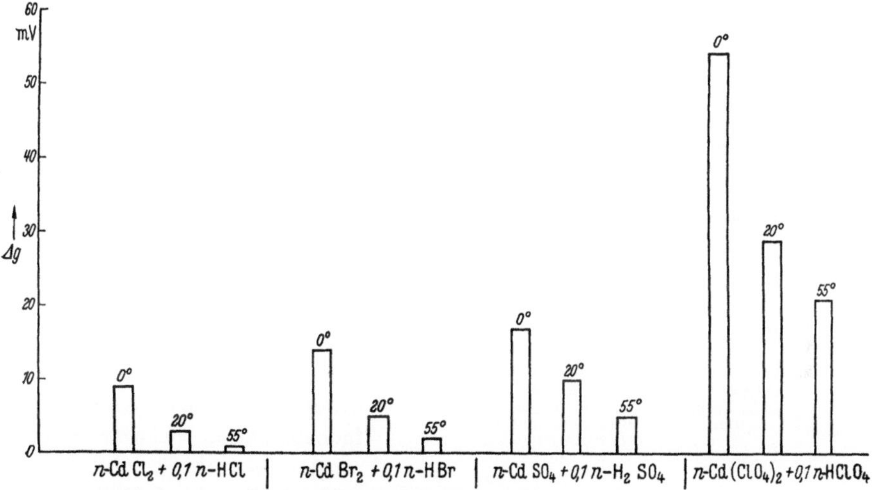

Abb. 101. Einfluß der Temperatur auf die Überspannung bei der Abscheidung von Kadmium bei $1 \cdot 10^{-3}$ A/cm². (Nach H. FISCHER, s. S. 225, Fußn. 3.)

Die Reihenfolge der wirksamen Anionen bleibt übrigens von der Temperaturänderung unberührt. Beim Zink hingegen verändert sich die Polarisation mit erhöhter Temperatur von 25 auf 50° C fast gar nicht (PIONTELLI[2]).

Tabelle 28. *Mittlere Temperaturkoeffizienten (m V°C) der Überspannungen zwischen 25 und 50° C. (Nach PIONTELLI.[2])*

Metall	Anion	Kathodischer Tk Stromdichte A/cm²		Anodischer Tk Stromdichte A/cm²	
		10^{-3}	$5 \cdot 10^{-3}$	10^{-3}	$5 \cdot 10^{-3}$
Cd	Cl^-	0,20	0,16	0,04	0,08
	ClO_4^-	0,76	0,60	0,16	0,20
Ag	NO_3^-	0,16	0,36	0,04	0,20
	ClO_4^-	0,24	0,32	0,20	0,36
Cu	SO_4^-	—	—	0,28	0,48
	ClO_4^-	0,40	0,40	0,24	0,24

[1] s. S. 225, Fußn. 3.
[2] s. S. 244, Fußn. 4.

Tab. 28 enthält die mittleren Temperaturkoeffizienten für die Abscheidung von Cd, Ag und Sn aus Elektrolyten mit verschiedenen Anionen. Sie fallen an der Kathode höher aus als an der Anode.

Da die Ruhepotentiale bei den verschiedenen Temperaturen nicht sehr voneinander abweichen, können die erwähnten Unterschiede in der Überspannung nicht durch vermehrte Aktivität der Kationen erklärt werden.

Der Verstärkungseffekt der Anionen. Anionen verändern nicht nur den Inhibitionseffekt bei der kathodischen Abscheidung und Auflösung von Metallen aus den reinen (angesäuerten) Lösungen ihrer einfachen Salze, vielmehr vermögen sie auch die Inhibitorwirkung fremder Inhibitoren, dem Elektrolyten zugesetzt, erheblich zu steigern. Diese von H. FISCHER[1] als „*Verstärkungseffekt*" bezeichnete Erscheinung setzt das Zusammenwirken geeigneter positiver Inhibitoren mit negativen Inhibitoren voraus, d. h. also eine Kombination wirksamer Kationen- und Anioneninhibitoren. Der eine oder andere Partner kann auch mit einem Dipol kombiniert werden. Ferner können geladene Kolloide an die Stelle der Kationen oder Anionen treten.

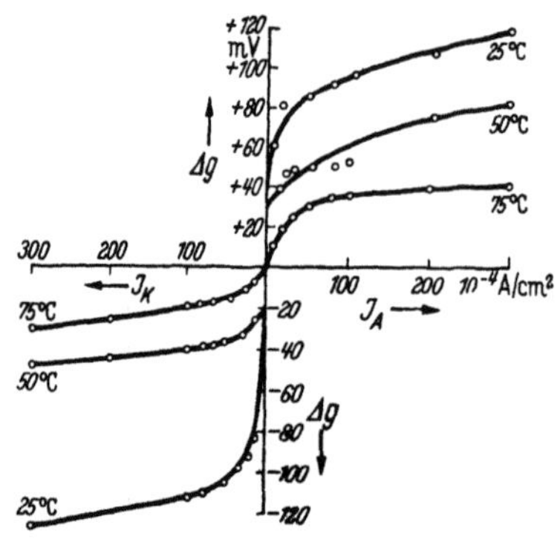

Abb. 102. Strom-Spannung-Kurven der Antimonabscheidung und -auflösung aus SbCl$_3$-Lösung bei verschiedenen Temperaturen. (Nach PIONTELLI und POLI, s. S. 244, Fußn. 4.)

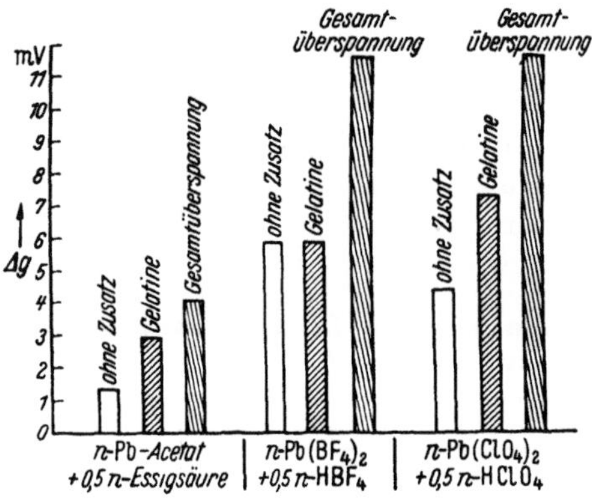

Abb. 103. Verstärkungseffekt im Zusammenwirken von Gelatine und Anion bei der Überspannung der Bleiabscheidung. (Nach H. FISCHER[1].)

Abb. 103, zusammengestellt unter Auswertung von Versuchsergebnissen von FRÖLICH, CLARK und ABORN[2], gibt Aufschluß über einen solchen Verstärkungseffekt des Zusammenwirkens von (positiv geladener) Gelatine (0,5 g/l) und verschiedenen Anionen bei der Über-

---

[1] s. S. 221, Fußn. 6.   [2] s. S. 225, Fußn. 3.

spannung der Bleiabscheidung ($1 \cdot 10^{-2}$ A/cm^2, 24 bis 25° C). Die Wirkung des positiv geladenen, kolloiden Inhibitors Gelatine nimmt vom Azetation über das Borfluoridion zum Perchloration erheblich zu. Dabei verhält sich die Zunahme der Inhibition von Anion und Gelatine keineswegs bloß additiv, vielmehr erhöht sie sich in Gegenwart der stärker wirkenden Anionen in beträchtlichem Maße.

Ein zweites eindrucksvolles Beispiel zeigt Abb. 104 nach Versuchsergebnissen von E. MÜLLER und BARCHMANN[1] bei der Abscheidung von Kadmium aus n-Kadmiumsalzlösungen (+ 0,1 n-Säure) in Gegenwart von 2 g/l Gelatine und verschiedenen Anionen. Ein ähnlicher Verstärkungseffekt findet sich in geringem Umfange auch an der Anode.

Nicht bloß beim Ersatz eines Anions durch ein anderes wirksameres verstärkt sich die Wirkung des positiv geladenen Inhibitors. Entsprechende Verstärkungseffekte kann man auch bei ein und demselben Anion durch Erhöhen der Anionenkonzentration erreichen. So nimmt z. B. die Inhibitorwirkung aliphatischer Amine bei der kathodischen Abscheidung von Kupfer beträchtlich zu, wenn man die H$_2$SO$_4$-Konzentration des Sulfatelektrolyten erhöht (H. FISCHER u. GOESCH[2]).

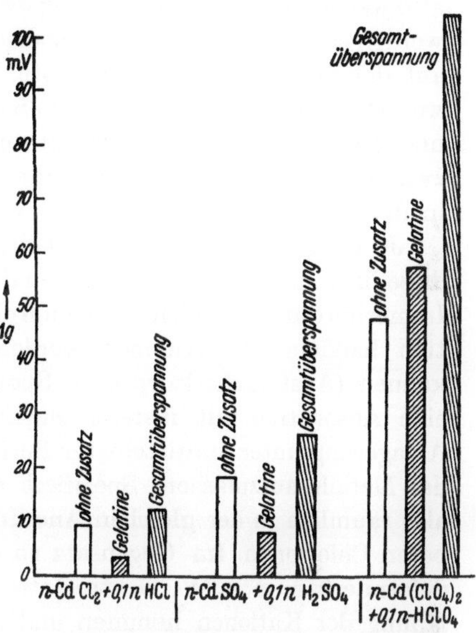

Abb. 104. Verstärkungseffekt im Zusammenwirken von Gelatine H$_2$O und Anion bei der Überspannung der Kadmiumabscheidung. (Nach H. FISCHER, s. S. 221, Fußn. 6.)

Auch bei der anodischen Auflösung von Metallen konnte H. FISCHER[3] mit entsprechenden Kombinationen von positiven und negativen Inhibitoren deutliche Verstärkungseffekte nachweisen.

Deutung der Inhibitorwirkung von Anionen. a) Direkte Wirkung der Anionen. Was nun die *Deutung* der Inhibitionserscheinungen bei den Anionen angeht, so wollen wir an das oben, S. 242, Gesagte anknüpfen. Man kann die Inhibition der Anionen zunächst als eine direkte Wirkung auffassen. In der Reihe der Anionenwirkung (vgl. S. 254) werden die

---

[1] s. S. 225, Fußn. 3.
[2] FISCHER, H., u. J. GOESCH: Z. Elektrochem. 47, 879 (1941).
[3] FISCHER, H.: Korrosion u. Metallschutz 20, 287 (1944).

Chlor- und Bromionen als Ionen schwächster Inhibitorwirkung die bereits besprochene Fähigkeit zeigen, dank ihrer Deformierbarkeit in die HELMHOLTZ-Schicht einzudringen. Sie werden dort die inhibierenden Lösungsmitteldipole von der Metalloberfläche verdrängen und die kathodische Abscheidung der Kationen erleichtern (teils infolge ihrer elektrostatischen Anpassungsfähigkeit, teils dank ihrer dehydratisierenden Wirkung auf die Kationen). Solche Eigenschaften besitzen die anderen Anionen nur in geringerem Maße oder gar nicht. Sie werden also weder die Inhibitionswirkung der H_2O-Molekeln unterdrücken, noch werden sie den Vorgang der kathodischen Abscheidung erleichtern. Statt auf der Metalloberfläche als erste Reihe in der HELMHOLTZ-Schicht, werden diese Anionen wahrscheinlich an der Grenze zwischen innerster und innerer Region der HELMHOLTZ-Schicht oder an der Grenze zwischen starrer und diffuser Doppelschicht und schließlich auch tiefer in der diffusen Zone adsorbiert werden.

Je größer ihre Adsorbierbarkeit, in desto stärkerem Maße werden diese nicht deformierbaren Anionen den Ionenübergang hemmen können. Immerhin dürfte es sich hier eher um eine unspezifische, sekundäre Adsorption handeln; die Anionen werden sich gegeneinander austauschen können (Austauschadsorption). Spezifische Adsorption hingegen, d. h. eine Adsorption mit festerer chemischer Bindung, wäre als primäre Anlagerung unter unmittelbarer Berührung mit den Oberflächenatomen des Metalls aufzufassen. Spezifisch adsorbierte Anionen befänden sich also räumlich in der gleichen Anordnung wie z. B. die stark deformierbaren Chlorionen. Im Gegensatz zu diesen würden sie aber, weil nicht deformierbar, m. a. W. elektrostatisch nicht anpassungsfähig, die Entladung der Kationen hemmen und nicht erleichtern. Spezifisch adsorbierte Anionen, wie z. B. OH^-, S_2^- oder CN^-, reagieren also mit dem Metall unter Bildung entsprechender Verbindungen.

Für eine direkte Inhibitorwirkung der Anionen spricht z. B. die Ähnlichkeit der in der Inhibition abgestuften Anionenreihen mit den lyotropen Reihen der Adsorbierbarkeit der Anionen, wie sie der Kolloidchemiker kennt.

Verstärkungseffekte lassen sich durch Zusammenwirken von primärer und sekundärer Adsorption deuten. Ist z. B. eine bestimmte Menge Gelatine primär adsorbiert, so werden die positiven Kolloidteilchen um so mehr Anionen sekundär adsorbieren, je größer die Adsorbierbarkeit des betreffenden Anions an den Gelatineteilchen ist. Beide Inhibitoren, Gelatine und Anion, wirken also zusammen, und in Kombination mit einem stärker adsorbierten Anion wirkt die Inhibition der Gelatine verstärkt.

Solche Verstärkungseffekte sind auch möglich für die Kombination von sekundär gebildetem, kolloidem Metallhydroxyd mit dem jeweiligen

Anion. Vermutlich kommen erst auf diese Weise die erheblichen Polarisationswerte zustande, die manche Anionen hervorzubringen scheinen, und die man ihnen allein eigentlich nicht zutraut. Dennoch sind Verstärkungseffekte nicht an das Vorhandensein kolloiden Hydroxyds gebunden. Dies beweisen z. B. noch nicht veröffentlichte Ergebnisse von H. FISCHER und HEILING, nach welchen sich beträchtliche Verstärkungseffekte bei der kathodischen Abscheidung von Wasserstoff aus verschiedenen Säuren (HCl, H_2SO_4, $HClO_4$) in Gegenwart organischer Kationeninhibitoren in der Wasserstoffüberspannung anzeigen. Hier fehlt das kolloide Metallhydroxyd ganz. Die Verstärkung wird hier von der Kombination Kationeninhibitor/Anion bestimmt.

b) Indirekte Wirkung der Anionen. Freilich scheint die Tatsache einer vergleichsweise geringeren Anioneninhibition an der Anode darauf hinzudeuten, daß die Annahme einer direkten Inhibitionswirkung der Anionen nicht zur Klärung der Gesamterscheinung ausreicht. Wir können nicht umhin, auch *indirekte* Inhibitionswirkungen ins Auge zu fassen.

Einmal steht hier die bereits erörterte (S. 246) Auffassung von PIONTELLI[1] zur Diskussion, zunehmende Inhibition der Anionen sei begründet in der abgeschwächten oder fehlenden Fähigkeit dieser Anionen, in die HELMHOLTZ-Schicht einzudringen und die Wassermolekeln von der Metalloberfläche zu verdrängen. Im Grunde wäre dann Inhibition hier nichts weiter als verringerte Neigung der Anionen zur Aktivierung. Eine Stütze dieser Auffassung ist die unterschiedliche Deformierbarkeit der Anionen. Nach unseren bisherigen Erkenntnissen von den Zusammenhängen zwischen Konstitution und Inhibitorwirkung erscheint es aber andererseits unwahrscheinlich, daß eine Inhibition durch H_2O-Molekeln für den größeren Anteil an einer relativ hohen Polarisation verantwortlich sein soll. Überdies beobachtet man selbst in Gegenwart der stark aktivierenden Chlorionen oft noch eine beträchtliche Polarisation, die bei den geringen Stromdichten nicht als Konzentrationspolarisation zu denken ist (vgl. z. B. die Strom-Spannung-Kurven für Zink, Abb. 92, auf S. 244). Da die Polarisation an der Anode stets wesentlich geringer ist als an der Kathode, kann man in der Hypothese von PIONTELLI höchstens auch nur eine Teildeutung des Inhibitionsproblems der Anionen sehen.

Bei unedlen Metallen wie Zink, die gerade eine extrem hohe Anionenwirkung zeigen, käme man vielleicht über die Unwahrscheinlichkeit der Deutung der Inhibitorwirkung der Wassermolekeln hinweg, wenn

---

[1] PIONTELLI, R., C. r. CJTCE, Réunion à Milan. 185 (1950).

man die thermodynamische Instabilität einer Belegung der reinen Zinkoberfläche mit H_2O-Molekeln berücksichtigt. Ebenso wie die GALVANI-Spannung des Aluminiums ist auch jene des Zinks bereits so unedel, daß diese Metalle Wasser unter Bildung von Oxyd zersetzen. So dürfte an Stelle der H_2O-Belegung eine monomolekulare Oxydhaut entstehen (H. FISCHER und POLITYCKI[1]). Ihre Inhibitionswirkung sollte ungleich größer sein als die Wirkung einer bloßen H_2O-Belegung. In angesäuerten Elektrolyten und auch elektrochemisch kann die Oxydhaut abgebaut werden. Sie muß aber stets wieder neu entstehen, so lange sich überhaupt eine Doppelschicht ausbildet. In ihr treten die H_2O-Molekeln wieder in direkte Berührung mit dem Metall und können sich umsetzen. Stark „aktivierende" Anionen werden die Entstehung der Oxydhaut nicht zulassen, da sie an die Stelle der reduzierbaren H_2O-Molekeln treten. So können beim Zink die Unterschiede in der Inhibition aktivierender und nichtaktivierender Anionen besonders groß werden.

Die zweite Möglichkeit eines indirekten Einflusses der Anionen auf die Polarisation besteht in der ebenfalls bereits (S. 248) diskutierten Möglichkeit einer Schwächung der sekundären Inhibition durch Ausflocken des Kolloidsols. Je geringer die Neigung der Anionen ist, in den Bereich der HELMHOLTZschen Doppelschicht einzudringen, desto geringer wird auch die Wahrscheinlichkeit einer Flockung der hydrolytisch gebildeten Teilchen aus kolloidem Metallhydroxyd in diesem Teil der Doppelschicht. Die Kolloidteilchen können ungehindert an die Metalloberfläche gelangen und deren aktive Bereiche blokkieren. Die experimentell gefundenen Abstufungen in der Inhibitorwirkung der Anionen entsprechen ihrer Flockungswirkung. Die Inhibition wird um so geringer ausfallen, je weniger die Anionen zur Flockung fähig sind. An der Anode ist von vornherein weniger kolloides Metallhydroxyd vorhanden (sofern es nicht, wie im Falle des Zinks, infolge sekundärer Auflösung des Metalls, begleitet von Wasserstoffentwicklung, in erhöhter Menge gebildet wird). Außerdem dürfte der inhibierende Einfluß des positiv geladenen Metallhydroxyds an der Anode geringer sein als an der Kathode. So ist die anodische Inhibition an der Anode im allgemeinen geringer, und im besonderen ist es auch die Flockungswirkung der Anionen.

Mit erhöhter Temperatur geht im allgemeinen die Inhibition zurück. Indes kann dieser Rückgang in stark hydrolysierenden Lösungen ganz durch Zunahme der Kolloidkonzentration kompensiert werden. Für diese Auffassung spricht z. B. die geringe Temperaturempfindlichkeit der Inhibition beim Zink (vgl. S. 257).

---

[1] FISCHER, H., u. A. POLITYCKI: Z. Elektrochem. **56**, 326 (1952).

Es scheint, als ob die Flockungstheorie den experimentellen Ergebnissen besonders gut gerecht wird. Dennoch ist es möglich, daß sich bei der Inhibition alle dargelegten Einflüsse mehr oder weniger überlagern. Immerhin scheinen die indirekten Wirkungen vorzuherrschen, wenn man von der spezifischen Anionenadsorption absieht.

1.53 Spezielle Wirkungen echt gelöster organischer Stoffe.
1.53.1 Allgemeines.

Unter den organischen Substanzen, die auf die kathodische Metallabscheidung einwirken können, lassen sich inhibierende, indifferente und aktivierende Stoffe unterscheiden. Während die inhibierenden Stoffe die bekannten Wirkungen hervorrufen, setzen die aktivierenden Stoffe die Metallüberspannung herab. Entsprechend wirken sie auf die Form der Abscheidung kristallvergröbernd.

Nach ihrer Wirkung auf die kathodische Metallabscheidung kann man die organischen Fremdstoffe einteilen erstens in solche, die in der kathodischen Doppelschicht, namentlich in der innersten Region der HELMHOLTZ-Schicht, festgehalten werden. Sie zeigen keine Affinität zu Wassermolekeln, insbesondere zu denen im HELMHOLTZschen Anteil der Doppelschicht. Bei starker Adsorption können sie diese Wassermolekeln von ihrem Platz verdrängen.

Die zweite Gruppe bilden Stoffe, die, wie im ersten Fall, in der Doppelschicht oder am Metall haften, zugleich aber Wassermolekeln und, wenn sie sich dem Metall unmittelbar nähern, auch die Wassermolekeln der HELMHOLTZ-Schicht binden. Kraft ihrer Adsorption können sie Elektrodenvorgänge inhibieren; mit der Bindung von Wassermolekeln aktivieren sie die Vorgänge.

Die Stoffe der dritten Gruppe zeigen praktisch keine (oder nur sehr geringe) Adsorptionsneigung gegenüber der Metalloberfläche, sie binden aber Wassermolekeln, gegebenenfalls auch die Wassermolekeln, die die Metalloberfläche unmittelbar berühren und wirken somit aktivierend.

In einer vierten Gruppe finden sich schließlich solche ganz indifferenten Stoffe, die weder eine Affinität zur Doppelschicht oder zur Metalloberfläche, noch zu den Wassermolekeln äußern, also weder inhibieren noch aktivieren.

Wie sich aus folgenden Überlegungen ergeben wird, werden nach dieser Einteilung die Stoffe der ersten Gruppe mehr oder weniger starke Inhibition zeigen. Die Inhibition der zur zweiten Gruppe gehörenden Stoffe ist im allgemeinen geringer als im ersten Fall. Die Stoffe der dritten Gruppe inhibieren praktisch nicht, u. U. können sie sogar merklich aktivieren.

Wassermolekeln kann der organische Stoff binden, wenn seine Molekel hydrophile Atomgruppen, wie z. B. Hydroxyl-, Amido-, Imido-, Karboxyl- oder Sulfogruppen enthält. Fehlen solche Gruppen, so werden die Stoffe kaum fähig sein, Wasser zu binden. Diese hydrophoben Stoffe sind in der ersten und in der vierten Gruppe enthalten. In ihrer Wirkung unterscheiden sich die hydrophoben Stoffe der beiden Gruppen durch das Vorhandensein oder Fehlen von Affinitäten zur Metalloberfläche (wobei hier der Begriff „Affinität" neben der Adsorption auch die elektrostatische Anziehung organischer Kationen einschließen soll).

In der ersten Gruppe können selbst Stoffe mit hydrophilen Atomgruppen vertreten sein, sofern die Affinität dieser hydrophilen Gruppen zu den Oberflächenatomen der Kathode oder zu bestimmten Bestandteilen der Doppelschicht *größer* ist als ihre Neigung, Wasser zu binden. Solche Stoffe werden sich dann — ebenso wie die hydrophoben Stoffe — bevorzugt an die Metalloberfläche anheften (hier unter Verdrängung der Wassermolekeln) oder in andere Bereiche der Doppelschicht einlagern, ohne jedoch Wassermolekeln zu binden.

Eine Anlagerung von Wassermolekeln an die hydrophilen Gruppen der organischen Molekel (wie sie z. B. mittels „Wasserstoffbrücken" möglich ist), schwächt in jedem Falle die nach außen wirkenden Bindungskräfte der Molekel. Daher werden (in der vierten Gruppe) Stoffe mit hydrophilen Gruppen weniger gut inhibieren als ihre Grundsubstanzen, denen die hydrophilen Gruppen ganz oder teilweise fehlen, es sei denn, die hydrophilen Gruppen zeigen, wie erwähnt, das Bestreben, sich eher an Metall als an Wassermolekeln anzulagern.

Neigt der hydrophobe Anteil der Molekel nicht zur Bindung an die Metalloberfläche, so werden die Molekeln, deren hydrophile Gruppen sich mit Wassermolekeln abgesättigt haben, bei geringer Konzentration kaum unmittelbar auf die kathodische Abscheidung einwirken können (Stoffe der dritten Gruppe). Indirekt könnten sie aber sogar aktivieren, wenn sie die sonst inhibierenden Wassermolekeln der HELMHOLTZ-Schicht von der Metalloberfläche entfernen. Diese Möglichkeit könnte bestehen, falls die organischen Molekeln fähig sind, bis in den innersten Bereich der HELMHOLTZ-Schicht vorzudringen. Von indirekten Inhibitionswirkungen, die etwa bei höherer Konzentration solcher Stoffe auftreten können, weil die Viskosität des Elektrolyten beträchtlich erhöht oder die Leitfähigkeit stark verringert wird, soll hier abgesehen werden.

Die indifferenten Stoffe der vierten Gruppe sind unpolar. Wegen ihrer geringen Löslichkeit in wäßrigen Systemen dürften sie nur in seltenen Fällen, z. B. bei Zusatz eines lösungsbegünstigenden organischen Lösungsmittels, das sich mit Wasser mischt, in Betracht kommen. In kolloidalem Zustand werden auch sie zu Ladungsträgern und zeigen dann nach obiger Definition gewisse Affinitäten.

Bei dieser Einteilung war stillschweigend angenommen worden, daß der Elektrodenvorgang die organischen Stoffe nicht verändert. Unter Umständen können aber solche Stoffe an der Kathode reduziert werden. Ob dies unter den Bedingungen der kathodischen Metallabscheidung möglich ist, hängt von der Lage der Redox-GALVANI-Spannungen im Vergleich zur GALVANI-Spannung der Metallabscheidung ab. Überlagert sich der Reduktionsvorgang dem Abscheidungsprozeß, so kann sich die Polarisation vermindern oder sogar Depolarisation auftreten. Reduktion ist die häufigste Ursache einer scheinbar „aktivierenden" (stimulierenden) Wirkung organischer Stoffe.

1.53.2 Organische Kationen.

Einfluß der Konstitution. Wie bereits erwähnt, sind die organischen, substituierten Ammoniumionen und die Alkaloidkationen weit bessere Inhibitoren als die Metallkationen. Sie werden wie diese die positive Belegung der HELMHOLTZ-Schicht an der Metallkathode bilden und sich außerdem auch, je nach Ladung der Oberfläche, in der diffusen Doppelschicht verteilen. Zeigen sie zugleich noch adsorptive Affinität zu den Oberflächenatomen der Kathode, so werden sie wahrscheinlich auch die Wassermolekeln verdrängen und sich den Oberflächenatomen in der innersten Region der HELMHOLTZ-Schicht unmittelbar nähern können.

Die einfach bis dreifach substituierten Alkyl- oder Arylammoniumionen enthalten jeweils eine hydrophile NH_3-, NH_2- oder NH-Gruppe. Sie werden daher in wäßriger Lösung hydratisiert sein, was hingegen für die vierfach substituierten Ionen kaum noch zutreffen dürfte. Daher werden wohl die hydratisierten Alkyl- oder Arylammoniumionen die Metalloberfläche nicht unmittelbar berühren, sondern von ihr mindestens noch dazwischen gelagerte Hydrat-H_2O-Molekeln getrennt bleiben, wie dies auch für die Metallkationen angenommen wird.

Für eine Belegung der Doppelschicht mit solchen organischen Kationen sollte in homologen Reihen die TRAUBEsche Regel gelten: die Adsorbierbarkeit nimmt also mit steigender Molekelgröße zu[1]. Zunehmende Adsorbierbarkeit dürfte sich, abgesehen von einer Verschiebung des Adsorptionsgleichgewichtes nach stärkerer Belegung der Oberfläche mit dem Adsorptiv hin, in einer räumlichen Mehrbeanspruchung der Oberfläche durch die größere Molekel und in einer Zunahme der Intensität äußern, mit der das Adsorptiv an der Oberfläche haftet.

---

[1] vgl. MANN, Ch. A.; Trans. Elektrochem. Soc. 69, 115 (1936). Dies Beispiel betrifft die **Auflösung von Eisen in Säuren**, bei der die Inhibition grundsätzlich kathodisch *und* zugleich anodisch auftreten kann.

Für die Adsorbierbarkeit substituierter Ammoniumionen in homologen Reihen an metallischen Oberflächen sind direkte Erfahrungswerte bislang nur spärlich vorhanden. ROTH und LEIDHEISER jr.[1] untersuchten die Adsorption einiger Aminbasen bei 30° C in wäßriger Lösung an feinverteiltem Nickelpulver. Am stärksten wurde Chinolin adsorbiert, von mittlerer Wirkung waren Pyridin, Piperidin und Äthylendiamin. Geringe Adsorptionstendenz zeigte Cyclohexylamin und Äthylamin. Die Adsorbierbarkeit dieser Stoffe ging mit ihrer Inhibitionswirkung bei der kathodischen Abscheidung von Nickel aus dem WATTS-Bad (s. S. 626) ungefähr parallel, ebenso mit der Veredlung der Ruhe-GALVANI-Spannung von Nickelblech in n-HCl-Lösung.

Gewisse Unterschiede im Verhalten der Inhibitoren beim Adsorptionsversuch und bei der kathodischen Nickelabscheidung mögen auf den Umstand beruhen, daß das feinverteilte Nickelpulver, verwendet für die Adsorption, sicher von einem Oxydfilm bedeckt sein dürfte, während man Nickel unmittelbar nach der kathodischen Abscheidung oxydfrei erhält.

Wir können auch die auf Adsorption beruhende Inhibition bei der Auflösung von Metallen in Säuren zum qualitativen Vergleich heranziehen. Nach MANN[2] nimmt die Schutzwirkung von substituierten Ammoniumionen beim Beizen von Eisen in n-Schwefelsäure mit steigender Substitution des Wasserstoffs im NH_4^+-Ion und mit wachsender Kettenlänge der in das Ion eingebauten Atomgruppen erheblich zu. So wird also z. B. die Auflösungsgeschwindigkeit des Metalls durch äquivalente Zusätze in der Reihe der Sulfate des Methylamins, Äthylamins, Propylamins, Butylamins usw. in steigendem Maße gehemmt. PIRAK und WENZEL[3] fanden in der Reihenfolge von den primären bis zu den quaternären Ammoniumderivaten eine Zunahme der Inhibition bei aliphatischen wie bei aromatischen Radikalen. Die Wirksamkeit erhöht sich z. B. auch in der Folge der Salze des Pyridins, Chinolins und Acridins.

Übrigens nimmt auch die Wasserstoffüberspannung mit wachsender Größe des organischen Kations zu. Die Zunahme ist eine der Ursachen für die entsprechend anwachsende Inhibition beim Beizen von Metallen[5]. Nach WANJUKOWA und KABANOFF[4] ergibt sich eine deutliche Zunahme der Wasserstoffüberspannung z. B. an Blei beim Übergang von Tetrapropylammonium zu äquivalenten Mengen der entsprechenden Butyl- oder Isoamylderivate. Ähnliche Konstitutionseinflüsse haben CH'JAO und MANN[5] für die Wasserstoffüberspannung am Eisen nachgewiesen.

[1] s. S. 233, Fußn. 1.
[2] s. S. 266, Fußn. 1.
[3] PIRAK, H., u. W. WENZEL: Korrosion u. Metallschutz 10, 29 (1934).
[4] WANJUKOWA, L., u. B. KABANOFF: J. phys. Chem. (russ.) 14, 1620 (1940).
[5] CH'JAO, S. J., u. CH. A. MANN: Ind. Engng. Chem. 39, 910 (1947).

Auch aromatische Ammoniumderivate verhalten sich mit steigendem Ionenvolumen ganz entsprechend.

Ebenso zeigt nun das Verhalten der substituierten Ammoniumionen bei der kathodischen Abscheidung von Metallen deutliche Parallelen zu ihrer Schutzwirkung bei der Metallauflösung. So wächst nach H. FISCHER und GOESCH[1] die Überspannung an bei der Kupferabscheidung aus n-CuSO$_4$-Lösung ($+$ n-H$_2$SO$_4$) auf verkupfertem (aus saurer CuSO$_4$-Lösung bei 1,25 10^{-2} A/cm^2) Walzkupfer bei Zusatz äquivalenter Mengen von Alkylammoniumionen mit der Zahl und Größe der substituierenden Radikale und ist mit Abstand bei den Tetraderivaten am größten (vgl. Abb. 105).

Bei isomeren Kationen zeigt z. B. das vierfach substituierte Tetramethylammoniumion gegenüber dem isomeren Diäthylammoniumion eine weit überlegene Wirkung auf die Überspannung, wie sich aus Abb. 106[1] ergibt. Offenbar eignen sich die nichthydratisierten Tetraderivate sterisch besser für eine Blockierung der Oberfläche als die niederen Ammoniumionen.

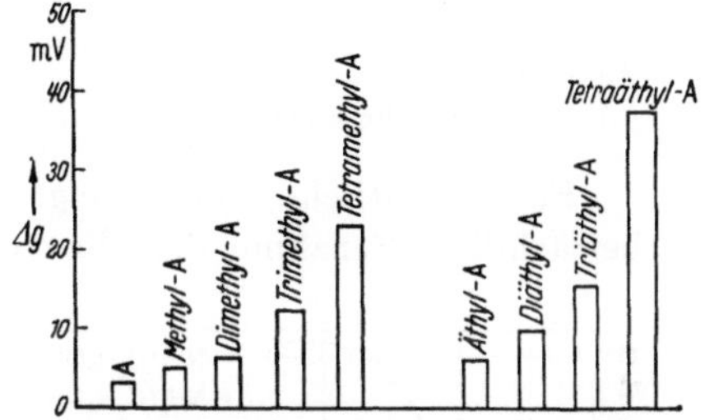

Abb. 105. Zusammenhang zwischen Überspannung und Größe der Alkylammoniumionen bei der Kupferabscheidung aus n-CuSO$_4$-Lösung ($+$ n-H$_2$SO$_4$). (Nach H. FISCHER und GOESCH[1].)

Auch bei der kathodischen Abscheidung von Nickel aus dem WATTS-Bad (s. S. 626) läßt der Einfluß einer Substitution auf die

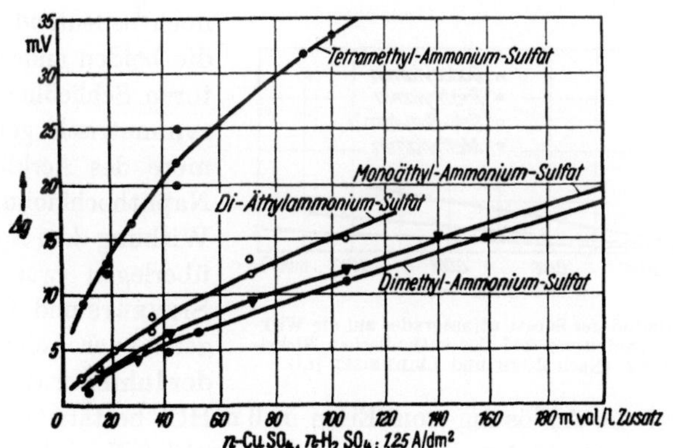

Abb. 106. Einfluß isomerer Alkylammoniumionen auf die Überspannung.
(Nach H. FISCHER und GOESCH.)

---

[1] FISCHER, H., u. J. GOESCH: Z. Elektrochem. **47**, 879 (1941).

Höhe der Polarisation sich deutlich zeigen (s. Abb. 107 u. 108, nach ROTH und LEIDHEISER jr.[1]). Das Nickel wurde bei $1 \cdot 10^{-2}$ A/cm² und $30°$ C abgeschieden.

Tabelle 29.

Wirkung zunehmenden Ionenvolumens auf die Überspannung der Kupferabscheidung.

Zusatz	Konzentration mol/l	Überspannung mV
Pyridinsulfat	0,04	15
Chinolinsulfat	0,03	55
Acridinsulfat	0,005	100
β-Naphthochinolinsulfat	0,005	180

Für aromatische Amine zeigt nach H. FISCHER und GOESCH[2] die beträchtliche Zunahme der Überspannung bei der Kupferabscheidung aus saurer n-CuSO₄-Lösung auf verkupfertem Walzkupfer (s. auch weiter oben) in Gegenwart von Pyridin, Chinolin und Acridin (Tab. 29). Augenscheinlich wird ein Gebilde aus drei Benzolkernen, wie Acridin, wesentlich stärker adsorbiert als das zweikernige Chinolin oder das einkernige Pyridin und wirkt selbst bei einer um eine Größenordnung geringeren Konzentration noch bedeutend stärker als die beiden anderen Inhibitoren. Schließlich ist das unsymmetrisch gebaute Isomere des Acridins, das β-Naphthochinolin, in seiner Wirkung dem Acridin noch überlegen (was sich nach SIEVERTS und LUEG[3] übrigens auch beim Vergleich der Inhibitorwirkung beider

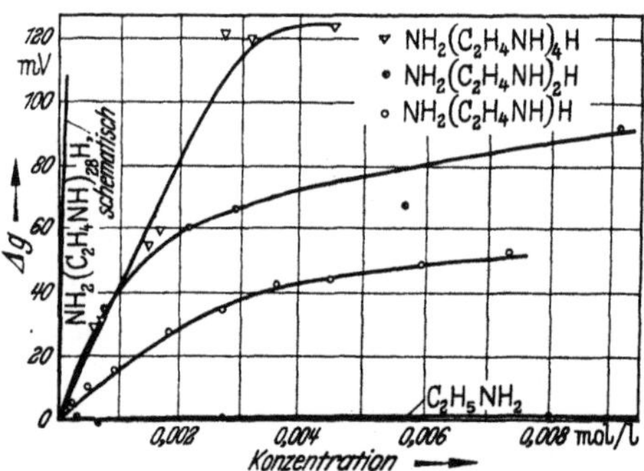

Abb. 107. Einfluß des Substitutionsgrades auf die Wirksamkeit von Inhibitoren bei der kathodischen Nickelabscheidung. (Nach ROTH und LEIDHEISER jr.[1])

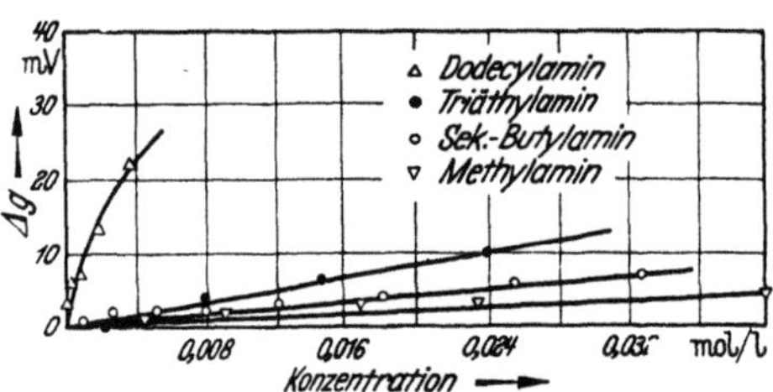

Abb. 108. Einfluß des Substitutionsgrades auf die Wirksamkeit von Inhibitoren bei der kathodischen Nickelabscheidung. (Nach ROTH und LEIDHEISER jr.[1])

Stoffe auf die Auflösung von Eisen in 6 n-HCl bestätigt), denn auch nach SIEVERTS und LUEG[3] ergeben 0,0025 mol/l β-Naphthochinolin bei

---

[1] s. S. 233, Fußn. 1.　　　[2] Nach bisher unveröffentlichten Untersuchungen.
[3] SIEVERTS, A., u. F. P. LUEG: Z. anorg. Chem. **126**, 93, 217 (1923).

der Abscheidung des Kupfers aus 1,5 n-Kupfer-sulfatlösung ($+$ 1 n-H_2SO_4) bei 10^{-2} A/cm² und Zimmertemperatur eine Überspannung von rund 210 mV, 0,005 mol/l bei der Zinkabscheidung aus 1,8 n-$ZnSO_4$-Lösung ($+$ 0,1 n-H_2SO_4) cet. par. sogar rund 340 mV.

Wie stark die Doppelbindungen an ringförmigen Substituenten des Ammoniaks wirken, zeigt Abb. 109 (nach ROTH und LEIDHEISER jr.), erhalten bei der kathodischen Nickelabscheidung aus dem WATTS-Bad (s. S. 626) bei $1 \cdot 10^{-2}$ A/cm² und 30° C. Die gesättigten Verbindungen Piperidin und Cyclohexylamin erhöhen die Polarisation bedeutend weniger.

Ansehnlich ist auch die Wirkung der besonders voluminösen und kompliziert gebauten Alkaloidkationen. Nach SIEVERTS und LUEG[1] hemmen manche Alkaloide die Auflösung von Eisen in Säure weit stärker als etwa Chinolin. Ähnlich wirken die Alkaloide bei der kathodischen Metallabscheidung. Tab. 30 gibt von LE BLANC[2] stammende

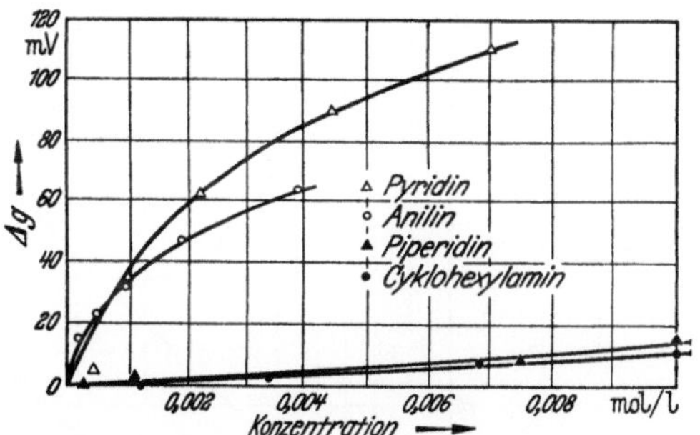

Abb. 109. Einfluß von Doppelbindungen auf die Wirkung von Inhibitoren bei der kathodischen Nickelabscheidung.
(Nach ROTH und LEIDHEISER jr.), S. 233, Fußn. 1.)

Werte (Erhöhung der Überspannung gegenüber dem zusatzfreien Bad) wieder, erhalten bei der Kupferabscheidung auf verkupfertem (saure $CuSO_4$-Lösung) Walzkupfer aus n-$CuSO_4$-Lösung ($+$ n-H_2SO_4) bei $4,5 \cdot 10^{-3}$ A/cm² und Zimmertemperatur.

Tabelle 30. *Wirkung von Alkaloiden auf die Überspannung der Kupferabscheidung.*

Alkaloid	Konzentration mol/l	Überspannung mV
Brucin	0,00025	119
Strychnin	0,0003	115
Chinin	0,0003	41
Atropin	0,00035	39

Trotz weit geringerer Konzentration und niedrigerer Stromdichte liegen die Überspannungswerte in Gegenwart von Alkaloiden z. T. erheblich höher als bei den einfachen Arylammoniumionen (vgl. Tab. 29). Allerdings haben die Alkaloide auch ein höheres Molekulargewicht.

[1] s. S. 268, Fußn. 3.
[2] LE BLANC, M.: Abh. d. Bunsenges. Halle: W. Knapp 1910.

Einfluß der Konzentration. Wie zu erwarten, nimmt die Überspannung mit wachsender Konzentration der Zusätze zu (H. FISCHER und GOESCH[1]). Bei adsorptiver Sättigung der Oberfläche mit den organischen Kationen sollte man eine Grenze des Anstiegs der Überspannung vermuten. In der Tat scheint die Tendenz eines asymptotischen Verlaufes der Überspannungs-Konzentrationskurven bei höherer Zusatzkonzentration gegeben zu sein (vgl. Abb. 110).

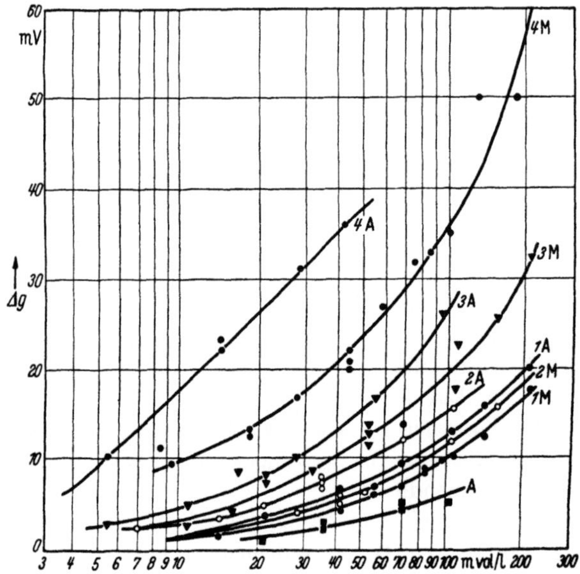

Abb. 110. Einfluß der Alkylammonium-Konzentration auf die Überspannung.
(Nach H. FISCHER und GOESCH, s. S. 267, Fußn. 1.)

A = Ammoniumion; 1 M = Monomethyl-, 1 A = Monoäthyl-, -ammoniumion; 2 M = Dimethyl-, A2 = Diäthyl-, -ammoniumion; 3 M = Trimethyl-, 3 A = Triäthyl-, ammoniumion; 4 M = Tetramethyl-, 4 A = Tetraäthyl-, -ammoniumion; $n\text{-}CuSO_4 + n\text{-}H_2SO_4$; $1{,}25 \cdot 10^{-2}$ A/cm²; 20° C.

Aus den Ausführungen über die Wirkung der organischen Kationen offenbart sich deutlich, um wieviel geringere Mengen dieser Stoffe im Vergleich zu organischen Anionen oder anorganischen Kationen genügen, um beachtliche kathodische Wirkungen bei der Metallabscheidung[2] auszulösen. So bedarf es für die Inhibitorwirkung von Anionen in der Regel größenordnungsmäßig einer etwa molaren Konzentration; ähnliches dürfte auch für die anorganischen Kationen gelten. Bei den stärker adsorbierbaren H^+-Ionen scheint schon 0,1 mol/l auszureichen.

---

[1] s. S. 267, Fußn. 1.

[2] Die Wasserstoffüberspannung kann wegen der besonders hohen Vergiftungspolarisation durch noch viel geringere Mengen erhöht werden. Die wirksamsten Inhibitoren können hier noch in Konzentrationen bis etwa 10^{-10} mol/l wirken (BOCKRIS und CONWAY, s. S. 216, Fußn. 2).

Die Wirkung von Alkyl- oder Aryl-Ammoniumionen äußert sich jedoch bereits bei Größenordnungen von 0,01 bis — bei den Alkaloidkationen — sogar von 0,0001 mol/l.

Die Belegung der Kathodenoberfläche mit den voluminösen Alkaloidkationen scheint, namentlich in höheren Konzentrationen, so dicht zu werden, daß die Kationenkonzentration in den Poren eines solchen Adsorptionsfilms · besonders rasch verarmen kann. So ist offenbar die Beobachtung Satos[1] zu deuten, der einen merklichen Rückgang der Stromausbeute bei der Zinkabscheidung

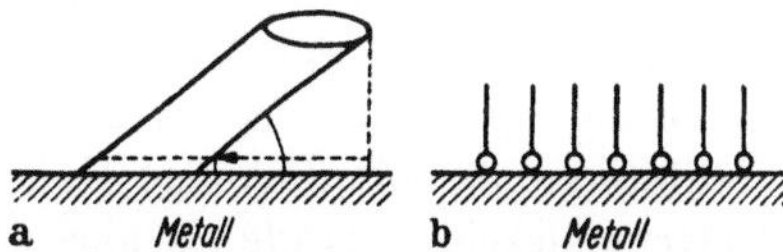

Abb. 111. Schema der Adsorption der monosubstituierten Kationen auf der Metalloberfläche. (Nach Ch'Jao und Mann[2].)

aus $ZnSO_4$-Lösung in Gegenwart von Alkaloiden beobachtete. Dabei mag sekundär außerdem noch kolloides Zinkhydroxyd entstehen und den Adsorptionsfilm weiter verdichten.

Theorie der Anlagerung organischer Kationen. Untersuchungen von Ch'Jao und Mann[2] an organischen Alkylammoniumionen, vor allem an monosubstituierten Homologen, die die Auflösung von Eisen in Säure inhibieren und eine entsprechend hohe Wasserstoffüberspannung ergeben, machen es wahrscheinlich, daß die Alkyl- (und ebenso Aryl-) Ammoniumionen mit ihrem Stickstoffatom an der Eisenoberfläche adsorbiert werden. Man darf wohl auch bei anderen Schwermetallen eine entsprechende Art der Orientierung annehmen. Lediglich an Aluminium (und vielleicht auch an anderen, sehr unedlen Metallen) scheint keine adsorptive, sondern nur eine elektrostatische Bindung organischer Arylammoniumionen zu bestehen, wie die Untersuchungen von Jenckel und Bräucker[3] sowie von Jenckel und Woltmann[4] erweisen.

In geringen Konzentrationen scheinen die Kohlenwasserstoffketten der adsorbierten monosubstituierten Ionen mehr oder weniger zur Metalloberfläche geneigt zu sein (vgl. Abb. 111). Der Neigungswinkel nimmt offenbar mit Steigerung der adsorbierten Menge zu. Er hängt von der Konzentration der organischen Ionen im Elektrolyten und von ihrer Adsorbierbarkeit (die mit der Molekelgröße größer wird) ab. Mit zunehmendem Neigungswinkel verkleinert sich die wirksame molekulare Fläche, die die Metalloberfläche bei Adsorption des organischen Kations abschirmt. Die wirksame molekulare Fläche besteht aus der Summe

---

[1] Sato, H.: Chem. Abstr. **24**, 3445 (1930). H. J. Reiser (Dissert., T. H. Karlsruhe 1953) beobachtete für einen Film aus β-Naphtochinolin einen ähnlichen Stromausbeuterückgang bei der Ni-Abscheidung.

[2] s. S. **266**, Fußn. **5**.

[3] Jenckel, E., u. E. Bräucker: Z. anorg. Chem. **221**, 249 (1934).

[4] Jenckel, E., u. F. Woltmann: Z. anorg. Chem. **233**, 236, 244 (1937).

der wahren molekularen Flächen, bei monosubstituierten Ionen aus der Fläche der NH_3-Gruppe bestehend, und der Projektionsfläche der geneigten Kohlenwasserstoffkette, projiziert auf die Metalloberfläche (vgl. Abb. 111). Nimmt der Neigungswinkel zu, so verkleinert sich die Projektionsfläche entsprechend. Bei einem Neigungswinkel von 90° ist die Projektionsfläche Null geworden. Unter diesen Umständen ist die wahre molekulare Fläche der NH_3-Gruppe die allein wirksame Fläche, und sie bleibt es unverändert bei weiterer ·Erhöhung der Konzentration des Inhibitors. So stellt diejenige Konzentration, bei der sich die einzelnen Kettenmolekeln gerade senkrecht stellen [Bürstenstruktur (vgl. Abb. 111)], einen kritischen Wert dar. Die kritische Konzentration ist je nach Art des Stoffes verschieden hoch, sie nimmt mit der Molekelgröße des betreffenden Kations ab. Nach den Rechnungen von CH'JAO und MANN[1] wird die kritische Konzentration z. B. von 0,09 mol/l Monoamylamin oder 0,035 mol/l Monohexylamin erreicht. Bei Arylammoniumionen, z. B. des Chinolins, Acridins oder β-Naphthochinolins dürfte sie noch erheblich niedriger ausfallen. Wahrscheinlich ist bei den Konzentrationen des Acridin- oder β-Naphthochinolinsulfats in der Tab. 29 bereits die Bürstenstruktur vorhanden. Bei einer solchen senkrechten Anordnung der Molekelketten scheint nach CH'JAO und MANN[1,2] die Adsorptionsgleichung von LANGMUIR zu gelten, wie die Autoren an 15 wirksamen stickstoffhaltigen organischen Inhibitoren nachweisen konnten. Voraussetzung ist hier also, daß die kritische Konzentration überschritten wird und somit die wirksamen molekularen Flächen konstant bleiben. Unter diesen Voraussetzungen ist die adsorbierte Menge direkt proportional dem Inhibitionsgrad.

1.53.3 Einfluß polarer organischer Molekeln auf die Metallüberspannung.

Allgemeines. Die organischen Neutralmolekeln unterscheiden sich in ihrer Wirkung auf Abscheidungsvorgänge nicht grundsätzlich von den zuvor erwähnten organischen Kationen, wie auch nicht von den später zu behandelnden Kolloiden. Allerdings gehorchen sie nicht den Gesetzen der Ionenwanderung, sondern allein denen der Diffusion. Eine Reihe der wirksamen organischen Verbindungen dissoziiert indes in wäßriger Lösung mehr oder weniger schwach in Ionen. Die Mehrzahl besteht aus ungeladenen, aber polaren Molekeln. Auch diese werden, namentlich bei unsymmetrischem Bau, auf ein elektrisches Feld ansprechen, indem sie als Dipole fungieren. So werden auch die polaren Molekeln — wenngleich in geringerem Maße als die Ionen — der elektrostatischen Anziehung oder Abstoßung an der Kathode gehorchen.

---

[1] s. S. 266, Fußn. 5.
[2] vgl. auch HOAR, T. P., u. R. D. HOLLIDAY, J. appl. Chem. **3**, 502 (1953).

Schließlich können die organischen Zusätze mit Bestandteilen des Elektrolyten oder mit dem Kathodenmetall Komplexverbindungen oder komplexe Ionen eingehen.

Ob aus der Lösung einer organischen Säure das Säureanion oder die neutrale Säuremolekel bevorzugt adsorbiert wird, hängt von der Säurekonzentration, von der Natur des Kathodenmetalls und dem Ladungszustand der Kathode ab. Augenscheinlich spielt hierbei auch die Potentiallage des Ladungs-Nullpunktes des Kathodenmetalls (vgl. S. 50) eine Rolle. Ist die Ladung noch positiv, was in manchen Fällen trotz kathodischer Polarisierung durchaus zutrifft, so werden die Anionen, hingegen im negativen Ladungsbereich die neutralen Molekeln, bevorzugt werden.

Die zweifellos bestehenden gesetzmäßigen Zusammenhänge zwischen der chemischen Konstitution der organischen Stoffe und ihrer Wirkung auf das elektrolytische Kristallwachstum und die Überspannung hat man bislang selten systematisch untersucht[1]. Das bisher bekannte experimentelle Material läßt meist nur qualitative Schlüsse zu und dient im allgemeinen der technischen Anwendung.

Die organischen Zusätze zu den Elektrolyten, wie man sie praktisch verwendet, entstammen allen möglichen Stoffklassen. Auf Überspannung und Abscheidungsform können z. B. einwirken: Aldehyde, Amine, Ketone, Äther, Alkohole (namentlich höhere), Phenole, Aminosäuren, Sulfosäuren, höhermolekulare Fettsäuren, Harnstoffabkömmlinge, Kampher, bestimmte Farbstoffe, verschiedenartige Thioverbindungen Terpene, usw.

Wie schon an anderer Stelle bemerkt (vgl. S. 233), scheint festzustehen, daß die inhibitorisch wirksamen Stoffe sich in der Regel als *Adsorptiva* betätigen. Über die Adsorption organischer Verbindungen, gelöst in wäßrigen Lösungen, an reinen Metalloberflächen[2], liegt allerdings wenig Erfahrungsmaterial vor (experimentelle Ergebnisse beziehen sich meist auf besonders wirksame nichtmetallische Adsorbentien, wie Aktivkohle, Tonerde, Kieselsäure usw.). Immerhin sprechen, wie wir gesehen haben (vgl. S. 233), eine Reihe von Tatsachen dafür, daß namentlich die Polarisation bei der kathodischen Abscheidung und die besondere Wirkung dieser Stoffe auf die Form des Metallniederschlages von Adsorptionserscheinungen herrühren.

Im Sinne der Auffassungen ERDEY-GRUZ, VOLMER, THON und anderer Autoren bedecken die adsorbierten Stoffe bestimmte Stellen der Kathodenoberfläche, vorzugsweise die aktiven Bereiche (vgl. S. 211). Damit zwingen sie die Kationen, sich an den nichtbedeckten Stellen

---

[1] vgl. ROTH und LEIDHEISER jr. S. 233, Fußn. 1.

[2] An Oberflächen, abgesättigt mit einer Oxydbelegung, dürften die Adsorptionswirkungen geringer ausfallen.

abzuscheiden. Die Vermutung von TAFT[1] und von JACQUET[2], die wirksamen Stoffe seien von vornherein auf der Elektrodenoberfläche adsorbiert und werden nicht erst von der Anziehung des elektrischen Feldes dazu veranlaßt, ist im Falle der neutralen Molekeln wahrscheinlich, denn naturgemäß wandern die ungeladenen organischen Stoffe nicht im elektrischen Feld.

MATHERS[3] nahm seinerzeit an, die organischen Zusätze wirkten, indem sie komplexe Kationen bilden, die bei ihrer Abscheidung an der Kathode das Kristallwachstum hemmen. FUSEYA und Mitarbeiter[4, 5] wiesen für eine Anzahl wirksamer Zusätze Komplexbildung nach, während sie bei wenig wirksamen Stoffen, wie Zuckerarten, keine oder nur sehr schwache Neigung zur Komplexbildung beobachteten.

Nun ist in vielen Fällen die Konzentration, namentlich der besonders wirksamen Zusätze, so gering, daß komplexe Ionen sicherlich nur zu einem geringen Anteil, wenn überhaupt, an der Abscheidung teilnehmen werden. Der überwiegende Anteil der zur Kathode wandernden Kationen dürfte aus freien Metallkationen bestehen. Die Polarisationserscheinungen werden also in solchen Fällen kaum etwa von einer wesentlich verringerten Konzentration an den potentialbestimmenden, freien Kationen herrühren. Wohl aber erscheint möglich, daß die abscheidbaren Kationen bei ihrem Eintritt in die Doppelschicht, wo sich die organischen Stoffe angereichert finden, intermediäre Komplexe bilden können.

Beispiele für den Konstitutionseinfluß. *Spezifische Adsorption.* Fast alle polaren Molekeln, löslich in wäßrigen Elektrolyten, enthalten eine oder mehrere hydrophile Gruppen. Nach der auf S. 234 gegebenen Einteilung der organischen Fremdstoffe gehören sie meist der zweiten und dritten Gruppe an. Zur ersten Gruppe zählen wir, wie bereits erwähnt, z. B. die Tetraalkylammoniumionen und einige organische Anionen. Allerdings können auch polare Molekeln mit hydrophilen Gruppen in der ersten Stoffklasse erscheinen, wenn sie sich unter spezifischer Adsorption mit hydrophilen Gruppen an die Metalloberfläche anlagern.

Aminosäuren mit je einer hydrophilen Gruppe am Anfang und am Ende der Kettenmolekel pflegen im allgemeinen nur schwach zu inhibieren (vgl. auch S. 283). Jedoch ergeben sie bei solchen Metallen deutliche Inhibition, deren Oberflächenatome unter den Bedingungen

---

[1] TAFT, R.: Trans. Amer. Electrochem. Soc. **63**, 75 (1933).

[2] JACQUET, P.: C. r. 83.

[3] MATHERS, F. C.: Trans. Amer. Electrochem. Soc. **29**, 417 (1916); **36**, 234 (1919); **38**, 133 (1920).

[4] FUSEYA, G., u. K. MURATA: Trans. Amer. Electrochem. Soc. **50**, 235 (1926).

[5] FUSEYA, G., u. K. MURATA: Trans. Amer. Electrochem. Soc. **52**, 249 (1927).

der kathodischen Abscheidung die organische Molekel spezifisch (komplex) zu binden vermögen. Das ist z. B. bei der kathodischen Abscheidung von Kupfer oder Silber der Fall (FUSEYA und MURATA[1], FUSEYA und NAGANO[2], RAUB[3]). FUSEYA und YUMOTO[4] haben zwar nachgewiesen, daß auch Blei und Nickel zur Bildung von Komplexen mit Glykokoll neigen. Indes scheinen solche Verbindungen im Aziditätsbereich der kathodischen Abscheidung dieser Metalle nicht mehr existieren zu können. (Beim Nickel überdeckt vielleicht auch die sekundäre Inhibition des Nickelhydroxyds eine Inhibition durch Aminosäure.)

Ein anderes Beispiel für die spezifische Wirkung mancher hydrophilen Stoffe liefern mehrbasische Oxysäuren, wie Weinsäure oder Zitronensäure. Sie gehören zu den stark wirkenden Inhibitoren der kathodischen Abscheidung. So erhöht Weinsäure die Überspannung bei der Abscheidung von Silber, oder Weinsäure, wie auch Zitronensäure, die Überspannung bei der Nickelabscheidung (RAUB und WITTUM[5], RAUB[3]).

Als weiteres Beispiel werden wir später die spezifische Inhibitorwirkung des Brenzkatechins bei der Bleiabscheidung kennenlernen (S. 284). Brenzkatechin enthält zwei OH-Gruppen in Ortho-Stellung.

Unspezifische Adsorption. In der zweiten Gruppe unserer Einteilung (S. 234) finden wir viele Stoffe mit einer hydrophilen Gruppe und einem kettenförmigen, hydrophoben Anteil. Solche Molekeln sind bekanntlich grenzflächenaktiv[6]. Zu ihnen gehören auch die Netzmittel (wetting agents) des Galvanotechnikers. Sie binden bevorzugt die Wassermolekeln der Phasengrenze, die gewöhnlich mehr Bindungskräfte frei haben als die (assoziierten) Wassermolekeln im Innern des Elektrolyten, und treten an ihre Stelle. Dabei bilden nunmehr die hydrophoben Gruppen der kapillaraktiven Substanz die Grenze der flüssigen Phase in der HELMHOLTZ-Schicht. Dieser Umstand erklärt offenbar, warum diese Stoffe die Grenzflächenspannung verringern.

Nicht alle grenzflächenaktiven Stoffe dieser Konstitution wirken bei der Metallabscheidung inhibitorisch. Man darf nicht vergessen, daß sich mit der Anlagerung von Wassermolekeln an hydrophile Gruppen Bindungen absättigen und folglich Affinitäten abschwächen. In der homologen Reihe solcher Verbindungen gilt gewöhnlich die TRAUBEsche Regel. Die Inhibitorwirkung nimmt mit der Kettenlänge der Molekeln

---

[1] s. S. 274, Fußn. 4, 5.

[2] s. S. 274, Fußn. 4, 5.

[3] RAUB, E.: Z. Metallkde. **39**, 33 (1948).

[4] FUSEYA, G., u. R. YUMOTO: J. Soc. chem. Ind., Japan (Suppl.) **31**, 80 (1928).

[5] RAUB, E., u. M. WITTUM: Z. Elektrochem. **46**, 717 (1940).

[6] Eine systematische Übersicht über grenzflächenaktive, wasserlösliche Stoffe bringt W. KLING: Angew. Chem. **65**, 201 (1953).

zu. Am wenigsten inhibieren also die niedermolekularen Glieder der Reihe. Zu solchen grenzflächenaktiven Stoffen mit sehr schwacher Inhibitorwirkung gehören hauptsächlich niedermolekulare Alkohole, in einigen Fällen auch niedermolekulare Phenole[1], Aldehyde, Ketone, Fettsäuren, also Molekeln mit einer OH-, CO- oder COOH-Gruppe als hydrophilem Bindeglied zur H_2O-Molekel.

a) Inhibitionswirkungen der Alkohole, Ketone, Aldehyde, Fettsäuren. Grenzflächenaktive Stoffe von niederem Molekulargewicht, wie Äthylalkohol, Azeton, Essigsäure usw., verändern weder die Form der Abscheidung der kathodischen Niederschläge noch die Polarisation. Bei Zusatz von 5% Äthylalkohol zur Kupfersulfatlösung beobachtete z. B. TAFT[2] keine Veränderung im Gefüge des abgeschiedenen Kupfers (bei $1 \cdot 10^{-2}$ A/cm^2 und 30°C). Er konnte auch keinen Einbau von organischer Substanz im Kupfer nachweisen. Nach TAFT und HORSLEY[3] beeinflußt auch Essigsäure die kathodische Abscheidung von Silber aus Silbernitratlösung nicht. Merkwürdigerweise erhält man aber mit einem Zusatz einer äquivalenten Menge Natriumazetat an Stelle von Essigsäure eine kräftige Kornverfeinerung des Silberniederschlages. Im Gegensatz zur Essigsäure ist das Azetation praktisch hydrophob. Es scheint sich an die Metalloberfläche anzulagern, ohne dabei benachbarte Wassermolekeln zu binden. Immerhin muß auch eine etwaige Mitwirkung der eingebrachten Natriumionen in Rechnung gesetzt werden.

Nach der erwähnten TRAUBEschen Regel nehmen in homologen Reihen der Stoffe Oberflächenaktivität und Adsorptionsneigung mit wachsender Molekelgröße zu. Bislang vermögen wir noch nicht zu entscheiden, was stärker anwächst, die Adsorptionskräfte einer Bindung an das Metall oder die Neigung der hydrophilen Gruppen, sich mit den Wassermolekeln zu verketten.

So nehmen z. B. in der homologen Reihe der Fettsäuren Oberflächenaktivität und Adsorptionsneigung mit wachsender Zahl der CH$_3$-Gruppen zu. TAFT und HORSLEY[3] beobachteten, daß Zusätze von Ameisensäure, Essigsäure und Propionsäure (je 0,01 mg) zu 0,25 m-Silbernitratlösung noch keinen gefügeverändernden Einfluß auf die kathodische Silberabscheidung (bei $0,5 \cdot 10^{-2}$ A/cm^2, 30°C) ausüben. Die äquivalente Menge der noch stärker oberflächenaktiven Buttersäure verfeinert aber das Kristallkorn deutlich. Capronsäure schließlich erzeugt in entsprechender Menge einen feinkörnigen, dunklen Niederschlag. Entweder vermehren also die höheren Homologen die Zahl der Kristallkeime, weil

---

[1] Soweit sie nicht besondere Affinität zu Schwermetallen zeigen.

[2] s. S. 274, Fußn. 1.

[3] TAFT, L., u. L. H. HORSLEY: Trans. Amer. Electrochem. Soc. **74**, 303, 318 (1938).

sich ihre hydrophobe Gruppe an das Metall bindet, oder die Karboxylgruppe haftet mit zunehmender Molekelgröße eher am Metall als an einer Wassermolekel. Die Frage muß vorläufig unentschieden bleiben.

Auch die aliphatischen und aromatischen Ketone gehorchen, was die Hemmwirkung bei der Auflösung von Metallen in Säuren anlangt, in homologer Reihe der TRAUBEschen Regel (MANN[1]). Allerdings inhibieren die niederen Ketone wenig. Auch RAUB und WITTUM[2] finden, daß aliphatische und aromatische Ketone die kathodische Abscheidung von Nickel und die dabei auftretende Metallüberspannung kaum beeinflussen.

Oxysäuren oder Ketosäuren, wie z. B. Milchsäure oder Brenztraubensäure, erhöhen in Gehalten von 0,01 mol/l die Überspannung bei der Abscheidung von Silber aus 3%iger $AgNO_3$-Lösung nur wenig oder gar nicht. Brenztraubensäure oder Lävulinsäure wirken auch nicht bei der Abscheidung von Nickel aus Sulfatlösung (RAUB und WITTUM[2]), während Milchsäure deutlicher inhibiert.

Ist die kathodische Metallabscheidung gegenüber niedermolekularen Aldehyden, Alkoholen, Ketonen, Fettsäuren und Amiden — soweit bis heute überhaupt einigermaßen bekannt — nur wenig empfindlich, so spricht die GALVANI-Spannung der kathodischen Wasserstoffabscheidung auf diese Stoffe zumeist deutlicher an. Da sich sehr häufig Wasserstoff gemeinsam mit dem Metall abscheidet, wollen wir die bisher bekannten Erfahrungstatsachen ausführlicher behandeln.

Je nach Natur der Elektrode, nach Art des organischen Stoffes und nach den Abscheidungsbedingungen inhibieren oder depolarisieren (aktivieren) die Vertreter der genannten Stoffgruppen die kathodische Abscheidung des Wasserstoffes. Über die Ursachen einer Depolarisation läßt sich häufig noch kein klares Bild gewinnen. Die Zusammenhänge erscheinen verwickelt, denn es können sich verschiedene Wirkungen überlagern. So kann z. B. Inhibition und Depolarisation gleichzeitig auftreten, was sich nach außen je nach Überwiegen des einen oder anderen Einflusses vermehrter oder verminderter Polarisation kundgeben kann.

Wie Abb. 112 zeigt (nach GLASSTONE[3]), depolarisieren niedere Alkohole und Fettsäuren (Essigsäure und Äthylalkohol) die Wasserstoffabscheidung aus $n\text{-}H_2SO_4$ bei $3{,}2 \cdot 10^{-2}$ A/cm², während sie zugleich die Grenzflächenspannung herabsetzen. Isobutylalkohol und Isobuttersäure inhibieren bei kleinen Konzentrationen, während sie bei höheren depolarisieren. Sie setzen die Grenzflächenspannung weniger herab als die niederen Alkohole und Fettsäuren. Zwischen Über-

---

[1] MANN, CH. A.: Trans. Amer. Electrochem. Soc. **69**, 115 (1936).
[2] s. S. 111, Fußn. 1.   [3] s. S. 172, Fußn. 1.

spannung und Grenzflächenspannung besteht keine erkennbare Beziehung.

Wie bereits früher erwähnt, kann man *alleinige* Inhibition an ihrer gesetzmäßigen Zunahme mit der Konzentration des Inhibitors und mit der Stromdichte erkennen. Die TAFELschen Konstanten a und b (vgl. S. 31) nehmen mit der Inhibitorkonzentration zu. Die Konstante b kann bei Erhöhung der Stromdichte, nach anfänglicher Konstanz schließlich bei hohen Stromdichten — abweichend von der TAFELschen Beziehung — fortlaufend größer werden[1]. Die TAFELsche Beziehung gilt dann nicht mehr, und man erreicht ein Grenzstromgebiet. Die Größe

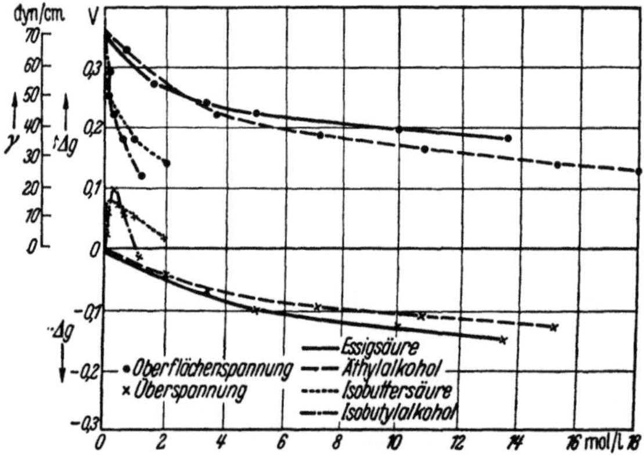

Abb. 112. Einfluß von Alkoholen und Fettsäure auf die Wasserstoffüberspannung und Grenzflächenspannung. (Nach GLASSTONE, s. S. 172, Fußn. 1.)

der Inhibition hängt stark vom Elektrodenmaterial ab, d. h. von dessen Inhibitorempfindlichkeit (vgl. S. 219). Sie nimmt mit der Inhibitorempfindlichkeit der Metalle zu.

Bei den obengenannten Stoffgruppen müssen wir aber beachten, daß die Molekeln mit steigender Konzentration leicht zu Dimeren oder — bei Aldehyden — sogar zu Polymeren assoziieren. Mit der Assoziation ändert sich wahrscheinlich die Inhibitorwirkung der Stoffe. So bilden die hydrophilen Gruppen nicht allein Brücken für eine H_2O-Anlagerung, sondern auch für eine Assoziation.

Ob die Inhibitorwirkung bei der Assoziation größer oder geringer wird, hängt davon ab, in welchem Maße in der Molekel noch Bindungskräfte für eine adsorptive Anlagerung übrig bleiben. Bei der Assoziation zu Dimeren sättigen sich die hydrophilen Gruppen ab, indem sie eine Brücke zwischen zwei Inhibitormolekeln bilden. Dabei entstehen größere, sperrigere Gebilde, die aber wahrscheinlich weniger fest an einem Ad-

---

[1] FISCHER, H.: Z. Elektrochem. **55**, 92 (1951).

sorbens haften. Das bisher vorliegende experimentelle Material reicht indes nicht zur Entscheidung aus, ob monomere oder assoziierte Molekeln stärker inhibieren.

b) Depolarisationswirkungen der Alkohole, Ketone, Aldehyde und Fettsäuren. Noch schwieriger ist der Mechanismus der Depolarisation zu überblicken. Drei Ursachen können für die Depolarisation verantwortlich sein: einmal Wegnahme der inhibierenden Wassermolekeln von der Metalloberfläche (Helmholtz-Schicht), ohne daß die wasserbindenden Molekeln selbst inhibieren, zweitens Depolarisation infolge Reduktion des organischen Inhibitors, drittens Depolarisation infolge erleichterter Abgabe eines Protons aus der organischen Molekel im Vergleich zur Dehydratation des Hydroxoniumions oder zur Abgabe des Protons aus einer Wassermolekel. Die dritte Ursache käme nur für die Abscheidung (oder Mitabscheidung) von Wasserstoff in Betracht.

Eine Depolarisation infolge Entfernung der Wassermolekeln von der Metalloberfläche sollte mit der Konzentration der organischen Stoffe zunehmen, sofern diese nicht merklich assoziieren. Mit anwachsender Assoziation ginge die Depolarisation zurück, denn anstatt Wassermolekeln anzulagern, bindet die organische Molekel nunmehr eine zweite, gleiche Molekel. Die Wahrscheinlichkeit, daß Assoziate depolarisieren, indem sie Wasser entziehen, dürfte geringer sein. Einen merklichen Stromdichteeinfluß sollte man bei einem etwaigen Wasserentzug nicht erwarten, wohl aber wieder eine Abhängigkeit vom Elektrodenmaterial. Inhibieren Wassermolekeln um so eher, je größer die Inhibitorempfindlichkeit des betreffenden Metalls ist, so sollte auch die depolarisierende Wirkung einer Wasserbindung bei Metallen mit großer Inhibitorempfindlichkeit am ehesten ins Gewicht fallen.

Was die Depolarisation der Reduktion angeht, so dürfte auch sie mit steigender Konzentration der reduzierbaren Substanz leichter vonstatten gehen, und zwar gemäß der Nernstschen Beziehung. Nimmt aber mit der Konzentration zugleich die Assoziation zu, so könnte die assoziierte Molekel u. U. einer Reduktion eher widerstehen als die monomere Substanz. Andererseits sollte sich bei sehr geringen Gehalten Konzentrationspolarisation überlagern, die eine Reduktionsmöglichkeit ebenfalls verringert. Ist jedoch die Konzentration des Stoffes nicht zu gering, so wird sich die Depolarisation mit steigender Stromdichte vergrößern.

Auch die Reduzierbarkeit hängt nicht zuletzt von der Natur des Kathodenmetalls ab: für gewöhnlich depolarisiert die reduzierbare Substanz um so leichter, je größer die Wasserstoffüberspannung an dem betreffenden Metall ist. Daher sollten sich die Inhibitoren an Blei, Quecksilber, Kadmium, Thallium usw. eher reduzieren lassen als an Platin oder Nickel.

Ganz unübersichtlich sind schließlich noch gewisse spezifischkatalytische Wirkungen, die manche Metalle auf die Reduktion einzelner

Stoffe ausüben können. Gelegentlich kann z. B. die Reduktion an einem Metall mit geringer Wasserstoffüberspannung, wie Nickel, leichter ablaufen als an einem Metall mit hoher Überspannung, wie Quecksilber (v. STACKELBERG[1]).

Manche assoziierenden organischen Molekeln können vermöge ihrer Konstitution unter bestimmten Bedingungen Protonen abspalten und wieder aufnehmen (sog. H-Brückensysteme[2]). Dazu gehören z. B. Alkohole, Aldehyde, Säuren, auch primäre Amine. Sind sie an der Metalloberfläche adsorbiert, so mag vielleicht der Vorgang der Abspaltung von Protonen aus ihnen unter gewissen Umständen leichter ablaufen als die anderen Reaktionen zur direkten kathodischen Abscheidung eines Protons. So könnte Depolarisation der Abscheidung von Wasserstoff auftreten.

In der folgenden Tabelle ist zusammengefaßt, wie sich die Polarisation der kathodischen Wasserstoffabscheidung bei den vier Möglichkeiten: Inhibition, „Aktivierung“ infolge Wasserentzug, „Aktivierung“ infolge Reduktion oder „Aktivierung“ infolge erleichterter Protonenabgabe, ändern sollte, und zwar mit größer werdender Konzentration und Assoziation des Inhibitors, mit gesteigerter Stromdichte und mit zunehmender Inhibitorempfindlichkeit des Metalls.

Tabelle 31. *Änderung der Polarisation unter verschiedenen Bedingungen.*

Vorgang	Änderung der Polarisation mit gesteigerter			
	Konzentration	Assoziation	Stromdichte	Inhibitor-Empfindlichkeit
Inhibition	größer	größer (?)	größer	größer
„Aktivierung“ infolge H$_2$O-Entzug	kleiner	größer	indifferent oder kleiner	kleiner
„Aktivierung“ infolge Reduktion	kleiner	größer (?)	kleiner	im allgemeinen kleiner
„Aktivierung infolge Protonenabspaltung . . .	kleiner	größer	kleiner	kleiner

Nicht selten werden sich Polarisation und Depolarisation überlagern. Eine solche Überlagerung offenbart sich meist in einem Übergang in eine geringere Neigung der $\Delta g/\log J$-Kurve mit gesteigerter Stromdichte (vgl. S. 218), die durch die TAFELsche Konstante b dargestellt wird. Häufig fällt die Kurve bei niedrigen Stromdichten geradlinig ab, biegt aber u. U. dann bei weiterer Stromdichteerhöhung um (vgl. Abb. 85 a, S. 219).

---

[1] v. STACKELBERG, M.: Z. Elektrochem. **55**, 120 (1951).
[2] WIRTZ, K.: Z. Elektrochem. **54**, 47 (1950).

In nichtwäßrigen Lösungen der Elektrolyte können zwei Faktoren die Polarisation beeinflussen: einmal handelt es sich um die Solvatation der Oberflächenatome (wie der Kationen). Sie tritt hier ganz allgemein an die Stelle der Hydratation. In der Regel wird die Solvatation bei polaren Lösungsmittelmolekeln eine stärkere Inhibition ausüben als eine Hydratation. Zweitens werden die Elektrolytbestandteile, namentlich in Lösungsmitteln mit niedrigerer Dielektrizitätskonstante als Wasser, eine verstärkte Neigung zur Komplexbildung äußern. (Ob solche Komplexe stärker adsorbiert werden als die einfacheren Verbindungen, muß im Einzelfall untersucht werden; die Blockierung der Kathodenoberfläche könnte sich also auf diese Weise noch verstärken.)

Nach bisherigen experimentellen Ergebnissen in wäßrig salzsaurer Lösung (BOCKRIS[1], WETTERHOLM[2], HICKLING und SALT[3]) scheinen die niedermolekularen Alkohole Methylalkohol und Äthylalkohol an Metallen mit hoher Wasserstoffüberspannung, wie z. B. Quecksilber und Blei, entweder teilweise reduziert zu werden oder Protonen abzuspalten. Gegen eine Reduktion spricht, daß die Alkohole bei der Polarographie an Quecksilber keine Reduktionsstufe geben. Die Polarisation wird jedenfalls mit steigender Alkoholkonzentration geringer, geht z. T. in Depolarisation über. Aber auch an Kupfer und Nickel fällt der b-Wert der TAFELschen Beziehung in den Strom-Spannung-Kurven bei höheren Stromstärken ab, was auf gleichzeitige Reduktion hindeutet (WETTERHOLM[2]). (An Silber bleibt der b-Wert konstant.) Ebenfalls depolarisieren höher molekulare Alkohole, wie z. B. Hexylalkohol, in HCl an Quecksilber. während sie an Nickel und an Gold inhibieren (HILLSON[4]).

An Nickel und platiniertem Platin (HICKLING und SALT[3]) inhibieren die assoziierten Alkohole. In verdünnten wäßrigen Lösungen (also bei geringer Assoziation) inhibieren die Alkohole an Blei noch mäßig, sie bleiben aber an Nickel oder Kupfer indifferent oder depolarisieren schwach (BOCKRIS[1]). Diese Ergebnisse könnten für die — nicht erhebliche — Mitwirkung eines Mechanismus des Wasserentzuges in dem oben angedeuteten Sinne sprechen.

Ein kathodischer Silberniederschlag scheidet sich nach DADIEU[5] aus Lösungen von $AgNO_3$ in wasserfreiem Äthylalkohol mit beträchtlich höherer Überspannung ab als aus wäßriger Lösung. Amylalkohol wird hingegen bei der kathodischen Silberabscheidung aus $AgNO_3$, gelöst in diesem Alkohol, reduziert (R. MÜLLER, PINTER und PRETT[6]).

Der höherwertige Alkohol Äthylenglykol verhält sich wiederum anders: in verdünnter wäßriger Lösung depolarisiert er an Metallen mit hoher Wasserstoffüberspannung wie Quecksilber, Blei und Kupfer, während er an Nickel indifferent bleibt (BOCKRIS[1]).

---

[1] BOCKRIS, J. O'M.: Trans. Faraday Soc., Electrode Processes **1947**, 95. — BOCKRIS, J. O'M., u. R. PARSONS: Trans. Faraday Soc. **45**, 916 (1949).

[2] WETTERHOLM, A.: Trans. Faraday Soc. **45**, 861 (1949).

[3] HICKLING, A., u. F. W. SALT: Trans. Faraday Soc. **37**, 224 (1941).

[4] s. S. 51. Fußn. 2.

[5] DADIEU, A.: Z. Elektrochem. **34**, 301 (1928).

[6] MÜLLER, R., E. PINTER u. K. PRETT: Mh. Chem. **45**. 525 (1924).

Hingegen inhibiert sein Assoziat an Quecksilber, Blei und Kupfer und auch an platiniertem Platin (HICKLING und SALT[1]). An Nickel zeigt er sich auch in diesem Zustand indifferent. Offenbar ist das Assoziat eines zweiwertigen Alkohols gegenüber Reduktion wesentlich stabiler als das Monomere. Für die Indifferenz an Nickel scheint es vorläufig noch keine Erklärung zu geben.

Die niedermolekularen Aldehyde und Ketone lassen sich relativ leicht reduzieren. So überwiegt z. B. bei ihnen an Blei die Depolarisation gegenüber der Inhibitorwirkung (HIBBERT und READ[2]). Azeton (0,8 mol/l erweist sich allerdings unter den Versuchsbedingungen (n-H_2SO_4, Stromdichte $1,6 \cdot 10^{-2}$ A/cm² bei 12° C) als stabil, verhält sich aber inhibitorisch indifferent. Aus $AgNO_3$-Lösung in Azeton scheidet sich Silber mit größerer Überspannung als aus wäßriger Lösung ab (DADIEU[3]). Dimethylketon und Methyläthylketon werden jedoch deutlich reduziert. Bei den leicht reduzierbaren Aldehyden nimmt die Depolarisation mit wachsender Kettenlänge ab. Eine Doppelbindung in der Kette (z. B. bei Crotonaldehyd) verstärkt hingegen die Depolarisation.

Das Verhalten von Acetaldehyd ist auch an anderen Metallen in wäßrig salzsaurer (2 n)-Lösung (WETTERHOLM[4]) untersucht worden. An den Metallen mit mittlerer oder geringer Wasserstoffüberspannung, wie z. B. Kupfer, Silber, Nickel, wirkt es als Inhibitor. Aus der Tatsache, daß die Neigung der $\Delta g/\log J$-Kurve (Konstante b) auch an diesen Metallen bei hohen Stromdichten absinkt, müssen wir hier gleichfalls auf die Überlagerung einer Reduktion oder eines Protonenüberganges schließen.

Auch das nicht selten als Lösungsmittel verwendete Dioxan depolarisiert an Blei in salzsaurer wäßriger Lösung merklich, während es an Nickel unter diesen Bedingungen noch inhibiert. In wasserfreier, salzsaurer Dioxanlösung ergibt es an beiden Metallen eine schwache Depolarisation (BOCKRIS[5]). Offenbar überlagern sich hier die stabilisierende Assoziation und die reduktionserleichternde Wirkung einer Konzentrationserhöhung. Äthyläther wird reduziert (an Kupfer), wobei die Depolarisation sich mit der Stromdichte vergrößert (BOCKRIS[5]).

Von den Fettsäuren inhibiert Essigsäure in wäßriger Lösung (2 n) an Kupfer, Silber und Nickel merklich (WETTERHOLM[4]). Immerhin deutet sich aus der Abnahme der Konstante b mit steigender Stromdichte eine Veränderung im Reaktionsmechanismus an. Mit wachsender Konzentration der Essigsäure ergibt sich an Kupfer zunächst Depolarisation, dann wieder Inhibition. Umgekehrt nimmt die Inhibition an Silber und Nickel mit der Konzentration zu, um dann wieder abzufallen. Nach den Ergebnissen überwiegt der Inhibitionsanteil gegenüber dem Anteil der Reduktion deutlich. BOCKRIS[5] findet ein ähnliches Maximum bei etwa 50% Essigsäure auch am Blei. Mit starker Konzentration der Essigsäure nimmt die Reduktion an Blei, Kupfer und Nickel in jedem Falle zu; man beobachtet also Depolarisation.

Konzentrierte Ameisensäure ist an Nickel stabiler. Die hier bemerkbare Inhibition geht aber mit der Stromdichte zurück, überlagerte Reduktion anzeigend. An Blei und Kupfer depolarisiert die konz. Säure von vornherein, ebenso nimmt auch die Depolarisation mit der Stromdichte zu.

---

[1] s. S. 281, Fußn. 3.

[2] HIBBERT, H., u. R. R. READ: J. Amer. chem. Soc. **46**, 983 (1924).

[3] s. S. 281, Fußn. 5.

[4] s. S. 281, Fußn. 2.

[5] s. S. 281, Fußn. 1.

c) Einfluß einer Einfügung saurer Gruppen. Die Einführung von Gruppen sauren Charakters, wie z. B. Sulfosäurereste, (phenolische) Hydroxylgruppen usw. in eine Inhibitormolekel, schwächt offenbar die Inhibitorwirkung an der Kathode. Dies erkennt man z. B. aus den Versuchsergebnissen von ROTH und LEIDHEISER jr. (vgl. S. 235), die den Einfluß der Konstitution von Inhibitoren auf die Polarisation bei der Nickelabscheidung betreffen. Bereits Tab. 21, S. 237, ließ erkennen, daß organische Verbindungen mit solchen Gruppen nur schwach inhibieren. Besonders deutlich werden solche Zusammenhänge auch in den Abb. 113 und 114. Anilin inhibiert bedeu-

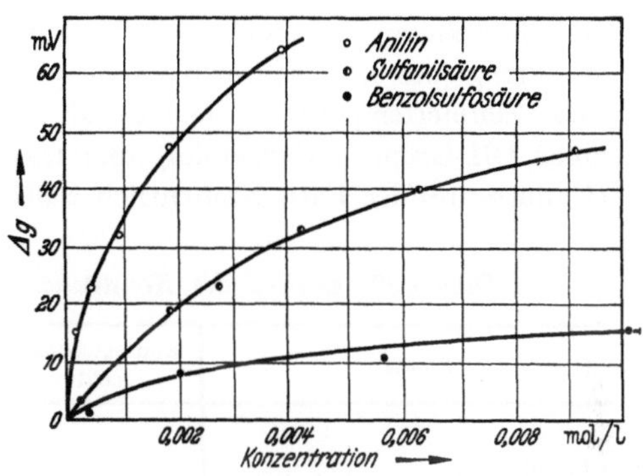

Abb. 113.

tend stärker als Sulfanilsäure oder gar Benzolsulfosäure (Abb. 113). Der Verlust der NH_2-Gruppe bedeutet im letzten Fall noch eine weitere Schwächung[1]. Ebenso wirkt Benzaldehyd (Abb. 114) erheblich stärker als sein Sulfonat oder als Benzolsulfosäure. Auch der Verlust der Aldehydgruppe scheint die Inhibition zu verringern.

Führt man in eine Substanz mit einer OH-Gruppe eine oder mehrere weitere OH-Gruppen ein, so schwächt sich die Inhibitorwirkung deutlich ab. Hierfür liefern die Phenole einige Beispiele. Nach FOERSTER und DECKERT[2] geht z. B. die für eine Inhibition kenn-

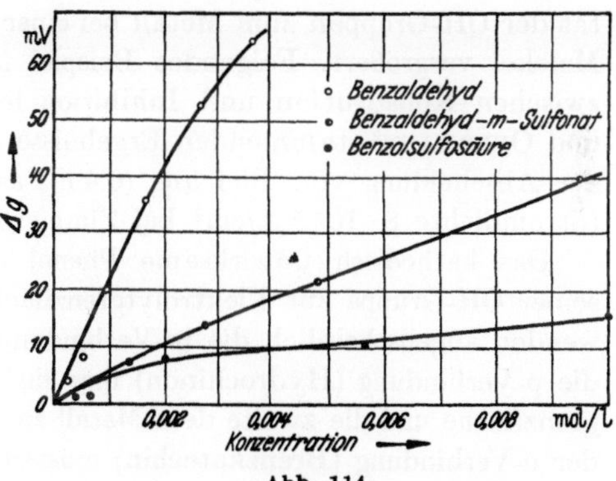

Abb. 114.

Abb. 113 u. Abb. 114. Einfluß der Einführung einer Sulfosäuregruppe auf die Inhibitorwirkung bei der kathodischen Abscheidung von Nickel. (Nach ROTH und LEIDHEISER jr.)

---

[1] Nach ROTH und LEIDHEISER jr. verstärken NH_2-Gruppen nicht immer die Inhibition; dies hängt von ihrer Stellung in der Molekel ab. Führt man in Phenol z. B. eine NH_2-Gruppe in Ortho-Stellung zur OH-Gruppe ein, so ändert sich die Inhibition nur wenig, in Meta- oder Para-Stellung erhöht sie sich aber bedeutend.

[2] FOERSTER, F., u. H. DECKERT: Z. Elektrochem. **36**, 901, 917 (1930).

zeichnende Einebnung des sonst rauhen Zinnniederschlages (abgeschieden aus saurer [0,15 m-H_2SO_4] 0,25 m-Zinn(II)-sulfatlösung bei
$2 \cdot 10^{-2}$ A/cm^2 und 20° C) vollständig verloren, wenn man den wirksamen Inhibitor m-Kresol[1] sulfoniert.

Wie MATHERS und OVERMANN[2] gezeigt haben, verschlechtert Einführung einer weiteren OH-Gruppe in die Molekel des Brenzkatechins
(1·2·3-Stellung) die einebnende Wirkung des Inhibitors bei der Bleiabscheidung (aus 0,4 n-saurer 0,5 n-Bleiperchloratlösung bei $8 \cdot 10^{-3}$ A/cm^2
und Zimmertemperatur) bedeutend. Dies ist z. B. bei Einführung
einer OH-Gruppe (Pyrogallol) und noch mehr von OH und COOH
(Gallussäure) der Fall. Namentlich Gallussäure ist fast wirkungslos.

Tabelle 32. *Einfluß der Konstitution auf die Abscheidungsform.*

Zusatz	Konzentration mol/l	Abscheidungsform
—	—	federartige grobe Kristalle
Phenol.	0,01	federartige grobe Kristalle
Resorcin	0,01	grobe Kristalle, an den Kanten federförmig
Hydrochinon	0,01	glatte Kristalle, besser haftend
Brenzkatechin	0,01	glatte, feinkörnige Kristalle

Nun kann es allerdings, wie erwähnt, Fälle geben, wo sich die Affinität der OH-Gruppen zum Metall bei einer bestimmten Stellung in der
Molekel vergrößert. Folgendes Beispiel ist für die Zusammenhänge
zwischen Konstitution und Inhibition lehrreich. Die von MATHERS.
und OVERMANN[2] stammenden Ergebnisse (Tab. 32) wurden wieder bei
der Abscheidung von Blei aus (0,4 n-) saurer 0,5 n-Perchloratlösung
(Stromdichte $8 \cdot 10^{-3}$ A/cm^2 bei Zimmertemperatur erhalten.

Das kathodisch unwirksame Phenol orientiert sich offenbar mit
seiner OH-Gruppe zur Elektrolytgrenzfläche hin. Von den Diphenolen
wenden augenscheinlich die m-Verbindung (Resorcin) und namentlich
die p-Verbindung (Hydrochinon) ihre eine OH-Gruppe der Elektrolytgrenzfläche und die zweite dem Metall zu. Die starke Inhibitorwirkung
der o-Verbindung (Brenzkatechin) müssen wir wohl mit der günstigen
Lage der beiden benachbarten OH-Gruppen erklären. Hier orientieren
sich allem Anschein nach beide Gruppen zum Metall hin.

---

[1] Sulfosäure nachträglich von kolloiden Beimengungen gereinigt. — Starke
Inhibitorwirkung von Sulfosäuren bei der Nickelabscheidung aus Sulfatlösung
(RAUB und WITTUM, s. S. 275, Fußn. 1) beruht offenbar auf kolloidem Sulfid,
infolge Reduktion entstanden.

[2] MATHERS, F. C., u. O. R. OVERMANN: Trans. Amer. Electrochem. Soc. **21**,
319 (1912).

d) *Inhibitorwirkung der Thioverbindungen.* Als wirksame Inhibitoren der Metallauflösung in Mineralsäuren gelten bekanntlich schwefelhaltige organische Verbindungen. Sie können den Schwefel z. B. als Merkaptan, als Sulfidschwefel oder als Heteroatom in Ringsystemen enthalten. Wirksam scheint nach PIRAK und WENZEL[1] nur die zweiwertige Form des Schwefels zu sein. Es fällt auf, daß die beiden Valenzen des Schwefels meist an zwei verschiedene Atome gebunden erscheinen. Parallel zu diesen Beobachtungen rufen Merkaptane z. B. bei der kathodischen Nickelabscheidung aus Sulfatlösung deutliche Veränderungen hervor (vgl. RAUB und WITTUM[2]).

Besonders wirksame Körper enthalten zugleich Stickstoff und Schwefel oder mehrere Schwefelatome. Ausgezeichnete Inhibitoren der Metallauflösung gehören nach PIRAK und WENZEL[1] folgenden Stoffgruppen an: Thioamide, schwefelhaltige Kohlensäureabkömmlinge, wie Thiuramderivate, Thioharnstoffe, Thiosemikarbazide usw., ferner Heterozyklen, wie Thiazole, Thiourazole, Thiodiazole, Thiazthioniumchloride, Thiazine, Senföle usw. Besonders wirksam sind die Trithione und ihre Derivate (LÜTTRINGHAUS und GOETZE[3]).

Wiederum parallel dazu ergibt sich nun eine entsprechend starke Wirkung von Thioverbindungen z. B. bei der elektrolytischen Abscheidung von Nickel (RAUB und WITTUM[2]). So erhöht Thioharnstoff die Überspannung besonders und steigert den Glanz der Nickelniederschläge sehr beträchtlich (vgl. auch ROTH und LEIDHEISER jr.[4]). Das gleiche gilt z. B. für Methylenblau.

Die starke Inhibitionswirkung der Thioverbindungen wirft die Frage auf, ob sie tatsächlich nur von diesen organischen Substanzen selbst ausgeht, oder ob nicht noch Nebenreaktionen die Inhibition so verstärken können. Als eine solche Nebenreaktion kann eine kathodische Reduktion der Thioverbindungen zu Sulfiden oder Schwefelwasserstoff in Betracht kommen. Sind bei dem Ablauf der Reduktion Schwermetallkationen zugegen, so kann sich schwerlösliches Schwermetallsulfid im kolloidalen Zustand abscheiden. Als positiv geladenes Sol ist Schwermetallsulfid ein sehr wirksamer Inhibitor. Ob die Reduktion möglich ist, hängt von der Lage der Redox-GALVANI-Spannung im Vergleich zur GALVANI-Spannung der Abscheidung des Metallions oder des Wasserstoffions ab. Ist die Redox-GALVANI-Spannung unter den Abscheidungsbedingungen edler als die GALVANI-Spannungen der anderen Vorgänge, so wird sich neben den Abscheidungsvorgängen auch der Reduktionsprozeß als kathodische Teilreaktion abspielen können. (Bei sehr großer

---

[1] PIRAK, H., u. W. WENZEL: Korrosion u. Metallschutz **10**, 29 (1934).
[2] s. S. 275, Fußn. 5.
[3] s. S. 237, Fußn. 1.
[4] s. S. 233. Fußn. 1.

Abweichung des Redoxpotentials nach der edlen Seite wird die Reduktion sogar zum alleinigen kathodischen Prozeß werden.)

Wird die Thioverbindung also reduziert, während sich zugleich Metall abscheidet, so dürfte sich die Überspannung infolge sekundärer Inhibition wesentlich erhöhen. Für die Abscheidung von Nickel in Gegenwart solcher Inhibitoren ist dieser Fall sehr wahrscheinlich, denn die Nickelabscheidung läuft an sich schon mit erheblicher Polarisation ab. Die GALVANI-Spannung des Reduktionsvorganges kann daher leicht edler werden als die GALVANI-Spannung der Metallabscheidung. Dafür sprechen auch Beobachtungen von RAUB und WITTUM[1], die in Nickel-niederschlägen, abgeschieden in Gegenwart von Thioverbindungen, Sulfideinschlüsse fanden. Auch manche organischen Sulfosäuren lassen sich übrigens unter solchen Bedingungen zu Sulfiden reduzieren. Andere Sulfosäuren, wie z. B. Toluolsulfosäure, wirken z. B. an Nickel, Gold und Silber in HCl als starke Inhibitoren (HILLSON[2]). ELZE und H. FISCHER[3] haben außerdem gezeigt, daß man Thioharnstoff z. B. an Eisenkathoden relativ leicht reduzieren kann.

e) *Inhibitorwirkung der Nitrile.* Wie ROTH und LEIDHEISER jr.[4] fanden, wirken Nitrile bei der kathodischen Abscheidung von Nickel (vgl. S. 235) im allgemeinen als mittlere bis starke Inhibitoren, je nach Größe und Konstitution des Säure-restes, der mit dem Stickstoff verbunden ist. Am schwächsten wirkt von den untersuchten Nitrilen Lactonitril, das (vgl. Tab. 20, S. 235) der zweiten Gruppe polarisierender Substanzen (vgl. Abb. 89, S. 234) angehört. Stärker inhibieren Acrylo-nitril und Propionitril (Gruppe 3), am stärksten Benzonitril und Succionitril (Gruppe 5). Fügt man in Benzonitril eine Aminogruppe in Parastellung ein, so schwächt sich die Inhibitorwirkung etwas ab (Gruppe 4). In die entsprechende Kategorie gehören auch Glykolonitril und γ-Hydroxobutyronitril.

f) *Einfluß wasserfreier Amine und Nitrile als Lösungsmittel.* Im Abschnitt „Organische Kationen" haben wir das Verhalten der Derivate der Ammonium-ionen in wäßriger Lösung erörtert. Die freien, wasserfreien Basen können nun ebenfalls auf den kathodischen Prozeß einwirken, wenn sie z. B. als Lösungs-mittel für den Elektrolyten dienen.

So ist die Metallüberspannung nach GROENING und CADY bei der kathodischen Abscheidung von Schwermetallen aus n/10-Salzlösungen, gelöst in flüssigem Ammoniak etwas unterhalb $-33°$ C, deutlich größer als bei der Abscheidung aus entsprechend konzentrierten wäßrigen Lösungen bei $0°$. Die Autoren untersuchten die Verhältnisse bei der Silberabscheidung aus Nitrat- oder Nitritlösungen, der Abscheidung von Blei, Nickel und Eisen(III) aus Nitrat-lösungen und von Kadmium und Zink aus Nitrat- oder Jodidlösungen. Lediglich die Abscheidung von Zink aus Nitratlösung macht eine Ausnahme. Zink scheidet sich hier aus der wäßrigen Lösung mit einer weit höheren Überspannung ab als aus der Lösung in flüssigem Ammoniak. Wahrscheinlich wirkt in der wäßrigen Lösung starke *sekundäre* Inhibition von kolloidem Zinkhydroxyd mit.

---

[1] s. S. 275, Fußn. 5.

[2] s. S. 51, Fußn. 2.

[3] ELZE, J., u. H. FISCHER: J. electrochem. Soc. **99**, 259 (1952).

[4] s. S. 233, Fußn. 1.

An Lösungen von Silbernitrat in Pyridin schlägt sich Silber kathodisch mit beträchtlich höherer Überspannung nieder als aus wäßriger Nitratlösung gleicher Konzentration. Allerdings leidet die Genauigkeit der Messungen offenbar infolge erheblicher Veränderungen der Abscheidungsform der Silberniederschläge während der Elektrolyse. Bei der Abscheidung von Silber aus Lösungen von Silbernitrat in Chinolin finden R. MÜLLER und Mitarbeiter[1] ein mit steigender Stromdichte zunehmend edler werdendes kathodisches Abscheidungspotential.

Auch Säurenitrile als Lösungsmittel ergeben höhere Werte der Metallüberspannung als eine wäßrige Lösung, so z. B. bei der Silberabscheidung aus Lösungen von Silbernitrat in Azetonnitril (R. MÜLLER und Mitarbeiter[1]). Propionitril erhöht entsprechend die Polarisation. Dies fand LE BLANC[2] bei der Abscheidung von Silber aus Lösungen seines Nitrates in Propionitril (wobei übrigens erhöhte Temperatur die Überspannung nur wenig beeinflußte). Die Messung wurde oszillographisch ausgeführt. Daher scheiden hier Veränderungen in der Abscheidungsform praktisch aus.

f) Indifferenz stark hydrophiler oder völlig unpolarer Stoffe. Vollständig indifferent in bezug auf Metallüberspannung oder auch Abscheidungsform verhalten sich organische Molekeln mit vielen hydrophilen Gruppen, wie mehrwertige Alkohole oder Zuckerarten. So bleiben z. B. von den Zuckerarten oder von Glyzerin noch 0,1 bis 1 mol/l fast wirkungslos. (In höherer Konzentration kann erhöhte Viskosität Konzentrationspolarisation ergeben.)

Zuckerarten sowie Glyzerin und seine Abkömmlinge werden offenbar nur in recht geringem Maße an Metalloberflächen adsorbiert. Augenscheinlich sättigen sich die zahlreichen Hydroxylgruppen dieser Stoffe, die sonst wohl eine adsorptive Bindung vermittelten, bei ihrer hydrophilen Natur bereits so sehr mit H_2O-Molekeln, daß sie keine Neigung mehr zur Betätigung adsorptiver Bindungen gegenüber dem Metall äußern.

Über den Einfluß ganz unpolarer Molekeln, wie z. B. von Kohlenwasserstoffen, auf die kathodische Metallabscheidung scheint es kaum experimentelles Material zu geben. Da sie sich in wäßriger Lösung praktisch nicht lösen, kämen für Versuche nur Lösungen in organischen Mitteln in Betracht. Diese unpolaren Stoffe dürften praktisch weder inhibieren noch aktivieren, sofern sie nicht kolloid sind.

1.53.4 Einfluß von organischen Kolloiden.

Allgemeines. Kolloide sind starke Adsorptiva und beeinflussen daher die kathodische Metallabscheidung erheblich. Im Mechanismus ihrer Wirkung unterscheiden sie sich nicht grundsätzlich von anderen Inhibitoren, wenn sie in sehr geringer Konzentration vorliegen. Einige Besonderheiten in ihrem Verhalten offenbaren sich vor allem bei größeren

---

[1] s. S. 281, Fußn. 6.
[2] LE BLANC, M.: Abh. d. Bunsenges. Halle: W. Knapp 1910.

Kolloidkonzentrationen: aus der Sperrigkeit der abnorm großen Molekeln, der beträchtlichen Dicke der Adsorptionsfilme, der ungewöhnlichen Zähigkeit der Adsorptionshülle und der Veränderlichkeit ihrer Wirkung infolge Umladung oder Flockung.

Auch bei den Kolloiden gehen also Adsorbierbarkeit und kathodische Inhibition parallel. Für die Adsorbierbarkeit an Metallen kann man bei hydrophilen Kolloiden die sog. „Goldzahl" angenähert als Maßstab ansehen. Als Goldzahl gilt nach ZSIGMONDY bekanntlich diejenige Konzentration an schützendem Kolloid, die den Umschlag eines hochroten Goldsols nach Violett verhindert, der sonst auf Zusatz von 1 cm³ 10%iger NaCl-Lösung auftritt.

Die Goldzahl darf nun — wenigstens qualitativ — auch als Maß für die Inhibitionswirkung des Kolloids gelten, und zwar nicht bloß bei der kathodischen Metallabscheidung, sondern ebenso auch bei anderen Inhibitionswirkungen. So trifft das z. B. zu für die kathodische Abscheidung von Wasserstoff, die anodische Auflösung von Metallen, das technische Beizen von Metallen usw.

Tab. 30 enthält die Goldzahlen für eine Reihe wichtiger hydrophiler Kolloide[1].

Tabelle 33. Goldzahlen hydrophiler Kolloide.

Kolloid	Goldzahl in g Sol pro 100 cm³
Gelatine, Leim	0,00005 ··· 0,0001
Ei-Albumin, amorph	0,0003 ··· 0,0006
Eiweiß, frisch	0,0008 ··· 0,0015
Albumin	0,001 ··· 0,002
Gummi arabicum	0,0015 ··· 0,0025
Traganth	0,02
Stärke (Weizen)	0,05
Dextrin (Merck oder Kahlbaum)	0,05 ··· 0,07
Dextrin (Kahlbaum gereinigt)	0,02
Saponin	0,23
Stärke (Kartoffel)	0,25

Bei Betrachtung der Goldzahlen heben sich im wesentlichen drei Gruppen heraus: die sehr wirksamen Proteine und Peptone, die Gummiarten von mittlerer Wirksamkeit und die schwach wirkenden Kohlehydrate. In der Tat geht z. B. die Inhibition bei der Auflösung von Metallen in Säuren mit den Goldzahlen parallel. Schützen dabei Proteine und Peptone das Metall besonders, so hemmen Gummi arabicum, Stärke und Dextrin die Auflösung weit weniger (vgl. SCHUNKERT[2];

---

[1] KUHN, A.: Kolloidchemisches Taschenbuch, 2. Aufl., S. 277. Leipzig 1944.
[2] SCHUNKERT, E.: Z. phys. Chem. A 167, 19 (1933).

Beck und von Hessert[1]). Nach Machu[2] ist z. B. ein Gelatine-Adsorptionsfilm auf Eisen (in n-H_2SO_4) bedeutend dichter als ein solcher aus Gummi arabicum oder Stärke unter gleichen Bedingungen. Offenbar scheint auch hier die große Zahl hydrophiler OH-Gruppen ähnlich wie bei den echt gelösten Zuckerarten (vgl. S. 287) für diese Abschwächung verantwortlich zu sein.

Für die Metallüberspannung lassen sich nun entsprechend unterschiedliche Wirkungen nachweisen. So ergeben Gelatine und Pepton z. B. bei der Kupferabscheidung aus saurer Kupfersulfatlösung höhere Überspannungswerte als Stärke (Clark und Jones[3]) oder selbst eine weit größere Menge Dextrin (Haring und Blum[4], Sieverts und Wippelmann[5]). Auch auf die Metallüberspannung von Zink oder Nickel in Sulfatlösungen wirkt Gelatine stärker als Gummi arabicum oder Dextrin (vgl. Isgarischew[6], Newbery[7]).

Ganz ähnliche Unterschiede scheinen sich in der Wirksamkeit der beiden Gruppen von Kolloiden auch bei der Abscheidungsform zu ergeben, wenngleich verwertbare[8] Ergebnisse systematischer Untersuchungen bislang kaum vorliegen. So wirken z. B. 0,4 g/l Gelatine auf die Silberabscheidung aus flußsaurer (1,5 n-) 0,24 n-Silberfluoridlösung ($8 \cdot 10^{-3}$ A/cm²) deutlich glättend; die gleiche Menge Pepton beeinflußt schon weniger, und Gummi arabicum ist wirkungslos (Mathers und Blue[9]).

Wirkung der hydrophilen Kolloide unter Ausschluß sekundärer Inhibition. Die Wirkung der Kolloide auf die kathodische Abscheidung erscheint vielfältig und ist schwer zu übersehen, neigen doch die Kolloide dazu, selbst wiederum Bestandteile des Elektrolyten zu adsorbieren und sich auf diese Weise zu verändern. Besonders starke Veränderungen können sich ergeben, wenn neben den von vornherein zugesetzten organischen Kolloiden während der Elektrolyse noch anorganische Kolloide z. B. infolge Hydrolyse (sekundäre Inhibition vgl. S. 249)

[1] Beck, W., u. F. v. Hessert: Z. Elektrochem. **37**, 11 (1931).

[2] Machu, W.: Korrosion u. Metallschutz **10**, 284 (1934).

[3] Clark, B., u. E. O. Jones: Trans. Faraday Soc. **25**, 583 (1929).

[4] Haring, H. E., u. W. Blum: Trans. Amer. Electrochem. Soc. **44**, 312 (1923).

[5] Sieverts, A., u. W. Wippelmann: Z. anorg. allg. Chem. **91**, 1, 35 (1915).

[6] Isgarischew, N.: Kolloid-Beih. **14**, 25 (1921/22).

[7] Newbery, E.: J. chem. Soc. London **111**, 483 (1917); **105**, 2419 (1914).

[8] Vergleichende Untersuchungen von Wernick [Trans. Faraday Soc. **24**, 361 (1928)] über die Veränderung der Kornzahl pro cm² bei der Abscheidung von Silber aus $AgNO_3$-Lösung durch eine Reihe verschiedener Kolloide sind wegen der reduzierenden Wirkung der Mehrzahl dieser Stoffe in der *neutralen* Lösung leider unsicher.

[9] Mathers, F. C., u. T. G. Blue: Trans. Amer. Electrochem. Soc. **31**, 28 (1917).

entstehen. In der Inhibition können sich dann beide Kolloide gegenseitig verstärken oder aber sich abschwächen (Flockung).

Deshalb betrachten wir die Wirkung der hydrophilen Kolloide zunächst unter solchen Bedingungen, die sekundäre Inhibition praktisch ausschließen. Dies ist z. B. der Fall in stark angesäuerten Elektrolyten, namentlich bei der kathodischen Abscheidung von edleren Metallen, wie Blei, Kupfer oder Silber, sofern sich diese Metalle allein, d. h. mit einer Stromausbeute von praktisch 100% abscheiden. Abb. 103, S. 258, zeigt den Einfluß von Gelatine auf die Polarisation bei der kathodischen Abscheidung von Blei aus stark sauren Elektrolyten (nach FRÖLICH, CLARK und ABORN[1]).

Über den Einfluß von Gelatine und Gummi arabicum auf die Polarisation beim kathodischen Abscheiden von Kupfer aus saurer ($0{,}14$ n-H_2SO_4) 2 n-Kupfersulfatlösung bei Zimmertemperatur geben die folgenden Polarisations-Zeitkurven nach SIEVERTS und WIPPELMANN[2] Aufschluß (Abbildung 115).

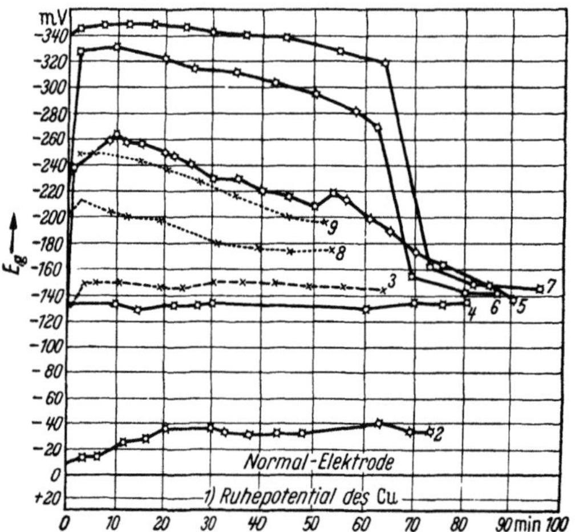

Abb. 115. Spannung-Zeit-Kurven bei der Kupferabscheidung in Gegenwart von Kolloidzusätzen.
(Nach SIEVERTS und WIPPELMANN, s. S. 289, Fußn. 5.)

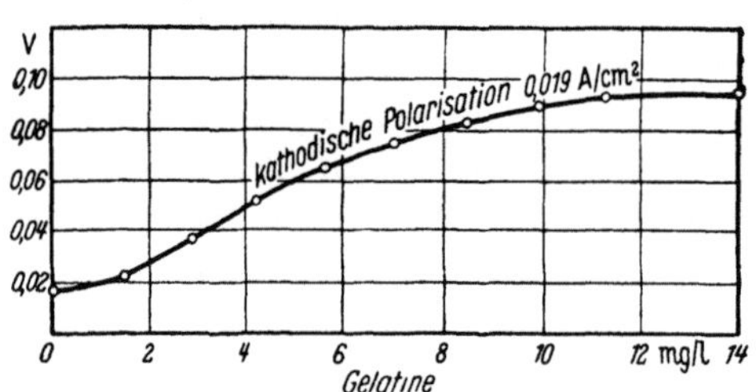

Abb. 116. Einfluß der Gelatinemenge auf die Polarisation bei der Kupferraffination.
(Nach ROUSE und AUBEL, s. S. 291, Fußn. 2.)

Bei einer Stromdichte von $4 \cdot 10^{-2}$ A/cm² ergeben $0{,}01$ g/l Gelatine (Kurve 5) nach etwa 10 min ein Maximum der Polarisation (etwa 130 mV, im Vergleich zur kolloidfreien Lösung, Kurve 4). Bei $0{,}1$ g/l Gelatine werden in rund 2 min bereits etwa 200 mV erreicht (Kurve 6) wobei die Überspannung gegenüber kolloidfreier Lösung schon zu Beginn der Elektrolyse etwa 70 mV beträgt. Bei 1 g/l Gela-

---

[1] FRÖLICH, P. K., G. L. CLARK u. R. H. ABORN: Trans. Amer. Electrochem. Soc. 49, 369 (1926).

[2] s. S. 289, Fußn. 5.

tine (Kurve *7*) fehlt ein Anstieg überhaupt. Man erhält hier sogleich eine sich kaum noch verändernde Mehrspannung von rund 210 mV.

Wie man aus Kurve *8* entnehmen kann, ergibt 1 g/l Gummi arabicum bei $4 \cdot 10^{-2}$ A/cm² sogleich von Anfang an eine Überspannung (gegenüber der kolloidfreien Lösung) von etwa 70 mV, die in etwa 3 bis 4 min nur noch um 10 mV ansteigt. Erfahrungsgemäß wird Gummi arabicum weit schwächer als Gelatine adsorbiert.

Vergleicht man die Lage der Kurven *5, 6* und *7* in Abb. 115, so findet man eine besonders starke Zunahme der Überspannung bei den kleinen Gelatinegehalten von 0,01 und 0,1 g/l. Eine Erhöhung des Gelatinegehaltes auf 1 g/l bringt nur noch einen relativ geringen Zuwachs an Polarisation. Dieser Befund stimmt mit Beobachtungen von Fink und Philippi[1], Rouse und Aubel[2], Aubel und Mahool[3] u. a. überein. Die Autoren fanden bei der Kupferabscheidung unter ähnlichen Bedingungen zunächst einen Anstieg der Überspannung mit der Gelatinekonzentration. Bei weiterem Steigern des Kolloidgehaltes beobachteten sie, daß die Polarisation sich praktisch nicht mehr vergrößerte[4] (vgl. Abb. 116).

Aus den Polarisations-Zeitkurven (Abb. 115) erkennt man im Falle der Gelatinezusätze einen deutlichen Anstieg der Polarisation zu Beginn der Elektrolyse. In saurer Lösung ist Gelatine positiv geladen. Infolge elektrostatischer Anziehung reichert sich das Kolloid im Laufe der Elektrolyse an der Kathode an. Bei dem negativ geladenen Gummi arabicum fehlt dieser Anstieg. Bemerkenswert ist aber der starke Abfall der Polarisation nach etwa 70 min. Elektrolysedauer auf nahezu den Anfangswert. Diese, bei Inhibitoren nicht seltene Erscheinung (vgl. H. Fischer und Goesch[5]) beruht offenbar auf einer Gefügeänderung des Niederschlages. Teilweise verringert sich auch die Kolloidkonzentration infolge des Einbaues in den Niederschlag.

Sehr wahrscheinlich werden die hohen Polarisationswerte dieser Kolloide nicht allein von Blockierungspolarisation und Kristallisationspolarisation getragen. Man darf erwarten, daß die Konzentration an abscheidbaren Kationen in den Poren des Adsorptionsfilms bei der hohen Stromdichte merklich verarmen wird, so daß also auch Konzen-

---

[1] Fink, C. G., u. C. A. Philippi: Trans. Amer. Electrochem. Soc. **50**, 262, 272 (1926).

[2] Rouse, E. W., u. P. K. Aubel: Trans. Amer. Electrochem. Soc. **52**, 189, 196 (1927).

[3] Aubel, P. K., u. J. G. Mahool: Trans. Amer. Electrochem. Soc. **50**, 276 (1926).

[4] Daß bei sehr hohen Kolloidgehalten wieder Änderungen zu erwarten sind, ist wohl gewiß, denn schon die starke Viskositätserhöhung des Elektrolyten müßte sich dann auswirken.

[5] Fischer, H., u. J. Goesch: Z. Elektrochem. **47**, 879 (1941).

trationspolarisation beteiligt sein sollte. Immerhin setzen nach SIEVERTS und WIPPELMANN[1] weder 1 g/l Gelatine noch 5 g/l Gummi arabicum unter den Abscheidungsbedingungen die Stromausbeute wesentlich herab. Ginge die Cu^{2+}-Ionenkonzentration z. B. um etwa zwei Zehnerpotenzen zurück, so sollte die Stromausbeute deutlich abnehmen. Dies entspräche etwa einer Konzentrationspolarisation von 58 mV. Bei der gemessenen Polarisation von rund 210 mV (1 g/l Gelatine) dürfte also der Anteil der Konzentrationspolarisation kaum mehr als 20% betragen.

Erst ein Erhöhen der Kolloidkonzentration über das gewöhnliche Maß hinaus ruft einen Verarmungseffekt hervor, den man an der verringerten Stromausbeute erkennen kann. Hierfür können Zahlenwerte aus einer Arbeit von JOSHI und PADMANABHAN[2] als Beispiel dienen. Bei der Abscheidung von Silber aus 0,05 n-Silbernitratlösung wurden bei 26° C, $1 \cdot 10^{-3}$ A/cm² und 30 min Elektrolysedauer in Gegenwart wechselnder Gelatinemengen die Stromausbeuten gemessen (vgl. Tab. 34).

Tabelle 34. *Kolloidgehalt und Stromausbeute.*

Gelatinegehalt g/Liter	Stromausbeute %
0	99,5
10	95,9
20	89,5
30	86,7
50	82,4

Daß der Verarmungseffekt wohl großenteils von gehemmter Ionenwanderung und Diffusion in dem zähen Medium des Elektrolyten herrührt, machen Untersuchungen von GLAZUNOW, TEINDL und HALIK[3] wahrscheinlich. Sie konnten in einer n-$AgNO_3$-Lösung bei Zimmertemperatur mit Gelatinezusätzen über 1,5 g/l eine merkliche Zunahme der Viskosität nachweisen. Im Bereich des Diffusionsfilms an der Kathode dürfte die Viskosität bedeutend mehr zunehmen. Verständlicherweise rufen bei größerer Verdünnung der Metallsalzlösung bereits kleinere Gelatinegehalte Stromausbeuteänderungen hervor. So setzen 1 g/l Gelatine in n/10-$CuSO_4$-Lösung + n-H_2SO_4 bei $1 \cdot 10^{-2}$ A/cm² die Stromausbeute etwa auf die Hälfte herab.

Aus der Arbeit von SIEVERTS und WIPPELMANN[1] läßt sich schließen, daß 1 g/l Gelatine die Kupferoberfläche unter den Versuchsbedingungen adsorptiv nahezu absättigen. Daß dies selbst im Falle einer zusätzlichen elektrostatischen Anziehung des positiv geladenen Kolloids noch keinesfalls lückenlose Bedeckung bedeutet, beweist für diesen Fall (zehnfach höhere Cu^{2+}-Konzentration als im vorhergehenden Beispiel) die unverändert gebliebene Stromausbeute. MACHU hat nach Passi-

---

[1] s. S. 289, Fußn. 5.
[2] JOSHI, S. S., u. S. PADMANABHAN: J. Indian chem. Soc. **15**, 176 (1938).
[3] GLAZUNOW, A., J. TEINDL u. J. HALIK: Chem. Listy Vedu Prumysl **29**, 117, 131 (1935).

vierungsversuchen geschätzt, daß eine Eisenoberfläche in n-H_2SO_4 selbst bei einer Gelatinekonzentration von 12,5 g/l erst etwa zur Hälfte bedeckt ist[1].

Man darf also mit ziemlicher Sicherheit annehmen, daß kleine, aber kathodisch bereits deutlich wirksame Mengen hochmolekularer Inhibitoren, wie z. B. 0,1 bis 0,5 g/l Gelatine (wahrscheinlich auch noch größere Mengen) die Kathodenoberfläche noch recht lückenhaft bedecken. Mit hoher Wahrscheinlichkeit werden — wie auch im Falle der kristalloiden Inhibitoren — die aktiveren Bereiche bevorzugt.

Auch bei relativ dichter Belegung der Metalloberfläche mit Gelatine sollten sich die Inhibitorempfindlichkeit des Metalls und der Rauhigkeitsgrad der Metalloberfläche noch deutlich bemerkbar machen. Den Ausschlag kann dann u. U. der Einfluß der hohen Viskosität des Adsorptionsfilms geben. Im Gegensatz zur Kupferabscheidung, wo bereits 0,02 g/l Gelatine (also ein erheblich unter der Sättigungskonzentration liegender Gehalt) unter den obengenannten Bedingungen das Kristallkorn erheblich verfeinern, verändern selbst 4 g/l Gelatine kaum das Kristallkorn des viel weniger inhibitorempfindlichen Bleies [abgeschieden aus 0,1 n-$Pb(NO_3)_2$-Lösung + 0,12 n-HNO_3 bei 3,3 · 10^{-2} A/cm² und 20° C] (KERN[2]).

Andererseits macht sich nach LE BLANC[3] eine Aufrauhung tatsächlich stark bemerkbar. So bewirken 0,6 g/l Gelatine bei der Kupferabscheidung aus n-$CuSO_4$-Lösung (+ n-H_2SO_4) auf glattem Kupfer einen Polarisationsanstieg um 45 mV (bei 0,45 · 10^{-2} A/cm²), während die entsprechende Polarisation auf fein aufgerauhtem Kupfer nur wenige mV beträgt.

Wirkung der hydrophilen Kolloide bei gleichzeitiger sekundärer Inhibition. *Der Nachweis sekundärer Inhibition.* Die sekundäre Inhibition als Folge einer verstärkten Hydrolyse des Schwermetallsalzes im Kathodenfilm haben wir bereits an anderer Stelle erörtert (vgl. S. 249). Das inhibitorisch wirksame kolloide Metallhydroxyd entsteht in einem Milieu von relativ hohem p_H-Wert. Besonders günstig sind nahezu neutrale Lösungen. Entscheidend hängt seine Bildung von der Hydrolyseneigung des Schwermetallsalzes ab. Lösungen der Silber-, Blei- und Thallium(I)-salze neigen z. B. ebensowenig zur Hydrolyse wie zur sekundären Inhibition.

Gleichzeitige Abscheidung von Wasserstoff mit dem Metall begünstigt die Hydrolyse in unmittelbarer Nähe der Kathode. Das ist also vor allem bei der Abscheidung unedler Elemente, wie z. B. Zink, der Fall. Im Bereich der Doppelschicht erscheint dann die Bildung von

---

[1] MACHU, W.: Korrosion u. Metallschutz 10, 284 (1934).

[2] KERN, E. F.: Trans. Amer. Electrochem. Soc. 15, 441 (1909).

[3] LE BLANC, M.: Elektromotorische Kräfte der Polarisation. Abh. d. Bunsenges., Nr. 3. Halle: W. Knapp 1910.

Metallhydroxyd selbst in ziemlich sauren Elektrolyten noch möglich.

Bei sekundärer Inhibition durch das gebildete Metallhydroxyd sollte in erster Linie Widerstandspolarisation Δg_w (vgl. S. 214) auftreten. Wie bereits erwähnt, kann man eine solche Widerstandspolarisation direkt nachweisen. Sie ergibt sich aus einem etwaigen Spannungsabfall unmittelbar nach dem Ausschalten des Stromes, d. h. im Bereich von 10^{-5} bis 10^{-8} sek.

Für das Auftreten einer Widerstandspolarisation als Folge einer sekundären Inhibition lassen sich z.B. aus einer Arbeit von Salt[1] deutliche Beweise erhalten[2]. Salt untersuchte die kathodische Abscheidung von Nickel aus m/2-NiSO$_4$-Lösung mit verschiedenen p_H-regelnden Zusätzen.

Sekundäre Inhibition sollte sich besonders stark bei hoher Stromdichte bemerkbar machen. Bei 10^{-1} A/cm^2 betrug z. B. die Polarisation im Elektrolyten vom p_H 2, während der Elektrolyse gemessen, 0,74 V. Nach dem Abschalten des Stromes wurden nach $7 \cdot 10^{-5}$ sek nur noch 0,38 V gemessen. Damit ergibt sich eine hohe Widerstandspolarisation von etwa 0,3 V. Daß es sich tatsächlich um sekundäre Inhibition handelt, geht aus einem Parallelversuch in einem Elektrolyten hervor, dessen Zusammensetzung einer verstärkten Mitabscheidung von Wasserstoff und daraus folgenden höheren Alkalität entgegenwirkt. Puffert man z. B. den p_H-Wert des Elektrolyten auf 5,6, so fällt die Polarisation bei der Elektrolyse unter den gleichen Bedingungen wie vorher viel geringer aus. Sie beträgt 0,49 V, und als Abfall $7 \cdot 10^{-5}$ sek nach dem Ausschalten wird nur 0,05 V gefunden. Das wirksame Kolloid, das in dem ersten Beispiel die hohe Widerstandspolarisation hervorgerufen hat, fehlt hier fast ganz.

Daß die Hydrolyse und damit die sekundäre Inhibition um so stärker ausfallen müssen, je niedriger der p_H-Wert des Elektrolyten liegt, läßt sich leicht verstehen. Denn desto größer ist bei der Elektrolyse der Anteil des mitabgeschiedenen Wasserstoffs, und desto mehr H_3O^+-Ionen entfernen sich bei der hohen Stromdichte aus unmittelbarer Kathodennähe.

Wendet man weniger hohe Stromdichten an als im ersten Beispiel, so fallen die Gesamtpolarisation und die Widerstandspolarisation ebenfalls bedeutend kleiner aus. So ergibt sich bei 10^{-2} A/cm^2 in einem Elektrolyten der erstgenannten Zusammensetzung ($p_H = 2,1$) während der Elektrolyse eine Gesamtpolarisation von 0,385 V. Die Spannung fällt nach $6,5 \cdot 10^{-5}$ sek nur um 0,03 V ab.

Immerhin läßt sich also auch in diesem Falle die Widerstandspolarisation noch nachweisen. Zu berücksichtigen ist, daß das Kolloid nicht allein Widerstandspolarisation hervorruft. Wahrscheinlich ist das Kol-

---

[1] Salt, F. W.: Trans. Faraday Soc., Electrode Processes **1947**, 169.

[2] Salt selbst hat diese Frage nicht erörtert.

loid an dem relativ hohen Wert der Polarisation bei der Nickelabscheidung auch mit den anderen Polarisationsarten: Kristallisationspolarisation, Konzentrationspolarisation und Aktivierungspolarisation, beteiligt. Auf die gleichzeitige Abscheidung von Wasserstoff wird das kolloide Hydroxyd außerdem noch mit einer merklichen Vergiftungspolarisation einwirken (vgl. S. 215).

Wichtig ist der Hinweis von GARDAM[1], daß sich mit der hydrolytischen Bildung von Metallhydroxyd die Metallionen-Konzentration in unmittelbarer Nähe der Kathode außerordentlich vermindern muß. GARDAM[1] hält diese Konzentrationsverminderung für die wesentliche Ursache der hohen Polarisation bei der Abscheidung der Metalle Nickel und Eisen. Zweifellos dürfte dieser Gesichtspunkt stark mitwirken, doch vermag er die hohe Polarisation keineswegs ganz zu erklären.

Nehmen wir an, die Löslichkeit des Nickelhydroxyds liege in der Größenordnung von etwa 10^{-4} val/l, so dürfte eine Abscheidung des Hydroxyds die Ni^{2+}-Ionenaktivität kaum unter diese Grenze herabsetzen. Dies bedeutete ein Unedlerwerden der GALVANI-Spannung (als ursprüngliche Aktivität eins angenommen) um etwa 0,12 V. Hinzu käme bei höherer Stromdichte eine weitere Verarmung an Ni^{2+}-Ionen. Auch infolge ungenügenden Ionennachschubes in den Kapillaren des viskosen Hydroxydfilms müßte die Ni^{2+}-Ionenkonzentration noch weiter zurückgehen. Diese Verarmung scheint aber bei Stromdichten von $1 \cdot 10^{-2}$ A/cm^2 und höher noch nicht bis auf etwa 10^{-8} val/cm^2 zu gelangen, denn bei dieser minimalen Konzentration sollte etwa der Grenzstrom erreicht sein. Nach Untersuchung der Strom-Spannung-Kurven der Nickelabscheidung aus Sulfatlösung liegt der Grenzstrom im Bereiche hoher Stromdichten. Selbst eine Konzentration von 10^{-8} val/cm^2 ergäbe erst 0,24 V Verunedelung. Wie wir gesehen haben, hat aber z. B. SALT bei 10^{-2} A/cm^2 eine Polarisation von 0,385 V gemessen. Mit verminderter Konzentration läßt sich also die hohe Polarisation nur teilweise erklären.

Zusammenwirken zweier Kolloide. Kolloidales Metallhydroxyd ist positiv geladen und wirkt auch aus diesem Grunde als starker kathodischer Inhibitor. Ist zugleich noch ein negativ geladener Partner vorhanden, so können beide Inhibitoren infolge primärer und sekundärer Adsorption einen Verstärkungseffekt (vgl. S. 251) ergeben. Ihre gemeinsame Inhibition wird also besonders wirksam ausfallen. Nun erfährt bekanntlich Gelatine, wie manche anderen hydrophilen Kolloide in neutraler Lösung, oberhalb des isoelektrischen Punktes (bei Gelatine etwa p_H 4,7) eine Umladung. Die Kolloidteilchen werden negativ geladen. Unter solchen Bedingungen sollte also Gelatine bei gleichzeitiger sekundärer Inhibition viel stärker wirken als beim Fehlen dieser Erscheinung. Im vorigen Kapitel sind nur Beispiele bei praktisch fehlender sekundärer Inhibition ausgesucht worden. Nunmehr soll gezeigt werden, wie sich die Verhältnisse ändern, wenn zugleich noch kolloides Metallhydroxyd vorhanden ist.

---

[1] GARDAM, G. E.: Trans. Faraday Soc., Electrode Processes **1947**, 182.

Erhält man nach SIEVERTS und WIPPELMANN (vgl. Abb. 115, Kurve *3*) in saurer Kupfersulfatlösung bei $1 \cdot 10^{-2}$ A/cm² mit 0,1 g/l Gelatine eine Polarisation von etwa 20 mV gegenüber der gelatinefreien Lösung (Kurve *4*), so ruft Gelatine in *neutralem* Elektrolyten bedeutend höhere Polarisation hervor. Dies zeigt z. B. Tab. 35 (nach ISGARISCHEW[1]) bei der Kupferabscheidung aus n-CuSO₄-Lösung (25° C) in Gegenwart wechselnder Gelatinegehalte. Dabei ist die Stromdichte ($0,63 \cdot 10^{-2}$ A/cm²) kleiner als in der sauren Lösung.

Tabelle 35. *Einfluß der Gelatinekonzentration auf die Überspannung.*

Gelatinekonzentration g/l . .	0,1	1,0	2,0	2,5	3,0	4,0	5,0	7,5	10.0
Überspannung mV	37	144	122	144,5	153	1405	136	130	122

Ein deutliches Maximum tritt hier bei etwa 3 g/l auf. Ähnliche Maxima fand ISGARISCHEW bei der Zinkabscheidung aus schwach saurer Zinksulfatlösung [n-ZnSO₄ + 10% Glyzerin + 1% B(OH)₃] unter sonst gleichen Bedingungen. Hier liegt das Maximum von 97 mV bereits bei etwa 0,25 g/l Gelatine (gegen z. B. 11 mV bei 0,05 g/l und 30 mV bei 7,5 g/l). Mit einer anderen Gelatinesorte fand RABALD[2] ein solches Maximum bei etwa 0,05 g/l.

Das bedeutend schwächer adsorbierbare Kolloid Gummi arabicum ergibt nach ISGARISCHEW erst bei etwa 20 g/l ein Maximum von 79 mV (gegen 20,5 mV bei 0,1 g/l und 62 mV bei 40 g/l). Bei Anwendung gleicher Kolloidmengen dürfte also die Oberfläche im Falle der Gelatine bedeutend dichter belegt sein als im Falle des Gummi arabicums.

Es ist eine noch offene Frage, ob der Abfall der Polarisation nach dem Maximum von einem Flockungsprozeß der Kolloide bestimmt wird, der mit zunehmender Kolloidkonzentration fortschreitet (geflocktes Kolloid wirkt bedeutend weniger inhibierend). Der Adsorptionsfilm mag sich auch auflockern, weil die Wasserstoffentwicklung infolge zunehmender Verarmung der Metallionen-Konzentration in den Poren des Adsorptionsfilms überhand nimmt.

Aus einer Arbeit von MARC[3] kann man z. B. entnehmen, daß sich bei Bleiabscheidung aus einer schwach sauren Bleibenzoatlösung (2,5 g/l Bleibenzoat + 1,25 g/l Benzoesäure) in Gegenwart von je 2,5 g/l Albumin oder Gummi arabicum viel, von Traganth wenig und von Dextrin überhaupt kein Wasserstoff mitabscheidet.

Zusammenwirken von Kolloid und Kristalloid. Bemerkenswert ist auch das Zusammenwirken von Kolloid mit bestimmten kristalloiden Inhibitoren. 2 g/l Gelatine sind z. B. auf die Form der Zinnabscheidung

---

[1] s. S. 289, Fußn. 6.
[2] RABALD, E.: Z. Elektrochem. **32**, 289 (1926).
[3] MARC, R.: Z. Elektrochem. **19**, 431 (1913).

noch ohne Wirkung; indes macht sich eine solche deutlich bemerkbar, wenn Gelatine nach HOTHERSALL und BRADSHAW[1] mit Phenolabkömmlingen gepaart wird. Tab. 36 gibt Aufschluß über die Bedeckungsgeschwindigkeit des Zinns bei der Abscheidung aus einer sauren Zinn(II)-sulfatlösung (30 g/l als $SnSO_4$ + 100 g/l H_2SO_4) bei 20° C auf Kupferkathoden. Als Maßstab für die Bedeckungsgeschwindigkeit wird von HOTHERSALL und BRADSHAW diejenige Stromdichte (D) angesehen, die zur *vollständigen* Bedeckung der Kathode mit einem 1,25 μ dicken (durch Wägung bestimmt) Niederschlag ausreicht. Es wurden bei jedem Versuch 2 g/l Gelatine angewandt und die in der Tabelle genannten Inhibitoren außerdem noch hinzugesetzt.

Tabelle 36. *Zusammenwirken von Gelatine mit Phenolabkömmlingen.*

Zusatz	g/l	Stromdichte D A/dm²
o-Kresolsulfosäure (roh)	10	2,2
Kresolsulfosäure (roh)	10	1,1
Resorcin	20	0,22
β-Naphthol	1	0,055

Während Gelatine und die genannten Stoffe einzeln den dendritischen Zinn-Niederschlag praktisch weder einebnen noch feinkörniger machen, bewirkt dies die Kombination mit Gelatine, wobei die starke Wirkung des β-Naphthols besonders bemerkenswert ist. Auch hier handelt es sich offenbar um einen Verstärkungseffekt, wobei noch offen ist, ob er auf der primären Adsorption des organischen Dipols und einer sekundären des (hier positiv geladenen) Kolloides oder umgekehrt beruht.

Immerhin kann gelegentlich ein Zusammenwirken zweier Inhibitoren auch die Inhibition verringern. Diese Möglichkeit ist bislang kaum genauer untersucht worden, doch deuten manche Beobachtungen auf ein solches Verhalten, wenn z. B. ein organischer Inhibitor mit einem Kolloid, etwa Metallhydroxyd, eine Komplexverbindung bildet, oder aber das wirksame Kolloidsol zu unwirksamem Gel ausflockt. Die merkwürdig schwache Wirkung aliphatischer Amine (vgl. S. 236) oder komplexbildender Säuren (Zitrate, Tartrate) bei der kathodischen Abscheidung von Nickel scheint für einen solchen Effekt zu sprechen.

Einfluß der Kolloide auf die Wasserstoffüberspannung und kathodische Reduktion der Kolloide. Über den Einfluß von kleinen Mengen organischer Kolloide auf die Wasserstoffüberspannung liegen offenbar keine neueren Messungen vor. Die Erwartung, daß sie sich ähnlich verhalten wie im Falle der Metallüberspannung, wird durch ältere

---

[1] HOTHERSALL, A. W., u. W. N. BRADSHAW: J. Electrodepositors' techn. Soc. **12**, 113 (1936/37).

Untersuchungen von NEWBERY[1] und später von WESTRIP[2] bestätigt, die eine Erhöhung der Wasserstoffüberspannung bei Kolloidzusatz beobachteten.

Aus den Kurven nach den Zahlen WESTRIPS[2] (Abb. 117), gewonnen bei der Wasserstoffabscheidung an Zink[3] aus n-H_2SO_4 bei 20 + 1,5° C mit wechselnden Stromdichten und in Gegenwart wechselnder Gelatinekonzentrationen, ergibt sich zwar eine deutliche Inhibitorwirkung des Kolloides. Indes ist unverkennbar auch eine gleichzeitige Reduktion zu bemerken. Hier gibt sich, ähnlich wie bei den Alkoholen (S. 279), die überlagerte Depolarisation durch einen Rückgang der Überspannung bei steigender Inhibitorkonzentration zu erkennen. Bei 10 g/l Gelatine und 0,5 bzw. 1,0 A/dm² erhält man sogar „Unterspannungs"-Werte. Die Kurven zeigen im übrigen ein Maximum (unter 5 A/dm², Abb. 117), etwa wie bei der bereits auf S. 277 erörterten Wirkung des Isobutylalkohols.

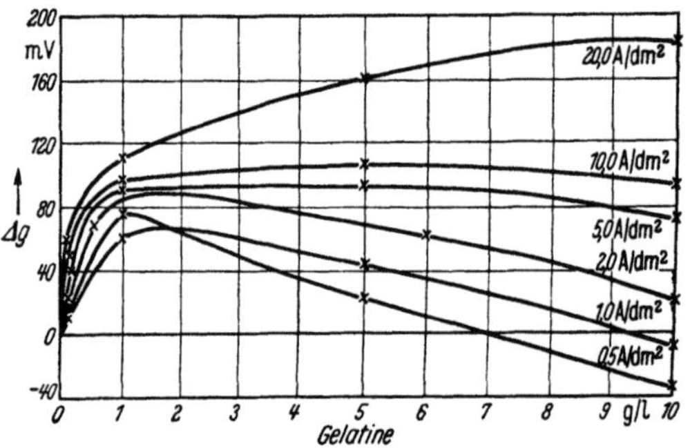

Abb. 117. Gelatine als Inhibitor bei wechselnder Konzentration und Stromdichte.
(Nach WESTRIP[2].)

Offenbar sind die Ursachen hier wie dort die gleichen, d. h., bei kleineren Gelatinegehalten überwiegt die primäre und sekundäre Inhibitorwirkung, bis bei weiterer Konzentrationssteigerung die GALVANI-Spannung, erforderlich zur Reduktion der organischen Substanz, edler geworden ist als die Abscheidung-GALVANI-Spannung des Wasserstoffs. Dann fällt die Spannung fortlaufend.

Auffällig ist allerdings der Umstand, daß eine Steigerung der Stromdichte hier nicht, wie im Falle der Alkohole, die Gesamtüberspannung vermindert, sondern erhöht. Dieser Unterschied gegenüber den Alkoholen findet aber wohl darin seine Erklärung, daß es sich bei kolloider Gelatine um einen polaren Stoff, und zwar unter den Versuchsbedingungen um einen positiv geladenen, handelt. Stromdichteerhöhung verstärkt die Anziehung des Kolloides im kathodischen Feld, erhöht also Umfang und Festigkeit der Oberflächenbelegung. Auf die unpolaren Alkohole muß das kathodische Feld nahezu ohne Wirkung bleiben.

[1] NEWBERY, E.: J. chem. Soc. London 111, 42 (1917).
[2] WESTRIP, G. M.: J. chem. Soc. London 125, 1116 (1924).
[3] Elektrolytisch niedergeschlagen aus saurer Zinksulfatlösung (20% H_2SO_4, 3% Zn als Sulfat) bei 10 A/dm² und 20° C bei 10 min Dauer.

Eingehendere Untersuchungen über den Einfluß von größeren Gehalten organischer Kolloide haben Isgarischew und Berkmann[1] durchgeführt. Sie untersuchten die Wirkung von Gelatine (Konzentrationsbereich von 5 bis 60 g/l) und von Gummi arabicum (Konzentrationsbereich von 10 bis 60 g/l) auf die Wasserstoffabscheidung aus 2 n-H_2SO_4 bei 18° C und verschiedenen Stromdichten (Bereich von etwa 0,2 bis 3,0 A/dm²) an Elektroden aus Platin, Silber und Kupfer.

Selbst die kleinste Gelatinemenge von 5 g/l, angewandt in diesen Versuchen, liegt beträchtlich über den gewöhnlich bei der kathodischen Metallabscheidung verwendeten, wirksamen Mengen (in der Regel zwischen etwa 0,01 und 0,5 g/l). Trotzdem erhöhen solche hohen Kolloidmengen die Wasserstoffüberspannung in erheblich geringerem Maße als die Metallüberspannung. Nach Isgarischew[1] steigern z. B. 5 g/l Gelatine die Polarisation der Kupferabscheidung aus einer n-$CuSO_4$-Lösung bei 0,6 A/dm² und Zimmertemperatur um etwa 0,14 V, während die gleiche Gelatinemenge unter den oben erwähnten Bedingungen der Wasserstoffabscheidung an einer Kupferkathode bei 0,6 A/dm² nur einen Zuwachs an Überspannung um etwa 0,015 V erbringt. An einer Silberkathode (die in der zusatzfreien Lösung unter den Versuchsbedingungen von Isgarischew und Berkmann[1] eine höhere Wasserstoffüberspannung als die Kupferkathode ergibt) setzen 10 g/l Gelatine die Überspannung sogar um rund 0,02 V herab. Dieses Ergebnis entspricht den Resultaten Westrips, erhalten am Zink. Aus diesem Sachverhalt darf man wohl auch hier auf eine kathodische Reduktion der Gelatine schließen.

Ähnlich scheinen die Verhältnisse auch bei Gummi arabicum zu liegen. Hier beobachteten die Autoren an Platinkathoden im Bereich von 20 bis 60 g/l Kolloidgehalt eine starke Depolarisation bis zu etwa 0,10 V (vgl. Abb. 118). Offenbar überwiegt hier ganz bedeutend die Reduktion gegenüber der Inhibitorwirkung. Andererseits scheint die Inhibitorwirkung an Kupferelektroden vorzuherrschen, wenngleich auch hier im Bereich von 20 bis 60 g/l Kolloidzusatz ein deutlicher Abfall der Überspannungswerte (jedoch keineswegs unter die Werte ohne Zusatz) zu beobachten ist (vgl. Abb. 119).

Auch bei der Metallabscheidung kann sich eine Reduktion des Kolloides überlagern, wenn sich mit dem Metall gleichzeitig Wasserstoff abscheidet und die Wasserstoffüberspannung an dem Metall relativ hoch ist. Eine teilweise Reduktion des Kolloides ist also u. U. besonders bei der kathodischen Abscheidung von Zink, Kadmium, Blei, Zinn zu erwarten.

---

[1] Isgarischew, N., u. Berkmann: Z. Elektrochem. **28**, 47 (1922).

1.55 Einfluß der Stromdichte bei gleichzeitiger Inhibition.

1.55.1 Kathodische Metallabscheidung.

Über den Einfluß der Stromdichte auf die Metallüberspannung geben bekanntlich Strom-Spannung-Kurven Aufschluß. Wie schon früher bemerkt (S. 128), können bei der kathodischen Abscheidung von Metallen sehr erhebliche Unterschiede in der Form und Lage der Strom-Spannung-Kurven auftreten, je nachdem ob die Kurve unmittelbar nach Stromschluß oder wesentlich später, im stationären Zustand, aufgenommen wird. Nur die unmittelbar nach Stromschluß (d. h. etwa im Zeitbereich von 10^{-5} bis 10^{-3} sek) gemessenen Werte der GALVANI-Spannung können die elektrochemischen Beziehungen zwischen Stromdichte und GALVANI-Spannung einigermaßen exakt wiedergeben. Bei längerer Elektrolysedauer und im stationären Zustand überlagern sich den elektrochemischen Faktoren die Auswirkungen kristallographischer Veränderungen der Oberfläche auf die GALVANI-Spannung. So enthalten also die stationär aufgenommenen Strom-Spannung-Kurven der kathodischen Metallabscheidung stets auch den potentialbestimmenden Einfluß von Größe, Form und Orientierung der Kristalle, sowie einer Einlagerung von Fremdstoffen in die Oberfläche. Alle diese Faktoren ändern sich mit der Stromdichte.

In Gegenwart von wirksamen Inhibitoren macht sich die kristallographische Komponente der stationären Strom-Spannung-Kurve zweifellos noch stärker bemerkbar. Will man die tatsächliche Änderung der Inhibition mit der Stromdichte erfassen, so kann man auf stationäre

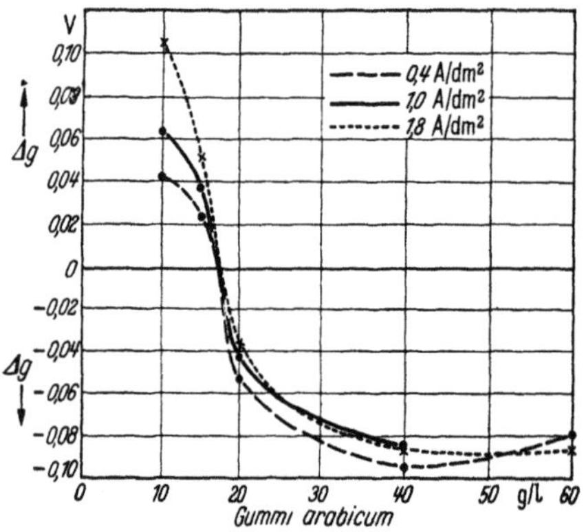

Abb. 118. Einfluß von Gummi arabicum auf die Wasserstoffüberspannung an Platin. (Nach ISGARISCHEW und BERKMANN, s. S. 299, Fußn. 1.)

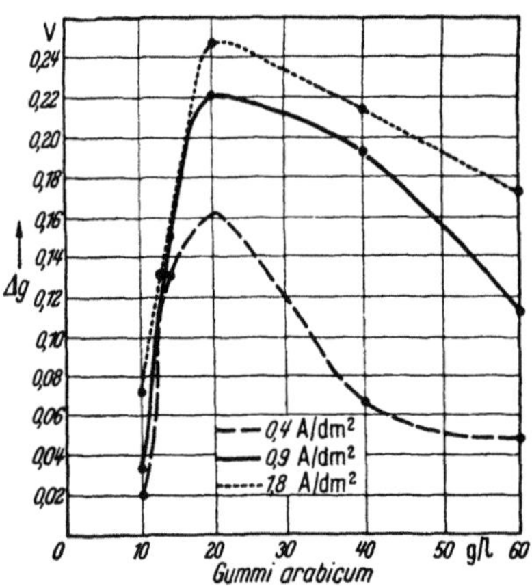

Abb. 119. Einfluß von Gummi arabicum auf die Wasserstoffüberspannung an Kupfer. (Nach ISGARISCHEW und BERKMANN, s. S. 299, Fußn. 1.)

Strom-Spannung-Kurven nicht verzichten. Man muß dann in Kauf nehmen, daß die Reproduzierbarkeit solcher Kurven unscharf ist, weil sich die Oberflächen bei den Messungen so rasch verändern. Über oszillographisch in Gegenwart von Inhibitoren aufgenommene Strom-Spannung-Kurven liegt anscheinend bislang noch kein verwertbares Material vor.

Ein ausgeprägter Stromdichteeinfluß ist vor allem auf die Wirkung von ionischen Inhibitoren zu erwarten. Die Wirkung anionischer Inhibitoren wird sich an der Kathode am stärksten bei niedrigen Stromdichten offenbaren. Man muß dabei beachten, daß die Kathode bei niedrigen Stromdichten — vor allem im Falle der edleren Metalle — noch positiv geladen sein kann, sofern also der Ladungsnullpunkt (vgl. S. 50) noch nicht überschritten ist. Mit wachsender Stromdichte sollte sich die adsorptive Bindung der Anionen auflockern und bis zum schließlichen Übergewicht der Abstoßung mehr und mehr an Einfluß verlieren. In welchem Maße dies geschieht, wird von der jeweiligen Affinität der anionischen Inhibitoren zum Kathodenmetall abhängen (vgl. S. 253).

Umgekehrt muß die Wirkung kationischer Inhibitoren (die abscheidbaren Kationen selbst mit eingeschlossen) sich mit wachsender Stromdichte fortwährend verstärken, indem sich die Kationen an der Kathode anreichern. Hinzu kommt, daß die Inhibitoren mit der Stromdichte zunehmend fester an dem einmal auf der Kathodenoberfläche gewonnenen Platz haften werden. So sollte eine Oberflächendiffusion wegen der verstärkten COULOMBschen Anziehung schließlich ganz aufhören.

Die Wirkung neutraler, jedoch als Dipole fungierender Inhibitoren wird weniger von der Stromdichte abhängen als der Einfluß der Ladungsträger, wenngleich sich Art und Festigkeit ihres Haftens an der Kathodenoberfläche mit anwachsender Stromdichte ebenfalls ändern dürfte.

Diese Überlegungen bestätigen sich in der Charakteristik der Strom-Spannung-Kurven vieler kathodischer Vorgänge (H. FISCHER[1]). Prägt sich ein Einfluß anionischer Inhibitoren vorzugsweise im Anfangsbereich der Kurven, also bei niedrigen Stromdichten, aus, so werden positive Inhibitoren in erster Linie die Form des mittleren und besonders des Endbereiches der Kurven beeinflussen[2]. Überdies wird die Form des unteren Astes[3] noch durch Konzentrationspolarisation mitbestimmt.

Abb.92, S.244 und 97, S.249 bringen nach PIONTELLI[4] sowie E.MÜLLER und BARCHMANN[5] einen Vergleich der Strom-Spannung-Kurven von Zink und Kadmium aus n-Salzlösungen (+ 0,1 n-Säure) bei 20° C. An

---

[1] FISCHER, H.: Z. Elektrochem. **49**, 343, 376 (1943).

[2] Starke kationische Inhibitoren können bereits bei sehr niedriger Stromdichte wirksam werden.

[3] Für Vergleiche kommt stets nur der Teil der Kurve in Betracht, der sich auf ein und denselben Kathodenvorgang bezieht.

[4] s. S. 244, Fußn. 4.

[5] MÜLLER, E., u. H.BARCHMANN: Z. Elektrochem. **39**, 341, 350 (1933).

ihnen läßt sich nachweisen, daß die kennzeichnenden Unterschiede in der Wirkung der verschiedenen Anionen tatsächlich auf den Anfang der Kurven beschränkt bleiben, wo die Aktivierungspolarisation überwiegt. Der nahezu parallel zur Stromachse gerichtete untere Kurvenast

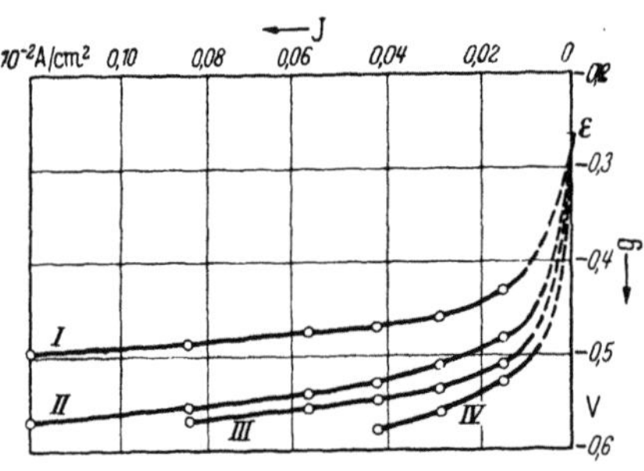

Abb. 120. Einfluß des Anions auf die Überspannung der Nickelabscheidung. (Nach FOERSTER und GEORGI[1].)

behält hingegen in allen Fällen eine annähernd gleiche Neigung bei, erscheint also nur parallel verschoben. An diesem Teil der Kurve wirkt vorzugsweise — nur kationenabhängige — Konzentrationspolarisation. Ganz entsprechend verhält es sich (Abbildung 120) mit Strom-Spannung-Kurven der Abscheidung von Nickel aus n-Salzlösungen bei 16° C in Gegenwart von 2% Borsäure (nach FOERSTER und

GEORGI[1]). Die Kurven beziehen sich auf folgende Elektrolyte: I n-NiCl$_2$, II n-NiBr$_2$, III n-Ni(ClO$_4$)$_2$, IV n-NiSO$_4$.

Auch negativ geladene Kolloide verhalten sich augenscheinlich entsprechend. Bekanntlich liegt der isoelektrische Punkt von Eiweißkörpern, wie Gelatine oder Pepton, bei etwa p$_H$ 4,7. Scheidet man Zink oder Nickel aus Sulfatlösung, mit Borsäure gepuffert, ab, so wird dieser p$_H$-Wert in unmittelbarer Nähe der Kathode sehr wahrscheinlich nach oben hin überschritten, d. h., Gelatine sollte sich unter diesen Bedingungen negativ laden. Bei den Strom-Spannung-Kurven für die Abscheidung von Zink aus 2 n-Zinksulfatlösung (+ 1% H$_3$BO$_3$) bei 25° C (Abb. 121),

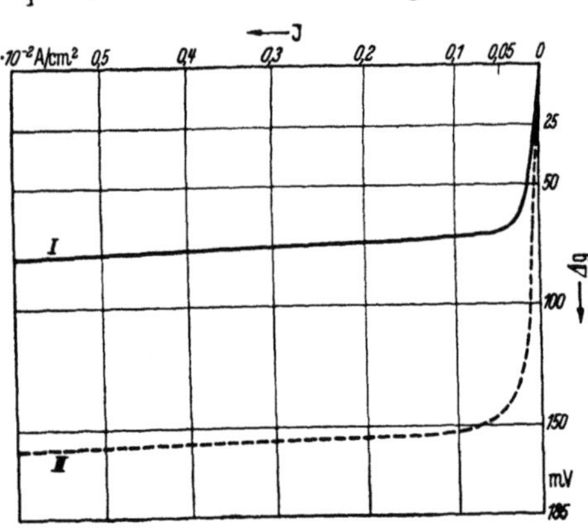

Abb. 121. Einfluß von Gelatine auf die Überspannung der Zinkabscheidung. (Nach ISGARISCHEW[2].)

aufgenommen in Gegenwart oder in Abwesenheit von 1 g/l Gelatine (ISGARISCHEW[2]), verlaufen die waagerechten Äste beider Kurven parallel. Besonders deutlich ändert sich die Lage der Kurve bei der Kupferabscheidung in Gegenwart von Dextrin (Abb. 122), verglichen

1 FOERSTER, F.. u. K. GEORGI,: Z. Phys. Ch. (Bodenstein-Festbd.) 453 (1931).
2 ISGARISCHEW, N.: Kolloid.-Beih. 14, 25 (1921/22).

mit der ohne Dextrinzusatz erhaltenen Kurve (Standard). Dextrin ist bekanntlich ein negativ geladenes Kolloid. Den von HARING und BLUM[1] angegebenen Kurven liegen folgende Abscheidungsbedingungen zugrunde:

a) 1,5 n-CuSO$_4$ + 1,5 n-H$_2$SO$_4$, Zimmertemperatur; b) wie a, jedoch Zusatz von 10 g/l Dextrin.

Stark weichen aber die Richtungen in den unteren Ästen der Kurven bei niederem p$_H$-Wert voneinander ab, wenn man eine positive Ladung der Gelatine erwarten darf. Im Falle der Abscheidung des Kadmiums aus Perchloratlösung ohne und mit Gelatinezusatz überlagert sich noch der in gleicher Richtung wirkende Verstärkungseffekt (nach Versuchen von E. MÜLLER u. BARCHMANN[2]). Das positiv geladene Kolloid hält das gut adsorbierbare Perchloration auch bei höheren Stromdichten

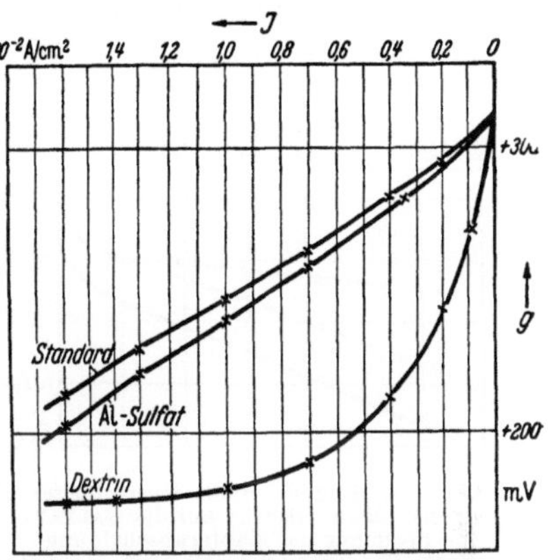

Abb. 122. Einfluß von Al³⁺ und von Dextrin auf die GALVANI-Spannung der Kupferabscheidung.
(Nach HARING und BLUM[1]].)

fester, als es ohne Vermittlung des Kolloides bei dieser Felddichte haften könnte (vgl. Abb. 123).

Bekannt ist die starke Wirkung eines Ansäuerns von Kupfersalzlösungen auf die Überspannung bei der Kupferabscheidung (vgl. S. 255). Rührt nun die Polarisationserhöhung im wesentlichen von der vermehrten Anionenkonzentration oder von den zugleich in die Lösung eingebrachten Wasserstoffionen her? Betrachten wir die von FOERSTER und GÄBLER[3] ermittelten Strom-Spannung-Kurven (Abb. 124 u. 125) für eine Kupferabscheidung aus n-Kupfersulfat- bzw. n-Kupferperchloratlösung bei 21°C in Gegenwart verschiedener Mengen über-

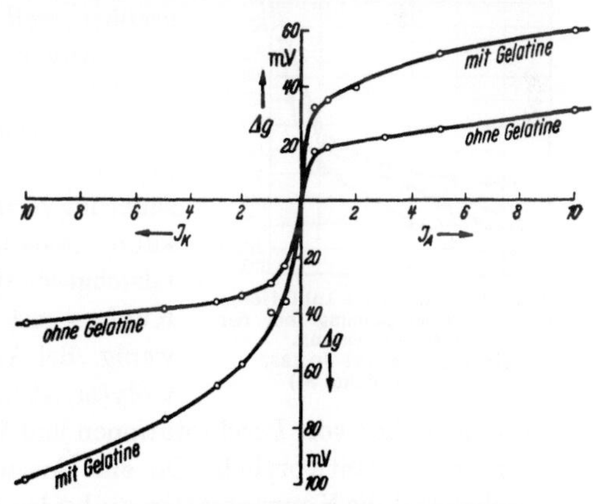

Abb. 123. Einfluß der Gelatine auf die Überspannung von Kadmium.
(Nach E. MÜLLER und BARCHMANN, s. S. 301, Fußn. 5.)

---

[1] HARING, H. E., u. W. BLUM: Trans. Amer. Electrochem. Soc. **44**, 312 (1923).
[2] s. S. 301, Fußn. 5.
[3] FOERSTER, F., u. K. GÄBLER: Z. Elektrochem. **36**, 202 (1930).

schüssiger Säure, so ergeben sich folgende bemerkenswerte Tatsachen: Die Neigung des unteren Astes der Kurven nimmt mit steigender Säurekonzentration zu, und zwar in der Sulfatlösung stärker als in der Perchloratlösung. Hingegen bleibt die Überspannung in schwefelsaurer Lösung bei *niedriger* Stromdichte praktisch unverändert (bei Übergang von 1 n- zu 3 n-Säure

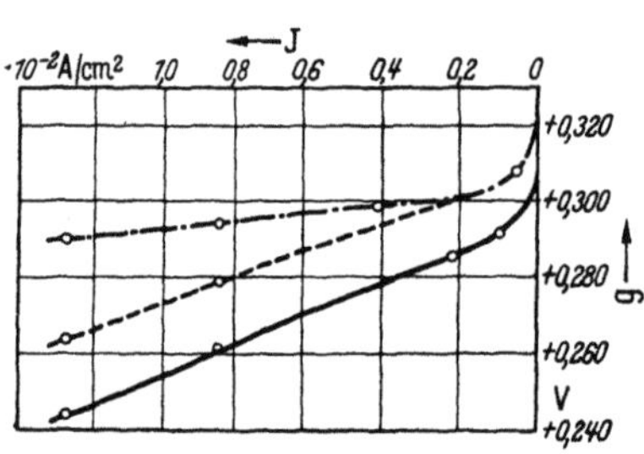

Abb. 124. Einfluß eines Überschusses an freier Säure (H_2SO_4) auf die GALVANI-Spannung der Kupferabscheidung. (Nach FOERSTER und GÄBLER, s. S. 303, Fußn. 3.)

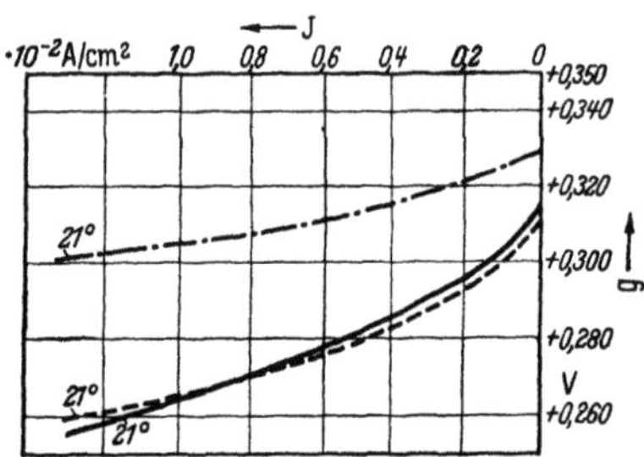

Abb. 125. Einfluß eines Überschusses an freier Säure ($HClO_4$) auf die GALVANI-Spannung der Kupferabscheidung. (Nach FOERSTER und GÄBLER, s. S. 303, Fußn. 3.)

verschieben sich nur die Gleichgewichts-GALVANI-Spannung, während der Charakter im Anfangsbereich der gleiche bleibt). Ansäuern mit Überchlorsäure erhöht aber auch die Überspannung im Anfangsbereich.

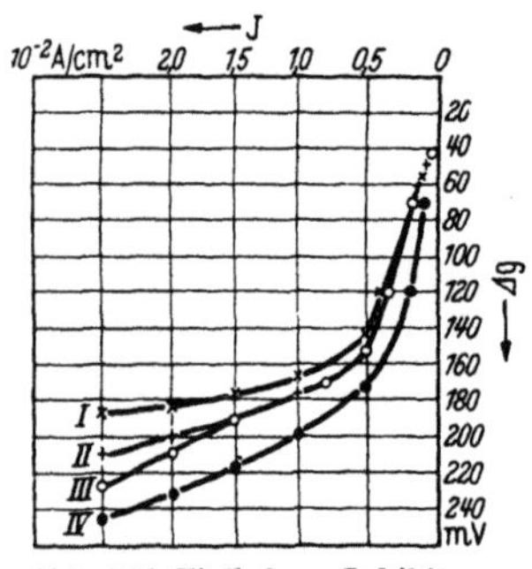

Abb. 126. Einfluß von Inhibitoren auf die Überspannung bei der Kupferabscheidung. (Nach CLARK und JONES, s. S. 289, Fußn. 3.)

Im Sinne unserer Überlegungen dürfte also eine Ansäuerung des Sulfatelektrolyten die Überspannung ganz überwiegend deshalb erhöhen, weil die Wasserstoffionen blockierend wirken. Man könnte einwenden, es handele sich hier um eine Erhöhung der Konzentrationspolarisation, denn die Aktivität an Cu^{++}-Ionen werde durch die Ansäuerung vermindert. Der Einwand erscheint kaum stichhaltig, ändern sich doch die Gleichgewicht-GALVANI-Spannungen des Kupfers mit steigender Ansäuerung nur wenig. Bei Ansäuerung des Perchloratelektrolyten ist hingegen offensichtlich das Zusammenwirken von Perchlorationen und Wasserstoffionen für die Überspannung verantwortlich. Da eine Ansäuerung über 1 n-Säure hinaus anscheinend die Konzentration an beiden Ionenarten nicht mehr wesentlich verändert, bleiben Form und Lage der Kurve erhalten.

Aus Abb. 122, S. 303, kann man entnehmen, daß ein Gehalt von n-Aluminiumsulfat in einer 1,5 n-Kupfersulfatlösung ($+$ 1,5 n-H_2SO_4*) nach

---

* In Abb. 122 als Standard bezeichnet.

HARING und BLUM[1] die Neigung der Kurve mit wachsender Stromdichte allmählich vergrößert. Die blockierende Wirkung des Aluminiumions offenbart sich also, wenn es bei hoher Stromdichte in genügender Zahl herantransportiert wird.

Auch organische Kationen zeigen die erwartete Inhibition. Abb. 126 gibt nach CLARK und JONES[2] die Strom-Spannung-Kurve der Kupferabscheidung aus 2 n-saurer n-Kupfersulfatlösung einmal in Abwesenheit (I) und in Gegenwart (III) von 0,004 mol/l Dimethylanilin bei 20° C wieder. Beide Kurven fallen im Anfangsbereich praktisch zusammen, gehen aber im unteren Teil auseinander, und zwar ist die Neigung der in Gegenwart des Inhibitors aufgenommenen Kurve beträchtlich größer.

Ganz entsprechend wirken auch positiv geladene Kolloide wie Gelatine. Abb. 126, Kurve *IV* bringt zum Vergleich die Strom-Spannung-Kurven (nach CLARK und JONES[2]) der Kupferabscheidung aus 2 n-schwefelsaurer (n-) Kupfersulfatlösung bei Anwesenheit von 0,2 g/l[2] Gelatine, während Abb. 103, S. 258, die Wirkung von 0,5 g/l Gelatine auf die Abscheidung von Blei aus (0,5 n) saurer n-Azetat-, (0,75 n) saurer n-Silikofluorid- oder (0,5 n) saurer n-Perchloratlösung wiedergibt (H. FISCHER[3], FRÖLICH, CLARK und ABORN[4]).

Immerhin gibt es Fälle, wo sich die Regel von der Beeinflussung des unteren Bereiches der Stromdichte-Spannung-Kurve durch positive Inhibitoren scheinbar nicht bestätigt. So machen sich Gehalte von 0,002 bzw. 0,02 g/l Gelatine bei der Kupferabscheidung aus saurer Kupfersulfatlösung (Abb. 127, Kurve *2* u. *3*),

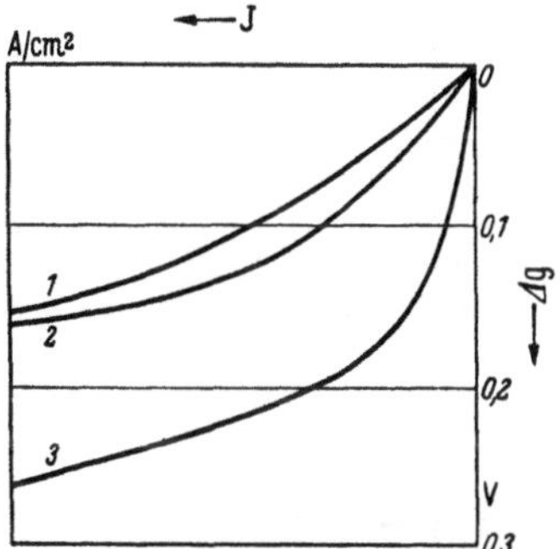

Abb. 127. Einfluß von Gelatine auf die Strom-Spannung-Kurve der Kupferabscheidung aus saurer CuSO₄-Lösung. (Nach HARING[5].)

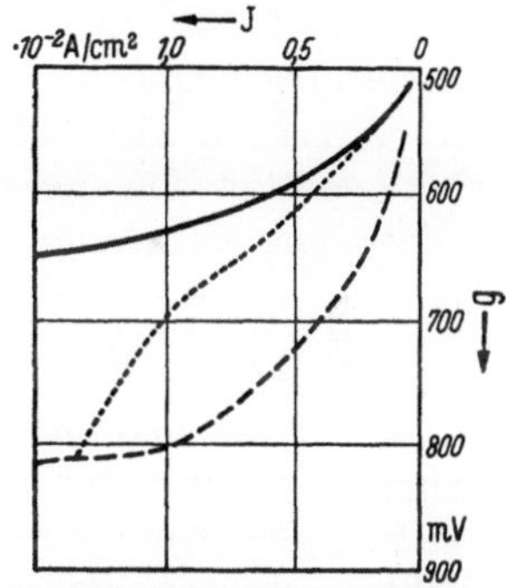

Abb. 128. Einfluß von α-Naphthol bzw. Thioharnstoff auf die Überspannung bei der Nickelabscheidung. Oberste Kurve ohne Zusatz, mittlere mit Thioharnstoff, untere mit α-Naphthol. (Nach RAUB und WITTUM, s. S. 226, Fußn. 10.)

wie aus Resultaten von HARING[5] hervorgeht, noch nicht in einer verstärkten Neigung des unteren Astes bemerkbar, während sie bei niedrigeren Stromdichten

---

[1] HARING, H. E., u. W. BLUM: Trans. Amer. Electrochem. Soc. **44**, 312 (1923).

[2] CLARK, R., u. E. O. JONES: Trans. Faraday Soc. **25**, 583 (1929).

[3] s. S. 221, Fußn. 6.

[4] FRÖLICH, P. K., G. L. CLARK u. R. H. ABORN: Trans. Amer. Electrochem. Soc. **49**, 369 (1926).

[5] HARING, H. E.: Trans. Amer. Electrochem. Soc. **49**, 417, 428 (1926).

bereits beträchtliche Überspannungen hervorrufen. Selbst bei 0,2 g/l Gelatine geht in Abb. 127, Kurve *3*, die Kurve der Kupferabscheidung aus 1,5 n-$CuSO_4$-Lösung $+$ 1,5 n-H_2SO_4 im unteren Bereich noch nahezu parallel mit der in gelatinefreier Lösung aufgenommenen Kurve. Im oberen Bereich können SO_4^{2-} mit dem Kolloid zusammenwirken.

Bekanntlich wird Gelatine teilweise mit dem Kupferniederschlag an der Kathode abgeschieden. Namentlich also bei geringen Gelatinegehalten und bei hohen Stromdichten verarmt die Zone in unmittelbarer Nähe der Kathode an wirksamem Inhibitor. Fördert man aber durch eine bei Temperaturerhöhung auftretende Konvektion wirksam den Herantransport von frischem Kolloid, so kommt sogleich die stärkere Neigung der in Gegenwart von Kolloid aufgenommenen Kurve zum Vorschein.

Es ist auch möglich, daß Gelatine bei hohen Stromdichten an manchen Metallen, wie Kupfer, bereits reduziert wird, vor allem, wenn sich mit dem Kupfer zusammen Wasserstoff abscheidet. Wann und in welchem Umfang diese Reduktion eintritt und sich dem Prozeß der Kupferabscheidung (einschließlich Inhibition) überlagert, dürfte von der Beschaffenheit der Kathodenoberfläche abhängen.

Über den Einfluß neutraler Molekeln auf die Form der Strom-Spannung-Kurven lassen sich mangels Erfahrung noch keine Regeln aufstellen. Entscheidend wird die Affinität des Metalls gegenüber bestimmten Atomgruppen der Molekel sein. Bei der Abscheidung von Nickel aus n-Sulfatlösung scheint z. B. α-Naphthol (0,1 g/l) bei seinem Charakter als schwache Säure ähnlich einem anionischen Inhibitor zu wirken (vgl. Abb. 128, S. 305), während sich Thioharnstoff (1 g/l) unter gleichen Bedingungen eher wie ein kationischer Inhibitor verhält (RAUB und WITTUM[1]). Aus Abb. 126(II) kann man die Wirkung von Kampher (gesättigte Lösung) auf die Kupferabscheidung aus saurer Kupfersulfatlösung entnehmen.

1.54.2　Kathodische Abscheidung von Wasserstoff.

Bei der kathodischen Abscheidung von Wasserstoff läßt sich bekanntlich aus der stationären Strom-Spannung-Kurve eine etwa vorhandene gesetzmäßige Beziehung zwischen Stromstärke und Spannung leichter erkennen als bei der Metallabscheidung, denn bei diesem Vorgang fällt die potentialverändernde kristallographische Komponente weg. Wie wir wissen, gehorcht die Wasserstoffabscheidung im allgemeinen der TAFELschen Beziehung (vgl. S. 31), so daß die $\Delta g/\log J$-Kurve geradlinig ausfällt. Bei niedrigen Stromdichten bleibt diese Gesetzmäßigkeit auch in Gegenwart von starken Inhibitoren erhalten, doch kann sich die Neigung der Kurve zur Stromachse (ausgedrückt durch die TAFELsche Konstante *b*) vergrößern.

So biegen z. B. (nach H. FISCHER und KNAACK[2]) $\Delta g/\log J$-Kurven für Salzsäure (0,59 n) mit Zusätzen von Tetraäthylammoniumchlorid,

---

[1] s. S. 226, Fußn. 10.
[2] FISCHER, H., u. M. KNAACK: Z. Elektrochem. **58** (1954) im Druck.

Tetrabutylammoniumchlorid, Betain und β-Naphthochinolinhydrochlorid (in Mengen, die eine Sättigungsbelegung auf der Kathodenoberfläche ergeben) in einen Grenzstromdichtebereich um. Das Abbiegen von der Linearität hängt augenscheinlich mit der zunehmenden Konzentrationspolarisation zusammen. Offenbar wird der kationische Inhibitor bei hohen Stromdichten in verstärktem Maße elektrostatisch angezogen und verdichtet den Adsorptionsfilm.

Je nach Kathodenmaterial und sonstigen Bedingungen können aber manche Inhibitoren kathodisch reduziert werden. Die Strom-Spannung-Kurven verlaufen dann in der auf S. 219, Abb. 85, angezeigten Form. So scheinen Tetraalkylammoniumionen an Kupferkathoden reduziert zu werden (H. FISCHER und KNAACK[1]), während sie an Eisenelektroden inhibieren. Ein anderes Beispiel in Abb. 129 zeigt Strom-Spannung-Kurven (wieder in halblogarithmischer Darstellung) für die Wasserstoffabscheidung an Platin (aus 3,6 n-Salzsäure bei $25 \pm 0,1°$ C). Dargestellt sind die Kurven für eine Abscheidung aus der reinen Salzsäure und aus der Säure mit Zusätzen von je $4 \cdot 10^{-3}$ mol/l Viktoriablau, Kristallviolett, Cinchoninchlorhydrat, Trypaflavin und Thioharnstoff (ELZE und H. FISCHER[2]). Trypaflavin wirkt nur bei hohen Stromdichten als Inhibitor, möglicherweise handelt es sich dabei um ein Reduktionsprodukt des Inhibitors. Auch Kristallviolett, Viktoriablau und Cinchoninchlorhydrat werden anscheinend bei niedriger Stromdichte reduziert. Ihre Reduktionsprodukte inhibieren im Bereich höherer Stromdichten.

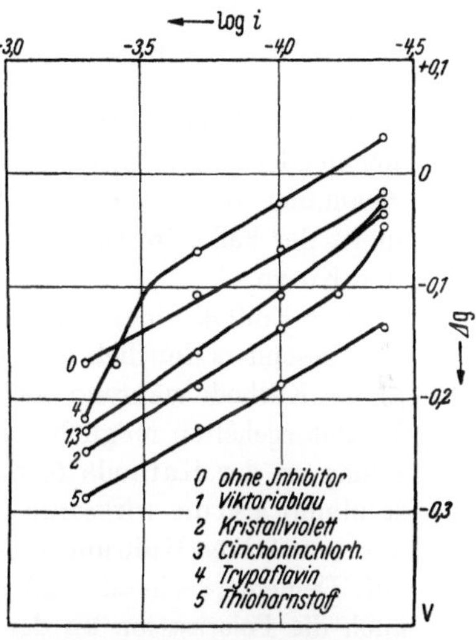

Abb. 129. Einfluß von Inhibitoren auf die Wasserstoffüberspannung am Platin. (Nach J. ELZE und H. FISCHER[2].)

1.55 Einfluß von Bewegung, Viskosität und Temperatur des Elektrolyten bei gleichzeitiger Inhibition.

1.55.1 Badbewegung.

Eine lebhafte Bewegung des Elektrolyten kann in zweifacher Richtung wirken: Einmal fördert sie den Ionennachschub, zweitens aber auch den Antransport von Inhibitoren zur Kathode. Diese beiden Wirkungen

---

[1] KNAACK, M.: Diplomarbeit Techn. Univ. Berlin-Charlottenburg 1953.

[2] ELZE, J., u. H. FISCHER: J. electrochem. Soc. **99**, 259 (1952) — Metalloberfläche A **6**, 177 (1952).

werden sich auf verschiedene Weise äußern. Vermindert starke Rührung die Verarmung an abscheidbaren Kationen in der Nähe der Kathode, vor allem in den Poren eines Adsorptionsfilms, so muß die Konzentrationspolarisation abnehmen. Die Strom-Spannung-Kurve des Abscheidungsprozesses wird sich mit zunehmender Badbewegung nach edleren Werten der GALVANI-Spannung verschieben.

Bei lebhafter Rührung werden auch die Inhibitoren rascher in die Nähe der Kathode gelangen, wo sie sich anreichern. Je dichter die Inhibitoren die Kathodenoberfläche belegen, desto größer wird die Polarisation. Die Strom-Spannung-Kurve müßte sich also mit zunehmender Belegungsdichte nach unedleren Werten der GALVANI-Spannung verschieben. Laufen beide Vorgänge gleichzeitig ab, was meist der Fall sein wird, so bestimmt der wirksamere Vorgang die Lage der Kurve.

Der Einfluß eines vermehrten Antransportes der Inhibitoren wirkt sich besonders deutlich aus, wenn sich auch die Inhibitorkonzentration an der Kathode während der Abscheidung verringert. Das ist bei kleinen Inhibitorgehalten möglich. Bauen sich in den wachsenden Metallniederschlag an der Kathode fortlaufend kleine Mengen des Inhibitors ein, so nimmt also die wirksame Inhibitorkonzentration an der Kathode ab. Mit verstärkter Rührung füllt sie sich aber wieder mehr oder weniger auf. Dementsprechend muß in diesem Falle die Inhibition und damit auch die Polarisation an der Kathode größer werden.

Abb. 130 zeigt nach RAUB und WITTUM[1] Beispiele für solche Änderungen der Polarisation mit der Rührung. Die Strom-Spannung-Kurve für die kathodische Abscheidung von Nickel[2] in Gegenwart des organischen Inhibitors Thioharnstoff ergibt ohne Badbewegung (untere Kurve *1*) negativere Werte der GALVANI-Spannung als mit Badbewegung (obere Kurve *1*).

Andererseits *erhöht* z. B. verstärkte Badbewegung deutlich die Polarisation bei der Nickelabscheidung in Gegenwart von 0,04 g/l Pepton (Abb. 130, untere Kurve *2*). In diesem Falle wird offenbar der kolloide Inhibitor in den Niederschlag mit eingebaut. Einer Verarmung an Inhibitorsubstanz im Bereich der Kathode, wie sie im ungerührten Elektrolyt auftritt (Abb. 130, obere Kurve *2*), wirkt verstärkte Badbewegung entgegen.

1.55.2 Viskosität.

Hohe Viskosität des Elektrolyten kann Wanderung und Diffusion der abscheidbaren Ionen wie der Inhibitoren beträchtlich hemmen. Daß eine erhöhte Viskosität z. B. durch Zusatz von Glyzerin zum

---

[1] s. S. 226, Fußn. 10.

[2] Elektrolyt: 170 g/l $NiSO_4 \cdot 7H_2O$, 30 g/l $NiCl_2 \cdot 6H_2O$, 25 g/l H_3BO_3; 22···23 °C.

Elektrolyten mit einem so empfindlichen Indikator, wie es die Strom-Spannung-Kurve ist, bereits deutlich registriert wird, zeigt ein Vergleich der Kurven in Abwesenheit (*a*) und Gegenwart von Glyzerin (*b*) in Abb. 131. Es handelt sich hier nach Thompson[1] um die Abscheidung von Zink aus einer Zinksulfatlösung (die außerdem NaCl und $AlCl_3$ enthält). Bei sehr niedrigen Stromdichten ergibt Glyzerin praktisch eine deutliche Polarisation. Sobald die Stromdichte über $0,5 \cdot 10^{-2}$ A/cm² gesteigert wird, erhöht sich die Polarisation noch sehr beträchtlich, bis zu einer Grenz-

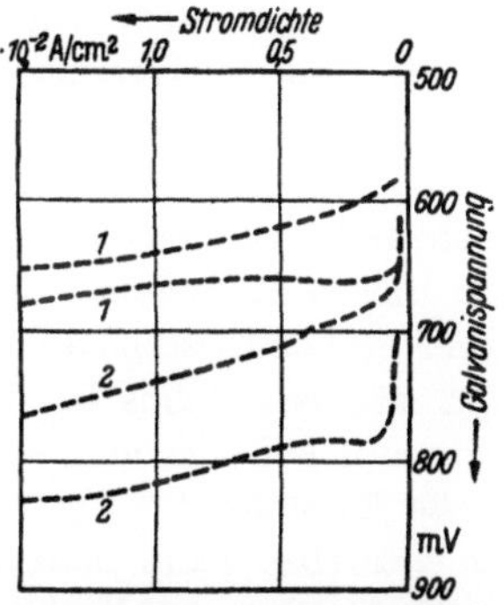

Abb. 130. Einfluß einer Badbewegung auf die Polarisation in Gegenwart von Inhibitoren. (Nach Raub und Wittum, s. S. 226, Fußn. 10).

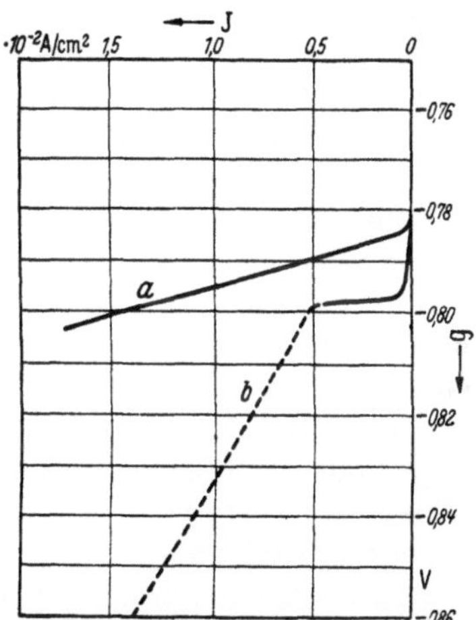

Abb. 131. Einfluß von Glyzerin auf die Polarisation bei der Kupferabscheidung. (Nach Thompson[1].)

stromdichte, und der Niederschlag wird zugleich dunkel und schwammig. Der Nachschub an Zinkionen wird offenbar durch die starke Viskosität der Lösung ungewöhnlich stark gehemmt und vermag die bei höheren Stromdichten eintretende Verarmung nicht mehr aufzuheben.

Joshi und Padmanabhan[2] fanden, daß die Stromausbeute der Silberabscheidung aus Silbernitratlösung in Gegenwart von Alkoholen, wie Äthylalkohol oder Methylalkohol, oder in Anwesenheit von Azeton bei beträchtlichen Gehalten des Elektrolyten an diesen Zusätzen (z. B. mehr als 20 Gew.-%) deutlich absinkt. Die Zusätze erhöhen nachweislich die Viskosität der Lösung bedeutend und setzen zugleich ihre Leitfähigkeit stark herab, beides Faktoren, die die Stromausbeute beeinträchtigen müssen. (Allerdings nimmt die Stromausbeute bei hohen Anteilen der Zusätze wieder zu, ein Umstand, der offenbar auf Bildung neuer komplexer Systeme zurückgeführt werden muß.

[1] Thompson, M. R.: Trans. Amer. Electrochem. Soc. **50**, 193 (1926).
[2] Joshi, S. S., u. S. Padmanabhan: J. Indian chem. Soc. **15**, 176 (1938).

Daß sich blockierende Wirkung eines Adsorptivs mit dem eben erwähnten Effekt eines besonders starken Rückganges der Schwermetallionen-Konzentration in unmittelbarer Kathodennähe miteinander verbinden, müssen wir auch bei manchen hochmolekularen Adsorptiven, z. B. Kolloiden, wie Gelatine, annehmen. In den Kapillaren eines solchen dicken und viskosen Adsorptionsfilms wird eine Nachdiffusion der Schwermetallionen so erschwert, daß hier der Kationengehalt sehr niedrig liegen kann (s. a. S. 292).

Bei hoher Viskosität eines Adsorptivs kann man die Abscheidungsform des kathodischen Metallniederschlages auch dann für einige Zeit beeinflussen, wenn man den Adsorptionsfilm *vor* der Elektrolyse durch Eintauchen auf die Kathode aufbringt. Nach VUILLEUMIER[1] erhält man auf einer Kupferkathode, die vor der Elektrolyse in Glyzerin oder in konzentrierte Zuckerlösung getaucht wurde, kathodisch aus einer essigsauren Bleiazetatlösung oder — etwas weniger ausgeprägt — aus einer salpetersauren Bleinitratlösung dichte, glatte und feinkörnige Bleiniederschläge. Aus diesen Lösungen scheidet sich Blei in Abwesenheit der Adsorptionsfilme bekanntlich in Form lockerer grober Kristalle ab. Allerdings bleibt die Wirkung des anhaftenden viskosen Films bei länger währender Elektrolyse nicht bestehen, sondern auf dem feinkörnigen Untergrunde bilden sich bald wieder große Kristalle.

Bei Abscheiden von Silber aus einem Nitratbad kann man einen ähnlichen Effekt sogar bereits nach dem Eintauchen der Kathode in bloßes destilliertes Wasser hervorrufen. An Stelle der lockeren Kriställchen entsteht hier — allerdings nur für sehr kurze Zeit — ein feinkörniger und fester haftender Niederschlag. Auf Kathoden, die mit konzentrierter Zuckerlösung oder Glyzerin vorbehandelt wurden, fällt das Silber feinkörnig und schwarz aus.

Bei diesen Versuchen ist es anscheinend weniger die Blockierung der aktiven Zentren der Elektrodenoberfläche, welche die kathodische Abscheidung beeinflußt, als die größere Dicke des von außen eingebrachten Flüssigkeitsfilms im Vergleich zu den Diffusionsfilmen, die sich aus dem Elektrolyten bei der Elektrolyse unmittelbar an der Kathode bilden. Denn versetzt man die Elektrolyte selbst mit z. B. der gleichen Menge Glyzerin oder Zuckerlösung, in die man sonst vorher eintauchte, so fallen die Bleiniederschläge kaum anders aus als in den zusatzfreien Bädern. Nach dem vorherigen Tauchen ist der Elektrolyt für eine kurze Weile in unmittelbarer Nähe der vorbehandelten Kathodenoberfläche äußerst verdünnt. Bei dieser Zusammensetzung des Bades wird die Keimbildung selbst bei Blei, das kathodisch eine besonders ausgeprägte Wachstumstendenz zeigt, gefördert. Hier allerdings nur, wenn der Adsorptionsfilm noch dazu genügend viskos ist, denn Vorbehandlung mit Wasser verändert die Viskosität nicht erheblich. Bei der Silberabscheidung, deren Wachstumsstreben nicht ganz so stark ist, genügt jedoch das Tauchen in Wasser bereits. Viskose Flüssigkeitsfilme ergeben schwarze Silberniederschläge.

---

[1] VUILLEUMIER, E. A.: Trans. Amer. Electrochem. Soc. **50**, 193 (1926).

Sobald Schwermetallkationen in größerer Menge in den Adsorptionsfilm eindiffundiert sind, verschwindet die kornverfeinernde Wirkung.
Durch hohe Viskosität, wie beim Glyzerin, wird dieser Diffusionsvorgang merklich verlangsamt.

1.55.3 Temperatur.

Mit steigender Temperatur nimmt bekanntlich die Adsorbierbarkeit
ab. Demnach sollte unter diesen Umständen auch die Inhibition zurückgehen. Dies ist in der Tat gewöhnlich der Fall.

So läßt z. B., wie bereits erwähnt, die inhibitorische Wirkung der
Anionen bei der kathodischen Abscheidung von Kadmium mit erhöhter
Temperatur deutlich nach, wie aus Abb. 101, S. 257 (zusammengestellt aus Ergebnissen von E. MÜLLER und BARCHMANN[1]) zu ersehen ist.
Die Reihenfolge der wirksamen Anionen ändert sich mit der steigenden
Temperatur nicht. Ähnliche Ergebnisse hat auch PIONTELLI[2] mit anderen
Metallen erhalten [vgl. z. B. die Strom-Spannung-Kurven der Abscheidung von Antimon bei 25, 50 und 75° C (Abb. 102, S. 258)]. Hier
dürfte sekundäre Inhibition durch kolloidales Antimonhydroxyd mitwirken.

Da die Ruhe-GALVANI-Spannungen bei den verschiedenen Temperaturen nicht sehr voneinander abweichen, kann man die Unterschiede
in der Polarisation nicht etwa auf erhöhte Aktivität der potentialbestimmenden Kationen zurückführen. Auch Unterschiede in der Konzentrationspolarisation dürften kaum eine Rolle spielen, vor allem nicht
bei der niedrigen Stromdichte von $1 \cdot 10^{-3}$ A/cm² des ersten Beispiels.

Beim Kadmium ist der Unterschied in der Polarisation zwischen 0
und 20° C deutlich größer als zwischen 20 und 55° C. Die Temperatur
der beginnenden Entfestigung liegt oberhalb 0, aber noch unterhalb 20°C.
So mag vielleicht die wesentlich geringere Beweglichkeit der Oberflächenatome bei 0° C im Vergleich zu den Temperaturen oberhalb der Entfestigung für den großen Unterschied verantwortlich sein. Beim Antimon
liegt die Entfestigungstemperatur zwischen den beiden niederen Temperaturen, also etwa zwischen 25 und 50° C. Auch hier ist auf der
kathodischen Seite[3] der Unterschied in der Polarisation zwischen 25
und 50° C größer als zwischen 50 und 75° C.

Ähnlich große Unterschiede zwischen 0 und 20° C ergeben sich z. B.
nach FOERSTER und DECKERT[4] bei der Abscheidung von Zinn aus saurer
$(0{,}15\ \text{n-}H_2SO_4)$ 0,25 n-Zinn(II)-sulfatlösung (bei $5 \cdot 10^{-3}$A/cm² und 20° C).

---

[1] s. S. 301, Fußn. 5.
[2] s. S. 244, Fußn. 4.
[3] Auf der anodischen Seite sind die Änderungen der GALVANI-Spannungen
mit der Temperatur gleichmäßiger.
[4] FOERSTER, F., u. H. DECKERT: Z. Elektrochem. **36**, 901, 917 (1930).

Bei 20° C sind 0,15 mol/l Anilinsulfat noch fast ohne Einfluß auf die grobkristallin dendritische Abscheidung von Zinn. Hingegen erhält man bei 0° C eine körnige Abscheidung, die auch, abweichend vom Verhalten bei 20° C, das Gefüge des Grundmetalls (Weißblech) fortsetzt.

Auch die direkte Inhibition von Kolloiden geht mit der Temperatur zurück, z. B. der Einfluß von Gelatine im Zusammenwirken mit einem Anion bei der Kadmiumabscheidung aus schwach sauren Kadmiumsalzlösungen bei 0, 20 und 55° C (E. Müller und Barchmann[1]).

Andererseits haben jedoch Kern und Rowen[2] beim Steigern der Temperatur von 25 auf 55° C gelegentlich eine schwach erhöhte Polarisation beobachtet. Sie fanden dies z. B. beim Abscheiden von Kupfer aus stark saurer $CuSO_4$-Lösung in Gegenwart sehr geringer Mengen Gelatine (0,002 g/l). Wahrscheinlich werden derart kleine Mengen leicht in den Niederschlag eingebaut, und zwar am leichtesten bei den tieferen Temperaturen. Deshalb verarmt die Lösung bei diesen Temperaturen eher an Kolloid als bei höheren. Höhere Temperatur fördert außerdem die Konvektion und damit den Antransport von Kolloid. Diese Umstände mögen für eine Zunahme der Inhibition bei der höheren Temperatur verantwortlich sein.

1.6 Stromlinienverteilung und Tiefenwirkung.
1.61 Allgemeines.

Nach des Galvanotechnikers Wunsch sollte die Kathode sich möglichst gleichmäßig mit dem Überzugsmetall bedecken. Das bedeutet, anders ausgedrückt, daß die Kathodenoberfläche möglichst an jeder Stelle von der gleichen Zahl Stromlinien getroffen werden soll, und daß die Stromlinien dabei senkrecht, geradlinig und einander parallel auftreffen. Exakt läßt sich der Wunsch des Galvanotechnikers niemals erfüllen, wenngleich eine befriedigende Annäherung möglich ist.

Selbst für die einfach erscheinende Oberfläche der Plattenkathode (einer ebensolchen Anode gegenüberstehend) ist es ebenso schwierig, ein homogenes elektrisches Feld herzustellen, wie ein homogenes magnetisches Feld für zwei entsprechende Plattenmagnete.

Die Stromlinienverteilung an einer Kathode ist einmal ein elektrisches, zum zweiten ein elektrochemisches Problem. In elektrischer Hinsicht gelten für die Stromlinienverteilung die Grundgesetze der strömenden Elektrizität von Ohm und von Kirchhoff. Bekanntlich werden diese Gesetze nur von den drei Grundgrößen Strom, Spannung und Widerstand bestimmt. Alle anderen auf die Stromverteilung wirkenden Einflüsse, wie z. B. Leitfähigkeit, Elektrodenabstand, Temperatur,

---

[1] s. S. 301, Fußn. 5.
[2] Kern, E. F., u. R. W. Rowen: Trans. Amer. Electrochem. Soc. 56, 379 (1929).

lassen sich auf diese Grundgrößen zurückführen. Allerdings erscheinen die
Zusammenhänge oft weniger deutlich und sind manchmal in der Tat noch
nicht genügend aufgeklärt, wie z. B. der Einfluß räumlicher Abmessungen des Elektrolytbehälters und einer verwickelten Gestalt der Elektrode.

Setzt man zunächst 100% Stromausbeute, bezogen auf Metall, voraus, so ist die Metallmenge, die sich an einem Oberflächenpunkt der

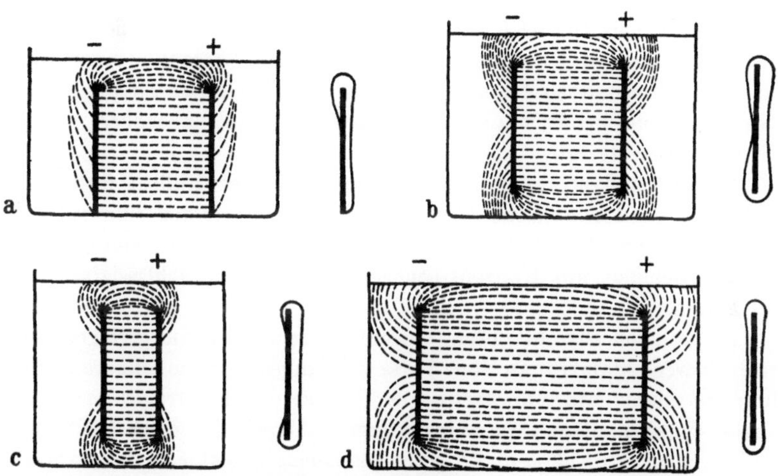

Abb. 132. Schema der Verteilung der Stromlinien und der Niederschlagsstärken.
(Nach BILLITER[1].)

Kathode abscheidet, direkt proportional der Stromdichte, die an diesem
Punkt herrscht. Wie ungleich aber selbst bei einer so einfachen Form
der Plattenkathode die Stromlinienverteilung ist, läßt die schematische
Abb. 132 (BILLITER[1]) erkennen, die die Stromlinienverteilung zwischen
zwei einander parallelen Plattenkathoden in verschiedenem Abstand
voneinander zeigt. Die Stromlinien häufen sich besonders an den Ecken
der Elektroden und treffen auf der Rückseite der Elektroden nur spärlich auf. Die ungleiche Dicke des Niederschlages ist in übertriebenen
Maßen skizziert.

Wie die Erfahrung lehrt, wird aber die Stromlinienverteilung auf
der Elektrodenoberfläche nicht allein von den beiden elektrischen Grund-
gesetzen gesteuert. Bisher haben wir eine wichtige elektrochemische
Einflußgröße, die *Polarisation*, unberücksichtigt gelassen, die die GAL-
VANI-Spannung und damit auch die Stromdichte an verschiedenen
Punkten der Grenze Kathode/Elektrolyt ganz erheblich verändern kann.
Im elektrischen Ersatzschaltbild kann man die Polarisation als einen
vorgeschalteten Widerstand ansehen.

---

[1] BILLITER, J.: Prinzipien der Galvanotechnik, S. 76. Wien 1934.

Wie C. Wagner[1] unter gewissen vereinfachenden Voraussetzungen theoretisch abgeleitet hat (s. noch weiter unten), sollte die Stromdichte an einer Ecke der Plattenkathode (oder auch an vorspringenden Spitzen auf der Kathodenoberfläche) unendlich groß ausfallen. Daß sie das in Wirklichkeit niemals ist, muß man der Polarisation an der Ecke oder Spitze zuschreiben, die auf *jeden* Fall — wenn auch bisweilen in nur geringem Maße — auftritt.

Haring und Blum[2] haben eine Stromlinienverteilung, die praktisch nur auf elektrische Größen zurückgeht, „primäre" Stromlinienverteilung genannt. Mit nahezu fehlender Polarisation bei gleichzeitig 100%iger Stromausbeute erhält man also in erster Linie eine angenähert primäre Stromlinienverteilung.

Freilich sind solche Fälle ziemlich selten. Verwirklicht werden sie z. B. von der kathodischen Abscheidung des Silbers aus Silbernitratlösungen bei niedrigen Stromdichten, erhöhter Temperatur und lebhafter Durchmischung, um Konzentrationspolarisation vernachlässigbar klein zu halten.

Bei höheren Stromdichten, niederer Temperatur und geringer Elektrolytbewegung darf man diese Voraussetzungen für eine primäre Stromlinienverteilung nur unmittelbar zu Beginn der Elektrolyse erwarten. In der Tat scheidet sich Metall in den ersten Augenblicken der Elektrolyse meist nur an den Ecken und Kanten des Bleches, später an den Kristallecken und Kanten und erst mit zunehmender Polarisation auf den Kristallflächen ab.

Dem Grenzfall einer nur auf den elektrischen Größen beruhenden Stromlinienverteilung steht der Realfall einer gleichzeitigen Mitwirkung von elektrochemischen Faktoren gegenüber. Neben der nie völlig zu vernachlässigenden Polarisation spielt im Realfall auch die kathodische Stromausbeute an Metall eine wichtige Rolle. Keineswegs darf man immer Proportionalität zwischen Stromdichte und Menge des abgeschiedenen Metalls annehmen. Strenge Proportionalität, mit einer Stromausbeute von 100% gegeben, ist nur bei der Abscheidung von Edelmetallen aus den Lösungen ihrer einfachen Salze, im Bereiche nicht allzu hoher Stromdichten, zu erwarten. Beim Abscheiden von Edelmetallen aus Komplexsalzlösungen oder beim Abscheiden unedler Metalle nimmt die Stromausbeute nicht selten mit steigender Stromdichte ab.

Jene aus Unterschieden in den elektrochemischen Potentialen erwachsenden Kräfte, die die primäre Stromlinienverteilung verzerren, sie m. a. W. in eine „sekundäre" Stromlinienverteilung verwandeln,

---

[1] Wagner, C.: J. electrochem. Soc. **98**, 116 (1951).

[2] Haring, H. E., u. W. Blum: Trans. Amer. Electrochem. Soc. **44**, 313 (1923).

fassen wir unter dem Begriff „Streukraft" zusammen. Unter günstigen Bedingungen kann man die „Streukraft" so abstimmen, daß die Stromlinienverteilung gleichmäßiger ausfällt und dem vom Techniker gewünschten Idealbild nahekommt. Der Techniker spricht dann von einer guten Streuung.

Immerhin darf man nicht übersehen, daß der Begriff „Streukraft" an sich jede beliebige Abweichung von der primären Verteilung umfaßt. Streng genommen kann sie also auch Ursache einer noch weniger gleichmäßigen Stromlinienverteilung werden, als man sie unter rein elektrischen Bedingungen erzielt.

1.62 Grundlagen zur Berechnung der sekundären Stromlinienverteilung.

Es hat nicht an Versuchen gefehlt, die sekundäre Stromlinienverteilung zu berechnen. Die mathematische Ableitung von Beziehungen, die schließlich die lokalen Stromdichten ergeben, läßt sich für einfach geformte Elektroden verwirklichen, allerdings nicht ohne gewisse vereinfachende Voraussetzungen. In der Berechnung der Verhältnisse für eine Reihe von Elektrodenformen hat KASPER[1] wertvolle Arbeit geleistet. Eine Diskussion des häufigsten Falles, der Plattenkathode mit endlicher Begrenzung, verdanken wir C. WAGNER[2]. Die wesentlichen Ergebnisse seiner Berechnungen bringen wir in den folgenden Abschnitten.

Nach dem Ohmschen Gesetz ist die Stromdichte J an irgendeinem Punkt der Kathode bestimmt durch den lokalen Abfall des elektrischen Potential und die elektrische Leitfähigkeit. So kann man nach C. WAGNER[2] ansetzen:

$$J = \varkappa \frac{d\varphi_L}{dn}. \tag{86}$$

Darin bedeuten φ_L das lokale elektrische Potential eines Punktes in der Lösung in unmittelbarer Nähe der Kathode, n die Entfernung des Punktes von der Kathode im lotrechten Abstand und $\varkappa$ die spezifische elektrische Leitfähigkeit des Elektrolyten. Ist ferner φ_K das mittlere Potential der Kathode gegen die Standard-Wasserstoffelektrode, die den Wert $\varphi = 0$ definieren soll, so kann man die Potentialdifferenz $\varphi_K - \varphi_L$ ausdrücken durch die Summe aus Gleichgewichts-GALVANI-Spannung g_{Gl} (ebenfalls bezogen auf die Standard-

---

[1] KASPER, CH.: Trans. Amer. Electrochem. Soc. **77**, 353, 365 (1940); **78**, 131, 149 (1940); **82**, 153 (1942).

[2] s. S. 314, Fußn. 1.

H-Elektrode) und einer Polarisation Δg, als Funktion der lokalen Stromdichte J.

$$\varphi_K - \varphi_L = g_{Gl} + \Delta g\,(J). \tag{87}$$

Δg hat als Funktion der lokalen kathodischen Stromdichte J stets ein negatives Vorzeichen.

Aus den beiden Gl. (86) und (87) ergibt sich:

$$\varphi_K - \varphi_L = g_{Gl} + \Delta g \left(\varkappa \frac{d\varphi_L}{dn}\right). \tag{88}$$

Die Gleichungen geben also eine Möglichkeit zur Bestimmung der Stromdichte J als einer Funktion des Ortes, denn φ_L, aus welcher Größe sich J nach (86) ergibt, kann man aus (88) berechnen. In Gl. (88) sind alle Größen

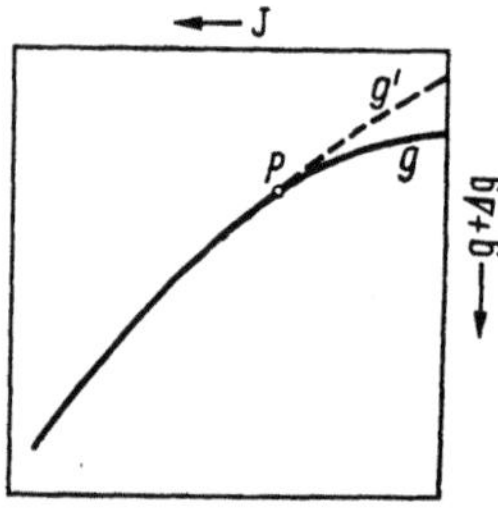

Abb. 133. Nichtlineare Strom-Spannung-Kurve.
(Nach C. WAGNER, s. S. 314, Fußn. 1.)

außer φ_L experimentell bestimmbar. Zur Bestimmung von $\varkappa$ benötigt man den totalen Spannungsabfall zwischen Anode und Kathode. Des weiteren ist die Kenntnis der Strom-Spannung-Kurven für Kathode und Anode erforderlich. Für die Praxis ist eine *lineare* Beziehung zwischen Δg und J in der Strom-Spannung-Kurve erwünscht. Meist gilt jedoch eine solche Beziehung nicht für einen großen Stromdichtebereich. Nach C. WAGNER[1] kann man aber auch angenäherte Stromdichten berücksichtigen, die nicht zu weit von der Durchschnittsstromdichte entfernt liegen. Es läßt sich, wie die schematische Abb. 133 zeigt, in Nachbarschaft des Punktes P (mittlere Arbeitsbedingungen) folgende Beziehung anwenden:

$$g_{Gl} + \Delta g\,J \cong g' + J\left(\frac{d\Delta g}{dJ}\right) = g' - h\,J. \tag{89}$$

Dabei ist g' der Ordinatenschnittpunkt der Tangente im Punkte P an die Strom-Spannung-Kurve; h ist die absolute Neigung der Tangente.

Setzt man die Gl. (86) und (87) in (89) ein, so erhält man

$$\varphi_L - h\,\varkappa\left(\frac{d\varphi_L}{dn}\right) = \varphi_K - g'. \tag{90}$$

Den Ausdruck $h \cdot \varkappa$, der ja gleich $\varkappa\,\dfrac{d\Delta g}{dJ}$ ist, fassen wir in einer Konstanten K_c zusammen:

$$K_c = h\,\varkappa. \tag{91}$$

Diese für die Stromlinienverteilung besonders wichtige Konstante ist also das Produkt aus der spezifischen Leitfähigkeit und der Neigung der Strom-Spannung-Kurve oder der Tangente an diese Kurve.

---

[1] s. S. 314, Fußn. 1.

Somit ergibt sich:

$$\varphi_L - K_c \left(\frac{d\varphi_L}{dn} \right) = \varphi_K - g'. \tag{92}$$

Auch hier kann man φ_L aus den experimentellen Daten berechnen und mit Hilfe von φ_L wieder die lokale Stromdichte J nach Gl. (86) ermitteln.

Nach C. WAGNER[1] wird das Verhältnis J/J_m der lokalen Stromdichte J zur Durchschnittsstromdichte J_m von dem Verhältnis L/K_c einer charakteristischen Länge L zur Größe K_c bestimmt (s. S. 316). Diese Feststellung stimmt auch mit Untersuchungen von HOAR und AGAR[2] sowie von KASPER[3] überein. Beide Größen L und K_c sind miteinander kommensurabel, denn *beide* haben die Längendimension cm. L hängt von geometrischen Abmessungen ab und kann z. B. bedeuten: Eine Elektrodenbreite, den Abstand zwischen den Elektroden, eine periodische Länge, wie sie die profilierte Elektrode im Durchschnittsabstand von Bergen und Tälern kennzeichnet, usw. Je kleiner L im Vergleich zu K_c ist, desto gleichmäßiger ist die Stromlinienverteilung. Ist L/K_c wesentlich größer als 1, so ist die Streukraft sehr gering; es ergibt sich eine angenähert primäre Stromlinienverteilung.

So stecken in der maßgebenden Größe K_c direkt und indirekt alle jenen Einflußgrößen, die erfahrungsgemäß die Stromlinienverteilung regeln: Die Leitfähigkeit des Elektrolyten, die man in der Praxis z. B. durch Zusätze von Alkalisalz (sog. Leitsalze) zum Elektrolyten oder durch Steigern der Temperatur zu vergrößern trachtet; die Polarisation in ihren verschiedenen Arten, die man z. B. durch Verändern von Stromdichte und Temperatur, durch Verringern der Konzentration an potentialbestimmenden Ionen, durch wirksame Inhibitoren, verringerte Elektrolytbewegung usw., zu erhöhen versucht. Außerdem bestimmen auch Natur des Metalls und des Metallions und Beschaffenheit der Kathodenoberfläche die Größe der Polarisation und damit der Streuung.

Wie die Erfahrung lehrt, ist die Polarisation in Schwermetall-Komplexsalzlösungen gewöhnlich bedeutend größer als in den Lösungen einfacher Schwermetallsalze. Deshalb bevorzugt man die Komplexsalzlösungen, z. B. Lösungen komplexer Zyanide, wegen ihrer guten Streufähigkeit.

Für die Praxis reicht die bloße Ermittlung der lokalen Stromdichte an verschiedenen Punkten der Kathodenoberfläche nicht aus, wenn die Stromausbeute an Metall von der Stromdichte abhängt. Der Stromausbeute entsprechend hat man also die Stromdichtewerte in Metallmenge pro cm² und Zeiteinheit umzurechnen.

Je nach Richtung und Größe der Beziehung zwischen Stromausbeute und Stromdichte kann die Metallverteilung, auf die es schließlich

---

[1] s. S. 314, Fußn. 1.

[2] HOAR, T. P., u. J. N. AGAR: Faraday Soc. Discossions **1**, 162 (1947).

[3] s. S. 315, Fußn. 1.

in der Praxis allein ankommt, mehr oder weniger von der Stromdichteverteilung abweichen. Die Stromausbeute kann ungünstige Stromlinienverteilung einigermaßen kompensieren, wenn die Stromausbeute mit erhöhter Stromdichte abnimmt. In den Lösungen komplexer Schwermetallzyanide — an sich schon gut „streuende" Elektrolyte — verbessert ein Abfall der Stromausbeute mit steigender Stromdichte die Streuung noch weiter. Andererseits verringert sich z. B. die an sich schon schlechte Streuung bei der Chromabscheidung aus Chromsäurelösungen noch weiter infolge des starken Anstieges der Stromausbeute mit der Stromdichte.

Die Stromausbeute spielt vor allem bei einem Sonderfall der Streuung, der „*Tiefenwirkung*", eine Rolle. Unter Tiefenwirkung versteht der Praktiker den Grad der Bedeckung einer sackartigen Vertiefung der Kathodenoberfläche mit dem Metallüberzug. Für gute Tiefenwirkung reicht die Bedingung einer gleichmäßigen Stromlinienverteilung noch nicht aus. In der Vertiefung wird für gewöhnlich die Verarmung an abscheidbaren Metallionen weiter fortgeschritten sein als an ebenen oder gar erhabenen Stellen der Kathodenoberfläche. Deshalb sind der Tiefenwirkung alle Schritte dienlich, die einer solchen Verarmung entgegenwirken, wie z. B. verstärktes Bewegen des Elektrolyten, Steigern der Metallionenkonzentration, Zunahme der Stromausbeute beim Senken der Stromdichte usw.

Manche dieser Maßnahmen verringern jedoch die Streuung. Es ist also nicht gesagt, daß ein gut streuender Elektrolyt auch eine gute Tiefenwirkung haben muß.

1.63 Die experimentelle Ermittlung der Größe K_c und der Streukraft.

Experimentell kann die Größe K_c z. B. aus Messungen in der sog. HARING-Zelle (HARING und BLUM[1]) bestimmt werden, die man für solche Zwecke viel verwendet. Allerdings ist die HARING-Zelle nur eine von vielen ähnlichen (sich von ihr ableitenden) Anordnungen, die zur praktischen Messung der Streuung vorgeschlagen worden sind. Wir wollen uns hier auf die ursprüngliche HARING-Zelle beschränken und verweisen bezüglich anderer Anordnungen auf die bekannten Werke der Galvanotechnik und des weiteren auf neuere Vorschläge von STEINER[2].

HARING und BLUM[1] verwendeten einen rechteckigen elektrolytischen Trog (Abb. 134), an dessen beiden Enden zwei gleich große, parallel

---

[1] s. S. 305, Fußn. 1.
[2] STEINER, J.: Z. phys. Chem. **196**, 235 (1950) — Arch. techn. Messen. V. 8227—2 u. —3 (1951).

geschaltete Kathoden B und C angeordnet sind. Zwischen ihnen füllt eine Drahtnetzanode A den Querschnitt des Troges aus, und ihr Abstand von der einen Kathode ist fünfmal so groß wie von der anderen.

Aus Elektrolyten, die praktisch nicht gut streuen, schlägt sich in einer solchen Anordnung auf der näheren Kathode fünfmal soviel Metall nieder als auf der entfernteren. Je größer die Streukraft des Elektrolyten, desto geringer fällt der Gewichtsunterschied der gleichzeitig auf beiden Kathoden abgeschiedenen Metallmengen aus.

HARING und BLUM stellen eine praktisch verwendbare, einfache Formel für die Streukraft auf:

$$\text{Streukraft} = \frac{K - \dfrac{M_n}{M_f}}{K}\,100. \tag{93}$$

K ist das Verhältnis der Elektrodenabstände (also nach HARING und BLUM $5:1$), M_n die Metallmenge, abgeschieden auf der nahen Kathode, M_f diejenige, auf der entfernten Kathode abgeschieden. Beide Metallmengen werden durch Wägung bestimmt.

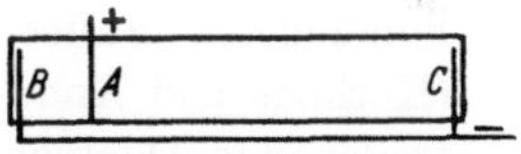

Der denkbar höchste Wert, den die Streukraft nach der Formel annehmen kann, wird erreicht, wenn sich auf den beiden ungleich entfernten Metallkathoden die gleiche Metallmenge niederschlägt, wenn also

$$\frac{M_n}{M_f} = 1$$

Abb. 134. HARING-Zelle.

wird. Nach der Formel erhält dann die Streukraft den Maximalwert 80.

Man hat eingewendet, die Formel von HARING und BLUM sei nicht glücklich gewählt (vgl. z. B. FIELD[1]), besser sei, sie so abzuändern, daß sie 100% als Maximum anzeigt. Richtiger wäre (BILLITER[2]) der Wert unendlich als Maximum. Aber solche Änderungen der Formel haben nur formale Bedeutung.

Wesentlicher ist der Einwand von FIELD, das gewählte Abstandsverhältnis $5:1$ sei für die Praxis im allgemeinen zu groß. Besser wäre vielleicht $2:1$. Auch darf man aus den Messungen nur mit Vorsicht direkte Folgerungen für die Praxis ziehen, hat man es doch in der Praxis für gewöhnlich nicht mit Elektroden zu tun, die mit ihrem Querschnitt den rechteckigen Trog ausfüllen. Die Zahlen ändern sich, wenn man Querschnitt oder Länge des Troges ändert, und ändern sich selbstverständlich auch, wenn man den Elektrolytquerschnitt nur teilweise durch die Elektroden ausfüllen läßt. Auf jeden Fall ist aber die

---

[1] FIELD, S.: Metal Ind., London **37**, 564 (1930); **40**, 403, 501 (1932).
[2] s. S. 313, Fußn. 1.

angegebene Methode wertvoll genug, um bestimmte Elektrolyten in ihrer Streukraft zu kennzeichnen.

Verwendet man die HARING-Zelle zur Bestimmung der Größe K_c, so ist es nach C. WAGNER zweckmäßig, kein festes Abstandsverhältnis, wie etwa $5:1$, zu wählen, sondern das Verhältnis der Abstände $L_1 : L_2$ nach einer (relativ kleinen) Differenz von J_1 und J_2 einzustellen. Innerhalb dieser beiden Stromdichten sollte die Strom-Spannung-Kurve noch annähernd linear sein. Denn K_c ist, wie erwähnt, gleich $\sigma \left| \dfrac{d\Delta g}{dJ} \right|$. Auch sollte man für die Messung möglichst kleine Kathoden (die also den Elektrolytquerschnitt nicht ausfüllen) wählen. Wie wir noch sehen werden, nähert sich die Stromlinienverteilung an großen Kathoden mit Längen über mehrere Zentimeter mehr und mehr der primären Stromlinienverteilung.

1.64 Anwendung der Theorie auf zwei einfache Beispiele.

C. WAGNER hat sich in einer grundlegenden Arbeit des häufig vorkommenden Falles angenommen, daß sich zwei Plattenelektroden (Kathode und Anode) parallel gegenüberstehen. Dabei sollen die Elektroden den Querschnitt des Elektrolyten nur teilweise ausfüllen. Die Elektroden lehnen sich gemäß Abb. 135 an die Wände des Troges an, so daß ihre Rückseiten abgedeckt sind. Befinden sich die beiden Elektroden in einem Abstand voneinander, der groß ist im Vergleich zu ihrer Breite, so bestätigt die Rechnung (s. die Arbeit von C. WAGNER[1]) — im Einklang mit der Erfahrung —, daß Abweichungen von der Durchschnittsstromdichte nach dem Plattenrande hin am größten ausfallen.

Abb. 136 veranschaulicht den von C. WAGNER berechneten Fall einer Abweichung der lokalen Stromdichte J am Rande der Kathode von der Durchschnittsstromdichte J_m, wenn die Breite der Kathode (bei konstantem K_c) verändert wird. Als Ordinate ist hier $\dfrac{J - J_m}{J_m}$ aufgetragen. Die Abszisse gibt das Verhältnis der halben Breite a der Kathode zu K_c wieder.

$\dfrac{J - J_m}{J_m} = 0$ bedeutet Gleichheit von J und J_m, d. h. also völlig gleichmäßige Stromverteilung. Exakt wird sie nie erreicht, denn dann müßte $a = 0$ sein. Auf jeden Fall kommt man in diesem Beispiel der gleichmäßigen Stromverteilung am nächsten, wenn man die Kathode recht klein macht.

Die Kurve in Abb. 136 beschreibt jedoch in erster Linie den Fall $a/K_c > 1$, d. h. also eine ungleichmäßige Verteilung, eine schlechte Streuung. Für kleine Werte von $\dfrac{a}{K_c}$ nimmt $\dfrac{J - J_m}{J_m}$ linear zu,

---

[1] s. S. 314, Fußn. 1.

während die Kurve für große Werte von a/K_c einen asymptotischen Verlauf zur Abszisse hin anstrebt. Offenbar entspricht dieser Endzustand der primären Stromlinienverteilung.

Wie schon erwähnt, ergibt C. WAGNERS Rechnung eine unendlich große Stromdichte am Kathodenrande für den hypothetischen Fall, daß überhaupt keine Polarisation vorhanden wäre, daß also die Lösung nahe der Kathode überall ein konstantes Potential besäße. Tatsächlich

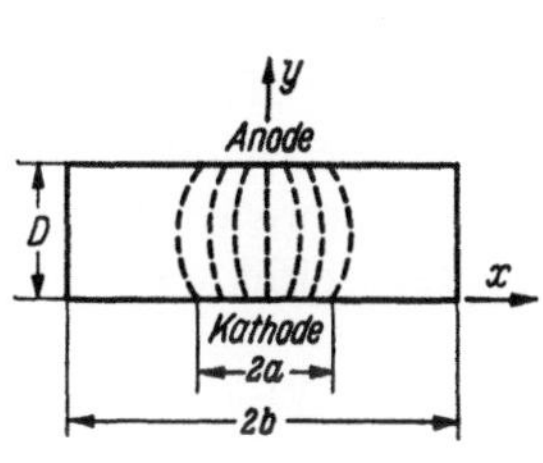

Abb. 135. Elektrodenanordnung mit zwei parallelen Plattenelektroden.

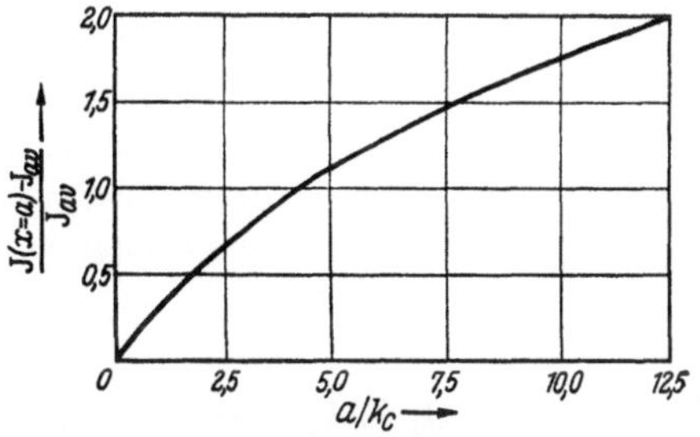

Abb. 136. Stromdichte am Rande einer Kathode als Funktion des Verhältnisses der Halbwertsbreite a zum Parameter K_c.

verschwindet aber die Polarisation niemals völlig: müßte sich doch bei unendlich großer Stromdichte gerade eine sehr beträchtliche Konzentrationspolarisation ergeben.

Verwendet man parallele Elektroden in einem Abstand voneinander, der im Verhältnis zur Elektrodenbreite sehr klein ist, so spielt hier der Abstand D die entscheidende Rolle, die derjenigen der halben Breite a des vorigen Beispiels entspricht.

So findet C. WAGNER bei Verwendung von D/K_c als Abszisse bei der gleichen Ordinate wie im vorigen Beispiel auch eine der Abb. 136 prinzipiell ganz ähnliche Kurve. Je kleiner der Abstand D der beiden Elektroden voneinander gehalten wird, desto näher kommt die Stromdichte J am Kathodenrande der Durchschnittsstromdichte J_m. Natürlich wird auch hier eine exakt gleichmäßige Stromverteilung nicht erreicht, denn das bedeutete $D = 0$.

Umgekehrt steigt die Durchschnittsstromdichte mit wachsenden Werten von D/K_c an $\left(\dfrac{J - J_m}{J_m} \right.$ zunächst linear ansteigend, bei großen D/K_c asymptotische Tendenz$\left.\right)$.

Wie groß die Größe K_c in der Praxis etwa sein kann, ergibt sich aus der folgenden Tab. 37. In ihr sind Werte für $\varkappa$, h und K_c (vgl. S. 316) in fünf verschiedenen Elektrolyten, geeignet zur kathodischen Abscheidung von Zink, enthalten. Die Zahlenwerte entstammen einer Untersuchung von MANTZELL[1] an einer Winkelkathode, deren Grundriß

---

[1] MANTZELL, E. M.: Z. Elektrochem. **42**, 303 (1936); vgl. ferner **41**, 10 (1935); **43**, 174 (1937).

aus Abb. 137 hervorgeht. Die charakteristische Länge $L = a$ betrug 13,5 cm.

Jede Seite der dreiwinkligen Kathode bestand aus je 10 Kupferstreifen 1 cm breit, 20 cm lang, aufgebracht auf einer Hartgummiplatte. Der Abstand zwischen den Streifen betrug jeweils 0,1 cm und war aus einer Hartgummi-Zwischenisolation gebildet. Der Stromfluß durch jeden Streifen wurde getrennt gemessen.

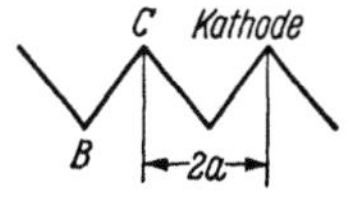

Abb. 137. Winkelkathode nach MANTZELL-WAGNER[1].

Der Abstand von den herausragenden Ecken bis zur ebenen Anode variierte zwischen 6 und 24 cm. Für die in Tab. 37 aufgeführten Beispiele betrug er 15 cm.

C. WAGNER[1] hat die Werte von MANTZELL für eine theoretische Untersuchung der Verhältnisse an der Winkelkathode ausgewertet. Wir wollen indes auf die Untersuchung von MANTZELL nicht weiter eingehen.

MANTZELL verwendete folgende Elektrolyte:

I.   150 g/l $ZnSO_4 \cdot 7 H_2O$ + $B(OH)_3$,
II. 150 g $ZnSO_4 \cdot 7 H_2O$ + 50 g $(NH_4)_2SO_4$ + 1000 g H_2O,
III. 136 g/l $ZnCl_2$ + $B(OH)_3$,
IV. 136 g $ZnCl_2$ + 214 g NH_4Cl + 20 g $AlCl_3 \cdot 6 H_2O$ + 1000 g H_2O,
V.   45 g $K_2Zn(CN)_4$ + 15 g KCN + 20 g NaCl + 20 g NaOH + 1000 g H_2O.

Die mittlere Stromdichte J_m betrug 0,0125 A/cm².

Tabelle 37. *Werte von K_c und a/K unter verschiedenen Bedingungen.*

Lösung	$\varkappa$ Ω^{-1} cm^{-1}	Werte an der Hohlecke				Werte an der Außenecke			
		J A/cm²	h V/A/cm²	K_c cm	a/K_c	J A/cm²	h V/A/cm²	K_c cm	a/K_c
I.	0,031	0,0023	2,5	0,08	166	0,045	$\lesssim 0,2$	$\lesssim 0,006$	$\lesssim 2000$
II.	0,074	0,0039	2,0	0,15	90,0	0,037	$\lesssim 0,2$	$\lesssim 0,015$	$\lesssim 1000$
III.	0,089	0,0031	2,2	0,20	66,6	0,034	$\lesssim 0,2$	$\lesssim 0,018$	$\lesssim 1000$
IV.	0,265	0,0042	2,4	0,64	20	0,029	$\lesssim 0,4$	$\lesssim 0,11$	$\lesssim 100$
V.	0,144	0,0063	16	2,3	5,9	0,025	$\sim 1,5$	$\sim 0,22$	~ 50

Vergleicht man die in Tab. 37 aufgeführten Beispiele miteinander, so ergeben sich deutliche Unterschiede in der Größe von K_c in Abhängigkeit von der Zusammensetzung des Elektrolyten und vor allem je nach der Meßstelle an der Winkelkathode, entweder an einer Ecke oder einer Hohlecke.

In den Elektrolyten I bis IV, die sich aus den Lösungen einfacher Zinksalze zusammensetzen, fällt K_c deutlich kleiner aus als in dem Komplex-Elektrolyten V. Allerdings stuft sich K_c auch in den einfachen Elektrolyten beträchtlich ab. Bei Zusatz von $(NH_4)_2SO_4$ zum Elektro-

---

[1] s. S. 321, Fußn. 1.

lyten I, ebenso wie von NH_4Cl zum Elektrolyten II vergrößert sich K_c, hauptsächlich infolge Leitfähigkeitszunahme. Andererseits wird der hohe Wert von K_c beim Elektrolyten V in erster Linie von der hohen Polarisation bestimmt, wie sich an dem weit größeren h-Wert erkennen läßt.

Die Größe a/K_c ist in jedem Fall größer als 1, was also nach dem früher Gesagten eine keinesfalls ideale Streuung bedeutet. Dies erkennt man vor allem beim Vergleich der Werte für J und a/K_c an der Hohlecke und an der Außenecke. Zweifellos ist die Streuung im komplexen Elektrolyten V am besten, aber auch hier verhalten sich a/K_c an Hohlecke und Außenecke noch wie etwa $1:9$ und die Stromdichten wie etwa $1:4$.

Da immerhin die Lösungen komplexer Schwermetallzyanide zu den am besten streuenden Elektrolyten zählen, kann man diese einigermaßen gute Bedeckung mit Metall eigentlich nur an kleinen Objekten erwarten, deren charakteristische Länge L höchstens wenige cm beträgt.

Bei großen Objekten bleibt nichts anderes übrig, als die bekannten Hilfsmittel der Galvanotechnik, wie Stromblenden und Hilfsanoden, anzuwenden oder die Form der Anoden den Verhältnissen anzupassen. Hierüber geben die Handbücher der Galvanotechnik Auskunft. In vielen Fällen der Praxis nimmt man auch Unterschiede in der Belegungsdicke in Kauf, sofern nur an allen Stellen der Oberfläche eine Mindestdicke erreicht wurde.

Für wissenschaftliche Untersuchungen dürfte die Erfahrung von Wert sein, daß man auf zylindrischen Körpern Niederschläge von praktisch gleichmäßiger Dicke erhält, wenn man sie in Richtung der Längsachse rotierend an der Anode vorbeibewegt.

2. Elektrokristallisation.

2.1 Zur Kinetik des Kristallisationsvorganges.

2.11 Einleitung.

Was ein Kristall ist, kann der Leser in vielen Werken über Kristallographie, Mineralogie, Metallkunde usw. nachlesen. Aber auf die Frage, wie eigentlich ein Kristall entsteht, bleiben ihm bislang die meisten Werke eine hinlängliche Antwort schuldig. Das liegt offenbar daran, daß eine Antwort auf diese Frage lange Zeit Schwierigkeiten bereitet hat und keineswegs befriedigte. Die großen Fortschritte in der Erforschung des Kristallwachstums stammen aus den letzten zwanzig Jahren, und ihre Kenntnis ist durchaus noch nicht Allgemeingut der Mineralogen, Metallurgen und Chemiker geworden. Kaum aber kann man bei unserem Hauptthema auf eine Aufgabe weniger verzichten als auf eine allgemeine und einführende Diskussion des Mechanismus der Kristallisation. Im folgenden werden die wichtigsten Gesichtspunkte dieser Fragestellung nach dem gegenwärtigen Stand der Erkenntnisse erörtert werden.

Die Geschichte dieses Forschungsgebietes ist mit den Namen GIBBS, W. THOMSON und WULFF für die Vorarbeiten, VOLMER für die bahnbrechenden Erkenntnisse und KOSSEL und STRANSKI für die entscheidenden Fortschritte engstens verbunden. Die Grundfragen, die diese Arbeitsrichtung bestimmt haben, lauten: Was ist ein Kristallkeim und wie entsteht er? Warum wächst der Kristallkeim zu einem Gebilde von so hervorragender innerer und äußerer Ordnung aus? Warum erscheinen an dem Kristall unter bestimmten Bedingungen immer wieder nur bestimmte Flächen?

Aus der geschichtlichen Entwicklung der Forschung ergibt sich zwanglos ein Einteilungsprinzip zur Diskussion dieser Fragen. Die grundlegenden und vorbereitenden Arbeiten haben hauptsächlich den Fragen nach der Keimbildung gedient. Die entscheidenden Fortschritte sind dann bei der Erforschung des Weiterwachsens der Kristalle gemacht worden, wobei in den Einzelschritten des Wachstumsprozesses für bestimmte Bereiche des Kristalls auch die Keimbildung immer wiederkehrt. So hat die kinetische Betrachtung der Wachstumsvorgänge schließlich ebenso wie der zur Frage der Entstehung der Kristallkeime neue wesentliche Beiträge geliefert.

Die allgemeinen Gesetzmäßigkeiten werden im folgenden vorläufig an Beispielen der Kristallisation aus der gasförmigen oder flüssigen Phase erörtert werden. Die eingehende Besprechung der Elektrokristallisation als des uns hauptsächlich angehenden Spezialfalles bleibt bei seinen Besonderheiten gegenüber anderen Kristallisationsarten den späteren Kapiteln vorbehalten.

2.12　Grundgesetze der Keimbildung und ihre Weiterentwicklung durch VOLMER.

2.12.1　Beziehungen zwischen Übersättigungsgrad, Keimgröße und thermodynamischem Potential.

Soll sich eine Phase neu bilden, so müssen sich in dem gegebenen System molekulare Änderungen vollziehen. Diese Änderungen laufen in zwei Vorgängen ab, die verschiedenen Gesetzen gehorchen. In dem ersten Vorgang entstehen wachstumsfähige Teilchen, im zweiten wachsen diese Teilchen zu größeren Gebilden aus. Der erste Vorgang wird bald vom zweiten überlagert.

In diesem Kapitel soll nur vom ersten Teilvorgang die Rede sein. Wir werden uns dabei in vielem an die Ausführungen VOLMERS in seinem Buche „Kinetik der Phasenbildung"[1] halten, dessen Lektüre dem Leser zu empfehlen ist, der sich in diese Belange vertiefen will.

Bei der theoretischen und experimentellen Bearbeitung muß man also den ersten Teilvorgang vom zweiten abtrennen. Für die theoretischen Belange beschreibt VOLMER zunächst ein Gedankenexperiment, in welchem man sich vorstellt, daß die Primärteilchen nach ihrer Entstehung aus dem System herausgenommen werden, sobald sie stabil sind. Sie müssen aber noch hinreichend klein sein, damit ihre Aussonderung als Einzelteilchen nicht etwa durch Verminderung der Masse schon den Parameter des Systems merklich ändert.

Mit diesem Gedankenexperiment sucht man die Keimbildung vom Wachstumsprozeß zu sondern, der das System in Wirklichkeit sehr schnell verändert. Experimentell gelingt eine — allerdings nur unvollkommene — Abtrennung, wenn man die Beobachtung nach Ablauf einer Zeit abbricht, in welcher man gerade die ersten Partikeln ermitteln und zählen kann.

Unter einem Keim versteht man nach VOLMER[1] dasjenige Primärteilchen als Tröpfchen oder Kriställchen, das gerade im Gleichgewicht mit dem *über*sättigten System steht. Wird die vorgesehene Übersättigung etwas überschritten, so hat der Keim die Möglichkeit, weiterzuwachsen. Dazu muß der Keim eine kritische Größe überschreiten; hat er sie noch nicht erreicht, so löst er sich mit großer Wahrscheinlichkeit wieder auf.

Nach der VOLMERschen Definition des Keimes darf man eine gesetzmäßige Beziehung zwischen Keimgröße und Übersättigung des Systems erwarten. Betrachten wir zunächst den flüssigen Keim, das Tröpfchen, als die einfachere Form des Keimes. Zwischen Tröpfchenhalbmesser und Dampfdruck eines Tröpfchens ist eine Beziehung von W. THOMSON verankert:

$$R\,T \ln \frac{p_r}{p_\infty} = \frac{2\,\sigma}{r}\,v_{\mathrm{II}}.\qquad (94)$$

In dieser Näherungsgleichung für das Dampfdruckgleichgewicht kleiner Tröpfchen einer einheitlichen Flüssigkeit bedeutet

p_r den Dampfdruck des Tröpfchens vom Radius r,
p_∞ den Dampfdruck über der *ebenen* Flüssigkeitsoberfläche,
v_{II} das Molvolumen der Flüssigkeit (Phase II),
σ die Oberflächenspannung des Tröpfchens gegen den Dampf (Phase I).

Mit wachsendem Radius des Tröpfchens wird also p_r erst rasch, dann allmählich kleiner (Abb. 138). Bei größeren Tropfen ändert sich der Dampfdruck p_r nur noch unwesentlich. Er wird dann schließlich

---

[1] VOLMER, M.: Kinetik der Phasenbildung. Dresden u. Leipzig 1939.

gleich dem Dampfdruck p_∞, wobei der Tropfenradius unendlich groß geworden ist, d. h., der Tropfen ist in der Flüssigkeit mit ebener Oberfläche aufgegangen.

Mit wachsender Größe des Tropfenkeimes vom Radius r verringert sich entsprechend sein thermodynamisches Potential[1] (th. P.) G_r und wird schließlich gleich dem Grenzwert G_∞ für das th. P. der ebenen Flüssigkeitsoberfläche.

Man kann daher die THOMSONsche Beziehung auch folgendermaßen schreiben:

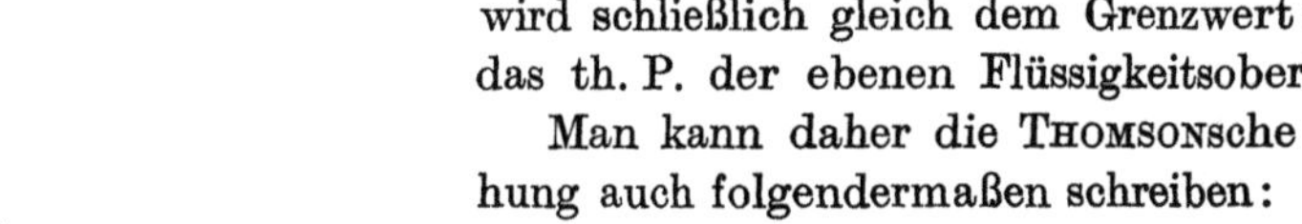

$$(G_r - G_\infty) = \frac{2\sigma}{r}\, v_{\mathrm{II}} \qquad (95)$$

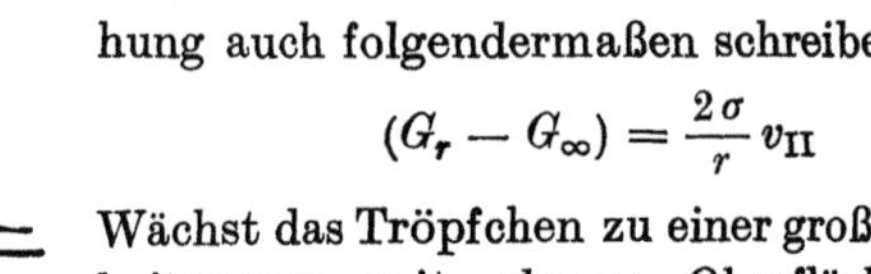

Wächst das Tröpfchen zu einer großen Flüssigkeitsmasse mit ebener Oberfläche an, so wird also die Differenz $(G_r - G_\infty)$ gleich Null.

Abb. 138. Dampfdruck eines Tröpfchens in Abhängigkeit vom Radius.

Was für Tröpfchenkeime gilt, kann man ganz ähnlich auch für sehr kleine Kriställchen formulieren. Diese analoge Form der Gesetzmäßigkeit stammt von GIBBS und WULFF:

$$(G_{h_1} - G_\infty) = (G_{h_2} - G_\infty) = \frac{2\sigma_1}{h_1}\, v_{\mathrm{II}} = \frac{2\sigma_2}{h_2}\, v_{\mathrm{II}} = \frac{2\sigma_i}{h_i}\, v_{\mathrm{II}} \quad \text{usw.}$$

Dabei ist

$$\frac{\sigma_1}{h_1} = \frac{\sigma_2}{h_2} = \frac{\sigma_i}{h_i} = \text{const}. \qquad (96)$$

Mathematische Ableitungen dieses sog. WULFFschen Satzes finden sich bei KNACKE und STRANSKI[2], v. LAUE[3], VOLMER[4], DINGHAS[5], BURTON, CABRERA und FRANK[6].

Hier bedeuten G_{h_1}, G_{h_2}, G_{h_i} usw. die th. P. der einzelnen Flächen des Kristalls. Der sehr kleine Kristall, den wir uns mit seinem Dampf im Gleichgewicht vorstellen, muß an allen Stellen seiner Oberfläche das gleiche th. P. haben. Daher ist $G_{h_1} = G_{h_2} = G_{h_i}$ usw. Die th. P. werden indes verschieden ausfallen, wenn der Kristallkeim nicht die Gleichgewichtsform hat. Die Größen h_1, h_2, h_i bedeuten die Lote von einem Zentralpunkt im Kristallinnern auf die Begrenzungsflächen, analog den

---

[1] Definition des thermodynamischen Potentials (der freien Enthalpie) nach GIBBS/VOLMER: Das thermodynamische Potential G_{II_1} eines Stoffes 1 in einer homogenen Masse II, die verschiedene Stoffe 1, 2, 3 ... enthalten kann, ist gleich der Arbeit, erforderlich, um der Masse II die Einheit des Stoffes 1 zuzuführen, z. B. eine Molekel oder ein Ion. Dies geschieht in einem umkehrbaren Vorgang. Dabei nimmt man die Masse II so groß an, daß ihre Zustandsparameter sich durch diese Zufuhr bei konstantem Volumen nicht merklich ändern.

[2] KNACKE, O, u. J. N. STRANSKI: Ergebn. d. exakt. Naturwiss. Bd. 26, Berlin/Göttingen/Heidelberg, S. 384 ff.

[3] v. LAUE, M.: Z. Krist. **105**, 124 (1943).   [4] s. S. 325, Fußn. 1.

[5] DINGHAS, A.: Z. Krist. **105**, 304 (1943).

[6] BURTON, W. K., N. CABRERA u. F. C. FRANK: Nature (London) **163**, 398. (1949) — Discuss. Faraday Soc. **5**, 33 (1949).

Radien der Kugel. (Bei einem Polyeder mit unendlich vielen kleinen Flächen gingen sie in einen gemeinsamen Kugelradius über.)

Die Gleichgewichtsform des dreidimensionalen Kristallkeimes erhält man nach WULFF, wenn man auf den Loten h_1 usw., gefällt auf die Flächen, Strecken abträgt, die den zugehörigen Werten für σ (σ_1, σ_2, σ_i usw.) proportional sind und durch die erhaltenen Punkte Normalebenen legt. Der Körper, von diesen Flächen begrenzt, ist die gesuchte Gleichgewichtsform des Kristallkeimes. Gegenüber allen anderen Formen enthält die Gleichgewichtsform Flächen mit der kleinsten spezifischen freien Oberflächenenergie[1].

Je kleiner die linearen Abmessungen des Kriställchens, um so eher hat es das Bestreben, die von GIBBS-WULFF vorgeschriebene Gestalt anzunehmen. Deshalb gilt die GIBBS-WULFFsche Beziehung am ehesten für Kristallkeime. Ihre physikalische Bedeutung beschränkt sich auf Kriställchen mit linearen Dimensionen unter 10^{-4} cm, d. h. also unterhalb von $1\,\mu$m. Vergleichsweise sind dies z. B. die Abmessungen von Mosaikblöckchen und anderen Subindividuen des Realkristalls.

Weicht die Kristallform des Keimes von der Gleichgewichtsform ab, so können die Unterschiede in den th. P. der Flächen bei den geringsten Keimgrößen am bedeutendsten werden. Mit zunehmender Kristallgröße werden sie mehr und mehr verschwinden.

2.12.2 Energieschwelle bei der Bildung des (dreidimensionalen) Keimes und Keimbildungshäufigkeit.

Bei der Bildung von Tröpfchenkeimen wie auch von dreidimensionalen Kristallkeimen im Innern von isotropen Phasen muß eine Energieschwelle überwunden werden, die in der „Keimbildungsarbeit" ihren Ausdruck findet.

Für isotrope, kugelförmig gedachte Flüssigkeitskeime ergibt sich die Keimbildungsarbeit A_k, auf thermodynamischem Wege abgeleitet, nach folgender Formel:

$$A_k = \frac{16\pi\,\sigma^3}{3}\,\frac{v_{\mathrm{II}}^2}{(G_r - G_\infty)^2}\,. \tag{97}$$

Auf die Ableitung dieser Formel verzichten wir[1] und merken nur an, daß hierzu u. A. auf die THOMSONsche Beziehung (94) zurückgegriffen worden ist. In dieser Formel kann man gemäß Gleichheit von (94) und (95), S. 325/6, den Ausdruck $(G_r - G_\infty)$ auch durch RT ln p_r/p_∞ ersetzen und erhält dann

$$A_k = \frac{16\pi\,\sigma^3\,v_{\mathrm{II}}^2}{3\,R^2\,T^2\left(\ln\dfrac{p_r}{p_\infty}\right)^2}\,. \tag{98}$$

---

[1] Gleichgewichtskristalle von gleicher Temperatur, aber verschiedenem Volumen sind geometrisch ähnlich.

[1] s. S. **325**, Fußn. 1.

Aus den Formeln ergibt sich, daß wachsende Übersättigung p_r die Keimbildungsarbeit verringert, und daß zur Entstehung eines Flüssigkeitskeimes mit hohem th. P. (nach dem früher Gesagten also ein relativ kleiner Keim) eine geringere Aktivierungsenergie aufzubringen ist als für die Bildung eines Keimes mit geringem th. P. Bei sehr kleinen Übersättigungen und somit sehr geringer Differenz $(G_r - G_\infty)$ werden sich wegen der außerordentlich hohen Keimbildungsarbeit kaum noch neue Keime bilden; statt dessen werden vielmehr die vorhandenen Keime weiterwachsen. Bemerkenswert ist die hohe Empfindlichkeit der Keimbildungsarbeit gegenüber Änderungen der Grenzflächenspannung σ, die in der dritten Potenz steht.

VOLMER verdanken wir die Übertragung dieser Gedankengänge auf die Arbeit zur Bildung von (dreidimensionalen) Kristallkeimen. Hier ist der Ausdruck für A_k ganz ähnlich, namentlich bei Kristallkeimen, die nur von einer einzigen Art von Flächen begrenzt sind, z. B. von Würfelflächen. In einem solchen Keim ist $h_1 = h_2 = r_k$, d. h. gleich dem Radius der eingeschriebenen Kugel. Die Keimbildungsarbeit ist für diesen Fall:

$$A_k = \frac{4\omega\,\sigma^3}{3}\,\frac{v_{II}^2}{(G_r - G_\infty)^2} \tag{99}$$

ω ist ein geometrischer Faktor.

Mit der Keimbildungsarbeit hat VOLMER den von ihm[1,2] geschaffenen Begriff der „Keimbildungshäufigkeit" verknüpft, der für sämtliche Vorgänge der Bildung neuer Phasen bedeutsam geworden ist. Zunächst auf die Bildung von Flüssigkeitskeimen angewendet, definiert VOLMER die Keimbildungshäufigkeit J als die Anzahl von Keimen, die je Zeit- und Volumeneinheit entstehen.

Für J gilt folgende Beziehung:

$$J = C\,e^{-\frac{A_k}{k\,T}}. \tag{100}$$

Hierin ist C eine Konstante[3] und k die BOLTZMANNsche Konstante. Für A_k kann Ausdruck (97) oder (98), S. 327, eingesetzt werden. Bei Anwendung von (99) hat sich der Ansatz ebenso brauchbar auch für die Bildung kristalliner Phasen erwiesen. Man erkennt auch hier den Einfluß des Übersättigungsgrades auf die Keimbildungshäufigkeit, die mit wachsender Übersättigung zunimmt. Da nach der THOMSONschen Beziehung (94), S. 325, der Keimradius mit wachsender Übersättigung abnimmt, wird eine starke Vermehrung der Keime stets mit einer Beschränkung ihrer Größe verbunden sein. Indem z. B. durch Einwirkung fremder

---

[1] s. S. 325, Fußn. 1.

[2] VOLMER, M., u. A. WEBER: Z. phys. Chem. **119**, 277 (1926).

[3] Eine verwickelte Funktion von p_∞, σ, der Dichte und der LOSCHMIDTschen Zahl. Hierauf soll nicht näher eingegangen werden.

Phasen der Radius der Keime klein gehalten wird, muß andererseits die Keimbildungshäufigkeit wachsen.

Änderungen der Grenzflächenspannung σ müssen die Keimbildungshäufigkeit sehr erheblich beeinflussen. Hierher gehören:

a) Wirkungen von Fremdstoffen, die die Grenzflächenspannung herabsetzen (z. B. sog. Netzmittel). Verringerte Grenzflächenspannung erleichtert die Keimbildung und erhöht somit die Keimbildungshäufigkeit.

b) Elektrische Ladungen, die die Keimbildung ebenfalls erleichtern.

2.12.3 Energieschwelle bei der Keimbildung an Grenzflächen. Zweidimensionaler und eindimensionaler Keim.

Die Bildung von Keimen einer neuen Phase an vorhandenen Grenzflächen gehört zu den häufigsten Erscheinungen in der Kinetik der Phasenbildung. Bevor wir sie besprechen, wollen wir diesen Abschnitt mit der Beschreibung eines aufschlußreichen Experimentes von VOLMER und ESTERMANN[1] einleiten und folgen hierbei der VOLMERschen Darstellung in seinem bereits erwähnten Buch[2].

In einem hochevakuierten Glasgefäß (Abb. 139) befindet sich bei a eine kleine Quecksilbermenge von $-10°$ C. In das Rohr b wird schmelzendes Chloroform ($-63°$ C) gebracht. In den ersten Sekunden scheidet sich noch kein Quecksilber an der kalten Bodenfläche von b ab. Indes werden nach etwa 1 min einzelne Kristallflitterchen sichtbar,

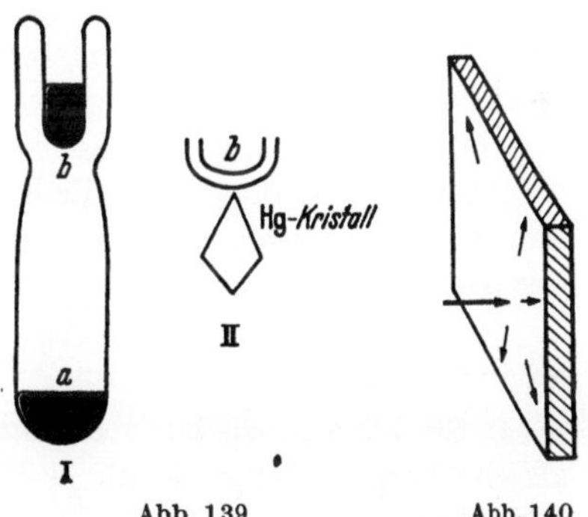

Abb. 139   Abb. 140

Abb. 139. Abscheidung von Quecksilberkriställchen. (Nach VOLMER und ESTERMANN[1], [2].)

Abb. 140. Wachstum des Quecksilberkriställchens infolge Oberflächenwanderung.

an einem Punkte am Glas haftend und von da aus blättchenartig in den Gasraum hängend (vgl. Skizze II in Abb. 139). Im Dampfraum von a herrscht praktisch der Sättigungsdruck des Quecksilbers von $-10°$ C. Die kleinen rhomboedrischen Hg-Kristalle wachsen in einem homogenen Dampf von diesem Druck nicht etwa, wie man meinen könnte, in einem gerichteten Dampfstrahl. Zwar werden vom gläsernen Boden b alle Hg-Atome wieder zurückgeworfen, jedoch kondensiert sich derjenige Bruchteil des Dampfes, der auf die dort befindlichen Hg-Kriställchen fällt. Eine mikroskopische Ausmessung der gewachsenen Hg-Kriställchen ergab nach einer Minute Wachstum als größte seitliche Ausdehnung etwa

---

[1] VOLMER, M. u. I. ESTERMANN: Physik. Z. 22, 646 (1921).
[2] s. S. 325. Fußn. 1.

$3 \cdot 10^{-2}$ cm. Aber die Dicke der noch durchsichtigen Blättchen betrug nur etwa den 10^4. Teil der größten Ausdehnung.

Nun kann man nach der sog. Stoßtheorie der Kondensation[1] die etwa zu erwartende maximale Wachstumsgeschwindigkeit in einer Minute berechnen. Sie hätte $3 \cdot 10^{-5}$ cm betragen sollen. Die Kriställchen sind aber in der Breite tausendmal schneller, in der Dicke zehnmal langsamer gewachsen, als der Theorie entspräche.

Dieses Ergebnis läßt nur den Schluß zu, daß die auf der breiten Basisfläche (vgl. Abb. 140) auftreffenden Atome für das Weiterwachsen der dazu senkrecht liegenden schmalen Flächen (Abb. 140, schraffiert) herangezogen werden. Ein Zwischendrängen der neu ankommenden Atome in die fertige Netzebene der Basisfläche scheidet, wie VOLMER bemerkt, aus energetischen Gründen sofort aus. Somit bleibt nur die Erklärung, daß die Atome auf der Basisfläche zwar festgehalten (also nicht von ihr reflektiert werden, wie von der Glaswand), aber sich doch noch nicht kondensieren. Vielmehr behalten sie in der Oberfläche ihre fortschreitende Wärmebewegung, bis sie am Rand einen geeigneten Platz mit festerer Bindung finden.

Allerdings ist dies nicht die einzige Möglichkeit für die einfallenden Atome. Der Kristall wächst — wenngleich weit langsamer — auch in der Dicke.

So können also die auf der Basisfläche einfallenden Atome drei mögliche Schicksale erleiden:

1. Sie können wieder verdampfen, wozu eine Ablösearbeit, kleiner als die Verdampfungswärme je Molekel, erforderlich wäre (scheinbare Reflexion).

2. Sie verlassen die Basisfläche auf dem Wege der Oberflächenwanderung.

3. Es vereinigen sich mehrere Atome in der Fläche zum Keim einer neuen Netzebene (zweidimensionaler Keim).

Das ideal spiegelnde Aussehen der Basisfläche beweist, daß alle weiteren, auf der Fläche wandernden Atome sich zunächst an ihrem Rand anlagern, bis gelegentlich (sehr selten) wieder einmal eine neue Netzebene angelegt wird.

Das Experiment von VOLMER und ESTERMANN hat also drei bis dahin noch unbekannte Effekte offenbart:

1. Die verschieden starke Bindefähigkeit der Oberflächenplätze;

2. die Oberflächenwanderung;

3. die Bildung eines zweidimensionalen Flächenkeimes.

Auf die fundamentale Bedeutung der Bindefähigkeit der Oberflächenplätze wird noch in einem ihr eigens gewidmeten Abschnitt zu-

---

[1] s. S. 325, Fußn. 1.

rückgekommen. VOLMERS Schluß auf das Vorhandensein einer Oberflächenwanderung der auftreffenden Atome hat später in grundlegenden Untersuchungen von BECKER[1], TAYLOR und LANGMUIR[2], BOSWORTH[3] und E. W. MÜLLER[4] über die Wanderung eigener und fremder Atome auf metallischen Kristallflächen volle experimentelle Bestätigung gefunden. Mit der Oberflächenwanderung von Atomen und Molekeln hängen auch die vielfältigen Vergröberungserscheinungen von Kristallflächen zusammen.

Die Oberflächenwanderung kommt dadurch zustande, daß die adsorbierten Atome von einer Potentialmulde zur nächsten springen, sofern sie genügend Energie besitzen, um den trennenden Energiesattel zu überwinden. Die Oberflächenwanderung ist eine Art BROWNscher Molekularbewegung. Nach KNACKE und STRANSKI[5] lagern sich die Atombausteine weit häufiger auf diesem indirekten Wege der Oberflächenwanderung an als z. B. direkt aus der Dampfphase.

Im Gegensatz zur Abscheidung von Flüssigkeiten an Grenzflächen verlangt die Entstehung jeder kristallinen Schicht — selbst wenn sie nur eine Atomlage dick ist — stets eine Keimbildungsarbeit. Zweidimensionale Flächenkeime entstehen in der Regel an kristallisierten Phasen.

Die Einführung des zweidimensionalen Keimes in die Theorie der Kristallisation hat sich als ein Schritt von außerordentlicher Tragweite erwiesen. Denn das charakteristische Merkmal eines Kristalls ist seine nach Netzebenen geordnete Struktur. Auch das Wachstum des Kristalls ist in erster Linie von der Bildung der Netzebenen bestimmt, und ihre Bildung verlangt den zweidimensionalen Keim[6].

Wenn Keime auf den Wachstumsflächen anderer Kristalle entstehen, so hängt die Art ihres Wachstums von der Natur des Substratgitters und von etwa vorhandenen Beziehungen zwischen den Abständen der Bausteine ab. Sind die Gitterkräfte des Substratkristalls sehr von denen des entstehenden Kristallkeimes verschieden und bestehen auch keine Beziehungen zwischen den Abständen der Bausteine, so werden sich dreidimensionale Keime bilden, die in ihrem Wachstum ganz unabhängig von der Unterlage sind. (Beispiel: Bildung von Hg-Kristallkeimen auf Glasunterlage.) Sind aber die Gitterkräfte gleicher Natur und bestehen einfache Beziehungen zwischen den Abständen der Bausteine, so kann ein zweidimensionaler Keim dadurch veranlaßt werden, mit

[1] BECKER, G. A.: Phys. Rev. **28**, 341 (1926).
[2] TAYLOR, J. B., u. J. LANGMUIR: Phys. Rev. **44**, 423 (1933).
[3] BOSWORTH, K. C. W.: Proc. roy. Soc. London A **154**, 112 (1936).
[4] MÜLLER, E. W.: Z. Phys. **126**, 642 (1949).
[5] s. S. 326, Fußn. 2.
[6] Auf neuere Auffassungen über Bildung zweidimensionaler Keime kommen wir noch auf S. 399 zurück.

einer ganz bestimmten Fläche in breiter Basis und mit einer bestimmten
bevorzugten Orientierung zum Substratgitter aufzuwachsen. (Anpassung,
vgl. S. 451.)

Sind die Gitter im Grenzfall völlig identisch, so wird die Grenz-
flächenenergie an der Aufwachsstelle $\sigma = 0$, und der zweidimensionale
Keim wächst als monomolekulare Schicht auf. An die Stelle der ver-
schwundenen Oberfläche des ursprünglichen Kristalls ist nunmehr eine
gleich große neue Oberfläche, getreten, deren spezifische Oberflächenenergie σ sich nicht von derjenigen der Substratoberfläche unterscheidet.
(Reproduktion, vgl. S. 451.)

Eines ist aber doch zur Oberfläche des Kristalls neu hinzugekommen:
der Rand der neuen Kristallfläche von atomarer Dicke. Deshalb muß
die spezifische freie Randenergie in die Arbeit für die Bildung eines
zweidimensionalen Flächenkeimes eingehen. Diese Keimbildungsarbeit
ist von BRANDES und VOLMER[1] formuliert worden:

$$A_k = \tfrac{1}{2} \sum \varrho_i \, l_{ik}.$$ (101)

Dabei ist

ϱ_i die spezifische Randenergie,
l_{ik} die Länge des Randes beim Kristall.

Die Form des zweidimensionalen Keimes wird dadurch bestimmt,
daß die freie Randenergie σ_i ein Minimum ist. Für diese Minimumform
gilt ein dem GIBBS-WULFFschen Gesetz für dreidimensionale Keime (96),
S. 326, analoges Gesetz:

Ist für den dreidimensionalen Keim $\sigma/h = $ konst., so kann man für
den zweidimensionalen Keim ansetzen $\varrho/h = $ konst. Ganz ähnlich wie
dort $[(G_{h_1} - G_\infty)_{\mathrm{II}} = (2\sigma_i/h_i)\, v_{\mathrm{II}}]$ kann auch das Gesetz für den zweidimensionalen Keim durch die molekularen th. P. ausgedrückt werden:

$$(G_i - G_\infty) = G_{\mathrm{I}} - G_{\mathrm{II}\,\infty}) = \frac{2\varrho_i}{h_i}\, v_{\mathrm{II}}.$$ (102)

G_i ist das th. P. am $i$ten Platz eines Kristallgitters, $\overline{G_i}$ wäre sein mittlerer Wert. $G_{\mathrm{I}} - G_{\mathrm{II}\,\infty}$ ist die Differenz der th. P. in zwei Phasen.

Formuliert lautet das Gesetz: Der Mittelwert der th. P. ($\overline{G_i}$) der
Bausteine muß an einer jeden Begrenzungslinie $1 \cdot 2 \cdot \ldots$ des zweidimensionalen Keimes der gleiche sein und muß außerdem mit dem
th. P. der Umgebung übereinstimmen.

Zweidimensionale Keime bilden sich durch eine Folge von fortlaufend
wachsenden Baustein*ketten*. Auch diese Ketten müssen ihrerseits eine vom
th. P. der Mutterphase G_{I} abhängige Minimallänge erreicht haben, um
weiterwachsen zu können. Diese Länge ist dadurch gegeben, daß das
th. P. G_i des losesten Endbausteines oder der beiden Endbausteine der

<hr>

[1] BRANDES, H.: Z. phys. Chem. **126**, 196 (1927). — H. BRANDES u. M. VOL-
MER: Z. phys. Chem. (A) **155**, 466 (1931).

Kette gerade $G_i = G_I$ ist. Die Keimbildungsarbeit des eindimensionalen Keimes ist:

$$A_k = \sum_{\text{Bausteine d. Kette}} (G_i - G_I). \tag{103}$$

Nach STRANSKI und KAISCHEW[1] muß der „ideale" Kristallkeim an jeder Stelle der Oberfläche ein mittleres th. P. $\overline{G_i}$ haben, das mit dem th. P. G_I der umgebenden Phase I übereinstimmt. Die Bausteine jeder vorhandenen Netzebene ebenso wie die Bausteine jedes Randes der zweidimensionalen Keime auf diesen Netzebenen und schließlich die Eckbausteine des eindimensionalen Keimes müssen im idealen Kristallkeim sämtlich das gleiche th. P. $\overline{G_i}$ aufweisen.

Der ideale Keim hat nach VOLMER[2] bei seiner Bildung die niedrigste Energieschwelle überschritten, die ein Kristall mindestens zu überwinden hat, wenn er sich aus einer anderen Phase abscheidet. Experimentell dürfte ein solcher Idealkeim sehr schwierig zu fassen sein, denn er stellt gegenüber dem „realen" Keim offenbar nur ein instabiles Durchgangsstadium bei der Bildung der kristallinen Phase dar.

Die von VOLMER und seinen Mitarbeitern aufgefundenen Gesetzmäßigkeiten der Kristallkeimbildung darf man heute wohl als gesichert ansehen. Sie beantworten unsere Grundfragen nach dem Wesen des Keimes, nach den Energieschwellen, die seiner Bildung entgegenstehen, nach der Häufigkeit seines Erscheinens und nach seinen allgemeinen Existenzbedingungen. Wie freilich der molekulare Mechanismus seiner Bildung im einzelnen abläuft, bleibt noch in Dunkel gehüllt, wenngleich der Prozeß der Oberflächenwanderung in dieser Beziehung etwas andeutet. Ebensowenig können wir mit diesen Mitteln voraussagen, wo ein Keim entstehen wird und warum gerade an dieser Stelle. Das verlangt Kenntnis der Gesetze, die die molekularen oder atomaren Bindungen der Bausteine regeln. Von dieser entscheidenden Frage wird der nächste Hauptabschnitt handeln.

2.13 Die molekulare (atomare) Theorie des Kristallwachstums.
2.13.1 Allgemeines.

Erhielte man die Aufgabe, ein einfaches kubisches Metallgitter aufzubauen, so löste man sie am einfachsten folgendermaßen: Zuerst ordnete man Metallatome zu einer Kette parallel der Würfelkante der Elementarzelle, dann ließe man eine Würfelnetzebene entstehen, indem man gleiche Atomketten parallel aneinander legte. Schließlich baute man das dreidimensionale Gitter durch paralleles Übereinanderlegen von Würfel-

---

[1] STRANSKI, J. N., u. R. KAISCHEW: Phys. Z. **36**, 393 (1935) — Z. phys. Chem. (B) **26**, 81, 114, 312 (1934).
[2] s. S. 325, Fußn. 1.

netzebenen auf. Dieses Gedankenexperiment erhellt, freilich nur summarisch, die wichtigsten Teilschritte des Kristallwachstums.

Die augenfällige Eigentümlichkeit der Kristalle, ihre polyedrische Gestalt, kommt — wie VOLMER formuliert — durch „vektoriell verschiedene Abscheidungsgeschwindigkeit" zustande. Die physikalische Primärursache dieses Verhaltens ist die verschieden feste Bindung, die Atome und Molekeln, auf die Oberfläche von Kristallen auffallend, an verschiedenartigen Plätzen der Oberfläche erfahren.

Gäbe es nicht die experimentell nachgewiesene Oberflächenwanderung der auftreffenden Metallatome, so sollte ein erheblicher Teil von diesen wieder verdampfen. Dies wäre an denjenigen Stellen der Oberfläche möglich, wo die Ablösearbeit kleiner ist als die molekulare Verdampfungswärme. Da diese Stellen beim wachsenden Kristall, wie vorgreifend bemerkt werden soll, fast die ganze Oberfläche ausmachen, so sollte die Verweilzeit relativ klein sein, und es sollte bei nicht zu tiefen Temperaturen eine erhebliche scheinbare Reflexion stattfinden.

Nun geschieht aber der Platzwechsel in der Oberfläche noch leichter als die Wiederverdampfung von der Oberfläche. So werden während der Verweilzeit Plätze festerer Bindung erreicht werden können, obgleich an einzelnen Stellen immer noch ein merklicher Anteil der eingefallenen Atome oder Molekeln wieder verdampfen kann.

Den Schlüssel zur Erforschung des Kristallwachstums hat die Einführung der Bindungsenergien einzelner Bausteine in die Betrachtung geliefert. Die hierauf gegründete fundamentale Wachstumstheorie von KOSSEL[1] und STRANSKI[2] fußt auf der Annahme, daß die Wahrscheinlichkeit eines Wachstumsprozesses an denjenigen Stellen der Kristalloberfläche am größten sein wird, wo beim Anlagern des Bausteines der größte Energiebetrag (Abtrennungsarbeit) frei wird.

Allerdings liefert die Beschränkung der Betrachtung auf einzelne Abtrennungsarbeiten nur ein qualitatives Bild und ergibt auch Diskrepanzen. Scheinbar widerspricht diese Auffassung dem allgemeinen Prinzip der Reaktionskinetik, wonach die Wahrscheinlichkeit eines Reaktionsverlaufes von der Aktivierungsenergie, d. h. vom energiereichsten Zwischenzustand bestimmt wird, nicht aber von der Energiebilanz, also vom Endzustand. Die Keimbildung gehorcht, wie bereits ausgeführt, offensichtlich diesem Prinzip. Inkonsequent wäre es, beim Weiterwachsen des Keimes davon abzugehen.

STRANSKI und KAISCHEW[1] konnten zeigen, daß diese Diskrepanz vorgetäuscht ist. Das Problem läßt sich statistisch nur mit Hilfe von

---

[1] KOSSEL, W.: Nachr. Akad. Wiss. Göttingen, math.-physikal. Kl. **1927**, 135— Leipziger Vorträge **1928**, 1.

[2] STRANSKI, J. N.: Z. phys. Chem. **136**, 259 (1928); (B) **11**, 342 (1931); (B) **17**, 127 (1932).

mittleren Abtrennungsarbeiten bewältigen. Dann führt es auch im großen und ganzen zu einer Bestätigung der VOLMERschen Gleichungen. Bereits VOLMER[1] ist zu dem Ergebnis gelangt, daß es sich tatsächlich nur um einen scheinbaren Gegensatz handelt. Die resultierende Wachstumsgeschwindigkeit einer Stelle der Kristalloberfläche ist als Differenz zweier sehr viel größeren Geschwindigkeiten aufzufassen: der Anlagerung eines Bausteines aus der mit wandernden Bausteinen bedeckten Kristalloberfläche an die betreffende Stelle und der Wiederabwanderung des Bausteines von der Anlagerungsstelle in die Kristalloberfläche. Die Abwanderungsgeschwindigkeit verlangt nun aber einen Energieaufwand entsprechend den erwähnten Anlagerungsenergien und bestimmt damit die Geschwindigkeit des Gesamtvorganges. So hängt die Wachstumsgeschwindigkeit schließlich doch von den abgestuften Bindungsenergien ab.

Die Wachstumstheorie von KOSSEL und STRANSKI erlaubt, die Wachstumsformen der Kristalle bei bekanntem Gitter vorauszusagen. Die Theorie berücksichtigt sowohl heteropolare wie homöopolare Kristallgitter. In unserer Darstellung beschränken wir uns für unsere Belange auf eine Darstellung der Theorie für den Fall der homöopolaren Gitter, unter Einschluß der Metallgitter.

Nach STRANSKI können die uns allein interessierenden Metallkristalle angenähert als homöopolar angesehen werden, namentlich wenn sie sich, wie beim Sublimieren, aus neutralen Atomen aufbauen. Diese Annahme hat sich auch bei einem Vergleich der berechneten Aktivierungsenergien, zu überwinden bei der Oberflächenwanderung der Metallatome, mit den experimentell gefundenen mehrfach überraschend gut bestätigt[2, 3]. Die Aktivierungsenergien sind dabei unter Verwendung des idealisierten Modells eines homöopolaren Kristalls berechnet worden.

Für die Bindungsenergien der Bausteine am und im homöopolaren Gitter hat KOSSEL[4] eine schematische Behandlung vorgeschlagen, die von STRANSKI und KAISCHEW[5, 6] zur Begründung einer statistischen Theorie benutzt wurde. Sie erhielt durch BECKER und DÖRING[7] eine rechnerisch exakte Form.

Im Innern eines einfachen kubischen Atomgitters ist z. B. ein hervorgehobenes Atom umgeben von sechs nächsten Nachbarn im Abstand r, des weiteren von zwölf Atomen im Abstand $r\sqrt{2}$, acht Atomen im Abstand $r\sqrt{3}$ usw. Diesen Zustand drückt KOSSEL durch folgendes Schema aus: $6\,|\,12\,|\,8\,|\,6\,|\ldots$ Ein solches Schema ist also das Symbol für die

---

[1] s. S. 325, Fußn. 1.

[2] STRANSKI, J. N., u. R. SUHRMANN: Ann. Phys. **1**, 153 (1947).

[3] s. S. 331, Fußn. 4.

[4] s. S. 334, Fußn. 1.

[5] s. S. 333, Fußn. 1.   [6] s. S. 334, Fußn. 2.

[7] BECKER, R., u. W. DÖRING: Ann. Phys. **24**, 719 (1935).

Energie, die beim Einbau des Atoms in die betreffende Gitterstelle gewonnen wird, oder beim Loslösen des Atoms aus dieser Stelle als Abtrennungsarbeit aufzuwenden ist. Im Gegensatz zu den Verhältnissen im heteropolaren Gitter, wo man die Abtrennungsarbeiten direkt berechnen kann, ist man beim homöopolaren Gitter auf solche Symbole angewiesen, die aber in ihrer Abstufung die relative Größe der Arbeiten befriedigend wiedergeben. Unsere Betrachtungen werden sich auf die Nachbarn ersten, zweiten und dritten Grades beschränken. Bei dem

Abb. 141.

Abb. 143.

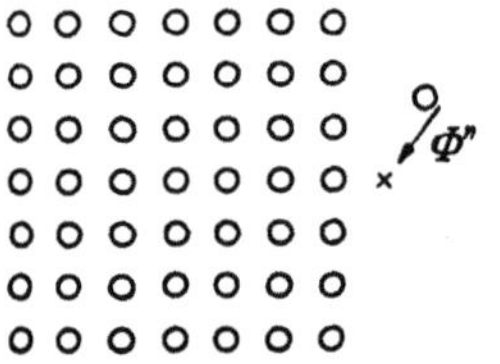

Abb. 142.

Abb. 141. Anlagerung an einer Atomkette.

Abb. 142. Anlagerung an einer Netzebene.

Abb. 143. Anlagerung auf dem Gitterblock.

raschen Abfall der homöopolaren Kräfte im Gitter kommt man damit den wahren Verhältnissen schon recht nahe. Hat doch STRANSKI[1] am Beispiel des Kadmiums zeigen können, daß die Kraft dort mit einer höheren als der 7. Potenz der Entfernung abfällt und schon mehr als 96% der Abtrennungsarbeit eines Bausteines von einer Wachstumsstelle allein auf die Trennung von den ersten Nachbarn entfallen.

Stellen wir nun die derart symbolisierten Anlagerungsenergien für eine Anlagerung an drei ausgezeichnete Punkte im einfachen kubischen Atomgitter dar.

Wir wählen dazu 1. die Anlagerung eines Atoms an das Ende einer geraden Atomkette, wobei die Anlagerungsenergie Φ' frei werden soll (vgl. Abb. 141); 2. die Anlagerung eines Atoms an die Kante einer (1 0 0)-Netzebene mit der Anlagerungsenergie Φ'' (vgl. Abb. 142); 3. die Anlagerung eines Atoms an die Oberfläche des dreidimensionalen Gitterblocks mit der Anlagerungsenergie Φ''' (vgl. Abb. 143).

Es ergeben sich die folgenden symbolischen Anlagerungsenergien oder Abtrennungsarbeiten:

$$\Phi' = 1 \;|0|\; 0$$
$$\Phi'' = 1 \;|2|\; 0$$
$$\Phi''' = 1 \;|4|\; 4$$

[1] STRANSKI, J. N.: Sitzungsber. Akad. Wiss. Wien, Math.-naturwiss. Kl. IIb 145, 840 (1936) — Ber. dtsch. chem. Ges. 72 A, 141 (1939).

Die Zahlen bedeuten also, daß z. B. bei Φ' ein Nachbar im Abstand r, aber keine weiteren in den Abständen $r\sqrt{2}$ und $r\sqrt{3}$ vorhanden sind. Der nächste, tatsächlich vorhandene Nachbar hat bereits den Abstand $2\,r$. Ganz entsprechende Überlegungen führen zu Φ'' und Φ'''.

Man entnimmt dieser Aufstellung zwar nicht die Energiewerte selbst, wohl aber ihre Abstufungen. Bemerkenswert ist dabei, daß sich z. B. die entsprechenden Anlagerungsenergien an einem einfachen kubischen *heteropolaren* Ionengitter (NaCl) in umgekehrter Reihenfolge abstufen:

$$\Phi' = 0,6932,\ \Phi'' = 0,1144,\ \Phi''' = 0,0662\ \text{Einheiten (wobei die}$$

Einheit als e^2/r mit e als Ionenladung, r als halber Gitterkonstante definiert ist).

Ist erst einmal eine Netzebene entstanden, so wird der Keim für jede weitere, sich auflagernde Netzebene an derjenigen Stelle entstehen, wo die größere Oberflächenenergie frei wird. Für das homöopolare Gitter ist das stets die Flächenmitte (wenn man von der später zu besprechenden Elektrokristallisation und von gewissen Fremdstoffwirkungen absieht). Die symbolische Anlagerungsenergie für die Auflagerung eines Bausteines[1] auf das Innere der Fläche ist Φ''', oft auch als Φ_{ad} bezeichnet. Φ_{ad} ist z. B. größer als die Energie der Anlagerung auf eine Gitterecke:

$$\tfrac{1}{4}\,\Phi' + \tfrac{1}{2}\,\Phi'' + \tfrac{1}{4}\,\Phi''' = 1\ |2|\ 1\ \text{oder auf den Gitterrand:}$$

$$\tfrac{1}{4}(\Phi'' + \Phi''') = 1\ |3|\ 2.$$

(Bei dem *heteropolaren* einfach kubischen Gitter verhält es sich gerade umgekehrt: Die Anlagerung an eine Ecke ergibt die größte, an das Flächeninnere die kleinste Energie, und die Energie für eine Anlagerung an den Rand liegt dazwischen.)

Von dem zweidimensionalen Keim auf der Flächenmitte des homöopolaren Gitterblocks aus baut sich die Netzebene konzentrisch nach allen Seiten auf. Diese Entwicklung ist wieder zwangsläufig, denn die Energie für das Anlagern von Atomen an den Rand einer auf dem Gitterblock im Aufbau befindliche Netzebene ist noch beträchtlich größer als Φ_{ad}. Sehr bald kann aber ein weiterer Teilschritt der Anlagerung einsetzen, der mit einem noch höheren Energiegewinn, dem höchsten, der unter diesen Verhältnissen überhaupt möglich ist, verbunden ist. Er wird erstmalig etwa dann möglich, wenn sich einige Atomketten (wegen der Berücksichtigung drittnächster Nachbarn mindestens drei) aneinandergelegt haben und die Anlagerung einer weiteren Kette im Gange ist (vgl. Abb. 144, mit $\tfrac{1}{2}$ bezeichnet). Seine Anlagerungsenergie entspricht

$$\Phi_w = \Phi' + \Phi'' + \Phi''' = 3\ |6|\ 4.$$

Wegen dieses höchsten Energiegewinnes wird dieser Teilschritt immer

---

[1] Die Betrachtung gilt für einzelne Bausteine. Bei Keimen ist die Entwicklung bedeutend verwickelter.

wieder angestrebt werden, und in der Tat wiederholt er sich beim Kristallwachstum auch am häufigsten.

KOSSEL hat ihn deshalb als „wiederholbaren Schritt" bezeichnet. Im Gegensatz zum wiederholbaren Schritt bringt der *Beginn* einer Netzebene einen relativ geringeren Energiegewinn. Es wird daher auch ein viel selteneres Ereignis bleiben. Ist erst ein Stück der neuen Netzebene entstanden, so wird sie in rascher Folge von wiederholbaren Schritten sehr schnell weiterwachsen können. Die Wachstumsgeschwindigkeit einer Würfelfläche wird indes im wesentlichen vom langsamsten Teilschritt bestimmt. Das ist die erste Anlagerung auf der Flächenmitte.

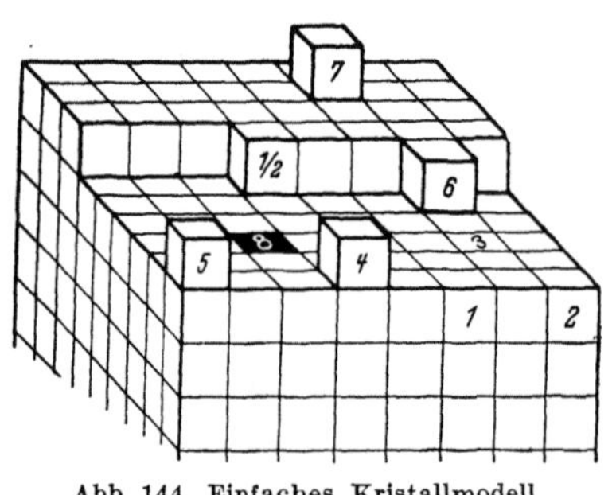

Abb. 144. Einfaches Kristallmodell.
(Nach KNACKE und STRANSKI, s. S. 326, Fußn. 2.)

Man kann offenbar den Wachstumsvorgang einer Netzebene in zwei Komponenten zerlegen: eine „vertikale" Substanzanlagerung (Wachstum senkrecht zur Unterlage) und eine „tangentiale" (Wachstum parallel zur Unterlage).

Die vertikale Anlagerung verläuft ziemlich langsam, um so langsamer, je geringer der Φ_{ad} entsprechende Energiebetrag ist. Die tangentiale Anlagerung, die einsetzt, wenn eine Netzebene angefangen ist, geht viel rascher vor sich. Eine einmal angefangene Netzebene wird deshalb gewissermaßen „autokatalytisch" zu Ende geführt.

Ist der Gitterblock hinreichend gewachsen, so werden gegenüber dem wiederholbaren Schritt alle übrigen in Betracht kommenden Arten der Anlagerung so verschwindend selten, daß man sie bei Berechnung des gesamten Energieaufwandes für das Wachstum des Gitterblockes vernachlässigen kann.

Die Anlagerungsenergie für den wiederholbaren Schritt ist gerade gleich der halben Gitterenergie. Denn will man den unvollständigen Gitterblock zu einem ganzen (unendlich) ausgedehnten Gitter ergänzen, so muß man einfach den gleichen Block noch einmal spiegelbildlich hinzufügen. Φ_w entspricht also der Energie für den halben Kristall. STRANSKI hat deshalb die Lage, in der sich der wiederholbare Schritt vollzieht, „Halbkristall-Lage" genannt.

Am Kristall finden wir folgende charakteristische Bausteinlagen (Abb. 144), dargestellt am Modell eines einfach kubischen Gitters (nach KNACKE und STRANSKI[1]): In der Kante (*1*), in der Ecke (*2*), in

---

[1] s. S. 326, Fußn. 2. — J. N. STRANSKI. u. R. KAISCHEW: Ann. Phys. (5) **23**, **330** (1935).

der Oberfläche (*3*), an der Kante (*4*), an der Ecke (*5*), an der Stufe (*6*)
und auf der Oberfläche (*7*). Außerdem können Löcher (*8*) in der Oberfläche der Stufe vorkom-
men. Die wichtigste Lage ist
jedoch die bereits erwähnte
Halbkristall-Lage ($\frac{1}{2}$).

Ist die Übersättigung
unendlich klein, liegt sie also
in infinitesimaler Nähe des
Gleichgewichts, so wird
überhaupt nur noch der
wiederholbare Schritt verwirklicht werden können.
Der resultierende Kristall
kann unendlich groß wer-
den und wird die „Gleich-
gewichtsform" darstellen,
wenn keine Störungen vor-
liegen (z. B. durch blockierende Fremdstoffe).

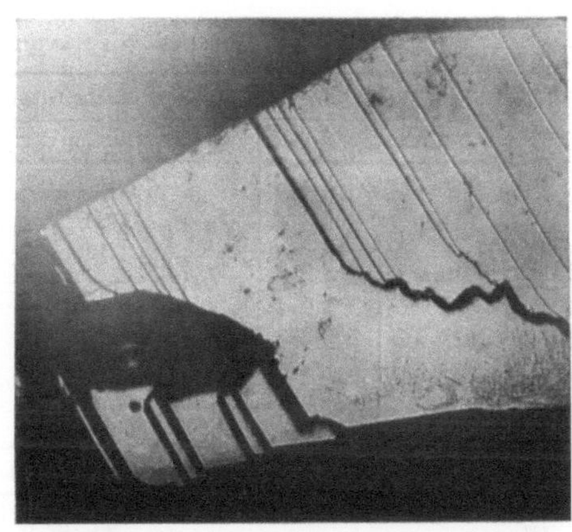

Abb. 145. Stufen von gleichzeitig wachsenden Schichten.
(Nach H. Fischer und Heiling[1].)

Bei stärkerer Übersättigung wird hingegen nicht bloß die gerade
angelegte Netzebene weiterwachsen, vielmehr werden viele neue Netzebenen gleichzeitig angefangen. Der Kristall wächst in treppenartig
abgestuften Schichten (vgl. Abb. 145 nach H. Fischer u. Heiling[1];
Vergrößerung 200fach).

Die Kosselsche schematische Betrachtungsweise der Anlagerungsenergie läßt sich ohne Schwierigkeit auf beliebige andere homöopolare
Gitter übertragen. In der folgenden Tab. 38 sind die beiden wichtigsten
Energiesymbole Φ_{ad} und Φ_{w} für verschiedene Gittertypen angegeben
(nach Stranski[2]).

Die kleinsten Φ_{ad}-Werte sind unterstrichen. In der Regel sind sie
etwa halb so groß wie die Φ_{w}-Werte. Man erkennt, daß z. B. im einfachen kubischen Gitter die (1 1 0)-Fläche einen beträchtlich größeren
Φ_{ad}-Wert aufweist als die (1 0 0)-Fläche. Noch größer ist der Φ_{ad}-Wert
der (1 1 1)- oder gar der (2 1 1)-Fläche. Das bedeutet, daß diese Flächen
in der Richtung senkrecht zur Unterlage bedeutend schneller wachsen
als die (1 0 0)-Fläche. Dafür sind sie auch seitlich viel weniger ausgedehnt. Im Endstadium des Wachstumsprozesses eines Kristalls vom

---

[1] Fischer, H., u. H. F. Heiling: J. Electrodepositors techn. Soc. (1954) im
Druck. — H. F. Heiling: Dissert. Techn. Univ. Berlin-Charlottenburg 1953.
[2] s. S. 336, Fußn. 1.

einfachen kubischen Gitter wird also die Würfelfläche die ausgedehnteste Hauptwachstumsfläche sein. Die in der Normalrichtung schnellwüchsigen Flächen werden zwar anfangs vielleicht früher erscheinen als die Würfel-

Tabelle 38. *Φ_w- und Φ_{ad}-Werte in verschiedenen Gittern.*

Kubische Gitter

einfach			raumzentriert			flächenzentriert		
$\Phi_w = 3$	6	4	$\Phi_w = 4$	3	6	$\Phi_w = 6$	3	12
Φ_{ad} $100 = 1$	4	4	Φ_{ad} $100 = 4$	1	4	$100 = 4$	1	2
$110 = 2$	5	2	$110 = 2$	2	5	$110 = 5$	2	10
$111 = 3$	3	4	$111 = 4$	3	3	$111 = 3$	3	9
$211 = 3$	5	3	$211 = 3$	3	5	Φ_{ad} $210 = 6$	2	10
						$311 = 5$	3	10
						$531 = 6$	3	9

Hexogonale dichteste Packung

$\Phi_w = 6$	3	1
$0001 = 3$	3	1
Φ_{ad} $1\bar{0}10 = 4$	4	0
$0\bar{1}12 = 4$	2	1
$1\bar{0}11 = 5$	2	0
$1\bar{1}20 = 5$	2	1

fläche, dafür können sie aber im Laufe des Wachstumsprozesses am ehesten wieder verschwinden (intermediäre Wachstumsflächen). Zum Schluß verbleiben die am langsamsten wachsenden Flächen (bleibende oder echte Wachstumsflächen).

Der Energiebetrag, der im Falle des einfachen kubischen Gitters dem wiederholbaren Schritt entspricht, wird, wie Tab. 38 ausweist, durch den Wert 3|6|4 gekennzeichnet. Beim Entstehen des Gitters aus den einzelnen Atomen wird sich dieser Wert somit außerordentlich oft wiederholen. Wollte man das Gitter wieder vollständig auflösen, so müßte man umgekehrt jedem Atom den ganz gleichen Energiebetrag als Abtrennungsarbeit zuführen. Mit anderen Worten, das Gleichgewicht zwischen Kristallgitter und flüssiger Phase ist durch den Φ_w-Wert der Halbkristall-Lage festgelegt.

Ist die Umgebung in bezug auf die Halbkristall-Lage übersättigt, so muß der Kristall spontan wachsen. Hingegen muß sich der Kristall auflösen, wenn die Umgebung in bezug auf die Halbkristall-Lage untersättigt ist.

Im Falle des Gleichgewichtes mit der Umgebung (das bei raschem Wachsen gewöhnlich zunächst nicht erreicht ist) müssen alle Atome, die weniger fest als die Atome der Halbkristall-Lage gebunden sind, wieder in Lösung gehen. Vor allem gilt dies beim homöopolaren Kristall von den Eckenatomen, die ja im Gegensatz zum heteropolaren Kristall weniger fest gebunden sind als die Flächenatome. Das Eckenatom am Würfel des *einfachen kubischen* Gitters ist z. B. nur mit der Energie $3\,|\,2\,|\,1$ gebunden, während die Bindungsenergie der Halbkristall-Lage $3\,|\,6\,|\,4$ entspricht. Geht es bei Einstellung des Gleichgewichtszustandes in Lösung, so folgen ihm auch alle drei Würfelkantenreihen. Der Kristall baut sich in diesem Falle so weit ab, bis außer der (stets überwiegenden) Fläche (1 0 0) noch (0 1 1), (1 1 1) und (1 1 2) vorhanden sind. In dieser sog. *Gleichgewichtsform* des Kristalles mit den genannten vier Flächen ist jedes Atom an der Oberfläche mindestens ebenso fest gebunden wie ein Atom, das sich im wiederholbaren Schritt angelagert hat. Die theoretischen Ableitungen der Gleichgewichtsformen aus solchen statistisch durchgeführten Betrachtungen stammen von STRANSKI und seinen Mitarbeitern[1,2].

Die Φ_{ad}-Werte des *raumzentrierten kubischen* Gitters sind in Tab. 38 enthalten. Beim wiederholbaren Schritt beträgt der Φ_w-Wert in diesem Falle $4\,|\,3\,|\,6$. Zur Berechnung dieser Werte sind die kürzeste Entfernung r_1 zwischen zwei Atomen des Gitters (halbe Würfeldiagonale), ferner die Entfernungen $r_2 = r_1 \cdot \tfrac{2}{3}\sqrt{3}$ und schließlich $r_3 = r_1 \cdot \tfrac{2}{3}\sqrt{6}$ berücksichtigt. Der geringste Energiewert entspricht hier der (1 1 0)-Fläche (Rhomben-dodekaeder).

Das Rhombendodekaeder muß also die Hauptfläche in der Gleich-gewichtsform des kubisch raumzentrierten Gittern sein, da sie von allen Flächen am langsamsten wachsen sollte.

Ebenso wie im Falle des einfachen kubischen Gitters muß aber die Gleichgewichtsform neben der Hauptfläche noch andere Flächen auf-weisen. Nach der Rechnung sind es die Flächen (1 1 1), (1 0 0) und (2 1 1) (vgl. Tab. 38).

Bei der Berechnung der Φ_{ad}- und Φ_w-Werte des *flächenzentrierten kubischen* Gitters (vgl. Tab. 38) sind folgende Abstände berücksichtigt worden: $r_1 =$ halbe Diagonale der Würfelfläche, $r_2 = r_1\sqrt{2}$ und $r_3 = r_1\sqrt{3}$. Die Hauptfläche der zu erwartenden Gleichgewichtsform ist die (1 1 1)-Fläche. Als Nebenflächen kommen (1 0 0), (1 1 0), (2 1 0) und (5 3 1) in Betracht.

Bei der *hexagonal dichtesten Kugelpackung* liegen die nächsten Nach-barn in folgenden Entfernungen: r_1, $r_2 = r_1\sqrt{2}$ und $r_3 = r_1\sqrt{\dfrac{3}{8}}$. Die geringste Wachstumsgeschwindigkeit hat die Basisfläche (0 0 0 1). An der Gleichgewichtsform finden sich außerdem die Flächen (1 0 $\bar{1}$ 0), (1 1 $\bar{2}$ 0), (1 0 $\bar{1}$ 1) und (0 1 $\bar{1}$ 2).

---

[1] s. S. **336**, Fußn. 1; S. **334**, Fußn. 2. [2] s. S. **333**. Fußn. 1.

Ob nun in Wirklichkeit alle theoretisch geforderten Flächen an der Gleichgewichtsform erscheinen werden, hängt vom Grade der Übersättigung ab. Am ehesten ist dies bei sehr geringer Übersättigung der Fall, während bei höherer Übersättigung (schnellwüchsigere) Flächen fehlen können. Jedenfalls haben die einzelnen Kristallflächen verschieden große Wachstumsgeschwindigkeit. Die Gleichgewichtsflächen bleiben als die am langsamsten wachsenden als Endflächen übrig. Die Folgen schnellen Wachstums sind Vizinalflächen und Rundungen der Oberfläche.

Die bisher zur Prüfung der Theorie unternommenen Untersuchungen stehen mit den theoretischen Voraussagen gut im Einklang. Sie sind aus experimentellen Gründen bislang fast nur bei der Kondensation von Metallen mit hexagonal dichtester Kugelpackung ausgeführt worden.

So konnte STRAUMANIS[1] an Beryllium sämtliche von der Theorie geforderten Flächen feststellen. Beim Magnesium[2] fehlen die Flächen $(1\ 1\ \bar{2}\ 0)$ und $(0\ 1\ \bar{1}\ 2)$. Berücksichtigt man nur *erst*nächste Nachbarn (vgl. S. 335), so entspricht auch dieses Resultat genau der Theorie. Am Zink konnten KAISCHEW, KEREMIDTSCHIEW und STRANSKI[3] sämtliche unter Berücksichtigung dreier nächster Nachbarn vorausgesagten Flächen finden. STRAUMANIS[4] untersuchte ebenfalls das Wachstum von Zink- und außerdem von Kadmiumkriställchen, allerdings mit unvollkommeneren Apparaturen. Er fand beim Zink alle Flächen bis auf die schnellstwüchsige $(0\ 1\ \bar{1}\ 2)$-Fläche wieder. Am Kadmium ergaben sich dieselben Flächen wie beim Magnesium, die also mit der Berechnung auf der Grundlage der *erst*nächsten Nachbarn übereinstimmen.

Auch an den kubisch raumzentrierten Metallen Wolfram, Tantal und Molybdän fand E. W. MÜLLER[5] die Flächen der Gleichgewichtsform.

Diese gute Übereinstimmung zwischen Theorie und Experiment ist erfreulich. Dies um so mehr, als die Theorie doch unter z. T. wesentlich vereinfachenden Voraussetzungen aufgestellt worden ist. So ist vorausgesetzt worden[6], daß

1. die Kristalloberfläche nur unwesentlich vom Kristallinnern abweicht, was zweifellos nicht zutrifft; 2. der Kristall nur von seinem

---

[1] STRAUMANIS, M., u. G. M. SCHWAB: Handb. d. Katalyse. 4. Bd. Heterogene Katalyse I, S. 288. Wien 1943.

[2] STRAUMANIS, M.: Z. phys. Chem. (B) **26**, 246 (1934) — Z. Kristallogr. **89**, 487 (1934).

[3] KAISCHEW, R., L. KEREMIDTSCHIEW u. J. N. STRANSKI: Z. Metallkde. **34**, 201 (1942).

[4] STRAUMANIS, M.: Z. phys. Chem. (B) **13**, 316 (1931); **19**, 63 (1932).

[5] HONIGMANN B., E. W. MÜLLER u. J. N. STRANSKI, Z. phys. Chem. **196**, 5 (1950).

[6] STRANSKI, J. N.: Z. phys. Chem. **136**, 261 (1928) — Trav. Congr. Jubil. Mendeleev II, 183 (1937).

eigenen (verdünnten) Dampf umgeben ist; 3. das System Kristall/Dampf nur wenig vom Gleichgewichtszustand abweicht; 4. alle Anlagerungen bei so niedriger Temperatur stattfinden, daß man den Wärmeinhalt des Kristalls und die Wärmebewegung vernachlässigen kann.

Allerdings ist die Übereinstimmung bei Elementen, die nicht mehr rein metallischer Natur sind und deren Gitter vom Gitter mit dichtester Kugelpackung abweicht, wie bei Selen[1] und Tellur[2], unbefriedigend.

Zum Ausbau der molekularen Theorie nach der quantitativen Seite hin haben STRANSKI und KAISCHEW[3] die sog. *mittleren* Abtrennungsarbeiten $\bar{\varphi}$ eingeführt. Bei einem unendlich großen Kristall fällt die mittlere Abtrennungsarbeit $\bar{\varphi}_\infty$ mit der Abtrennungsarbeit des Bausteines in der Halbkristallage φ_w zusammen: $\bar{\varphi}_\infty = \varphi_w$.

Hat der Kristall eine endliche Ausdehnung, so kann man die mittlere Abtrennungsarbeit $\bar{\varphi}_a$ als Mittel aus der schrittweisen Abtragung der Bausteine einer ganzen Netzebene oder Randreihe berechnen. Mit einer solchen Rechnung gelingt es, die Bildungsarbeit kristalliner Keime durch einfache Summierung der Anteile an freier Energie der einzelnen elementaren An- oder Abbauvorgänge zu ermitteln. Ein solcher Energieanteil beträgt $\pm(\bar{\varphi}_a - \varphi_i)$, wobei φ_i die Abtrennarbeit des betreffenden Einzelbausteines bedeutet. So wird es auf diese Weise tatsächlich möglich, auch aus dem Reaktionsablauf in molekularen Dimensionen heraus Aufschluß über die Größe der Keimbildungsarbeiten zu gewinnen, was bis dahin nur mit Hilfe rein thermodynamischer Ableitungen möglich war.

2.13.2 Arbeit zur Bildung des dreidimensionalen Keimes.

Stellt man sich den Abbau eines würfelförmigen Kristallkeimes in einer Richtung Netzebene um Netzebene vor, so ist die Bildungsarbeit des dreidimensionalen Keimes gleich der Abtrennungsarbeit des Kriställchens von einer unendlichen Säule gleichen Querschnittes (vgl. Abb. 146a).

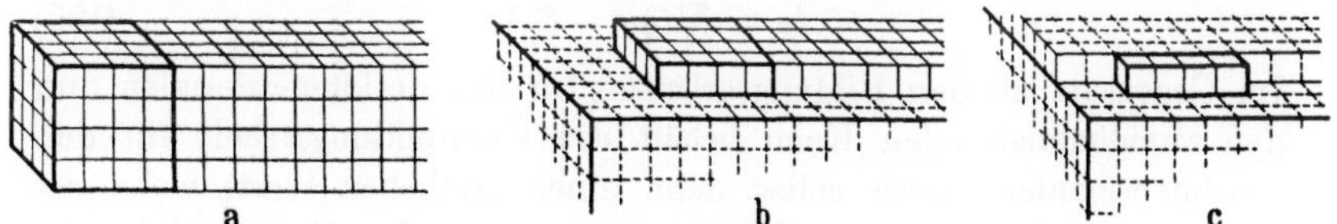

Abb. 146. Zur Berechnung der Keimbildungsarbeit kristalliner Keime.
(Nach STRANSKI, s. S. 344, Fußn. 1.)

Steht das Kriställchen im Gleichgewicht mit der Dampfphase, so muß man für den Abbau einer jeden Netzebene der Begrenzungsflächen gleich große Abtrennungsarbeiten aufwenden. Baut man somit den

[1] STRAUMANIS, M.: Z. Kristallogr. **102**, 444 (1940).
[2] STRAUMANIS, M.: Z. phys. Chem. (B) **30**, 132 (1935).
[3] STRANSKI, J. N., u. R. KAISCHEW: Ann. Phys. (5) **23**, 330 (1935).

Kristall in der erwähnten Weise ab, so ist der Verbrauch an freier
Energie bei allen Netzebenen der Reihe nach bis auf einige wenige letzte
Netzebenen gleich Null, denn es gilt nach dem Gesagten $\sum(\bar{\varphi}_a - \varphi_i) = 0$.
Die Summe der Energiebeträge, aufzuwenden beim Abbau der letzten
Netzebenen, käme etwa der Abtrennungsarbeit des Kriställchens von
einer unendlich langen Säule (Abb. 146a) gleich. Mit grober Annäherung
ist diese Arbeit gleich der doppelten Oberflächenenergie einer einzelnen
Würfelfläche. Genauer setzt sich der mit der Keimbildungsarbeit übereinstimmende Betrag für die Abtrennungsarbeit folgendermaßen zusammen:

$$_3A_k = 2a^2\sigma + 8a\varkappa + 8\varepsilon. \tag{104}$$

Darin bedeuten a die Kante des würfelförmigen Keimes, x die spezifische
Kantenenergie und ε die spezifische Eckenenergie[1,2], die beide als
negative Abtrennungsarbeiten definiert sind.

2.13.3   Arbeit zur Bildung des zweidimensionalen Keimes.

Beim zweidimensionalen Keim müssen im Gleichgewicht ent-
sprechend alle Randreihen die gleiche mittlere Abtrennungsarbeit $\bar{\varphi}_a$
erfordern. Baut man den ganzen zweidimensionalen Keim ab, so ist
der Aufwand an freier Energie praktisch gleich der Arbeit für die Abtrennung des Keimes von einem entsprechenden unendlichen Streifen
(vgl. Abb. 146b). In diesem Falle ist die Keimbildungsarbeit:

$$_2A_k = 2a\varrho + 4\eta. \tag{105}$$

Dabei bedeuten ϱ die spezifische Randenergie und η die spezifische
Randeckenenergie. Beide sind wieder als negative Abtrennungsarbeiten
definiert.

2.13.4   Arbeit zur Bildung des eindimensionalen Keimes.

Zur Bildung des eindimensionalen Keimes (vgl. Abb. 146c) ist nur
eine endliche Summe von Differenzen erforderlich:

$$_1A_k = \sum(\varphi_i - \bar{\varphi}_a). \tag{106}$$

Im Gegensatz zu den Bildungsarbeiten für den dreidimensionalen und
den zweidimensionalen Keim behält die Keimbildungsarbeit für den
eindimensionalen Keim selbst dann einen endlichen Wert, wenn die
Übersättigung äußerst gering ist ($p_r = p_\infty$). In diesem Falle ist
$_1A_k = \sum(\varphi_i - \varphi_w)$. Die beiden anderen Keimbildungsarten müssen mit
Abnahme der Übersättigung auf Null gegen Unendlich konvergieren,
denn ihre Ausdrücke für A_k enthalten die Keimkante a, die unter diesen
Bedingungen unendlich lang wird. Unter diesen Bedingungen können

---

[1] STRANSKI, J. N.: Naturwiss. **37**, 289 (1950).

[2] STRANSKI, J. N.: Sitzungsber. Akad. Wiss. Wien, math.-naturwiss. Kl. IIb
145, 840 (1936). — B. HONIGMANN, K. MOLIÉRE u. J. N. STRANSKI: Ann. Phys.
6 I, 181 (1947).

also praktisch keine drei- oder zweidimensionalen Keime entstehen, wohl aber eindimensionale Keime. Das bedeutet, daß sich viele Atomketten aneinanderlagern und so eine Netzebene bilden könnten, die ihrerseits praktisch „endlos“ weiterwachsen müßte.

Auf den Umstand, daß die Arbeit zur Bildung zweidimensionaler Keime für das Kristallwachstum selbst von Bedeutung ist, haben als erste VOLMER und WEBER[1] hingewiesen. Die Grundlagen stammen von STRANSKI und KRASTAMANOW[2]. Allerdings ist eine genauere quantitative Analyse des Geschehens schwierig. Bisher liegen im wesentlichen nur phänomenologische Studien des orientierten Aufwachsens von Kristallen auf arteigener und fremder Unterlage vor, die von einer Anpassung des Kristalls an den Substratkristall bis zur völligen Reproduktion des Substratkristalls gehen. Bei Zustandekommen der orientierten Abscheidung sind die Vorgänge offenbar wesentlich komplizierter als beim einfachen Kristallwachstum[3]. Zur Frage der orientierten Abscheidung und Reproduktion ist phänomenologisches Material von ROYER[4], NEUHAUS[5], SCHWAB[6] und WILLEMS[7] gesammelt worden. Auf Reproduktion und Anpassung bei der Elektrokristallisation wird später noch ausführlich eingegangen werden (vgl. S. 451).

Wie schon früher bemerkt, sprechen manche Umstände dafür, daß das Kristallwachstum hauptsächlich von der Bildungshäufigkeit der zweidimensionalen Keime bestimmt wird. Bereits VOLMER[8] hat versucht, diese Frage experimentell zu entscheiden. Sein Ansatz gründete sich auf die Untersuchung des Zusammenhanges zwischen der Wachstumsgeschwindigkeit von Einzelkristallen in Normalrichtung und Übersättigungsgrad. Spielt die Bildung zweidimensionaler Keime eine entscheidende Rolle, so sollte sie mit Verkleinerung der Übersättigung seltener werden. Im Bereich sehr geringer Übersättigung müßte bei fortgesetzter Verkleinerung ein Punkt erreicht werden, von dem aus die Wachstumsgeschwindigkeit mit weiterer Verringerung der Übersättigung exponentiell auf Null abfallen sollte. Diese Vermutung hat sich in einer Reihe von verschiedenen Stoffen jedoch nur bei Jodkristallen bestätigt. Bei den anderen Stoffen blieb der exponentielle

---

[1] VOLMER, M., u. A. WEBER: Z. phys. Chem. **119**, 277 (1926).

[2] STRANSKI, J. N., u. L. KRASTAMANOW: Sitzungsber. Akad. Wiss. Wien, Math.-naturwiss. Kl. IIb **146**, 797 (1938).

[3] SEIFERT, H.: Fortschr. Mineralog., Kristallogr. Petrogr. **19**, 103 (1935); **30**, 324 (1936); **22**, 185 (1933). — J. H. VAN DER MERNE: Faraday Soc. Discossions **5**, 201 (1949).

[4] ROYER, L.: C. r. Acad. Sci. Paris **180**, 2050 (1925); **205**, 187 (1937).

[5] NEUHAUS, A.: Z. Kristallogr. **103**, 297 (1941); **105**, 187 (1943) — Naturwiss. **31**, 33, 382 (1943); **32**, 34 (1944); **35**, 27 (1948) — Z. Elektrochem. **56**, 453 (1952).

[6] SCHWAB, G. M.: Z. phys. Chem. (B) **51**, 245 (1942).

[7] WILLEMS, J.: Z. Kristallogr. **100**, 272 (1938); **105**, 53, 144, 149, 155 (1943).

[8] VOLMER, M., u. W. SCHULTZE: Z. phys. Chem. (A) **156**, 1 (1931).

Abfall aus. Dennoch scheint dieser Befund noch nicht gegen die Auffassung von der dominierenden Rolle der zweidimensionalen Keime zu sprechen.

Nach Stranski[1] hängt das Fehlen des exponentiellen Abfalls wahrscheinlich mit einer Begünstigung zusammen, die die Bildung zweidimensionaler Keime vornehmlich an Hohlkanten erfährt. Solche Hohlkanten können sich an den Grenzlinien verschiedener Kristallbereiche ausbilden, die aneinander grenzen. Wahrscheinlich handelt es sich um die Grenzen der Mosaikblöcke, von deren Entstehung wir überhaupt noch wenig wissen.

Stranski weist in diesem Zusammenhang auf die Wachstumsverhältnisse bei den besser untersuchten Zwillingskristallen hin, die ebenfalls als ein Beispiel für Begünstigung der Keimbildung durch Hohlkanten gelten dürften. Auch für Zwillingskristalle wird das Wachstum von der Bildung zweidimensionaler Keime bestimmt. Der Energieaufwand, notwendig zur Bildung solcher Keime, kann jedoch erheblich geringer ausfallen, sofern die Keime auf der Dreiphasenlinie des Zwillingskristalles entstehen. Diese Linie kennzeichnet die bevorzugte Orientierung des

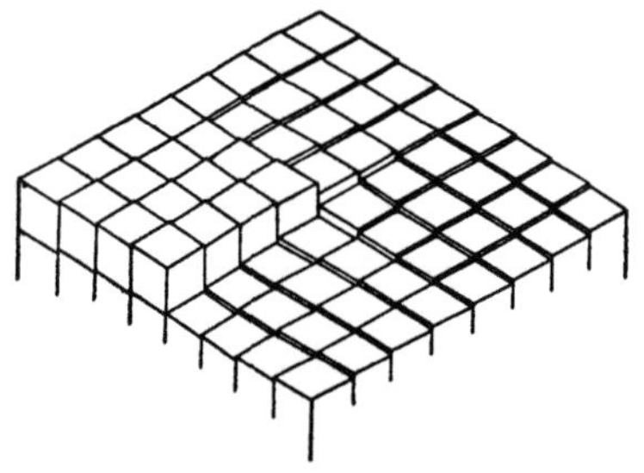

Abb. 147. Kristallmodell einer Schraubenversetzung.
(Nach Frank, s. S. 347, Fußn. 1.)

Zwillingskristalls. Stranski bezeichnet sie als „polykristalline" Hohlkante. Gäbe es an dem Zwillingskristall viele unausgewachsene Netzebenen zur Auswahl, so wäre dies der günstigste Fall. Hier entständen an Stelle des zweidimensionalen eindimensionale Keime.

Somit sind Zwillingskristalle im Wachstum begünstigt und haben Aussichten, ihre Kristallabmessungen in den Richtungen innerhalb der Zwillingsebenen beträchtlich zu vergrößern. Deshalb dürften Zwillinge vor allem bei geringen Übersättigungen bevorzugt auswachsen, gewissermaßen als Folge einer Auslese[2].

Stranski[1] sieht die Bildung zweidimensionaler Keime beim polykristallinen Wachstum gewöhnlicher (nicht Zwillings-) Kristalle als ähnlich erleichtert an. Gegenüber Zwillingen wachsen hier „Viellinge" heran, deren Wachstum durch gemeinsame polykristalline Hohlkanten erleichtert ist. Bei geringer Übersättigung werden diese „Viellinge" praktisch allein auswachsen. Auch Burgers[3] vertritt ähnliche Vor-

[1] Stranski, J. N.: Naturwiss. **37**, 289, 292 (1950).

[2] Spangenberg, K.: Handwörterb. d. Naturwiss., 2. Aufl., Bd. 10, S. 36. Jena 1934. – A. Smekal: Handb. d. Phys. v. Geiger-Scheel, 2. Aufl., Bd. 242/2. Berlin 1933.

[3] Burgers, J. M.: Proc. Kon. nederl. Akad. Wetensch. **42**, 293 (1939). 9

stellungen, die später von FRANK[1] weiterentwickelt wurden. Abb. 147 zeigt das von ihm vorgeschlagene Modell eines Realkristalls, der zu seinem Weiterwachsen nur verminderte Bildungsarbeiten zweidimensionaler Keime benötigt. Die Grenzlinien zwischen den einzelnen Kristallblöcken, die ein Anlagern erleichtern, werden beim Weiterwachsen nicht aufgehoben. Das atomistische Modellbild in Abb. 147 ergibt eine „Schraubenversetzung" leicht gegeneinander verkanteter Mosaikblöcke. Man darf annehmen, daß die Oberfläche selbst gut ausgebildeter Realkristalle viele solche Stufen von mindestens atomarer Höhe aufweist, die die Anlagerung erleichtern.

Man schätzt nach Röntgenuntersuchungen den Abstand von Störstellen auf der Kristalloberfläche auf 0,1 bis 1 μm (KNACKE, STRANSKI u. WOLFF[2]). Manche Störstellen ergeben sich aus Gitterdeformationen durch Fremdbausteine. Neben den Stellen des „wiederholbaren Schrittes" bilden solche Störstellen die aktiven Bereiche der Elektrokristallisation.

So darf es nicht verwundern, daß die Übersättigung zur Bildung von Flächenkeimen auf Realkristallen viel kleiner ist (etwa nur 1%), als es die Theorie verlangt. Im übrigen ist die Bildung von Flächenkeimen zum Weiterwachsen nur auf Gleichgewichtsflächen nötig. Nichtgleichgewichtsflächen, die atomar aufgerauht sind (Vizinalflächen), benötigen theoretisch keine Flächenkeime.

2.2 Mechanismus der Elektrokristallisation.

2.21 Elektrokristallisation im Vergleich mit anderen Kristallisationsarten.

Die allgemeinen Gesetzmäßigkeiten der Bildung von Metallkristallen, die wir in Kap. 2.1 besprochen haben, sind ohne Ausnahme an den Beispielen der Kondensation aus einer Gasphase oder der Erstarrung einer Schmelze abgeleitet worden. Diesen Arten der Kristallisation steht die Elektrokristallisation, d. h. die elektrolytische Abscheidung von Metallkristallen aus einer Elektrolytlösung oder -schmelze, gegenüber.

Bei der nichtelektrolytischen Kristallisation aus der Gasphase oder aus dem Schmelzfluß finden sich die Kristallbausteine in Gestalt von neutralen Atomen bereits in der gasförmigen oder flüssigen Phase vorgebildet. Im Falle der Elektrokristallisation müssen die Atome des Metallgitters hingegen erst aus (mehr oder weniger solvatisierten) Metallionen entstehen. Vom angelegten elektrischen Felde angezogen, treten die Metallionen aus der Elektrolytphase unter Neutralisation in den katho-

---

[1] FRANK, F. C.: Faraday Soc. Discussions Crystal Growth **1949**, 48 — Z. Elektrochem. **56**, **429** (1952).

[2] s. S. **153**, Fußn. 2.

disch polarisierten Metallkristall über. Die elektrochemische Seite der Metallabscheidung ist schon ausführlich erörtert worden (vgl. Kap. 1.4). Auf jeden Fall wirken bei der Elektrokristallisation außer den Gitterkräften des Kristalls elektrostatische Anziehungskräfte mit (STRANSKI[1]), deren Anteil am Gesamtprozeß je nach den Abscheidungsbedingungen kleiner oder größer sein kann.

Die Elektrokristallisation der Metalle vollzieht sich zum Unterschiede von anderen Kristallisationsarten stets inmitten von artfremden Kationen, Anionen, neutralen Molekeln und Lösungsmitteldipolen der Elektrolytlösung. Diese Fremdstoffe belegen die Kristalloberfläche in der Doppelschicht (und zwar nicht nur infolge Adsorption, sondern auch kraft elektrostatischer Anziehung) und können Inhibitionserscheinungen hervorrufen. Natürlich ist Inhibition durch (adsorptive) Belegung der Oberfläche mit Fremdatomen auch bei anderen Kristallisationsarten möglich und sicher stets vorhanden; aber bei den besonderen Entstehungsbedingungen der elektrolytisch abgeschiedenen Metallkristalle prägt sich diese Erscheinung viel stärker aus.

Dürfen wir nun die allgemeinen Wachstumsgesetze, wie sie für die anderen Kristallisationsarten gelten, auch für die Elektrokristallisation annehmen? Diese Frage kann mit gewissen Einschränkungen (vgl. S. 376) bejaht werden (H. FISCHER[2]), berücksichtigen wir die Besonderheiten der Elektrokristallisation und beachten wir außerdem auch hier die Einschränkungen, die schon zuvor für den Geltungsbereich der Wachstumsgesetze gemacht worden sind (vgl. S. 342). Wesentlich ist vor allem ein Ablauf der Elektrokristallisation in der Nähe des Phasengleichgewichtes[3].

2.22 Zur Theorie der Keimbildung bei der Elektrokristallisation.

Die Arbeit für die Bildung (dreidimensionaler) Keime aus der Gasphase beträgt nach VOLMER [vgl. S. 327/8, vgl. Formeln (98) und (99)]

$$A_k = \frac{4\omega\,\sigma^3\,v^2}{3\,R^2\,T^2\left(\ln\dfrac{p_r}{p_\infty}\right)^2}\,.$$

Ähnlich, wie wir bei der Bildung von Kristallkeimen aus der Gasphase annehmen müssen, daß Subkeime mit einem Durchmesser unter-

---

[1] STRANSKI, J. N.: Z. phys. Chem. B 11, 436 (1931).

[2] FISCHER, H.: CITCE, C. r. 4. Réunion London/Cambridge 1952 (i. Druck).

[3] Die Kristallisationsgeschwindigkeit aus Schmelzen ist gewöhnlich etwa $10^3 \cdots 10^7$ mal so groß wie die Geschwindigkeit der Elektrokristallisation, die sich im Stromdichtebereich von $10^{-5} \cdots 10^{-1}$ A/cm² abspielt. Deshalb nimmt GRAF [Z. Metallkde. 42, 336, 401 (1951)] für die — fern vom Phasengleichgewicht liegende — Kristallisation aus Schmelzen an, daß dort die Theorie von KOSSEL und STRANSKI nicht mehr gilt.

halb der kritischen Größe (vgl. S. 325) sich ständig bilden und wieder verdampfen, haben wir uns ein solches Wechselspiel auch für den elektrolytischen Übergang vom Metallion in das Gitter und umgekehrt vorzustellen. Auch für die Wechselwirkung eines Metalls mit dem Elektrolyt gilt das Prinzip des beweglichen Gleichgewichtes; auch bei der Gleichgewichts-GALVANI-Spannung werden sich Subkeime bilden und wieder auflösen.

Wie die Diskussion der Gesetze der Kristallbildung (vgl. S. 324ff.) gezeigt hat, sind die thermodynamischen Potentiale G der verschieden großen Kristalle für Keimbildung und Weiterwachsen der Kristalle entscheidend. Unter Berücksichtigung der thermodynamischen Potentiale lautet die Formel für die Bildung (dreidimensionaler) Kristallkeime aus der Gasphase [vgl. S. 328, Formel (99)]

$$A_k = \frac{4\,\omega\,\sigma^3\,v^2}{3\,(G_k - G_\infty)^2}$$

(worin

G_k das thermodynamische Potential des Kristallkeimes und G_∞ das th. P. des unendlich großen Kristalls bedeuten).

An Stelle der thermodynamischen Potentiale G kann man auch die chemischen Potentiale μ_{Me^+} der potentialbestimmenden Ionen[1] Me^+ des Kristalls verwenden, die mit G durch die Beziehung

$$G = n_i\,\mu_{Me^+} \tag{107}$$

verbunden sind. Dabei bedeutet n_i die Molzahl.

Grenzt nun ein Metallkristall (Phase 1) an einen Elektrolyten (Phase 2), der mit dem Metall das Metallkation gemeinsam hat, so bildet sich an dieser (einfachen) „Metallelektrode" eine GALVANI-Spannung $_{1,2}g$ aus (vgl. S. 6). Die GALVANI-Spannung wird von den chemischen Potentialen $_1\mu_{Me^+}$ und $_2\mu_{Me^+}$ der Metallionen in den beiden aneinander grenzenden Phasen bestimmt (vgl. S. 6, dort auch Zeichenerklärung)

$$_{1,2}g = -\left(\frac{_1\mu_{Me^+} + _2\mu_{Me^+}}{z_i\,F}\right) + \frac{R\,T}{z_i\,F}\ln\,_2a_{Me^+}, \tag{108}$$

wobei $_2a_{Me^+} = f_{Me^+} \cdot c_{Me^+}$ ist (a_{Me^+} = Aktivität, f_{Me^+} = Aktivitätskoeffizient, c_{Me^+} = Konzentration der Metallionen). Die Wertigkeit z_i ist in unserem Beispiel mit eins angenommen.

Für den Fall der Elektrokristallisation wird man an Stelle der thermodynamischen Potentiale G gern die gegen eine Bezugselektrode meßbaren GALVANI-Spannungen $_{1,2}g$ verwenden wollen[2]. In Betracht kommen die GALVANI-Spannung unter Stromfluß $_{1,2}g_i$ am Kristallkeim mit dem

---

[1] Hier der Einfachheit halber einwertig angenommen.

[2] Der absolute Wert von g ist bekanntlich nicht exakt meßbar; g soll hier auf die Normal-Wasserstoffelektrode bezogen sein.

Radius r und die Gleichgewichts-GALVANI-Spannung $_{1,2}g_{Gl}$ an dem unendlich groß gedachten Metallkristall (H. FISCHER[1]). Voraussetzung ist dabei, daß beide GALVANI-Spannungen gegen denselben Elektrolyten (Phase 2) mit dem chemischen Potential der Metallionen Me^+ $_2\mu_{Me^+}$ gemessen werden. Man muß also eine Beziehung zwischen den thermodynamischen Potentialen und den GALVANI-Spannungen herstellen.

Die chemischen Potentiale der Metallionen in den beiden so verschieden großen Metallkristallen sind μ_{Me^+k} und $\mu_{Me^+\infty}$. Stets ist das chemische Potential der Metallionen im Kristallkeim μ_{Me^+k} größer als das chemische Potential des unendlich großen Kristalls.

Die Gleichgewichts-GALVANI-Spannung an der Kristallfläche des unendlich groß gedachten Kristalls ergibt sich in Berührung mit dem Elektrolyten von der Aktivität a_{Me^+} zu:

$$_{1,2}g_{Gl} = - \left(\frac{\mu_{Me^+\infty} - \mu_{Me^+}}{z_i F} \right) + \frac{R T}{z_i F} \ln a_{Me^+}. \tag{109}$$

Mit ihr ist die GALVANI-Spannung $_{1,2}g_{Jk}$ zu vergleichen, die sich im gleichen Elektrolyten *unter Stromfluß* an dem entstehenden Kristallkeim ausbildet. Dabei muß man bedenken, daß die Aktivität an Me^+-Ionen unmittelbar an der Phasengrenze Kristallkeim/Elektrolyt im Elektrolyten unter Stromfluß kleiner geworden ist als im Falle des Gleichgewichtes ohne äußeren Stromfluß. Diese Aktivität sei a'_{Me^+}, das dazugehörige chemische Potential μ'_{Me^+}. Dann läßt sich g_{Jk} folgendermaßen formulieren[2]:

$$g_{Jk} = - \left(\frac{\mu_{Me^+k} - \mu'_{Me^+}}{z_i F} \right) + \frac{R T}{z_i F} \ln a'_{Me^+}. \tag{110}$$

Die entsprechenden thermodynamischen Potentiale ergeben sich zu

$$G_\infty = n_i \mu_{Me^+\infty} = n_i(\mu_{Me^+} - g_{Gl\infty} z_i F + R T \ln a_{Me^+})$$
$$G_k = n_i \mu_{Me^+k} = n_i(\mu'_{Me^+} - g_{Jk} z_i F + R T \ln a'_{Me^+}). \tag{111}$$

Die Differenz $G_k - G_\infty$, die wir für die Substitution in Gl. (107) benötigen, beträgt somit:

$$G_k - G_\infty = n_i[z_i F (g_{Gl\infty} - g_{Jk}) + \mu'_{Me^+} - \mu_{Me^+}$$
$$+ R T (\ln a'_{Me^+} - \ln a_{Me^+})] \tag{112}$$

Dieser Ausdruck, in Gl. (95) eingesetzt, wobei $\mu'_{Me^+} - \mu_{Me^+} = \Delta\mu_{Me^+}$ gesetzt wird, ergibt schließlich:

$$A_k = \frac{4 \omega \sigma^3 v^2}{3 n_i^2 \left[z_i F (g_{Gl\infty} - g_{Jk}) + \Delta\mu_{Me^+} + R T \ln \frac{a'_{Me^+}}{a_{Me^+}} \right]^2} \tag{113}$$

Die Differenz der GALVANI-Spannungen $g_{Gl\infty} - g_{Jk}$ ist gleich der negativen Überspannung, also $-\Delta g$. Da die kathodische **Metallüber-**

---

[1] s. S. 348, Fußn. 2.

[2] Die Phasenindizes 1, 2 werden weiterhin weggelassen.

spannung von sich aus negativ ist, erhält Δg hier ein positives Vorzeichen. Δg kann jede Art von Überspannung bedeuten, die reversible Konzentrationsüberspannung, wie auch alle irreversiblen Arten der Überspannung. Das zweite und das dritte Glied in der eckigen Klammer des Nenners sind bei sehr kleinen Stromdichten in nicht zu verdünnten Elektrolyten — also in Gleichgewichtsnähe — praktisch zu vernachlässigen. Sie werden merklich, wenn die Aktivität der Metallionen in unmittelbarer Nähe der Kathodenoberfläche deutlich geringer ist als im Innern des Elektrolyten. Mit anderen Worten bedeutet dies das Vorhandensein eines Konzentrationsgefälles und, entsprechend eines Gefälles des chemischen Potentials der Me^+-Ionen im Diffusionsfilm an der Kathode ausgedrückt durch $\Delta\mu_{Me^+}$ und das Verhältnis $\dfrac{a'_{Me^+}}{a_{Me^+}}$ der Aktivitäten der Metallionen unmittelbar an der Kathodenoberfläche und im Elektrolyten.

Aus Gl. (113) kann man die schon häufig diskutierte Beziehung zwischen Polarisation und Keimzahl pro cm^2 (vgl. z. B. GLASSTONE[1]) ableiten, die mit der Keimbildungsarbeit antiparallel verläuft. Demnach sollte sich die Keimzahl mit zunehmender Polarisation (oder Überspannung) vergrößern, oder es sollte die Kristallgröße entsprechend abnehmen. In der Tat gibt es viele Erfahrungstatsachen, die diese Regel bestätigen; andererseits kann man aber auch manche Ausnahme anführen. Wir werden diese Ausnahmen z. T. noch später zu erörtern haben.

Hier sei nur erwähnt, daß es offenbar Umstände gibt, unter denen auch ohne Polarisationserhöhung kleine Kristalle entstehen können. GLASSTONE[1] erwähnt z. B. die Abscheidung eines feinkristallinen Eisenniederschlages aus $FeSO_4$-Lösung, die bei 75° C praktisch ohne Polarisation verläuft. Hier wirkt offenbar kolloidales Eisenhydroxyd als Kristallisationsinhibitor. Bei der hohen Temperatur kann sich aber diese Inhibition nicht mehr in einer merklichen Erhöhung der Überspannung bemerkbar machen. Ein zweites Beispiel ist die Abscheidung von Metall auf feinkristalliner Unterlage unter Bedingungen, die zu einer Abbildung der kleinen Substratkristalle durch den Niederschlag führen (Reproduktion vgl. S. 451). Sie verlangt nur geringe Überspannung. Die kleinen Kristalle werden hier vom Gefüge der Unterlage bestimmt. Ein dritter Sonderfall ist die elektrolytische Abscheidung von Silber aus alkalischen Lösungen komplexer Silberzyanide. Hier entstehen sehr kleine Kristalle bei minimaler Polarisation. Dieses Beispiel ist noch ungeklärt; offensichtlich ist hier ein abweichender Abscheidungsmechanismus mit im Spiele.

Schon 1923 haben BLUM und RAWDON[2] auf die Abhängigkeit der GALVANI-Spannung von Größe und Art der Metallkristalle hingewiesen.

---

[1] GLASSTONE, S.: Trans. Faraday Soc.: The Structure of metallic coatings, films and surfaces **1935**, 1232.

[2] BLUM, W., u. H. S. RAWDON: Trans. Amer. Electrochem. Soc. **44**, 397 (1923).

Die niedrigste (negativste) GALVANI-Spannung g_{Gl} und zugleich die größte Überspannung dürfte ein (hypothetisches) Einzelatom ergeben, das noch nicht in ein Kristallgitter eingebaut ist, z. B. ein adsorbiertes Oberflächenatom im Sinne unserer Ausführungen auf S. 126 (ähnlich auch eine Gruppe noch völlig ungeordneter Atome). Zwischen der höchsten (positivsten) GALVANI-Spannung g_{Gl} eines Metallatoms, eingebaut in die Gleichgewichtsfläche eines (unendlich) großen Kristalls, und der niedrigsten des isolierten Einzelatoms liegen nun in mannigfacher Abstufung die Gleichgewichts-GALVANI-Spannungen und die Überspannungen der Kristallbausteine an den verschiedenen Gitterplätzen.

Allerdings muß man bedenken, daß diese kristallographisch bedingten Unterschiede in den Gleichgewichts-GALVANI-Spannungen erheblich geringer sind als die Unterschiede in den GALVANI-Spannungen unter Stromfluß. Im Falle der Gleichgewichts-GALVANI-Spannungen betragen sie nach GLASSTONE[1] nur einige Millivolt.

Nunmehr kann man alle jenen Einflußgrößen mit der Elektrokristallisation in Beziehung setzen, die die Metallüberspannung verändern. So hängt die Überspannung, wie wir wissen, z. B. ab von der Inhibition, von der Konzentration der potentialbestimmenden abscheidbaren Metallionen im Elektrolyten, von der Konzentration etwaiger mitpotentialbestimmender Ionen, und von der Stromdichte der kathodischen Abscheidung. Als weitere wichtige, die Überspannung bestimmenden Faktoren kommen die Temperatur und die Flüssigkeitsbewegung im Elektrolyten in Betracht. Gewöhnlich hängen diese verschiedenen Einflußgrößen außerdem noch mehr oder weniger voneinander ab. Die Wirkung eines einzelnen Faktors zu studieren, ohne daß eine Variation nicht zugleich einen oder mehrere der anderen Faktoren verändert, ist schwierig.

So bestimmt z. B. die Stromdichte J nicht nur unmittelbar den Grad der Übersättigung (vgl. S. 325), mit ihr ändern sich experimentell auch zugleich die Konzentration der abscheidbaren Ionen im kathodischen Diffusionsfilm, die Inhibition (und zwar primäre, wie u. U. auch sekundäre Inhibition), die auf Dichteunterschieden beruhende Bewegung der Flüssigkeit im Diffusionsfilm usw., und mit allen diesen Faktoren stets wieder die Polarisation oder Überspannung.

Wir wollen nun im folgenden untersuchen, in welchem Umfange unsere Formel für die Keimbildungsarbeit [(113), S. 350] bei Variation der verschiedenen Einflußgrößen die Ergebnisse der Erfahrung richtig wiedergibt und wo die Grenzen für ihre Anwendung liegen. Der gegenwärtige Stand der Forschung erlaubt freilich kaum mehr als eine qualitative Überprüfung der Zusammenhänge.

---

[1] s. S. 351, Fußn. 1.

2.22.1   Einfluß der Inhibition.

Mittlere und starke Inhibition. Wie bereits eingehend erörtert worden ist (vgl. S. 213), beeinflussen Inhibitoren in besonderem Maße die GALVANI-Spannung und sind oft Ursache starker Polarisation. Zur Inhibition fähig sind, wie ebenfalls ausgeführt, nicht bloß alle Elektrolytbestandteile, namentlich organische oder kolloide Substanzen, sondern auch Reaktionsprodukte der Elektrodenreaktionen, wie z. B. Wasserstoff oder hydrolytisch gebildete Metallhydroxyde (sekundäre Inhibition).

Ebenso tragen zur Inhibition bei: erhöhte Elektrolytkonzentration (im wesentlichen auf Inhibition mit erhöhter Anionenkonzentration zurückzuführen), Ansäuern (H_3O^+-Ionen und Anionen wirksam) oder Hinzufügen sog. Leitsalze (meist Alkalisalze starker Säuren).

Nach Gl. (109) bedeutet vergrößerte Polarisation verringerte Keimbildungsarbeit A_k. In gleichem Sinne wirkt aber auch ein Kleinerwerden der freien Oberflächenenergie, wie es bei stärkerer Belegung der Kristalloberfläche zu erwarten ist, zumal σ in der dritten Potenz steht.

Wie die Inhibitoren das Wachstum hemmen und die Keimbildung fördern, kann man an beliebig vielen Beispielen aus der Erfahrung zeigen (vgl. z. B. S. 356 u. 485). Bei sehr starker Belegung der Oberfläche mit Inhibitoren läßt sich die Inhibition außerdem noch auf eine lokale Stromdichteerhöhung (verkleinerte freie Oberfläche) oder auf eine Verarmung an potentialbestimmenden Kationen in den Poren des Adsorptionsfilms zurückführen. Beides fördert ebenfalls die Keimbildung.

Schwache Inhibition. Eine Tendenz zur Verringerung der Keimbildungsarbeit — gleichbedeutend mit erhöhter Kristallzahl und verringertem Kristalldurchmesser — ergibt sich allerdings nur bei mittlerer oder starker Inhibition. *Schwache* Inhibition verstärkt im Gegenteil die Wachstumstendenz, d. h., die Kristalle vergröbern unter diesen Bedingungen. Die Keimbildung ist beträchtlich gehemmt. Diese Tatsachen stehen aber durchaus nicht im Einklang mit Gl. (109).

Zunächst einige experimentelle Beispiele für diese, lange Zeit wenig beachteten, Zusammenhänge zwischen Inhibition und Keimbildung oder Korngröße bei schwacher Inhibition: Nach BANCROFT[1] vergröbert z. B. Formaldehyd das Kristallkorn von Kupferniederschlägen aus angesäuerter Kupfersulfatlösung. Ähnliches beobachteten SIEVERTS und WIPPELMANN[2]. Während die Autoren bei der Kupferabscheidung aus einer Lösung von 250 g/l $CuSO_2$ aq $+$ 0,14 n-H_2SO_4 bei 20° und $4 \cdot 10^{-2}$ A/cm² relativ kleine Kristalle erhielten, bewirkten Zusätze von $Na_2SO_4 \cdot 10\,H_2O$ (0,6 n) oder von $Al_2(SO_3)_3 \cdot 10\,H_2O$ (0,45 n) eine deutliche Vergröberung der Kristalle. Aus Untersuchungen von BUTTS und DE NORA[3] kann man für ähnliche Verhältnisse zahlenmäßige Angaben entnehmen. Beträgt z. B.

---

[1] BANCROFT, W. D.: Trans. Amer. Electrochem. Soc. **6**, 27, 33 (1904).

[2] SIEVERTS, A., u. W. WIPPELMANN: Z. anorg. Chem. **91**, 1 (1915).

[3] BUTTS, A., u. V. DE NORA: Trans. Electrochem. Soc. **79**, Preprint 3 (1941).

bei der Kupferabscheidung aus 2 n-$CuSO_4$-Lösung bei $3,35 \cdot 10^{-2}$ A/cm² und 20° C nach 4,5 A/h in Gegenwart von 0,1 n-H_2SO_4 die durchschnittliche Kristallzahl pro mm KZ = 60, so geht sie beim Erhöhen des H_2SO_4-Gehaltes auf 0,38 n-H_2SO_4 um fast ein Drittel, auf 43, zurück. Erhöht man z. B. bei 50° C und $7,5 \cdot 10^{-2}$ A/cm² im gleichen Elektrolyten den H_2SO_4-Gehalt von 0,38 n auf 1 n, so verringert sich die Kristallzahl von 71 auf 44.

Handelt es sich in den Beispielen von SIEVERTS und WIPPELMANN um das Zusammenwirken von Metallkationen, wie Na^+ und Al^{3+}, mit HSO_4^- als Inhibitoren, so betrifft es in den Beispielen von BUTTS und DE NORA das Zusammenwirken von H_3O^+ und HSO_4^-. Auf jeden Fall liegt hier, wie auch beim Formaldehyd, nur eine mäßige Inhibition vor, deren Wirkung mit den Erwartungen nicht im Einklang steht. Beim Zink, abgeschieden aus $ZnSO_4$-Lösung, verringert Resorcin, ähnlich wie beim Kupfer, die Kornzahl (BANCROFT[1]).

Die hier erwähnten organischen Inhibitoren haben eine nur schwache Wirkung auf die Überspannung. Stärker wirkende Inhibitoren verkleinern, wie andere Versuche der genannten Autoren zeigen, unter vergleichbaren Bedingungen, stets schon wieder den Korndurchmesser und vermehren die Kornzahl.

So vergrößert sich der Durchmesser von Kupferkristallen, abgeschieden aus $CuSO_4$-Lösung, bei zunehmender Ansäuerung mit H_2SO_4 zunächst in der bereits oben erwähnten Weise. Nach Erreichen eines Maximums nimmt der Durchmesser jedoch mit weiterem Ansäuern wieder ab. KISTJAKOWSKI, BAJMAKOW und KROTOW[2] fanden vergröberte Kristalle bis 2,5 n-H_2SO_4. Oberhalb 2,5 n-H_2SO_4 werden die Kupferkristalle mit weiter erhöhter Säurekonzentration zusehends kleiner, die Kornzahl erhöht sich. Wie die Untersuchungen von FOERSTER und GÄBLER[3] gezeigt haben, nimmt die Überspannung der Kupferabscheidung im Bereich von 0,1 bis 3 n-H_2SO_4 deutlich (wenn auch mäßig) zu.

Noch auffälliger als beim inhibierenden Wasserstoffion ist der Effekt bei Inhibition mit organischen Kationen. Vergrößert z. B. Monomethylamin ($7 \cdot 10^{-2}$ mol/l) noch den Durchmesser von basisorientierten Kupferkristallen, abgeschieden im kompakten Niederschlag aus n-schwefelsaurer n-$CuSO_4$-Lösung bei $1 \cdot 10^{-2}$ A/cm² und 20° C, so verringert sich der Korndurchmesser bereits bei Anwendung der äquivalenten Menge Dimethylamin an Stelle von Monomethylamin. Mit Trimethylamin oder Tetramethylammoniumhydroxyd wird das Korn weiter verfeinert und die Kornzahl vergrößert. Die Inhibitorwirkung der betreffenden Alkylammoniumionen nimmt, wie entsprechendes Anwachsen der Metallüberspannung zeigt, mit fortschreitender Substitution des Ammoniumions zu (H. FISCHER und GOESCH[4]). Auch hier erhöhen die Inhibitoren die Überspannung selbst in dem Konzentrationsbereich, in dem die Keimzahl noch abnimmt.

Die bemerkenswerte Umkehr der Inhibition wird aus Abb. 148 bis 151 deutlich, die Mikroaufnahmen von Querschliffen durch Kupferniederschläge zeigen (nach H. FISCHER und MATSCHKE[5,6]).

Es handelt sich um die Einwirkung des (relativ schwachen) Inhibitors Glykokoll auf das Gefüge der Kupferabscheidung aus n-schwefelsaurer n-$CuSO_4$-Lösung bei 25° C und $2 \cdot 10^{-2}$ A/cm² nach 10 A/h. Abb. 148

---

[1] s. S. 353. Fußn. 1.   [2] KISTJAKOWSKI. W. A., J. W. BAJMAKOW und J. W. KROTOW: Bull. Acad. Soc. USSR 277 (1929).

[3] s. S. 255. Fußn. 3   [4] s. S. 259, Fußn. 2.

[5] FISCHER, H.: Z. Elektrochem. **54**, 459 (1950). — H. MATSCHKE: Dipl.-Arbeit Techn. Univ. Berlin-Charlottenburg 1949.

[6] N bedeutet Niederschlag, Z Zwischenschicht, S Substrat.

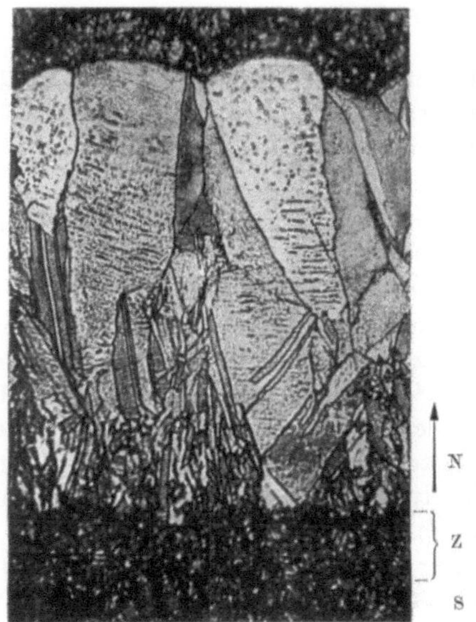

Abb. 148. Querschliff durch einen Kupferniederschlag, abgeschieden aus saurer CuSO₄-
Lösung. (Nach H. FISCHER und MATSCHKE,
s. S. 354, Fußn. 5.) Vergr. = 600fach.

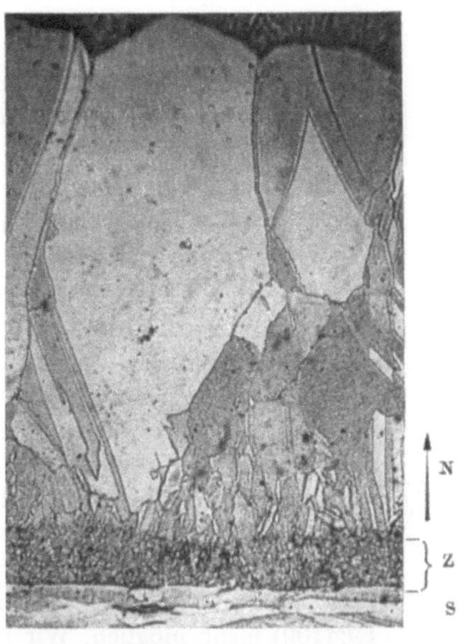

Abb. 149. Querschliff durch einen Kupferniederschlag, abgeschieden wie in Abb. 148,
jedoch in Gegenwart von $1 \cdot 10^{-4}$ mol/l
Glykokoll. (Nach H. FISCHER und MATSCHKE,
s. S. 354, Fußn. 5.) Vergr. = 600fach.

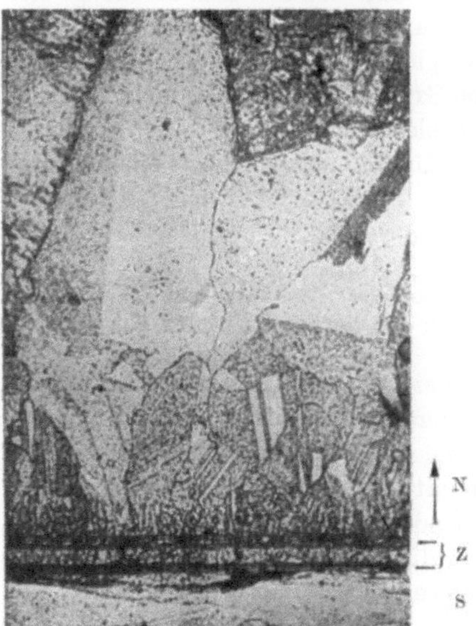

Abb. 150. Querschliff durch einen Kupferniederschlag, abgeschieden wie in Abb. 148,
jedoch in Gegenwart von $5 \cdot 10^{-4}$ mol/l
Glykokoll. (Nach H. FISCHER und MATSCHKE,
s. S. 354, Fußn. 5.) Vergr. = 600fach.

Abb. 151. Querschliff durch einen Kupferniederschlag, abgeschieden wie in Abb. 148,
jedoch in Gegenwart von $5 \cdot 10^{-4}$ mol/l
Glykokoll. (Nach H. FISCHER und MATSCHKE,
s. S. 354, Fußn. 5). Vergr. = 600fach.

23*

zeigt den Niederschlag, abgeschieden bei Abwesenheit von Glykokoll, Abb. 149 abgeschieden in Gegenwart von $1 \cdot 10^{-4}$ mol/l Glykokoll, Abb. 150 abgeschieden bei $5 \cdot 10^{-4}$ mol/l und schließlich Abb. 151 bei $5 \cdot 10^{-3}$ mol/l Glykokoll.

Die Oberfläche der Schliffe wurde elektrolytisch poliert und anschließend in alkoholischer Salpetersäure geätzt (Vergrößerung 1 : 600).

Ein Vergleich der Abbildungen (oberes Drittel) zeigt deutlich, wie stark ein Zusatz von nur $1 \cdot 10^{-4}$ mol/l Glykokoll den Durchmesser der Kristallite vergrößert und die Kornzahl entsprechend verkleinert. Eine Erhöhung des Zusatzes auf $5 \cdot 10^{-4}$ oder gar $5 \cdot 10^{-3}$ mol/l Glykokoll bewirkt, wie zu erwarten, bei zunehmender Kornzahl eine Abnahme des Kristalldurchmessers. Bei weitererem Vergrößern der Inhibition (z. B. Zusatz von $5 \cdot 10^{-2}$ mol/l Glykokoll) verringert sich die Korngröße noch weiter und die Kornzahl nimmt zu.

Eine Deutung des merkwürdigen Unterschiedes in der Wirkung von schwacher und starker Inhibition auf die Kornzahl ist, wie gesagt, mit Gl. (109) nicht möglich. Wir finden aber die Erklärung, wenn wir uns daran erinnern, daß diese thermodynamisch abgeleitete Formel nur für die Bildung *drei*dimensionaler Keime gilt. Eine Bildung dreidimensionaler Keime verlangt eine relativ hohe Aktivierungsenergie, die offenbar bei schwacher Inhibition noch nicht zustande kommt. Man überzeugt sich davon leicht, wenn man die Bildungsarbeiten für ein-, zwei- und dreidimensionale Keime miteinander vergleicht, die nach der *molekularen* Theorie des Kristallwachstums von STRANSKI[1], d. h. also nicht thermodynamisch, sondern statistisch, abgeleitet sind.

Die Arbeit zur Bildung eines *ein*dimensionalen Keimes einer Atomkette beträgt

$$_1A_k = \sum (\varphi_i - \bar{\varphi}_a), \tag{114}$$

wobei

φ_i die Abtrennungsarbeit an der Ecke einer Atomkette und

$\bar{\varphi}_a$ die mittlere Abtrennungsarbeit an der Fläche des großen Kristalls bedeuten.

Stellt man sich das Wachstum einer einzelnen Atomkette schematisch vor (vgl. Abb. 152), so wird bei *schwacher* Inhibition offenbar nur das Anfangsatom der Kette blockiert; die übrigen Atome der Kette und vor allem die Fläche werden noch nicht mit Inhibitoren belegt. Die Inhibition verzögert das Entstehen neuer eindimensionaler Keime. Bis einmal eine neue Atomkette entsteht, muß die erste weiterwachsen. Die Länge der Atomkette a wird also bei schwacher Inhibition große Werte annehmen.

Bei schwacher Inhibition muß die Abtrennungsarbeit φ_i an dem blockierten Eckenatom erheblich größer werden. Hingegen bleibt die

---

[1] STRANSKI, J. N.: Naturwiss. **37**, 289, 292 (1950).

mittlere Abtrennungsarbeit $\bar{\varphi}_a$ auf der Fläche des großen Kristalls unverändert. Nach Gl. (114) muß daher die Bildungsarbeit des *ein*dimensionalen Keimes bei schwacher Inhibition merklich· zunehmen.

Wird aber die Inhibition erheblich verstärkt, so blockieren die Inhibitoren auch noch weitere Atome der Kette. Das Kettenwachstum wird daher vorzeitig abbrechen. Außerdem werden auch Flächenatome blockiert. Damit erhöht sich die mittlere Abtrennungsarbeit $\bar{\varphi}_a$ auf den Flächen, während die einmal erhöhte Abtrennungsarbeit φ_i nahezu unverändert bleibt. So wird die Differenz $\varphi_i - \bar{\varphi}_a$ kleiner als zuvor; entsprechend muß die Keimbildungsarbeit $_1A_K$ jetzt abnehmen. Die Länge a der einzelnen Atomketten fällt also in diesem Stadium zunehmender Inhibition

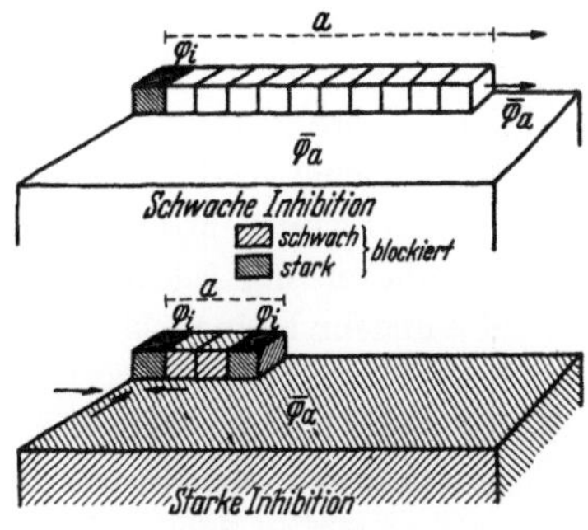

Abb. 152. Schema der Bildung eindimensionaler Keime bei schwacher und bei starker Inhibition.
(Nach H. FISCHER, s. S. 348, Fußn. 2.)

geringer aus. Die Arbeit zur Bildung eindimensionaler Keime geht somit bei steigender (aber mäßiger) Inhibition durch ein Maximum.

Das Anfangsatom dürfte in der Weise blockiert werden, daß sich der Fremdstoff die günstigsten Anlagerungsbedingungen wählt. Er findet sie vermutlich in der Hohlkante zwischen Anfangsatom und Unterlage. Belegt der Inhibitor diese Stelle, so verhindert er damit dort die Bildung eines neuen Kettenkeimes.

Eindimensionale Keime können sich nach BURTON und CABRERA[1] in Realkristallen verhältnismäßig leicht bilden, denn die Netzebenenkanten rauhen sich für gewöhnlich infolge thermischen Platzwechsels so stark auf, daß sich längs der Kante etwa alle drei bis fünf Atomabstände eine Wachstumsstelle (Halb-Kristall-Lage) befindet (vgl. auch S. 338). Schwache Inhibition blockiert aber offenbar manche dieser Ansatzpunkte für eine neue Atomkette, so daß eindimensionale Keime weniger leicht und weniger häufig entstehen werden.

Im Falle eines *zwei*dimensionalen Keimes, der beim Anlegen einer neuen Netzebene im Falle des *idealen* Kristalls gefordert wird (vgl. auch später S. 359), gilt für die Keimbildungsarbeit die Formel

$$_2A_K = 2a\varrho + 4\eta. \tag{115}$$

Darin bedeuten

ϱ die spezifische Randenergie,
η die spezifische Randeckenenergie und
a die Kante des quadratischen Flächenkeimes.

Schwache Inhibition setzt zunächst nur die Randeckenenergie herab. Da sich gleichzeitig die Arbeit zur Bildung eindimensionaler Keime

---

[1] s. S. 124, Fußn. 1.

erhöht und deshalb auch die Keimkante a erheblich in die Länge wächst (was in der Formel für die Arbeit zur Bildung des zweidimensionalen Keimes mehr ins Gewicht fallen dürfte als die Verringerung von η), so wird die Keimbildungsarbeit $_2A_K$ bei *schwacher* Inhibition ebenfalls zunehmen. Bei der bedeutenden Verlängerung der Kante a besteht relativ geringe Wahrscheinlichkeit für das Entstehen zweidimensionaler Keime (während sich eindimensionale Keime eher bilden können). Der Kristall wächst in die Breite (tangentiales Wachstum) zuungunsten des Höhenwachstums. Mit steigender Inhibition nimmt aber, wie erwähnt, die Häufigkeit der Bildung eindimensionaler Keime zu, die Keimkante a wird nunmehr kleiner. Mit zunehmender Fremdstoffbelegung verkleinert sich auch die Randenergie ϱ. So muß mit verstärkter Inhibition die Arbeit zur Bildung zweidimensionaler Keime durch ein Maximum gehen.

Betrachtet man die Möglichkeiten zur Bildung dreidimensionaler Keime, so ergibt sich nach der molekularen Theorie des Kristallwachstums folgende Formel für die Keimbildungsarbeit:

$$_3A_K = 2a^2\sigma + 8a\varkappa + 8\varepsilon. \tag{116}$$

σ spezifische Oberflächenenergie,
$\varkappa$ spezifische Randenergie,
ε spezifische Eckenenergie

Bei schwacher Inhibition verkleinert sich zunächst die Eckenenergie ε. Da dabei die Länge der Keimkante a zunimmt und a in der Formel für die Bildungsarbeit $_3A_K$ im Quadrat steht, muß $_3A_K$ bei schwacher Inhibition erheblich zunehmen. Sicherlich werden unter diesen Bedingungen keine dreidimensionalen Keime, vielmehr vorzugsweise eindimensionale, selten zweidimensionale entstehen. Das bedeutet Weiterwachsen der Kristalle zu großen Gebilden.

Wird indes mit steigender Inhibition die Arbeit zur Bildung eindimensionaler Keime geringer, so nimmt a ab; es verringert sich außerdem die Randenergie $\varkappa$, und schließlich, bei fortschreitender Belegung der Oberfläche muß auch die Oberflächenenergie σ abnehmen. Bedeutend verstärkte Inhibition setzt also die Arbeit zur Bildung dreidimensionaler Keime herab.

Im ganzen gesehen muß demnach schwache Inhibition unter Verminderung der Keimzahl kristallvergröbernd wirken; mittlere und starke Inhibition läßt jedoch viele kleine Kristalle entstehen. Theorie und Experiment stehen gut miteinander im Einklang.

Bei geringer Inhibition reicht die Aktivierungsenergie hauptsächlich nur zur Bildung der leicht aktivierbaren eindimensionalen Keime aus. Die Keimbildung erweist sich nicht als potentialbestimmend, vielmehr beobachtet man unter stationären Bedingungen überwiegend die lineare Strom-Spannung-Beziehung (vgl. S. 130). GARDAM[1] konnte zeigen, daß

---

[1] GARDAM, G. E.: Trans. Faraday Soc.: Electrode Processes **1947**, 182.

diese lineare Beziehung, wie sie ERDEY-GRUZ, VOLMER und andere fanden, tatsächlich mit einer Vergröberung der Kristalle, also mit erhöhter Arbeit zur Bildung dreidimensionaler Keime parallel geht.

Hingegen verknüpft sich offenbar die halblogarithmische Beziehung $\Delta g \sim \log J$ mit verkleinertem Korn bei mittlerer oder starker Inhibition. Unter diesen Umständen scheint — namentlich bei starker Inhibition — auch die Bildung dreidimensionaler Keime das Potential gelegentlich bestimmen zu können.

In welchem Umfange überhaupt zweidimensionale Keime beim Realkristall entstehen, ist noch nicht genügend geklärt. Jedenfalls verlangen sie eine weit höhere Aktivierungsenergie als eindimensionale Keime. Nach KNACKE und STRANSKI[1] ist mit ihrer Bildung am ehesten auf den niedrig indizierten Flächen der Gleichgewichtsform zu rechnen, wie sie die molekulare Theorie des Kristallwachstums voraussagt (vgl. S. 339). Auf höher indizierten „Nichtgleichgewichtsflächen" mit ihrer atomaren Rauhigkeit werden sie unnötig. Durch submikroskopische Hohlkanten, Gitterbaufehler, namentlich Versetzungen, wird ihre Bildung weiterhin erleichtert oder ganz überflüssig (STRANSKI[2], STRANSKI und HONIGMANN[3]). Allerdings beziehen sich die bisherigen Beobachtungen auf nichtelektrolytische Kristallisation. Das schichtweise Wachsen, das man bei der Elektrolyse beobachtet (ERDEY-GRUZ und VOLMER[4], KOHLSCHÜTTER und TORRICELLI[5]), bereitet der Auffassung vom Fehlen einer Bildung von zweidimensionalen Keimen noch Schwierigkeiten.

2.22.2   Einfluß der Konzentration an abscheidbaren Metallionen.

Neben der Inhibition bestimmt erfahrungsgemäß die Konzentration der potentialbestimmenden, abscheidbaren Metallkationen im Kathodenfilm ganz wesentlich die Häufigkeit der Keimbildung und das weitere Wachstum der kathodisch gebildeten Metallkristalle. Verringert man die Konzentration der Metallionen im Elektrolyten (gedacht ist zunächst an die Lösung eines einfachen Metallsalzes), so wird der Diffusionsfilm an der Kathode bei mittlerer oder hoher Stromdichte eher an den abscheidbaren Metallkationen verarmen als bei hoher Metallionen-Konzentration des Elektrolyten. Eine merklich verminderte Konzentration der Metallionen im Kathodenfilm ruft verschiedene Wirkungen hervor, von denen jede ihrerseits den Kristallisationsvorgang beeinflussen kann. Als Haupteinfluß der Konzentrationsabnahme wird sich eine

---

[1] KNACKE, O., u. J. N. STRANSKI: Die Theorie des Kristallwachstums. Ergebn. exakt. Naturwiss. Bd. 26, S. 383. Berlin, Göttingen, Heidelberg 1952.

[2] s. S. 356, Fußn. 1 .

[3] STRANSKI, J. N., u. B. HONIGMANN: Naturw. 35, 156 (1948); Z. phys. Chem. 194, 108 (1950).

[4] ERDEY-GRUZ, T., u. M. VOLMER: Z. phys. Chem. (A) 157, 165 (1931).

[5] KOHLSCHÜTTER, V., u. A. TORRICELLI: Z. Elektrochem. 38, 213 (1932).

mehr oder minder große Konzentrationspolarisation einstellen. Damit
geht die Wirkung verminderter Konzentration wieder auf den schon
(auf S. 351) besprochenen Polarisationseinfluß zurück. Erhöhte Konzentrationspolarisation fördert somit die Keimbildung und hemmt das
Wachstum.

In der Tat stimmt dies auch mit der Erfahrung überein. Vermindert
man z. B. die Konzentration einer Silbernitratlösung, so nimmt die
Zahl der Kristallkeime, bei der kathodischen Abscheidung von Silber entstehend, deutlich zu (ROSA, VINAL und McDANIEL[1]). Abb. 153 zeigt einen
entsprechenden Rückgang des Kristalldurchmessers mit der Verdünnung
einer $AgNO_3$-Lösung (+0,1 n-HNO_3) nach H. FISCHER und HEILING[2, 3].

Abb 154 gibt Häufigkeitskurven für die Zahl der Silberkristalle wieder, die
nach Untersuchungen von VAHRAMIAN und ALEMIAN[4] aus verschieden konzentrierten $AgNO_3$-Lösungen bei 18 °C
mit konstanter Spannung an Platin abgeschieden wurden. Auf der
Ordinate sind die Wahrscheinlich-

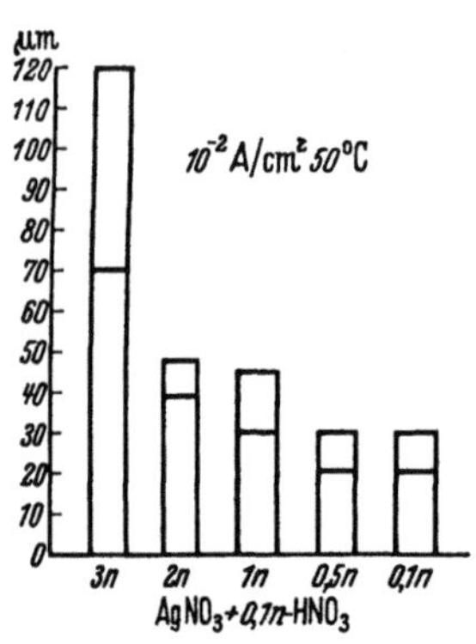

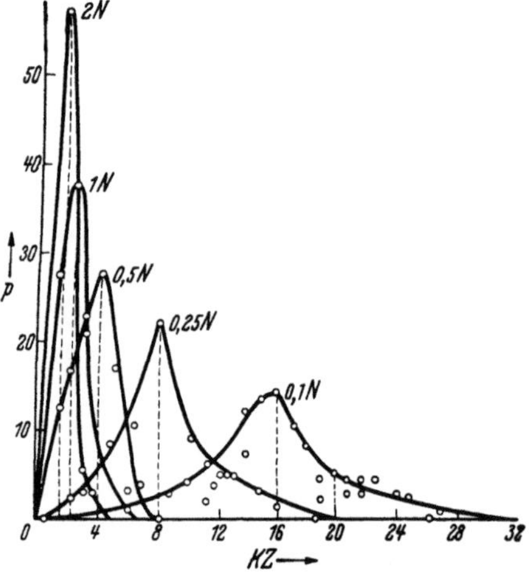

Abb. 153. Änderung des Korndurchmessers mit der $AgNO_3$-Konzentration.
(Nach H. FISCHER und HEILING[2]).

Abb. 154. Einfluß der $AgNO_3$-Konzentration auf die
Kristallzahl.
(Nach VAHRAMIAN und ALEMIAN[4]).

keiten p für die Bildung der Kristallisationszentren und auf der Abszisse die
Zahl der beobachteten Kristallisationszentren aufgetragen. Die wahrscheinlichste
Anzahl der sich bildenden Kristallisationszentren ist der Elektrolytkonzentra-
tion umgekehrt proportional. Diese Abhängigkeit kann durch die einfache
Beziehung

$$c \cdot n_m = \text{konst.} \tag{117}$$

ausgedrückt werden. Darin bedeuten c die Elektrolytkonzentration und n_m die
wahrscheinlichste Anzahl der Kristallisationszentren.

[1] ROSA, E. B., G. B. VINAL u. A. S. McDANIEL: Bull. Bur. Stand., Wash. 9,
151, 209, 493 (1912).
[2] FISCHER, H., u. H. F. HEILING: Trans. Inst. Met. Finishing 31, Advance
Copy 7 (1954).
[3] HEILING, H.: Dissert. Techn. Univ. Berlin-Charlottenburg 1952.
[4] VAHRAMIAN, A. T., u. S. A. ALEMIAN: J. phys. Chem. (russ.) 9 (1937).

Konzentrationspolarisation ist aber nicht die einzige Wirkung einer Verarmung an potentialbestimmenden Kationen im Kathodenfilm. Verarmung kann noch einige Nebenwirkungen hervorrufen, die den Einfluß der Konzentrationspolarisation auf die Keimbildung teils unterstützen, teils aber auch abschwächen.

Verdünnte Schwermetallsalzlösungen neigen zu verstärkter Hydrolyse; daher kommt es beim Verdünnen eher zu sekundärer Inhibition, gewöhnlich von hydrolytisch gebildetem kolloidem Metallhydroxyd ausgehend. Starke Inhibition kann die Keimbildung verstärken, schwache Inhibition kann sie aber auch verringern, wie wir bereits gesehen haben. Bei verringerter Konzentration der potentialbestimmenden Kationen im Kathodenfilm kann auch mit geringerer Stromdichte bereits ein Grenzstromdichtebereich erreicht werden. In der Mehrzahl der Fälle bedeutet dies Mitabscheidung von Wasserstoff, und damit ebenfalls eine Inhibition, verbunden mit der verstärkten Wirkung von inhibierenden Hydrolyseprodukten. Andererseits fördern die an der Kathode aufsteigenden Gasblasen die Konvektion, indem sie den Diffusionsfilm durchmischen.

Bei dem erwähnten Beispiel der Silberabscheidung aus Silbernitratlösung prägen sich diese Nebenwirkungen der Kationenverarmung kaum aus, denn $AgNO_3$-Lösungen neigen relativ wenig zur Hydrolyse, und die Stromausbeute an Silber beträgt auch in ziemlich verdünntem Elektrolyten noch praktisch 100%. Wesentlich deutlicher können die Nebenwirkungen aber werden, wenn sich unedlere Metalle aus leichter hydrolysierbaren Lösungen abscheiden.

Einem Rückgang der Kationenkonzentration im Kathodenfilm kann man in gewissem Umfange entgegenwirken, indem man den Nachschub an abscheidbaren Ionen beschleunigt. Hierher gehören erhöhte Wanderungsgeschwindigkeit und Diffusionsgeschwindigkeit der Ionen und gesteigerte Konvektion. So läßt sich der Einfluß verringerter Viskosität des Elektrolyten, erhöhter Temperatur, verstärkter Rührgeschwindigkeit usw. wieder auf den Konzentrationseffekt zurückführen.

Die Aktivität der potentialbestimmenden Ionen kann man einmal verringern, indem man lediglich die Konzentration der Elektrolyte verringert, zum anderen auch durch den Zusatz eines teilweisen gleichionigen Salzes oder durch Komplexbildung. Wenngleich man mit verringerter Konzentration wie durch Salzzusatz zu der gleichen Metallionen-Konzentration gelangen kann, wird die Wirkung beider Verfahren auf die Abscheidungsform des Metallniederschlages dennoch verschieden sein. Sehen wir von (gewöhnlich besonders deutlichen) Unterschieden in Gestalt und Orientierung der Kristalle ab — die später zu behandeln sind — und beschränken uns auf die Frage der Keimbildung, so wird durch den Zusatz gleicher Ionen (meist in Form von Säure mit den gleichen Anionen) die Möglichkeit einer zusätzlichen Inhibition geschaffen. Andererseits kann der Zusatz die Hydrolyse im Kathodenfilm auch verzögern oder unterdrücken. Auf jeden Fall wird sich trotz etwa gleicher Metallionen-Konzentration im Kathodenfilm in beiden Fällen nicht die gleiche Wirkung auf die Keimbildung einstellen. Da bei Salzzusatz (Salz des abscheidbaren Metalles) stets eine Salzreserve im Kathodenfilm vorhanden ist, wird die Grenzstromdichte höher liegen als im Falle einer bloßen Verdünnung, was wiederum die Mitabscheidung von inhibierendem Wasserstoff oder die Hydrolyse im Kathodenfilm zu höheren Stromdichten hinausschiebt. Der Einfluß der Metallionen-Konzentration läßt sich also in diesem Fall schwer übersehen. Erfahrungsgemäß überwiegt auch hier meist die Tendenz eines Anwachsens der Keimzahl mit verringerter Metallionen-Konzentration.

Viel stärker als durch Verdünnen oder durch Verringern der Dissoziation läßt sich die Metallionen-Konzentration im Komplex herabdrücken. Die Konzentration an freien Metallionen in den Lösungen anorganischer Komplexverbindungen schwankt größenordnungsmäßig zwischen 10^{-8} bis 10^{-30} n. In der Tat nimmt die Zahl der Keime bei Abscheidung aus solchen Lösungen enorm zu. Allerdings ist ein bloßer Rückgang der Metallionen-Konzentration auf analytisch kaum erfaßbare Spuren sicher nicht die einzige Ursache der außerordentlichen Zunahme der Keimzahl. Einen solchen Effekt überlagern starke Inhibitionswirkungen, die die Keimbildungstendenz auf jeden Fall verstärken. Vor allem gilt aber in den Lösungen starker Komplexverbindungen meist ein anderer kathodischer Abscheidungsmechanismus (vgl. S. 169), für den andere Zusammenhänge mit der Keimbildung bestehen können.

2.22.3   Einfluß der Stromdichte.

Mit höherer Stromdichte verfeinert sich gewöhnlich das Korn des abgeschiedenen Metalls. Man kann diese Erscheinung auf verstärkte Polarisation, von der erhöhten Stromdichte hervorgerufen, vor allem auf Konzentrationspolarisation zurückführen. Mit der Stromdichteerhöhung ändern sich aber außer der Konzentration an abscheidbaren Metallionen u. U. noch die Wirkung der Inhibitoren (Verstärkung der primären und gegebenenfalls sekundären Inhibition) und die Flüssigkeitsbewegung im kathodischen Diffusionsfilm. Durch passende Wahl der Versuchsbedingungen kann man die gleichzeitige Änderung aller dieser Faktoren gering halten.

So läßt sich die Stromdichtewirkung ziemlich unbeeinflußt von der Inhibition erhalten, wenn man ein wenig inhibitorempfindliches Metall, wie Blei oder Silber, in einer nicht sehr verdünnten neutralen Lösung eines einfachen Salzes wählt. Beträgt die Stromausbeute praktisch 100% (fehlende Mitabscheidung von Wasserstoff), und neigt der Elektrolyt nur wenig zur Hydrolyse, so ist die sekundäre Inhibition zu vernachlässigen.

Die Flüssigkeitsbewegung im Kathodenfilm rührt, wie erwähnt (S. 97), von Unterschieden des Diffusionsfilms und des übrigen Elektrolyten in der Dichte her. Salze mit schweren Kationen, wie Ag^+ oder Pb^{2+}, zeigen diese Erscheinungen u. U. deutlich. Unterstützt wird sie bei unedlen Metallen noch durch die gleichzeitige Entwicklung von Wasserstoff an der Kathode. Durch Wahl eines konzentrierten Elektrolyten[1] unter Vermeidung der Mitabscheidung von Wasserstoff kann man diese Strömung im Diffusionsfilm verkleinern. Will man jedoch die Verarmung an abscheidbaren Kationen, hervorgerufen durch erhöhte Stromdichte, etwas ausgleichen, so wird man die Flüssigkeitsbewegung außerhalb des Diffusionsfilms eher zu verstärken suchen.

Im Bereich geringer Stromdichten, noch ohne wesentlichen Einfluß auf die Konzentration der abscheidbaren Metallionen im Kathodenfilm, wird die Polarisation gering bleiben, wenn zugleich andere polarisationsfördernde Faktoren, wie z. B. Inhibition, ebenfalls klein gehalten werden.

Unter diesen Bedingungen kann ein (mäßiges) Erhöhen der Stromdichte J_K als bloße Zunahme

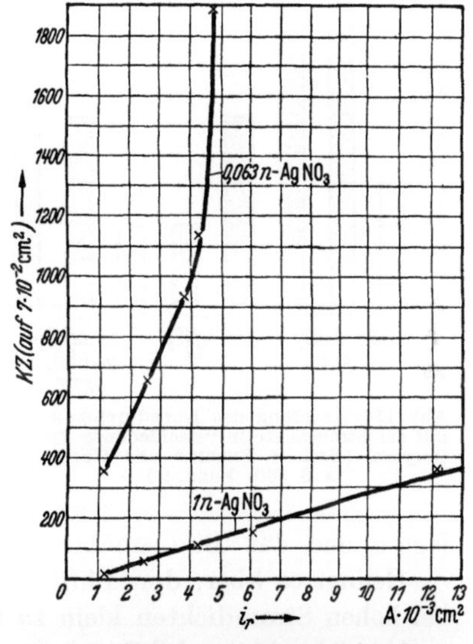

Abb. 155. Lineare Beziehung zwischen Stromdichte und Keimzahl.
(Nach H. Fischer, s. S. 348, Fußn. 2.)

der Übersättigung aufgefaßt werden. Allgemein sollte unter diesen Bedingungen auch die Keimbildungsarbeit A_k abnehmen.

Wie sich für die Abscheidung von Silber aus Silbernitratlösung zeigt, gilt hier zwischen Stromdichte und Zahl der Kristallisationszentren (KZ) eine lineare Beziehung. In Abb. 155 sind Versuchsergebnisse von Aten und Boerlage[2], erhalten für die Abscheidung von Silber aus verschieden konzentrierter Silbernitratlösung, ausgewertet. Bei der niederen Ag^+-Konzentration erkennt man bereits den Einfluß höherer Stromdichte auf die Konzentrationspolarisation. Die Kurve verläuft unter diesen Bedingungen nicht mehr linear, sondern steigt der Konzentrationspolarisation entsprechend weit stärker an.

---

[1] Zusatz eines indifferenten Elektrolyten (z. B. Alkalisalz) kann zwar die Strömungen ebenfalls nahezu beseitigen, doch erhöht man damit die Inhibition.

[2] Aten, A. H. W., u. L. M. Boerlage: Rec. Trav. chim. Pays-Bas **39**, 720 (1920).

Die Realität dieser Zusammenhänge zwischen Stromdichte und Keimzahl auf der einen Seite und Stromdichte und Überspannung auf der anderen Seite wird noch dadurch unterstrichen, daß ERDEY-GRUZ und VOLMER[1] für den Fall der Silberabscheidung aus $AgNO_3$-Lösungen ebenfalls die lineare Beziehung zwischen Δg und J gefunden haben[2].

Im Bereiche höherer Stromdichten hat man aber nicht bloß den Einfluß der wachsenden Konzentrationspolarisation, der A_K vermindert, sondern auch eine entgegengesetzte Wirkung zunehmender Oberflächenenergie σ zu beachten. Lassen kleine Stromdichten die Oberflächenenergie noch unverändert, so werden hohe Stromdichten σ erhöhen, womit A_K entsprechend zunehmen muß. Beide Einflüsse auf die Keimbildungsarbeit, der vergrößernde, wie der verkleinernde, werden sich unter diesen Bedingungen überlagern und das Bild unübersichtlich machen.

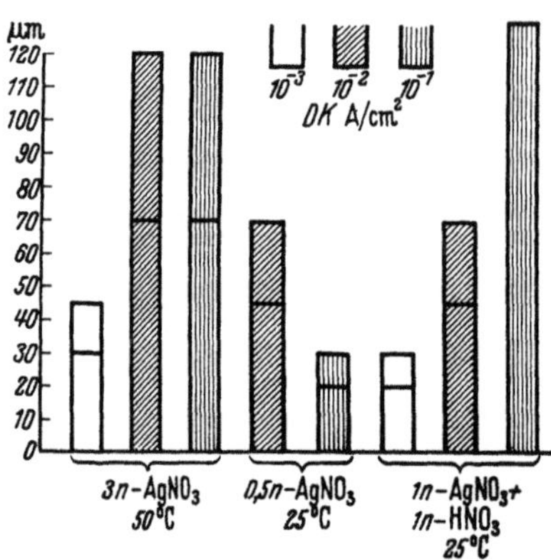

Abb. 156. Änderung des Korndurchmessers mit der Stromdichte in verschiedenen Elektrolyten. (Nach H. FISCHER und HEILING, s. S. 360, Fußn. 2.)

Gelingt es aber, den Einfluß der Konzentrationspolarisation auch bei hohen Stromdichten klein zu halten, so sollte sich — wieder vernachlässigbar kleine Inhibition vorausgesetzt — der gegensätzliche Einfluß einer Erhöhung von σ bemerkbar machen.

Das ist offenbar der Fall, wenn man durch erhöhte Temperatur wesentliche Konzentrationsunterschiede mit Hilfe der Konvektion ausgleicht. Man kann dies z. B. an der Zunahme der mittleren Korngröße, die sich parallel mit der Keimbildungsarbeit ändert, nachweisen. Abb. 156 (links) läßt (nach H. FISCHER[3] und HEILING[3]) ein Gröberwerden des Kornes bei der Abscheidung von Silber aus 3 n-$AgNO_3$-Lösung bei 50° C erkennen, wenn man die Stromdichte von 10^{-3} A/cm² auf 10^{-2} A/cm² steigert. Bei Stromdichteerhöhung um eine weitere Größenordnung nimmt die Korngröße allerdings nicht mehr weiter zu. Hier

---

[1] s. S. 359, Fußn. 4.

[2] Die Beziehung $\Delta g \sim J$ gilt für *stationäre* Strom-Spannung-Kurven. In *Ankling*-Strom-Spannung-Kurven, d. h. in sehr kleinen Zeiten unmittelbar nach Stromschluß ($t \leq 10^{-3}$ sek), können andere Beziehungen gelten (vgl. S. **134 ff.**). In diesen extrem kurzen Zeiten kann man die Oberfläche noch als nahezu konstant ansehen; zum mindesten sollten sich in solchen Zeiten praktisch keine neuen dreidimensionalen Keime bilden. Jedenfalls wäre hier A_K viel größer als im stationären Falle.

[3] s. S. 360, Fußn. 2.

läßt sich eine Überlagerung des Einflusses der Konzentrationspolarisation nicht mehr ganz ausschalten.

Umgekehrt zeigt Abb. 156 (Mitte) die entgegengesetzte Tendenz bei Zimmertemperatur und geringer $AgNO_3$-Konzentration. Hier verkleinert sich der Korndurchmesser deutlich mit erhöhter Stromdichte.

Bei sehr geringen Stromdichten, d. h. also sehr geringer Übersättigung, wird die Bildungsarbeit für dreidimensionale Keime so groß ausfallen, daß praktisch keine neuen Kristallkeime entstehen werden. Immerhin reicht die Aktivierungsenergie noch zur Bildung eindimensionaler, selten vielleicht auch zweidimensionaler Keime aus. Nach der Formel für die Bildungsarbeit eindimensionaler Keime (114) kann $_1A_K$ selbst dann noch endliche Werte annehmen, wenn die Stromdichte sehr klein ist (im Grenzfall Austauschstromdichte, vgl. S. 6). Es werden sehr lange Atomketten entstehen, das Wachstum wird wesentlich in tangentialer Richtung bevorzugt sein. Zwei- oder dreidimensionale Keime können sich unter diesen Bedingungen nicht bilden.

Andere Verhältnisse liegen vor, wenn die Inhibition nicht, wie bisher angenommen, vernachlässigt werden kann. Bei schwacher Inhibition kann die Bildungsarbeit für dreidimensionale Keime und entsprechend die Korngröße trotz Konzentrationspolarisation mit steigender Stromdichte beträchtlich zunehmen. Dies zeigt z. B. (nach H. FISCHER und HEILING[1]) Abb. 156 (rechts) für die Silberabscheidung aus einer $AgNO_3$-Lösung, die mit 1 n-HNO_3 *angesäuert* ist (bis 25° C). Die (schwache) Inhibition stammt von den H^+-Ionen des Elektrolyten. Sie nimmt mit steigender Stromdichte zu. Hier kommen wir wieder nicht mehr mit der thermodynamisch abgeleiteten Formel für die Arbeit zur Bildung dreidimensionaler Keime aus; statt dessen verwenden wir die statistisch abgeleiteten Beziehungen für die verschiedenen Arten von A_K (vgl. S. 356 ff.).

Die schwache Inhibition erhöht offenbar die Abtrennarbeit φ_i an den Atomketten, wodurch lange Ketten entstehen. $\bar{\varphi}_a$ bleibt unverändert, so daß $_1A_K$ größer wird. Noch größer werden aber $_2A_K$ [Gl. (115), S. 357] infolge der Vergrößerung von a und vor allem $_3A_K$ [Gl. (116), S. 358], da hier das Quadrat von a in die Formel eingeht. So wird auch hier die tangentiale Wachstumsrichtung bevorzugt, was unter günstigen Bedingungen eine Reproduktion der Unterlage ermöglicht (vgl. S. 451).

Ähnliche Beobachtungen hat ELZE[2] bei der kathodischen Abscheidung von Nickel aus Sulfatlösungen gemacht, wo offenbar schwache sekundäre Inhibition durch positiv geladenes Kolloid (kolloidales Nickelhydroxyd) die Rolle der H^+-Ionen des vorigen Beispiels übernimmt. Auch in diesem Falle nimmt der Kristalldurchmesser mit steigender Stromdichte zu.

---

[1] s. S. 360, Fußn. 2.

[2] ELZE, J.: Dissert. Techn. Univ. Berlin-Charlottenburg 1952.

Daß *starke* Inhibition auch bei Stromdichteerhöhung wieder in umgekehrter Richtung, also korn*verkleinernd*, wirkt, braucht nach dem früher Gesagten wohl nicht besonders unterstrichen zu werden.

2.23.4 Einfluß der Temperatur.

Nach Gl. (94), S. 327, sollte die Arbeit zur Bildung dreidimensionaler Keime mit steigender Temperatur kleiner werden. Nur selten wird dieser Effekt im Experiment beobachtet. Offenbar liegt dies an den mannigfachen Nebenwirkungen, die eine Temperatursteigerung außer dieser direkten Wirkung mit sich bringt.

Der erwartete Effekt stellt sich im praktisch inhibitionsfreien Elektrolyten, z. B. bei der kathodischen Abscheidung von Silber aus Silbernitratlösungen mit Erhöhung der Temperatur ein. In den viel häufigeren Fällen einer merklichen Inhibition nimmt jedoch die Keimzahl mit steigender Temperatur ab und die Kristalle vergröbern sich.

Die indirekten Wirkungen der Temperatursteigerung, die sich dem direkten Einfluß fast immer überlagern, erhöhen im allgemeinen die Keimbildungsarbeit. Hierzu gehört in erster Linie verringerte Fremdstoffadsorption, somit ein Rückgang der Inhibition[1]. Dieser Einfluß wird sich namentlich bei inhibitorempfindlicheren Metallen (vgl. S. 223), z. B. Kupfer oder Nickel, bemerkbar machen. Ist die spezifische Oberflächenenergie σ bei tiefer Temperatur infolge Fremdstoffbelegung verringert, so wird sie also mit erhöhter Temperatur infolge des Adsorptionsrückganges zunehmen. Da σ mit der dritten Potenz in die Formel eingeht, muß dieser Effekt von der Temperatur stark abhängen. Silber gehört zu den wenig inhibitorempfindlichen Metallen, und die Bestandteile der $AgNO_3$-Lösung inhibieren an sich nur sehr schwach. Deshalb kann sich bei der Silberabscheidung ausnahmsweise der direkte Einfluß der Temperatursteigerung auswirken. Hingegen nimmt z. B. die Keimzahl bei der Kupferabscheidung aus saurer Kupfersulfatlösung mit steigender Temperatur ab, ebenso bei der Abscheidung von Zink aus Zinksulfatlösung.

Eine andere Nebenwirkung erhöhter Temperatur kann in einem geringeren Abfall der Konzentration an abscheidbaren Metallionen im kathodischen Diffusionsfilm, verglichen mit Zimmertemperatur, bestehen. Einmal nimmt die Aktivität der Schwermetallionen im einfachen Elektrolyten gewöhnlich schon an sich mit steigender Temperatur zu, zum anderen erhöht sie sich zugleich auch infolge gesteigerter Konvektion und Diffusion. So erleichtert Temperaturerhöhung den

---

[1] Jedoch ändert sich eine Inhibition viel weniger mit der Temperatur, wenn sie hauptsächlich von elektrostatischer Anziehung positiv geladener Inhibitoren (z. B. von H^+-Ionen) verursacht wird.

Ionennachschub an die Kathode. Mit vermehrter Konzentration der Metallionen im Kathodenfilm erhöht sich, wie bereits erörtert, wiederum die Keimbildungsarbeit.

Gewöhnlich gehen mit steigender Temperatur alle verschiedenen Arten der Polarisation zurück. Auch dieser Nebeneffekt erhöht die Keimbildungsarbeit.

Außer diesen keimbildungshemmenden Wirkungen können sich mit einer gesteigerten Temperatur auch entgegengesetzte Nebenwirkungen einstellen. So verringert sich mit erhöhter Temperatur die Wasserstoffüberspannung. Bei unedleren Metallen bedeutet dies u. U. vermehrte Mitabscheidung von Wasserstoff. Damit kann die Inhibition zunehmen, wenn auch in geringerem Maße infolge des temperaturbedingten Adsorptionsrückganges. Sekundäre Inhibition bei vermehrter Hydrolyse im Kathodenfilm kann im gleichen Sinne wirken.

Im übrigen erleichtert erhöhte Temperatur nicht nur den Ionennachschub, sondern auch das Nachliefern von Inhibitormolekeln zur Kathode. Namentlich bei manchen Kolloiden kann daher vorsichtiges Steigern der Temperatur die Inhibition zunächst erhöhen, bis sich dann bei weiterer Temperatursteigerung der Adsorptionsrückgang bemerkbar macht.

Nicht übersehen darf man schließlich gelegentliche, mit steigender Temperatur ablaufende Änderungen im Reaktionsmechanismus. Zum Beispiel scheiden sich aus $CuSO_4$-Lösungen bei höherer Temperatur in merklichem Umfange Cu^+-Ionen neben Cu^{2+}-Ionen ab, während sich bei Zimmertemperatur ganz überwiegend Cu^{2+}-Ionen entladen.

So ist der Temperatureinfluß oft recht verwickelt. Von einer speziellen Anwendung der molekularen Theorie des Kristallwachstums auf die Frage einer Temperaturabhängigkeit der Bildung ein-, zwei- und dreidimensionaler Keime müssen wir absehen, denn, wie erwähnt (S. 343), ist die molekulare Theorie unter der Voraussetzung entwickelt worden, daß sich die Bausteine bei niedriger Temperatur anlagern.

2.22.5 Einfluß einer Bewegung von Elektrolyt oder Elektrode.

Eine Bewegung des Elektrolyten erleichtert den Nachschub von abscheidbaren Metallionen, aber auch einen solchen von Inhibitoren zur Kathode. So erhöht sich die Konzentration an Metallionen und Inhibitoren im Kathodenfilm. Wirkt die Vermehrung der Metallionen-Konzentration wachstumsfördernd (sowohl direkt als auch indirekt, indem sie die Hydrolyse und damit die sekundäre Inhibition abschwächt), so erleichtert beschleunigter Antransport von Inhibitoren (die nicht selten durch Einbau in den Niederschlag verbraucht werden) umgekehrt die Keimbildung. Die Polarisation geht in dem ersten Fall zurück, im zweiten nimmt sie zu. Von einer lebhaften Zirkulation darf man also je nach der Elektrolytzusammensetzung vergröbertes oder verfeinertes Korn des Niederschlages erwarten. Der Einfluß einer Elektrolytbewegung wird sich stärker auf verdünnte Lösungen auswirken.

Für gewöhnlich ruft die Elektrolyse selbst schon eine Zirkulation des Elektrolyten, zum mindesten in unmittelbarer Nähe der Elektroden, in dem Diffusionsfilm (Kathodenfilm) hervor (vgl. S. 101). So kommt z. B. in dem Flüssigkeitsfilm eine laminare Strömung an der senkrecht stehenden Kathode von unten nach oben durch Unterschiede in der Dichte zustande. Verarmt der Diffusionsfilm an spezifisch schweren Metallionen, so wird die Flüssigkeit im Film leichter und steigt nach oben. Mit hoher Stromdichte kann man diese Wirkung also verschärfen. Bei unedlen Metallen ruft Mitabscheidung von Wasserstoff u. U. lebhaftes Durchmischen des Kathodenfilms hervor. Eine solche Flüssigkeitsbewegung hängt von den Bedingungen ab, die die Überspannung des Wasserstoffs bestimmen (vgl. S. 31). Unter Umständen kann sich auch der Wasserstoff rhythmisch in regelmäßigen Perioden abscheiden. Damit ist dann eine entsprechende rhythmische Änderung der Abscheidungsform verbunden, wovon noch an anderer Stelle die Rede sein soll (vgl. S. 514).

Angenähert in Ruhe wird der Kathodenfilm also nur bleiben, wenn sich ein edles Metall ohne Wasserstoff bei sehr geringer Stromdichte aus einer möglichst konzentrierten Lösung abscheidet. Zweckmäßig wird man dabei die Kathode horizontal anordnen und das Metall an der dem Gefäßboden zugewandten Seite abscheiden.

Neben der elektrolysebedingten Zirkulation kann man die Elektrolytbewegung durch Temperaturerhöhung und vor allem durch mechanische Bewegung des Elektrolyten oder der Elektrode verstärken. Die Wirkungen eines Steigerns der Konvektion mit erhöhter Temperatur sind schon besprochen worden. Hilfsmittel der mechanischen Bewegung sind mechanische oder magnetische Rührung, Rotation der Elektrode, Zirkulieren des Elektrolyten in einem Gefälle oder mit Hilfe eines Pumpsystems oder schließlich Anwendung von Ultraschall.

Alle diese Hilfsmittel wirken, wie die Erfahrung lehrt, in dem erwarteten Sinne: Vermehrte Flüssigkeitsbewegung ruft bei schwacher Inhibition vergröbertes Korn hervor; bei starker Inhibition, namentlich in Gegenwart von Kolloiden, kann die Zahl der Keime zunehmen.

Indem man die Intensität der Flüssigkeitsbewegung verstärkt, kann man u. U. die Konzentration nahe der Kathode in weiteren Grenzen verschieben, als dies mit unmittelbarer Konzentrationsänderung gelingt. Mit einer Flüssigkeitsbewegung kompensiert man praktisch einen etwa störenden Einfluß hoher Stromdichte, sei es auf mechanischem Wege oder mittels Temperaturerhöhung. So gelingt es, die technischen Vorteile extrem hoher Stromdichte mit rotierenden Kathoden bei höherer

Temperatur auszunützen, ohne die Qualität des Metallniederschlages in unerwünschter Weise zu verschlechtern.

Daß man bei starker Flüssigkeitsbewegung die fast stets in technischen Elektrolyten vorhandenen feinteiligen Sedimente aufwirbelt und damit die Abscheidungsform verschlechtert, ist dem Praktiker bekannt. Extreme Rührung wird deshalb stets mit einer laufenden Filtration des Elektrolyten verbunden.

2.23 Habitus der abgeschiedenen Kristalle in Theorie und Experiment.

Wie wir gesehen haben, unterscheidet sich das elektrolytische Kristallwachstum durch einige wesentliche Umstände, wie Mitwirkung von elektrostatischen Kräften und Adsorption fremder Ionen und Molekeln, von der Kristallisation der Metalle aus der Gasphase. Unmittelbar an der Phasengrenzfläche Kathodenoberfläche/Elektrolyt (in der HELMHOLTZ-Schicht) treten bei Stromfluß enorme Felddichten von etwa 10^7 V/cm auf (vgl. S. 121). Deshalb sollte man eigentlich erwarten, daß ein Ablauf der Kristallisation nach den von KOSSEL und STRANSKI für das Kristallwachstum abgeleiteten Gesetzmäßigkeiten im Falle der Elektrokristallisation vor allem durch die starken elektrostatischen Anziehungskräfte gestört wird. Fremdstoffe blockieren überdies weit mehr als in jedem anderen Falle der Kristallisation die aktiveren Bereiche der Kathodenoberfläche und verändern damit die für die Anlagerung von Bausteinen wichtige spezifische freie Oberflächenenergie. Auch eine solche Inhibition sollte Abweichungen von der Theorie verursachen.

2.23.1 Abscheidung aus Lösungen einfacher Salze.

Wenn überhaupt, so werden die Gesetzmäßigkeiten der KOSSEL-STRANSKISchen Theorie am ehesten dann gelten, wenn eine Mitwirkung von Inhibitoren gering gehalten wird. Deshalb dürfte die Abscheidung eines wenig inhibitorempfindlichen Metalls, wie z. B. Silber, aus einem nur schwach inhibierenden Elektrolyten, z. B. Silbernitrat, bei mäßigen Stromdichten wohl am ehesten geeignet sein, die Gültigkeit der molekularen Wachstumstheorie bei der Elektrokristallisation nachzuprüfen.

KAISCHEW, BUDEWSKI und MALINOWSKI[1] haben die kathodische Abscheidung von Silber aus salpetersauren Silbernitratlösungen (bei 30° C) an Kathoden aus kugelförmigen Silbereinkristallen von 5 bis 6 mm Durchmesser untersucht. Vor jedem Wachstumsversuch wurde die Einkristallkathode kurz bei einer Stromdichte von etwa 0,2 A/cm² im Elektrolyten anodisch geätzt. Es wurde dann sogleich auf einen vorher eingestellten Wachstumsstrom umgeschaltet.

---

[1] KAISCHEW, R., E. BUDEWSKI u. S. MALINOWSKI: C. r. Acad. Sci. Bulgare **2**, 29 (1949).

Die Ergebnisse sind in Tab. 39 enthalten. Je nach der Stromdichte erscheinen die ersten Flächen 1 bis 5 min nach dem Einschalten des Wachstumsstromes.

Tabelle 39.

Ausbildung von Flächen bei der Silberabscheidung auf Silbereinkristallen.

n-AgNO₃	3,0	6,0	8,5		6,0			6,0	
n-HNO₃		0,5		0,1	0,5	1,0		0,5	
t °C		30			30		20	30	45
5 mA/cm² (1 1 1)	+	+	+	+	+	+	+	+	+
(1 0 0)	+	+	+	+	+	+	+	+	+
(1 1 0)	−	−	+	−	−	+	−	−	+
(2 1 1)	+	+	+	+	+	+	+	+	+
(8 6 1)	+	+	+	+	+	+	+	+	+
25, 50, 250 mA/cm² (1 1 1)	+	+	+	+	+	+	+	+	+
(1 0 0)	+	+	+	+	+	+	+	+	+
(1 1 0)	−	−	−	−	−	−	−	−	−
(2 1 1)	+	+	+	+	+	+	+	+	+
(8 6 1)	+	+	+	+	+	+	+	+	+
750 mA/cm² (1 1 1)	+	+	+	+	+	+	+	+	+
(1 0 0)	+	+	+	+	+	+	−	+	+
(1 1 0)	−	−	−	−	−	−	−	−	−
(2 1 1)	+	+	−	−	+	+	−	+	−
(8 6 1)	+	−	−	−	−	−	−	−	+

In der Tat entwickeln sich die der Theorie entsprechenden Gleichgewichtsflächen (auf die Wirkung erstnächster Nachbarn im Gitter bezogen), d. h. die Oktaeder (1 1 1)- und die Würfel (1 0 0)-Fläche bei allen Bedingungen. Nur einmal, bei hoher Stromdichte und niedriger Temperatur, erscheint die (100)-Fläche nicht.

Die Gleichgewichtsfläche, entsprechend der Wirkung zweitnächster Nachbarn im Gitter, die Rhombendodekaeder-(1 1 0)-Fläche, entwickelt sich nur bei geringen Stromdichten, und zwar nur im Anfangsstadium des Wachstums. Später verschwindet sie. Hohe AgNO₃- und hohe HNO₃-Konzentration begünstigen das Erscheinen dieser Fläche, ebenso gewisse Verunreinigungen im Elektrolyten. Offenbar fördert schwache Inhibition ($H_3O_3^+$, NO_3^- und Verunreinigungen) ihr Entstehen. Gleichgewichtsflächen, der Wirkung drittnächster Nachbarn entsprechend, z. B. die Flächen (3 1 1), (2 1 0) und (5 3 1), erscheinen überhaupt nicht. Hingegen treten einige Nichtgleichgewichtsflächen auf: die (2 1 1)- und die (8 6 1)-Fläche. Auch diese Flächen bleiben bei höheren Stromdichten aus. Bei kleineren Stromdichten wachsen diese Flächen aber sogar langsamer als die Grundflächen der Gleichgewichtsform (1 1 1) und (1 0 0) und verbleiben auch auf der Endwachstumsform noch in großer Ausdehnung.

Auch an polykristallinen Ag-Abscheidungen aus $AgNO_3$-Lösungen sind die Gleichgewichtsflächen als Begrenzung der Kristalle beobachtet worden. KOHLSCHÜTTER und TORRICELLI[1] fanden bei kurzzeitiger Abscheidung aus 6 n-$AgNO_3$ bei 0,15 A/cm² zunächst (1 1 1) + (1 0 0). Allmählich bildeten sich (hhl)- und schließlich (hkk)-Flächen, wobei zunächst (1 1 1), dann (1 0 0) verschwanden.

Die Ergebnisse stehen ganz gut mit der Theorie im Einklang. Auch hier, wie bei der Kristallisation aus der Gasphase (vgl. S. 336), bestätigt sich, daß die Gitterkräfte in Metallkristallen mit der Entfernung sehr schnell abnehmen. Nur erstnächste und zweitnächste Nachbarn sind hier offenbar noch wirksam.

Auch die Tatsache, daß sich die Gleichgewichtsformen bei höherer Übersättigung vereinfachen, indem schnellwüchsigere Flächen fehlen, bestätigt sich in dem Ausbleiben der (1 1 0)-Fläche bei höheren Stromdichten. Diese schnellwüchsige Fläche verschwindet bei niederen Stromdichten mit dem Fortschreiten des Wachstumsvorganges. Daß die beiden anderen Gleichgewichtsflächen langsamer wachsen müssen, entspricht der Theorie. Von ihnen ist wieder die (1 0 0)-Fläche die schnellwüchsigere. Sie bleibt bei sehr großen Stromdichten ebenfalls aus.

Warum neben den vorausgesagten Gleichgewichtsflächen auch andere, nicht zur Gleichgewichtsform gehörende Flächen erscheinen, ist offenbar als Inhibitionseffekt zu deuten. Die Theorie ist vorläufig noch nicht imstande, das Erscheinen solcher Flächen im einzelnen vorauszusagen. Vermutlich hängt das Auftreten der Flächen mit dem Zusammenwirken von NO_3^- und H^+ als Inhibitoren zusammen.

Bei der höchsten Stromdichte 0,75 A/cm² bleiben die Nichtgleichgewichtsflächen aus, wenn die NO_3-Konzentration im Kathodenfilm infolge verringerter Aktivität (hohe Konzentrationen wie 6 n-, 8,5 n-$AgNO_3$) und gleichzeitiger Abstoßung von der Kathode gering ausfällt. Verringert man die H^+-Konzentration (Übergang von 0,5 n-HNO_3 auf 0,1 n-HNO_3), so bleibt die (211)-Fläche ebenfalls aus.

2.23.2 Abscheidung aus Komplexsalzlösungen.

ERDEY-GRUZ und Mitarbeiter[2] haben die Abscheidung von Silber und Kupfer an Einkristallkugeln aus den betreffenden Metallen aus Lösungen komplexer Salze auf ganz entsprechende Weise studiert, doch wurden sie gezwungen, viel kleinere Stromdichten von 10^{-5} bis 10^{-4} A/cm² (d. i. 1/10000 bis 1/500 der Stromdichten von KAISCHEW und Mitarbeitern) anzuwenden, weil der Einkristall aus Komplexsalzlösungen bei höheren Stromdichten nicht mehr als solcher weiterwächst.

---

[1] s. S. 359, Fußn. 5.

[2] ERDEY-GRUZ, TH.: Z. phys. Chem. (A) 172, 157 (1935). — TH. ERDEY-GRUZ u. R. F. KARDOS: Z. phys. Chem. (A) 178, 262 (1937). — TH. ERDEY-GRUZ u. E. FRANKL: Z. phys. Chem. (A) 178, 266 (1937).

Vielmehr bilden sich bei den höheren Stromdichten verästelte, dendritische oder schwammige Wachstumsformen aus.

Unter den Versuchsbedingungen von Erdey-Gruz ist die Inhibitorwirkung naturgemäß viel stärker.

Unter die Kategorie der Komplexsalzlösungen fallen die wäßrigen Lösungen von Silberhalogenid oder Silberoxyd in Ammoniaklösungen, von Silberhalogenid oder Kupfer-(I)-halogenid in Lösungen von Alkalihalogeniden oder schließlich von Silberzyanid in Alkalizyanidlösungen.

Die Untersuchungen von Erdey-Gruz bieten uns eine Möglichkeit, die kationischen mit anionischen Inhibitoren zu vergleichen[1]. Tab. 40 gibt die Resultate wieder, die bei der Silberabscheidung in Gegenwart komplexer Kationen erhalten wurden. Es dürfte sich um Kationen handeln, die (mindestens) eine NH_3-Molekel an das Zentralatom Silber gebunden enthalten $(Ag[NH_3)]^+$. Untersucht wurde die Abscheidung von Silber aus einer 0,2 n-Lösung von Silberoxyd, einer 0,2 n-Lösung von Silberchlorid und einer gesättigten Silberbromidlösung, sämtlich in 14,5 n-Ammoniaklösung.

Die erste Spalte der Tabelle enthält die in der Lösung befindlichen Stoffe (in der günstigsten Konzentration). In den weiteren Spalten sind die am Einkristall auftretenden Flächen angegeben. Die Reihenfolge der Ausdehnung der Flächen (zugleich die umgekehrte Reihenfolge ihrer Wachstumsgeschwindigkeiten) ist mit römischen Ziffern bezeichnet (I = größte Fläche). Die nächste Spalte enthält die Stromdichten, bei denen der Einkristall regelmäßig weiterwächst. Die günstigsten Stromdichten betragen in der Regel einige 10^{-5} A/cm². Es sind dies nach den Autoren die Stromdichten, bei denen etwa einige Atomschichten pro Sekunde abgeschieden werden. Die obere Grenze, innerhalb der der Einkristall noch weiterwächst, variiert nach Art der Inhibitoren zwischen $2 \cdot 10^{-4}$ und $3 \cdot 10^{-3}$ A/cm². Aus der nichtkomplexen $AgNO_3$-Lösung wächst der Einkristall, wie wir gesehen haben, bei viel höheren Stromdichten weiter, offenbar weil hier die Oberflächendiffusion durch Inhibitoren kaum behindert wird.

Selbst in den komplexen Elektrolyten bilden sich vorzugsweise einfache Flächen der Gleichgewichtsform aus, wie sie die Theorie von Kossel und Stranski[2] für das kubisch-flächenzentrierte Gitter fordert. In erster Linie handelt es sich um die Oktaederfläche, es folgen die Würfelfläche und die Rhombendodekaederfläche.

In der Tabelle ist auch das Beispiel der Silberabscheidung aus einer 0,5 n-Lösung von Silbercyanid in 3 n-KCN-Lösung aufgeführt. Nach

---

[1] Erdey-Gruz selbst hat diese Möglichkeit nicht diskutiert.

[2] Kossel, W.: Nachr. Akad. Wiss. Göttingen, math.-physikal. Kl. 1927, 135— Leipziger Vorträge 1928, 1. — J. N. Stranski: Z. phys. Chem. (B) 136, 259 (1928); 11, 342 (1931); (B) 17, 127 (1932).

Tabelle 40. *Einfluß komplexer Kationen auf das elektrolytische Wachstum von Silbereinkristallen.* (Zusammengestellt nach Ergebnissen von ERDEY-GRUZ[1].)

Lösung	(111)	(100)	(110)	(hko)	(hll)	(hkl)	Stromdichte A/cm²	Überspannung mV bei $4 \cdot 10^{-5}$ A/cm²
14,5 n-NH$_3$ + 0,2 n-Ag$_2$O	+ I	+ I	−	−	−	−	$5 \cdot 10^{-5} \cdots 4 \cdot 10^{-4}$	11,9
14,5 n-NH$_3$ + 0,2 n-AgCl	+ I	+ II	+ III	−	−	−	$8 \cdot 10^{-6} \cdots 3 \cdot 10^{-3}$	6,4
14,5 n-NH$_3$ mit AgBr gesättigt	+ I	−	+ III	720 II	~	−	$1 \cdot 10^{-5} \cdots 8,8 \cdot 10^{-4}$	3,9
3 n-KCN + 0,5 n-AgCN	+ I	+ III	+ II	730, 540 310, 210 420 IV	−	−	$4 \cdot 10^{-5} \cdots 2 \cdot 10^{-4}$	0,9

HELLWIG[2] könnte man hier möglicherweise ebenfalls mit einem komplexen Silberkation rechnen (vgl. S. 173). Allerdings ist der Reaktionsmechanismus der Silberabscheidung aus diesem Elektrolyten noch ganz ungeklärt. (Die geringe Überspannung spricht für einen Depolarisationsvorgang[3]). In den drei anderen Fällen steht die immerhin relativ hohe Überspannung im Einklang mit der inhibierenden Wirkung der komplexen Kationen.

In Tab. 41 sind die Ergebnisse der Versuche von ERDEY-GRUZ mit Elektrolyten zusammengestellt, die wirksame komplexe Anionen enthalten. Es handelt sich um eine 0,2 n-Lösung von Silberjodid in 2,4 n-Kaliumjodidlösung, um gesättigte Lösungen von Silberbromid und 4,2 n-Kaliumbromid- oder 5,1 n-Ammoniumbromidlösung und um gesättigte Lösungen von Silberchlorid in 5,6 n-Ammoniumchlorid- oder 4,3 n-Magnesiumchloridlösung. Vorzugsweise ist das Silber wohl in komplexen Anionen der Zusammensetzung AgHal$_2^-$ (Hal = Halogen) enthalten.

In Gegenwart der komplexen Kationen (Tab. 40) bilden sich die drei Flächen der Gleichgewichtsform (1 1 1), (1 0 0), (1 1 0), die den erst- und zweitnächsten Nachbarn entsprechen, nicht immer vollzählig aus. In der ammoniakalischen Lösung von Ag$_2$O fehlt die am schnellsten wachsende (1 1 0)-Fläche, jedoch sind die beiden anderen Flächen, die den erstnächsten Nachbarn entsprechen, vorhanden; in der ammoniakalischen Bromidlösung fehlt die (1 0 0)-Fläche. Auch hier fehlen die drittnächsten Nachbarn entsprechenden Flächen [wenn man von einem verschwindend geringen Anteil an (2 1 0)-Fläche in einem Fall absieht].

---

[1] s. S. 371, Fußn. 2.
[2] s. S. 173, Fußn. 1.
[3] Vielleicht eine Reduktion von CN$^-$ zu NH$_3$?

Tabelle 41. *Einfluß komplexer Anionen auf das elektrolytische Wachstum von Silbereinkristallen.* (Zusammengestellt nach Ergebnissen von ERDEY-GRUZ[1].)

Lösung	(111)	(100)	(110)	(hko)	(hll)	(hkl)	Stromdichte A/cm²	Über-spannung mV $4 \cdot 10^{-5}$ A/cm²
2,4 n-KJ + 0,2 n-AgJ	− I	+	−	−	211 II	521 III	$8 \cdot 10^{-6} \cdots 2 \cdot 10^{-4}$	3,8
4,2 n-KBr, gesättigt mit AgBr	+ I	−	−	720 II	211 III	−	$4 \cdot 10^{-5} \cdots 2 \cdot 10^{-4}$	2,3
5,1 n-NH$_4$Br, gesättigt mit AgBr	+ I	−	−	310 II	−	−	$4 \cdot 10^{-5} \cdots 2 \cdot 10^{-4}$	1,0
5,6 n-NH$_4$Cl, gesättigt mit AgCl	+ I	−	−	510 II	−	−	$4 \cdot 10^{-5} \cdots 2 \cdot 10^{-4}$	4,2
6,43 n-MgCl$_2$, gesättigt mit AgCl	+	+	−	(310)	(211)	−	$1 \cdot 10^{-5} \cdots 4 \cdot 10^{-5}$	

Vergleicht man Tab. 40 mit Tab. 41, so fällt auf den ersten Blick auf, daß der Anteil der einfachen Flächen (1 1 1), (1 0 0) und (1 1 0) am Aufbau des Silbereinkristalls in Gegenwart der komplexen Anionen stark zurückgegangen ist. So fehlt bei den komplexen Anionen die schneller wachsende (1 1 0)-Fläche hier in sämtlichen Beispielen, und auch die (1 0 0)-Fläche ist in der Mehrzahl der Fälle verschwunden. Nur die am langsamsten wachsende (1 1 1)-Fläche ist in allen Beispielen bis auf den Fall des komplexen Jodids erschienen. An Stelle der Gleichgewichtsflächen hat sich der Anteil höher indizierter Flächen vergrößert.

Am deutlichsten macht sich dies bei der Silberabscheidung aus der Lösung des am stärksten komplexen Kalium-Silberjodids bemerkbar. Auch in der Lösung des entsprechenden Kalium-Silberbromids ergeben sich ähnliche Verhältnisse. Nicht ganz so ausgeprägt ist der Übergang zu den höher indizierten Formen bei der Silberabscheidung aus den Lösungen der entsprechenden komplexen Ammoniumhalogenide. Der Anteil der einfacheren Formen ist hier wieder etwas erhöht.

Zusammenfassend läßt sich aber auf jeden Fall sagen, daß die Flächen der Gleichgewichtsformen in Gegenwart der komplexen Silberanionen weniger beständig sind als in Gegenwart der komplexen Kationen.

Die merkwürdig stärkere Wirkung der komplexen Anionen hängt vielleicht mit der später (S. 411) noch zu erörternden Tatsache zusammen, daß das Wachstum der Flächen in den von ERDEY-GRUZ untersuchten Beispielen nicht von den Ecken, sondern von den Flächenmitten ausgeht. Andererseits läßt sich, wie vorgreifend bemerkt werden soll (vgl. S. 418 ff.), nachweisen, daß anionische Inhibitoren vorzugsweise die Flächenmitten blockieren, kationische hingegen die Ecken und Kanten der Kristalle. Die Inhibitorkationen werden daher die Ausbildung der Gleichgewichtsflächen weniger stören als die Anionen (namentlich, wenn in der Lösung neben den komplexen Kationen zugleich nur schwach in-

---

[1] s. S. 371, Fußn. 2.

hibierende Anionen, wie Cl⁻, vorhanden sind), weil die Kationen nicht die Stellen belegen, an denen sich die Keime für neue Flächen ausbilden. Hingegen ist die Wirkung der Anionen wesentlich störender, indem sie diese Keimbildung hindern. Da in den Lösungen zugleich auch (schwächere) Kationeninhibitoren vorhanden sind, die mit den Anionen noch einen Verstärkungseffekt ergeben können, wird der störende Einfluß dieser Systeme ungleich stärker sein.

ERDEY-GRUZ und KARDOS[1] haben auch versucht, das elektrolytische Weiterwachsen von Silbereinkristallkugeln in *geschmolzenen* Salzen zur Prüfung der Theorie heranzuziehen.

Bei einem solchen Versuch ist freilich zu bedenken, daß man damit bereits von einer Grundvoraussetzung für den Geltungsbereich der molekularen Theorie des Kristallwachstums abweicht: Die Theorie wurde auf niedrige Temperaturen beschränkt, damit man den Wärmeinhalt des Kristalls und die Wärmebewegung noch vernachlässigen konnte.

Die Autoren verwendeten geschmolzene Mischungen von $AgNO_3$ mit KNO_3, $AgCl$, $AgBr$ und KJ bei Temperaturen zwischen 260 und 350°C. Solche Temperaturen entsprechen sicherlich nicht mehr den theoretischen Voraussetzungen.

Demzufolge gehorcht hier das Wachstum der Kristalle nur mangelhaft der molekularen Theorie. Von den theoretisch geforderten Flächen treten lediglich einige auf, wie (1 0 0) und (1 1 1), an Ausdehnung jedoch von (3 1 1) übertroffen. Abgesehen von den nicht eingehaltenen Grenztemperaturen dürften aber auch noch unbekannte Assoziationserscheinungen in der Schmelze und die starke Inhibition in solchen konzentrierten Systemen für die Abweichungen von der Theorie verantwortlich sein. Für eine Inhibition bei den angewandten Stromdichten von $9 \cdot 10^{-5}$ bis $4 \cdot 10^{-4}$ A/cm^2 spricht die auch hier regelmäßig beobachtete Neubildung der Wachstumsschichten auf den Flächenmitten, statt, wie bei schwacher Inhibition, auf den Ecken oder Rändern.

Bisher ist die Elektrokristallisation des relativ wenig inhibitorempfindlichen Silbers als Beispiel diskutiert worden, dessen Kristallwachstum bei Zimmertemperatur in wäßrigen Lösungen, selbst wenn sie komplexer Natur sind, noch ganz gut der Theorie folgt. Geht man zum wesentlich inhibitorempfindlicheren Kupfer über, so werden die Abweichungen unter diesen Bedingungen bereits bedeutend größer. ERDEY-GRUZ und FRANKL[1] haben die Kupferabscheidung an Kupfereinkristallen in Lösungen von $CuCl$ und $CuBr$ in wäßrigen KCl- oder KBr-Lösungen studiert. Auch hier erscheinen niemals alle von der Theorie vorausgesagten Flächen. Vor allem fehlt die (l00)-Fläche, die nach der Theorie die zweitausgedehnteste sein sollte. Die (1 1 1)-Fläche erscheint häufig kombiniert mit Flächen des Tetrakishexaeders (hko) oder des

---

[1] s. S. 371, Fußn. 2.

Ikositetraeders (hkl), wobei diese Flächen überwiegend besser ausgebildet sind. Nur manchmal bildet sich — unvollkommen und hinter den anderen Flächen zurückbleibend — die (1 1 0)-Fläche.

Aus den Lösungen einfacher Kupfersalze wachsen die Einkristalle unter den Versuchsbedingungen von ERDEY-GRUZ und FRANKL nicht weiter, allenfalls wachsen kleinere Kriställchen auf den Einkristallen orientiert auf. TAMMANN und STRAUMANIS[1] beobachteten hier nur die (1 1 1)-Flächen. Nach LEIDHEISER jr. und GWATHMEY (s. S. 470) wachsen bei $2 \cdot 10^{-2}$ A/cm^2 (1 1 1)- und (1 1 0)-Flächen.

Aus NiSO$_4$-Lösungen (WATTS-Bad, s. S. 626) beobachteten LEIDHEISER und GWATHMEY (s. S. 470) das Weiterwachsen von (1 1 1)- und (1 0 0)-Flächen, wobei nur letztere den Nickel-Einkristall fortsetzt.

Bei Metallen, die mit hexagonal dichtester Kugelpackung kristallisieren, sind bisher anscheinend keine Versuche zur kathodischen Abscheidung an Einkristallkugeln gemacht worden[2]. Es finden sich aber im Schrifttum einige Angaben über die Flächen an polykristallin abgeschiedenem Kadmium. So scheidet sich dieses Metall bei 14° C und 0,024 A/cm^2 aus einer Lösung von 2 n-CdSO$_4$ + n-H$_2$SO$_4$ mit den Flächen (0 0 0 1), (1 0 1 0) und (1 0 1 1) ab. Es fehlen an der Gleichgewichtsform die Flächen (1 1 2 0) und (0 1 1 2). Dieses Ergebnis entspricht genau der Theorie, wenn man nur erstnächste Nachbarn berücksichtigt. Das gleiche Ergebnis erhält man nach GORBUNOWA[3] auch bei der Abscheidung von Kadmium unter gleichen Bedingungen wie vorher aus einer Lösung von n-CdCl$_2$ + n-HCl. Auch bei 0° C bleibt dieser Kristallhabitus bestehen.

Im ganzen gesehen ist die Übereinstimmung mit der Theorie von KOSSEL und STRANSKI unter vergleichbaren Bedingungen immerhin überraschend gut. Man darf daraus wohl den wichtigen Schluß ziehen, daß die kristallographischen Richtkräfte an der Kathodenoberfläche unter solchen Bedingungen zumeist doch noch stärker sind als die elektrischen Wirkungen des starken elektrischen Feldes im Bereich der HELMHOLTZ-Schicht. Auf diese wesentliche Erkenntnis kommen wir noch im folgenden Abschnitt zurück.

2.24 Zusammenwirken von Gitterkräften und elektrostatischen Kräften bei der Elektrokristallisation.

Als Ergebnis aus den voraufgegangenen Ausführungen läßt sich unterstreichen, daß der kristallographische Einfluß bei der Abscheidung von Metallen einen wichtigen Gesichtspunkt für die gesamte Theorie der kathodischen Metallabscheidung darstellt. Allerdings darf man dabei

---

[1] TAMMANN, G., u. M. STRAUMANIS: Z. anorg. Chem. **175**, 131 (1928).
[2] KREUCHEN, K. H.: Z. phys. Chem. A. **155**, 161 (1931).
[3] GORBUNOWA, K. M.: Iswestija Akadem i Nauk SSSR 893 (1938).

nicht übersehen, daß dieser Gesichtspunkt nur die *eine* Seite des Problems erfassen kann. Nicht weniger entscheidend sind zweifellos auch die elektrochemischen Belange.

Mit Sicherheit werden Keimbildung und Kristallwachstum ebenso von Gitterkräften wie auch von elektrostatischen Kräften bestimmt, doch haben diese Kräfte an den Kristallisationsvorgängen je nach den Abscheidungsbedingungen einen verschieden großen Anteil.

So dürfte z. B. das Auftreten dreidimensionaler Keime in der Nähe des Phasengleichgewichtes ein überaus seltenes Ereignis sein. Unter diesen Umständen ist der Anteil der keimbildenden Atome am Gesamtvorgang der Kristallisation, statistisch gesehen, verschwindend klein. Hier ordnen sich die Bausteine in das Gitter ganz überwiegend an der Halbkristall-Lage ein, und es gilt die Theorie von KOSSEL und STRANSKI. Für die Strom-Spannung-Kurve ergibt sich dabei in der Regel eine lineare Beziehung. Es sind dies die Bedingungen des Wachstums, und zwar des bevorzugt tangentialen, bei dem hauptsächlich eindimensionale, selten zweidimensionale Keime entstehen dürften. Rein ausgeprägt verwirklichen sie sich gewöhnlich in der Reproduktion der — gleichgearteten — Unterlage.

Je größer indes die Übersättigung und die Polarisation, desto häufiger werden sich dreidimensionale Keime bilden, desto weiter geht aber auch der wirksame Anteil der Gitterkräfte zugunsten des Anteils der elektrostatischen Kräfte zurück. Unter diesen Umständen werden sich auch elektrolytseitig wirkende Kräfte, wie z. B. die Solvatation der Metallionen, bemerkbar machen. Die Abscheidung paßt sich nicht mehr der Unterlage an; zugleich folgt die Strom-Spannung-Kurve nicht mehr der linearen Beziehung, sondern anderen, z. B. der halblogarithmischen TAFELschen Beziehung. Hier gilt die KOSSEL-STRANSKIsche Theorie sicher nicht mehr. An dieser Stelle scheint die Wachstumstheorie von GRAF[2] plausible Deutungsmöglichkeiten zu bieten. Sie legt einer Anlagerung nicht den „wiederholbaren Schritt“, sondern einen rein statistischen Einbau der Bausteine zugrunde. Allerdings leitet sich die GRAFsche Theorie ursprünglich von der Kristallisation des Metalls aus seiner Schmelze ab, d. h. also von einem viel rascheren Vorgang, als es die Elektrokristallisation darstellt (vgl. S. 348, Fußnote).

Immerhin erlaubt die Tatsache einer — wenn auch beschränkten — Gültigkeit der KOSSEL-STRANSKIschen Gesetze der Kristallisation für die Elektrokristallisation gewisse Schlußfolgerungen zur Art des Mechanismus der kathodischen Metallabscheidung (H. FISCHER[3]). Die dargelegten Zu-

---

[1] s. S. 348, Fußn. 3.

[2] Nach mündlichen Mitteilungen des Herrn Kollegen GRAF.

[3] s. S. 348, Fußn. 2.

sammenhänge machen es wahrscheinlich, daß der Abscheidungsmechanismus über eine Oberflächendiffusion ungeladener Oberflächen*atome* des betreffenden Metalls (wie sie auch GERISCHER[1] mit elektrochemischen Mitteln wahrscheinlich gemacht hat, vgl. S. 156) und nicht über eine Oberflächendiffusion adsorbierter Metall*ionen* (BRANDES[2], ERDEY-GRUZ und VOLMER[3]) abläuft.

Viel schwerer zu verstehen wäre, warum die Gesetze des Kristallwachstums und der Keimbildung auch für die Elektrokristallisation gelten und warum vor allem eine so hohe Feldstärke von 10^7 V/cm an der Phasengrenze so wenig auf die Kristallisationsvorgänge einwirkt, wenn man eine Oberflächendiffusion elektrisch geladener und damit feldabhängiger Bausteine (Mechanismus A, S. 118 ff.) an Stelle einer solchen elektrisch neutraler Metallatome (Mechanismus B, S. 126 ff.) annimmt. So legen nicht nur elektrochemische, sondern auch kristallographische Tatsachen bei der kathodischen Abscheidung nahe, daß das Metallion die Doppelschicht sogleich nach seinem Eintritt an *beliebiger* Stelle durchquert und unter Neutralisation ungeladene Oberflächenatome bildet. Die Oberflächenatome wandern dann, dem Gesetz des Kristallwachstums folgend, meist zu einer Stelle des wiederholbaren Schrittes (Halbkristall-Lage) und ordnen sich dort in das Gitter ein, oder sie bilden — in viel größeren Zeitabständen — eindimensionale, zweidimensionale oder — am seltensten — dreidimensionale Keime. Diese Gesichtspunkte ergänzen die vorwiegend elektrochemischen Überlegungen auf S. 126 ff. nach der kristallkundlichen Seite.

Die von der Erfahrung oft bestätigte Regel, daß die Keimzahl mit vermehrter Polarisation zunimmt (vgl. S. 351), bezieht sich augenscheinlich nur auf dreidimensionale Keime. Damit diese Regel überhaupt gilt, müssen also dreidimensionale Keime entstehen können, d. h. für ihr Entstehen muß die notwendige Aktivierungsenergie aufgebracht werden. Ist die verfügbare Energie nicht groß genug, so verbleiben wir im Gebiet des (bevorzugt tangentialen) Wachstums, wo im wesentlichen die molekulare Theorie des Kristallwachstums gilt, wie das Auftreten der vorausgesagten Gleichgewichtsformen beweist. In diesem Bereich besteht aber nicht mehr der gesetzmäßige Zusammenhang zwischen Polarisation und Bildung dreidimensionaler Keime, es gilt nicht mehr Gl. (109), S. 350.

Von dieser Beziehung gibt es freilich auch andere Abweichungen, deren Ursache z. T. noch nicht bekannt ist. Dazu gehört z. B. die Abscheidung des Silbers aus den Lösungen komplexer Zyanide, wobei sich trotz fast fehlender Polarisation viele Kristallkeime bilden.

---

[1] GERISCHER, H.: CITCE C. r. Réunion à Cambridge (1952) i. Druck.
[2] s. S. 379, Fußn. 2.
[3] s. S. 379, Fußn. 1.

Überwiegen bei der Bildung dreidimensionaler Keime die elektrostatischen Kräfte gegenüber den Gitterkräften, so bestimmen offensichtlich nicht mehr die Gitterkräfte allein den Kristallhabitus. Je mehr die Polarisation anwächst, desto größer fallen die Abweichungen von den theoretisch vorausgesagten Gleichgewichtsformen der Kristalle aus.

Die von der Theorie geforderten Flächen entstehen, wie erwähnt (S. 377), bei niedriger Polarisation, namentlich bei geringer Inhibition, vorzugsweise in den Lösungen einfacher Salze. Die KOSSEL-STRANSKIsche Theorie scheint bei Metallen mit geringer Metallüberspannung und mit geringer Inhibitorempfindlichkeit, wie Blei, Silber, Kadmium, Thallium nahezu exakt usw., zu gelten. Je weiter man sich vom Gleichgewicht entfernt, um so leichter werden sich „Nichtgleichgewichtsflächen" ausbilden. Auch der Bindungszustand der Metallionen in der Lösung wird sich dann bei stärkerer Solvatation der Ionen durch Abweichungen von der Gleichgewichtsform bemerkbar machen.

2.25 Entstehung von Subindividuen (Mosaikstrukturen) bei der Elektrokristallisation.

2.25.1 Diskontinuierliches und kontinuierliches Kristallwachstum bei der Elektrolyse.

Aus den Untersuchungen von VOLMER und Mitarbeiter[1], BRANDES[2], KOSSEL[3], STRANSKI und Mitarbeiter[4] wissen wir heute, daß Kristalle nahe dem Phasengleichgewicht nicht gleichzeitig auf ihrer gesamten Oberfläche wachsen, indem sie stetig Atome oder Molekeln aufnehmen. Ihr Wachstum geht vielmehr „quasi periodisch" nur von streng begrenzten Wachstumsstellen, besonders aktiven Stellen, aus[5]. Der überwiegende Teil der Kristalloberfläche beteiligt sich gar nicht jederzeit unmittelbar am Wachstum.

Schon SMEE[6] vermutete eine Analogie zwischen der Bildung von Salzkristallen und der elektrolytischen Entwicklung von Metallkristallen. Dieser lange unbeachtet gebliebene Gedanke drängt sich beim Erörtern unserer gegenwärtigen Anschauungen über das Kristallwachstum von selbst wieder auf. Wie KOSSEL und STRANSKI nachgewiesen haben, bestehen allerdings im Ablauf des Wachstums der Kristalle heteropolarer und homöopolarer Stoffe prinzipielle Unterschiede. Geht das Wachstum

---

[1] ERDEY-GRUZ, T., u. M. VOLMER: Z. phys. Chem. (A) **157**, 165 (1931). — M. VOLMER: Das elektrolytische Kristallwachstum. Paris 1934.

[2] BRANDES, H.: Z. phys. Chem. (A) **142**, 97 (1929).

[3] s. S. 372, Fußn. 2.

[4] s. S. 338, Fußn. 1.

[5] Ein stetiges Wachstum ist nur bei sehr hoher Übersättigung (hohen Stromdichten) zu erwarten (vgl. GRAF, S. 348).

[6] SMEE nach W. D. BANCROFT: Trans. Amer. Electrochem. Soc. **21**, 239 (1912).

bei den heteropolaren Stoffen von den Ecken und Kanten des Kristalls aus, so beginnt es bei homöopolaren Stoffen an den Flächenmitten. Allerdings gilt diese Feststellung bei den homöopolaren Metallkristallen zwar vom Kristallwachstum aus der Dampfphase, nicht aber von der Elektrokristallisation (vgl. STRAUMANIS[1], STRANSKI[2]).

Das elektrolytische Wachstum der homöopolaren Metallkristalle wird durch gleichzeitiges Wirken von Gitterkräften und von elektrostatischen Kräften des angelegten elektrischen Feldes zu einem Sonderfall. Hier sind *beide* Arten des Kristallwachstums möglich, ein Wachstum von den Ecken und Kanten oder ein solches von den Flächenmitten ausgehend. Ob die eine oder die andere Art des Wachstums auftritt, hängt davon ab, an welchen Stellen der Kristalloberfläche die frei werdende Anlagerungsenergie unter den Wachstumsbedingungen am größten ist. Bei Abwesenheit starker Inhibitoren (H. FISCHER[3]) sind es die Ecken und Kanten des Kristalls, die, elektrostatisch bevorzugt, die größte Felddichte aufweisen. Dann wird also das Kristallwachstum von den Ecken und Kanten ausgehen. Starke Inhibitoren (namentlich positiv geladene) belegen hingegen die Ecken und Kanten und blockieren sie. Die Anlagerungsenergie an diesen Stellen ist somit ganz beträchtlich vermindert. In diesem Falle beginnt das Kristallwachstum an den Flächenmitten.

Die wichtigsten experimentellen Ergebnisse zur Erforschung des von Ecken und Kanten ausgehenden Wachstums verdanken wir ERDEY-GRUZ und VOLMER[4], sowie namentlich KOHLSCHÜTTER und TORRICELLI[5]. Die Autoren verwendeten als Kathode einen Silberdraht von z. B. 3 mm Durchmesser, genau eingepaßt in ein Glasrohr, so daß für die Elektrolyse nur der Drahtquerschnitt, makroskopisch also eine annähernd punktförmige Anlagerungsfläche, zur Verfügung stand. Sie wurde vor der Elektrolyse mechanisch poliert. Als Elektrolyt diente 3 n-Silbernitratlösung. Mit konstanter Zellspannung und sehr geringen Stromdichten erzielt man bei dieser Anordnung einen einzigen Kristall. Ungestört wächst er allerdings nur bis zu einer bestimmten Größe.

Bei mikroskopischer Beobachtung seines Wachstums erkannten die Forscher, daß das Silber sich von den Kristallkanten über die Fläche ausbreitete, „als wenn ein dünner Brei ausgegossen wird".

Allerdings sind es nicht einzelne Netzebenen, die sich in dieser Weise „quasiperiodisch" ausbreiten (man könnte sie ja bei mikro-

---

[1] STRAUMANIS, M., u. G. M. SCHWAB: Handbuch d. Katalyse, Bd. 4 (heterogene Katalyse), S. 291. Wien 1943.
[2] STRANSKI, J. N.: Z. physik. Chem. B **11**, 342 (1931).
[3] FISCHER, H.: Z. Metallkde. **39**, 204 (1948).
[4] s. S. 379, Fußn. 1.
[5] KOHLSCHÜTTER, V., u. A. TORRICELLI: Z. Elektrochem. **38**, 213 (1932).

skopischer Vergrößerung gar nicht erkennen), sondern Netzebenenpakete. Die Ränder dieser Netzebenenpakete bewegen sich, je nach Geschwindigkeit mit geradliniger oder unregelmäßiger Begrenzung. Wie die regelmäßige Aufeinanderfolge dieser fließenden Wachstumsschichten zu zeigen scheint, bilden sie, jede für sich, eine Art Einheit. Die Frage soll noch offen bleiben, worauf diese Angliederung von vielen Netzebenen beruht und wie sie zustande kommt (vgl. S. 393).

Entsprechende Erscheinungen des diskontinuierlichen Wachstums beobachtete KOHLSCHÜTTER und Mitarbeiter[1] auch beim Abscheiden von Blei und Zinn. Der Ort, wo bei diesen Metallen das Anlagern einer neuen Netzebene einsetzt, ist nach VOLMER[2] regelmäßig eine Ecke, seltener eine Kante, nie aber das Flächeninnere. Unter diesen Bedingungen wächst der Metallkristall also wie ein heteropolarer Salzkristall.

Der periodische Charakter der Wachstumsvorgänge und ihre Richtung, von den Kristallecken und -kanten nach den Flächenmitten, ist durch alle diese Untersuchungen erwiesen. Man beobachtet diesen gleichsam „heteropolaren" Typ der Elektrokristallisation vornehmlich in Lösungen einfacher Salze, d. h. also in Abwesenheit starker Inhibitoren, und bei niedrigen Stromdichten.

Allerdings bemerkten schon KOHLSCHÜTTER und TORRICELLI in einigen Fällen, daß Schichten auch von einem mittleren Punkte auf der Kristallfläche ausgingen und sich in Form etwa eines Sechsecks gegen die Ränder fortpflanzten. Mit Sicherheit und stets reproduzierbar beobachteten ERDEY-GRUZ und Mitarbeiter[3] diese „homöopolare" Form des Kristallwachstums bei der Abscheidung des Silbers oder des einwertigen Kupfers aus den Lösungen stark komplexer Salze. Sie führten ihre Untersuchungen an Kathoden aus Silber- und Kupfereinkristallkugeln bei Stromdichten von $8 \cdot 10^{-6}$ bis $3 \cdot 10^{-3}$ A/cm^2 und 25° C aus. Die Konzentration der wirksamen Elektrolytbestandteile lag bei einer zwei- bis fünffachen Normalität. Die Elektrolyte enthielten relativ starke Inhibitoren kationischer oder auch anionischer Natur. Sie blockieren offenbar die Ecken und Kanten des Kristalls und erniedrigen die Anlagerungsenergie an diesen Stellen. So werden die Mitten der Kristallflächen zu Stellen der relativ höchsten Anlagerungsenergie, an denen nunmehr das Kristallwachstum einsetzt. Wir werden später noch auf Einzelheiten zurückkommen.

---

[1] KOHLSCHÜTTER, V., u. F. ÜBERSAX: Z. Elektrochem.. **30**, 72 (1924).—V. KOHLSCHÜTTER, A. GOOD u. F. JACOBER: Z. Elektrochem. **33**, 272, 277, 290 (1927). — V. KOHLSCHÜTTER u. TORRICELLI: Z. Elektrochem. **28**, 213 (1932).

[2] s. S. 379, Fußn. 1.

[3] s. S. 371, Fußn. 1.

Beim schichtweisen Wachsen der Silberkristalle stellten KOHLSCHÜT-
TER und TORRICELLI[1] auf derselben Kristallfläche meist mehrere Silber-
schichten gleichzeitig fest, die, mit geradliniger oder welliger Front
fließend, kurz aufeinanderfolgen, oder die sich von verschiedenen
Ausgangspunkten her unter einem Winkel gegeneinander bewegen. Im
ersten Fall können sich die Schichten überlagern, wobei eine später auftretende die frühere überholen mag. Im zweiten Fall vereinigen sie sich unter
Umständen, um dann gemeinsam in Richtung einer Resultante weiter
zu fließen, sofern beide Schichten etwa gleich stark sind. Andernfalls
breitet sich die stärkere Schicht über die dünnere aus und verharrt in
ihrer Richtung. Die Geschwindigkeit, mit der die Schichtenpakete sich
über die Kristallflächen hinwegschieben, nimmt mit zunehmender
Schichtdicke ab. Meist breiten sich die Schichten bloß auf einzelnen
Flächen aus oder auf verschiedenen Flächen mit verschiedener Geschwindigkeit; gelegentlich greift die Erscheinung aber auf auch eine
benachbarte Fläche über. So können z. B. die Schichten auf zwei benachbarten Flächen in entgegengesetzter Richtung an der gemeinsamen
Kante entlangstreichen, ohne sich irgendwie zu beeinträchtigen.

Wenn eingangs bemerkt wurde, der Kristallbaustein lagere sich nur
an bestimmten, streng begrenzten Wachstumsstellen des wachsenden
Kristalls an, während der überwiegende Teil der Kristalloberfläche
nicht gleichzeitig belegt werde und gewissermaßen passiv bleibe, so
können wir die Wachstumsbereiche nunmehr etwas genauer bezeichnen.
In den geschilderten Fällen sind es die Stirnflächen der Netzebenenpakete, die sich über die Kristallflächen vorschieben. Ganz überwiegend
an diesen Stufen lagern sich die Bausteine des Gitters, die Metallionen,
an; die übrigen Bereiche des Kristalls bleiben angenähert passiv. Dies
geschieht so lange, als der betreffende Kristall weiterwächst. Bilden
sich neue Kristallkeime aus, so ändern sich die Verhältnisse.

Der Grund für eine bevorzugte Metallabscheidung an den Stufen
ist wohl nicht allein in einer hohen freiwerdenden Anlagerungsenergie
zu suchen. Wahrscheinlich spielt das Nachliefern von abscheidbaren
Kationen dabei eine Rolle. Da die Stirnflächen der Wachstumsschichten
sich in der Lösung vorwärts bewegen, so kommen sie stets mit noch
unverbrauchter Lösung in Berührung. Ist eine Netzebene (oder ein
Netzebenenpaket) vollendet, so beginnt die Anlagerung wieder von
neuem an der Kristallkante. Dort hat sich inzwischen die ursprüngliche
Verarmung an Kationen auf dem Wege der Diffusion wieder ausgeglichen. KOHLSCHÜTTER sieht in der lokalen Verarmung und Wieder-
anreicherung die treibende Kraft zur Periodizität des elektrolytischen
Kristallwachstums. Nachdem auch ERDEY-GRUZ und VOLMER[1] den
Kationennachschub in manchen Fällen als den bestimmenden Vorgang

---

[1] s. S. 380, Fußn. 5.

für den Ablauf der Elektrokristallisation nachweisen konnten, hat diese Annahme an Wahrscheinlichkeit gewonnen. Auch bei dem nicht elektrolytischen Kristallwachstum spielt die Veränderlichkeit des Konzentrationsgradienten nächst der Kristalloberfläche eine wesentliche Rolle (vgl. BUNN und EMMETT[1]).

Wir wollen die Gesamtheit der Flächenanteile, an die allein sich die Metallkationen anlagern, künftig als wahre *Ansatzfläche* F_0 bezeichnen. Die wahre Ansatzfläche ist also gleich der Summe sämtlicher Stufenflächen der gleichzeitig fließenden Netzebenenpakete des Kristalls.

Die späteren Erörterungen werden zeigen, in welchem bedeutenden Maße der Habitus eines elektrolytisch abgeschiedenen Metallkristalls von den Bedingungen der Elektrolyse abhängig ist. Bei einem Wechsel der Bedingungen kann ein Kristall u. U. von einer Form in die andere übergehen.

Wenn alle diese verschiedenen Formen prinzipiell in der gleichen Weise diskontinuierlich wachsen, indem immer von neuem Wachstumsschichten von den Kristallrändern oder von den Flächenmitten her fließen, so konnte man unter dem Mikroskop ein solches Fließen von Netzebenenpaketen bisher bei einer Form *nicht* bemerken, nämlich bei dem *Fadenkristall*.

Der Fadenkristall wächst, indem sich das Metall stetig an seinem freien Ende, auf der seinen Querschnitt darstellenden Fläche, abscheidet. Hingegen wird auf der langgestreckten Zylindermantelfläche des Fadens niemals Metall abgeschieden. Bis auf den Fadenquerschnitt bleibt also die Begrenzung des Fadens passiv.

Warum an diesem Gebilde kein Fließen von Wachstumsschichten beobachtet werden konnte, ist ganz einfach zu erklären. Der Fadenkristall kann offenbar als ein Bündel von Netzebenen aufgefaßt werden, das sich beim elektrolytischen Wachstum in der Lösung in Richtung der Stromlinien vorschiebt. So entspricht der Fadenkristall etwa einer Wachstumsschicht. Fließt diese indes auf einer Kristallfläche, so verschiebt sich das Netzebenenbündel des Kristallfadens ganz isoliert im Elektrolyten, ohne Verbindung mit einer darunterliegenden Kristallfläche. Das Fließen der Wachstumsschicht wiederholt sich periodisch, indem sie, am Rande der Kristallfläche angelangt, erneut vom alten Ausgangspunkt her zu fließen beginnt. Das fadenförmige Netzebenenbündel fließt hingegen immer weiter; theoretisch hat es in der Flußrichtung keine im Bauplan festgelegte Länge. Es entwickelt sich ein scheinbar „endloser" Faden[2]. An die Stelle des den Kristallen sonst eigenen,

---

[1] BUNN, C. W., u. H. EMMETT: Discuss, Faraday Soc. **5**, „Crystal Growth" 119 (1949).

[2] Praktisch hört **das Wachstum** mit einer gewissen Länge auf, wohl infolge irgendeiner, nicht **kontrollierbaren** Störung.

diskontinuierlichen Wachstums tritt hier also ein kontinuierliches Weiterfließen.

Der Fadenquerschnitt entspricht somit etwa der Stirnfläche der
Wachstumsschicht; er bildet die wahre Ansatzfläche F_0 des Kristallfadens.
Wohl nur scheinbar ist der Rand des Fadenquerschnittes ein Kreis; in
Wirklichkeit dürfte er aus einem, dem Kreis schon mehr oder weniger
nahekommenden, Vieleck bestehen, wie denn auch die seitliche Begrenzung des Fadens nur in grober Annäherung zylindrisch sein mag,
vielmehr aus vielen schmalen, höher indizierten Flächen bestehen dürfte.

2.25.2 Wachstum von Kristallfäden in Anpassung an die Elektrolysebedingungen.

**Beziehungen zwischen Stromdichte und aktiver Oberfläche beim
Wachstum eines fadenförmigen Individuums.** Bei der elektrolytischen
Abscheidung eines Metalls wird die Stromdichte für gewöhnlich auf
die Größe der geometrischen Oberfläche der Kathode *vor Beginn der
Elektrolyse* bezogen. Die tatsächliche Größe dieser Oberfläche zu bestimmen, ist schwierig und umständlich. Man begnügt sich daher meist
mit dieser ungenaueren Angabe[1].

Allerdings bleiben in diesem Falle die Veränderungen der Kathodenoberfläche beim Aufwachsen des elektrolytischen Metallniederschlages
gänzlich unberücksichtigt. Während der Elektrolyse kann die *Größe*
der Oberfläche des Niederschlages in jedem Augenblick einen anderen
Wert annehmen. Außerdem werden die Werte je nach der Abscheidungsform des Niederschlages schon von vornherein sehr verschieden
ausfallen. Bezöge man die Stromdichte also auf die Gesamtoberfläche
des wachsenden Niederschlages, so müßte man diese Verhältnisse
berücksichtigen.

Aus der bereits dargelegten Vorstellung, daß sich die Kristallbausteine bei der Elektrokristallisation nur an bestimmte, streng begrenzte
Wachstumsstellen des wachsenden Kristalls anlagern, während der
übrige Teil der Kristalloberfläche „passiv" bleibt, ergibt sich für die
Bestimmung der Stromdichte eine neue Situation. Demnach wäre also
die Stromdichte auf die „aktive" Oberfläche des Kristalls zu beziehen,
die wir als wahre Ansatzfläche F_0 bezeichnet haben (vgl. S. 383). SAMAR-
ZEW[2] und VAHRAMIAN[3] haben diese Stromdichte die „wahre Stromdichte" genannt.

---

[1] Nach radiometrischen Messungen O. ERBACHERS: Z.phys.Chem. 2 A **163**, 196,
215 (1933); **166**, 13 (1933); A **178**, 15 (1936) kann die wahre Größe einer polierten
oder fein geschmirgelten Oberfläche durchschnittlich etwa das 1,7- bis 2,5fache
der geometrischen betragen.

[2] SAMARZEW, A. G.: C. r. Acad. Soc. URSS **2**, 478 (1935).

[3] VAHRAMIAN, A. T.: J. phys. Chem. (russ.) **19**, 443 (1937).

Wir kennen jetzt somit drei Arten von Stromdichten, einmal das Verhältnis der Stromstärke J zur geometrischen Primärfläche der Kathode (F_p) J/F_p (scheinbare Stromdichte), das Verhältnis der Stromstärke zur tatsächlich jeweils vorliegenden *Gesamt*oberfläche (F_g) J/F_g (absolute Stromdichte) und schließlich die Beziehung der Stromstärke zur wahren Ansatzfläche F_0, die wahre Stromdichte J/F_0 (vgl. auch später S. 400).

In der Praxis wird man, wie gesagt, die Stromdichte J/F_p als konventionelle grobe Näherungsgröße weiter verwenden, weil gewöhnlich weder die Gesamtoberfläche noch die wahre Ansatzfläche bekannt sind.

Für Grundlagenforschung, z. B. über das elektrolytische Kristallwachstum oder damit zusammenhängende Fragen der Metallüberspannung, wird man hingegen, wenn möglich, mit der Stromdichte J/F_0, als mit einer die tatsächlichen Verhältnisse korrekter wiedergebenden Größe, zu rechnen suchen[1]. Die wahre Ansatzfläche läßt sich z. B. bei Untersuchung eines einzelnen Fadenkristalls (s. S. 384) unschwer genau bestimmen. Bei anderen Kristallen dürfte eine direkte Bestimmung von F_0 freilich schwieriger und bei polykristallinen Aggregaten fast unmöglich sein.

Die wahre Gesamtansatzfläche bei polykristalliner Abscheidung ist

$$F_0 = \sum F_1 + F_2 + F_3 + \cdots + F_x \tag{118}$$

wobei F_1, F_2, F_3 usw. F_x die Flächen einzelner Stufen an den fließenden Wachstumsschichten der einzelnen Kristalle bedeuten. Die wahre Stromdichte wäre also in diesem Falle

$$\frac{J}{\sum F_1 + F_2 + F_3 + \cdots + F_x}. \tag{119}$$

KOHLSCHÜTTER und TORRICELLI[2] fanden bei der Elektrokristallisation eines einzelnen Silberkristalls aus Silbernitratlösung unter Verwendung einer konstant gehaltenen Spannung, daß die Stromdichte J/F_g so lange konstant bleibt, als der Kristall unter Beibehaltung seines anfänglichen Habitus ungestört weiterwächst. Dabei nimmt die Stromstärke, genügend hohe Zellspannung vorausgesetzt, während der Elektrolyse mit der Zeit fortlaufend in geradlinigem Anstieg zu, der Vergrößerung der Kristalloberfläche entsprechend.

Sobald indes irgendeine Störung im Wachstum des Kristalls eintritt, entsteht ein Knick in der geradlinigen Strom-Zeit-Kurve; Stromstärke und jetzt auch Stromdichte J/F_g nehmen weiterhin ab.

SAMARZEW[3], der diese Versuche von KOHLSCHÜTTER und TORRICELLI[2] wiederholte und bestätigte, wies indessen darauf hin, daß der Wert der

---

[1] Streng genommen sind es selbst auf dieser Fläche nur einzelne Aktivstellen, die wir mit etwa 10^7 bis 10^8 pro cm² angenommen haben (vgl. S. 153).

[2] s. S. 359, Fußn. 5.   [3] s. S. 384, Fußn. 2.

Stromdichte *vor* und *nach* Eintritt von Wachstumsstörungen konstant bleibt, wenn man die Stromdichte nicht auf die *Gesamt*oberfläche des Kristalls bezieht, sondern allein auf seine *aktive* Oberfläche, mit anderen Worten auf die wahre Ansatzfläche F_0.

Wie SAMARZEW beim Studium der Silberabscheidung als Kristallfaden (aus einer Silbernitratlösung) fand, paßt sich die Ansatzfläche in ihrer Größe der Stromstärke an. Erhöht man die Stromstärke, so vergrößert sich die Ansatzfläche entsprechend. Unter den Versuchsbedingungen stellt sich also die Stromdichte J/F_0 unabhängig von der Größe des durch die Zelle gehenden Stromes automatisch auf einen *konstanten* Wert ein, konstante Temperatur und einen gegebenen Elektrolyten vorausgesetzt.

VAHRAMIAN[1] bestätigte die Angaben SAMARZEWS durch quantitative Messungen. Wie SAMARZEW studierte VAHRAMIAN die Verhältnisse an einem elektrolytisch wachsenden Monokristall-Silberfaden, dessen Querschnitt die Ansatzfläche F_0 darstellt. Die Größe von F_0 bestimmte er jeweils quantitativ.

VAHRAMIAN schied das Silber ab an einer punktförmigen Kathode (Querschnitt eines Platindrahtes, eingepaßt in ein Glasrohr. Oberfläche mechanisch poliert) aus einer 3 n-$AgNO_3$-Lösung bei Stromdichten J/F_p von $7{,}5 \cdot 10^{-3}$ bis $7 \cdot 10^{-1}$ A/cm^2 und Zimmertemperatur. Bei genauer Konstanthaltung der Stromstärke (z. B. $6 \cdot 10^{-6}$ A) entwickelt sich der entstehende Silberfaden mit konstantem Querschnitt.

Ein solcher Kristallfaden sei in Abb. 157 schematisch wiedergegeben. Die Stromdichte J/F_0 ist durch das Verhältnis der Stromstärke J zum Querschnitt des Fadens, identisch also mit der Ansatzfläche F_0, bestimmt. Ihre Größe läßt sich durch Messung der linearen Kristallisationsgeschwindigkeit des Fadens unter dem Mikroskop und Bestimmung der abgeschiedenen Silbermenge aus dem Fadenvolumen errechnen. Man begeht wahrscheinlich keinen allzu großen Fehler, wenn man die Gestalt des Fadens als zylindrisch annimmt.

Erhöht man die Stromstärke, so wird der Faden *allmählich* dicker (Abb. 157). Unter den Versuchsbedingungen ist F_0 etwa 30 min nach der Stromdichteerhöhung so groß geworden, daß nunmehr der ursprüngliche Wert der Stromdichte J/F_0 wieder erreicht ist. Von jetzt an hört weiteres Dickenwachstum des Fadens auf, vielmehr wächst er jetzt mit dem erreichten größeren Querschnitt *unverändert* weiter. Jede weitere Stromstärkeerhöhung hat ganz entsprechende Folgen. Umgekehrt wird F_0 bei Erniedrigung der Stromstärke allmählich kleiner. Die Stromdichtewerte J/F_0 stimmen bei den verschiedenen Dicken miteinander überein.

---

[1] s. S. 384, Fußn. 3.

Aus den Untersuchungen VAHRAMIANS ergibt sich somit die für das Verständnis der Vorgänge bei der Elektrokristallisation wichtige Beziehung

$$\frac{J}{F_0} = K_1 \qquad (120)$$

Darin bedeutet K_1 eine Konstante, für das elektrolytische Wachsen eines Silber-Einkristallfadens aus 3 n-AgNO$_3$-Lösung. Wie sich weiterhin zeigen wird, kommt dieser Beziehung offenbar allgemeinere Bedeutung zu. So scheint sie ähnlich auch bei der polykristallinen elektrolytischen Silberabscheidung aus Silbernitratlösung zu gelten.

Nach den oben wiedergegebenen Versuchsresultaten VAHRAMIANS vollzieht sich das Größer- oder Kleinerwerden der wahren Ansatzfläche F_0 bei einer Stromdichteänderung nicht sofort, sondern allmählich. Dieser Umstand ist bemerkenswert. Unmittelbar nach einer Stromstärkeerhöhung ist also die Stromdichte J/F_0 höher, als dem konstanten Wert K_1 entspricht. Umgekehrt liegt ihr Wert bei einer verringerten Stromstärke zunächst unterhalb K_1. In beiden Fällen geht jedoch J/F_0 mit einer gewissen Einstellgeschwindigkeit allmählich in den konstanten Wert über.

In Bestätigung der obigen Beziehung geht aus den Versuchen von SAMARZEW[1] weiterhin hervor, daß die lineare Kristallisationsgeschwindigkeit des einkristallinen Silberfadens, abgeschieden aus Silbernitratlösung, unabhängig von Stromstärkeänderungen konstant bleibt. So beobachtete SAMARZEW unter dem Mikroskop z. B. die lineare Wachstumsgeschwindigkeit eines Silberfadens, hergestellt aus 2 n-AgNO$_3$-Lösung bei $1\cdot10^{-7}$ bis $1\cdot10^{-6}$ A. Mit einer Stromstärkeerhöhung vergrößert sich der Querschnitt des Fadens; doch die lineare Wachstumsgeschwindigkeit ist praktisch unverändert geblieben. Auch die Untersuchungen von VAHRAMIAN[2] bestätigen den Befund von SAMARZEW. Erwartungsgemäß gehen lineare Wachstumsgeschwindigkeit des Fadenkristalls und Stromdichte J/F_0 in ihrem Verhalten durchaus parallel. Beide sind unter sonst gleichen Verhältnissen in der AgNO$_3$-Lösung unabhängig von der Stromstärke. Diese Parallele besteht auch beim Übergangszustand, z. B. unmittelbar nach einer Stromstärkeerhöhung. Ist die Stromdichte J/F_0 unmittelbar nach einer Stromstärkeerhöhung noch höher, als den konstanten Werten entspricht, so gilt dies auch für die Fließgeschwindigkeit des Fadens. Beide gehen allmählich in den konstanten Wert über.

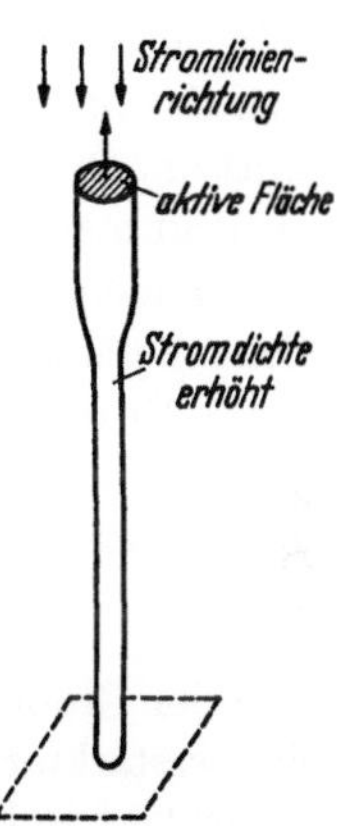

Abb. 157. Dickenänderung des Fadens mit erhöhter Stromdichte. (Nach VAHRAMIAN, s. S. 384. Fußn. 3).

---

[1] s. S. 384, Fußn.   [2] s. S. 384, Fußn. 3.

Anpassung des Kristallfadens an die Elektrolytzusammensetzung und Deutung des Fadenwachstums. Sehr bemerkenswert ist der Einfluß von relativ starken Inhibitoren. SAMARZEW[1] konnte z. B. zeigen, daß sich die lineare Wachstumsgeschwindigkeit des Silberfadens bei unveränderter Stromstärke beträchtlich erhöht, wenn man der Silbernitratlösung eine geringe Menge Ölsäure zusetzt. Dementsprechend verkleinert sich die wahre Ansatzfläche F_0 erheblich, und die Stromdichte J/F_0 nimmt einen wesentlich höheren Wert an. SAMARZEW konnte sie aus der linearen Wachstumsgeschwindigkeit z. B. zu $6 \cdot 10^{-1}$ A/cm² ermitteln. Der Wert für die Stromdichte J/F_0 ist erstaunlich hoch, berücksichtigt man die überaus geringe angewandte Stromstärke von 10^{-7} A. Der Fadendurchmesser beträgt in der Größenordnung 10^{-3} mm. Ähnliche Veränderungen ruft nach VAHRAMIAN[2] z. B. auch ein Zusatz von 0,2% Dextrin zur Silbernitratlösung hervor.

Hieraus ergibt sich also, daß die Konstante K_1 (vgl. S. 387) in der Beziehung

$$\frac{J}{F_0} = K_1 |,$$

von der Größe der Inhibition abhängig sein dürfte. Offenbar nimmt K_1 bei verstärkter Inhibition einen entsprechend größeren Wert an. Ebenso vergrößert sich die lineare Kristallisationsgeschwindigkeit. Die Gültigkeit dieser Zusammenhänge ist natürlich zunächst nur für den Existenzbereich der Abscheidung eines Silberkristallfadens aus Silbernitratlösungen gesichert, doch dürften sie kaum auf dieses Beispiel beschränkt sein.

Der sich hier offenbarende starke Einfluß von Inhibitoren läßt ganz allgemein eine Mitwirkung von Inhibitoren bei solchen Erscheinungen vermuten. Während der Abscheidung des Silbers ist die Ansatzfläche eines Fadenkristalls in ständiger Veränderung begriffen. Silberionen, ebenso wie die im Elektrolyten enthaltenen Inhibitoren (NO_3^-, H_2O-Molekeln, evtl. gewisse Verunreinigungen), werden bestrebt sein, sich im Wettbewerb miteinander an Stellen höchster Anlagerungsenergie der Ansatzfläche anzulagern. Ob nun eine sich neu bildende Ansatzstelle vom abscheidbaren Kation oder vom Inhibitor belegt wird, hängt einmal ab von der Affinität der betreffenden Stoffe zu der Ansatzstelle, zweitens aber von ihrer Konzentration, d. h. von der Möglichkeit, den Stoff in die nächste Nähe der Ansatzstelle nachliefern zu können.

Die im gereinigten $AgNO_3$-Elektrolyten enthaltenen Inhibitoren sind von sehr schwacher Wirkung. Dies ergibt sich u. a. auch aus der Tatsache, daß die Überspannung bei der Silberabscheidung aus sehr reinen $AgNO_3$-Lösungen unter oben angegebenen Versuchsbedingungen (VAHRAMIAN[2]) äußerst gering sein dürfte (<1 mV).

----

[1] s. S. 384, Fußn. 2.   [2] s. S. 384, Fußn. 3.

Das Silberion wird im wesentlichen nur durch elektrostatische Anziehung gebunden. Die Affinität der Inhibitoren kann teilweise ebenfalls vom elektrischen Feld beeinflußt werden. Im Falle der $AgNO_3$-Lösung dürfte ein solcher Einfluß bei den Wasserdipolen nicht groß sein und bei den NO_3-Ionen eher eine Abschwächung der elektrostatischen Bindungskräfte bedeuten. Indes werden bei den Inhibitoren darüber hinaus gewöhnlich noch chemische Bindungskräfte zwischen den Oberflächenatomen der Kathode und den Inhibitoren, sowohl im Falle der Anionen als auch bei den Dipolen, wirksam sein.

Bei der Geringfügigkeit der Inhibition im $AgNO_3$-Elektrolyten wird vergrößerte elektrische Anziehung hier die Silberionen bevorzugen, sofern diese in ausreichender Menge vorhanden sind. Mit einer Vergrößerung der Stromstärke nimmt die Anlagerungsenergie zu, namentlich an den aktiveren Stellen der Ansatzfläche des Fadenkristalls, d. h. also an den Rändern des Querschnitts. So werden sich die Ag-Ionen bevorzugt an die Randpartien anlagern. Dabei vergrößert sich der Querschnitt des Fadenkristalls.

Andererseits verlieren die Silberionen bei verminderter Stromstärke mehr und mehr ihren Vorrang vor den Inhibitoren. Jetzt erlangt der Anteil der chemischen Bindungskräfte der Inhibitoren wachsende Bedeutung, und die Inhibitoren werden nunmehr einen Teil der Ansatzfläche blockieren, ebenfalls von den aktivsten Stellen ausgehend.

Der Wettbewerb zwischen den abscheidbaren Kationen und den Inhibitoren, den die Stromstärke steuert, bestimmt also die Größe der Ansatzfläche. So dürften sich die Beziehungen zwischen Stromstärke und Fadendicke automatisch regeln.

Über die Rolle der Ag^+-Ionenkonzentration bei diesen Zusammenhängen scheinen bisher genauere experimentelle Daten zu fehlen, wenigstens soweit es die Veränderung der Ansatzfläche eines Silbereinkristallfadens, abgeschieden aus $AgNO_3$-Lösung, betrifft. Es ist aber wohl nicht unwahrscheinlich, daß verringerte Silberionen-Konzentration bei konstanter Stromstärke und auch sonst gleichbleibenden Verhältnissen ein Kleinerwerden der Ansatzfläche und somit eine Vergrößerung des Stromdichtewertes J/F_0 mit sich bringen wird. Können die Silberionen nicht in ausreichendem Maße an die Ansatzfläche gebracht werden, so werden die Inhibitoren den Vorrang erhalten. Sie werden also größere Flächenanteile blockieren als bei einer höheren Ag^+-Ionenkonzentration. So dürfte der Wert für die Konstante K_1 auch konzentrationsabhängig sein.

Daß eine plötzliche Stromstärkeänderung nicht ebenso rasch die Ansatzfläche F_0 verändert, sondern eine solche Veränderung sich vielmehr mit einer gewissen Trägheit in der Einstellgeschwindigkeit vollzieht, hängt wohl mit davon abhängigen Konzentrationsverschiebungen zusammen. Sowohl die Belegung der Ansatzfläche mit Inhibitoren als auch das Konzentrationsgefälle der Ionen im Kathodenfilm ändern sich mit der Stromstärkeänderung. Gewisse Zeit muß vergehen, bis sich wieder ein stationärer Zustand herausgebildet hat.

Ist die Inhibition in einer reinen $AgNO_3$-Lösung, wie erwähnt, zwar ziemlich gering, so kann sie doch bei Zusatz von Inhibitoren mittlerer Stärke, wie Ölsäure oder Dextrin, beträchtliche Werte annehmen. Bei der an sich sehr geringen Stromstärke (vgl. S. 388) beobachtete z. B. VAHRAMIAN[1] in Gegenwart von 0,2% Dextrin in einer $AgNO_3$-Lösung bei Zimmertemperatur eine Überspannung von etwa 40 mV (während die Überspannung in der dextrinfreien, sehr reinen $AgNO_3$-Lösung unmeßbar gering war). Bei einer solchen Inhibition werden beträchtliche Anteile der Ansatzfläche blockiert, die Ansatzfläche fällt also sehr klein aus. Dementsprechend erhöht sich, wie wir gesehen haben, J/F_0. Die Konstante K_1 wird also von der Größe der Inhibition (und wahrscheinlich außerdem von der Konzentration der abscheidbaren Kationen) bestimmt. So bestätigt sich auch hier unsere oben gemachte Feststellung, daß sich in der Konstante K_1 der Wettbewerb zwischen Inhibitoren und Kationen ausdrückt.

Zur Frage, ob die Konstanz der Stromdichte J/F_0 auch bei Stromstärkeänderungen in Gegenwart relativ wirksamer Inhibitoren erhalten bleibt, scheinen bislang noch keine experimentellen Untersuchungen durchgeführt worden zu sein. Folgende Überlegungen machen indes eine solche Konstanz, zum mindesten in Gegenwart relativ starker *polarer*, positiver oder negativer Inhibitoren, unwahrscheinlich:

Stehen mit den abscheidbaren Metallkationen positive Inhibitoren, z. B. Wasserstoffionen, im Wettbewerb, so werden bei einer Stromstärkeerhöhung nicht allein die Metallkationen, sondern auch die Wasserstoffionen[2] vom kathodischen Feld stärker angezogen. Mit steigender Stromstärke werden sich die leicht beweglichen Wasserstoffionen an der Kathode mehr und mehr anreichern, während die Konzentration der abscheidbaren Metallkationen in immer geringerem Maße zunehmen und schließlich, bei weiterer Stromstärkeerhöhung mangels ausreichender Nachlieferung, sogar abnehmen wird. So werden die Wasserstoffionen mehr und mehr Plätze auf der Ansatzfläche des wachsenden Kristallfadens belegen.

Daraus ergibt sich also, daß sich die Ansatzfläche nicht mehr proportional der Stromstärke, sondern in einem mit zunehmender Stromstärke fortlaufend geringer werdenden Umfang vergrößern sollte. Möglicherweise nimmt sie schließlich bei immer weiter gesteigerter Stromstärke sogar an Größe ab. Die Stromdichte J/F_0 wird also in Gegenwart stärkerer positiver Inhibitoren wahrscheinlich nicht mehr konstant bleiben, sondern mit wachsender Stromstärke zunehmen.

Diese Tendenz dürfte in noch stärkerem Maße zu erwarten sein, wenn sich mit dem Metallkation zugleich atomarer Wasserstoff *abscheidet*, und zwar mit wachsender Stromstärke in zunehmendem Maße. Der atomare Wasserstoff wirkt ebenfalls als starker Inhibitor. Die Verhältnisse können sich weiter komplizieren, wenn durch die Mitabscheidung von Wasserstoff Sekundärprozesse in unmittelbarer Kathodennähe angeregt werden, so z. B. verstärkte Hydrolyse. Hydrolytisch gebildetes Schwermetallhydroxyd ist für gewöhnlich ein positiv geladenes Kolloid. Nimmt seine Menge mit wachsender Stromdichte zu, so dürfte auch dieser Inhibitor unter solchen Umständen ebenfalls J/F_0 vergrößern. Eine

---

[1] s. S. 384, Fußn. 3.

[2] Die in dem Beispiel als nichtabscheidbar angenommen werden dürfen.

solche Wirkung ist natürlich auch sonst von allen positiv geladenen Inhibitoren zu erwarten, die dem Elektrolyten von vornherein zugesetzt werden, wie z. B. Alkyl- oder Arylammoniumionen, Alkaloide usw.

Auch relativ starke *negative* Inhibitoren sollten die Konstanz von J/F_0 aufheben. In diesem Falle dürfte sich J/F_0 mit steigender Stromdichte *verringern*, denn die Ansatzfläche sollte mit zunehmender Abstoßung der negativen Inhibitoren merklich größer werden.

Da beim Fadenwachstum nur ein Bruchteil der Gesamtoberfläche, der Fadenquerschnitt, aktiv ist, herrscht in diesem aktiven Bereich eine sehr hohe Stromdichte. Es erscheint deshalb nicht ausgeschlossen, daß sich die Anlagerung der Metallionen nicht mehr im wiederholbaren Schritt, sondern statistisch vollzieht. Ähnliche Überlegungen gelten auch für die Anlagerung an die Stufen der Wachstumsschichten (vgl. S. 397).

2.25.3 Wachstum von Wachstumsschichten in Anpassung an die Elektrolysebedingungen.

Verhalten der Wachstumsschichten auf verschiedenen Kristallflächen. Unsere Erörterung im vorigen Abschnitt bezog sich auf das Beispiel des elektrolytischen Wachstums eines fadenförmigen Silberkristalls. Die einfache Form dieses Gebildes erlaubt einen bequemen Nachweis der gesetzmäßigen Zusammenhänge. Von allgemeinerem Interesse ist indes die Frage, wie denn die Verhältnisse bei regulären Kristallformen mit wohldefinierten Flächen liegen.

Wie bereits erwähnt, verhält sich der Kristallfaden gegenüber der Anlagerung von Metall bei der Elektrolyse anscheinend analog der Wachstumsschicht, die beim Wachsen des gewöhnlichen Kristalls über die Kristallfläche fließt. Ansatzfläche ist in dem einen Fall der Fadenquerschnitt, im anderen die Stufe der Wachstumsschicht. Stellten also Kristallfäden und Wachstumsschichten entsprechend aufgebaute Netzebenenpakete dar, so sollte man von der Veränderlichkeit der Größe der Ansatzfläche unter den Bedingungen der Elektrolyse im wesentlichen gleichartige Beziehungen erwarten.

Wie bereits erwähnt, besteht aber ein grundsätzlicher Unterschied im Wachsen von Faden und Wachstumsschicht. Der Faden wächst ganz isoliert im Elektrolyten, während die Wachstumsschicht in der Regel auf einer Unterlage, einer Kristallfläche weiterfließt (sieht man von der ersten Wachstumsschicht ab, mit der ein Kristall angelegt wird; sie ist natürlich auch isoliert, sofern sie sich nicht einer fremden Kristallfläche auflagert).

Wie die Erfahrung lehrt, hängt die Dicke der Wachstumsschicht und auch die Größe der Ansatzfläche, von der Natur der Kristallfläche ab, auf der die Wachstumsschicht sich fortbewegt. Gewöhnlich ist dabei die Fließgeschwindigkeit um so geringer, je dicker die Wachstumsschicht ausfällt. Somit wird auch die Fließgeschwindigkeit der Wachstumsschicht von der Natur der Basisfläche bestimmt, und sie ist durchaus nicht unabhängig von der Dicke, wie dies bei dem Kristallfaden gefunden wurde.

Unter gleichen Bedingungen (Stromstärke $5 \cdot 10^{-5}$ A, J/F_p $8 \cdot 10^{-4}$ A/cm^2, Elektrolyt 6 n-AgNO$_3$, Zimmertemperatur) sind nach KOHLSCHÜTTER und TORRICELLI[1] Dicke und Fließgeschwindigkeit der Wachstumsschichten z. B. auf den Flächen des Würfels oder des Pyramidenoktaeders (100/h h l) durchaus verschieden. So fließen auf der Würfelfläche sehr dünne Wachstumsschichten mit einer relativ sehr hohen Fließgeschwindigkeit von 24 mm pro Minute. Dabei breiten sich in der Minute etwa 100 bis 120 Schichten über die Würfelfläche aus. Für zwei Würfelflächen ein und desselben Kristalls stimmen Zahl und Geschwindigkeit der Schichten ziemlich überein, von einem Kristall zum anderen weichen sie aber u. U. ab.

Auf dem Pyramidenoktaeder ist die Fließgeschwindigkeit viel geringer, und die Schichten fallen erheblich dicker aus. Unter den gleichen Bedingungen wie zuvor beträgt die Geschwindigkeit, mit der sich z. B. die Wachstumsschichten längs der Würfelkante des Pyramidenoktaeders bewegen, nur etwa 0,4 mm in der Minute. Dabei fließen nur etwa 3 bis 12 Schichten pro Minute über die Fläche. Noch viel langsamer bewegen sich die sehr dicken Schichten zur Spitze des Pyramidenoktaeders. Hier beträgt die Fließgeschwindigkeit nur 0,06 mm pro Minute. Sie ist also hier 400mal geringer als im Falle der Würfeloberfläche.

Augenscheinlich verhält sich demnach die Wachstumsschicht in ihrem Wachstumsmechanismus anders als der Kristallfaden, und eine Übertragung der am Fadenmodell gemachten Erfahrungen auf die Wachstumsschicht könnte zu falschen Schlüssen führen.

Der entscheidende Unterschied besteht offenbar in dem Umstand, daß der Kristallfaden *kontinuierlich* parallel den Stromlinien in Richtung senkrecht zur Anode wächst, während die Wachstumsschicht *diskontinuierlich* in zwei Richtungen zu wachsen vermag: einmal senkrecht zur Unterlage (vertikales Wachstum) und zweitens *parallel* zur Unterlage (tangentiales Wachstum).

Das diskontinuierliche Wachsen der Wachstumsschicht in zwei Richtungen verbunden mit einer periodischen Bildung neuer Schichtkeime bildet die Grundlage einer Modellvorstellung zur Entstehung solcher Schichten (H. FISCHER[2]), die im folgenden Abschnitt entwickelt werden soll.

---

[1] s. S. 359, Fußn. 5.

[2] FISCHER, H.: Z. Metallkde. **39**, 161 (1948); **39**, 204 (1948); **41**, 151 (1950).

Modellvorstellung von der Entstehung der Wachstumsschichten.
Stellen wir uns die Wachstumsschicht schematisch (Abb. 158) in Form
einer Stufe vor, die mit etwa gleichbleibender Dicke über die Unterlage
bis zu einer bestimmten Grenze fließt. Sie hört dann auf weiterzufließen,
und es bildet sich auf ihrer Oberfläche wieder eine neue Stufe aus, die
sich ganz entsprechend wie die erste ausbreitet usw. In der schematischen
Darstellung ist die Dicke der Schicht im Verhältnis zu den übrigen
Abmessungen absichtlich bedeutend überhöht gezeichnet. Auch
ist das Schemabild insofern idealisiert, als die seitliche Begrenzung
der Wachstumsschicht beim Fließen in Wirklichkeit nur bei langsamem Wachsen geradlinig, sonst
aber unregelmäßig verläuft und
nicht immer geometrisch saubere
Ecken und Kanten aufweist. Als

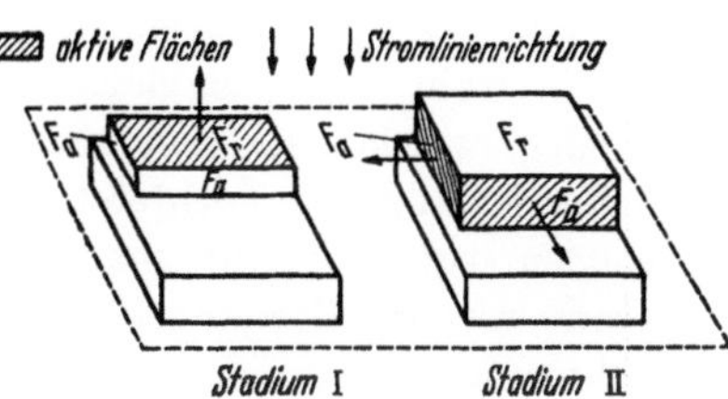

Abb. 158. Schema des Wachstumsmechanismus
der Wachstumsschicht.
(Nach H. Fischer, s. S. 392, Fußn. 2.)

Richtung der Stromlinien soll hier und in den späteren Beispielen stets
die Senkrechte auf die Unterlage angenommen werden. Ferner wird vorausgesetzt, daß sich der Vorgang der Elektrokristallisation nahe dem
Phasengleichgewicht und mit nur schwacher Inhibition vollzieht[1].

Erstes Stadium: Schichtwachstum in vertikaler Richtung. Denkt man
sich die im Aufbau befindliche zweite Schicht in Abb. 158 vorerst weg,
so sei angenommen, es bilde sich bei der Entstehung der Schicht auf
der Oberfläche der Unterlage zunächst ein zweidimensionaler Flächenkeim[2], der sich nach den Seiten hin zu einer einatomaren Fläche entwickele. Die Bildung dieses Keimes mag z. B. durch eine Fehlstelle
(Hohlecke oder -kante) erleichtert sein.

Im Sinne der Vorstellung von Volmer[3] werden die im elektrischen
Felde antransportierten Kationen anfänglich auf der Fläche der Unterlage irgendwo adsorbiert, bis sie sich endgültig an das Ende einer
im Aufbau befindlichen Atomkette an den Rändern der sich entwickelnden Netzebene anlagern. Als Stellen des sog. „wiederholbaren Schritts"
(vgl. S. 338) sind diese im Aufbau befindlichen Ränder der Atomschicht
wegen der wesentlich höheren Anlagerungsenergie vor den Flächenmitten unbedingt bevorzugt.

Wie weit sich die Atomschicht ausbreitet, wann also die Anlagerung
einer neuen Atomkette an den soeben vollendeten Rand einer fließenden

---

[1] Das entspricht auch dem experimentellen Befund (vgl. Erdey-Gruz und
Volmer, s. S. 379, Fußn. 1 und Kohlschütter und Torrivelli, s. S. 359,
Fußn. 5.

[2] Über die Entstehungsmöglichkeiten zweidimensionaler Keime bei der
Elektrokristallisation s. S. 399.

[3] s. S. 379, Fußn. 1.

Atomschicht einmal aufhört, wird von Unterschieden der lokalen Kationenkonzentration in der Umgebung des Randbezirks und der Ansatzstelle für die Bildung eines neuen Flächenkeimes abhängen. Die Anlagerung am Rande wird also aufhören, wenn die lokale Kationenkonzentration dort merklich geringer geworden ist als in der Umgebung der Ansatzstelle für einen neuen Flächenkeim.

Die einzelnen Atomschichten werden sich mit sehr hoher Geschwindigkeit über die Fläche ausbreiten. Da die sich neu auflagernden Atomschichten wohl unter fast gleichen Bedingungen wachsen wie die voraufgehenden, werden sie sich auch nahezu ebensoweit ausbreiten. Aus vielen aufeinandergeschichteten Atomschichten wird sich also eine Stufe ausbilden (vgl. Abb. 158, Stadium 1).

Indes wird die Umgebung der sich übereinander ausbreitenden Atomschichten bei dem ständigen Verbrauch an abscheidbaren Kationen mehr und mehr an diesen Ionen verarmen. Wohl kann allerdings dabei ein lokaler Unterschied in der Kationenkonzentration zwischen Keimansatzstelle und Rand einer eben vollendeten Atom-

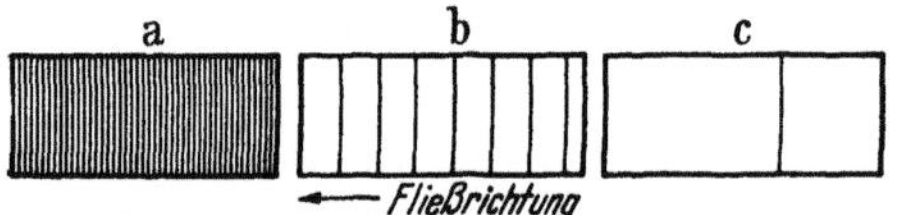

Abb. 159. Entstehung der Wachstumsschicht aus fließenden Atomschichten.
(Nach H. FISCHER, s. S. 392, Fußn. 2.)

schicht noch annähernd in gleichem Maße bestehenbleiben, so daß sich die Atomschichten auch weiterhin begrenzt und stets etwa gleich weit ausbreiten werden. Aber infolge der fortschreitenden allgemeinen Kationenverarmung werden die Atomschichten langsamer fließen, und ein neuer Flächenkeim wird sich immer seltener bilden können. Das Aufwachsen neuer Atomschichten wird also in zunehmendem Maße erschwert werden.

In dem Umfange, als sich die Kationenkonzentration in der Umgebung der Ansatzpunkte für die Bildung neuer Flächenkeime merklich verringert, werden nunmehr fremde Ionen oder Molekeln (Inhibitoren), in ständigem Wettbewerb mit den Kationen liegend, diese Stellen statt der Kationen belegen und dort die Anlagerungsenergie erheblich herabsetzen. Der Ort der Entstehung von Flächenkeimen wird sich nach anderen, noch nicht blockierten Stellen geringerer Aktivität (z. B. nach den Flächenmitten an Stelle von Ecken oder Kanten) verlegen müssen. Schließlich lagert sich aber auf die Fläche überhaupt keine neue Atomschicht mehr auf. Die oberste Atomschicht bleibt vorläufig passiv. Auftreffende Kationen werden an ihr adsorbiert, ohne daß sich ein neuer Flächenkeim bildet.

Durch das Aufeinanderlagern der Atomschichten ist, wie erwähnt, eine Stufe entstanden. Ihre Vollendung zeigt zugleich den Beginn einer seitlichen Ausbreitung der Wachstumsschicht an. Damit ist das erste Stadium im Wachstum der Wachstumsschicht, das „vertikale" Wachstum, abgeschlossen (Abb. 158 I.), das offensichtlich analog dem Wachstum eines Kristallfadens abläuft (vgl. S. 386 f).

Für das Entstehen der Stufe sind auch andere Erklärungen möglich. Wurde oben vorausgesetzt, es bilde sich *während* des Auswachsens einer Atomschicht kein neuer zweidimensionaler Flächenkeim, so könnte man aber auch annehmen, es entwickele sich bereits unmittelbar nach der Entstehung des ersten Flächenkeimes — also noch weit vor einer Vollendung der ersten — ein neuer Flächenkeim. Dicht hinter dem Rande der sich ausbreitenden ersten Atomschicht schiebe sich schon der Rand der nächsten Atomschicht nach. Auf den zweiten Flächenkeim folge sogleich wieder ein neuer, auf den Rand der zweiten Atomschicht ebenfalls ein nächster usw.

Dann wäre die Oberfläche gleichsam in die Ränder vieler, dicht aufeinander- und übereinanderfolgender Atomschichten aufgeteilt (Abb. 159a). In der nächsten Umgebung der Keimansatzstelle sollte diese Aufteilung freilich mit wachsender Verarmung an Kationen bald weniger dicht werden (Abb. 159 b), dürfte doch damit die Häufigkeit der Bildung neuer Flächenkeime abnehmen. Andererseits sollte die Fließgeschwindigkeit der Atomschichten in gleichem Maße anwachsen, wie die Keimbildungshäufigkeit abnimmt, denn das vorhandene Angebot an Kationen verteilt sich auf eine ständig geringer werdende Zahl von Flächenrändern. So werden also später entstehende Atomschichten früher angelaufene einholen können, und es wird sich bei der Überlagerung ihrer Ränder eine gemeinsame Grenze bilden, die nunmehr viel langsamer weiterfließt (Abb. 159c). Diese Grenze führt zur Ausbildung einer Stufe.

Bei fortgeschrittener Verarmung an Kationen und damit zunehmender Blockierung der Aktivstellen mit Inhibitoren sollten neue Flächenkeime immer seltener entstehen, bis schließlich die Keimbildung und damit das Fließen von Atomschichten überhaupt aufhört. Die Oberfläche wird passiv, und die endgültige Dicke der Wachstumsschicht ist erreicht.

Zum Unterschied von der ersten Deutung wird hier also nicht ein periodisch anwachsendes Konzentrationsgefälle in der Kationenkonzentration zwischen Keimansatzstelle und Flächenrand, sondern der ebenfalls konzentrationsbedingte Rückgang der Häufigkeit der Keimbildung für die Entstehung der Stufe verantwortlich gemacht. Eine dritte Möglichkeit der Erklärung des Schichtwachstums ist die Bildung eines dreidimensionalen kugelförmigen Keimes nach GRAF (vgl. S. 399). Sie wurde bisher allerdings für ein Schichtwachstum angenommen, das sich nicht, wie in unserem Fall, nahe dem Phasengleichgewicht abspielt, sondern sehr entfernt davon.

Welche von diesen Deutungen die wahrscheinlichere ist, müssen weitere Untersuchungen erweisen.

Zweites Stadium: Tangentiales Schichtwachstum. Ist die Oberfläche der Wachstumsschicht vorläufig passiv geworden, so haben inzwischen die Seitenflächen der Stufe Aktivität erlangt. Damit wird das zweite Stadium im Wachstum der Schicht, das „tangentiale" Wachstum, eingeleitet. Offenbar werden die Seitenflächen im Realfalle bereits in dem Maße aktiv, als die Oberfläche an Aktivität einbüßt[1].

Wie die Erfahrung lehrt, besteht die Oberfläche der Wachstumsschicht fast immer aus einer niedrig indizierten Fläche mit dichtester Atomanordnung, während höher indizierte Flächen die Seitenflächen bilden. Da nun Flächen mit dichtester Besetzung nur wenig zur Adsorption neigen, läßt sich die leichtere Passivierbarkeit der Oberfläche auch von diesem Gesichtspunkt aus verstehen.

Jedenfalls werden Flächenkeime sich auf den Seitenflächen spätestens bei Eintritt der Passivierung der Oberfläche bilden, und es werden sich neue Atomschichten ausbreiten.

Zeigte die Wachstumsschicht im ersten Stadium ein Dickenwachstum (Abb. 158I), so breitet sie sich nunmehr in seitlicher Richtung aus (Abb. 158II).

Wie bereits erwähnt, fließt die Wachstumsschicht nur bis zu einer bestimmten Grenze, der Kristallkante, die die äußere Begrenzung des sich aufbauenden Kristalls bildet. Ist sie erreicht — zuweilen auch schon früher —, so bildet sich eine neue Wachstumsschicht aus.

Warum hört aber das seitliche Auswachsen der einmal gebildeten Wachstumsschicht auf, weshalb fließt die Schicht nicht unbegrenzt weiter? Auch die seitliche Ausbreitung der Wachstumsschicht und das Entstehen einer neuen Schicht hängen offenbar ab vom lokalen Angebot an abscheidbaren Kationen und von der Anlagerungsenergie, einmal an den während des Fließens aktiven seitlichen Begrenzungsflächen und zweitens an der zeitweilig passiven Oberfläche der Wachstumsschicht. Entscheidend dürften die zeitlichen Veränderungen dieser Faktoren an den betreffenden Stellen sein. Während der Erholungspause einer vorübergehenden Stillegung der Oberfläche gleicht sich dort die Kationenkonzentration in der nächsten Umgebung durch fortgesetzten Nachschub an Kationen mehr und mehr wieder aus. Schließlich erreicht sie erneut die frühere Höhe. Die auf der zeitweise passiven Oberfläche adsorbierten Inhibitoren werden mehr und mehr durch Kationen verdrängt. Dementsprechend verringert sich die Anlagerungs-

---

[1] GRAF [Z. Metallkde. **42**, 336, 401 (1951)] vertritt, vom Wachstum eines Kugelkeimes (s. oben) ausgehend, die Ansicht, die Oberfläche sei *vollständig* passiv, und nur an den Seitenflächen vollziehe sich der Anlagerungsprozeß. Bei dieser Auffassung bereitet aber eine Deutung des unter verschiedenen Einflüssen veränderlichen Dicken- und Seitenwachstums der Schicht noch **Schwierigkeiten** (s. S. 400).

arbeit, insbesondere die Keimbildungsarbeit A_k auf der passiven Oberfläche. So folgt aus der Zunahme der freien Energie wieder eine Zunahme der Keimbildungshäufigkeit auf dieser Fläche. Die bis dahin passive Oberfläche wird also wieder aktiv. Von neuem beginnen sich nun dort Atomschichten aufzulagern, anfangs selbst unter Einbau nicht mehr verdrängbarer Inhibitoren.

Andererseits haben sich inzwischen die Anlagerungsbedingungen an den seitlichen Begrenzungsflächen verschlechtert. Die nächste Umgebung der Ansatzpunkte für die Flächenkeime hat mehr und mehr an abscheidbaren Kationen zu verarmen begonnen. Die Zahl der Flächenkeime je Zeiteinheit wird daher ständig zurückgehen. Mit wachsender Blockierung durch Inhibitoren wird die freie Anlagerungsenergie an diesen Flächen abnehmen.

Beginnt nun noch dazu die ursprünglich passive Oberfläche aktiv zu werden, so wird die Aktivität an den seitlichen Begrenzungsflächen besonders schnell abnehmen, denn nun muß sich das Gesamtangebot an Kationen auf eine viel größere Fläche verteilen. So wird die Anlagerung dort aufhören, wo zur Zeit die ungünstigsten Anlagerungsbedingungen bestehen, d. h. jetzt auf den seitlichen Begrenzungsflächen. Die Wachstumsschicht hat damit ihre endgültige Größe und Gestalt erreicht. Der Anfangszustand, wie er bei Entstehung der ersten Wachstumsschicht herrschte, ist wiederhergestellt, und eine neue Wachstumsschicht kann sich in derselben Weise in zwei Stadien ausbilden, wie die erste entstand.

Im Wechsel von Aktivität und Passivität wird sich so fortlaufend eine Wachstumsschicht über die andere lagern. Bei hohen Stromdichten und ausreichendem Angebot an abscheidbaren Kationen kann übrigens der Aufbau einer neuen Wachstumsschicht bereits einsetzen, bevor der Aufbau des vorhergehenden beendet ist. Unter Umständen fließen in kurzen Abständen mehrere „Wellenfronten" hintereinander.

Man könnte übrigens vermuten, daß sich beim Fließen der Atomschichten auf den seitlichen Flächen ebenfalls Stufen, also etwa streifenförmige Wachstumsschichten, ausbildeten. Eine solche weitere Unterteilung in Streifen oder Blöcke sollte sich indes durch eine Streifenstruktur auf den Flächen, die an die betreffende aktive Fläche angrenzen, also z. B. auf der reaktivierbaren Fläche, nachweisen lassen. Dafür scheinen bei elektrolytischen Niederschlägen keine Anzeichen gegeben zu sein. Sofern auf mehreren aneinanderstoßenden Flächen eine auf Wachstumsschichten deutende Streifung wahrzunehmen ist, scheint sie stets in ein und derselben Richtung zu verlaufen, also nur *einer Art* von Wachstumsschichten anzugehören.

Gegen die Ausbildung von Stufen auf den seitlichen Flächen spricht übrigens auch durchaus die außerordentlich hohe Stromdichte auf diesen Flächen, von der noch später die Rede sein wird. Nichtausgeschlossen erscheint unter diesen Umständen eine statistische Anlagerung der

Kationen wie an eine Flüssigkeitsoberfläche, d. h. ohne wiederholbaren
Schritt.

Je größer die frei werdende Anlagerungsenergie auf der anfänglich
noch aktiven reaktivierbaren Fläche ist, um so später wird auch auf ihr
die Bildung neuer Flächenkeime aufhören, um so dicker wird also in
diesem Falle die Wachstumsschicht im ersten Stadium, d. h. im „vertikalen" Wachstum, werden. Später, nach der Passivierung, wird die
reaktivierbare Fläche auch desto rascher wieder aktiv werden, und
schließlich wird sich die fließende Wachstumsschicht auch seitlich desto
weniger ausbreiten.

Die Modellbetrachtung führt im übrigen zu dem Ergebnis, daß die
Wachstumsschicht sich (bei konstanter Stromstärke) seitlich um so
weniger ausbreiten muß, je dicker die Schicht ausfällt. Dieser Befund
wird, wie später noch gezeigt werden soll, durch die Erfahrung immer
wieder bestätigt. Im Einklang damit steht auch die Tatsache, durch
viele Beobachtungen erhärtet, daß (bei konstanter Stromstärke) dicke
Wachstumsschichten langsamer fließen als dünnere. Je dicker die Wachstumsschicht ist, auf eine um so größere aktive seitliche Begrenzungsfläche
muß sich die gleiche Strommenge verteilen, d. h. um so geringer ist die
Zahl der Kationen, die sich auf der Flächeneinheit der aktiven Fläche
abscheiden.

Da unter den genannten Abscheidungsbedingungen nur eine verhältnismäßig geringe Wirkung von Inhibitoren zu erwarten ist (starke
Inhibition könnte die frei werdende Anlagerungsenergie an den verschiedenen Flächen in verschieden großem Umfang verändern) so dürften
bezüglich der Größe der Anlagerungsenergie an den verschiedenen
Flächen wohl die Auffassungen von KOSSEL[1] und STRANSKI[2] gelten.
Mit anderen Worten, im Falle kubisch-flächenzentrierter Metalle muß
z. B. an der Würfelfläche eine wesentlich geringere, langsam wachsende
Anlagerungsenergie frei werden als an der hh1-Fläche.

Die langsam wachsende Würfelfläche, die bei kubisch flächenzentrierten Metallen zu den Gleichgewichtsflächen gehört, wird an dem Kristall erheblich größer
ausfallen als die schnellwüchsige instabilere h h 1-Fläche. Der größeren Würfelfläche entsprechend werden sich auch die auf ihr entstehenden Wachstumsschichten weiter ausbreiten als auf der kleineren h h 1-Fläche. Bei gleicher
Stromausbeute an Silber müssen aber die Wachstumsschichten auf den h h 1-
Flächen bedeutend dicker ausfallen als auf den Würfelflächen.

Zur Kritik der Modellvorstellung. Die voraufgehend in großen Zügen
entwickelte Vorstellung über den Entstehungsmechanismus der Wachstumsschichten ist nicht ohne Grund als „Modellvorstellung" bezeichnet
worden. Das bedeutet, daß die Wirklichkeit in Einzelzügen davon abweichen kann.

---

[1] s. S. 334, Fußn. 1.
[2] s. S. 334, Fußn. 2.

Die Kritik mag vor allem bezweifeln, ob überhaupt zweidimensionale Flächenkeime entstehen können, wie sie für das 1. Stadium des Schichtwachstums angenommen wurde[1]. Bei anderen Kristallisationsarten scheint die Entstehung solcher Keime in Frage gestellt zu sein. Immerhin muß man bei den Vorgängen der Elektrokristallisation, wie wir noch weiter unten (S. 400) ausführen werden, so hohe *lokale* Stromdichten, verbunden mit so hohen Überspannungen, annehmen, daß sich wohl die notwendige Aktivierungsenergie mit ihrer Hilfe aufbringen ließe. Mit der Tatsache, daß nach der im allgemeinen linearen Strom-Spannung-Kurve der Antransport der Metallionen oder der aus ihnen entstandenen Oberflächenatome der *langsamste* Vorgang sein dürfte (und nicht die Bildung irgendwelcher Keime), läßt die Frage, ob sich zweidimensionale Keime überhaupt bilden können, weder bejahen noch verneinen.

Als eine Stütze für die Annahme, daß zweidimensionale Keime bei der Elektrokristallisation häufiger vorkommen als bei anderen Kristallisationsarten, mag auch die Möglichkeit gelten, daß bei der schwachen Inhibition im Entstehungsbereich der Wachstumsschichten Ecken oder Kanten meist mit Fremdstoffmolekeln belegt sein dürften. An den Hohlkanten, die diese mit der Unterlage bilden, sollte sich ein zweidimensionaler Keim unter Umständen wesentlich leichter, d. h. mit verringerter Aktivierungsenergie, anlagern können als auf einer glatten Netzebene der Unterlage.

Bei kritischer Prüfung könnte man auch im Zweifel sein, ob, wie angenommen, die Ionenkonzentration lokal wirklich in ausreichendem Maße periodisch absinken und wieder ansteigen kann. Die hohen lokalen Stromdichten (S. 400) sind aber offenbar groß genug, daß örtlich sogar der Grenzstromdichtebereich erreicht werden kann, in dem die Konzentration an den Phasengrenzen praktisch auf Null absinkt.

GRAF[2] (vgl. a. S. 396) hat aus reichem Beobachtungsmaterial beim Kristallisieren von Metallen aus Schmelzen eine andere Deutung des Wachstums von Wachstumsschichten abgeleitet. Er nimmt die Bildung dreidimensionaler Kugelkeime an, die dann seitlich zu Wachstumsschichten auswachsen können, wenn sie einen Durchmesser, bestimmt durch das Verhältnis von Grenzflächenspannung zu Schubfestigkeit des betreffenden Metalls, erreicht haben. Die Atome lagern sich nach GRAF an den Kugelkeim, dessen Durchmesser die Höhe der entstehenden Wachstumsschicht bestimmt, seitlich rein statistisch an (nicht im wiederholbaren Schritt).

---

[1] Für eine möglicherweise statistische Anlagerung der Bausteine an die Stufen im 2. Stadium bedürfte es keiner zweidimensionalen Keime.

[2] s. S. 396, Fußn. 1.

Viele der oben beschriebenen phänomenologischen Tatsachen lassen sich ebenso auch mit der GRAFschen Theorie deuten, manche sogar zwangloser, wie z. B. das Auftreten einer bei höheren Stromdichten gerundeten oder welligen Wachstumsfront der rasch fließenden Wachstumsschichten. Auch erlaubt die Theorie ganz den Verzicht auf eine Bildung zweidimensionaler Keime.

Ob sich die Theorie von GRAF *grundsätzlich* auf den besonderen Mechanismus der Elektrokristallisation anwenden läßt, müssen jedoch erst weitere, vertiefte Untersuchungen lehren. Bislang lassen sich manche Tatsachen nicht ohne Zwang mit erheblichen Veränderungen der Grenzflächenspannung erklären: z. B. die Abhängigkeit des Dicken- und Breitenwachstums der Schichten von der Stromdichte (S. 403 ff), der Metallionen-Konzentration (S. 407) und der Art der Unterlage (S. 401). Jedenfalls können diese Zusammenhänge zwangloser mit den oben entwickelten Modellvorstellungen erklärt werden. Ähnliches gilt ferner vom Stromdichte- und Konzentrationseinfluß auf das Dickenwachstum des Kristallfadens (S.384 ff.). Auch der charakteristische Einfluß mäßiger Inhibition auf die seitliche Ausdehnung der Kristalle (dem Breitenwachstum der Wachstumsschichten entsprechend), die durch ein Maximum geht (S. 353 ff., u. 409), ist nach der Theorie von GRAF schwer zu verstehen.

Die verschiedenen Arten von Stromdichten beim Wachsen eines einzelnen Kristalls. Die besondere Art des Wachstums eines Kristalls hat uns bereits veranlaßt, den Begriff der Stromdichte einer Kritik zu unterziehen. So haben wir (S. 385) drei Arten von Stromdichten unterscheiden müssen: die konventionelle „scheinbare" Stromdichte J/F_p, bezogen auf die geometrische Primärfläche F_p der Kathode, die „absolute" Stromdichte J/F_g, bezogen auf die tatsächliche Gesamtoberfläche F_g im Augenblick der Messung, und die „wahre" Stromdichte J/F_0, bezogen auf die aktive Ansatzfläche F_0.

Nach der im vorigen Abschnitt entwickelten Modellvorstellung zum Mechanismus der Entstehung einer Wachstumsschicht und des sich aus solchen Schichten aufbauenden Realkristalls werden wir uns die aktive Fläche F_0 als Summe der seitlichen Begrenzungsflächen der über die Oberflächen „fließenden" Stufen vorstellen. An Hand eines Beispiels kann man sich einen Begriff von den Größenverhältnissen der aktiven Oberfläche zur Gesamtoberfläche eines wachsenden Kristalls und von den sehr unterschiedlichen Werten für die verschiedenen Stromdichtearten machen.

Hierzu eignen sich Versuchsergebnisse von KOHLSCHÜTTER und TORRICELLI[1], mit denen die erforderlichen Daten berechnet werden

---

[1] s. S. 359, Fußn. 5.

konnten (H. Fischer[1]). Aus einer $AgNO_3$-Lösung scheidet sich ein Silberkriställchen in Form eines Würfels ab. Die verfügbare Stromstärke wird allein zur Bildung dünner quadratischer Wachstumsschichten verbraucht, die sich rasch fließend aufeinanderschichten. Die Wachstumsschichten breiten sich, von einer Kristallecke oder -kante ausgehend, über die Unterlage aus.

Bei dem betreffenden Versuch betrug die angewandte Stromstärke $5 \cdot 10^{-5}$ A. Als lineare Fließgeschwindigkeit wurden 0,04 cm/sek gemessen. Nach Angaben der Autoren beträgt der Durchmesser des Kristalls etwa 0,02 cm. Man dürfte keinen allzu großen Fehler begehen, wenn man diesen Wert als Länge der Würfelkante annimmt. Die Dicke einer Wachstumsschicht errechnet sich aus diesen Daten zu $6,66 \cdot 10^{-6}$ cm. Sie ist sehr gering, so gering, daß man sie lichtmikroskopisch kaum nachweisen könnte. Dennoch beobachtet man unter dem Mikroskop das Fließen solcher Schichten infolge der unterschiedlichen Lichtreflexion ganz deutlich. Da die Rechnung unter gewissen vereinfachenden Voraussetzungen ausgeführt worden ist, dürfte die errechnete Dicke als ein Näherungswert anzusehen sein, der größenordnungsmäßig richtig ist.

Nach Kohlschütter und Torricelli fließen je Minute etwa 100 bis 120 solcher Wachstumsschichten. Das Wachstum einer einzelnen Wachstumsschicht ist also in etwa 0,5 bis 0,6 sek abgeschlossen. Nimmt man für die Schichtdicke die Größenordnung von 10^{-5} cm an, so dürfte ein Würfelchen von 0,02 cm Kantenlänge demnach aus etwa 2000 aufeinandergeschichteten, sehr dünnen Wachstumsschichten bestehen. Bei der angegebenen mittleren Wachstumsgeschwindigkeit benötigte ein Kriställchen dieser Abmessungen für den vollständigen Aufbau etwa 17 bis 20 min. Diese errechnete Zahl stimmt ganz gut mit den experimentellen Daten überein.

Wie bereits erwähnt, ist die Wachstumsschicht auf der Würfelfläche besonders dünn. Auf höher indizierten Flächen, z. B. der (hhl)-Fläche des Pyramidenoktaeders, fällt sie nach Kohlschütter und Torricelli[2] viel dicker aus. Diese viel langsamer fließenden Schichten dürften etwa um zwei Größenordnungen dicker sein (also 10^{-4} bis 10^{-3} cm dick).

Im Falle des Würfels fließt unter den Versuchsbedingungen immer nur *eine* Schicht allein bis zu ihrer Vollendung, während bei dickeren, langsamer fließenden Schichten häufig die Erscheinung des gleichzeitigen Fließens mehrerer Schichten in kurzen zeitlichen Abständen zu beobachten ist. Auch breiten sich diese Schichten weniger einheitlich aus.

Für die reaktivierbare Fläche bei einer fast vollendeten Wachstumsschicht des Würfels berechnet man in den erwähnten Abmessungen etwa $4 \cdot 10^{-4}$ cm². Die aktive Fläche ist weitaus kleiner (errechneter

---

[1] s. S. 392, Fußn. 2.
[2] s. S. 359, Fußn. 5.

Wert $1,33 \cdot 10^{-7}$ cm²). Selbst unter Berücksichtigung der Ungenauigkeit solcher Schätzungen kann man annehmen, daß die Größe der aktiven Fläche nur etwa $1/1000$ der reaktivierbaren Fläche ausmacht. Demnach ist also beim Wachsen eines Kristalls der allergrößte Teil der Oberfläche passiv!

Dies Ergebnis beweist besonders eindrucksvoll, welche Fehler man begehen kann, wenn man die Stromdichte, wie es konventionell ist, auf die Oberfläche der Kathode zu Beginn der Elektrolyse (hier Querschnittsfläche des Platindrahtes) oder auf die Gesamtoberfläche des Kristalls bezieht, statt ihr die aktive Oberfläche zugrunde zu legen. VAHRAMIAN[1] und SAMARZEW[2] haben bereits auf diesen Umstand hingewiesen. In unserem Beispiel ergeben sich bei der angewandten Stromstärke von $5 \cdot 10^{-5}$ A für die Stromdichten folgende völlig verschiedenen Werte: Stromdichte, bezogen auf die Anfangsfläche F_p der Kathode:

$$\frac{J}{F_p} \sim 7 \cdot 10^{-3} \, \text{A/cm}^2 \text{ (scheinbare Stromdichte),}$$

Stromdichte, bezogen auf die Gesamtoberfläche F_g des Kristalls:

$$\frac{J}{F_g} \sim 2,5 \cdot 10^{-2} \, \text{A/cm}^2 \text{ (absolute Stromdichte),}$$

Stromdichte, bezogen auf die aktive Oberfläche F_0 des Kristalls:

$$\frac{J}{F_0} \sim 10^2 \, \text{A/cm}^2 \text{ (wahre Stromdichte)}[3].$$

Unter den oben gemachten Voraussetzungen ist der Stromdichtewert J/F_0 an einer praktisch vollendeten Wachstumsschicht berechnet worden. Seine Genauigkeit kann selbstverständlich nicht anders als in der bloßen Größenordnung liegen. Er ist aus den experimentell ermittelten Werten für die Fließgeschwindigkeit der Wachstumsschicht, die Kantenlänge und die Stromdichte bestimmt. Von diesen Werten ist wahrscheinlich der Wert für die Fließgeschwindigkeit ein grober Näherungswert.

Die ungewöhnliche Höhe des errechneten Maximalwertes für die Stromdichte J/F_0 läßt es möglich erscheinen, daß die reaktivierbare Fläche sich während des Wachstumsvorganges nicht völlig passiviert, vielmehr eine Restaktivität behält. Der Strom könnte sich dann auf eine größere aktive Fläche verteilen. Wenn gleichwohl der Ausdruck „Passivierung" weiterhin gebraucht werden soll, so ist er also hier im Sinne einer Aktivitätsminderung zu verstehen.

Unter diesen Einschränkungen dürfte die im vorigen Kapitel entwickelte Modellvorstellung vom Wachstum der Wachstumsschicht nach

---

[1] s. S. 384, Fußn. 3.

[2] s. S. 384, Fußn. 2.

[3] Bezogen auf 10^7 Aktivstellen pro cm² (vgl. S. 153) beträgt die Stromdichte sogar $7 \cdot 10^{-5}$ A/cm².

den vorliegenden experimentellen Ergebnissen ganz gut der Erfahrung entsprechen.

Anpassung der Wachstumsschichten an (mäßige) Stromstärkeänderungen. Der prinzipielle Unterschied in der Ausbildung von Fadenkristall und Wachstumsschicht, das isolierte (kontinuierliche) Wachsen des einen (parallel zu den Stromlinien) und das an eine Unterlage gebundene Fließen der anderen (in zwei Stadien und Richtungen) führt zwar, wie wir sehen, im zweiten Fall zu neuen Differenzierungen. Da aber manche Ähnlichkeit besteht, so fragt sich nun, ob die beiden Gebilde auf Änderungen der Stromstärke, der Kationenkonzentration und der Inhibition übereinstimmend reagieren.

Bei der Entwicklung des Fadenkristalls bleiben, wie erwähnt, J/F_0 ebenso wie die lineare Wachstumsgeschwindigkeit des Fadens unabhängig von Stromstärkeänderungen konstant, sofern sich die Zusammensetzung des Elektrolyten und des Kathodenfilms nicht wesentlich ändert (Abwesenheit starker polarer Inhibitoren, vgl. S. 390) und — bei einer plötzlichen Stromstärkeänderung —, die Einstellung des stationären Zustandes abgewartet wird (vgl. S. 386 u. 387).

Beim elektrolytischen Wachsen regulärer Silberkristalle aus Silbernitratlösung beobachteten ERDEY-GRUZ und VOLMER[1] unmittelbar nach Erhöhung der Stromstärke (im Bereich sehr geringer Stromdichte J/F_p von z. B. $10^{-5}\,\mathrm{A/cm^2}$) eine Vermehrung der Zahl der Wachstumsschichten und ein rascheres Fließen der Schichten. ERDEY-GRUZ und KARDOS[2] bemerkten bei der Silberabscheidung aus Silbernitratschmelzen bei $220°$ C nicht nur eine Zunahme der Zahl der Wachstumsschichten und eine beträchtliche Erhöhung der Fließgeschwindigkeit, sondern auch eine ganz erhebliche Dickenzunahme, wenn die Stromdichte J/F_p von $0{,}01$ auf $3 \cdot 10^{-2}\,\mathrm{A/cm^2}$ gesteigert wurde. VAHRAMIAN[3] erwähnt aber, daß Geschwindigkeitsänderungen noch innerhalb des zeitlichen Bereiches *vor* Einstellung des stationären Zustandes zustande kommen. Sie dürften dann nur vorläufigen Charakter haben. Im Bereich dieses Übergangszustandes ruft eine Stromstärkeerhöhung auch beim Fadenkristall eine *vorübergehende* Erhöhung der Stromdichte J/F_0, sowie der linearen Wachstumsgeschwindigkeit hervor, weil sich die Ansatzfläche F_0 bei ihrer Vergrößerung nicht ro rasch der erhöhten Stromstärke anpassen kann[4].

---

[1] s. S. 379, Fußn. 1.

[2] ERDEY-GRUZ, T., u. KARDOS: Z. phys. Chem. (A) **178**, 262 (1937).

[3] s. S. 384, Fußn. 3.

[4] Möglicherweise beruhen die Abweichungen in Zahl und Geschwindigkeit der Schichten, beobachtet an den Würfelflächen *verschiedener* Kristalle auf verschieden großer zeitlicher Entfernung vom stationären Zustand.

Im Falle des regulären Kristalls verschwinden nun nach VAHRAMIAN[1] solche Veränderungen in der Fließgeschwindigkeit und in der Zahl der Wachstumsschichten, sobald die Stromdichte J/F_0 auf der größer werdenden Ansatzfläche wieder den früheren Wert erreicht hat. Das Endergebnis der Stromstärkeerhöhung sollte also eine entsprechende *Zunahme der Dicke* der Wachstumsschicht sein, während die Fließgeschwindigkeit die gleiche wie vor der Stromstärkeerhöhung bliebe.

Mit dieser Auffassung stehen aber Ergebnisse von KOHLSCHÜTTER und TORRICELLI[2] in Widerspruch. Die Autoren bestimmten die Fließgeschwindigkeit von Wachstumsschichten bei der Silberabscheidung aus 3 n-AgNO$_3$-Lösung und Zimmertemperatur. Sie veränderten dabei die Stromstärke (Stromdichte J/F_p). Zur Beobachtung wählten sie Schichten auf dem Pyramidenoktaeder (100/h hl) bei Bewegung längs der

Tabelle 42. *Einfluß einer Stromstärkeänderung auf die Fließgeschwindigkeit.*

Stromstärke A	$\dfrac{J}{F_p}$ A/cm²	Fließgeschwindigkeit mm/min
$7{,}5 \cdot 10^{-5}$	$1{,}2 \cdot 10^{-3}$	0,8
$9 \ \cdot 10^{-5}$	$1{,}5 \cdot 10^{-3}$	0,75
$11 \ \cdot 10^{-5}$	$1{,}9 \cdot 10^{-3}$	0,6

Würfelkante. Diese Schichten eignen sich wegen ihrer geringen Fließgeschwindigkeit besonders gut für genauere Beobachtungen. Tab. 42 enthält die Ergebnisse.

Erhöhte Stromstärke J/F_p wird hier also mit einer *Verminderung* der Fließgeschwindigkeit beantwortet. Zwar ändert sich die Fließgeschwindigkeit nicht im gleichen Verhältnis wie die Stromstärke, — die Veränderung ist geringfügiger —, doch bleibt sie immerhin deutlich genug.

Dieses Ergebnis kann nun keinesfalls einem Übergangszustand zugeschrieben werden, sollten doch J/F_0 und die Fließgeschwindigkeit in einem solchen Übergangsbereich gerade *größer* werden. Allerdings darf man allein aus diesem Befund noch nicht verallgemeinern, daß J/F_0 im Falle der Wachstumsschicht von der Stromstärke abhänge. Es entstehen zwar dickere, aber langsamer fließende Schichten. Möglicherweise sind solche Abweichungen von der Konstanz des J/F_0-Wertes auf anderen, weniger aktiven Flächen zu vernachlässigen, z. B. auf der Würfelfläche, d. h. also einer Fläche mit bedeutend geringerer Anlagerungsenergie. Hier fehlt noch die Erfahrung.

Ein Rückgang der Fließgeschwindigkeit der Wachstumsschicht mit erhöhter Stromdichte läßt sich folgendermaßen deuten. Die hauptsächlich von den Bindungskräften des Gitters bestimmte Anlagerungsenergie kann durch das angelegte elektrische Feld verändert werden. Eine Erhöhung der Stromstärke, gleichbedeutend mit höherer Feldstärke, sollte die frei werdende Anlagerungsenergie erhöhen. Dies sollte

---

[1] s. S. 384, Fußn. 3.
[2] s. S. 359, Fußn. 5.

namentlich an denjenigen Stellen der Oberfläche geschehen, die an sich schon gegenüber anderen durch höhere Felddichte ausgezeichnet sind, wie z. B. die am günstigsten zur Stromlinienrichtung gelegenen Flächen und im besonderen die Ecken und Kanten dieser Flächen. Zu den senkrecht auftreffenden Stromlinien liegt die reaktivierbare Oberfläche der Wachstumsschicht besonders günstig. Somit wird die Anlagerungsenergie auf ihr mit erhöhter Stromstärke eher zunehmen als z. B. auf den weniger günstig gelegenen seitlichen Begrenzungsflächen der Wachstumsschicht.

Mit gesteigerter Stromdichte dürfte, wie schon erwähnt, die Reaktivierung der zeitweilig passiven Fläche bereits einsetzen, während die Stufe noch fließt. Beginnt die Schicht aber — bei noch vorwiegend tangentialem Wachstum — auch merklich in Richtung der Normalen auf die Unterlage zu wachsen, und zwar zunehmend mit steigender Stromstärke, so muß sich dabei die Fließgeschwindigkeit in tangentialer Richtung vermindern, wie das Experiment von KOHLSCHÜTTER und TORRICELLI (vgl. Tab. 42, S. 404) zeigt.

Beim Kristallfaden hat VAHRAMIAN[1] die Konstanz von J/F_0 trotz Stromstärkeänderungen mit der Wirkung der Konzentrationspolarisation erklärt, deren Zu- oder Abnahme mit erhöhter oder verminderter Stromstärke einer Veränderung der Stromdichte J/F_0 entgegenwirken soll. Bei den Wachstumsschichten reicht eine solche Deutung jedoch nicht hin, um die unterschiedliche Größe von J/F_0 auf den verschiedenen Kristallflächen zu erklären. Dieser Zusammenhang zeigt, welche Bedeutung die Anlagerungsenergie auf den verschiedenen Flächen für die Größe von J/F_0 hat. Weiterhin beweist die große Empfindlichkeit von J/F_0 gegenüber Inhibitorwirkungen, wie sehr hier grenzflächenchemische Belange mitbestimmen.

Einfluß erheblich gesteigerter Stromdichte auf das Wachstum. Bildung feldorientierter Formen. Wie bereits im vorigen Abschnitt erwähnt, nehmen diskontinuierlich in zwei Stadien wachsende Wachstumsschichten (vgl. S. 393 bis 398) mit steigender Stromdichte an Dicke zu und breiten sich seitlich in geringerem Maße aus. Mit anderen Worten, das erste Stadium des „vertikalen" Wachstums erweitert sich auf Kosten des zweiten Stadiums, des „tangentialen" Wachstums[2]. Mit vergrößerter Stromstärke wird auf der reaktivierbaren Fläche F_r (Abb. 158 links) die, den Stromlinien zugewandt, der Anode am nächsten liegt, die Stromdichte und damit auch die Anlagerungsenergie zunehmen. Damit konzentriert sich der Abscheidungsvorgang mehr und mehr auf diese Fläche. Bald müßte mit weiterer Stromstärkesteigerung ein Zustand erreicht

---

[1] s. S. 384, Fußn. 3.

[2] Unter Umständen können sich dabei auch noch Habitusänderungen vollziehen, indem sich z. B. die reaktivierbare Fläche in eine anders indenzierte Fläche umwandelt.

sein, in dem sich die Kationen kaum noch an Seitenflächen geringerer freier Anlagerungsenergie anlagern werden.

Schließlich sollte sich bei weiter gesteigerter Stromstärke die reaktivierbare Fläche gar nicht mehr passivieren, sofern ihr im ersten Stadium abscheidbare Kationen ständig in genügendem Maße zuströmen. Dies setzt eine ausreichende Kationenkonzentration in unmittelbarer Nähe der reaktivierbaren Fläche und eine nicht extrem hohe Stromdichte voraus.

In einem solchen Fall wird das zweite Stadium überhaupt nicht mehr anlaufen. Aus der reaktivierbaren Fläche F_r ist nunmehr eine ständig aktiv bleibende Fläche F_a geworden (vgl. Abb. 160). Die *basisorientierte*, vorzugsweise „tangential" wachsende Wachstumsschicht (Abb. 158) ist übergegangen in ein *feldorientiertes*, bevorzugt „vertikal" wachsendes Gebilde, ein Prisma, eine Tafel, ein Faden usw. (Abb. 160). An die Stelle des diskontinuierlichen Wachstums tritt dann das kontinuierliche.

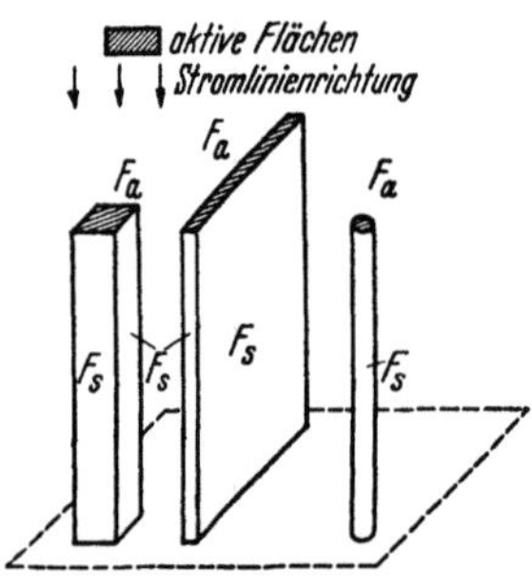

Abb. 160. Feldorientierte Formen. (Nach H. Fischer, s. S. 392 Fußn. 2.)

Theoretisch könnten solche Gebilde endlos wachsen. Ihrem Weiterwachsen setzt aber in Wirklichkeit die mehr oder weniger zufällige Bildung neuer Keime früher oder später ein Ende.

Die Wahrscheinlichkeit für eine frühzeitige Bildung neuer Schichtkeime wächst mit dem Nachlassen eines Angebotes an abscheidbaren Kationen in unmittelbarer Nähe der reaktivierbaren Fläche. Wie wir wissen, hängt die Kationenkonzentration im Diffusionsfilm von vielen Faktoren ab, z. B. von der Kationenkonzentration im Innern der Elektrolytphase, von der Stromdichte, der Temperatur, der Flüssigkeitsbewegung usw.

Ist die Stromdichte relativ niedrig, so läuft, wie wir gesehen haben, bei einsetzender Verarmung der Kationen nahe der reaktivierbaren Fläche das tangentiale Wachstum des zweiten Stadiums an. Ist die Stromdichte aber hoch (und die Kationenkonzentration auch im Innern der Elektrolytphase gering), so besteht größere Wahrscheinlichkeit dafür, daß trotz Wachstumsabbruches in vertikaler Richtung kein tangentiales Weiterwachsen mehr in Gang kommen wird. Vielmehr dürfte nach kurzer Erholungspause — es mögen sich währenddessen Keime an ganz anderen Stellen bilden — wieder ein neuer Schichtkeim auf der reaktivierbaren Fläche entstehen. So entwickeln sich an Stelle „endlos" wachsender feldorientierter Gebilde feldorientierte *Aggregate* aus vielen aufeinandergeschichteten Schichten (vgl. Abb. 161a). Es können sich auch feldorientierte Tafeln nebeneinander lagern (Abb. 161b).

Die Erfahrung lehrt, daß bei hohen Stromdichten offenbar das Wachsen von feldorientierten Schichtaggregaten, sei es aus kontinuierlich oder diskontinuierlich wachsenden Schichten bestehend, die Regel ist. Ein Wachsen feldorientierter „endloser" Fäden scheint eher zu den Ausnahmen zu gehören. Auf die Entstehung feldorientierter Schichtaggregate kommen wir später (S. 470 ff.) noch zurück.

Einfluß von Elektrolytkonzentration, Temperatur und Elektrolysedauer auf Wachstum und Gestalt der Wachstumsschicht. Für eine eingehende Erörterung der Zusammenhänge ist das bisher vorliegende experimentelle Material zu spärlich. Wir greifen auch hier wieder auf die Untersuchungen von KOHLSCHÜTTER und TORRICELLI[1] am Beispiel der Silberabscheidung zurück. Wegen der edlen Natur des Silbers ist gewährleistet, daß der Vorgang der Silberabscheidung selbst bei erheblichen Änderungen der Konzentration nicht von Nebenreaktionen begleitet ist.

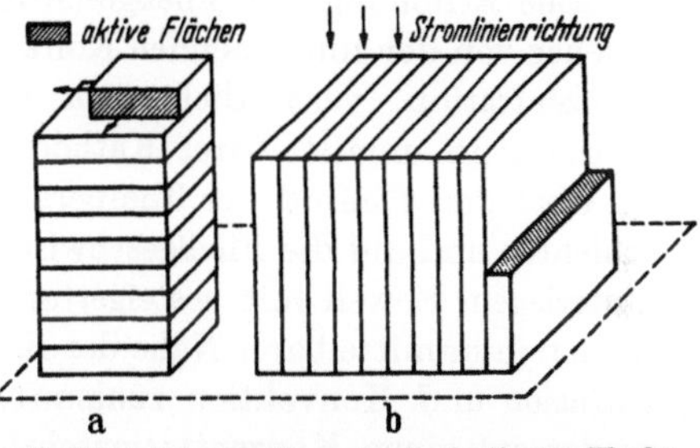

Abb. 161. a) Aggregate aus basisorientierten Wachstumsschichten; b) Aggregate aus feldorientierten Wachstumsschichten.
(Nach H. FISCHER, s. S. 392, Fußn. 2.)

Was den Einfluß der Silberionenkonzentration auf die Größe der Ansatzfläche F_0 und somit auf J/F_0 angeht, so waren wir im Falle des Silberkristallfadens nur auf Vermutungen angewiesen (vgl. S. 389). Für das Verhalten einer Wachstumsschicht ergeben sich indes auch experimentelle Anhaltspunkte. So beobachteten KOHLSCHÜTTER und TORICELLI[1] wiederum auf dem Pyramidenoktaeder, aus Silbernitratlösung wachsend, bei Bewegung der Schichten längs der Würfelkante folgende Fließgeschwindigkeit: Bei Abscheidung aus 6 n-$AgNO_3$-Lösung und einer Stromdichte J/F_p von $1{,}1 \cdot 10^{-3}$ A/cm² eine Geschwindigkeit von 0,3 mm/min; in 3 n-$AgNO_3$ betrug die Fließgeschwindigkeit bei einer nur unwesentlich höheren Stromdichte J/F_p von $1{,}2 \cdot 10^{-3}$ A/cm²[2] 0,8 mm/min.

Somit steigert sich also offenbar die Fließgeschwindigkeit der Wachstumsschichten mit verminderter Ag^+-Konzentration. Gehen Fließgeschwindigkeiten und *wahre* Stromdichte J/F_0 parallel, wie es nach den bisherigen Erfahrungen zu sein scheint (vgl. a. S. 403), so dürfte

---

[1] s. S. 359, Fußn. 5.

[2] Die geringe Erhöhung der Stromdichte dürfte nach den bereits auf S. 404, Tab. 42 aus der gleichen Arbeit mitgeteilten Zahlen die Fließgeschwindigkeit noch kaum ändern, und wenn überhaupt, dann gerade im *umgekehrten* Sinne als die verringerte Konzentration.

sich mit einer herabgesetzten Ag^+-Konzentration auch die wahre Stromdichte J/F_0 erhöhen.

Der experimentelle Befund an einer Wachstumsschicht stimmt auch mit anderen Überlegungen über Konzentrationsabhängigkeit der Größe der Ansatzfläche und des Wertes J/F_0 beim Wachsen des Fadenkristalls überein (vgl. S. 389). Verringert sich die Konzentration der Ag^+-Ionen in unmittelbarer Nähe der Ansatzfläche des Kristalls, so werden Inhibitoren (z. B. Lösungsmittelmolekeln) an ihre Stelle treten. Sie blockieren im vermehrten Maße die Oberfläche und verkleinern damit die Ansatzfläche.

Eine Erhöhung der Fließgeschwindigkeit wird sich allerdings, abgesehen von der zunehmenden Konkurrenz der Inhibitoren mit fallender Konzentration, vermutlich auch aus der rascheren Verarmung an Kationen in unmittelbarer Kathodennähe ableiten lassen.

Über den Einfluß der Temperatur auf die Dicke der Wachstumsschichten und auf die Fließgeschwindigkeit fehlen bisher experimentelle Unterlagen. Soweit mit gesteigerter Temperatur die Metallionenkonzentration in unmittelbarer Nähe der Kristalloberfläche infolge vermehrter Diffusion und Konvektion zunimmt, läßt sich der Temperatureinfluß wieder auf einen Konzentrationseinfluß zurückführen.

Wenig untersucht ist auch der Einfluß der Elektrolysedauer auf die Gestalt der Wachstumsschicht. Aus gelegentlichen Beobachtungen mancher Autoren, wie ERDEY-GRUZ[1], KOHLSCHÜTTER und TORRICELLI[2], GORBUNOWA[3] usw., scheint hervorzugehen, daß die Wachstumsschichten im Laufe der Elektrolyse dicker werden, ihre Fließgeschwindigkeit verringern und sich weniger weit ausbreiten. Dabei wurde die Stromstärke während der Elektrolyse nicht geändert.

Über die Ursache dieser Erscheinung bleibt man vorläufig noch auf Vermutungen angewiesen. In vielen Fällen handelt es sich wahrscheinlich um einen bloßen Konzentrationseffekt, um den allmählichen Verbrauch der Kationen an den Stufenrändern, ohne daß dabei die Verarmung durch den laufenden Ionennachschub wieder ganz ausgeglichen wird. Auf eine solche Ursache dürfte sich z. B. auch die häufig vorkommende Ausbildung von Vizinalflächen mit ihrer ganz regelmäßigen treppenförmigen Abstufung, die Ausbildung von Stufenpyramiden usw., zurückführen lassen, wie sie z. B. ERDEY-GRUZ beobachtet hat. Allerdings fällt hierbei in erster Linie die geringere Ausbreitung der Schichten ins Auge, während ein Dickerwerden, verbunden mit Nachlassen der Fließgeschwindigkeit nicht vermerkt worden ist.

Vielleicht wirken in Fällen, wo Verdickung und langsames Fließen besonders auffallen, noch andere Ursachen mit, z. B. ein Nachlassen des

---

[1] s. S. 371, Fußn. 3.   [2] s. S. 351, Fußn. 5.

[3] GORBUNOWA, K. M.: Bull. Acad. Soc. USSR 1938, 1175.

Einflusses der Unterlage im Laufe fortgesetzter Übereinanderschichtung. Wir haben gesehen, wie stark die Natur der Substratfläche Gestalt und Fließgeschwindigkeit der Wachstumsschichten beeinflussen kann (vgl. S. 401). Auf diesen Punkt kommen wir später noch zurück (vgl. S. 410).

Einfluß von mäßiger Inhibition auf Wachstum und Gestalt der Wachstumsschicht. *Dicke und seitliche Ausbreitung der Schichten.* Wie schon auf S. 159 erwähnt, ist die Inhibition in einer Silbernitratlösung sehr gering. Mit einer Erhöhung der Inhibition verkleinert sich beim Fadenkristall die Ansatzfläche F_0, der Faden wird dünner, und somit vergrößert sich der Wert der Konstante K_1. Zugleich erhöht sich auch die lineare Wachstumsgeschwindigkeit des Fadens. Ob sich nun verstärkte Inhibition in der einfachen Silbernitratlösung gleichermaßen auch auf die Wachstumsschichten auswirkt, läßt sich mangels experimenteller Belege nur vermuten. Indes findet sich unsere Annahme bei der Silberabscheidung aus komplexen Silberelektrolyten experimentell bestätigt.

Wie die im folgenden erwähnten Erfahrungstatsachen erweisen, fallen Wachstumsschichten bei vermehrter, aber noch mäßiger Inhibition dünner aus. Bleibt die Stromstärke unverändert, so müssen sich diese dünneren Wachstumsschichten entsprechend weiter über die Unterlage ausbreiten, sofern sich die Stromausbeute an Metall mit einer Vermehrung der Inhibition nicht wesentlich ändert[1]. Damit muß aber auch die lineare Geschwindigkeit der seitlichen Ausbreitung zunehmen. So verhält sich die Wachstumsschicht bei mäßig erhöhter Inhibition wie der Kristallfaden: Beide werden dünner und fließen rascher. Offensichtlich erhöht die mäßige Inhibition die Aktivierungsenergie, aufzuwenden zur Bildung eines neuen Schichtkeimes. Die Schicht muß weiterwachsen.

Die folgenden Erfahrungstatsachen bestätigen das Dünnerwerden und das zunehmende Breitenwachstum der Wachstumsschicht bei *mäßigem* Steigern der Inhibition (H. FISCHER[2]).

Experimentelles Material liefern hierfür z. B. Beobachtungen von ERDEY-GRUZ bei der elektrolytischen Silberabscheidung auf Silbereinkristallen aus Lösungen von AgCl in NH_3-Lösungen oder von AgJ in KJ-Lösungen. Vermehrte Konzentration an inhibitorwirksamen Ionen, wie $Ag(NH_3)^+$-Ionen und Cl^--Ionen, neben NH_4OH-Molekeln, wenn 12 n-NH_3-Lösung an Stelle von 2,9 n- oder 0,6 n-NH_3-Lösungen, jeweils mit AgCl gesättigt, verwendet wurde, verringert beispielsweise

---

[1] Sie dürfte für den in Betracht kommenden Bereich einer nicht sehr starken Inhibition unverändert bleiben. Erst bei umfangreicher Blockierung mit Fremdstoffen pflegt die Stromausbeute kleiner zu werden.

[2] FISCHER, H.: Z. Metallkde. **39**, 161 (1948).

bei einer Stromdichte J/F_p von $4 \cdot 10^{-5}$ A/cm² die Dicke der Wachstumsschicht $\dfrac{(111)}{(100)/(1\,1\,0)}$ [1] beträchtlich. Ebenso setzt ein Erhöhen der KJ-Konzentration von 1,2 auf 2,4 n bei einer mit AgJ gesättigten KJ-Lösung die Dicke der Wachstumsschicht $\dfrac{(100)}{(2\,1\,1)/(5\,2\,1)}$ herab. Dies ergibt sich aus der Zunahme der Konzentration an verschiedenen inhibitorwirksamen Ionen, wie z. B. komplexen Anionen (von $Ag_2J_4^{2-}$ bis AgJ_4^{3-}), ferner Cl^--Ionen und K^+-Ionen. In beiden Fällen ist es die reaktivierbare Fläche, welche bei verstärkter Inhibition bevorzugt blokkiert wird.

Auch Beobachtungen bei der elektrolytischen Abscheidung von Silber aus $AgNO_3$-Schmelzen (vgl. Erdey-Gruz und Kardos[2]) können als Belege herangezogen werden. Entstehen z. B. bei $3 \cdot 10^{-4}$ A/cm² und 220° relativ dicke Wachstumsschichten $\dfrac{(100)}{(311)/(311)}$ und dünnere Schichten $\dfrac{(111)}{(3\,1\,1)/(3\,1\,1)}$, so verringern Zusätze von AgCl die Dicke der Schichten wesentlich [Kleinerwerden der (3 1 1)-Flächen] unter gleichzeitiger Vergrößerung der (1 1 1)-Flächen, d. h. also unter beträchtlichem seitlichen Ausbreiten der Wachstumsschichten. Bei 38 Mol.-% AgCl und 260° fallen die Wachstumsschichten so dünn aus, daß man sie (bei 80facher Vergrößerung) nicht mehr erkennen kann. Daß hier eine stärkere Inhibition vorliegt, geht auch aus Strom-Spannung-Kurven hervor, die in Gegenwart von AgCl eine erheblich höhere Überspannung ergaben als bei fehlendem AgCl-Zusatz (z. B. bei 27 Mol.-% AgCl etwa 3 mV, gegenüber 0,4 mV ohne Zusatz). Auch Zusätze von KNO_3 (z. B. 50 Mol.-%), also Einbringen von K^+-Ionen als Inhibitoren (merkliche, wenngleich schwächere Inhibition, nachweisbar durch erhöhte kathodische Überspannung, z. B. Erhöhung auf 0,7 mV bei 90% KNO_3), verbreitern bei 260° deutlich die $\dfrac{(111)}{(311)/(311)}$ -Wachstumsschichten. Bemerkenswert ist wieder, daß in beiden Fällen, bei Gegenwart von Cl^--Ionen oder K^+-Ionen, die am wenigsten aktive (1 1 1)-Fläche am stärksten passiviert wird. Diese Tatsachen widerlegen also die Annahme, die Wachstumsstellen auf den aktiveren Flächen würden bevorzugt blockiert (s. weiter unten).

Ort der Blockierung. Daß unter vergleichbaren Bedingungen Aktivstellen auf weniger aktiven Flächen eher blockiert werden als solche auf aktiveren läßt sich nicht nur indirekt, sondern auch aus der unmittelbaren Beobachtung ableiten. Dies ergibt sich wiederum aus Untersuchungen über die kathodische Abscheidung von Silber aus Kom

---

[1] Indizierung der reaktivierbaren (Zähler) und der aktiven Flächen (Nenner) der Wachstumsschicht.

[2] s. S. 371, Fußn. 3.

plexsalzlösungen[1]. In der Inhibition sind die in Betracht kommenden Beispiele vergleichbar, denn die durchschnittliche Überspannung bei $4 \cdot 10^{-5}$ A/cm², als annäherndes Maß der Inhibition, liegt zwischen etwa 2,3 und 3,9 mV.

Bei den kubisch-flächenzentrierten Metallen Silber und Kupfer ist nach STRANSKI die (1 1 1)-Fläche die stabilste, am wenigsten aktive Fläche mit der geringsten verfügbaren Anlagerungsenergie. Nur wenig aktiver ist die (1 0 0)-Fläche, die in der Reihenfolge der Gleichgewichtsflächen, nach steigender Anlagerungsenergie geordnet, unmittelbar auf die (1 1 1)-Fläche folgt. Diese beiden Flächen werden nun, wie sich aus den Beobachtungen von ERDEY-GRUZ und Mitarbeitern[1] ableiten läßt, unter vergleichbaren Bedingungen stärker blockiert als höher indizierte, aktivere Flächen, wie z. B. (7 2 0)- oder (7 1 0)-Flächen, sofern überhaupt nennenswerte Inhibition vorliegt. Man kann eine stärkere Blockierung daran erkennen, daß die entstehenden Wachstumsschichten nicht mehr von den Ecken oder Kanten, sondern bereits von den Flächenmitten ihren Ausgang nehmen.

Bei einer Stromdichte von etwa $4 \cdot 10^{-5}$ A/cm² und Zimmertemperatur beginnen die Wachstumsschichten auf den (1 1 1)- oder (1 0 0)-Flächen in den Lösungen komplexer Salze, also bei merklicher Inhibition, augenscheinlich stets von der Flächenmitte aus zu fließen (über eine spätere Richtungsänderung siehe weiter unten). Die aktiveren Ecken und Kanten sind also offenbar blockiert. Auf der (1 1 1)-Fläche ist dies z. B. bei der Silberabscheidung aus einer mit AgBr gesättigten Lösung von 14,5 n-NH_3 (Überspannung $\eta = 3,9$ mV) der Fall (Tab. 43, Nr. 5). Zu gleicher Zeit beginnt das Wachstum der Schicht auf der wesentlich aktiveren (1 1 0)-Fläche noch an den Kanten. Diese sind also noch nicht blockiert. Die (1 0 0)-Fläche zeigt blockierte Ecken und Kanten z. B. bei der Silberabscheidung aus einer Lösung von 0,2 n-AgJ in 2,4 n-KJ-Lösung (Überspannung 3,8 mV) (Tab. 43, Nr. 4).

Selbst bei geringerer Inhibition (z. B. 0,9 mV) findet man auf der (1 1 1)-Fläche noch die Bevorzugung der Flächenmitte bei der Silberabscheidung aus einer Lösung von 0,5 n-AgCN in 3 n-KCN-Lösung (Tab. 43, Nr. 2) oder aus einer Lösung von AgBr in 5,1-n-NH_4Br-Lösung (Tab. 43, Nr. 3). Das gleiche stellt sich aber auch für den Fall höherer Inhibition heraus (Überspannung z. B. 6,4 mV) auf einer (1 0 0)-Fläche bei der Silberabscheidung aus einer Lösung von 0,2 n-AgCl- in 14,5 n-NH_3-Lösung (Tab. 43, Nr. 6). Übrigens breiten sich die Wachstumsschichten auf der (1 1 1)- wie auf der (1 0 0)-Fläche auf diese Art selbst bei der Elektrolyse geschmolzener Salze aus,

---

[1] s. S. 371, Fußn. 3.

z. B. im Falle der Silberabscheidung aus $AgNO_3$-Schmelzen bei 220° und $3 \cdot 10^{-2}$ A/cm² (Tab. 43, Nr. 1). (Vgl. ERDEY-GRUZ und KARDOS[1].)

Andererseits starten aber z. B. die wesentlich dickeren Wachstumsschichten auf (7 1 0)-Flächen trotz relativ starker Inhibition (10 mV) von einer Kristallkante aus. Dies ergibt sich z. B. unter ganz ähnlichen Bedingungen wie bisher bei der Kupferabscheidung aus einer Lösung von 0,3 n-CuCl in 2,8 n-KCl-Lösung (Tab. 43, Nr. 7) oder aus einer

Tabelle 43. *Bevorzugte Blockierung von Aktivstellen auf den Flächen geringster Aktivität.* (Nach Versuchsergebnissen von ERDEY-GRUZ, ausgewertet von H. FISCHER)[2].

$A =$ Kristallkanten frei; $[A] =$ Kristallkanten blockiert.

Nr.	Elektrolyt	Fläche (111)	Fläche (1 0 0)	Fläche (11 0)	Fläche (3 1 1)	andere Flächen (710)	(7 2 0)	Überspannung η in Volt
1	$AgNO_3$-Schmelze (220° C)	$[A]$	$[A]$	—	—	—	—	0,5
2	n-KCN, 0,5 n-AgCN	$[A]$	—	—	—	—	—	0,9
3	5,1 n-NH_4Br, gesättigt mit AgBr . .	$[A]$	—	—	—	—	—	1,0
4	2,4 n-KJ, 0,2 n-AgJ	—	$[A]$	—	—	—	—	3,8
5	14,5 n-NH_3, gesättigt mit AgBr . .	$[A]$	—	A	—	—	—	3,9
6	14,5 n-NH_3, gesättigt mit AgCl . .	—	$[A]$	—	—	—	—	6,4
7	2,8 n-KCl, 0,3 n-CuCl	—	—	—	—	A	—	10
8	3,3 n-KBr, 0,4 n-CuBr	—	—	—	—	—	A	10

Lösung von 0,4 n-CuBr in 3,3 n-KBr-Lösung (Tab. 43, Nr. 8), in beiden Fällen bei etwa $4 \cdot 10^{-5}$ A/cm². (Vgl. ERDEY-GRUZ und FRANKL[1].)

Daß sich hingegen die abscheidbaren Kationen an den aktiveren Flächen bevorzugt vor den Inhibitoren anlagern, erweisen unter ganz anderen Bedingungen auch Beobachtungen von JACQUET[3] bei der Kupferabscheidung auf geglühtem und elektrolytisch poliertem Gußkupfer aus einer Lösung von 75 g/l $CuSO_4 \cdot 5 H_2O + 25$ g/l H_2SO_4 bei 20° und $5 \cdot 10^{-4}$ bis $5 \cdot 10^{-3}$ A/cm². Das Gußkupfer besitzt ein regellos orientiertes Kristallgefüge. Ein großer Teil der Wachstumsschichten der Kristalle wird von der Ebene der Oberfläche in einem mehr oder weniger großen Winkel angeschnitten. Nur selten liegen Wachstumsschichten mit der reaktivierbaren Fläche (1 0 0) gerade parallel zur Oberfläche. Die schräg geschnittenen Wachstumsschichten ergeben eine streifen-

---

[1] s. S. 371, Fußn. 3.

[2] FISCHER, H.: Z. Metallkde. **39**, 204 (1948).

[3] JAQUET, P.: Rev. Métallurgie **35**, 116 (1938).

förmige Struktur mit konstanter Streifenbreite für das einzelne Kristall-korn. Die Aktivität dieser streifenförmigen Schrägschnitte, gelegt durch die Wachstumsschichten, ist naturgemäß bedeutend größer als diejenige von parallel zur Oberfläche liegenden reaktivierbaren Gleichgewichts-flächen. Das Kupfer scheidet sich nun nach Jacquet bevorzugt auf den aktiveren gestreifen Flächen ab. Hingegen beginnt die Kupfer-abscheidung auf parallel zur Oberfläche liegenden, weniger aktiven (1 0 0)-Flächen bei $5 \cdot 10^{-4}$ A/cm² z. B. erst nach 2 bis 3 Stunden Elektrolyse, nachdem nahezu sämtliche, an der Oberfläche bloßliegen-den Schnittflächen der Wachstumsschichten bereits von Kupfer be-deckt sind.

Daß aber selbst relativ schwache und dabei nicht schnell genug an-lagerungsfähige Inhibitoren an sich dennoch stark genug wären, um auch die Aktivstellen auf der aktivsten Fläche zu blockieren, wenn ihnen erstens genügend Zeit für eine Anlagerung zur Verfügung stände, und wenn zweitens die Konkurrenz der abscheidbaren Kationen fehlte, wird durch folgende Tatsachen sehr wahrscheinlich gemacht. Wie z. B. Kohlschütter und Torricelli beobachteten, wird das Fließen einer Wachstumsschicht bei einer plötzlichen Stromunterbrechung natur-gemäß sofort unterbrochen. Die Wachstumsschicht bleibt momentan stehen. Wird der Strom nach etwa 1 bis 2 sek wieder eingeschaltet, so fließt die Wachstumsschicht in genau derselben Weise weiter wie vor der Stromunterbrechung. Dauerte die Stromunterbrechung aber länger, so setzt die Wachstumsschicht keinesfalls mehr ihr bisheriges Wachstum fort. Eine Anlagerung an die bisher aktive Seitenfläche der Wachstums-schicht ist nunmehr ganz unterbunden. Die bis dahin aktive Fläche ist jetzt passiv geworden. Meist bildet sich an einer ganz anderen Stelle der Oberfläche, wo eine genügend hohe lokale Kationenkonzentration herrscht, ein neuer Flächenkeim, der zu einer neuen, meist anders orientierten Fläche auswächst.

Die Ursache dieser Vorgänge ist sehr wahrscheinlich eine während der längeren Stromlosigkeit zustande gekommene irreversible Blockie-rung der Aktivstellen auf der unter Strom aktiven Seitenfläche der Wachs-tumsschicht[1]. Reichte nämlich die Anlagerungsgeschwindigkeit bei der nur 1 bis 2 sek währenden Ruhezeit noch nicht hin, um die Aktivstellen irreversibel zu blockieren, so genügt dafür jedoch ein längerer Zeitraum. Je länger die Unterbrechung dauert, um so wahrscheinlicher wird für

---

[1] Kohlschütter und Torricelli haben die Vorgänge mit Einflüssen von Lokalströmen zu erklären versucht, die während der Ruhepause zwischen kathodischen und anodischen Oberflächenbezirken (Lokalelemente) fließen, und wobei vielleicht passivierende Korrosionsprodukte entstehen können. Wenngleich Lokalelementwirkungen durchaus möglich sein können, so ist ein Einfluß im Sinne von Kohlschütter recht unwahrscheinlich. Denn sicherlich ergeben

die Adsorption des Inhibitors der Gleichgewichtszustand erreicht, zu dem es während der Elektrolyse bei der raschen Veränderung der Oberfläche nicht kommen kann. Wahrscheinlich werden dann die jeweils gerade aktiven, jetzt gleichsam „eingefrorenen" Wachstumsstellen bevorzugt blockiert. Daß im Wachstum unvollendete Kristalle bereits nach relativ kurzer Stromunterbrechung nicht mehr weiterwachsen, zeigen übrigens auch andere Beobachtungen, so z. B. von JACQUET bei der Kupferabscheidung aus den Lösungen komplexer Zyanide (bei $5 \cdot 10^{-4}$ A/cm²).

Wie die Inhibitoren auf der Metalloberfläche, befindlich im Zustande der Stromlosigkeit (außer schwachen Lokalströmen), gerade die aktiveren Stellen bevorzugt blockieren — ganz im Gegensatz zu den Verhältnissen während der Elektrolyse —, erweisen auch weitere Beobachtungen von JACQUET. Taucht man die oben erwähnte, elektrolytisch polierte Probe Gußkupfer *vor* der Elektrolyse für 30 sek in eine Lösung von 0,12 g/l Serumalbumin, so wachsen bei der Elektrolyse (unmittelbar danach begonnen) allenfalls noch die am wenigsten aktiven Flächen weiter, d. h. also parallel zur Oberfläche liegende (1 0 0)-Flächen. Hingegen bilden sich auf allen übrigen Flächen, namentlich auf den aktiven streifenförmigen Schnittflächen der Wachstumsschichten, infolge starker Blockierung durch das Kolloid zahlreiche neue Kristallkeime in regelloser Verteilung. Unter diesen Bedingungen sind also die Verhältnisse genau umgekehrt wie bei der Kupferabscheidung auf der kolloidfreien Oberfläche.

Wie bereits erwähnt, breiten sich die Wachstumsschichten bei der Silberabscheidung aus Silberkomplexsalzlösungen und aus Schmelzen auf der (1 1 1)-Fläche von der Flächenmitte aus. Wie bereits erwähnt bevorzugen die Inhibitoren die Aktivstellen dieser Fläche, weil sie als reaktivierbare Fläche zeitweilig passiv ist. Im Wettbewerb um die Anlagerung sind die Inhibitoren den abscheidbaren Kationen hier zeitweilig überlegen, finden sie doch in der Periode der Desaktivierung genügend Zeit für eine Blockierung der Ecken und Kanten.

Wird nun aber von der fließenden Wachstumsschicht bei der Berührung der benachbarten Fläche eine neue Kante (Kombinationskante) gebildet, so hört das Fließen der Wachstumsschichten von der Flächenmitte sofort auf. Statt dessen beginnen die Wachstumsschichten nun-

---

die sehr aktiven Bezirke auf der aktiven Seitenfläche bei einer Korrosion die Lösungselektroden. Hier müßte also ein anodischer Abbau einsetzen.

Bei mäßigem Abbau müßte eine Wiederanlagerung nach Stromschluß reversibel vor sich gehen. Bei starkem Abbau dürfte die betreffende Stelle infolge Aufrauhung sogar noch aktiver werden. Ein Wiederanlagern an diesen Stellen wäre dann erst recht wahrscheinlich.

mehr von der frisch gebildeten Kante aus zu fließen. Offenbar reicht also die Zeit nicht zur Blockierung der soeben entstandenen Kante aus. Hier sind jetzt, wie es scheint, wieder die schneller beweglichen Kationen den Inhibitoren überlegen.

In der Arbeit von ERDEY-GRUZ finden sich solche Erscheinungen bei der Silberabscheidung aus mit AgBr gesättigter 14,5 n-NH$_3$-Lösung und ferner aus einer ebenfalls mit AgBr gesättigten 5,1 n-NH$_4$Cl-Lösung. Die Stromdichte betrug $4 \cdot 10^{-5}$ A/cm^2, wobei sich eine durchschnittliche Überspannung von etwa 3,9 bzw. 4,2 mV einstellte.

Alle diese Tatsachen beweisen, wie sehr die lokale Inhibition von der Kinetik der elektrolytischen Wachstumsvorgänge abhängt. Eine Blockierung mit Inhibitoren ist um so wahrscheinlicher, je mehr Zeit den Inhibitoren für die Anlagerung zu Gebote steht.

Ob das Wachstum einer neuen Wachstumsschicht bei Reaktivierung der Fläche F_r von einer Ecke, einer Kante oder von der Flächenmitte ausgeht, wird von der schwächeren oder stärkeren Inhibition ab-hängen. Bei stärkerer Inhibition besteht übrigens die Möglichkeit, daß Inhibitoren auf der Grenzfläche zwischen zwei Wachstumsschichten ein-geschlossen bleiben.

Nach diesen experimentellen Erfahrungen ergibt sich für den Einfluß der Inhibition auf den Wachstumsmechanismus der Wachstumsschicht etwa folgendes Bild: An bestimmten Stellen des wachstumsfähigen Kristalls können die abscheidungsfähigen Kationen bei der Anlagerung im Wettbewerb mit inhibierend wirkenden Fremdstoffen stehen, die diese Stellen blockieren und die Abscheidung der Kationen hindern. Ganz naheliegend erschiene es, wenn sich beide Stoffarten, abscheidbare Kationen wie Inhibitoren, gleichermaßen bevorzugt, an den jeweils aktivsten Bezirken der Kristalloberfläche anlagerten. Wie wir gesehen haben, trifft aber diese Annahme für die Inhibitoren bei einer Belegung der Oberfläche in mäßigem Umfang nicht zu, sofern es sich um eine Anlagerung *während* der Elektrolyse handelt.

Nach VOLMER gelangen die Kationen bei der Elektrolyse teils durch Oberflächendiffusion nach einer Adsorption, teils durch Vo-lumendiffusion unmittelbar aus dem Elektrolyten an die Aktiv-stellen. Dort werden sie neutralisiert und gleichzeitig in das Gitter eingebaut.

Die Anlagerung der nicht abscheidbaren Inhibitoren geht grund-sätzlich nicht über eine Adsorption hinaus, allenfalls wird sie noch unterstützt von elektrostatischer Anziehung des angelegten elektrischen Feldes. Die Inhibitoren treten nicht als Gitterbausteine in den Gitter-verband ein, wenngleich sie sich gelegentlich auch als Fremdstoffe — etwa an Zwischengitterplätzen — in das Gitter einlagern mögen, wobei sie es aufweiten. Am ehesten weitet atomarer Wasserstoff das Gitter auf.

Anlagerungsgeschwindigkeit von Inhibitoren. Nach dem Ergebnis des Einbaues von Kationen kann man zwei Arten von Aktivstellen unterscheiden: Erstens Keimansatzstellen, an denen sich ein Keim für eine neue Netzebene (oder viel seltener) der Keim einer neuen Wachstumsschicht ausbilden kann, und zweitens Wachstumsstellen, an denen sich im fortlaufenden Weiterbau der Atomketten ein abscheidungsfähiges Kation anlagert. Es sind dies die schon öfter genannten Stellen des „wiederholbaren Schrittes" (vgl. S. 338) an den Rändern der im Aufbau befindlichen Netzebenen. Im Vergleich zur Anlagerung an Wachstumsstellen ist die Anlagerung eines Kations an eine Keimansatzstelle ein sehr seltenes Ereignis.

Indem sich das Kation an die Wachstumsstelle anlagert, hört diese auf, eine Wachstumsstelle zu sein, und der benachbarte Atomplatz übernimmt diese Funktion. Dabei ist die Funktion eines solchen Ortes als Wachstumsstelle stets von äußerst kurzer Dauer, denn in einem fort, äußerst rasch, verschiebt sich die Wachstumsstelle weiter. Ist die Beständigkeit einer Keimansatzstelle, verglichen mit der kurzen Verweilzeit einer Wachstumsstelle an einem Orte, schon sehr groß, wenn jene sich auf einer aktiven Fläche befindet, so werden Keimansatzstellen auf zeitweilig passiven Flächen noch länger bestehen bleiben, denn die Bildung eines Keimes für eine neue Wachstumsschicht ist ein noch viel selteneres Ereignis als die Bildung des Flächenkeimes einer einzelnen Atomschicht.

Die Zeit, die bis zu Wirksamwerden einer Keimansatzstelle verstreicht, dürfte vom lokalen Angebot an Kationen und von der dort verfügbaren Anlagerungsenergie abhängen. Je geringer beide sind, um so größer wird dieser Zeitraum sein.

Voraussetzung für das Besetzen von Wachstumsstellen dürfte in erster Linie eine hohe Anlagerungsgeschwindigkeit des sich anlagernden Stoffes sein. Ob nun ein abscheidbares Kation oder ein Inhibitor eher die im Aufbau befindlichen Randbezirke der Wachstumsschicht belegt, wird hauptsächlich davon abhängen, welcher von beiden Stoffen sich rascher anzulagern vermag (H. FISCHER[1]).

Bei den in Betracht kommenden Stoffen begünstigen ein rasches Anlagern: Hohe Konzentration des Stoffes in unmittelbarer Nähe der Wachstumsstelle, hohe Diffusionsgeschwindigkeit oder Wanderungsgeschwindigkeit und positive Ladung von möglichst hoher Ladungsdichte. Von der Seite der Wachstumsstelle selbst wird hohe frei werdende Anlagerungsenergie, d. h. geringe Anlagerungsarbeit, förderlich wirken.

---

[1] FISCHER, H.: Z. Metallkde. **39**, 204 (1948).

Unter diesen Umständen dürfte die Anlagerungsgeschwindigkeit der abscheidbaren Kationen meist größer sein als diejenige der in der Regel schwerfälligeren Inhibitoren. So werden sich also die Inhibitoren selbst bei hoher Affinität zur Wachstumsstelle gewöhnlich nicht so schnell heranbewegen können wie die Kationen, so daß die Atomschichten ungehindert weiterfließen. Wenn überhaupt, so werden von den Inhibitoren wohl nur gewisse schnell bewegliche Inhibitorkationen — selbst zwar nicht fähig zum Einbau in das Gitter — bei günstigem Konzentrationsverhältnis bevorzugt werden können. Hierauf mag übrigens auch eine gewisse Sonderstellung des Wasserstoffions unter den Inhibitoren beruhen.

Affinität der Inhibitoren zur Ansatzstelle. Bei einer Belegung der Keimansatzstellen dürfte hingegen im Wettbewerb zwischen abscheidbaren Kationen und Inhibitoren die Anlagerungsgeschwindigkeit weniger von Belang sein als andere Faktoren, namentlich die Affinität zur Ansatzstelle. Ist übrigens die Konzentration an abscheidbaren Kationen in der Umgebung einer reaktivierbaren Fläche kurz nach Eintritt der Passivierung (oder der größten Aktivitätsminderung) relativ gering — denn geringe Konzentration ist nach den früheren Ausführungen eine Ursache der zeitweiligen Passivität —, so können sich nunmehr im Wettbewerb auch langsamer bewegliche Inhibitoren bevorzugt anlagern, wenn sie eine höhere Affinität als das Kation besitzen. Mögen hier zwar abscheidbare Kationen zunächst adsorbiert (aber noch nicht eingebaut) sein, so haben inzwischen herandiffundierte, stärker affine Inhibitoren immerhin noch Zeit genug, sie zu verdrängen.

Je nach der Affinität des Inhibitors zur Aktivstelle kann es nun zu einer vorübergehenden (reversiblen) oder zu einer bleibenden (irreversiblen) Blockierung kommen. Sie ist reversibel, wenn die abscheidbaren Kationen, nach einem Wiederausgleich der zeitweiligen Verarmung in der Kationenkonzentration, die relativ schwachen Inhibitoren von ihren Plätzen wieder verdrängen können. Die Verdrängbarkeit der Inhibitoren wird in einem bestimmten Affinitätsbereich von der angewandten Stromdichte abhängen. Bei sehr geringer Stromdichte können bereits relativ schwache Inhibitoren irreversibel blockieren, während sie bei höheren Stromdichten noch verdrängt werden können. Andererseits wird es besonders affine[1] Inhibitoren geben, die selbst bei hohen angewandten Stromdichten irreversibel blockieren. Bereits bei reversibler Blockierung werden anwesende Inhibitoren die Passivierung der reaktivierbaren Fläche beschleunigen, indem sie die Keimansatzstellen — namentlich bei Rückgang der Kationenkonzentration in ihrer Nähe — vorübergehend blockieren, und sie werden weiterhin die Passivierungsdauer dieser Fläche mehr oder weniger verlängern. Für die Abmessungen der

---

[1] Namentlich positiv geladen. Der Adsorptionsbereich wird auch vom Ladungssinn der Kathode (vgl. S. 51) abhängen.

Wachstumsschicht bedeutet dies also nichts anderes, als daß die Schicht dünner ausfällt, und daß sie sich seitlich weiter ausbreiten muß (vgl. Abb. 162a, geringe, b verstärkte Inhibition) (H. Fischer[1]).

Sind die Inhibitoren aber stark genug, so können sie auch nach dem Ausgleich der lokalen Kationenkonzentration nicht mehr verdrängt werden. In diesem Falle kommt also eine irreversible Blockierung der betreffenden Aktivstellen zustande.

Möglicherweise kann sich nun aber ein Flächenkeim dennoch an einer anderen Stelle der Fläche ausbilden, sofern diese noch nicht überall[2] irreversibel blockiert ist. So wird z. B. eine weniger aktive Stelle in der

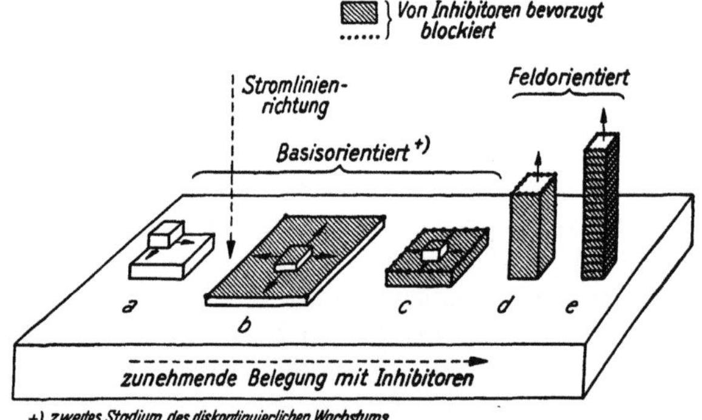

Abb. 162. Schema einer Formänderung der Subindividuen mit zunehmender Inhibition. (Nach H. Fischer[1].)

Mitte der Fläche zur Keimansatzstelle werden können, wenn die aktiveren Ecken und Kanten der Fläche infolge Blockierung ausfallen. Das Wachstum der Wachstumsschicht geht dann nicht mehr von einer Ecke oder Kante aus, sondern von der Flächenmitte (vgl. Abb. 162b).

Einfluß des Ladungssinnes polarer Inhibitoren. Welche Stellen bevorzugt blockiert werden, ob Ecken und Kanten oder andere auf der Fläche gelegene, weniger aktive Stellen, wird nicht bloß von der Belegungsdichte, sondern auch vom Ladungssinn der Inhibitoren abhängen. So sollten kationische Inhibitoren bevorzugt die Stellen höchster Felddichte, d. h. die Ecken und Kanten, belegen, während andererseits anionische Inhibitoren diese Stellen meiden dürften. Sie werden vielleicht Aktivstellen auf der Flächenmitte oder namentlich Hohlecken oder Hohlkanten bevorzugen.

---

[1] Fischer, H.: Z. Elektrochem. **54**, 459 (1950).

[2] Ein solcher Blockierungsgrad ginge über den hier diskutierten Fall der „mäßigen" Inhibition hinaus. Diese Zusammenhänge werden jedoch in einem weiteren Kapitel erörtert werden.

Ein wesentlicher Faktor wird dabei auch die Stromstärke sein. Je höher die Stromstärke, um so mehr werden die Kationeninhibitoren gerade von den Stellen höchster Felddichte angezogen werden.

In Tab. 44 sind einige Ergebnisse, erhalten von ERDEY-GRUZ und KARDOS[1] entsprechend ausgewertet[2]. Sie wurden bei der Silberabscheidung auf Silber-Einkristallkugeln aus $AgNO_3$-Schmelzen mit verschieden hohen Zusätzen an KNO_3 gewonnen[3].

Durch Zusatz von K^+-Ionen werden kationische Inhibitoren in den Elektrolyten eingebracht, während sich die Silberkonzentration zugleich verringert. Im Wettbewerb zwischen abscheidbarem Kation und kationischem Inhibitor muß verminderte Konzentration der Ag^+-Ionen die Wirkung der konkurrierenden K^+-Ionen um so günstiger beeinflussen. Da sich die Schmelzpunkte der Mischungen bei veränderter Zusammensetzung verschieben, sind die Versuchstemperaturen teilweise etwas verschieden. Die spezifische Wirkung der kationischen Inhibitoren wird dadurch kaum wesentlich beeinträchtigt.

Tabelle 44. *Einfluß polarer Inhibitoren auf die Entwicklung von Flächen, Ecken und Kanten.* (Nach Versuchsergebnissen von ERDEY-GRUZ und KARDOS[1].)

Nr.	$AgNO_3$ in Mol.-%	KNO_3 in Mol.-%	$AgBr$ in Mol.-%	Entwicklung der Flächen	Entwicklung der Ecken und Kanten	Bemerkungen
1	100	—	—	fehlerlos	fehlerlos	
2	85	15	—	fehlerlos	unscharf	
3	50	50	—	fehlerlos	sehr unscharf	gelegentliches Hinauswachsen über den Rand
4	95	—	5	fehlerlos	fehlerlos	
5	80 ⋯ 85	—	15 ⋯ 20	löchrig	fehlerlos	
6	70 ⋯ 75	—	25 ⋯ 30	unvollkommen	fehlerlos	nur teilweise Entwicklung der Kristalle

Während sich nun in der Schmelze aus reinem $AgNO_3$ mit Zusätzen die Ecken und Kanten der Kristalle gut entwickeln (Tab. 44, Nr. 1), bleiben sie bei einem Gehalt von 15 Mol.-% KNO_3 (Nr. 2) deutlich in der Entwicklung zurück. Bei 50 Mol.-% KNO_3 (Nr. 3) werden überhaupt keine scharfen Ecken und Kanten mehr ausgebildet, ja die Wachstumsschichten scheinen sich sogar gelegentlich in dünnen flügelartigen Blättchen über die Kristallgrenze hinaus fortzusetzen. Offenbar handelt es sich aber nicht um ein Weiterwachsen der Wachstumsschicht, sondern um die Entstehung eines neuen Gebildes infolge behinderten Wachstums. So verhalten sich die K^+-Ionen als kationische Inhibitoren durchaus

---

[1] ERDEY-GRUZ, T., u. R. F. KARDOS: Z. phys. Chem. (A) **178**, 262 (1937).

[2] Für die folgende Diskussion kommen nur die Beispiele Nr. 1 bis 3 in Tab. 44 in Betracht.

im Sinne der oben entwickelten Vorstellung, indem sie, bevorzugt, elektrostatisch angezogen, sehr aktive Stellen höchster Felddichte — wie Ecken und Kanten — blockieren.

Ähnliche Wirkungen ergeben sich auch bei der Silberabscheidung aus wäßrigen Lösungen von 0,2 n-AgCl oder Ag_2O in NH_3-Lösungen. Hier dürfte das $Ag(NH_3)^+$-Ion als wirksamer Kationeninhibitor in Betracht kommen. In 14,5 n-NH_3-Lösungen bilden sich die Kristallkanten schlecht aus oder runden sich stark. Infolge der wirksamen Blockierung entstehen an den Kanten leicht neue *Kristall*keime. Bei verringerter NH_3-Konzentration (6 n) werden die Kanten besser ausgebildet, wie man es bei dem Konzentrationsrückgang der $Ag(NH_3)^+$-Ionen erwartet.

Über die Wirkung anionischer Inhibitoren gibt ebenfalls Tab. 44 (Nr. 4 bis 6) Aufschluß. Als Beispiel eignen sich wiederum Versuchsdaten aus der Arbeit von ERDEY-GRUZ und KARDOS[1] für die Silberabscheidung aus einer $AgNO_3$-Schmelze. Die Versuche wurden unter entsprechenden Bedingungen, wie die in Tab. 44 Nr. 1 bis 3 angeführten Beispiele, durchgeführt. Setzt man dem Elektrolyten z. B. steigende Mengen AgBr hinzu, so werden bei gleichbleibendem Silbergehalt Br^--Ionen in den Elektrolyten eingebracht. Von der starken Affinität der Br^--Ionen zum Silber darf man eine relativ bedeutende Inhibitorwirkung dieser Anionen erwarten. Dies bestätigen auch die Werte kathodischer Überspannung, von ERDEY-GRUZ und KARDOS[1] gemessen. Wie sich aus Tab. 44 ergibt, macht sich dieser inhibitorische Einfluß bei 15 Mol.-% AgBr (Nr. 5) bemerkbar, und zwar indem sich die Kristall*flächen* nicht mehr einwandfrei entwickeln, während die Ecken und Kanten nach wie vor gut ausfallen. Noch stärker prägt sich diese Wirkung bei 25 bis 30 Mol.-% AgBr aus (Nr. 6), wobei die Ecken und Kanten stets gut ausgebildet werden. Die Brom-Ionen blockieren bereits in einem solchen Umfange, daß beträchtliche Flächenanteile der Kristalloberfläche passiviert bleiben und überhaupt nicht mehr weiterwachsen.

Das Verhalten der Br^--Ionen als anionische Inhibitoren steht ebenfalls im Einklang mit der oben entwickelten Vorstellung, wonach Anioneninhibitoren bevorzugt weniger aktive Stellen auf der Fläche und jedenfalls nicht die aktiven Bezirke höchster Stromdichte, wie Ecken und Kanten, blockieren sollten. Diese Beobachtungen sind zugleich ein schöner Beweis für die Gültigkeit der Inhibitortheorie, und zwar auch für polare Inhibitoren.

In Elektrolyten, die anionische wie kationische Inhibitoren enthalten, kann sich unter Umständen die Anionenwirkung bei niedrigen, die Kationenwirkung bei höheren Stromdichten J/F_p bemerkbar machen. Ein solches Beispiel findet sich in der Silberabschei-

---

[1] s. S. 419, Fußn. 1.

dung aus 4,2 n-KJ-Lösung $+$ 0,2 n-AgJ (ERDEY-GRUZ[1]). Bei niedrigen Stromdichten, z. B. $4 \cdot 10^{-5}$ A/cm², sind die Kanten sämtlicher Kristallflächen gut oder sehr gut ausgebildet, während die Flächen selbst rauh sind[2]. Steigert man die Stromdichte auf $3 \cdot 10^{-3}$ A/cm², so fallen die Kanten schlecht aus und die Flächen (2 1 1) werden glatter.

Einfluß mittlerer bis starker Inhibition auf Wachstum und Gestalt der Wachstumsschicht. Mit zunehmend verstärkter (aber noch mäßiger) Inhibition belegen die Inhibitoren im ersten Stadium nicht bloß die Keimansatzstellen auf der Oberfläche der Stufe, sondern nach und nach auch die aktiveren Stellen auf den Seitenflächen (H. FISCHER[2], vgl. Abb. 162 c, S. 418). Damit erschweren sie nunmehr den Beginn und Ablauf des zweiten Stadiums. Bei nicht zu starker Inhibition werden sich die Inhibitoren noch von den sich abscheidenden Kationen verdrängen lassen. wenngleich hierfür eine, mit der Inhibition entsprechend zunehmende, Aktivierungsenergie erforderlich sein dürfte. Bei fortgesetzt gesteigerter Inhibition dürfte die Blockierung der Seitenflächen so zunehmen, daß die Hemmung des Stadiums II größer wird als diejenige des Stadiums I. Das Maximum des Breitenwachstums und das Minimum des Höhenwachstums der Schicht werden also mit weiter verstärkter Inhibition überschritten (Abb. 162 c).

Auf S. 353 haben wir gesehen, daß die Kristalle mit wachsender, aber noch schwacher Inhibition gröber werden, bis sie einen maximalen Durchmesser erreicht haben. Darüber hinaus verkleinert weiter gesteigerte Inhibition wieder den Kristalldurchmesser. Diese Tatsachen, die wir im Einklang mit den Beziehungen zwischen Inhibition und den verschiedenen Keimbildungsarbeiten fanden (S. 356 ff.), werden auch hier bestätigt durch den ganz analogen Zusammenhang zwischen Inhibition und seitlicher Ausdehnung des Wachstumsschichten.

Mit weiter gesteigerter Inhibition erreicht die Wachstumsschicht schließlich einen Zustand, in dem die adsorptive Belegung der Seitenflächen der Stufen so umfassend und so stark geworden ist, daß sich die Inhibitoren im zweiten Stadium nicht mehr von den Seitenflächen verdrängen lassen. Damit muß das zweite Stadium überhaupt unterbleiben. So läuft also das erste Stadium ununterbrochen weiter, d. h. aus dem diskontinuierlichen Wachstum der Schicht ist ein kontinuierliches geworden.

Bei kontinuierlichem Wachstum entsteht im Gegensatz zur flachen Wachstumsschicht, bevorzugt parallel zur Unterlage wachsend, ein aufgerichtetes, auf der Unterlage senkrecht stehendes Gebilde, das parallel zu den Stromlinien in Richtung zur Anode wächst (Abb. 162 d). Wie bereits oben erwähnt, werden die Wachstumsformen der ersten Art „basisorientiert", der zweiten „feldorientiert" genannt (H. FISCHER[2]).

---

[1] Daß beim Senken der KJ-Konzentration auf 1,2 n oder bei Austausch der J-Ionen gegen die schwächer inhibierenden Br-Ionen glattere Flächen entstehen, dürfte ebenfalls auf verringerter Anionenwirkung bestehen.

[2] FISCHER. H.: Z. Metallkde. **41**, 151 (1950).

Theoretisch könnten die feldorientierten Formen „endlos" weiterwachsen. Da sich aber mit zunehmender Inhibition auch die Neigung zur Bildung neuer Keime verstärkt, wird das Wachstum des feldorientierten Gebildes früher oder später abbrechen. Oft geschieht dies bereits nach sehr kurzer Zeit; man erhält so nur eine relativ dünne kontinuierlich gewachsene Schicht, der sich dann wieder eine ganz entsprechende Schicht auflagert, und so fort. So entsteht ein feldorientiertes Schicht*aggregat* (Abb. 162e).

Wir werden auf diese Wachstumsformen noch ab S. 470ff. näher eingehen.

2.3 Wachstumsformen polykristalliner Niederschläge.

2.31 Systematik der Wachstumsformen.

2.31.1 Kristalle und Kristallaggregate als Grundlage der Einteilung.

Es ist schon mehrfach versucht worden, die Wachstumsformen polykristalliner elektrolytischer Metallniederschläge in ein System zu bringen. Als erste haben dies wohl BLUM und RAWDON[1] versucht. Erwähnenswert ist auch eine Einteilung von BILLITER[2], die sich zum Teil Gedankengängen von BLUM und RAWDON anschließt.

Beide Versuche der Klassifizierung stützen sich auf phänomenologische Ergebnisse. Sie stellen keine engeren Beziehungen zum Mechanismus der kathodischen Metallabscheidung oder der Elektrokristallisation her.

BLUM und RAWDON teilen die Wachstumsformen im wesentlichen ein in

I. Einzelkristalle. — II. Kristallinisches Gefüge. —
III. Mikrokristalline Abscheidungen.

Sie entnehmen der Erfahrung, in welcher Reihenfolge diese Wachstumsformen gewöhnlich miteinander abwechseln, wenn bestimmte Abscheidungsbedingungen, wie Stromdichte, Zusätze von Kolloiden, Viskosität der Elektrolyten, Konzentration der Elektrolytbestandteile, Flüssigkeitsbewegung, Temperatur usw., geändert werden.

Bei der Fülle der Erscheinungsformen erscheint die Einteilung von BLUM und RAWDON heute als zu allgemein und unspezifisch. Auch offenbart sie die Zusammenhänge zwischen formbildenden Faktoren und Wachstumsform nur andeutungsweise.

---

[1] BLUM, W., u. H. S. RAWDON: Trans. Amer. Electrochem. Soc. **44**, 397 (1923).
[2] BILLITER, J.: Prinzipien d. Galvanotechnik, S. 99ff. Wien 1934.

BILLITER[1] greift einen von BLUM und RAWDON geäußerten Vorschlag auf, beim Einteilen der Wachstumsformen zu fragen, ob bei fortgesetzter Elektrolyse sämtliche Kristallkeime fortwachsen, ob ein Teil von ihnen weiterwächst oder ob gar kein Kristallkeim weitergebildet wird. Damit gelangt BILLITER zu folgender Einteilung der Wachstumsformen:

1. Dicht aneinandergeschlossene Fäden; 2. faserförmiges dichtes Gefüge; 3. säulenförmige Anordnung; 4. konisch sich erweiternde bis pilzartige Formen; 4a. Dendrite; 4b. Haufwerk von Kristallnadeln; 5. unregelmäßig grobe Gefüge mit gegenseitiger Störung des Kristallwachstums; 5a. kristalliner Schwamm; 6. vereinzelte Kristallnadeln; 7. feinkörnigste bis pulvrige Abscheidung in dichter oder lockerer Form.

Werden nach BILLITER[1] in Form 1 sämtliche Kristallkeime fortgebildet, so sollen die Kristallkeime in den Formen 2 bis 6 nur teilweise weiterwachsen. In Form 7 setzen sich die Keime überhaupt nicht mehr fort.

Die Grundlage dieser Einteilung erweist sich bei näherer Betrachtung als ziemlich unsicher. Erfahrungsgemäß kann die säulenförmige Anordnung auch auftreten, wenn *sämtliche* Kristalle weiterwachsen (Fall der sog. Reproduktion der Unterlage) (vgl. S. 451). Fäden (Form 1) können auch erscheinen, indem sich aus vereinzelten Keimen weit zahlreichere neue Keime bilden. Auch die vereinzelten Kristallnadeln (Form 6) können entweder das Ergebnis eines Weiterwachsens sämtlicher Anfangskeime sein oder aber die Auslese aus einer weit größeren Zahl von Anfangskeimen.

Die Nachbarschaft der Wachstumsformen 6 und 7, zwischen denen sich, wie auch BILLITER erkannt hat, phänomenologisch und genetisch ein nicht zu überbrückender Gegensatz auftut, beweist, wie künstlich die Einteilung ist.

2.31.2 Subindividuen der Kristalle als Grundlage der Einteilung.

Vor einiger Zeit hat H. FISCHER[2] eine neue Einteilung der Wachstumsformen versucht. Sie geht von neueren Erkenntnissen der Zusammenhänge zwischen Abscheidungsbedingungen und Form der *Subindividuen* der Kristalle aus.

Als Realkristalle bestehen die Wachstumsformen aus Aggregaten von Subindividuen der Mosaikstruktur, wie Wachstumsschichten, Blöckchen, Tafeln, Fäden usw. Kennt man den formbestimmenden Einfluß der Abscheidungsbedingungen auf die einzelnen Subindividuen (vgl. S. 379ff.), so kann man daraus ohne besonderen Zwang ihren Einfluß auf die Form der Aggregate ableiten.

---

[1] s. S. 422, Fußn. 2.
[2] FISCHER, H.: Z. Elektrochem. **54**, 459 (1950).

Bei den Subindividuen sind, wie wir gesehen haben, im wesentlichen alle Abscheidungsbedingungen formbestimmend, die das Wachstum oder die Keimbildung hemmen oder fördern. Je mehr diese das Wachstum hemmen, desto eher regen sie die Bildung neuer Keime an und umgekehrt.

Als wichtigen formbestimmenden Einfluß haben wir z. B. den Grad der Inhibition erkannt. Je stärker die Inhibition, desto intensiver die Hemmung des Wachstums und desto größer — in einem bestimmten Inhibitionsbereich — auch die Zahl der Keime.

Nachdem sich gezeigt hat, wie sehr Gestalt und Orientierung der Subindividuen von dem Umfang einer Belegung der Oberfläche mit

Tabelle 45. *Wachstumsformen der elektrolytisch gewachsenen Metallkristalle in Abhängigkeit von der Inhibition.* (Nach H. FISCHER[1].)

Inhibitionsgrad	Wachstumsform der Aggregate	Bevorzugte Wachstumsrichtung der Aggregate	Zusammensetzung der Aggregate
sehr gering bis mäßig	feldorientierter Isolationstyp *FJ* (isolierte Kristalle)	parallel den Feldlinien	a) Pakete oder Bündel aus feldorientierten Subindividuen b) übereinandergeschichtete basisorientierte Wachstumsschichten geringen Breitenwachstums
mäßig bis mittelgroß	basisorientierter Reproduktionstyp *BR* (meist kompakter Niederschlag)	parallel der Unterlage	übereinandergeschichtete basisorientierte Wachstumsschichten großen Breitenwachstums
mittelgroß	Zwillings-Übergangstyp *Z* (kompakter Niederschlag)	im spitzen Winkel zur Unterlage	übereinandergeschichtete Wachstumsschichten (Zwillingslamellen) in Schräglage
mittelgroß bis groß	feldorientierter Texturtyp *FT* (kompakter Niederschlag)	parallel den Feldlinien	a) übereinandergeschichtete basisorientierte Wachstumsschichten geringen Breitenwachstums b) Pakete oder Bündel aus feldorientierten Subindividuen
sehr groß	unorientierter Dispersionstyp *UD* (kompakter (Niederschlag)	keine	regellos angeordnete Aggregate aus Subindividuen geringster Ausdehnung, vorwiegend statistische Verteilung

---

[1] s. S. 423, Fußn. 2.

Fremdstoffen abhängen, liegt es nahe, solche form- und richtungsbestimmenden Einflüsse der Inhibitoren auch für die Aggregate aus Subindividuen anzunehmen. Wie die Wachstumsformen solcher Aggregate auf den zunehmenden Einfluß der Inhibition ansprechen, ergibt sich aus dem folgenden Schema (Tab. 45), für das eine konstante mittlere Stromdichte (etwa 10^{-2} A/cm^2) angenommen ist.

So ergeben sich folgende Hauptformen des Wachstums, deren Existenzbedingungen in den nächsten Kapiteln eingehend zu erörtern sein werden:

1. Feldorientierter Isolationstyp (FJ).
2. Basisorientierter Reproduktionstyp (BR).
3. Zwillings-Übergangstyp (Z).
4. Feldorientierter Texturtyp (FT).
5. Unorientierter Dispersionstyp (UD).

Gewiß wird die Bildung dieser Wachstumsformen durchaus nicht allein von der Inhibition bestimmt, sondern, wie wir sehen werden, auch von anderen Einflußgrößen der Elektrolyse, wie Stromdichte, Elektrolytkonzentration, Temperatur usw. Jedoch läßt sich der Einfluß der Inhibitoren auf die Wachstumsform am ehesten übersehen. Er wird bei geeigneter Wahl der Versuchsbedingungen, z. B. Verwendung von Inhibitoren, die bereits in sehr geringen Konzentrationen wirken, Vermeiden einer gleichzeitigen Anwendung mehrerer wirksamer Inhibitoren (die sonst Verstärkungseffekte ergeben könnten usw.), am wenigsten durch Nebenwirkungen gestört. Eine Variation der Inhibition ist in geringerem Maße mit einer gleichzeitigen Änderung der anderen Abscheidungsbedingungen verbunden, als dies umgekehrt bei Variation der anderen Einflußgrößen der Fall ist. So liefert veränderte Inhibition — sofern man von Grenzfällen dichter Belegung mit starken Inhibitoren absieht[1] — einigermaßen eindeutige Beziehungen zur Form der polykristallinen Abscheidung.

Mit den anderen Einflußgrößen gelingt dies überhaupt nur in relativ engen Variationsbereichen. In der Mehrzahl der Fälle ändert sich mit veränderter Stromdichte, Elektrolytkonzentration oder Temperatur auch gleichzeitig die Zusammensetzung des Kathodenfilms, namentlich in der Ionenkonzentration und im Anteil der Hydrolysenprodukte, die oft bedeutende sekundäre Inhibition hervorrufen können. Mit der Stromdichte kann sich im besonderen zugleich auch die Inhibition polarer Inhibitoren ändern. Auch stauen sich bei stark erhöhter Stromdichte schließlich die abscheidbaren Kationen auf der Kathodenoberfläche an, ohne sogleich abgeschieden zu werden. Sie können eine Art *Selbstblockierung* herbeiführen. Ein weiterer Grund ist, daß bei der elektrolytischen Abscheidung von Metallen die wahre Stromdichte kaum eindeutig zu definieren ist (vgl. S. 402).

---

[1] Unter diesen Bedingungen treten wesentlich erhöhte Stromdichten oder Grenzstromdichten mit ihren Folgen auf.

Die in Tab. 45 genannten Formtypen lassen sich *sämtlich* bei jedem elektrolytisch abscheidbaren Metall nachweisen, wenn man jede Art von Elektrolyten und von Elektrolysebedingungen gelten läßt (also z. B. auch Elektrolyte aus geschmolzenen Salzen oder rein organische Elektrolyte, hohe und sehr tiefe Temperaturen usw.).

Bei der Elektrolyse *wäßriger* Lösungen findet man allerdings gewöhnlich für jedes Metall bevorzugte Formtypen, deren häufiges Auftreten offenbar von der Natur des Metalls und von der Art des Elektrolyten abhängt.

Im allgemeinen wird die Bildung des bevorzugten Formtyps ungleich stärker von der Natur des Metalls als von der Natur der Inhibitoren bestimmt, wenngleich im besonderen auch spezifische Unterschiede in der Affinität der Inhibitoren zu einzelnen Metallen das Bild verändern können. Gewöhnlich ist die Blockierung einer Wachstumsstelle des wachsenden Kristalls mit einem Inhibitor nicht spezifisch, d. h., Inhibitoren ganz verschiedener Art können einander darin ersetzen.

In Systemen Elektrolyt/Wasser kann man nach der Art des Elektrolyten Lösungen einfacher Salze (z. B. Halogenide, Nitrate, Sulfate usw.) und Lösungen komplexer Salze (z. B. komplexe Halogenide, komplexe Zyanide usw.) unterscheiden. In den letzteren tritt das abscheidbare Metall als Zentralatom eines Komplexions auf. Sämtliche Bestandteile des Elektrolyten können nun bereits an sich als Inhibitoren wirken und als solche die Abscheidungsform beeinflussen (H. Fischer). Besonders stark wirken indes größere organische Ionen, Dipole oder Kolloide, die dem Elektrolyten zugesetzt werden.

2.31.3 Formtypen der Metalle in Verbindung mit Inhibitorempfindlichkeit und anderen Eigenschaften.

Tab. 46 gibt für eine Reihe Metalle die bevorzugten Formtypen an, die in der Regel bei Abscheidung aus wäßrigen Lösungen einfacher Salze (S), komplexer Salze (K), Lösungen einfacher Salze mit Zusatz wirksamer organischer Inhibitoren ($S + In$) und Lösungen komplexer Salze mit entsprechendem Inhibitorzusatz ($K + In$) bei Zimmertemperatur und mäßiger Stromdichte (etwa 0,01 A/cm²) beobachtet werden.

Man kann dabei schwach, mäßig und stark inhibitorempfindliche Metalle unterscheiden (vgl. H. Fischer, S. 224). Die Inhibitorempfindlichkeit der Metalle prägt sich deutlich in dem bevorzugten Formtyp aus. In der Tabelle sind die Metalle *eines* Gittertyps angenähert in der Reihenfolge ihrer Inhibitorempfindlichkeit angeordnet, die von oben nach unten stärker wird.

Zu den wenig inhibitorempfindlichen Metallen gehören Blei, Thallium, Zinn und Wismut, zu den Metallen von mittlerer Inhibitorempfindlichkeit Silber, Kadmium, Zink und Antimon. Stark inhibitorempfindlich

Tabelle 46. *Formtypen bei Metallabscheidung aus wäßrigen Elektrolytlösungen sowie Schmelzwärme, Oberflächenenergie und Schmelzpunkt.* (Nach H. FISCHER[1].)

Strukturtyp des Gitters	Metall	Wachstumsformen[2]				Molek. Schmelzwärme kcal	T_s °K	σ bei T_s erg/cm³
		S	*K*	*S+In*	*K+In*			
A 1	Pb	*FI*	*BR*	*BR*	*BR,(FT)*	1,2	600	700
A 1	Ag	*FI,(BR)*	*FT,(UD)*	*BR,(FT)*	*(FT),UD*	2,7	1234	1450
A 1	Cu	*BR,(FT)*	*(FT),UD*	*FT,(UD)*	*(FT),UD*	3,1	1356	2240
A 1	Ni	*(BR),FT*	—	*FT,UD*	—	4,3	1726	2750
A 2	Fe(2)	*(BR),FT*	—	*FT,UD*	—	3,3	1803	2880
A 3	Tl(1)	*FI,(BR)*	*(FI), BR*	*(FI), BR*	*BR*	1,03	575	—
A 3	Cd	*(FI), BR*	*(BR),FT*	*(BR),FT*	*FT,(UD)*	1,5	594	540
A 3	Zn	*(FI), BR*	*(BR),FT*	*FT*	*FT,(UD)*	1,6	692	776
A 5	Sn(2)	*FI*	*(FI), BR*	*(FI), BR*	*BR*	1,7	505	—
A 7	Bi	*FI*	*(FI), BR*	*(FI), BR*	*BR*	2,6	544	—
A 7	Sb	*FI*	*(FI), BR*	*BR*	*BR,(FT)*	4,8	903	

sind Kupfer, Nickel und Eisen. Geht man von der heute als gesichert geltenden Annahme aus, daß die Wirkung der Inhibitoren hauptsächlich auf einer Adsorption an der Metalloberfläche beruht, so könnte man wohl unter definierten elektrolytischen Abscheidungsbedingungen ein Maß für die Inhibitorenempfindlichkeit in der Dichte der Fremdstoffbelegung der Metalloberfläche, hervorgerufen von einer bestimmten Inhibitorkonzentration im Elektrolyten, zu finden suchen. Dabei müßte man grundsätzlich die spezifische Inhibitorempfindlichkeit für jede einzelne Kristallfläche definieren und noch dazu nur von idealen fehlerfreien Flächen ausgehen. Experimentell stößt dies auf keineswegs geringe Schwierigkeiten. Immerhin können wir die (mittlere) Inhibitorempfindlichkeit der Metalle wenigstens qualitativ an den Wirkungen erkennen, die eine Belegung der Oberfläche des betreffenden Metalls mit Inhibitoren z. B. auf die Abscheidungsform oder auf die Überspannung ausübt.

Wie schon früher gezeigt wurde[3], ist die Inhibitorempfindlichkeit der Metalle um so größer, je größer die Affinität der Oberflächenatome zum Inhibitor unter den Abscheidungsbedingungen ist, und um so kleiner, je rascher die Atome in der obersten Atomlage der Metalloberfläche ihren Platz wechseln.

Es ist also die mittlere Inhibitorempfindlichkeit

$$\overline{E}_{in} = K_1 \frac{U_{in}}{D_S},$$

wobei U_{in} die Affinität des Inhibitors, D_S den Diffusionskoeffizienten der Selbstdiffusion der Oberflächenatome und K_1 eine Konstante bedeuten[1].

---

[1] s. S. 423, Fußn. 2.
[2] Der weniger häufig vorkommende Typ ist in Klammern gesetzt.
[3] vgl. S. 223.

Wie erwähnt (S. 427), kann man annehmen, daß U_{in} der mittleren freien Oberflächenenergie auf der Metalloberfläche proportional

$$U_{\text{in}} = K_2 \bar{\sigma}, \tag{121}$$

woraus sich

$$E_{\text{in}} = K_1 K_2 \frac{\bar{\sigma}}{D_S} \tag{122}$$

ergibt. Für $\bar{\sigma}$ ist die freie Oberflächenenergie beim Schmelzpunkt des Metalls gewählt (um eine Beziehung der σ-Werte auf die einzelnen Kristallflächen zu vermeiden). Da die freie Oberflächenenergie proportional der Sublimationswärme λ_T (oder der molekularen Schmelzwärme) ist, kann man diese für $\bar{\sigma}$ einsetzen und erhält

$$E_{\text{in}} = K^* \frac{\lambda_T}{D},$$

d. h. es sollte sich eine Parallele der Inhibitorempfindlichkeit nicht bloß mit der freien Oberflächenenergie, sondern auch mit diesen kalorischen Größen ergeben. In Tab. 46 ist die molekulare Schmelzwärme als Beispiel gewählt worden.

Die in Tab. 46 eingesetzten σ-Werte stammen von FRICKE[1]. Molekulare Schmelzwärme und freie Oberflächenenergie gehen bei den Metallen gleichen Gittertyps deutlich parallel mit der Inhibitorempfindlichkeit der Metalle, die durch das Auftreten bestimmter Formtypen gekennzeichnet ist und von oben nach unten zunimmt. Bei den Metallen geringer Inhibitorempfindlichkeit herrschen der feldorientierte Isolationstyp (FJ) oder, bei relativ starker Inhibition, der basisorientierte Typ (BR) vor. Mit zunehmender Inhibitorempfindlichkeit treten der basisorientierte Reproduktionstyp (BR) und der feldorientierte Texturtyp (FT) mehr und mehr hervor. Bei hoher Inhibitorempfindlichkeit und namentlich bei stärkerer Inhibition erscheint schließlich auch der unorientierte Typ (UD).

Aus der Parallele mit dem Schmelzpunkt T_S ergibt sich für wäßrige Elektrolyte die leicht merkbare Regel, daß niedrig schmelzende Metalle eine geringe Inhibitorempfindlichkeit aufweisen und demzufolge den FJ-Typ bevorzugen, während hochschmelzende Metalle sehr inhibitorempfindlich sind und sich vorwiegend im FT-Typ abscheiden.

2.32 Der feldorientierte Isolationstyp.

2.32.1 Ausgeprägte Feldorientierung.

Allgemeines. Von allen Formtypen der kathodischen Metallniederschläge hat man den feldorientierten Isolationstyp (FJ-Typ) bisher am

---

[1] FRICKE, R., in G. M. SCHWAB: Handbuch d. Katalyse, Heterogene Katalyse I, S. 110. Wien 1943. — R. FRICKE: Z. Elektrochem. **52**, 72 (1948).

wenigsten studiert. Er ist der Technik unerwünscht, verlangt sie doch fast stets gleichmäßig kompakte Niederschläge mit glatter Oberfläche.

Daß der *FJ*-Typ isolierte Kristalle bildet, reicht allerdings nicht hin, um ihn zu kennzeichnen. Auch der benachbarte basisorientierte Reproduktionstyp kann gelegentlich in vereinzelten Kristallen auftreten. Wesentlich ist die Tatsache, daß der *FJ*-Typ in Form länglicher Gebilde etwa senkrecht zur Unterlage, also parallel den Feldlinien, aufwächst.

Damit unterscheidet er sich u. a. auch vom isolierten *BR*-Typ. Immerhin gibt es zwischen diesen beiden reinen Typen eine Reihe von Übergangsformen.

Der *FJ*-Typ verkörpert das ungehemmte Wachsen des Kristalls längs den Stromlinien. Man muß ihn von Rechts wegen als die artgemäße Wachstumsform für den kathodischen Metallniederschlag ansehen. Die glatten, kompakten Niederschläge bilden hingegen das Ergebnis mannigfacher Hemmungen. Entsteht der *FJ*-Typ also ganz zwanglos, so bilden sich die kompakten Formen stets unter Zwang.

Bei den am reinsten ausgeprägten Formen des *FJ*-Typs richten sich auch die Subindividuen der Kristalle, wie z. B. Stäbchen oder Lamellen, mehr oder weniger senkrecht zur Unterlage

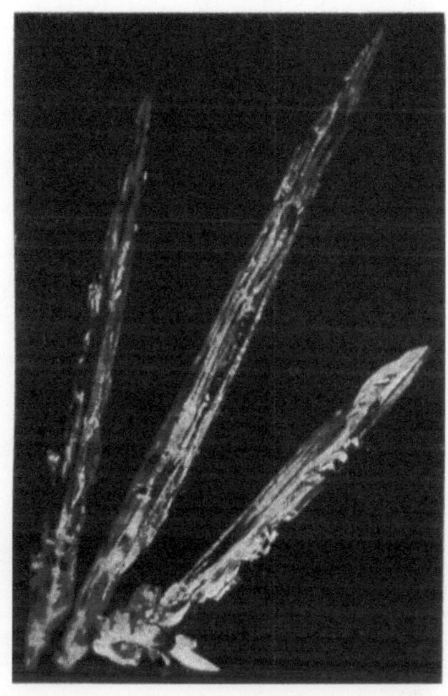

Abb. 163. Feldorientierte Spieße aus Silberkristallen. (Nach H. FISCHER und HEILING[1].) V = 6,5fach.

aus. Allerdings findet man diese Form nur selten ohne Verschmelzung mit weniger ausgeprägten Übergangsformen.

Abb. 163 zeigt Kristallaggregate in Form von Spießen aus Silber, abgeschieden mit $1 \cdot 10^{-1} \text{A/cm}^2$ bei 25° C aus n-AgNO$_3$-Lösung + 0,1 n-HNO$_3$ (H. FISCHER und HEILING[1]). Aus dem Querschliff eines Silberniederschlages (eingebettet in einen feinkörnigen Silberniederschlag[2]) erkennt man, wie feldorientierte Subindividuen meist zusammen

---

[1] FISCHER, H.. u. H. F. HEILING: Trans. Inst. Met. Finishing **31**, Advance Copy 7 (1954). — H. F. HEILING, Metall 8, 438 (1954).

[2] Der Silberniederschlag hebt sich in groben hellen Kristallen von dem feinkörnigen Hintergrund der **Silbereinbettung** ab. (Dunkle Bereiche sind **Hohlräume** in der Einbettung.)

mit mehr basisorientierten auftreten (Abb. 164). Der Niederschlag wurde mit $1 \cdot 10^{-2}$ A/cm² bei 25° C aus n-AgNO₃-Lösung $+$ 0,1 n-HNO₃ abgeschieden.

Der *FJ*-Typ scheidet sich bevorzugt aus den wäßrigen Lösungen einfacher Salze ab. Am ehesten neigen die Metalle mit geringster Inhibitorempfindlichkeit dazu, in solchen ausgeprägt feldorientierten Formen auszuwachsen. Das gilt z. B. von Blei, Zinn und Thallium (I). Aber auch Silber, Kupfer (I) und — unter besonderen Bedingungen — Kadmium können bei sehr geringer Inhibition in diesem Typ auftreten. Dabei unterscheiden sich die Wachstumsformen der verschiedenen Metalle im einzelnen durchaus. Nach KOHLSCHÜTTER und Mitarbeiter[1]

Abb. 164. Querschliff durch einen teilweise feldorientierten Silberkristall. (Nach H. FISCHER und HEILING, s. S. 429, Fußn. 1.)

entwickelt offenbar jedes Metall individuelle Formen, deren Besonderheiten von Unterschieden im Gitterbau bestimmt werden. Wie weit freilich unter scheinbar gleichen Abscheidungsbedingungen noch andere Erscheinungen, wie z. B. sekundäre Inhibition, formändernd wirken können, wissen wir heute noch nicht.

Wesentlich für das Wachstum der feldorientierten Formen ist ein geeignet zusammengesetzter Elektrolyt. Vor allem bei den etwas inhibitorempfindlichen Metallen sollte der Elektrolyt keine stärker inhibierenden Anionen, möglichst auch keine entsprechend wirksamen Fremdkationen, enthalten. Wasserstoffionen können das Wachstum der Kristalle u. U. bereits mehr in Richtung der Übergangsformen

---

[1] KOHLSCHÜTTER, V.: Z. Elektrochem. **33**, 272 (1927). — V. KOHLSCHÜTTER u. A. GOOD: Z. Elektrochem. **33**, 277 (1927). — V. KOHLSCHÜTTER u. F. JAKOBER: Z. Elektrochem. **33**, 290 (1927). — V. KOHLSCHÜTTER u. F. ÜBERSAX: Z. Elektrochem. **30**, 74 (1930).

lenken. Noch deutlicher wird diese Tendenz, wenn sekundäre Inhibition (infolge Hydrolyse) vorliegt. Von den erwähnten Metallen neigt am ehesten Kadmium zu sekundärer Inhibition[1].

Wie stark bereits eine Ansäuerung des Elektrolyten sich bei dem inhibitorempfindlicheren Silber auswirken kann, wenn die Stromdichte klein gehalten wird, zeigen die Abb. 165 und 166 (nach H. FISCHER und HEILING[2]). Beide Niederschläge sind bei $1 \cdot 10^{-1}$ A/cm² und 50° C aus 3 n-AgNO₃-Lösung abgeschieden worden. Im ersten Beispiel war der Elektrolyt neutral, im zweiten enthielt er 0,1 n-HNO₃. Während sich aus der neutralen Lösung noch isolierte feldorientierte Subindividuen abscheiden, fällt der Niederschlag aus der sauren Lösung kompakt aus und reproduziert sogar teilweise die Unterlage.

Kennzeichnend für das Auftreten des *FJ*-Typs ist die sehr geringe Polarisation. Sie ist zugleich die Voraussetzung für eine schlechte Streuung (vgl. S. 317 ff.). Dabei muß das bevorzugte Wachsen von Spitzen begünstigt werden.

Konzentrationseinfluß. Von wesentlicher Bedeutung ist die Konzentration der abscheidbaren Kationen im Elektrolyten. So entsteht der *FJ*-Typ stets mit größerer Wahrscheinlichkeit in verdünnteren Lösungen. Hier offenbart sich, wie wichtig die Zusammensetzung des Diffusionsfilms für

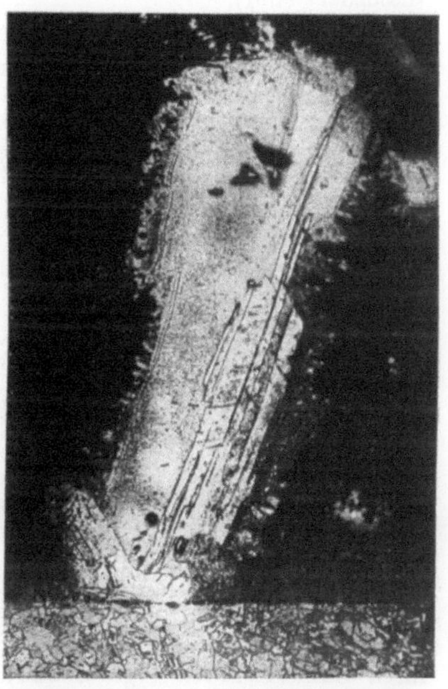

Abb. 165. Querschliff durch einen feldorientierten Silberkristall, abgeschieden aus neutraler AgNO₃-Lösung. (Nach H. FISCHER und HEILING, s. S. 429, Fußn. 1). V = 150fach.

diesen Vorgang ist. Je geringer die Konzentration der Metallionen, desto eher entladen sich die Metallionen bevorzugt an vorspringenden Spitzen und Ecken der Kathodenoberfläche. Die auf S. 96 ff. erörterten laminaren und turbulenten Strömungen in der Strömungsgrenzschicht dürften ihr Maximum am äußersten Ende der vorspringenden Spitzen erreichen. Die Flanken der Spitzen stehen diesen Strömungen wie Wellenbrecher entgegen, weshalb sich die Flüssigkeit in

---

[1] Beim Kadmium entsteht daher der *FJ*-Typ z. B. eher in ammoniakalischen Lösungen von CdCl₂, in denen sekundäre Inhibition des Kadmiumhydroxyds infolge schwacher Komplexbildung zurücktritt.

[2] s. S. 429, Fußn. 1.

den sich anschließenden Tälern bedeutend langsamer bewegen dürfte. Das bedeutet mit anderen Worten, der Ionennachschub wirkt sich zur Spitze hin am günstigsten aus. Der Diffusionsfilm wird hier entsprechend dünner ausfallen als in den Tälern. Die sich rasch vorschiebenden, langgestreckten Gebilde behalten am leichtesten den Anschluß an Bereiche des Elektrolyten, die noch genügend Metallionen anliefern können. Überdies inhibieren die verdünnten Elektrolyte entsprechend schwächer als die konzentrierteren (sofern letztere noch ausreichend dissoziiert sind).

Andererseits bilden sich bei abnehmender Metallionen-Konzentration auch mit größerer Wahrscheinlichkeit mehr Keime von Kristallen und

Abb. 166. Querschliff durch einen basisorientierten Silberniederschlag, abgeschieden wie in Abb. 165, jedoch mit angesäuertem Elektrolyten. (Nach H. FISCHER, und HEILING, s. S. 429, Fußn. 1.) V = 150fach.

ihren Subindividuen (vgl. S. 360). Auf die vermehrte Bildung von Kristallkeimen haben schon ATEN und BOERLAGE[1] hingewiesen. Die Kristalle und Subindividuen fallen dabei kleiner aus, und ihre Zahl vergrößert sich erheblich. Mit wachsender Keimzahl orientieren sich die einzelnen Subindividuen und Aggregate auch nicht mehr in Richtung der Stromlinien. Der Ordnungsgrad vermindert sich und wird schließlich mehr oder weniger statistisch. So entstehen Dendrite mit vielen Verästelungen, gefiederte, blattartige Formen und in sehr verdünnten Lösungen kristalliner Schwamm (vgl. S. 493).

Nach KOHLSCHÜTTER und Mitarbeiter[2] scheidet sich z. B. Zinn aus angesäuerter $SnCl_2$-Lösung mit wachsender Verdünnung des Elektrolyten (2,4 n auf 0,6 n) bei 1 A/cm^2 nicht mehr in Form von einzelnen

---

[1] ATEN, A. H. W., u. L. M. BOERLAGE: Rec. Trav. chim. Pays-Bas **39**, 720 (1920).

[2] s. S. 430, Fußn. 1.

feldorientierten Fäden oder Fadenbüscheln, sondern von Schwertern und Blättern ab, sich bei der niedrigsten Konzentration noch stark verzweigend. Die Schwerter und Blätter bauen sich aus vielen Stäbchen auf, die sich beiderseits einer Mittelrippe anordnen. Bei Verdünnung einer Bleinitratlösung (von 3 bis 0,75 n) fallen bei $1\,A/cm^2$ die zu Fäden aneinandergereihten Bleioktaeder kleiner aus und die Ketten verzweigen sich. Wenn man Kadmiumchloridlösung verdünnt (z. B. von 3 n auf n), so nimmt zugleich auch die Hydrolyse zu, und sekundäre Inhibition beeinflußt die Abscheidungsform zusätzlich. Scheiden sich aus der konzentrierteren Lösung bei $1\,A/cm^2$ feldorientierte Büschel aus, so reihen sich die Kriställchen bei Abscheidung aus der verdünnteren Lösung nicht mehr regelmäßig zu Fäden aneinander. Es entsteht Schwamm, durchsetzt mit vielen verworrenen Fäden.

Deutlich geht der Konzentrationseinfluß aus einem Vergleich von Abbildung 163 mit Abb. 167 hervor (H. Fischer und

Abb. 167. Verästelte Dendrite aus Silber. (Nach H. Fischer und Heiling, s. S. 429, Fußn. 1.) V = 4 fach.

Heiling[1]). Aus einer n-$AgNO_3$-Lösung $+$ 0,1 n-HNO_3 scheiden sich mit $1 \cdot 10^{-1}\,A/cm^2$ bei 25° C gedrungene Spieße ab (Abb. 163, Vergrößerung 6,5fach), während sich aus der 0,1 n-$AgNO_3$-Lösung ($+$0,1 n-HNO_3) unter sonst gleichen Bedingungen verästelte Dendrite (Abb. 167, Vergrößerung 4fach) entwickeln.

Stromdichteeinfluß. Nicht weniger wichtig ist auch der Einfluß der Stromdichte. In dem Maße, als mit vergrößerter Stromdichte die Metallionen-Konzentration im Kathodenfilm zurückgeht, wirkt sich der erwähnte Konzentrationseinfluß — namentlich in verdünnteren Elektrolyten — im Vorherrschen feldorientierter Formen aus. Da aber mit

---

[1] s. S. 429, Fußn. 1.

wachsender Stromdichte zugleich auch die Keimbildungstendenz sehr stark zunimmt, müssen wieder verzweigte, verwickelte Gebilde entstehen. Aus konzentrierten Lösungen können sich hingegen bei erhöhter Stromdichte zunächst ganz regelrechte, isolierte Kriställchen abscheiden (KOHLSCHÜTTER und TORRICELLI[1]). Erst wenn sie eine gewisse Größe erreicht haben, „entarten" sie, indem jetzt eine Ecke oder Kante bevorzugt weiterwächst und somit feldorientierte Formen entstehen können.

Nach KOHLSCHÜTTER und Mitarbeiter[2] bilden sich z. B. bei der Bleiabscheidung aus 3 n-$Pb(NO_3)_2$-Lösung mit $5 \cdot 10^{-2}$ bis $4 \cdot 10^{-1}$ A/cm^2 ziemlich grobe Kristalltafeln. Die größte Fläche der Tafeln steht auf der Unterlage senkrecht. Die Tafeln aggregieren sich zu derben kurzen Spießen. Erhöht man die Stromdichte auf Werte zwischen $4 \cdot 10^{-1}$ bis 1 A/cm^2, so wachsen fadenartige Ketten aus kleinen Oktaedern (von je etwa 50/μm Dm), die mit ihren Spitzen aneinanderhaften. Bei noch höheren Stromdichten verwandeln sich die Oktaeder in Stäbchen mit oktaedrischen Enden. Infolge vermehrter Keimbildung entstehen an Stelle der Fadenketten Fadenbüschel.

Zum anderen können mit steigender Stromdichte auch primäre und sekundäre Inhibition zunehmen. Einmal trachtet die Inhibition jene Kräfte zu bremsen, die das Wachstum parallel zu den Feldlinien richten wollen. Zweitens wird sie aber die schon angeregte Tendenz zur Keimbildung noch weiter vorantreiben. In leicht hydrolysierbaren (verdünnten) Elektrolyten kann dabei feinteiliger Schwamm entstehen.

Temperatureinfluß. Erhöhte Elektrolyttemperatur wirkt meist nicht eindeutig. Temperaturerhöhung kann einmal primäre Inhibition abschwächen, aber zugleich sekundäre Inhibition verstärken (vermehrte Hydrolyse). Zuweilen wird mäßig erhöhte Temperatur auch die primäre Inhibition durch Ionen vergrößern, sofern zugleich die Aktivität dieser Ionen zunimmt.

Je nach Überwiegen des einen oder anderen Einflusses wird also steigende Temperatur Entstehen des *FJ*-Typs fördern oder hemmen. Feldorientiertes Wachstum schwächt sich auch ab, wenn temperaturbedingte Konvektion die Konzentrationsunterschiede an der Kathode auszugleichen vermag.

Bei der leicht hydrolysierbaren Zinnchloridlösung überwiegt z. B. der hemmende Einfluß der sekundären Inhibition. So entstehen nach KOHLSCHÜTTER und Mitarbeiter[2] bei 18° C mit $5 \cdot 10^{-1}$ A/cm^2 aus 2,4 n-$SnCl_2$-Lösung (+3 n-HCl) schwertartige Zinnkristalle, während sich bei 50° C derbe Spieße abscheiden. Umgekehrt wirkt erhöhte

---

[1] s. S. 359, Fußn. 5.
[2] s. S. 430, Fußn. 1.

Temperatur in der nur schwach hydrolysierbaren Bleinitratlösung
($3\,n\text{-PbNO}_3$). Scheidet sich Blei bei $18°\text{C}$ und $1\,\text{A/cm}^2$ in Fadenketten aus kleinen Oktaedern ab, so herrschen bei $30°\text{C}$ die längeren
oktaedrischen Stäbe als Bestandteil der Kette vor. Bei 40 bis $50°\text{C}$
und noch mehr bei $60°\text{C}$ entwickeln sich hingegen blatt- und schwertartige Gebilde.

Als Gegenstück zu Abb. 164, S. 430, das den Querschliff durch einen
Silberniederschlag aus n-AgNO_3-Lösung ($+0,1\,\text{n-HNO}_3$) bei $1\cdot10^{-2}$
A/cm^2 nach 2,5 Stunden Elektrolyse und $25°\text{C}$ zeigt, bringt Abb. 168
einen Schliff durch den entsprechenden Niederschlag bei $50°$ C
(H. Fischer und Heiling[1]). Entsteht bei $25°\text{C}$ der *FJ*-Typ, so bildet

Abb. 168. Querschliff durch einen Silberniederschlag, abgeschieden bei $50°$ C als *BR*-Typ.
(Nach H. Fischer und Heiling, s. S. 429, Fußn. 1.) V = 300fach.

sich bei $50°\text{C}$ deutlich der *BR*-Typ mit guter Reproduktion der
Unterlage. Hier scheint primäre Inhibition — als Folge vergrößerter
Aktivität der Ioneninhibitoren — vorzuherrschen.

Bei hohen Temperaturen entsteht in geschmolzenen Elektrolyten
offenbar der feldorientierte Typ vor allen anderen Abscheidungsformen,
wenn das Metall unterhalb seines Schmelzpunktes abgeschieden wird. Die
Morphologie dieser Formen ist im einzelnen noch so gut wie unbekannt.

Bevorzugte Orientierung. Bei einem Vergleich der Kristallflächen
an manchen verästelten dendritischen Gebilden erkennt man, daß auch
hier ein Ordnungsprinzip waltet. Sehr häufig sind bestimmte Flächen
in gleicher Richtung, in gleicher Ebene orientiert. Man hat es also auch
hier mit einer bevorzugten Kristallorientierung zu tun (vgl. auch
H. Fischer und Heiling[1])

In der Tat finden sich im Schrifttum gelegentlich Hinweise auf eine
Textur kathodisch abgeschiedener isolierter Kristalle (vgl. Hirata und

---

[1] s. S. 429, Fußn. 1.

28*

Mitarbeiter[1]), wenngleich die Zusammenhänge zwischen Textur und Abscheidungsbedingungen noch keineswegs systematisch untersucht worden sind.

Nach FINCH[2] orientieren sich z. B. auf Siliziumkarbid als indifferentem Kathodenmaterial isolierte Eisenkristalle in der Richtung der (1 1 1)-Achse senkrecht zur Unterlage. Kupferkristalle und Silberkristalle wachsen bevorzugt in der (1 1 0)-Richtung auf.

2.32.2 Übergänge und Übergangsformen zwischen dem feldorientierten Isolationstyp und dem basisorientierten Reproduktionstyp.

Der Übergang vom feldorientierten Isolationstyp in den basisorientierten Reproduktionstyp hängt, wie bereits im vorigen Abschnitt angedeutet, von einer Anzahl Faktoren, wie Inhibition, Konzentration

Abb. 169. Querschliff durch einen Silberniederschlag im *BJ*-Typ. (Nach H. FISCHER, und HEILING s. S. 429, Fußn. 1.) V = 500fach.

der Metallionen, Stromdichte, Temperatur usw. ab. Ändert man diese Einflußgrößen, so vollzieht sich der Übergang nicht sprunghaft, sondern allmählich, über verschiedene Übergangsformen. In der Forschung blieb dieses Gebiet bislang fast völlig vernachlässigt. Die ersten systematisch-phänomenologischen Untersuchungen stammen von H. FISCHER

---

[1] Für Ag: HIRATA u. H. KOMATSUBARA: Z. anorgan. Chem. **158**, 136 (1926); für Bi und Sb: HIRATA, H.: Memoirs Coll. Sci. Kyoto Imp. Serie A **11**, 429 (1928); C. **1928** II, 2440; für Sn: HIRATA, H., H. KOMATSUBARA u. Y. TANAKA: Anniversary Vol. dedic. to MASUMI ARIKASHIGE (1930) 261: C. **1931** I, 3278; H. HIRATA u. Y· TANAKA: Memoirs Coll. Sci. Kyoto Imp. Univ. Serie A **17**, 143 (1934); C. **1935** II, 1660.

[2] FINCH, G. L.: Z. Elektrochem. **54**, 457 (1950).

und HEILING[1] und sind neuesten Datums. HEILING hat u. a. versucht, die Übergangsformen in Anlehnung an die von H. FISCHER[2] benutzte Typologie zu klassifizieren. Ausgehend vom reinen feldorientierten

Isolationstyp findet HEILING verschiedene Übergangsformen (Tab. 47). Das Endglied der Reihe ist der reine basisorientierte Reproduktionstyp.

Die Übergangsformen lassen sich in isolierte, kompakt-isolierte und kompakte Formen einteilen. Sie entstehen in dieser Folge, wenn man die — an sich schwache — Inhibition mäßig steigert. Auch durch Verändern der anderen Einflußgrößen kann man sie erhalten, wenngleich die Zusammenhänge hier oft weniger übersichtlich sind.

Abb. 170. Querschliff durch einen Silberniederschlag im *JBR*-Typ. (Nach H. FISCHER und HEILING s. S. 429, Fußn. 1). V = 500fach.

Die folgenden Abbildungen (nach H. FISCHER und HEILING[1]) bringen einige Silberniederschläge als charakteristische Vertreter der Übergangs-

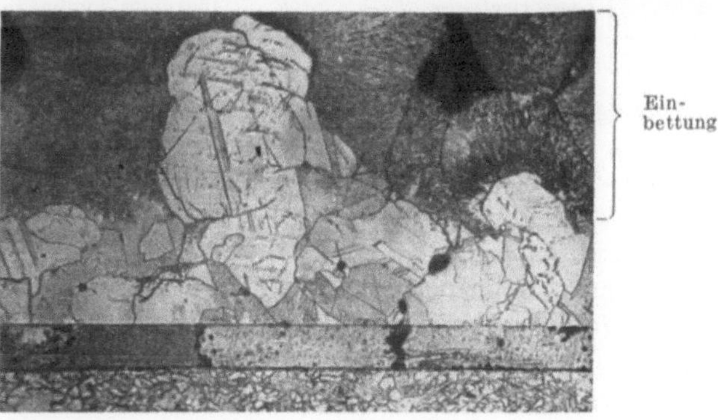

Abb. 171. Querschliff durch einen Silberniederschlag vom kombinierten Typ *BT* + *FJ*. (Nach H. FISCHER und HEILING, s. S. 429, Fußn. 1.) V = 150fach.

formen im Querschliff, eingebettet in einen sog. Glanzsilberniederschlag gänzlich anderen Gefüges (unorientierter Dispersionstyp[3]). Die Silber-

---

[1] s. S. 429, Fußn. 1.

[2] s. S. 423, Fußn. 2.

[3] Er erscheint in den Bildern meist als dunkler, feinkörniger Hintergrund.

Tabelle 47. *Übergangsformen zwischen FJ- und BR-Typ.*

Haupt-gruppen	Typ	Abkürzung	Kennzeichen
I isolierte Formen	*feldorientierter Isolationstyp*	*FJ*	isolierte, feldorientierte Kristall-aggregate, mit feldorientierten oder basisorientierten Subindividuen
	basisorientierter Isolationstyp	*BJ*	isolierte, basisorientierte Kristall-aggregate, mit basisorientierten Subindividuen
	isolierter basisorientierter Reproduktionstyp	*JBR*	isolierte, basisorientierte Kristall-aggregate. Reproduktion der Substratkristalle
II kompakt-isolierte Formen	basisorientierter Typ mit anschließendem feldorientiertem Isolationstyp	*BT + FJ*	zunächst lückenlos-kompakter, basisorientierter Niederschlag, aus dem dann isolierte feldorientierte Formen herauswachsen
	basisorientierter Reproduktionstyp mit anschließendem, feldorientiertem Isolationstyp	*BR + FJ*	zunächst lückenlos-kompakter, basisorientierter Niederschlag mit Reproduktion der Substratkristalle, aus dem dann isolierte feldorientierte Formen herauswachsen
III Kompakte Formen	basisorientierter Typ	*BT*	lückenlos-kompakter, basisorientierter Niederschlag, der ohne Reproduktion aufwächst und in gleicher Form weiterwächst
	basisorientierter Reproduktionstyp	*BR*	lückenlos-kompakter basisorientierter Niederschlag. Reproduktion der Substratkristalle

niederschläge wurden auf elektrolytisch polierten Feinsilberblechen ab-geschieden. Abb. 169 zeigt den *BJ*-Typ, abgeschieden aus angesäuerter 3 n-AgNO$_3$-Lösung (+0,1 n-HNO$_3$) mit $1 \cdot 10^{-3}$ A/cm² bei 25° C nach 2,5 Stunden. Die basisorientierten Kristalle sind auf der Unterlage aufgewachsen, ohne die (feineren) Substratkristalle zu reproduzieren, ja selbst ohne sich ihnen anzupassen. Abb. 170 liefert ein gutes Beispiel für den *JBR*-Typ. Die Silberkristalle wurden aus einer angesäuerten n-AgNO$_3$-Lösung (+0,1 n-HNO$_3$) mit $1,5 \cdot 10^{-3}$ A/cm² bei 25° C nach 5 Stunden erhalten. Offenbar ist die Inhibition hier etwas größer als bei dem vorigen Beispiel, da die n-AgNO$_3$-Lösung stärker dissoziiert sein dürfte als die 3 n-AgNO$_3$-Lösung. (Auch erleichtert die gröber kristalline Unterlage die Reproduktion.) In Abb. 171 ist der Querschliff der Form *BT + FJ* abgebildet. Das Silber ist zunächst nahezu lückenlos auf der Unterlage (Glanzsilberüberzug auf elektrolytisch poliertem Silberblech) aufgewachsen, ohne sie zu reproduzieren. Aus diesem Nieder-schlag wachsen feldorientierte Kristalle heraus (von denen hier einer festgehalten ist). Der Silberniederschlag wurde aus neutraler 2 n-

$AgNO_3$-Lösung mit $1 \cdot 10^{-2}$ A/cm² nach 2,5 Stunden bei 50° C abgeschieden.

Abb. 172 gibt den $(BR + FJ)$-Typ wieder. Hier hat sich zunächst ein (nicht ganz lückenloser) basisorientierter Niederschlag entwickelt, aus dem dann feldorientierte Kristalle bevorzugt weiterwachsen. Der basisorientierte Niederschlag reproduziert die Unterlage. Man erkennt, daß der bevorzugt weiterwachsende Kristall unmittelbar im Substrat wurzelt. Zur Abscheidung (2,5 Stunden) diente angesäuerte 2 n-$AgNO_3$-Lösung ($+$n-HNO_3) bei $1 \cdot 10^{-1}$ A/cm² und 25° C.

Abb. 172. Querschliff durch einen Silberniederschlag im BR- + FJ-Typ. (Nach H. FISCHER und HEILING, s. S. 429, Fußn. 1.) V = 300fach.

Wie bereits erwähnt, kommen die Übergangsformen bei den wenig inhibitorempfindlichen Metallen noch relativ selten vor; sie werden um so häufiger, je inhibitorempfindlicher das betreffende Metall ist. Jedoch fehlen sie in wäßrigen Lösungen bereits wieder bei Metallen von mittlerer oder hoher Inhibitorempfindlichkeit. Zum Studium der Übergangsformen eignet sich deshalb die elektrolytische Abscheidung von Silber aus Silbernitratlösungen besonders gut, umfaßt sie doch die ganze Stufenleiter der Typen.

2.32.3 Formänderung durch Verstärken der Inhibition.

Stärker wirkende Inhibitoren. Man kann die Inhibition auf verschiedene Weise verstärken: einmal durch Auswahl stärker wirkender Inhibitoren, zweitens, indem man die Inhibitorkonzentration erhöht, und drittens, indem man in Gegenwart eines Inhibitors die Temperatur erniedrigt. Auf allen drei Wegen wird man vom feldorientierten Isolationstyp über Übergangsformen zum basisorientierten Reproduktionstyp gelangen. Vorausgesetzt ist allerdings eine nur mäßig gesteigerte Inhibition.

Die erste Art, die Inhibition zu steigern, zeigt folgendes Beispiel. Es handelt sich um die Abscheidung von Silber aus verschiedenen Elektrolyten auf geätzten Silber-Einkristallkugeln, nach Versuchen von ERDEY-GRUZ[1]. Verglichen mit polykristalliner Unterlage entsprächen die als Kathode verwendeten Einkristallkugeln von 6 mm Durchmesser einem sehr großen Substrat-Kristalliten.

Die Beispiele in Tab. 48 erweisen deutlich die „einebnende" Wirkung zunehmender Inhibition bei etwa $4 \cdot 10^{-5}$ A/cm².

Tabelle 48.

Übergang von FJ in BR bei Änderung der Inhibition (mäßige Verstärkung).

Nr.	Elektrolyt	Abscheidungsform	Fortsetzung des Basiskristalls
1	2 n-AgF	feine Fäden an sehr vereinzelten Stellen (*FJ*)	keine
2	n-AgNO₂ + n-KNO₂	Dendrite (verästelte Stäbchen, *FJ*)	keine
3	2 n-AgNO₃	kleine Kriställchen in größerer Zahl, seltener verästelte Fädchen (*JBR+FJ*)	orientiertes Aufwachsen der Kriställchen
4	0,5n-AgNO₃ 2,5n-KNO₃ + 0,1 n-HNO₃	Zunahme der Kriställchen gegenüber 3 keine Fäden mehr (*JBR*)	orientiertes Aufwachsen
5	0,2 n-AgJ + 2,4 n-KJ	der ganze Einkristall als alleiniges Kristallisationszentrum (*BR*)	vollständiges Weiterwachsen des ganzen Einkristalls

In der Silberfluoridlösung (Nr. 1) ist die Inhibition am geringsten. In der lyotropen Reihe der Ionen gehört das stark hydratisierte Fluorion zu den am wenigsten adsorbierbaren Anionen. So übt es weder auf die Keimbildung, noch auf das Kristallwachstum einen merklichen Einfluß aus. Es entstehen nur vereinzelte feldorientierte Fäden des Typs *FJ*, die auf dem Basiskristall offenbar unorientiert aufgewachsen sind. Die Fäden bestehen wahrscheinlich nicht aus einem einzelnen fadenförmigen Subindividuum, sondern stellen Aggregate aus Subindividuen dar (vgl. KOHLSCHÜTTER und GOOD[2]).

Noch recht schwach ist auch die Inhibition des Nitritions (Nr. 2), das ebenfalls zu den an Silber schwach adsorbierbaren Anionen gehört [wofür nach ERDEY-GRUZ[1] auch die große Dissoziationskonstante des

---

[1] ERDEY-GRUZ, T.: Z. phys. Chem. (A) **172**, 157 (1935).
[2] s. S. 430, Fußn. 1.

Ag(NO$_2$)$_2$-Ions $K = 10^{-2}$ spricht]. Die gleichzeitige Anwesenheit von Kaliumionen wirkt sich offenbar noch wenig in einer Hemmung des feldorientierten Wachstums, eher aber in einer merklichen Erhöhung der Zahl der Kristallisationszentren und der Keimzahl für Subindividuen aus. So werden bei zunehmender Keimbildungstendenz Dendrite entstehen.

Erst beim Abscheiden aus Silbernitratlösung (Nr. 3) macht sich der Einfluß der Unterlage deutlicher bemerkbar. Es wachsen isolierte Kriställchen (*JBR*), die sich orientiert auf der Unterlage ausbreiten. Auch die Zahl der Kristallisationszentren hat noch weiter zugenommen. Immerhin ist aber die Inhibition der Nitrationenkonzentration noch nicht groß genug, um das Auftreten verästelter Fäden ganz zu unterdrücken. Dies gelingt jedoch nunmehr vollständig in Gegenwart eines Überschusses an Kaliumnitrat (Nr. 4). Durch Erhöhen der Nitrationenkonzentration und Hinzufügen von Kaliumionen ist die Inhibition merklich gesteigert worden. Die Zahl der Kristallisationszentren hat noch zugenommen. Wenngleich die Kristalle anfangs noch voneinander isoliert sind (*JBR*) so wachsen sie bei länger dauernder Elektrolyse bereits zusammen. Erst bei noch stärkerer Inhibition durch Jodionen breiten sich die basisorientierten Wachstumsschichten von vornherein über so große Bereiche der Oberfläche aus, daß der Einkristall allseitig weiterwächst[1]. So existiert nur noch ein einziges Kristallisationszentrum. Hiermit hat sich also der Übergang in den kompakten basisorientierten Reproduktionstyp vollzogen.

Einfluß der Konzentration. Als Beispiel für ein Ansteigen der Inhibition beim Erhöhen der Konzentration möge der Einfluß von Pyridin auf die Abscheidung von Kadmium dienen. Kadmium scheidet sich nach FOERSTER und DECKERT[2] auf einer geätzten, grobkristallinen Kadmiumkathode (gegossenes Cd) aus einer 0,5 n-ammoniakalischen CdSO$_4$-Lösung [NH$_3$-Zusatz bis zur völligen Wiederauflösung von Cd(OH)$_2$] bei $0,5 \cdot 10^{-2}$ A/cm^2 und 20° C im Verlauf von 0,6 A/h als kristalliner Schwamm ab (vgl. Nr. 1, Tab. 49). In der ammoniakalischen Lösung ist offenbar der sonst merkliche Inhibitionseinfluß von kolloidem Cd(OH)$_2$ infolge Bildung komplexer Aminokationen ausgeschaltet, der in ammoniakfreier Kadmiumsulfatlösung gewöhnlich die Abscheidungsform des Kadmiums bestimmen dürfte. Die Inhibition ist daher relativ gering (allerdings sicherlich größer als z. B. etwa bei der zum Vergleich heranzuziehenden Silberabscheidung aus Silberfluoridlösung (vgl. Tab. 48, S. 440, Nr. 1).

---

[1] Sicherlich wirkt in diesem Beispiel auch die komplexe Natur des Elektrolyten und namentlich die damit stark verringerte Konzentration an abscheidbaren Ag-Ionen mit.

[2] FOERSTER, F., u. H. DECKERT: Z. Elektrochem. **36**, 901 (1930).

Es bilden sich zahlreiche Kristallisationszentren auf der Oberfläche der Kathode aus, ohne daß dabei die ziemlich großen Kristallite der Unterlage weiterwachsen. Vielmehr entstehen isolierte, regellos durcheinanderwachsende Kristallfäden von geringem Durchmesser in angenähert feldorientierter Anordnung.

Tabelle 49. *Übergang vom feldorientierten zum basisorientierten Typ bei Änderung der Inhibitorkonzentration.*

Nr.	Pyridinzusatz	Abscheidungsform	Fortsetzung der Unterlage
1	kein Zusatz	kristalliner Schwamm (*FJ*)	keine
2	0,012 mol/l	fächerige Spieße (*FJ*)	keine
3	0,03 mol/l	kurze gröbere Auswüchse (*BJ*)	keine
4	0,125 mol/l	ziemlich glatt u. kompakt (*BR*)	Fortsetzung
5	0,25 mol/l	völlig glatt und kompakt (*BR*)	Fortsetzung

Setzt man dem Elektrolyten Pyridin zu, so hemmt dieser Inhibitor mit steigender Konzentration in zunehmendem Maße das feldorientierte Wachstum der Kristallite und fördert ein Ausbreiten parallel zur Basis. Damit hindert er zugleich eine Aufteilung in zahlreiche Kristallisationszentren; die Zahl der Kristallite nimmt vielmehr mit wachsender (noch schwacher) Inhibition ab. Anstelle der zahlreichen feinen Fäden des kristallinen Schwammes wachsen zunächst gröbere (d. h. seitlich ausgedehntere) und kürzere Gebilde in geringerer Anzahl. Von etwa 0,125 mol/l Pyridin an ist die Zahl der Kristallisationszentren des Niederschlages auf die relativ geringe Kornzahl der grobkörnigen Unterlage zurückgegangen. Die Kristallite des Grundmetalls werden jetzt vom Niederschlag nahezu vollständig reproduziert. Die feldorientierte Anordnung ist also in eine basisorientierte übergegangen. Statt der großen Zahl der isoliert bleibenden Kristallisationszentren, wie sie im pyridinfreien Elektrolyten entstehen, bildet sich jetzt nur die geringe Zahl an Kristallisationszentren aus, wie sie der Unterlage entspricht. Trotz der verringerten Kornzahl bleiben die Kristallkörner beim Wachstum nicht voneinander isoliert, sondern sie berühren einander mit den Korngrenzen. Sie beweisen damit wieder, wie sehr das tangentiale Wachstum in der basisorientierten Anordnung bevorzugt wird, sofern die Inhibition noch relativ schwach bleibt. Unter vollständiger Bedeckung der Unterlage bildet sich somit ein kompakter Niederschlag. Bei 0,25 mol/l Pyridin ist der Niederschlag völlig glatt und eingeebnet; ein bevorzugtes Wachsen in Feldrichtung ist jetzt gänzlich unterdrückt.

Bei dem stärker inhibitorempfindlichen Silber kann sich die Abscheidungsform bereits deutlich verändern, wenn man die Konzentration der anorganischen Ionen erhöht. Dies geht z. B. aus einem Vergleich der Abb. 163, 167 und 172 hervor. Ein Steigern der $AgNO_3$- wie auch

— in der dritten Abbildung — der HNO_3-Konzentration läßt die Abscheidungsform von feldorientiertem Astwerk über feldorientierte, grobe Spieße schließlich in den kombinierten Typ $BR + FJ$ übergehen.

Einfluß der Stromdichte. Fördert hohe Stromdichte, wie bereits ausgeführt das Auftreten des FJ-Typs selbst bei Metallen mit merklicher Inhibitorempfindlichkeit, so werden bei geringeren Stromdichten bereits Übergangsformen zum BR-Typ hin entstehen können. Dies läßt sich augenfällig am Beispiel der Kadmiumabscheidung aus ammoniakalischer Lösung zeigen. Wie bereits erwähnt, wird die Abscheidung des Kadmiums in ammoniakalischem Medium wenig durch sekundäre Inhibition gestört, die sonst das Entstehen isolierter Formen fast ganz ausschlösse. Betrachten wir in Tab. 50 Versuchsergebnisse von FOERSTER und KLEMM[1] unter unseren Gesichtspunkten der Entstehung von Übergangsformen.

Tabelle 50.
Einfluß der Stromdichte auf die Entstehung von Übergangsformen.

Elektrolyt	Stromdichte A/cm²	Formen-typ	Bemerkungen
0,88 m-CdSO$_4$ + 7,6 m-NH$_3$	$3,0 \cdot 10^{-2}$	FJ	Dendrite
	$2,0 \cdot 10^{-2}$	$BJ + FJ$	stellenweise blättrige Auswüchse
	$1,0 \cdot 10^{-2}$	$BT + FJ$	anfangs kompakt, teilweise Anpassung, später „Ausblühungen"
	$5,0 \cdot 10^{-3}$	$BT + FJ$	„Ausblühungen" verringert
	$1,3 \cdot 10^{-3}$	BR	dicht, kompakt, halbglänzend
0,88 m-CdSO$_3$ + 8 g/l 8%ige Kresol-Ammoniumsulfat-lösung	$6,0 \cdot 10^{-2}$	FJ	Dendrite
	$4,0 \cdot 10^{-2}$	JBR	kurze Nädelchen
	$2,0 \cdot 10^{-2}$	$BR + FJ$	geringe „Ausblühungen"
	$1,0 \cdot 10^{-2}$	$BR(+FJ)$	schwache Aufrauhung
	$5,0 \cdot 10^{-3}$	BR	dicht und kompakt

Das Kadmium wurde auf gegossenen Kadmiumkathoden bei 20° C abgeschieden. Der zweite Teil der Tabelle läßt zugleich erkennen, in welchem Maße der zugesetzte organische Inhibitor den basisorientierenden Einfluß einer Stromdichtesenkung mit unterstützt. Offenbar fördert der Inhibitor die Tendenz zur Reproduktion. Die kompakten Formen entstehen hier bereits bei höheren Stromdichten als in der Lösung ohne Zusatz.

In welchem Maße sich eine Senkung der Stromdichte bei der Silberabscheidung auswirkt, wird man aus einem Vergleich der Abb. 163 (S. 429), Abb. 164 (S. 430) und Abb. 170 (S. 437) gewahr. Der *Silber*niederschlag aus n-AgNO$_3$-Lösung+0,1 n-HNO$_3$ wächst mit $1 \cdot 10^{-1}$A/cm² noch als reiner FJ-Typ, mit $1 \cdot 10^{-2}$ A/cm² im kombinierten Typ $BT + FJ$ und mit $1,5 \cdot 10^{-3}$ A/cm² im JBR-Typ.

---

[1] FOERSTER, F., u. K. KLEMM: Z. Elektrochem. **35**, 409 (1929).

Einfluß der Temperatur. Bekanntlich ist die Inhibition, wie jeder adsorptionsbedingte Vorgang, stark temperaturabhängig. Bei hohen Temperaturen kann sie infolge des Adsorptionsrückganges bedeutend geringer ausfallen als bei niederen (vgl. H. FISCHER[1]). Temperaturerniedrigung sollte also die Inhibition verstärken, sofern die niedere Temperatur nicht zugleich störende Nebenwirkungen hervorruft. Dies ist offenbar in folgendem Beispiel nicht der Fall.

Nach FOERSTER und DECKERT[2] kann Kresol auf die Abscheidung von Zinn aus einer angesäuerten Zinn(II)-Sulfatlösung (0,5 n-$SnSO_4$ + +0,3 n-H_2SO_4) einwirken. Die Lösung ist bei Zimmertemperatur mit Kresol gesättigt. Die Unterlage besteht aus geätztem Weißblech, mit groben Kristalliten, im Innern aus regelmäßig angeordneten, dachziegelartig flachen Lamellen bestehend. Tab. 51 gibt die Versuchsergebnisse (senkrecht nach fallender Temperatur geordnet) wieder.

Tabelle 51. *Übergang vom feldorientierten zum basisorientierten Typ bei Verstärkung der Inhibition mit erniedrigter Temperatur.*

Nr.	Temperatur °C	Abscheidungsform	Fortsetzung der Unterlage
1	90 ⋯ 95	kristalliner Schwamm (*FJ*)	keine
2	70 ⋯ 80	stark verästelte Dendrite, geringerer Anteil gröberer Aggregate (*FJ*)	keine
3	55 ⋯ 60	einzelne lange, derbe Spieße, flächenhaft ausgebildet, seltener in feineré Gebilde aufgelöst (*FJ*)	keine
4	50	kürzere aufgerichtete Lamellen, Übergangsform zu den Spießen (Nr. 3) (*FJ*)	keine
5	40	gegenüber 4 noch kürzere, schräg aufgerichtete Lamellen (*Z + BJ*)	teilweise
6	20	flache, liegende Lamellen, kein Herauswachsen aus der Unterlage mehr (*BR*)	vollständig

Bei 90 bis 95° (Nr. 1) ist die Inhibition des m-Kresols zu vernachlässigen. Es entsteht hier wieder kristalliner Schwamm wie im Beispiel der Kadmiumabscheidung aus pyridinfreier Lösung (vgl. Tab. 49, S. 442, Nr. 1). Unter dem Mikroskop betrachtet, erweist sich der kristalline Schwamm aus feinsten, innig verschlungenen Fäden zusammengesetzt, die keine erkennbare Struktur mehr zu zeigen scheinen. Offenbar liegt hier also wieder ausgeprägt der feldorientierte Typ *FJ* vor. Die Unterlage wird nicht fortgesetzt.

Bei 70 bis 80° C (Nr. 2) fallen die gestreckten dendritischen Gebilde schon etwas dicker aus. Die Äste der Dendrite scheinen aus aneinandergereihten Kriställchen zu bestehen. Auch gröbere Aggregate treten ver-

---

[1] FISCHER, H.: Z. Elektrochem. **49**, 342, 376 (1943).
[2] s. S. 441, Fußn. 2.

einzelt auf. Die Vergröberung nimmt mit 55 bis 60° (Nr. 3) zu. Die flächenhaft ausgebildeten Spieße entstehen im Laufe von etwa 1 bis 2 A/h aus einzelnen über die ganze Kathodenoberfläche verstreuten aufgerichteten Teilkriställchen, die einander parallel angeordnet sind. Aus dem starken Glanz der senkrechten Flächen der Spieße darf man schließen, daß diese aus senkrecht stehenden Tafeln und nicht aus parallel zur Unterlage aufeinandergeschichteten Lamellen bestehen. Eine — etwa infolge des Hervortretens der Schichtgrenzen mikroskopisch gestreifte — Kristallfläche erschiene sonst nicht so glänzend. Bei 50° (Nr. 4) entstehen auch nach 1 bis 2 A/h deutlich kürzere, aufgerichtete Lamellen als bei 55 bis 60°, die wohl als Übergangsform zu den Spießen angesehen werden dürfen. Wird die Temperatur auf 40° (Nr. 5) erniedrigt, so vollzieht sich hier deutlich der Übergang zum basisorientierten Typ. Die Wachstumsschichten stehen nicht mehr senkrecht auf der Unterlage, sie richten sich nur noch mehr oder weniger schräg auf (Zwillingsbildung?). In gewissem Umfange scheint die dachziegelartig lamellare Struktur der Unterlage bereits fortgeführt zu werden (*BJ*).

Dies ist nun praktisch vollkommen bei 20° (Nr. 6) der Fall. Hier ist der Übergang in den basisorientierten Reproduktionstyp abgeschlossen. Die Wachstumsschichten wachsen parallel zur Unterlage. Keine Lamelle ist mehr aufgerichtet. Die Struktur der Unterlage wird vollständig fortgesetzt.

Daß manchmal auch erhöhte Temperatur eine — wenn auch schwache — Erhöhung der Inhibition hervorbringen kann, wurde bereits auf S. 312 angedeutet. Ähnlich verhält es sich auch mit dem Beispiel in Abb. 171, das eine bei 50° C erhaltene Abscheidung auf einer Silberzwischenschicht (aus zyanidischem Elektrolyten) abbildet. Hier entstand der kombinierte Typ *BT + FJ*. Unter sonst gleichen Bedingungen, aber bei 25° C war die Abscheidung noch von vornherein feldorientiert und isoliert. Offenbar erweist sich hier die höhere Aktivität der inhibierenden Ionen stärker als der temperaturbedingte Adsorptionsrückgang.

2.33 Der basisorientierte Reproduktionstyp (*BR*).

2.33.1 Allgemeines.

Bei verstärkter, aber noch mäßiger Inhibition geht, wie wir gesehen haben, der feldorientierte Typ *FJ* schließlich in den basisorientierten Reproduktionstyp *BR* über. In dieser Anordnung bestehen die dicht gepackten block- oder säulenförmigen Kristalle aus aufeinandergeschichteten basisorientierten Wachstumsschichten von vermutlich diskontinuierlichem Wachstum. Abb. 148, S. 355, zeigt diese Anordnung im Querschliff durch die gröberen Kristalle eines Kupferniederschlages, aus saurer Kupfersulfatlösung abgeschieden.

Zum Unterschiede vom feldorientierten Isolationstyp *FJ* (und auch von dem bei noch stärkerer Inhibition auftretenden feldorientierten Texturtyp *FT*) ist aber die Fähigkeit der Kristalle zum Breitenwachstum beim basisorientierten Reproduktionstyp besonders ausgeprägt. Hier blockieren die Inhibitoren offenbar bevorzugt die reaktivierbare Oberfläche der Wachstumsschichten (S. 393). Wie wir gesehen haben (S. 356ff.), erhöht schwache Inhibition die Arbeit zur Bildung zwei- und dreidimensionaler Keime. Die Folge davon ist ein Weiterwachsen parallel zur Unterlage.

Naturgemäß fließen die Grenzen zwischen der feldorientierten und basisorientierten Anordnung im Inhibitionsbereich des Überganges von *FJ* zu *BR*. Zum Unterschied vom feldorientierten Isolationstyp *FJ*, der aus isolierten Kristallen besteht, bevorzugt der basisorientierte

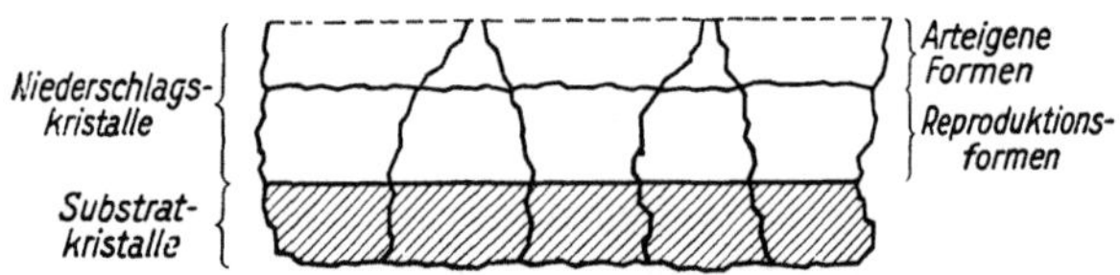

Abb. 173. Schema eines Querschnittes durch den basisorientierten Reproduktionstyp.

Reproduktionstyp *BR* einen kompakten Niederschlag. Die breiten basisorientierten Wachstumsschichten stoßen meist seitlich aneinander und überdecken die ganze Unterlage. Nur im Grenzgebiet des Überganges *FJ/BR* kann auch der basisorientierte Reproduktionstyp in isolierte Kristalle aufgeteilt sein.

Zum basisorientierten Reproduktionstyp gehören drei verschiedene Wachstumsformen: einmal die Reproduktionsform, die die Kristalle der Unterlage fortsetzt. Sie wird in besonderem Maße von der Unterlage bestimmt. Zum Unterschied von den anderen Formtypen setzt sie sich aus basisorientierten Subindividuen zusammen. Zweitens die arteigene Form, die ganz von den Abscheidungsbedingungen bestimmt wird und somit unabhängig von der Unterlage ist. Schließlich eine Übergangsform zwischen Reproduktionsform und arteigener Form (vgl. Abb. 173).

Reproduktion bedeutet Fortsetzung der Substratkristalle durch die Niederschlagskristalle, und zwar sowohl in der äußeren Gestalt (gegeben durch Kristallgrenzen oder Korngrenzen) wie in der Orientierung der Substratkristalle[1]. Nach Möglichkeit scheint sich der Niederschlagkristall — wenigstens anfänglich — auch der transkristallinen Blockstruktur des Substratkristalls anzupassen.

Äußere Gestalt und Orientierung der Substratkristalle können vom basisorientierten Reproduktionstyp über Dickenbereiche von größen-

---

[1] Nachweis im Querschliff durch Ätzgrübchen im Niederschlags- und Substratkristall, die übereinstimmen müssen (s. TAMMANN u. STRAUMANIS. S. 376, Fußn. 1).

ordnungsmäßig etwa 1 bis 100 μm (und wahrscheinlich noch mehr) wiedergegeben werden, sofern Substratkristall und Niederschlagskristall in den Gitterdimensionen nicht oder nur wenig voneinander abweichen. Abb. 174 zeigt das Mikrobild eines Querschliffes durch einen mehr als 80 μm dicken Kupferniederschlag im basisorientierten Reproduktionstyp (nach MATSCHKE[1]), aus saurer $CuSO_4$-Lösung bei $2 \cdot 10^{-2}$ A/cm^2 und Zimmertemperatur abgeschieden.

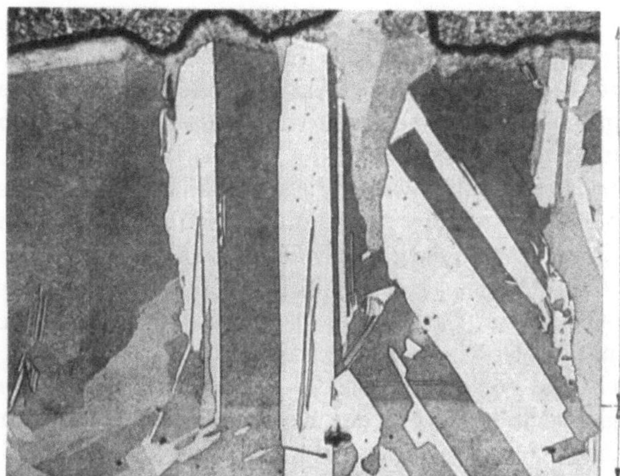

Abb. 175. Querschliff durch einen Kupferniederschlag im *BR*-Typ. (Nach MATSCHKE[1].) V = 600fach

2.33.2 Die arteigene Form des basisorientierten Reproduktionstyps.

Das Auftreten der arteigenen Form des *BR*-Typs hängt nur von den Abscheidungsbedingungen ab. Sie entwickelt sich erst, wenn der orientierende Einfluß der Unterlage aufgehört hat. Andererseits ist die Tendenz, eine bestimmte arteigene Form zu bilden, auch für den Grad der Reproduktion maßgebend.

Besondere Kennzeichen des arteigenen Typs sind nach H. FISCHER[2] verstärktes Breitenwachstum und verringerte Keimzahl. Man erkennt ihn im Querschliff des Niederschlages an den groben Kristallsäulen oder den nach oben breiter werdenden Kegelstümpfen (vgl. Abb. 139—142).

Wesentlich für die Entstehung der arteigenen Formen ist offenbar ein bestimmtes Maß nicht zu kleiner und nicht zu großer Inhibition. Bei zu geringer Inhibition entsteht der feldorientierte Isolationstyp; hingegen entwickelt sich bei zu starker Inhibition der feldorientierte Texturtyp. In diesen beiden Fällen nimmt die Tendenz der Keimbildung wieder zu. Nur in einem bestimmten Bereich mäßiger Inhibition

---

[1] MATSCHKE, H.: Dipl. Arbeit. Berlin 1949, Techn. Univ.
[2] FISCHER, H.: Z. Elektrochem. **54**, 459 (1950).

ist ein Minimum der Kristallzahl bei größter seitlicher Ausdehnung der Kristalle vorhanden, und dies ist charakteristisch für den *BR*-Typ (vgl. auch S. 353). In diesem Bereich besteht zugleich die ausgeprägte Tendenz zur besonders ausgedehnten Reproduktion einer arteigenen oder artähnlichen Unterlage, wie später (S. 451) noch ausführlich zu erörtern sein wird.

Reproduktions- und Übergangsbereich sind dem Bereich der arteigenen Formen stets vorgelagert. Sind die Verhältnisse für eine Reproduktion ungünstig (vgl. S. 454 ff.), so bildet sich die arteigene Form im Laufe der Elektrolyse bedeutend früher aus.

Anscheinend hängt das verstärkte Breitenwachstum des *BR*-Typs mit dem ganz entsprechenden Breitenwachstum der Wachstumsschichten zusammen (H. Fischer[1]).

Mit gesteigerter Inhibition wird ein Maximum der seitlichen Ausdehnung erreicht; bei weiterer Verstärkung der Inhibition nimmt die seitliche Ausdehnung der Schichten wieder ab. Über eine wahrscheinliche Deutung dieses Vorganges s. S. 356. Das Maximum des Breitenwachstums läßt sich im Bereich des basisorientierten Reproduktionstyps experimentell nachweisen (H. Fischer[2]).

Da sich eine veränderte seitliche Ausdehnung der basisorientierten Wachstumsschichten auch in der Korngröße und in der Zahl der Kristallisationszentren ausdrücken dürfte, kann man den Einfluß der Inhibition an Änderungen der Kornzahl oder des Korndurchmessers nachprüfen. Die zu erwartenden Veränderungen in der Dicke der Schichten systematisch zu studieren, ist allerdings bisher noch nicht möglich, da es meist nicht einwandfrei gelingt, die Grenzen der einzelnen Wachstumsschichten im Bereich des basisorientierten Typs lichtmikroskopisch im Gefügebild sichtbar zu machen. Hier ist von gezielten Lokaluntersuchungen unter dem Elektronenmikroskop (vgl. Politycki[3]) ein Fortschritt zu erhoffen. Erst bei stärkerer Inhibition (also z. B. im Bereich der feldorientierten Anordnung *FT*) gelingt dies offenbar auch lichtmikroskopisch, weil sich in diesem Fall an den Grenzen der einzelnen Subindividuen genügend okkludierte Fremdsubstanz, ausreichend zu ihrer Markierung im Ätzbild, angesammelt hat.

Daß eine nur geringe Erhöhung der Inhibition die Korngröße der basisorientierten Kristalle einer Kupferabscheidung aus Kupfersulfatlösung vergrößert und die Kornzahl verringert, entnimmt man bereits älteren Versuchsergebnissen einer Reihe von Autoren (vgl. S. 353). Jedoch blieb diese Tatsache entweder unbeachtet oder die Beobachter konnten jedenfalls keine plausible Erklärung dafür finden.

---

[1] Fischer, H.: Z. Metallkde. **39**, 204 (1948).
[2] Fischer, H.: Z. Elektrochem. **54**, 459 (1950).
[3] Politycki, A.: Metall (1954), zur Zeit im Druck.

Die in diesem Zusammenhang erwähnten organischen Inhibitoren haben sämtlich nur eine schwache Polarisationswirkung. Stärker wirkende Inhibitoren verkleinern, wie andere Versuche der genannten Autoren zeigen, unter vergleichbaren Bedingungen stets schon wieder den Korndurchmesser und vermehren die Kornzahl.

Erweisen diese Tatsachen also zunächst, daß geringes Steigern der (mäßigen) Inhibition im Bereich der basisorientierten Anordnung die seitliche Ausdehnung der Wachstumsschichten vergrößert, so mögen folgende Beispiele zeigen, wie die Kristallite mit weiter gesteigerter (immer noch mäßiger) Inhibition ihren Durchmesser nach Überschreiten eines Maximums der seitlichen Ausdehnung wieder verringern.

Zunächst soll an Blei — einem wenig inhibitorempfindlichen Metall — der Einfluß von Anioneninhibitoren gezeigt werden. Die experimentellen Daten, entnommen einer Arbeit von FRÖLICH, CLARK und ABORN[1], sind in Tab. 52 enthalten. Das Blei wird bei 24 bis 25° C in n-Salzlösungen, teilweise mit Zusatz von freier Säure (Endkonzentration 0,5 n), bei $1 \cdot 10^{-2}$ A/cm² abgeschieden. Die Korngröße ist in relativem Maß angegeben.

Tabelle 52.

Einfluß von Anioneninhibitoren auf die Korngröße der Bleikristalle.

Nr.	Anion	Säure	Abscheidungsform	Korndurchmesser (1 ··· 10 wachsend)	Überspannung mV
1	Nitrat	—	lose Dendriten (FJ)	sehr gering	0,4
2	Azetat	0,5 n	lose Dendriten (FJ)	sehr gering	1,0
3	Borfluorid	—	glatt (BR), Knötchen an den Ecken	10	3,3
4	Borfluorid	0,5 n	sehr glatt, sogar an den Ecken (BR)	9	3,7
5	Perchlorat	0,5 n	glatt und fest (BR)	7	4,4
6	Silikofluorid	0,75 n	dünner Pb-Film auf der Fläche (BR), Dendriten an den Ecken (FJ)	5	5,5

In Gegenwart der nur schwach wirkenden Inhibitoren NO_3^- und CH_3COO^- (vgl. die sehr geringe Überspannung) ist die seitliche Ausdehnung der feldorientierten Dendrite weit geringer als etwa diejenige der basisorientierten Aggregate (Nr. 3 bis 6) in Gegenwart der stärker inhibierenden Anionen BF_4^-, ClO_4^- und SiF_6^{2-} (vgl. auch die mit wachsender Inhibition maximale Überspannung.) Nach den Versuchsdaten ergibt sich zunehmende Korngröße offenbar in n-Pb(BF_4)$_2$-Lösung, deren Anion von den drei letztgenannten am

---

[1] FRÖLICH, P. K., G. L. CLARK u. R. H. ABORN: Trans. Amer. Electrochem. Soc. **49**, 369 (1926).

schwächsten inhibierend wirkt. Mit wachsender Inhibition verringert sich die seitliche Ausdehnung der Kristallite wieder. Die Abscheidung bleibt aber kompakt, weil zugleich die Keimzahl zugenommen hat. Ungeachtet der Zu- und Abnahme der Korngröße nimmt die Überspannung ständig zu.

Besonders deutlich läßt sich die Umkehr des Inhibitionseffektes wieder an dem inhibitorempfindlicheren Kupfer zeigen. So vergrößert sich der Durchmesser von Kupferkristallen, abgeschieden aus $CuSO_4$-Lösung, bei zunehmender Ansäuerung mit H_2SO_4 zunächst in der bereits oben erwähnten Weise. Nach erreichtem Maximum nimmt der Durchmesser jedoch mit weiterer Ansäuerung wieder ab. KISTJA-KOWSKI, BAJMAKOW und KROTOW[1] fanden ein Gröberwerden der Kristalle bis 2,5 n-H_2SO_4. Oberhalb 2,5 n-H_2SO_4 werden die Kupferkristalle mit weiter erhöhter Säurekonzentration zusehends kleiner, die Kornzahl vergrößert sich. Wie die Untersuchungen von FOERSTER und GÄBLER[2] gezeigt haben, nimmt die Überspannung der Kupferabscheidung im Bereich von 0,1 bis 3 n-H_2SO_4 deutlich (wenn auch mäßig) zu.

Noch auffälliger als beim inhibierenden Wasserstoffion ist der Effekt bei Inhibition mit organischen Kationen. Vergrößert z. B. Monomethylammoniumion ($7 \cdot 10^{-2}$ mol/l) noch den Durchmesser von basisorientierten Kupferkristallen, abgeschieden im kompakten Niederschlag aus n-schwefelsaurer n-$CuSO_4$-Lösung bei $1 \cdot 10^{-2}$ A/cm² und 20° C, so verringert sich der Korndurchmesser bereits bei Anwendung der äquivalenten Menge Dimethylammoniumion an Stelle von Monomethylammoniumion. Mit Trimethylammonium- oder Tetramethylammonium on wird das Korn weiter verfeinert und die Kornzahl vergrößert. Die Inhibitorwirkung der betreffenden Alkylammoniumionen nimmt, wie entsprechendes Anwachsen der Metallüberspannung zeigt, mit fortschreitender Substitution des Ammoniums zu (H. FISCHER und GOESCH[3]).

Die Umkehr der Inhibition wird schließlich in den bereits gezeigten Abbildungen nach MATSCHKE (S. 355) anschaulich gemacht. Es handelt sich um die Einwirkung des (relativ schwachen) Inhibitors Glykokoll auf das Gefüge der Kupferabscheidung aus n-schwefelsaurer n-$CuSO_4$-Lösung bei 25° C und $2 \cdot 10^{-2}$ A/cm² nach 10 A/h, wobei arteigene Formen des basisorientierten Reproduktionstyps entstehen[4]. Abb. 148 bis 151 (S. 355) zeigen Querschliffe durch den Niederschlag, einmal abgeschieden bei Abwesenheit von Glykokoll (Abb. 147), ferner abgeschieden in Gegenwart von $1 \cdot 10^{-4}$ mol/Glykokoll (Abb. 149), bei $5 \cdot 10^{-4}$ mol/l Glykokoll (Abb. 150) und schließlich abgeschieden in Gegenwart von $5 \cdot 10^{-3}$ mol/l

---

[1] KISTJAKOWSKI, W. A., J. W. BAJMAKOW u. J. W. KROTOW: Bull. Acad. Sci. USSR 277 (1929).

[2] FOERSTER, F., u. K. GÄBLER: Z. Elektrochem. **36**, 202 (1930).

[3] FISCHER, H., u. J. GOESCH: Z. Elektrochem. **47**, 879 (1941).

[4] Die Kupferniederschläge sind auf Walzkupfer, galvanisch aus einem alkalischen Kupferzyanidbad verkupfert, abgeschieden worden. Die regellos orientierte Kupferschicht aus dem Zyanidbad (UD) hindert das Entstehen der Reproduktionsform und fördert die Entwicklung der arteigenen Formen (vgl. S. 447), die auf geätztem oder elektrolytisch poliertem Walzkupfer ohne die Kupferzwischenschicht nur schwierig zu erhalten sind.

Glykokoll (Abb. 151). Die Oberfläche der Querschliffe wurde elektrolytisch poliert und anschließend in alkoholischer Salpetersäure geätzt (Vergrößerung 1 : 600).

Man erkennt auf den Abbildungen, wie von vielen anfänglich gebildeten Kristallen nur wenige weiterwachsen, indem offenbar in der Wachstumsfront einzelne Kristalle die andern überholen und sich auf Kosten der anderen vergrößern. So entsteht die arteigene Form.

So dürften die in diesem Kapitel beschriebenen Tatsachen wohl immer wieder bestätigen, daß die schon früher (S. 354) vermutete Umkehr der Inhibition sich tatsächlich vollzieht, sobald das maximale Breitenwachstum im Bereich der basisorientierten Anordnung erreicht wird.

2.33.3 Die Fortsetzung der Substratkristalle im Bereich des basisorientierten Reproduktionstyps.

Allgemeines. Der *BR*-Typ setzt, wie erwähnt, die Kristalle der Unterlage über erhebliche Dickenbereiche fort. Dies ist ein wichtiges Kennzeichen dieses Formtyps, das wir „Reproduktion" nennen (H. Fischer[1]). Die Erscheinung der Reproduktion — in der Mineralogie auch als „Epitaxie" bekannt (vgl. Neuhaus[2]) — ist wohl zuerst von Blum und Rawdon[3] genauer untersucht worden. Seither hat eine Reihe von Autoren[4] phänomenologische Untersuchungen über die Reproduktion unter verschiedenen Bedingungen ausgeführt.

Genauer gesagt bedeutet Reproduktion nach H. Fischer, Matschke und Pawleck[5] vollständige Fortführung der äußeren Gestalt wie der Orientierung des Substratkristalls durch die Gastkristalle. Dabei sollte auch die intrakristalline Blockstruktur des Substratkristalls vom Gastkristall — wenigstens im Anfang des Wachstums — übernommen werden (Nachweis durch übereinstimmende Ätzgrübchen[6]).

Sofern diese Kennzeichen der Reproduktion nur teilweise vorhanden sind, soll diese Erscheinung nicht Reproduktion, sondern Anpassung genannt werden. Die Anpassung kann natürlich verschiedenen Grades sein. Am nächsten kommt sie der Reproduktion, wenn zwar die äußere Form und auch die Orientierung der Substratkristalle, aber nicht die intrakristalline Blockstruktur wiedergegeben werden. In der bisher bekanntgewordenen Literatur wird dieser Fall der Anpassung noch als Reproduktion angesehen. Da es bislang keine einwandfreie Methoden

---

[1] s. S. 448, Fußn. 2.

[2] Neuhaus, A.: Fortschr. Mineralogie **28**, 58 (1849); **29/30**, 18 (1950/51).

[3] Blum, W., u. H. S. Rawdon: Trans. Amer. Electrochem. Soc. **44**, 305 (1923). — A. K. Graham: Trans. Amer. Electrochem. Soc. **52**, 157 (1927).

[4] Wood, W. A.: Proc. physic. Soc. **43**, 138 (1931). — A. Phillips u. W. R. Meyer: J. Electrodepositors techn. Soc. **13**, H. 17 (1937). — J. W. Cuthbertson: Trans. Amer. Electrochem. Soc. **77**, 157 (1940).

[5] Fischer, H., H. Matschke u. F. Pawlek: Z. Elektrochem. **54**, 477 (1950).

[6] s. S. 446, Fußn. 1.

gibt, die Blockstruktur im Lichtmikroskop an beliebiger Stelle sichtbar zu machen[1], so muß für gewöhnlich offenbleiben, ob auch die Blockstruktur des Substratkristalls reproduziert wird. Deshalb mag dieser Fall bis auf weiteres noch zur Reproduktion gezählt werden.

Fälle geringerer Anpassung wären z. B. die Wiedergabe der äußeren Form und der Orientierung lediglich bei Substratkristallen bestimmter, gerade günstiger Orientierung, ferner Fortsetzung nur der äußeren Form der Substratkristalle (gegebenenfalls auch nur noch bei bestimmten Substratkristallen) oder schließlich Weiterführung einer bevorzugten Orientierung der Substratkristalle ohne Abbildung ihrer Form, wobei die Oberfläche eines Substratkristalls z. B. von vielen kleinen, orientiert aufwachsenden Niederschlagskristallen bedeckt sein kann. Möglicherweise setzt sich die äußere Form der Substratkristalle nicht fort, sondern der Niederschlag wiederholt nur die Orientierung des Substrates.

HOTHERSALL hat gezeigt (s. S. 463 ff.), daß unter günstigen äußeren Bedingungen Reproduktion auch zustande kommt, wenn Substratkristall und Niederschlagskristall aus voneinander verschiedenen Metallen oder Legierungen, z. B. Kupfer, Silber, Messing, bestehen. Allerdings dürfen die Gitterparameter der beiden Metalle nicht allzusehr voneinander abweichen. Ob es sich dabei überhaupt um Reproduktion im strengen Sinne, d. h. also auch um Wiedergabe der *intrakristallinen* Blockstruktur, handelt, muß freilich noch offenbleiben. Bei großen Unterschieden in den Gitterdimensionen (z. B. bei Kupfer gegenüber β-Messing) scheint selbst eine Anpassung nicht mehr zu gelingen.

Die Erscheinungen der Reproduktion und Anpassung beschränken sich übrigens nicht auf den BR-Typ. Auch bei anderen Wachstumstypen, z. B. dem feldorientierten Isolationstyp mit seinen Übergangsformen (vgl. S. 438) und dem feldorientierten Texturtyp, können sie vorkommen. Ebenso kann man auch dort die drei Bereiche — Reproduktionsbereich, Übergangsbereich und arteigener Bereich — unterscheiden (FINCH[2]). Dies gilt vor allem z. B. von den Grenzbereichen dieser Formentypen, in denen sie bereits in den BR-Typ übergehen können. Es ist dort oft schwer zu entscheiden, welchem der Wachstumstypen man solche Grenzformen zuordnen soll. Bei reiner ausgeprägten Wachstumsformen unterscheidet sich aber der BR-Typ ganz wesentlich von den anderen Formtypen: Der Reproduktionsbereich des BR-Typs ist in der Dicke

---

[1] Beim BR-Typ findet man nach dem Ätzen nur vereinzelt Andeutungen der Blockstruktur, während die Blockgrenzen mit zunehmender Inhibition z. B. beim feldorientierten Texturtyp oder dem unorientierten Dispersionstyp infolge Verunreinigung mit eingelagertem Inhibitor immer deutlicher sichtbar werden.

[2] FINCH, G. J., u. QUARREL: Proc. roy. Soc. A **141**, 398 (1933). — G. J. FINCH u. SUN: Trans. Faraday Soc. **32**, 852 (1936). — G. J. FINCH u. A. L. WILLIAMS: Trans. Faraday Soc. **32**, 564 (1937). — G. J. FINCH, H. WILMAN u. L. YANG: Trans. Faraday Soc. „Electrode Processes" 144 (1947).

um mehrere Größenordnungen ausgedehnter als der Reproduktionsbereich bei den anderen Wachstumstypen. Erstreckt sich der Dickenbereich der Reproduktion des *BR*-Typs über etwa 10 bis 100 μm und mehr,
so ist er bei den anderen Formtypen von *sub*mikroskopischer Größenordnung, d. h., er ist dünner als etwa 0,1 μm. Außerdem ist noch nicht
sicher, ob man in diesem Fall tatsächlich von Reproduktion oder eher
von Anpassung sprechen darf. FINCH und Mitarbeiter[1] haben in solchen
Fällen mit Elektronenbeugungsaufnahmen übereinstimmende Orientierung von Niederschlag und Unterlage nachweisen können. Es bleibt
aber offen, ob die *einzelnen* Substratkristalle wirklich fortgesetzt werden
(vgl. Abschn. 2. 39. 1, S. 507 ff.).

Diese Erfahrungen zeigen jedenfalls, daß die Bezeichnung „Reproduktionstyp" dem *BR*-Typ mit besonderem Recht zukommt.

Die Frage, ob und in welchem Maße Reproduktion oder Anpassung
vorliegt, ist auch von erheblichem technischen Interesse. Hängt doch das
wichtige Problem der Haftfestigkeit galvanischer Überzüge von der
genauen Kenntnis der Existenzbedingungen der Reproduktion und somit des *BR*-Typs ab.

Auch die starke Abhängigkeit der Metallüberspannung von der Art
der Unterlage bei mäßigen Stromdichten kennzeichnet den Reproduktionstyp. Werden die Substratkristalle reproduziert, so ist ihre Größe, Form
und Orientierung nicht gleichgültig für die Höhe der Polarisation bei
der Abscheidung des unter Reproduktion aufwachsenden Metalls.

So finden z. B. MANDELCORN, MCCONNELL und WINKLER[2] einen deutlichen
Einfluß der Unterlage auf die Polarisation, je nachdem, ob Kupfer aus saurer
Kupfersulfatlösung (125 g/l $CuSO_4 \cdot 5 H_2O$ + 100 g/l H_2SO_4) bei Stromdichten
von 1 bis $3 \cdot 10^{-2}$ A/cm² auf poliertem, geätztem, grobkristallinem oder feinkristallinem Kupfer abgeschieden wird. Jeweils entsteht der *BR*-Typ. Scheidet
man aber das Kupfer unter sonst gleichen Bedingungen, jedoch in Gegenwart von 10, 25 oder 75 mg/l Gelatine ab, so üben solche Unterschiede in der
Struktur der Unterlage keinen Einfluß mehr auf die — im Falle der Gelatine
weit höhere — Metallüberspannung aus. In Gegenwart der Gelatine entstehen je
nach Menge der *FT*-Typ oder der *UD*-Typ.

Der Umfang einer Reproduktion oder einer Anpassung wird
einmal von den Abscheidungsbedingungen und zweitens von der Natur
der Unterlage bestimmt. Maßgebend unter den Abscheidungsbedingungen sind vor allem Inhibition, Stromdichte, Konzentration der
abscheidbaren Ionen und Temperatur. Bei dem Einfluß der Unterlage
bedeuten wichtige Faktoren: Natur des Substratmetalls (namentlich die
Abmessungen des Gitters), Größe, Habitus und Orientierung der Substratkristalle, Profil der Substratoberfläche (glatt oder rauh), Ver

---

[1] s. S. 452, Fußn. 2.

[2] MANDELCORN, L., W. B. MCCONNELL, W. GAUVIN u. C. A. WINKLER: J.
electrochem. Soc. **99**, 84 (1952).

unreinigungen der Substratoberfläche durch Fremdstoffe usw. Allerdings ist über die Bedeutung der meisten Faktoren noch wenig bekannt.

Einfluß der Abscheidungsbedingungen auf die Reproduktion und die Anpassung. Inhibitionseinfluß. Im vorigen Abschnitt ist bei der Entstehung des basisorientierten Reproduktionstyps bereits auf die Bedeutung der Inhibition hingewiesen worden. Wie die Erfahrung lehrt, wird die Unterlage überhaupt erst nach mäßiger Erhöhung der Inhibition reproduziert. Dabei soll von einer Reproduktion oder Anpassung in submikroskopischen Bereichen ausdrücklich abgesehen werden. Es handelt sich hier und auch weiterhin allein um die Mikro- oder Makroreproduktion.

Ist die Inhibition zu gering, so entsteht der praktisch nicht reproduzierende feldorientierte Isolationstyp in reiner Form (vgl. z. B. die Abb. 163, S. 429, 164, S. 430, 165, S. 431). Da sich der Übergang in den basisorientierten Reproduktionstyp allmählich vollzieht, so können die Übergangsformen bereits reproduzieren oder sich wenigstens der Unterlage gut anpassen (vgl. Abb. 166, S. 432, 168, S. 435, 170, S. 437). Dies trifft z. B. auch für die Silberabscheidung auf Silberkristallen aus angesäuerter Silbernitratlösung (vgl. Tab. 48, Nr. 4, S. 440) zu. Musterbeispiele für gute Reproduktion geben Kupferniederschläge aus saurer Kupfersulfatlösung auf einer Kupferelektrode. Nach H. FISCHER, MATSCHKE und PAWLECK[1] läßt sich zeigen, daß mit mäßig gesteigerter Inhibition die Unterlage zunächst noch gut reproduziert wird. Steigert man die Inhibition weiter, so nimmt der Reproduktionsbereich ab, bis schließlich bei lichtmikroskopischer Vergrößerung keine Reproduktion, ja selbst keine Anpassung mehr nachweisbar ist. Dies zeigen die nächsten Abb. 175, S. 455, 178, S. 457.

Zur kathodischen Kupferabscheidung diente saure Kupfersulfatlösung (n-$CuSO_4$ + n-H_2SO_4), der geeignete Inhibitoren in geeigneter Konzentration zugesetzt wurden. Die Stromdichte betrug $2 \cdot 10^{-2}$ cm². die Elektrolyttemperatur $25 \pm 1°$ C. Als Kathode dient ein gewalztes Kupferblech mit einer Walztextur ([1 1 0]-Ebene in der Blechebene). Die Oberfläche wurde vor der Kupferabscheidung elektrolytisch poliert.

Abb. 174, S. 447 zeigt den Querschliff des Kupferniederschlages aus der inhibitorfreien Kupfersulfatlösung bei 600facher Vergrößerung (MATSCHKE). Die Kristalle der Unterlage werden deutlich über einen Dickenbereich von etwa 70 bis 80 μ reproduziert.

Verwendet man 5 oder 50 mmol/l Glykokoll als Inhibitorzusatz, so bleibt die Fähigkeit des Niederschlages, das Substrat zu reproduzieren, erhalten. Bei 5 mmol Glykokoll (Abb. 175, MATSCHKE[2]) erscheint sie

---

[1] s. S. 451, Fußn. 5.
[2] s. S. 447, Fußn. 1.

im Schliffbild eher noch etwas gesteigert, denn die Reproduktion läßt sich bei einzelnen Kristallen noch bis etwa 90 μ Dicke verfolgen.

50 mmol Glykokoll vermindern die Reproduktionsfähigkeit immerhin etwas, wie sich aus dem Querschliff Abb. 176 (MATSCHKE[1]) erkennen läßt. Setzt man aber statt dessen nur 0,5 mmol/l des stärker wirkenden Inhibitors Acridin hinzu, so findet man allenfalls noch eine schwache Anpassung in einem Bereich von etwa 10 bis 15 μ. Dann bildet sich über eine kurze Übergangszone hinweg bereits die arteigene Wachstumsform aus (Abb. 177, MATSCHKE).

Bei Anwendung von 5 mmol/l Acridin ist lichtmikroskopisch nicht einmal mehr eine Anpassung zu beobachten (Abbildung 178, MATSCHKE).

Wie Tab. 53 zeigt, steigert sich die Inhibitorwirkung der Zusätze, in mV Polarisation ausgedrückt (Abscheidungsbedingungen s. S. 454), etwa in folgender Weise (nach MATSCHKE[1]):

Tabelle 53. *Polarisation durch organische Inhibitoren bei der Kupferabscheidung.*

Organischer Inhibitor	Polarisation
Kein Zusatz	21 mV
5 mmol/l Glykokoll .	24 mV
50 mmol/l Glykokoll .	25 mV
0,5 mmol/l Acridin. .	37 mV
5 mmol/l Acridin .	81 mV

Die in den Beispielen wiedergegebenen Erfahrungen lassen

[1] s. S. 447, Fußn. 1.

Abb. 175. Querschliff durch einen Kupferniederschlag im *BR*-Typ Inhibitor 5 · 10⁻³ mol/l Glykokoll. (Nach H. FISCHER u. MATSCHKE, s. S. 447, Fußn. 1, 2.) V = 600fach.

Abb. 176. Querschliff durch einen Kupferniederschlag im *BR*-Typ Inhibitor 5 · 10⁻² mol/l Glykokoll. (Nach H. FISCHER u. MATSCHKE, s. S. 447, Fußn. 1, 2). V = 600fach.

29 a *

sich zu allgemeinen Regeln zusammenfassen: Die Reproduktion gelingt am besten bei Metallen mittlerer Inhibitorempfindlichkeit (vgl. S. 427). Aus den wäßrigen Lösungen einfacher Salze scheiden hauptsächlich Kupfer, Nickel, Kobalt, Kadmium, Zink den gut reproduzierenden *BR*-Typ ab.

Bei Anwendung komplexer Elektrolyte, die stärker inhibieren, gegebenenfalls noch mit geeigneten Inhibitoren versetzt, gelingt es auch, die weniger inhibitorempfindlichen Metalle Silber, Blei, Thallium, Wismut, Zinn mindestens zu einer Anpassung, oft aber auch zur Reproduktion zu veranlassen. Die stärker inhibitorempfindlichen Metalle gehen aber unter solchen Bedingungen bereits in den feldorientierten Texturtyp oder sogar in den unorientierten Dispersionstyp über. In der Regel beschränkt sich die Reproduktion oder Anpassung in diesen Wachstumsformen, wenn sie überhaupt auftritt, auf einen submikroskopischen Bereich.

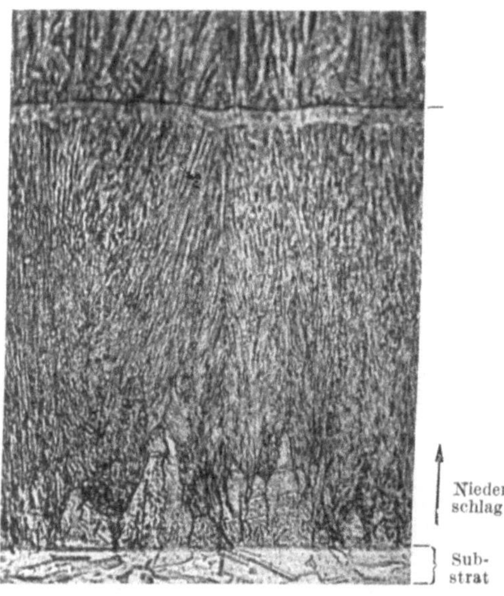

Abb. 177. Querschliff durch einen Kupferniederschlag mit Anpassung an die Unterlage. Inhibitor $5 \cdot 10^{-5}$ mol/l Acridin. (Nach H. FISCHER u. MATSCHKE, s. S. 447, Fußn. 1,2.) V = 600 fach.

Stromdichteeinfluß. Im Gegensatz zur Inhibition verstärkt erhöhte Stromdichte in der Regel die Neigung, feldorientierte Formen auszubilden. Zugleich verschwindet die Fähigkeit zur Reproduktion. Offenbar gibt es eine kritische Stromdichte, oberhalb welcher die Kristalle der Unterlage nicht mehr reproduziert werden. Bei der Kupferabscheidung auf Kupfer beträgt sie bei Zimmertemperatur etwa $2 \cdot 10^{-2}$ A/cm².

Stromdichte und Inhibition können einander entgegenwirken. So gelingt es, den feldorientierenden Einfluß der Stromdichte durch Steigerung der Inhibition abzuschwächen oder ganz aufzuheben. Dies wird an folgendem Beispiel (Tab. 54) deutlich. Es entstammt einer Untersuchung von FOERSTER und KLEMM[1].

---

[1] s. S. 443, Fußn. 1.

Als Kathode diente gegossenes Kadmium mit geätzter Oberfläche, auf der Kadmium aus einer ammoniakalischen Kadmiumsulfatlösung bei 20° C abgeschieden wurde. Elektrolyt I enthielt 0,877 mol/l $CdSO_4$, gelöst in 7,65 m-NH_3-Lösung. Elektrolyt II war gleichermaßen zusammengesetzt, enthielt aber außerdem noch den Zusatz von 8 g/l einer 8%igen wäßrigen Lösung von o-Kresolsulfosäure als Inhibitor.

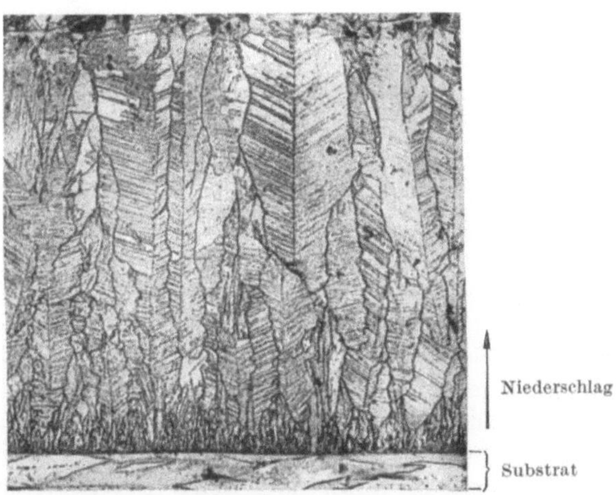

Abb. 178. Querschliff durch einen Kupferniederschlag ohne sichtbare Anpassung an die Unterlage. Inhibitor $5 \cdot 10^{-3}$ mol/l Acridin. (Nach H. FISCHER u. MATSCHKE, s. S. 447, Fußn. 1, 2.) V = 600 fach.

Tabelle 54. *Hemmung der Stromdichtewirkung durch mäßige Inhibition.*

Strom-dichte A/cm²	Elektrolyt I Abscheidungsform	Fortsetzung des Basiskristalls	Elektrolyt II Abscheidungsform	Fortsetzung der Basiskristalle
$1,25 \cdot 10^{-3}$	dicht, kompakt, glänzend (*BR*)	+		
$5,0 \cdot 10^{-3}$	kompakt (*BR*), stellenweise Ausblühungen (*FJ*) . . .	+	dicht und kompakt(*BR*)	+
$1,0 \cdot 10^{-2}$	kompakt (*BR*), überall Ansätze zu Ausblühungen (*FJ*)	±	schwache Aufrauhung	+
$2,0 \cdot 10^{-2}$	rauhe Abscheidung, stellenweise blättrige Auswüchse (*FJ*)	—	kompakt (*BR*), geringe Neigung zu Auswüchsen (*FJ*)	+
$3,0 \cdot 10^{-2}$	ausgiebige Bildung von Dendriten (*FJ*)	—		
$4,0 \cdot 10^{-2}$			kleine kurze Nädelchen (*FJ*, *BR*)	±
$6,0 \cdot 10^{-2}$			ausgiebige Bildung von Dendriten (*FJ*)	—

In Elektrolyt I (vgl. Tab. 54) reproduzieren die großen Kadmiumkristalle bei einer Stromdichte von $1{,}25 \cdot 10^{-3}$ A/cm² die Unterlage noch vollständig; die Anordnung ist basisorientiert. Bei $5{,}0 \cdot 10^{-3}$ A/cm³ beginnen sich indes schon die ersten Einwirkungen der Stromdichteerhöhung zu zeigen. Einzelne Kristalle wachsen bevorzugt in Richtung der Stromlinien; ihr Durchmesser ist viel geringer als der der übrigen Kristalle. Eine Erhöhung auf $1 \cdot 10^{-2}$ A/cm² steigert die Tendenz zur Bildung verlängerter, in Richtung der Stromlinien wachsender Kristalle (oder Kristallaggregate) geringen Durchmessers und vermehrt zugleich die Zahl der Kristalle weiter. Ein basisorientiertes Aufwachsen auf die Unterlage ist bereits sehr erschwert. Schließlich hört das Weiterwachsen von $2 \cdot 10^{-2}$ A/cm² an ganz auf. Bei $3 \cdot 10^{-2}$ A/cm² ist der ganze Niederschlag in eine große Zahl isolierter, feldorientierter Dendrite aufgeteilt. Neue Kristallisationszentren sind in statistischer Verteilung entstanden.

Im Elektrolyten II, dem o-Kresolsulfosäure als (mäßig wirkender) Inhibitor zugesetzt wurde, verschiebt sich der Übergang in die feldorientierte Form nach höheren Stromdichten. Erst bei $2 \cdot 10^{-2}$ A/cm² bilden sich in geringem Maße störende Auswüchse. Bei $4 \cdot 10^{-2}$ A/cm² wird die Orientierung nach den Substratkristallen bereits stark gehindert, und bei $6 \cdot 10^{-2}$ A/cm² wachsen die Substratkristalle nicht mehr weiter. Während sich also bei Abwesenheit von o-Kresolsulfosäure der Übergang von *BR* in *FJ* bereits bei $2 \cdot 10^{-2}$ A/cm² vollständig vollzogen hat, wird dieser Zustand in Gegenwart des Inhibitors erst bei etwa $6 \cdot 10^{-2}$ A/cm² erreicht.

Wie gesteigerte Stromdichte die Reproduktion verschlechtert, beweist Tab. 55 mit Ergebnissen von H. FISCHER, MATSCHKE und PAWLECK[1]. Als Substrat wurde hier Kupferblech mit bevorzugter Orientierung der Würfelfläche parallel zur Blechebene (Würfellage) gewählt. Das Kupfer wurde bei den Versuchen 1 bis 3 aus einer n-CuSO$_4$-Lösung mit n-H$_2$SO$_4$, bei den Versuchen 4 bis 6 aus einer n-CuSO$_4$-Lösung mit 5 n-H$_2$SO$_4$ — beide Male bei 25°C — abgeschieden. In verschiedenen Schichtdicken wurde die Struktur durch Röntgenbeugungs-Aufnahmen ermittelt.

Tabelle 55. *Einfluß der Stromdichte auf die Reproduktionsneigung.*

Vers. Nr.	Stromdichte A/cm²	Reproduktion	Struktur des Niederschlages
1	$5 \cdot 10^{-3}$	+ über 200 μm	(1 0 0)-Textur bei 200 μm
2	$2 \cdot 10^{-2}$	+ über 150 μm	(1 0 0)-Textur bei 150 μm
3	$5 \cdot 10^{-2}$	keine Reproduktion!	regellos
4	$5 \cdot 10^{-3}$	+ über 200 μm	(1 0 0)-Textur bei 200 μm
5	$2 \cdot 10^{-2}$	+ bis etwa 70 μm	(1 0 0)-Textur b. 70 μm, darüber regellos
6	$5 \cdot 10^{-2}$	keine Reproduktion!	regellos

[1] s. S. 451. Fußn. 5.

Abb. 179 läßt die gute Reproduktion der Unterlage des Vers. Nr. 1,
Tab. 55 im Querschliff erkennen. Aus einer mikroskopischen Aufnahme
der Oberfläche des Niederschlages Vers. Nr. 2, Tab. 55 in Abb. 180

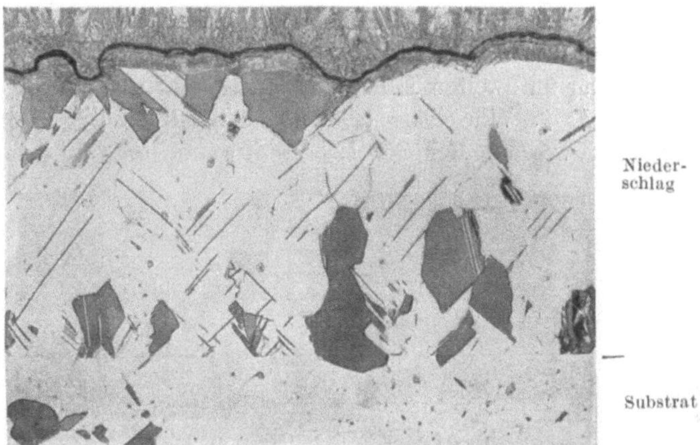

Abb. 179. Querschliff durch einen reproduzierten Kupferniederschlag auf Kupfer mit Würfeltextur. (Nach H. FISCHER, MATSCHKE und PAWLEK, s. S. 451, Fußn. 5.) V = 300fach.

Abb. 180. Mikroskopische Oberflächenaufnahme eines Kupferniederschlages auf Kupfer mit
Würfeltextur. (Nach H. FISCHER, MATSCHKE und PAWLEK, s. S. 451, Fußn. 5.) V = 300fach.

erkennt man noch nach 20 A/h (etwa 200 μm) die rechtwinklig begrenzten ebenen (1 0 0)- Kristallendflächen der Kristalle[1], die die Substrat-

---

[1] An den Ecken sind die Kristalle zum Teil abgeplattet; im Sinne der
molekularkinetischen Theorie (vgl. S. 431) entstehen als Gleichgewichtsform Kubo-
Oktaeder.

reproduziert haben. Daneben finden sich bereits regellos orientierte Kristalle, denn *vollständige* Reproduktion hört bei etwa 150 μm auf. Vergleicht man Abb. 179 mit Abb. 181, die sich auf Vers. Nr. 3, Tab. 55 bezieht, so gibt sich der Unterschied zwischen Reproduktion im ersten und fehlender Reproduktion im zweiten Falle besonders deutlich kund. Man beachte die sehr scharfe Grenze zwischen Substrat und Niederschlag im zweiten Falle, nur unterbrochen durch Reproduktion zweier *nicht* in Würfellage orientierter Kristalle, die offenbar noch fortgesetzt werden. Bei der hohen Stromdichte von $5 \cdot 10^{-2}$ A/cm²

Abb. 181. Querschliff durch einen Kupferniederschlag auf Kupfer mit Würfeltextur. (Nach H. Fischer, Matschke und Pawlek, s. S. 451, Fußn. 5.) V = 300fach.

nimmt die Keimbildung stark zu, was teils auf die Stromdichte, teils auch auf wachsende Inhibition der H$^+$-Ionen zurückgeführt werden kann.

Ob man die bisher bekanntgewordenen Ergebnisse über den Einfluß der Stromdichte auf die Reproduktionsfähigkeit des Niederschlages verallgemeinern darf, muß noch offen bleiben. Das bislang vorliegende Versuchsmaterial reicht noch nicht dazu aus. Denkbar wäre immerhin, daß ein Steigern der Stromdichte gelegentlich entgegengesetzt wirkt, wenigstens in bestimmten Bereichen. Dies könnte z. B. der Fall sein, wenn mit steigender Stromdichte die Inhibition sich zugleich erheblich verstärkt.

Temperatureinfluß. Auch der Einfluß erhöhter Temperatur auf die Fähigkeit zur Reproduktion ist bisher nur am Rande untersucht worden. Auf S. 444, Tab. 51 konnte bereits am Beispiel der Zinnabscheidung gezeigt werden, daß mit erhöhter Temperatur die Reproduktion zurückgeht und dabei der feldorientierte Isolationstyp entsteht.

Überhaupt wird man allgemein voraussagen dürfen, daß jede Änderung einer Einflußgröße, die mit einem Übergang des *BR*-Typs in eine der anderen Wachstumsformen verknüpft ist, die Reproduktionsfähigkeit unterbindet.

Tab. 56 zeigt den Temperatureinfluß auf die Reproduktionsneigung wieder am Beispiel der Kupferabscheidung (aus den beiden im vorigen Beispiel erwähnten, verschieden sauren Elektrolyte). Als Substrat diente wieder Kupfer mit Würfeltextur.

Tabelle 56. *Temperatureinfluß auf die Reproduktionsneigung.*

Vers.-Nr.	Stromdichte A/cm²	Temp. °C	Reproduktion	Struktur des Niederschlags
1	I $5 \cdot 10^{-3}$	25	+ über 200 μm vereinzelte Krist.	(1 0 0)-Textur bis 200 μm
2	$5 \cdot 10^{-3}$	50	+ über 200 μm	(1 1 1)-Textur bis 200 μm
3	$2 \cdot 10^{-2}$	25	+ über 150 μm	(1 0 0)-Textur bis 150 μm
4	$2 \cdot 10^{-2}$	50	einzelne Krist. + über 70 μm	(1 1 1)-Textur bis 150 μm
5	$2 \cdot 10^{-2}$	75	+ über 100 μm, einzelne nichtrepr. Kristalle	(1 0 0)- und (1 1 1)- Textur bis 150 μm
6	$5 \cdot 10^{-2}$	25	keine Reproduktion!	regellos
7	$5 \cdot 10^{-2}$	50	+ über 200 μm	(1 0 0)-Textur bis 200 μm
8	$5 \cdot 10^{-2}$	75	teilweise + über 200 μm	(1 0 0)- und (1 1 1)-Textur bis 200 μm
9	II $5 \cdot 10^{-3}$	25	+ über 200 μm	(1 0 0)-Textur bis 200 μm
10	$5 \cdot 10^{-3}$	50	wenige Krist. über 70 μm	(1 0 0)-Textur bis 70 μm
11	$5 \cdot 10^{-3}$	75	+ über 150 μm	(1 0 0)-Textur bis 150 μm
12	$2 \cdot 10^{-2}$	25	+ bis etwa 70 μm	(1 0 0)-Textur bis 70 μm, dann regellos
13	$2 \cdot 10^{-2}$	50	+ bis etwa 100 μm	(1 0 0)-Textur bis 100 μm
14	$2 \cdot 10^{-2}$	75	großenteils + bis etwa 200 μm	(1 0 0)-Textur bis regellos
15	$5 \cdot 10^{-2}$	25	keine Reproduktion!	regellos
16	$5 \cdot 10^{-2}$	50	+ über 200 μm	(1 0 0)-Textur bis 200 μm
17	$5 \cdot 10^{-2}$	75	+ bis etwa 70 μm teilweise mehr	(1 0 0)-Textur bis regellos bis 200 μm

Der Einfluß der Temperatur ist, wie Tab. 56 lehrt, nicht ganz eindeutig. Regelmäßig nimmt die Reproduktionsneigung mit Erhöhung auf 50° zu, wenn sie bei 25° gering war oder fehlte (Vers. Nr. 6 und 7, 12 und 13, 15 und 16). Offenbar beruht hier die geringe Reproduktion bei 25° auf Ausbildung eines stärker inhibitionsbedingten Wachstumstyps (*FT*- oder *UD*-Typ). Bei höherer Temperatur geht die Inhibition zurück, und es bildet sich wieder leichter der *BR*-Typ aus. Daß bei 75°

die Reproduktion sich wieder weniger ausprägt, mag auf zunehmende Mitabscheidung von einwertigen Cu^+-Ionen beruhen, die sich bei der Abscheidung weniger inhibitionsempfindlich verhalten. Dort, wo bei 25° die Reproduktion sehr gut ist, scheint eine Temperaturerhöhung auf 50° die Inhibition abzuschwächen, so daß die Reproduktionsneigung geringer wird (Vers. Nr. 1 und 2, 9 und 10). Bei 75° bessert sich allerdings in diesen Fällen die Reproduktion wieder. Das unübersichtliche Verhalten bei erhöhter Temperatur scheint mit Veränderungen des Abscheidungsmechanismus zusammenzuhängen.

Einfluß des Substratgefüges (aus gleichem Metall) auf die Reproduktion und die Anpassung. Wie H. FISCHER, MATSCHKE und PAWLEK[1] zeigen konnten, spielt selbst bei Reproduktion einer Unterlage aus dem gleichen Metall wie das Niederschlagsmetall das Kristallgefüge der Unterlage eine Rolle. Wesentlich sind Korngröße und Kristallorientierung des Substratmetalls.

Der Umfang einer Reproduktion oder Anpassung hängt, wie Untersuchungen über die Kupferabscheidung auf Kupfer unter Reproduktionsbedingungen (Abscheidung aus n-saurer n-$CuSO_4$-Lösung bei Zimmertemperatur) ergaben, vom Verhältnis des mittleren Korndurchmessers S der Substratkristalle zu dem mittleren Korndurchmesser N der *arteigenen* Form der Niederschlagskristalle ab (wobei N im Grenzfalle auch der Durchmesser feldorientierter Fasern des Niederschlages sein kann).

Ist S wesentlich größer oder kleiner als N, so läßt sich in mikroskopischen Niederschlagsdicken[1] selten eine Reproduktion, kaum eine Anpassung metallographisch im Querschliff nachweisen. Ist S hingegen etwa gleich N, so können Reproduktion und Anpassung im Querschliff über beträchtliche Dicken (100 μm und mehr) sichtbar werden. Dabei ist der Dickenbereich der Reproduktion um so größer, je größer S und N sind.

SHREIR und SMITH[2] sowie GAUVIN und WINKLER[3] fanden, daß auch die zeitliche Änderung der Polarisation bei der Kupferabscheidung empfindlich auf das Größenverhältnis der Niederschlags- und Substratkristalle anspricht. Sind die Substratkristalle kleiner als die Niederschlagskristalle (arteigene Form), so steigt die Polarisation mit der Zeit allmählich an, sind sie größer, so fällt sie ab.

Der Einfluß einer Orientierung der Unterlage (aus gleichem Metall) scheint nach H. FISCHER, MATSCHKE und PAWLEK[1] geringer als der Korngrößeeinfluß zu sein. Im Falle des Kupfers reproduzieren z. B.

---

[1] s. S. 451, Fußn. 5.
[2] s. S. 142, Fußn. 1.
[3] s. S. 245, Fußn. 2.

die Niederschlagskristalle besonders leicht das Gefüge von Walzkupfer
mit Walztextur, bei der für gewöhnlich die (1 1 0)-Achse senkrecht
zur Blechoberfläche steht. Dies ist auch die bevorzugte Textur des
Kupferniederschlages aus saurer $CuSO_4$-Lösung im Reproduktionsbereich. In Übereinstimmung damit konnten Shreir und Smith[1]
zeigen, daß sich Kupfer auf einem Blech mit Walztextur bei geringerer
Polarisation abscheidet als auf einem Blech, dessen Walztextur durch
eine Wärmebehandlung beseitigt wurde.

Nach H. Fischer, Matschke und Pawlek[2] wachsen die Niederschlagskristalle des Kupfers auf einem anodisch polierten Kupferblech
mit Würfeltextur ebenso auf, sofern sie im Reproduktionsbereich
abgeschieden werden. Wenn Substrat und Niederschlag in den Korn-
größen etwa übereinstimmen, erstreckt sich die Reproduktion über Bereiche von mehr als $50\ \mu m$.

2.33.4 Die Reproduktionsform des *BR*-Typs bei Metallabscheidung auf einem Metall abweichenden Gitters.

Wie in den vorigen Abschnitten gezeigt werden konnte, ist die
Wachstumsform des basisorientierten Reproduktionstyps befähigt, die
Kristalle einer artgleichen Unterlage über große Niederschlagsdicken
hinweg fortzusetzen. Diese bemerkenswerte Fähigkeit des *BR*-Typs
beschränkt sich aber nicht auf Unterlagen aus dem artgleichen Metall.
Unter günstigen Bedingungen der Reproduktion, wie sie in den vorigen
Abschnitten genannt wurden, reproduziert der *BR*-Typ nicht bloß ein
Substrat aus dem gleichen Metall, er kann auch Kristalle einer fremden
Metallunterlage, selbst bei abweichenden Gitterdimensionen und u. U.
sogar bei abweichendem Gittertyp, über größere Dicken hinweg fort-
setzen.

Wichtige Ergebnisse in dieser Beziehung verdanken wir mikroskopischen Untersuchungen von Hothersall[3]. Er untersuchte metallo-
graphische Querschliffe von Kupfer-, Silber- und Zinnniederschlägen
auf verschiedenen sorgfältig entfetteten und geätzten Metallen und
Legierungen.

Für die Abscheidung der Metallüberzüge wählte er Bedingungen,
unter denen sie nach Möglichkeit grobkristallin aufwachsen (schwache
Inhibition). Unter diesen Bedingungen sind sie, wie wir wissen (vgl.
S. 462), zur Reproduktion besonders befähigt. Tab. 56a enthält die
Abscheidungsbedingungen Hothersalls:

---

[1] s. S. 142, Fußn. 1.
[2] s. S. 451, Fußn. 5.
[3] Hothersall, A. W.: Trans. Faraday Soc., The Structure of metallic
oalings, films and surfaces (1935) 1242.

Tabelle 56a. *Abscheidungsbedingungen für günstige Reproduktion.*

Metall	Elektrolyt g/l		Temperatur °C	Stromdichte A/cm²	p_H Chinhydronelektrode
Kupfer	$CuSO_4 \cdot 5\,H_2O$	: 250	35	$5 \cdot 10^{-3}$	—
	H_2SO_4	: 50			
Nickel	$NiSO_4 \cdot 7\,H_2O$	: 240	45	$1 \cdot 10^{-2}$	3,5
	$NiCl_2 \cdot 6\,H_2O$	: 30			
	H_3BO_3	: 30			
Zinn	Sn (als Na_2SnO_3)	: 80	75	$1,5 \cdot 10^{-2}$	—
	NaOH (frei)	: 20			

Bei Zimmertemperatur neigt die Nickelabscheidung bekanntlich eher zur Entwicklung des wenig reproduzierenden feldorientierten Texturtyps; eine Temperaturerhöhung schwächt die Tendenz zugunsten des *BR*-Typs ab. Daß Nickel unter diesen Umständen eine *artgleiche* Unterlage einigermaßen reproduziert, konnte HOTHERSALL bestätigen. Andererseits reproduziert Zinn unter obigen Bedingungen (auf gegossenem Zinn) besonders gut.

Tab. 56b enthält Ergebnisse von HOTHERSALL, auf mehr oder weniger artverschiedener Unterlage erhalten[1]. Wie aus den Untersuchungen hervorgeht, ist Reproduktion oder Anpassung durch den *BR*-Typ möglich, wenn Substrat und Niederschlag dem gleichen Kristallsystem angehören. Die Abweichungen der Gitterparameter untereinander liegen in unseren Beispielen zwischen $-2,4$ und $+12,5\%$.

Aber selbst wenn Substrat und Niederschlag verschiedenen Kristallsystemen angehören, wie bei Überzügen des tetragonalen Zinn auf dem kubisch flächenzentrierten Kupfer, scheint sich der Zinniederschlag in einigen Kristalliten geeigneter Orientierung dem Kupfer anzupassen. Wahrscheinlich täte er dies nicht mehr, wäre er nicht unter den besonders günstigen Bedingungen (des *BR*-Typs) entstanden.

Auch im Falle des flächenzentrierten Kupfers auf kubisch raumzentrierten β-Messing ist die Anpassung noch erkennbar. Ähnliches gilt für Nickel auf Eisen, doch fallen hier die Abweichungen bereits größer aus. Nickel eignet sich wenig zur Reproduktion. Offenbar stören sichtlich die Mitabscheidung von Wasserstoff und die sekundäre Inhibition durch kolloides Metallhydroxyd.

Gitteraufweitungen der Substratkristalle infolge Aufnahme eines zweiten Metalls in fester Lösung oder Verzerrung des Gitters bei starker Verformung stören die Reproduktion wenig, sofern Substrat und Niederschlag im Gittertyp übereinstimmen. Die maximale Gitteraufweitung

---

[1] Man muß sich allerdings darüber klar sein, daß solche metallographischen Untersuchungen nur eine Fortsetzung der *Form* der Substratkristalle beweisen. Ob auch die Orientierung übereinstimmt, könnte genügend sicher nur eine Untersuchung der Röntgen- oder Elektronenbeugung erweisen.

Tabelle 56b. *Reproduktion und Anpassung des Niederschlagsgefüges an eine artfremde Unterlage.* (Nach HOTHERSALL, s. S. 463, Fußn. 3.)

Grundmetall	Zustand	Gittertyp	Gitter-konstante $\overset{\circ}{A}$	Nieder-schlag	Kristall-system	Gitter-konstante $\overset{\circ}{A}$	Abweichung v. d. Gitter-konstanten des Nieder-schlages %	Mikrostruktur
Nickel . . .	weich geglüht	kub. flächen-zentriert	3,52	Kupfer	kub. flächen-zentriert	3,607	— 2,4	Reproduktion
Silber . . .	weich geglüht	kub. flächen-zentriert	4,06	Kupfer	kub. flächen-zentriert	3,607	+12,5	Reproduktion
Kupfer-Zink-Legierung:								
98 : 2 .	gegossen	feste Lösung (α) kub. flächen-zentriert	—	Kupfer	kub. flächen-zentriert	3,607	—	Reproduktion
90 : 10 .	gegossen		3,629	Kupfer	kub. flächen-zentriert	3,607	+ 0,6	Reproduktion
70 : 30 .	gegossen		3,673	Kupfer	kub. flächen-zentriert	3,607	+ 1,8	Reproduktion
60 : 40 .	gegossen	$\alpha + \beta$	α 3,693	Kupfer	kub. flächen-zentriert	3,607	+ 2,4	Anpassung
54 : 46 .	gegossen	β feste Lösung kub. raum-zentriert	2,94	Kupfer	kub. flächen-zentriert	3,607	—	keine Reproduktion
Eisen	weich geglüht	kub. raum-zentriert	2,86	Nickel	kub. flächen-zentriert	3,52	—18,7	Andeutung von Anpassung
Kupfer . . .	weich geglüht	kub. flächen-zentriert	3,607	Zinn	tetragonal	$a = 5,824$ $c = 3,165$	—	Andeutung von Anpassung

beträgt in unserem Beispiel für die feste α-Lösung der Kupfer-Zink-Legierung 2,4%.

Der Einfluß der Unterlage läßt sich in den untersuchten Beispielen noch über Dickenbereiche von 100 bis 700 μm und mehr verfolgen. Er reicht hier so weit, weil die Niederschläge im *BR*-Typ vorliegen. Bei Abweichungen von diesem Typ erstrecken sich die Einflüsse der Unterlage auf viel kleinere Bereiche ($<0,1$ μm), wie später noch näher ausgeführt werden soll (vgl. S. 471).

2.33.5 Elektrolytisches Weiterwachsen von Einkristallkathoden.

Einkristalle von makroskopischer Ausdehnung als Kathoden verwendet, erlauben nachzuweisen, ob die Abscheidungsbedingungen geeignet sind, den basisorientierten Reproduktionstyp hervorzubringen. Unsere Kenntnisse sind allerdings auch auf diesem Gebiet noch recht lückenhaft. Am besten wissen wir über das Weiterwachsen von Silber-Einkristallen Bescheid. Hier sind die Möglichkeiten für unkontrollierbare Störungen noch relativ gering, fehlt doch gewöhnlich die störende Mitabscheidung von Wasserstoff.

Man kann Silber-Einkristalle in Lösungen einfacher wie komplexer Silbersalze weiterwachsen lassen. Als wesentlich stellt sich auch hier, wie nach dem Voraufgegangenen nicht anders zu erwarten, eine nicht zu geringe, aber auch nicht zu starke Inhibition heraus. Es sind dies jene Bedingungen, die zu maximalem Breitenwachstum bei geringster Keimbildungstendenz führen. Ist die Inhibition zu gering, so entsteht der feldorientierte Isolationstyp. Auf den Flächen des Einkristalles wachsen dann meist feldorientierte Fäden oder Dendrite, die in der Regel nichts mit der Orientierung des Substrates zu tun haben.

Das ist nach ERDEY-GRUZ[1] z. B. bei der Silberabscheidung aus nicht angesäuerten Lösungen einfacher Silbersalze, wie dem Fluorid, Nitrat, Perchlorat und Nitrit des Silbers von der Konzentration 0,2 bis 2 n bei geringen Stromdichten der Fall. Auf den Zonen des Silber-Kugeleinkristalls von 6 mm Durchmesser scheiden sich bei den sehr gering gewählten Stromdichten von 1 bis $20 \cdot 10^{-5}$ A/cm² nur isolierte Gebilde — je nach Ag^+-Konzentration feldorientierte Fäden oder Kriställchen — ab. Dies ist nach unseren heutigen Erfahrungen über die Bildungsbedingungen des feldorientierten Isolationstyps (vgl. S. 428 ff.) nicht anders zu erwarten.

Bei höherer Konzentration schlagen sich — ebenfalls im Einklang mit der Erfahrung — bereits Übergangsformen zum basisorientierten Reproduktionstyp nieder. So wachsen aus Silbernitratlösungen dieser Art kleine Kriställchen auf, die sämtlich nach der Einkristallunterlage orientiert sind. In dieser isolierten Form des *BR*-Typs (vgl. S. 438) wird

---

[1] s. S. 371, Fußn. 3.

zwar, wie wir wissen, bereits die Orientierung, aber noch nicht die Gestalt der kristallinen Bereiche der Unterlage wiedergegeben. Die Zahl der Kriställchen nimmt mit erhöhter Stromdichte zu. Ebenso vermehrt sich die Zahl der Kristallkeime, wenn die noch sehr geringe Inhibition durch Zusatz von KNO_3 (2,5 m) verstärkt wird. Die Kriställchen vergrößern sich im Laufe der Elektrolyse und wachsen zu einem mosaikartigen Gebilde zusammen. Obwohl die Orientierung des Einkristalls wiedergegeben wird, liegen doch die Bausteine des Mosaiks nicht in einer Ebene.

Vollständig wachsen Silber-Einkristalle jedoch aus *angesäuerten* konzentrierten Silbernitratlösungen bei *hohen* Stromdichten weiter, wie KAISCHEW, BUDEWSKI und MALINOWSKI[1] zeigen konnten. Die Autoren stützten sich dabei auf Beobachtungen von KOHLSCHÜTTER und TORRICELLI[2], die kleine Silberkriställchen, auf einer Platinunterlage aus angesäuerter $AgNO_3$-Lösung kathodisch abgeschieden, weiterwachsen lassen konnten (vgl. S. 401), sofern die Stromdichte und die Silberionen-Konzentration genügend hoch gehalten wurde. Ansäuern der Lösung schafft die Voraussetzung für eine zum Breitenwachstum erforderliche Inhibition. Die Inhibition geht von den Wasserstoffionen aus, deren Wirksamkeit mit erhöhter Stromdichte zunimmt. Die hohe Stromdichte ist auch notwendig, um beim Größerwerden des Kristalls die wahre Stromdichte J/F_a auf dem aktiven Bereich aufrechtzuerhalten (vgl. S. 401 ff.). Damit aber bei der hohen Stromdichte keine Störungen infolge Rückgang der Ag^+-Konzentration in der Umgebung der wachsenden Flächen auftreten, muß eine hohe Ag^+-Konzentration angewendet werden.

KAISCHEW und Mitarbeiter erreichen vollständiges Weiterwachsen des Silber-Einkristalls (etwa 3 mm Dmr.) in 3 bis 8,5 n-$AgNO_3$-Lösung, angesäuert mit 0,5 bis 1 n-HNO_3 im Stromdichtebereich von $5 \cdot 10^{-3}$ bis $7,5 \cdot 10^{-1}$ A/cm^2 bei 20 und 45° C. Je nach den gewählten Bedingungen der Stromdichte, Konzentration und Temperatur wachsen verschiedene Flächen des Einkristalls bevorzugt vor andern weiter. Hierüber gibt Tab. 39, S. 370 an anderer Stelle Aufschluß.

Aus geschmolzenem Silbernitrat in Mischung mit anderen Nitraten gelang es ERDEY-GRUZ und KARDOS[3], Silber-Einkristalle mit niedriger Stromdichte weiterwachsen zu lassen. Bekanntlich sind solche Schmelzen stark komplexer Natur, und ihre Inhibition ist z. T. größer als in den wäßrigen Lösungen des Silbernitrates. So ist wohl zu erklären, daß der gewünschte Effekt erst bei höheren Temperaturen auftritt.

---

[1] KAISCHEW, R., E. BUDEWSKI u. S. MALINOWSKI: C. r. Acad. Sci. Bulgare **2**, 29 (1949).

[2] KOHLSCHÜTTER u. A. TORRICELLI: Z. Elektrochem. **38**, 213 (1932).

[3] ERDEY-GRUZ, TH., u. K. F. KARDOS: Z. phys. Chem. (A) **178**, 262 (1937).

In einer Schmelze, bestehend aus 50 Mol.-% Silbernitrat und 50 Mol.-% Kaliumnitrat, wächst der kugelförmige Silber-Einkristall bei 160°C und Stromdichten zwischen $1 \cdot 10^{-5}$ und $3 \cdot 10^{-3}$ A/cm² noch nicht regelmäßig weiter. Das Silber scheidet sich in dünnen Fäden ab. Bei 260° und z. B. $9 \cdot 10^{-5}$ oder $3,5 \cdot 10^{-4}$ A/cm² wächst jedoch der Einkristall als Ganzes, obgleich bei beiden Stromdichten gelegentlich gewisse Wachstumsstörungen (Streifungen und Krümmungen der Flächen, flügelartige Auswüchse am Flächenrand usw.) zu beobachten sind. Bei 350°C scheidet sich das Silber in Form kleiner Kriställchen, gleich der Unterlage orientiert, ab.

Das Verhalten der Silberabscheidung bei den verschiedenen Temperaturen ist charakteristisch. Bei der niedrigen Temperatur überwiegt offenbar die Inhibition der in der Schmelze assoziierten Nitrationen so stark, daß es infolge der starken Oberflächenbelegung nicht zu einem regelmäßigen Weiterwachsen des Einkristalls kommen kann. Statt dessen bilden sich kleine Kristallfäden.

Bei der 100° höher liegenden Temperatur scheint die Inhibition hingegen infolge eines temperaturbedingten Adsorptionsrückganges bereits so weit gemildert zu sein, daß ein Wachstum des Einkristalls, von der Flächenmitte ausgehend, in Gang kommt. Oberhalb etwa $3 \cdot 10^{-3}$ A/cm² hört die Reproduktion wieder auf. Bei 350° kann das monokristalline Wachstum infolge der viel schwächeren Inhibition nicht mehr aufrechterhalten werden. An die Stelle des Einkristalls treten zahlreiche, nach ihm orientierte Kriställchen.

Ein von ERDEY-GRUZ und KARDOS[1] beobachteter kontinuierlicher Rückgang der Überspannung mit der Temperatur bei der Silberabscheidung aus Silbernitratschmelzen unter den oben erwähnten Bedingungen spricht dafür, daß die beschriebenen Änderungen in der Abscheidungsform des Silbers hauptsächlich auf dem temperaturbedingten Rückgang der Inhibitionswirkung beruhen. Eine von den Autoren angenommene „Homogenisierung" der Metalloberfläche im Gebiete der Rekristallisation (etwa oberhalb 200°) mag durch lebhaftere Bewegung der Atome zum Weiterwachsen des Einkristalls mit beitragen. Zweifellos reicht aber diese Annahme nicht zur Erklärung sämtlicher Erscheinungen aus.

Auch aus den wäßrigen Lösungen komplexer Silbersalze kann sich nach ERDEY-GRUZ[2] Silber unter Reproduktion des ganzen Einkristalls abscheiden. Da hier die Inhibition bereits relativ groß ist, gelingt der Versuch nur bei sehr geringen Stromdichten. Bei höheren Stromdichten bilden sich hingegen viele neue Keime, und es macht sich zugleich die in Feldrichtung orientierende Wirkung der höheren Stromdichten be-

---

[1] s. S. 467, Fußn. 3.
[2] s. S. 371, Fußn. 3.

merkbar. Je nach der Inhibitorwirkung der im Elektrolyten vorhandenen Kationen oder Anionen fällt die „kritische" Stromdichte verschieden hoch aus.

Tab. 57a gibt die Stromdichte angenähert wieder, oberhalb der nach Ergebnissen von ERDEY-GRUZ[1] das vollständige Weiterwachsen des Einkristalls bei Zimmertemperatur von der Bildung vieler Dendrite oder auch kleiner orientierter Kriställchen abgelöst wird. Die Tabelle enthält diejenigen Elektrolyte, bei denen das Silber im Kation $[Ag(NH_3)_2{}^+]$ enthalten ist.

Tabelle 57a. *Kritische Stromdichte in Lösungen mit Silber im komplexen Kation.*

Elektrolyt	Kritische Stromdichte	Überspannung bei $5 \cdot 10^{-5}$ A/cm²
AgBr ges. in 14,5 n-NH$_3$	$> 3 \quad \cdot 10^{-3}$A/cm²	~ 4 mV
AgCl ges. in 14,5 n-NH$_3$	$> 3 \quad \cdot 10^{-3}$ A/cm²	~ 7 mV
0,2 n-Ag$_2$O in 14,5 n-NH$_3$	$\sim 4{,}2 \cdot 10^{-4}$ A/cm²	~ 12 mV

Das entsprechende Verhalten in Elektrolyten mit komplexen Silberanionen zeigt Tab. 57b. Ein Vergleich der beiden Tabellen zeigt, daß die kritische Stromdichte im Falle der komplexen Kationen mit steigender Überspannung abnimmt, im Falle der Anionen sich aber umgekehrt verhält. Dies entspricht den Erwartungen.

Tabelle 57b. *Kritische Stromdichte in Lösungen mit Silber im komplexen Anion.*

Elektrolyt	Kritische Stromdichte	Überspannung bei $5 \cdot 10^{-5}$ A/cm²
AgBr ges. in 4,2 n-KBr	$> 2 \quad \cdot 10^{-4}$ A/cm²	$\sim 2 \quad$ mV
AgCl ges. in 5,6 n-NH$_3$Cl	$> 2{,}6 \cdot 10^{-4}$ A/cm²	$\sim 2{,}5$ mV
0,5 n-AgCN in 2 n-KCN	$> 6{,}8 \cdot 10^{-4}$ A/cm²	$\sim 5 \quad$ mV
0,2 n-AgJ in 2,4 n-KJ	$> 3 \quad \cdot 10^{-3}$ A/cm²	$\sim 8 \quad$ mV

Außer den in der Tabelle aufgeführten Elektrolyten ist noch 0,5 n-AgSCN in 4,2 n-KSCN zu erwähnen. Der Elektrolyt ist offenbar nicht wirksam genug, denn in ihm wächst der Einkristall noch nicht als Ganzes weiter, statt dessen entstehen viele kleine, aber orientiert aufgewachsene Kristalle. Die in der Tabelle genannten Elektrolyte erlauben vollständige Reproduktion nur bei sehr kleinen Stromdichten.

Auch Einkristalle aus anderen Metallen hat man versucht, elektrolytisch weiterwachsen zu lassen, so Kupfer-Einkristalle (TAMMANN und STRAUMANIS[2], ERDEY-GRUZ und FRANKL[3], GWATHMEY und BENTON[4], LEIDHEISER JR. und GWATHMEY[5]), Nickel-Einkristalle (LEIDHEISER JR. und GWATHMEY[5]), und Zink-Einkristalle (KREUCHEN[6]).

---

[1] s. S. 371, Fußn. 3.
[2] TAMMANN, G., u. M. STRAUMANIS: Z. anorg. Chem. **175**, 131 (1928).
[3] ERDEY-GRUZ, TH., u. E. FRANKL: Z. phys. Chem. (A) **178**, 266 (1937).
[4] GWATHMEY, A. T., u. A. F. BENTON: Z. Phys. Chem. **44**, 35 (1940).
[5] LEIDHEISER JR. H., u. A. T. GWATHMEY: J. Electrochem. Soc. **98**, 225 (1951).
[6] KREUCHEN, K. H.: Z. phys. Chem. (A) **155**, 161 (1931).

Bei Kupfer-Einkristallen war es bislang nur möglich, ein Weiterwachsen im ganzen aus komplexen Elektrolyten zu erreichen (ERDEY-GRUZ und FRANKL[1]). Die Abscheidungsbedingungen ähneln grundsätzlich denen, die ERDEY-GRUZ[2] für das Weiterwachsen von Silber-Einkristallen aus komplexen Elektrolyten wählte.

Bei der Abscheidung von Kupfer, Nickel oder Zink aus den (schwach sauren) Lösungen einfacher Salze, wie der Sulfate dieser Metalle, beobachteten die genannten Autoren eine vollständige Reproduktion nur auf bestimmten Flächen des Einkristalls, während sich auf den anderen meist ein polykristalliner Niederschlag abschied, oder der gesamte Einkristall bedeckte sich — namentlich bei höherer Stromdichte — überhaupt nur mit polykristallinem Metall. Gewöhnlich wuchs jedoch der polykristalline Niederschlag orientiert, in kleineren Facetten, auf der Unterlage auf.

Aus saurer $CuSO_4$-Lösung (205 g/l $CuSO_4 \cdot 5 H_2O$ + 48,8 g/l H_2SO_4) setzten sich z. B. auf elektrolytisch polierten Kupfer-Einkristallen (16 mm Dmr.) bei $2 \cdot 10^{-2}$ A/cm² und Zimmertemperatur die (1 1 1)-Fläche und die (1 1 0)-Fläche einkristallin fort, während sich auf der (1 0 0)-Fläche wenige isolierte Kristallite orientiert abschieden. Bei viel kleineren Stromdichten (2 bis $5 \cdot 10^{-4}$ A/cm²) wurde hingegen die (1 0 0)-Fläche reproduziert; die übrigen Flächen bedeckten sich dabei polykristallin (LEIDHEISER JR. und GWATHMEY[3], vgl. auch S. 557).

Auf Nickelkristallen (16 mm Dmr.) beobachtete LEIDHEISER JR. und GWATHMEY[4] bei der Abscheidung von Nickel aus dem Sulfatelektrolyten (WATTS-Bad, vgl. S. 626) unabhängig vom p_H-Wert und der Temperatur (20 bis 60° C) bei Stromdichten zwischen $1 \cdot 10^{-3}$ und $8 \cdot 10^{-2}$ A/cm² eine vollständige Reproduktion nur der (1 0 0)-Fläche. Die (1 1 1)-Fläche wuchs polykristallin weiter.

Wenngleich also bei den vorauf genannten Metallen die Versuche, Einkristalle im ganzen weiterwachsen zu lassen, bisher fehlgeschlagen sind, ist noch nicht bewiesen, ob sich nicht doch auch in einfachen Elektrolyten ähnliche Bedingungen finden ließen, wie sie KAISCHEW, BUDEWSKI und MALINOWSKI (vgl. S. 376) beim Weiterwachsen von Silber-Einkristallen angewandt haben.

2.34 Der feldorientierte Texturtyp (*FT*).
2.34.1 Allgemeines.

Der im vorigen Abschnitt besprochene basisorientierte Reproduktionstyp entwickelt sich im Bereich mäßiger Inhibition. Verstärkt man die Inhibition weiter, so entsteht — nach Durchgang durch einen Übergangsbereich (Zwillings-Übergangstyp), auf den wir noch zurückkommen (vgl. S. 483) — wieder eine feldorientierte Anordnung. Zum Unterschied vom feldorientierten Isolationstyp (vgl. S. 428), der seine Existenz hauptsächlich den Richtkräften des angelegten elektrischen Feldes ver-

---

[1] s. S. 469, Fußn. 3.   [2] s. S. 371, Fußn. 3.   [3] s. S. 557, Fußn. 2.
[4] s. S. 469, Fußn. 5.

dankt, ist diese neue Anordnung im wesentlichen das Ergebnis starker
Inhibition (H. FISCHER[1]). Wieder zeichnet sich dieser Typ durch ausgeprägtes Längenwachstum der Subindividuen parallel zu den Feldlinien
bei sehr geringem Breitenwachstum aus. Er wird als feldorientierter Texturtyp (*FT*-Typ) bezeichnet (vgl. S. 424). Zum Unterschied vom feldorientierten Isolationstyp bildet er sich stets kompakt aus. Nach dem basisorientierten Reproduktionstyp und der dazwischen auftretenden Zwil-
lings-Übergangsform hin fließen seine Grenzen etwas.

Der feldorientierte Texturtyp kann die Unterlagen höchstens dann
noch reproduzieren, wenn die Substratkristalle (oder — in besonderen

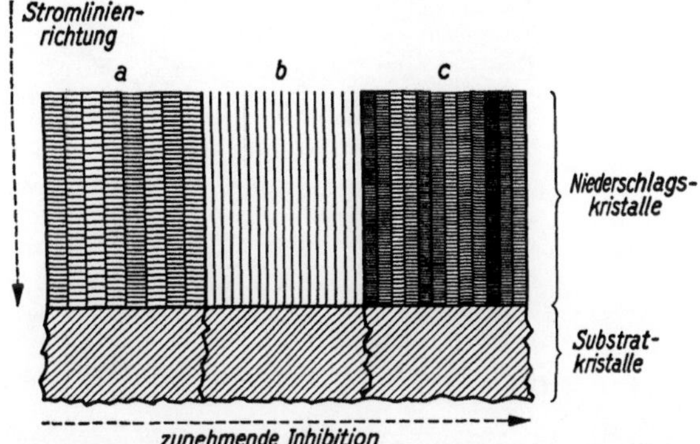

Abb. 182. Schema des feldorientierten **Texturtyps** (*FT*). (Nach H. FISCHER[1].)

Fällen — ihre Subindividuen) keinen wesentlich größeren Durchmesser
haben als die schmalen feldorientierten Aggregate des Niederschlages,
die überdies viel kleiner und zarter sind als etwa die entsprechenden
feldorientierten Aggregate des feldorientierten Isolationstyps.

Bei nicht zu starker Inhibition entstehen beim *FT*-Typ feldorientierte
Aggregate, die noch aus vielen aufeinandergeschichteten basisorientierten
Wachstumsschichten zusammengesetzt sind (Schema Abb. 182). Die
elektronenmikroskopische Aufnahme eines solchen Schichtaggregates
zeigt Abb. 183 (nach POLITYCKI[2]) bei 20000facher Vergrößerung
(Kupferabscheidung aus n-CuSO$_4$-Lösung ($+$ n-H$_2$SO$_4$) bei $2 \cdot 10^{-2}$
A/cm^2 und 20° C). Verstärkt man die Inhibition weiter, so unterbleibt
aber das diskontinuierliche (in zwei Stadien ablaufende) Wachstum der
Wachstumsschichten. An Stelle der basisorientierten Wachstumsschichten
entstehen dann — dicht aneinander gelagert — kontinuierlich wachsende,
feldorientierte Subindividuen, wie senkrecht stehende Tafeln, Filme,
Fäden usw. (vgl. Schema Abb. 182 b)[3].

[1] FISCHER, H.: Z. Elektrochem. **54**, 459 (1950).
[2] POLITYCKI, A.: Metall **8**, 526 (1954).
[3] vgl. auch die „Wasserstofftheorie" der Texturbildung, S. 571 ff.

  2.3 Wachstumsformen polykristalliner Niederschläge.

Gewöhnlich wird mit verstärkter Inhibition auch die Tendenz zur Bildung neuer Keime stärker werden. So wächst ein Subindividuum in Stromlinienrichtung kaum lange weiter, ohne bald durch ein neues abgelöst zu werden, das dann auf dem alten aufwächst.

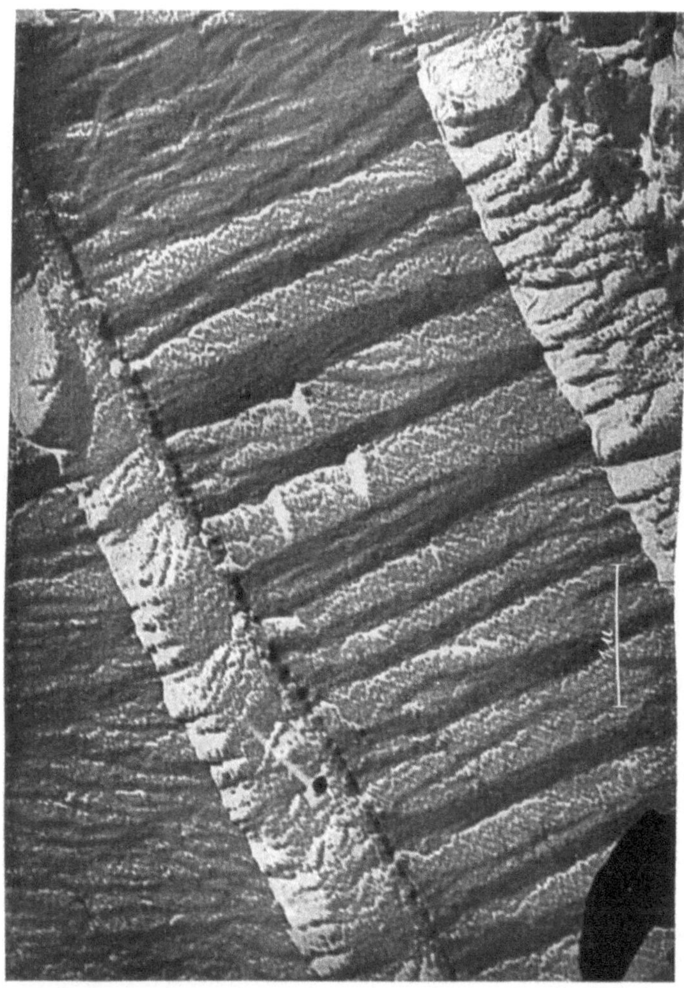

Abb. 183. Feldorientiertes Schichtaggregat. (Nach POLITYCKI, s. S. 471, Fußn. 2).

Auch unter solchen Bedingungen können übereinandergeschichtete, aber bloß scheinbar basisorientierte Schichten entstehen (Abb. 182c). Ihr Breitenwachstum ist allerdings gering. Darf man bei den zuvor erwähnten breiteren basisorientierten Schichten noch diskontinuierliches Wachstum (vgl. S. 392) annehmen, so werden die seitlich wenig ausgedehnten Schichten wahrscheinlich im kontinuierlichen, feldorientierten Wachstum entstehen. Eine Entscheidung über den jeweiligen Mechanismus des Wachstums wird allerdings große Schwierigkeiten bereiten.

Die feldorientierte Anordnung *FT* ist in ihrem Aufbau gewöhnlich bevorzugt orientiert, und zwar weit ausgeprägter als der basisorientierte Reproduktionstyp in seiner arteigenen Form. Die Bezeichnung „Texturtyp" dürfte daher berechtigt sein. Für gewöhnlich handelt es sich um eine Fasertextur. Die einzelnen Fasern sind im Mikrogefüge des Niederschlages meist deutlicher zu erkennen als die Korngrenzen, die jeweils ein Faserbündel umschließen.

Mit Sicherheit darf man annehmen, daß beim Wachstum der Subindividuen Anteile der inhibierenden Fremdstoffe in den wachsenden Kristall mit eingeschlossen werden. Wahrscheinlich werden sie sich bevorzugt an den weniger aktiven Flächen anreichern. Beim feldorientierten Texturtyp sind dies die parallel zu den Stromlinien verlaufenden Seitenflächen der Subindividuen.

Mit der allgemeinen Zunahme der Keimbildungstendenz bei vergrößerter Inhibition nimmt naturgemäß nicht bloß die Zahl der Subindividuen, sondern auch die Zahl der feldorientierten Aggregate, aus vielen Subindividuen bestehend, bedeutend zu. So entwickelt sich ein feines Mikrogefüge.

2.34.2 Übergang vom basisorientierten Reproduktionstyp *BR* in den feldorientierten Texturtyp *FT*.

Wenig inhibitorempfindliche Metalle. Mit gesteigerter Inhibition vollzieht sich der Übergang von der basisorientierten in die feldorientierte Anordnung. Dies läßt sich experimentell leicht nachweisen. Als erstes Beispiel soll die elektrolytische Abscheidung von Kadmium betrachtet werden. Tab. 58 enthält Versuchsergebnisse (von Gorbunowa[1]), gewonnen bei der elektrolytischen Abscheidung von Kadmium aus salzsauren (n-HCl) Kadmiumchloridlösungen bei $14°$ C und $2,4 \cdot 10^{-2}$ A/cm² bei 0,084 Ah/cm².

In Beispiel Nr. 1 reproduzieren die Kristalle des Niederschlages das regellos orientierte Kristallgefüge der Unterlage. In dem untersuchten Dickenbereich ist offenbar noch keine „arteigene" Wachstumsform zu beobachten. Versuch Nr. 2 unterscheidet sich vom vorigen durch Anwendung einer höheren $CdCl_2$-Konzentration. Bei der Neigung des Cd-Salzes zur Komplexbildung in konzentrierter Lösung ist hier mit einer etwas stärkeren Inhibition der komplexen Ionen zu rechnen. In der Tat äußert sie sich offenbar im bevorzugten Ausbreiten der Wachs-

---

[1] Gorbunowa, K. M.: Bull. Acad. Sci. USSR **1938**, 1175.

Tabelle 58. *Übergang vom basisorientierten zum feldorientierten Typ FT mit zunehmender Inhibition.*

Nr.	Elektrolyt	Form und Anordnung der Niederschlagskristalle	Re-produktion	Formtyp
1	2 n-CdCl$_2$ + n-HCl	regellos orientierte Kristalle	+	*BR*
2	6 n-CdCl$_2$ + n-HCl	hexagonale Plattenkristalle, parallel zur Unterlage geschichtet	+	*BR*
3	2 n-CdCl$_2$ + n-HCl + 0,66 g/l Gelatine	längliche Platten, auf der Unterlage schräg stehend	±	*FT*, aber noch teilweise von der Unterlage beeinflußt; *Z*.
4	2 n-CdCl$_2$ + n-HCl + 1 g/l Nikotinsulfat	wie 3, jedoch senkrecht zur Unterlage ausgerichtet	—	*FT*

tumsschichten parallel zur Unterlage. Dabei ordnen sich die platten-
förmigen Kristalle mit ihrer größten Fläche (0 0 0 1) sämtlich nahezu parallel zur Unterlage an. Diese „arteigene" Form entsteht nicht sofort,
sondern erst im Laufe des Abscheidungsprozesses. Unter diesen Bedingungen besteht noch nicht das geringste Anzeichen für feldorientiertes
Wachstum.

Wird aber die Inhibition durch Zusatz von 0,6 g/l Gelatine zur
2 n-CdCl$_2$-Lösung deutlich weiter verstärkt, so ändert sich das Bild
vollständig (Nr. 3). Nunmehr haben sich die Plattenkristalle aufgerichtet
und zugleich eine längliche Form angenommen. Die Plättchen stehen
mit ihrer Schmalseite auf der Unterlage. Allerdings haben sie sich noch
nicht sämtlich gleichmäßig senkrecht ausgerichtet. In dieser feldorientierten Anordnung wenden sie jedenfalls ihre kleinste Fläche (1 0 1 0) den
Stromlinien zu, diese mit grober Annäherung rechtwinklig schneidend,
während die ausgedehnte Seitenfläche (0 0 0 1) mehr oder weniger
parallel zu den Stromlinien ausgerichtet ist. So hat sich mit diesen, in
Feldrichtung verlängerten, schmalen Platten der feldorientierte Typ
ausgebildet. Allerdings erreicht die Textur dabei noch nicht das Optimum ihrer Ausrichtung. Zum Teil bilden sich Zwillinge (*Z*-Typ).

Noch stärker inhibierend wirkt das Alkaloidkation des Nikotin-
sulfates (Nr. 4). Hier ist die Textur des feldorientierten Typs wesentlich
besser ausgerichtet. Besteht im Versuch Nr. 3 noch ein geringer Einfluß
der Unterlage (zu Elektrolysebeginn), so ist augenscheinlich in Gegenwart von Nikotinsulfat davon nichts mehr zu bemerken. Die feldorientierte Anordnung *FT* prägt sich hier also besonders gleichmäßig
aus. Daß in solchen senkrecht stehenden feldorientierten Täfelchen auch
die Wachstumsschichten gleichermaßen senkrecht angeordnet sind und

die Täfelchen aus Paketen von harmonikaartig aneinandergelegten Schichten bestehen (vgl. Schema in Abb. 161, S. 407), läßt sich aus einer mikroskopischen Betrachtung solcher Täfelchen, durchgeführt von der erwähnten Autorin, ableiten.

Der Einfluß der Inhibition auf Gestalt und Ausrichtung der Elemente des feldorientierten Texturtyps erfährt auch in folgenden Beispielen einen anschaulichen Nachweis: Aus einer Lösung von 450 g/l Zinksulfat + 30 g/l Borsäure (p_H 4) scheidet sich Zink bei $5 \cdot 10^{-2}$ A/cm² und 20° C nur schwach orientiert (*FT*) ab, wie Röntgendiagramm und mikroskopische Untersuchung des Querschliffes erweisen (H. FISCHER[1]). An einer

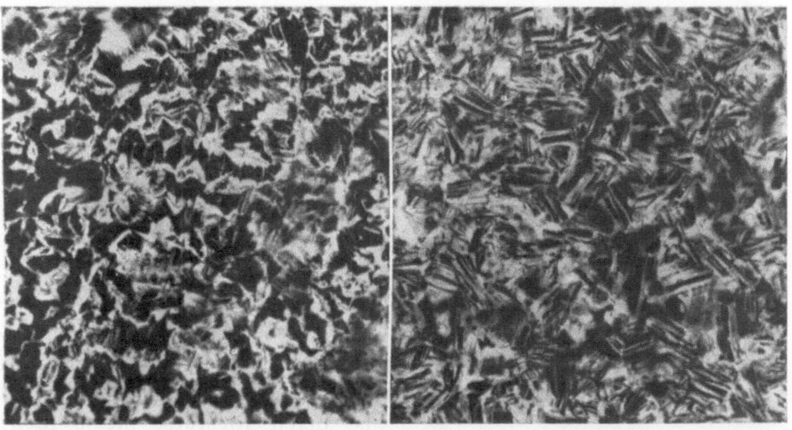

Abb. 184. Oberflächenaufnahme eines Zinkniederschlages, abgeschieden aus Sulfatlösung im Übergang zum *FT*-Typ. (Nach H. FISCHER, s. S. 471, Fußn. 1.) V = 400fach.

Abb. 185. Oberflächenaufnahme eines Zinkniederschlages, abgeschieden aus Sulfatlösung mit Zusatz von Furanaldehyd im *FT*-Typ. (Nach H. FISCHER, s. S. 471, Fußn. 1.) V = 400fach.

Mikroaufnahme der ungeätzten Oberfläche des Zinkniederschlages (Abb. 184) erkennt man trotz scheinbarer Regellosigkeit häufig geradlinige kantige Umrisse einzelner Subindividuen, die in Verbindung mit dem säulenartigen Gefüge des Querschliffes auf Vorhandensein aufgerichteter Blöckchen oder Prismen schließen lassen. Selten sind sie jedoch gut senkrecht ausgerichtet.

Setzt man aber dem erwähnten Elektrolyten noch einen organischen Inhibitor, z. B. α-Furanaldehyd, hinzu, so ergibt sich aus der Mikroaufnahme der ungeätzten Oberfläche eines sonst unter gleichen Bedingungen hergestellten Niederschlages (vgl. Abb. 185) eine feldorientierte Anordnung von Tafeln mit rechteckigem Querschnitt. Überdies offenbart die Oberflächenaufnahme auf der senkrecht zur Stromlinienrichtung (Stromlinien senkrecht zur Bildebene) orientierten Rechteck-Grundfläche

---

[1] s. S. 471, Fußn. 1.

einzelner Täfelchen eine deutliche Streifung[1]. Sie dürfte augenscheinlich von den Wachstumsschichten der Kristalltafeln herrühren, die sich, senkrecht auf der Unterlage stehend, zu einem Schichtenpaket seitlich aneinandergelagert haben. Die einzelnen Wachstumsschichten sind etwa $2 \cdot 10^{-4}$ cm dick.

Bei wesentlich verstärkter Inhibition, z. B. aus einem Zinkelektrolyten, der einfache und komplexe Zyanidionen enthält, scheidet sich das kompakte Zink bereits in feldorientierten Fäden ab. Je wirksamer die Inhibitoren, um so kleiner ist die Abweichung von der Senkrechten, und um so geringer ist der Faserdurchmesser.

So bestehen bekanntlich die Niederschläge aus technischen Glanzverzinkungsbädern (z. B. in Gegenwart von Heliotropin in Kombination mit anorganischen Kolloiden abgeschieden) aus sehr dünnen, auch bei längerer Elektrolyse nahezu senkrecht zur Unterlage ausgerichteten Fäden (Durchmesser etwa 2 bis $3 \cdot 10^{-4}$ cm). Bei Fehlen dieser besonders wirksamen Inhibitoren bilden sich hingegen dickere Fasern aus, deren Richtung meist nicht genau senkrecht ist und die namentlich bei längerer Elektrolyse stark von dieser Richtung abweichen.

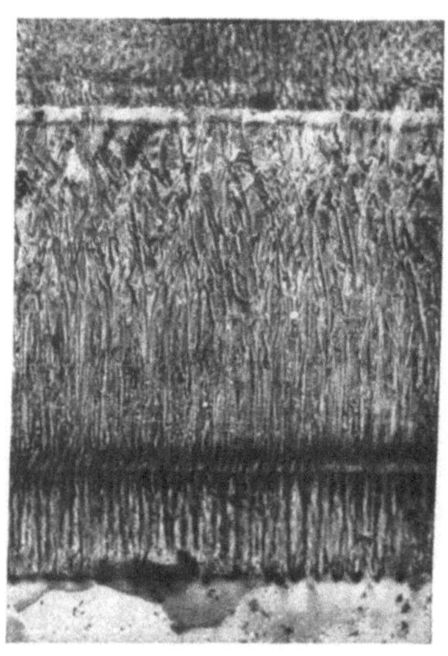

Abb. 186. Querschliff durch einen Zinkniederschlag, aus zyanidischem Elektrolyten abgeschieden; V = 400fach.

Abb. 186 zeigt in der Mikroaufnahme eines Querschliffes die sehr gleichmäßig ausgerichteten Fäden eines Glanzzink-Niederschlages, erhalten bei $5 \cdot 10^{-2}$ A/cm² aus einem alkalischen Alkali-Zinkzyanid-Elektrolyten in Gegenwart der erwähnten Inhibitoren auf einer Unterlage aus geätztem Walzzink. Aus einer Oberflächenaufnahme (Abb. 187) erkennt man die oft annähernd kreisförmigen Querschnitte der einzelnen Fäden. Weder eine Reproduktion noch eine Anpassung an die Substratkristalle ist zu bemerken.

Wie aus Abb. 186 hervorgeht, ist auf den „Glanzniederschlag" ein zweiter Zinkniederschlag (Stromdichte $1 \cdot 10^{-2}$ A/cm²) in Abwesenheit

---

[1] Ganz allgemein machen sich die Umrisse von Blockstrukturen an frei aus der Oberfläche herauswachsenden Kristallen weit deutlicher bemerkbar als etwa an geätzten Oberflächen [ähnlich der Kristallisation aus Metallschmelzen; s. L. GRAF: Z. Elektrochem. **48**, 181 (1942)].

der Inhibitoren abgeschieden werden. Hier fällt die geringe Ausrichtung der Fasern auf, die bei längerer Elektrolyse zu „palmwedelartigen" Formen führt.

Wie die röntgenographische Untersuchung der verschiedenen Zinkniederschläge ergab, besitzen sie sämtlich eine Fasertextur gleicher Orientierung. Die Querschnittsfläche der Blöcke wie der Tafeln oder Fäden ist die (0 1 1 1)-Fläche. Sie liegt also bei vollkommener Aufrichtung parallel zur Unterlage.

Nach Fuseya und Murata[1] und im besonderen nach Raub[2] unterdrückt Glykokoll (Größenordnung 0,01 mol/l) das bekannte dendritische

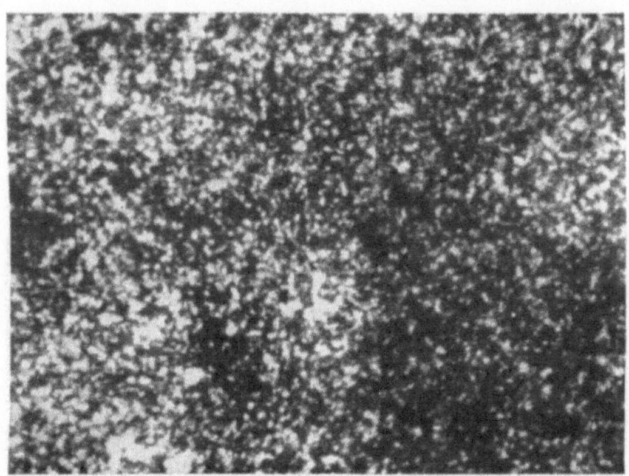

Abb. 187. Oberflächenschliff eines Glanz-Zinkniederschlages; V = 400fach.

Wachstum des Silbers aus m/5-AgNO$_3$-Lösung und ebnet den Niederschlag vollständig ein. An Stelle der feldorientierten Anordnung *FJ* in isolierten Kristallen entsteht hier die feldorientierte Anordnung *FT* in kompaktem Gefüge. Wie sich aus Gefügeaufnahmen von Raub zu erkennen gibt, bestehen die Silberkristalle, die eine merkliche Menge Glykokoll (0,18%) eingeschlossen enthalten, aus aufgerichteten Tafeln, die auf der Unterlage annähernd senkrecht stehen. (Teilweise scheinen auch Zwillingskristalle gebildet zu werden.)

Metalle von mittlerer oder großer Inhibitorempfindlichkeit. Kadmium, Zink und Silber gehören zu den noch wenig inhibitorempfindlichen Metallen (vgl. Tab. 46, S. 427), bei denen sich also der Übergang vom basisorientierten Reproduktionstyp zum feldorientierten Texturtyp gewöhnlich erst mit Inhibitoren hervorrufen läßt, die zu den stark adsorbierbaren Stoffen zählen. Bei ausgeprägt inhibitorempfindlichen Metallen (z. B. Kupfer oder namentlich Metalle der Eisengruppe) genügt

---

[1] Fuseya, G., u. K. Murata: Trans. Amer. Electrochem. Soc **50**. 235 (1926).
[2] Raub, E.: Z. Metallkde. **39**, 33 (1948).

u. U. schon die Gegenwart einfacherer organischer oder anorganischer Ionen, um die Strukturelemente umzuorientieren und in einer Fasertextur auszurichten.

Die Abscheidung von Kupfer aus „inhibitorfreier" n-schwefelsaurer n-$CuSO_4$-Lösung unter den auf S. 454 angegebenen Bedingungen (nach Untersuchungen von MATSCHKE[1]) zeigt den basisorientierten Reproduktionstyp. In der Mikroaufnahme des Querschliffes (Abb. 148, s. S. 355) deuten sich in einzelnen Kristalliten die basisorientierten Wachstums-

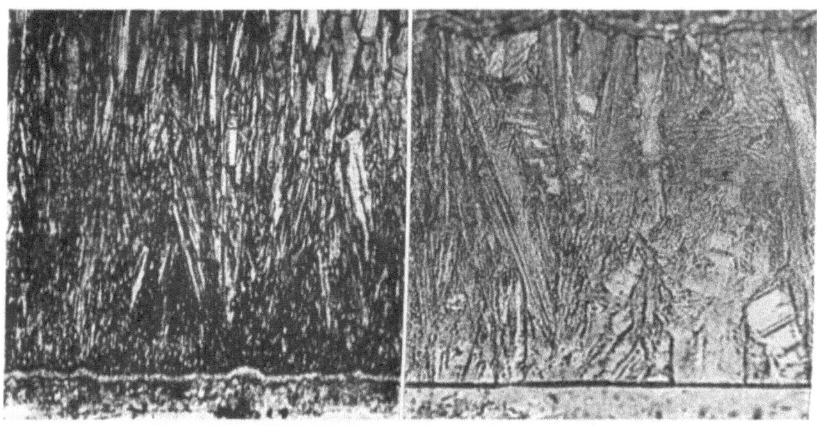

Abb. 188. Querschliff durch einen Kupferniederschlag, abgeschieden im *FT*-Typ, abgeschieden aus saurer $CuSO_4$ Lösung + 5 · · 10^{-4} mol/l Acridin auf einer Kupferzwischenschicht im *UD*-Typ. (Nach H. FISCHER u. MATSCHKE, s. S. 447, Fußn. 1,2.) V = 600fach.

Abb. 189. Querschliff durch einen Kupferniederschlag im *FT*-Typ, abgeschieden wie in Abb. 188, jedoch auf anodisch poliertem Walzkupfer. (Nach H. FISCHER u. MATSCHKE, s. S. 447, Fußn. 1, 2). V = 600fach.

schichten an. Nach röntgenographischem Befund sind die (1 1 0)-Achsen angenähert parallel zur Faserachse (Stromlinienrichtung) angeordnet, d. h. also, die (1 1 0)-Flächen liegen parallel zur Probenoberfläche. Daraus darf man wohl schließen, daß die ebenfalls parallel zur Unterlage angeordnete Basisfläche der Wachstumsschichten eine (1 1 0)-Fläche ist.

Führt man die Elektrolyse z. B. in Gegenwart von geringen Mengen Acridin (etwa $5 \cdot 10^{-4}$ mol/l) durch, so fällt das Gefügebild bereits ganz anders aus (Abb. 188). Auf einer Unterlage von sehr feinkörnigem, regellos orientiertem Kupfer (elektrolytisch abgeschieden aus einer alkalischen Alkali-Kupferzyanid-Lösung) entwickelt sich der Kupferniederschlag in Gegenwart des genannten Inhibitors in Form feldorientierter Aggregate. Röntgenographisch zeigt auch er eine Faser-

---

[1] s. S. 447, Fußn. 1.

textur mit der (1 1 0)-Achse als Faserachse, jedoch weit stärker ausgeprägt als in Niederschlägen, die ohne Acridin abgeschieden wurden.

Wird der Kupferniederschlag unter sonst gleichen Bedingungen auf
einer Unterlage aus anodisch poliertem Walzkupfer abgeschieden
(Abb. 189), so macht sich noch der Einfluß der Unterlage geltend.
Zwar werden die Substratkristalle nicht reproduziert wie beim basisorientierten Reproduktionstyp, immerhin liegt eine Anpassung vor.
Die Unterlage stört hier offenbar
die Ausrichtung der feldorientier-

Abb.190. Querschliff durch einen Kupferniederschlag im ausgeprägten *FT*-Typ, abgeschieden
aus saurer $CuSO_4$-Lösung $+ 5 \cdot 10^{-4}$ mol/l
β-Naphthochinolin auf einer Kupferzwischenschicht im *UD*-Typ. (Nach H. Fischer u.
Matschke, s. S. 447, Fußn. 1, 2.) V = 600fach.

Abb. 191. Querschliff durch einen Kupferniederschlag im *FT*-Typ, abgeschieden wie in
Abb. 190, jedoch auf anodisch poliertem Walzkupfer. (Nach H. Fischer und Matschke,
s. S. 447, Fußn. 1, 2.) V = 600fach.

ten Aggregate. Daher ist die Fasertextur auch weniger scharf ausgebildet als im vorigen Beispiel.

Verwendet man an Stelle von Acridin den stärkeren Inhibitor
β-Naphthochinolin in gleicher Konzentration wie vorher, so erhält man
auf der regellos orientierten Kupferzwischenschicht einen Niederschlag
mit besonders gut ausgeprägter Fasertextur (Abb. 190). Auf anodisch
poliertem Walzkupfer passen sich hingegen (Abb. 191) die Niederschlagskristalle anfänglich an die Substratkristalle an. Hier wird der
Ordnungsgrad der feldorientierten Ausrichtung zunächst gestört, allerdings weniger als bei dem schwächer wirkenden Acridin.

Abb. 192 gibt einzelne Fasern aus der Probe (Abb. 190) wieder. Als
Ätzmittel wurde hier Ammoniumpersulfatlösung gewählt, die die Korn-
und Blockgrenzen bevorzugt angreift. Fremdstoffablagerungen, nicht

bloß an den Korngrenzen, sondern auch an den Blockgrenzen, verändern hier die GALVANI-Spannung und damit auch die Angreifbarkeit im Vergleich zur Korn- oder Blockfläche. So kann man im Faserinnern in erster Linie eine schichtartige Struktur erkennen, die anscheinend noch quergeteilt ist. Offenbar lagern sich Fremdstoffe am stärksten an den Fasergrenzen ab.

Zuweilen trifft man aber in der gleichen Probe (Abb. 193) neben den dickeren Fasern mit deutlicher Innenstruktur wesentlich dünnere

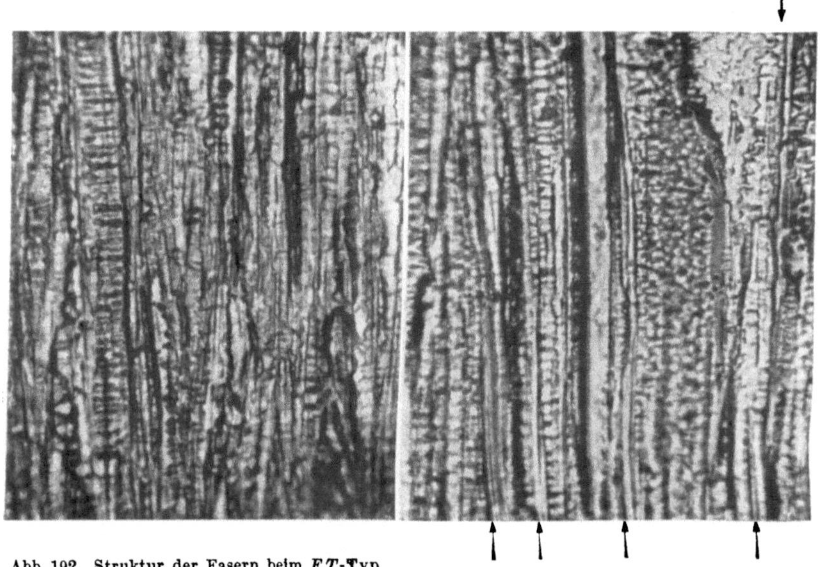

Abb. 192. Struktur der Fasern beim *FT*-Typ des Kupfers, abgeschieden wie in Abb. 190. (Nach H. FISCHER, s. S. 447, Fußn. 2 und MATSCHKE, s. S. 447, Fußn. 1.) V = 1200fach.

Abb. 193. Wie Abb. 190, jedoch Fasern ohne Unterteilung sichtbar (Pfeile).

Fäden oder aneinandergereihte Stäbchen an (durch Pfeile markiert), die anscheinend nicht weiter unterteilt sind. Es ist möglich, daß diese Formen bei geringerer Keimbildungstendenz entstanden sind als die dickeren, stark unterteilten Faseraggregate.

Als weiteres Beispiel mögen schließlich Versuchsergebnisse von MAKARJEWA[1] dienen (vgl. Tab. 56). Sie betreffen die Abscheidung von Nickel auf Walzkupfer-kathoden[2] aus Nickelsulfat- oder -chloridlösungen bei 20° C und einer Strom-dichte von $1 \cdot 10^{-3}$ A/cm². Jeder Elektrolyt enthält außer den in der Tabelle genannten Stoffen noch 0,5 mol/l Borsäure, womit nach Einarbeiten des Bades ein praktisch konstanter p_H-Wert von 5,3 erhalten wird.

Ergibt eine Nickel-(2)-chloridlösung, ebenso wie ein Elektrolyt, der über-wiegend Chlorionen neben einem geringen Anteil an Sulfationen enthält, noch

---

[1] MAKARJEWA, S. P.: Bull. Acad. Sci. USSR, Sér. chim. (1938) 1211.
[2] Mechanisch poliert und mit Wiener Kalk entfettet.

Tabelle 59. *Einfluß von Zusätzen auf die Kristallorientierung bei Nickelniederschlägen.*

Nr.	Grund-elektrolyt	Zusatz	Kristall-orientierung	Art der Textur[1]	Aus-richtung
1	1,0 m-$NiCl_2$	—	regellos	—	—
2	0,9 m-$NiCl_2$	0,1 m-$NiSO_4$	regellos	—	—
3	0,9 m-$NiSO_4$	0,1 m-$NiCl_2$	feldorient.	(3 1 1/2 1 1)	schw. O.
4	1,0 m-$NiSO_4$	0,2 KF	feldorient.	(1 0 0/2 1 1)	schw. O.
5	1,0 m-$NiSO_4$	0,1 m-$MgCl_2$	feldorient.	(1 0 0/2 1 1)	schw. O.
6	1,0 m-$NiSO_4$	0,2 m-NH_4Cl	feldorient.	(3 1 1/2 1 1)	2
7	1,0 m-$NiSO_4$	0,2 m-KCl	feldorient.	(2 1 1/3 1 1)	3
8	1,0 m-$NiSO_4$	0,1 m-NH_4Cl +0,1 m-KF	feldorient.	(2 1 1)	4

eine regellose Orientierung, d. h. also den basisorientierten Reproduktionstyp, so vermögen hier bereits Zusätze einfacher Kalium-, Ammonium- oder Magnesiumionen — offenbar im Zusammenwirken mit sekundärer Inhibition hydrolytisch gebildeter Kolloide von Nickelhydroxyd — die Subindividuen bevorzugt in Richtung der Stromlinien auszurichten.

Daß Zusätze dieser Kationen unter den Versuchsbedingungen auch die Metallüberspannung deutlich erhöhen, also eine Inhibition hervorrufen, ist von ISGARISCHEFF und RAWIKOWITSCH[2] in einer Paralleluntersuchung gezeigt worden.

In der Spalte „Textur" von Tab. 59 sind diejenigen Ebenen angegeben, die sich parallel zur Unterlage anordnen (deren Achse also parallel den Stromlinien verläuft). Der Grad der Vollkommenheit der Orientierung ist in relativen Einheiten nach der 5-Ziffern-Skala ausgedrückt (5 = größte Vollkommenheit). Am besten sind die Texturen in Gegenwart von NH_4Cl + KF ausgerichtet.

Über den Einfluß organischer Inhibitoren auf die Textur der Nickelabscheidung aus dem WATTS-Bad (vgl. S. 626) haben DENISE und LEIDHEISER JR.[3] systematische Untersuchungen ausgeführt. Die Abscheidung aus dem WATTS-Bad ohne organische Zusätze ergibt bei $1 \cdot 10^{-2}$ A/cm² und Temperaturen von 20 bis 70° C eine mäßig starke (1 0 0)-Textur. Bei Stromdichten unter $1 \cdot 10^{-2}$ A/cm² erhält man entweder die (1 1 0)-Textur oder überhaupt keine bevorzugte Orientierung.

Die Untersuchungen mit den organischen Inhibitoren wurden bei $6 \cdot 10^{-2}$ A/cm², 60° C und p_H 4 im gerührten Elektrolyten ausgeführt. Die Konzentration der Inhibitoren wurde so gewählt, daß noch keine rissigen oder abblätternden Niederschläge entstanden.

Die ursprüngliche (1 0 0)-Textur wird wenig verändert von 0,10 mol/l niederen aliphatischen Alkoholen, wie Äthylalkohol, niedrig substi-

---

[1] Erster Index Grundachse der Textur, zweiter Index Ergänzungsachse.

[2] ISGARISCHEFF, N. A., u. H. M. RAWIKOWITSCH: Z. phys. Chem. (A) **140**, 235 (1929).

[3] DENISE, F., u. H. LEIDHEISER JR:. J. electrochem. Soc. **100**, 490 (1953).

tuierten aliphatischen Aminen, wie Äthylamin, hydrierten Stickstoff-
basen, wie Piperidin, niederen Sulfosäuren, wie p-Phenolsulfosäure,
ferner nicht von 0,025 mol/l Benzoesäure und von Äthanolamin. Diese
Stoffe erhöhen auch die Metallüberspannung kaum und verändern noch
nicht die Korngröße des Niederschlages.

Bedeutend verschärft wird hingegen die (1 0 0)-Textur von den in
Tab. 60 angegebenen organischen Inhibitoren.

Tabelle 60. *Inhibitoren, die die (1 0 0)-Textur verschärfen.*

Inhibitor	Mol/l	Aussehen
m-Benzodisulfosäure (Ni-Salz)	0,016	glänzend
Naphthalin-2,1-Disulfosäure (Na-Salz).	0,008	verschleiert glänzend
Naphthalin-1, 3, 6-Disulfosäure(Na-Salz)	0,01	verschleiert glänzend
p-Toluolsulfonamid.	0,001	verschleiert glänzend
Saccharin	0,0007	halbglänzend
Thionaphthol-Dioxyd	0,0002	verschleiert glänzend

Diese Stoffe verfeinern das Korn beträchtlich und erhöhen die
Überspannung deutlich. Bemerkenswert ist, daß sämtliche Niederschläge, obwohl sie glänzend aussehen, duktil bleiben. Offenbar wird
wenig Fremdsubstanz in den Niederschlag eingebaut.

Die in der Tab. 60 aufgeführten Stoffe haben ausschließlich sauren
Charakter. Sie eignen sich deshalb sicherlich gut zu einer kombinierten
Inhibition mit kolloidalem Nickelhydroxyd, das an der Phasengrenze
stets vorhanden sein dürfte. (Verstärkungseffekt, s. S. 296ff.)

Während die in Tab. 60 erwähnten Inhibitoren die (1 0 0)-Struktur
scharf ausprägen, verändern andere Inhibitoren (Tab. 61) diese Orientierung und rufen hauptsächlich eine (2 1 1)-Textur hervor. Es handelt
sich bei diesen Stoffen meist um Dipole, die, abgesehen vom Phenol,
sowohl basische wie saure Bestandteile enthalten. Phenol erhöht die
Überspannung noch wenig. Die übrigen Stoffe erhöhen die Überspannung bedeutend. Zum großen Teil ist ihre Wirkung stärker als diejenige

Tabelle 61. *Inhibitoren, die statt (1 0 0)- eine andere Textur hervorrufen.*

Inhibitor	Mol/l	Textur	Intensität	Korn-größe	Duktilität	Aussehen
Phenol.	0,01	(2 1 1)	mäßig	grob	duktil	körnig matt
m-Aminophenol . .	0,0025	(2 1 1)	,,	fein	brüchig	halbglänzend
Proprionitril . . .	0,003	(2 1 1)	,,	grob	,,	körnig matt
Bernsteinsäurenitril	0,0005	(2 1 1)	.,	fein	,,	glänzend
Benzonitril . . .	0,0005	(3 1 1)	schwach	,,	,,	halbglänzend
Chinolinäthyljodid.	0,001	(2 1 1)	mäßig	,,	,,	glänzend
Chinaldinäthyljodid	0,0005	(2 1 0)	schwach	,,	,,	halbglänzend

der in Tab. 60 genannten Stoffe. Von Phenol und Propionitril abgesehen, verfeinern die erwähnten Stoffe das Korn deutlich.

Die feinkörnigen Niederschläge sehen halbglänzend bis glänzend aus.

2.35 Der Zwillings-Übergangstyp Z.

Im Stadium des Überganges von der basisorientierten zur feldorientierten Anordnung des feldorientierten Texturtyps sind häufig Kristallzwillinge anzutreffen. Anscheinend entstehen Zwillinge auch beim Übergang der basisorientierten in die ebenfalls feldorientierte, aber isolierte Form des FJ-Typs. Die Zwillingskristalle bauen sich aus übereinandergeschichteten Wachstumsschichten (Zwillingslamellen) in Schräglage auf.

Ein solcher „Zwillingstyp", den in kompakter Abscheidung schon BLUM und RAWDON[1] beobachtet haben, stellt mit seinen schräg liegenden Schichten offenbar eine Zwischenform zwischen zwei verschiedenen Orientierungen dar, der bevorzugten Wachstumsrichtung parallel zur Unterlage und der Richtung senkrecht zur Unterlage.

Im einzelnen ist der Wachstumsmechanismus solcher Zwillinge oder zwillingsartiger Kristalle noch ungeklärt, zum mindesten, was den Beginn des Wachstums angeht. Maßgebend scheint für das Entstehen dieser Formen eine verstärkte Tendenz zur Bildung neuer Keime, namentlich zur Bildung neuer Keime von Wachstumsschichten, zu sein, die z. B. von verstärkter Inhibition oder von erhöhter Stromdichte herrühren kann. So erscheint es möglich, daß bei einer im Wachstum befindlichen Wachstumsschicht nicht bloß, wie gewöhnlich, auf ihrer Oberfläche ein Keim für die nächstfolgende, sich auflagernde Schicht entsteht, sondern daß sich bei der inhibitionsbedingten Tendenz zu vermehrter Keimbildung anderswo noch ein zweiter Schichtkeim bildet.

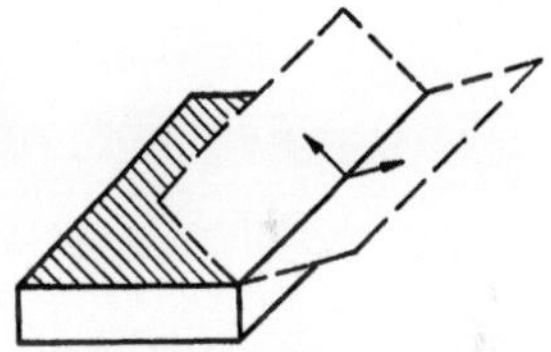

Abb. 194. Schema der Entstehung eines Zwillingskristalls.

Ein solcher Keim wird sich natürlich bevorzugt an einer Stelle ausbilden, wo die frei werdende Anlagerungsenergie möglichst groß ist. Hierfür bietet ihm die noch im Wachstum befindliche Wachstumsschicht größere Chancen als etwa schon lange in Ruhe befindliche Flächen anderer Nachbarkristalle, sind diese doch wahrscheinlich seit Ruhebeginn bereits stärker von Inhibitoren blockiert. Auf der gerade wieder aktiv werdenden Fläche der eben vollendeten Wachstumsschicht, wo sich nunmehr, wie bisher, der Schichtkeim — gewöhnlich auf der Flächenmitte — bildet, dürfte eine vielleicht eben angelegte und deshalb nicht vollständig blockierte Kante dieser Fläche ein besonders günstiges Substrat für einen zweiten Schichtkeim abgeben (vgl Abb. 194).

Da die Oberfläche der Wachstumsschicht, der die Kante angehört, bereits großenteils blockiert sein dürfte, wird der Schichtkeim von der Kante aus nicht auf der Unterlage, sondern in den freien Raum fortwachsen, vermutlich nach zwei Richtungen im spitzen Winkel zur basisorientierten Wachstumsschicht.

---

[1] BLUM, W., u. H. S. RAWDON: Trans. Amer. Electrochem. Soc. 44, 397 (1923).

Wie auch der Schichtkeim zur Zwillingsanordnung gelangen mag, auf jeden Fall entsteht beim Aneinanderwachsen der beiden im Winkel zueinander angeordneten Netzebenen eine Hohlkante, an der nach STRANSKI und HONIGMANN[1] eine (von dort ausgehende) Auflagerung weiterer Netzebenen energetisch besonders erleichtert ist. Sind also die ersten beiden Netzebenen entstanden, so werden sich, von der Hohlkante ausgehend, spontan weitere Schichten zu einem flügelartigen Gebilde fortlaufend auflagern. Die Zwillingsbildung dürfte noch leichter vonstatten gehen, wenn die Hohlkante bereits entstanden ist, indem die Wachstumsschicht an einen Nachbarkristall anstieß.

Ob die schräg aufgerichteten Schichten des Zwillingskristalls noch diskontinuierlich oder bereits kontinuierlich wachsen, wie etwa feldorientierte Tafeln, die auf der Unterlage senkrecht stehen, ist eine offene

Abb. 195. Querschliff durch einen Kupferniederschlag im Z-Typ, abgeschieden aus saurer CuSO₄-Lösung + 3 · 10⁻⁵ mol/l Acridin. (Nach H. FISCHER u. MATSCHKE, s. S. 447, Fußn. 1,2.) V = 600fach.

Abb. 196. Oberflächenschliff durch den gleichen Niederschlag wie in Abb. 195. (Nach H. FISCHER u. MATSCHKE s. S. 447, Fußn. 1, 2.) V = 600fach.

Frage. Bei der starken Inhibition könnte kontinuierliches Wachstum bevorzugt sein.

Als Übergangsform zwischen basisorientiertem Reproduktionstyp und feldorientiertem Texturtyp kann der Z-Typ bei relativ starker Inhibition häufig entstehen. Dies zeigen z. B. die Mikroaufnahmen (Abb. 195 u. 196) eines elektrolytisch polierten und geätzten Querschliffes von Kupfer und des entsprechenden Oberflächenschliffes, (Abscheidung unter den oben erwähnten Bedingungen in Gegenwart von 3 · 10⁻⁵ mol/l Acridin). Die Inhibition reicht hier noch nicht zur Ausbildung des feldorientierten Typs *FT* aus. Die röntgenographische Untersuchung ergab nur sehr schwache Textur.

---

[1] STRANSKI, I. N., u. B. HONIGMANN: Naturwiss. **35**, 156 (1948).

2.36 Der unorientierte Dispersionstyp (*UD*).
2.36.1 Allgemeines.

Nähert sich die Blockierung auf der Kristalloberfläche bei weiterer Verstärkung einer Sättigung mit Inhibitoren, so werden, wie man sich unschwer vorstellen kann, die abscheidbaren Kationen bald darin nachlassen, sich an die einzige aktive Fläche des Subindividuums anzulagern und werden bei der besonders starken Keimbildungstendenz nach kurzer Zeit damit aufhören.

So entstehen winzige Subindividuen von allseitig nur noch geringster Ausdehnung, z. B. kleinste Blöckchen oder dünne Plättchen. Die Aufteilung der Kristalle in kleinste Subindividuen, d. h. der Dispersitätsgrad, wird mit vermehrter Inhibition immer größer werden. Zahllose Keime solcher Blöckchen oder Plättchen bilden sich; sie werden sich beim Wachstum seitlich aneinanderlagern, übereinanderschichten oder allseitig aufhäufen. An den Grenzen der Subindividuen scheiden sich Fremdstoffe ab, diese gleichsam umhüllend.

Hier könnte man wohl mit einiger Berechtigung von einer „Mosaikstruktur" sprechen. Da aber eine solche Bezeichnung bereits zur Kennzeichnung der Blockstruktur vergeben ist, soll diese Anordnung von Subindividuen als *unorientierter Dispersionstyp* (*UD*) bezeichnet werden (vgl. S. 424), Grenzform dieses Typus mag wohl der nicht mehr wachstumsfähige Keim sein, der bei stärkster allseitiger Blockierung entstände. Bei maximaler Keimzahl sollte ein solcher Keim das Einzelelement eines höchst dispersen, ungeordneten Keimhaufens darstellen. Im Mikrogefüge des *UD*-Typs fehlt auch das wesentliche Kennzeichen der anderen Formen, die Korngrenze, die allerdings bereits beim *FT*-Typ schwach ausgeprägt ist.

2.36.2 Übergang vom feldorientierten Texturtyp (*FT*) in den unorientierten Dispersionstyp (*UD*).

Die ausgeprägte Fasertextur des feldorientierten Texturtyps wird bei sehr starker Inhibition von der regellosen Orientierung des Dispersionstyps *UD* abgelöst. Eine solche Veränderung läßt sich z. B. mittels Röntgenbeugung und auch auf mikroskopischem Wege nachweisen. Das mikroskopische Bild des Querschliffes offenbart gewöhnlich an Stelle der ziemlich regelmäßig angeordneten Fasern des Typs *FT* ein in kleine und kleinste Subindividuen mosaikartig aufgeteiltes Gefüge von überwiegend statistischer Verteilung der Partikelchen. So zeigt z. B. Abb. 197 (H. Fischer[1]) das (röntgenographisch) regellos orientierte Mikrogefüge eines Kupferniederschlages vom Dispersionstyp bei 1200facher Vergrößerung, geätzt mit Ammoniumpersulfatlösung. Das Kupfer wurde aus einer alkalischen komplexen Alkali-Kupferzyanid-Lösung abgeschieden.

---

[1] s. S. 447, Fußn. 1, 2.

Tab. 62 enthält Ergebnisse einer röntgenographischen Untersuchung von MATSCHKE[1]. Die wiedergegebenen Zahlen zeigen den Einfluß zunehmender Konzentration zweier Inhibitoren (β-Naphthochinolin und Acridin) auf die Kristallorientierung von Kupferniederschlägen, abgeschieden bei $2 \cdot 10^{-2}$ A/cm^2 und $20°$ aus einer Lösung von n-CuSO$_4$ + + n-H$_2$SO$_4$ nach etwa 10 A/h. Die Niederschläge wurden auf Walzkupferelektroden abgeschieden, die mit einem regellos orientierten Kupferniederschlag, erhalten aus einer alkalischen Alkali-Kupferzyanidlösung, bedeckt waren.

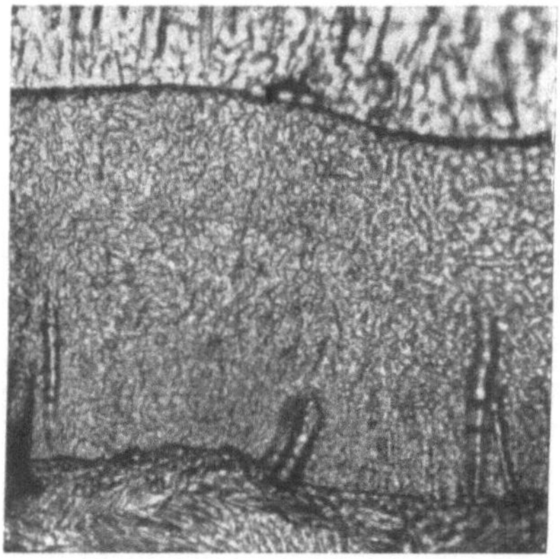

Man erkennt, daß die Feinstruktur der Niederschläge mit zunehmenderInhibition von regelloser Orientierung oder sehr schwachem Ordnungsgrad in eine Fasertextur übergeht, die dann bei weiterer Inhibition wieder vollständig verschwindet. Im Übergangsgebiet zwischen basisorientiertem Reproduktionstyp und feldorientierter Anordnung FT sind häufig Zwillingskristalle zu finden.

Acridin wie auch β-Naphthochinolin entwickeln bei einer Konzentration von $5 \cdot 10^{-4}$ mol/l eine ausgeprägte Fasertextur (Faserachse [1 1 0]) von nur geringer Streuung. Sie gehört dem feldorientierten Texturtyp FT an (vgl. Abb. 188 u. 190).

Abb. 197. Querschliff durch einen Kupferniederschlag im *UD*-Typ, abgeschieden aus zyanidischem Elektrolyten. (Nach H. FISCHER, s. S. 447, Fußn. 2.) V = 1200fach.

Tabelle 62. *Einfluß der Inhibitorkonzentration auf die Feinstruktur von Kupferniederschlägen.*

Konzentration mol/l	Kristallorientierung mit β-Naphthochinolin	Typ	Kristallorientierung mit Acridin	Typ
$1 \cdot 10^{-5}$	—		sehr schwache Textur	Z
$3 \cdot 10^{-5}$	—		sehr schwache Textur	Z
$5 \cdot 10^{-5}$	regellos	Z	schwache bis deutliche Textur	$Z \pm FT$
$1 \cdot 10^{-4}$	regellos	Z	schwache bis deutliche Textur	FT
$5 \cdot 10^{-4}$	ausgeprägte Textur	FT	ausgeprägte Textur	FT
$1 \cdot 10^{-3}$	regellos	UD	sehr schwache Textur	$UD + FT$
$5 \cdot 10^{-3}$	regellos	UD	regellos	UD

[1] s. S. 447, Fußn. 2.

Wird die Konzentration der Inhibitoren auf $1 \cdot 10^{-3}$ oder $5 \cdot 10^{-3}\,$mol/l erhöht, so ist die Textur entweder ganz verschwunden oder nur noch sehr schwach ausgebildet. An die Stelle der Fasertextur ist ganz oder größtenteils der regellos orientierte Dispersionstyp getreten. Abb. 198 zeigt z. B. das Mikrogefüge des Querschliffes eines regellos orientierten Kupferniederschlages vom *UD*-Typ, abgeschieden unter den bereits erwähnten Bedingungen bei $5 \cdot 10^{-3}$ mol β-Naphthochinolin.

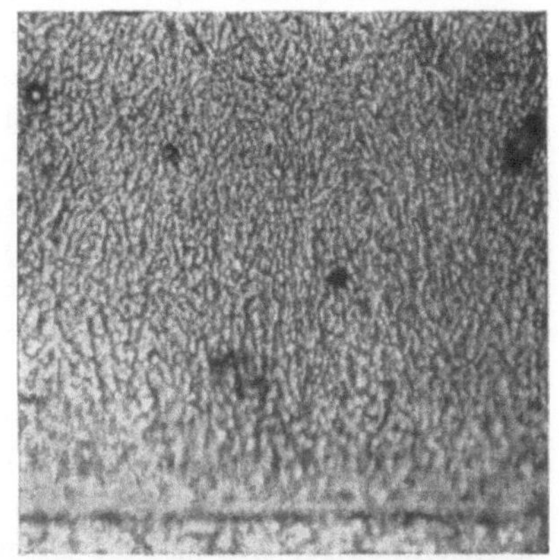

Abb. 198. Querschliff durch einen Kupferniederschlag im *UD*-Typ, abgeschieden aus saurer CuSO₄-Lösung $+ 5 \cdot 10^{-3}$ mol/l β-Naphthochinolin. (Nach H. Fischer u Matschke, s. S. 447, Fußnote 1, 2.) V = 1200fach.

2.37 Rauhigkeiten, Auswüchse und Metallpulver.

2.37.1 Rauhigkeiten und Auswüchse.

Bei hohen Stromdichten können sich, wie jeder Praktiker weiß, leicht rauhe Überzüge abscheiden. Die Ecken und Kanten der Kathode, wo gewöhnlich eine höhere Stromdichte herrscht, werden sich dabei bevorzugt aufrauhen. Wie hoch die Stromdichte sein muß, die eine Aufrauhung verursacht, hängt von der Natur des Metalls und des Elektrolyten ab. Merkwürdigerweise fällt das Gefüge des Niederschlages dabei oft fein aus. Man sollte eine Aufrauhung eher bei grobkristallinem Gefüge erwarten.

Bislang sind die Ursachen eines solchen Rauhwerdens nicht sicher aufgeklärt. Die landläufige Meinung, an vorspringenden Punkten der Kathode wachse der Niederschlag bevorzugt und rascher, ist zunächst schwer zu verstehen, wenn man bedenkt, wie wenig die einzelnen Kristalle des wachsenden Niederschlages am Anfang der Elektrolyse im Vergleich zum Elektrodenabstand auf der Kathodenoberfläche hervorragen.

Nach Billiters[1] Vermutung schmiegt sich der Kathodenfilm[2] nicht an das mikroskopische Profil der Kathodenoberfläche an. Einzelne (mikroskopische) Spitzen können in den Kathodenfilm hineinragen. Berücksichtigt man, daß der Kathodenfilm einen hohen elektrischen Widerstand darstellt, so muß der Widerstand an den Spitzen, die der

---

[1] Billiter, J.: Prinzipien der Galvanotechnik, S. 54. Wien 1934.

[2] Von Billiter definiert als gegenüber dem Elektrolyten *in Ruhe* befindliche Flüssigkeitszone unmittelbar an der Phasengrenze (vgl. jedoch dazu S. 97ff.).

Film in geringere Dicke bedeckt, merklich kleiner ausfallen. Da auch der Diffusionsweg zu diesen Stellen hin verkürzt ist, läßt sich eine Stromkonzentration an den Spitzen und demzufolge ein bevorzugtes Wachsen des Niederschlages verstehen.

BILLITER[1] hat an Hand von Modellversuchen mit Spitzen- und Plattenelektroden gezeigt, in welchem Maße die bevorzugte Abscheidung an der Spitzenelektrode von der Flüssigkeitsbewegung infolge Rührung oder Konvektion abhängt. Lebhafte Flüssigkeitsbewegung drängt ein bevorzugtes Anwachsen der Kristalle an den Spitzen zurück, der Niederschlag bleibt glatter. Umgekehrt wirkt erhöhte Stromdichte.

Auf jeden Fall hängt das Rauhwerden auch entscheidend von der Stromlinienverteilung im Elektrolyten ab. Deutlich offenbart sich dies aus BILLITERs Modellversuchen, wenn er Silber aus einer Lösung von komplexem Kaliumsilberzyanid statt aus Silbernitratlösung abschied. Aus der Komplexsalzlösung setzt sich das Silber gleichmäßig auf der Spitze wie auf der Platte ohne jede Bevorzugung und mit gleicher Stromintensität an. Bekanntlich beobachtet man auch in der Praxis kein Rauherwerden der Überzüge aus komplexen Zyanidlösungen. Je ungleichmäßiger sich also die Stromlinien unter den Elektrolysebedingungen verteilen, mit desto größerer Wahrscheinlichkeit rauht sich der Niederschlag im Laufe der Elektrolyse auf.

Rauhigkeiten und vor allem Auswüchse auf der Oberfläche des kathodischen Metallniederschlages können auch in Gegenwart und unter dem Einfluß kolloidaler Fremdstoffe entstehen. Wesentlich für das Auftreten solcher Erscheinungen scheint der Gelzustand des mitwirkenden Kolloides zu sein. Das ausgeflockte, aggregierte und vergröberte Kolloid — und nicht sein feinstteiliges Sol — scheinen bei Abscheidung auf dem Niederschlag Rauhigkeiten und Auswüchse hervorbringen zu können; auch andere nichtleitende Fremdstoffe, z. B. Reste von Oxyd oder Fett, mögen ähnlich wirken. Solche Auswüchse enthalten stets eingebaute Fremdstoffe und unterscheiden sich darin grundsätzlich vom *FJ*-Typ (s. S. 428ff.).

Wo es auf der Oberfläche aufliegt, stört das Kolloid naturgemäß den normalen Ablauf der Elektrokristallisation. Von einem solchen Störzentrum ausgehend ändert die Kristallisation gewöhnlich ihre Richtung. Im Sinne KOHLSCHÜTTERS[2] haben wir es hier mit einem ausgeprägt ortsgebundenen Vorgang[3] zu tun. Unabhängig von der chemischen Natur des Metalles und des Kolloides bilden sich meist

---

[1] s. S. 487, Fußn. 1.

[2] KOHLSCHÜTTER, V.: Trans. Faraday Soc.. The structure of metallic coatings films and surfaces (1935) 1181.

[3] Ihn *topochemisch* zu nennen, paßt hier wohl nicht recht, denn es scheint sich eher um physikalische Vorgänge zu handeln.

ganz ähnliche Erscheinungsformen aus: kuglige Knospen (pits) oder Bäumchen (trees).

Abb. 199 zeigt solche kugligen Gebilde, wie sie vorzugsweise an den Ecken oder Rändern der kathodischen Niederschläge, meist zu Kolonien vereint, aufwachsen. Aus den Querschliffen durch ein Anfangsstadium des kugligen Auswuchses (nach ELZE[1] [Kupfer aus n-CuSO$_4$-Lösung + n-H$_2$SO$_4$ in Gegenwart von 10^{-1} mol/l Asparaginsäure bei $2 \cdot 10^{-2}$ A/cm^2 und 25° C abgeschieden; vgl. ferner CYMBOLISTE[2]]) erkennt man, daß die Kristalle des Niederschlages von dem Störzentrum aus strahlenförmig nach allen Seiten wachsen.

Daß solche Knospen meist an den Stellen höchster Stromdichte (Rand, Ecken) entstehen, ist nicht weiter verwunderlich, ermöglichen

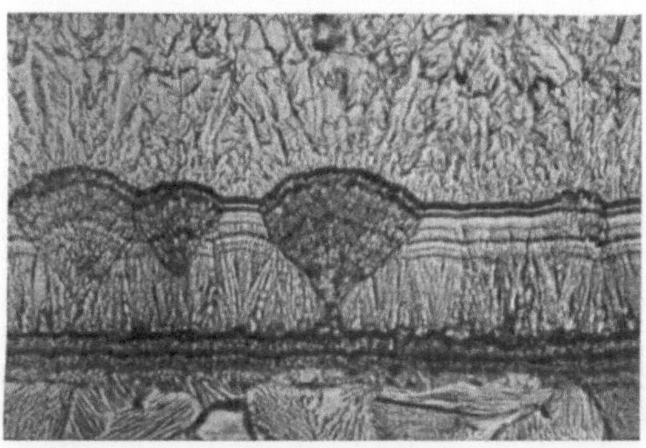

Abb. 199. Querschliff durch halbkugelige Auswüchse eines Kupferniederschlages, abgeschieden aus saurer CuSO$_4$-Lösung + 0,1 mol/l Asparaginsäure. (Nach J. ELZE[1].) V = 600fach.

doch so hohe Stromdichten in geeigneten Elektrolyten am ehesten die notwendige Ausfällung von Kolloid, etwa durch bedeutend verstärkte Hydrolyse oder andere sekundäre Reaktionen.

Als Beispiele für Vorgänge, bei denen knospenförmige Randauswüchse entstehen können, sei die Verchromung aus Chromsäurelösungen, die Vernicklung aus Sulfatelektrolyten mit Glanzzusätzen, die Abscheidung von Kupfer aus nicht angesäuerten Sulfat- oder Azetatlösungen u. a. m. genannt. Die Auswüchse bilden sich vornehmlich bei hohen Stromdichten. Als wirksames Kolloid dürfte bei der Verchromung das in Kathodennähe entstehende Chromichromat (vgl. S. 640), bei der Glanzvernicklung sekundär gebildetes Nickelhydroxyd und Nickelsulfid (aus schwefelhaltigen Glanzzusätzen, vgl. S. 554), bei der Kupferabscheidung wahrscheinlich sekundär gebildetes Kupferhydroxyd in Betracht

---

[1] ELZE, J.: Dissert. Techn. Univ. Berlin (1952).
[2] CYMBOLISTE, M.: J. Electrodepositors techn. Soc. 13, 19 (1937).

kommen. Enthält der Kathodenfilm beträchtliche Mengen Kolloid, so werden die Auswüchse nicht bloß auf die Randpartien beschränkt bleiben.

Eine andere Form solcher Auswüchse, hervorgerufen von kolloiden Ausscheidungen, stellen kleine „Bäumchen" dar. Im Anfangsstadium ihres Wachstums empfindet man sie als Rauhigkeit der Oberfläche. Erst bei längerer Elektrolyse werden sie bei kleiner bis mittlerer Vergrößerung sichtbar. Über das Zustandekommen solcher Bäumchen scheint nur wenig bekannt zu sein. Sie entstehen vermutlich, wenn ein Oberflächenbereich bis auf eine sehr kleine Stelle vom Kolloidbelag abgeschirmt ist, so daß an der noch unbedeckten Stelle eine sehr hohe Stromdichte herrscht. Die hohe Stromdichte regt an dieser Stelle bevorzugtes Auswachsen zu einer Metallspitze an, die sich dann bei weiterer Elektrolyse verästelt.

Bei hoher Konzentration an Kolloidgel im Kathodenfilm verlieren die einzelnen Bereiche, in denen sich Metall abscheidet, untereinander den Zusammenhang; das lockere Kolloidgel trennt den einen Bereich von dem anderen. Es entsteht Metallschwamm oder Metallpulver (WRANGLÉN[1]). Vom bevorzugten Wachstum einzelner Auswüchse (vgl. S. 488) bis zur kathodischen Ausfällung von Metallschwamm besteht also kein grundsätzlicher, sondern nur ein gradmäßiger Unterschied: maßgebend ist die Menge des ausgeflockten Kolloides. Flockt in unmittelbarer Nähe der Kathode Kolloid im Überschuß aus (z. B. bei sehr hoher Stromdichte und relativ hohem p_H-Wert des Elektrolyten), so wird sich die Kathodenoberfläche mit geflocktem Kolloid etwa wie mit einem engmaschigen Netz bedecken. Die kathodische Abscheidung von Metall konzentriert sich, örtlich fixiert, allein und mit hoher Stromdichte auf die Maschen des Netzes.

Liegt das Kolloid jedoch nicht ausgeflockt, sondern in Form des Sols vor, so wird sich das Metall kathodisch meist in *kompaktem* Zustand als der bereits erörterte (S. 485 ff.) „unorientierte Dispersionstyp" abscheiden, in den sich ein beträchtlicher Teil Kolloid eingelagert hat.

2.37.2 Metallpulver und Metallschwamm.

Allgemeines. Metallpulver oder Metallschwamm kann kathodisch in sehr verschiedenen Formen und Dispersitätsgraden entstehen: als sichtbar kristallines oder als mikrokristallines Pulver (Metallschwarz) oder als feindisperser Metallschwamm. Vier Wege kommen für die kathodische Abscheidung in Betracht:

1. Primäre Abscheidung, praktisch oxydfrei, aus stark sauren oder stark alkalischen Elektrolyten; 2. primäre Abscheidung, mehr oder

---

[1] WRANGLÉN, G.: J. Amer. Electrochem. Soc. **97**, 353 (1950).

weniger oxydhaltig, aus nahezu neutralen Elektrolyten; 3. sekundäre Abscheidung aus primär kathodisch gebildeten Alkalimetallegierungen; 4. sekundäre Abscheidung im Kathodenfilm infolge Disproportionierung niederwertiger zu höherwertigen Metallionen und zu dispersem Metall.

Am wichtigsten von diesen Bildungsmöglichkeiten sind der erste und der zweite Weg. Beide haben auch technische Bedeutung erlangt, vor allem im Zusammenhang mit dem zunehmenden Interesse an der Pulvermetallurgie.

Es überschritte den Rahmen dieses Werkes, wollten wir auf die große Zahl technisch-wissenschaftlicher Arbeiten der letzten Zeit über elektrolytische Gewinnung von Metallpulver näher eingehen. Wir verweisen auf eine Literaturübersicht über diese Arbeiten[1].

Was den ersten und zweiten Weg angeht, so deuten Untersuchungen verschiedener Forscher, wie LOSCHKAREW, OZEROW und KUDRJATZEW[2], sowie von IBL und TRÜMPLER[3] darauf hin, daß sich stets Metallpulver bildet, wenn man die Grenzstromdichte überschreitet. Das Metall-

---

[1] PASSER, M.: Kolloid-Z. **97**, 272 (1941). — O. K. KUDRA u. G. S. KLEIBS: Zhur. Fiz. Khim. **15**, 228, 234 (1941) — Chem. Abstr. **36**, 6417 (1942). — G. P. MAITAK: Mem. Inst. chem. Technol. Acad. Sci. Ukr. SSR **7** (1941) — Chem. Abstr. **37**, 3350 (1943). — H. W. GREENWOOD: Metallurgia **30**, 181 (1944). — J. ROSSMANN: Trans. Amer. Electrochem. Soc. **85**, 169 (1944). — J. J. CORDIANO: Trans. Amer. Electrochem. Soc. **85**, 97 (1944). — W. H. OSBORN u. S. B. TUWINER: Trans. Amer. Electrochem. Soc. **85**, 107 (1944). — A. W. HOTHERSALL u. G. E. GARDAM: Metal Ind. (London) **66**, 234 (1945). — M. LOSCHKAREW, O. GORNOSTALEWA u. A. KRJUKOWA: Zhur. Priklad. Khim. **19**, 793 (1946) — Chem. Abstr. **41**, 4386c (1947). — A. J. LEVIN: Zhur. Priklad. Khim. **19**, 779 (1946) — Chem. Abstr. **41**, 4722e (1947) — Report of B. J. O. S. on production methods employed by German technicians. Metal Ind. (London) **71**, 226 (1947). — G. E. GARDAM: Symposium on powder metallurgy. The iron and Steel Institute, Special Report Nr. 38, 3 (1947). — W. J. GRANBERG: Iron Age **160**, Nr. 26, 70 (1947). — O. K. KUDRA u. E. GITMANN: Zhur. Priklad. Khim. **20**, 605 (1947); **21**, 284, 372 (1948) — Chem. Abstr. **42**, 1824g, 8673c (1948); **44**, 9830e (1950). — E. M. SKOBETZ u. O. K. KUDRA: Zhur. Priklad. Khim. **20**, 1176 (1947) — Chem. Abstr. **43**, 2873a (1949). — K. HIRUMA: J. electrochem. Soc. Japan **16**, 105 (1948); **17**, 160 (1949) — Chem. Abstr. **44**, 5228h, 9823h (1950). — H. J. V. TYRRELL: J. Inst. Met. **76**, 17 (1949). — N. T. KUDRJATZEW: Doklady Acad. Nauk. SSR **72**, 93 (1950) — Chem. Abstr. **44**, 7673g (1950). — N. T. KUDRJATZEW u. E. A. TERESCHKOWITSCH: Zhur. Priklad. Khim. **22**, 1298 (1949); **23**, 607 (1950) — Chem. Abstr. **44**, 7675a (1950); **45**, 3258b (1951). — D. W. DRUMILEW, R. W. MOULTON u. G. L. PUTNAM: Ind. Engng. Chem. **42**, 2099 (1950). — E. MEHL: Metal Treatment **17**, 118, 124, 126, 128 (1950) — Chem. Abstr. **44**, 10548c(1950).— J. JORDAN: A. B. M. (Boll. assoc. brasil metals) **6**, 151 (1950) — Chem. Abstr. **45**, 477g (1951). — M. V. JOSHI, H. J. MODI u. G. S. TENDOLBAR: J. Sci. Ind. Res. (India) **108**, 48 (1951) — Chem. Abstr. **45**, 6940e (1951).

[2] LOSCHKAREW, M., A. OZEROW u. N. KUDRJATZEW: Zhur. Priklad. Khim. **22**, 294 (1949) — Chem. Abstr. **43**, 5674g (1949).

[3] IBL, N., u. G. TRÜMPLER: Helv. chim. Acta **33**, 1370 (1950); **35**, 363 (1952); **36**, 2023 (1953).

pulver entsteht nicht unmittelbar nach dem Einschalten des Stromes.
Während einer gewissen Zeit nach Elektrolysebeginn kann sich noch
kompaktes Metall bilden (KUDRA[1]). ULLMANN[2], KANEKO und KAWA-
MURA[3] sowie KUDRA[4] haben unabhängig voneinander gefunden, daß
das Produkt der Stromstärke i und der Wurzel der Zeit τ, die bis zum
Beginn der Pulverabscheidung verstreicht, konstant ist. Nun entspricht,
wie IBL und TRÜMPLER[5] gezeigt haben, die Zeit τ der sog. Transitionszeit, die bis zum Erreichen des Grenzstromes verstreicht. Diese Transitionszeit läßt sich aus den Diffusionsgesetzen nach SAND berechnen
(vgl. S. 93). Die auf diese Weise berechneten τ-Werte stimmen in der
Tat angenähert mit den experimentell gefundenen τ-Werten der Zeit
bis zum ersten Auftreten des Pulvers überein. IBL und TRÜMPLER haben
dies für die Abscheidung von Kupferpulver aus 0,1- und 0,3 m-CuSO$_4$-
Lösungen bei 23° C und von Silberpulver aus 0,1 m-AgNO$_3$-Lösung
zeigen können. Sie bestätigten die Beziehung auch für den experimentellen Befund KUDRAS' bei der Abscheidung von Zinkpulver aus drei
ZnSO$_4$-Lösungen (0,6 m, 0,8 m und 0,9 m) bei 10° C. Die gefundene
Beziehung gilt für die Abhängigkeit der Zeit der Pulverbildung von der
Konzentration, der Stromstärke und der Temperatur. Die Stromdichte, oberhalb welcher sich Pulver zu bilden beginnt, ist angenähert
der Konzentration der abscheidbaren Kationen proportional.

Daß Zusätze von Fremdelektrolyten, die sich an der kathodischen
Abscheidung nicht beteiligen, die Zeit τ verkürzen (KUDRA[6]), entspricht
nach IBL und TRÜMPLER[7] den Erwartungen. Der Fremdelektrolyt übernimmt einen großen Teil der Stromüberführung, so daß sich der Nachschub an abscheidbaren Kationen, hauptsächlich auf Diffusion beschränkt, verlangsamt. Die Transitionszeit muß sich folglich verkürzen.

Wie IBL und TRÜMPLER zeigen konnten, gelten die gefundenen
Beziehungen auch für eine Abscheidung von Metallpulver an senkrechten Kathoden. Die Flüssigkeitsbewegungen im Kathodenfilm können
außer acht gelassen werden, solange die Stromdichte genügend hoch ist.

**Primäre Abscheidung von kristallinem Pulver aus sauren oder alkali-
schen Elektrolyten.** Aus sauren oder alkalischen Lösungen einfacher

---

[1] KUDRA, O. K.: Z. phys. Chem. (A) **175**, 377 (1936).

[2] ULLMANN, C.: Z. Elektrochem. **3**, 516 (1897).

[3] KANEKO, S., u. K. KAWAMURA: Bl. Electrochem. Lab. **4**, 182 (1940) —
Chem. Abstr. **36**, 4031$_5$ (1942).

[4] KUDRA, O. K.: Mem. Inst. chem. Technol. Acad. Sci. Ukr. SSR **1**, 286
(1934); **2**, 420 (1938) — Zhur. Obshli. Khim. **5**, 121 (1935) — Chem. Abstr. **32**,
2435g, 8277g (1938); **33**, 2417$_8$, 3701$_3$ (1939); **29**, 4677$_4$ (1935); C. **1936** I, 3466,
II, 595; **1939** I, 353.

[5] s. S. 93, Fußn. 3.

[6] KUDRA, O.K.: Zhur. Obshli. Khim. **5**, 121 (1935) — Chem. Abstr. **29**, 4677$_4$ (1935).

[7] s. S. 491, Fußn. 3.

Metallsalze erhält man gewöhnlich kristallines Pulver in verschiedensten
Feinheitsgraden. Wir haben diese Abscheidungsform bereits als Extrem
des feldorientierten Isolationstyps erwähnt (vgl. S. 432), ohne die Entstehungsbedingungen eingehender zu erörtern.

Zur Abscheidung in dieser Form eignen sich vorzugsweise die Metalle
geringer Inhibitorempfindlichkeit, die als weitere Kennzeichen niedrige
Metallüberspannung, niedrigen Schmelzpunkt, niedrige Rekristallisationstemperatur usw. aufweisen, z. B. Blei, Indium, Thallium, Zinn,
Kadmium. Auch die Metalle von mittlerer Inhibitorempfindlichkeit,
wie z. B. Silber, Kupfer, Zink, Wismut usw., lassen sich noch in die
Form des (oxydfreien) kristallinen Pulvers bringen. Kaum gelingt dies
aber mit den sehr inhibitorempfindlichen Metallen der Eisengruppe.

Wesentliche Voraussetzungen für die Abscheidung der kristallinen
(oxydfreien) Pulver ist eine geringe Konzentration der abscheidbaren
Metallionen in der unmittelbaren Nähe der Kathodenoberfläche, d. h. also
im Kathodenfilm (WRANGLÉN[1]). Unter diesen Bedingungen kann das
sich abscheidende Metall, das in günstigen Fällen bereits von Natur
aus zur isolierten Abscheidung neigt, nicht mehr einen zusammenhängenden Überzug bilden. Sehr gefördert wird das Entstehen des Pulvers
naturgemäß durch eine relativ hohe Stromdichte. Überdies wird man
möglichst alle Umstände zu vermeiden suchen, die den erwünschten
Konzentrationsabfall im Kathodenfilm ausgleichen können, wie z. B.
erhöhte Temperatur (Konvektion), Flüssigkeitsbewegung im Elektrolyten und besonders im Kathodenfilm. In einem Modellversuch mit
$BaSO_4$-Aufschlämmungen als Hemmnis für die Konvektion in unmittelbarer Kathodennähe scheidet sich z. B. Kupferpulver aus $CuSO_4$-
Lösungen bei 100mal kleineren Stromdichten ab, als ohne dieses Hindernis (IBL und TRÜMPLER[2]).

Besonders günstig wirkt sich, wie WRANGLÉN[1] gezeigt hat, ein Zusatz
von Neutralsalz aus. Man wählt dabei möglichst ein Salz, das mit dem
Elektrolyten das Anion gemeinsam hat. Offenbar erklärt sich die günstige
Wirkung des Neutralsalzes nicht allein aus seinem Einfluß auf die
Konzentration der abscheidbaren Metallionen, die ein solcher Zusatz
zurückdrängt. Vermutlich verringert der Neutralsalzzusatz auch ein
ständiges Aufwärtsströmen der Flüssigkeit im Kathodenfilm, das sich
bei Schwermetallsalzlösungen sonst infolge des Absinkens der Dichte
im Kathodenfilm bemerkbar macht (vgl. S. 98). Ein hoher Neutral-
salzgehalt des Elektrolyten vermag jene Dichteunterschiede großenteils
auszugleichen, die sich sonst mit der abnehmenden Konzentration an
Schwermetallionen in der Nähe der Kathode auszubilden pflegen.

---

[1] s. S. 490, Fußn. 1.
[2] IBL, N., u. G. TRÜMPLER: Helv. chim. Acta **33**, 1370 (1950).

Bei dem ersten Wege stellt, wie erwähnt, geringe Konzentration an abscheidbaren Kationen im Kathodenfilm die wesentliche Voraussetzung für das Entstehen des kristallinen Pulvers dar. Sekundär im Kathodenfilm gebildetes Metallhydroxyd, wie überhaupt stark inhibierende Fremdstoffe, sind an diesem Prozeß praktisch nicht beteiligt und sollten es auch nicht sein. Sie wirken eher störend, indem sie die Abscheidung eines zusammenhängenden Niederschlages anregen.

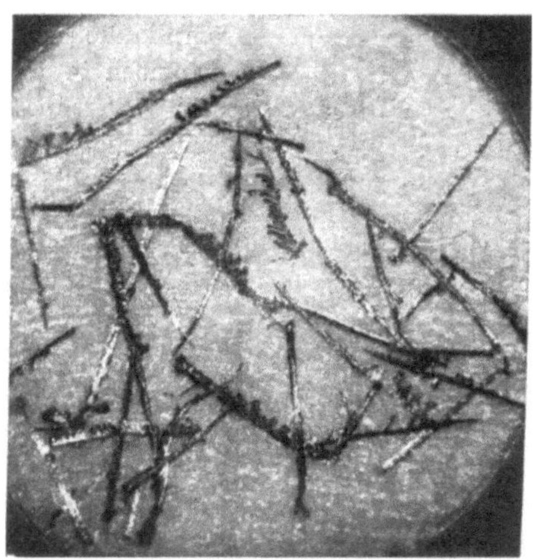

Abb. 200. Kristallpulver, aus Nadeln bestehend (Kadmiumniederschlag). (Nach WRANGLÉN, s. S. 490, Fußnote 1.) V = 30fach.

Daß kolloides Metallhydroxyd bei der Abscheidung von Kristallpulver auf dem ersten Wege keine entscheidende Rolle zu spielen scheint, ergibt sich offenbar aus der ausgeprägten Azidität oder Alkalität des Elektrolyten. Man wählt für die Abscheidung eines Pulvers dieser Art stark *saure* oder — je nach der chemischen Natur des Metallhydroxyds — auch stark *alkalische* Elektrolyte, in denen das Metallhydroxyd nicht beständig ist. (Daß sich vielleicht im Bereich der Doppelschicht — namentlich, wenn Wasserstoff sich mitabscheidet — sekundär dennoch geringe Spuren Hydroxyd bilden könnten, reicht augenscheinlich noch nicht aus, um Hydroxyd als wesentliche Ursache für ein Entstehen von Pulver anzusehen.)

Aus sauren Lösungen kann man nach WRANGLÉN[1] z. B. Kadmium und Zink bei hohen Stromdichten und niedrigen Temperaturen als kristallines Pulver abscheiden. Selbst ein Metall von mittlerer Inhibitorempfindlichkeit, wie Kupfer, gelingt es, aus stark saurer Lösung in Form roten Schwammes mit feinen Dendriten abzuscheiden. ($CuSO_4$-Lösung mit 12 g/l Cu + 10 g/l H_2SO_4 bei $4 \cdot 10^{-2}$ A/cm² und 50° C.)

Wie förderlich ein Zusatz von Neutralsalz ist, mag folgendes Beispiel (nach WRANGLÉN[1]) zeigen: Aus einer angesäuerten Lösung (p_H 1) von 50 g/l Kadmium als Kadmiumchlorid scheidet sich Kadmium bei 20° C und $5 \cdot 10^{-2}$ A/cm² in Form von losen Kristallnadeln ab (Abb. 200). Elektrolysiert man eine $CdCl_2$-Lösung unter sonst gleichen Bedingungen

---

[1] s. S. 490, Fußn. 1.

nach einem Zusatz von 100 g/l NaCl, so erhält man kompaktere Aggregationen von gut ausgebildeten Kriställchen (Abb. 201). Bei einem Zusatz von 300 g/l NaCl entsteht grober grauer Kristallschwamm.

Für eine Abscheidung von Zinkpulver aus alkalischer Lösung haben manche Autoren die Bildung von Zinkhydroxyd als Ursache angesehen (PASSER und HÄNSEL[1], ECKHARDT[2]). FOERSTER und GÜNTHER[3] vermuteten dies ursprünglich auch für das Ausfallen von Zinkschwamm aus saurer Lösung (vgl. auch SELBORN[4]). Angesichts der Tatsache, daß sich ein ähnlicher Zinkschwamm auch aus alkalischer Lösung bei Bedingungen abscheiden kann, unter denen Zinkhydroxyd nicht existenzfähig ist, gaben FOERSTER und GÜNTHER[5] ihre Vermutung wieder auf.

Wie WRANGLÉN[6] fand, entsteht Zinkpulver aus einer Lösung von 20 g/l Zink in 200 g/l NaOH bei hoher Stromdichte und Zimmertemperatur, nicht aber bei $5 \cdot 10^{-3}$ A/cm^2 und 90° C. Sein Schluß, dieses Ergebnis sei ein Beweis für den fehlenden Einfluß von Zinkhydroxyd, erscheint allerdings nicht überzeugend. Er beweist nur, daß niedrige Stromdichte und Flüssigkeitsbewegung infolge Konvektion nicht das notwendige Konzentrationsgefälle im Kathodenfilm aufkommen lassen. PASSER und HÄNSEL[1] erhielten beim Rühren des Elektrolyten kompakte Zinkniederschläge.

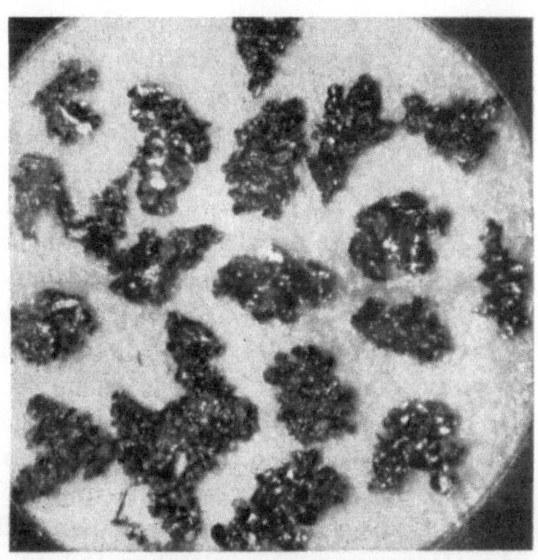

Abb. 201. Kristallpulver in Form kugeliger Aggregate (Kadmiumniederschlag). (Nach WRANGLÉN, s. S. 490, Fußn. 1.) V = 30fach.

Primäre Abscheidung von Metallschwamm aus annähernd neutralen Elektrolyten. Hält man den p$_\mathrm{H}$-Wert von Lösungen einfacher Schwermetallsalze in der Nähe des Neutralpunktes, so daß Schwermetallhydroxyd beständig ist (und sich möglichst eben als Trübung auszuscheiden beginnt), so hat man die eine wesentliche Voraussetzung für den zweiten Weg (vgl. oben) zur kathodischen Abscheidung von — stets fremdstoffhaltigem — Metallpulver oder -schwamm geschaffen. Aber Vorhandensein von kolloidalem Metallhydroxyd in unmittelbarer Nähe der Kathodenoberfläche ist zwar eine notwendige, jedoch noch keine hinreichende Bedingung: Das Hydroxyd darf nicht im Solzustand vorliegen, sondern **muß** ausgeflockt sein.

[1] PASSER, M., u. G. HÄNSEL: Wiss. Veröff. Siemens-Werk **18**, 124 (1940).
[2] ECKHARDT, W.: U. S. Bur. Mines, Circ. Nr. 7466 (1948).
[3] FOERSTER, F., u. O. GÜNTHER: Z. Elektrochem. **5**, 16 (1898/99).
[4] SELBORN, W. S.: Trans. Faraday Soc. **29**, 147, 825 (1933).
[5] FOERSTER, F., u. O. GÜNTHER: Z. Elektrochem. **6**, 301 (1900).
[6] s. S. 490, Fußn. 1.

Günstig für die Entstehung von kolloidem Metallhydroxyd sind alle jenen Bedingungen, die sekundäre Inhibition infolge verstärkter Hydrolyse des Schwermetallsalzes im Kathodenfilm hervorrufen (vgl. S. 293). In erster Linie gehört hierher die kathodische Mitabscheidung von Wasserstoff wegen der Erhöhung des p_H-Wertes im Kathodenfilm. Primär scheint die Wasserstoffentwicklung allerdings ohne Bedeutung zu sein (WRANGLÉN[1]).

Für das Ausflocken des Kolloides im Kathodenfilm sind bestimmte kolloidchemische Voraussetzungen zu schaffen, die wir im einzelnen noch nicht genügend kennen. Notwendig für das Koagulieren ist offenbar eine genügend große Menge Kolloid im Kathodenfilm. Sie wird vom p_H-Wert in diesem Bereich bestimmt. Bei der positiven Ladung des kolloiden Metallhydroxydes spielt wahrscheinlich auch die Anwesenheit flockend wirkender Anionen in möglichster Nähe der Kathode ebensosehr eine Rolle wie die Abwesenheit stabilisierender Kationen. Wir haben bereits Beispiele für solche Zusammenhänge bei der Besprechung der Verhältnisse im Kathodenfilm erörtert (vgl. S. 112ff.).

Wie wesentlich der p_H-Wert des Elektrolyten ist, zeigen Versuche von WRANGLÉN[1] bei der kathodischen Abscheidung von Eisen aus einer Lösung von 15 g/l Eisen als $FeCl_2$ und 100 g/l NH_4Cl. Man erhält pulvrige Niederschläge, wenn man zwischen p_H 6,5 bis 7 bei $1 \cdot 10^{-1}$ A/cm² arbeitet. Verringert man den p_H-Wert, so verläßt man den p_H-Bereich, in dem $Fe(OH)_2$ beständig ist, und es entstehen zusammenhängende Niederschläge. Allerdings kann man selbst in saurer Lösung (p_H 2,5) ohne Rührung noch ein grobes Pulver erhalten, wenn man eine hohe Stromdichte ($2 \cdot 10^{-1}$ A/cm²) anwendet. Ob diese Art der Pulverabscheidung noch in das vorige Kapitel gehört, wie WRANGLÉN annimmt, sei dahingestellt. Immerhin besteht bei der hohen Stromdichte und der Mitabscheidung von Wasserstoff die Wahrscheinlichkeit, daß sich in unmittelbarer Nähe der Kathode Hydroxyd ausscheidet.

Unerwünscht ist es, den Elektrolyten zu rühren, denn Elektrolytbewegung fördert nicht nur den Nachschub von Metallionen, sondern auch einen solchen von Wasserstoffionen zum Kathodenfilm. Erhöhte Temperatur fördert die Hydrolyse und auch das Flocken. Die Höhe der Stromdichte hängt von der Natur des Elektrolyten und des Metalles ab. Meist fällt der Niederschlag mit erhöhter Stromdichte grobteiliger aus. Ein Zusatz von Neutralsalz begünstigt auch hier die schwammige Abscheidungsform (WRANGLÉN[1]).

Sekundäre Abscheidung von Metallpulver. Scheidet man aus stark alkalischen Elektrolyten, z. B. aus NaOH-Lösung bei hohen Stromdichten, Wasserstoff an Metallkathoden ab, so beobachtet man nicht

---

[1] s. S. 490, Fußn. 1.

selten, wie sich die Kathodenoberfläche allmählich aufrauht, und wie sich bei längerer Elektrolysedauer fein verteiltes Metallpulver bildet. Genauer untersucht ist in diesem Zusammenhang das Verhalten von Bleikathoden in NaOH-Lösung (BREDIG und HABER[1]). Von Anfang an fällt auf, daß erst bei GALVANI-Spannungen (von etwa 0,75 V), die bedeutend negativer sind als die GALVANI-Spannung der Wasserstoffelektrode in derselben Lösung, nennenswert Strom fließt. Bei 2 bis $3 \cdot 10^{-3}$ A/cm² wird die GALVANI-Spannung um 1,5 V negativer, und die Bleikathode zerstäubt oberflächlich, indem sie dunkle Wolken fein verteilten Bleis in die Lösung ausstößt.

Offenbar hat sich auf der Bleioberfläche Natrium abgeschieden und sich mit dem Blei oberflächlich legiert. Eine solche Legierung zersetzt sich alsbald wieder in Berührung mit dem wäßrigen Elektrolyten, indem Natrium in Lösung geht und Blei als fein verteiltes Metall zurückbleibt. Ähnlich bildet sich auf Platinkathoden allmählich Platinstaub, wenn man sie längere Zeit in NaOH-Lösungen hohen Stromdichten aussetzt (HABER[2]).

Das Natrium scheidet sich also — ähnlich wie an Quecksilber — auch an manchen festen Metallkathoden unter Bildung einer Legierung ab, wobei dieser Vorgang unter erheblicher Depolarisation abläuft, so daß nicht erst die weit negativere GALVANI-Spannung des Natriums (Standard-GALVANI-Spannung um 2,7 V unedler als die Normal-Wasserstoffelektrode) erreicht werden muß.

Ein ganz anderer Weg der sekundären Abscheidung von Metallpulver ist in Elektrolyten möglich, die Metallionen in zwei Wertigkeitsstufen enthalten. Er beruht auf einem Anreichern von niederwertigen Metallionen im Kathodenfilm und ist an die Möglichkeit einer disproportionierenden Reaktion gebunden, die z. B. für einwertige Metallionen folgendermaßen verlaufen kann:

$$2\,Me^{+} \rightleftharpoons Me^{2+} + Me.$$

Zwei niederwertige Metallionen stehen im Gleichgewicht mit dem höherwertigen Metallion und dem Metallatom. Wird das Gleichgewicht im Kathodenfilm gestört, indem sich dort die niederwertigen Metallionen anreichern, so disproportionieren sich diese, indem sie Metallpulver in unmittelbarer Nähe der Kathode abscheiden.

So kann sich z. B. bei niedrigen Stromdichten und hohen Temperaturen aus den Cu^{+}-haltigen $CuSO_4$-Lösungen Kupferschwamm (an Luft Cu_2O-haltig) an der Kathode ausscheiden (allerdings zum großen Teil zugleich mit Cu_2O), weil sich das obige Gleichgewicht für Cu^{+}-Ionen bei höherer Temperatur stärker nach links verschiebt, und weil außer-

---

[1] BREDIG, G., u. F. HABER: Ber. dtsch. chem. Ges. **31**, 2741 (1898).
[2] HABER, F.: Z. aorg. Chem. **16**, 447 (1898).

dem u. U. die Reduktion von Cu^{2+}-Ionen an der Kathode bei niedrigen Stromdichten z. T. nicht bis zum Metall, sondern nur bis zum Cu^+ geht. Der Kathodenfilm ist also an Cu^+-Ionen übersättigt.

Auch zweiwertige Ionen, wie z. B. Sn^{2+}, können unter Bildung von Sn^{4+} in Zinnschwamm übergehen. Dieser, besonders in alkalischen Lösungen beobachteten Erscheinung sucht man in der Praxis mit Oxydationsmitteln zu begegnen. Ebenso kann schließlich die Entstehung von Goldschwamm an der Kathode, z. B. bei der Abscheidung von Gold aus salzsauren $AuCl_3$-Lösungen, auf einer entsprechenden Disproportionierungs-Reaktion der einwertigen Au-Ionen beruhen.

2.38 Poren und andere Undichtigkeiten kathodischer Metallniederschläge.

2.38.1 Zum Begriff „Poren und Undichtigkeiten".

Ein kathodischer Metallüberzug aus einem Metall, das elektrochemisch edler ist als das Basismetall, muß dicht sein, wenn er das Basismetall vor Korrosion schützen soll. Überzugsmetalle, die unedler als das Basismetall sind, dürfen zwar undicht sein, doch wünscht man sich auch hier einen dichten Überzug, weil undichte Niederschläge infolge der vermehrten Tätigkeit von Lokalelementen bedeutend rascher korrodieren als dichte[1].

Als Poren im engeren Sinne, genauer gesagt „Wasserstoffporen"[2], bezeichnet man mikroskopisch kleine Löcher von kreisförmigem Querschnitt, die ihr Entstehen Wasserstoffbläschen verdanken. Die Wasserstoffbläschen haften an einer geeigneten Stelle der Kathodenoberfläche und schirmen sie vor den Stromlinien ab, so daß sich diese Stelle nicht mit dem Überzugsmetall bedecken kann. Es entsteht im Laufe der Elektrolyse eine kraterartige Vertiefung, die sich im weiteren Ablauf der Abscheidung schließen kann (wenn sich die Gasblase nicht entfernt) oder auch offen bleibt (wenn das Gas entweicht). Diese Art von Poren haben namentlich MACNAUGHTON und Mitarbeiter[3] bei der Vernicklung studiert.

In unsere Erörterung wollen wir außer den Wasserstoffporen auch alle sonstigen Undichtigkeiten des kathodischen Metallniederschlages einschließen, wie z. B. mikroskopische Spalten an den Korngrenzen, namentlich der gröberen Kristallite, ungedeckte Löcher und andere Unebenheiten der Kathodenoberfläche, Undichtigkeiten an kathodisch reduzierten oder geschrumpften Fremdstoffeinschlüssen, die ihr ursprüngliches Volumen infolge Reduktion oder Schrumpfens verringert haben, usw.

---

[1] vgl. EVANS, U R.: Trans. Inst. Met. Finishing, **31**, Advance Copy 8 (1954).

[2] Englisch „pinholes", französisch „piquures".

[3] MACNAUGHTON, D. J., G. E. GARDAM u. R. A. F. HAMMOND: Trans. Faraday Soc. **29**, 729 (1933).

2.38.2 Verfahren zur Ermittlung von Poren. Kritische Schichtdicke.

Zur Ermittlung der Undichtigkeiten galvanischer Überzüge bieten sich verschiedene Wege, die wir hier nur andeuten wollen[1]. Man kann die „Poren", die bis zum Basismetall reichen, mit Hilfe von Farbreaktionen nachweisen, auf die das am Porengrunde ungedeckte Basismetall — und nur das Basismetall — ansprechen. Auf solche Weise läßt sich die Zahl der Poren pro Flächeneinheit ermitteln. Ihre Zuverlässigkeit ist umstritten, da unter den Reaktionsbedingungen nicht selten auch das Übergangsmetall etwas angegriffen werden kann. Am bekanntesten ist die sog. „Ferroxylprobe" mit Kaliumferrizyanid, die mit Eisen Turnbullsblau ergibt.

Manche Forscher ziehen es vor, die totale ungedeckte Oberfläche des kathodischen Niederschlages zu bestimmen.

Aus neuester Zeit seien hierzu die Methoden von SHOME und EVANS[1] erwähnt. Die eine Methode, erprobt an Nickelüberzügen auf Eisen, besteht in der Bestimmung der Gesamtmenge Eisen, die, von den ungedeckten Stellen ausgehend, sich auflöst, wenn die vernickelte Probe in einer NaCl und Seignettesalz enthaltenden Lösung mit einem Kupferdrahtnetz als Gegenelektrode im galvanischen Element Kupfer/Eisen bedeckt wird. Die Fläche der Kupferelektrode wird so groß gewählt, daß sich auch bei ihrer weiteren Vergrößerung nicht mehr Eisen auflöst als vorher. Bei einer zweiten Methode mißt man unter ähnlichen Bedingungen an Stelle des gelösten Eisens den Strom, der zwischen Kupfer und der Probe fließt. Beide Meßgrößen geben Aufschluß über die totale ungedeckte Oberfläche.

WESLEY[2] hat zeigen können, daß die Zahl der Poren, z. B. von Nickelüberzügen, in dem Maße abnimmt, als die Dicke des Niederschlages zunimmt. Viele undichte Stellen schließen sich im Laufe der Abscheidung. Neue Poren, die entstehen, reichen dann nicht mehr bis zum Grundmetall. So können sich also galvanische Überzüge von einer gewissen Dicke an als praktisch dicht erweisen. Auch die Bestimmung dieser „kritischen" Schichtdicke vermag einen Beitrag zum Problem der Undichtigkeiten zu liefern.

H. FISCHER und BÄRMANN[3] haben die kritische Schichtdicke vor allem an Zinküberzügen, abgeschieden auf Federstahl, studiert. Sie benutzten dabei ein spezielles Verfahren, auf dem Durchtritt von atomarem Wasserstoff durch die undichten Stellen beruhend, der an der Probenoberfläche kathodisch abgeschieden wird. Sind Poren vorhanden, die bis zum Grundmetall reichen, so diffundiert der hindurchgetretene atomare Wasserstoff in das Eisen. Der wasserstoffempfindliche Federstahl versprödet leicht bei Aufnahme von Wasserstoff.

---

[1] Zur genaueren Unterrichtung seien empfohlen: PFANHAUSER (s. S. 318, Fußn. 2), MACHU (s. S. 323, Fußn. 1), S. C. SHOME und U. R. EVANS [J. Electrodepositors' techn. Soc. **27** (1951) — Advance Copy Nr. 1, S. 1].

[2] WESLEY, W. A.: Corrosion Handbook. Hrsg. von H. H. UHLIG. John Wiley 1949, S. 817.

[3] FISCHER, H., u. H. BÄRMANN: Korrosion u. Metallschutz **19**, 97 (1943).

Man erkennt noch vorhandene Undichtigkeiten also an der starken Zunahme der Wasserstoffbrüchigkeit, die mit Hilfe von Biegeprüfungen ermittelt wird. Oberhalb der „kritischen" Schichtdicke bleibt die Biegezahl jedoch nach der Wasserstoffabscheidung unverändert.

Allerdings kann die Wahl der Schichtdicke allein noch keine völlige Sicherheit für genügenden Schutzwert der Niederschläge bieten, wenn die Poren nur von einer dünnen und deshalb rasch abzutragenden Schicht bedeckt sind („maskierte" Poren). Zum mindesten sollte man deshalb die technische Schichtdicke so bemessen, daß sie die kritische Dicke um etwa 50% übersteigt.

2.38.3 Allgemeines zum Entstehen der Poren und Undichtigkeiten.

Folgende Hauptgesichtspunkte sind bei der Frage zu beachten, wie Poren und Undichtigkeiten entstehen und zu vermeiden sind (HOTHERSALL und HAMMOND[1]):

1. Die Bedeckungsgeschwindigkeit bei der Abscheidung des Niederschlages; 2. die Verunreinigungen der Kathodenoberfläche; 3. das Profil der Kathodenoberfläche; 4. die Stromlinienverteilung (Streuung). 5. die Mitabscheidung von Wasserstoff und ihre Unterdrückung.

Bedeckungsgeschwindigkeit. Die Geschwindigkeit, mit der ein kathodischer Metallniederschlag das Grundmetall bedeckt, hängt in erster Linie von der Geschwindigkeit der Keimbildung als dem langsamsten Vorgang ab. Gegenüber der Keimbildungsgeschwindigkeit läuft für gewöhnlich das Weiterwachsen der Kristalle viel rascher ab. Für die Bedeckung der Oberfläche kommt allerdings in erster Linie die (tangentiale) Wachstumsgeschwindigkeit in Richtung parallel zur Unterlage in Betracht, die gegenüber der (vertikalen) Wachstumsgeschwindigkeit senkrecht zur Unterlage oft zurücksteht.

Geht das Abscheiden von den fortlaufend entstehenden Keimen aus, so kann man sich vorstellen (EVANS und SHOME[2]), daß jeder Keim zum Wachstumszentrum einer, sich auf der Unterlage radial ausbreitenden, kreisförmigen Niederschlagsfläche wird. Je mehr von solchen Wachstumszentren in der Zeiteinheit entstehen, desto rascher und auch vollständiger wird die Oberfläche des Basismetalls bedeckt werden. Die totale ungedeckte Oberfläche sollte also um so kleiner werden, je größer die Bildungsgeschwindigkeit und die Zahl der Keime und je größer die tangentiale Ausbreitungsgeschwindigkeit ist.

---

[1] HOTHERSALL, A. W., u. R. A. F. HAMMOND: Trans. Amer. Electrochem. Soc. **73**, 449 (1938).

[2] EVANS, U. R., u. S. C. SHOME: J. Electrodepositors' techn. Soc. **26**, 137 (1950).

Evans[1] hat dies in einer statistischen Betrachtung folgendermaßen formuliert: Die Chance eines Punktes der Oberfläche, nach der Zeit t unbedeckt zu bleiben, läßt sich in dem Ausdruck

$$e^{-\frac{\pi\,\Omega\,v^2\,t^3}{3}} \tag{123}$$

wiedergeben. Darin ist v die tangentiale Ausbreitungsgeschwindigkeit und Ω die Keimbildungsgeschwindigkeit. Diese ist durch die Annahme definiert, daß die Chance für das Auftreten eines Keimes auf dem Flächenelement da im Zeitbereich dt durch den Ausdruck $\Omega\,da\,dt$ gegeben ist.

Wie auf S. 362 ff. erwähnt, nimmt die Zahl der (dreidimensionalen) Keime mit steigender Stromdichte (bei nicht zu kleinen Stromdichten) deutlich zu, sofern man schwache oder mittlere Inhibition, die das Bild wieder unübersichtlich machen können, ausschließt. Man sollte also unter übersichtlichen Bedingungen erwarten, daß die Niederschläge mit höheren Stromdichten rascher dicht werden. Je rascher die totale ungedeckte Oberfläche des Niederschlages abnimmt, desto früher sollte also die „kritische" Schichtdicke (vgl. S. 499) erreicht werden, d. h. desto geringer sollte die kritische Schichtdicke ausfallen.

Dies läßt sich nach H. Fischer und Bärmann[2] in Abb. 202 zeigen. Sie stellt die kritische Schichtdicke von Zinküberzügen dar, die aus $ZnSO_4$-Lösungen[3] (bei zwei verschiedenen p_H-Werten) abgeschieden wurden. Die kritischen Schichtdicken, ermittelt nach dem oben erwähnten Verfahren der Beladung

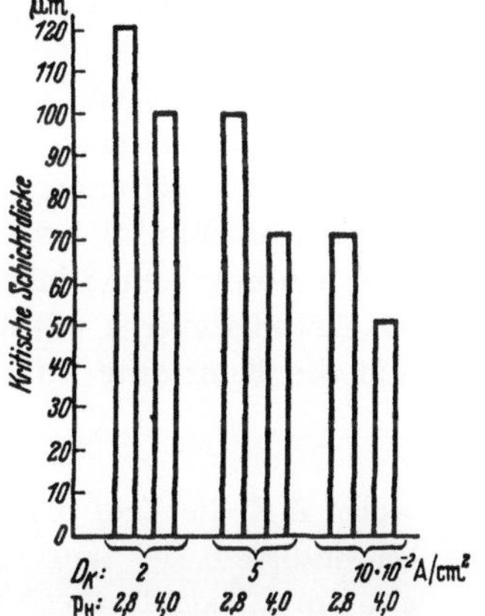

Abb. 202. Kritische Schichtdicke: Zinksulfat ohne Zusatz. (Nach H. Fischer und Bärmann, s. S. 499, Fußn. 3.)

mit Wasserstoff, fallen z. B. bei Erhöhung der Stromdichte von $2\cdot 10^{-2}$ A/cm² auf $10\cdot 10^{-2}$ A/cm² praktisch auf etwa die Hälfte.

Evans[1] findet bei der erwähnten Erörterung der Beziehung zwischen der totalen ungedeckten Fläche a und der Abscheidungsdauer t folgende Fälle:

Fall 1: Die Abscheidung vollzieht sich ganz statistisch, und zwar ohne Keimbildung, so daß in der Bedeckung der Oberfläche jeder Punkt dem anderen gleichwertig ist. (Etwa die Abscheidung von Metall an einer Quecksilberkathode.) Dann gilt

$$a = e^{-kt} \quad \text{oder} \quad \log a = -k\,t. \tag{124}$$

Dabei ist k eine Konstante.

---

[1] Evans, U. R.: Trans. Faraday Soc. **41**, 365 (1945).
[2] s. S. 499, Fußn. 3.
[3] 430 g/l $ZSO_4\cdot 7\,H_2O$.

Fall 2: Die Elektrolyse beginnt mit einer bestimmten Zahl Keime, die während der Abscheidung weiterwachsen (auch tangential), ohne daß sich neue Keime bilden. Die freie Fläche nimmt dann mit dem Quadrat der Zeit ab. Der Ansatz lautet:

$$a = e^{-kt^2} \quad \text{oder} \quad \log a = -k\,t^2. \tag{125}$$

Fall 3: Während der Elektrolyse bilden sich sporadisch neue Keime. Die Bedeckungsgeschwindigkeit ist hier am größten. Es gilt:

$$a = e^{-kt^3} \quad \text{oder} \quad \log a = -k\,t^3. \tag{126}$$

SHOME und EVANS[1] haben bei Anwendung der oben erwähnten Verfahren zur Bestimmung der totalen ungedeckten Fläche aus der gelösten Menge Basismetall (Eisen) oder der dieser äquivalenten Strommenge Q, die durch die ungedeckte Fläche tritt, untersucht, welcher der drei Fälle bei der galvanischen Vernicklung[2] mit $1{,}26 \cdot 10^{-2}$ A/cm² vorliegt. Sie fanden übereinstimmend die quadratische Beziehung 2, d. h., $\log a$ ergab eine lineare Funktion von t^2. Dies bedeutet also, daß sich zu Beginn der Abscheidung Keime bilden, und daß sich der Niederschlag, von diesen Wachstumszentren ausgehend, ohne Bildung neuer Keime ausbreitet. Für die Konstante k im Fall 2 gilt nach EVANS[3] die Beziehung

$$k = \pi\,KZ\,v^2, \tag{127}$$

wobei KZ die Zahl der Keime pro Oberflächeneinheit und v die Geschwindigkeit der tangentialen Ausbreitung bedeuten. Vergrößert man also am Elektrolysebeginn die Zahl der Keime, so sollte die Fläche a nach einer gegebenen Zeit (t) beträchtlich kleiner ausfallen. Damit findet die jedem Praktiker bekannte Maßnahme, anfangs eine erhöhte „Deckstromdichte" anzuwenden, um frühzeitig einen möglichst dichten Überzug zu erhalten, ihre theoretische Begründung.

Ebenso wie eine Stromdichteerhöhung werden sich auch andere Verfahren, die die Keimzahl erhöhen, günstig auf die Bedeckungsgeschwindigkeit auswirken. Grundsätzlich eignet sich dazu jeder Weg, der die Polarisation erhöht (vgl. S. 352). In erster Linie wären erhöhte Inhibition, starkes Verdünnen des Elektrolyten oder Anwendung komplexer Elektrolyte zu nennen.

Wie drastisch starke Inhibition — namentlich im Zusammenwirken mehrerer Inhibitoren — die kritische Schichtdicke zu senken vermag, beweist ein Vergleich von Abb. 202 mit Abb. 203 (nach H. FISCHER und BÄRMANN[4]). Die in Abb. 202 dargestellten Ergebnisse wurden mit

---

[1] s. S. 499, Fußn. 1.
[2] Nickelelektrolyt: $NiSO_4 \cdot 7\,H_2O$ 220 g/l, $NiCl_2 \cdot 6\,H_2O$ 20 g/l, H_3BO_3 30 g/l, p_H 5 (mit $Na_2B_4O_7 \cdot 10\,H_2O$).
[3] s. S. 501, Fußn. 1.
[4] s. S. 499, Fußn. 3.

dem gleichen Grundelektrolyten wie in Abb. 203, jedoch mit Zusätzen von 30 g/l Aluminiumsulfat (wasserhaltig), 30 g/l Ammoniumchlorid und 1,5 g/l einer aromatischen Sulfosäure erhalten.

Der Einfluß einer Temperaturerhöhung bei der kathodischen Abscheidung ist, wie auf S. 366 ausgeführt wurde, oft nicht eindeutig. Evans und Shome[1] finden bei der Vernicklung unter den oben genannten Bedingungen eine deutliche Vermehrung der Porenzahl.

Verunreinigungen der Kathodenoberfläche. Auf einer merklich verunreinigten Kathodenoberfläche werden sich schwerlich dichte galvanische Überzüge abscheiden. Wir unterscheiden dabei wenig oder nicht leitende Verunreinigungen, die sich von vornherein auf der Kathodenoberfläche befinden, wie Rostablagerungen, Zunderreste, Schlackeneinschlüsse, Fettinseln u. dgl., und solche, die sich während der Elektrolyse auf der Kathodenoberfläche ablagern, wie aufgewirbelter Anodenschlamm, ausgeschiedenes (geflocktes) Metallhydroxyd, Staubteilchen, feine Suspensionen, von der Härte des Wassers oder von Korrosionsprodukten der Behälterwandungen herrührend usw.

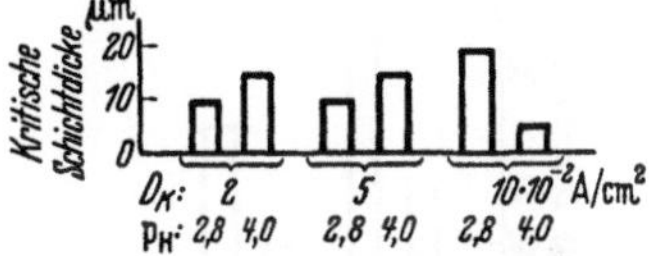

Abb. 203. Kritische Schichtdicke: Zinksulfat + Aluminiumsulfat + + NH₄Cl + aromatische Sulfosäure. (Nach H. Fischer und Bärmann, s. S. 499, Fußn. 3.)

Solche Ablagerungen werden die Kristallisation des Niederschlages stören und undichte Bereiche erzeugen. Schrumpfungserscheinungen an den (meist kolloiden) Einschlüssen oder Reduktion von okkludierten Metalloxydpartikeln zu fein verteiltem Metall werden die Undichtigkeit noch vergrößern. Auch leitende Verunreinigungen können Poren hervorrufen[2].

Zur Wirkung von geflocktem kolloidem Metallhydroxyd, sekundär abgeschieden im Kathodenfilm nahe der Kathodenoberfläche, wäre noch einiges zu ergänzen. Wie bereits erwähnt, haften Wasserstoffblasen besonders fest an ausgeflocktem Metallhydroxyd, das sich im Laufe der Elektrolyse auf der Kathode ablagert. Die Entstehung von Wasserstoffporen ist daher mit dem Auftreten von geflocktem Kolloid verknüpft. Nun nimmt, wie Macnaughtan, Gardam und Hammond[2] gefunden haben, die Zahl der Wasserstoffporen in Nickelniederschlägen in Gegenwart von Chlorionen auffällig zu. Die Forscher führten diese Erscheinung auf ein Ausflocken des positiv geladenen Nickelhydroxydsols im Kathodenfilm durch die Chlorionen zurück, die als einwertige Anionen näher als zweiwertige Sulfationen an die (negativ geladene) Kathodenoberfläche und damit an das dort befindliche Hydroxyd gelangen.

---

[1] s. S. 500, Fußn. 2.

[2] vgl. auch neuerdings Ch. L. Faust, u. W. H. Safranek: Trans. Inst. Met. Finishing **31**, Advance Copy 31 (1954).

[3] s. S. 249, Fußn. 1.

H. Fischer und Bärmann[1] haben die gleiche Wirkung der Chlorionen auf die Porosität des Niederschlages auch bei der kathodischen Abscheidung von Zink aus Zinksulfatlösungen beobachtet, sobald dem Elektrolyten Ammoniumchlorid zugesetzt wurde. Man erkennt die Wirkung der Chlorionen deutlich, wenn man die kritischen Schichtdicken von Zinküberzügen aus chlorionenfreier $ZnSO_4$-Lösung (Abb. 202) mit solchen aus chlorionenhaltigem Elektrolyten (die gleiche $ZnSO_4$-Lösung + +30 g/l NH_4Cl) vergleicht (Abb. 204). Ergibt der chloridfreie Elektrolyt mit dem höheren p_H-Wert die niedrigeren kritischen Dicken, so kehren sich die Verhältnisse im chloridhaltigen Bad um.

Obwohl auch Ammoniumchlorid an sich die Porigkeit der Überzüge vermindern kann, vor allem bei niedrigem p_H-Wert — wobei also noch kein kolloides Hydroxyd existiert —, so findet man gerade bei höherem p_H-Wert des chloridhaltigen Elektrolyten zahlreiche Wasserstoffporen, am ehesten bei niedriger Stromdichte. Aus dem Elektrolyten mit dem niedrigen p_H-Wert von 2,8 abgeschieden, läßt Zink hingegen keine Poren erkennen. Wenn überhaupt, so scheint bei diesem p_H-Wert des Elektrolyten (der einem höheren p_H-Wert im Kathodenfilm entsprechen dürfte) noch wenig oder gar kein Zinkhydroxyd zu entstehen. Man erhält unter diesen Umständen bedeutend dichtere Überzüge, deren kritische Schichtdicke sogar geringer ist als im chloridfreien Bad. Der Befund spricht für eine Inhibitorwirkung der NH_4^+-Ionen.

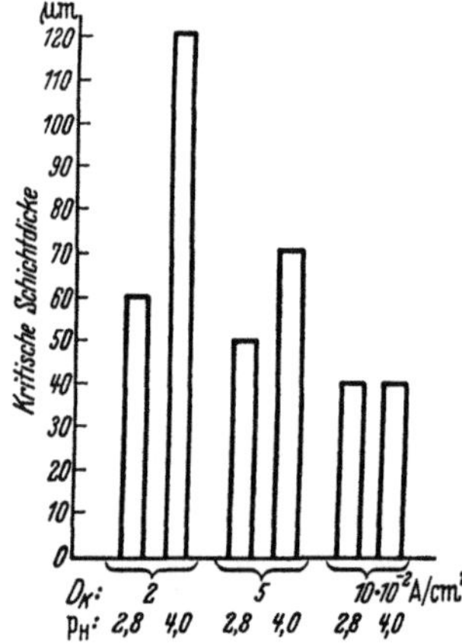

Abb. 204. Kritische Schichtdicke: Zinksulfat + NH_4Cl. (Nach H. Fischer und Bärmann, s. S. 499, Fußn. 3.)

Erhöht man die Stromdichte von $2·10^{-2}$ auf $5·10^{-2}$ oder $10·10^{-2}$ A/cm², so verschwindet der ungünstige Einfluß der Chlorionen auf die Dichtigkeit des Niederschlages. Dieses Ergebnis leuchtet ein, denn mit steigender Stromdichte sollten die Chlorionen mehr und mehr von der Phasengrenze abgestoßen werden, so daß sie also das dort befindliche Kolloidsol nicht mehr ausflocken können.

Evans und Shome[2] konnten allerdings bei der Abscheidung von Nickel[3] keinen nennenswerten Einfluß der Wasserstoffbläschen auf die Häufigkeit der Porenbildung nachweisen. Unabhängig vom p_H-Wert blieb die Zahl der Gasblasen pro Flächeneinheit praktisch konstant. Andererseits vermochte auch ein Zusatz von H_2O_2, der die H_2-Entwicklung ganz unterdrückte, die Porenzahl nicht zu vermindern. Eher fiel sie noch größer aus. Nach diesem Ergebnis mußte das Auftreten von Poren hier eine andere Ursache haben. Offenbar konnte die

---

[1] s. S. 499, Fußn. 3.
[2] s. S. 499, Fußn. 1.
[3] Elektrolyt: $NiSO_4 · 7 H_2O$ 230 g/l; $NiCl_2 · 6 H_2O$ 20 g/l; H_3BO_3 30 g/l; p_H 3,9; Stromdichte $0,6 · 10^{-2}$ A/cm².

Wasserstoffentwicklung nichts an der Porigkeit ändern. Die Versuche wurden an sehr dünnen (0,8 μm) Ni-Überzügen ausgeführt, die erfahrungsgemäß von vornherein stets poröser sind als dickere Überzüge. Der Gehalt an Cl^--Ionen war außerdem relativ gering, so daß er wohl noch nicht zur Flockung des offenbar nur in mäßigem Umfange gebildeten Hydroxyds ausreichte. So kann man dieses Ergebnis (bei p_H 3,9 und der relativ niedrigen Stromdichte von $6 \cdot 10^{-3}$ A/cm²) noch nicht als schlüssigen Beweis gegen die Hypothese von der Bildung der Wasserstoffporen ansehen.

BILLITER[1] macht im übrigen auf die Beobachtung COEHNS[2] aufmerksam, nach welcher Wasserstoffblasen in saurer Lösung positiv, in alkalischer negativ geladen sind. Die Wasserstoffbläschen sollten in saurer Lösung kataphoretisch an die Kathode wandern und sich dort anpressen.

Auch leitende Verunreinigungen auf der Kathodenoberfläche können, wie erwähnt, Poren verursachen. Namentlich bei geringer Stromdichte und

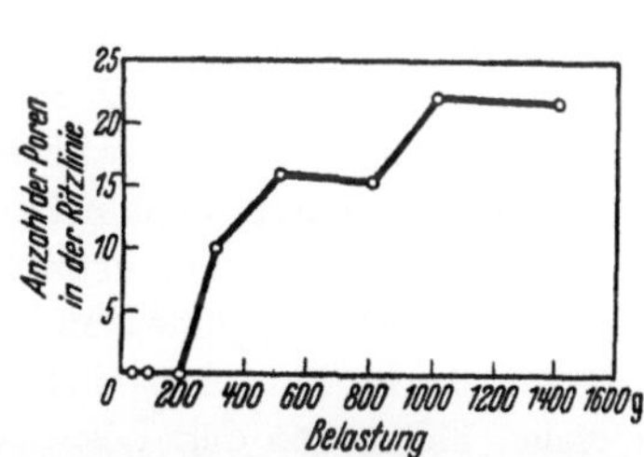

Abb. 205. Einfluß der Rauhtiefe auf die Porenzahl. (Nach EVANS und SHOME, s. S. 500, Fußn. 2).

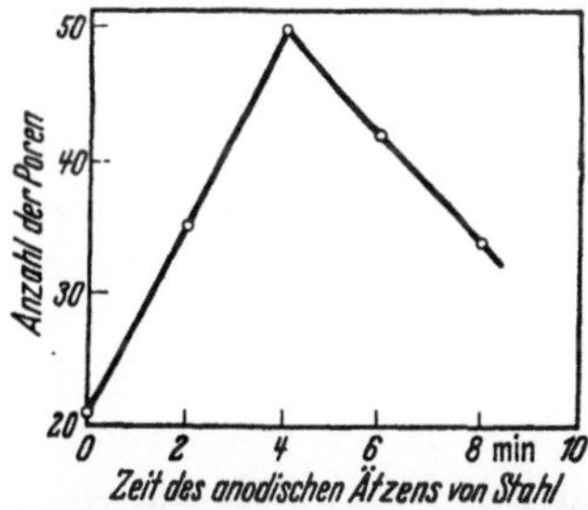

Abb. 206. Einfluß der Dauer des anodischen Ätzens von Stahl auf die Porenzahl. (Nach EVANS und SHOME, s. S. 500, Fußn. 2.)

geringer Polarisation werden solche Stellen u. U. weniger rasch gedeckt oder können überhaupt ungedeckt bleiben. Möglich ist das vor allem, wenn sich das Metall überhaupt nur infolge hoher Wasserstoffüberspannung abscheidet. Entladen sich an solchen leitenden Verunreinigungen die Wasserstoffionen mit bedeutend geringerer Wasserstoffüberspannung als an den anderen Stellen der Kathodenoberfläche, so wird sich auf den leitenden Verunreinigungen wenig oder gar kein Metall niederschlagen. So scheidet sich z. B. bei der Verchromung auf den Graphitnestern des Gußeisens nicht Chrom, sondern Wasserstoff ab. Solche überspannungsvermindernden Verunreinigungen, wie z. B. die Metalle der Eisengruppe oder Arsen, Antimon usw., können sich gegebenenfalls auch während der Elektrolyse abscheiden. Sie ergeben z. B. sehr poröse Zinkniederschläge.

Oberflächenprofil und Stromlinienverteilung. Rauhe Oberflächen der Unterlage vergrößern die Undichtigkeiten der galvanischen Überzüge.

[1] BILLITER, J.: Prinzipien der Galvanotechnik, S. 60. Wien 1934.
[2] COEHN, A.: Z. Elektrochem. **29**, 15 (1923).

EVANS und SHOME[1] haben den Einfluß der Rauhigkeit systematisch an absichtlich auf der Kathodenoberfläche erzeugten Kratzern untersucht. Wie die Autoren fanden, vergrößert sich die Zahl der Poren an den Kratzern auf Nickelüberzügen (0,8 μm dick) deutlich, wenn man den Druck, mit dem die Kratzer auf der Stahlunterlage hergestellt wurden, verstärkt.

Abb. 205 (nach EVANS und SHOME[1]) zeigt diesen Einfluß, der sich also mit einer Vertiefung der Unebenheit vergrößert. Dieses Ergebnis bestätigte sich auch, wenn das Basismetall durch anodisches Ätzen in zunehmendem Maße aufgerauht wird. Abb. 206 (nach EVANS und SHOME[1]) zeigt den Einfluß der Dauer des anodischen Ätzens von Stahl auf die Porenzahl des kathodischen Nickelüberzuges (0,8 μm). Die Porenzahl erreicht ein Maximum bei einer Ätzdauer von 4 min.

In welchem Maße Rauhigkeit der Kathodenoberfläche die Dichtigkeit des Überzuges verschlechtert, hängt von der Stromlinienstreuung und — in den Vertiefungen — besonders von der „Tiefenwirkung" (vgl. S. 318) unter den Abscheidungsbedingungen ab. Bei schlechter Streuung bedecken sich bevorzugt die hervorstehenden Spitzen, während der Boden der Vertiefungen oder der Kratzer ungedeckt bleiben kann. Im einzelnen sei auf die Gesetzmäßigkeiten der Stromlinienverteilung (vgl. S. 312ff.) verwiesen. Hier möge man sich nur an den günstigen Einfluß einer hohen Polarisation auf die Streuung erinnern. Aus Elektrolyten mit hoher Polarisation, z. B. in vielen Fällen aus den Lösungen komplexer Schwermetallzyanide, scheiden sich gewöhnlich dichtere Überzüge ab als aus den Lösungen einfacher Salze. Ebenso ist verstärkte Inhibition der Streuung in ähnlicher Weise förderlich wie der Abscheidung eines dichteren Überzuges.

Die Mitabscheidung von Wasserstoff und ihre Unterdrückung. Wasserstoffporen (vgl. S. 498) verdanken ihr Entstehen der Mitabscheidung von Wasserstoff. Das radikale Mittel, sie zu vermeiden, ist eine hundertprozentige Stromausbeute an Metall. Wasserstoffporen werden daher am ehesten bei den unedlen Metallen auftreten, z. B. in der Eisengruppe oder beim Zink. Jedes Mittel, das die Wasserstoffüberspannung erhöht, kann helfen, z. B. starke Inhibition, hohe Stromdichte, niedrige Temperatur usw. Ein anderer Weg besteht darin, oxydierende, leicht reduzierbare Stoffe anzuwenden, z. B. Wasserstoffperoxyd oder Persulfate. Ihre Redox-GALVANI-Spannung ist edler als die Abscheidungsspannung des Wasserstoffes. Somit tritt die Reduktion solcher Stoffe an die Stelle der Wasserstoffabscheidung.

Selbst wenn der Wasserstoff einmal entstanden ist, gibt es Mittel, das Haften der Gasbläschen zu unterbinden. Es sind dies oberflächen-

---

[1] s. S. 499, Fußn. 1.

aktive Stoffe, die bekannten Netzmittel, die im Wettbewerb mit den Wasserstoffbläschen um eine Adsorption an der Kathodenoberfläche den Sieg davontragen. Wo sie sich hingedrängt haben, haften die Bläschen nicht mehr (vgl. die modernen Werke über Galvanotechnik).

2.39 Niederschlagsstruktur in Grenzbereichen.

2.39.1 Die Grenze Substrat/Niederschlag in submikroskopischen Bereichen.

Allgemeines. Wir haben bereits gesehen, daß nicht nur die elektrostatischen Kräfte des angelegten elektrischen Feldes den Habitus des wachsenden Metallkristalls bestimmen. Auch von der kristallinen Unterlage gehen wirksame Richtkräfte aus, die die Abscheidungsform je nach Gitterparameter des Substrat- und des Niederschlagsmetalls, je nach Größe und Orientierung der Substratkristalle entscheidend beeinflussen können. Daß die Abscheidungsbedingungen des kathodischen Niederschlages einen weiteren wesentlichen Faktor darstellen, haben wir ebenfalls zeigen können.

Besonders weit reichen die Richtkräfte des Substrates, wenn sich der Niederschlag im Bereiche des „basisorientierten Reproduktionstyps" ausbildet. Unter günstigen Bedingungen kann sich der Einfluß der Unterlage hier noch über Niederschlagsdicken von 10^{-2} cm und weiter erstrecken.

Aber auch unter weniger günstigen Bedingungen sollte sich der Einfluß des Substrates um so eher bemerkbar machen, je mehr wir uns der Grenze Substrat/Niederschlag nähern. Wenn in *mikroskopischen* Dickenbereichen die bereits erörterten charakteristischen Wachstumsformen entstehen, so können sich in viel geringerem Abstand von der Unterlage, also im *submikroskopischen* Bereich, möglicherweise ganz andere, dem Substrat eher angepaßte oder sogar artgleiche Formen entwickeln.

Sehr aufschlußreiche Kenntnisse von der Art und Weise, wie ein Niederschlag in solchen extrem dünnen Filmen von etwa 10^{-5} bis 10^{-6} cm auf ganz verschiedenartigen Substraten aufwächst, verdanken wir den umfassenden Untersuchungen von FINCH und Mitarbeitern[1]. Zur Erforschung der Wachstumsformen in diesem stark unter dem richtenden Einfluß des Substrates stehenden Bereich bedient sich FINCH und seine Schule der Methode der Elektronenbeugung. Solche Untersuchungen haben nicht nur akademische Bedeutung. Ist doch mit ihnen die Frage eng verbunden, die den Galvanotechniker so sehr bewegt, ob die Abscheidungsbedingungen ein gutes Haften des Nieder-

---

[1] FINCH, G. I., WILMAN, H., u. H. YANG: Trans. Faraday Soc. Discuss. Electrode processes (1947) 144.

schlages auf der Unterlage gewährleisten. Daß im übrigen die Art der Ausbildung des Niederschlages in den ersten Sekunden auch bestimmt, wie sich sein Gefüge entwickelt, und wie somit seine Eigenschaften über viel größere Dicken hinweg ausfallen werden, muß ·nach unseren bisherigen Kenntnissen von der Elektrokristallisation einleuchten.

Abscheidung auf Einkristallen. Tab. 63 enthält Ergebnisse von FINCH, WILMAN und YANG[1], erhalten bei der Abscheidung von Kupfer auf Kupfer-Einkristallen. Als Substrat diente die elektrolytisch polierte und ganz leicht in 2%iger KCN-Lösung angeätzte (1 0 0)-Fläche oder die (1 1 1)-Fläche des Einkristalls.

Tabelle 63. *Kupferabscheidung auf Kupfer-Einkristallen.*

Substratfläche	Elektrolytzusammensetzung g/l		Temp. ° C	DK A/cm²	Elektrolysedauer	Abscheidungsformen
(1 0 0) el. pol.	$CuSO_4 \cdot 5\,H_2O$	200	20	$5 \cdot 10^{-4}$	100 sek	*S, K*
	H_2SO_4	30	20	$5 \cdot 10^{-4}$	250 sek	*S*, schwach *K*
(1 1 1)	Cu-Azetat $\cdot$ 2 H_2O	25				
	KCN	35	60	$5 \cdot 10^{-3}$	20 sek	*S, Z*, schwach *K*
	$Na_2SO_4 \cdot 10\,H_2O$	50				
	Na_2CO_3	10				

S = Kristallorientierung des Substrates wird fortgesetzt,
Z = Zwillingsbildung (oktaedrische Flächen),
K = KIKUCHI-Linien vorhanden (glatte Oberfläche und ungestörtes Gitter).

Daß ein Kupferniederschlag aus angesäuerter Kupfersulfatlösung beim Aufwachsen auf der Würfelfläche der Kupferunterlage von Anfang an das Gitter und Kristallorientierung des Substrates fortsetzt, bestätigen die röntgenographischen Untersuchungen selbst viel größerer Dickenbereiche von H. FISCHER, MATSCHKE und PAWLECK[2] (vgl. S. 458). Da die Abscheidungsbedingungen im Bereich des basisorientierten Reproduktionstyps liegen, ist dieses Ergebnis zu erwarten, wenngleich immerhin in der arteigenen Form dieses Typs unter den Abscheidungsbedingungen eine Anordnung bevorzugt ist, bei der sich nicht die (1 0 0)-Fläche, sondern die (1 1 0)-Fläche parallel zur Unterlage anordnet.

Allerdings kann man aus solchen Ergebnissen nicht mit Sicherheit schließen, ob die Unterlage tatsächlich im Sinne unserer Definition der Reproduktion (s. S. 451) fortgeführt wird. Vielmehr ist durchaus möglich, daß der Einkristall nicht als Ganzes weiterwächst, sondern daß kleinere Kupferkriställchen in der Orientierung des Substrates aufwachsen. Dies zeigen jedenfalls die Ergebnisse von TAMMANN und STRAUMANIS[3], die das elektrolytische Aufwachsen von Kupfer auf einem Kupfer-Einkristall im makroskopischen Bereich untersuchten und

---

[1] Substrat Cu in „Würfel-Lage", s. S. 507, Fußn. 1.
[2] s. S. 451, Fußn. 5.
[3] s. S. 469, Fußn. 2.

die Entwicklung kleiner Kriställchen beobachteten. Daß sich auch im Bereich von $2 \cdot 10^{-6}$ cm kleine Kriställchen abscheiden, scheint aus den abgeschwächten KIKUCHI-Linien des Elektronenbeugungsdiagramms hervorzugehen. Man muß daraus schließen, daß die Oberfläche des Einkristalls nach der Abscheidung nicht mehr so glatt ist wie vorher. Offenbar hat sich die Oberfläche mit kleinen Kristallen bedeckt (vgl. auch S. 470).

Bemerkenswert ist die Tatsache, daß auch die Kupferabscheidung aus dem komplexen Zyanidelektrolyten anfangs die Orientierung des Substrates fortsetzt. Dies Ergebnis ist nicht ohne weiteres zu erwarten, wächst doch der Kupferniederschlag in mikroskopischen Dicken unter solchen Bedingungen durchaus nicht in der Form des basisorientierten Reproduktionstyps, sondern je nach den Umständen im unorientierten Dispersionstyp oder, bei höherer Temperatur (wie hier), im feldorientierten Texturtyp. Allerdings wird die Orientierung des Substrates unvollkommen wiedergegeben. Es treten daneben oktaedrische Zwillinge auf, die den Übergang in eine andere Abscheidungsform andeuten. Außerdem fällt auch dieser Überzug rauh aus (abgeschwächte KIKUCHI-Linien).

Tab. 64 und 65 enthalten weitere Ergebnisse von THIRSK[1] sowie von FINCH, WILMAN und YANG[2], die die Autoren bei der Abscheidung von verschiedenen Metallen auf Kupfer- oder Eisen-Einkristallen erhielten.

Tabelle 64. *Metallabscheidung auf Kupfer-Einkristallen.*

Niederschlagsmetall	Substratfläche	Elektrolytzusammensetzung g/l		Temp. °C	DK A/cm²	Elektrolysedauer	Abscheidungsformen
Ag	(1 0 0), (1 1 0) regellosgeschnitten	AgCN KCN K_2CO_3	32,5 47 35	20 20	$1 \cdot 10^{-3}$ $2 \cdot 10^{-3}$	10 sek 45 min	*S, Z,* teilw. *r* *S, K*
Au	(1 1 1)	$NaAuCl_4$ KCN	1,85 17,5	20	$1 \cdot 10^{-3}$	10 min	*S, K*
Ni	(1 0 0)	$NiSO_4 \cdot 7\,H_2O$ H_3BO_3	60 30	50 50	$2 \cdot 10^{-3}$ $2 \cdot 10^{-3}$	30 sek 2,5 Std.	*S, Z,* schwach *r* *S,* schwach *K*
Co	(1 0 0)	$CoSO_4 \cdot (NH_4)_2$ $SO_4 \cdot 6\,H_2O$ 17,5 NaCl 17 H_3BO_3 45		20 50	$6 \cdot 10^{-3}$ $6 \cdot 10^{-3}$	20 min 20 min	(1 1 0) *S,* schwach *r*
Cr	verschieden	CrO_3 250 ··· 500 H_2SO_4 2,5 ··· 5,0		verschiedene Bedingungen			stets *r*
Cd	verschieden	CdO NCN	26 75	20···60	$1 \cdots 3 \cdot 10^{-2}$	versch.	stets *r*

---

[1] THIRSK, Ph. D.: Thesis (Univ. of London, 1939).
[2] s. S. 507, Fußn. 1.

Hier stimmen Niederschlags- und Substratmetall nicht mehr überein. (Abkürzungen s. teilweise Tab. 64, S. 509; r bedeutet regellos).

Auch bei diesen Untersuchungen handelt es sich meist um sehr geringe Schichtdicken von 10^{-5} cm. Man erkennt, daß das Substratgitter fortgesetzt wird, wenn die Gitterdimensionen von Niederschlags- und Substratmetall einander ähneln. Die Abweichungen sollten nicht größer als etwa $\pm 15\%$ sein. Bei größeren Abweichungen herrscht Zwillingsbildung vor (WILMAN[1]), oder der Niederschlag beginnt — bei gänzlicher Verschiedenheit der Gitter — sogleich ganz regellos oder auch in seiner arteigenen Form aufzuwachsen. Zwillinge scheinen sich nicht bloß bei abweichendem Gitter zu bilden. Vielleicht ruft auch mitabgeschiedener Wasserstoff diese Erscheinung hervor. Allerdings findet man Zwillinge selbst bei der Silberabscheidung mit praktisch 100%iger Stromausbeute aus komplexem Zyanid. Silber und Gold, aus Lösungen ihrer komplexen Zyanide abgeschieden, setzen das Substratgitter des Kupfers noch mehr oder weniger gut fort, obwohl sie sich in mikroskopischen Dickenbereichen durchaus nicht im basisorientierten Reproduktionstyp abscheiden. Auch Nickel paßt sich (bei $50°$ C) der (Kupfer-) Unterlage an. Dies Ergebnis steht im Einklang mit Beobachtungen an dickeren Schichten, unter ähnlichen Bedingungen abgeschieden (ELZE[2]). Kobalt scheidet sich bei $20°$ C auf der (1 0 0)-Ebene des Kupfers bereits mit der (1 1 0)-Fläche ab, während sich bei $50°$ C noch das Substratgitter fortsetzt.

Die Gitter des Chroms und des Kadmiums sind vom Gitter der Kupferunterlage so verschieden, daß die Niederschläge sich auf Kupfer offenbar von Anfang an regellos abscheiden.

Tabelle 65. *Metallabscheidung auf Eisen-Einkristallen.*

Niederschlagsmetall	Substratfläche	Elektrolytzusammensetzung g/l	Temp. °C	DK A/cm²	Elektrolysedauer	Abscheidungsformen
Cu . . .	(1 1 0)	wie in Tab. 64	60	$5\cdot10^{-3}$	versch.	stets r
Au . . .	(1 1 0)	wie in Tab. 64	20	$1\cdot10^{-3}$	100 sek	(0 0 1)
	(1 0 0)	wie in Tab. 64	20	$1\cdot10^{-3}$	100 sek	(0 1 0)
Ag . . .	(1 1 0)	wie in Tab. 64	20	$1\cdots2^{-3}$	versch.	(0 0 1)
Ni . . .	(1 1 0)	wie in Tab. 64	50	$2\cdot10^{-3}$	versch.	stets r
Cr. . . .	(1 1 0)	wie in Tab. 64	versch. Bedingungen			stets r

Das kubisch-raumzentrierte Gitter des Eisen-Einkristalls setzen die kubisch-flächenzentrierten Metalle Cu, Au, Ag, Ni unter diesen Bedingungen nicht fort. Entweder entsteht sogleich eine regellose Ab-

---

[1] WILMAN, H.: Proc. phys. Soc. (Lond.) **52**, 323 (1940).
[2] ELZE: s. S. 489, Fußn. 1

scheidungsform (Cu, Ni), oder es ordnet sich eine andere Fläche auf der
Fläche der Eisenunterlage an (Au, Ag). EVANS und HOPKINS[1] fanden
abweichend von FINCH, WILMAN und YANG, daß bei den Metallen
Kupfer und Nickel die (1 1 1)-Ebenen der aufgebrachten Kristalle parallel zu den (1 1 0)-Flächen der Eisenkristalle lagen. Chrom wächst auch
auf Eisen von vornherein regellos auf (vgl. Tab. 65). Hier wird das
Fehlen einer Kontinuität offenbar von den besonderen Abscheidungsbedingungen (Wasserstoffüberschuß!) bestimmt. Hexagonales Zink und
hexagonales Nickel wachsen nach EVANS und HOPKINS[1] mit der (0 0 0 1)-
Fläche auf der (1 1 0)-Fläche des Eisens auf.

Abscheidung auf polykristalliner Unterlage (mit Textur). Auch auf
polykristallinen Metallfolien mit gut ausgebildeter Walztextur [z. B.
(1 0 0) in der Oberfläche] aus Gold, Palladium oder Platin zeigen sich
ähnliche Gesetzmäßigkeiten des Aufwachsens wie auf den Einkristallen
(FINCH und SUN[2]). Eine derart bevorzugte Orientierung des Substrates
ähnelt auch bereits der Einkristallunterlage. Kupfer auf einer (1 0 0)-
Palladiumfolie und Kobalt auf einer (1 0 0)-Goldfolie setzen die Kristallorientierung des Substrates fort. Ebenso verhalten sich Kupfer, Nickel
und Kobalt auf einer (1 1 0)-Platinfolie. Eisenniederschläge passen sich
einer Gold- oder Palladiumfolie (1 0 0) in der Oberfläche an, indem sie
Würfelflächen senkrecht zur Unterlage stellen. Ähnlich orientieren sich
auch Nickelüberzüge auf einer (1 0 0)-Goldfolie.

Auf polykristallinen Substraten mit *einer* Vorzugsrichtung der
Kristalle setzt der Niederschlag die Orientierung der Unterlage im allgemeinen fort, wenn Niederschlag und Substrat annähernd die gleiche
Gitterdimension aufweisen. Für dünnste Schichten gilt dies selbst dann,
wenn nach den Abscheidungsbedingungen im *mikroskopischen* Bereich
andere Formtypen als der basisorientierte Reproduktionstyp entstehen.
Daß sich Kupfer und Nickel auf (1 1 1)-Gold nicht nur in der (1 1 1)-Orien-
tierung, sondern zugleich in der (1 0 0)-Orientierung abscheiden, führen
FINCH und SUN auf eine Störung durch mitabgeschiedenen Wasserstoff
zurück. Eine solche Störung macht sich aber bei der Abscheidung von
Nickel auf dem Kupfer-Einkristall nicht bemerkbar (vgl. Tab. 64),
offenbar, weil hier die Gitterdimensionen besser zueinander passen.

Unterscheiden sich die Gitterdimensionen von Niederschlag und
Substrat (mit bevorzugter Kristallorientierung) merklich, so suchen sich
die Niederschlagskristalle immerhin in manchen Fällen so gut wie möglich
an die Orientierung der Unterlage anzupassen, indem sie wenigstens
eine ähnliche Orientierung annehmen (FINCH, WILMAN und YANG[3]).

---

[1] EVANS, D. J., u. M. R. HOPKINS: J. Electrodepositors' techn. Soc. 28 (1952)
Adv. Copy Nr. 8.
[2] FINCH, G. I., u. G. H. SUN: Trans. Faraday Soc. 32, 852 (1936).
[3] s. S. 507, Fußn. 1.

Auf (1 1 1)-Eisen (kubisch raumzentriert) wachsen z. B. (1 1 0)-Nickel- oder Kupferniederschläge (kubisch flächenzentriert), auf (1 1 1)-Gold (kubisch flächenzentriert) (1 1 0)-Eisen- oder (1 1 0)-Zinniederschläge (tetragonal) auf. Die (1 1 0)-Nickel- oder Kupferniederschläge wachsen auch in dicken Schichten weiter. Auf (1 1 0)-Gold scheidet sich (1 0 0)-Eisen ab. COCHRANE[1] findet ein paralleles Wachsen der (1 1 0)-Fläche des Chroms (kubisch raumzentriert) mit der (1 1 1)-Fläche von Kupfer (kubisch flächenzentriert). Offenbar ist das Aufwachsen von (1 1 0)-Flächen auf (1 1 1)-Flächen und umgekehrt charakteristisch für die Anpassung des kubisch-raumzentrierten an das kubisch-flächenzentrierte Gitter, denn die beiden Flächen haben etwa die gleiche Atomanordnung.

Substrat ohne Orientierung. Regellos orientierte, polykristalline Unterlagen ergeben nach FINCH und SUN[2] meist auch regellose Kristallanordnung in den submikroskopischen Randgebieten des Niederschlages nächst der Substratoberfläche. Ist die Oberfläche des Substrates mechanisch poliert, so entsteht auf ihr selbst in dünnsten Filmen nur ein regellos orientierter Niederschlag. Das gilt nach FINCH und SUN z. B. von dünnsten Niederschlägen des Kupfers, Nickels, Zinks, Messings, Goldes, Platins, Wismuts und Zinns auf mechanisch poliertem Kupfer oder Niederschlägen des Nickels und Goldes auf entsprechend polierter Nickelunterlage, ja selbst von Gold auf ebenso poliertem Gold. Mit zunehmender Dicke orientieren sich die Kristalle im Bereich *mikroskopischer* Abmessungen meist in eine bevorzugte arteigene Richtung.

Nach FINCH, WILMAN und YANG[3] scheinen die Substratatome in der amorphen, mechanisch polierten Oberflächenschicht die Niederschlagsatome der ersten Netzebenen stark zu adsorbieren. FINCH und SUN[2] vermuten sogar eine Auflösung der ersten Atomlagen des Niederschlages in der amorphen Substratoberfläche. Sie führen dazu an, daß z. B. Zink, auf mechanisch poliertem Kupfer abgeschieden, erst nach drei oder mehr Minuten Elektrolysedauer das Elektronenbeugungs-Diagramm der kristallinen Form gebe, während man dieses Diagramm bei Abscheidung des Zinks auf einer kristallinen Kupferoberfläche schon nach 30 sek währender Abscheidung findet.

Allerdings darf man nicht vergessen, daß der amorphe Zustand der mechanisch polierten Metalloberfläche nicht allein die Folge eines Zertrümmerns der Kristalle bei mechanischer Bearbeitung ist. Bei diesem Prozeß werden auch Reste des organischen oder anorganischen Poliermittels in die Oberfläche eingelagert. Solche regellos verteilten Fremdstoffteilchen verhindern, daß sich die ebenso regellos verstreuten Atomgruppen des Substratmetalls zu kristallinen Bereichen ordnen.

---

[1] COCHRANE, W.: Proc. phys. Soc. **48**, 723 (1936).
[2] s. S. 511, Fußn. 2.
[3] s. S. 507, Fußn. 1.

Denn die Atome des Niederschlages finden noch keine geordneten Gitterbereiche vor, an die sie sich anpassen könnten. Auch sie werden sich daher in den ersten Schichten unter Bildung submikroskopischer Keime ganz ungeordnet verteilen, sofern die Keime nicht die Tendenz haben, zu größeren Gebilden anzuwachsen. So entstehen entweder amorphe oder bereits kristalline Niederschlagsfilme, in denen aber die sehr kleinen Kristalle regellos verteilt sind.

Auf amorphen (nicht polierten) Niederschlägen aus Arsen oder Antimon wachsen Gold, Kupfer, Nickel, Eisen und α-Messing von Anfang an mit arteigener Orientierung auf (FINCH und SUN[1]). Diese Orientierung richtet sich nach den Abscheidungsbedingungen, vornehmlich nach der Elektrolytzusammensetzung. Im Gegensatz zu einer durch Polieren amorph gemachten Oberfläche übt hier das an sich amorphe Substrat keine wesentlichen Richtkräfte auf die Atome des Niederschlages aus. (Anscheinend reagieren die genannten höher schmelzenden Metalle auch nicht unter Bildung von Arseniden oder Antimoniden.) Ganz ohne Wirkung auf Kristallgröße und Orientierung der ersten Schichten des Niederschlages scheinen aber auch die amorphen Substrate aus Arsen oder Antimon nicht zu sein, doch weicht dieser geringe Einfluß offenbar besonders rasch dem Einfluß der Elektrolysebedingungen (FINCH[2]).

Völlig inaktiv sind jedoch nach FINCH[2] Unterlagen aus Halbleitern, wie z.B. die Basisflächen von Siliziumkarbid-Kristallen Si_2C. Hier wachsen die Niederschläge selbst in dünnsten Lagen in der arteigenen Wachstumsform auf, allein von den Abscheidungsbedingungen bestimmt. Das ist z. B. bei Eisen, Kupfer, Silber der Fall, die sich je nach den Abscheidungsbedingungen in der arteigenen Form des feldorientierten Isolationstyps oder des basisorientierten Reproduktionstyps abscheiden. Die feldorientierten Formen des FJ-Typs haften schlecht auf der Unterlage. Auch sie scheinen bevorzugt orientiert zu sein. So wachsen isolierte Eisenkristalle in Fasertextur, in der die (1 1 1)-Achse senkrecht zur Unterlage steht. Für Kupfer und Silber ist die korrespondierende Faserachse (1 1 0).

Beim Aufwachsen in der arteigenen Form des basisorientierten Reproduktionstyps findet FINCH[2] für sehr dünne Schichten kubisch-flächenzentrierter Metalle wie Kupfer, Silber, Nickel im allgemeinen eine (1 1 1)-Orientierung. [Bei mikroskopisch dicken Schichten beobachtet man hingegen oft die (1 1 0)-Textur (H. FISCHER, MATSCHKE und PAWLEK[3].)] Kubisch-raumzentrierte Metalle, wie z. B. Eisen, wachsen im arteigenen BR-Typ meist mit der (1 1 0)-Textur auf.

So finden wir also für dünnste Niederschlagsschichten mit wenigen Ausnahmen einen deutlichen Einfluß der Unterlage auf Gitterstruktur und Orientierung der Niederschlagskristalle. Damit löst sich das Rätsel des guten Haftens der galvanischen Überzüge, das viele Jahre hindurch Gegenstand von unbestimmten Vermutungen war. Übrigens ändern sich trotz der engen Anpassung der ersten Niederschlagsschichten an die Unterlage die Gitterdimensionen der Niederschlagsmetalle nicht, wie SUN[4] nachgewiesen hat. Unabhängig von der Natur des Substrates,

---

[1] s. S. 511, Fußn. 2.
[2] s. S. 436, Fußn. 2.
[3] s. S. 451, Fußn. 5.
[4] SUN: Ph. D. Thesis (Univ. of London, 1935).

ob polykristallin, regellos oder bevorzugt orientiert usw., fand SUN für alle untersuchten Niederschlagsmetalle normale Gitterkonstanten mit nur $\pm 0{,}2\%$ Abweichungen. Das gilt z. B. für Platin auf Silber und Gold, Zink auf Kupfer, Nickel und Kupfer auf Gold, Chrom auf Gold, Kupfer und Eisen auf Nickel, Kupfer und Nickel auf Platin, Eisen und Kupfer auf Palladium.

2.39.2 Metallniederschläge mit rhythmisch-lamellarem Gefüge.

Betrachtet man die Querschliffe kompakter Metallniederschläge, namentlich solcher vom feldorientierten Texturtyp oder vom unorien-

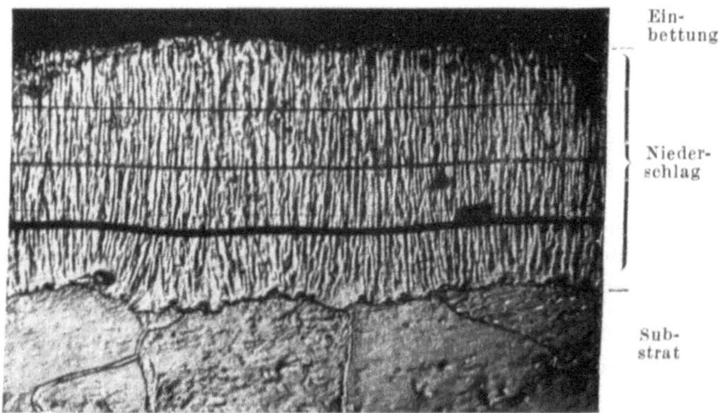

Abb. 207. Querschliff eines Glanz-Nickelniederschlages mit rhythmisch-lamellarem Gefüge; V = 600fach.

tierten Dispersionstyp, näher unter dem Lichtmikroskop, so findet man nicht selten parallel zur Unterlage eine Lamellierung des Gefüges, wobei die einzelnen Lamellen periodisch miteinander abwechseln. Dieser geschichtete Aufbau ist nicht mit der Aufteilung des einzelnen Realkristalls in übereinandergeschichteten Wachstumslamellen (vgl. S. 406) zu verwechseln. Abgesehen davon, daß die Wachstumslamellen gewöhnlich bedeutend dünner sind (meist um ein bis zwei Größenordnungen), verlaufen die Grenzen der viel dickeren Lamellen des Niederschlages quer durch den ganzen Niederschlag parallel zur Unterlage, ohne sich im geringsten nach der Lage der einzelnen Kristalle zu richten.

Abb. 207 gibt die Mikroaufnahme eines Querschliffes durch einen Nickelniederschlag mit rhythmisch lamellarem Gefüge wieder. Es handelt sich um einen hochglänzenden Niederschlag auf Carbonyl-Eisen, abgeschieden bei $2 \cdot 10^{-2}\,\mathrm{A/cm^2}$ und $30^\circ\,\mathrm{C}$ aus $NiSO_4$-Lösung $+$ $+\,NiCl_2$ und Borsäure mit einem handelsüblichen organischen Glanzzusatz (unveröffentl. Aufnahme).

Solche Niederschläge mit periodischer Lamellierung findet man nicht nur fast immer unter den Glanzüberzügen (vgl. S. 546), sondern überhaupt bei Abscheidung elektrolytischer Metallüberzüge in Gegenwart wirksamer Inhibitoren, wobei es sich um primäre oder auch um sekundäre Inhibition handeln kann (H. Fischer[1] und Elze[2]). Des weiteren hat Raub[4] rhythmisch lamellares Gefüge an vielen kathodischen Niederschlägen aus Legierungen beobachtet, womit er einen schon früher in Einzelfällen gemachten Befund von W. R. Meyer und Phil-

Abb. 208. Querschliff durch einen Niederschlag, bestehend aus einer Blei-Silber-Legierung. (Nach Raub[4].) V = 300fach.

lips[3] bestätigt. Abb. 208 zeigt einen Querschliff durch einen Niederschlag aus einer Blei-Silber-Legierung (nach Raub[4]).

Der Art des Gefüges nach weisen die Lamellen periodisch wechselnd zwei verschiedene Strukturen auf. Bevorzugt sind dabei das faserige Gefüge des feldorientierten Texturtyps und das regellose Gefüge des unorientierten Dispersionstyps. Es kann aber auch nur einer der beiden Typen, verschieden stark ausgeprägt, vorkommen. Ob auch der basisorientierte Reproduktionstyp vertreten sein kann, ist bislang noch nicht bekannt, wie überhaupt unsere Kenntnis solcher rhythmischen Abscheidungsformen noch äußerst lückenhaft ist. Je nach dem Metall und nach den Abscheidungsbedingungen kann die Dicke der Lamellen sehr verschieden ausfallen. Außerdem können in ein und demselben

---

[1] Fischer, H.: Kolloid-Z. **106**, 50 (1944).

[2] Elze, J.: Dissert. Techn. Univ. Berlin 1952.

[3] Meyer, W. R., u. A. Phillips: Trans. Amer. Electrochem. Soc. **73**, 377 (1938).

[4] Raub, W.: Metalloberfläche **7 A**, 17 (1953).

Niederschlag die beiden Lamellentypen in der Dicke ebenfalls voneinander abweichen. SIEVERTS und WIPPELMANN[1] und GRUBE und REUSS[2], wohl die ersten Autoren, denen wir eine genauere Beschreibung solcher rhythmischen Anordnungen verdanken, fanden in Kupferniederschlägen, aus sauren $CuSO_4$-Lösungen in Gegenwart von Gelatine abgeschieden, Schichtdicken von etwa 5 μm.

Nach SIEVERTS und WIPPELMANN scheint der Vorgang einer Bildung parallel angeordneter, kolloidreicher Schichten im Wechsel mit kolloidarmen an einen Mindestbetrag der Kolloidkonzentration und der Stromdichte gebunden zu sein. So setzt z. B. bei einer Cu-Abscheidung aus 2n-$CuSO_4$-Lösung ($+6{,}9\,g/1H_2SO_4$) bei Zimmertemperatur, $4\cdot10^{-2}\,A/cm^2$, die Schichtenbildung in Gegenwart von Gelatine von einem Zusatz von $0{,}02\,g/l$ an ein; in Gegenwart von Eiweiß sind zur Schichtenbildung etwa $0{,}1\,g/l$ nötig. Das negativ geladene Kolloid Gummi arabicum ruft bei gleicher Stromdichte überhaupt keine Schichtstruktur hervor; allerdings vermögen $1\,g/l$ bei sehr hohen Stromdichten von $20\,A/cm^2$ Schichten zu bilden, wobei sekundär gebildetes $Cu(OH)_2$ mitwirken dürfte.

In glänzenden Nickelniederschlägen beobachtet man meist Lamellendicken zwischen etwa 2 und 5 μ, es sind aber auch noch größere oder geringere Dicken zu erkennen. Oft entgehen übrigens die Lamellen der Beobachtung, denn die Schärfe ihrer Wiedergabe im Schliffbild hängt auch von den Ätzbedingungen ab. So erkennt man die Grenze einer Schicht manchmal nur an dem gleichzeitigen Aufhören des Wachstums von Kristallen und Subindividuen.

In welchem Maße sich die Lamellendicke bei längerer Elektrolysedauer verändert, ist bisher nicht systematisch untersucht worden. Sie scheint zuzunehmen, doch dürfte dies ganz von den Abscheidungsbedingungen abhängen.

Daß die periodische Bildung der beiden voneinander verschiedenen Lamellen von einer entsprechenden Änderung der Abscheidungs-GALVANI-Spannung begleitet sein sollte, leuchtet ein. Bereits GRUBE und REUSS[2] haben solche periodischen Potentialänderungen bei der Cu-Abscheidung aus n-$CuSO_4$-Lösung $+ 0{,}1$ n-H_2SO_4 bei $3\cdot10^{-2}\,A/cm^2$ und 23 bis $25°$ C in Gegenwart von $0{,}5\,g/$. Gelatine nachgewiesen. Auch W. R. MEYER und PHILLIPS[3] konnten zeigen, daß eine periodische Struktur von Kupferniederschlägen, abgeschieden in Gegenwart von 0,01 bis $0{,}1\,g/l$ Blei oder Kadmium bei $1\cdot10^{-3}\,A/cm^2$ aus zyanidischen Kupferbädern, mit den üblichen Änderungen der Abscheidungs-GALVANI-Spannungen zusammenfällt. Unsere Kenntnis von den offensichtlich

---

[1] SIEVERTS, A., u. W. WIPPELMANN: Z. anorg. Chem. **91**, 1, 35 (1915).
[2] GRUBE, G., u. V. REUSS: Z. Elektrochem. **27**, 45 (1921).
[3] s. S. 515, Fußn. 3.

bestehenden Zusammenhängen ist allerdings vorläufig äußerst dürftig. Eine experimentell und theoretisch genügend fundierte Theorie über den Mechanismus des schichtweisen Wachsens kathodischer Metallniederschläge besteht vorläufig noch nicht. Eine Deutung, seinerzeit von GRUBE und REUSS[1] gegeben, befriedigt uns heute nicht mehr. Jedenfalls scheinen für das Zustandekommen des rhythmisch-lamellaren Gefüges folgende Voraussetzungen notwendig zu sein (H. FISCHER[2]):

1. Es müssen sich an der Kathode mindestens zwei oder — im Falle der Legierungen — mindestens drei Ionenarten zugleich abscheiden können, wobei eines der Ionen stets ein Wasserstoffion ist.

2. Wasserstoff muß sich *periodisch* in stärkerem Maße abscheiden.

3. Während der Elektrolyse befindet sich ein Fremdstoff-Adsorptionsfilm auf der Kathodenoberfläche, der z. B. aus sekundär im Kathodenfilm gebildeten Kolloidteilchen und/oder dem Elektrolyten zugesetzten, wirksamen Inhibitoren bestehen kann.

4. In den Poren des Adsorptionsfilmes muß die Konzentration der einen Ionenart (Metallionen) periodisch abnehmen und wieder anwachsen.

Ein Nickelniederschlag mit rhythmisch-lamellarem Gefüge, z. B. ein Glanzüberzug, entsteht unter diesen Voraussetzungen etwa nach folgendem Mechanismus: Unter starker primärer Inhibition durch den Glanzzusatz, verbunden mit sekundärer Inhibition (vgl. S. 293), scheidet sich zunächst Nickel mit einem sehr geringen Anteil an Wasserstoff ab. In den Poren des Adsorptionsfilmes verarmt jedoch die Konzentration an Nickelionen rasch. In gleichem Maße müssen sich vermehrt Wasserstoffionen entladen. Die Gasblasen durchmischen den Kathodenfilm, was verstärkten Nachschub von Nickelionen zur Kathode bewirkt. Für kurze Zeit reicht die Konzentration an Nickelionen wieder aus, um — wie am Anfang — einen wasserstoffarmen Nickelniederschlag abzuscheiden. Damit beginnt das Spiel von neuem: Verarmung an Ni^{2+}-Ionen, Wasserstoffentwicklung, verstärkter Ni^{2+}-Ionennachschub, erneute Nickelabscheidung usw. Die beiden Nickelschichten, die sich abwechselnd niederschlagen, werden sich im Gefüge, im Gehalt an mitabgeschiedenem Inhibitor und im Wasserstoffgehalt unterscheiden (wobei sich jedoch die Wasserstoffkonzentration im Niederschlag durch Diffusion bald ausgleichen wird). Der wasserstoffarme Nickelniederschlag dürfte unter stärkerer Inhibition entstehen als der wasserstoffreichere, denn mit vermehrter Wasserstoffabscheidung wird die sekundäre Inhibition zunehmen. Abb. 209a (nach ELZE[3]) läßt das Gefüge der beiden Nickelschichten im Querschliff deutlich erkennen. Es handelt sich um die Randpartie eines Nickel-

---

[1] s. S. 516, Fußn. 2.
[2] s. S. 515, Fußn. 1.
[3] s. S. 515, Fußn. 2.

niederschlages, abgeschieden aus einem $NiSO_4$-Elektrolyten (WATTS-Bad, s. S. 626) mit einem Zusatz von $1 \cdot 10^{-3}$ mol/l Thioharnstoff. Bemerkenswert ist das Fehlen der Schichtstruktur in der Mitte des Niederschlages (Abb. 209b). Offenbar kommt das lamellare Wachstum am Rande erst bei der dort (infolge geringer Streuung) höheren Stromdichte zustande. Erst bei der höheren Stromdichte verarmen die Poren des Adsorptionsfilmes periodisch in dem notwendigen Maße an den Nickelionen, auch wird bei der höheren Stromdichte kolloides Nickelhydroxyd, sekundär in größerer Menge entstehend, den Adsorptionsfilm verstärken.

In ähnlicher Weise kann man sich auch das Entstehen von rhythmisch lamellierten Legierungsniederschlägen vorstellen. Nehmen wir z. B. im Elektro-

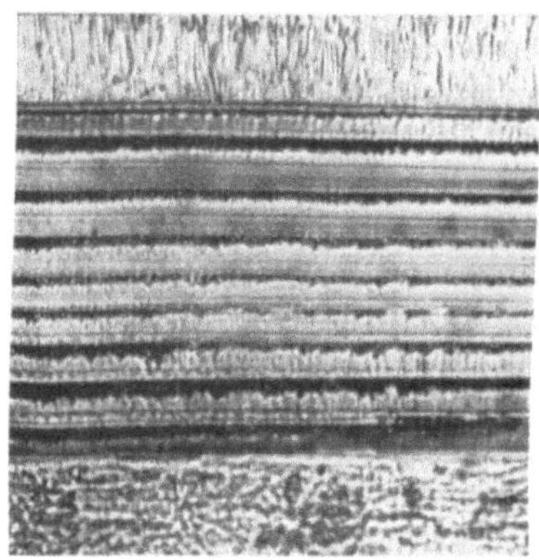

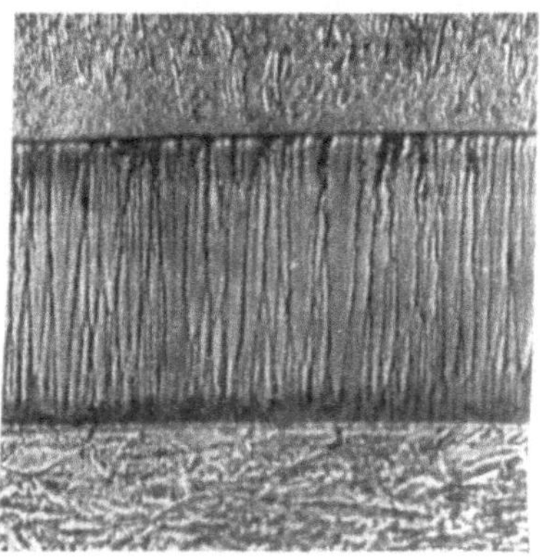

Abb. 209a. Querschliff durch die Randpartie eines Nickelniederschlages, abgeschieden aus dem WATTS-Bad mit Thioharnstoffzusatz. (Nach ELZE, s. S. 515, Fußn. 2.) V = 400 fach.

Abb. 209b. Querschliff durch die Mittelpartie des Niederschlages Abb. 209a.

lyten die beiden Metallionenarten Me_1^+ und Me_2^+ an, von denen sich Me_1^+ (in geringerer Konzentration vorhanden) bei einer positiveren GALVANI-Spannung abscheidet als Me_2^+. Ein Grenzstromdichtebereich zwischen den beiden GALVANI-Spannungen kann die zu erwartenden Unterschiede noch verschärfen. Für den Mechanismus der Abscheidung erscheint dann etwa folgendes Schema möglich:

1. Überwiegende (oder alleinige) Entladung der Me_1^+-Ionen;

2. Verarmung der Me_1^+-Ionen in den Poren eines Adsorptionsfilmes (z. B. durch sekundäre Inhibition entstanden);

3. überwiegende (oder alleinige) Abscheidung von Me_2^+ evtl. unter Überschreiten eines Grenzstromdichtebereiches für Me_1^+;

4. Wasserstoffentwicklung unter Aufrühren des Kathodenfilmes;

5. Wiederantransport der Me_1-Ionen und ihre (überwiegende) Abscheidung;

6. wie 2. usf.

Dicke Überzüge sind manchmal sehr grobschichtig; teilweise beobachtet man aber auch feinlamellare Schichten mit einer Lamellendicke in der Größenordnung von etwa 1 μm.

2.4 Mitabscheidung von nichtmetallischen Fremdstoffen im kathodischen Metallniederschlag.

2.41 Theorie des Abscheidungsmechanismus.

Die Erfahrung hat gelehrt, daß elektrolytische Metallniederschläge fast immer nichtmetallische Fremdstoffe in mehr oder weniger merklicher Menge enthalten können. Je nach der Zusammensetzung des Elektrolyten und den Elektrolysebedingungen können sich bestimmte Bestandteile des Elektrolyten in den Niederschlag einlagern, z. B. Kationen und Anionen, bestimmte dem Bade zugesetzte organische Kristalloide oder Kolloide, Metalloxyd oder -hydroxyd. Auch können sich Produkte der elektrochemischen Reaktion an der Kathode in Form von Salzen, organischen Verbindungen oder Kolloiden, auch Gase, wie hauptsächlich Wasserstoff, zusammen mit dem Metallniederschlag abscheiden.

FUSEYA und MURATA[1] vertreten die Ansicht, daß alle Stoffe, die die Entstehung des kathodischen Niederschlages und seine Eigenschaften wirksam beeinflussen, in mehr oder minder bedeutendem Maße in den kathodischen Niederschlag eingebaut werden können. Wir haben in den voraufgegangenen Abschnitten die vielfältigen Zusammenhänge zwischen kathodischer Abscheidung und der Rolle der verschiedenen Elektrolytbestandteile kennengelernt. Somit ist ein Bestandteil des Elektrolyten kathodisch wirksam, wenn er die Abscheidungsform des Niederschlages, also Gefüge und Feinbau, beeinflußt, wenn er — meist in Parallele dazu — die Polarisation verändert oder, wenn er schließlich auf bestimmte Eigenschaften des Niederschlages, wie Festigkeit, Härte, Dehnung, Glanz, Reflexionsvermögen, Auflösungsgeschwindigkeit usw., einwirkt. Alle diese Wirkungen können in erster Linie auf Inhibition beruhen. Inhibitoren haben demnach die meisten Aussichten, eingebaut zu werden.

Die Regel von FUSEYA und MURATA scheint in der Tat gut mit den bisher bekannten experimentellen Tatsachen übereinzustimmen. Man wird sie ohne weiteres plausibel finden, werden doch die inhibitorisch wirksamen Stoffe gewöhnlich Bestandteile der starren HELMHOLTZschen Doppelschicht (vgl. S. 61 ff.) bilden. Wahrscheinlich werden sie die innerste Region dieser Schicht besetzen, wo sie mit den Lösungsmittel-

---

[1] FUSEYA, G., u. K. MURATA: Trans. Amer. Electrochem. Soc. **50**, 235 (1926).

molekeln (H_2O) konkurrieren. Für einen Einbau in den Metallniederschlag dürfte eine solche unmittelbare Nachbarschaft zur Kathodenoberfläche notwendig sein.

BLUM und RAWDON[1] sehen folgende vier Vorgänge als mögliche Ursachen für die Mitabscheidung, namentlich von Kolloiden, an:

1. Adsorption der Fremdstoffe; 2. elektrostatische Anziehung von Fremdstoffen mit positiver Ladung; 3. Entladung komplexer Ionen, bestehend aus Metall und Fremdstoff (z. B. auch Schutzkolloide); 4. mechanischer Einschluß des Fremdstoffes im Niederschlag.

Für ein Mitwirken der Adsorption bei der Mitabscheidung sprechen zweifellos eine Anzahl gewichtiger Gründe. Dabei können sich für die Bindungsfestigkeit des adsorbierten Stoffes am Adsorbens natürlich alle möglichen Abstufungen ergeben, z. B. von der Bindung durch VAN DER WAALSsche Kräfte, durch COULOMBsche Kräfte bis selbst zur chemischen Bindung (Chemosorption).

Die Adsorptionstheorie findet in dem Verhalten der wirksamen Stoffe bei erhöhter Konzentration eine besondere Stütze. Wie wir noch sehen werden (vgl. S. 539), nimmt die eingebaute Stoffmenge mit steigender Konzentration nicht kontinuierlich zu, sondern erreicht meist bei einer bestimmten Konzentration eine Grenze, die nunmehr bei weiterem Steigern nicht mehr überschritten wird. Offenbar handelt es sich hier also um eine adsorptive Sättigung der Oberfläche mit dem Fremdstoff.

Kennzeichnend für einen Adsorptionsvorgang ist auch der unverkennbare Einfluß der Molekelgröße des wirksamen Stoffes (vgl. S. 524), wissen wir doch, daß die Adsorptionsintensität ebenso wie die kathodische Wirksamkeit der Stoffe mit wachsendem Molekulargewicht zunimmt.

Ebenso kann eine Parallele zwischen Adsorptionsrückgang und Abnahme der eingebauten Substanzmenge bei erhöhter Temperatur (vgl. S. 542) als ein weiterer Beleg für die Adsorptionstheorie angesehen werden.

Bei der Wirkung von Kolloiden hat sich gezeigt, daß man mit der Goldzahl — als charakteristischem Maßstab für Adsorptionsneigung (vgl. S. 288) — die inhibitorische Wirksamkeit und den Einbau gleichermaßen beurteilen kann. Kolloide mit niedriger Goldzahl, wie Eiweißstoffe, also besonders wirksame Adsorptiva, werden in bedeutend stärkerem Maße eingebaut als solche mit hoher Goldzahl, z. B. Dextrin, Gummi arabicum usw.

Eine Besonderheit mancher Kolloidsole ist ihre Neigung zum Altern. Sie erleiden mit der Zeit einen Adsorptionsrückgang, offenbar als Folge von Schrumpfungs- oder Entquellungsvorgängen in der Kolloidmizelle. Ebenso wie sich nun die Adsorption von Gelatinesolen mit ihrem Alter abnimmt, verringern sich, wie JACQUET[2] fand, parallel hierzu auch die inneren Spannungen des in Gegenwart

---

[1] BLUM, W., u. H. S. RAWDON: Trans. Amer. Electrochem. Soc. 44, 397 (1923).
[2] JAQUET, M. P.: C. r. 194, 456 (1932); 195, 952 (1932).

dieser Sole abgeschiedenen Metallniederschlages. Dem Alter der Sole entsprechend läßt zugleich ihre Fähigkeit nach, Schutzkolloide zu bilden (MENZ[1]). Diese Zusammenhänge sprechen wiederum dafür, daß der Einbau von Gelatine in den Niederschlag, als Ursache seiner inneren Spannungen, auf Adsorption beruht.

Besteht also nach dieser Reihe von Argumenten wohl große Wahrscheinlichkeit, daß eine adsorptive Bindung den Einschluß von Fremdstoffen im Kathodenmetall wesentlich erleichtert, so kann in manchen Fällen immerhin noch die zweite oder dritte von BLUM und RAWDON erwähnte Möglichkeit, nämlich elektrostatische Anziehung oder gemeinsame kathodische Abscheidung von Fremdstoffen und Metallkationen (bei Kolloiden u. U. Kataphorese) oder Entladung von Komplexionen hinzukommen. Soweit Fremdstoffe positive Ladung tragen, dürfte ein verstärktes Haften an der Kathode vermöge COULOMBscher Kräfte das Einlagern begünstigen[2]. Hierfür, wie auch für die Abscheidung von Komplexionen, spricht, wie in manchen Fällen beobachtet, daß sich die Fremdstoffe bei erhöhter Stromdichte in zunehmendem Maße einlagern (vgl. S. 535). Auch der Einfluß einer Umladung mancher hydrophilen Kolloide oberhalb oder unterhalb des isoelektrischen Punktes, namentlich bei Gelatine beobachtet (vgl. S. 115), dürfte als Argument für die gemeinsame kathodische Abscheidung von positiv geladenen Fremdstoffen und Metallkationen gelten.

Daß aber ohne Zweifel Adsorption den größeren Einfluß auf den Einbau der Fremdstoffe besitzt als elektrostatische Anziehung, dürfte der Rückgang der eingebauten Fremdstoffmenge mit einer Erhöhung der Temperatur beweisen, sollte doch die Menge der Fremdstoffeinschlüsse bei bloßer elektrostatischer Anziehung kaum von einer Änderung der Elektrolyttemperatur abhängen.

Für ungeladene oder negativ geladene Bestandteile scheiden elektrostatische Anziehung oder kathodische Mitabscheidung von vornherein aus. In diesem Falle kann man nichts anderes als Adsorption oder mechanischen Einschluß der Fremdstoffe annehmen.

Eine Entladung komplexer Ionen, aus Metall und Fremdstoff bestehend, mag in besonderen Fällen möglich sein. Man kann dabei an die Hypothese der Abscheidung komplexer Kationen von GLAZOUNOV (vgl. S. 178) denken. Bei höherer Stromdichte sollte sich Fremdsubstanz auch hier leichter einbauen.

Wie schon weiter oben ausgeführt, besteht in besonderen Fällen auch die Möglichkeit, daß sich positiv geladene Schutzkolloide einlagern, die z. B. aus einem organischen hydrophilen Kolloid und hydrophobem

---

[1] MENZ, W.: Z. phys. Chem. **66**, 129 (1909).

[2] Bei manchen Metallen kann bei niedrigen Stromdichten der Ladungsnullpunkt (vgl. S. 51) noch unterschritten bleiben. Die Kathode ist noch positiv geladen und bindet dann vorzugsweise negativ geladene Fremdstoffe.

kolloidem Metallhydroxyd bestehen. Der hohe Gehalt an Oxyd neben organischem Kolloid mancher Metallniederschläge, abgeschieden aus nur schwach saurer, fast neutraler Lösung, macht eine solche Vermutung wahrscheinlich. Überhaupt wird die Anwesenheit von kolloidem Metallhydroxyd (oder z. B. auch von Metallzyanid) in unmittelbarer Nähe der Kathodenoberfläche den verstärkten Miteinbau anderer Inhibitoren fördern (vgl. S. 296 oder z. B. auch den Verstärkungseffekt bei sekundärer Inhibition, S. 293).

Gegen die vierte Annahme (vgl. S. 520), bei der Mitabscheidung von Fremdstoffen handele es sich lediglich um einen rein mechanischen Einschluß, demnach ganz zufälliger Natur, sprechen alle Argumente, die die Adsorptionstheorie stützen. Man darf vermuten, daß ein Vorgang dieser Art nur selten auftreten wird. Mit der Regel von Fuseya und Murata, daß sich der Einbau auf die auch sonst kathodisch wirksamen Stoffe beschränkt, läßt sich bloßer mechanischer Einschluß überhaupt nicht vereinen. Eine solche mechanische Okklusion sollte vielmehr ganz regellos bei beliebigen Stoffen und Stoffgruppen möglich sein.

Schloetter[1] hat vermutet, die Fremdstoffe könnten in das Kristallgitter eingebaut werden und änderten dabei den Abstand zwischen den Metallatomen. Unter diesen Umständen sollten sich sogar sonst nicht auftretende allotrope Modifikationen bilden können. Wie Raub[2] bemerkt, bieten diese Vorstellungen unüberwindliche Schwierigkeiten. Denn nach unserer bisherigen Erfahrung dürften sich so große Gebilde, wie Kolloide oder auch nur große Ionen, wie das Jodion oder das Bromion, kaum zwischen die Metallatome lagern können, da für sie überhaupt kein Platz im Gitter ist.

Wäre aber eine derartige Einlagerung möglich, so müßte sie das Gitter sehr stark aufweiten. Sie sollte sich leicht auch mit Hilfe der Feinstrukturanalyse durch Debye-Scherrer-Aufnahmen nachweisen lassen.

Alle Versuche, eine solche Gitteraufweitung röntgenographisch aufzufinden, sind bisher negativ ausgefallen. Zum Beispiel konnte sie weder Glocker und Hendus[3] im sog. explosiblen Antimon (s. S. 612) finden, noch Raub[2] beim Einbau von organischen oder anorganischen Säureanionen im Kupfer oder Silber, noch schließlich Elze[4] bei der Untersuchung von Kupfer- und Nickelniederschlägen mit eingebauten organischen Inhibitoren.

---

[1] Schloetter, M.: Z. Metallkde. 27, 236 (1935) — Korrosion u. Metallschutz 17, 117 (1941); 18, 244 (1942).

[2] Raub, E.: Z. Metallkde. 39, 33 (1948).

[3] Glocker, R., u. H. Hendus: Z. Elektrochem. 48, 327 (1942). — H. Hendus: Z. Phys. 119, 265 (1942).

[4] Elze, J.: Dipl. Arbeit., Techn. Univ. Berlin 1952.

Die kompakten Metallniederschläge mit analytisch nachweisbaren Gehalten an eingebauter Fremdsubstanz scheiden sich meist im feldorientierten Texturtyp (vgl. S. 470ff.) oder — bei hohen Fremdstoffgehalten — im unorientierten Dispersionstyp (vgl. S. 485) oder auch im rhythmischen Typ (vgl. S. 514) ab. Verschiedene Anzeichen, wie z. B. die besonders scharfe lichtmikroskopische Wiedergabe selbst der Subindividuen des Kristallgefüges solcher Niederschläge im geätzten metallographischen Schliff, deuten an, daß die Verunreinigungen nicht regellos eingebaut sind. Wahrscheinlich werden sie hauptsächlich an den Korngrenzen und vor allem auch an den Grenzen der Mosaikblöcke (z. B. auch längs den Fasern der feldorientierten Anordnung) eingelagert.

2.42 Einfluß der Stoffart.

2.42.1 Übersicht.

Bislang fehlt es an systematischen Untersuchungen über den Einbau von Fremdstoffen. Das experimentelle Material ist entsprechend mager. Sehen wir von den kathodisch abscheidbaren Kationen ab, denen die Hauptrolle bei dem direkten kathodischen Ionenübergang zufällt[1], so können wir bei den anderen, nicht im Ladungsaustausch abscheidbaren Komponenten des Elektrolyten, den Kationen, den Anionen, dem Lösungsmittel und namentlich gewissen organischen Kristalloiden oder Kolloiden eine mehr oder weniger deutliche Parallele zwischen Einbau und Inhibitionswirkung bemerken. Aber auch die kathodisch abscheidbaren Metallionen können wir als Verunreinigung im Kathodenmetall finden. Sie entstammen dann einer in Kathodennähe sekundär gebildeten, schwerlöslichen (kolloiden) Verbindung — meist Metallhydroxyd —, die sich in dieser Form mit abscheidet.

Der Einfluß der nichtabscheidbaren Kationen ist, soweit es sich um einfache Ionen, wie anorganische Kationen, handelt, z. B. bei den Alkalioder Erdalkalikationen relativ gering. Lassen sich im kathodisch abgeschiedenen Metall fremde Metallkationen nachweisen, so sind auch diese für gewöhnlich als Bestandteil der entsprechenden Metallhydroxyde okkludiert. Es handelt sich dann meist um den Einbau kolloiden Metallhydroxyds, infolge Hydrolyse im Diffusionsfilm der Kathode entstanden. So erklärt sich z. B. der Einbau von Aluminiumionen, Eisenionen, Magnesiumionen usw., sofern der p_H-Wert des Diffusionsfilms die Existenz der Hydroxyde möglich macht. Hingegen ist eine Einlagerung von Alkali- oder Erdalkaliionen in den kathodischen Niederschlag — in

---

[1] Der Einbau von mitabgeschiedenem Wasserstoff wird an anderer Stelle behandelt (vgl. S. 570ff.).

Parallele zu ihrer geringen kathodischen Wirkung — ganz unbedeutend und läßt sich meist kaum nachweisen.

Der Einbau anorganischer Anionen dürfte unbedeutend sein. In einem Fall ist er mit radiochemischen Methoden nachgewiesen worden. So fanden HOUTERMANS, VINCENT und WAGNER[1] bei der Abscheidung von Kupfer aus n/10-CuSO$_4$-Lösung + n/10-H$_2$SO$_4$, mit radioaktiven S^{75} indiziert, Schwefelgehalte von 6 bis $8 \cdot 10^{-8}$ g S pro g Cu bei $5 \cdot 10^{-3}$ A/cm^2 Stromdichte, Zimmertemperatur und 10 mg Cu/cm^2. Bei dickeren Cu-Niederschlägen ergaben sich merkwürdigerweise etwa $8 \cdot 10^{-6}$ g S pro g Cu. Vielleicht handelt es sich hierbei nicht um eingebautes SO$_4^{2-}$-Ion, sondern um sekundär gebildetes Kupfersulfid, das ebenfalls eingebaut ist (vgl. auch SHREIR und SMITH[2]).

Von organischen Substanzen sind niedermolekulare oberflächenaktive Stoffe, wie Alkohole oder Essigsäure, bei der kathodischen Metallabscheidung inhibitorisch selbst in relativ hohen Konzentrationen kaum wirksam und werden auch kaum in den kathodischen Niederschlag eingelagert. Phenole und namentlich Naphthole offenbaren ebenso eine Wirkung auf die Abscheidungsform oder die Polarisation wie auch eine geringe Mitabscheidung im Kathodenmetall, und zwar wirken sie bereits in geringeren Konzentrationen als andere oberflächenaktive Stoffe. Die Phenole und Naphthole scheinen mit dem Kathodenmetall Komplexe zu bilden. Naturgemäß prägt sich die Komplexbildung bei den einzelnen Metallen verschieden stark aus, z. B. stärker beim Nickel als beim Kupfer.

Bei Alkyl- oder Arylammoniumsalzen, Alkaloiden, Aminosäuren und Polykarbonsäuren, die inhibitorisch wirken, läßt sich ganz entsprechend auch ein Einbau in das Kathodenmetall nachweisen. In der Regel wirken sie bereits in sehr geringer Menge. Ähnliches gilt von schwefelhaltigen organischen Inhibitoren. Andererseits finden sich kathodisch unwirksame Stoffe, wie Benzoesäure, Phthalsäure, Salizylsäure, Azetylsalizylsäure, Glykolsäure und namentlich die Zuckerarten praktisch nicht im kathodischen Niederschlag. Aus der großen Gruppe der organischen Kolloide werden fast alle mehr oder weniger in das sich kathodisch abscheidende Metall eingebaut. Hier prägt sich die Parallele zwischen Inhibition und Einbau besonders deutlich aus.

2.42.2 Einfluß der Molekelgröße.

Auffällig macht sich beim Einbau der Fremdsubstanz auch der Einfluß der Molekelgröße bemerkbar. So sind z. B. in dieser Hinsicht

---

[1] HOUTERMANS, F. G., D. VINCENT u. G. WAGNER: Z. Elektrochem. **56**, 944 (1952).

[2] s. S. 93, Fußn. 3.

die größeren und „sperrigeren" Naphtholmolekeln deutlich wirksamer als die Phenolmolekeln. Tetraäthylammoniumsulfat wirkt stärker als Äthylammoniumsulfat. Für den Einbau wie für entsprechende Inhibition genügt von dem dreikernigen Acridin eine weit geringere Menge als vom zweikernigen Chinolin oder einkernigen Pyridin.

Aufschlußreich ist in dieser Beziehung auch das Verhalten der Aminosäuren. In den Kupfer- wie in den Silberniederschlag wird der Fremdstoff in der Reihe Glykokoll, α-Alanin, Asparaginsäure in steigendem Maße eingebaut. FUSEYA und MURATA[1] fanden z. B. Gehalte von mehreren Prozenten α-Alanin oder Asparaginsäure im Kupfer (abgeschieden aus m-CuSO$_4$-Lösung, bei $4 \cdot 10^{-2}$ A/cm² und 17 bis 18° C). Ebenso beobachteten MARIE und GÉRARD[2] im Kupferniederschlag eine stärkere Mitabscheidung von Leucin-l im Vergleich zu Glykokoll. Unter Bedingungen, wo Glykokoll z. B. ein Mehrgewicht des Kupferniederschlages von 2,90% ergibt, verursacht Leucin ein solches von 3,87%. RAUB[3] fand in Kupferniederschlägen — jeweils abgeschieden aus m-CuSO$_4$-Lösung in Gegenwart von 0,01 bis 0,05 mol/l Glykokoll oder Asparaginsäure —, 0,01 bis 0,19% Glykokoll, aber 1,0 bis 1,3% Asparaginsäure. Silberniederschläge aus m/5-Silbernitratlösung, abgeschieden in Gegenwart der gleichen Inhibitormenge, enthielten 0,02 bis 0,28% Glykokoll oder 0,7 bis 2,7% Asparaginsäure.

Auch beim Vergleich der Wirkungen von Weinsäure und Zitronensäure macht sich nach FUSEYA und MURATA[1] der stärkere Einfluß der Trikarbonsäure durch einen höheren Gehalt an eingebauter Substanz deutlich bemerkbar. Nach Untersuchungen von RAUB[3] enthielt Kupfer (wieder aus m-CuSO$_4$-Lösung mit Gehalten von 0,01 bis 0,05 mol/l Weinsäure oder Zitronensäure — oder Salzen dieser Säuren — abgeschieden), 0,48 bis 1,24% Weinsäure oder Tartrat im Vergleich zu 0,67 bis 2,6% Zitronensäure oder Zitrat. In Silber, aus m/5 AgNO$_3$-Lösung in Gegenwart der gleichen Menge Weinsäure, Tartrate, Zitronensäure oder Zitrate abgeschieden, ließen sich 0,7 bis 1,7% Weinsäure oder Tartrat im Vergleich zu 2,4 bis 5,8% Zitronensäure oder Zitrat nachweisen.

In besonders hohem Maße werden schließlich die hochmolekularen organischen Kolloide eingebaut, die sich ja auch inhibitorisch als besonders wirksame Zusätze erwiesen haben. Allerdings sind hier starke Unterschiede vorhanden, abhängig nicht allein von der Molekelgröße, sondern z. B. auch z. T. von anderen Faktoren, auf die wir im folgenden noch zurückkommen werden. Grundsätzlich gilt aber auch hier die Regel von FUSEYA und MURATA, daß stärker inhibierende Kolloide in größerer Menge in den kathodischen Niederschlag eingebaut werden als

---

[1] s. S. 519, Fußn. 1.
[2] MARIE, C., u. GÉRARD: C. r. 190, 864 (1930).
[3] s. S. 522, Fußn. 2.

weniger wirksame. Besonders kennzeichnend für die Mitabscheidung der Kolloide ist eine deutlich bemerkbare Konzentrationsverringerung im Laufe der Elektrolyse namentlich bei positiv geladenen Kolloiden, wie Gelatine. Bei geringeren Gehalten verschwindet das Kolloid schließlich ganz aus dem Elektrolyten.

2.42.3 Die Rolle der Komplexbildung.

Daß die hochmolekularen Zuckerarten in jeder Hinsicht praktisch wirkungslos bleiben, liegt offenbar an ihrer geringen Adsorptionsneigung oder Affinität zu den Schwermetallen (vgl. S. 287). Andererseits läßt sich bei manchen eingebauten Stoffen in der Tat eine Neigung zur Komplexbildung mit dem betreffenden Schwermetall nachweisen, im Einklang mit der Auffassung von FUSEYA und MURATA[1], die kathodische Wirkungen grundsätzlich auf Komplexbildung zurückführen. Dabei ist wohl eine Bindung dieser Stoffe an die Oberflächenatome des kathodischen Niederschlages mit VAN DER WAALSschen Kräften wahrscheinlich.

Die oftmals entscheidende Rolle der Komplexbildung mit dem Kathodenmetall bei den wirksamen Stoffen offenbart sich deutlich bei einem Vergleich der Wirkungen innerhalb und außerhalb des Existenzbereiches solcher Komplexe.

So fanden FUSEYA und NAGANO[2], daß sich kein Glykokoll mehr im kathodischen Kupferniederschlag (aus Kupfersulfatlösung) mitabscheidet, wenn die Schwefelsäurekonzentration der Lösung von 1 auf 2 m erhöht wurde. In der stärker sauren Lösung ist der Glykokoll-Kupferkomplex nicht mehr existenzfähig.

MARIE und GÉRARD[3] ermittelten z. B. in Gegenwart von 0,01 m Glykokoll bei p_H 2,5 (n-CuSO$_4$) ein Mehrgewicht von 2,35%, bei p_H 1,2 ein solches von 0,55%, und bei p_H 0,4 war das Mehrgewicht verschwunden.

Sie analysierten übrigens die Fremdsubstanz, eingelagert in das aus Kupfersulfatlösung in Gegenwart von Aminosäuren abgeschiedene Kupfer und fanden neben der Aminosäure in stets etwa gleichem Verhältnis Kupfersulfat. Das Verhältnis Kupfersulfat/Glykokoll oder Kupfersulfat/Leucin 1 lag in der Nähe des molekularen (z. B. gefunden im ersten Fall 2,1 bis 2,3 statt theoretisch 2,13, im zweiten Fall 1,14 bis 1,16 statt 1,21). Aus diesen Ergebnissen ist wohl zu schließen, daß solche Komplexe im Molverhältnis 1:1 aus Aminosäure und Kupfersulfat bereits im Elektrolyten, wenigstens in unmittelbarer Nähe der Kathode, vorhanden sein müssen.

Kupferniederschläge, die, wie oben (S. 525) erwähnt, bei Abscheidung aus neutraler 0,5 m-CuSO$_4$-Lösung in Gegenwart von 0,01 bis 0,05 mol/l

---

[1] s. S. 519, Fußn. 1.

[2] FUSEYA, G., u. M. NAGANO: Trans. Amer. Electrochem. Soc. **52**, 249 (1927).

[3] s. S. 525, Fußn. 2.

Asparaginsäure etwa 1% organische Substanz enthalten, nehmen nach
Elze[1] in 0,5 m-CuSO$_4$-Lösung + 0,5 mol/l H$_2$SO$_4$ höchstens etwa 0,02%
auf. Auch bei Zusätzen von Gelatine — ebenfalls eine Aminosäure —
geht der Einbau in das Kupfer mit steigender Säurekonzentration
zurück, wenngleich von dem Kolloid auch in stärker angesäuerten
Elektrolyten noch erhebliche Mengen eingelagert werden (Marie und
Lejeune[2]).

2.43 Einfluß einer elektrischen Ladung.

Nicht allein van der Waalssche Kräfte können den Einbau von
Fremdsubstanz fördern, Coulombsche Kräfte vermögen eine solche Wirkung noch zu verstärken, wenn die wirksamen Stoffe eine positive Ladung
tragen. Dieser Umstand dürfte z. B. bei den Alkyl- und Arylammoniumionen mitwirken. In Kupfer, abgeschieden aus n-CuSO$_4$-Lösung+n-H$_2$SO$_4$,
werden z. B. von dem sehr wirksamen Inhibitor β-Naphthochinolin
trotz Ansäuerung und trotz minimaler Inhibitorkonzentration von
0,0015 mol/l noch etwa 0,2% eingebaut (Elze[1]). Unter gleichen Bedingungen nimmt das Kupfer in Gegenwart von 0,005 mol/l des — inhibitorisch weniger wirksamen — Alkaloidkations Brucin etwa 0,02% auf.

Billiter[3] vermutet, daß hydrophile Kolloide positiver Ladung
kataphoretisch gegen die Kathode gepreßt und zugleich elektroosmotisch
entwässert werden. Auf diese Weise käme Entquellung und zugleich
eine Koagulation zustande. Das Koagel dürfte wohl auf der Metalloberfläche haftenbleiben und somit in den Niederschlag eingebaut werden.

Die Inhibitorwirkung einsinnig negativ geladener Kolloide, z. B. von
Gummi arabicum, Dextrin, Saponin usw. ist, wie schon erwähnt wurde,
zweifellos erheblich geringer als die der positiv geladenen amphoteren
Eiweißkörper. Sind doch die in Gegenwart der negativen Kolloide abgeschiedenen Niederschläge meist bedeutend weniger spröde als die bei
Anwesenheit positiv geladener Eiweißkörper erzeugten. Die negativen
Kolloide werden also offenbar in geringerem Maße eingebaut. Immerhin
ist ihr Einfluß in vielen Fällen noch deutlich. Vermutlich resultiert dieses Verhalten aus dem Kräftespiel von Adsorptionskraft, die das Haften
an der Kathode unterstützt, und Feldwirkung, die das negative Kolloid
von der Kathode wegzutreiben sucht.

Bei Elektrolyse in Gegenwart von Gelatine fand Frölich[4] in Zinkniederschlägen aus schwach sauren (p$_H$ 2,5 bis 6,2) Zinksulfatbädern
überhaupt keine Gelatine. Der p$_H$-Wert des Kathodenfilms in unmittelbarer Kathodennähe liegt hier offenbar oberhalb des isoelektrischen

---

[1] s. S. 522, Fußn. 4.
[2] Marie, C., u. G. Lejeune: J. Chim. physique **22** (1925).
[3] Billiter, J.: Prinzipien d. Galvanotechnik, S. 66, Fußn. 3. Wien. 1934.
[4] Frölich, P. K.: Trans. Electrochem. Soc. **49**, 395 (1926).

Punktes ($p_H = 4,7$). Die Gelatine wirkt also in diesem Falle als Anion. Sie wird, wie FRÖLICH vermutet, daher entweder überhaupt nicht in unmittelbare Kathodennähe gelangen, oder — bei Elektrolyten mit einem p_H-Wert nahe unter 4,7 (bei denen der p_H-Wert im Kathodenfilm sicher $>4,7$ sein dürfte) — wenigstens nicht in unmittelbarem Kontakt mit der Kathode bleiben können. In einem solchen Falle wird sich die Gelatine wahrscheinlich als Zone in gewissem Abstand von der Kathode dort anordnen, wo der p_H-Wert den Wert 4,7 noch nicht übersteigt, und sie wird somit einer Einlagerung in den kathodischen Niederschlag entgehen. Allerdings hat HUGHES[1] organische Substanz auch in Zinkabscheidungen aus gelatinehaltigen Sulfatbädern ($p_H > 4,7$) nachgewiesen, doch vermutet FRÖLICH, daß sie nur von mechanisch an die Kathode geschwemmter Gelatine stammt.

MARIE und CLAUDEL[2] verdanken wir eine systematische Studie über den Einfluß von p_H-Änderungen auf das „Mehrgewicht" (Übergewicht über die Gewichtsmenge, unter gleichen Bedingungen aus kolloidfreier Lösung abgeschieden) bei der Abscheidung von Kupfer aus n-Kupfersulfatlösung (nicht angesäuert) in Gegenwart von 2 g/l Gelatine (Stromdichte $8 \cdot 10^{-3}$ A/cm^2 bei Zimmertemperatur). Tab. 66 gibt die Resultate wieder. Der p_H-Wert wurde mit der Chinhydronelektrode gemessen:

Tabelle 66. *Einfluß des p_H-Wertes auf das Mehrgewicht der Cu-Abscheidung.* (Nach MARIE und CLAUDEL.)

p_H	0,88	1,14	2,01	2,84	2,9	3,25	3,53	3,57
Mehrgewicht	2,86	3,59	4,52	5,2	5,46	5,58	5,04	4,52

Das Mehrgewicht ist ausgedrückt in g, bezogen auf 100 g abgeschiedenes Kupfer (im Vergleichs-Coulometer bestimmt). Aus den Versuchen ergibt sich ein deutliches Maximum bei p_H 3,2. Die Werte des Mehrgewichts nehmen dann mit zunehmender Nähe zum isoelektrischen Punkt (4,7) ab.

Die Ergebnisse offenbaren eine Parallele zu anderen Eigenschaften der Gelatine, wie Viskosität, Quellung, osmotischer Druck usw., die sämtlich ein Maximum zwischen p_H 3,2 und 3,6 und ein Minimum beim isoelektrischen Punkt aufweisen.

Leider haben MARIE und CLAUDEL[2] nicht untersucht, ob das Mehrgewicht tatsächlich allein von Gelatine und nicht auch von mitabgeschiedenem, basischem Kupfersulfat herrührt. Die Wahrscheinlichkeit einer Mitabscheidung von basischem Salz ist bei niederem p_H geringer als bei höherem. Möglicherweise ist auch der von ISGARISCHEW[3] vermutete Kupfer-Gelatine-Komplex bei stärkerer Ansäuerung unbeständiger und kann dann weniger leicht eingebaut werden.

Schließlich muß noch die Frage aufgeworfen werden, ob nicht der isoelektrische Punkt im Kathodenfilm bereits überschritten ist, wenn der Elektrolyt einen

---

[1] HUGHES, W. E.: The Physics and Chemistry of Colloids and their Bearing on Industrial Questions, S. 130. London 1921.

[2] MARIE, C., u. M. L. CLAUDEL: C. r. 187, 170 (1928).

[3] ISGARISCHEW, N.: Kolloid-Beih. 14, 25 (1921).

p_H-Wert von 3,5 aufweist. Da nach MARIE und LEJEUNE[1] die Stromausbeute an Kupfer in Gegenwart von Gelatine sinkt, wird gleichzeitig mit dem Kupfer Wasserstoff an der Kathode abgeschieden, und der p_H-Wert des Kathodenfilmes kann steigen. Trifft diese Überlegung zu, so wäre der isoelektrische Punkt im Kathodenfilm möglicherweise etwa zwischen p_H 3,2 und 3,5 erreicht.

Geringe Mengen organischer Substanz sind auch in Nickelüberzügen nachzuweisen, die aus Nickelsulfatlösungen (p_H 4,7) in Gegenwart von Gelatine niedergeschlagen werden. FRÖLICH nimmt an, daß hier nicht Gelatine eingeschlossen wurde, sondern ein Zersetzungsprodukt, entstanden infolge kathodischer Reduktion bei katalytischer Wirkung des Nickels auf den Gelatineabbau.

WEN und KERN[2] beobachteten, daß die — sicherlich von eingebautem Kolloid herrührende — Sprödigkeit von Kupferniederschlägen, abgeschieden aus saurer Kupfersulfatlösung (15% $CuSO_4$ aq $+$ 10% H_2SO_4), nicht auftritt, wenn die Lösung geringe Mengen Chlorionen (0,01% Cl) enthält. (Beispiel 0,01 oder 0,02% Gelatine, 50° C, $4,4 \cdot 10^{-2}$ A/cm².) Chlorionen können z. B. als NaCl, HCl, Cu_2Cl_2 oder $CuCl_2$ eingebracht werden. Diese Erscheinung erinnert an die aktivierende Wirkung der Cl^--Ionen und ihre Deutung als Umladungs- oder Flockungseffekt bei der Inhibition durch Gelatine (s. S. 245) oder bei der sekundären Inhibition (vgl. S. 293). Auch hier mag es sich um Umladungs- oder Flockungseffekt handeln. In Gegenwart von den Tannin oder Pepton wird umgekehrt die Sprödigkeit in Gegenwart von Chlorionen erhöht.

Verstärkt eine positive Ladung kristalloider oder kolloider Zusätze die Wahrscheinlichkeit für eine Einlagerung, so sollte man dies bei komplexen Kationen um so eher annehmen. Mit einem Einbau der komplexen Gruppen des Kations in das Kathodenmetall wird man vor allem zu rechnen haben, wenn sich das Komplexion an der Kathode abscheidet, ohne vorher in das freie Metallion und die komplexbildenden Gruppen zu zerfallen (vgl. S. 171). Durch Überführungsmessungen haben FUSEYA und MURATA[3] nachgewiesen, daß z. B. die bei der Kupfer- und Silberabscheidung so wirksamen Aminosäuren Glykokoll, α-Alanin und Asparaginsäure komplexe Kationen mit dem Schwermetall bilden und daher noch zusätzlich elektrostatisch an der Kathode festgehalten werden.

2.44 Einfluß kathodischer Nebenreaktionen.

2.44.1 Mitabscheidung von Zersetzungsprodukten organischer oder anorganischer Verbindungen.

In manchen Fällen werden anscheinend nicht die ursprünglich im Elektrolyten vorhandenen organischen Substanzen selbst in den Metall-

---

[1] s. S. 527, Fußn. 2.
[2] WEN, CH. Y., u. E. F. KERN: Trans. Amer. Electrochem. Soc. 20, 121 (1911).
[3] s. S. 519, Fußn. 1.

niederschlag eingebaut, sondern Reaktionsprodukte, die etwa infolge
Reduktion an der Kathode entstehen. Nach FRÖLICH[1] scheint dies z. B.
bei der Abscheidung katalytisch wirksamer Metalle, wie Nickel, Eisen
usw., oft der Fall zu sein. So beobachteten RAUB und WITTUM, wie schon
an anderer Stelle erwähnt (vgl. S. 286), die Mitabscheidung von Sulfid
im Nickel bei Anwesenheit aromatischer Sulfosäuren.

ELZE[2] konnte durch Mikroanalyse eines Nickelniederschlages, abgeschieden
in Gegenwart von 0,003 mol/l Thioharnstoff, nachweisen, daß sich diese Verbindung an der Nickelkathode unter Bildung von H_2S zersetzt, wobei sogleich
Nickelsulfid entsteht. In dem Nickelniederschlag (abgeschieden bei $5 \cdot 10^{-2}$ A/cm²
und 25° C aus m-$NiSO_4$-Lösung $+$ 0,21 mol/l $NiCl_2$ $+$ 0,5 mol/l H_3BO_3 $+$
$+$ 0,0084 mol/l $NiCO_3$, p_H 5,2) wurden gefunden:

~0,5% Thioharnstoff,
~1,0% Nickelsulfid,
~0,2% (überschüssiger) Stickstoff.

Der überschüssige Stickstoff deutet darauf hin, daß neben H_2S noch stick-
stoffhaltige Abbauprodukte des Thioharnstoffes entstehen und z. T. eingebaut
werden.

Auch Rhodanide werden offenbar an Nickelelektroden unter Bildung
von S^{2-}-Ionen und Nickelsulfid reduziert. Ein Zusatz von Alkalirhodaniden
zum Nickelsulfatelektrolyten bildet die Grundlage für die sog. Schwarz-
vernickelung der Technik. Aus solchen Elektrolyten scheiden sich
schwarze, NiS enthaltende Nickelniederschläge ab. Ähnlich wirkt auch
ein Zusatz von Thiosulfat zu Vernickelungsbädern.

FRÖLICH[1] führt einen Kohlenstoffgehalt von Nickelniederschlägen,
in Gegenwart von Oxalat oder Karbonat abgeschieden, auf die kata-
lytische Wirkung des Nickels bei einer kathodischen Reduktion zurück.
FOERSTER[3] beobachtete auch bei der Eisenabscheidung aus Oxalat-
lösungen einen deutlichen Kohlenstoffgehalt im Niederschlag. Nach seiner
Ansicht verharzt die als Reduktionsprodukt auftretende Glyoxylsäure
infolge ihrer Aldehydnatur und bildet ein Kolloid, das eingebaut wird.
MATHERS[1] hat jedoch darauf hingewiesen, daß manche organischen
Verbindungen, wie z. B. Essigsäure oder Azetate, Zitronensäure, in
Gegenwart von Nickel nicht reduziert werden. So ist nicht sicher, ob
nicht in solchen Fällen Metallkomplexe mit dem Kathodenmetall nieder-
geschlagen werden, zumal bisher die Zusammensetzung der eingebauten
Substanzen meist nicht einwandfrei ermittelt wurde. Dies gilt z. B. auch

---

[1] FRÖLICH, P. K., u. (i. d. Diskussion) MATHERS: Trans. Amer. Electrochem.
Soc. **46**, 87 (1924).
[2] s. S. 522, Fußn. 4.
[3] FOERSTER, F.: Z. angew. Chem. **19**, 1847 (1906).

von den Angaben von EHRENBERG[1] und von VERWER und GROLL[2], die
kohlenstoffhaltige Niederschläge bei Abscheidung von Eisen aus Eisen-
formiat- oder -zitratlösungen oder bei Abscheidung von Eisen, Kupfer,
Nickel und Zink aus tartrathaltigen Lösungen beobachteten.

SPEAR, CHOW und CHESLEY[3] bemerkten, daß sich Kupfer aus Kupfersulfatlösung (15 g/l $CuSO_4$ aq) in Gegenwart von 5 bis 15 g/l HNO_3 und
0,1 bis 1 g/l Gelatine bei Stromdichten von 3,6; 5; $10 \cdot 10^{-2}$ A/cm²
und Zimmertemperatur dunkel bis schwarz abschieden. Bei Auflösung
des Kupfers in Ammoniaklösung hinterblieb ein schwarzer, rußartiger
Rückstand. Die Erscheinung wurde nur in Gegenwart von Oxydationsmitteln, wie HNO_3 oder HNO_2, nicht aber bei Anwesenheit von Reduk-
tionsmitteln beobachtet. Die Autoren nehmen daher eine Mitabscheidung
von Oxydationsprodukten der Gelatine an.

2.44.2 Einbau von Metallhydroxyd.

Scheiden sich unedlere Metalle, wie z. B. die Metalle der Eisengruppe, das Zink oder das Mangan aus den Lösungen ihrer einfachen
Salze gemeinsam mit Wasserstoff ab, so ist in unmittelbarer Nähe der
Kathodenoberfläche die Anwesenheit von kolloidalem Metallhydroxyd
anzunehmen. Allerdings muß vorausgesetzt werden, daß der p_H-Wert
der Elektrolytschicht an der Phasengrenze innerhalb des Existenzbereiches des betreffenden Metallhydroxydes liegt. Bei den meist leicht
hydrolysierbaren Lösungen einfacher Schwermetallsalze kommt es dann
zu der Erscheinung, die wir als „sekundäre Inhibition" bereits an anderer
Stelle (vgl. S. 293) beschrieben haben.

Vermutlich berühren die stark inhibierenden, kolloiden Hydroxydteilchen die Kathodenoberfläche unmittelbar. Bei der kathodischen
Metallabscheidung haben sie also besondere Aussichten, mit in den
Niederschlag eingebaut zu werden. Freilich fehlen uns noch quantitative
zahlenmäßige Beweise für einen solchen Einbau, wenngleich es feststeht,
daß z. B. die elektrolytisch abgeschiedenen Metalle der Eisengruppe
niemals ganz oxydfrei sind (vgl. z. B. O'SULLIVAN[4]). Daß der analytisch
bestimmbare Oxydgehalt dieser Metalle so niedrig — fast an der Grenze
der analytischen Bestimmbarkeit — liegt, hat aber offenbar einen
anderen Grund. Man darf erwarten, daß primär eingebautes Oxyd oder
Hydroxyd sekundär zum allergrößten Teil kathodisch reduziert wird,
sei es durch den gleichzeitig abgeschiedenen (und in das Metall ein-
dringenden) atomaren Wasserstoff, sei es auch z. T. in direktem Elek-

---

[1] EHRENBERG, W.: Ber. **38**, 4139 (1905).

[2] VERWER, H., u. F. GROLL: Chem. Ztg. **25**, 792 (1901).

[3] SPEAR, E. B., C. CHOW u. A. L. CHESLEY: Trans. Amer. Electrochem. Soc.
22, 277 (1912).

[4] O'SULLIVAN, J. B.: Trans. Faraday Soc. **26**, 89 (1930).

tronenübergang. Das Metallhydroxydteilchen geht also in feinstverteiltes, hochaktives Metall über. Damit wird es zu einem bevorzugten Substrat für die Anlagerung weiterer kolloider Hydroxydteilchen, die dann wieder das gleiche Schicksal der Reduktion erfahren usf.

Solche aufgelockerten, kleinen Bereiche feinverteilten Metalles im sonst kompakten Metallniederschlag können auch die Rekombination der Wasserstoffatome zu Wasserstoffmolekeln katalysieren. Liegen die Bereiche bereits im Innern des stetig anwachsenden Niederschlages, so wird der eindiffundierte atomare Wasserstoff infolge seines Überganges in molekularen Wasserstoff an diesen Stellen im Metall unlöslich. Er erzeugt also hohe Binnendrucke und somit hohe innere Spannungen. Nicht zuletzt dürfte die relativ große Härte von kathodischen Metallüberzügen, die manche den oft schwer auffindbaren Oxydeinschlüssen zuschreiben, auf die an ihrer Stelle ausgeschiedenen Gaseinschlüsse von molekularem Wasserstoff (der sich auch durch mäßige Erwärmung kaum austreiben läßt, es sei denn unter Rißbildung) zurückzuführen sein (vgl. S. 578).

Beim Erhitzen der Metallniederschläge auf eine Temperatur oberhalb der Rekristallisationstemperatur geht eine Rekristallisation von solchen stark verspannten Stellen aus. Nach solcher Erhitzung findet man daher derartige Verunreinigungen gewöhnlich an den Grenzen der neu gebildeten Kristallite wieder.

Auch das elektrolytisch abgeschiedene Chrom verdankt seine hohe Härte eingebautem Oxyd und Wasserstoff (vgl. S. 645). Leichter läßt sich ein Oxydgehalt in sog. „Schwarzchromniederschlägen'' nachweisen, die technisch aus einer Lösung von 200 bis 400 g/l CrO_3 + 5 cm³/l (wasserfreie) Essigsäure mit $8 \cdot 10^{-1}$ A/cm² abgeschieden werden (ARNDT und ENDRASS[1]). Nach ENDRASS[2] enthält „Schwarzchrom'' etwa 70 bis 80% sehr fein verteiltes Chrommetall und 20 bis 30% Oxyd CrO des zweiwertigen Chroms. Oxydhaltig sind auch schwammige Metallniederschläge, die man aus verdünnten Metallsalzlösungen bei relativ hohem p_H-Wert nahe der Neutralgrenze mit hohen Stromdichten abscheiden kann. Offenbar ist die Anwesenheit von Oxyd oder Hydroxyd sogar eine Vorbedingung für das Zustandekommen der schwammigen Abscheidungsform (vgl. S. 495). Genauer untersucht ist der Bildungsmechanismus solcher Niederschläge beim sog. Schwammzink (MYLIUS und FROMM[3], FOERSTER und GÜNTHER[4]).

Scheiden sich Metalle in Abwesenheit von Wasserstoff unter Bedingungen ab, die einen Einbau von Oxyd fördern, so hat man eher

---

[1] ARNDT, K., u. H. ENDRASS: Z. Metallkde. **30**, 21 (1938).

[2] ENDRASS, H.: Chem. Ztg. **59**, 338 (1935).

[3] MYLIUS, F., u. O. FROMM: Ber. dtsch. chem. Ges. **27**, 645 (1894).

[4] FOERSTER, F., u. O. GÜNTHER: Z. Elektrochem. **5**, 20 (1898).

Gelegenheit, solche oxydischen Einschlüsse (die ja in diesem Falle nicht reduziert werden) nachzuweisen. Dies gelingt z. B. bei Verwendung von Schwermetall-Salzlösungen hohen p_H-Wertes. Bei der Elektrolyse vermeidet man bekanntlich die Abscheidung von dunklen Kupferniederschlägen aus neutralen, namentlich verdünnten Sulfatlösungen wegen der Mitabscheidung von Oxyd (vgl. z. B. RICHARD, COLLINS und HEIMROD[1], TAFT und MESSMOER[2]).

Es ist auch möglich, daß manche organischen Zusätze, als Säurepuffer wirksam, die Ausscheidung und somit den Einbau solcher Hydroxyde noch unterstützen können. SCHLOETTER und SCHMELLENMEYER[3] fanden z. B. bei der Abscheidung von Zink aus Zinksulfatlösungen folgende Oxydgehalte in den Zinküberzügen (als Rückstand bei der Vakuumdestillation):

Tabelle 67.

Badzusammensetzung	Oxydgehalt %
Alkalisches Zyanidbad (glänzend) . . .	2
ZnSO₄-Bad (glänzend) . . .	3,2
ZnSO₄-Bad (matt)	3,5
ZnSO₄-Bad (matt) + organ. Zusatz . .	12,3

Der **Oxydgehalt** in Gegenwart des organischen Zusatzes ist um ein Mehrfaches höher als bei Abscheidung aus der zusatzfreien Lösung.

Eine ähnliche Beobachtung machten TAFT und BINGHAM[4] bei der Abscheidung von Kupfer in Gegenwart von Gummi arabicum. So wird aus einer nur schwach sauren Kupfersulfatlösung (p_H 3,5) nicht nur Gummi arabicum, sondern offenbar auch kolloides Kupfer(I)- oder Kupfer(II)-hydroxyd an der Kathode adsorbiert und in den Niederschlag eingebaut. Die Oxyde entstehen im Elektrolyten infolge Hydrolyse, und zwar anscheinend in besonderem Maße bei Anwesenheit von Gummi arabicum, das als Salz der schwachen Arabinsäure Wasserstoffionen abfängt. Da Gummi arabicum im Kathodenbereich adsorptiv angereichert wird, dürfte in den Poren des Adsorptionsfilmes Hydrolyse vorwiegen. An diesen Stellen wird also auch am ehesten Kupferhydroxyd entstehen können. Im stärker sauren Elektrolyten ist die Hydrolyse hingegen zurückgedrängt, und es wird praktisch nur organisches **Kolloid** eingebaut.

---

[1] RICHARDS, TH. W., E. COLLINS u. G. W. HEIMROD: Proc. Amer. Acad. Arts Sci. **35**, 123 (1899).

[2] TAFT, R., u. H. E. MESSMORE: J. phys. Chem. **35**, 2585 (1931).

[3] SCHLOETTER, M., u. H. SCHMELLENMEYER: Korrosion u. Metallschutz **17**, 117 (1941); **18**, 245 (1942).

[4] TAFT, R., u. R. BINGHAM: J. phys. Chem. **36**, 2338 (1932).

2.44.3 Einbau anderer anorganischer Metallverbindungen.

Am längsten bekannt ist das sog. „explosible" Antimon, das aus einer mehr als 10% Antimontrichlorid enthaltenden, salzsauren Lösung kathodisch abgeschieden wird (Gore[1]). Der dichte, stahlblanke Niederschlag weist so starke innere Spannungen auf, daß er beim Ritzen oder raschen Erhitzen explosionsartig zerfällt. Dabei entwickelt sich Wärme, und es entweichen Dämpfe von $SbCl_3$. Die amorphe Natur des explosiblen Antimons, in das Antimontrichlorid und basisches Antimonchlorid eingebaut sind, ist von v. Steinwehr und A. Schulze[2] sowie von Glocker und Hendus[3] bestätigt worden.

Andere Beispiele vom Einbau von Metallhalogeniden in den kathodischen Metallniederschlag liefern die Untersuchungen Schloetters[4] und die Versuche von Tesche und von van Rysselberghe[5]. Schloetter untersuchte die Mitabscheidung von Jodid mit Kupfer oder Silber bei der Elektrolyse von komplexen Kupfer- oder Silberjodidlösungen. Tesche und van Rysselberghe fanden, daß Kadmium kathodisch aus Kadmiumjodidlösungen abgeschieden, große Mengen Jodid einschließt. Ähnliches ergibt sich auch für Kadmiumbromideinschlüsse bei der Elektrolyse von Kadmiumbromidlösungen. Hingegen wird Kadmiumchlorid nicht in das Kadmium eingebaut. Alle diese Versuche scheinen einen Zusammenhang zwischen Komplexbildung und Einbau anzudeuten. Im Falle des Kupfers und Silbers darf man auch schwerlösliches, kolloides Jodid in unmittelbarer Kathodennähe vermuten.

Ebenso wie Metallhalogenid können andere, in kolloidem Zustande in der Nähe der Kathode entstehende, schwerlösliche Metallverbindungen in den Niederschlag eingebaut werden, z. B. Metallzyanid bei Elektrolyse von Lösungen komplexer Metallzyanide oder Metallsulfid in Gegenwart sulfidbildender Substanzen (vgl. S. 285).

In manchen, aus Lösungen komplexer Alkali-Metallzyanide abgeschiedenen Metallen kann man solche Einschlüsse, die offenbar auch die relativ hohe Härte und Sprödigkeit solcher Niederschläge verursachen, mikroskopisch nachweisen. An anderer Stelle (S. 112) wurde erwähnt, daß hohe Wahrscheinlichkeit für ein Entstehen von kolloidem Schwermetallzyanid im Bereiche der Doppelschicht und des Diffusionsfilmes besteht. Selbst visuell läßt sich unter bestimmten Bedingungen kolloides, schwerlösliches Metallzyanid erkennen.

---

[1] Gore, H. G.: Phil. Mag. (4) **9**, 73 (1855) — Phil. Trans. roy. Soc. Lond. **148**, 185, 797 (1858); **152**, 328 (1862).

[2] Steinwehr, H. v., u. A. Schulze: Z. Physik **63**, 815 (1930).

[3] s. S. 522, Fußn. 3.

[4] s. S. 522, Fußn. 1.

[5] Tesche, E., u. B. I. van Rysselberghe: Trans. electrochem. Soz. **59**, 353 (1931).

So beobachtete KOHLSCHÜTTER[1] nach kurzzeitiger Elektrolyse (einige Minuten) von 0,05 oder 0,25 n-$KAgCN_2$-Lösung bei $1 \cdot 10^{-3}$ A/cm² die Abscheidung eines hauchdünnen, rotvioletten bis blaugrauen Häutchens auf der Platinkathode. Ein geringer Zusatz von Alkalihydroxyd oder eintägiges Stehenlassen des Elektrolyten begünstigen die Erscheinung.

KOHLSCHÜTTER nimmt an, daß es sich hierbei um kolloides Silberzyanid handelt, das durch kolloides Silber charakteristisch angefärbt wird (Subhaloid oder Photohaloid). Beim Abspritzen mit Wasser geht die Färbung in Weiß über. Dauert die Elektrolyse länger, so verschwindet die Färbung. Beim Auflösen des kathodischen Niederschlages in chlorfreier Salpetersäure unter Zusatz von etwas Eisen(III)-salz bleibt ein hauchartiger Überzug, offenbar AgCN, zurück.

Eine ähnliche Beobachtung machte KOHLSCHÜTTER bei der Elektrolyse einer komplexen Silberthiosulfatlösung. Antimon, aus Sulfantimoniatlösungen abgeschieden, ist durch Schwefel und Sauerstoff verunreinigt, während man in Zinniederschlägen aus Sulfostannatlösungen solche Verunreinigungen nicht findet (FOERSTER[2]).

2.45 Einfluß der Stromdichte.

Systematische Untersuchungen über den Einfluß der Stromdichte auf die Menge der eingelagerten Fremdsubstanz sind offenbar nur in geringem Umfange ausgeführt worden. Immerhin kann man wohl erfahrungsgemäß bei den kathodisch wirksamen Stoffen mit einer Zunahme an eingebauter Substanz rechnen, wenn die Stromdichte gesteigert wird, sofern sie nicht als Nebenreaktion, z. B. Reduktion des Fremdstoffes, überlagert. Auf jeden Fall sollte man erhöhten Einbau bei positiv geladenen Stoffen erwarten, deren Haftintensität an der Kathode mit wachsender Feldstärke zunehmen müßte.

Dies beobachteten z. B. FUSEYA und NAGANO[3] bei der Abscheidung von Kupfer aus Kupfersulfatlösung in Gegenwart von Glykokoll, das nach den Untersuchungen der Autoren mit Kupfer ein positiv geladenes Komplexion ergibt. Auch MARIE und GÉRARD[4] fanden für die Mitabscheidung von Glykokoll einen solchen Einfluß der Stromdichte. So betrug das Mehrgewicht des Kupferniederschlages z. B. bei $4 \cdot 10^{-2}$ A/cm² 2,35%, bei $1 \cdot 10^{-2}$ A/cm² nur 0,49%. Hingegen hatte erhöhte Stromdichte auf den Einbau von Gelatine in den Kupferniederschlag aus neutraler Kupfersulfatlösung keinen merklichen Einfluß (MARIE und BUFFAT[5]).

---

[1] KOHLSCHÜTTER, V.: Z. Elektrochem. **19**, 181 (1913). — V. KOHLSCHÜTTER u. H. SCHACHT: Z. Elektrochem. **19**, 172 (1913).

[2] FOERSTER, F.: Elektrochemie wäßriger Lösungen. S. 385. Leipzig 1923.

[3] s. S. 526, Fußn. 2.

[4] s. S. 525, Fußn. 2.

[5] MARIE, C., u. A. BUFFAT: J. Chim. phys. **24**, 470 (1927).

MARIE und BUFFAT untersuchten die Wirkung von Gelatine auf die Kupferabscheidung aus einer möglichst neutralen 2 n-Kupfersulfatlösung bei Zimmertemperatur. Nach Messungen von MARIE und CLAUDEL[1] dürfte der p_H-Wert der
Lösung etwa 3,5 betragen haben. Tab. 68 offenbart den nur geringen Einfluß
der Stromdichte auf das Mehrgewicht (Übergewicht[2] über das Gewicht von
Kupfer, unter gleichen Bedingungen aus der kolloidfreien Lösung abgeschieden).

Tabelle 68. *Einfluß der Stromdichte auf das Mehrgewicht bei der Cu-Abscheidung.*
(Nach MARIE und BUFFAT.)

Stromdichte 10^{-2} A/cm²	5 g/l Gelatine Mehrgewicht %	2,5 g/l Gelatine Mehrgewicht %
0,20	3,94	3,58
0,40	4,04	3,59
1,11	4,08	3,62
2,50	4,12	3,68

Die Stromdichteerhöhung wird hier also von einer nur sehr geringen Zunahme
des Mehrgewichtes begleitet, während sich in der Abscheidungsform deutlichere
Unterschiede ergeben. Die bei $0,2 \cdot 10^{-2}$ A/cm² abgeschiedenen Proben fielen
glänzend, die bei $2,5 \cdot 10^{-2}$ A/cm² abgeschiedenen matt aus.

TAFT und MESSMORE[3] fanden jedoch bei relativ lang dauernder Kupferabscheidung aus einer n-CuSO₄-Lösung + 5g/l Gelatine (p_H 3,38, gemessen mit Chinhydronelektrode) eine deutlichere Zunahme des Mehrgewichtes[2] mit der Stromdichte, wie aus Abb. 210 hervorgeht (Temperatur 25° C, Elektrolysedauer 10 Stunden). Aus den Ergebnissen muß man wohl schließen, daß die positiv geladene Gelatine kataphoretisch an die Kathode herantransportiert wird, und zwar mit höherer Stromdichte in um so größerer Menge. Aus der Form der Kurve deuten sich zwei Vorgänge an, die bei etwa $1,6 \cdot 10^{-2}$ A/cm² miteinander abwechseln. Möglicherweise wird die Gelatine bei höheren Stromdichten infolge eines p_H-Anstieges im Kathodenfilm negativ geladen.

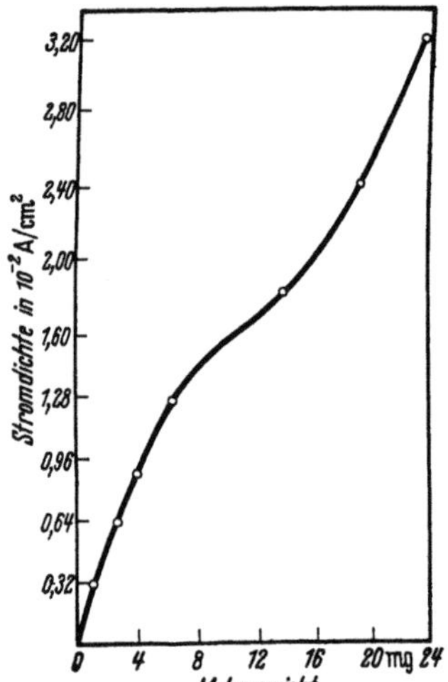

Abb. 210. Zunahme des Mehrgewichtes mit der Stromdichte. (Nach TAFT und MESSMORE[3].)

Liegen Anioneninhibitoren vor, so sollte man erwarten, daß sich mit steigender Stromdichte weniger Substanz in den Niederschlag einbaut. Diese Erwartung bestätigt sich z. B.

---

[1] s. S. 528, Fußn. 2.

[2] Direkte Analysen ergaben, daß der überwiegende Anteil dieses Mehrgewich-
tes tatsächlich aus Gelatine selbst besteht. Die Möglichkeit einer vermehrten
Abscheidung von Cu⁺-Ion in kolloidhaltiger Lösung scheint nach TAFT und
MESSMORE nicht zu bestehen.

[3] TAFT, R., u. H. E. MESSMORE: J. phys. Chem. **35**, 2585 (1931).

bei Untersuchungen von ELZE[1] über den Einbau von Thioharnstoff und von Asparaginsäure in Nickelniederschlägen. In beiden Stoffen inhibieren die organischen Anionen. Tab. 69 gibt über die eingebauten Substanzmengen Auskunft. Sie wurden aus dem analysierten C-Gehalt auf Thioharnstoff oder Asparaginsäure umgerechnet.

Zur Nickelabscheidung diente folgender Elektrolyt:

$$\text{m-NiSO}_4\text{-Lösung} + 0{,}2\,\text{mol/l}\ \text{NiCl}_2 + 0{,}5\,\text{mol/l}\ \text{H}_3\text{BO}_3\,;\quad p_\text{H}\text{-Wert}\ \ 5{,}2$$
$$\text{(kolorimetrisch)}$$

Aus den beigefügten Stromausbeutewerten erkennt man übrigens, daß Asparaginsäure die Stromausbeute deutlich herabsetzt, und zwar bei der höheren Konzentration in verstärktem Maße. Ob Asparaginsäure auch teilweise reduziert wird (katalytischer Einfluß des Nickels?) oder ob der Rückgang der Stromausbeute allein auf zunehmender Wasserstoffabscheidung beruht, ist noch offen. Mit erhöhter Stromdichte nimmt jedenfalls die elektrostatische Abstoßung der Anionen zu. Die Erhöhung der Stromdichte verringert sowohl die Chancen eines Einbaues als auch einer Reduktion oder vermehrter Wasserstoffabscheidung.

In diesem Zusammenhang mag auf die bereits S. 530 erwähnte Beobachtung hingewiesen werden, daß bei Anwesenheit von Thioharnstoff auch Sulfid in den Nickelniederschlag eingebaut wird. Das gleiche ist bei Gegenwart aromatischer Sulfosäuren der Fall (RAUB und WITTUM[2]). Auch die Sulfidgehalte nehmen mit steigender Stromdichte ab (vgl. Abb. 211). Kolloides Nickelsulfid ist wie die Sulfosäureanionen negativ geladen.

GLAZUNOV, SCHLOETTER und Mitarbeiter sind, wie bereits erwähnt (vgl. S. 171), der Auffassung, daß komplexe Kationen, z. B. vom Typ Me_2R^+ ($Me =$ einwertiges Metall, $R =$ negatives Element oder Gruppe, z. B. J oder CN, vgl. S. 172) nach der Entladung an der Kathode in ihre Bestandteile, also z. B. $2Me + R$, zerfallen. Hohe Stromdichte läßt nach Ansicht der Autoren keine Zeit mehr für eine sekundäre Zersetzung des kathodisch abgeschiedenen Komplexes, so daß dieser dann in den Niederschlag (und sogar in das Gitter) eingebaut werden

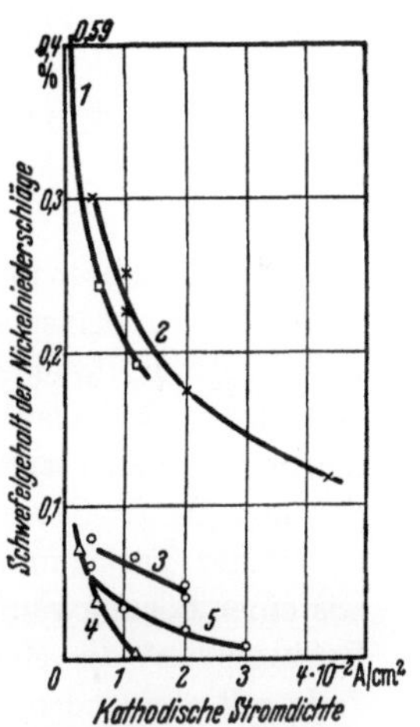

Abb. 211. Schwefelgehalt von Nickelniederschlägen aus aromatische Sulfosäuren enthaltenden Nickelbädern. (Nach RAUB und WITTUM[2].) 1. 0,015 g/l 2-Naphthylamin-5-sulfo-saures Natrium; 2. 1 g/l α-Naphthalinsulfosaures Kalium; 3. 10 g/l Phenolsulfosaures Natrium; 4. 0,025 g/l 2-Naphthylamin-7-sulfo-saures Natrium; 5. 0,015 g/l 2-Naphthylamin-6-sulfo-saures Natrium.

---

[1] s. S. 522, Fußn. 4.

[2] RAUB, E., u.M. WITTUM: Z. Elektrochem. 46, 71 (1940).

Tabelle 69. *Einfluß der Stromdichte auf den Einbau von anionischen Inhibitoren.*
(Nach ELZE[1].)

Inhibitor	Inhibitor-konzen-tration mol/l	Stromdichte 10^{-2} A/cm²	Inhibitor-gehalt des Nieder-schlages %	Strom-ausbeute %
Thioharnstoff	0,1	2	0,14	—
	0,1	5	0,32	99,7
	0,1	10	0,11	99,6
	3,0	2	0,88	—
	3,0	5	0,63	99,9
	3,0	10	0,45	99,6
Asparaginsäure	20,0	2	0,17	95,6
	20,0	5	0,12	97,6
	20,0	10	0,10	98,3
	40,0	2	0,27	88,8
	40,0	5	0,15	94,2
	40,0	10	0,10	95,9

soll. Mit wachsender Stromdichte nimmt die Menge an eingebauter Substanz zu. Einen solchen Mechanismus vermuten die Autoren, wie erwähnt, z. B. für die Abscheidung von Silber oder Kupfer aus den Lösungen ihrer komplexen Alkalizyanide oder komplexen Alkalijodide, ferner für die Abscheidung von Antimon oder Gold aus den Lösungen der komplexen Säuren $HSbCl_4$ oder $HAuCl_4$.

In der Tat nimmt bei der kathodischen Abscheidung von Kupfer aus einer Lösung von Kupfer(I)-jodid* nach SCHLOETTER, KORPIUN und BURMEISTER[2] die Menge des in den Kupferniederschlag eingebauten Jods mit steigender Stromdichte zu, wie aus Tab. 70 hervorgeht. Hier scheint es sich wohl nicht um einen Anionenkomplex zu handeln.

Ein exakter Beweis für die Richtigkeit der Auffassung von GLAZUNOV und SCHLOETTER fehlt bislang freilich noch. Jedenfalls bestehen für den Einbau von Jod oder Zyanid in Kupfer- oder Silberniederschläge noch andere Deutungs-möglichkeiten. So dürften z. B. für die im Elektrolyten überwiegend vorhan-denen Komplexionen $Cu[CN]_2^-$ oder CuJ_2^- folgende Gleichgewichtsreak-tionen möglich sein:

Tabelle 70. *Einbau von Jod in Kupfer mit wachsender Stromdichte.*

Stromdichte 10^{-2} A/cm²	Einbau % J
—	—
0,25	0,025
0,50	0,075
0,80	0,29
1,0	0,63

$$Cu[CN]_2^- \rightleftharpoons CuCN + CN^-,$$
$$CuJ_2^- \rightleftharpoons CuJ + J^-.$$

Berücksichtigt man, daß bei höheren Stromdichten Anionen, wie CN^- oder J^-, in steigendem Maße aus der un-mittelbaren Umgebung der Kathode abgeführt werden, so ist ganz ent-sprechend in nächster Nähe der Ka-

---

[1] s. S. 522, Fußn. 4.

[2] SCHLOETTER, M., I. KORPIUN u. W. BURMEISTER: Z. Metallkde. **25**, 107 (1933).

* in KJ-Lösung.

thode die Bildung von praktisch unlöslichem, kolloidem Kupfer- bzw. Silberzyanid oder -jodid zu erwarten. Bei einer positiven Ladung dieser Kolloide sollte ihr Einbau in den Metallniederschlag sich mit erhöhter Stromdichte verstärken.

2.46 Einfluß der Fremdstoffkonzentration.

Für gewöhnlich wächst mit steigender Konzentration des kathodisch wirksamen Stoffes auch die in das Metall eingebaute Fremdstoffmenge. Sie wächst aber nicht beliebig und kontinuierlich. Oft erreicht die Wirkung bei bestimmten Gehalten eine Grenze; zuweilen geht aber der Gehalt an eingebauter Substanz mit weiter gesteigerter Konzentration zurück.

Die erstgenannte Tatsache spricht für ein Mitwirken der Adsorption. Der erwähnte Grenzgehalt wird je nach Natur des Zusatzes verschieden groß sein. Die Kurve in Abb. 212 zeigt z. B. den Einfluß der Rohrzuckerkonzentration in schwach saurer Kupfersulfatlösung auf das Mehrgewicht eines daraus abgeschiedenen Kupferniederschlages. Als Abszisse ist die Konzentration des wirksamen Stoffes, als Ordinate der Gewichtsüberschuß aufgetragen, den der fremdstoffhaltige Kupferniederschlag gegenüber einem unter gleichen Bedingungen bei Abwesenheit von Fremdstoff im Kupfercoulometer abgeschie

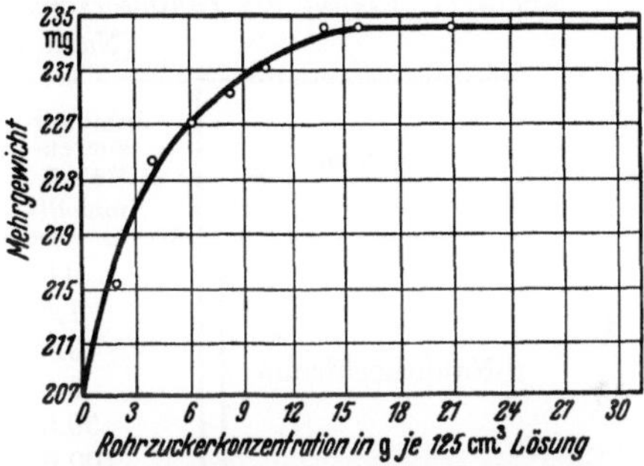

Abb. 212. Einfluß der Rohrzuckerkonzentration auf das Mehrgewicht. (Nach TAFT und MESSMORE, s. S. 536, Fußn. 3.)

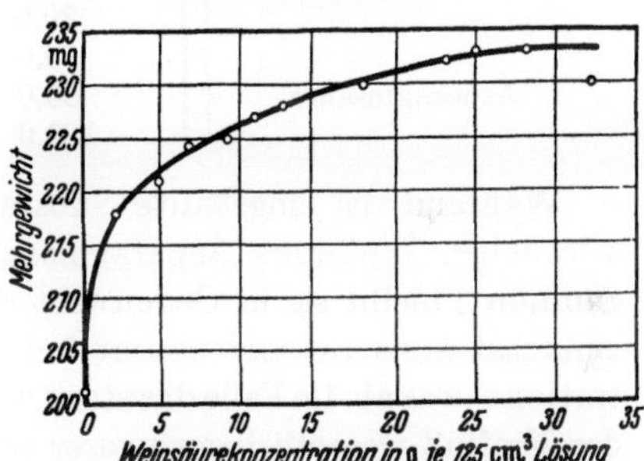

Abb. 213. Einfluß der Weinsäurekonzentration auf das Mehrgewicht. (Nach TAFT und MESSMORE, s. S. 536, Fußn. 3.)

denen Kupferniederschlag aufweist. Die Kurve wurde von TAFT und MESSMORE[1] unter Benutzung von Zahlenmaterial aus einer Arbeit von DATTA und DHAR[2] aufgestellt.

Grundsätzlich gleichartig ist z. B. die Wirkung steigender Gewichtsmengen Weinsäure auf das Mehrgewicht des Kupferniederschlages. Man erhält mit steigendem Weinsäurezusatz eine sich abflachende Kurve (Abb. 213). Eine ähnliche Kurve erhielten FUSEYA und NAGANO[3]

---

[1] s. S. 536, Fußn. 3.
[2] DATTA u. N. DHAR: J. Amer. chem. Soc. **38**, 1156 (1916).
[3] s. S. 526, Fußn. 2.

für die Abscheidung von Kupfer aus Kupfersulfatlösung in Gegenwart von Glykokoll, also einer Aminosäure.

Tab. 71 enthält Analysenwerte, die Elze[1] für den Einbau von β-Naphthochinolin, Brucin und Asparaginsäure in Kupfer gefunden hat. Sie errechnen sich aus den analysierten Kohlenstoffgehalten. Das Kupfer wurde bei $2 \cdot 10^{-2}$ A/cm² und 25° C aus 0,5 m-$CuSO_4$-Lösung + + 0,5 m-H_2SO_4 abgeschieden.

Tabelle 71. *Einfluß der Inhibitorkonzentration auf den Einbau im Kupfer.*
(Nach Elze[1].)

Inhibitor	Inhibitor-konzen-tration mmol/l	Inhibitor-gehalt des Nieder-schlages %	Stromausbeute %
β-Naphthochinolin	0,8	0,09	100
	1,5	0,19	—
	3,0	0,14	100
	5,0	0,03	99,3
	50,0	0,03	98,4
	100,0	0,04	98,9
Brucin	5,0	0,07	100
	10,0	0,07	100
	20,0	0,05	100
Asparaginsäure	10,0	0,0	100
	50,0	0,03	99,9
	100,0	0,08	100

Während die eingebaute Substanzmenge in Gegenwart des relativ schwachen Inhibitors Asparaginsäure mit der Inhibitorkonzentration zunimmt, bleibt sie in Gegenwart des mittelstarken Inhibitors Brucin zunächst konstant und nimmt bei der höchsten angewandten Konzentration etwas ab. Im Falle des stark wirkenden β-Naphthochinolins ist auch der Einfluß wesentlich geringerer Stoffmengen untersucht worden. Man erkennt bei den kleinsten Mengen einen deutlichen Anstieg mit der Konzentration — offenbar bis zu einem Maximalwert —, dann einen starken Abfall auf bedeutend geringere Gehalte. Diese ändern sich trotz starker Konzentrationssteigerung praktisch nicht mehr.

Die Kupferniederschläge, abgeschieden in Gegenwart der kleinsten Mengen β-Naphthochinolin weisen meist ein rhythmisch-lamellares Gefüge (vgl. S. 514) auf. Dies läßt vermuten, daß hier rhythmisch Wasserstoff mit abgeschieden wird, der den dicken Adsorptionsfilm periodisch auflockert. Bei höheren Inhibitorgehalten scheint diese auflockernde Wirkung ständig vorhanden zu sein. Die Niederschläge sind nicht mehr lamelliert.

Auch in Gegenwart von Kolloiden nimmt die Menge der eingebauten Substanz mit der Kolloidkonzentration zu, wie bereits Tucker und Thoms-

---

[1] s. S. 522, Fußn. 4.

sen[1] beobachteten. Sieverts und Wippelmann[2] fanden z. B. bei der Kupferabscheidung ($2\,n\text{-}CuSO_4 + 6{,}9$ g/l H_2SO_4, $4 \cdot 10^{-2}$ A/cm², 20 min Elektrolyse bei 20° C) in Gegenwart von 1 g/l Gelatine ein Mehrgewicht von etwa 4%, bei 0,1 g/l ein solches von etwa 1%. 5 g/l Gummi arabicum ergaben 1,5%, 1 g/l etwa 0,7% Mehrgewicht. Taft und Messmore[3] wiesen am Beispiel der Abscheidung von Kupfer aus n-Kupfersulfatlösung bei 30°C in Gegenwart von Gelatine, Taft und Bingham[4] für die entsprechende Kupferabscheidung in Gegenwart von Gummi arabicum (aus einer n-schwefelsauren $CuSO_4$-Lösung bei 30°C) nach, daß das Mehrgewicht mit steigendem Kolloidgehalt der Lösung auch hier

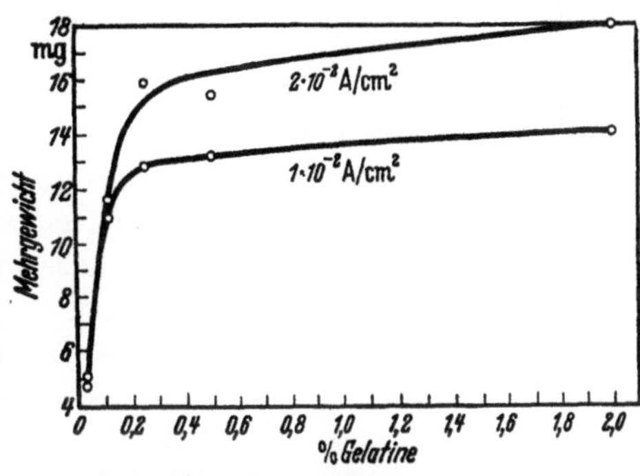

Abb. 214. Beziehung zwischen Mehrgewicht und Gelatinegehalt des Elektrolyten. (Nach Taft und Messmore, s. S. 536, Fußn. 3.)

nicht kontinuierlich zunimmt, wie man es etwa im Falle eines mechanischen Einschlusses wohl erwarten könnte. Die Zunahme an eingebauter Menge wird vielmehr bei höherer Kolloidkonzentration ständig geringer, um schließlich annähernd konstant zu bleiben (vgl. Abb. 214 u. 215). Beide Kurven haben wiederum den gleichen Charakter wie die auch in Gegenwart kristalloider Stoffe erhaltenen Kurven. Die für Gelatine gefundene Kurve wird grundsätzlich auch durch Versuche von Marie und Buffat[5] bestätigt.

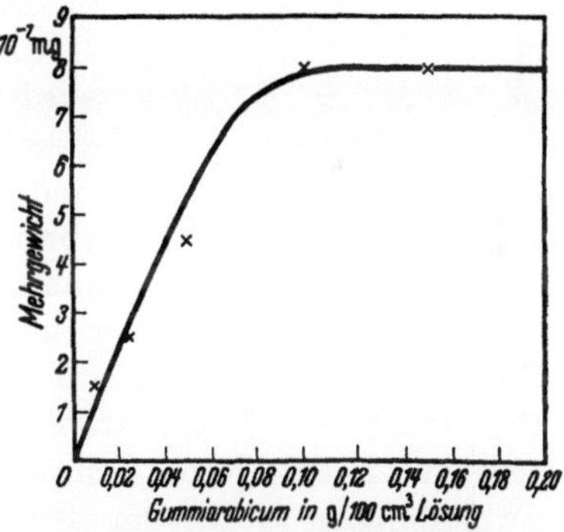

Abb. 215. Beziehung zwischen Mehrgewicht und Gehalt des Elektrolyten an Gummi arabicum. (Nach Taft und Bingham[4].)

Es fällt auf, daß die Gewichtszunahme bei Gummi arabicum um mehr als eine Größenordnung geringer ist als bei Gelatine. Dies entspricht einmal der geringeren Adsorptionsneigung von Gummi arabicum im Vergleich zu Gelatine, die z. B. in den Goldzahlen ihren Ausdruck findet (vgl. S. 288). Wahrscheinlich hat auf diesen Umstand aber auch die negative Ladung des kolloiden Gummis einen Einfluß.

---

[1] Tucker, S. A., u. E. G. Thomssen: Trans. Amer. Electrochem. Soc. 15, 477 (1909).
[2] s. S. 516, Fußn. 1.
[3] s. S. 536, Fußn. 3.
[4] Taft R., u. O. R. Bingham: J. phys. Chem. 36, 2338 (1932).
[5] s. S. 535, Fußn. 5.

Alle in Abb. 212 bis 215 wiedergegebenen Kurven sehen Adsorptions-isothermen ähnlich, und es ist zu vermuten, daß diese Ähnlichkeit kein Zufall ist. Daß bei Anwesenheit sehr geringer Mengen wirksamer In-hibitoren die Inhibition im Laufe der Elektrolyse zurückgeht, ist nur eine Folge des fortgesetzten Einbaues und damit Verlustes an Inhibitor-substanz.

2.47 Einfluß von Temperatur und Elektrolytbewegung.

Erhöht man die Temperatur des Elektrolyten, so geht im allgemeinen der Gehalt an Fremdstoffen im Kathodenniederschlag zurück. Im Falle einer Adsorption ist ein solcher Rückgang verständlich. Dies ergibt sich z. B. aus den Untersuchungen von TAFT und MESSMORE[1] (vgl. Abb. 216) und FUSEYA und NAGANO[2]. Bei bestimmten höheren Temperaturen kann der Einbau u. U. ganz unterbleiben. Auch ELZE[3] beobachtete den erwarteten Rückgang z. B. beim Einbau von β-Naphthochinolin in Kupfer, abgeschieden aus 0,5m-CuSO$_4$-Lösung + 0,5 m-H$_2$SO$_4$ bei $2 \cdot 10^{-2}$ A/cm^2, wenn er die Temperatur von 25 auf 50° C erhöhte. Ebenso beobachteten MARIE und GÉRARD[4] bei der Abscheidung von Kupfer aus Kupfersulfatlösung in Gegenwart von Gly-kokoll wie die mitabgeschiedene Fremdstoff-menge mit steigender Temperatur erheblich abnimmt. So unterblieb der Einbau von Gly-kokoll bereits bei Temperaturen oberhalb 35°C.

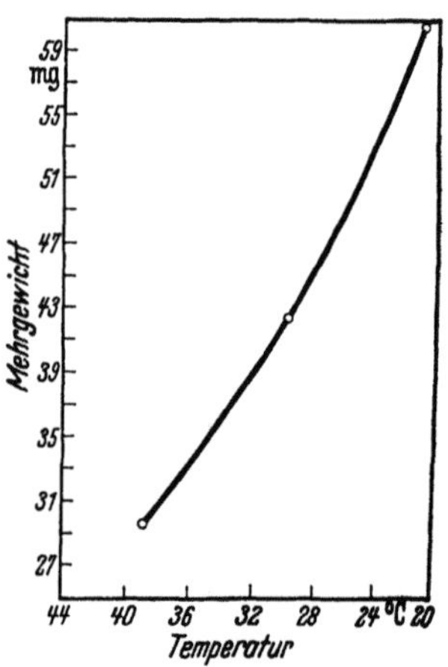

Abb. 216. Rückgang des Mehr-gewichtes mit erhöhter Tempe-ratur. (Nach TAFT und MESS-MORE, s. S. 536, Fußn. 3.)

Allerdings fanden TAFT und BINGHAM[5] bei der Abscheidung von Kupfer aus einer nur schwach sauren Kupfersulfatlösung (p$_H$ 3,5) in Gegenwart von Gummi arabicum insgesamt eine Zunahme des Mehr-gewichtes mit steigender Temperatur. Dabei nahm der Anteil an Kupfer-verbindungen in der im Niederschlag eingebauten Substanzmenge stärker zu als der Anteil an organischer Substanz. Der Zuwachs an Kupfer (als Kupferhydroxyd) ist offenbar auf vermehrte Hydrolyse bei erhöhter Temperatur zurückzuführen. Anscheinend wirken Kupfer-hydroxyd und organisches Kolloid wie beim Verstärkungseffekt (vgl. S. 295) zusammen, d. h. eine Steigerung der Menge an adsor-

---

[1] s. S. 536, Fußn. 3.
[2] s. S. 526, Fußn. 2.
[3] s. S. 522, Fußn. 4.
[4] s. S. 525, Fußn. 2.
[5] s. S. 541, Fußn. 4.

biertem Kupferhydroxyd erhöht auch die Menge an adsorbiertem organischen Kolloid.

In gleicher Art läßt sich z. B. auch bei der kathodischen Nickelabscheidung eine Zunahme an eingebauter Substanz mit erhöhter Temperatur erklären. Auch in diesem Falle hat man damit zu rechnen, daß hydrolytisch gebildetes Nickelhydroxyd in der Nähe der Kathode zunimmt. Wie Elze[1] fand, bauen sich bei Temperaturerhöhung mehr Thioharnstoff oder Asparaginsäure in Nickelniederschläge ein, die in gleicher Weise, wie auf S. 530 erwähnt, abgeschieden werden (vgl. Tab. 72).

Tabelle 72. *Einfluß der Temperatur auf den Einbau an organischer Substanz.*
(Nach Elze[1].)

Inhibitor	Inhibitorkonzentration mmol/l	Stromdichte 10^{-2} A/cm²	Inhibitorgehalt des Niederschlages %	
			bei 25° C	bei 50° C
Thioharnstoff	1,0	2	0,12	0,29
	3,0	2	0,56	0,88
	1,0	5	0,21	(0,11)
	3,0	5	0,45	0,63
Asparaginsäure	20,0	2	0,09	0,17
	40,0	2	—	0,27
	20,0	5	0,09	0,12
	40,0	5	0,14	0,16

Über den Einfluß einer verstärkten *Elektrolytbewegung* (erzeugt z. B. durch mechanische Rührung) auf die Mitabscheidung von Fremdstoffen, liegen bisher noch kaum Erfahrungen vor. Fuseya und Nagano[2] beobachteten bei der Abscheidung von Kupfer aus Kupfersulfatlösung in Gegenwart von Glykokoll bei Rührung eine deutliche Erhöhung der eingebauten Fremdstoffmenge im Vergleich zum ruhenden Elektrolyten. Offenbar verarmt also die nächste Umgebung der Kathode bei mangelnder Elektrolytbewegung an dem fortlaufend in den Niederschlag eingebauten Glykokoll, so daß starke Rührung zusätzliche Glykokollmengen für den Einbau nachliefert.

Auch Sand und Black[3] beobachteten bereits eine Erhöhung der Polarisation (als Übergangswiderstand gemessen mit verstärkter Rührung, vgl. S. 307ff.) bei der Abscheidung von Kupfer aus saurer Kupfersulfatlösung in Gegenwart von Gelatine, Kasein, Traganth, Akaziengummi, nicht aber bei Zusatz von Alkalisilikat. Ähnlich mag es sich vielleicht bei der Abscheidung von Nickel aus Nickelsulfatlösung in Gegenwart von Eiweißstoffen oder von aromatischen Sulfosäuren verhalten, denn beide Stoffgruppen erhöhen — ganz abweichend von anderen

---

[1] s. S. 515, Fußn. 2.
[2] s. S. 526, Fußn. 2.
[3] Sand, H. I. S., u. Th. P. Black: Z. phys. Chem. **70**, 496, 506 (1910).

Substanzen — bei Elektrolytrührung stark die kathodische Polarisation (RAUB und WITTUM[1]). Auch hier scheint also der Kathodenfilm im ruhenden Bad an den Fremdstoffen merklich zu verarmen, die wohl z. T. zersetzt (bei den Sulfosäuren Bildung von kolloidalem Sulfid) in den Metallniederschlag eingelagert werden.

3. Wichtigste Eigenschaften der kathodischen Metallniederschläge.

3.1 Glänzende Metallniederschläge.

3.11 Theorie der Glanzbildung.

In der modernen Galvanotechnik spielen die sog. „Glanzniederschläge" eine bedeutende Rolle. Der Techniker schätzt sie, denn eine direkte Abscheidung glänzender Niederschläge erspart ihm die hohen Polierkosten und geht der unerwünschten Schwächung der Niederschlagsdicke beim mechanischen Polieren aus dem Wege. Gewöhnlich erlauben die Verfahren zur Abscheidung glänzender Metallniederschläge auch erhöhte Stromdichten anzuwenden, so daß sich die Expositionszeiten abkürzen lassen.

Glanz entsteht bei Reflexion der Lichtstrahlen an einer völlig ebenen und glatten Oberfläche. Ihn kennzeichnet das Fehlen einer diffusen Lichtstreuung, wie sie sonst Ungleichmäßigkeiten der Oberfläche, z. B. Unebenheiten, Aufrauhung usw., hervorrufen. Submikroskopische Rauhigkeit bildet noch kein Hindernis für die Entstehung von Glanz, wenn die einzelnen Erhebungen in ihrer Ausdehnung kleiner ausfallen als die kleinste Lichtwellenlänge. Für unsere Erörterung erweist es sich als zweckmäßig, mindestens zwei Abstufungen des Glanzes zu unterscheiden: einen Hochglanz spiegelnder Oberflächen und den Halbglanz einer blanken Außenseite.

Die Ursachen des Glanzes kathodischer Metallniederschläge haben sich bislang trotz vieler Versuche noch nicht endgültig klären lassen. In erster Linie werden zwei Haupttheorien diskutiert: Nach der einen Theorie rufen Metallniederschläge den Eindruck spiegelnden Hochglanzes dann hervor, wenn das Mikrogefüge ihrer praktisch ebenen Oberfläche aus Teilchen besteht, die im Durchmesser kleiner sind als die kleinste Lichtwellenlänge, also kleiner als etwa $0{,}4\ \mu m$. An einer solchen Oberfläche — die stets noch submikroskopische Unebenheiten aufweisen dürfte — wird das Licht wie an einer kontinuierlichen Fläche, z. B. wie an flüssigem Quecksilber, zurückgeworfen. Viele Hochglanz-

---

[1] s. S.537, Fußn. 2.

niederschläge, vor allem des Nickels[1], weisen z. B. eine solche mikrokristalline Struktur auf. Deshalb vertreten zahlreiche Autoren diese ,,Feinstkorntheorie", z. B. BLUM[2], KOHLSCHÜTTER[3], CREIGHTON und KOEHLER[4], MACNAUGHTAN und HOTHERSALL[5], O'SULLIVAN[6], MACNAUGHTAN und HAMMOND[7], GARDAM und MACNAUGHTAN[8], LIEBREICH[9], HOTHERSALL und GARDAM[10].

Allerdings scheint die Bedingung, das Einzelteilchen des Niederschlages möge kleiner als die Lichtwellenlänge sein, allein nicht zu genügen, denn Kupferniederschläge, abgeschieden aus Lösungen komplexer Alkalikupferzyanide, genügen durchaus dieser Bedingung, ohne glänzend auszufallen (W. R. MEYER und PHILLIPS[11]). Auch unter den Nickelniederschlägen gibt es feinkörnige, die nicht glänzend sind (vgl. CLARK und SIMONSEN JR.[12], DENISE und LEIDHEISER JR.[13]).

Eine nicht eben kleine Zahl von Autoren zieht eine zweite Theorie vor, die das Vorhandensein einer bevorzugten Kristallorientierung als Ursache des Glanzes annimmt. Glanz entsteht nach dieser Auffassung, wenn sich eine bestimmte Kristallfläche in der Ebene der Oberfläche, also parallel zur Unterlage, in einer Textur anordnet. Die bevorzugt orientierten Kristallflächen bilden gleichsam unzählige Facetten eines venezianischen Spiegels. Zu den Vertretern dieser ,,Texturtheorie" gehören z. B.: MAKARJEWA[14] (blankes Nickel), PALATNIK[15] (blankes Zink), KOSSOLAPOFF und METT[16] (blankes Zink), GORBUNOWA[17] (blankes Kadmium), RUBIO[18], H. FISCHER und BÄRMANN[19] (hochglänzendes Zink,

---

[1] Vgl. z. B. V. ZENTNER, C. W. JENNINGS u. A. BRENNER: Plating **39**, 805 (1952). — F. DENISE u. H. LEIDHEISER JR.: J. electrochem. Soc. **100**, 490 (1953).

[2] BLUM, W.: Trans. Amer. Electrochem. Soc. **36**, 213 (1919).

[3] KOHLSCHÜTTER, V.: Trans. Amer. Electrochem. Soc. **45**, 229 (1924).

[4] CREIGHTON, H. J., u. W. A. KOEHLER: Electrochemistry, 1. Aufl., Bd. II, S. 108. New York 1924.

[5] MACNAUGHTAN, D. J., u. A. W. HOTHERSALL: Trans. Faraday Soc. **24**, 387 (1928).

[6] O'SULLIVAN, J. B.: Trans. Faraday Soc. **26**, 89 (1930).

[7] MACNAUGHTAN, D. J., u. R. A. F. HAMMOND: Trans. Faraday Soc. **27**, 633 (1931).

[8] GARDAM, G. E., u. D. J. MACNAUGHTAN: Trans. Faraday Soc. **29**, 755 (1933).

[9] LIEBREICH, E.: Trans. Faraday Soc. **31**, 1188 (1935).

[10] HOTHERSALL, A. W., u. G. E. GARDAM: J. Electrodepositors' techn. Soc. **15**,

[11] MEYER, W. R., u. A. PHILLIPS: Trans. Amer. Electrochem. Soc. **73**, 377. (1938).

[12] CLARK, G. L., u. S. H. SIMONSEN: J. electrochem. Soc. **98**, 110 (1952).

[13] s. S. 481, Fußn. 3.

[14] s. S. 480, Fußn. 1.

[15] PALATNIK, L. S.: Trans. Faraday Soc. **32**, 939 (1936).

[16] KOSSOLAPOFF, G. F., u. B. METT: J. techn. Physics USSR **9**, 1421 (1939).

[17] s. S. 473, Fußn. 1.

[18] RUBIO, A.: An. Soc. españ. Fisica Quim. **36**, 76 (1940).

[19] FISCHER, H., u. H. BÄRMANN: Z. Metallkde. **32**, 376 (1941).

Korngröße, größer als Lichtwellenlänge), HUME-ROTHERY und WYLLIE[1], BLUM, BECKMAN und W. R. MEYER[2] und andere.

Bei Untersuchung vieler Hochglanz-Nickelüberzüge konnten jedoch SMITH, KEELER und READ[3] die Texturtheorie nicht bestätigen. Auch CLARK und SIMONSEN[4] sowie DENISE und LEIDHEISER JR.[5] kamen nach sorgfältigen röntgenographischen Untersuchungen für Nickel zum gleichen Ergebnis. Nach den Untersuchungen dieser Autoren gelangt man zu dem Schluß, daß etwa 50 bis 75% der untersuchten Niederschläge regellos orientiert waren (bei DENISE und LEIDHEISER JR. beträgt die Gesamtzahl der untersuchten Proben etwa 200!).

Obwohl sich also die Deutung der Glanzbildung noch recht unsicher ausnimmt, scheint das Zusammentreffen von Glanz und Feinstkorn oder Glanz und Textur dennoch nicht immer zufällig zu sein. Oft scheinen für Niederschläge mit Hochglanz auch beide Voraussetzungen zu gelten: Die Niederschläge sind äußerst feinkörnig und besitzen *zugleich* eine nachweisbare Textur. Hierher gehören z. B. hochglänzende Überzüge aus Chrom, Zink und Silber.

Bei der mikroskopischen Untersuchung hochglänzenderNickelüberzüge findet man meist eine rhythmische Struktur übereinanderliegender Schichten. Es ist nicht ausgeschlossen, daß hier gröber kristalline Schichten mit Textur und feinstkörnige mit regelloser Anordnung nach Art der LIESEGANG-Ringe miteinander abwechseln (vgl. Querschliff Abbildung 217 nach ELZE[6]; WATTS-Nickelbad mit 2 n-Salz von Thioharnstoff und Zyklohexanon; $2 \cdot 10^{-2}$ A/cm²; vgl. ferner HOTHERSALL und GARDAM[7] und WITTUM[8]). Je nachdem, ob die eine oder andere Schicht gerade an der Oberfläche liegt, könnte man gröberes oder feineres

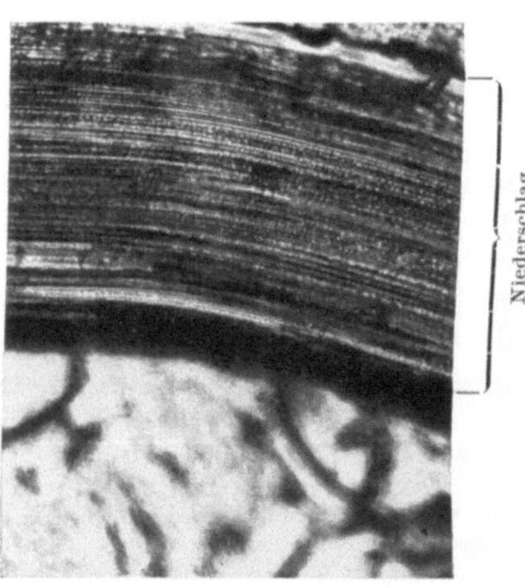

Abb. 217. Querschliff (V = 600 fach) durch einen Glanz-Nickelniederschlag mit rhythmisch-lamellarem Gefüge. (Nach ELZE [1]).

[1] HUME-ROTHERY, W., u. M. R. WYLLIE: Proc. roy. Soc., Lond. (A) **181**, 331 (1943).

[2] BLUM, W., A. O. BECKMAN u. W. R. MEYER: Trans. Amer. Electrochem. Soc. **80**, 249 (1941).

[3] SMITH, W., J. H. KEELER u. H. J. READ: Plating **36**, 355 (1949).

[4] s. S. 545, Fußn. 12.

[5] s. S. 481. Fußn. 3.

[6] ELZE: J. Metall **6**, 5 (1952).

[7] HOTHERSALL, A. W., u. G. E. GARDAM: Metal Ind. **58**, 493 (1939).

[8] WITTUM, M.: Mitt. Forsch.-Inst. Probieramts Edelmetalle **12**, 67 (1938)

Korn, Textur oder regellose Anordnung finden. Ob diese Beobachtungen die vielen Widersprüche aufklären können, muß vorläufig offenbleiben (vgl. HENDRICKS[1]).

3.12 Experimentelle Grundlagen.

Wie schafft man nun die experimentellen Voraussetzungen für eine Abscheidung glänzender Metallniederschläge? Der Herkunft nach müssen wir hier zwei Arten von Glanz unterscheiden: arteigenen Glanz und reproduzierten Glanz. Arteigener Glanz ist in seiner Entstehung von der Unterlage unabhängig, auf die der Niederschlag aufwächst. Er hängt allein von den elektrochemischen Abscheidungsbedingungen ab. Reproduzierter Glanz wird hingegen in erster Linie von einer glänzenden metallischen Unterlage bestimmt; freilich müssen außerdem noch bestimmte Abscheidungsbedingungen erfüllt sein.

Unter den Vertretern des arteigenen Glanzes nehmen die Hochglanzüberzüge, die ihr Aussehen starker Inhibition verdanken, den wichtigsten Platz ein. Gewöhnlich gehören sie dem unorientierten Dispersionstyp (vgl. S. 485) oder dem rhythmischen Typ (S. 514) an. In einigen Fällen mit nachweisbarer Textur kann auch der feldorientierte Texturtyp vorliegen, wobei aber meist der Glanz noch nicht spiegelnd ausfällt (vgl. beim Nickel Tab. 60, 61 auf S. 482, nach DENISE und LEIDHEISER JR.).

Eine zweite Gruppe des arteigenen Glanzes umfaßt sehr dünne Metallüberzüge. Ihr Glanz wird indirekt von einer fremden Unterlage mit einer Struktur bestimmt, die von der Struktur des Niederschlages ganz abweicht. Dabei handelt es sich also nicht um reproduzierten Glanz. Die zur Glanzbildung notwendige große Zahl kleinster Partikelchen entsteht beim Aufwachsen des Niederschlages auf die artfremde Unterlage, ein Prozeß, der offenbar nur beim Aufbringen hoher Aktivierungsenergie abläuft und zahllose Kristallkeime entstehen läßt. Diese substratbedingte Abscheidungsform (unorientierter Dispersionstyp) wird nach kurzzeitiger Elektrolyse von einer arteigenen Abscheidungsform, den Abscheidungsbedingungen entsprechend, abgelöst werden, die nicht mehr glänzend ist. So entstehen bei der Elektrolyse anfangs oft glänzende Überzüge, die jedoch bei weiterer Elektrolyse matt werden. Als artfremde Unterlage können Metalle ganz abweichender Gitterstruktur in Betracht kommen oder auch mechanisch polierte Metalloberflächen.

Reproduzierten Glanz kann ein Niederschlag in begrenzten Schichtdicken annehmen, wenn er z. B. auf einer anodisch polierten Kathodenoberfläche abgeschieden wird. Für eine Reproduktion des Substratgefüges — und damit auch des Glanzes — gelten die Voraussetzungen,

---

[1] HENDRICKS, J. A.: Metal Ind. **61**, 378 (1942); **62**, 26 (1943).

die bereits für das Entstehen des basisorientierten Reproduktionstyps (vgl. S. 451) erwähnt wurden. Auch das Auftreten eines glänzenden Niederschlages auf einer mechanisch polierten Unterlage mag man u. U. auf diese Weise erklären. Zu einer Reproduktion eines feinstdispersen Gefüges können gegebenenfalls auch der feldorientierte Texturtyp oder der unorientierte Dispersionstyp fähig sein (vgl. S. 471).

Ein anderer Weg, reproduzierten Glanz hervorzubringen, dessen technische Entwicklung noch nicht abgeschlossen ist, besteht in der Wahl des Stromrichtungswechsel-Verfahrens (vgl. S. 197). In kathodischer Stromrichtung bildet sich ein matter Metallniederschlag aus. Schaltet man kurzzeitig anodisch, so wird die Oberfläche des kathodisch abgeschiedenen Metalls anodisch poliert. Auf dieser nunmehr geglänzten Unterlage scheidet ein neuer kathodischer Stromstoß glänzendes Metall ab. Das periodische anodische Umschalten, das nur einen Bruchteil des kathodischen Polarisierens ausmacht, verhindert, daß der Niederschlag matt wird. Voraussetzung für das Gelingen sind ein Elektrolyt sowie Abscheidungsbedingungen, die einmal anodisches Polieren und zweitens kathodische Abscheidung unter Reproduktion ermöglichen.

Arteigenen Glanz mit Hilfe von Inhibitoren zu erzeugen, ist im allgemeinen bei den meisten Metallen nicht schwer (s. auch weiter unten); für den technischen Gebrauch der Glanzüberzüge (namentlich solcher mit Hochglanz) müssen jedoch zugleich noch andere Bedingungen erfüllt werden, die die Auswahl geeigneter Inhibitoren erheblich einschränkten. So ist von technisch geeigneten Glanzüberzügen zu verlangen, daß sie nicht spröde sind, also nicht etwa von der Oberfläche abblättern oder abrollen, daß auch dickere Überzüge (mehr als etwa 20 μm) noch glänzend ausfallen, und daß der Inhibitorgehalt des Elektrolyten sich bei längerer Elektrolyse nicht allzu rasch verringert. Die letztgenannte Bedingung erfüllen oft besonders wirksame Inhibitoren unvollkommen, weil sie fortlaufend in den wachsenden Niederschlag eingebaut werden oder auch teilweise infolge Reduktion an Wirksamkeit verlieren. Erwünscht ist schließlich das Abscheiden hochglänzender Überzüge auf einer matten oder nur wenig glänzenden Unterlage, eine Bedingung, die sich nur selten ganz befriedigend erfüllen läßt.

Den bedeutenden Vorteilen der Verfahren zum Abscheiden glänzender Niederschläge stehen auch einige Nachteile gegenüber, die aber ihre Einführung in die Technik kaum gehindert haben. So können u. U. geringe Verunreinigungen der Elektrolyte den Glanzeffekt schwächen oder unterbinden. Die Verfahren setzen also im allgemeinen reinere Chemikalien und auch besonders reines Anodenmetall voraus. Dementsprechend verlangen die Verfahren auch verfeinerte technische Kontrollen.

3.13 Besondere Merkmale und Begleiteigenschaften der Glanzbildung.

Die Abscheidung glänzender Metallüberzüge, namentlich solcher mit arteigenem Glanz, wird fast ausnahmslos von relativ hoher Polarisation begleitet. Eine einfache Beziehung zwischen Polarisationsanstieg und Auftreten von Glanz scheint jedoch nicht zu bestehen. Nach ROTH und LEIDHEISER JR.[1] tritt z. B. Hochglanz bei der Nickelabscheidung aus dem WATTS-Bad (S. 626) bei $1 \cdot 10^{-2}$ A/cm², 30° C, p_H 4,0 und einem Zusatz glanzbildender Inhibitoren erst auf, wenn der Inhibitor die Polarisation um mindestens 20 V erhöht. Die Polarisation kann jedoch auch wesentlich höhere Werte (bis etwa 100 V) erreichen. Polarisation ist offenbar eine notwendige, keineswegs aber eine hinreichende Bedingung für das Entstehen von Glanz. In vielen Fällen beobachtet man Polarisation, jedoch keine Spur von Glanz.

Hohe Polarisation begünstigt im allgemeinen eine gleichmäßige Stromlinienverteilung (vgl. S. 313ff.). Wählt man starke Inhibitoren als Glanzbildner, so muß man mit einem mehr minder merklichen Einbau von Fremdsubstanz in den Niederschlag rechnen.

Naturgemäß sind mit den besonderen strukturellen Voraussetzungen für das Auftreten von Glanz auch andere Besonderheiten verknüpft, die sich in bestimmten physikalischen und chemischen Eigenschaften der Glanzniederschläge stets wiederholen. Beim Einbau von Fremdstoffen können Gitterversetzungen und Fehlstellen im Gitter entstehen. Die Folge davon sind hohe innere Spannungen, hohe Härte und Festigkeit, geringe Dehnung, oft Sprödigkeit. Zwischen Sprödigkeit des Niederschlages und Polarisation bei der Abscheidung scheint eine praktisch bedeutsame Parallele zu bestehen. Je höher die Polarisation, desto spröder der Niederschlag. Im Falle der Glanzvernicklung (WATTS-Bad, Bedingungen s. weiter oben) erhält man oberhalb einer Polarisation von etwa 30 mV, hervorgerufen durch den glanzbildenden Inhibitor, in der Regel Niederschläge, die unter Rißbildung abplatzen können (ROTH und LEIDHEISER JR.[1]).

Bei ihrer hohen Festigkeit erhöhen Glanzniederschläge u. U. in gewissen Grenzen die Dauerbiegegrenze von biegebeanspruchten Werkstücken, z. B. von Federn. Parallel mit der hohen Härte gehen gewöhnlich geringe elektrische Leitfähigkeit (auch Hochfrequenzleitfähigkeit) und Wärmeleitvermögen. Bei ferromagnetischen Metallen ist mit erhöhter Koerzitivkraft glänzender Überzüge zu rechnen.

Glanzüberzüge bieten wegen ihrer meist wesentlich geringeren Porosität einen besseren Korrosionsschutz als matte Überzüge. Ein solches Verhalten wird auch von der geringeren Benetzbarkeit der

---

[1] ROTH, C. C., u. H. LEIDHEISER JR.: J. electrochem. Soc. **100**, 553 (1953).

glänzenden Oberflächen begünstigt. Andererseits kann gerade diese geringe Benetzbarkeit, verbunden mit dem merklichen Fremdstoffgehalt im Metall, in manchen Fällen die Lötbarkeit der hochglänzenden Überzüge verschlechtern. Glänzende Metallniederschläge, die Inhibitoren eingebaut enthalten, lösen sich meist langsamer in (nichtoxydierenden) Säuren als matte Niederschläge.

Was die Wärmebeständigkeit angeht, so verändern sich matte Metallniederschläge beim Erhitzen im allgemeinen erst mit höheren Temperaturen als Hochglanzüberzüge. Die in den glänzenden Niederschlag eingebaute Substanz — meist organischer Natur — zersetzt sich etwa im Bereich von 100 bis 200° C (vgl. S. 585). Dementsprechend verringert sich der Glanz und ändern sich alle strukturbedingten Eigenschaften.

3.14 Inhibitoren als Mittel, arteigenen Glanz hervorzubringen.

Die Möglichkeit, hochglänzende Metallniederschläge mit Hilfe von Inhibitoren herzustellen, ist an die Inhibitorempfindlichkeit der Metalle gebunden. Wie bereits erwähnt, enthält Tab. 46 auf S. 427 eine Übersicht über die Inhibitorempfindlichkeit der Metalle. Je empfindlicher die Metalle gegen Inhibitoren sind, desto leichter gelingt es grundsätzlich, Glanz auf dem Wege einer starken Inhibition zu erzeugen. Für sehr wenig inhibitorempfindliche Metalle, wie etwa Blei, Zinn oder Thallium, reicht die Inhibition sonst stark wirkender Inhibitoren selbst in komplexen Elektrolyten kaum aus, um mehr als Halbglanz hervorzurufen. Auch Kadmium läßt sich bis jetzt nur blank, nicht hochglänzend, abscheiden.

Kadmium scheidet sich aus komplexen Alkalikadmiumzyanid-Bädern blank aus, wenn man als Inhibitoren Sulfosäuren des Naphthols oder Naphthylamins, sulfurierte Öle, wie z. B. Türkisch-Rotöl oder andererseits Kolloide, wie z. B. den Trockenrückstand der Sulfitzellulose, verwendet und mit dem Kadmium zugleich etwas Nickel — im Niederschlag etwa 10^{-2} bis $10^{-3}\%$ — abscheidet (Westbrook[1]).

Metalle mittlerer Inhibitorempfindlichkeit lassen sich hochglänzend niederschlagen, wenn man wirksame Inhibitoren oder besser Inhibitorkombinationen in komplexen Elektrolyten anwendet. Mit Zink, Silber oder Kupfer gelingt dies z. B. nur in den stark komplexen Zyanidelektrolyten. In den Lösungen einfacher Salze, z. B. der Sulfate, Nitrate, Chloride, erhält man günstigstenfalls blanke Überzüge (vgl. für Zink: Kudrýawzew und Nikiforowa[2]; für Kupfer: Wernick[3] und für

---

[1] Westbrook, L. R.: Metal Ind. London **35**, 83 (1929).

[2] Kudryawzew, N. T., u. A. A. Nikiforowa: Trudy Sowjeshanija pro. Voprosam Korrozii, S. 231. 1940; Ref. S. Wernick: Electrolytic Polishing and bright Plating of Metals, S. 70. London 1948.

[3] Wernick, S.: Electrolytic Polishing and bright Plating of Metals, S. 84. London 1948.

Silber: WERNICK[1], TAFT und HORSLEY[2]). Metalle hoher Inhibitorempfindlichkeit, wie Nickel, Kobalt und Eisen, erhält man bereits aus Lösungen ihrer einfachen Salze in Gegenwart starker organischer Inhibitoren hochglänzend.

Besonders beim Nickel liegen zahlreiche Untersuchungen vor. Hier seien nur einige neuere Arbeiten, wie die von SMITH, KEELER u. READ[3], von CLARK und SIMONSEN[4], von DENISE und LEIDHEISER JR.[5] und von ROTH und LEIDHEISER JR.[6] erwähnt[7].

Das sehr feinkörnige Gefüge, wie es zur Glanzbildung notwendig erscheint, kann durch eine große Zahl ganz verschiedenartiger organischer Substanzen entwickelt werden. Es ist im Bereiche dieses Werkes unmöglich, alle Vorschläge dieser Art aufzuzählen. Für technische Anwendungen sei auf die Werke von PFANNHAUSER[8], MACHU[9], WERNICK[1] verwiesen. Im übrigen darf man folgendes nicht vergessen: es genügt — wie bereits erwähnt — nicht, daß die Inhibitoren Glanz erzeugen. Sie müssen auch den anderen oben erwähnten technischen Anforderungen genügen. Aus der Fülle der Inhibitoren muß also die Technik eine Auslese treffen, deren spezielles Ergebnis allerdings oft nicht bekanntgegeben wird.

Einen deutlichen Zusammenhang zwischen Konstitution der organischen Inhibitoren und Glanzwirkung hat man bisher hauptsächlich beim Silber gefunden. Wir verdanken diese Untersuchung EGEBERG und PROMISEL[10]. Durch systematische Vergleiche gelangten die Autoren zu dem Schluß, daß ein Inhibitor sich zur Abscheidung glänzender Silberüberzüge eignet, wenn er gleichzeitig mindestens ein Stickstoffatom und ein Schwefel- oder Sauerstoffatom, direkt an ein Kohlenstoffatom gebunden, enthält. Die Untersuchung bezieht sich auf Silberabscheidungen aus Lösungen komplexer Alkalisilberzyanide.

Stoffe, die allein Stickstoff (ohne Schwefel) enthalten, wie z. B. Zyanamid, Guanidin, Zyanursäure, Methylamin, vermögen keinen Glanz zu entwickeln. Substanzen mit der angegebenen Konstitution glänzen deutlich, z. B. Kaliumrhodanid ($N\equiv C{-}S{-}K$), Thiosemikarbazid

$$\left(H_2N{-}CSNHNH_2\right),\ \text{Harnstoff}\left(OC\diagup^{NH_2}_{\diagdown NH_2}\right)\ \text{und Thioharnstoff}\left(SC\diagup^{NH_2}_{\diagdown NH_2}\right)$$

---

[1] WERNICK, S.: Electrolytic Polishing and bright Plating of Metals, S. 84. London 1948.

[2] TAFT, R., u. L. H. HORSLEY: Trans. Amer. Electrochem. Soc. 74 (1938), Preprint 74—6.

[3] s. S. 546, Fußn. 3.   [4] s. S. 545, Fußn. 12.   [5] s. S. 481, Fußn. 3.
[6] s. S. 549, Fußn. 1.

[7] Eine gute Übersicht über technische Anforderungen an die Glanzvernicklung gibt der Aufsatz von R. B. SALTONSTALL: Trans. Inst. Met. Finishing 31, Advance Copy 15 (1954).

[8] PFANNHAUSER: Galvanotechnik, s. S. 318, Fußn. 2.

[9] s. S. 323, Fußn. 1.

[10] EGEBERG, B., u. N. E. PROMISEL: Trans. Amer. Electrochem. Soc. 74, 211 (1938).

Eine Ausnahme von der Regel macht nur Ammoniumrhodanid

$$(N \equiv C - S - NH_4).$$

Die Autoren erklären diese Ausnahme mit einer Ammoniakabspaltung aus der gelösten Verbindung. Ammoniak stört erfahrungsgemäß die Abscheidung eines glänzenden Silberniederschlages.

Von ihren Ergebnissen ausgehend, sagten EGEBERG und PROMISEL eine Glanzwirkung für Verbindungen von der allgemeinen Formel

$$CS_2 {\displaystyle \Big\langle} {{NA} \atop {NB}}$$

voraus, wobei die Radikale A und B die Alkalität des Elektrolyten nicht vergrößern dürfen. S kann auch durch Sauerstoff ersetzt werden.

Tatsächlich fanden sie ihre Voraussage an den folgenden Verbindungen bestätigt:

$$1.\ CS {\displaystyle \Big\langle} {{NHCH_3} \atop {SNH_3 \cdot CH_3}}$$

$$2.\ CS {\displaystyle \Big\langle} {{NHC_2H_5} \atop {S \cdot NH_3 \cdot C_2H_5}}$$

$$3.\ CS {\displaystyle \Big\langle} {{N(CH_3)_2} \atop {S \cdot NH_2 \cdot (CH_3)_2,}}$$

die sich von primären oder sekundären aliphatischen Aminen ableiten. Bereits sehr kleine Mengen dieser Verbindungen ergeben in einem bestimmten Bereich der Stromdichte, Temperatur und Elektrolytzusammensetzung Spiegelglanz. Die primäre Methylverbindung erwies sich dabei als am wirksamsten.

Für die Glanzbildung an anderen Metallen wurden bislang nicht derart spezielle Zusammenhänge zwischen Konstitution und glanzerzeugender Wirkung der Inhibitoren aufgefunden (vgl. für Nickel DENISE und LEIDHEISER JR.[1], ROTH und LEIDLEISER[2]). Für die Stärke der Inhibition, die sich im Glanz ausdrückt, gelten jedoch die allgemeinen strukturellen Gesichtspunkte, die bereits auf S. 232ff. zur Inhibition ausgeführt wurden.

Um Hochglanz hervorzubringen, müssen offenbar mehrere Inhibitoren zusammenwirken. Die von EGEBERG und PROMISEL beim Silber aufgefundenen glanzerzeugenden Inhibitoren zeigen ihre Wirkung nur in den stark komplexen Silberzyanid-Elektrolyten. Dieser Umstand deutet auf ein Zusammenwirken des organischen Inhibitors mit dem komplexen Silberzyanidion oder vielleicht auch mit kolloidalem AgCN hin (das sich wahrscheinlich sekundär im Kathodenfilm bildet). Nicht ausgeschlossen ist übrigens, daß sich die schwefelhaltigen Inhibitoren an

---

[1] s. S.481, Fußn.3.   [2] s. S.549, Fußn.1.

der Kathode teilweise unter Abspaltung von Sulfidionen zersetzen, so daß kolloidales, stark inhibierendes Silbersulfid entsteht. Hierauf dürfte wohl auch die Abscheidung glänzender Silberniederschläge aus (zyanidfreien) komplexen Silberthiosulfat-Bädern (nach WEINER[1]) beruhen. Auch Selen- und Tellurverbindungen ergeben übrigens für Silber wirksame Glanzbildner (WEINER[2]).

Was die Möglichkeit eines Zusammenwirkens von komplexen Schwermetallzyanidionen oder kolloidalem Schwermetallzyanid mit dem organischen Inhibitor angeht, so scheint sie für die Abscheidung von Glanzüberzügen aus alkalischen Zyanidelektrolyten allgemein zu gelten. Es zeigt sich immer wieder, daß sich hochglänzende Niederschläge aus solchen Systemen leichter gewinnen lassen als aus Lösungen der einfachen Salze. Oft gelingt die Abscheidung von Hochglanzüberzügen überhaupt nicht aus einfachen Elektrolyten.

Wahrscheinlich kommt bei dem Zusammenwirken der Inhibitoren ein Verstärkungseffekt der Inhibition zustande (vgl. S. 295). In vielen Fällen dürften nicht bloß zwei, sondern noch mehr Inhibitoren in einem solchen Verstärkungseffekt zusammenwirken. Anscheinend ist eine solche Kombination vor allem bei Metallen von mittlerer Inhibitorempfindlichkeit notwendig, wenn Hochglanz erreicht werden soll.

Ein Beispiel dieser Art sind die hochglänzenden Zinküberzüge der Technik. Sie entstehen z. B. in alkalischen Alkalizinkzyanid-Elektrolyten unter dem gleichzeitigen Einfluß eines heterozyklischen Inhibitors, wie etwa Piperonal, und eines wirksamen anorganischen Anions, z. B. Wolframat oder Molybdat. So kommt es zu einem verwickelten Zusammenspiel zwischen dem organischen Inhibitor, den verschiedenen Anionen, kolloidalem Zinkzyanid und schließlich auch noch mit atomarem Wasserstoff, der sich mit dem Zink zugleich abscheidet. Läßt man den organischen Inhibitor weg, so entstehen zwar nicht hochglänzende, aber immerhin noch blanke Überzüge. Abb. 186 (S. 476) zeigt die Mikroaufnahme eines Querschliffes durch einen hochglänzenden Zinküberzug dieser Art, der eine (auch röntgenographisch nachweisbare) Fasertextur aufweist (H. FISCHER und BÄRMANN[3]).

Augenscheinlich bedürfen selbst stark inhibitorempfindliche Metalle wie Nickel, die sich bereits aus den Lösungen einfacher Salze hochglänzend abscheiden, hierzu eines Zusammenwirkens mehrerer Inhibitoren. Dabei scheint der organische Inhibitor in erster Linie mit dem sekundär, im Kathodenfilm entstehenden, kolloidalen Nickelhydroxyd zusammenzuwirken.

---

[1] WEINER, R.: Z. Elektrochem. **45**, 743, 750 (1939).
[2] WEINER, R.: Metallwirtsch. **22**, 472 (1943).
[3] s. S. **545**, Fußn. 19.

In diesem Zusammenhang ist zu bemerken, daß man hochglänzendes Nickel am besten mit organischen Säuredipolen oder Säureanionen erhält, die mit dem positiv geladenen Nickelhydroxydsol gut zusammenwirken können. Viel verwendet werden z. B. Sulfosäuren oder Sulfonate des Naphthalins, Naphthols, Naphthylamins oder Toluidins (SCHLOETTER[1]). Auch andere nichtbasische Stoffe, wie unsymmetrisch gebaute aromatische Amide (Sulfonamide) und Imide, Chinone (Naphthochinon, Anthrachinon usw.), wären hier zu nennen (vgl. RAUB und WITTUM[2]). Kolloide der Eiweißgruppe werden bei dem p_H-Wert des Kathodenfilms unter den üblichen Bedingungen bereits negativ geladen sein und passen daher auch gut für einen Verstärkungseffekt.

Organische Kationen, wie aromatische Amine, basische Farbstoffe, Alkaloide usw., wirken besser in Gegenwart eines organischen Anions oder Säuredipols, z. B. Zitronensäure.

Der Glanzeffekt mancher Thioverbindungen, vor allem des Thioharnstoffes und seiner Derivate, rührt offenbar auch beim Nickel teilweise von der Mitwirkung sekundär gebildeten kolloidalen Sulfids her (ELZE[3]), das infolge teilweiser kathodischer Reduktion entsteht. Eine Mitbeteiligung von kolloidalem Schwermetallsulfid erscheint übrigens auch bei den organischen Sulfosäuren möglich. Zum mindesten werden aber diese Säuren zu praktisch unlöslichen Merkaptanen reduziert, die mit Schwermetallen Merkaptide bilden.

Noch ungeklärt ist die Glanzwirkung sehr kleiner Mengen Schwermetallsalze im Verein mit organischen Inhibitoren. Nach WESTBROOK[4] genügen z. B. bereits etwa 0,001 % Ni^{2+} oder Cu^{2+}, um bei der Abscheidung von Kadmium Halbglanz entstehen zu lassen (aus komplexen alkalischen Kadmiumzyanidbädern in Gegenwart organischer Inhibitoren, wie z. B. aromatischen Sulfosäuren, sulfurierten Ölen oder Rückständen der Sulfitzellstoff-Ablauge). Vermutlich kommt es hier nicht auf die Mitabscheidung von Metall an (sofern sie sich überhaupt nachweisen läßt). Eher läßt sich bei der Abscheidung von glänzendem Nickel in Gegenwart von Kobalt annehmen, daß mitabgeschiedenes Metall die Niederschlagsstruktur günstig beeinflußt. Offenbar wirkt hier der — einwandfrei nachweisbare — Eintritt von Kobalt in das Nickelgitter ähnlich kornverfeinernd wie ein Eintritt von Wasserstoff. Aber auch hier erhält man den Glanz wieder nur im Verein mit einem organischen Inhibitor, z. B. Formiat oder Formaldehyd (HINRICHSEN[5], WEISBERG[6]).

---

[1] SCHLOETTER, M.: E. P. 459887.
[2] RAUB, E., u. M. WITTUM: Z. Elektrochem. **46**, 71 (1940).
[3] s. S. 546, Fußn. 6.
[4] WESTBROOK, L. R.: Metal Ind., Lond. **35**, 83 (1929).
[5] HINRICHSEN, O.: E. P. 461126.
[6] WEISBERG, L.: Trans. Amer. Electrochem. Soc. **73**, 435 (1938).

Auch im Falle des Silbers gelangt man zu hochglänzenden, besonders harten Überzügen beim Zusammenwirken organischer Oxysäuren oder Aminosäuren mit Antimon oder verwandten Halbmetallen aus stark alkalischen, viel freies Zyanid enthaltenden, komplexen Zyanidbädern (GRUBE[1]).

Neben der Unzahl von glanzfördernden Inhibitorsubstanzen gibt es auch einige wenige Stoffe, deren Anwesenheit die Entwicklung von inhibitorbedingtem Glanz hindert oder ganz unterbindet. Im sauren Bereich ist es in erster Linie das Chlorion, dessen aktivierende Wirkung wir bereits kennengelernt haben (vgl. S. 243 ff.). Offenbar vermag es die Inhibition abzuschwächen, so daß sie zur Glanzbildung noch nicht ausreicht. Eine glanzschädigende Wirkung haben manchmal auch Schwermetallspuren im Elektrolyten, z. B. bei der Hochglanzverzinkung (Fe, As, Sb, Sn, Pb, Zn, Cd) oder Hochglanzvernicklung (z. B. Zn und Cd). Der Störpegel ihrer Konzentration hängt von den Abscheidungsbedingungen ab (RAUB und WULLHORST[2]). Der Mechanismus ihrer Wirkung ist noch nicht aufgeklärt.

Daß mit erhöhter Temperatur des Elektrolyten sich der Glanz verringert oder ganz ausbleibt, ist leicht einzusehen, nimmt doch die Inhibition im allgemeinen mit steigender Temperatur ab. Geringe Erhöhung der Temperatur über die Zimmertemperatur kann allerdings in einigen Fällen noch günstig wirken, wenn sich mit der Temperatur die zunehmende Hydrolyse des Schwermetallsalzes gegenüber dem temperaturbedingten Adsorptionsrückgang behaupten kann (vgl. S. 311).

Erhöhte Stromdichte begünstigt im allgemeinen die Glanzbildung. Die Arbeitsstromdichte der Glanzbäder liegt daher fast immer höher als diejenige der entsprechend zusammengesetzten matt arbeitenden Elektrolyte. Glanzmetallisierungsbäder der Technik mit Inhibitorzusatz erlauben meist (z. B. bei Zn, Cd, Cu, Ni), mit Stromdichten zwischen etwa 2 bis $5 \cdot 10^{-2} \, \text{A/cm}^2$ zu arbeiten. Bei lebhafter Badbewegung können in manchen Fällen noch höhere Stromdichten angewandt werden. Der Glanz der Chromniederschläge hängt stark von Stromdichte und Temperatur ab. Auf diesen Sonderfall wird an anderer Stelle eingegangen (vgl. S. 641 ff.).

3.15 Glanzbildung in an sich matt arbeitenden Elektrolyten.

Gegenüber den verbreiteten Verfahren zur Herstellung hochglänzender Niederschläge auf dem Wege starker Inhibition konnten andere Prozesse, die imstande sind, mit gewöhnlich matt arbeitenden Elektro-

---

[1] GRUBE, H. L.: Festschr. aus Anlaß d. hundertjähr. Jubil. d. Fa. W. C. Heräus **175** (1951).

[2] RAUB, E., u. B. WULLHORST: Z. Elektrochem. **48**, 342 (1942).

lyten unter bestimmten Bedingungen glänzende Überzüge hervorzubringen, bislang kaum Eingang in die Technik finden. Immerhin lohnt es sich, solche Wege wegen ihres grundsätzlichen Wertes zu erörtern.

Hochglänzende Nickelüberzüge zeigen, wie bereits erwähnt, wenn sie mit starken organischen Inhibitoren erzeugt wurden, in ihrem Querschliff fast ausnahmslos eine sehr feine Lamellierung parallel zur Unterlage. Offensichtlich sind diese feinen Parallelstreifen für die Glanzbildung notwendig. HENRICKS[1] ist es gelungen, diese Lamellierung in einem Modellversuch nachzuahmen und damit tatsächlich hochglänzende Nickelüberzüge von etwa 13 μm Dicke zu erhalten.

HENRICKS ging von der bereits erwähnten Tatsache aus, daß Nickelüberzüge unmittelbar in den ersten Sekunden ihrer Abscheidung hochglänzend ausfallen. Gelingt es, ihr Weiterwachsen, bei dem sie vergröbern und matt werden, zu verhindern und viele solcher glänzenden Filme übereinander abzuscheiden, so sollte ein entsprechend dicker hochglänzender Metallniederschlag entstehen.

Ein Weiterwachsen der einzelnen Filme (abgeschieden während 5 sek auf kaltgewalztem Stahl aus dem matt arbeitenden WATTS-Bad [S. 626] bei $4,3 \cdot 10^{-2} \mathrm{A/cm^2}$ und $43°$ C) verhinderte HENRICKS, indem er sie jeweils für 20 sek in eine 10%ige Salzsäure mit einem Inhibitorzusatz (1% Rodine) bei 50° C eintauchte. Anschließend wurde jeweils wieder ganz entsprechend ein neuer hauchdünner Nickelfilm abgeschieden, der ebenfalls in HCl behandelt wurde, usw. in regelmäßiger Folge, bis eine Dicke von 13 μm erreicht war. War zwar dieser lamellierte Niederschlag mechanisch ungeeignet, so demonstrierte er doch mit seinem Hochglanz augenfällig die erwähnte Ansicht von HENRICKS. Offenbar hinderte jedesmal ein Adsorptionsfilm aus Thioharnstoff (dem Bestandteil des Rodine-Inhibitors) den Nickelniederschlag am Weiterwachsen und beeinflußte wahrscheinlich die Struktur des darauffolgenden Films.

Kann man den so erzeugten Glanz noch als arteigenen Glanz ansehen — denn er entstand auf einer matten Eisenunterlage —, so werden glänzende Überzüge, aus gewöhnlich matt arbeitenden Bädern auf glänzender Unterlage erhalten, als „reproduziert" zu gelten haben. Dies trifft z. B. für die Versuche von ROLL[2] zu.

ROLL verwendete als Elektrolyten 40 g/l $NiSO_4$ 7 $\cdot$ H_2O, 35 g/l Natriumzitrat p_H 6, bei 20° C und $0,27 \cdot 10^{-2}$ $\mathrm{A/cm^2}$. Auf hochglänzend poliertem Messing scheiden sich Nickelniederschläge unter diesen Bedingungen bis zu etwa 5 μ hochglänzend ab. Bei dickeren Schichten wird die Oberfläche matt. Sie fällt von vornherein matt aus, wenn das Messing vorher *nicht* poliert wurde[3].

---

[1] HENRICKS, I. A.: Metal Ind., Lond. **61**, 378 (1942); **62**, 26 (1943).

[2] ROLL, A.: Z. Metallkde. **42**, 238 (1951).

[3] Persönliche Mitteilung des Herrn Dr. ROLL.

Der glänzende Niederschlag entsteht nur in einem bestimmten Stromdichtebereich, der sich mit Rührung (mechanisch oder mit Ultraschall) oder bei höherer Temperatur verschiebt.

Bei höheren Stromdichten entstehen graue oder streifige Überzüge. In den Stromdichtebereichen des Hochglanzes liegen offenbar die günstigsten Reproduktionsbedingungen vor. Der Einfluß der Abscheidungsbedingungen auf den Glanzbereich der Stromdichte ist in Abb. 218 (nach ROLL) dargestellt.

Wie bereits an anderer Stelle (S. 470) angedeutet, läßt sich mit dem matte Nickelniederschläge liefernden WATTS-Bad (vgl. S. 626) der Hochglanz einer bestimmten Kristallfläche eines Kupfer- oder Nickel-Einkristalls vollständig reproduzieren (LEIDHEISER JR. und GWATHMEY[1]). Es handelt sich um die (1 0 0)-Fläche. Im Gegensatz dazu bildet sich auf der (1 1 1)-Fläche von Anfang an ein matter körniger Niederschlag aus. Wird die (1 0 0)-Fläche nicht vorher mechanisch und elektrolytisch auf Hochglanz poliert, sondern durch Ätzen aufgerauht,

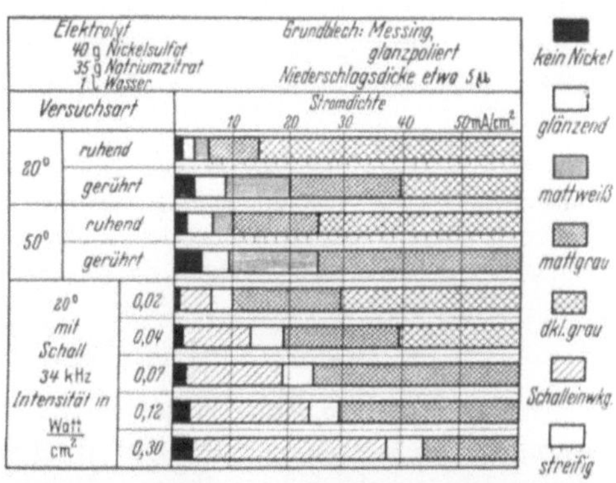

Abb. 218. Einfluß der Abscheidungsbedingungen auf den Glanzbereich der Stromdichte bei Nickelüberzügen. (Nach ROLL, s. S. 556, Fußn. 2.)

so fällt der Niederschlag matt aus. Die Bedingungen für eine Reproduktion des Glanzes der (1 0 0)-Fläche sind relativ weit zu fassen: $1 \cdot 10^{-3}$ bis $8 \cdot 10^{-2}$ A/cm² (und wahrscheinlich noch höhere) Stromdichten, p_H 0,5 bis 5,5, 20 bis 60° C, ohne oder mit Rührung.

Wendet man einen gleichgerichteten Wechselstrom (Halbwellenstrom) an Stelle von Gleichstrom an, so behält der zunächst glänzende Niederschlag bei 1 bis $4 \cdot 10^{-3}$ A/cm² nur für etwa 10 min seinen Glanz. Es bildet sich dann auch auf der (1 0 0)-Fläche ein matter Niederschlag aus, der aus einzeln reflektierenden Facetten besteht.

Ähnlich wie bei der Nickelabscheidung gelingt es auch bei der Abscheidung von Kupfer aus saurer $CuSO_4$-Lösung, den Glanz einer bestimmten Fläche eines Kupferkugel-Einkristalls zu reproduzieren (LEIDHEISER JR. und GWATHMEY[2]). Zum Unterschied vom Nickel

---

[1] LEIDHEISER JR., H., u. A. T. GWATHMEY: J. electrochem. Soc. **98**, 225 (1951).

[2] LEIDHEISER JR., H., u. A. T. GWATHMEY: Trans. Amer. Electrochem. Soc. **91**, 95 (1947).

ist es hier jedoch nicht die (1 0 0)-Fläche, sondern gerade umgekehrt die (1 1 1)-Fläche, deren Glanz reproduziert wird. Auf der (1 0 0)-Fläche scheidet sich ein matter Niederschlag ab. Der reproduzierte Glanz der (1 1 1)-Fläche bleibt auch nur über geringe Dicken hin bestehen; bei längerer Elektrolysedauer wird der Niederschlag matt.

Die hochglänzenden Niederschläge, entstanden durch vollständige Reproduktion einer Flächenart der Kugel-Einkristalle, sind weit weicher und duktiler als die matten Überzüge. Sie unterscheiden sich in dieser Eigenschaft vollständig von Niederschlägen mit arteigenem Hochglanz, die mit starken Inhibitoren erzeugt werden. Sie haben mit ihnen hohe Anlaufbeständigkeit und Korrosionsbeständigkeit gemeinsam. In ihrer Zusammensetzung sind sie sicherlich viel reiner als die arteigenen Überzüge, in die sich in merklicher Menge Fremdstoffe einbauen.

Nach Analysen scheinen die hochglänzenden Niederschläge auf den Flächen des Einkristalls auch weniger Verunreinigungen aufzunehmen als die matten Niederschläge auf dem gleichen Einkristall. Dies mag vielleicht daran liegen, daß dem hochglänzenden Niederschlag Korngrenzen fehlen, an denen sich sonst für gewöhnlich Verunreinigungen bevorzugt ablagern.

3.16 Glanzbildung mit periodischer Stromumkehr.

Wie erwähnt (S. 548), läßt sich die Abscheidungsform des Niederschlages durch einen kurzzeitigen Wechsel der Stromrichtung bei der Elektrolyse erheblich beeinflussen. Wählt man einen Elektrolyten, der das Niederschlagsmetall in kathodischer Richtung abscheidet und den Niederschlag bei Umschalten auf anodische Richtung anodisch poliert, so gelingt es, glänzende Metallüberzüge abzuscheiden bei passender Wahl des Elektrolyten, der üblichen Abscheidungsbedingungen, des Umkehrverhältnisses (Verhältnis der kathodischen zur anodischen Impulsdauer) und der Länge einer (aus einem kathodischen und einem zeitlich verkürzten anodischen Vorgang bestehenden) Periode.

JERNSTEDT[1] hat auf diese Weise bislang die Metalle Kupfer, Silber, Gold, Zink, Kadmium und Messing aus den alkalischen Lösungen ihrer komplexen Alkalizyanidschwermetalle glatt oder blank abscheiden können. Unlängst hat DOSCH[2] die elektrolytische Abscheidung von Silber mittels Umkehrelektrolyse systematisch untersucht.

Bei der Elektrolyse muß naturgemäß der zeitliche Anteil der kathodischen Abscheidung überwiegen, denn es soll sich ja Metall abscheiden. In solchen Fällen beträgt der kathodische Impuls z. B. 20 sek, der anodische etwa 5 sek. Nach DOSCH darf der anodische Anteil einer katho-

---

[1] JERNSTEDT, G. W : Proc. Amer. Electroplaters Soc. **36**, 63 (1949) — Plating **35**, 708 (1948) — Metal Finishing **45**, 68 (1947). — Vgl. ferner: A. BERGMANN, Metal Progr. **58**, 100, 261 (1950). — G. W. SLONIN: Iron Age **167**, 94 (1951).

[2] DOSCH, C.: Dissert. Karlsruhe 1952.

disch/anodischen Periode nicht zu klein gehalten werden, damit der anodische Poliereffekt, der eine gewisse Zeit braucht, nicht vorzeitig abgebrochen wird. Auch die Länge der Periode richtet sich nach diesem Umstand. Die beim Studium der Silberabscheidung gewonnenen Erkenntnisse können auch für andere Beispiele eine gewisse Gültigkeit haben.

Für das Verfahren kommen z. B. alkalische Lösungen von Alkalisilberzyanid etwa folgender Zusammensetzung in Betracht:

$$45 \text{ bis } 48 \text{ g/l Silber als } KAg(CN)_2,$$
$$9 \text{ bis } 35 \text{ g/l freies KCN},$$
$$70 \text{ bis } 55 \text{ g/l } K_2CO_3.$$

Solche Elektrolyte eignen sich zum anodischen Polieren von Silber. Jedoch entstehen bei der kathodischen Abscheidung von Silber mit Gleichstrom ohne Umpolen mit diesen und auch niedrigeren Stromdichten technisch unbrauchbare Niederschläge von sandiger Beschaffenheit und starker Knospenbildung. Wollte man nur kathodisch einen glatten Niederschlag abscheiden, so fehlte es dem Elektrolyten an freiem KCN. Die Umkehrelektrolyse erlaubt jedoch ohne weiteres, solche Elektrolyte — noch dazu bei höheren Stromdichten — zu verwenden und erzielt brauchbare glänzende Überzüge.

Glanz bis Hochglanz wurde z. B. erhalten bei einer Periode von etwa 45 sek und einem Verhältnis des kathodischen zum anodischen Anteil von $4:1$ mit Stromdichte von $2 \cdot 10^{-2} \, A/cm^2$ und Zimmertemperatur.

Entscheidend für die Abscheidungsform unter diesen Bedingungen ist offenbar der anodische Anteil der Elektrolyse. In diesem Zeitbereich wird der kathodisch gebildete Niederschlag hochglänzend poliert. Allerdings wächst der kathodische Niederschlag bei der anschließenden kathodischen Umpolung auf dieser hochglänzenden Unterlage selbst in einer Dicke von etwa 1 μm (dem kathodischen Anteil entsprechend) nicht mehr hochglänzend weiter. Kathodisch ergibt sich höchstens ein blanker Überzug. Sollen hochglänzende Niederschläge entstehen, so muß demnach die Elektrolyse mit dem anodischen Anteil aufhören. (Dies kann sich bei anderen Elektrolyten anders verhalten.)

Das Anodenpotential ändert sich bei dem anodischen Polierprozeß in drei Stufen: Die erste entspricht der normalen anodischen Auflösung. Sind bei diesem Vorgang alle CN^--Ionen im Diffusionsfilm verbraucht, so bildet sich auf der Anode ein lockerer Film von AgCN. Dabei entsteht die zweite Stufe. Wenn sich auch die komplexen Silberzyanidionen verbrauchen, so verschwindet der AgCN-Belag wieder, und es entsteht an seiner Stelle ein festhaftender Oxydfilm. Damit wird die dritte Potentialstufe erreicht.

Bei einem Gehalt des Elektrolyten an freiem Zyanid wird die Oxydhaut in einem charakteristischen Stromdichtebereich (abhängig vom KCN-Gehalt) in raschem Wechsel auf- und wieder abgebaut. In diesem Bereich kommt die anodische Glänzung zustande. Die Oxydschichten haben unter diesen Bedingungen noch zahlreiche Poren, durch welche hindurch der Angriff des Silbers stattfindet.

Nach HOAR und MOVAT[1] entsteht auf diese Weise Glanz, weil sich unter diesen Bedingungen das Silber — wie übrigens allgemein die Metalle beim anodischen Polieren — nicht mehr selektiv unter Bildung von Ätzfiguren (der Theorie von KOSSEL und STRANSKI entsprechend), sondern rein statistisch auflöst.

3.2 Innere Spannungen in kathodischen Metallniederschlägen.

3.21 Allgemeines.

Innere Spannungen entstehen — wie der Name besagt — im Innern eines Körpers, worunter in unserem Falle streng genommen der Verbundkörper aus dem elektrolytischen Metallniederschlag und der leitenden Unterlage zu verstehen ist. Meist interessieren aber nur die Spannungen im elektrolytischen Niederschlag. Die inneren Spannungen entstehen in bestimmten Bereichen des Körpers. Ihnen halten Gegenkräfte, die von anderen Bereichen des Körpers ausgehen, das Gleichgewicht. So wirkt also nicht eine äußere Kraft auf den Körper wie bei äußeren Spannungen.

In elektrolytischen Metallniederschlägen findet man fast immer innere Spannungen (vgl. die Literaturübersicht von SIMNAD[2]). Allerdings können sich die inneren Spannungen der elektrolytischen Metallniederschläge in Art und Intensität sehr beträchtlich unterscheiden, und zwar je nach der Natur des Metalls, nach der Natur der Unterlage und nach den Herstellungsbedingungen.

Auf den elektrolytischen Metallniederschlag bezogen, können wir *arteigene* und *artfremde* innere Spannungen unterscheiden. Beide Arten können sich entweder in einer Kontraktion oder in einer Dilatation äußern.

Innere Spannungen elektrolytischer Metallniederschläge haben wohl als erste MILLS[3] und BOUTY[4] nachgewiesen, indem sie das Metall an einer versilberten Thermometerkugel abschieden. Sie beobachteten ein Ansteigen des Quecksilbers infolge Verspannung der Kugel, wenn sich Niederschläge von Eisen, Kupfer, Nickel, Silber abschieden. Hier zeigte sich also eine Kontraktion an. Genau das Umgekehrte trat nach MILLS mit Niederschlägen von Kadmium und Zink ein: das Quecksilber begann abzusinken. Es fand Dilatation statt.

Innere Spannungen in elektrolytischen Niederschlägen können beträchtliche Werte annehmen. Nach MILLS Schätzung entsprach die Kontraktion des Kupferniederschlages einem hydrostatischen Druck von 100 Atm. STONEY[5] findet für Nickelniederschläge parallel zur Ebene der Unterlage Kontraktionsspannungen von etwa 30,7 kg/mm².[6] Bei Chromniederschlägen, die wohl die stärksten Kon-

---

[1] HOAR, T. P., u. J. A. S. MOVAT: Nature (London) **165**, 64 (1950).

[2] SIMNAD, M. T.: J. elektrochem. Soc. **97**, 31 C, (1950).

[3] MILLS, B.: Proc. roy. Soc. **26**, 509 (1877).

[4] BOUTY: Cr. **88**, 714, (1879) — J. Phys. **8**, 289 (1879).

[5] STONEY, G. G.: Proc. roy. Soc. (A) **82**, 172 (1909).

[6] Über weitere Untersuchungen s. T. E. SUCH: Trans. Inst. Met. Finishing **31**, Advance Copy **13** (1954).

traktionsspannungen aufweisen, berechnen HUME-ROTHERY und WYLLIE[1] Werte von etwg 50 kg/mm². Demgegenüber fallen Dilatationsspannungen stets kleiner aus. So kommen PALATNIK, GEBSTEIN und LUKOZ[2] bei Zinkniederschlägen aus angesäuerten $ZnSO_4$-Lösungen bei $2 \cdot 10^{-2}$ A/cm² abgeschieden, auf höchstens etwa 3,9 kg/mm². (Dabei handelt es sich um bereits stark verspannte Niederschläge, die in Gegenwart von Kolloid [Leim] abgeschieden wurden.)

Arteigene innere Spannungen — auch Eigenspannungen genannt — entstehen unbeeinflußt von der Unterlage. Sie blieben auch in gleicher Stärke erhalten, wenn man den Niederschlag von der Unterlage entfernte. Artfremde innere Spannungen bilden sich im Zusammenwirken von Niederschlag und Unterlage aus.

Man kann die arteigenen und artfremden inneren Spannungen noch in solche *erster*, *zweiter* und *dritter Art* unterteilen. Innere Spannungen erster Art beruhen auf ungleichmäßiger makroskopischer oder auch mikroskopischer Verteilung von Zug- oder Druckspannungen im Körper. Gewöhnlich übersteigen diese inneren Spannungen noch nicht die Proportionalitätsgrenze des Niederschlagsmetalles.

Innere Spannungen zweiter Art sind auf mikroskopische Bereiche und ziemlich gleichmäßig im Körper verteilt. Sie erreichen bedeutende Werte, die meist die Proportionalitätsgrenze übersteigen. Jedoch sind sie noch nicht mit einer Änderung der Gitterkonstanten des Niederschlagsmetalles verbunden.

Innere Spannungen dritter Art gehen von submikroskopischen Bereichen, in erster Linie vom Gitter des Niederschlagsmetalles aus. Sie umfassen alle Arten von Verspannung, Aufweitung und „Zerknüllung" des Gitters.

Die inneren Spannungen elektrolytischer Niederschläge spielen auch in der Galvanotechnik eine wichtige Rolle. So bestimmen die arteigenen inneren Spannungen offenbar eine Reihe technisch wichtiger Eigenschaften, wie Härte, Duktilität, Korrosionsbeständigkeit. Allerdings sind — das sei vorweg bemerkt — die Zusammenhänge zwischen den Spannungen und diesen Eigenschaften meist noch nicht klar erkannt. Innere Spannungen können vor allem der Galvanoplastik gefährlich werden, namentlich den sog. „Electroforming"-Verfahren. Von den artfremden inneren Spannungen hängt andererseits die entscheidend wichtige Haftfestigkeit galvanischer Überzüge auf dem Grundmetall ab.

Trotz seiner Bedeutung wird dieses Gebiet bislang von der Forschung recht stiefmütterlich behandelt. Die bisher vorliegenden Ergebnisse lassen noch viele Lücken erkennen, was ein Urteil über die grundlegenden Zusammenhänge erschwert.

---

[1] HUME-ROTHERY, W., u. M. R. J. WYLLIE: Proc. roy. Soc. (A) **181**, 331 (1943); (A) **182**, 415 (1943).

[2] PALATNIK, L. G., E. L. GEBSTEIN u. J. S. LUKOZ: J. techn. Physics USSR **10**, 1756 (1940).

Wenn auch der Erfahrungsschatz noch dürftig ausfällt, so zeichnet sich nach WYLLIE[1] doch folgender Zusammenhang zwischen Natur der Niederschlagsmetalle und Auftreten innerer Spannungen immer wieder ab: 1. Nur Kontraktionsspannungen findet man bei den Übergangsmetallen der Eisen- und Platingruppe[2]. — 2. Metalle, wie Kupfer und Silber, die den Übergangsmetallen nahestehen, können entweder Kontraktion oder Dilatation zeigen. — 3. Metalle, die nicht den Übergangsgruppen angehören, wie z. B. Blei, Zink, Kadmium, offenbaren — wenn überhaupt — Dilatationsspannungen.

3.22 Messung innerer Spannungen.

Zur Messung innerer Spannungen, die hier nur ganz kurz behandelt werden soll, eröffnen sich direkte und indirekte Wege. Bisher sind allerdings die Möglichkeiten zum direkten Messen und feineren Unterscheiden der verschiedenen Arten innerer Spannungen noch ziemlich begrenzt.

Arteigene innere Spannungen lassen sich unmittelbar bislang nur mit Hilfe der Röntgenbeugungsmethode erfassen. Für das Erkennen innerer Spannungen erster Art eignen sich z. B. Verfahren von GLOCKER und OSSWALD[3] sowie von GLOCKER, HESS und SCHAABER[4]. Innere Spannungen höherer Art erkennt man an dem Ablenkungswinkel, den ein monochromatischer Röntgenstrahl, auf die Oberfläche des Niederschlages auftreffend, erfährt. Der Winkel hängt für eine bestimmte Netzebene von der Größe des Netzebenenabstandes ab. Verändert sich der Netzebenenabstand z. B. durch Gitterverspannungen, so ändert sich — wenn auch in geringem Maße — der Ablenkungswinkel. Diese Änderung kann man messen und daraus die inneren Spannungen errechnen.

Da die arteigenen Spannungen solche Eigenschaften des Metallniederschlages verändern können, die SMEKAL[5] als „strukturempfindlich" bezeichnet hat, bieten sich Möglichkeiten, aus Messungen der Intensität solcher Eigenschaften wenigstens qualitative Schlüsse auf die Größe der arteigenen inneren Spannungen zu ziehen. Unter solchen strukturempfindlichen Eigenschaften versteht man z. B. die mechanischen Eigenschaften, wie Härte, Festigkeit und Duktilität. (Die Härte galvanischer Überzüge läßt sich besonders bequem als „Mikrohärte" nach ZEISS bestimmen.) Ferner gehören zu dieser Gruppe die elektrische

[1] WYLLIE, M. R. J.: J. chem. Physics **16**, 52 (1948).
[2] Ausgenommen bei Einbau beträchtlicher Mengen von Fremdstoffen.
[3] GLOCKER, R., u. E. OSSWALD: Z. techn. Phys. **16**, 237 (1935); **17**, 145 (1936).
[4] GLOCKER, R., B. HESS u. O. SCHAABER: Z. techn. Phys. **19**, 194 (1938).
[5] SMEKAL, A.: Handb. d. Physik **24** (2), 795 (1933) — Z. Krist. **89**, 385 (1934).

Leitfähigkeit, die Koerzitivkraft und die magnetische Permeabilität. Den Metallfachmann interessiert oft die (strukturempfindliche) Temperatur der beginnenden Kristallerholung und des Rekristallisationsbeginnes, den Korrosionschemiker die Lage der GALVANI-Spannung in Ruhe oder im Gleichgewicht und die Auflösungsgeschwindigkeit bei chemischem Angriff.

Selbst eine qualitative Beurteilung arteigener innerer Spannungen auf solchen indirekten Wegen ist leider oft recht unsicher. Besonders innere Spannungen dritter Art gehen manchmal durchaus nicht parallel mit einzelnen der genannten Eigenschaften.

Zur direkten Messung *artfremder* innerer Spannungen gibt es noch kein exaktes Verfahren. Alle Verfahren, die eine Veränderung von Eigenschaften der Unterlage in Wechselwirkung mit Zug- oder Druckspannungen des Niederschlages messen, erfassen zugleich auch arteigene Spannungen des Niederschlages. Am bekanntesten ist hier das Prinzip des sog. ,,Kontraktometers‘‘, das im wesentlichen auf einer Auswirkung von Unterschieden im Volumen des Niederschlages und der Unterlage beruht. Das Kontraktometer ist zuerst von GOUY[1], später in verbesserter Ausführung von KOHLSCHÜTTER und Mitarbeitern[2] angegeben worden. Es erlaubt in seiner einfachen Anordnung, Zug- oder Druckspannungen zu messen, die auf einer dünnen Metallfolie auftreten, wenn man auf ihr ein Metall einseitig abscheidet. Da die Größe dieser Spannungen von den Volumendifferenzen des Niederschlages und des Substrates abhängt, ist die Art der Unterlage nicht gleichgültig. So können je nach Wahl des Folienmateriales Kontraktions- oder auch Dilatationsspannungen zustande kommen.

Die einfache, heute meist noch gebräuchliche Anordnung geht auf MARIE und THON[3] zurück. Sie besteht aus einem rechteckigen Metallstreifen aus etwa 0,04 mm dicker Metallfolie von einigen cm Länge. Der Metallstreifen trägt auf seiner Rückseite einen isolierenden Lacküberzug. Man klemmt ihn mit seinem oberen Ende fest und stellt ihn mit seiner Vorderseite als Kathode einer gleich großen Anode gegenüber. Die beiden Elektroden tauchen in einen geeigneten Elektrolyten, befindlich in einer Glaswanne mit ebenem Boden. Durch den Boden hindurch kann man von unten die untere Kante der frei herabhängenden Kathodenfolie mit einem kleinen Mikroskop anvisieren. Auf einer Mikrometerskala des Mikroskops erscheint die Kante als schwarzer Strich. Je nach der bei der Elektrolyse auftretenden Krümmung der Folie verschiebt sich die Lage des Striches nach der einen oder anderen Seite. So kann man die Größe der Krümmung, in die Verschiebung des Striches übertragen, direkt ablesen.

---

[1] GOUY, M.: C. r. Acad. Sci. Paris **98**, 1495 (1883).

[2] KOHLSCHÜTTER, V., u. E. A. VUILLEMUIER: Z. Elektrochem. **24**, 300 (1918) — Helv. chim. Acta **3**, 584 (1920); **5**, 490, 593 (1922).

[3] MARIE, C., u. N. THON: J. Chim. physique **29**, 11 (1932) — C. r. Acad. Sci. Paris **193**, 31 (1931).

Die Krümmung der Metallfolie beim Abscheiden des Niederschlages bestimmen Zug- oder Druckspannungen, die sich der biegsamen Folie mitteilen und eine Kontraktion oder Dilatation des Niederschlages erkennen lassen.

Man kann die Skala des Kontraktometers nach einer Umrechnung direkt in Spannungen, ausgedrückt in absoluten Einheiten, z. B. in kg/mm^2, eichen (BRENNER und SENDEROFF[1], WYLLIE[2]).

Mit dem Kontraktometer haben verschiedene Autoren eine Reihe von Messungen ausgeführt. Nach dem heutigen Stande unserer Erkenntnis kann man aus ihren Ergebnissen etwa folgende Regeln ableiten:

Dilatation ergibt sich unter folgenden Bedingungen:

1. Wenn sich die Metalle relativ grobkörnig abscheiden (z. B. im basisorientierten Reproduktionstyp). Dazu sind besonders die Metalle geringerer Inhibitorempfindlichkeit, z. B. Kadmium oder Zink, in Lösungen ihrer einfachen Salze fähig (vgl. KOHLSCHÜTTER[3] beim Zink). Grobkörnig und mit Dilatation scheidet sich z. B. auch *einwertiges* Kupfer ab (MARIE und THON[4]). Ebenso können leicht reduzierbare organische Verbindungen (Depolarisatoren) selbst bei stärker inhibitorempfindlichen Metallen gelegentlich eine Dilatation bewirken (vgl. z. B. MARCHESE[5]).

2. Wenn sich bei der Abscheidung der Metalle eine erhebliche Menge Fremdstoff in den Niederschlag mit einbaut und ihr Volumen vergrößert. JACQUET[6] fand z. B. bei der Kupferabscheidung aus saurer CuSO$_4$-Lösung in Gegenwart von mehr als 0,2 g/l Gelatine Dilatation (vgl. Abb. 219, weitere Einzelheiten s. nächsten Absatz).

Kontraktion kommt bei mittlerer und starker Inhibition, d. h. bei einem Gefüge von mittlerem bis feinem Korn, zustande, sofern nicht bedeutende Mengen Fremdstoff in den Niederschlag eingebaut werden. Daher scheiden sich Metalle mittlerer oder starker Inhibitorempfindlichkeit in der Regel unter Kontraktion ab. Kupfer, das sich in neutraler Lösung noch mit Dilatation niederschlägt, kontrahiert zunehmend, wenn man den Elektrolyten z. B. mit H$_2$SO$_4$ ansäuert (MARIE und THON[4]). Organische Inhibitoren, z. B. Gelatine, Serumalbumin, Traganth, in geringem Maße auch Glykokoll und Dextrin, ergeben je nach ihrer Wirkung schwache bis starke Kontraktion (JACQUET[6]), vgl. Abb. 219, die nach JACQUET den Einfluß dieser Inhibitoren auf die Kupferabscheidung aus CuSO$_4$-Lösung (p$_H \sim$ 0,85) auf Kupferfolie nach 1 min Strombelastung zeigt (Messung im Kontraktometer).

---

[1] BRENNER, A., u. S. SENDEROFF: Plating **36**, 810 (1949).

[2] s. S. 562, Fußn. 1.

[3] KOHLSCHÜTTER, V.: Trans. elektrochem. Soc. **45**, 229 (1924).

[4] s. S. 563, Fußn. 3.

[5] MARCHESE, V. J.: J. elektrochem. Soc. **99**, 39 (1952).

[6] JACQUET, P.: C. r. Acad. Sci. Paris **194**, 456 (1932); **195**, 952 (1932); **196**, 921 (1933).

Inhibitorempfindliche Metalle, die sich wie z. B. Nickel mit starker sekundärer Inhibition abscheiden, kontrahieren deutlich. Die Kontraktionen nehmen mit steigender Temperatur ab (MACNAUGHTAN und HOTHERSALL[1]).

Zug- oder Druckspannungen, die aus dem Zusammenwirken von Niederschlag und Unterlage entstehen, lassen sich grundsätzlich auch mit der Röntgenbeugungsmethode erfassen. Sie von den arteigenen Spannungen zu trennen, dürfte aber meist schwierig sein.

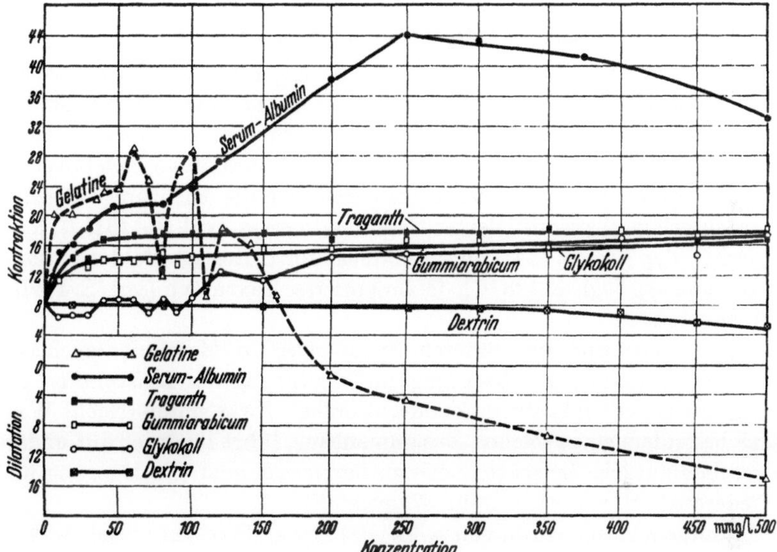

Abb. 219. Einfluß von Inhibitoren auf Kontraktion oder Dilatation im Kontraktometer. (Nach JACQUET, s. S. 564, Fußn. 7.)

Indirekt erkennt man das Vorhandensein artfremder Spannungen u. U. an der mangelnden Haftfestigkeit des Niederschlages, doch hängt die Haftfestigkeit keineswegs *nur* von den artfremden inneren Spannungen ab (vgl. S. 593). Kontrahiert der Niederschlag stark, so kann er sich möglicherweise von der Unterlage abheben, wobei er meist zusammenrollt. Vorstufen eines solchen Vorganges können Rißbildung oder teilweises Aufblättern des Niederschlages sein.

Sind Überzug oder Grundmetall ferromagnetisch, so kann man u. U. artfremde Druck- oder Zugspannungen an einer Änderung der Magnetostriktion erkennen nach PAWLEK[2].

---

[1] s. S. 545, Fußn. 5.

[2] Persönliche Mitteilung des Herrn Prof. Dr. F. PAWLEK, Berlin.

3.23 Ursachen innerer Spannungen.

Für das Entstehen innerer Spannungen in elektrolytischen Metallniederschlägen kann man eine ganze Reihe z. T. sehr verschiedenartiger Ursachen verantwortlich machen. Um sie zu ordnen, empfiehlt es sich, für unsere Besprechung unmittelbare und mittelbare Ursachen zu unterscheiden. Die unmittelbaren Ursachen offenbaren sich hauptsächlich aus der Struktur des kathodischen Niederschlages und der Unterlage, die mittelbaren in erster Linie aus den Herstellungsbedingungen des Niederschlages.

3.23.1 Arteigene Spannungen erster Art.

Diese inneren Spannungen, auf Inhomogenität des Niederschlages beruhend, können z. B. von einer Anisotropie im mikroskopischen oder auch makroskopischen Gefüge des Niederschlages ausgehen. Offenbar beruht diese auf einer Tendenz der Niederschlagskristalle, sich bevorzugt zu orientieren und beim Wachstum entweder die Richtung tangential zur Unterlage (basisorientierter Reproduktionstyp [vgl. S. 445 ff.], rhythmischer Typ [vgl. S. 514]) oder senkrecht zur Unterlage (feldorientierter Isolationstyp [vgl. S. 428 ff.], feldorientierter Texturtyp [vgl. S. 470 ff.]) zu bevorzugen.

Die Anisotropie der inneren Spannungen in Metallniederschlägen und ihre Beziehung zur bevorzugten Orientierung der Kristalle ist bislang experimentell kaum untersucht worden[1]. Zwar unterstreicht WYLLIE[2] besonders einen solchen Zusammenhang, führt ihn aber auf andere Ursachen zurück, die später noch zu besprechen sind (Einlagerung und Wiederaustritt von atomarem Wasserstoff).

Röntgenographisch haben z. B. PALATNIK, GEPSTEIN und LUKOZ[3] innere Spannungen erster Art in Zinkniederschlägen nachgewiesen, die aus komplexer Alkalizinkzyanid-Lösung abgeschieden wurden. Sie fanden Druckspannungen parallel zur Unterlage.

Auf eine Anisotropie der inneren Spannungen deuten auch manche Untersuchungen anderer physikalischer Eigenschaften, wie Härte und Leitfähigkeit der Niederschläge, an denen eine Anisotropie beobachtet wurde (vgl. S. 581 u. 589). So vermutete RAUB[4] Leitfähigkeitsanisotropien parallel und senkrecht zur Unterlage an Niederschlägen, die deutlich Faserstruktur aufwiesen. Eine Anisotropie der Härte hat z. B. ELZE[5] bei Messungen der Mikrohärte von Kupfer- und Nickelniederschlägen im feldorientierten Texturtyp gefunden.

---

[1] Eine Diplomarbeit über dieses Thema wurde bei der Drucklegung von P. HUHSE, Techn. Univ. Berlin (1954), abgeschlossen.

[2] s. S. 562, Fußn. 1.

[3] s. S. 561, Fußn. 2.

[4] RAUB, E.: Z. Metallkde. **39**, 33 (1948).

[5] ELZE, J.: Dissert. Techn. Univ. Berlin 1952.

Als mittelbare Ursachen für das Entstehen solcher, auf Anisotropie des Gefüges beruhender innerer Spannungen kommen naturgemäß die Bedingungen für ein Auftreten der erwähnten Formtypen elektrolytischer Metallniederschläge in Betracht, die jeweils bei den betreffenden Formtypen besprochen sind.

Zu den gefügebedingten Ursachen arteigener innerer Spannungen erster Art können wir ferner auch gröbere mikroskopische oder gar makroskopische Inhomogenitäten zählen. Sie können sich z. B. zwischen den Ecken, Kanten und der Mitte des Niederschlages ausbilden und beruhen auf Unterschieden im Gefüge und in der Dicke an den verschiedenen Stellen des Niederschlages. Mit diesen Unterschieden gehen gewöhnlich auch Volumenunterschiede parallel. Bei inhomogener Feldverteilung, wie sie unter den Bedingungen schlechter Streuung zu erwarten ist (vgl. S. 316), kann das Gefüge der Ecken und Kanten des Niederschlages z. B. einem ganz anderen Abscheidungstyp angehören als der übrige Niederschlag (vgl. z. B. Abb. 209a und b, S. 518). Zeigt der Niederschlag etwa in der Mitte noch den basisorientierten Reproduktionstyp, so kann er u. U. an den Ecken und Kanten bereits dem feldorientierten Texturtyp angehören, der stärker kontrahiert.

Anlaß für innere Spannungen erster Art können auch alle, z. T. makroskopischen Fehlbildungen des Niederschlages geben (vgl. S. 487ff.). Hierher gehören z. B. Warzen und Knospen, Quer- und Längsstreifen, Poren und andere Vertiefungen u. dgl. Mittelbar maßgebend für das Entstehen der Spannungen sind dabei die auf S. 487ff. erwähnten Arbeitsbedingungen.

Zur Ursache besonders hoher arteigener Spannungen erster Art kann im Niederschlag okkludierter *molekularer* Wasserstoff werden. Wasserstoff vermag sich, wenn mit dem Metall zugleich kathodisch abgeschieden, *atomar* im Niederschlagsmetall aufzulösen. Atomaren Wasserstoff nehmen vornehmlich die Metalle der Eisen- und Platingruppe auf, ferner Chrom, Molybdän, Wolfram, Niob und Tantal. Der atomare Wasserstoff tritt in das Metallgitter ein und verteilt sich somit gleichmäßig im Niederschlag. Auf den Einfluß des *atomaren* Wasserstoffs als Ursache innerer Spannungen kommen wir noch bei der Erörterung der Spannungen dritter Art zurück (vgl. S. 569). Hier interessiert uns ausschließlich eine Folgereaktion der Absorption atomaren Wasserstoffes: Enthält nämlich der kathodische Niederschlag Hohlräume, etwa Poren oder Blasen, so tritt der atomare Wasserstoff an der inneren Oberfläche dieser Hohlräume aus und bildet molekularen Wasserstoff. Die Reaktion $2\,H \rightarrow H_2$ wird an den Wänden der Hohlräume katalysiert. Ihrer Größe wegen paßt aber die entstandene Wasserstoffmolekel nicht mehr in das Metallgitter; molekularer Wasserstoff löst sich nicht im Metall. So sammelt sich in solchen inneren Hohlräumen H_2-Gas an und erzeugt, wenn es nicht entweichen kann, enorme Drucke, oft weit oberhalb der Proportionalitätsgrenze des Metalles. Es kommt nicht selten zum Aufreißen des Metalles, häufiger noch zum Aufblähen der Poren, ganz analog der Bildung der bekannten Beizblasen, die nach demselben Mechanismus entstehen. Nicht selten findet man solche Blasen und die entsprechenden hohen Spannungen erster Art an der Grenze zwischen Niederschlag und Unterlage, wenn der Niederschlag stellenweise schlecht auf der Unterlage haftet.

3.23.2 Arteigene Spannungen zweiter Art.

Spannungen dieser Art können allgemein beim polykristallinen Wachstum im Vergleich zum elektrolytischen Weiterwachsen eines Einkristalles (vgl. S. 466) entstehen. Die im polykristallinen Niederschlag ziemlich gleichmäßig und regellos verteilten Kristallkörner erzeugen innere Spannungen an den Korngrenzen. Solche Spannungen rühren von der ganz verschiedenen Orientierung der einzelnen Kristallite her. Außerdem lagern sich an den Korngrenzen z. T. Fremdstoffe ab.

Auch diese Erscheinung ist offenbar an elektrolytischen Metallniederschlägen kaum studiert worden. Hinweise solcher Art enthält eine Untersuchung von Boas und Hargreaves[1]).

Innere Spannungen zweiter Art entstehen aber nicht bloß in dem u. U. noch ziemlich grobmaschigen Netz der Korngrenzen, sondern auch in dem viel feineren, bestehend aus den Grenzlinien der Subindividuen der Kristalle, also der Lamellen und Mosaikblöckchen. Ein Beispiel par excellence ist jener Wachstumstyp, den wir als unorientierten Dispersionstyp (vgl. S. 485) bezeichnet haben. Niederschläge dieses Typus sind stets besonders stark verspannt. Sie können Kontraktions-, aber auch Dilatationsspannungen aufweisen. Die einzelnen, sehr kleinen Subindividuen orientieren sich regellos und verteilen sich statistisch. Neigt dieser Typus von Natur aus zur Kontraktion, so kann diese mit zunehmendem Einbau von Fremdstoffen auch in eine Dilatation übergehen. Die Fremdstoffe, anorganischer oder organischer Natur lagern sich an den Grenzen der Subindividuen ab (vgl. S. 522), ohne in das Gitter einzudringen. Man findet also im Röntgendiagramm keine veränderte Gitterkonstante (vgl. Raub[2]).

Auch im feldorientierten Texturtyp können sich Fremdstoffe noch ziemlich gleichmäßig auf die Grenzen der Querlamellen der einzelnen Fasern und auf die Fasergrenzen selbst verteilen und dabei innere Spannungen zweiter Art hervorrufen.

---

[1] Boas, W., u. Hargreaves: Proc. roy. Soc. London (A) **193**, 89 (1948).
[2] s. S. 522, Fußn. 2.

Hochglänzende Metallüberzüge, die ihren Glanz der Inhibition verdanken, besitzen stets hohe Spannungen zweiter Art, die von eingelagerten Fremdstoffen stammen. Dabei können sie im FT-Typ oder im UD-Typ eingelagert sein.

Röntgenographisch haben z. B. PALATNIK, GEBSTEIN und LUKOZ[1] innere Spannungen zweiter Art in solchen Zinküberzügen nachweisen können, die in Gegenwart starker Inhibitoren abgeschieden wurden. Als Elektrolyt verwendeten die Autoren die alkalische Lösung eines komplexen Alkalizinkzyanides mit Leim als Inhibitorzusatz. Sie arbeiteten bei $2 \cdot 10^{-2}$ A/cm² und Zimmertemperatur. Ein Maximum an inneren Spannungen zweiter Art trat bei einem Zusatz von 5 g/l Leim auf. Unter diesen Bedingungen wurden zugleich ein Maximum auch der Spannungen erster Art und ein Härtemaximum beobachtet. Der Niederschlag war feinkörnig (im Querschnitt etwa 10^{-3} bis 10^{-4} mm Teilchendurchmesser). Mit Zusätzen von sulfuriertem Rhizinusöl (1 bis 13 g/l) konnte man nur Spannungen erster Art erzeugen.

Besonders bemerkenswert ist die Beobachtung, daß sich die Spannungen zweiter Art am Zink, das sonst bei Zimmertemperatur rekristallisiert, in den unter starker Inhibition abgeschiedenen Zinkniederschlägen nicht infolge Rekristallisation von selbst abbauen, wenn man die Niederschläge bei Zimmertemperatur einige Zeit lagert. Im Gegensatz dazu zeigt ein bei Zimmertemperatur verformtes Zinkblech trotz der Deformation keine Spannungen zweiter Art, offenbar weil sich in diesem Fall die Spannungen sogleich wieder rekristallisierend abbauen. Auf diesen Widerstand, den feinverteilte eingebaute Substanz einem solchen Ausgleich der inneren Spannungen entgegensetzt, hat auch WYLLIE[2] hingewiesen. Die Erscheinung dürfte sich verallgemeinern lassen.

3.23.3 Arteigene Spannungen dritter Art.

Allgemeines. Dritter Art sind innere Spannungen, die auf einer Verzerrung des *Gitters* beruhen. Vor allem dürfte das Gitter von Metallen, abgeschieden bei hohen Stromdichten, sehr gestört sein, wenn die Atome dieser Metalle bei der Temperatur der Abscheidung noch kaum ihre Plätze wechseln können. Denn solche Metalle werden bei hohen Stromdichten ihr Gitter nicht mehr nach dem vorgegebenen Bauplan aufbauen können, in dem sich etwa nacheinander Baustein an Baustein zur Atomkette oder Netzebene reiht. Je höher die Stromdichte, desto eher werden sich die Bausteine nahezu gleichzeitig abscheiden und damit den fehlerlosen Aufbau stören. Fehlt aber ein Platzwechsel der Atome, so können sich solche Gitterstörungen nicht ausgleichen. Innere Spannungen, die auf Gitterstörungen beruhen, werden—wie auch die Erfahrung

---

[1] s. S. 561, Fußn. 2.
[2] s. S. 562, Fußn. 1.

bestätigt — kaum bei niedrigschmelzenden Metallen, wie Blei, Thallium, Zinn, Zink, auftreten.

Gitterdeformationen können auch zustande kommen, wenn Fremdatome in das Gitter eindringen und, indem sie bestimmte Gitterplätze blockieren, das Gitter verspannen oder stark aufweiten. Bei elektrolytischen Metallniederschlägen sind es — je nach der Natur des Niederschlagsmetalles — bestimmte Metallatome oder Wasserstoff, die auf diese Art die Gitterkonstante des Niederschlages verändern können.

Infolge der gestörten Symmetrie des Gitters können in vielen solcher Fälle sog. Versetzungen (dislocations) entstehen, wie sie sonst vor allem bei Verformungsvorgängen auftreten, die dem Metall von außen aufgezwungen werden. Die Versetzungen geben jeweils Ausgangspunkte für die Entstehung innerer Spannungen dritter Art ab.

Scheidet sich Fremdmetall selbst in kleinen Mengen mit ab, so entstehen in der Tat oft Niederschläge mit starken inneren Spannungen. Wir haben eine solche Mitabscheidung bereits als Mittel zur Herstellung glänzender Niederschläge kennengelernt. Systematisch scheint die Ausbildung innerer Spannungen, soweit sie auf Legierungsbildung beruht, bisher noch nicht untersucht worden zu sein.

Innere Spannungen, von mitabgeschiedenem Wasserstoff verursacht. Mehr wissen wir immerhin von den Zusammenhängen zwischen dem Entstehen innerer Spannungen dritter Art und dem Eintritt von atomarem Wasserstoff in das Niederschlagsgitter, wobei sich auch eine Art „Legierung" bildet. Über die Wasserstoffaufnahme von Metallen und ihre Wirkung auf innere Spannungen ist viel veröffentlicht worden. Es sei in diesem Zusammenhang auf eine Monographie von D. P. Smith[1] verwiesen.

Von vornherein scheiden solche Niederschläge für unsere Erörterung aus, die ganz ohne Mitabscheidung von Wasserstoff entstanden sind. Dies ist der Fall, wenn sich ein Edelmetall, wie Silber, oder ein Metall mit sehr hoher Wasserstoffüberspannung, wie Quecksilber, Thallium oder Blei, aus den Lösungen der entsprechenden einfachen Metallsalze mit einer Stromausbeute von 100% abscheiden. In den meisten anderen Fällen begleitet mehr oder weniger Wasserstoff die kathodische Metallabscheidung.

Aber die Bedingung, daß Wasserstoff sich mitabscheidet, reicht allein noch nicht hin, um die Erscheinungen zu umgrenzen, die wir hier behandeln wollen. Als zweite Bedingung kommt hinzu, daß das Niederschlagsmetall fähig ist, atomaren Wasserstoff in sein Gitter aufzunehmen. Damit schränkt sich die Erörterung innerer Spannungen, vom atomaren Wasserstoff ausgehend, auf die Niederschlagsmetalle der Eisengruppe, der Platingruppe und vor allem auf Chrom ein, zu denen unter gewissen Bedingungen noch die Metalle Kupfer und Silber hinzukommen können. Je stärker verspannt sich der Niederschlag abscheidet (was hauptsächlich bei Abscheidung im *FT*- oder *UD*-Typ zutrifft), desto mehr atomaren Wasserstoff vermag er im übrigen aufzunehmen.

---

[1] Smith, D. P.: Hydrogen in Metals. The University of Chicago Press. Chicago III 1948.

Neben manchen anderen Metallen, wie z. B. Zinn, Zink oder Kadmium, kann sich zwar zugleich auch Wasserstoff mitabscheiden, doch wird er nicht merklich in das Gitter aufgenommen. Ein Gleiches gilt von der kathodischen Abscheidung der Halbmetalle Arsen und Antimon gemeinsam mit Wasserstoff; nur bildet sich hier mit dem niedergeschlagenen Halbmetall gasförmiges Hydrid.

Für das Angebot an atomarem Wasserstoff, der absorbiert werden soll, spielt bekanntlich die Oberfläche eine Rolle, mit der sich das Metall abscheidet. Wie früher erwähnt, läßt sich die Geschwindigkeit des Überganges $2 H \rightarrow H_2$ (Rekombination) katalysieren. Feine Rauhigkeit der Oberfläche vermag die Rekombination zu beschleunigen, so daß sich der Niederschlag nur mit relativ wenig atomarem Wasserstoff belädt.

Auch die Elektrolysebedingungen bestimmen das Angebot an wirksamem atomarem Wasserstoff. So wirken, wie an anderer Stelle erörtert (vgl. S. 216), Inhibitoren und Gifte als negative Katalysatoren der Rekombination, erhöhen also das Angebot an H-Atomen (H. FISCHER[1]). Der Einfluß von Temperatur, Stromdichte auf den Anteil an atomarem Wasserstoff bei der Metallabscheidung wurde bereits auf S. 202 besprochen.

Innere Spannungen dritter Art bei Metallen, die sich gemeinsam mit Wasserstoff abscheiden und den atomaren Wasserstoff in ihr Gitter aufnehmen, hat wohl zuerst BOZORTH[2] mit der Wasserstoffaufnahme in Beziehung gebracht. Nicht eigentlich die Wasserstoffaufnahme ist es nach BOZORTH, die die inneren Spannungen hervorruft, sondern ein Wieder*austreten* des zunächst aufgenommenen Wasserstoffes im Laufe fortgesetzter Elektrolyse. Der sich verflüchtigende Wasserstoff läßt das ursprünglich aufgeweitete Metallgitter im Zustande des Kontrahierens zurück. Da bei der Desorption des Wasserstoffes die nach der Elektrolytseite hin gelegenen Bereiche des Niederschlages eher an H-Atomen verarmen als die dem Grundmetall benachbarten Bereiche, werden sich schichtweise innere Kontraktionsspannungen auch erster Art ausbilden können.

BOZORTH[2] und später auch WYLLIE[3] nehmen an, die hohen, beim Austritt des Wasserstoffes auftretenden Kontraktionsspannungen seien groß genug, um ein Gleiten der Kristalle des Niederschlages in Richtung der Feldlinien auszulösen. So erhält der Niederschlag eine Fasertextur senkrecht zur Oberfläche des Substrates. Auf die Möglichkeit einer derartigen inneren Deformation der Niederschlagskristalle könnte die Tatsache hinweisen, daß die Walztextur und die bei der elektrolytischen Abscheidung entstehende Textur oftmals übereinzustimmen scheinen. BOZORTH und WYLLIE haben auf dem Austritt von Wasserstoff aus dem Niederschlagsgitter eine Theorie des Zustandekommens von Texturen kathodischer Niederschläge aufgebaut (vgl. S. 574), die allerdings bislang noch nicht als genügend gesichert gelten darf.

---

[1] FISCHER, H.: Z. Elektrochem. **52**, 111 (1948).
[2] BOZORTH, R. M.: Phys. Rev. **26**, 390 (1925).
[3] s. S. 562, Fußn. 1.

Auf jeden Fall beschränkt sich die Theorie auf jene bereits oben genannten Metalle, die fähig sind, atomaren Wasserstoff im Gitter aufzunehmen. Das Auftreten innerer Spannungen in Metallniederschlägen, die *nicht* Wasserstoff aufnehmen, aber dennoch eine deutliche Fasertextur aufweisen, wird mit dieser Theorie nicht erklärt. Bei diesen handelt es sich offenbar um innere Spannungen zweiter Art, die — wie bereits besprochen — auf dem Einbau von (nicht in das Gitter tretenden) Fremdstoffen beruhen.

WYLLIE[1] stützt sich bei dem Nachweis der Richtigkeit seiner Theorie hauptsächlich auf von ihm experimentell gefundene Zusammenhänge zwischen der Struktur von kathodisch abgeschiedenem Chrom und den inneren Spannungen, der Härte und der Duktilität der Chromniederschläge in Abhängigkeit von der Abscheidungstemperatur.

Das Chrom wurde in einer Dicke von etwa 10 μm aus einem Elektrolyten mit 250 g/l CrO_3 und Zusatz von Schwefelsäure im Verhältnis von 1:100 ($CrO_3 = 100$) bei einer Stromdichte von 1,07 A/cm^2 auf Kohlenstoffstahl abgeschieden. Das Diagramm Abb. 220 enthält den Verlauf der Kurve für innere Kontraktionsspannungen, Härte und Duktilität in Abhängigkeit von der Elektrolyttemperatur. Das Diagramm ist in verschiedene Temperaturbereiche aufgeteilt. Im Temperaturbereich I (25 bis 50° C) herrscht regellose Orientierung der Kristalle vor. An der Grenze zwischen Bereich I und II deutet sich zum erstenmal bevorzugte Orientierung an. Im Bereich II (von 50 bis 62,5° C) nimmt mit steigender Temperatur die Zahl der regellos orientierten Teilchen ab; es wächst hingegen die Vollkommenheit in der Kristallausrichtung, und zwar mit (1 1 1) parallel zur Unterlage. Die regellos orientierten Kristalle sind in der schraffierten Zone zwischen 62,5 und 67,5° C ganz verschwunden. In diesem Bereich entsteht ein hochglänzender Niederschlag mit einer ausgeprägten (1 1 1)-Textur (Abweichung etwa ±7,5%).

In der umgekehrten Richtung entwickelt sich das Mikrogefüge des Niederschlages bei weiter erhöhter Temperatur in der Zone III (67,5 bis 80° C): Die Genauigkeit in der Ausrichtung der Kristalle läßt zusehends nach, und die Zahl der regellos orientierten Teilchen wächst wieder an. An der Grenze zwischen Bereich III und IV ist das Gefüge von neuem ganz regellos angeordnet.

Diesen Strukturänderungen folgt, wie die röntgenographischen Untersuchungen zeigen, die Kurve der bleibenden inneren Kontraktionsspannungen in charakteristischer Weise. Im Bereich I steigt sie rasch an und erreicht an der Grenze des Bereiches ein Maximum (etwa 49 kg/mm^2). Im Bereich II fällt sie auf ein Minimum ab, das bei prak-

---

[1] s. S. 562, Fußn. 1.

tisch fehlenden Spannungen im (schraffierten) Hochglanzbereich liegt, gerade dort, wo der Niederschlag die Textur höchster Vollkommenheit besitzt. Die Kurve steigt dann im Bereich III wieder auf ein kleines Maximum (etwa $^1/_3$ des ersten Wertes), das sie an der Grenze des Bereiches erreicht hat, und fällt schließlich im Bereich IV wieder entsprechend ab.

Mit der Härte gehen die inneren Spannungen nicht parallel, denn im Spannungsminimum (schraffierter Bereich) findet man gerade bei höchstem Glanz die höchste Härte[1]. Die Duktilität hat, wie zu erwarten, an dieser Stelle ein Minimum.

Kein kathodischer Abscheidungsvorgang eignet sich gerade so gut als Stütze der Theorie von BOZORTH-WYLLIE wie die galvanische Verchromung unter den zuvor erwähnten Bedingungen. Scheidet sich doch das Chrom unter diesen Umständen mit einer weit geringeren Stromausbeute ab, als wir es sonst von den Verfahren zur Abscheidung anderer Metalle her gewohnt sind. Die Stromausbeute für Chrom beträgt nach WOOD[2] z. B. bei 25° C etwa **35%**, bei 65° C, d. h. bei stärkster Orientierung, nur noch etwa 9%.

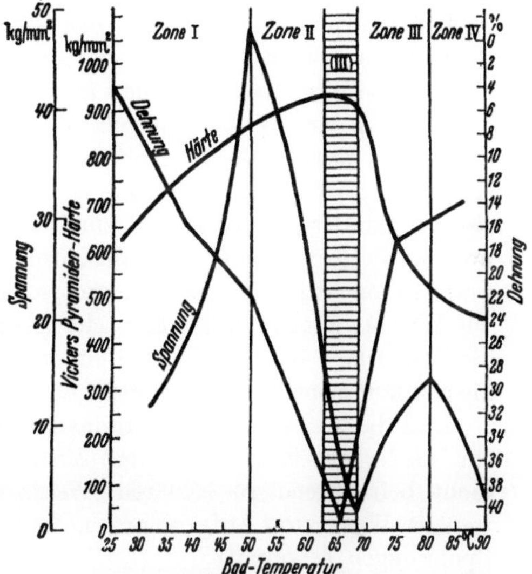

Abb. 220. Innere Spannungen, Härte und Duktilität von Chromniederschlägen in Abhängigkeit von der Elektrolyttemperatur.
(Nach WYLLIE, s. S. 562, Fußn. 1.)

Mit jedem Chromatom gehen also zugleich eine Anzahl Wasserstoffatome in die Kathode über. Die Wasserstoffatome bauen sich anfangs mit in das entstehende Chromgitter ein und weiten es enorm auf. Mit fortschreitender Abscheidung diffundiert aber der größere Teil der H-Atome wieder heraus und läßt somit das Chromgitter in dem aufgeweiteten und instabilen Zustand zurück. BOZORTH und WYLLIE stellen sich vor, daß die Chromatome daher versuchen, sich in normale stabilere Lagen zurückzuziehen. Einer solchen Kontraktion steht jedoch die Adhäsion der Chromatome an den inneren, mehr Wasserstoff enthaltenden Schichten ent-

---

[1] Ob die Härte hier richtungsabhängig ist, wurde nicht untersucht.
[2] WOOD, W. A.: Phil. Mag. **23**, 984 (1937).

gegen. Dabei können sich also auch Zugspannungen erster Art neben Spannungen dritter Art ausbilden[1].

Sicher tritt nicht der ganze, ursprünglich absorbierte Wasserstoff aus, denn es bleibt ein aufgeweitetes Chromgitter zurück; so fanden HUME-ROTHERY und WYLLIE[2] eine Gitterkonstante des bei 23° C abgeschiedenen Chroms von 2,8861 A gegenüber dem normalen Wert von 2,8786 A (vollkommen orientiert abgeschiedenes Chrom, im Vakuum 4 Stdn. bei 750° C).

Wenn die Hauptmenge Wasserstoff während der Chromabscheidung wieder austritt, verspannt sich das Gitter des Chroms nach der Vorstellung von BOZORTH und WYLLIE so beträchtlich, daß die Kristalle ähnlich wie beim Kaltverformen in eine Texturlage zu gleiten beginnen.

In dem von WYLLIE gegebenen Beispiel der Chromabscheidung (Abb. 220) nimmt die Kontraktionsspannung, die nach dem neueren Austritt des Wasserstoffs aus dem Gitter zurückbleibt, mit erhöhter Temperatur im Bereich der Zone I zunächst zu. Sie reicht noch nicht aus, um eine Verformung der Kristalle einzuleiten. An der Grenze von Zone I und II erreicht jedoch die Gitterverspannung während der Abscheidung, wie WYLLIE annimmt, das kritische Maximum. Sie leitet das Gleiten in die Texturlage ein, das sich bei höherer Temperatur verstärkt, bis sich die vollkommene Textur bei etwa 65° C ausgebildet hat.

Daß die bleibende Kontraktionsspannung oberhalb dieser Temperatur wieder zu einem (kleineren) Maximum ansteigt, vermag WYLLIE nicht befriedigend zu erklären. Wahrscheinlich wird von vornherein weniger Wasserstoff aufgenommen, der trotzdem aber höhere bleibende Spannungen hervorruft.

Nach einer Rechnung von WYLLIE reicht indes die bleibende Kontraktionsspannung des Chroms höchstens für einen Verformungsgrad von etwa 0,7% aus. Das zwingt zur Annahme, daß während der Elektrolyse wesentlich höhere innere Zugspannungen auftreten müssen, denn das Entstehen der Textur verlangt eine Verformung von etwa 60%.

Ob aber wirklich während der Elektrolyse in diesem Umfange Wasserstoff wieder aus dem Gitter austritt angesichts des hohen Wasserstoffdruckes während der kathodischen Abscheidung von Wasserstoff, erscheint zweifelhaft. Damit soll nicht behauptet werden, es träte überhaupt kein Wasserstoff aus, wahrscheinlich entweicht er aber allenfalls erst unmittelbar nach dem Ausschalten des Stromes. Das Auftreten von Kontraktionsspannungen erscheint danach einleuchtend, aber daß die Textur infolge eines Gleitens unter dem Einfluß der entstandenen

---

[1] Eine Beziehung zwischen Menge des aufgenommenen Wasserstoffes und Größe der inneren Spannungen scheint nicht zu bestehen, wie man beim Vergleich mit den oben erwähnten Stromausbeuten erkennt.

[2] s. S. 561, Fußn. 1.

Kontraktionsspannungen zustande kommt, ist noch keineswegs erwiesen.

Wenngleich WYLLIE die experimentell beim Chrom gefundenen Zusammenhänge zwischen inneren Spannungen und Struktur des Niederschlages als die stärkste Stütze seiner Theorie ansieht, hat er auch bei den anderen Metallen einige Hinweise für seine Auffassung gefunden. So spricht für ein Entstehen von Kontraktionsspannungen infolge Austritt von Wasserstoff besonders, daß (bereits kontrahierende) Kupferniederschläge *nach* der Elektrolyse eine zusätzliche Kontraktion erfahren, wobei man deutlich den Austritt von Wasserstoff nachweisen kann.

Daß Silberniederschläge aus alkalischer Alkalisilberzyanid-Lösung, abgeschieden bei niedriger Stromdichte eine Dilatation, bei höherer eine Kontraktion aufweisen, führt WYLLIE auf zunehmende Mitabscheidung von Wasserstoff bei der höheren Stromdichte zurück. Ähnlich deutet er die Kontraktion von Kupferniederschlägen (MARIE und THON[1]) aus angesäuerter Kupfersulfatlösung im Vergleich zu solchen aus neutraler Lösung, die eine Dilatation aufweisen.

Wenn sich in neutraler Lösung weniger oder kein Wasserstoff mitabscheidet, so beruht dies aber nicht zuletzt auf der Mitabscheidung von $Cu(I)$-Ionen. Der Niederschlag vergröbert dabei beträchtlich.

Es ist unwahrscheinlich, daß gröberes Korn eine Kontraktion hervorrufen sollte. Auch kann eine Dilatation bei Abscheidung z. B. in Gegenwart von oxydierenden Depolarisatoren ebenso mit dem Fehlen von Wasserstoff wie mit dem Vergröbern der Kristalle erklärt werden. Ein Gleiches gilt von der Dilatation bei einer Kupferabscheidung in Gegenwart von Hydroxylamin als Reduktionsmittel. In diesem Fall scheidet sich bevorzugt Cu^+ ab; die Mitabscheidung von Wasserstoff fehlt; der Niederschlag fällt erheblich gröber aus.

Es muß jedenfalls noch einem genauen und systematischen Studium der Verhältnisse überlassen bleiben, ob man die Wasserstofftheorie von BOZORTH-WYLLIE allgemein anwenden kann.

3.3 Die Härte elektrolytischer Metallniederschläge.

3.31 Ursprung der Härte.

Die Härte, als Widerstand, den ein Metall dem Eindringen eines anderen festen Körpers entgegensetzt, hängt in hohem Maße vom Gitterbau und vom Kristallgefüge des Metalles ab. Eine extrem geringe Härte sollte gemessen werden, besäße das — höchst reine — Metall ein fehlerloses und vollkommenes Gitter, bestände es aus großen „idealen"

---

[1] s. S. 563, Fußn. 3.

Kristallen oder wäre es — besser noch — ein „idealer" Einkristall. Je weiter sich Gitter und Kristallgefüge von diesem Zustand äußerster Makellosigkeit entfernen, desto härter wird ein Metall. So konstatieren wir also eine Zunahme der Härte unter folgenden Umständen: mit wachsender Zahl der Gitterbaufehler, wie Verwerfungen oder Versetzungen, etwa durch Einbau von Fremdatomen im Gitter oder durch Gitterlücken hervorgerufen; des weiteren mit dem Übergang zum polykristallinen Gefüge, mit einer Abnahme der Kristallitgröße, mit dem Einordnen in bestimmte Wachstumstexturen, mit zunehmendem Einbau von Fremdstoffen an Korngrenzen, Mosaikblockgrenzen, Fremdstoffen, die bei starker Einlagerung selbst in das Innere der Mosaikblöcke vordringen, kleinste kohärente Gitterbereiche einkapselnd und das Gitter deformierend. Demzufolge müssen alle jenen Faktoren, die wir als Ursachen solcher Störungen im Gitter und im Kristallgefüge kennengelernt haben, die Härte wesentlich verändern können, wie etwa Art des sich abscheidenden Metalles, Natur der Unterlage, Elektrolytzusammensetzung, Abscheidungstemperatur, Stromart, Stromdichte, Elektrolytbewegung usw.

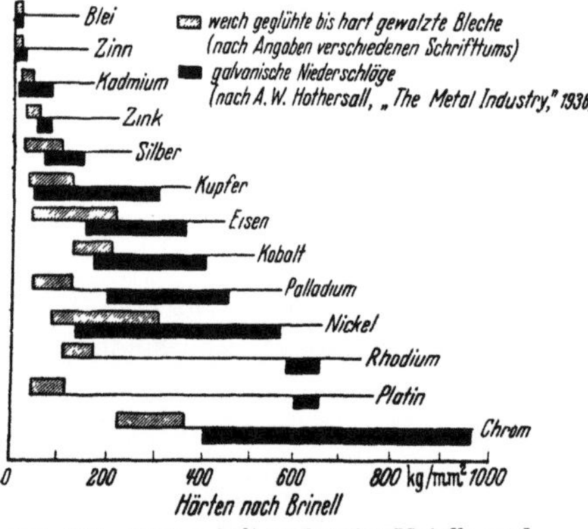

Abb. 221. Härten kalt verformter Metalle und galvanischer Überzüge.

So äußerst differenziert wie die Struktur eines realen Kristallgitters und der Aufbau eines realen Kristallgefüges beim elektrolytischen Metallniederschlag ausfallen können, so außerordentlich verschiedene Härtewerte kann man u. U. auch bei ein und demselben Niederschlagsmetall messen. Vor allem die Niederschläge der Übergangsmetalle, z. B. der Eisenmetalle und der Metalle, die den Übergangsmetallen nahestehen, wie Kupfer, Chrom, Mangan, weisen eine ungewöhnlich breite Härteskala auf. Wie die Erfahrung lehrt, kann man manche Metalle auf dem Wege der Elektrolyse mit bedeutend größerer Härte gewinnen, als es sonst mit irgendeinem Prozeß der Kaltverformung möglich wäre. Man erkennt dies z. B. aus dem Schema in Abb. 221 (H. Fischer[1]), in der die Härtebereiche kaltgewalzter und elektrolytisch abgeschiedener polykristalliner Metalle einander gegenüberstehen. Als das eine Extrem erweist sich in dieser Reihe das duktile Blei, dessen Härte sich — allen auch noch so verschiedenen Abscheidungsbedingungen zum Trotz — nur

---

[1] Fischer, H.: Metallwirtsch. 18, 613 (1939).

im engsten Bereich und nicht anders als beim Kaltwalzen abwandeln läßt. Ihm steht als anderes Extrem das äußerst harte Elektrolytchrom gegenüber, dessen Härteskala ganz außerhalb des Härtebereiches des mechanisch verformten Chroms liegt. (Über die Theorie der Härte des Elektrolytchroms vgl. S. 645.)

Von den Grundtypen des elektrolytischen Wachstums (vgl. S. 424) besitzen der feldorientierte Isolationstyp und — teilweise — der basisorientierte Reproduktionstyp die geringste Härte. Die weichsten Niederschläge dürften wohl entstehen, wenn man Einkristalle im basisorientierten Reproduktionstyp elektrolytisch weiterwachsen läßt (vgl. z. B. S. 466). Andererseits fallen die Niederschläge im feldorientierten Texturtyp viel härter aus. Als noch härter erweisen sich für gewöhnlich die Niederschläge im unorientierten Dispersionstyp. Erfahrungen scheinen darauf hinzudeuten, daß sich in den Übergangsgebieten zwischen den basisorientierten und feldorientierten oder den feldorientierten und den unorientierten Typen besonders harte Niederschläge ausbilden. Sie besitzen meist ein stark verzwillingtes, regellos orientiertes Gefüge (vgl. z. B. ELZE[1]).

Für die Härte können wir nach dem oben Gesagten gitterverändernde und gefügeverändernde Faktoren verantwortlich machen. Die gitterverändernden Faktoren rufen gleichermaßen auch innere Spannungen dritter Art hervor (vgl. S. 569), indem sie das Gitter aufweiten oder verspannen.

Der Eintritt von Fremdmetallatomen in das Gitter, etwa bei der kathodischen Abscheidung von Legierungen (Mischkristallbildung) bringt fast stets einen Härteanstieg mit sich. Ähnliches, wenn auch meist in geringerem Maße, trifft für das Einlagern von atomarem Wasserstoff in das Gitter zu, der sich aber meist in Gitterlücken oder an Zwischengitterplätzen einbaut. Auch diffundiert der Wasserstoff zum großen Teil wieder aus dem Metall heraus, wenn der Überdruck an atomarem Wasserstoff, entstanden bei der kathodischen Abscheidung, nachgelassen hat. Die von ihm hervorgerufene Härte sinkt beim Liegenlassen des Niederschlages ab. Allerdings gehen Kontraktionsspannungen, die auf dem Wiederaustritt von atomarem Wasserstoff aus dem Gitter beruhen, das ursprünglich infolge Wsserstoffabsorption aufgeweitet ist, durchaus nicht mit der Härte parallel.

Dies bestätigen z. B. die Versuchsergebnisse von WYLLIE[2] bei der Abscheidung von hochglänzenden, extrem feinkörnigen Chromniederschlägen, die, bei etwa 65°C abgeschieden, ein Härtemaximum und zugleich ein Minimum an Kontraktionsspannungen aufweisen. Überdies

---

[1] ELZE, J.: Dissert. Techn. Univ. Berlin 1952.
[2] WYLLIE, M. R. J.: J. chem. Physics **16**, 52 (1948).

haben GUICHARD, CLAUSMANN, BILLON und LANTHONY[1] und auch TAMMANN und JAACKS[2] gezeigt, daß man (atomaren) Wasserstoff aus elektrolytisch abgeschiedenen Metallen, z. B. Nickel, Eisen, Chrom, größtenteils austreiben kann, ohne die relativ hohe Härte der Niederschläge zu verändern, sofern man niedrige Temperaturen (unterhalb 250° C) und Vakuum anwendet und tagelang fortfährt, vorsichtig zu erhitzen. Erst beim Erhitzen oberhalb der Rekristallisationstemperatur nimmt die Härte deutlich ab. Dies beweist, wie eng die Härte auch der elektrolytischen Metallniederschläge mit dem jeweiligen Gefügezustand verbunden ist.

Einen deutlichen, ja starken Einfluß auf die Härte vermag jedoch *molekularer* Wasserstoff auszuüben, wenn er im Gefüge des Niederschlages eingeschlossen ist. Gewöhnlich wird er sich aus eindiffundiertem atomarem Wasserstoff auf dem Wege der Rekombination bilden, was katalytisch an der inneren Oberfläche des Niederschlages, z. B. an Hohlräumen, möglich ist, vor allem an Stellen, wo etwa zuvor miteingelagertes Metalloxyd nachträglich zu schwammigem Metall reduziert wurde. Der im Metall unlösliche molekulare Wasserstoff kann im Metall hohe Drucke erzeugen. Von ihm darf man daher u. U. einen nicht geringen Beitrag zur Härtebildung erwarten. Allerdings scheinen über seinen Einfluß noch keine quantitativen Ergebnisse bekanntgeworden zu sein.

Tabelle 73. *Eigenschaften von Elektrolytsilber mit Fremdstoffgehalt.* (Nach RAUB[3].)

Fremdstoff	Eingebaute Menge in Gew.-%	Spezifisches Gewicht in g/cm³	Spezifischer Widerstand ϱ in $\Omega 10^6$	Vickershärte $H_{V\,0,5}$ in kg/mm²
Reinsilberniederschlag aus dem Zyanidbad[4]	0[4]	10,502	1,59	43 ··· 100
Glykokoll	0,02	—	1,9	55
Metaphosphorsäure	0,87	10,260	300	—
	2,65	9,825	960	—
Zitronensäure bzw. Zitrat	2,4	9,214	—	—
	3,5	—	1300	157 ··· 185
	5,8	—	—	175
Weinsäure bzw. Tartrat	0,7	—	62,6	143
	1,2	—	270	175
Asparaginsäure	0,7	—	17,2	
	2,7	8,966		178
Borsäure	1,6	9,135	—	—
	5,18	7,958	—	—

[1] GUICHARD, CLAUSMANN, BILLON u. LANTHONY: C. r. Acad. Sci. Paris **192**, 623 (1931).

[2] TAMMANN, G., u. H. JAACKS: Z. anorg. Chem. **227**, 249 (1936).

[3] RAUB, E.: Z. Metallkde. **39**, 33 (1948).

[4] Vgl. bezüglich Zusammensetzung des Elektrolyten und Härte auch Abb. 227, S. 584. Auch Reinsilberniederschläge aus dem Zyanidbad sind nicht völlig frei von eingebauter Fremdsubstanz (AgCN, vgl. S. 535), doch werden die vorhandenen Spuren offenbar nicht mehr von der angewandten analytischen Methode erfaßt.

Soweit die härtebestimmenden Faktoren von Änderungen des Kristallgefüges stammen, scheinen sie denen zu entsprechen, die wir bereits als Ursachen von inneren Spannungen zweiter Art (vgl. S. 568) kennengelernt haben. In welchem Maße diese Art innerer Spannungen und die Härte parallel gehen können, ist allerdings noch nicht systematisch erforscht worden.

Tab. 73 und 74 enthalten unter anderem die von RAUB[1] gemessenen Härtewerte von Silber- und von Kupferüberzügen mit eingebautem organischem Fremdstoff. Die Silberniederschläge wurden aus $n/5$-$AgNO_3$-Lösung[2], die Kupferniederschläge aus schwach saurer $2\,n$-$CuSO_4$-Lösung, jeweils bei

$$4 \cdot 10^{-2}\ \text{A/cm}^2$$

und 17 bis 18 °C, abgeschieden.

Eingebaute organische Fremdstoffe können, wie sich zeigt, die Härte im Vergleich zum ohne Fremdstoff abgeschiedenen Niederschlag u. U. auf das Vier- bis Fünffache erhöhen.

Daß die Härte um so mehr zunimmt, je feinkörniger das Gefüge des Niederschlages ausfällt, darf als eine qualitativ immer wieder bestätigte

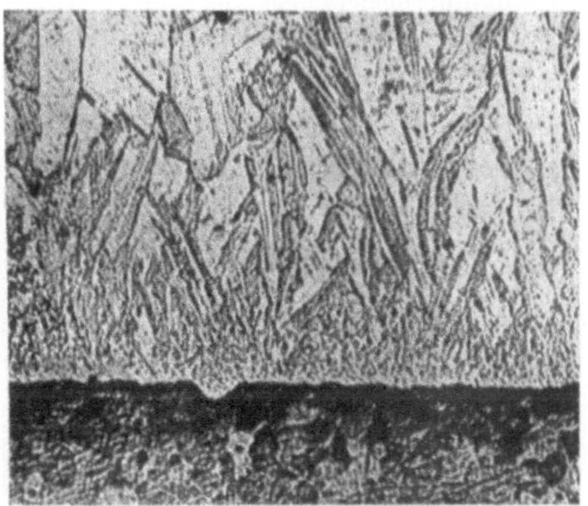

Abb. 222. Grobkörniger Silberniederschlag; Härte 53 kg/mm². V = 120fach. (Nach RAUB[3].)

Abb. 223. Feinkörniger Silberniederschlag; Härte 100 kg/mm². V = 120fach. (Nach RAUB[3].)

Tatsache gelten. Ein Beispiel hierfür geben Abb. 222 und 223 nach RAUB[3], die Mikroaufnahmen von Querschliffen von Silberniederschlägen wiedergeben, abgeschieden aus alkalischen Lösungen von komplexem Silberzyanid[4] bei 40 bzw. 20° C und $5 \cdot 10^{-3}$ A/cm² (ohne Elektrolyt-

---

[1] s. S. 578, Fußn. 3.
[2] Ausgenommen den Silberniederschlag aus dem Zyanidbad.
[3] RAUB, E.: Z. Metallforschg. **2**, 87 (1947).
[4] 40 g/l Ag, 30 g/l K_2CO_3; freies KCN bei Abb. 222 5 g/l, bei Abb. 223 120 g/l.

Tabelle 74. *Eigenschaften von Elektrolytkupfer mit Fremdstoffgehalt.* (Nach RAUB[1].)

Fremdstoff	Eingebaute Menge in Gew.-%	Spezifisches Gewicht in g/cm^3	Spezifischer Widerstand ϱ in Ω 10^6	Vickershärte $H_{V\,0,5}$ in kg/mm^2
Reinkupferniederschlag aus m-CuSO$_4$-Lösung	0	8,923	1,7	50 ⋯ 70
Glykokoll	0,01	—	1,7	—
	0,06	—	—	63 ⋯ 70
	0,19	—	1,8	—
Metaphosphorsäure	0,2	—	17	—
	0,68	8,740	—	—
	2,3	—	1350	—
Zitronensäure bzw. Zitrat . .	0,67	—	95,5	249
	2,34	—	—	275 ⋯ 299
	2,6	8,161	290	—
Asparaginsäure	1,0	—	240	—
	1,3	8,5	460	265 ⋯ 268
Weinsäure bzw. Tartrat . . .	0,48	—	—	233
	0,49	—	—	219
	0,87	—	—	220
	0,97	—	—	249
	1,24	—	—	195 ⋯ 278

bewegung). Der Niederschlag mit dem feinkörnigen Gefüge ist fast doppelt so hart wie das gröber kristalline Silber.

Je nachdem, ob die Härte vom Gitterbau oder vom Kristallgefüge oder von beiden bestimmt wird, haben wir mit einem gleichmäßig harten Gefüge oder aber mit einem Gefüge, aufgeteilt in härtere und weichere mikroskopische Bereiche, zu rechnen. Die verschieden harten Bereiche können je nach den Umständen größer oder kleiner ausfallen; sie können sich regelmäßig oder unregelmäßig über das Gefüge verteilen. Submikroskopisch gesehen wäre freilich selbst ein mikroskopisch homogen hartes Gefüge auch weiterhin noch in kleinere harte und weiche Bereiche aufzuteilen; vom Standpunkt der Härtemessung hat aber diese Betrachtung wenig Wert, da diese — z. B. mit Hilfe der Messung der Mikrohärte — höchstens mikroskopische Bereiche erfaßt.

So wird man erkennen, daß die Korngrenzen oft ein hartes Gerüst im Niederschlag darstellen, besonders wenn sich an ihnen Fremdstoffe abgelagert haben. Fremdstoffeinschlüsse in solcher Verteilung lassen sich z. B. in Zinkniederschlägen, aus alkalischen komplexen Zinkzyanidelektrolyten abgeschieden, deutlich an ihrer wesentlich größeren Mikrohärte neben den weicheren, rein metallischen Nachbarbereichen nachweisen[2].

Eine periodische Aufteilung in höhere und geringere Härtewerte im mikroskopischen Bereich findet sich bei dem rhythmischen Abschei-

---

[1] s. S. 578, Fußn. 3.
[2] Nicht veröffentlichte Untersuchungen.

dungstyp (vgl. S. 514) mit seiner lamellaren Schichtung parallel zur Unterlage (W. R. Meyer und Phillips[1]). Auch bei der faserförmigen Anordnung des reinen feldorientierten Texturtyps senkrecht zur Unterlage sollte man eine Anisotropie der Härte erwarten. Mit Sicherheit hat sich eine solche Anisotropie noch nicht nachweisen lassen, obwohl manche Messungen (Elze[2]) dafür sprechen. Die beim feldorientierten Typ fast immer vorhandene rhythmische Anordnung scheint bisher den Nachweis unsicher gemacht zu haben. Offenbar ist sie die Ursache der starken Streuungen in den im Querschliff und auf der Oberfläche des Niederschlages gemessenen Mikrohärtewerten (Elze[2]).

Auch die harten Bereiche, die von eingeschlossenem molekularem Wasserstoff ausgehen, dürften in mikroskopischen Abständen und regellos verteilt sein. Denn von Korngrenzen und Mosaikblockgrenzen abgesehen (an denen gegebenenfalls eingelagertes Metalloxyd reduziert wurde), wird sich der molekulare Wasserstoff auf ganz zufällig verstreute Poren und andere Hohlräume verteilen.

Außer mikroskopischen Unterschieden in den Härtewerten finden sich, wie zu erwarten, auch solche in makroskopischen Abständen, z. B. Unterschiede zwischen Härtewerten am Rande und in der Mitte des Niederschlages, den Gefügeunterschieden an diesen Stellen unterschiedlicher Stromlinienverteilung entsprechend.

Eben weil die Härte so empfindlich auf Änderungen im Gitter und im Gefüge reagiert, verwendet man Härtemessungen oft zum Nachweis solcher Änderungen. Da die Härte sich gewöhnlich in Beziehung zu anderen mechanischen Eigenschaften, wie Zugfestigkeit oder Duktilität, setzen läßt, gewinnt man mit der Härtemessung auch qualitativen Aufschluß über diese an elektrolytischen Niederschlägen sonst nur unbequem zu messenden Eigenschaften. Bei der Untersuchung elektrolytischer Metallniederschläge läßt sich wohl kaum eine andere physikalische Eigenschaft finden, die so bequem und noch dazu in so kleinen Bereichen (als Mikrohärte) quantitativ bestimmt werden könnte. Die Mikrohärtemessung bietet daher das beste Mittel, spezielle Abscheidungsbedingungen zu kennzeichnen.

Härte und Duktilität gehen gewöhnlich auch bei elektrolytischen Metallniederschlägen antiparallel (vgl. auch beim Chrom, Abb. 220), doch kann es auch Ausnahmen von der Regel geben. Sie erscheinen möglich, wenn die harten Bereiche des Niederschlages einen genügend großen mikroskopischen Abstand voneinander haben, so daß die weichere metallische Grundmasse dem Ganzen eine merkliche Duktilität verleihen kann.

____

[1] Meyer, W. R., u. Phillips: Vgl. Oberflächentechn. **14**, 115 (1937) — Metal Ind. London **50**, 539 (1937).

[2] s. S. 577, Fußn. 1.

3.32 Härteänderungen beim Anlassen.

Durch nachträgliches Anlassen kann man die Härte elektrolytischer Metallniederschläge u. U. erheblich verringern, seltener auch etwas vergrößern. Temperaturbereich und Verlauf des Härteabfalls oder Härteanstiegs verraten meist etwas von der Entstehungsgeschichte des Niederschlages und von seiner Zusammensetzung.

Metallniederschläge mit relativ geringen Gehalten an eingeschlossenen Fremdstoffen lassen sich in ihrem Gitter- und Gefügezustand etwa den kalt verfestigten Metallen vergleichen (KÖSTER[1], TAMMANN und JAACKS[2],

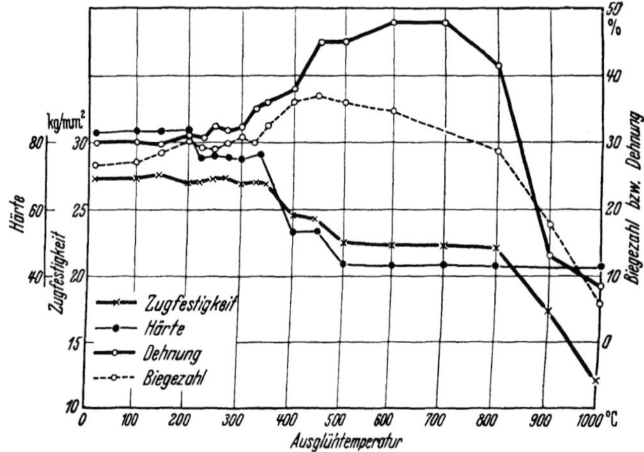

Abb. 224. Eigenschaftsänderungen von Elektrolytkupfer durch Ausglühen.
(Nach KÖSTER[1].)

RAUB[3]). Ihre Härte verringert sich beim Erhitzen, wenn die Temperaturbereiche der Erholung und der Rekristallisation durchschritten werden. Dies zeigt z. B. nach KÖSTER[1] die Kurve der Härteänderung von Elektrolytkupfer (aus saurer $CuSO_4$-Lösung abgeschieden) beim Ausglühen (Abb. 224). Der beträchtliche Härteabfall zwischen 300 und 400° beruht auf Rekristallisation und der Abfall zwischen 450 und 500° auf einer Abgabe von gasförmigen Zersetzungsprodukten, die aus Einschlüssen stammen. Ähnlich verläuft auch die Kurve der Zugfestigkeit. Dehnung und Biegezahl ändern sich in diesem Temperaturbereich im umgekehrten Sinne.

Der starke Abfall von Festigkeit, Dehnung und Biegezahl oberhalb 800° rührt von einem Aufblähen des Kupfers durch die gasförmigen Zersetzungs-

---

[1] KÖSTER, W.: Z. Metallkde. 18, 112 (1926); 20, 189 (1928) — Mitt. Schweiz. Verh. Materialpr. Techn. Ber. 7, 3 (1927).

[2] TAMMANN, G., u. H. JAACKS: Z. anorg. Chem. 227, 249 (1936).

[3] RAUB, E.: Z. Metallforschg. 2, 87 (1947).

produkte her. Dafür spricht nach KÖSTER[1] auch eine deutliche Abnahme der Dichte in diesem Temperaturbereich (etwa um 5,5%).

Ähnlich verhält es sich mit dem stärker gashaltigen Elektrolytnickel (KÖSTER[1]). Allerdings nimmt das Formänderungsvermögen nicht wie beim Kupfer mit steigender Temperatur zuerst zu (vgl. Abbildung 225). Da das Nickel bei höherer Temperatur (500 bis 650°) als das Kupfer rekristallisiert, entweicht im Rekristallisationsbereich bereits so viel Gas, daß sich das Gefüge erheblich auflockert. Damit verringert sich das Formänderungsvermögen. Oberhalb 600° treten vornehmlich schlecht diffundierende Gase (besonders Kohlenoxyd) aus. Das Metall bläht sich auf, wie nach KÖSTER der Abfall des spezifischen Gewichtes (Abb. 225) zeigt. Auch der Temperaturverlauf des elektrischen Widerstandes und der Koerzitivkraft beruhen auf diesem Verhalten. Abbildung 226 gibt die Mikroaufnahme eines Oberflächenschliffes von geglühtem Elektrolytnickel mit aufgelockerten Korngrenzen wieder.

[1] KÖSTER, W.: Z. Metallkde. **31**, 168 (1939).

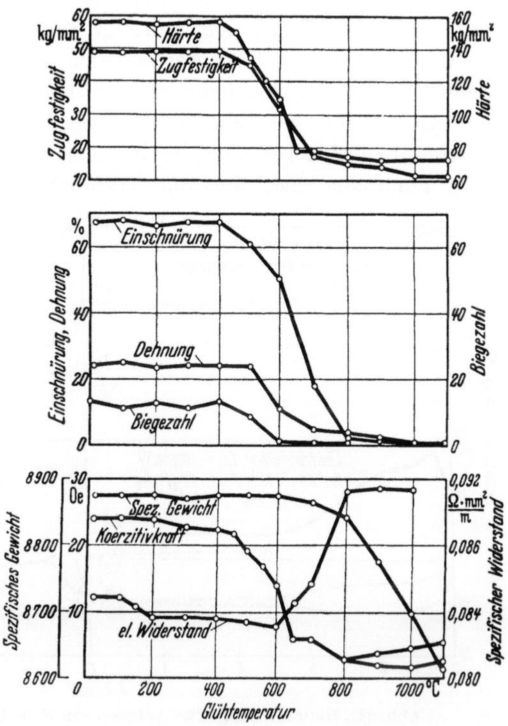

Abb. 225. Einfluß des Glühens auf verschiedene Eigenschaften von Elektrolytnickel. (Nach KÖSTER[1].)

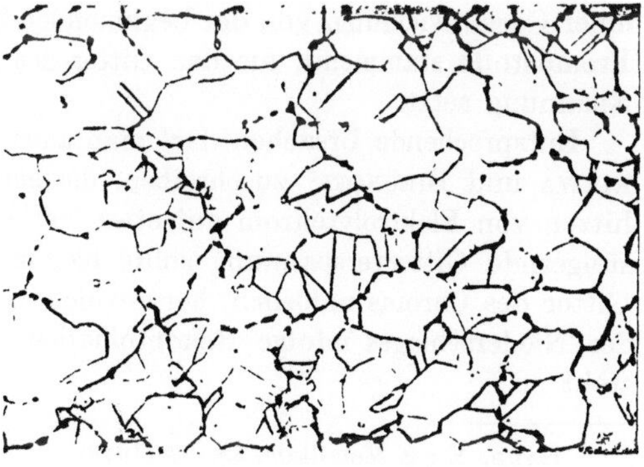

Abb. 226. Elektrolytnickel bei 500° C geglüht. (Nach KÖSTER[1].) V = 200fach.

Abb. 227 (nach RAUB[1]) erlaubt einen Vergleich zwischen den Härteänderungen von kaltverfestigtem Silber und Elektrolytsilber, abgeschieden aus alkalischen komplexen Alkalisilberzyanid-Lösungen.

Gelegentlich verhält sich das Elektrolytmetall anders als das kaltverfestigte Metall. In dem unteren Teil der Abbildung erkennt man an dem elektrolytisch abgeschiedenen Silber bei etwa 100° C (rechts auch 200° C) eine deutliche Aushärtung vor Beginn des Härteabfalls (Erholung). Offenbar dehnen sich beim Erhitzen auf diese Temperaturen bestimmte Gefügebereiche des Niederschlages beträchtlich aus, worauf man auch aus einer linearen Verbreiterung der Röntgeninterferenz-

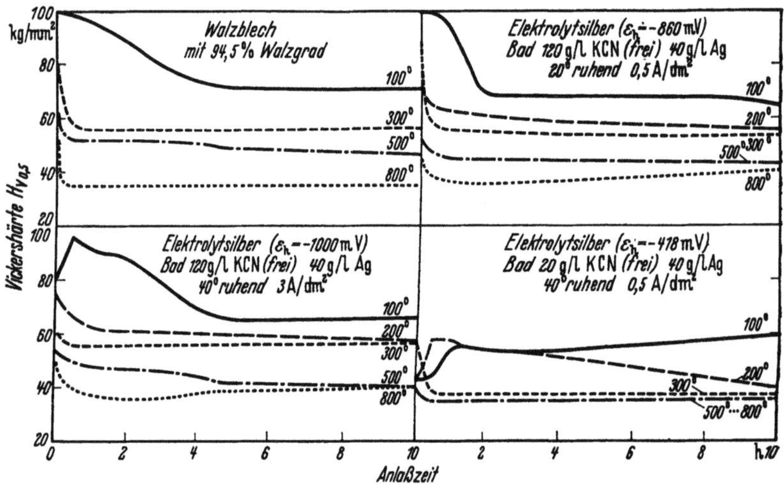

Abb. 227. Härteänderung beim Anlassen von Walzsilber und Elektrolytsilber.
(Nach RAUB[1].)

linien schließen kann. RAUB[2] deutet diese Erscheinungen als Folgen einer Gasentwicklung, von der beginnenden Zersetzung eingeschlossener Fremdstoffe stammend, die das Gitter des Metallniederschlages unter Spannung setzt.

Entsprechende Ursachen darf man auch einem Befund von MAKARIEWA und BIRÜKOFF[3] zuschreiben, die einen Härteanstieg beim Erhitzen von Elektrolytchrom auf etwa 200° C beobachteten. Die härtesteigernde Gitterverspannung sollte hier molekularer Wasserstoff, im Gitter des Chroms unlöslich, hervorrufen, der an inneren Hohlräumen des Niederschlages infolge Rekombination der Wasserstoffatome entsteht.

[1] RAUB, E.: Z. Metallkde. **39**, 33 (1948).
[2] RAUB, E.: Z. Metallforschg. **2**, 87 (1947).
[3] MAKARIEWA, S. P., u. N. D. BIRÜKOFF: Z. Elektrochem. **41**, 623, 838 (1935).

Enthält das Niederschlagsmetall einen relativ beträchtlichen Anteil an eingelagerten Fremdstoffen, z. B. an organischen Inhibitoren, so kann man seinen Gefügezustand nach RAUB[1] mit dem einer ausgehärteten Legierung vergleichen, in der sich aus übersättigtem Mischkristall ein zweiter Bestandteil submikroskopisch fein ausgeschieden hat. In einem Punkt unterscheiden sich allerdings Niederschlagsmetall mit eingebautem Fremdstoff und ausgehärtete Legierung wesentlich: Der Zwangszustand, in dem sich das Niederschlagsgefüge befindet, läßt sich nicht, wie im Falle der ausgehärteten Legierung, durch ein Agglomerieren der Fremdstoffteilchen aufheben. Die im Niederschlag eingebauten Fremdstoffmolekeln, an Größe die Metallatome meist weit überragend, können nicht im Metallgitter diffundieren. Der Zwangszustand, hervorgerufen von den eingebauten Fremdstoffteilchen, kann sich nur abbauen durch thermische Zersetzung der Teilchen oder durch vollständige Rekristallisation des Gefüges. Abb. 228 und 229 geben nach RAUB[1] die Härteänderungen wieder, die elektrolytische Silber- oder Kupferniederschläge[2] mit eingebauten organischen Inhibitoren beim Anlassen erleiden. In die Diagramme sind zugleich Änderungen des Gasdruckes eingezeichnet, die beim Erhitzen im Vakuum infolge Zersetzung der organischen Substanz auftreten. Die Härtewerte fallen — besonders bei Niederschlägen mit höherem Fremdstoffgehalt — nach Erreichen einer bestimmten Temperatur sprunghaft ab. Man kann ein

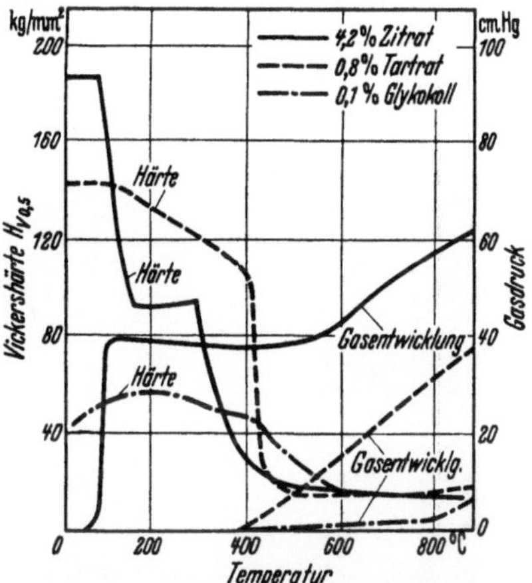

Abb. 228. Härteänderungen galvanischer Silberniederschläge mit Fremdstoffgehalt beim Anlassen.
(Nach RAUB, s. S. 584, Fußn. 1.)

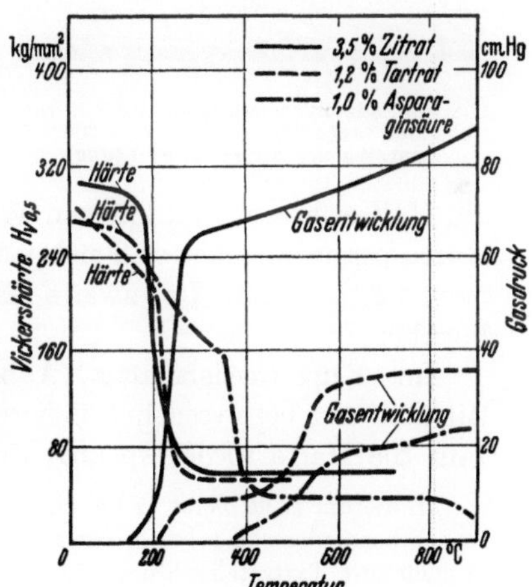

Abb. 229. Härteänderungen galvanischer Kupferniederschläge mit Fremdstoffgehalt beim Anlassen.
(Nach RAUB, s. S. 584, Fußn. 1.)

---

[1] s. S. 584, Fußn. 1.

[2] Silber aus n/5-$AgNO_3$-Lösung, Kupfer aus schwach angesäuerter 2 n-$CuSO_4$-Lösung abgeschieden.

solches Verhalten als Regel ansehen. Allerdings fällt die Härte oft nicht sogleich auf den Härtewert des weichen Metalls; auf diesen Wert sinkt sie nicht selten erst mit weiter gesteigerter Temperatur ab, und zwar über eine zweite Stufe hinweg.

Zum Beispiel beginnt sich im zitrathaltigen Silberniederschlag bereits um 80° C herum sprunghaft Gas (hauptsächlich CO[1] aus dem zerfallenden Zitrat) zu entwickeln. Gleichzeitig fällt die Härte steil auf weniger als

Abb. 230. Silberniederschlag mit 2,6% Zitrat, 2 Stunden auf 200° erhitzt; V = 300fach (parallel der Stromlinienrichtung).

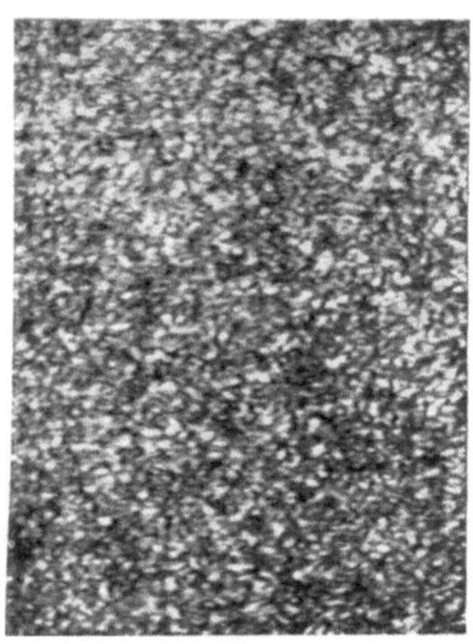

Abb. 231.   Wie Abb. 230; V = 2000fach.

die Hälfte ihres ursprünglichen Wertes ab. Bei 300° C setzt der zweite Härtesprung ein, ohne daß sich jedoch die Gasdruck-Temperatur-Kurve noch weiter ändert. Der zweite Härteabfall dürfte auf Rekristallisation beruhen.

Im Kupferniederschlag (Abb. 229) beginnt die Zersetzung des Zitrates erst bei wesentlich höherer Temperatur, etwa 160° C; zugleich fällt die Härte wieder sprunghaft ab[2].

In diesem Falle bleibt es bei einem einzigen Härtesprung. Zersetzt sich Zitrat im Silberniederschlag bei niedrigerer Temperatur als im Kupfer, so verhält es sich mit Tartrateinschlüssen gerade umgekehrt. Aber auch bei den tartrathaltigen Niederschlägen geht der steile Härteabfall vollkommen parallel mit dem Beginn der Gasentwicklung. Annähernd gilt dies auch noch von den Niederschlägen mit geringen Gehalten an Glykokoll und Asparaginsäure.

---

[1] Je nach eingebauter Substanz bestehen die gasförmigen Zerfallsprodukte hauptsächlich aus CO. CO_2, H_2O_2.

[2] Der elektrische Widerstand fällt bereits bei 100 bis 150° ab (vgl. Abb. 233, S. 589).

Im Wendepunkt der Härtewerte, also mit beginnender Gasentwicklung, wird das Ausgangsgefüge — wie RAUB zeigen konnte — offenbar unter dem Einfluß des hohen Gasdruckes — vollständig zerstört. Aus dem gröberen Ausgangsgefüge bildet sich ein sehr feinkörniges, lichtmikroskopisch kaum auflösbares Gefüge aus (vgl. Abb. 230 u. 231).

Mit zunehmender Temperatur — und entsprechend gesteigertem Gasdruck — lockert sich das Gefüge mehr und mehr auf, zugleich setzt Rekristallisation ein. Bei hoher Temperatur hinterbleibt im Falle relativ starken Fremdstoffgehaltes ein sehr poröses Rekristallisationsgefüge. Die Härtewerte des weichen Metalles werden erst nach Abschluß des Rekristallisationsvorganges erreicht. Daß man manchmal sogar geringere Härtewerte mißt, als sie sonst dem weichen Metall entsprechen, muß wohl als Scheinresultat angesehen werden, vorgetäuscht vom Härteeindruck in das aufgebläht schwammige Gefüge des hocherhitzten Niederschlages.

Für die merkwürdigen Unterschiede in den Zerfallstemperaturen ein und derselben eingebauten Substanz in verschiedenen Metallen gibt RAUB noch keine Erklärung. Es mögen hierfür Unterschiede im Gefüge, vielleicht auch im katalytischen Verhalten der Metalle maßgebend sein. Auch die Ursache des Entstehens einer zweiten Härtestufe ist noch unbekannt.

Im Falle des Silbers mit geringem Glykokollgehalt (Abb. 228, S. 585) ist bei niedrigen Temperaturen wieder ein geringer Anstieg der Härte zu beobachten, ähnlich den Beispielen auf S. 584, Abb. 227. Offenbar handelt es sich auch hier um die gleiche Ursache wie dort. Daß bei den höheren Fremdstoffgehalten ein solcher anfänglicher Härteanstieg unterbleibt — wie sich auch die Röntgeninterferenzlinien hier nicht mehr zusätzlich verbreitern —, ist verständlich. Bei dem starken Fremdstoffeinbau ist das Gitter bereits von vornherein so gestört, daß die beginnende Gasentwicklung bei der Zersetzung daran nichts Wesentliches mehr ändert.

Jedenfalls bestätigen alle diese Beispiele, wie empfindlich die Härte auf den Fremdstoffeinbau anspricht. Nur *ein* Fremdstoff beeinflußt — wenn eingebaut — die Härte wenig oder zuweilen gar nicht: *atomarer* Wasserstoff, der, wie erwähnt, bei vorsichtigem Erhitzen größtenteils ausgetrieben werden kann, ohne die Härte zu verändern.

Neuerdings ist es BRENNER[1] mit einem Verfahren zur Mikrohärtebestimmung bei hohen Temperaturen gelungen, die sog. Warmhärte elektrolytischer Metallniederschläge zu bestimmen. Chromniederschläge verschiedener Ausgangshärte bei Zimmertemperatur weisen z. B. etwa oberhalb 600° C die gleiche Warmhärte auf. Die Härte fällt bei 800° C auf nur 100 Vickers. Nach Abkühlen auf Zimmertemperatur bleiben die Niederschläge weich, eine Folge der Wärmebehandlung, die ihr Gefüge rekristallisieren ließ.

---

[1] BRENNER, A.: J. Res. Nat. Bur. Stand. **46**, 126 (1951).

3.4 Elektrischer Widerstand elektrolytischer Metallniederschläge.

3.41 Allgemeines.

Wie wir bereits gesehen haben, ist das Gitter elektrolytischer Metallniederschläge meist gestört. Überdies enthält das Kristallgefüge fast immer — wenn auch in geringem Maße — Fremdstoffeinlagerungen. Es ist deshalb nicht weiter verwunderlich, wenn wir annehmen müssen, daß der spezifische Widerstand der Elektrolytmetalle im allgemeinen kleiner ist als derjenige der entsprechenden Metalle im Gußzustande oder nach einer Kaltverformung.

Die Kenntnis des spezifischen elektrischen Widerstandes elektrolytischer Metallüberzüge, unter verschiedenen Bedingungen abgeschieden, verdanken wir in erster Linie RAUB und seinen Mitarbeitern[1]. Als immerhin überraschendes Ergebnis erbrachten die Untersuchungen, daß der spezifische Widerstand elektrolytischer Metallniederschläge sich um mehrere Größenordnungen unterscheiden kann, je nach Art und Gehalt an eingebauter Fremdsubstanz.

Dies lehrt nach RAUB[1] ein Vergleich der Werte des spezifischen Widerstandes verschiedener Silber- und Kupferniederschläge, abgeschieden in Gegenwart wirksamer organischer Inhibitoren (vgl. Tab. 73/74 auf S. 578/80). Bereits geringe Fremdstoffgehalte erhöhen den spezifischen Widerstand merklich. So vergrößern 0,02% Glykokoll den spezifischen Widerstand des Elektrolytsilbers von $1,59 \cdot 10^{-6}$ Ohm (ohne Zusatz) auf $1,9 \cdot 10^{-6}$ Ohm, während 0,2% Metaphosphorsäure den Widerstand von Elektrolytkupfer bereits um eine Zehnerpotenz steigert. Verstärkt man den Einbau an Fremdstoff weiter, so erhält man rasch erstaunlich hohe Werte. Die höchsten von RAUB beobachteten Werte sind etwa 800mal so groß wie die des normalen Silbers oder Kupfers!

Noch weit größer fallen die Widerstandserhöhungen beim sog. explosiblen, amorphen Antimon (vgl. S. 534) nach Messungen von v. STEINWEHR und A. SCHULZE[2] aus. Die Autoren fanden 1- bis $2 \cdot 10^4$-mal höhere Widerstandswerte als für das kristallisierte Antimon.

Die bereits recht hohen Widerstandswerte des Silbers und Kupfers mit eingebauter Fremdsubstanz scheinen das Ergebnis eines Einhüllens von Kristallkörnern oder Mosaikblöckchen des Niederschlagsmetalls mit der an den Korngrenzen und Blockgrenzen abgelagerten, nichtleitenden Substanz zu sein. Offenbar bleiben aber Kupfer und Silber durchaus noch kristallin, während das stärker mit Fremdsubstanz durchsetzte Antimon scheinbar amorph ausfällt. Hier dringt die Fremdsubstanz anscheinend auch in das Innere der Mosaikblöckchen ein und unterteilt sie weiter in extrem kleine leitende Bereiche.

---

[1] s. S. 584, Fußn. 1.   [2] s. S. 534, Fußn. 2.

RAUB hat auch die Frage
in großen Zügen untersucht,
ob der elektrische Widerstand
im Niederschlag richtungsabhängig sei. Nimmt man an,
daß sich z. B. im feldorientierten Texturtyp die Fremdstoffe
hauptsächlich an den Grenzen
der einzelnen Fasern ablagern,
so sollte man in Faserrichtung
einen geringeren spezifischen
Widerstand erwarten als quer
zur Faserrichtung. Andererseits weisen Niederschläge dieser Art oft eine periodisch-
lamellare Unterteilung parallel
zur Unterlage auf. Möglicherweise lagern sich die Fremdstoffe an den Lamellengrenzen
ab. Dies könnte eine Anisotropie im umgekehrten Sinne,
als vorher angenommen, vermuten lassen. RAUB hat an
den untersuchten Proben eine
solche Anisotropie des spezifischen Widerstandes nicht finden können. Es handelte sich
um Kupfer- und Silberniederschläge mit relativ hohem Gehalt an Zitrat (1,6 bis 3,4%).
Immerhin darf man wohl diese
Ergebnisse noch nicht verallgemeinern, sondern muß weitere Erfahrungen sammeln.
Allerdings ist das Problem
meßtechnisch sehr schwierig,
wenn man zuverlässige Werte
an den relativ dünnen Niederschlägen erhalten will.

3.42 Einfluß des Anlassens.

Der spezifische Wider-
stand elektrolytischer Metallniederschläge kann beim
Anlassen der Proben sprunghaft und erheblich abneh-
men, wenn der Niederschlag
merkliche Mengen einge-
bauter Fremdsubstanz ent-
hält. Dies zeigen anschau-

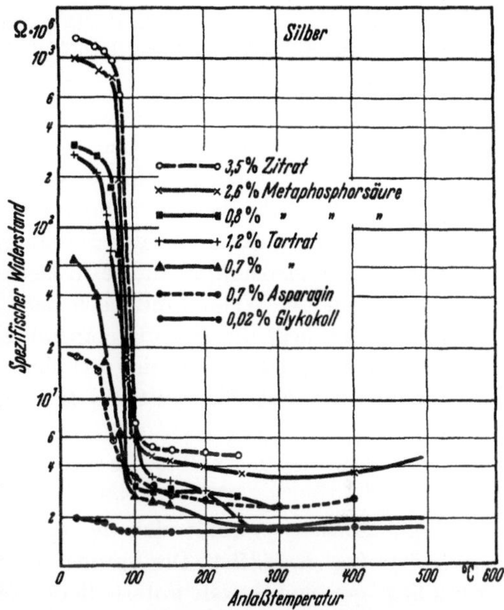

Abb. 232. Widerstandsänderung galvanischer Silberniederschläge beim Anlassen.
(Nach RAUB, s. S. 584, Fußn. 1.)

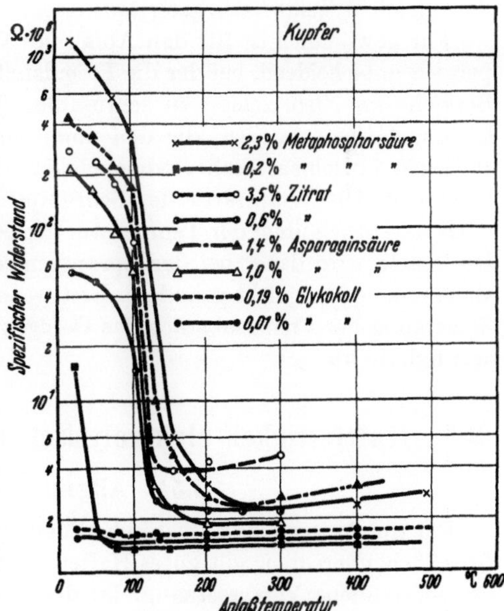

Abb. 233. Widerstandsänderung galvanischer Kupferniederschläge beim Anlassen.
(Nach RAUB, s. S. 584, Fußn. 1.)

lich die Abb. 232 und 233 (nach RAUB[1]) von Silber- und Kupferüberzügen mit verschieden hohem Fremdstoffgehalt (Abscheidungsbedingungen der Niederschläge vgl. S. 579). Der Widerstand wurde senkrecht zur Faserrichtung des Gefüges gemessen.

Danach besitzt der spezifische Widerstand der relativ stark fremdstoffhaltigen Niederschläge eine ausgeprägte Sprungtemperatur. Der außerordentlich hohe Anfangswiderstand springt bei dieser Temperatur auf einen Wert in der Nähe des Normalwiderstandes des Metalles. Je geringer der Fremdstoffgehalt, desto kleiner ist der Sprung, und desto näher kommt der Widerstand nach dem Abfall dem Normalwert.

Bei Silber liegt die Sprungtemperatur zwischen 80 und 100°, bei Kupfer erreicht man sie meist zwischen 100 und 150°, von einigen Ausnahmen (in Abb. 232 bei 0,2% Metaphosphorsäure) abgesehen.

Die Widerstandskurven für Silber verliefen bei Messung senkrecht und parallel zur Faserrichtung vollständig gleich. Beim Kupfer ergab sich auffälligerweise parallel zu den Fasern eine um 50° höhere Sprungtemperatur.

Beim Anlassen verhält sich der spezifische Widerstand anders als die Härte (vgl. S. 582ff.). Die Sprungtemperatur der Widerstandsänderung liegt gewöhnlich weit unterhalb der Temperatur, bei der die Härte abzufallen und Gas sich zu entwickeln beginnt (vgl. S. 585). RAUB erwähnt als einzige Ausnahme zitrathaltiges Silber, dessen Härte und Widerstand den gleichen Temperaturgang aufweisen.

Für gewöhnlich ist für den Abfall des Widerstandes diejenige Temperatur entscheidend, bei der die Fremdstoffumhüllung der metallischen Bereiche im Niederschlag zu schrumpfen beginnt, so daß in der Umhüllung Risse entstehen, die den unmittelbaren metallischen Kontakt zwischen einzelnen, vorher voneinander getrennten Bereichen wieder herstellen. Die Temperatur des Schrumpfens liegt aber für gewöhnlich noch wesentlich unter der Temperatur der beginnenden Gasentwicklung. Die Härte wird daher bei der Sprungtemperatur des Widerstandes im allgemeinen noch nicht geändert. Erst wenn der hohe Gasdruck bei der Zersetzung der Fremdsubstanz das Gefüge zerstört, fällt auch die Härte sprunghaft ab.

3.5 Haftfestigkeit elektrolytischer Metallniederschläge.

3.51 Allgemeines.

Für die Anwendung galvanischer Metallüberzüge in der Technik der Oberflächenveredlung gilt gutes Haften des Überzuges auf der Unterlage als unerläßliche Voraussetzung. Ist das Haftvermögen sehr gering, so rollt der Überzug, wenn er Kontraktionsspannungen aufweist, u. U. be-

---

[1] s. S. 584, Fußn. 1.

reits spontan von der Unterlage ab. Schlechte Haftfestigkeit gibt sich beim Biegen oder anderen Arten der mechanischen Beanspruchung zu erkennen — der Niederschlag reißt auf oder blättert von der Unterlage ab. Auch beim nachträglichen Erwärmen offenbart sich oft ein ungenügendes Haften des Überzuges sehr deutlich. Andererseits wird sich ein gut haftender Überzug bei keiner auch noch so scharfen mechanischen oder thermischen Prüfung von der Unterlage lösen. Gutes Haften muß vor allem der Korrosionsschutz verlangen, breitete sich doch sonst beim Vordringen des Korrosionsangriffes durch irgendeinen Riß oder einen sonstigen Oberflächenfehler die Korrosion sehr rasch zwischen Niederschlag und Unterlage aus.

In der Elektrometallurgie und in der Galvanoplastik stellt man entgegengesetzte Ansprüche: der kathodische Metallniederschlag soll sich leicht, ohne Verletzung, von der Unterlage abziehen lassen. Hier arbeitet man also gerade auf eine geringe Adhäsion des Überzuges hin.

Haftet der Niederschlag gut an der Unterlage, so sind die Kräfte, mit denen er haftet, identisch mit den bekannten Kohäsionskräften der Metalle. Diese interatomaren Kräfte bilden die Grundlage der Zugfestigkeit. Man darf erwarten, daß die Bindung zwischen Niederschlag und Unterlage an der Grenzfläche im günstigsten Falle gleich der Zugfestigkeit des schwächeren der beiden Metalle ist.

Um ein quantitatives Maß der Haftfestigkeit zu erhalten, bedient man sich meist Verfahren zur Messung der Kraft, die benötigt wird, um den Niederschlag von der Unterlage abzureißen. Die bekanntesten Methoden dieser Art, auf die wir hier nicht näher eingehen wollen, stammen von OLLARD[1], HOTHERSALL[2] und von BRENNER und MORGAN[3]. Ihr Anwendungsbereich ist jedoch begrenzt, und ihre Meßresultate darf man im allgemeinen nur als Relativwerte gelten lassen. Noch immer fehlt auf diesem Gebiet ein exaktes, allgemein verbindliches Verfahren, das sich namentlich auch im Betriebe verwenden läßt.

Gutes Haften des Niederschlages hängt wesentlich davon ab, ob in der Grenze Substrat/Niederschlag die Kristalle der Unterlage in irgendeiner Weise von den Kristallen des Niederschlages weitergeführt werden (vgl. das Kapitel „Grenze Substrat/Niederschlag in submikroskopischen Bereichen", S. 507 ff.). Dazu bieten sich die folgenden beiden Möglichkeiten:

1. Die Niederschlagskristalle setzen die Substratkristalle vollkommen fort (Reproduktion). — 2. Die Niederschlagskristalle wachsen auf den

---

[1] OLLARD, E. A.: Trans. Farad. Soc. **21**, 81 (1926).

[2] HOTHERSALL, A. W.: Trans. Amer. Electrochem. Soc. **64**, Prepoint 8, 83 (1933).

[3] BRENNER, A., u. V. D. MORGAN: 37. Ann. Proceeding (1950), publ. by the Amer. Electroplaters Soc.

Substratkristallen orientiert auf, ohne jedoch deren Form und Größe beizubehalten (Anpassung).

Je nach der Anpassung führen die Niederschlagskristalle bestimmte Flächen der Substratkristalle weiter, oder sie wachsen mit einer anderen, kristallgeometrisch passenden Fläche auf. Bei geringster Anpassung bilden sich schließlich Zwillingskristalle. Ist das Substratmetall regellos orientiert, so kann die Anpassung sich auf bestimmte, passend orientierte Substratkristalle beschränken. Fehlt überhaupt jegliche Anpassung, wächst also der Niederschlag sogleich mit der ihm arteigenen Wachstumsform auf, so ist ein besonders schlechtes Haften zu erwarten.

Reine, also praktisch fremdstofffreie Substratoberfläche vorausgesetzt, müssen Substrat und Niederschlag im Gittertyp miteinander übereinstimmen oder wenigstens einander ähnlich sein, wenn Reproduktion oder Anpassung zustande kommen und damit der Niederschlag gut haften soll. Auch dürfen die Parameter der beiden Gitter nicht allzusehr voneinander abweichen.

Wie schon an anderer Stelle bemerkt, haftet demnach ein Niederschlag im basisorientierten Reproduktionstyp am besten auf der Unterlage, sofern die Bedingungen der Ähnlichkeit in den Gitterdimensionen gegeben sind. Nicht ganz so günstig ist die auf Anpassung beruhende Bindung der beiden feldorientierten Wachstumstypen (Isolationstyp und Texturtyp, vgl. S. 452). Der unorientierte Dispersionstyp (vgl. S. 485) wächst hingegen meist von vornherein in arteigener Form, ohne Beziehung zur Unterlage, auf und haftet daher am schlechtesten.

Ob die Substratoberfläche glatt oder rauh ist, dürfte für die Güte des Haftens nicht so wesentlich sein, als man früher annahm, wenn nur die Substratoberfläche frei von Fremdstoffen, z. B. von Resten des Poliermittels, ist. Das wird freilich beim mechanischen Polieren nie vollständig erreicht. Um Niederschläge leicht von der Unterlage abziehen zu können, wählt man z. B. oxydbelegte Substrate, wie Aluminium oder Chromnickelstahl. Man kann auch solche, das Haften verringernden Fremdstoffbelegungen auf manchen Metallen künstlich hervorrufen (Passivieren mit Oxydationsmitteln).

Von den Abscheidungsbedingungen, die Reproduktion und Anpassung bestimmen, sind, wie wir gesehen haben (vgl. S. 451 ff.), Inhibition und Stromdichte besonders wichtig. Bei hoher Stromdichte hindern — von störender vermehrter Keimbildung abgesehen — Wasserstoffentwicklung und sekundäre Inhibition die Angleichung an das Substratgefüge.

Innere Spannungen (vgl. S. 560 ff.) in den Niederschlägen können das Haftvermögen verschlechtern oder auch verbessern. Verstärken Kontraktionsspannungen eine etwaige Tendenz des Niederschlages, sich von der Unterlage abzuheben, so können Dilatationsspannungen u. U. das

Haften unterstützen. Systematische Untersuchungen sind aber anscheinend noch nicht ausgeführt worden.

3.52 Einfluß einer Belegung der Substratoberfläche.

Die Bindungskräfte zwischen den Metallatomen des Niederschlages und denen des Substrates können sich ganz entscheidend abschwächen, wenn Fremdstoffe die Substratoberfläche oder zum mindesten die aktivsten Bereiche der Oberfläche bereits vor Stromschluß, zu Beginn oder während einer Unterbrechung der Elektrolyse belegt haben. Praktisch ist die Substratoberfläche selbst nach sorgfältiger Reinigung niemals völlig frei von Fremdstoffen. Es gibt aber Fremdstoffspuren, die bei dem Prozeß der kathodischen Abscheidung mit in den Niederschlag eingebaut, gewissermaßen „assimiliert" werden, ohne das Haften wesentlich zu verschlechtern. Andere Fremdstoffe stößt die Oberfläche zu Beginn der Elektrolyse ab oder sie werden elektrochemisch abgebaut. Dem Haften gefährlich werden aber solche Fremdstoffe, die auch während der Elektrolyse auf der Oberfläche verbleiben, die sich weder assimilieren noch verdrängen oder abbauen lassen.

Wir zählen die Kategorien solcher schädlichen Fremdstoffe zunächst auf:

1. Organische Stoffe.

a) Reste von Fett oder Polierwachs; b) adsorbierte Fremdstoffe, wie organische Kolloide, organische Farbstoffe usw. (u. U. absichtlich aufgebracht zur Herstellung eines abziehbaren Metallniederschlages der Galvanoplastik).

2. Chemische Verbindungen des Substratmetalls, hauptsächlich Oxyde.

3. Wasserstoff.

4. Metallschwamm.

5. Kohlenstoff und Karbide (u. U. absichtlich aufgebracht wie 1 b).

Zur Entfernung der störenden Fett- oder Wachsbeläge wendet man die bekannten Reinigungsverfahren der Oberflächentechnik an, wie Entfetten durch Bürsten mit Wiener Kalk, durch alkalische Lösungen mit Zusätzen von Netzmitteln und schaumbildenden Stoffen, elektrolytische Entfettung usw. Über sie finden sich ausführliche Beschreibungen in den bekannten Werken der Galvanotechnik[1]. Ein Gleiches gilt von den Beiz- und Dekapierverfahren und den Entrostungsmethoden zur Entfernung von Oxydbelag und Rost. Daß diese Reinigungsverfahren nicht den letzten Anflug von Oxyd, vom Luftsauerstoff stammend, entfernen, haben uns bereits einige Beispiele (vgl. S. 68) gezeigt. Immerhin läßt sich ein solcher, offenbar nur wenige Atomlagen dicker Film von Oberflächenoxyd bei der Elektrolyse gewöhnlich assimilieren

---

[1] s. z. B. Pfanhauser (S. 318 Fußn. 2). Machu (S. 323, Fußn. 1).

oder abbauen. Eine Ausnahme machen unedle Metalle, wie Aluminium oder Chrom, oder die rostfreien Chromstähle. Um auf ihnen galvanische Überzüge haftfest aufzubringen, bedarf es spezieller Vorbehandlungsverfahren, die meist auf einer Kombination der Oxydablösung mit einer unmittelbar bei dem Ablösen einsetzenden Abscheidung von Metall mittels „Metallverdrängung" aus Schwermetallsalzlösung oder mittels Elektroyse beruhen. Auch hier sei auf einschlägige Werke der Galvanotechnik verwiesen. Andererseits verwendet man Kathoden aus Aluminium oder rostfreiem Stahl in der Elektrometallurgie, um abziehfähige Metallniederschläge darauf abzuscheiden. Eisen und Nickel bedecken sich an Luft mit kathodisch relativ schwer reduzierbarem Oxyd.

Versucht man Nickel oder Eisen auf dem gleichen Metall abzuscheiden, so haften die Niederschläge schlecht. Auch bei einer Stromunterbrechung bedecken sich diese Metalle mit Oxyd. Unterbricht man den Strom häufig, so besteht der Niederschlag aus entsprechend schlecht aufeinanderhaftenden Schichten, die bei mechanischer Beanspruchung voneinander abblättern. Im metallographischen Querschliff machen sich die Trennlinien zwischen den einzelnen Schichten deutlich bemerkbar.

Kupfer scheidet sich auf Kupfer, bedeckt mit Cu_2O, leichter ab als Nickel auf oxydiertem Nickel, doch erkennt man auch hier deutlich Trennlinien im metallographischen Querschliff. Ein Gleiches ist der Fall, wenn während der Elektrolyse der Strom unterbrochen und das abgeschiedene Kupfer der Luft ausgesetzt wird. Immerhin hat sich auch hier die Haftfestigkeit verschlechtert, wie sich z. B. bei nachträglichem Erhitzen des Niederschlages herausstellt.

Kupfer haftet auch auf anoxydiertem Nickel besser als Nickel selbst. Ebenso scheidet sich Nickel selbst auf anoxydiertem Kupfer einigermaßen haftfest ab. Der besseren Haftfestigkeit wegen wählt man in der Galvanotechnik bekanntlich oft Kupferniederschläge als Zwischenschicht, wenn zwei Metalle sonst schlecht aufeinanderhaften.

Wie sehr selbst Spuren adsorbierter organischer Kolloide das Haften elektrolytischer Metallniederschläge verringern, hat JACQUET[1] mit einigen lehrreichen Versuchen bewiesen. Tauchte er z. B. sorgfältig gereinigte Kupferbleche vor der galvanischen Verkupferung im sauren $CuSO_4$-Bad 30 sek lang in Kolloidlösungen und spülte dann sorgfältig ab, so erhielt er schlecht haftende Kupferüberzüge. Die Verschlechterung blieb sogar bestehen, wenn er die mit Kolloidlösung behandelten Kupferbleche vor dem Überziehen mit Kupfer auskochte. Er konnte nicht einmal dann die Kupferoberfläche von dem schädlichen Kolloid befreien, wenn er den galvanischen Kupferüberzug von der Kupferunterlage abzog und diese nochmals verkupferte. Auch der zweite Überzug haftete wieder schlecht.

---

[1] JACQUET, P.: Révue de Metallurgie **35**, 116 (1938).

In der verschlechternden Wirkung entsprachen einander die Sole von

  4 mg/l Serumalbumin,

13 mg/l Kaseinpepton,

20 mg/l Natriumkaseinat,

25 mg/l Gelatine,

30 mg/l Ovalbumin.

Mit steigender Konzentration des Kolloides verschlechterte sich die Haftfestigkeit des Kupferniederschlages zusehends, wie Tab. 75 am Beispiel des Serumalbumins zeigt.

Die Tabelle enthält die Belastung in g, die nötig ist, um einen Kupferüberzug von 5 mm Breite abzuheben.

In der Praxis verwendet man bekanntlich Lösungen organischer Farbstoffe, z. B. von Nigrosin, um leicht abziehbare Metallniederschläge, wie etwa Kupferniederschläge, abzuscheiden. Auch eine Behandlung der Unterlage mit oxydierenden Lösungen, z. B. Chromaten, erweist sich manchmal in dieser Hinsicht als recht wirksam.

Tabelle 75.

Konz. mg/l	Belastung g
7,5	1000 ··· 1200
15	400
40	90
60	10 ··· 20

Wasserstoff, kathodisch mitabgeschieden oder bereits vom Beizen her in das Grundmetall eingedrungen, kann das Haften des Niederschlages erheblich erschweren. So lehrt die Erfahrung (BLUM und Mitarbeiter[1]), daß Bleiniederschläge, z. B. aus dem Borfluoridbad abgeschieden, nicht auf Eisen haften, wenn sich dieses zuvor beim Beizen mit Wasserstoff beladen hat. Auch bei der Vernicklung von Messing haben HOTHERSALL[2] und ROMANOFF[3] beobachtet, daß schlechtes Haften des Niederschlages von der Mitabscheidung des Wasserstoffes herrührt.

Eine gesicherte Erklärung der Wirkung des Wasserstoffes fehlt bislang. Wahrscheinlich reduziert atomarer Wasserstoff die stets auf der Grundmetalloberfläche vorhandene Oxydhaut zu feinverteiltem Metall. Die große innere Oberfläche dieser „Katalysatorbelegung" fördert die Rekombination des atomaren Wasserstoffs zu molekularem, im Metall unlöslichem Wasserstoff. Dieser Vorgang läuft auch nach Bedeckung der Oberfläche mit dem Niederschlag weiter (die wahrscheinlich noch Mikroporen an der Grenze Substrat/Niederschlag offen lassen wird). Es kann zu diesem Zweck genügend gelöster atomarer Wasserstoff herandiffundieren. Der an der Grenze Niederschlag/Substrat entstehende molekulare Wasserstoff lockert die Verbindung des Niederschlages mit dem Grundmetall und hebt ihn u. U. ab.

Daß schwammig auf der Substratoberfläche abgeschiedenes Metall wegen seiner lockeren Beschaffenheit keinen brauchbaren Haftgrund

---

[1] BLUM, W., F. J. LISCOMB, Z. JENCKS u. W. E. BAILAY: Trans. Amer. Electrochem. Soc. **36**, 243 (1919).

[2] HOTHERSALL, A. W.: Metal Ind., London **41**, 13, 111 (1932).

[3] ROMANOFF, F. P.: Trans. Electrochem. Soc. **65**, 385 (1934).

ergibt, dürfte verständlich sein. In der Praxis vermeidet man deshalb für gewöhnlich Abscheidungsbedingungen, bei denen sich ein unedleres Grundmetall bereits ohne Elektrolyse auf dem Wege der Metallverdrängung aus dem Elektrolyten mit edlerem Metall schwammig bedeckt. Freilich kann man in Sonderfällen, wie z. B. der Vernicklung von Aluminium, nicht darauf verzichten. (Es kommt aber dann darauf an, Bedingungen zu finden, unter denen das ohne Außenstrom abgeschiedene Metall nicht Schwamm bildet.)

Auch auf graphitierter Unterlage haftet ein elektrolytischer Metallniederschlag gewöhnlich schlecht, einmal wegen der völligen Verschiedenheit der Gitterstruktur, zum anderen aber wegen des lockeren Auftrages des Graphitfilmes auf der Unterlage. Man reibt in der Galvanoplastik die Unterlage absichtlich mit Graphit ein, um leicht abziehbare Metallniederschläge zu erhalten. Schwamm, aus Graphit- oder Kohleteilchen oder Karbidpartikeln bestehend, kann auch auf der Oberfläche von Stählen nach dem Beizprozeß zurückbleiben. Die sorgfältige Beseitigung dieses Schwammes bereitet dem Galvanotechniker oft Sorgen. Am besten scheinen sich Verfahren zu eignen, die den Kohlenstoff wegoxydieren, sei es durch Behandlung mit stark oxydierenden Säuren oder mit Hilfe der anodischen Oxydation.

3.53 Haftfestigkeit einiger technischer Metallüberzüge.

Zum Schluß geben wir noch eine vergleichende Übersicht über einige Meßergebnisse von Bestimmungen der Haftfestigkeit an tech-

Tabelle 76. *Haftfestigkeit galvanischer Überzüge.*

Metall	Haftfestigkeit des Niederschlages kg/mm²	Elektrolyt und Grundmetall	Autoren	Zugfestigkeit kg/mm²	
				Guß	Blech
Blei	0,008···0,12	Pb(BF$_4$)$_2$ sauer, Fe	PFANHAUSER[1]	1,5···2	—
Blei	0,003	(Feuerverbleiung, Fe)	KURREIN[2]		
Zink	0,3	ZnSO$_4$ sauer, Fe	PFANHAUSER[3]	3 ···4	19···28
Zink	0,16	Zyanid, Fe			
Zink	0,18	(Feuerverzinkung, Fe)			
Nickel	33,9	NiSO$_4$, w. Stahl			
Nickel	44,9	NiSO$_4$, Ni-Stahl			
Nickel	26,9	NiSO$_4$, Messing 60:40	HOTHERSALL[4]	30 ··· 35	40···80
Nickel	33,2	NiSO$_4$, Messing 70:30			
Nickel	25,9	NiSO$_4$, Kupfer			
Nickel	4,0	NiSO$_4$, Aluminium			
Nickel	31,9	NiSO$_4$, Elektrolyt-Ni, Oxydhaut entfernt			

[1] PFANHAUSER: S. 794 (s. S. 318, Fußn. 2).
[2] KURREIN, H.: Z. VDI **76**, 300 (1932).
[3] PFANHAUSER: S. 713 (s. S. 318, Fußn. 2).
[4] HOTHERSALL, A. W.: Metal Ind., London **41**, 13, 111 (1932).

nischen Metallüberzügen (Tab. 76). Die Resultate dürfen nach dem oben (S. 593) Gesagten nur der Größenordnung nach bewertet werden.

Setzt man die gemessene Haftfestigkeit der Überzüge mit der durchschnittlichen Zugfestigkeit der Überzugsmetalle in Beziehung, wobei man sich für die im Schmelzfluß erhaltenen Zink- oder Bleiüberzüge auf die Zugfestigkeit von Guß, sonst auf die mittlere Zugfestigkeit von Blech bezieht, so findet man, daß Nickel viel besser haftet als Zink und Blei. Die Haftfestigkeit des Nickelüberzuges beträgt im günstigsten Fall etwa 70% seiner Zugfestigkeit, die des galvanischen Zinküberzuges aber nur etwa 1,2%, des im Schmelzfluß gewonnenen Zinküberzuges etwa 0,7%. Beim Blei betragen die entsprechenden Werte günstigstenfalls für Elektrolyse etwa 0,8%, für Schmelzfluß etwa 0,3%. Bei einer solchen Betrachtung kommt es allerdings sehr auf die Natur des Substrates an.

3.6 Korrosionschemisches Verhalten der elektrolytischen Metallniederschläge.

Elektrolytische Metallniederschläge in Form dünner Überzüge schließen die metallische Unterlage gewöhnlich nicht vollkommen dicht ab, sind sie doch praktisch niemals frei von Poren; manchmal können sie auch Risse enthalten. So darf man also von einem mit dem Überzug bedeckten Grundmetall nicht erwarten, es verhalte sich nunmehr korrosionschemisch ganz wie das Überzugsmetall. Vielmehr können sich an den Poren und Rissen, die bis zum Grundmetall reichen und dem Eindringen des Elektrolyten offenstehen, kurzgeschlossene galvanische Elemente zwischen Niederschlagsmetall und Grundmetall ausbilden.

Theoretisch sollten dabei das im Korrosionsmedium der Potentiallage nach unedlere Metall die Lösungselektrode (Anode) und das entsprechend edlere Metall die Abscheidungselektrode (Kathode) bilden. Wie die Erfahrung lehrt, gehorchen die Metalle in vielen Fällen zum mindesten angenähert der Theorie. Ein oft genanntes Beispiel ist der Zinküberzug auf Eisen. Seiner Standard-GALVANI-Spannung nach ist Zink um etwa 0,3 V unedler als Eisen. Kommt es zwischen beiden Metallen zum kurzgeschlossenen galvanischen Element, so verhält sich Zink in der überwiegenden Zahl der Fälle als Lösungselektrode (Ausnahme s. später). Das als Kathode wirkende Eisen erleidet keinen Angriff, solange sich noch nennenswerte Mengen Zinkmetall auf seiner Oberfläche befinden. Für die Reaktionen an den beiden Elektroden gilt das Schema

$$\text{Anode:} \quad Zn \rightarrow Zn^{2+} + 2\,e^-$$
$$\text{Kathode:} \quad 2\,H^+ + 2\,e^- \rightarrow H_2.$$

Unterhalb des Neutralpunktes kann man in der Tat mit einem solchen Reaktionsablauf rechnen. Oft wirkt aber — im lufthaltigen Korrosionsmittel — Sauerstoff als kathodischer Depolarisator, so daß an der Kathode Sauerstoff nach folgendem Schema reduziert wird:

$$\tfrac{1}{2}\,O_2 + H_2O + 2\,e^- \rightarrow 2\,OH^-.$$

Unter solchen Bedingungen beschleunigt sich die Korrosion erheblich.

Dem Beispiel des Zinks kann auch die Korrosion anderer Metalle, unedler als Eisen (z. B. Mangan), unterhalb des Neutralpunktes entsprechen, doch werden wir hier andererseits erhebliche Abweichungen von der Theorie kennenlernen.

Verhalten sich die unedlen Metallüberzüge wie das Zink in unserem Beispiel, so bedeutet ihre Porigkeit keine unmittelbare Korrosionsgefahr für das Grundmetall Eisen. Nur wird sich ein poriger Niederschlag rascher auflösen als ein dichter, weshalb man auch für eine ausreichende Dicke des Überzuges sorgen muß.

Einen Gefahrenherd bilden jedoch die Poren in Überzügen, die sich im Korrosionsmedium edler als das Grundmetall verhalten, so in den meisten Fällen Kupfer oder Zinn auf Eisen. Bilden sich hier kurzgeschlossene galvanische Elemente aus, so muß sich Eisen von vornherein als Lösungselektrode betätigen. Ein poriger Überzug aus Metall, das edler als die Unterlage ist, beschleunigt also den Angriff des Grundmetalls, statt ihn aufzuhalten. Hier muß man unter allen Umständen danach trachten, die Oberfläche des Grundmetalls mit dem edleren Überzug wirklich dicht abzuschließen. In welchem Maße dies z. B. durch Verstärken des Niederschlages oder auf anderen Wegen möglich ist, haben wir bereits im Kapitel „Porigkeit der elektrolytischen Metallüberzüge" auf S. 498 ff. erörtert.

Ein Überzugsmetall, das unter Normalbedingungen edler als das Grundmetall ist, kann sich u. U. gelegentlich auch unedler als dieses verhalten. So ist Zinn für gewöhnlich edler als Eisen und schützt dieses einwandfrei nur als dichter Überzug. Wie HOAR[1] zeigen konnte, lassen sich aber Elektrolyte finden, in denen sich eine unedlere GALVANI-Spannung des Zinns einstellt. So verhält sich Zinn z. B. in gewissen Fruchtsäuren als Lösungselektrode, in denen die Zinnionen komplex gebunden werden. Das gleiche geschieht, wenn die hydrolysierbaren Zinnionen von Proteinen so weit ausgefällt werden, daß die GALVANI-Spannung des Zinns unedler wird als diejenige des Eisens.

Scheinbare Abweichungen von der Theorie erklären sich oft aus dem Mitwirken der Wasserstoffüberspannung. Man findet solche Abweichungen oft bei unedlen Metallüberzügen, die mit anderen Metallen legiert oder verunreinigt werden. Indem die Wasserstoffüberspannung die GALVANI-Spannung der Abscheidungselektrode (Kathode), an der sich Wasserstoff abscheiden soll (s. oben), erheblich unedler macht, kann

---

[1] HOAR, T. P.: Inf. Tin Res. techn. Publ., Ser. A., Nr. 30.

sich der Korrosionsprozeß verzögern, ja er kann sogar zum Stillstand gelangen. Nicht selten hemmen selbst bedeutend edlere Metalle als Legierungspartner die Korrosion sehr erheblich, wenn sich an ihnen als Kathode in Lokalelementen eine hohe Wasserstoffüberspannung einstellt. Das trifft z. B. für Quecksilbergehalte in Zinkniederschlägen zu. Nach WERNLUND[1] schützen quecksilberhaltige Zinküberzüge gegen verschiedene Korrosionsmittel im Durchschnitt etwa um 20% besser als solche ohne Hg-Gehalt (beide Überzüge unter sonst gleichen Bedingungen im Zyanidbad abgeschieden) und etwa dreifach besser als Zinküberzüge aus den Zinksulfatelektrolyten. Auch Verunreinigungen des Zinkniederschlages mit dem edleren Blei und Kadmium (an denen sich Wasserstoff mit hoher Überspannung abscheidet) beschleunigen zum mindesten nicht die Korrosion. Umgekehrt wirken Verunreinigungen mit niedriger Wasserstoffüberspannung gewöhnlich stark korrosionsfördernd wie die Metalle der Eisengruppe. Besonders gefährlich sind in dieser Hinsicht jedoch die Halbmetalle Arsen, Antimon oder Germanium, die die Wasserstoffabscheidung stark depolarisieren können, weil sie dabei gasförmige Hydride bilden.

Das System Niederschlag/Unterlage kann in seinem korrosionschemischen Verhalten scheinbar von der Gültigkeit der Spannungsreihe abweichen, wenn sich auf dem Niederschlagsmetall Deckschichten (meist oxydische) ausgebildet haben. Grundsätzlich werden dichte Deckschichten, wenn sie Isolatoren sind, den Kurzschluß der Lokalelemente überhaupt unterbinden. In den meisten Fällen handelt es sich aber um Halbleiter. Auch sind die Schichten oft porös. Halbleitende Deckschichten vermögen das elektrochemische Geschehen in den galvanischen Elementen Grundmetall/Niederschlag von Grund auf zu verändern, ja umzukehren. Ein Oxydbelag veredelt gewöhnlich die GADVANI-Spannung an der betreffenden Stelle. Elektrochemisch unterbinde er zwar den Übergang von Metallionen, läßt aber den Durchtritt von Elektronen zu (vgl. S. 28). So werden z. B. Zinküberzüge auf Eisen von denen wir gewohnt sind, daß sie als Lösungsanoden das kathodisch wirkende Eisen schützen, sich umgekehrt als Kathoden verhalten, wenn sie mit einem Film aus Oxyd oder Karbonat bedeckt sind. In diesem Fall, der in wäßrigen Medien z. B. nahe dem Neutralpunkt möglich ist, beschleunigen sie das Rosten des Eisens, statt es aufzuhalten. Ähnlich verhält es sich mit den leicht passivierbaren Metallen Chrom und Aluminium. Beide Metalle sollten der Spannungsreihe nach edlere Metalle, z. B. Eisen, schützen können. Im Falle des Chroms gelingt dies freilich nur, wenn es sich im aktiven Zustand befindet. Für gewöhnlich bedecken sich aber die Überzüge aus Chrom oder Aluminium mit pas-

---

[1] WERNLUND C. J.: Trans. Amer. Electrochem. Soc. **40**, 257 (1921).

sivierendem Oberflächenoxyd. Aluminium scheint in wäßrigen Lösungen nicht unbedeckt existieren zu können[1]. Chromüberzüge lassen sich von der Oxydhaut befreien (aktivieren), wenn man an ihnen atomaren Wasserstoff abscheidet, sei es bei direktem kathodischem Polarisieren, z. B. in einer Säure oder Lauge, sei es in kurzgeschlossenen galvanischen Elementen mit Metallen, die unedler sind als Chrom (selbst wenn dieses aktiviert wird). So kann man passive Chromniederschläge bei Berührung mit Zink oder Magnesium (für kurze Zeit) aktivieren. In diesem Zustand vermag der Chromniederschlag tatsächlich das darunterliegende Eisen zu schützen. Passives Chrom, wie man es normalerweise erhält, kann Eisen nur dann vor Korrosion bewahren, wenn es als dichter Überzug vorliegt. Die dünnen Chromüberzüge (etwa 1 μ dick) sind stets undicht. Den eigentlichen Korrosionsschutz übernehmen deshalb in der Verchromungstechnik eine genügend dicke Zwischenschicht aus Nickel oder Zwischenschichten aus Nickel und Kupfer in abwechselnder Folge.

Die stets vorhandene Oxydhaut auf dem Aluminium veredelt dessen GALVANI-Spannung immerhin so sehr, daß das der Spannungsreihe nach weit edlere Zink ($\bar{g} = -0,76$ V) das Aluminium ($\bar{g} = $ etwa $-1,8$ V) selbst als unvollständiger Belag noch vor Korrosion zu schützen vermag. H. FISCHER und BÄRMANN[2] konnten dies an galvanisch verzinktem Aluminium und Aluminiumlegierungen zeigen.

Gegenüber den Wirkungen der Wasserstoffüberspannung und der Passivierung, ausgehend von der Natur der Kathodenoberfläche, treten andere gefüge- oder strukturbedingten Einflüsse meist zurück, doch dürften sie gleichwohl auch vorhanden sein. Sie werden sich meist dann äußern können, wenn der sonst meist überlegene Einfluß eines Zustandekommens von galvanischen Elementen zwischen Überzugs- und Substratmetall oder verschiedenen Bestandteilen des Niederschlages nur wenig ausgeprägt ist.

Daß glatte, glänzende Niederschläge weniger leicht korrodieren, ist eine bekannte Erfahrung. In der chemischen Angreifbarkeit der verschiedenen Flächen eines Kristalls bestehen bekanntlich deutliche Unterschiede. So konnten LEIDHEISER und GWATHMEY[3] bei der Nickelabscheidung auf Nickel- oder Kupfer-Einkristallen zeigen, daß sich die (1 0 0)-Fläche deutlich korrosionsbeständiger verhält als die (1 1 1)-Fläche.

Man sollte daher erwarten, daß die Korrosionsfestigkeit galvanischer Überzüge sich verbessern ließe, wenn man sie mit einer gut ausgebildeten Textur abscheidet, in der besonders beständige Kristallflächen sich parallel zur Unterlage anordnen. Diese Möglichkeit ist

---

[1] FISCHER, H., u. A. POLITYCKI: Z. Elektrochem. **56**, 326 (1952).

[2] FISCHER, H., u. H. BÄRMANN: Z. Metallkd. **32**, 376 (1940).

[3] LEIDHEISER JR., H., u. A. T. GWATHMEY: J. electrochem. Soc. **98**, 225 (1951).

offenbar bisher noch nicht systematisch untersucht worden, wenngleich sich hin und wieder im Schrifttum Andeutungen ergeben. So ist GORBUNOWA[1] der Meinung, daß sich Kadmiumüberzüge mit bevorzugter Anordnung der Basisflächen (0 0 0 1) parallel zur Unterlage chemisch beständiger verhalten als in anderen Orientierungen. Zu einem ähnlichen Schluß kommt MAKARIEWA[2] für die (1 0 0)Orientierung von Nickelüberzügen.

Allerdings nimmt die chemische Beständigkeit elektrolytischer Metallniederschläge offenbar mit zunehmendem Gehalt an eingelagerten Fremdstoffen ab. Ein solcher Fremdstoffgehalt kennzeichnet oft die Fasertexturen des feldorientierten Texturtyps, und seine korrosionsfördernde Wirkung dürfte u. U. den oben erwähnten Vorteil einer bevorzugten Orientierung beständiger Flächen aufheben.

So laufen nach RAUB[3] glänzende bis hochglänzende Silber- oder Kupferniederschläge mit merklichem Gehalt an Zitrat oder Metaphosphat schon beim Spülen, das der Abscheidung sogleich folgt,

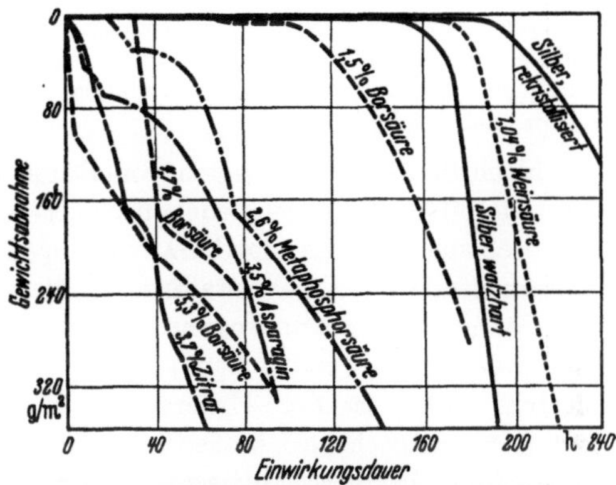

Abb. 234. Auflösungsgeschwindigkeit von Walzsilber und Elektrolytsilber in Salpetersäure. (Nach RAUB[4].)

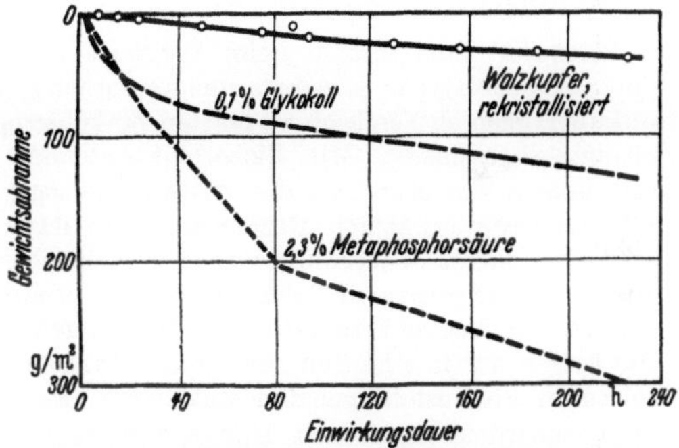

Abb. 235. Auflösungsgeschwindigkeit von Walzkupfer und Elektrolytkupfer in Salpetersäure. (Nach RAUB[4].)

dunkel an. Solche Niederschläge zeigen auch einen beschleunigten Angriff in oxydierenden Säuren. Aus den Abb. 234 und 235 (nach RAUB[4]) geht dieser korrosionsbeschleunigende Einfluß eingebauter Fremdstoffgehalte am Beispiel des Silbers (Auflösung in 0,8 n-Salpetersäure bei 20° C)

---

[1] s. S. 473, Fußn. 1.
[2] s. S. 480, Fußn. 1.
[3] RAUB, E.: Metalloberfl. 5, B 17 (1953).
[4] RAUB, E.: Z. Metallkde. 39, 33 (1948).

und des Kupfers (Auflösung in 2 n-Salpetersäure bei 20° C) deutlich hervor. Die Unterschiede in der Auflösungsgeschwindigkeit zwischen rekristallisiertem und gewalztem Silber, deren Kurven zum Vergleich mit eingezeichnet sind, fallen wesentlich geringer aus als die Unterschiede zwischen rekristallisiertem Metall und Elektrolytmetall.

Bemerkenswert ist die lange Induktionsperiode für die Auflösung von gewalztem und vor allem von rekristallisiertem Silber. Ein Einbau von Fremdstoff verringert die Induktionsperiode erheblich. In manchen Beispielen ist sie überhaupt nicht mehr vorhanden.

Nach den Untersuchungen von RAUB[1] zeigen die elektrolytisch mit Fremdstoffgehalt abgeschiedenen Silber- und Kupferniederschläge eine deutlich unedlere Standard-GALVANI-Spannung gegenüber ihren n-Metallsalzlösungen als rekristallisiertes Metall. Die Differenz gegenüber der Standard-GALVANI-Spannung des rekristallisierten Metalls bewegt sich zwischen etwa 10 bis 23 mV. Zwischen hartgewalztem und rekristallisiertem Silber ist der Unterschied in der GALVANI-Spannung weit geringer. Dennoch wird kaltverfestigtes Silber ebenfalls deutlich stärker angegriffen als rekristallisiertes Silber. Vermutlich beruht die höhere Korrosionsempfindlichkeit der kaltverfestigten und der elektrolytisch mit Fremdstoffgehalt abgeschiedenen Metalle auf den hohen inneren Spannungen.

KASSUBE[2] fand jedoch beim Vergleich der Auflösungsgeschwindigkeit von Zinkniederschlägen in Salzsäure eine wesentlich kleinere Angreifbarkeit von Glanzzinküberzügen im Vergleich zu matten Zinküberzügen, aus saurer oder alkalischer Lösung abgeschieden. Mit Sicherheit enthalten die Glanzzinküberzüge mehr eingebauten Fremdstoff als die matten Überzüge. Dieser Befund steht scheinbar mit den zuvor erwähnten Ergebnissen von RAUB im Widerspruch.

Dabei darf man allerdings zweierlei nicht übersehen: Einmal wurde das Zink in der *nichtoxydierenden* Salzsäure gelöst. In nichtoxydierenden Medien können sich die eingebauten Fremdstoffe als Inhibitoren betätigen, was beim Lösen unter Oxydation nur in erheblich geringerem Maße der Fall ist. Zweitens rufen die eingebauten Fremdstoffe bei dem duktilen Zink weit geringere innere Spannungen (und außerdem vermutlich Dilatationsspannungen) hervor als im Silber oder Kupfer (vgl. auch S. 564).

3.7 Aufbau und Eigenschaften elektrolytisch abgeschiedener Legierungen.

3.71 Allgemeines.

Scheidet man kathodisch zwei Metalle gleichzeitig ab, so kann man trotz der gewöhnlich niedrigen Abscheidungstemperatur nicht nur mechanische Gemische der beiden Metalle, sondern — wie beim Erstarren aus

---

[1] s. S. 601, Fußn. 4.

[2] KASSUBE, B.: Dipl. Arbeit, Techn. Hochschule, Berlin 1939.

[3] ELZE u. H. FISCHER: s. S. 307, Fußn. 2.

Schmelzen — auch Mischkristalle oder intermediäre Phasen erhalten (STILLWELL[1]). Ein Gleiches gilt naturgemäß auch für die Abscheidung mehrerer Metalle. Das Gefüge solcher Niederschläge befindet sich stets im kristallisierten Zustande.

Wesentliche Erkenntnisse auf diesem Gebiete verdanken wir RAUB und seinen Mitarbeitern[2], die mehr als zwanzig elektrolytisch abgeschiedene Legierungssysteme eingehend studiert haben. Sie fanden, daß in elektrolytisch gewonnenen Legierungen niemals andere als die von den Zustandsbildern her bekannten Phasen auftreten. Gewöhnlich befinden sich aber die abgeschiedenen Legierungen nicht im thermodynamischen Gleichgewicht. Manchmal fehlen einzelne Phasen des Zustandsbildes. Andererseits kristallisieren nicht die Phasen, die nach dem Zustandsdiagramm bei der Abscheidungstemperatur bestehen sollten, sondern die sonst bei höherer Temperatur beständigen Phasen. Auch können die Phasengrenzen der elektrolytisch abgeschiedenen Legierungen, verglichen mit den rekristallisierten Legierungen, stark erweitert oder auch eingeengt sein. So entstehen bei der Elektrolyse nicht selten weit übersättigte Mischkristalle, andererseits können die Mischkristalle des Zustandsdiagramms auch ganz fehlen.

Ob elektrolytisch Mischkristalle entstehen oder nicht, scheint weniger von der Natur der beiden Legierungspartner als von den Abscheidungsbedingungen abzuhängen, die sich in der Gesamt-Strom-Spannung-Kurve ausdrücken. Als Regel darf nach — sich immer wieder bestätigenden — Beobachtungen RAUBS[2] gelten, daß kathodisch Mischkristalle entstehen, wenn sich das edlere wie das unedlere Metall bereits bei niedrigen Stromdichten *gleichzeitig* abscheiden.

Scheidet sich aber das unedlere Metall nur bei hohen Stromdichten mit dem edleren ab, und zwar erst, wenn bei diesen Stromdichten ein Grenzstromdichtebereich des edleren Metalles durchschritten wird, so bilden die beiden Metalle keine Mischkristalle. Offenbar ist der Anteil des edleren Metalles an der Abscheidung oberhalb seiner Grenzstromdichte ständig sehr raschen Schwankungen unterworfen, so daß die verfügbare Zeit nicht zur Bildung von Mischkristallen ausreicht.

Daß die GALVANI-Spannung auch in noch größeren zeitlichen Abständen periodisch schwankt, haben W. R. MEYER und PHILLIPS[3] bei der Abscheidung von verschiedenen Legierungen zeigen können. Dafür spricht auch das lamellare Mikrogefüge (Lamellen parallel zur Unterlage) der Legierungsüberzüge (rhythmischer Abscheidungstyp, vgl. S. 514), das

---

[1] STILLWELL, CH. W.: J. Amer. chem. Soc. 54, 25, 83 (1932); 55, 1864 (1933).
[2] RAUB, E.: Metalloberfläche 7, A 17 (1953).
[3] MEYER, W. R., u. A. PHILLIPS: Trans. electrochem. Soc. 73, 377 (1938).

W. R. MEYER und PHILLIPS[1] ebenso wie RAUB[2] immer wieder beobachteten (vgl. Abb. 208, S. 515 nach RAUB[2]).

Die Eigenschaften der elektrolytisch abgeschiedenen Legierungen, die sich oft von denen der gegossenen oder rekristallisierten erheblich unterscheiden, hängen nur zum Teil von dem abweichenden Gefüge ab. Zum größeren Teil bestimmen hier — wie bei den kathodischen Niederschlägen aus unlegierten Metallen — nichtmetallische Fremdstoffe, bei der Elektrolyse mitabgeschieden, die besonderen Eigenschaften der Legierungsniederschläge, indem sie das Gitter oder das Kristallgefüge stören.

3.72 Beide Komponenten getrennt kristallisierend.

Wie wir gesehen haben (vgl. voraufg. Abschn.), richtet sich die Art der gemeinsamen kathodischen Kristallisation zweier Metalle, ob voneinander getrennt oder ineinander gelöst als Mischkristall, nicht allein nach dem Zustandsbild, das unter Gleichgewichtsbedingungen gilt. Sie hängt auch wesentlich von den Abscheidungsbedingungen ab. Immerhin gibt es Fälle, wo die elektrolytische Abscheidung der Legierung mit ihrer Kristallisation aus der Schmelze parallel geht. Das ist z. B. bei der kathodischen Abscheidung von Kupfer-Wismut-Legierungen der Fall. Mitabgeschiedenes Wismut verändert die Gitterkonstante des Kupfers nicht (RAUB[3], vgl. Abb. 236); beide Metalle kristallisieren nebeneinander, ohne daß nachweisbar Mischkristalle entstanden sind.

Abweichend vom Zustandsbild verhalten sich jedoch Silber-Zink-Legierungen, die man beim elektrolytischen Verfahren nicht in Form von Mischkristallen abscheiden kann. Aus Abbildung 237 (nach RAUB und WULLHORST[4]) erkennt man, daß Zink die Gitterkonstante des Silbers nicht verändert. Ähnliches gilt von Silber-Kadmium-Legierungen (vgl. Abb. 237, Cd-Kurve etwa parallel zur Zn-Kurve).

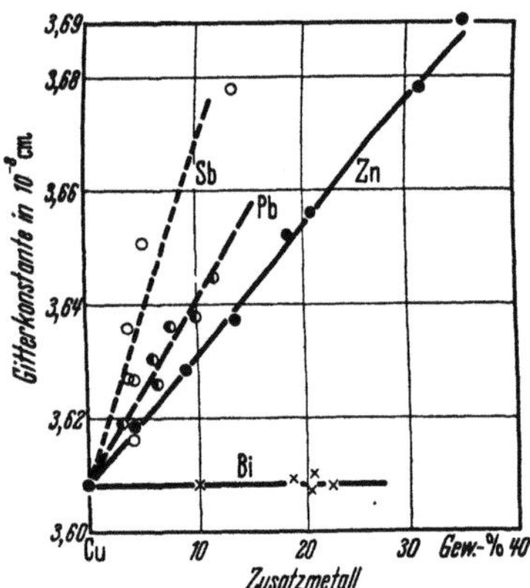

Abb. 236. Gitterkonstanten elektrolytisch abgeschiedener kupferreicher Kupferlegierungen.
(Nach RAUB, s. S. 604, Fußn. 4.)

Allerdings kann man auch Silber-Kadmium-Mischkristalle elektrolytisch erhalten (vgl. Abb. 237, *ansteigende* Cd-Kurve), aber nur, wenn der Elektrolyt besondere Zusätze enthält, die auf die Kadmium-

---

[1] s. S. 603, Fußn. 3.
[2] s. S. 603, Fußn. 2.
[3] RAUB, E.: Z. Erzbergbau u. Metallhüttenwes. **5**, 153 (1952).
[4] RAUB, E., u. B. WULLHORST: Z. Metallkde. **38**, 41 (1947).

abscheidung spezifisch wirken (RAUB[1]). Dann scheidet sich Kadmium bereits bei niedrigen Stromdichten gemeinsam mit dem Silber ab und nicht erst — wie im ersten Falle — bei hohen Stromdichten nach Durchschreiten eines Grenzstromdichtebereiches der Silberabscheidung.

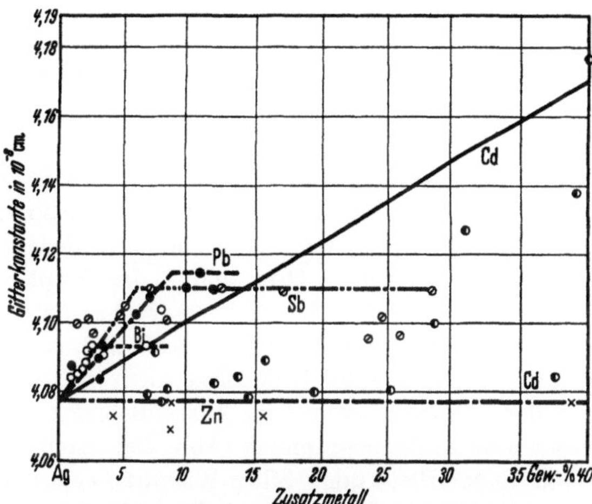

Abb. 237. Gitterkonstanten elektrolytisch abgeschiedener silberreicher Silberlegierungen. (Nach RAUB[2].)

Ein anderes technisch wichtiges Beispiel bietet die elektrolytische Abscheidung von Gold-Kupfer-Legierungen. Auch hier kristallisieren elektrolytisch Gold und Kupfer nebeneinander, obwohl sie beim Kristallisieren aus der Schmelze eine lückenlose Reihe von Mischkristallen bilden (RAUB[2]). Aus dem Fehlen von Mischkristallen bei den elektrolytisch abgeschiedenen Gold-Kupfer-Niederschlägen erklärt sich nach RAUB[1] deren geringe Anlaufbeständigkeit im Vergleich zu den erschmolzenen Legierungen. Auch mit Gold-Nickel-Legierungen verhält es sich ähnlich: in den elektrolytischen Niederschlägen kristallisieren die beiden Metalle voneinander getrennt, abweichend vom Zustandsdiagramm.

3.73 Entstehen von Mischkristallen.

Auch Mischkristalle bilden sich, wie bereits erwähnt, bei der Elektrolyse keineswegs immer im Einklang mit dem Zustandsbild: einesteils können sie ganz fehlen, zum anderen — und das überrascht besonders — können Mischkristalle dort entstehen, wo man sie im Zustandsbild überhaupt nicht erwartet. Häufig fallen auch die Mischkristalle stark übersättigt aus.

[1] RAUB, E. s. S. 603, Fußn. 2.
[2] RAUB, E.: Z. Elektrochem. 55, 146 (1951).

Gut übereinstimmend mit dem Zustandsbild entstehen die Mischkristalle, z. B. bei der kathodischen Abscheidung von Kupfer-Zink-Legierungen (RAUB und KRAUSE[1]), von Gold-Silber-Legierungen (RAUB[2]) oder von Silber-Antimon-Legierungen (RAUB[3]).

Wie bereits oben erwähnt, fehlen andererseits die Mischkristalle, abweichend vom Zustandsbild, z. B. bei der gemeinsamen elektrolytischen Abscheidung von Silber und Zink, Silber und Kadmium (fallweise) oder Gold und Kupfer. Diese Metalle kristallisieren also getrennt voneinander.

Besonders fällt das Verhalten von Kupfer und Blei bei der gemeinsamen kathodischen Abscheidung auf: Dem Zustandsbild nach löst sich Blei praktisch nicht im Kupfer. In kathodisch niedergeschlagenen Kupfer-Blei-Legierungen (vgl. S. 604) nimmt das Kupfer jedoch bis zu 12% Blei im Mischkristall auf, wie die beträchtliche Änderung der Gitterkonstante des Kupfers beweist (vgl. Abb. 236, nach RAUB und ENGEL[4]). Kupfer vermag bei der Elektrolyse auch weit mehr Antimon zu lösen, als der Sättigungsgrenze im Zustandsbild entspricht. Dies bestätigt sich wieder röntgenographisch (Abb. 236, nach RAUB[5]). Ähnliches gilt von Silber-Blei- oder Silber-Wismut-Legierungen an der Kathode (vgl. Abb. 337, nach RAUB und ENGEL[4]). Wie erwähnt, entstehen alle diese weit übersättigten Mischkristalle, wenn die Abscheidungs-GALVANI-Spannungen der betreffenden Metallionen sehr nahe beieinander liegen und nicht durch einen Grenzstromdichtebereich voneinander getrennt sind.

3.74 Stabile und instabile intermediäre Phasen.

Auch die elektrolytisch entstehenden intermediären Phasen befinden sich keineswegs immer im thermodynamischen Gleichgewicht. Gehorchen die Kupfer-Zink-Legierungen bei der Abscheidungstemperatur auch hierin noch dem Zustandsbild, so entsteht z. B. beim gemeinsamen Niederschlagen von Silber und Zink im β-Gebiet nicht die bei Zimmertemperatur beständige hexagonale Phase φ, sondern die sonst bei hoher Temperatur existenzfähige kubisch-raumzentrierte Phase mit Überstruktur (RAUB und WULLHORST[6]). Ganz entsprechend verhält es sich mit der Elektrokristallisation von Silber-Kadmium-Legierungen; nur ließen sich röntgenographisch Überstrukturlinien nicht nachweisen.

---

[1] RAUB, E., u. D. KRAUSE: Z. Elektrochem. **50**, 91 (1944).
[2] RAUB, E.: Z. Elektrochem. **55**, 146 (1951).
[3] s. S. 603, Fußn. 2.
[4] RAUB, E., u. M. ENGEL: Z. Elektrochem. **49**, 89 (1943).
[5] RAUB, E.: Z. Erzbergbau u. Metallhüttenwes. **5**, 153 (1952).
[6] RAUB, E., u. B. WULLHORST: Z. Metallkde. **38**, 33, 41 (1947).

Zuweilen fehlen auch bestimmte intermediäre Phasen, ohne daß andere unbeständige Phasen dafür auftreten. So fehlt nach RAUB[1] bei elektrolytisch abgeschiedenen Kupfer-Antimon-Legierungen die δ-Phase. Dafür fallen andere beständige Phasen stärker verbreitert aus als in rekristallisierten Legierungen, so z. B. die α-, die ε- und die η-Phase.

4. Abscheidungsbedingungen und Eigenschaften der Niederschläge einzelner Metalle und Legierungen.

4.1 Vorbemerkungen.

Im Bereiche dieses Werkes, das die physikalisch-chemischen Grundlagen darzustellen und die gesetzmäßigen Zusammenhänge herauszuarbeiten sucht, können Einzelheiten der technischen Verfahren, der praktischen Erfahrung und der industriellen Anwendung nur in begrenztem Umfange wiedergegeben werden. Die folgenden Ausführungen beschränken sich daher auf das Wesentliche, das zahlenmäßig in Tabellen niedergelegt ist. Wer darüber hinaus Einzelheiten, z. B. über Betriebs- oder Anodenfragen u. dgl., zu erfahren wünscht, bediene sich der umfassenden Werke über Galvanotechnik oder Elektrometallurgie[2].

In den folgenden Tabellen werden einige Abkürzungen verwendet: Me = Metall, Gt = Galvanotechnik, Em = Elektrometallurgie, DK = kathodische Stromdichte, g = GALVANI-Spannung, g_R = Ruhe-GALVANI-Spannung, g_J = GALVANI-Spannung bei der Abscheidung, FE = Fremdstoffeinbau, Str.-Ausb. = Stromausbeute an dem abzuscheidenden Metall, A-Typ = Typ der Abscheidungsform, FJ = Feldorientierter Isolationstyp, BR = Basisorientierter Reproduktionstyp, JBR = Isolierter BR-Typ, FT = Feldorientierter Texturtyp, UD = Unorientierter Dispersionstyp, RhT = Rhythmischer Typ, r = ruhend, b = bewegt.

4.2 Blei, Zinn, Thallium.

Diese drei Metalle gehören der Gruppe der „normalen" Metalle (vgl. S. 159) an, d. h. sie verhalten sich elektrochemisch normal. Die GALVANI-Spannung gegenüber Lösungen ihrer einfachen Salze stellt sich reversibel ein (g_{Gl}). Die Metalle schmelzen niedrig; bei Zimmertemperatur rekristallisieren sie bereits, ein Zeichen lebhaften Platzwechsels der Atome.

<hr>

[1] RAUB, E.: Z. Erzbergbau u. Metallhüttenwes. **5**, 153 (1952).
[2] s. z. B. PFANHAUSER: S. 318, Fußn. 2; MACHU: S. 323, Fußn. 2; R. MÜLLER: Allgem. u. techn. Elektrometallurgie, Wien 1932.

Tabelle 77. *Beispiele für kathodische Ab-*

Me-tall	Elektrolyt		Zusätze	Azidität Alkalität	Günstige DK A/cm^2
Pb	Pb-Nitrat, -Azetat, -Formiat, -Zitrat		beliebige Inhibitoren	schwach sauer	$\sim 10^{-2}$
Pb	Gt Em	n-Pb(BF$_4$)$_2$ $+1,5$ n-HBF$_4$	Gelatine, Leim $\sim 0,2 \cdots 0,4$ g/l	sauer	r. $\sim 10^{-2}$ (bis $8 \cdot 10^{-2}$)
Pb	Gt Em	Pb(ClO$_4$)$_2$ 82 g/l $+$HClO$_4$ 25 g/l	Pepton $\sim 0,5$ g/l oder Nelkenöl 0,01 g/l oder Gelatine 0,5 g/l	sauer	b. $1 \cdot 10^{-2}$
Pb	Em	PbSiF$_6$ 13,5% $+$ H$_2$SiF$_6$ 6,5%	Gelatine 0,1 g/l	sauer	r. $1 \cdots 2 \cdot 10^{-2}$
Sn	SnCl$_2$ $+$ HCl		beliebige Inhibitoren (auch komb.)	sauer	r. $\sim 10^{-3} \cdots 10^{-2}$
Sn	Gt Em	SnSO$_4$ $\sim 25 \cdots 50$ g/l $+$ H$_2$SO$_4$ $\sim 15 \cdots 75$ g/l	Phenol oder Kresol ~ 5 g/l $+$ Gelatine, ~ 5 g/l oder α-Naphthol	sauer	r. $\sim 1 \cdot 10^{-2}$' b. $6 \cdots 10 \cdot 10^{-2}$
Sn	Gt Em	Na$_3$SnO$_3$ $80 \cdots 240$ g/l $+$ NaOH $10 \cdots 50$ g/l	nicht erforderlich	alkalisch	$\sim 1 \cdot 10^{-2}$
Tl	Tl(I)-nitrat		beliebige Inhibitoren	schwach sauer	
Tl	Em	TlClO$_4$ $+$ HClO$_4$ 10g/l	Pepton $+$ Kresol	sauer	r. $0,5 \cdots 1,8 \cdot 10^{-2}$

Die Metallüberspannung ist demzufolge auch vernachlässigbar klein und nimmt erst bei Abscheidung in Gegenwart inhibierender Verunreinigungen oder Zusätze merkliche (aber geringe) Werte an (vgl. für Blei, Abb. 103, S. 258, oder die Strom-Spannung-Kurven für Kadmium, Abb. 249, S. 97. Ähnlich verhält es sich mit Thallium. Die Inhibitorempfindlichkeit dieser Metalle ist also gering. Wasserstoff scheidet sich an diesen Metallen mit hoher Überspannung ab. Daher lassen sie sich in der Regel mit guter Stromausbeute gewinnen, es sei denn, die Ausbeute verringert sich, weil Kolloide als Inhibitoren in merklicher Menge angewendet werden. In den Poren des Kolloidfilmes nimmt die Konzentration des Metallions rasch ab. Die gemessene Polarisation ist dann hauptsächlich Konzentrationspolarisation.

Aus den Lösungen einfacher Salze, wie Nitrate, Chloride, Azetate, lassen sich diese Metalle nur in Form des feldorientierten Isolationstyps abscheiden. Für die Zwecke der Galvanotechnik eignet sich diese Ab-

scheidung von Blei, Zinn und Thallium.

Temp. °C	Stromausbeute %	Streuung	A-Typ	Arteigene Orientierung	Literatur
ZT			*FJ* Auswüchse		MARC[1], MATHERS und McKINNEY[2]
ZT (50° Korn vergröb.)	90···95	gering	*BR* (+*FT*) glatt	schwach (2 1 1)	BLUM[3]
ZT (50° Kornvergröb.)	~100	gering	*BR* (+*FT*) glatt	ohne oder schwach (2 1 1)	FRÖLICH,CLARK,ABORN[4] und MATHERS[5]
20	89	gering	*BR* grobkrist.		BETTS[6] und SENN[7]
ZT			*FJ* + *BR* Auswüchse		FOERSTER u.J.FISCHER[8], FOERSTER u. KLEMM[9], FOERSTER u. DECKERT[10]
ZT	~100	gering	*BR* (+*FT*)		HOTHERSALL u. BRADSHAW[11], FOERSTER und DECKERT[10]
70···90	60···85	gut	*BR* (+*FT*)		HOTHERSALL, CLARKE u. MACNAUGHTAN[12], HÄNSEL[13] STONE und BAUM[14]
			FJ Auswüchse		
ZT		gering	*BR* (+*FT*) glatt		BROWN und McGLYNN[15]

[1] MARC: Z. Elektrochem. **19**, 431 (1913).

[2] MATHERS, F. C., u. A. McKINNEY: Trans. Amer. Elektrochem. Soc. **27**, 131 (1915).

[3] BLUM, W., F. J. LISCOMB, Z. JENCKS u. W. E. BAILEY: Trans. Amer. Electrochem. Soc. **36**, 243 (1919).

[4] s. S. **449**, Fußn. 1.

[5] MATHERS, F. C.: Chemiker-Ztg. **34**, 1316, 1350 (1910).

[6] BETTS, A. G., u. E. F. KERN: Trans. Amer. Electrochem. Soc. **6**, 67 (1904).

[7] SENN, H.: Z. Elektrochem. **11**, 226 (1905).

[8] FOERSTER, F., u. J. FISCHER: Z. Elektrochem. **32**, 525 (1926).

[9] FOERSTER, F., u. K. KLEMM: Z. Elektrochem. **35**, 409 (1929).

[10] FOERSTER, F., u. H. DECKERT: Z. Elektrochem. **36**, 901 (1930).

[11] HOTHERSALL, A. W., u. W. N. BRADSHAW: J. Electrodepositors' techn. Soc. **12**, 113 (1936/37).

[12] HOTHERSALL, A. W., S. G. CLARKE u. D. J. MACNAUGHTAN: Metal Ind. Lond. **44**, 471, 517 (1934).

[13] HÄNSEL, G.: Z. Elektrochem. **41**, 314 (1935).

[14] STOUT, L. E., u. A. H. BAUM: Metal Ind. Lond. **52**, 157, 183 (1938).

[15] BROWN, O.W., u.A.McGLYNN: Trans. Amer. Electrochem. Soc. **53**, 351 (1928).

Tabelle 78. *Beispiele für kathodische Abscheidung*

Me-tall	Elektrolyt	Zusätze	Azidität Alkalität	Günstige DK A/cm²
Bi	*Em* $BiCl_3$ 70 g/l (als Bi) $+HCl$ 100 g/l $+$Alkali- od. Erdalkali-chlorid	Pyrogallol oder Resorcin	sauer	$1,5 \cdot 2,0 \cdot 10^{-2}$
Bi	*Em* $Bi(NO_3)_3$ $+HNO_3$ (großer Überschuß)	ohne	sauer	$0,5 \cdot 10^{-2}$
Bi	$Bi(ClO_4)_3$ 9 g/l (Bi_2O_3) $+HClO_4$ 10 g/l	Kresol 0,8 g/l $+$Leim 0,3 g/l	sauer	$3 \cdot 10^{-2}$
Bi	*Em* $Bi_2(SiF_6)_3$ 60 ··· 80 g/l Bi $+H_2SiF_6$		sauer	$4 \cdots 8 \cdot 10^{-3}$ bis $2 \cdot 10^{-2}$ b. 70° C
Sb	$SbCl_3$ konz. $+HCl$ konz. $+$Weinsäure 60 g/l	ohne	sauer	
Sb	SbF_3 60 g/l (als Sb_2O_3) $+HF$ (48%) 114 g/l	Aloesaft 0,25 g/l Nelkenöl 0,012 g/l	sauer	$0,8 \cdot 10^{-2}$
Sb	Na_3SbS_4 50 g/l $+Na_2CO_3$ 10 g/l	ohne	alkalisch	$0,35 \cdot 10^{-2}$
As	$AsCl_3$ $+HCl$	ohne		
As	As_2O_3 100 g/l $+Na_2CO_3$ 30 g/l $+KCN$ 10 g/l	ohne	alkalisch	$0,4 \cdot 10^{-2}$

scheidungsform nicht. Sogar sonst hochwirksame Inhibitoren, selbst ihrer zwei in Kombination, können die isolierte Abscheidung aus solchen Lösungen nicht ganz unterdrücken. Nur in Gegenwart der komplexeren Anionen, z. B. der Sulfate oder Perchlorate, gelingt es bei Anwendung wirksamer Inhibitoren oder Inhibitorkombinationen, glatte, dichte Überzüge in Form des basisorientierten Reproduktionstyps (bei sehr starken Inhibitoren auch des feldorientierten Texturtyps)[1] abzuscheiden.

Für die technische Verbleiung verwendet man auch das Borfluorid oder, mit geringerem Erfolg, das Silikofluorid (das im Dauerbetrieb leicht kolloidale Kieselsäure bildet). In beiden Fällen hat man Inhibitoren nötig. Beim Zinn liefert die alkalische Lösung des Stannates, also eines starken Komplexes, bereits ohne organische Inhibitoren glatte, dichte Überzüge. Wahrscheinlich wirkt hier aber sekundäre Inhibition mit.

---

[1] Bei Blei mit der 2 1 1-Achse senkrecht zur Unterlage. Frölich, P. K., G. L. Clark u. R. A. Aborn: Z. Elektrochem. **32**, 295 (1926).

von Wismut, Antimon und Arsen.

Temp. °C	FE %	Stromaus-beute %	Streuung	A-Typ	Literatur
ZT			gering	*BR* grobkrist.	KERN, JONES[1]
ZT			gut	*BR* glatt	VODZDVIZHENSKY, KAMALETDINOV und KRUSAINOV[2]
ZT	0,4 (Perchlorat)	~100	gering	*BR* glatt	HARBOUGH u. MATHERS[3]
ZT auch 60 ⋯ 70°			gering	*BR*	FOERSTER u. SCHWABE[4]
ZT	Chlorid-einschl. bis 6%		gering	*UD?* fein-krist.	GORE[5] PFANNHAUSER[6]
ZT		~100	gering	*BR*	MATHERS, MEANS und RICHARDS[7]
ZT		95	gut	*BR*	
	Chlorid-einschl.		gering	*UD?* feinkrist.	ELSSNER[8]
ZT		~ 90	gut	*BR*	PFANNHAUSER[9]

[1] KERN, E. F., u. TH. R. JONES: Trans. Amer. Electrochem. Soc. **57**, 255 (1930).

[2] VODZDVIZHENSKY, G. S., M. J. KALAMETDINOV u. N. YA. KHUSAINOV: Inst. Chem. Techn. Kasan 1934, 102.

[3] HARBOUGH, M., u. F. C. MATHERS: Trans. Amer. Electrochem. Soc. **64**, 293 (1933).

[4] FOERSTER, F., u. E. SCHWABE: Z. Elektrochem. **16**, 279 (1910).

[5] GORE, H. G.: Pogg. Ann. **97**, 334 (1856).

[6] PFANHAUSER, W.: Galvanotechnik, 8. Aufl., S. 888. Leipzig 1941.

[7] MATHERS, F. C., K. S. MEANS u. B. F. RICHARDS: Trans. Amer. Electrochem. Soc. **31** 293 (1917).

[8] ELSSNER, G.: Dissert. Dresden 1923.

[9] PFANHAUSER, W.: Galvanotechnik, 8. Aufl., S. 889. Leipzig 1941.

Bemerkenswert ist, daß es bisher bei keinem der drei Metalle gelungen ist, selbst mit den sonst wirksamsten organischen Inhibitoren oder Inhibitorkombinationen direkt hochglänzende Überzüge abzuscheiden. Augenscheinlich liegt dies wieder an ihrer geringen Inhibitorempfindlichkeit.

Tab. 77 enthält die wichtigsten Angaben über die Abscheidung von Blei, Zinn und Thallium aus verschiedenen Elektrolyten.

4.3 Wismut, Antimon, Arsen.

Die drei Metalle kann man bereits zur mittleren Gruppe der „gehemmt reaktiven" Metalle (vgl. S. 160) zählen. Ihre GALVANI-Spannungen sind — namentlich beim Antimon und Arsen — nicht mehr reversibel. Kennzeichend für die Lösungen einfacher Salze dieser Metalle ist ihre überaus starke Hydrolyseneigung. Nur die Fluorid- oder Perchloratlösungen bilden offenbar Komplexe, die kaum Hydrolyse erleiden.

Aus den Halogenidlösungen scheiden sich daher Antimon und Arsen mit hohem Halogenidgehalt ab. Es bilden sich die bekannten *explosiven* Formen dieser Metalle. Offenbar rufen die beträchtlichen Fremdstoffeinschlüsse ungewöhnlich hohe innere Spannungen hervor, so daß ein solches System äußerst labil wird.

Auch die Metallüberspannungen werden sicherlich von sekundärer Inhibition mitbestimmt. Strom-Spannung-Kurven des Wismuts zeigt Abb. 99, S. 252, des Antimons Abb. 102, S. 258 (beide nach Untersuchungen von PIONTELLI und POLI[1]). Daß Wismutniederschläge aus stark saurer Chlorid- oder Nitratlösung glatt und dicht ausfallen, hängt vermutlich ebenfalls vom Mitwirken sekundärer Inhibition ab. Unterdrückt zwar die hohe Säurekonzentration die Hydrolyse im Elektrolytinnern, so werden doch unmittelbar an der Kathode, im Bereich der Doppelschicht andere Verhältnisse herrschen, wenn Wasserstoffionen an der Abscheidung mitbeteiligt sind, und die H^+-Ionenkonzentration in diesem Bereich somit geringer ausfällt als im Elektrolyten.

Bei dem niedrigen Schmelzpunkt des Wismuts ist bereits bei Zimmertemperatur mit lebhaftem Platzwechsel der Atome zu rechnen. Offenbar wird aber diese Selbstdiffusion durch okkludierte Verunreinigungen merklich gehemmt. Antimon und Arsen werden sich erst bei Temperaturen oberhalb der Zimmertemperatur entfestigen. Die Inhibitorempfindlichkeit des Antimons ist — wie man Untersuchungen von MATHERS, MEANS und RICHARDS[2] in Fluoridlösungen entnehmen kann — merklich größer als die von Blei, Zinn und Thallium.

Wieder, wie vorher im Falle des Bleis, Zinns und Thalliums, fällt die Abscheidung auch des Wismuts aus Lösungen des Perchlorates und des Silikofluorides kompakt aus. Statt des Silikofluorides kann man auch das Borfluorid verwenden. Starke Komplexe, wie Sulfantimoniat oder Arsenat, erlauben, das Metall selbst ohne organische Inhibitoren und fast ohne sekundäre Inhibition kompakt abzuscheiden.

Die Wasserstoffüberspannung ist an Wismut noch beträchtlich. An Antimon und Arsen kann sich — namentlich bei hohen Stromdichten —

---

[1] PIONTELLI, R., u. G. POLI: C. r. 2. Réunion. Milan (1950.)
[2] s. S. 611, Fußn. 7.

Wasserstoff unter Depolarisation abscheiden. Dabei bildet sich (sehr giftiger) Antimon- oder Arsenwasserstoff. Aus diesem Grunde werden nur relativ kleine Stromdichten angewandt.

Die Niederschläge fallen meist regellos orientiert aus. Wismut kann sich aus Perchloratlösung mit schwacher (1 1 0)-Textur, Antimon aus Chloridlösung mit schwacher (1 0 0)-Textur abscheiden (FINCH, WILMAN und YANG[1]).

Tab. 78 enthält die wichtigsten Daten für die Abscheidung der Metalle dieser Gruppe.

4.4 Silber, Kupfer, Gold.

Von den drei Metallen ordnen sich nach ihrem mittleren elektrochemischen Verhalten Kupfer und Gold zwanglos in die Gruppe der „gehemmt reaktiven" Metalle (vgl. S. 160) ein. Die Metallüberspannung des Silbers fällt, wie wir gesehen haben, in extrem gereinigten Lösungen verschwindend gering aus; auch spricht das Metall gegenüber einfachen Silbersalzlösungen noch mit einer praktisch reversiblen Gleichgewichts-GALVANI-Spannung an. Es verhält sich also noch normal. Im Einklang damit scheidet sich Silber aus einfachen Silbersalzlösungen im feldorientierten Isolationstyp ab. Säuert man jedoch die Lösungen an, so prägt sich dieser Typ bedeutend schwächer aus; statt dessen entsteht der basisorientierte Reproduktionstyp, allerdings noch überwiegend in isolierten Kristallen (vgl. Tab. 80).

*Ein*wertiges Kupfer, in dieser Wertigkeit dem Silber am ähnlichsten, läßt sich nur aus merklich komplexen Lösungen gewinnen, z. B. aus der salzsauren Lösung seines komplexen Chlorides (vgl. Tab. 80). Unter diesen Bedingungen ähnelt die Abscheidungsform ganz der Form des Silbers, wie sie sich aus sauren Silbersalzlösungen abscheidet. Ganz anders fällt jedoch die Abscheidungsform des Kupfers aus der stark komplexen Lösung des Zyanides aus (s. weiter unten).

Das bekannteste und älteste Verfahren, Kupfer abzuscheiden, bedient sich dazu des stabilen zweiwertigen Kupferions in der sauren Kupfersulfatlösung. Hierbei erreicht die Metallüberspannung bereits merkliche Werte (vgl. Strom-Spannung-Kurven nach MATTSSON[2] S. 150, Abb. 66a u. b). Sie nimmt stark mit dem Grade der Ansäuerung zu. Das Korn des im *BR*-Typ entstehenden Niederschlages verfeinert sich mit erhöhter Stromdichte und verstärktem Säuregehalt, womit Härte und Festigkeit zunehmen. Bei der bereits deutlichen Inhibitorempfindlichkeit des Kupfers ändern Inhibitoren leichter Überspannung und Abscheidungsform (wie wir erörtert haben, vgl. S. 226 u. 427), und zwar

---

[1] FINCH, G. I., H. WILMAN u. L. YANG: Trans. Faraday Soc. Electrode Processe (1947) 144.

[2] s. S. 150, Abb. 66a u. b.

mit zunehmender Konzentration und Adsorbierbarkeit des Inhibitors um so deutlicher. Erhöhte Temperatur verringert für gewöhnlich die Inhibition und vergröbert die Kristallkörner (ELZE[1]).

Neuerdings ist auch angesäuerte Borfluoridlösung des Kupfers für die Kupferabscheidung vorgeschlagen worden; die Abscheidungsform ähnelt derjenigen aus Sulfatlösung, jedoch ist das Kupfer feinkörniger und zäher. Borfluoridbäder streuen relativ gut.

Zum Abscheiden von Gold stehen nur mehr oder weniger komplexe Lösungen zur Verfügung. Aus der salzsauren Lösung des Komplexes $HAuCl_4$ scheidet sich das Gold allerdings noch in teilweise aufgelockerter Form (JBR) ab, ähnlich wie Silber oder einwertiges Kupfer aus angesäuerten Lösungen einfacher Salze.

Ganz andere Verhältnisse finden wir bei der Metallabscheidung aus den Lösungen der komplexen Zyanide vor. Nicht nur weicht der Abscheidungsmechanismus, wie bereits früher erörtert, wesentlich vom kathodischen Prozeß in den Lösungen einfacher Salze ab. Auch Form und Gefüge der Metallniederschläge gehören einem anderen Typus an. Die Abscheidung von Silber oder Gold beruht hauptsächlich auf einer Zerlegung der Komplexe $Me\,Ag(CN)_2$ oder $Me\,Au(CN)_2$; für die Kupferabscheidung können die beiden Komplexe $Me_2\,Cu(CN)_3$ oder $Me_3\,Cu(CN)_4$ in Betracht kommen (Me bedeutet Natrium oder Kalium). Die Elektrolyte sind nicht stöchiometrisch zusammengesetzt, sondern enthalten stets einen mehr oder weniger großen Anteil an überschüssigem KCN oder NaCN. Er gewährleistet, daß sich die Metallanoden glatt auflösen.

Darf die Konzentration des Zyanidüberschusses bei der kathodischen Abscheidung des Silbers in ziemlich breitem Bereich variieren, so ist die Höhe eines solchen Überschusses für die Kupfer- oder Goldabscheidung keineswegs gleichgültig. Bei diesen beiden Metallen nimmt die Stromausbeute mit steigendem Zyanidüberschuß beträchtlich ab. Sie kann beim Kupfer sogar auf Null zurückgehen (d. h. es scheidet sich dann nur noch Wasserstoff ab), wenn das Verhältnis zwischen Kupfer und NaCN kleiner als 1 : 4 geworden ist (SMITH und BRECKENRIDGE[2]). Mit Steigerung des Gehaltes an freiem Zyanid nimmt auch die — an sich schon hohe — Polarisation zu. Selbst bei kleinem Zyanidüberschuß gelingt es weder beim Kupfer noch beim Gold, die gleichzeitige Abscheidung von Wasserstoff zu unterdrücken.

Wegen der stark komplexen Natur der Zyanidelektrolyte ist auch der Einfluß der Stromdichte erheblich, wie dies z. B. die Strom-Spannung-Kurven der Kupferabscheidung (Abb. 69, S. 183) am ausgeprägtesten zeigen. Besonders beim Kupfer, aber auch beim Gold,

[1] s. S. 522, Fußn. 5.

[2] SMITH, G. M., u. J. M. BRECKENRIDGE: Trans. Amer. Electrochem. Soc. **56**, 397 (1929).

geht die Stromausbeute mit steigender Stromdichte erheblich zurück. Sehr deutlich zeigen dies für das Kupfer Versuche von SPITZER[1] in 0,1 n-$(K_2Cu(CN)_3)$-Lösung (vgl. Tab. 79).

Daß sich hier GALVANI-Spannung und Stromausbeute mit steigender Stromdichte zugleich so stark verringern, fördert die Stromlinienstreuung des Bades ungemein. Kaum ein anderes galvanisches Bad streut deshalb so gut wie das alkalische Kupferzyanidbad.

Mit erhöhter Temperatur gehen Polarisation und Streuung zurück (vgl. S. 189, u. 317). Bei höheren Temperaturen kann man höhere Stromdichten anwenden, die bei Zimmertemperaturen—abgesehen

Tabelle 79. *Einfluß der Stromdichte auf* GAL*VANI-Spannung und Stromausbeute der Kupferabscheidung aus komplexer Zyanidlösung.*

DK A/cm^2	g_S Volt	Stromausbeute %
0	−0,610	
1 · 10^{-3}	−0,77	58,0
3 · 10^{-3}	−1,12	65,0
5 · 10^{-3}	−1,17	44,0
7,5 · 10^{-3}	−1,20	35,4
1 · 10^{-2}	−1,21	15,2
2 · 10^{-2}	−1,26	10,0

von der verringerten Stromausbeute — bereits schwammige Niederschläge lieferten, Allerdings beschleunigt erhöhte Temperatur allgemein eine Oxydation der Zyanidelektrolyte an der Luft und eine Umwandlung in Karbonat. Aber auch bei Zimmertemperatur karbonisiert sich der Elektrolyt langsam, was man indes bis zu einer ziemlich hohen Grenzkonzentration an Karbonat in Kauf nehmen kann.

Die kathodischen Metallniederschläge aus den alkalischen Lösungen komplexer Zyanide enthalten stets mehr oder weniger geringe Einschlüsse an Elektrolytbestandteilen. Deshalb sind diese Niederschläge gewöhnlich härter und weniger duktil als Niederschläge aus sauren Elektrolyten. Auch leiten sie, der Einschlüsse wegen, gewöhnlich den elektrischen Strom schlechter. Andererseits fallen sie meist dichter aus als Überzüge aus anderen Bädern und schützen deshalb besser vor Korrosion.

Gegenstände aus Eisen, Nickel oder Nickellegierungen kann man weder direkt versilbern, noch aus dem *sauren* Bade direkt verkupfern. Diese unedlen Metalle verdrängen bereits ohne von außen vorgegebenen Strom das edlere Silber oder Kupfer aus den Lösungen, wobei sich das edlere Metall schwammig abscheidet. Deshalb verkupfert (oder vermessingt) man Eisen oder Nickel im alkalischen Kupferzyanid-Elektrolyten, bevor man sie versilbert oder (im Sulfatelektrolyten) verkupfert.

Beim Vergolden wäre es nicht nötig, Eisen oder Nickel vorzuverkupfern, denn die GALVANI-Spannung des Goldes ist in den stark komplexen Elektrolyten genügend negativ, namentlich wenn man anfangs mit höheren Stromdichten (erhöhte Polarisation!) elektrolysiert. Meist verkupfert man aber zuvor, um den Farbton des dünnen Goldniederschlages zu beeinflussen, und auch des besseren

---

[1] SPITZER, F.: Z. Elektrochem. **11**, 345, 391 (1905).

Tabelle 80. *Beispiele für kathodische Ab-*

Me-tall	Elektrolyt	Zusätze	Azidi-tät Alkali-tät	Günstige DK A/cm²
Ag	$AgNO_3$	ohne	neutral	r. 10^{-2}
	Ag-Azetat	ohne	neutral	r. 10^{-2}
	AgF	ohne	neutral	r. 10^{-2}
Ag	*Em* $AgNO_3$ + entspr. Säure	ohne	sauer	r. 10^{-2}
	Ag-Azetat+entspr. Säure	ohne	sauer	r. 10^{-2}
	AgF + entspr. Säure	ohne	sauer	r. 10^{-2}
Ag	*Gt* 1 *Me* $Ag(CN)_2$[1] (entspr. $20\cdots30$ g/l Ag) 2 *Me* CN[1] ($12\cdots19$ g/l KCN)	ohne Inhibitor K_2CO_3 $30\cdots40$ g/l	alkalisch	r. $3\cdot10^{-3}$
Ag	*Gt,* wie vorher	Agar + Zellulose-Deriv. od. Thioverb.	alkalisch	r. 10^{-2}
Cu	Cu_2Cl_2 +HCl			
Cu	*Em*⎫ $CuSO_4$ *Gt*⎭ +H_2SO_4	ohne (weiche Nd.) oder Leim bzw. Gelatine		r. $5\cdot10^{-2}$ b. $1\cdot10^{-1}$
Cu	*Gt* $Cu(BF_4)_2$ (450 g/l) + HBF_4 (30 g/l)		sauer	
Cu	*Gt* $Me_2Cu(CN)_3$[1] $15\cdots30$ g/l Cu +*Me* CN[1] ($8\cdots16$ g/l NaCN oder $11\cdots24$ g/l KCN)	ohne org. Inhibitor; $Na_2CO_3\sim20\cdots40$ g/l $Na_2S_2O_3\sim1$ g/l	alkalisch	r. $0,3\cdots0,7\cdot$ $\cdot10^{-2}$ $1,5\cdot10^{-2}$
Au	*Em* $AuCl_3$ $25\cdots30$ g/l Au +HCl d = 1,19 $20\cdots50$ cm³/l	NaCl $10\cdots30$ g/l H_2SO_4 $10\cdots20$ g/l	sauer	$8\cdots10\cdot10^{-2}$
Au	*Gt* $KAu(CN)_2$ $\sim0,4\cdots8,5$ g/l Au +$0,5\cdots10$ g/l KCN	Na_2HPO_4 $4\cdots40$ g/l (als Leitsalz) Na_2SO_3 20 g/l	alkalisch	$5\cdot10^{-4}$ $1\cdot10^{-3}$ $2\cdot10^{-3}$

[1] *Me* ≡ Na oder K.
[2] HEILING, H. F.: Dissert. Berlin (1952).
[3] s. S. 551, Fußn. 2.
[4] FRARY, F. C.: Trans. Amer. Electrochem. Soc. **23**, 62 (1923).
[5] BARCLEY, W. R.: Trans. Farad. Soc., Sheffield Meeting Vol. **16**, 515 (1921).
[6] FINK, C. G., u. G. B. HOGABOOM: Trans. Amer. Electrochem. Soc. **57**, 99 (1930).
[7] MÜLLER, FR., u. R. HELD: Korrosion u. Metallschutz **16**, 293 (1940).
[8] s. S. 522, Fußn. 2.
[9] s. S. 507, Fußn. 1.
[10] EGEBERG, B., u. N. PROMISEL: Trans. Amer. Electrochem. Soc. **59**, 287 (1931).
[11] WEINER, R.: Z. Elektrochem. **45**, 743 (1939).
[12] HÄNSEL, G.: Diss. Berlin (1925).

scheidung von Silber, Kupfer und Gold.

Temp. °C	Stromausbeute %	Streuung	A-Typ	Arteigene Orientierung	Literatur
ZT	~100	gering	FJ	großenteils	HEILING[2], TAFT u. HORS
ZT	~100	gering		ohne	LEY[3]
ZT	~100	gering		Textur	
ZT	~100	gering	JBR	meist	HEILING[2]
ZT	~100	gering	BR	ohne	(Elektrometallurg.Verf.)
ZT	~100	gering		Textur	s. R. MÜLLER*
ZT	~100	gut	$FT+BR$	ohne Textur oder (1 1 0), selt. (2 1 1)	FRARY[4], BARCLAY[5], FINK u. HOGABOOM[6], FR. MÜLLER u. HELD[7] (Textur: RAUB[8], FINCH, WILMAN und YANG[9])
ZT	~100	gut	FT	(1 1 0)	EGEBERG u. PROMISEL[10], WEINER[11]
		gering	JBR BR	ohne Textur	HÄNSEL[12]
30 ⋯ 50	~100	gering	BR	ohne Textur b. höherer DK (1 1 0)	FÖRSTER u. GÄBLER[13], GRAHAM[14], KERN u. ROWEN[15]
32 ⋯ 41		gering			STRUYK[16]
ZT (oder auch 35 ⋯ 70)	50 ⋯ 70	sehr gut	UD oder FT	ohne Textur oder (1 1 0)	SMITH und BRECKENRIDGE[17], PAN[18], PAN[18] u. WEINLAND[19], PETROCELLI[20]
70	~100	gering	JBR BR		GRUBE und MORITZ[21]
ZT	95	gut	FT	(1 1 1)	COEHN u. JACOBSEN[22]
ZT	65			(1 1 0)	(Textur: FINCH, WIL
50					MAN und YANG[23])

---

[13] FOERSTER, F., u. K. GÄBLER: Z. Elektrochem. **36**, 197 (1930).
[14] GRAHAM, A. K.: Trans. Amer. Electrochem. Soc. **52**, 157 (1927).
[15] KERN, E. F., u. R. W. ROWEN: Trans. Amer. Electrochem. Soc. **56**, 379 (1929).
[16] STRUYK, C.: Electrotypers and Sterotypers Bull. **35**, 99 (1949).
[17] s. S. **614**, Fußn. 2.
[18] PAN, L. C.: Metal Clean. Finish. **5**, 152 (1933).
[19] WEINLAND, C.: net Pan, s. 17.
[10] PETROCELLI, I. V.: Trans. elektrochem. Soc. **77**, 133 (1940).
[21] GRUBE, G. u. T. MORITZ: 2. elektrochem. **38**, 117 (1932).
[22] COEHN, A. u. C. L. JACOBSEN: 2. anorg. chem. **55**, 321 (1907).
[23] s. S. **607**, Fußn. 1.
* MÜLLER, R.: Allg. u. techn. Elektrometallurgie S. 366ff. Wien 1932.

Korrosionsschutzes halber. Des weiteren wendet man das Vorverkupfern auf Unterlagen von Zink, Zinn, Blei, Kadmium an, weil dünne Silber- oder Goldüberzüge sonst leicht in diese Metalle eindiffundieren. Kupfer, Messing, Neusilber oder Zink pflegt man vor dem Versilbern auch mit einem Quecksilberüberzug zu versehen (zu verquicken). Man erhält diesen Überzug durch Eintauchen der Metalle in eine Lösung von $KHg(CN)_2$ mit überschüssigem KCN.

Der Wasserstoff, der sich aus den Lösungen der komplexen Zyanide neben Kupfer oder Gold und auch z. T. neben Silber abscheidet, wird überwiegend in atomarem Zustand vorliegen, denn ein so starkes Gift wie das CN-Ion, hemmt die Rekombination der H-Atome zur H_2-Molekel.

Vermag ein Metall (als Unterlage) atomaren Wasserstoff zu lösen, so wird es sich beim Abscheiden von Überzügen aus Zyanidelektrolyten mit Wasserstoff beladen (H. FISCHER und BÄRMANN[1]). Ein merklicher Wasserstoffgehalt erhöht Härte und Sprödigkeit des Metalles und kann sogar Risse entstehen lassen (vgl. auch S. 567). Abscheidung in der Wärme schwächt die Tendenz zur Wasserstoffbeladung ab. Durch vorsichtiges Erhitzen kann man den aufgenommenen Wasserstoff großenteils austreiben, doch besteht dabei die Gefahr, daß im Niederschlag Blasen oder Risse entstehen. Tab. 80 enthält Beispiele für kathodische Abscheidung von Silber, Kupfer und Gold.

4.5 Zink und Kadmium.

Von den beiden Metallen verhält sich das Kadmium noch nahezu normal, während das Zink zu den Metallen der mittleren Gruppe mit mäßig gehemmter Ionenaustauschreaktion an der Phasengrenze zu rechnen ist (vgl. S. 160). Wegen der deutlichen Hydrolyseneigung der einfachen Kadmiumsalze mißt man aber auch bei der kathodischen Abscheidung des Kadmiums aus seinen Lösungen bereits eine merkliche Metallüberspannung, im wesentlichen wohl hervorgerufen von sekundärer Inhibition des Hydrolyseproduktes.

Die Metallüberspannung des Zinks ist größer. Auch hier wirkt sekundäre Inhibition mit, denn Zink betätigt sich noch häufiger als Kadmium als zweifache Elektrode, wobei sich mit dem Metall zugleich Wasserstoff abscheidet.

Die kathodischen und anodischen Strom-Spannung-Kurven des Zinks in den Lösungen seiner einfachen Salze gibt Abb. 92, S. 244 (nach PIONTELLI und POLI[1]) wieder, die entsprechenden Kurven des Kadmiums Abb. 97, S. 249 (E. MÜLLER u. BARCHMANN)[2]. Man erkennt die

---

[1] s. S. 244, Fußn. 4.
[2] s. S. 248, Fußn. 3.

starke sekundäre Inhibition, die sich beim Zink bemerkbar macht und den ziemlich unsymmetrischen Verlauf der kathodischen und anodischen Kurven erklärt. Beim Kadmium sind die Abweichungen von der Symmetrie geringer.

Dank sekundärer Inhibition und einer bei Kadmium mäßigen, beim Zink größeren Inhibitorempfindlichkeit scheiden sich die beiden Metalle

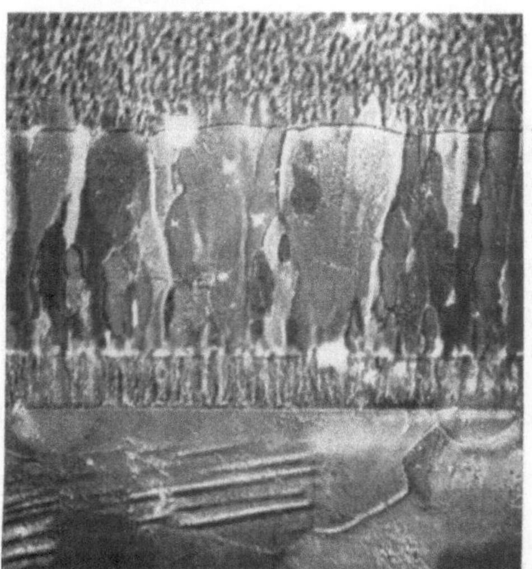

Abb. 238. Querschliff durch einen Zinkniederschlag, abgeschieden aus dem Zinksulfatelektrolyten; V = 400 fach.

auch aus den Lösungen einfacher Salze kompakt aus. Lediglich bei sehr geringen Stromdichten kann — in erster Linie in Chloridlösungen — schwach ausgeprägtes isoliertes Wachstum auftreten. Diese Wachstumsformen gehören vornehmlich dem isolierten basisorientierten Reproduktionstyp (vgl. S. 438) an.

Daß die beiden Metalle sich aus den schwach sauren Lösungen ihrer einfachen Salze überhaupt abscheiden, verdanken sie der hohen Wasserstoffüberspannung an ihren Grenzflächen. Selbst in neutraler Zinksalzlösung, z. B. von der Aktivität 1, ist die GALVANI-Spannung des Zinks noch um mehr als 0,35 V negativer als die des Wasserstoffs. Die Wasserstoffüberspannung erreicht indes am Zink bereits bei niedrigen Stromdichten Werte von 0,4 bis 0,8 V, und am Kadmium ist sie noch höher.

Bei dieser Sachlage wird begreiflich, warum bereits Spuren von metallischen (oder halbmetallischen) Verunreinigungen, aus dem Elektrolyten kathodisch abgeschieden, die Zinkabscheidung zugunsten der Wasserstoffabscheidung zurückdrängen können, wenn sie die Wasserstoffüberspannung erheblich heruntersetzen.

Tabelle 81. *Beispiele für kathodische*

Me-tall	Elektrolyt	Zusätze	Azidität Alkalität
Zn	Gt $ZnCl_2$ 136 g/l (2 n)	NaCl 234 g/l (4 n) $+AlCl_3$ 20 g/l $+\beta$-Naphthol 1 g/l oder Dextrin 3 g/l	p_H 3,5 $\cdots$ 4,5
Zn	Gt $ZnSO_4 \sim 2$ n $+H_2SO_4 \sim 0{,}005$ n $+H_3BO_3$ 20 $\cdots$ 40 g/l	Gt $Me_2\,SO_4$ [1] 20 $\cdots$ 50 g/l $+Al_2(SO_4)_3$ krist. 70 g/l Gt organ. Inhibit.	Gt p_H 3 $\cdots$ 5 Em
Zn	Em $ZnSO_4 \quad \sim 2$ n $+H_2SO_4$ 1 $\cdots$ 2 n	Em Gelatine$\Big\}$ 1 g/l Leim	stark sauer
Zn	Em $ZnSO_4 \quad \sim 22\%$ Zn $+H_2SO_4 \sim 11 \cdots 20\%$	Traganth 1 g/l	stark sauer
Zn	Gt $Zn(CN)_2$ 60 g/l $+NaCN$ 50 g/l $+NaOH$ 50 g/l	Molybdat + Piperonal handelsübl. Glanzzusätze	alkalisch
Cd	Em $CdSO_4$ 1 n $+H_2SO_4$ 0,005 n $+H_3BO_3$ 30 g/l	NaCl oder Na_2SO_4 1 n $Al_2(SO_4)_3$ krist. 30 g/l Gelatine 1 g/l	p_H 5 $\cdots$ 5,7
Cd	Gt $Cd(CN)_2$ 40 $\cdots$ 60 g/l $+NaCN$ 50 $\cdots$ 80 g/l $+NaOH$ 15 $\cdots$ 40 g/l	$NiSO_4$ aq $\Big\}$ $\sim$ 1 g/l oder $CoSO_4$ aq $+$Türkischrotöl $\sim$ 10 g/l	alkalisch

In dieser Hinsicht können z. B. Spuren Kobalt gefährlich werden,
ferner auch Spuren Arsen, Antimon und vor allem Germanium. Diese
drei Halbmetalle setzen die Wasserstoffüberspannung so stark herab,
weil sie kathodisch unter Depolarisation gasförmige Wasserstoffverbin-
dungen, wie AsH_3, GeH_4 usw., bilden.

Solche Gesichtspunkte spielen hauptsächlich in der Elektrometallurgie des Zinks eine Rolle. In den Elektrolyten der Galvanotechnik
kommen Germanium und Kobalt praktisch nicht vor, wohl aber kann
man Arsen und Antimon begegnen.

In den stärker sauren Lösungen der Elektrometallurgie kann die
Zinkabscheidung bei Anwesenheit der Verunreinigungen u. U. ganz ausbleiben, oder das Zink korrodiert selbst während des kathodischen
Prozesses unter Dunkelfärbung, und zwar um so mehr, je mehr sich
von der depolarisierenden Verunreinigung abscheidet. Das edlere Kadmium ist gegen solche Verunreinigungen bereits weniger empfindlich.

Tab. 81 enthält Angaben über die wichtigsten Elektrolyte und Abscheidungsbedingungen der beiden Metalle. In den sauren Chlorid- oder
Sulfatbädern scheiden sich Zink und Kadmium im basisorientierten

Abscheidung von Zink und Kadmium.

Günstige DK A/cm²	Temp. °C	Strom-ausbeute	A-Typ	Arteigene Orientierung	Literatur
r. $5 \cdot 10^{-2}$ b. $0,1 \cdots 1,5 \cdot$ $\cdot 10^{-1}$	ZT	~ 100	BR		Thompson[1]
r. $1,5 \cdots 5 \cdot$ $\cdot 10^{-2}$ b. $1 \cdots 1,5 \cdot$ $\cdot 10^{-1}$	Gt ZT Em $35 \cdots 45$	~ 100 ~ 90	BR mit org. Inh. FT	ohne Textur oder $(0\,0\,0\,1)$	Thompson[1], Foerster u. Günther[2], Selborn[3] E. Müller u. Barchmann[4], Ussikow (Orientierung)[5]
b. $1 \cdot 10^{-1}$	45	~ 90	BR		Tainton[6], Eger[7]
ohne Zusatz: r. $1 \cdot 10^{-2}$ mit Zusatz: r. $1 \cdots 5$ $\cdot 10^{12}$	$20 \cdots 40$	~ 70	$FT \cdots UD$	ohne Textur oder $(0\,1\,1\,1)$	Du Pont de Nemours[8]. Wernlund[9], Graham[10], Raub u. Wullhorst[11]
r. $1 \cdots 4 \cdot$ $\cdot 10^{-2}$	$20 \cdots 40$	~ 99	BR	ohne Textur oder $(0\,0\,0\,1)$	Mathers u. Marble[12], E. Müller u. Barchmann[13], Gorbunowa[14] (Orientierg.) Wernick[15]
$1 \cdots 3 \cdot 10^{-2}$	$20 \cdots 35$	~ 94	$BR + FT$	ohne Textur	Wernick[15], Westbrook[16]

[1] Thompson, M. R.: Trans. Amer. Electrochem. Soc. **50**, 193 (1926).

[2] Foerster, F., u. O. Günther: Z. Elektrochem. **5**, 16 (1898/99).

[3] Selborn: Trans. Faraday Soc. **29**, 147 (1933).

[4] Müller, E., u. H. Barchmann: Z. Elektrochem. **39**, 341 (1933).

[5] Ussikow, P. I.: J. phys. Chem. (russ.) **12**, 476 (1939).

[6] Tainton, U. C.: Trans. Amer. Electrochem. Soc. **41**, 189 (1922) — Wire and Wire Products **11**, 225, 243 (1936).

[7] Eger, G.: Metallwirtschaft **16**, 975 (1937).

[8] Du Pont de Nemours u. Co., Wilmington: Amer. Pat. 2075623, 2080479, 2080483, 2080520.

[9] Wernlund, C. J.: Trans. Amer. Electrochem. Soc. **40**, 257 (1921).

[10] Graham, A. K.: Trans. Amer. Electrochem. Soc. **63**, 121 (1933).

[11] Raub, E., u. B. Wullhorst: Z. Elektrochem. **48**, 342 (1942).

[12] Mathers, F. C., u. H. M. Marble: Trans. Amer. Electrochem. Soc. **25**, 297 (1914).

[13] s. S. 248, Fußn. 3.

[14] s. S. 473, Fußn. 1.

[15] Wernick, S.: Trans. Amer. Electrochem. Soc. **60**, 129 (1931).

[16] Westbrook, L. R.: Metall. Ind. Lond. **35**, 83 (1929).

Reproduktionstyp ab. (Vgl. den Querschliff durch eine Zinkschicht, aus dem Zinksulfatelektrolyten abgeschieden, Abb. 238.) Unter Bedingungen geringer Inhibition findet man regellos angeordnete Kristallite; bei verstärkter Inhibition ordnen sich die Kristallite zu einer Textur an. In der Tabelle sind nur die hauptsächlichsten Orientierungen vermerkt; daneben beobachtet man manchmal noch andere, schwächer ausgeprägte, meist höher indizierte Orientierungen.

In der Galvanotechnik wurden bisher die Sulfatelektrolyte vor den Chloridelektrolyten bevorzugt, da man im allgemeinen das korrodierende Chlorion fürchtet. Wendet man moderne korrosionsfeste Behälterwerkstoffe an, so fallen diese Bedenken großenteils weg. Während die sauren Elektrolyte in erster Linie in der Elektrometallurgie, weniger in der Galvanotechnik angewendet werden, beherrschen die alkalischen Zink- und Kadmiumelektrolyte, auf der Basis der komplexen Zyanide zusammengesetzt, einen wesentlich größeren Anwendungsbereich in der Galvanotechnik, und nur in dieser. Man bevorzugt sie dort hauptsächlich wegen ihres viel besseren Streuvermögens, aber auch wegen ihrer geringen Neigung, Eisen anzugreifen.

Die Niederschläge scheiden sich aus diesen hochkomplexen Bädern meist im Fasertexturtyp, selten im unorientierten Dispersionstyp ab. Abb. 186, S. 476 zeigt die Mikroaufnahme eines Zinkniederschlages aus dem alkalischen Zyanidelektrolyten ohne Glanzzusatz, Abb. 187 diejenige eines solchen aus einem Elektrolyten mit Glanzzusatz. Der stark wirkende Inhibitor ruft eine wohlgeordnete Textur hervor, während die Orientierung in dem (matten) Niederschlag aus dem Bad ohne Inhibitor weit weniger geordnet ist, vor allem im arteigenen Abscheidungsbereich, d. h. bei längerer Elektrolysedauer.

Zink- (und Kadmium-) Niederschläge aus den sauren Elektrolyten sind duktiler als solche aus den alkalischen Bädern (H. FISCHER und BÄRMANN[1]). Die Niederschläge aus den alkalischen Bädern enthalten einen merklichen Anteil Fremdstoffe, aus dem Elektrolyten okkludiert, die die erheblich höhere Härte hervorrufen.

Abb. 76/77, S. 204 gibt Strom-Spannung-Kurven für die Zinkabscheidung aus alkalischen Zyanidbädern wieder (RAUB[2]). Man erkennt einen Grenzstromdichtebereich, der sich bei Anwendung glanzbildender Inhibitoren noch nach höheren Stromdichten verschiebt. Bei Stromdichten unterhalb des Grenzstromdichtebereichs ist die Zinkabscheidung grobkristallin, oberhalb des Grenzstromdichtebereichs sehr feinkristallin. Unter diesen Bedingungen scheidet sich Wasserstoff mit ab, während bei den niedrigen Stromdichten unterhalb des Grenzstromdichtebereichs

---

[1] FISCHER, H., u. H. BÄRMANN: Korrosion u. Metallschutz **14**, 356 (1938).
[2] s. S. 203, Fußn. 1.

die Stromausbeute nahezu 100% beträgt. Gewöhnlich arbeitet man ein wenig oberhalb des Grenzstromdichtebereichs.

Die weit bessere Streuung der alkalischen Zyanidbäder des Zinks und des Kadmiums, verglichen mit derjenigen der sauren Sulfatbäder, erklärt sich in erster Linie aus der stärkeren Stromdichteabhängigkeit von Polarisation und Stromausbeute in den Zyanidbädern (vgl. S. 183 ff.). Die Polarisation steigt in diesen Bädern mit der Stromdichte weit stärker an als in den Sulfatbädern. Außerdem nimmt die Stromausbeute in den Zyanidbädern mit steigender Stromdichte deutlich ab, während sie in den Sulfatbädern mit der Stromdichte zunimmt.

Die Niederschläge aus alkalischen Bädern fallen in der Regel bereits in wesentlich geringerer Dicke ($<5\ \mu$m) dicht aus als die Niederschläge aus den sauren Bädern. Diese weisen noch bei Dicken von $>50\ \mu$m Porenkanäle auf, die bis zur Unterlage reichen. Diese Unterschiede wurden mit Hilfe des Durchtritts von atomarem Wasserstoff durch die Niederschläge, die Wasserstoff praktisch nicht lösen, nachgewiesen (H. FISCHER[1]).

4.6 Eisen, Kobalt, Nickel.

4.61 Die hohe Metallüberspannung der Eisenmetalle.

Unter den kathodisch abscheidbaren Metallen fallen diese drei Metalle besonders auf, weil sie sich elektrochemisch so träge verhalten (vgl. S. 160). Die Ursache ihres Verhaltens ist noch keineswegs überzeugend aufgeklärt, obwohl es nicht an Theorien und Hypothesen fehlt. Wahrscheinlich kann man für die ungewöhnlich hohe Metallüberspannung nicht bloß *eine* Ursache verantwortlich machen.

Bei einer Stromdichte von etwa $1 \cdot 10^{-2}$ A/cm² ergaben die stationären Überspannungen für die Abscheidung aus n-Lösungen einfacher Salze bei 20° C etwa folgende Näherungswerte:

Für Eisen etwa 0,2 V, für Kobalt etwa 0,25 V und für Nickel 0,3 bis 0,4 V (GLASSTONE[2], SCHILDBACH[3], FOERSTER[4]). Unter ähnlichen Bedingungen beträgt die entsprechende Überspannung z. B. für die Abscheidung von Kupfer, Kadmium oder Zink nur etwa 0,07 bis 0,08 V (FOERSTER und COFETTI[5]).

Sehr bemerkenswert ist die Tatsache, daß relativ hohe Überspannungswerte selbst schon unmittelbar zu Beginn der Elektrolyse gefunden werden (vgl. z. B. für Eisen ROJTER, POLUJAN und JUZA[6], für Nickel

---

[1] FISCHER, H.: Korrosion u. Metallschutz **19**, 97 (1943).

[2] GLASSTONE, S.: J. chem. Soc. **1926**, 2887.

[3] SCHILDBACH, R.: Z. Elektrochem. **16**, 967 (1910).

[4] FOERSTER, F.: Z. Elektrochem. **22**, 85, 96 (1916) — Abh. d. Bunsenges. **2**, (1909).

[5] FOERSTER, F., u. COFETTI: Ber. **38**, 2940 (1905)

[6] s. S. 135, Fußn. 1.

Salt[1], Juza und Kopyl[2]). Seipt[3] und Morlock[4] fanden im Bereich von 10^{-8} bis 10^{-2} sek einen geringen Anteil Widerstands- und einen überwiegenden Anteil Aktivierungspolarisation. Als nicht weniger wichtiger Befund ist die besondere Höhe auch der anodischen Überspannung am Anfang und im stationären Bereich zu werten, die kaum geringer ausfällt als die kathodische Überspannung. Die stationäre Strom-Spannung-Kurve gehorcht in Bereichen mittlerer Stromdichte der Tafelschen Beziehung (Salt[1]), Shome und Evans[5] und ändert diese Charakteristik selbst dann nur wenig, wenn die Kathodenoberfläche während der Elektrolyse geschabt wird (Hoekstra[6]). Der logarithmische Charakter der Strom-Spannung-Kurve (beim Nickel) scheint sich auch nicht zu ändern, gleichgültig ob der p_H-Wert des Elektrolyten über einen größeren Bereich verändert wird, gleichgültig auch, ob sich die Stromausbeute beträchtlich ändert oder nicht (Macnaughtan und Hammond[7], Salt[1]). Auch im Bereich von 10^{-4} bis 10^{-2} sek gilt die Tafelsche Beziehung (Morlock[4]). Offenbar herrscht in jedem Fall Aktivierungspolarisation vor.

Nach dem heutigen Stande der Forschung ist es vor allem deshalb so schwer, eine sichere Aussage über die Natur der hohen Polarisation zu machen, weil sich die experimentellen Ergebnisse der verschiedenen Forscher in wichtigen Punkten widersprechen. Dies gilt z. B. für die Frage, ob die Polarisation von einer Änderung des p_H-Wertes abhänge oder nicht. Glasstone[8] beobachtet keine Abhängigkeit, andere Autoren, wie in neuerer Zeit Salt[1], finden Minima für die Polarisations-p_H-Kurven oder andererseits ein Maximum (Kohlschütter[9] oder besonders niedrige Werte in nahezu neutraler Lösung (Schildbach[10], Schade[11]).

Jedenfalls dürfte die Metallüberspannung der Eisenmetalle ein komplexes Phänomen sein. Die Eisenmetalle betätigen sich bei der Elektrolyse (und auch im Ruhezustande) mindestens als *zweifache* Elektroden, an denen zugleich Metall und Wasserstoff abgeschieden wird. Man darf daher erwarten, daß diese beiden Mechanismen ihren

---

[1] s. S. 294, Fußn. 1.

[2] s. S. 138, Fußn. 1.

[3] Seipt, M.: Diplomarb. Techn. Hochschule Karlsruhe 1953.

[4] Morlock, G.: Diplomarb. Techn. Hochschule Karlsruhe 1953.

[5] s. S. 499, Fußn. 1.

[6] Hoekstra, J.: Dissert. Amsterdam 1932 — Coll. Trav. chim. Tschechoslov. 6, 17 (1934).

[7] Macnaughtan, D. I., u. R. A. J. Hammond: Trans. Faraday Soc. 24, 387 (1928) ; 26, 481 (1930); 27, 633 (1931).

[8] s. S. 623, Fußn. 2.

[9] Kohlschütter, V.: Trans. Amer. Electrochem. Soc. 45, 229 (1924).

[10] s. S. 623, Fußn. 3.

[11] Schade, M.: Dissert. Dresden 1912. — Vgl. auch F. Foerster: Z. Elektrochem. 22, 85 (1916).

Beitrag zur Polarisation liefern werden. Dies hat neuerdings Reiser[1] bei einer Analyse der stationären Teilstrom-Spannungkurven nach dem Verfahren von C. Wagner und Traudt (vgl. S. 196) bestätigen können.

Was die Metallabscheidung angeht, so ist zu berücksichtigen, daß die Eisenmetalle zu den Übergangselementen des periodischen Systems gehören. Während Silber und die meisten anderen Metalle aus positiven Ionen und freien Elektronen aufgebaut sind, wobei die Zahl der mit dem Atom eines jeden Metalls verknüpften beweglichen Elektronen nach der Hume-Rotheryschen Regel gewöhnlich gleich der Valenz ist, fehlen offenbar bei den Übergangsmetallen solche freien Elektronen. Man sieht sie deshalb im Metallgitter als nullwertig an. Nach Hoar[2] soll dieser grundsätzliche Unterschied im Aufbau der Übergangsmetalle den Schlüssel zu ihrem abweichenden Verhalten bei der kathodischen Abscheidung geben. Wenn also bei der Elektrolyse Kationen, z. B. des Silbers, ungehemmt in das Gitter des kathodisch abgeschiedenen Metalls übergehen und sich auch von ihnen ebenso leicht lösen können, so stößt dies z. B. bei dem Übergangsmetall Nickel auf Schwierigkeiten, denn im Nickel liegen die Ionen nicht bereits in der metallischen Phase „fertig" vor (vgl. auch Evans[3]). Diese Feststellung erklärte ebenso, warum auch die anodische Auflösung der Metalle Eisen, Kobalt, Nickel mit so ungewöhnlich großen Hemmungen verläuft.

Ob eine Temperaturerhöhung den Übergang der abgeschiedenen Kationen der Übergangsmetalle in das Gitter so weit erleichtern kann, daß die Hemmung praktisch wegfällt (z. B. bei 95° C, vgl. Foerster[4], Glasstone[5]), muß vorläufig dahingestellt bleiben. Wahrscheinlich spielt auch die besonders feste (kovalente) Bindung der Wassermolekeln an die Ionen der Eisenmetalle eine Rolle, deren Dehydratation daher einen beträchtlichen Energieaufwand verlangt. Hierauf haben Volmer[6], Newbery[7] hingewiesen (vgl. auch S. 170).

Turner[8] hat neuerdings den Einfluß der Temperatur auf die Galvani-Spannung der Ni-Abscheidung aus dem Watts-Elektrolyten (s. Tab. 82) zwischen 20 und 90°C im Stromdichtebereich von $4 \cdot 10^{-4}$

---

[1] Reiser, H. J.: Dissertation Techn. Hochschule Karlsruhe 1953.

[2] Hoar, T. P., s. Evans: s. Fußn. 3.

[3] Evans, U. R.: Korrosion, Passivität und Oberflächenschutz von Metallen, übersetzt von E. Pietsch, S. 370, 328. Berlin: Springer 1939.

[4] Foerster, F.: Z. Elektrochem. 22, 96 (1916).

[5] s. S. 623, Fußn. 2.

[6] Volmer, M.: Das elektrolytische Kristallwachstum. Paris: Germonnet Cie. 1934. — T. Erdey-Gruz u. M. Volmer: Z. phys. Chem. 150, 203 (1930).

[7] Newbery, N.: J. chem. Soc. 111, 470 (1917).

[8] Turner, D. R.: J. electrochem. Soc. 100, 15 (1953).

Tabelle 82. *Beispiele für kathodische Ab-*

Me-tall	Elektrolyt	Zusätze	Azidität Alkalität	Günstige DK A/cm²
Fe	*Gt*　$FeCl_2 \cdot 4\,H_2O$　300 g/l 　+CaCl$_2$ wasserfr. 333 g/l	evtl. Hydrochi-non 5 g/l + CrCl$_3$ 20 g/l	p_H 2	0,1 $\cdots$ 0,13
Fe	*Gt*　$FeSO_4$ $(NH_4)_2SO_4 \cdot 6H_2O$ 350 g/l + H$_2$SO$_4$　0,25 g/l +NaNO$_3$　　　　3 g/l		p_H 3 $\cdots$ 4,5	$1 \cdot 10^{-2}$ $3{,}75 \cdot 10^{-2}$
Fe	*Gt*　$Fe(ClO_4)_2$　　50 g/l +HClO$_4$　　　　2 g/l	evtl. NaCl 100 g/l	sauer	0,1 $\cdots$ 0,12
Co	*Gt*　$CoSO_4 \cdot 7\,H_2O$　312 g/l +NaCl　　　　20 g/l +H$_3$BO$_3$　　　45 g/l		p_H 4,5	0,1 $\cdots$ 0,16
Co	*Gt*　$CoSO_4(NH_4)_2SO_4 \cdot 6\,H_2O$ 　　　　　　200 g/l		$\sim$ neutral	$2{,}5 \cdots 4 \cdot$ $\cdot 10^{-2}$
Ni	*Gt*$\}$　$NiCl_2 \cdot 4\,H_2O$　300 g/l *Em*$\}$　+H$_3$BO$_3$　　30 g/l		p_H 1,0$\cdots$4,0	$5\ \cdot 10^{-2}$ $1\ \cdot 10^{-1}$ $2{,}5 \cdot 10^{-3}$
Ni	*Gt*$\}$　$NiSO_4 \cdot 7\,H_2O$*　240 g/l *Em*$\}$　+NiCl$_2 \cdot 4\,H_2O$　20 g/l +H$_3$BO$_3$　　　20 g/l	für Glanz: org. Sulfosäuren; CoSO$_4$	p_H 5,2$\cdots$5,8 p_H 2 p_H 1	$2 \cdots 5 \cdot 10^{-2}$ $6 \cdot 10^{-2}$ $10 \cdot 10^{-2}$

bis $1 \cdot 10^{-1}$ A/cm² untersucht. Die GALVANI-Spannungs-Temperatur-kurve fällt mit steigernder Temperatur linear ab und ändert ihre Neigung scharf bei etwa $-0{,}42$ V. Diese GALVANI-Spannung entspricht nach TURNER einer Energie der Desorption von atomarem Wasserstoff An dem Rückgang der Überspannung mit der Temperatur ist mit Sicherheit auch die Wasserstoffüberspannung beteiligt (vgl. REISER[1]).

Offenbar vermögen aber die einzelnen Deutungen die Gesamtheit der Erscheinungen keineswegs vollständig zu klären, denn sie lassen die zeitlichen Änderungen der Metallüberspannung während der Elektrolyse und auch die relativ langzeitigen Änderungen der GALVANI-Spannung nach Stromabschalten meist unberücksichtigt.

Gerade der langsame Übergang der GALVANI-Spannung von negativeren Werten in den Ruhewert g_{Ruhe}, wobei sich gleichzeitig Wasserstoff entwickelt, spricht ebenfalls für ein Mitwirken der Wasserstoff-

---

* sog. „WATTS"-Elektrolyt.
[1] s. S. 625, Fußn. 1.

scheidung von Eisen, Kobalt und Nickel.

Temp. °C	Stromaus-beute %	Streu-ung	A-Typ	Arteigene Orientierung	Literatur
90···100	95	gering	FT	(1 1 2)	F. Fischer[1], Hughes[2], Glocker, Kaupp[3] (Textur), Hineline[4] (s. Zusätze)
60···70					
ZT	70	gering	$UD?$	ohne Textur	Arndt[5], Macfadyen[6], Finch, Wilman und Yang[7] (Orientierung)
ZT	90		FT	(1 1 1)	
80	90		FT	(1 1 0)	
75		gering	FT		Schlötter[8]
ZT	~100	gering	FT	(1 1 0)	Kalmus, Harper und Savell[9]
ZT	90···97	gering	FT	(110)+(1120)*	Kalmus, Harper und Savell[9], Finch, Wilman u. Yang[7] (Orientierung)
55···60	98···99,5	gering	$FT+BR$	ohne Textur	Savelsberg[10], Wesley und Carey[11], Finch, Wilman u. Yang[7], Bozorth[12] (Orientierung)
	75		FT	(110)+(1120)*	
ZT	bis ~98		$FT···ZT$	(1 0 0) bei ZT	Watts[13], Phillips[14], Elze[15] (Textur), Bozorth[12] (Textur)
50				~ ohne Textur	
50				bei 50°	

* Neben der kubisch-flächenzentrierten auch die hexogonale Modifikation.

[1] Fischer, F.: DRP. 212994.

[2] Hughes, W. E.: Modernes elektrolytisches Überziehen. S. 62. Leipzig 1927.

[3] s. S.179, Fußn. 2.

[4] Hineline, H. D.: Trans. Amer. Electrochem. Soc. **43**, 119 (1923).

[5] Arndt, K.: Z. Elektrochem. **18**, 233 (1912).

[6] Macfadyen, W. A.: Trans. Faraday Soc. **15**, 98, 133 (1920).

[7] s. S.507, Fußn. 1.

[8] Schlötter, M.: DRP. 305156; 309164 (NaCl).

[9] Kalmus, H. T., C. H. Harper u. W. L. Savell: Trans. Amer. Electrochem. Soc. **27**, 75 (1915).

[10] Savelsberg, J., s. V. Tafel: Lehrbuch d. Metallhüttenkunde, Bd. 2, S.571.

[11] Wesley, W. A., u. J. W. Carey: Trans. electrochem. Soc. **75**, 209 (1939).

[12] Bozorth, R. M.: Phys. Rev. **26**, 390 (1925).

[13] Watts, O. P.: Trans. Amer. Electrochem. Soc. **29**, 395 (1916).

[14] Phillips, W. M.: Trans. Amer. Electrochem. Soc. **58**, 387 (1930); **59**, 393 (1931).

[15] s. S.577, Fußn. 1.

abscheidung (vgl. RICHARDS und BEHR[1], FOERSTER[2] für Eisen, MUTH-
MANN und FRAUNBERGER[3], SCHWEITZER[4] für Nickel, SCHILDBACH[5],
FOERSTER[2] für Kobalt).

Es fehlt also nicht an Hinweisen auf die besondere Rolle des
atomaren Wasserstoffes, der sich ja leicht mit den Eisenmetallen legiert.
Nickel kann sich z. B. während der Elektrolyse mit dem fünfzehnfachen
Volumen an Wasserstoff beladen. Mit Wasserstoff beladene Eisenmetalle
zeigen eine deutlich veränderte GALVANI-Spannung (FOERSTER[2],
SCHOCH[6]). Auch als starker Inhibitor kann der atomare Wasserstoff
wirken (THON[7], H. FISCHER[8]). Daß atomarer Wasserstoff das Kristallwachstum hemmt, hat z. B. JACQUET[9] (vgl. S. 390) wahrscheinlich
gemacht. Er findet für Nickel bei niedrigen Stromdichten, also bei
hohem Wasserstoffanteil, stark verfeinertes Korn, während sich das
Nickel bei hohen Stromdichten (geringer Wasserstoffanteil) makro-
kristallin abscheidet.

Merkwürdig ist aber andererseits, warum Depolarisatoren, die die
Wasserstoffabscheidung unterdrücken, die Gesamtüberspannung nicht
erniedrigen (GLASSTONE[10]), wenngleich sich das Nickel deutlich grobkörniger abscheidet (STÄGER[11]). Die Tatsache der hohen *anodischen*
Überspannung beweist, daß man die Mitwirkung des Wasserstoffs auch
wiederum nur als Teilproblem werten darf.

Ein Gleiches dürfte auch von der sekundären Inhibition durch
hydrolytisch gebildetes Metallhydroxyd gelten. Daß eine geringe Widerstandspolarisation sicher vorhanden ist, läßt sich aus den Ergebnissen
von SALT[12] und von SEIPT[13] nachweisen (vgl. S. 624). Gewiß wird das in
der Doppelschicht vorhandene Kolloid auch an der Aktivierungspolarisation mitbeteiligt sein; den entscheidenden Beitrag zu dieser Polarisation scheinen aber schließlich doch die Dehydratation und die in der
besonderen Elektronenkonfiguration liegende Hemmung zu stellen.

---

[1] RICHARDS, TH., u. G. BEHR: Z. phys. Chem. **58**, 301 (1907).

[2] s. S. 625, Fußn. 4.

[3] MUTHMANN, W., u. E. FRAUNBERGER: Sitzungsber. bayer. Akad. Wissensch.
34, 201 (1904).

[4] SCHWEITZER, W.: Z. Elektrochem. **15**, 602 (1909).

[5] s. S. 623, Fußn. 3.

[6] SCHOCH, E. P.: Amer. chem. Journ. **41**, 208 (1909).

[7] THON, N.: L'Electrolyse et la Polarisation electrique. Paris: Hermann & Cie.
1934.

[8] FISCHER, H.: Z. Elektrochem. **52**, 111 (1948).

[9] JACQUET: Rev. de Métallurgie **35**, 116, 182 (1938).

[10] s. S. 623, Fußn. 2.

[11] STÄGER, H.: Helc. chim. Acta **3**, 584 (1920).

[12] s. S. 294, Fußn. 1.   [13] s. S. 624, Fußn. 3.

4.62 Abscheidungsbedingungen und Eigenschaften der Niederschläge.

4.62.1 Zusammensetzung der Elektrolyte.

Tab. 82 enthält Beispiele für die Zusammensetzung der wichtigsten Elektrolyte. Dabei sind für die Abscheidung von Nickel aus der Fülle der Rezepte nur zwei Haupttypen ausgewählt worden: das Chloridbad und namentlich das grundlegende Sulfatbad von WATTS[1,2]. Auch für die Abscheidung von Kobalt und Eisen kommen in der Galvanotechnik vornehmlich Sulfat- oder Chloridbäder in Betracht.

Neben dem Metallsalz, das die abscheidbaren Metallionen liefert, enthält ein moderner Elektrolyt der Vernicklungstechnik noch folgende andere Stoffgruppen:

1. *Leitsalze*, die die Leitfähigkeit des Elektrolyten und damit auch die Streuung verbessern. Hierzu dienen hauptsächlich Alkalisalze. Die Alkaliionen reichern sich bei der Elektrolyse in Kathodennähe an und können auf diese Weise noch andere spezifische Wirkungen, z. B. der (primären) Inhibition, hervorrufen. Indirekt beeinflussen sie auch die sekundäre Inhibition, indem sie positiv geladenes Hydroxydsol stabilisieren (s. auch weiter unten).

Außerdem drängen die teilweise gleichionigen Alkalisalze die Dissoziation des Metallsalzes zurück. Die Me^{2+}-Ionenkonzentration in der Doppelschicht nimmt ab, was sich günstig auf die Feinkörnigkeit der

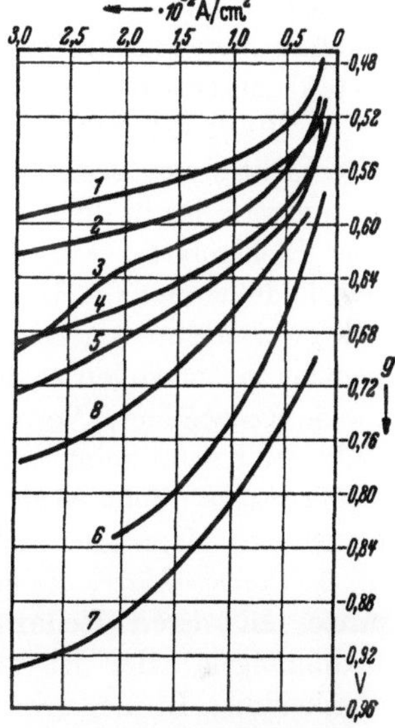

Abb. 239. Strom-Spannung-Kurve für die Nickelabscheidung aus Sulfatelektrolyt in Gegenwart verschiedener Leitsalze. (Nach MACNAUGHTAN und HOTHERSALL, s. S. 545, Fußn. 5.)

Abscheidungsform auswirkt. In welchem Maße solche Leitsalze die Polarisation bei der Nickelabscheidung beeinflussen, zeigen Strom-Spannung-Kurven für Nickel von MACNAUGHTAN und HOTHERSALL[3], die in Gegenwart verschiedener „Leitsalze" aufgenommen worden sind (Abb. 239).

Die härtesten, feinkörnigen Niederschläge erhält man in Gegenwart von Ammoniumsulfat (Abb. 239, Nr. 4), das auch am ehesten Komplexe bildet. Dabei ergibt das Bad Nr. 4 durchaus nicht die höchste Polarisation, ein Beispiel dafür, daß Polarisation und Feinkörnigkeit des Niederschlages nicht immer parallel gehen, wenngleich dies gewöhnlich die Regel ist.

---

[1] s. S. 627, Fußn. 13. — [2] Von M. B. DIGGIN [Trans. Inst. Met. Finishing **31**, Advance Copy Nr. 16 (1954)] ist neuerdings ein Sulphamat-Elektrolyt vorgeschlagen worden. — [3] s. S. 545, Fußn. 5.

2. *Chloride.* Sie sollen die Passivität der Anoden verhüten. Daneben können sie aber auch kolloidchemische Nebenwirkungen auf die sekundäre Inhibition (s. weiter unten) ausüben, weshalb man sie möglichst in Kombination mit bestimmten Kationen anwendet.

3. *Komplexbildner.* Hierher gehören alle jene Stoffe, die mit den abscheidbaren Metallionen Komplexe bilden können. Erwünscht ist wieder, die Metallionen-Konzentration in der Nähe der Kathode zu vermindern. Man erreicht solche Wirkungen bereits mit Ammoniumsalzen, in stärkerem Maße mit Zitraten. Außerdem sollen die Komplexbildner unerwünschte Fremdionen [z. B. Eisen(III)-ionen in Nickelelektrolyten] unschädlich machen, indem sie sie in Komplexe einbauen.

4. *Puffersubstanzen.* In erster Linie ist es Borsäure, die den p_H-Wert des Elektrolyten konstant halten soll. Zwar wirkt sie nur im p_H-Bereich von etwa 4 bis 6, doch kann man sie auch bei etwas niederem p_H-Wert des Elektrolyten verwenden, denn in der unmittelbaren Nähe der Kathode herrscht u. U. ein höherer p_H-Wert als im Elektrolytinneren. Ob die Borsäure auch in den Bereich der starren HELMHOLTZ-Doppelschicht einzudringen vermag, ist nicht sicher.

5. *Keimbildner.* Vermögen schon die Alkalisalze als Leitsalze die Zahl der Kristallkeime im Niederschlag zu erhöhen, so wirken die Salze zweiwertiger (nicht abscheidbarer) Kationen noch stärker. Besonders eignet sich Magnesiumsulfat für diesen Zweck.

6. *Porenverhüter.* Sie gehören entweder der Gruppe der Oxydationsmittel an, deren Redox-GALVANI-Spannung unter den Elektrolysebedingungen edler ist als die GALVANI-Spannung der Wasserstoffabscheidung. In Gegenwart solcher Oxydationsmittel unterbleibt dann die Wasserstoffentwicklung. Allerdings kann dabei die Reduktion des oxydierenden Stoffes u. U. so sehr in den Vordergrund rücken, daß auch die Stromausbeute der Nickelabscheidung beträchtlich zurückgeht. Zu den gebräuchlichsten Depolarisatoren gehören z. B. Natriumperborat oder Ammoniumpersulfat.

Zum anderen können die Porenverhüter zur Kategorie der sog. „Netzmittel" zählen, organischen Substanzen, die die Grenzflächenspannung des Elektrolyten an der Kathode verringern (s. weiter unten). Diese Wirkung äußern z. B. viele aromatische Sulfosäuren, höhere Alkohole und Ester.

7. *Glanzbildner.* Mit zugesetzten organischen Inhibitoren kann man Elektrolyte erhalten, die unmittelbar hochglänzende Niederschläge abscheiden. Für die Vernicklung verwendet man hauptsächlich organische Sulfosäuren als glanzbildende Inhibitoren (vgl. HOTHERSALL und GARDAM[1]), aber auch viele andere organische Substanzen, vgl. S. 550ff.).

---

[1] HOTHERSALL u. GARDAM: s. S. 546, Fußn. 7.

Die technischen Vorteile der Glanzvernicklung erweisen sich in einer Ersparnis an Polierkosten, in größerer Härte der Niederschläge und in einem Ausgleich von Oberflächenfehlern der Unterlage (z. B. von Mikrorissen) durch den glänzenden Überzug. Auch lassen sich die glänzend vernickelten Gegenstände leichter nachverchromen, und der Glanzniederschlag schützt besser vor Korrosion. Als betrieblicher Vorteil kann die Möglichkeit, höhere Stromdichten anzuwenden, ins Gewicht fallen.

Wie sehr die verschiedenen Eigenschaften der Nickelniederschläge von der Zusammensetzung des Elektrolyten bestimmt werden, zeigt

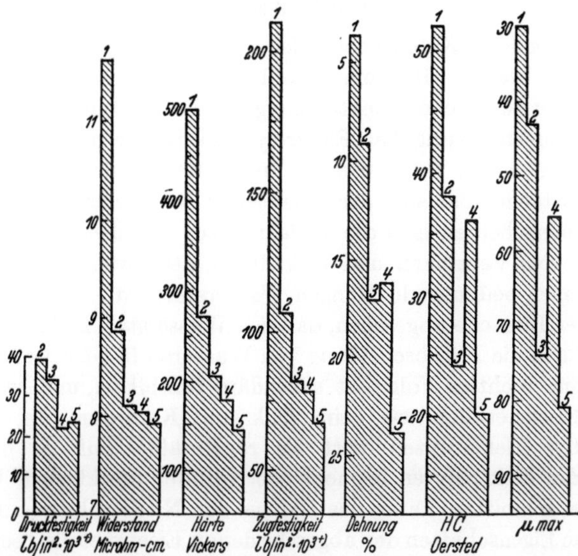

Abb. 240.   Mechanische, elektrische und magnetische Eigenschaften von Nickelüberzügen, abgeschieden aus verchiedenen Vernickelungselektrolyten: *1* Glanznickelbad; *2* Hochchloridhaltiges Bad; *3* Bad mit $NiSO_4$: $NiCl_2$ = 1:1; *4* Sulfatbad; *5* WATTS-Bad. (Nach ZENTNER, BRENNER u. JENNINGS[1].)
+) Meßgrößen können nicht verändert werden, ohne die ganze Darstellung zu verändern.

folgende graphische Darstellung nach ZENTNER, BRENNER und JENNINGS[1], die in einer sehr umfangreichen Untersuchung gewonnen wurde (Abb. 240). Als Proben dienten elektrolytisch abgeschiedenes Nickelblech oder Röhrenkathoden aus Elektrolytnickel von ungefähr 0,25 mm Dicke. Die verwendeten Elektrolyte bestanden aus einem Glanznickelbad[2] mit organischen Glanzzusätzen (*1*), einem hochchloridhaltigen Vernicklungsbad (mehr als 50% des Nickels als Chlorid[3]) (*2*), einem Nickelbad, zur Hälfte aus Chlorid und aus Sulfat bestehend (*3*), einem Sulfatbad (*4*) und einem Bad vom WATTS-Typ (*5*) (s. auch S. 626,

[1] ZENTNER, V., A. BRENNER u. CH. JENNINGS: Plating **39**, 865 (1952).
[2] Basis $NiSO_4$.
[3] Rest als Sulfat; aus hochchloridhaltigen Bädern scheidet sich Ni teilweise hexagonal (Mischstruktur mit kubischem Ni) ab. Es nimmt besonders leicht Wasserstoff auf. [L. YANG: J. electrochem. Soc. **97**, 241 (1950)].

Tab. 82). Das Diagramm zeigt Werte für die inneren Spannungen in lb/in^2 · 10^3 (1 lb/in^2 = 1,07 · 10^{-3} kg/mm^2), den elektrischen Widerstand in Mikroohm cm, die Härte in Vickerseinheiten, die Zugfestigkeit in lb/in^2 · 10^3, die Dehnung in %, die Koerzitivkraft in Oerstedt und die magnetische Permeabilität μ-max in Gauß. Wie man erkennt, hängen diese Eigenschaften ganz bedeutend von der Elektrolytnatur ab.

4.62.2 Direkte und indirekte Folgen der Mitabscheidung von Wasserstoff.

Das besondere Kennzeichen der Abscheidung von Eisen, Kobalt und Nickel besteht in dem Anteil an Wasserstoff. Wir haben es hier mit einer zweifachen Elektrode (vgl. S. 11) zu tun, deren grundsätzliche Zusammensetzung bei Elektrolyse einfacher Salzlösungen Essin u. Alfimova[1], sowie Reiser u. H. Fischer[2] untersucht haben. In atomarem Zustande löst sich der Wasserstoff im Niederschlag. In diesem Punkte unterscheiden sich die Verfahren zur Abscheidung der drei Metalle z. B. vom Verzinken und Verkadmen, denn weder Zink noch Kadmium nehmen bedeutende Mengen Wasserstoff auf.

Von der Tatsache abgesehen, daß sich Wasserstoff in das Metallgitter einbaut, kann die Mitabscheidung von Wasserstoff noch weitere Folgen haben. Eine wichtige Folge ist sekundäre Inhibition, und zwar ebenso bei den Eisenmetallen wie beim Zink und Kadmium. In den heute verwendeten Elektrolyten tritt sie regelmäßig auf, je nach dem p_H-Wert des Elektrolyten in mehr oder minder merklichem Umfange. Sekundäre Inhibition kann das Gefüge der Niederschläge und damit wesentliche Eigenschaften der abgeschiedenen Eisenmetalle beeinflussen.

Porenbildung[3]. Als weitere Folge ist das Auftreten von „Wasserstoffporen" zu nennen. Solche Poren bemerkt man an den Eisenmetallen noch häufiger als an Zink oder Kadmium. Primäre Ursache dieser Erscheinung ist anscheinend *geflocktes*, kolloides Metallhydroxyd, sofern es auf der Kathodenoberfläche haftet. An diesen haftenden Hydroxydteilchen bleiben wiederum Wasserstoffbläschen hängen. So spart sich beim Aufwachsen des Metalls die Wasserstoffpore aus (vgl. S. 498), was sich am ehesten verhindern läßt, wenn man einmal die Mitabscheidung von Wasserstoff zurückdrängt, oder aber vermeidet, daß geflocktes Hydroxyd entsteht oder wenn man schließlich zum mindesten das Anhaften der Gelteilchen an der Kathode unterbindet. Diese Aufgabe haben die oben erwähnten Porenverhüter (S. 630) zu lösen. Oxydierende Zusätze können die Wasserstoffentwicklung unterdrücken, während Netz-

---

[1] Essin, O., u. E. Alfimova: Trans. electrochem. Soc. **68**, 417 (1935).

[2] Reiser, H. J., u. H. Fischer: Z. Elektrochem. in Druck; vgl. auch S. **625**, Fußn. 1.

[3] s. S. 500ff.

mittel ausgeflocktes Kolloid ebenso wie Wasserstoffbläschen daran hindern, auf der Kathodenoberfläche zu haften. Komplexbildner können u. U. die Hydrolyseneigung herabsetzen, während peptisierende Ionen das Flocken aufhalten.

Stromausbeute. Verhalten sich die Eisenmetalle zwar edler als Zink und Kadmium, so fällt doch die Stromausbeute bei der Abscheidung der Eisenmetalle eher niedriger aus als höher. Aber selbst der edlere Charakter der Eisenmetalle geht bei der kathodischen Abscheidung verloren, sobald sich die Eisenmetalle kathodisch abscheiden. Ist doch ihre Metallüberspannung bei niedrigen Temperaturen im Vergleich zu Zink und Kadmium viel höher. Außerdem scheidet sich Wasserstoff, der Begleiter aller dieser Metalle, an den Eisenmetallen mit geringer, an Zink und Kadmium aber mit hoher Überspannung ab. Die bei den Eisenmetallen hohe Temperaturempfindlichkeit der Metallüberspannung spiegelt sich in der Temperaturabhängigkeit der Stromausbeute an Metall wider. Tab. 83 (FOERSTER[1]) enthält kathodische Stromausbeutewerte, erhalten bei der Elektrolyse der (relativ sauren) 1 n-Sulfatlösungen bei $9 \cdot 10^{-3}$ A/cm².

Tabelle 83. *Einfluß der Temperatur auf die Stromausbeute.*

Metall	Freie H₂SO₄ val/l	Stromausbeute in % bei				
		1° C	20° C	50° C	75° C	95° C
Ni	0,01	21	40 (16)	80	84	87
Co	0,03	76	73	94	—	—
Fe	0,0075	—	55	60	80	86

Vor allem in der Nickelabscheidung äußert sich bei tiefer Temperatur der starke Reaktionswiderstand, beträgt doch die Stromausbeute für Nickel unter obigen Bedingungen nur 21%. Die Hemmung hängt aber beim Nickel so erheblich von der Temperatur ab, daß die Stromausbeute bei 95° C bereits 87% erreicht. Die Stromausbeute hängt an Eisen und Kobalt im Einklang mit der geringeren Polarisation weniger stark von der Temperatur ab.

Bei der besonders empfindlichen Nickelabscheidung kann man die Ausbeute verbessern, indem man den p_H-Wert regelt. Die technischen Vernicklungsbäder arbeiten entweder in einem p_H-Bereich von 4,5 bis 5,5 bei Zimmertemperatur oder in einem p_H-Bereich von 1 bis 2, dann aber bei erhöhter Temperatur. Dabei ergeben sie im Mittel Stromausbeuten von 98 bis 99,5%. Die Stromausbeute an Kobalt ist am wenigsten p_H- und temperaturempfindlich. Das Eisen liegt zwischen Nickel und Kobalt.

---

[1] FOERSTER, F., s. BILLITER: Prinzipien der Galvanotechnik. S. 178. Wien 1934.

Abb. 241 (nach MANTZELL[1]) verdeutlicht die starke p_H-Abhängigkeit der Nickelabscheidung bei 25° C. Überraschend groß ist dabei auch der Einfluß der Stromdichte. Bei kleinen Stromdichten von $5 \cdot 10^{-4}$ und $1 \cdot 10^{-3}$ A/cm² bleiben die Stromausbeuten extrem niedrig, z. B. betragen sie in diesem Stromdichtebereich bei p_H 2 nur 0 bis 20%. Auch Abb. 242

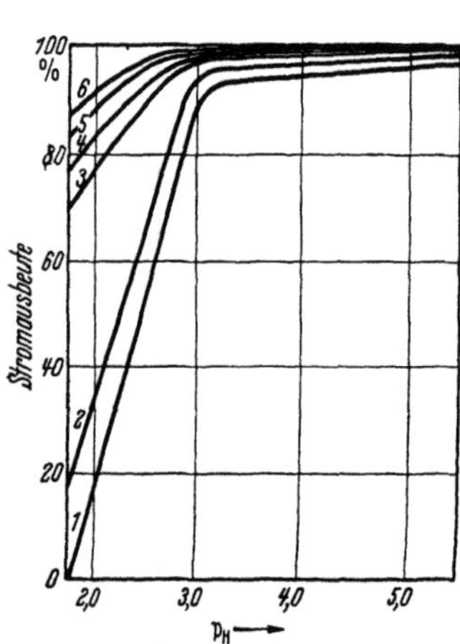

Abb. 241. p_H-Abhängigkeit der Stromausbeute bei der Nickelabscheidung. (Nach MANTZELL[1].) 220 g NiSO₄ + 21 g NiCl₂ bei 25°. Stromdichte in A/cm²: 1: $5 \cdot 10^{-4}$ 2: $1 \cdot 10^{-3}$ 3: $5 \cdot 10^{-3}$ 4: $1 \cdot 10^{-2}$ 5: $3 \cdot 10^{-2}$ 6: $5 \cdot 10^{-2}$

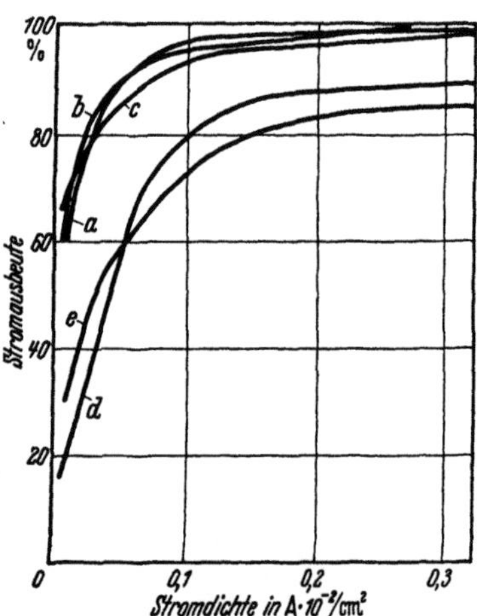

Abb. 242. Stromdichteabhängigkeit der Stromausbeute bei der Nickelabscheidung. (Nach MANTZELL[1].) a: n-NiCl₂ + n-NH₄Cl; b: n-NiSO₄ + 0,25 n-NH₄Cl; c: n-NiSO₄ + 3 n-Na₂SO₄ + 0,25 n-NH₄Cl; d: 55 g/l Ni(NH₄SO₄)₂ + 7 g/l H₃BO₃; e: 40 g/l NiSO₄ + 35 g/l Na-Zitrat.

(nach MANTZELL[1]) läßt diesen beträchtlichen Stromdichteeinfluß erkennen. Er ist größer als die gleichzeitig dargestellte Abhängigkeit der Stromausbeute von der Zusammensetzung des Elektrolyten.

Selbst bei den sehr hohen Stromausbeuten gelingt es niemals, ein völlig oxydfreies Metall zu erhalten. Mitabscheidung von Wasserstoff, auch nur im Anteil von 1 bis 2%, fördert bereits die Hydrolyse im Kathodenfilm und den Einbau, wenn auch geringer, Mengen von kolloidem Metallhydroxyd (neben Wasserstoff). Daß die Metallüberzüge namentlich bei höherer Temperatur duktiler ausfallen, erscheint darum verständlich.

Härte des Niederschlages als Indikator für sekundäre Inhibition. Auf die kolloidchemische Beeinflußbarkeit der sekundären Inhibition durch Ionen, die das kolloide Hydroxyd entweder peptisieren oder flocken, ist bereits an anderer Stelle aufmerksam gemacht worden

---

[1] MANTZELL, E.: Z. Elektrochem. **43**, 174 (1937).

(vgl. S. 112ff.). MACNAUGHTAN und Mitarbeiter[1] haben zeigen können, daß die Härte der Nickelniederschläge unter Bedingungen zunimmt, die ein Peptisieren des kolloiden Nickelhydroxydes in unmittelbarer Nähe der Kathode begünstigen. Andererseits fallen die Niederschläge weicher (aber auch poriger) aus, wenn das (als Kolloid positiv geladene) Metallhydroxyd, z. B. durch Chlorionen,

geflockt wird. Daß übrigens Versuche von READ und GRAHAM[1], die Zusammensetzung des Kathodenfilmes zu bestimmen, die Ergebnisse von MACNAUGHTAN nicht widerlegen können, wurde bereits erwähnt (vgl. S. 79ff.).

Abb. 243 gibt nach MACNAUGHTAN, GARDAM und HAMMOND[2] den Verlauf der Härteänderung wieder, den die Nickelniederschläge bei verringertem p_H-Wert im mit Borsäure gepufferten Nickelelektrolyten erleiden. Aus Kurve 1 entnimmt man die Härteänderung im chloridfreien, aus Kurve 2 eine solche im chloridhaltigen Elektrolyten, sonst gleicher Zusammensetzung.

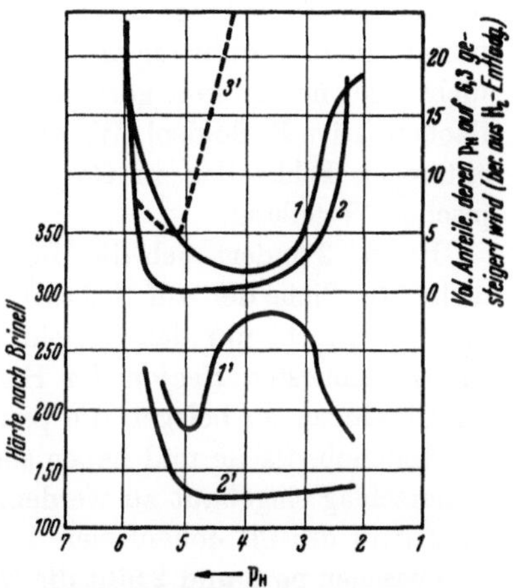

Abb. 243. p_H-Abhängigkeit der Härte von Nickelniederschlägen. (Nach MACNAUGHTAN, GARDAM und HAMMOND[1].)

Bei etwa p_H 6 fallen die Nickelniederschläge aus beiden Bädern relativ hart aus (etwa 230 Brinell). Der Elektrolyt enthält bereits von vornherein so viel kolloides Hydroxyd, daß er leicht getrübt ist. Nicht selten kann man sichtbare Membranen aus Hydroxyd an der Kathodenoberfläche nachweisen (FOERSTER und KREUGER[3]). Unter diesen Umständen scheint auch die flockende Wirkung der Cl^--Ionen wenig auszumachen, eher flocken die Kolloidteilchen sich gegenseitig aus. Die Stromausbeute an Nickel ist verringert, da die Konzentration der Ni^{2+}-Ionen, an sich schon durch die Hydroxydfällung stark vermindert, in den Poren des Kolloidfilmes offenbar rasch weiter verarmt.

Läßt man aber den p_H-Wert des Elektrolyten von etwa 6 auf 5 sinken, so fällt in beiden Fällen die Härte ab. Die Kolloidmenge in Kathodennähe ist sicherlich geringer geworden. Im Einklang damit erklären die Autoren den Härteabfall mit einem deutlich parallel gehenden Anstieg der Stromausbeute an Nickel, d. h. also einem entsprechenden Rück-

---

[1] MACNAUGHTON, D. J., G. F. GARDAM u. J. H. F. HAMMOND: Trans. Faraday Soc. 29, 729 (1933).
[2] s. S. 73, Fußn. 2.
[3] s. S. 114, Fußn. 2.

gang der Wasserstoffabscheidung und damit auch des hydrolysierenden
p_H-Wertes im Kathodenfilm.

Daß die Härte im Falle der chlorionenhaltigen Lösung stärker abfällt, scheint das Ergebnis der flockenden Wirkung der Chlorionen
zu sein. Sie macht sich bei der viel geringeren Kolloidmenge (im Vergleich
zum p_H 6) nunmehr deutlich bemerkbar. Im Gegensatz zum äußerst
feinteiligen Sol gelangt das grob ausgeflockte Kolloid meist gar nicht in
unmittelbare Berührung mit der Kathode und kann die Härte daher
nicht oder nur in weit geringerem Maße beeinflussen als das sehr oberflächenaktive Kolloidsol. Wo aber Gelteilchen an der Oberfläche haften,
entstehen Fehlstellen in Gestalt von Wasserstoffporen in makroskopischer Verteilung.

Bis p_H 2 ändert sich die Härte in der Cl^--haltigen Lösung fast gar
nicht. Im Sinne der auf S. 248 ff. entwickelten Anschauung flocken die
Cl^--Ionen nicht nur das Kolloid, sondern verdrängen es offenbar auch
aus der innersten Region der HELMHOLTZschen Doppelschicht. Fehlen
die Cl^--Ionen, so belegen die peptisiert bleibenden Kolloidteilchen die
Kathodenoberfläche und haben somit weit größere Chancen, im Nickelniederschlag eingebaut zu werden. Dieser Umstand könnte den Härteanstieg in der Cl^--ionenfreien Lösung erklären.

Zwischen p_H 3 und 2 fällt die Härte des Niederschlages im Cl^--freien
Elektrolyten steil ab. Zum anderen nimmt aber nach MACNAUGHTAN
und Mitarbeitern der Wasserstoffanteil an der Abscheidung in solchem
Maße zu, daß der Diffusionsfilm an der Kathode kräftig durchgewirbelt
wird und folglich einen geringeren p_H-Wert annehmen muß. Die Borsäure puffert in diesem Bereich nur noch ungenügend. Infolgedessen
wird sich auch die Konzentration an kolloidem Hydroxyd in Kathodennähe beträchtlich verringern, sollte doch Nickelhydroxyd unterhalb
p_H 4 nicht mehr existenzfähig sein.

Daß die Chlorionen flockend wirken, erkennt man, wenn diese
Anionen durch Nickelchlorid in den Elektrolyten eingebracht werden.
Stammen sie hingegen aus Natrium- oder Kaliumchlorid, so kann die sta-
bilisierende Wirkung der Alkaliionen den Flockungseffekt der Chlorionen
kompensieren. Die Härte des Niederschlages bleibt dann ungeachtet der
Anwesenheit von Cl^--Ionen hoch, andererseits fehlen die Wasserstoffporen.

Ammoniumionen können in das Geschehen an der Kathode ein-
greifen, indem sie die Hydrolyse etwas zurückdrängen. Auch manche
Anionen, wie Zitrationen oder Azetationen, wirken ähnlich, da sie
Komplexe bilden. Demgemäß wird in ihrer Gegenwart ein Flockungseffekt, erkennbar an Wasserstoffporen, erst bei hohem p_H-Wert, über
p_H 6 deutlich.

Allerdings darf man die Resultate MACNAUGHTANs und Mitarbeiter,
so aufschlußreich und anregend sie sind, nur als qualitativen Hinweis

für die sicherlich bestehenden Zusammenhänge zwischen sekundärer Inhibition und Eigenschaften des Niederschlages nehmen. Denn die Ergebnisse sind nur unter einengenden Bedingungen (einer bestimmten Stromdichte und einer bestimmten Temperatur) gewonnen worden. Muß man doch gewiß sein, daß sich der p_H-Bereich im Diffusionsfilm — und damit die sekundäre Inhibition — mit einer Änderung der Stromdichte und vor allem der Temperatur ganz wesentlich verschieben wird. Eine systematische Übersicht über diese Zusammenhänge fehlt uns noch fast völlig. Auch sind wir keineswegs sicher, ob die an sich so bequeme Härtemessung überhaupt als ein auch nur annähernd quantitativer Maßstab für die sekundäre Inhibition gelten darf. Hängt doch die Härte nicht allein vom Einbau des Oxydes[1] ab, sondern nicht zuletzt auch von der Mitwirkung atomaren Wasserstoffes, der — noch fester in das Metall eingebaut als das Oxyd — mit einer Reihe anderer Faktoren die Struktur des abgeschiedenen Metalls bestimmt (s. nächsten Abschn.).

Wasserstoffgehalt und Härte. Immerhin scheint ein Wasserstoffgehalt die Härte nur indirekt zu beeinflussen, wie GUICHARD, CLAUSMANN, BILLON und LANTHONY[2] gezeigt haben, denn die Autoren konnten den Wasserstoff durch vorsichtiges und hinreichend langes Erwärmen im Vakuum praktisch austreiben, ohne die Härte des Niederschlages wesentlich zu verändern. Sicher wirkt aber atomarer Wasserstoff als Inhibitor auf das Kristallwachstum ein (vgl. S. 390) und trägt zur Ausbildung des feinfaserigen Gefüges bei, das einen harten Niederschlag kennzeichnet.

Von den drei Metallen ist nach FOERSTER[3] Eisen am ehesten befähigt, Wasserstoff aufzunehmen, Nickel zeigt die geringste Neigung dazu, aber auch sie ist noch beträchtlich. Bei tieferen Temperaturen wird mehr Wasserstoff absorbiert als bei hohen. Im Laufe der Elektrolyse bleibt die in der Zeiteinheit absorbierte Wasserstoffmenge trotz annähernd konstanter Abscheidungsbedingungen nicht unverändert, sondern geht zurück. Offenbar verringert sich also der Anteil an atomarem Wasserstoff mit der Elektrolysedauer. Vielleicht nimmt die Verunreinigung des abgeschiedenen Metalls mit der Zeit ab, weshalb es nach und nach die Rekombination des atomaren Wasserstoffes zu molekularem wirksamer katalysieren mag.

Auch Spuren CO oder CO_2 können die Eisenmetalle enthalten, wenn die Anoden kohlenstoffhaltig sind. Der Anodenkohlenstoff verunreinigt den Elektrolyten und kann als Suspension zur Kathode gelangen.

---

[1] das übrigens im Nickelniederschlag nachträglich zu Metall reduziert werden kann, vgl. S. 531 ff.

[2] GUICHARD, CLAUSSMANN, BILLON u. LANTHONY: C. r. Acad. Sci. Paris **190**, 1417 (1930); **192**, 623, 1096i (1931); **193**, 1084 (1931); **196**, 1660 (1933).

[3] s. S. 625, Fußn. 4.

Der allmähliche Austritt von Wasserstoff aus dem Metall verursacht eine Kontraktion, die sich z. B. mit dem Kontraktometer (vgl. S. 563) nachweisen läßt. Die inneren Spannungen der Niederschläge sind bedeutend. Nicht selten, bei unsachgemäßen Arbeiten — vor allem auf unsauberer Kathodenoberfläche — bilden sich unter ihrem Einfluß Risse im Überzug aus, oder der Niederschlag blättert sogar von der Unterlage ab.

4.63 Abscheidungsformen.

Nickelniederschläge scheiden sich bei Abwesenheit organischer Inhibitoren bevorzugt im feldorientierten Texturtyp ab. Am ehesten in Chloridelektrolyten kann z. B. bei niederem p_H-Wert und hoher Ni^{2+}-Konzentration noch der basisorientierte Reproduktionstyp oder eine Übergangsform zum feldorientierten Typ auftreten. Glanzniederschläge zeigen ausgesprochene Fasertextur, meistens auch die Form des rhythmischen Typs (vgl. Abb. 217, S. 546, Querschliff eines Glanzniederschlages im rhythmischen Typ). Die Textur des *FT*-Typs kann je nach den Abscheidungsbedingungen wechseln (vgl. Tab. 82). Ein eindeutiger Zusammenhang zwischen Abscheidungsbedingungen und Textur ist noch nicht gefunden worden. Die Niederschläge des Eisens und Kobalts ähneln den Nickelniederschlägen auch in ihren Abscheidungsformen.

4.7 Chrom.

4.71 Allgemeines und Theorie der kathodischen Chromabscheidung.

Für die technische Abscheidung des Chroms bietet die Elektrolyse wäßriger Lösungen von Chromsäureanhydrid CrO_3 mit Zusätzen gewisser anorganischer Säuren auch heute noch den allein gangbaren Weg.

Alle Versuche, Chrom, statt aus den Lösungen sechswertiger Chromverbindungen, aus Lösungen von Chrom(III)-salzen oder gar von Chrom(II)-salzen abzuscheiden, haben den Galvanotechniker nicht befriedigt. Sind Chrom(II)-salze zu unbeständig (sie zersetzen sogar Wasser!), so ergeben Chrom(III)-salze stark oxydhaltige, ungleichmäßige Niederschläge, selbst in Gegenwart komplexbildender Oxalate (BRITTON und WESTCOTT[1], MAZZUCHELLI[2]). Außerdem fallen die Stromausbeuten noch niedriger aus als bei der Elektrolyse der Chromsäurelösungen.

Die Chromabscheidung aus Chromsäurelösungen hebt sich aus den üblichen galvanotechnischen Prozessen durch drei Besonderheiten heraus: — 1. Die Stromausbeute an Wasserstoff ist viel größer als diejenige an Metall. — 2. Die Stromlinienstreuung in den Chromsäureelektrolyten ist äußerst ungünstig. — 3. Das Verfahren arbeitet nicht, wie sonst üblich, mit löslichen Anoden, sondern mit unlöslichen (Blei-) Anoden.

---

[1] BRITTON, H. T. S., u. O. B. WESTCOTT: Trans. Faraday Soc. **27**, 809 (1931) — J. Electrodepositors techn. Soc. **7**, 33 (1932); **8**, 5 (1933).
[2] MAZZUCHELLI: Atti Accad. naz. Lincei **12**, 587 (1930).

Wenn der Praktiker solche offensichtlichen Nachteile in Kauf nimmt, so muß die Verchromung schon bedeutende Vorzüge aufweisen. In der Tat übertreffen die Elektrolytchromüberzüge die meisten anderen Metallniederschläge in Anlaufbeständigkeit, Härte und Abriebfestigkeit. Sie werden weder blind an Luft, noch nutzen sie sich bei Reibungsbeanspruchung so stark ab wie andere Metalle. So haben sich die Chromniederschläge eingebürgert bei der Glanzverchromung (mit Unternicklung oder Unterkupferung) von Beschlagteilen und Geräten aller Art und bei der Hartverchromung von Maschinenteilen, die sonst dem Verschleiß unterliegen.

Elektrolysiert man wäßrige Lösungen von *reinem* Chromsäureanhydrid CrO_3, so scheidet sich Chrom entweder überhaupt nicht oder nur mit minimalen Stromausbeuten ab. Notwendig ist ein gewisser Gehalt des Elektrolyten an Schwefelsäure, Flußsäure, Kieselflußsäure oder Salzen dieser Säuren. Offensichtlich kommt es auf das Anion dieser Säuren an. Obgleich man dies schon Jahre vor Einführung der Verchromung in die Technik qualitativ erkannt hat (REESE[1], ASKENASY und REVAI[2], SALZER[3]), haben doch erst 1920 SARGENT[4] und LIEBREICH[5] stets reproduzierbare, quantitative Angaben für die Ausführung der technischen Verchromung gemacht. Den Gehalt an „Fremdsäure" darf man nicht zu niedrig und nicht zu hoch wählen. LIEBREICH fand ein Optimum bei einem Gewichtsverhältnis von $CrO_3 : H_2SO_4 = 100 : 1{,}2$, z. B. also $250 \text{ g/l } CrO_3 + 3 \text{ g/l } H_2SO_4$. Dies Verhältnis gilt angenähert auch für die anderen Säuren und die Salze der Säuren.

Sind schon die äußeren Umstände, unter denen sich Chrom kathodisch abscheidet, merkwürdig genug, so ist der Mechanismus der Chromabscheidung unter den uns bisher bekannten Möglichkeiten der kathodischen Metallabscheidung ganz ohne Beispiel. Über die Theorie der Verchromung ist jahrelang viel diskutiert worden (vgl. BILLITER[6]). Wir wollen hier nur die Theorie von E. MÜLLER[7] kurz wiedergeben, die nach dem gegenwärtigen Stande der Erkenntnis wohl der Wirklichkeit am nächsten kommt.

Maßgebend für die Chromabscheidung ist nach E. MÜLLER das Chromsäureanion $HCrO_4^-$, das beim Auflösen von CrO_3 in Wasser entsteht. Während der Elektrolyse fremdsäurefreier CrO_3-Lösung vollzieht sich

---

[1] REESE, L.: J. Amer. chem. Soc. **22**, 158 (1899).
[2] ASKENASY, P., u. A. REVAI: Z. Elektrochem. **19**, 344 (1913).
[3] SALZER, F.: RDP. 22147 (1916).
[4] SARGENT, G. J.: Trans. Amer. Electrochem. Soc. **37**, 479 (1920).
[5] LIEBREICH, E.: Z. Elektrochem. **27**, 94, 452 (1920); **30**, 186 (1924).
[6] BILLITER, J.: Prinzipien d. Galvanotechnik, S. 222ff. Wien 1934.
[7] MÜLLER, E.: Z. Elektrochem. **32**, 399 (1926). — E. MÜLLER u. O. ESSIN: Z. Elektrochem. **34**, 2 (1930). — E. K. KWALL: Z. Elektrochem. **35**, 84 (1929).

an der Kathode folgender Prozeß:

$$HCrO_4^- + 3\,H_2O + 3\,e^- \to Cr^{3+} + 7\,OH^-.$$

Das sechswertige Chrom wird also zu dreiwertigem reduziert. Nach obigem Schema bildet sich in unmittelbarer Nähe der Kathodenoberfläche eine alkalische Zone aus, in der sich die Cr^{3+}-Ionen in einer Folgereaktion sogleich als schwerlösliches „basisches Chromichromat" $Cr(OH)CrO_4$ abscheiden:

$$Cr^{3+} + CrO_4^{2-} + OH^- \to Cr(OH)CrO_4\,^1$$

Die Verbindung bedeckt die Kathode als poröser Film, einem Diaphragma ähnlich (das E. MÜLLER gelegentlich in Form eines bräunlichen Häutchens isolieren konnte).

Enthält der Elektrolyt keine Fremdsäure, so scheidet sich an der Kathode fast nur Wasserstoff ab. E. MÜLLER nimmt an, daß durch das Diaphragma aus basischem Chromichromat bloß die kleinen H_3O^+-Ionen, nicht aber die großen $HCrO_4^-$-Ionen hindurchtreten können. Für die kathodische Reaktion bleibt also nur der Vorgang einer Entladung von H_3O^+-Ionen übrig, denn für eine weitere Reduktion der $HCrO_4^-$-Ionen zu Cr^{3+}-Ionen oder gar der Cr^{3+}-Ionen zu Cr-Metall fehlen die notwendigen Ionen in unmittelbarer Kathodennähe.

Setzt man aber dem Elektrolyten z. B. SO_4-Ionen zu, etwa in dem von LIEBREICH genannten Gewichtsverhältnis, so scheidet sich metallisches Chrom ab. Die kleineren SO_4-Ionen können, ebenso wie F^--Ionen oder SiF_6^{2-}-Ionen, noch durch die Poren des Diaphragmas zur Kathode vordringen, und reagieren dabei mit dem basischen Anteil des Chromichromates. Das Diaphragma wird somit teilweise angegriffen, wobei aus ihm Cr^{3+}-Ionen in die Elektrolytschicht zwischen Diaphragma und Kathodenoberfläche übergehen. Sie entladen sich sogleich an der Kathode unter Abscheidung von metallischem Chrom.

Währenddessen sind nun auch $HCrO_4^-$-Ionen durch die aufgeweiteten Poren des angelösten Films gelangt. Sie werden sogleich zu Cr^{3+}-Ionen reduziert. Damit kann sich wieder neues basisches Chromichromat bilden, und der zuvor angegriffene Film heilt wieder aus.

Mit dem Durchtritt weiterer SO_4^{2-}-Ionen beginnt aber das Spiel von neuem: es folgen wieder der Filmabbau und die Chromabscheidung usw. Offensichtlich haben wir es hier also mit einem periodischen Prozeß zu tun.

Die Vorstellung von E. MÜLLER hat neuerdings viel an Wahrscheinlichkeit gewonnen, nachdem OGBURN und BRENNER[2] mit einem radioaktiven Chromisotop zeigen konnten, daß tatsächlich $HCrO_4^-$-Ionen (und nicht absichtlich hinzugesetzte Cr^{3+}-Ionen) das metallische Chrom liefern[3].

---

[1] Die CrO_4^{2-}-Ionen entstehen zuvor aus $HCrO_4^- + OH^-$.

[2] OGBURN, F., u. A. BRENNER: J. electrochem. Soc. **96**, 347 (1949).

[3] vgl. neuerdings D. REINKOWSKI: Z. Elektrochem. (1954) in Druck.

Es entsteht also nicht erst, nachdem sich in einem Elektrolyten bei längerem Stromdurchgang Cr^{3+}-Ionen angereichert haben, wie z. B. LIEBREICH angenommen hatte.

4.72 Abscheidungsbedingungen für den technischen Gebrauch.

Zu verchromende Gegenstände (Eisen oder Nickel) taucht man bereits unter Strom in den Chromsäure-Elektrolyten und verwendet

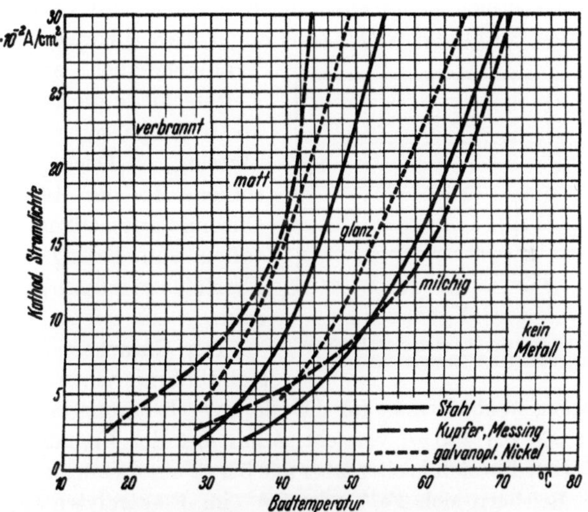

Abb. 244. Glanzbereich für Chromniederschläge.
(Nach HARING und BARROWS.[1])

anfangs eine höhere Stromdichte (Deckstrom). Ohne Strom eingetaucht passiviert sich die Kathodenoberfläche.

Je nach den Abscheidungsbedingungen erhält man aus Chromsäurelösungen Chromniederschläge verschiedenen Aussehens und verschiedener Eigenschaften. Man kann sie äußerlich in vier Kategorien einteilen:

1. milchiggrau bis weiß (weich);
2. hochglänzend (hart);
3. halbglänzend bis matt (hart);
4. matt („verbrannt"), rauh (spröde, brüchig).

Glanz und Härte gehen annähernd parallel. Der Techniker wird fast immer Kategorie 2 und 3 bevorzugen.

Abb. 244 (BILLITER[2]) gibt in einer Darstellung von HARING und BARROWS[1] den Bereich der verschiedenen Abscheidungsformen für

---

[1] HARING, H. E., u. W. P. BARROWS: Bur. Stand. J. Res. Nr. 346 v. 10. 6. 1927.

[2] BILLITER (vgl. S. 115, Fußn. 1) S. 229.

2,5 m-CrO_3 + 0,05 n-H_2SO_4 in Abhängigkeit von Stromdichte, Temperatur und Art des Unterlagemetalls wieder. Der „Glanzbereich" erweitert sich mit erhöhter Temperatur. Man erkennt, daß die erwünschten glänzenden Niederschläge am ehesten in einem mittleren Temperaturbereich von 40 bis 50° C bei Stromdichten von $1 \cdot 2,5 \cdots 10^{-1}$ A/cm² entstehen. Für die Zwecke der sog. Hartverchromung geht man bei 50 bis 55° C mit den Stromdichten auf $5 \cdot 10^{-1}$ A/cm² und darüber.

Der Glanzbereich hängt auch von der Natur des Unterlagemetalls ab; auf Eisen, Stahl und Nickel ist er enger als auf Kupfer und Messing.

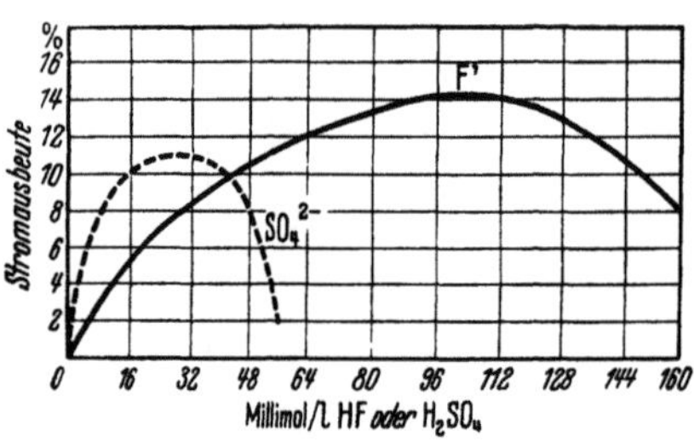

Abb. 245. Abhängigkeit der Stromausbeute an Chrom vom Gehalt an fremden Anionen.

Wahrscheinlich sind für diese Unterschiede die höhere Wasserstoffüberspannung an Kupfer und Messing, vielleicht aber Unterschiede in der Adsorption des Chromichromatfilms an den Metallen von Belang. Die Metalloberflächen müssen gut vorpoliert sein.

Der Glanzbereich verbreitert sich auch mit höherer Chromsäurekonzentration, weshalb man für die Glanzverchromung konzentriertere Bäder mit 300 bis 400 g/l vorzieht. Auch mit der Fremdsäurekonzentration wird der Bereich breiter, aber nur bis zu einer Grenzkonzentration der Säure. Reichern sich Fe^{3+} oder Cr^{3+} im Elektrolyten an, wie dies bei längerem Gebrauch geschieht, so verengt sich der Glanzbereich zusehends.

Die Stromausbeute an Chrom in technischen Verchromungsbädern ist außerordentlich gering und liegt zwischen 10 und 25%. Wie empfindlich sie von dem Fremdanionengehalt abhängt, zeigen Untersuchungen von HARING u. BARROWS[1] und von E. MÜLLER u. DRECHSEL[2] (Abb. 245). Sie betreffen äquimolare Zugaben von H_2SO_4, HF und H_2SiF_6 + + 250 g/l CrO_3 bei 55° C und $5 \cdot 10^{-1}$ A/cm². Bei beiden Zusätzen steigt die Stromausbeute mit erhöhter Menge bis zu einem Maximum und fällt bei weiterer Konzentrationserhöhung mehr oder weniger rasch ab. Das Maximum liegt bei 1 H_2SO_4 : 100 CrO_3. Daß sich die Kurve für Flußsäure wesentlich weiter ausdehnt, liegt an dem bedeutend geringeren Dissoziationsgrad der Flußsäure im Vergleich zur Schwefelsäure.

Im übrigen entspricht ein solcher Kurvenverlauf den Erwartungen, wie man sie nach der Theorie von E. MÜLLER haben sollte: kleine Fremdsäuregehalte greifen den Chromichromatfilm noch nicht genügend an, große zerstören ihn zu sehr. Im ersten Fall stehen noch zu wenig Cr^{3+}-Ionen für die Chromabschei-

[1] s. S. 641, Fußn. 1.
[2] MÜLLER, E., u. H. DRECHSEL; Z. Elektrochem. **40**, 707 (1934).

dung zur Verfügung, im zweiten muß die Reduktion von Cr(VI) zu Cr(III) gegenüber der Chromabscheidung aus Cr^{3+}-Ionen dominieren, denn die Redoxreaktion kommt sicherlich bei einem edleren Potential zustande als die Chromabscheidung. Beim Maximum hingegen verlaufen dank periodischen Abbaues und Aufbaues des Diaphragmas Cr-Abscheidung und Redoxreaktion *hintereinander* und nicht in gleichzeitigem Wettbewerb.

Die Stromausbeute verringert sich etwas mit steigendem Chromsäuregehalt. Gehalte an Fe^{3+} oder Cr^{3+} scheinen die Stromausbeute nicht wesentlich zu verändern.

Weit stärker beeinflussen jedoch Temperatur und Stromdichte. Die Stromausbeute nimmt in allen Chrombädern zu mit steigender Stromdichte und mit abnehmender Temperatur, wie dies z. B. SCHNEIDEWIND, URBAN und ADAMS[1] für einen Chromelektrolyten mit 243 g/l CrO_3 bei einem Konzentrationsverhältnis $CrO_3/H_2SO_4 = 100$ nachgewiesen haben. In dem genannten Elektrolyten liegen die Stromausbeuten, bei denen man hochglänzendes, hartes Chrom erhält, unabhängig von Temperatur und Stromdichte etwa bei 13%. Anscheinend begünstigt diese Abscheidungsform ein angenähert konstantes Verhältnis von abgeschiedenem Cr zu abgeschiedenem H_2.

Der ungewöhnlich steile Anstieg der Stromausbeute mit der Stromdichte erklärt großenteils die besonders schlechte Stromlinienverteilung bei der galvanischen Verchromung. (Daß polarisationserhöhende Faktoren die Streuung etwas verbessern, entspräche den Erwartungen [vgl. S. 317]). So wirken sich erhöhte Stromdichte und erniedrigte Temperatur günstig aus. Die Streuung fällt besser aus auf Metallen mit hoher Wasserstoffüberspannung, wie Kupfer oder Messing, oder auf glattpolierten Flächen gegenüber rauhen, mit geringer Wasserstoffüberspannung.

Ein Gehalt bestimmter Kationen oder Anionen ist für die Streuung nicht ganz gleichgültig. Ähnlich wie bei der galvanischen Vernicklung wird man auch hier mit Flockungs- oder Peptisierungseffekten rechnen müssen, die den Zustand des kolloiden basischen Chromichromates beeinflussen. STOUT und CAROL[2] haben z. B. eine Erhöhung der Streukraft in der Reihenfolge von äquivalenten Sulfatzusätzen des Nickels, Kobalts, Zinks und Kadmiums ansteigend beobachtet ($CrO_3 : Me\,SO_4 = 150$ bis 200). Wahrscheinlich nimmt die Flockungstendenz in dieser Reihenfolge ab.

4.73 Struktur des Chroms.

Die Eigenschaften der Chromüberzüge werden nicht zuletzt von der Natur des abgeschiedenen Chroms bestimmt. Chrom kann in drei ver-

---

[1] SCHNEIDEWIND, R., S. F. URBAN u. J. ADAMS: Trans. Amer. Electrochem. Soc. **53**, 499 (1928).

[2] STOUT, E., u. J. CAROL: Ind. Engng. Chem. **22**, 1325 (1930).

schiedenen Modifikationen existieren, die sich in der Elementarzelle
des Gitters und in der Gitterkonstante unterscheiden:

1. α-Chrom, kubisch-raumzentriertes Gitter
   $a = 2{,}878\ \text{Å}$;
2. β-Chrom, hexagonales Gitter
   $a = 2{,}727\ \text{Å}$;
   $c = 4{,}419\ \text{Å}$;
3. γ-Chrom, Gitter vom α-Mn-Typ.

Alle drei Modifikationen können bei der elektrolytischen Chromabscheidung vorkommen. Allerdings widersprechen sich die Angaben
verschiedener Forscher, was die hierzu notwendigen Abscheidungsbedingungen angeht. Die glänzenden, harten Chromniederschläge der
Technik bestehen fast immer aus kubischem α-Chrom. Das weichere
hexagonale β-Chrom scheint sich nach AREND[1] eher aus fluoridhaltigen
Bädern abzuscheiden. Mit Sicherheit läßt es sich nachweisen, wenn es
sich mit pulsierendem Gleichstrom oder überlagertem Wechselstrom
abscheidet (GEBAUER[2]).

γ-Chrom scheint sich nach AREND[1] unter ähnlichen Bedingungen
wie α-Chrom, jedoch bei geringen Chromsäurekonzentrationen zu bilden.

Oft entstehen, namentlich bei höheren Temperaturen (70°), neben
α-Chrom merkliche Anteile von β-Chrom. Bei Zimmertemperatur ist
das kubische α-Chrom die beständige Modifikation. β-Chrom wie γ-Chrom
gehen während längerem Liegenlassen bei Zimmertemperatur unter
Härteanstieg in die α-Modifikation über, und zwar β-Chrom schneller als
γ-Chrom (SASAKI und SOKITO[3]). Erwärmen beschleunigt den Übergang.
Möglicherweise entsteht, wie LOHRMANN[2] vermutet, bei der Chromabscheidung zuerst immer das unbeständige β-Chrom, das sich aber
meist unter äußeren Einflüssen rasch in α-Chrom umlagert.

Außer den drei Chrommodifikationen existiert auch die feste Lösung
von Wasserstoff in Chrom. Chrom nimmt atomaren Wasserstoff unter
Gitteraufweitung auf. Anscheinend entsteht dabei das Hydrid CrH_2,
das ebenfalls kubisch-raumzentriertes Gitter mit einer größeren Gitterkonstante aufweist (HÜTTIG und BRODKORB[4], WOOD[5]). Sicher entweicht
nach der Elektrolyse (vielleicht auch schon während der Elektrolyse)
bei Zimmertemperatur Wasserstoff aus dem Chrom. Dabei kontrahiert
das Chrom, verzerrt sein Gitter tetragonal und bildet dabei hohe
innere Spannungen aus.

---

[1] AREND, H.: Metalloberfläche B 3, 72 (1951).
[2] GEBAUER, K., u. O. LOHRMANN: Lilienthal-Gesellschaft f. Luftfahrtforschg.
Ber. 165, 13 (1943).
[3] SASAKI, R., u. G. SOKITO: Trans. Amer. Electrochem. Soc. 59, 437 (1937).
[4] HÜTTIG u. BRODKORB: Z. angew. Chem. (russ.) 4, 429 (1931).
[5] WOOD, W. A.: Phil. Mag. 23, 984 (1937).

Das α-Chrom scheidet sich nach WYLLIE und HUME-ROTHERY[1], GLOCKER und KAUPP[2] mit einer bevorzugten Orientierung ab. Bevorzugte Richtung ist die (1 1 1)-Richtung neben der (1 1 0)-Richtung.

4.74 Eigenschaften der Chromniederschläge.

4.74.1 Glanz und Rißbildung des Chroms.

Der hohe Glanz der technischen Chromniederschläge ist offenbar eine Folge der extrem geringen Korngröße der Chromkristalle im Niederschlag. Das feine Korn läßt sich im Lichtmikroskop praktisch nicht auflösen. Der Durchmesser der Kristallkörner ist kleiner als die kleinste Lichtwellenlänge im sichtbaren Bereich.

Betrachtet man verchromte Oberflächen unter dem Mikroskop, so fällt auf, wie sehr die Chromoberfläche von zahlreichen feinen Rissen durchzogen zu sein scheint (CYMBOLISTE[3]). Wie genauere Untersuchungen GEBAUERs[4] an verchromtem Zink beweisen, existieren die Risse tatsächlich. Zum großen Teil wachsen sie in tieferen Lagen des Niederschlages während der Elektrolyse zu, während sich auf der frischen Oberfläche wieder neue Risse bilden. GEBAUER nimmt an, daß die Risse infolge Kontraktion (Wasserstoffaustritt) an den Stellen zustande kommen, wo die zu Beginn der Bedeckung entstehenden und sich seitlich ausdehnenden Chrominseln aneinanderstoßen. An den Rändern dieser Stoßstellen löst sich die Chromschicht von der Unterlage und wölbt sich auf. Infolge der schlechten Streuung scheidet sich Chrom des weiteren bevorzugt an der aufgewölbten Kante ab, die sich dabei verdickt. So können Wülste entstehen, wie sie von J. FISCHER[5] beobachtet wurden.

Ob die Risse zusammenwachsen, ob Wülste entstehen und wieder überwachsen werden, oder ob die Risse offen bleiben, hängt von den Abscheidungsbedingungen ab. Jedenfalls kann man an Chromniederschlägen alle Formen dieser Art mit ihren Übergangszuständen beobachten.

4.74.2 Härte des Chroms.

Über die Härte von Chromüberzügen und ihre Änderung mit der Glühtemperatur gibt Abb. 246 (nach EILENDER, AREND und SCHMIDTMANN[6]) Aufschluß. Die hohe Härte des glänzenden Chroms ist einmal eine Eigenschaft der α-Modifikation. Zum anderen begünstigt das

---

[1] s. S. 561, Fußn. 1; S. 562, Fußn. 1.

[2] GLOCKER, R., u. E. KAUPP: Z. Physik **24**, 121 (1924).

[3] CYMBOLISTE, M.: Trans. Amer. Electrochem. Soc. **73**, 353 (1938).

[4] GEBAUER, K.: Oberflächentechnik **18**, 11 (1941).

[5] FISCHER, J.: Korrosion u. Metallschutz **17**, 265 (1941).

[6] EILENDER, W., G. AREND u. E. SCHMIDTMANN: Metalloberfläche **2**, 141 (1948).

überaus feinkristalline Gefüge des abgeschiedenen Chroms das Zustandekommen der Härte. Wesentlich dürften außerdem noch Fremdstoffeinschlüsse im Chrom sein, die das Gleiten der Kristalle blockieren. In

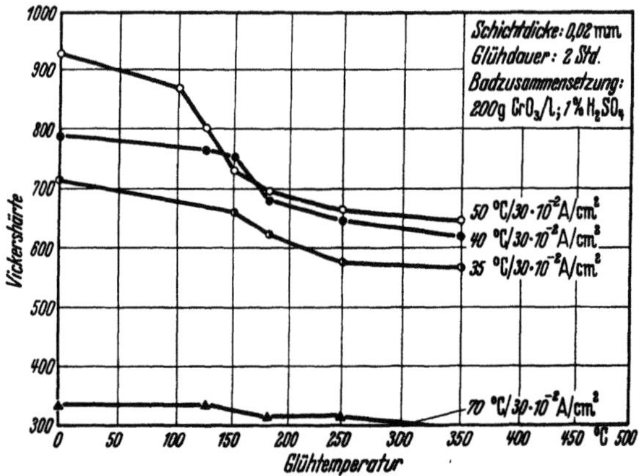

Abb. 246. Härte des Chroms und ihre Änderung mit der Glühtemperatur. (Nach Eilender, Arend und Schmidtmann, s. S. 645, Fußn. 6.)

Betracht kämen Wasserstoff und oxydische Einschlüsse (Chromichromat). Über den Einfluß dieser Verunreinigungen des Elektrolytchroms auf seine Härte gehen aber die Meinungen auseinander.

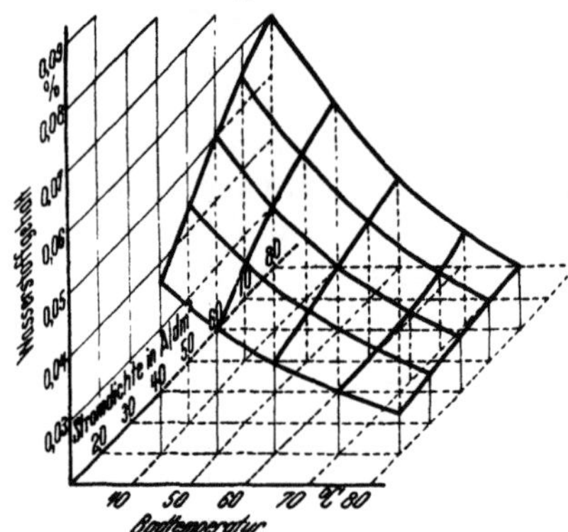

Abb. 247. Wasserstoffgehalt im Elektrolytchrom. (Nach Eilender, Arend und Schmidtmann, s. S. 645, Fußn. 6.)

Wasserstoff wird von Chrom je nach den Abscheidungsbedingungen in verschiedenen Mengen aufgenommen. Abb. 247 zeigt die von Eilender, Arend und Schmidtmann[2] für den Wasserstoffgehalt gemessenen Werte (Cr abgeschieden aus einer Lösung von 200 g/l CrO_3, mit 1% H_2SO_4, bezogen auf den CrO_3-Gehalt). Eilender und Arend[1] finden bei verschiedener Wärmebehandlung eine eindeutige lineare Beziehung zwischen Härte und Wasserstoffgehalt des Chroms. Hingegen können sie einen Einfluß des Sauerstoffgehaltes im Chrom auf die Härte nicht nachweisen. Guichard, Clausmann, Billon und Lanthony[2] hatten im Gegensatz zu Eilender und

---

[1] Eilender, W., u. G. Arend: Lilienthal-Gesellschaft f. Luftfahrtforschg. Ber. **165**, Anhang (1943).

[2] s. S. 637, Fußn. 2.

ABEND keinen Einfluß des Wasserstoffgehaltes auf die Härte des Chroms nachweisen können. Nach GEBAUER[1] läßt sich der Wasserstoff durch Erwärmen auf 250 bis 300° C zum größten Teil austreiben, ohne daß sich die Härte wesentlich verändert. MAKARIEWA und BIRÜKOFF[2] beobachten beim Erhitzen auf 200° C eher einen geringen Anstieg der Härte. Erst wenn man auf Temperaturen über 500° C erhitzt, nimmt die Härte ab.

Dennoch neigt Verfasser mehr jener Auffassung zu, die Wasserstoff als eine der Hauptursachen der Härte des Chroms ansieht. Freilich handelt es sich dabei nicht um atomaren, sondern um *molekularen* Wasserstoff, unlöslich im Metall. Wie bereits auf S. 531 ausgeführt, dürfte eingelagertes Oxyd größtenteils zu Metallschwamm reduziert werden. An diesen mikroskopischen oder submikroskopischen „Nestern" aus Metallschwamm wird aber der im kompakten Metall gelöste atomare Wasserstoff zu molekularem Wasserstoff rekombinieren. Damit unlöslich geworden, scheidet sich der Wasserstoff an diesen Stellen aus, erzeugt hohe innere Drucke und ruft Härte hervor. Erhitzen auf 250 bis 300° C befreit den molekularen Wasserstoff noch nicht aus seiner Lage, eher vervollständigt es die Rekombination. Ein geringer Härteanstieg mag dies anzeigen (s. oben den Befund von MAKARIEWA und BIRÜKOFF). Um den molekularen Wasserstoff auszutreiben, bedarf es weit höherer Temperaturen, wobei das Aufbrechen von Mikrorissen seinen Austritt erzwingt.

Elektrolytchrom rekristallisiert erst bei Temperaturen oberhalb 500° C. Dabei treten je nach Beschaffenheit des Ausgangsmetalls verschiedene Rekristallisationstexturen auf. So behält glänzendes Chrom die (1 1 1)-Richtung (senkrecht zur Oberfläche), mattes Chrom orientiert z. B. (5 1 1)-Flächen parallel zur Oberfläche (ARCHAROW und NEMNONOW[3]).

4.8 Einige Beispiele für galvanische Legierungsüberzüge.

Unter den vielen Legierungen, die sich elektrolytisch abscheiden lassen, haben bisher nur wenige eine technische Bedeutung erlangen können. Die Abneigung des Technikers gegenüber den kathodischen Legierungsüberzügen ist einmal in der meist ungenügenden Sicherheit zu suchen, mit der sich bislang im Betriebe bestimmt zusammengesetzte Legierungen gewinnen lassen. Die Zusammensetzung schwankt oft innerhalb eines breiten Bereiches und kann sich auch im Laufe der

---

[1] GEBAUER, K.: Korrosion u. Metallschutz **13**, 269 (1937).
[2] MAKARIEWA, S. P., u. N. D. BIRÜKOFF: Z. Elektrochem. **41**, 623, 838 (1935).
[3] ARCHAROW, W., u. S. NEMNONOW: J. techn. Physics USSR **5**, 651 (1938); 8, 1089 (1938) — Chem. Zbl. **1940** I, 984.

Elektrolyse noch erheblich verändern, sofern die Elektrolysebedingungen nicht sehr sorgfältig überwacht und geregelt werden. Zweitens erscheint das Verfahren dem Techniker oft zu unübersichtlich und umständlich, vor allem, wenn zugleich noch mehrere Arten von Anoden und ebenso mehrere Stromkreise erforderlich sind.

4.81 Messingüberzüge.

Als wichtigsten Legierungsüberzug kennt man seit langem die Überzüge aus Kupfer-Zink-Legierungen. Die elektrochemischen Voraussetzungen für ihre kathodische Abscheidung haben wir, soweit sie aus den Strom-Spannung-Kurven hervorgehen, bereits auf S. 206 angedeutet.

Theoretisch wie praktisch steht die Frage im Vordergrund, wie sich die Zusammensetzung der kathodisch abgeschiedenen Legierung in Abhängigkeit von der Elektrolytzusammensetzung und von den sonstigen Abscheidungsbedingungen ändert. Als wesentlich ist dabei zu vermerken, daß die Polarisation der Kupferabscheidung empfindlicher auf Veränderungen anspricht als unter gleichen Bedingungen die Polarisation der Zinkabscheidung.

Polarisiert sich Kupfer stärker als Zink, so bedeutet dies für den Übertritt von Kupfer in den Niederschlag ein vergrößertes Hemmnis; der Zinkgehalt der Legierung muß zunehmen. Man erreicht dies z. B., indem man den Gehalt an freiem Zyanid erhöht (COATS[1] und PFANHAUSER[2]). Allerdings sinkt mit wachsendem Gehalt an freiem Zyanid im Elektrolyten die Gesamtstromausbeute beträchtlich. PFANHAUSER[2] erwähnt z. B., wie die Stromausbeute eines Messingbades (mit 20 g/l Cu, 10 g/l Zn, 8 g/l NH_4Cl und p_H 9,5 bei $3 \cdot 10^{-3}$ A/cm^2 und 20° C) von 83,6 auf 61,6% zurückgeht, wenn man den Gehalt an freiem KCN von 0 auf 15 g/l erhöht.

Besonders empfindlich ist die Polarisation der Kupferabscheidung gegenüber erhöhter Stromdichte und erhöhter Temperatur, wie bereits SPITZER[3] zeigen konnte. Nimmt die Polarisation der Kupferabscheidung mit steigender Stromdichte erheblich zu, so verhält sie sich mit gesteigerter Temperatur umgekehrt. Entsprechend erhöht der Zinkgehalt der Legierung sich mit der Stromdichte; er fällt aber mit gesteigerter Temperatur (u. U. bis zur Abscheidung von reinem Kupfer).

Vermehrter Gehalt an Ammoniumchlorid im Bad steigert den Zinkanteil der Legierung (PFANHAUSER[2]); ein Zusatz an Kaliumbisulfit vermag ihn andererseits zu verringern. Auch p_H-Änderungen im Elektrolyten, wie man sie etwa durch Zusatz von Na_2CO_3 bewirkt, ver-

---

[1] COATS, H. P.: Monthly Rev. Amer. Electroplaters Soc. **24**, 5 (1937).
[2] PFANHAUSER, W.: Galvanotechnik, S. 687/88, 690/91. Leipzig 1941.
[3] SPITZER, F.: Z. Elektrochem. **11**, 172 (1905).

schieben die Zusammensetzung der Legierung. PFANHAUSER[1] findet z. B.
in dem bereits genannten Elektrolyten (s. oben) eine Zunahme des
Zinkgehaltes von 33,2 auf 44,4%, wenn man den p_H-Wert von 9,3
auf 10,4 erhöht. Gleichzeitig wächst die Gesamtstromausbeute von 62,6
auf 77,5% an.

Ammoniakzusätze verbessern erfahrungsgemäß den Glanz der
Messingüberzüge. Glänzende Messingüberzüge erhält man auch mit
manchen organischen Substanzen, wie Polyvinylalkohol (1 g/l) zusammen mit Alkalirhodanid (2 bis 10 g/l) (DEGUSSA[2]), Phenol (0,3 bis
0,45 g/l), Vanillin oder Anisaldehyd (DU PONT[3]) usw.

Als Anodenmaterial dienen gewöhnlich gegossene Messinganoden
(in H_2SO_4 blankgebeizt) mit 70% Cu und 30% Zn. Sie lösen sich anodisch
glatt im Zyanidelektrolyten.

Wie in allen Zyanidelektrolyten besteht der mit dem Kathodenmetall abgeschiedene Wasserstoff in größerem Anteil aus Wasserstoff-
atomen. (Hemmung der Rekombination infolge Vergiftung). Der atomare Wasserstoff kann u. U. in das Kathodenmetall eindiffundieren und
es beladen (H. FISCHER und BÄRMANN[4]). Metalle der Eisengruppe ver-
spröden deshalb leicht. Haftet der Messingüberzug, der gewöhnlich
sehr dicht ausfällt, nicht überall gut an der Unterlage, so können an
den Stellen ungenügenden Haftens Blasen auftreten, die der Wasserstoff
bei seinem Wiederaustritt aus dem Grundmetall (z. B. Eisen) aufwölbt.
Verhindern kann man das Entstehen von Blasen z. B. durch Verzinken oder Verzinnen vor dem Überziehen mit Messing oder indem
man das Messing absichtlich mikroporös abscheidet. Dies geschieht
z. B., wenn man die Unterlage vorher aufrauht.

In Tab. 84 sind als Beispiele zwei technische Rezepte enthalten.
Natürlich gibt es eine weit größere Zahl galvanischer Messingbäder, die
sich aber in ihrer Zusammensetzung und in den Abscheidungsbedingungen meist sehr ähneln.

4.82 Überzüge aus Zinn-Legierungen.

Hier seien kathodische Überzüge aus den drei binären Legierungen
Nickel-Zinn, Kupfer-Zinn („Speculum“) und Zinn-Zink erwähnt. Was sie
der Technik bedeuten, muß sich erst zeigen, doch scheinen vor allem die
Nickel-Zinn-Überzüge Aussichten auf eine gewisse Verbreitung zu
haben. Nickel-Zinn-Überzüge entstehen in einem schwach sauren
chlorid- und fluoridhaltigen Elektrolyten (vgl. Tab. 84). Sie bestehen
aus der intermetallischen Verbindung NiSn, die sich meist glänzend mit

---

[1] s. S. 648, Fußn. 2.
[2] Deutsche Gold- und Silberscheideanstalt vorm. Roessler: DRP. 688155.
[3] DU PONT DE NEMOURS: DRP. 695181.
[4] FISCHER, H., u. H. BÄRMANN: s. S. 499, Fußn. 4.

Tabelle 84. *Beispiele für kathodische Abscheidung von Legierungen.*

Le-gierung	Elektrolyt	Zusätze	Azidität Alkalität	Stromdichte und Temperatur		Streu-ung	Literatur
				DK A/cm²	° C		
Cu/Zn	25　Kaliumkupferzyanid 45　g/l Kaliumzinkzyanid 7,5 g/l KHSO$_3$ 16,5 g/l Na$_2$CO$_3$ calc. 10　g/l CuCN 9,5 g/l KCN	1 g/l NH$_4$ Cl 4 g/l NH$_3$ konz.	p_H 9,8 ··· 10	r. $6 \cdot 10^{-3}$	30 ··· 40	gut	PFANHAUSER[1]
Cu/Zn	17　g/l CuCN 60　g/l Zn(CN)$_2$ 60　g/l NaCN 60　g/l NaOH	0,5 g/l Na$_2$S (Vorreinigung)	p_H 10	r. $\begin{cases}1 \cdots 4 \ \cdot 10^{-2}\\1 \cdots 6,5 \cdot 10^{-2}\\1 \cdots 10 \ \cdot 10^{-2}\end{cases}$	25 40 80	gut	DUPONT DE NEMOURS u. Co.[2]
Ni/Sn	250　g/l NiCl$_2$ · 6 H$_2$O 50　g/l SnCl$_2$ · 2 H$_2$O 33　g/l NH$_4$HF$_2$ 20　g/l NaF	8 g/l HCl (32 %)	p_H 2,5	r. $2,5 \cdot 10^{-2}$ b. $4,0 \cdot 10^{-2}$	65	mäßig	PARKINSON u. PRICE[3], CUTHBERTSON[4], DAVIES[8]
Cu/Sn	100　g/l Natriumstannat 10,5 g/l CuCN 28,4 g/l NaCN 10,0 g/l NaOH	—	alkalisch	r. $1 \cdots 2,5 \cdot 10^{-2}$	65	gut	ANGLES u. JONES, PRICE und CUTHBERTSON[5]
Sn/Zn	30　g/l Sn als Na$_2$SnO$_3$ 2,5 g/l Zn als Zn(CN)$_2$ 28　g/l Gesamtzyanid (als NaCN) 4 ··· 6 g/l NaOH	—	alkalisch	r. $1 \cdots 3 \ \cdot 10^{-2}$	65 ± 2	gut	ANGLES[6], CUTHBERTSON und ANGLES[7]

[1] PFANHAUSER, W.: Galvanotechnik. S. 691. Leipzig 1941. — [2] DUPONT DE NEMOURS, E. I.: DRP. 685630. — [3] PARKINSON, N. J.: J. Electrodepositors techn. Soc. **27** (1951). — [4] CUTHBERTSON, F. W.: CITCE, C. r. 4. Réunion London/Cambridge i. Dr. — [5] ANGLES, R. M., F. V. JONSS, W. PRICE u. J. W. CUTHBERTSON: J. Electrodepositors techn. Soc. **21**, 19 (1944). — [6] ANGLES, R. M.: J. Electrodepositors techn. Soc. **21**, 45 (1946). — [7] CUTHBERTSON, J. W., u. R. M. ANGLES: Trans. electrochem. Soc. **94**, 73 (1948). — [8] DAVIES, A. E.: Trans. Inst. Met. Finishing **31**, Adr. Copy Nr. 24 (1954).

einem rötlichen Schimmer abscheidet. Die intermetallische Verbindung liegt in einer instabilen pseudomorphen Form der hexagonalen Verbindung Ni_3Sn_2 vor. Bis etwa 360° C verbleibt sie in dieser Form (BRITTON[1]).

Nickel-Zinn-Überzüge übertreffen, was Anlaufbeständigkeit in Innenräumen angeht, Nickelüberzüge erheblich und kommen Chromüberzügen nahe. An der Außenatmosphäre schützen sie Eisen offenbar weniger vor Rost, als es Nickelüberzüge tun (KORPIUN[2]), wie es scheint, weil man es noch nicht in der Hand hat, sie genügend dicht abzuscheiden. Vermutlich entstehen feinste Risse, denn die intermetallische Verbindung ist zwar hart, aber auch relativ spröde.

Wie die Erfahrung lehrt, bleibt die Zusammensetzung des Niederschlages konstant, möge sich die Elektrolytzusammensetzung selbst über einen weiten Bereich ändern.

Anodisch verwendet man keine Legierungen, vielmehr getrennte Anoden aus Nickel und Zinn, mit getrennten Stromkreisen, denn die beiden Metalle lösen sich mit verschieden hohen Stromdichten am besten auf. Diese Unbequemlichkeit muß man übrigens auch beim Abscheiden von Überzügen aus Kupfer-Zinn-Legierungen in Kauf nehmen.

Galvanische Kupfer-Zinnüberzüge sind bereits länger bekannt. Es handelt sich um Kupferlegierungen mit etwa 40 bis 45% Zinn, die Spiegellegierung des Altertums, deshalb auch „Speculum" genannt. Man erhält diese Legierung aus einer Mischlösung von Stannat und Kaliumkupferzyanid unter den Bedingungen der Tab. 84. Sie scheidet sich gewöhnlich dunkel-mattgrau ab, läßt sich aber leicht zu schönem Silberglanz polieren. Poliert bleibt sie an trockener Atmosphäre sehr anlaufbeständig, korrodiert aber an feuchter Luft und bietet als relativ edler, stets etwas poröser Überzug keinen Korrosionsschutz.

Die getrennten Kupfer- und Zinnanoden verlangen verschieden hohe Anodenstromdichten (Sn 1 bis $1,5 \cdot 10^{-2}$ A/cm², Cu 0,5 bis $1,0 \cdot 10^{-2}$ A/cm²).

Auch zinnärmere Bronzen hat man immer wieder versucht, kathodisch abzuscheiden. Wir wollen aber die Versuche hier nicht näher behandeln, da sich die verschiedenen Vorschläge bisher noch nicht nennenswert in die Technik einführen konnten.

Zinn-Zinküberzüge können sich aus einer Mischung von Stannat und Alkalizinkzyanid je nach Einstellung des Verhältnisses von Zinn zu Zink im Elektrolyten in beliebigem Legierungsverhältnis ausscheiden (vgl. z. B. in Tab. 84).

---

[1] BRITTON, S. C.: The Corrosion Resistence of Tin and Tin Alloys. Tin Research Institute 1952.

[2] KORPIUN, J.: Arbeitstagung „Galvanotechnik" Schwäb.-Gmünd 1952. Das Tin Research Institute empfiehlt deshalb eine Kupferzwischenschicht von mindestens 13 μm Dicke.

Die Überzüge mit weniger als 14% Zink schützen Eisen, wenn sie porös ausfallen, nicht mehr vor dem Rosten, zeigen sie doch bereits eine positivere GALVANI-Spannung als dieses. Sie selbst korrodieren an der feuchten Luft nur wenig, wie etwa Zinn. Die hochzinkhaltigen Überzüge schützen Eisen und bilden dabei wie reines Zink „weißen Rost". Mit etwa 20 bis 30% Zink erhält man einen Legierungsüberzug, der als unedleres Metall sogar in poröser Form Eisen noch schützt, zugleich aber selbst weniger unansehnlich korrodiert als reines Zink. Deshalb trachtet man danach, hauptsächlich solche Sn-Zn-Legierungen abzuscheiden.

Niederschläge dieser Art fallen äußerst feinkörnig aus und weisen nur wenige Poren auf. Vollständigen Rostschutz bieten etwa 12 bis 13 μm Schichtdicke. Der Überzug läßt sich gut löten.

Zur Elektrolyse verwendet man gegossene Anoden aus einer Legierung von 75% Sn und 25% Zn. Wichtig ist, daß das Zinn der Anode als Stannat und nicht als Stannit in Lösung geht. Deshalb muß die Anode mit einem passivierenden Oxydfilm bedeckt werden. Das geschieht automatisch, wenn die Anode in einem bestimmten Stromdichtebereich bleibt, der zwischen etwa 0,8 und $1,6 \cdot 10^{-2}$ A/cm^2 liegen dürfte.

Namenverzeichnis.

If you have any concerns about our products,
you can contact us on
ProductSafety@springernature.com

In case Publisher is established outside the EU,
the EU importer or person responsible is:
Springer Nature Customer Service Center GmbH
Tiergartenstr. 17, 69121 Heidelberg, Germany

Printed by Hubert & Co, in Germany

®
FSC
www.fsc.org
MIX
Papier aus verantwortungsvollen Quellen
Paper from responsible sources
FSC® C105338

Inhaltsübersicht